T0074766

EL LIBRO DE LA NATURALEZA

EL LIBRO DE LA NATURALEZA

ENCICLOPEDIA DEL MUNDO NATURAL EN IMÁGENES

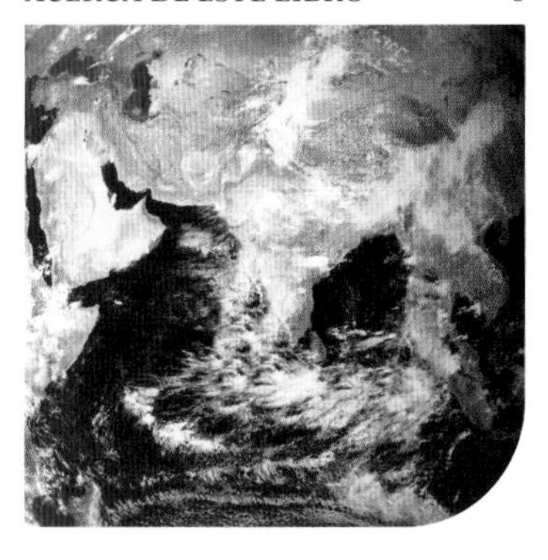

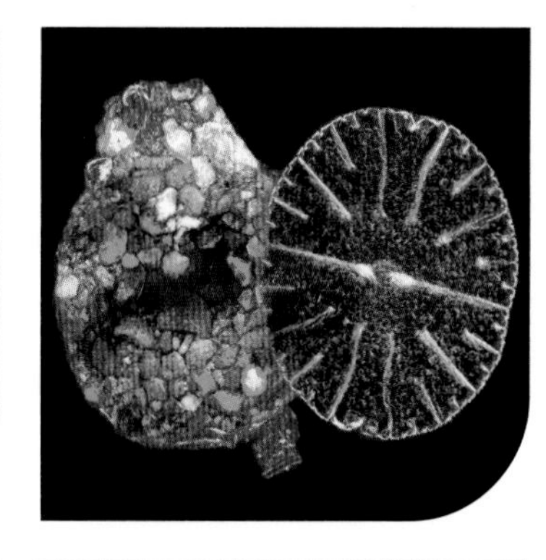

CONTENIDO

SEGUNDA EDICIÓN
EDICIÓN SÉNIOR Gill Pitts
EDICIÓN DE ARTE SÉNIOR Ina Stradins
COORDINACIÓN EDITORIAL Angeles Gavira Guerrero
COORDINACIÓN EDITORIAL DE ARTE Michael Duffy
DIRECCIÓN ARTÍSTICA Karen Self
SUBDIRECCIÓN DE PUBLICACIONES Liz Wheeler
DIRECCIÓN DE PUBLICACIONES Jonathan Metcalf
DIRECCIÓN DE DISEÑO Phil Ormerod
FOTOGRAFÍAS ESPECIALES Gary Ombler
ARCHIVO DE MEDIOS Romaine Werblow
PRODUCCIÓN EDITORIAL Gillian Reid
CONTROL DE PRODUCCIÓN Meskerem Berhane

DK INDIA
EDICIÓN DE PROYECTO Tina Jindal
EDICIÓN DE ARTE SÉNIOR Mahua Mandal
EDICIÓN Nidhilekha Mathur
EDICIÓN DE ARTE Karan Chaudhary
ICONOGRAFÍA DE PROYECTO Deepak Negi
COORDINACIÓN DE ICONOGRAFÍA Taiyaba Khatoon
COORDINACIÓN EDITORIAL Rohan Sinha
COORDINACIÓN EDITORIAL DE ARTE Sudakshina Basu
DISEÑO DE MAQUETA SÉNIOR Jagtar Singh
DISEÑO DE MAQUETA Jaypal Chauhan
COORDINACIÓN DE PREPRODUCCIÓN Balwant Singh
COORDINACIÓN DE PRODUCCIÓN Pankaj Sharma
DISEÑO DE CUBIERTA Tanya Mehrotra
DIRECCIÓN EDITORIAL DE DK INDIA Glenda Fernandes
DIRECCIÓN DE DISEÑO DE DK INDIA Malavika Talukder

PRIMERA EDICIÓN
EDICIÓN DE PROYECTO Kathryn Hennessy
PRODUCCIÓN EDITORIAL Victoria Wiggins
EDICIÓN DE ARTE Gadi Farfour y Helen Spencer
EDICIÓN Becky Alexander, Ann Baggaley, Kim Dennis-Bryan, Ferdie McDonald, Elizabeth Munsey, Peter Preston, Cressida Tuson y Anne Yelland
DISEÑO Paul Drislane, Nicola Erdpresser, Phil Fitzgerald, Anna Hall, Richard Horsford, Stephen Knowlden, Dean Morris, Amy Orsborne y Steve Woosnam-Savage
FOTOGRAFÍAS ESPECIALES Gary Ombler
ICONOGRAFÍA Neil Fletcher, Peter Cross, Julia Harris-Voss, Sarah Hopper, Liz Moore, Rebecca Sodergren, Jo Walton, Debra Weatherley y Suzanne Williams
BANCO DE IMÁGENES DE DK Claire Bowers
BASE DE DATOS Peter Cook y David Roberts
PRODUCCIÓN EDITORIAL Tony Phipps
CONTROL DE PRODUCCIÓN Inderjit Bhullar
COORDINACIÓN EDITORIAL Camilla Hallinan
COORDINACIÓN EDITORIAL DE ARTE Karen Self
DIRECCIÓN ARTÍSTICA Phil Ormerod
SUBDIRECCIÓN DE PUBLICACIONES Liz Wheeler
DIRECCIÓN DE PUBLICACIONES Jonathan Metcalf

DK INDIA
COORDINACIÓN EDITORIAL Rohan Sinha
DIRECCIÓN ARTÍSTICA Shefali Upadhyay
COORDINACIÓN DE PROYECTO Malavika Talukder
EDICIÓN DE PROYECTO Kingshuk Ghoshal
EDICIÓN DE ARTE DE PROYECTO Mitun Banerjee
EDICIÓN Alka Ranjan, Samira Sood y Garima Sharma
EDICIÓN DE ARTE Ivy Roy, Mahua Mandal y Neerja Rawat
COORDINACIÓN DE PRODUCCIÓN Pankaj Sharma
COORDINACIÓN DE MAQUETACIÓN Sunil Sharma
DISEÑO DE MAQUETA Dheeraj Arora, Jagtar Singh y Pushpak Tyagi

COORDINACIÓN DE LA EDICIÓN EN ESPAÑOL
COORDINACIÓN EDITORIAL Marina Alcione
ASISTENCIA EDITORIAL Y PRODUCCIÓN Malwina Zagawa

Publicado originalmente en Gran Bretaña en 2010 por Dorling Kindersley Limited
DK, One Embassy Gardens, 8 Viaduct Gardens, London, SW11 7BW

Parte de Penguin Random House

Título original: *The Natural History Book*
Segunda edición 2022

Servicios editoriales: deleatur, s.l.
Traducción: Antón Corriente, José Luis López, Yuri Massó y Manel Pijoan-Rotge

HONGOS

ANIMALES

ISBN: 978-0-7440-6434-6

Impreso y encuadernado en China

Para mentes curiosas
www.dkespañol.com

SMITHSONIAN INSTITUTION

Creada en 1846, la Smithsonian Institution –el mayor complejo museístico y de investigación mundial– incluye 19 museos y galerías, además del Parque Zoológico Nacional. Se estima que la suma de piezas artísticas, artefactos y especímenes asciende a 155,5 millones, en su mayoría pertenecientes al Museo Nacional de Historia Natural, que atesora más de 126 millones de especímenes y objetos de todo tipo. La Smithsonian Institution es un reputado centro de investigación, dedicado a la divulgación, el servicio nacional y la concesión de becas para las artes, las ciencias y la historia.

ASESOR EDITORIAL

David Burnie fue el editor de la exitosa obra *Animal*, y ha sido galardonado con el premio Aventis para libros de ciencia. Miembro de la Sociedad Zoológica de Londres, es autor o coautor de más de cien libros.

COLABORADORES

Richard Beatty, Amy-Jane Beer, Charles Deeming, Kim Dennis-Bryan, Frances Dipper, Chris Gibson, Derek Harvey, Tim Halliday, Rob Hume, Geoffrey Kibby, Richard Kirby, Joel Levy, Chris Mattison, Felicity Maxwell, George C. McGavin, Pat Morris, Douglas Palmer, Katie Parsons, Chris Pellant, Helen Pellant, Michael Scott, Carol Usher, Mark Viney, David J. Ward y Elizabeth Wood.

Este libro se ha impreso con papel certificado por el Forest Stewardship Council™ como parte del compromiso de DK por un futuro sostenible. Para más información, visita www.dk.com/our-green-pledge.

PRÓLOGO

De niño solía visitar la biblioteca pública local y pasar tanto tiempo como se me permitía mirando libros de ciencia y de referencia. Los títulos que me cautivaban especialmente fueron los precursores de esta obra. Llenos de dibujos en color e imágenes de especies exóticas y de lugares remotos acompañados de textos informativos, eran una llamada irresistible a una vida de estudio y enseñanza. Por entonces, la naturaleza que me rodeaba era una entidad desconocida de la que quería saberlo todo. Aprender es una aspiración muy humana, pero nadie sabe qué parte de la biología lo atraerá más, y yo me decidí por el grupo animal más numeroso y diverso de todos. Aunque viviera varias vidas, nunca llegaría a saber todo lo que hay que saber sobre los insectos.

Ningún libro podría contener un estudio completo de las formas de vida de la Tierra, que, dicho sea de paso, constituyen solo el 1 % de las que han vivido. Para ello haría falta toda una biblioteca de gruesos tomos. El libro que el lector tiene en sus manos es mucho más útil: se trata de un mapa de ruta para un viaje desde los bosques neblinosos de los trópicos hasta el frío glacial de las regiones polares, y desde las cimas montañosas hasta las profundidades oceánicas; una exposición resumida de los resultados de dos mil millones de años de evolución que le mostrará algunas de las miles de maneras de vivir en la Tierra.

Es relativamente fácil escribir textos prolijos con información sobre cualquier tema que a uno le interese, pero este enfoque solo sería provechoso para los expertos y es poco probable que animase a alguien más a estudiar el mundo de los seres vivos. No, el punto fuerte y el verdadero propósito de este libro es condensar el vasto cuerpo de conocimientos sobre la naturaleza amasados por innumerables investigadores para proporcionar un relato riguroso pero accesible.

Tal vez llegue un momento en un futuro lejano en el que seamos capaces de aventurarnos en otros lugares de nuestra galaxia y más allá. ¿Encontraremos vida extraterrestre en un distante planeta rocoso? Y si así fuera, ¿se tratará de simples organismos unicelulares o de seres complejos capaces de rivalizar con los humanos o las ballenas jorobadas? Pensar que, en la vastedad del cosmos, nuestro insignificante planeta es el único lugar donde ha evolucionado la vida –una increíble carambola estelar– parece una idea cada vez más improbable. Lo cierto es que habitamos un planeta de asombrosa complejidad e impresionante belleza que cambia constantemente. Debemos comprender, y sin pérdida de tiempo, que no somos sus dueños, sino que formamos parte de una inmensa comunidad de especies interdependientes.

Aquellos que se acerquen al mundo natural por primera vez quedarán cautivados, e incluso los especialistas absortos en los pormenores de una minúscula parte del árbol de la vida valorarán el amplio y majestuoso panorama de este libro meticulosamente documentado. Si mi vida pudiera recomenzar, empezaría leyéndolo.

GEORGE McGAVIN

Investigador asociado honorario del
Museo de Historia Natural de la Universidad de Oxford
Investigador principal del Imperial College de Londres

ACERCA DE ESTE LIBRO

***El libro de la naturaleza* comienza con una introducción general a la vida en la Tierra: sus fundamentos geológicos, la evolución de sus formas y la clasificación de los organismos. Los cinco capítulos siguientes constituyen un extenso y accesible catálogo de especímenes, desde minerales hasta mamíferos, en el que cada grupo va precedido por una documentada introducción.**

los paneles de contenidos presentan una lista de los subgrupos de cada sección y el número de la página en que se encuentran

INTRODUCCIÓN A LA SECCIÓN >
Cada capítulo se divide en secciones que representan las principales agrupaciones taxonómicas. La introducción de cada sección destaca las características y comportamientos que definen al grupo y revisa su evolución a lo largo del tiempo.

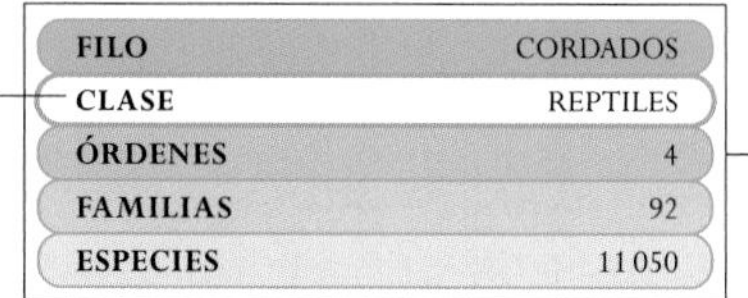

FILO	CORDADOS
CLASE	REPTILES
ÓRDENES	4
FAMILIAS	92
ESPECIES	11 050

en cada introducción, los cuadros de clasificación muestran la jerarquía taxonómica, y se destaca el nivel del grupo del que se trata

los cuadros de debate presentan controversias científicas y taxonómicas suscitadas por nuevos descubrimientos

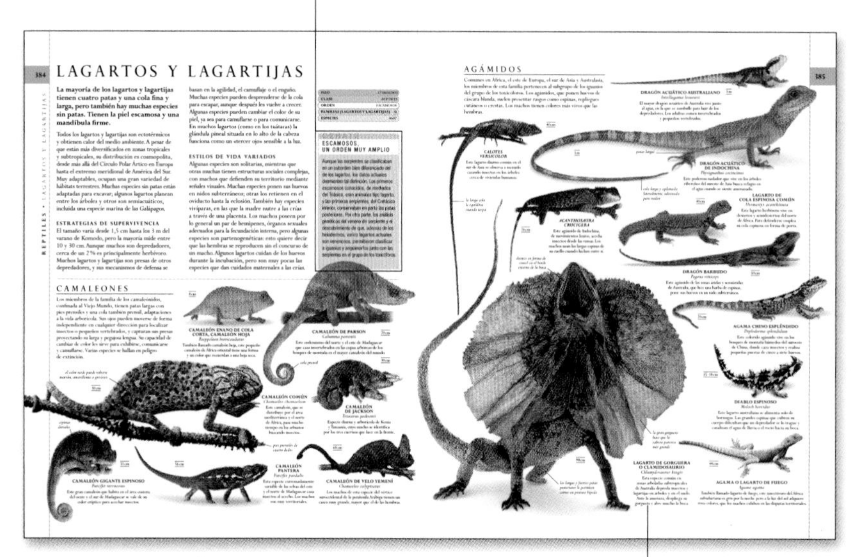

∧ INTRODUCCIÓN AL GRUPO
Dentro de cada sección –por ejemplo, la de los reptiles– se tratan grupos taxonómicos de menor rango, como el de los lagartos, y se ofrecen datos clave como su distribución, hábitat, rasgos físicos, ciclo vital, comportamiento y hábitos reproductivos.

cada especie se ilustra con una imagen y una información básica

macho de la especie ♂

♀ *hembra de la especie*

CATÁLOGO DE ESPECIES >
Las galerías de imágenes recogen unas 5000 especies y muestran sus rasgos visuales distintivos. Las especies estrechamente emparentadas aparecen juntas para facilitar su comparación, y la información destaca aspectos únicos e interesantes de cada una.

los cuadros de datos ofrecen detalles como el tamaño, el hábitat, la distribución y la dieta

TAMAÑO 1,4–2,9 m
HÁBITAT Bosques, selvas, marjales, manglares, sabanas y parajes rocosos
DISTRIBUCIÓN De India a China y Siberia, y hasta la península Malaya y Sumatra
DIETA Principalmente ungulados como cérvidos y jabalíes; también mamíferos más pequeños y aves

∨ ESPECIES A FONDO
Las páginas dedicadas a especies particulares proporcionan un detallado retrato informativo y visual de algunas de las especies más espectaculares del mundo.

se ofrecen diferentes vistas –anterior, posterior, perfil– del animal, planta u hongo

AMAZONA DE SAN VICENTE
Amazona guildingii
F: Psitácidos

el nombre común aparece en mayúscula y negrita, y el científico, en cursiva; en muchos casos se menciona también la familia (F), debajo

30 cm

los cuadros de tamaño ofrecen las dimensiones más aproximadas del ser vivo en cuestión (panel, derecha)

DATOS

MEDIDAS

El tamaño aproximado de los organismos figura en fichas de datos y cuadros de tamaño. Se indican las dimensiones siguientes:

VIDA MICROSCÓPICA
Longitud

PLANTAS
Altura máxima sobre el suelo, salvo:
Altura sobre el agua juncáceas
Envergadura plantas acuáticas

HONGOS
Anchura (de la parte más ancha), salvo:
Altura falo hediondo, falo perruno

INVERTEBRADOS
Longitud corporal en adultos, salvo:
Altura esponjas, lirios de mar, hidra común, hidrozoo urticante, *Tubularia*, coral de fuego, anémonas altas, corales altos
Diámetro hidrozoos y medusas
Diámetro sin las espinas equinodermos
Envergadura mariposas
Longitud de la colonia briozoos
Longitud de la concha moluscos, gasterópodos con concha
Envergadura de los tentáculos pulpos

PECES, ANFIBIOS Y REPTILES
Longitud corporal en adultos de la cabeza a la cola

AVES
Longitud corporal en adultos del pico a la cola

MAMÍFEROS
Longitud corporal en adultos, sin la cola, salvo:
Altura hasta el hombro elefantes, simios, artiodáctilos, perisodáctilos

ICONOS DE PLANTAS

El porte básico de los árboles, arbustos y plantas leñosas se describe con uno de los símbolos siguientes. Las perennes herbáceas de hoja marcesente en invierno carecen de símbolo.

ÁRBOLES
- Columnar ancho
- Cónico o piramidal ancho
- Péndulo grande
- Péndulo pequeño
- Extendido, muy ramificado
- Columnar estrecho apuntado
- Columnar estrecho
- Cónico o piramidal estrecho
- Columnar ancho redondeado
- Extendido y redondeado
- Palmera de tronco único
- Palmera pluricaule (con varios troncos), cicadácea o similar

ARBUSTOS
- Denso, en montículo
- Denso, con chupones
- Compacto, denso
- Erguido, arbóreo
- Poco denso, abierto
- Abierto, extendido
- Globoso, denso
- Extendido, postrado
- Erguido
- Erguido, arqueado
- Erguido, vigoroso, denso
- Rastrero, trepador

ABREVIATURAS

D: dureza de un mineral, según la escala de Mohs
DR: densidad relativa de un mineral (se mide comparando su peso con el de un volumen equivalente de agua)
F: familia
SP.: *species* (en caso de especies de nombre desconocido)

LA TIERRA VIVA

Nuestro planeta azul, que gira en la inmensidad del espacio, es el único lugar donde se conoce vida, una vida que ha evolucionado desde lo más simple a lo largo de casi 4000 millones de años. La mayoría de las especies se han extinguido, pero la vida misma ha prosperado, se ha diversificado sin fin y se ha recuperado de sucesivas extinciones. El resultado es una extraordinaria variedad de seres vivos que los científicos siguen estudiando para reconstruir la historia de la vida en la Tierra.

UN PLANETA VIVO

La Tierra está singularmente dotada para sostener una vida muy diversa, tanto en tierra como en los mares. Sin la luz y el calor del Sol, la disponibilidad de agua abundante, la protección de la atmósfera y las sustancias químicas de las rocas que constituyen la base de los ecosistemas terrestres, la vida perecería.

TIERRA DINÁMICA

Dentro del Sistema Solar, la Tierra parece gozar de una situación única para poder acoger una vida tan profusa. Se halla a una distancia del Sol que le permite conservar una atmósfera exterior de oxígeno y otros gases, y una hidrosfera de agua superficial abundante; juntas, estas forman una capa aislante y protectora que permite a la vida prosperar. Por el contrario, los demás planetas del Sistema Solar son demasiado cálidos o fríos, y carecen de los niveles de agua y oxígeno necesarios para mantener la vida.

La Tierra se estructura en capas. En el centro tiene un núcleo metálico sólido extremadamente caliente, rodeado por una capa fundida que, a su vez, está rodeada por un manto de silicatos denso y caliente, que asciende hasta una corteza exterior delgada, fría y quebradiza. El manto se halla en constante agitación debido al calor que asciende del núcleo, y esto genera nuevas rocas en el suelo oceánico y fragmenta la corteza en placas. A lo largo del tiempo geológico, algunos océanos se expanden, arrastrando consigo a los continentes, y otros se reducen a medida que la antigua corteza enfriada desciende hacia el manto. Al colisionar los continentes se forman cordilleras. La vida ha tenido que adaptarse a los constantes cambios del entorno terrestre.

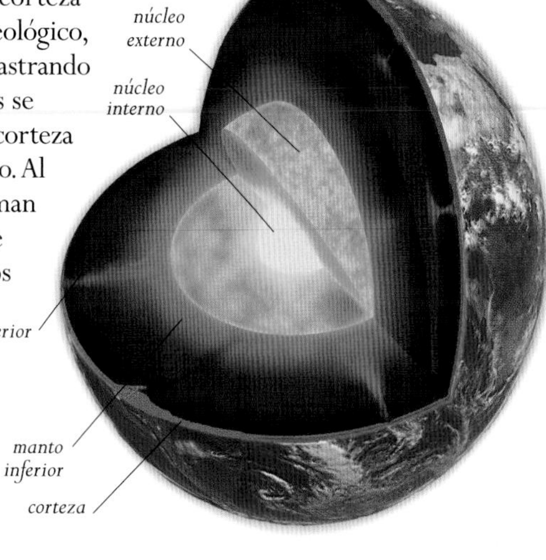

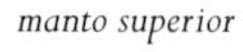

LA ESTRUCTURA DE LA TIERRA >
El calor que asciende del núcleo agita el manto líquido, lo que causa el desplazamiento de las placas de la corteza, causando terremotos y erupciones volcánicas en la superficie.

∧ ERUPCIONES SOLARES
El Sol libera energía mediante explosiones periódicas, que calientan su atmósfera y provocan erupciones de gas ionizado caliente.

EL SOL Y LA LUNA

El Sol y la Luna tienen un impacto directo sobre la vida en la Tierra. Sin la luz y el calor del Sol no habría vida, pues la energía solar calienta la atmósfera terrestre, los océanos y la tierra, y configura así nuestro variado clima. Como la Tierra, en su giro alrededor del Sol, rota con cierto ángulo de inclinación, la energía solar se distribuye de manera desigual sobre su superficie; de ahí las variaciones diarias –incluso en el ecuador–, estacionales y anuales de luz y calor, con lo que conllevan para los seres vivos. La órbita de la Luna en torno a la Tierra y su atracción gravitatoria causan las mareas en los océanos y mares; los ciclos de las mareas influyen especialmente en la vida costera, que debe adaptarse a estos cambios periódicos.

EL AGUA Y LA VIDA
La vida depende del agua, que constituye más del 50 % de todos los tejidos vivos. La mayor parte de la lluvia procede de la evaporación de los océanos, que contienen el 97 % del agua superficial terrestre, y una red de ríos discurre por la tierra salvo en las partes más cálidas, más frías y más secas.

UNA ATMÓSFERA FRÁGIL

La atmósfera terrestre tiene un grosor de 120 km y está compuesta por varias capas, cada una con una temperatura y una composición gaseosa distintas. La densidad de la atmósfera disminuye al aumentar la altura, hasta llegar a la enrarecida ionosfera, la capa más exterior. La capa de ozono tiene un papel vital en la protección de la vida, pues absorbe radiaciones perjudiciales tales como la ultravioleta, que daña las células vivas. Hasta que se formó la capa de ozono, la vida estuvo confinada en los mares, cuyas aguas ofrecían cierta protección frente a la luz ultravioleta.

La mayor parte del vapor de agua y de la actividad climática se restringe a los 16 km inferiores de la atmósfera, esto es, a la troposfera. El agua superficial terrestre y la atmósfera gaseosa interactúan para reciclar agua de la superficie y redistribuirla –por medio de las nubes, la lluvia y la nieve– por la tierra y el mar. El agua fluye desde la tierra hacia el mar, si bien grandes cantidades de agua quedan retenidas en los lagos, el hielo y el subsuelo.

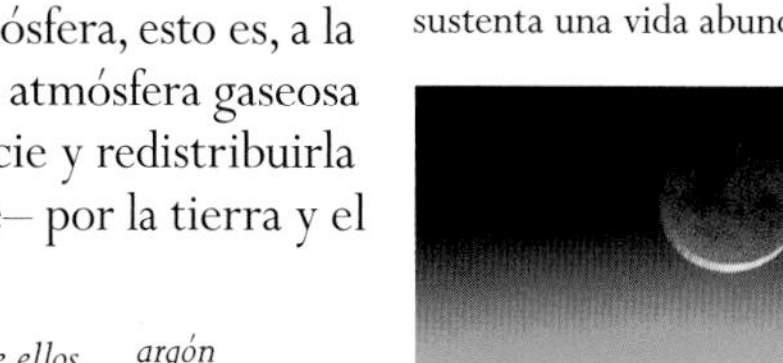

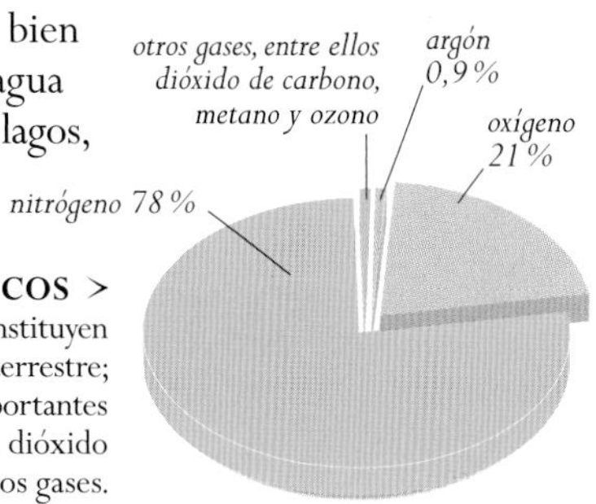

GASES ATMOSFÉRICOS >
El nitrógeno y el oxígeno constituyen más del 99 % de la atmósfera terrestre; el resto son pequeños pero importantes volúmenes de vapor de agua, dióxido de carbono y otros gases.

^ PLANETA AZUL
Unos dos tercios de la superficie de la Tierra están cubiertos por agua, que sustenta una vida abundante y diversa.

^ CAPAS ATMOSFÉRICAS
La Tierra está rodeada por una delgada atmósfera compuesta de diversas capas que atrapan la energía solar y calientan la superficie del planeta.

ROCAS

En la Tierra se encuentran unos 500 tipos diferentes de rocas, compuestas por distintas combinaciones de los miles de minerales que se hallan en la naturaleza. Todas ellas tienen una composición y unas propiedades específicas, y pueden agruparse en tres categorías: las rocas ígneas, que proceden de magma, roca fundida; las sedimentarias, formadas por la acumulación de sedimentos en la superficie terrestre; y las metamórficas, resultantes de la alteración de otras rocas de la corteza de la Tierra. Estos distintos tipos de roca quedan expuestos en la superficie por el levantamiento de la corteza y por procesos superficiales como la meteorización y la erosión; esta, además, modifica las rocas y da forma al suelo y al paisaje. Las rocas son los elementos inorgánicos de los que depende la vida.

ROCAS ÍGNEAS
El enfriamiento y la solidificación de la roca fundida dan lugar a rocas ígneas cristalinas. Su composición y textura varían: el enfriamiento rápido produce rocas de grano fino, y el enfriamiento lento da lugar a rocas de grano grueso.

BASALTO

ROCAS METAMÓRFICAS
El calor y la presión a los que se ven sometidas las rocas de lo profundo de la corteza alteran su forma y su composición mineral, de lo que resultan rocas metamórficas como la pizarra y el mármol.

ESQUISTO BIOTÍTICO

ROCAS SEDIMENTARIAS
Las capas de sedimentos y los restos de plantas y animales son depositados por el viento y el agua. Con el tiempo, los sedimentos más antiguos y profundos se comprimen y sufren cambios químicos que los transforman en roca.

ARENISCA

LA TIERRA ACTIVA

La superficie terrestre cambia continuamente debido a los procesos geológicos dinámicos producidos por la energía calorífica del interior del planeta. Las placas de la corteza se desplazan, alterando así los contornos de océanos y continentes.

TECTÓNICA DE PLACAS

A lo largo del tiempo geológico, la superficie de la Tierra, la distribución y el tamaño de sus continentes y océanos, ha variado de forma constante debido al proceso de la tectónica de placas. La roca quebradiza de la corteza terrestre se divide en placas semirrígidas llamadas placas tectónicas. Hay siete placas de dimensiones continentales y una docena de placas menores. Con el tiempo, las placas chocan unas con otras. El magma caliente que sube del manto brota por las fisuras de la corteza para crear nueva corteza en el suelo oceánico. Este se expande a ambos lados de la fisura y forma límites de placas divergentes, que por lo general se hallan bajo los océanos. Como la Tierra no puede expandirse, la formación de nueva corteza oceánica causa la reducción de una cantidad igual de corteza en otra parte, concretamente en los límites convergentes, donde, o bien una placa se superpone a otra –proceso llamado subducción–, o bien la compresión de ambas placas genera el plegamiento y la formación de cordilleras.

∧ FALLA DE SAN ANDRÉS
Esta impresionante falla, que se extiende unos 1300 km a lo largo de California, es resultado del límite transformante entre las placas Pacífica y Norteamericana, que se deslizan la una sobre la otra.

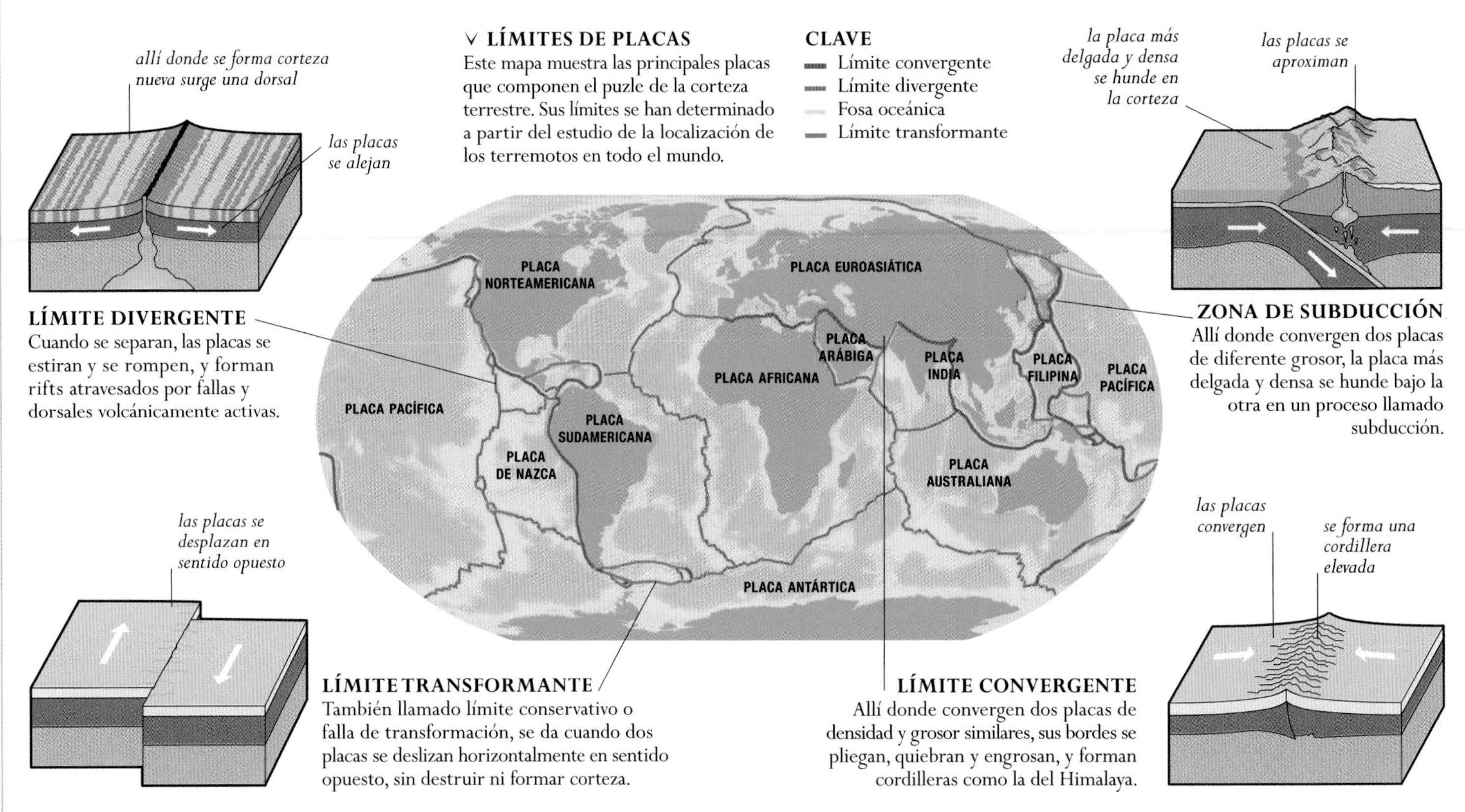

∨ LÍMITES DE PLACAS
Este mapa muestra las principales placas que componen el puzle de la corteza terrestre. Sus límites se han determinado a partir del estudio de la localización de los terremotos en todo el mundo.

LÍMITE DIVERGENTE
Cuando se separan, las placas se estiran y se rompen, y forman rifts atravesados por fallas y dorsales volcánicamente activas.

ZONA DE SUBDUCCIÓN
Allí donde convergen dos placas de diferente grosor, la placa más delgada y densa se hunde bajo la otra en un proceso llamado subducción.

LÍMITE TRANSFORMANTE
También llamado límite conservativo o falla de transformación, se da cuando dos placas se deslizan horizontalmente en sentido opuesto, sin destruir ni formar corteza.

LÍMITE CONVERGENTE
Allí donde convergen dos placas de densidad y grosor similares, sus bordes se pliegan, quiebran y engrosan, y forman cordilleras como la del Himalaya.

< MONTAÑAS PLEGADAS
La intensa presión causada por los límites de placas convergentes pliega, fractura y engrosa las rocas de la corteza. El engrosamiento de la corteza levanta cadenas montañosas.

VOLCANES ACTIVOS >
Los volcanes se suelen formar en los límites entre placas. La roca profunda se funde y forma un magma que sube y sale al exterior. También los dormidos pueden erupcionar por el movimiento de placas.

MONTAÑAS Y VOLCANES

Uno de los principales factores que rigen el movimiento y la distribución de la vida en la Tierra es su topografía, sus rasgos superficiales, entre ellos las grandes montañas y volcanes en tierra y bajo el mar. En tierra, las montañas no solo obstaculizan los desplazamientos de la vida salvaje; además, alteran el clima y la vida vegetal, y ello afecta a la vida animal. Los volcanes activos modifican directamente su entorno al entrar en erupción: de entrada destruyen la vida, y a la larga, la meteorización y erosión de la lava y la ceniza aportan nuevos nutrientes minerales que fertilizan el suelo. Las cordilleras y las erupciones volcánicas submarinas afectan al movimiento del agua, a la vida marina y a la fertilidad de las aguas oceánicas.

DESGASTE
La meteorización por efecto del viento y el agua puede resultar en una erosión considerable de la roca y esculpir impresionantes paisajes como el de Bryce Canyon, en Utah (EE UU).

METEORIZACIÓN Y EROSIÓN

Muchas rocas se forman bajo la superficie terrestre, y al quedar expuestas por el alzamiento debido a la presión en la corteza o la retirada de mares y ríos, reaccionan de maneras diversas con la atmósfera, el agua y los seres vivos. Los procesos físicos y químicos resultantes de la interacción de las rocas y minerales con la atmósfera se conocen como meteorización; y los procesos por los que el material rocoso se desprende, disuelve y transporta, como erosión. La combinación de ambos procesos va desgastando las superficies rocosas de la Tierra. La roca expuesta en la cima de las montañas o el exterior de los edificios, por ejemplo, está sometida a la meteorización química por la lluvia ácida, así como a la física por los cambios de temperatura y la formación de hielo. La roca expuesta puede sufrir también erosión por la arena que transporta el viento. El efecto combinado de la meteorización y la erosión disuelve algunas rocas, y reduce otras a fragmentos. Al disgregarse los desechos rocosos y ser transportados por el viento, el agua y el hielo, los sedimentos resultantes quedan disponibles para los seres vivos, y aportan importantes nutrientes minerales, además de nuevas superficies en las que arraigar y crecer.

< CORRIMIENTO DE TIERRA EN RÍO DE JANEIRO
Incluso cuando hay una cubierta vegetal muy desarrollada, las altas precipitaciones sobre zonas en pendiente pueden provocar fenómenos que alteran el paisaje y a veces amenazan la vida, tales como avalanchas y corrimientos de tierra.

CIENCIA

FORMACIÓN DE SUELO

La producción de suelo requiere la meteorización y erosión inicial de la roca madre, que se descompone en pequeñas partículas portadoras de minerales (regolito). Junto con el humus, materia orgánica procedente de los restos de plantas y animales, el regolito forma la base del suelo, que se convierte en el lecho sobre el que prospera nueva vida.

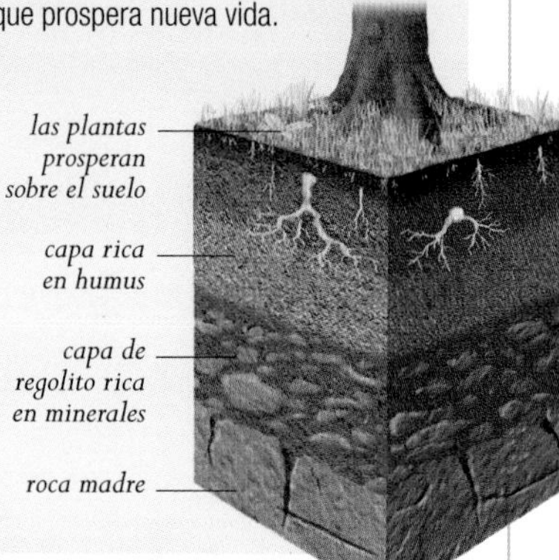

CLIMAS CAMBIANTES

El carácter de las estaciones –tal como veranos cálidos y secos e inviernos fríos y helados– configura el clima de cada zona. El clima de la Tierra ha variado siempre con diferencias de ritmo, lugar y tiempo, y tal variación ha tenido un impacto importante y continuo en la evolución de la vida.

¿QUÉ ES EL CLIMA?

El clima es el tiempo medio de una determinada región durante un periodo de tiempo prolongado, y es resultado de las condiciones atmosféricas, tales como la temperatura, las precipitaciones, la fuerza del viento y la presión. El clima de un lugar depende también de otros factores como el impacto humano, la altura sobre el nivel del mar, la topografía local y la proximidad de mares u océanos –con sus vientos y corrientes predominantes–, y sobre todo, de la latitud. De esta depende la cantidad de radiación solar que recibe cada zona del mundo; hay, por ejemplo, una gran diferencia entre el clima de las regiones polares, que reciben la menor cantidad de luz y calor, y las tropicales, que reciben más que ninguna otra.

< GRADACIÓN VEGETAL
A mayor altura, la temperatura del aire desciende y la vida vegetal varía: los árboles de hoja ancha dan paso a las coníferas, y luego a los arbustos.

CONDICIONES CAMBIANTES

Los climas suelen clasificarse en función de la temperatura media y el volumen de precipitaciones en cada lugar, así como su efecto combinado sobre el crecimiento de la vegetación. Así, por ejemplo, en la actualidad las regiones ecuatoriales son cálidas y húmedas por la influencia predominante de los océanos, mientras que los desiertos son secos, y las regiones polares, frías. No obstante, esto no siempre fue así. Los factores que rigen el clima a lo largo del tiempo geológico han afectado al clima del planeta, desde las glaciaciones hasta el calentamiento global.

ZORRO ÁRTICO EN VERANO

ZORRO ÁRTICO EN INVIERNO

∧ ADAPTACIÓN ESTACIONAL
Las variaciones estacionales del clima imponen condiciones de vida muy diferentes en cada momento. Los seres vivos disponen de medios para adaptarse a tales cambios; así, el zorro ártico desarrolla en invierno un pelaje grueso, que en verano pierde.

VIDA EN EL DESIERTO
Los cactus se han adaptado a los ambientes semiáridos ralentizando su crecimiento, reduciendo sus hojas a espinas (para evitar la pérdida de agua) y desarrollando tejidos especiales para retener el agua.

< PRUEBAS DEL CAMBIO CLIMÁTICO
El estudio de muestras de hielo polar ha revelado detalles de cambios climáticos pasados. El análisis químico de las burbujas de aire atrapadas en él proporciona una medida aproximada de la temperatura de la atmósfera en el tiempo en que se formó el hielo.

< MUESTRA DE HIELO
Este es un detalle de una muestra obtenida del lago Bonney, en la Antártida, que tiene una cubierta de hielo permanente. Pueden apreciarse las burbujas de aire atrapadas y los sedimentos del lecho lacustre.

CICLOS CLIMÁTICOS

Rocas y fósiles ofrecen pruebas claras de que el clima ha variado mucho con el tiempo, y de que ello ha afectado a la evolución y distribución de la vida y llevado a la extinción a muchas especies. Tal cambio climático natural tiene causas diversas, entre ellas la actividad volcánica –que contamina la atmósfera con polvo y gas– y los cambios en las corrientes oceánicas que recorren el globo. También motivan el cambio los ciclos orbitales y rotacionales del planeta, que afectan a la cantidad de radiación solar que alcanza la superficie terrestre. Esto a su vez influye en la temperatura y el clima del planeta, y desencadena las glaciaciones y los periodos interglaciales.

GEOGRAFÍA CAMBIANTE

La tectónica de placas ha provocado la expansión y contracción de los océanos y el desplazamiento de los continentes, que al viajar de un hemisferio a otro atravesaban zonas climáticas distintas; en algunos casos se agregaron en supercontinentes, cuyo tamaño también ha influido en los climas regionales. Los cambios en la forma de las cuencas oceánicas han alterado la circulación de las aguas; esto afecta a la temperatura y humedad de la atmósfera, y al clima.

INTERGLACIALES Y GLACIACIONES

Al considerar los cambios climáticos de larga duración, se distinguen periodos fríos, o glaciaciones, en las que hubo extensas capas heladas sobre los polos, y periodos más cálidos, o interglaciales, con los polos libres de hielo. Las fases cálidas están vinculadas a la liberación en la atmósfera, por parte de la vegetación, de gases de efecto invernadero como el dióxido de carbono. Estos gases retienen el calor atmosférico y dan lugar a mares de poca profundidad, zonas áridas y bosques que en la era de los dinosaurios les proporcionaban alimento. Las glaciaciones, que han durado millones de años, pueden datarse por las huellas que han dejado en el paisaje. Los fósiles reflejan el violento impacto que tuvieron sobre la vida global los rápidos cambios climáticos asociados a las glaciaciones.

CIENCIA

ESTUDIO DE ESTOMAS

El crecimiento de las plantas depende del intercambio de gases entre la atmósfera y los tejidos vegetales, que se produce a través de unas aberturas que se hallan entre las células de las hojas, los estomas. Estos se abren y se cierran para absorber dióxido de carbono para la fotosíntesis y permitir la salida de agua y oxígeno. En general, las plantas se adaptan a los altos niveles de dióxido de carbono atmosférico asociados a los climas cálidos interglaciales desarrollando una alta densidad de estomas en sus hojas. Los cambios de tal densidad en las hojas fósiles revelan cambios en los niveles de dióxido de carbono atmosférico.

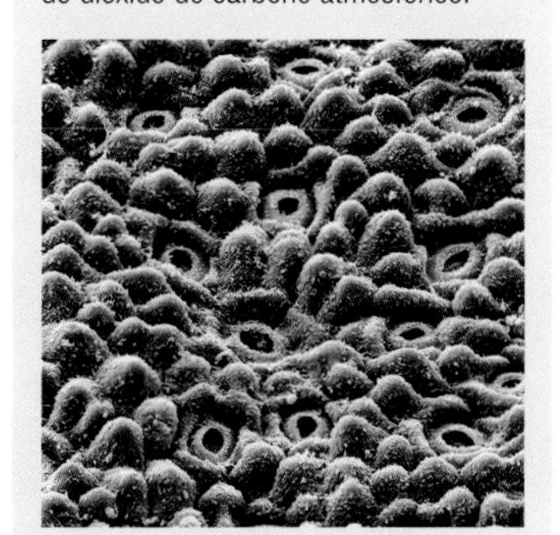

ESTRUCTURA DEL EUCALIPTO

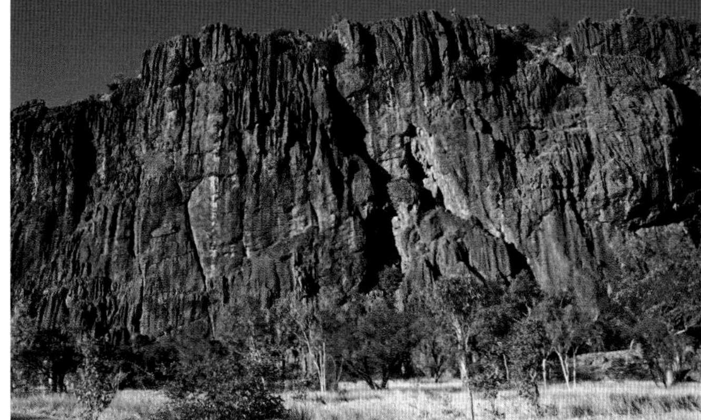

∧ ARRECIFE DE CORAL DEVÓNICO
El cambiante clima de la Tierra queda manifiesto en este espectacular afloramiento calizo de Kimberley, en Australia Occidental. En el Devónico, hace 400 millones de años, esta región se hallaba bajo el agua, y el peñasco era un arrecife.

∨ DIÓXIDO DE CARBONO Y TEMPERATURA
Las burbujas de gas atrapadas en muestras de hielo polar revelan las fluctuaciones de la temperatura del planeta: cuanto mayor sea la cantidad de dióxido de carbono de la muestra, más alta debía de ser la temperatura atmosférica cuando se formó el hielo.

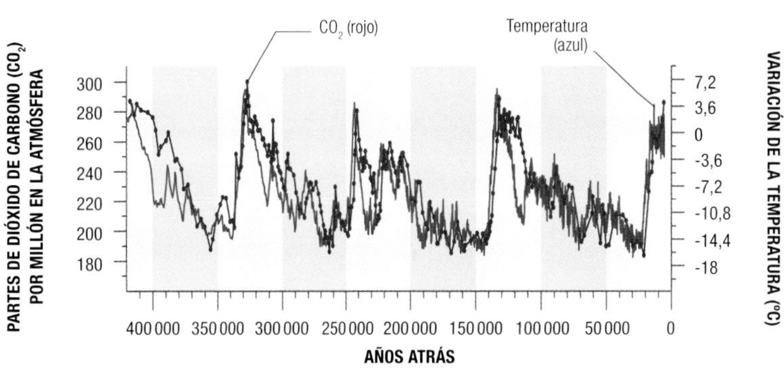

HÁBITATS DEL MUNDO

Los variados hábitats de la Tierra permiten sostener una vida vegetal y animal rica y diversa, desde las profundidades de los lechos oceánicos a las montañas más elevadas, y desde los áridos desiertos y praderas a los cálidos y húmedos trópicos.

Cada forma de vida tiene su hábitat predilecto, aquel al que se ha adaptado a lo largo de miles o incluso millones de años. Aun así, los diversos ambientes de la Tierra permiten a muchas clases distintas de animales y plantas vivir en un mismo hábitat, un fenómeno conocido como biodiversidad. A lo largo del tiempo geológico, la vida se ha adaptado a cambios ambientales, en especial cambios climáticos rápidos, que han originado extinciones y la evolución de formas de vida capaces de colonizar nuevos hábitats. La presencia de estos organismos pioneros produjo cambios en los ambientes que colonizaban, como la formación de suelos, y tales cambios permitieron la llegada de nuevas formas de vida.

Las diferencias entre hábitats se deben a muchos factores, como la altura de la región sobre el nivel del mar, su distancia del ecuador o su topografía. Ciertas regiones del globo, sobre todo los arrecifes y las selvas tropicales, presentan una gran biodiversidad, son muy ricas en vida animal y vegetal, mientras que otras, con condiciones más extremas, solo albergan a unas pocas especies, aunque suelen ser muy populosas.

CLAVE

- Regiones polares
- Desiertos
- Praderas
- Bosques tropicales
- Bosques templados
- Bosques de coníferas
- Montañas
- Arrecifes de coral
- Ríos y humedales
- Océanos

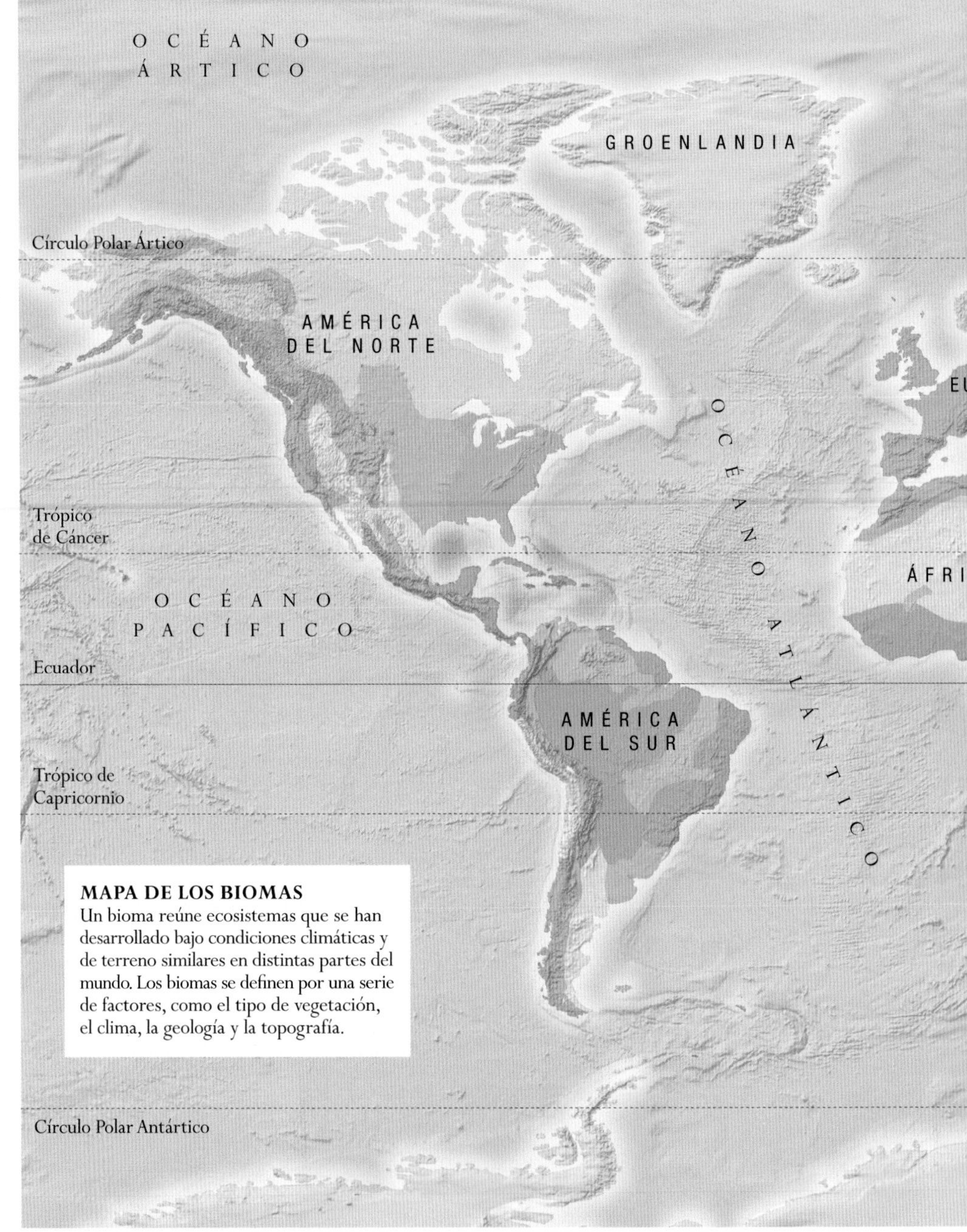

MAPA DE LOS BIOMAS
Un bioma reúne ecosistemas que se han desarrollado bajo condiciones climáticas y de terreno similares en distintas partes del mundo. Los biomas se definen por una serie de factores, como el tipo de vegetación, el clima, la geología y la topografía.

CIENCIA

NIVELES DE VIDA

Los seres vivos rara vez viven de forma aislada, ni siquiera en los lugares más remotos de la Tierra. La interacción entre ellos ha generado distintos niveles de organización, desde el organismo individual hasta el ecosistema que este habita y comparte con otros.

INDIVIDUO
Miembro de una población, por lo general independiente y restringido a un hábitat.

POBLACIÓN
Grupo de individuos de la misma especie que comparten un área y se reproducen entre sí.

COMUNIDAD
Conjunto de poblaciones de plantas y animales que habitan en un área determinada de forma natural.

ECOSISTEMA
Conjunto formado por una comunidad biológica y su entorno físico, que se sustentan mutuamente.

PRADERAS
La evolución de las herbáceas hace unos 20 millones de años y la colonización por mamíferos que se alimentaban de ellas transformó los paisajes de la Tierra. La pradera templada suele carecer de árboles y su suelo es muy fértil. La sabana, como la de la imagen, es más bien un bosque abierto, con árboles y arbustos desperdigados.

BISONTE

DESIERTOS
La ausencia de lluvias y la esterilidad del suelo producen desiertos. Estos constituyen actualmente un tercio del paisaje terrestre, y la proporción va en aumento. El mayor de ellos es el Sáhara, en África.

SERPIENTE DE CASCABEL

BOSQUES TROPICALES
En tierra firme, los hábitats con una vida salvaje más rica son los bosques del área intertropical, la más cálida del globo. Sus numerosos ecosistemas presentan una biodiversidad extraordinaria, pero cada vez más amenazada.

RANA VENENOSA ROJA Y AZUL

OCÉANO ÁRTICO

ASIA

OCÉANO PACÍFICO

OCÉANO ÍNDICO

AUSTRALIA

OCÉANO ANTÁRTICO

ANTÁRTIDA

BOSQUES TEMPLADOS
En el área comprendida entre los trópicos y las regiones polares, la influencia de las masas de aire tropicales y polares favorece el crecimiento de extensos bosques con una biodiversidad considerable, pero la tala ha reducido mucho su superficie.

CIERVO COMÚN

BOSQUES DE CONÍFERAS
Las coníferas, como la secuoya, la pícea y el abeto, pertenecen a un antiguo grupo vegetal que incluye a los árboles más resistentes del mundo. De hoja pequeña y perenne, prosperan en medios fríos y montañosos donde pocas especies pueden hacerlo.

OSO PARDO

MONTAÑAS
Las montañas de la Tierra, que alcanzan casi los 9 km sobre el nivel del mar, albergan ambientes diversos. Una misma montaña puede acoger desde un bosque templado hasta condiciones árticas, a medida que aumenta la altitud.

HALCÓN PEREGRINO

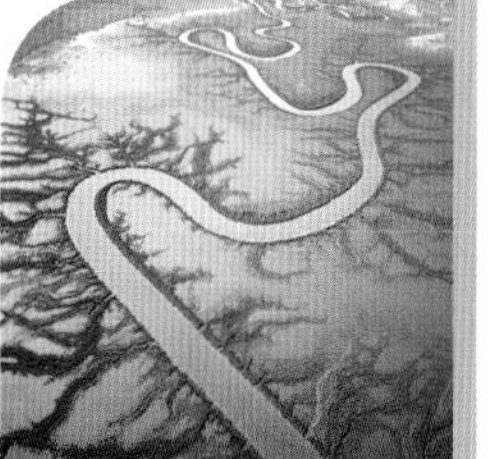

RÍOS Y HUMEDALES
Los ríos y lagos de la Tierra acogen una gran variedad de vida vegetal y animal. Los paisajes saturados de agua, de modo permanente o estacional, forman humedales en los que las aguas abiertas se alternan con una densa vegetación.

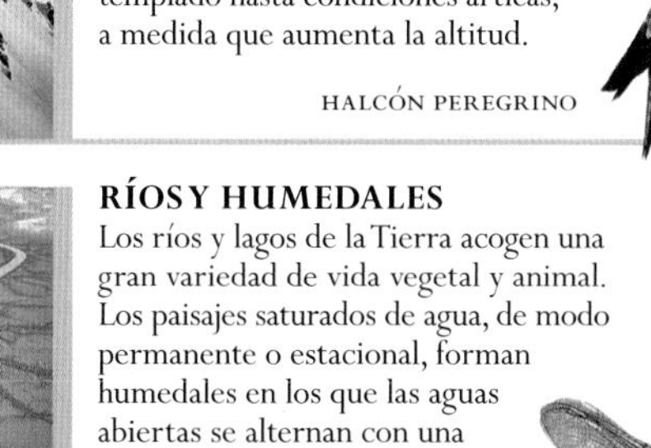

LIBÉLULA

REGIONES POLARES
Las regiones ártica y antártica están sometidas a estaciones extremas, con luz solar continua en verano y noche perpetua en invierno. Dominadas por la nieve y el hielo, con vastas y secas áreas de desierto polar, ambas regiones son muy vulnerables al cambio climático.

PINGÜINO SALTARROCAS

ARRECIFES DE CORAL
Se forman a partir de los esqueletos de organismos marinos en aguas tropicales soleadas y poco profundas. Dada la gran variedad de vida que contienen, vienen a ser como las selvas tropicales del mundo acuático.

PEZ CIRUJANO AMARILLO

OCÉANOS
Los océanos cubren dos tercios del planeta y forman el mayor hábitat continuo de la Tierra. Desde la superficie hasta las profundidades, acogen formas de vida muy diversas, desde el plancton microscópico hasta el mayor de los mamíferos, la ballena azul.

BOGAVANTE

IMPACTO HUMANO

El rápido crecimiento de la población humana ha tenido un impacto enorme sobre los ambientes naturales de la Tierra, afectando al clima y a incontables especies de plantas y animales. Algunos cambios son ya irreversibles.

^ **CICATRIZ EN EL PAISAJE**
El crecimiento de la industria ha requerido la explotación de materias primas cuya extracción, como en esta mina de cobre, ha transformado algunos paisajes del planeta.

^ **POLUCIÓN ATMOSFÉRICA**
La tala y quema de bosques para obtener nuevas tierras agrícolas libera contaminantes atmosféricos y además reduce la captura de dióxido de carbono por vía vegetal.

CAMBIOS AMBIENTALES

La Tierra tiene una larga historia de cambio climático, con cálidos periodos interglaciales dominantes interrumpidos por gélidas glaciaciones. Se sabe que el calentamiento global está vinculado a altos niveles de gases de efecto invernadero (dióxido de carbono, metano) en la atmósfera, que atrapan la energía solar y elevan la temperatura de los océanos, la tierra y el aire. En el pasado, el aumento natural del dióxido de carbono atmosférico se compensaba con el desarrollo de los bosques en tierra y los sedimentos calizos en el mar, que con el tiempo se convertían en carbón y roca caliza que almacenaban eficazmente el exceso de dicho gas. Desde la revolución industrial del siglo XIX, la actividad humana –con la minería y el uso de combustibles fósiles, la tala de bosques y la cría de ganado– ha liberado en la atmósfera gran cantidad de dióxido de carbono y otros gases de efecto invernadero.

LOS OCÉANOS

La salud de los océanos es crucial para toda la vida. La vida marina depende de la circulación de aguas con suficiente oxígeno y nutrientes para sostener la cadena trófica, desde el plancton y los moluscos al resto de animales que dependen de ellos para su alimentación. El registro fósil muestra que el deterioro del medio marino en el pasado condujo a extinciones. Hoy en día, la sobrepesca y la contaminación, especialmente con plásticos, están afectando al medio marino.

LA ATMÓSFERA

La actividad humana ha afectado a la atmósfera durante miles de años. En un primer momento fueron la contaminación por el fuego de los hogares y la tala de bosques, y ya en época romana, la producción de metal liberó los primeros contaminantes industriales, que dejaron rastros detectables en el hielo polar. En los últimos 200 años, la contaminación por gases y partículas en suspensión ha aumentado mucho, con el resultado de lluvia ácida y esmog, y gases de efecto invernadero causantes del calentamiento global y el deterioro de la capa de ozono que protege de la radiación ultravioleta.

v **EFECTO INVERNADERO**
Un exceso de gases de efecto invernadero en la atmósfera forma un escudo que impide que parte de la energía solar captada escape de nuevo al espacio.

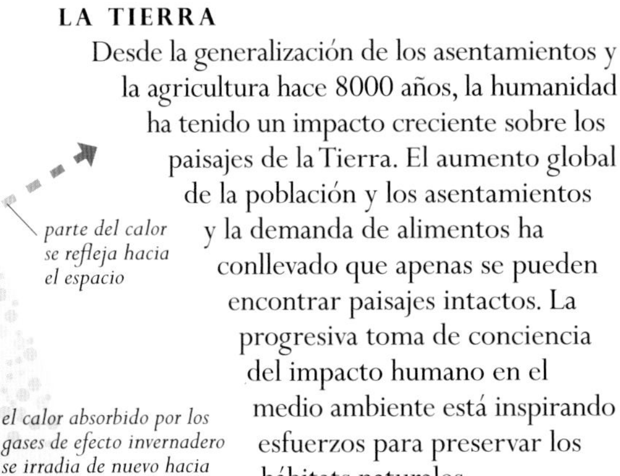

LA TIERRA

Desde la generalización de los asentamientos y la agricultura hace 8000 años, la humanidad ha tenido un impacto creciente sobre los paisajes de la Tierra. El aumento global de la población y los asentamientos y la demanda de alimentos ha conllevado que apenas se pueden encontrar paisajes intactos. La progresiva toma de conciencia del impacto humano en el medio ambiente está inspirando esfuerzos para preservar los hábitats naturales.

v **COLAPSO DEL HIELO POLAR**
El ascenso de las temperaturas provoca el derrumbe y derretimiento de las placas de hielo polares. El consiguiente ascenso del nivel del mar amenaza a las costas.

AGRICULTURA
Los paisajes naturales quedan radicalmente alterados por cultivos intensivos como el del arroz en Asia. Tales métodos agrícolas proporcionan alimento a grandes poblaciones, pero requieren enormes cantidades de agua.

EXTINCIÓN

La incapacidad de muchos organismos para adaptarse a los cambios ambientales ha llevado a una gran rotación de especies a lo largo del tiempo geológico. De hecho, la gran mayoría de las especies naturales están hoy extintas. Solo sobreviven los organismos más aptos, generalmente por una adaptación gradual, y a veces por la eliminación de sus competidores. Así, hace 66 millones de años, el impacto de un asteroide en la Tierra desencadenó una serie de acontecimientos que hicieron desaparecer muchas formas de vida, como los dinosaurios en tierra firme y los amonites en el mar; pero también allanó el camino para la rápida evolución de los mamíferos, incluidos los humanos. Posteriormente, la llegada del hombre a diversas zonas del globo contribuyó a la extinción de especies particulares, como el mamut lanudo de Europa y Asia (cuadro, derecha). Conforme la población humana crece, nuestra actividad pone en peligro de extinción a un número creciente de especies, como el tigre.

^ IBIS NIPÓN
Extendido en su día por toda Asia, la caza y la pérdida de hábitats ha reducido al ibis nipón a una pequeña población salvaje en China. La cría en cautividad ha permitido reintroducirlo en Japón.

< CIERVO DEL PADRE DAVID
Extinto en su medio natural, este ciervo de Asia oriental sobrevive desde 1900 en rebaños criados en Inglaterra. Los ejemplares reintroducidos en China en la década de 1980 forman hoy una población de unos 700.

CIENCIA

NO MÁS MAMUTS

Los mamuts lanudos fueron elefantes adaptados al frío. Migraban por la Europa y el Asia de la era glaciar en grandes manadas, y pruebas arqueológicas como la pintura rupestre muestran que fueron cazados por los humanos hace unos 30 000 años, lo cual pudo contribuir a la extinción de la mayoría de ellos hace 11 000 años.

PINTURA RUPESTRE (FRANCIA)

ORÍGENES DE LA VIDA

El registro fósil indica que la vida apareció sobre la Tierra hace al menos 3700 millones de años, y que toda la vida compleja ha evolucionado a partir de las primeras formas simples. Hoy la diversidad biológica abarca desde organismos unicelulares hasta mamíferos con una compleja anatomía.

¿QUÉ ES LA VIDA?

Varios rasgos distinguen a un organismo vivo de la materia inanimada, inorgánica, aunque la existencia de los virus difumina el límite entre lo vivo y lo no vivo. Esos rasgos incluyen la capacidad de captar y gastar energía, la de crecer y cambiar, reproducirse, adaptarse al medio y –en organismos más complejos– comunicarse.

La célula es la unidad fundamental de la vida, capaz de replicarse y realizar todos los procesos vitales. Incluso los organismos más pequeños se componen de al menos una célula, y casi todas las células de todo organismo vivo cuentan con instrucciones moleculares propias. Dentro de cada célula, los filamentos cromosómicos portan información hereditaria en forma de genes, los responsables de las características particulares de cada organismo. El conjunto de instrucciones de un gen se encuentra registrado principalmente en forma de una molécula, el ácido desoxirribonucleico (ADN) cromosómico. El ADN de un organismo transmite información de una generación a otra, permitiendo la herencia de ciertos rasgos.

^ **FOTOSÍNTESIS**
Las plantas emplean la clorofila para captar energía lumínica y convertir el agua y el dióxido de carbono en glúcidos y oxígeno. Esto beneficia a otros seres vivos que se alimentan de las plantas y respiran oxígeno.

^ **ENERGÍA VITAL**
Para conservarse, la vida debe obtener energía del medio. La energía circula generalmente de la fotosíntesis de las plantas (y ocasionalmente de la quimiosíntesis de las bacterias) a los animales que se alimentan de ellas y que a su vez son presa de otros animales.

DIVISIONES DE LA VIDA

La amplia gama de la vida terrestre se divide en tres dominios o superreinos –arqueas, bacterias y eucariotas– que abarcan todas las formas de vida, desde las plantas y los hongos hasta los animales. Arqueas y bacterias son organismos unicelulares primitivos, y fueron probablemente las primeras formas de vida en la Tierra. Los más avanzados eucariotas se distinguen de aquellas por tener un núcleo celular que contiene ADN, el material genético de la célula. Los eucariotas varían mucho en forma y tamaño, desde organismos unicelulares hasta complejos animales y plantas multicelulares.

< **CRECIMIENTO**
La capacidad de crecer y repararse es uno de los rasgos clave de la vida. Todos los seres vivos, desde los hongos hasta los mamíferos, crecen generalmente por división celular, pero también mediante el aumento del tamaño de las células.

CIENCIA

VIRUS

Los virus son la entidad biológica más abundante de la Tierra, y se encuentran en el límite entre lo vivo y lo no vivo. Si bien tienen rasgos en común con los seres vivos –están constituidos por material genético y protegidos por una capa proteínica–, son parasitarios y solo pueden reproducirse en las células vivas de otros organismos. Se trata de diminutos «paquetes» de sustancias químicas capaces de replicarse, pero sin una auténtica vida.

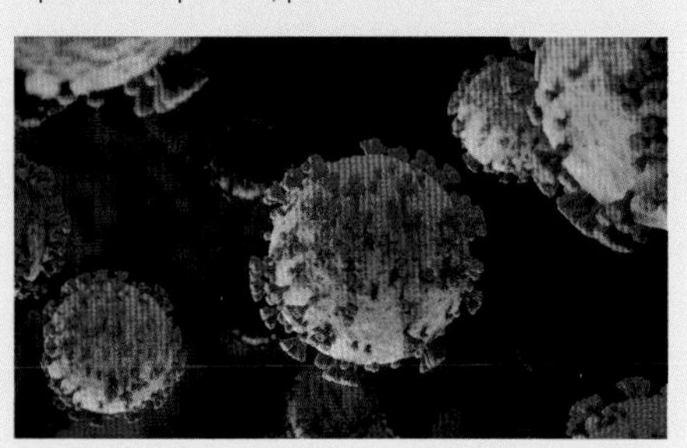

VIRUS SARS-COV-2, CAUSA DE LA COVID-19

LA VIDA PRIMIGENIA

Las primeras formas de vida evolucionaron en los mares; las pruebas de ello proceden de dos fuentes principales: los organismos primitivos vivos y el registro fósil. Hoy en día, los seres vivos más primitivos son arqueas y bacterias, capaces de sobrevivir a temperaturas y condiciones de acidez extremas. Tales microorganismos podrían ser similares a los primeros que surgieron en la Tierra primigenia.

Las pruebas fósiles de la vida primitiva son controvertidas. En rocas de Groenlandia occidental se han hallado evidencias químicas de carbono derivado de organismos vivos de hace unos 3700 años. Los registros de vida más antiguos y convincentes son los estromatolitos estratificados (derecha). Desde la aparición de la vida simple,

VIDA PRÓSPERA
La vida, que surgió en las aguas de los mares, ha evolucionado en ellos hasta producir hábitats como los de los arrecifes tropicales, cuya biodiversidad solo se ve superada por la de las selvas lluviosas tropicales.

< **ESTROMATOLITOS**
Estas estructuras estratificadas, que alternan capas de sedimento y láminas de microorganismos, entre ellos cianobacterias, se han formado a lo largo de miles de millones de años en mares tropicales poco profundos.

pasaron otros 2700 millones de años hasta la llegada de formas de vida complejas. El fósil de un alga roja microscópica y multicelular denominada *Bangiomorpha* aporta la primera prueba de la existencia de células especializadas. Esas células evolucionaron para la reproducción sexual y para el desarrollo de un agarre del alga al lecho marino. Hace unos 650 millones de años aparecieron organismos de cuerpo blando con forma de hoja y de disco, por lo general sésiles. Estos animales marinos fósiles se conocen como fauna de Ediacara. Al comienzo del Cámbrico, hace 545 millones de años aproximadamente, habían surgido ya muchos organismos marinos multicelulares, como gusanos excavadores y moluscos pequeños con concha, dotados de tejido muscular y órganos como las agallas para la respiración. Hace unos 510 millones de años surgieron los primeros vertebrados. A fines del Devónico, hace unos 380 millones de años, los vertebrados comenzaron a colonizar la tierra desde los mares.

∧ **BURGESS SHALE**
Los fósiles de Burgess Shale, en Canadá, revelan que la vida marina se diversificó rápido en el Cámbrico, de las esponjas y los artrópodos a los vertebrados.

WIWAXIA >
Hallado en Burgess Shale, *Wiwaxia* fue un animal de unos 5 cm de longitud, similar a un molusco con escamas, que se arrastraba por el lecho marino.

EVOLUCIÓN Y DIVERSIDAD

Hasta el siglo XIX, la cuestión de cómo había llegado a ser tan diversa la vida en la Tierra era objeto de meras especulaciones. Desde entonces, la teoría de la evolución y la diversificación, junto con las pruebas geológicas de los cambios en la distribución de los continentes, ofrecen una perspectiva fascinante de la siempre cambiante vida del planeta.

ADAPTACIÓN Y CAMBIO

Todos los seres vivos pueden cambiar y adaptarse al medio que los rodea. Los cambios que se dan de una generación a otra son difíciles de apreciar, pero con el tiempo pueden alterar el aspecto o el comportamiento de una especie. Tal proceso, conocido como evolución, no es gradual, sino que ha visto importantes extinciones y estallidos de desarrollo a lo largo del tiempo.

La paleontología, el estudio de la historia de la vida a partir de fósiles, se hallaba en sus inicios en la época de Charles Darwin, y desde entonces ha salido a la luz una enorme cantidad de información que corrobora sus tesis. Hoy sabemos que la vida comenzó en los océanos hace al menos 3700 millones de años, y que toda la vida de la Tierra –plantas, hongos y animales– evolucionó a partir de aquellas formas simples.

Cuando los seres vivos se hicieron más complejos y colonizaron la tierra, aparecieron los primeros bosques y animales terrestres. El Mesozoico, iniciado hace unos 252 millones de años, vio la evolución de plantas y animales, el dominio de los dinosaurios y el surgimiento de sus descendientes, las aves. Hace unos 66 millones de años, una extinción masiva dio paso al Cenozoico. Aquellos reptiles fueron reemplazados en gran medida por mamíferos, tanto en el mar como en tierra, donde las plantas con flores y los insectos polinizadores se multiplicaron y diversificaron.

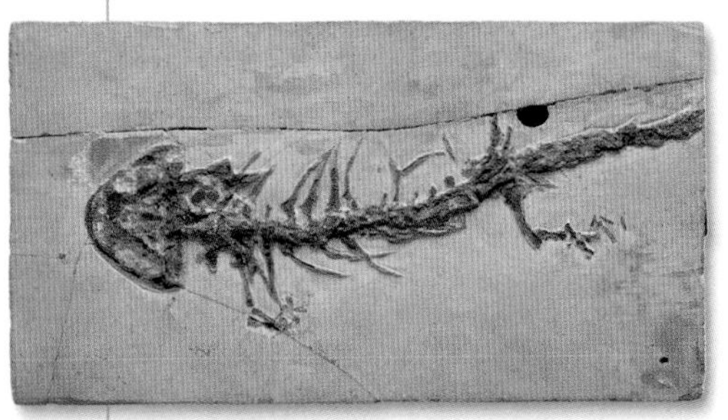

< **SALAMANDRA GIGANTE**
Este rarísimo esqueleto fósil de *Andrias* (salamandra gigante) fue confundido con una víctima humana del diluvio bíblico hasta que el anatomista francés Georges Cuvier lo identificó como un anfibio en 1812.

PRUEBAS DE LA EVOLUCIÓN
La comparación de la anatomía de los huesos de las extremidades de especies distintas de vertebrados revela que, pese a las diferencias de aspecto y función, derivan de un mismo plan básico de desarrollo y de los mismos genes.

RANA
Los huesos de las patas y los dedos están adaptados para nadar. Sus grandes músculos le facilitan el salto, fundamental para cazar y escapar de los depredadores.

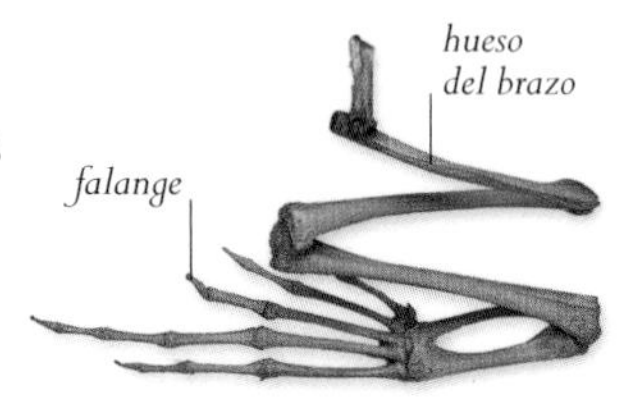

BÚHO
Los músculos del vuelo, sujetos a los huesos del brazo y la muñeca, mueven las alas de las aves, que tienen unas falanges muy alargadas y modificadas.

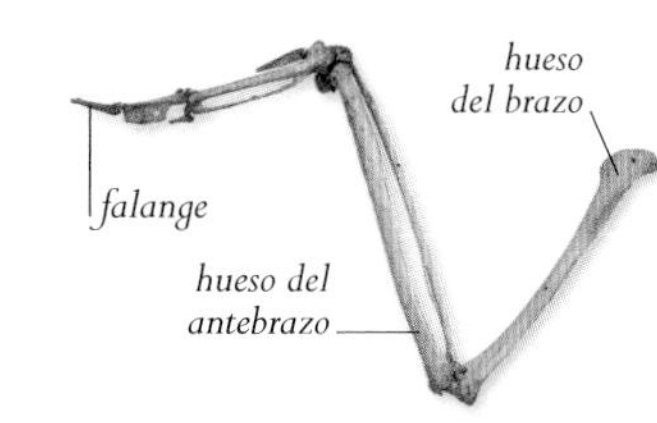

CHIMPANCÉ
El brazo del chimpancé es anatómicamente muy similar al del hombre, pero sus proporciones son ligeramente distintas, con un pulgar corto y los otros dedos muy alargados.

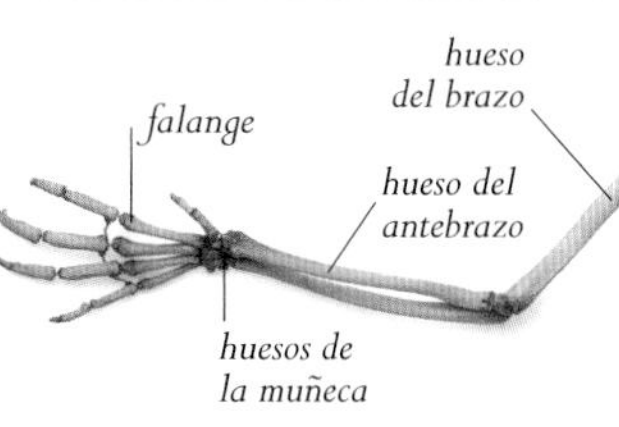

DELFÍN
Los huesos de las extremidades de delfines y ballenas forman una aleta, con huesos cortos, aplanados y reforzados, y dos de los dedos muy alargados.

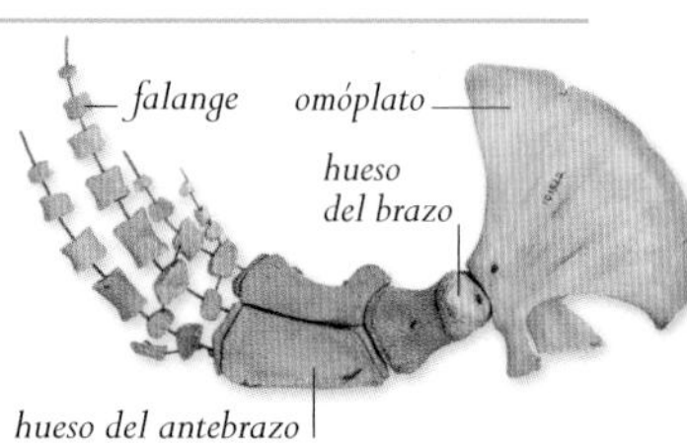

LAMARCK DESPEJA EL CAMINO

El biólogo francés del siglo XVIII Jean-Baptiste Lamarck desarrolló la primera teoría evolutiva integral, según la cual las formas de vida superiores habían «evolucionado» a partir de otras más simples. Basándose en su exhaustivo estudio de los invertebrados, Lamarck sostuvo que las características necesarias se podían adquirir en el tiempo de una vida –mediante el impulso de conseguir alimento, refugio y pareja– y que las innecesarias podían perderse, y que la transformación consiguiente la heredaba la descendencia. Aunque la genética moderna desmiente tal teoría de la «herencia blanda», los conceptos de Lamarck fueron un punto de partida clave, que desarrolló después el anatomista escocés Robert Grant, tutor de Charles Darwin en Edimburgo. El propio Darwin no descartó del todo algún mecanismo lamarckiano, que consideró podía ser suplementario de la selección natural.

< ∧ **IMPULSO VITAL**
Lamarck creía que el motor de la evolución era un impulso interno de los seres vivos: la jirafa desarrolló un cuello largo para alcanzar las hojas de los árboles, y la garza unas patas largas para andar por el agua.

∧ **PINZONES DE LAS GALÁPAGOS**
Durante sus viajes, Darwin reunió muchos ejemplares distintos de pinzones que creía podían descender de un antepasado común.

ala de mariposa

∧ **CAJA DE COLECCIONISTA**
Tanto a Darwin como a Wallace les fascinaba la diversidad de los insectos, y ambos fueron ávidos coleccionistas.

DARWIN Y WALLACE

A mediados del siglo XIX, los naturalistas británicos Charles Darwin y Alfred Russel Wallace dieron de forma independiente con la teoría de la evolución por selección natural. Darwin y Wallace contaban con experiencia de campo en el área tropical, un medio de gran biodiversidad, alta competencia por los recursos y marcadas diferencias entre los organismos de las diversas regiones. Ambos se preguntaron a qué respondían tales fenómenos. En sus viajes, Wallace coleccionó especímenes para estudiar y vender, y en el archipiélago malayo formuló sus tesis para explicar la distribución geográfica de los seres vivos –la biogeografía– y comprendió el papel de la selección natural en la evolución. Mientras tanto, un viaje de cinco años por el hemisferio sur a bordo del *Beagle* aportó a Darwin abundante material para formular su teoría de la evolución, que no salió a la luz hasta 1858, cuando Wallace y Darwin publicaron conjuntamente sus conclusiones sobre la selección natural. Al año siguiente, Darwin amplió su teoría en su famosa e influyente obra *El origen de las especies*.

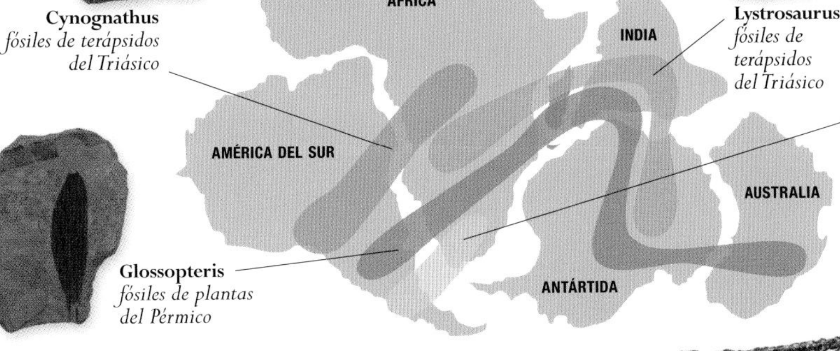

Mesosaurus
fósiles de reptiles del Pérmico

< **BIOGEOGRAFÍA**
La distribución de ciertos fósiles de reptiles, terápsidos y plantas por los continentes del hemisferio sur revela que estos estuvieron unidos en un supercontinente, llamado Gondwana.

∧ **AVE TEMPRANA**
El hallazgo del fósil de *Archaeopteryx* en 1861 reveló características que aportaban un vínculo evolutivo entre dos grandes grupos: reptiles y aves.

LA EVOLUCIÓN EN MARCHA

Darwin y Wallace postularon la selección natural, pero fue el hallazgo del gen lo que reveló a los científicos el mecanismo mediante el cual se produce la selección. La comprensión del gen ha sido la clave para comprender la evolución.

SELECCIÓN NATURAL

El mecanismo evolutivo clave de la selección natural favorece la supervivencia de los más aptos: los individuos que tienen características mejor adaptadas a su medio en un momento concreto tienen mayores posibilidades de poder sobrevivir y reproducirse, y transmiten dichos rasgos favorables a su descendencia. La variación genética de las poblaciones produce diferencias de tamaño, forma y color; algunas de estas diferencias pueden favorecer la supervivencia. Así, un color determinado puede ofrecer a un animal un mejor camuflaje frente a los depredadores; si sobrevive y se reproduce gracias a ello, dicho color será heredado por la descendencia; al cambiar el medio con el tiempo, un color distinto puede resultar más beneficioso, y la selección natural asegurará que haya otro cambio. Una barrera geográfica puede causar la división en dos poblaciones, y cada nueva población se adaptará a unas condiciones ligeramente distintas; con el tiempo, la especie original puede dar lugar a dos distintas, en un proceso conocido como especiación.

∧ VARIACIÓN INDIVIDUAL
Las camadas de gatos domésticos suelen incluir individuos de distinto color, sobre todo cuando el color de los padres es diferente.

< ∨ DIMORFISMO SEXUAL
Los machos y las hembras de una misma especie suelen presentar diferencias notables. Las fragatas macho tienen en la garganta una membrana inflable para atraer a las hembras.

CREACIONISMO: CREENCIA Y CIENCIA

Casi todas las religiones del mundo han propuesto una teoría acerca de la formación de la Tierra y el origen de la vida. Muchos de estos relatos de la creación son muy anteriores a las ciencias que tratarían de comprender y explicar estas cuestiones. La tradición judeocristiana considera que la complejidad del «diseño» de muchos organismos implica la necesidad de un «diseñador» –Dios– que los creó, lo cual es compatible con la teoría de la evolución, que se daría tras la creación.

LOS GENES Y LA HERENCIA

Los rasgos particulares pasan de padres a hijos mediante la transmisión del material genético. Los genes conservan toda la información necesaria para replicar la estructura de la célula y mantenerla; los genes son, por tanto, las unidades básicas de la herencia. Los cromosomas contenidos en el núcleo de cada célula contienen miles de genes en las largas cadenas de ADN. Durante la reproducción sexual, la fusión de espermatozoide y óvulo produce dos series completas de cromosomas portadores de genes, una copia del padre y otra de la madre.

un incendio forestal aniquila a parte de una población de mariposas

por azar, las supervivientes son en su mayoría mariposas amarillas

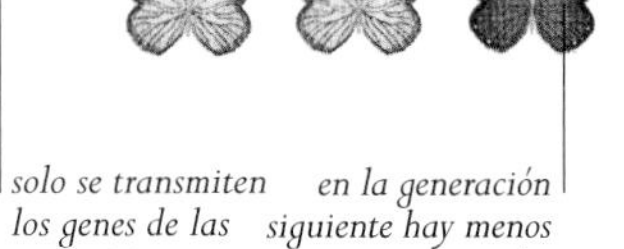

solo se transmiten los genes de las supervivientes

en la generación siguiente hay menos mariposas moradas

un hecho azaroso resulta en la desaparición de las mariposas moradas

∨ LOS GENES Y EL AZAR
En ocasiones, un hecho azaroso elimina a un grupo de individuos, y sus genes no se transmiten por tanto a la generación siguiente.

ADAPTACIÓN
El flamenco enano ha evolucionado para ocupar un nicho ecológico muy especializado: se alimenta de algas en lagos africanos muy alcalinos. Allí prospera en gran número, a falta de competidores.

EVOLUCIÓN INSULAR

Las islas remotas vienen a ser laboratorios naturales para observar una evolución inusualmente rápida; en ellas, la competencia por unos recursos limitados estimula la especiación. En 1835, la visita de Darwin a las islas Galápagos le permitió reunir muchos ejemplares de aves, en particular pinzones. Observó variaciones entre los especímenes de una isla a otra, y oyó hablar de las diferencias entre las tortugas gigantes de las distintas islas. Este fenómeno y las visitas posteriores a otras islas del Pacífico le llevaron a preguntarse por la posibilidad de que las diversas especies derivasen de un antepasado común. El ornitólogo John Gould identificó los pinzones de Darwin como un nuevo grupo de doce especies distintas; no eran variedades de la misma especie. Esto convenció a Darwin de que las especies podían cambiar bajo ciertas condiciones, tales como la insularidad. La vida salvaje de las islas sigue siendo hoy un campo de estudio relevante para los biólogos evolutivos.

< **AVES NO VOLADORAS**
Muchas aves no voladoras, como los kiwis, evolucionaron en las islas de Nueva Zelanda, libres de depredadores peligrosos hasta la llegada del hombre.

SELECCIÓN ARTIFICIAL

A lo largo de milenios, el hombre ha domesticado animales y plantas muy diversos, desde vacas y ovejas a árboles frutales y cereales. Antes del descubrimiento del gen, esto se hacía mediante la cría selectiva de ejemplares con las características deseadas –ya fuese la capacidad de correr rápido o la de producir frutos más suculentos– a lo largo de varias generaciones, hasta que aquellos rasgos llegaban a ser dominantes. Hoy, la biotecnología logra el mismo resultado mucho antes mediante la manipulación de los genes, tanto para reforzar las características beneficiosas como para eliminar las problemáticas.

∧ **MODIFICACIÓN GENÉTICA**
La alteración genética de los organismos puede eliminar características no deseadas e introducir otras útiles, como la resistencia a las enfermedades.

∧ **CLONACIÓN**
Pueden obtenerse individuos genéticamente idénticos mediante el trasplante del núcleo de una célula adulta, con su información genética, a un óvulo huésped.

CLASIFICACIÓN

La diversidad global se estima entre 10 millones y miles de millones de especies. Se han descrito unos 2 millones, y cada año son más. Las especies se nombran y clasifican según un sistema diseñado hace más de 250 años.

ROSA SILVESTRE >
Conocida en castellano como rosa silvestre, agavanzo o escaramujo, esta planta tiene un nombre latino, *Rosa canina*, que la identifica en todo el mundo.

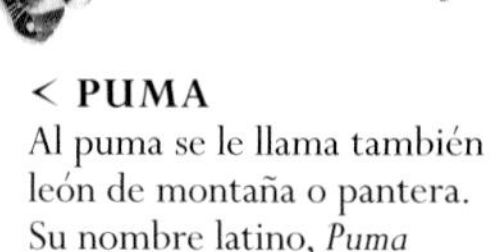

< PUMA
Al puma se le llama también león de montaña o pantera. Su nombre latino, *Puma concolor*, alude a su coloración uniforme.

El mundo natural ha sido objeto de estudio durante siglos. Este estudio en un principio se limitó a lo que se podía observar en cada lugar y a los testimonios de viajeros, ya que era imposible conservar y enviar ejemplares a lugares lejanos. Más adelante, cuando viajar fue más sencillo, se pagó a exploradores por reunir plantas y animales, y a ilustradores por dibujarlos. A comienzos del siglo XVII ya había en Europa colecciones de historia natural notables y se habían descrito muchos especímenes, pero este material era poco accesible.

El objetivo de los primeros taxónomos –los científicos que describen y clasifican especies– era bien simple: ordenar los seres vivos de modo que reflejasen el plan divino de la creación. Entre 1660 y 1713, John Ray publicó varias obras sobre plantas, insectos, aves, peces y mamíferos, y en ellas dispuso los grupos sobre la base de semejanzas morfológicas (estructurales). La ciencia de la morfología, junto con otros criterios como el comportamiento y la genética moderna, sigue siendo la base de la clasificación en la actualidad. En 1758 se publicó la décima edición del *Systema Naturae* del botánico sueco Carlos Linneo. Este y su amigo Peter Artedi decidieron repartirse el mundo natural con el fin de clasificarlo todo, encajando las 7300 especies descritas en un mismo marco jerárquico; Artedi murió antes de concluir su parte, pero Linneo la completó y la publicó junto con la suya.

NOMBRES LATINOS

Todos los seres vivos tienen un nombre latino único –*Panthera leo* para el león, por ejemplo–, compuesto por el nombre del género, en mayúscula, y un nombre descriptivo de la especie. Carlos Linneo ideó este método de identificación binomial para reemplazar las arbitrarias descripciones empleadas hasta entonces, y acabó así con la confusión en que se daba el mismo nombre a especies distintas o varios nombres a una misma especie.

Dentro de una misma especie pueden reconocerse a veces diversas subespecies en distintas localizaciones. En el siglo XIX, Elliot Coues y Walter Rothschild adoptaron un sistema trinomial latino para acomodar tales subespecies, convención que en la actualidad sigue empleándose.

CLASIFICACIÓN TRADICIONAL

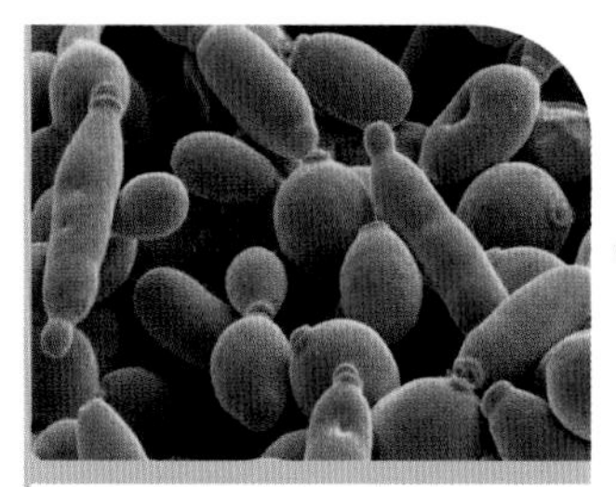

DOMINIO
Eucariotas
El último taxón es el dominio, cuyo criterio de adscripción se basa en que los organismos posean células con núcleo (eucariotas: protistas, plantas, hongos y animales) o no (arqueas y bacterias).

REINO
Animal
En los últimos años, los tradicionales reinos vegetal y animal han vuelto a subdividirse. El reino animal solo incluye organismos multicelulares que deben alimentarse de otras especies para sobrevivir.

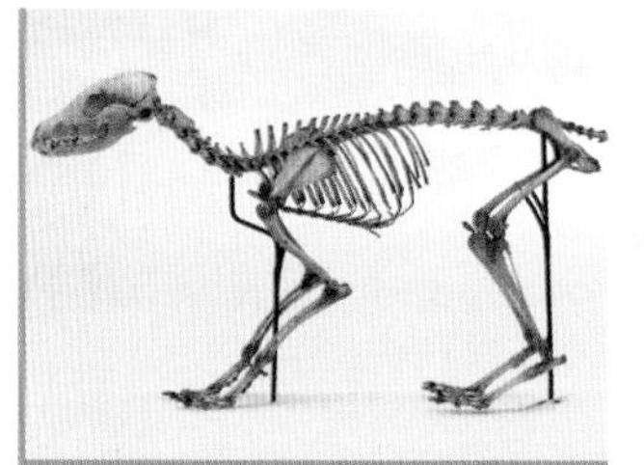

FILO
Cordados
El filo («división» en plantas y hongos) es una subdivisión del reino, e incluye una o más clases que comparten ciertos rasgos. Los miembros del filo cordados tienen notocordio, precursor de la columna vertebral.

CLASE
Mamíferos
Categoría introducida por Linneo, la clase comprende uno o más órdenes. La clase mamíferos incluye solo animales de sangre caliente, con pelo y mandíbula inferior compuesta de un solo hueso, y que amamantan a sus crías.

> APORTACIONES SUCESIVAS
A lo largo de los años, muchos científicos han tratado de ordenar el mundo natural conjugando las aportaciones del pasado con los nuevos hallazgos, y de esta manera se ha llegado al sistema de clasificación tradicional mostrado arriba y al uso de los binomios y trinomios latinos. Algunos científicos han sido especialmente influyentes por sus aportaciones a la taxonomía.

ANIMALES Y PLANTAS

Aristóteles fue el primero en clasificar los seres vivos, y el introductor del término *génos* (raza, estirpe), *genus* en latín. Separó a los animales que tienen sangre de los que no tienen, sin advertir que esta no tiene por qué ser roja. Tal división es muy próxima a la moderna clasificación en vertebrados e invertebrados.

ARISTÓTELES (384–322 A. C.)

ORDEN DEL CAOS

John Ray clasificó los organismos basándose en su morfología global, lo que le facilitó la tarea de establecer relaciones entre especies y organizarlas en grupos. Asimismo, dividió las plantas con flores en dos grandes órdenes: monocotiledóneas y dicotiledóneas.

JOHN RAY (1627–1705)

INSECTOS
Se han descrito unas 20 000 especies de mariposa. Para identificar o reconocer nuevas especies, los museos guardan vastas colecciones de referencia como esta, con la que pueden comparar los hallazgos.

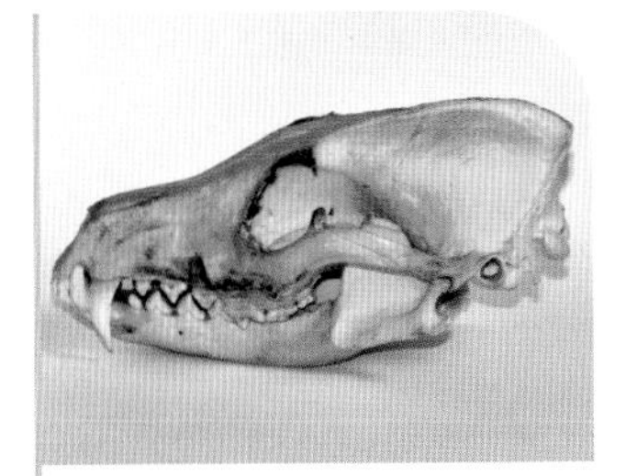

ORDEN
Carnívoros
El orden es el siguiente nivel en la jerarquía linneana, y contiene una o más familias. Los carnívoros tienen premolares y molares modificados (carnasiales) y grandes caninos para morder y desgarrar.

FAMILIA
Cánidos
Subdivisión del orden, la familia se compone de géneros y sus especies. Hay 35 especies vivas de cánidos, todas con garras no retráctiles y dos huesos fusionados en la muñeca, y todas, salvo una, con una cola larga y velluda.

GÉNERO
Vulpes
El género, término acuñado por Aristóteles, identifica subdivisiones de la familia. Dentro de los cánidos, el género *Vulpes* incluye a todos los zorros, que tienen orejas erguidas y triangulares y un morro largo, estrecho y puntiagudo.

ESPECIE
Vulpes vulpes
Unidad básica de la taxonomía, las especies son poblaciones de animales similares que solo se reproducen entre sí. *Vulpes vulpes*, conocido por su pelaje rojo vivo, solo se aparea con otros zorros rojos.

ANIMAL, VEGETAL O MINERAL

Linneo dividió el mundo natural en tres reinos –animal, vegetal y mineral–, y diseñó un sistema de clasificación jerárquico basado en la clase, el orden, la familia, el género y la especie, estableciendo la convención de los binomios latinos para las especies.

CARLOS LINNEO (1707–1778)

UN NUEVO REINO

Los organismos se habían clasificado como animales o como plantas, pero en 1866 Ernst Haeckel sostuvo que los microorganismos formaban un grupo aparte, al que llamó protistas (o protoctistas). La vida, pues, presentaba tres reinos: animales, plantas y protistas.

ERNST HAECKEL (1834–1919)

HALLAZGO DE LAS ARQUEAS

Halladas por Carl Woese y George Fox en 1977, las arqueas son organismos microscópicos que viven en ambientes muy extremos. Agrupadas en un principio con las bacterias, su ADN resultó ser tan único que se creó un nuevo dominio para ellas.

CARL WOESE (1928–2012)

GENEALOGÍA ANIMAL

En la década de 1950 se propuso una nueva y revolucionaria forma de clasificar los organismos, la filogenética, que permitía a los taxónomos estudiar las relaciones evolutivas entre las especies situándolas en grupos jerárquicos llamados clados.

La filogenética o cladística se basa en la obra del entomólogo Willi Hennig (1913–1976). Hennig supuso que los seres vivos con los mismos rasgos morfológicos debían de estar más estrechamente emparentados entre sí que con los que carecieran de ellos; tales organismos debían de compartir una misma historia evolutiva y tener antepasados comunes recientes. Al igual que la taxonomía tradicional de Linneo, este método de clasificación es jerárquico; pero debido al volumen de los datos que maneja, para generar los árboles genealógicos, llamados cladogramas, se usan ordenadores.

En el análisis cladístico, para que un rasgo morfológico sea útil debe haberse alterado de algún modo desde la condición ancestral «primitiva» a otra «derivada». Así, por ejemplo, en el cladograma de la página siguiente, las patas y las zarpas de la mayoría de los carnívoros se consideran primitivas en comparación con la condición derivada de las aletas en focas, lobos y leones marinos y morsas. Dicho carácter derivado, llamado sinapomorfia, resulta útil por compartirlo al menos dos grupos taxonómicos, lo cual sugiere un parentesco más cercano entre ellos que con los grupos sin aletas. Los rasgos únicos de un solo grupo son útiles para la identificación, pero nada dicen acerca del parentesco. Así pues, el análisis cladístico se basa por completo en la identificación de rasgos sinapomórficos.

COMPRENDER LA GENEALOGÍA

Cuantos más rasgos derivados comparten determinados organismos, más estrecho se supone que es su parentesco. Los hermanos y hermanas se parecen más entre sí que a otras personas: tienen los mismos ojos, o la misma barbilla, etc., y eso se debe a que tienen los mismos padres, mientras que su relación con otras personas es más lejana. Hoy la cladística se basa generalmente en la genética –salvo en el estudio de los fósiles–, lo cual ha desvelado parentescos sorprendentes, como en el cladograma genético que apunta al hipopótamo como el pariente vivo más cercano de la ballena, una relación que habría sorprendido probablemente a Linneo.

CIENCIA

GRUPOS EXTERNOS

El primer paso para realizar el análisis cladístico de un grupo es escoger una especie muy emparentada pero más primitiva, el grupo externo, para comparar y distinguir los caracteres derivados de los primitivos. Así, para hacer un árbol filogenético de las aves, podría tomarse el cocodrilo como grupo externo, pues tanto aves como cocodrilos pertenecen al clado de los arcosaurios.

UN PARIENTE PRIMITIVO DE LAS AVES

∨ **GRADOS DE PARENTESCO**
La jirafa y el kudú son ambos artiodáctilos, por lo que son parientes más próximos que las cebras, que son perisodáctilas. Como mamíferos con pelo, los tres tienen un parentesco más cercano entre sí que con las aves con plumas que se hallan a su alrededor.

LECTURA DE CLADOGRAMAS

Para hacer un análisis cladístico, los distintos grupos de seres vivos se puntúan en una tabla de caracteres según sean primitivos o derivados. La distribución no siempre resulta tan ordenada como en los diagramas que siguen, y con frecuencia el cladograma resultante puede construirse de modos diferentes, y el taxónomo debe elegir. Para ello adopta el principio de la parsimonia, es decir, elige el cladograma que requiere el menor número de pasos o transformaciones de caracteres para explicar las relaciones observadas entre los grupos.

< **DIETA LÁCTEA**
Todos los mamíferos poseen glándulas mamarias, un rasgo exclusivo de esta clase y sinapomórfico para dicho nivel taxonómico. Para hallar más relaciones de parentesco dentro de la clase, se usan caracteres sinapomórficos al nivel de la familia.

CARÁCTER	CÁNIDO	OSO	FOCA	LOBO Y LEÓN MARINOS	MORSA
Amamantamiento de las crías	1	1	1	1	1
Cola corta	0	1	1	1	1
Miembros anteriores modificados en aletas	0	0	1	1	1
Columna muy flexible	0	0	1	1	1
Miembros posteriores hacia delante	0	0	0	1	1
Presencia de colmillos	0	0	0	0	1

< **TABLA DE CARACTERES**
Hoy en día, la mayoría de los cladogramas se basan en la genética y emplean códigos de ADN. Los códigos usados para generar el cladograma que sigue han sido sustituidos por descripciones morfológicas de más fácil lectura en la tabla. Hay un carácter, el amamantamiento, compartido por todos estos grupos; otros los comparten solo algunos, y uno de ellos, la presencia de colmillos, es exclusivo de la morsa.

∨ **CLADOGRAMA**
En este cladograma los cánidos aparecen como el grupo más primitivo, o grupo externo, y las morsas, como el más derivado. Todos los caracteres del cladograma son compartidos por los grupos que quedan a la derecha de cada número; así, por ejemplo, la cola corta la comparten osos, focas, lobos y leones marinos y morsas.

CLAVE	
0	carácter primitivo
1	carácter derivado

CÁNIDOS — OSOS — FOCAS — LOBOS Y LEONES MARINOS — MORSAS

1 2 3 4 5

el grupo externo no comparte el carácter 1

dos caracteres diferencian a focas, lobos y leones marinos y morsas de los osos

solo los lobos y leones marinos y las morsas comparten el carácter 4

la morsa es el género más derivado en este cladograma

1 **COLA CORTA**
Osos, focas, lobos y leones marinos y morsas tienen la cola corta (carácter 1). Los cánidos, en cambio, muestran el rasgo primitivo de una cola larga y velluda. El carácter 1 es un carácter sinapomórfico que comparten todas las familias de carnívoros mostradas salvo los cánidos.

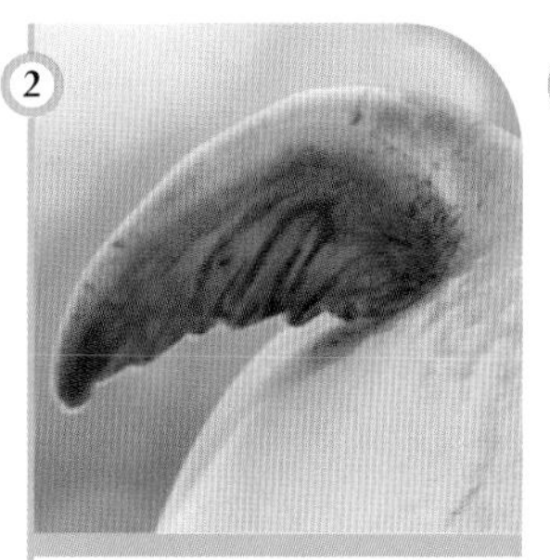

2 **ALETAS**
Entre los carnívoros, las extremidades modificadas de focas, lobos y leones marinos y morsas les son exclusivas. El carácter 2 (miembros anteriores modificados en aletas) es por tanto sinapomórfico para este nivel, e indica un parentesco más estrecho entre estos grupos que con los osos.

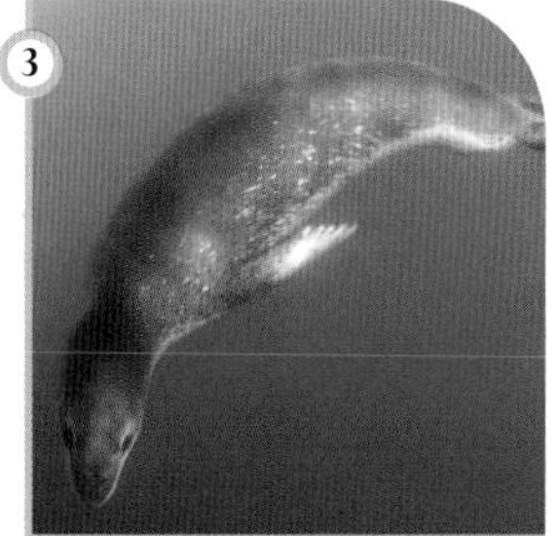

3 **COLUMNA FLEXIBLE**
El carácter 3 (columna flexible) aparece al mismo nivel que el carácter 2, reforzando la relación sugerida por la posesión de aletas. Cuantos más rasgos sinapomórficos se dan en un determinado nivel, más convincente resulta la relación planteada.

4 **EXTREMIDADES FUNCIONALES**
Los huesos de la pelvis tanto de los lobos y leones marinos como de las morsas pueden rotar, facilitando la locomoción en tierra. Esto apunta a que comparten un antepasado más reciente entre sí que con las focas, cuya facilidad para desplazarse fuera del agua es mucho menor.

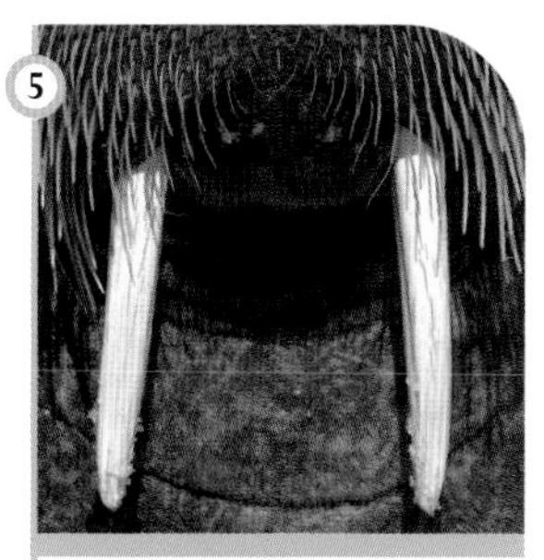

5 **COLMILLOS**
Este es un carácter exclusivo (autoapomorfia) de la morsa que no dice nada acerca de su relación con otras familias de mamíferos. Lo mismo se puede decir del amamantamiento de las crías: por ser común a todos los grupos, no aporta nada sobre las relaciones entre ellos, por lo que se omite en el cladograma.

EL ÁRBOL DE LA VIDA

En 1766, el naturalista alemán Peter Pallas propuso el modelo del árbol como un modo de representar la diversidad de la vida. Desde entonces se ha recurrido muchas veces a este modelo, que se ha ido haciendo cada vez más diagramático y asimismo ha incorporado las teorías evolutivas. Los árboles actuales, generados por ordenador, presentan ideas muy diversas sobre las relaciones entre los seres vivos.

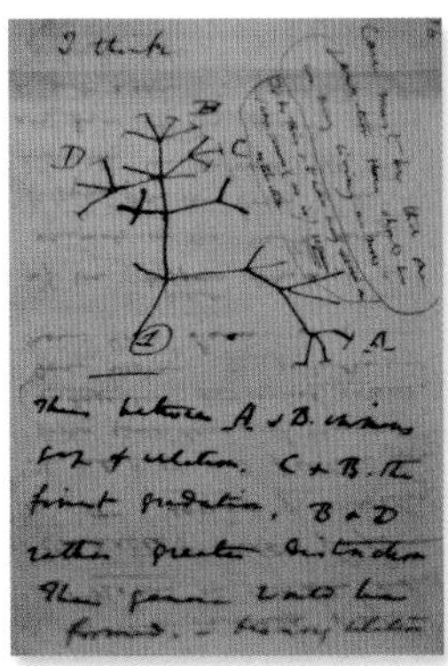
PRIMER ÁRBOL DE DARWIN

El primero en dibujar un árbol de la vida que reflejaba el concepto de la evolución fue Charles Darwin, que esbozó el primero de sus diez árboles en 1837, un simple diagrama ramificado que después desarrollaría para publicarlo en 1859 en *El origen de las especies*. El diagrama representa gráficamente su teoría: cuantas más ramas separan a un ser vivo de su ancestro (identificado con el número 1), más diferente es. En 1879, Ernst Haeckel llevó la idea más allá, y trazó un árbol que mostraba la evolución de los animales a partir de organismos unicelulares. Actualmente, además de la morfología se recurre al análisis de ADN y proteínas para construir árboles evolutivos y establecer relaciones genéticas entre organismos. Las grandes cantidades de datos que se manejan requieren ordenadores para generar los árboles, que se perfeccionan continuamente a medida que se descubren nuevas especies y se obtiene información.

Tradicionalmente, los árboles de la vida destacaban los grupos de vertebrados y las relaciones como las de las microscópicas arqueas y bacterias, y los protistas (eucariotas no clasificados como plantas, hongos o animales). Sin embargo, los modernos estudios genómicos han revelado la extraordinaria diversificación y complejidad de las relaciones entre las bacterias y entre los grupos de eucariotas primitivos, o basales.

EXTINCIONES MASIVAS

Resulta difícil realizar un mapa de todas las formas de vida que han existido, pues más del 95% de las especies se ha extinguido. Se habla de extinción masiva cuando un gran número de especies desaparece a la vez, y tal fenómeno se ha dado ya en cinco ocasiones. La mejor conocida, la que aniquiló a los dinosaurios, se produjo a finales del Cretácico, y estuvo marcada por el impacto de un meteorito y por las erupciones volcánicas. Dada la rápida destrucción de hábitats a causa de la actividad humana, podría darse un nuevo fenómeno de extinción en el futuro.

CRONOLOGÍA DE LA EXTINCIÓN

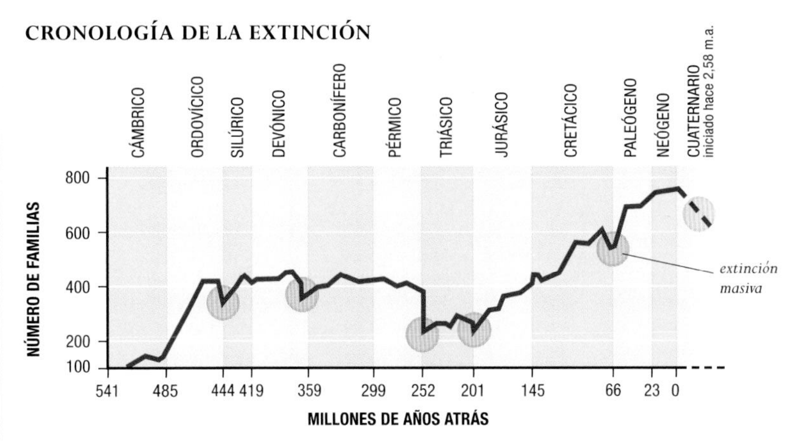

LECTURA DEL ÁRBOL

Este diagrama muestra cómo ha evolucionado la vida desde organismos simples como las arqueas, que aparecieron hace unos 3400 millones de años, hasta formas complejas como los animales, que aparecieron hace unos 650 millones de años. Asimismo, refleja la diversidad de los vertebrados (pp. 34–35), aquí sobrerrepresentados. Los círculos indican los puntos en que dos o más grupos de organismos se han separado de un antepasado común hacia la misma época. Solo se muestran especies vivas; así, los grupos extintos, como los dinosaurios, no aparecen.

LA VIDA COMIENZA

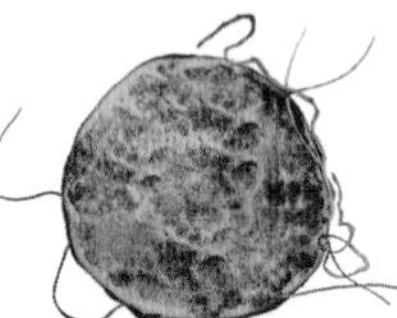

ARQUEAS

BACTERIAS

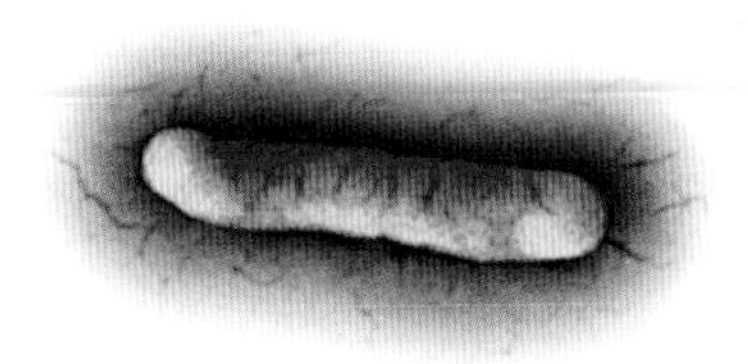

LA ESTRUCTURA DE LA VIDA

Todas las formas de vida pertenecen a uno de tres dominios: arqueas, bacterias y eucariotas. Arqueas y bacterias suelen ser unicelulares y carecen de núcleo celular: solían clasificarse juntas como procariotas. Los eucariotas tienden a ser multicelulares, y sus células contienen un núcleo donde se almacena el ADN. Esta tabla muestra los tres dominios y los cuatro reinos de eucariotas. Contra lo que pudiera parecer, las arqueas y las bacterias son los grupos más grandes: aunque solo se han descrito unas 20 000 especies, se estima que hay más de 4 millones. Entre los eucariotas, los grupos de protistas y los invertebrados son mucho más numerosos, en términos de especies, que los vertebrados.

ARQUEAS

BACTERIAS

CIANOBACTERIAS

EUCARIOTAS

PROTISTAS

PLANTAS
HEPÁTICAS
MUSGOS
ANTOCEROTAS
LICÓFITOS
HELECHOS Y AFINES
CICADÓFITOS, GINKGÓFITOS Y GNETÓFITOS
CONÍFERAS
PLANTAS CON FLORES

HONGOS
BASIDIOMICETOS
ASCOMICETOS
LÍQUENES

ANIMALES
INVERTEBRADOS
CORDADOS

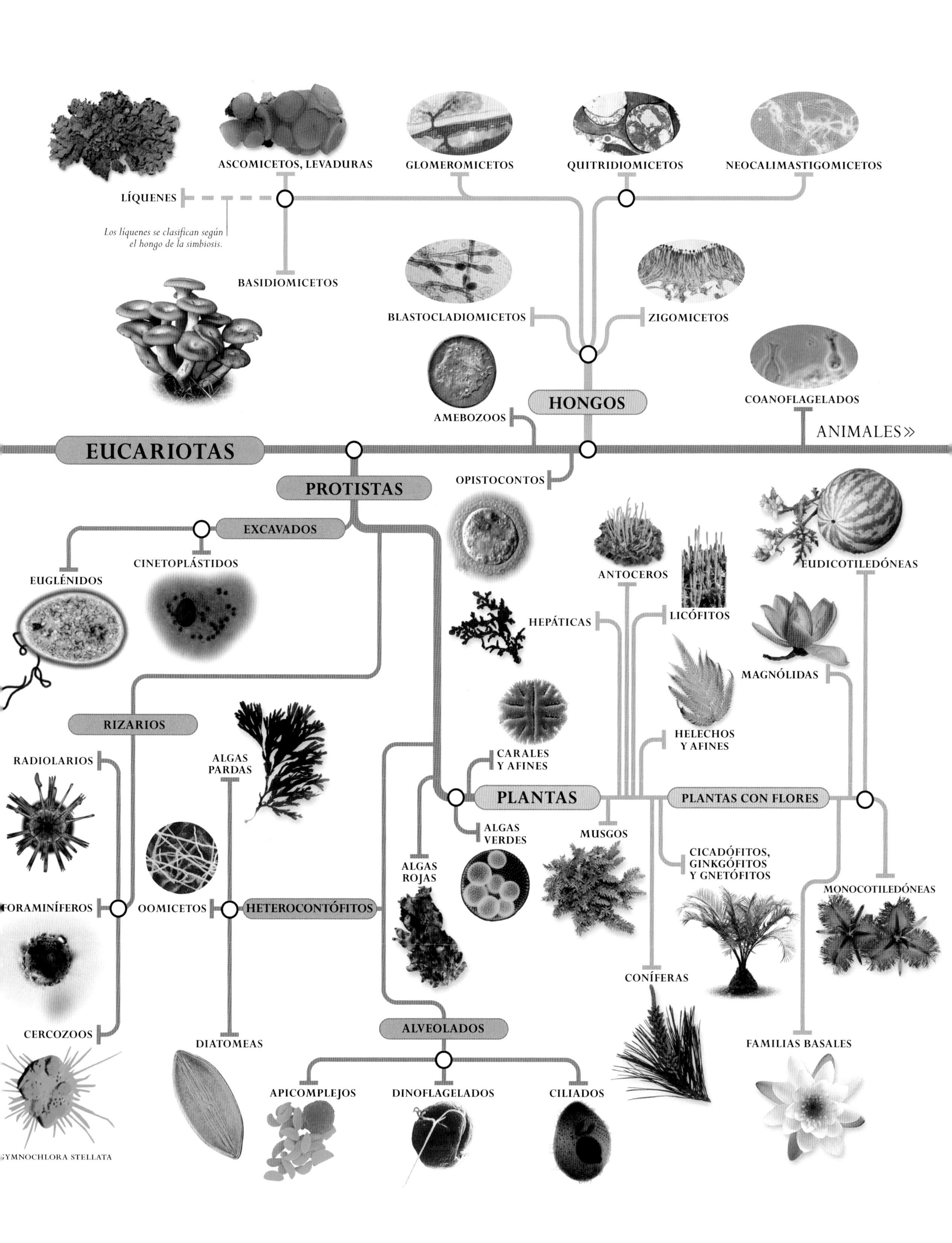
ASCOMICETOS, LEVADURAS
GLOMEROMICETOS
QUITRIDIOMICETOS
NEOCALIMASTIGOMICETOS
LÍQUENES
Los líquenes se clasifican según el hongo de la simbiosis.
BASIDIOMICETOS
BLASTOCLADIOMICETOS
ZIGOMICETOS
HONGOS
AMEBOZOOS
COANOFLAGELADOS
EUCARIOTAS
ANIMALES »
OPISTOCONTOS
PROTISTAS
EXCAVADOS
EUGLÉNIDOS
CINETOPLÁSTIDOS
ANTOCEROS
EUDICOTILEDÓNEAS
HEPÁTICAS
LICÓFITOS
MAGNÓLIDAS
RIZARIOS
HELECHOS Y AFINES
CARALES Y AFINES
RADIOLARIOS
ALGAS PARDAS
PLANTAS
PLANTAS CON FLORES
ALGAS VERDES
MUSGOS
ALGAS ROJAS
CICADÓFITOS, GINKGÓFITOS Y GNETÓFITOS
MONOCOTILEDÓNEAS
FORAMINÍFEROS
OOMICETOS
HETEROCONTÓFITOS
CONÍFERAS
CERCOZOOS
DIATOMEAS
ALVEOLADOS
FAMILIAS BASALES
APICOMPLEJOS
DINOFLAGELADOS
CILIADOS
GYMNOCHLORA STELLATA

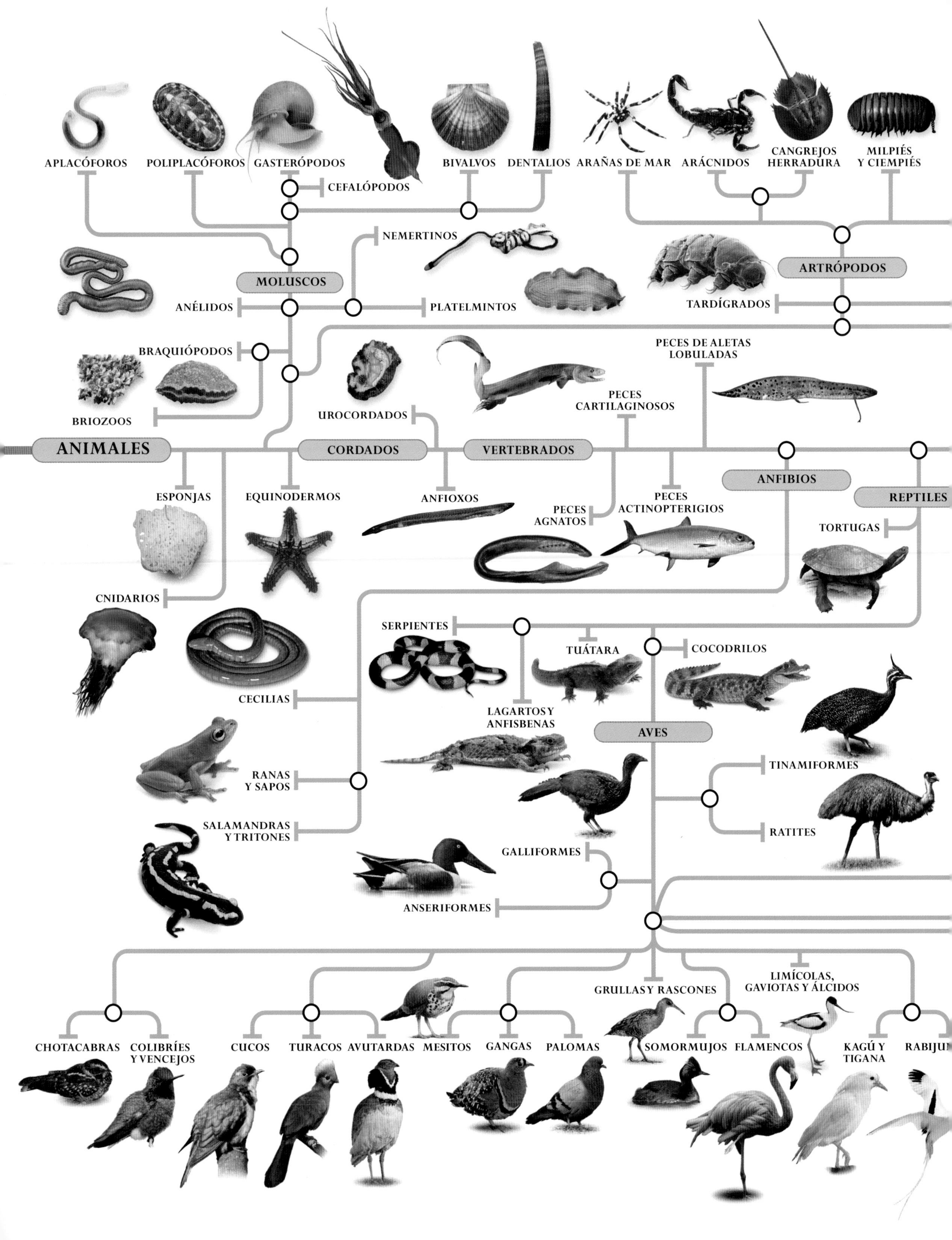
APLACÓFOROS
POLIPLACÓFOROS
GASTERÓPODOS
CEFALÓPODOS
BIVALVOS
DENTALIOS
ARAÑAS DE MAR
ARÁCNIDOS
CANGREJOS HERRADURA
MILPIÉS Y CIEMPIÉS
NEMERTINOS
MOLUSCOS
ARTRÓPODOS
ANÉLIDOS
PLATELMINTOS
TARDÍGRADOS
BRAQUIÓPODOS
BRIOZOOS
PECES DE ALETAS LOBULADAS
UROCORDADOS
PECES CARTILAGINOSOS
ANIMALES
CORDADOS
VERTEBRADOS
ESPONJAS
EQUINODERMOS
ANFIOXOS
PECES AGNATOS
PECES ACTINOPTERIGIOS
ANFIBIOS
REPTILES
TORTUGAS
CNIDARIOS
SERPIENTES
TUÁTARA
COCODRILOS
CECILIAS
LAGARTOS Y ANFISBENAS
AVES
TINAMIFORMES
RANAS Y SAPOS
RATITES
SALAMANDRAS Y TRITONES
GALLIFORMES
ANSERIFORMES
GRULLAS Y RASCONES
LIMÍCOLAS, GAVIOTAS Y ÁLCIDOS
CHOTACABRAS
COLIBRÍES Y VENCEJOS
CUCOS
TURACOS
AVUTARDAS
MESITOS
GANGAS
PALOMAS
SOMORMUJOS
FLAMENCOS
KAGÚ Y TIGANA

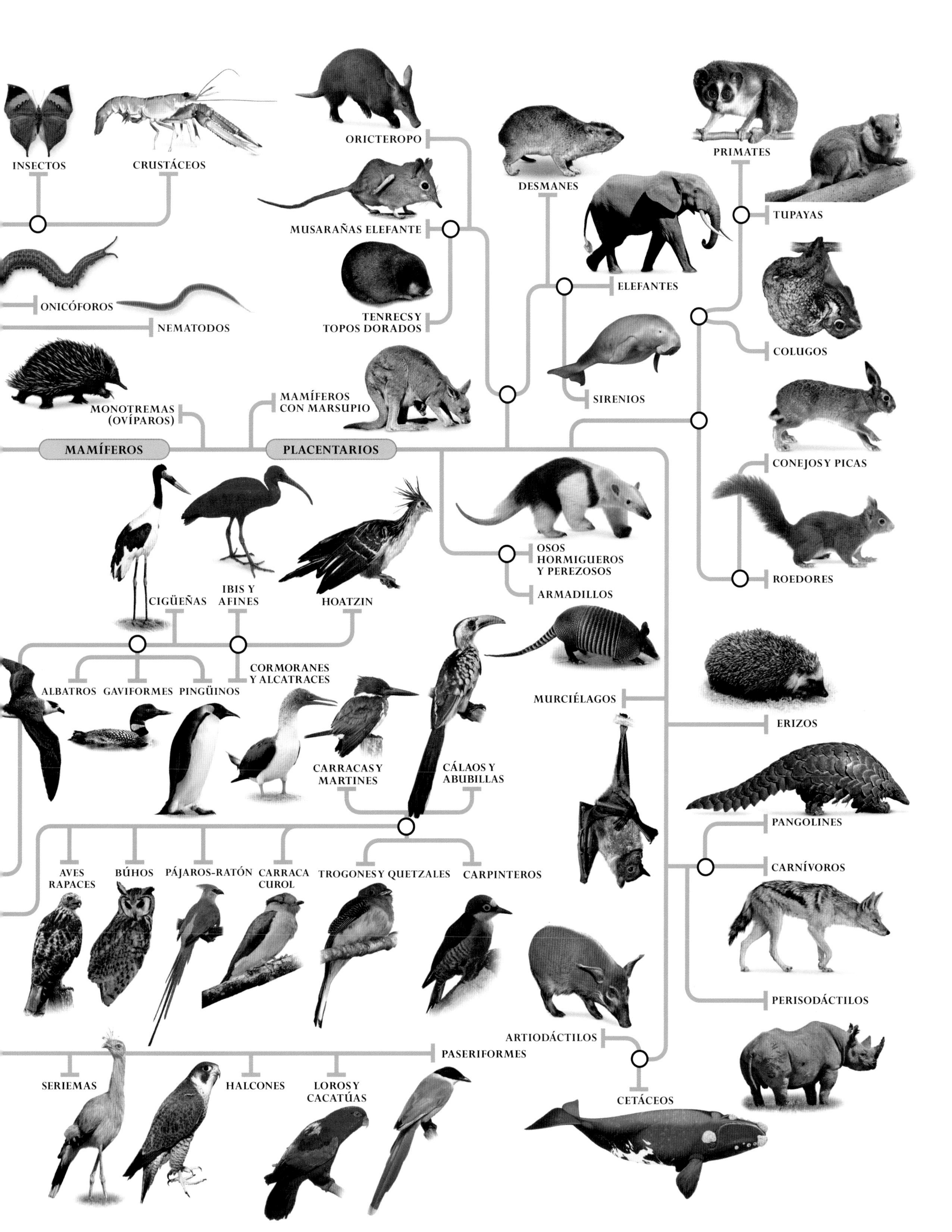

INSECTOS
CRUSTÁCEOS
ONICÓFOROS
NEMATODOS
MONOTREMAS
(OVÍPAROS)
MAMÍFEROS
ORICTEROPO
MUSARAÑAS ELEFANTE
TENRECS Y
TOPOS DORADOS
MAMÍFEROS
CON MARSUPIO
PLACENTARIOS
DESMANES
ELEFANTES
SIRENIOS
PRIMATES
TUPAYAS
COLUGOS
CONEJOS Y PICAS
ROEDORES
OSOS
HORMIGUEROS
Y PEREZOSOS
ARMADILLOS
CIGÜEÑAS
IBIS Y
AFINES
HOATZIN
CORMORANES
Y ALCATRACES
ALBATROS
GAVIFORMES
PINGÜINOS
CARRACAS Y
MARTINES
CÁLAOS Y
ABUBILLAS
MURCIÉLAGOS
ERIZOS
PANGOLINES
CARNÍVOROS
PERISODÁCTILOS
AVES
RAPACES
BÚHOS
PÁJAROS-RATÓN
CARRACA
CUROL
TROGONES Y QUETZALES
CARPINTEROS
ARTIODÁCTILOS
PASERIFORMES
CETÁCEOS
SERIEMAS
HALCONES
LOROS Y
CACATÚAS

MINERA ROCAS Y FÓSILES

LES,

La vida en la Tierra está determinada por las rocas que se hallan bajo nuestros pies; compuestas por diversas combinaciones de minerales, tienen una gran influencia en el paisaje, la vegetación y el suelo. Conservados en las rocas, los fósiles constituyen un detallado registro de la vida en el pasado remoto, y revelan el itinerario de la evolución a lo largo de cientos de millones de años.

» 38

MINERALES

Los minerales, elemento constitutivo de las rocas, suelen tener una estructura cristalina. En la corteza terrestre se hallan varios miles de tipos diferentes, pero son apenas cincuenta los comunes y abundantes.

» 62

ROCAS

Clasificadas según el proceso de su formación, las rocas se descomponen y se rehacen continuamente. Las más antiguas datan de hace 3800 millones de años, cuando la corteza terrestre se solidificó.

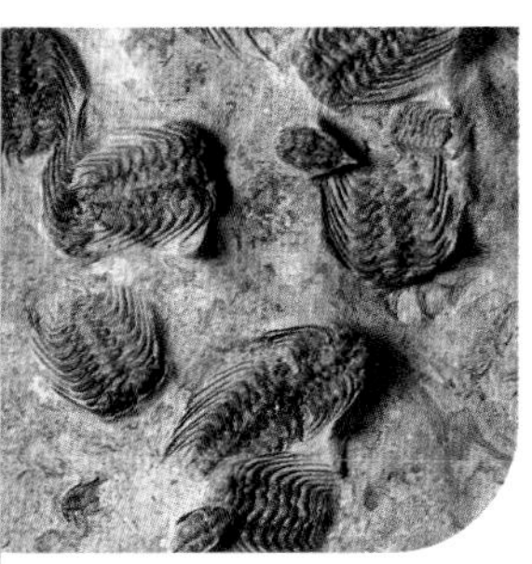

» 74

FÓSILES

Muchos fósiles conservan restos duros, como dientes y huesos, y a veces también rastros tales como huellas e impresiones carbonosas, todos ellos pruebas de la existencia de ciertos seres vivos en el pasado.

MINERALES

Los minerales son el material constitutivo de las rocas. Hay más de 4000 minerales diferentes, cada uno con su propia composición química, que se halla de forma natural en la Tierra. Muchos minerales son duros y cristalinos, y así como algunos son muy abundantes, otros –como el diamante– son muy raros y valiosos.

El cobre se da a menudo en forma dendrítica, ramificado como un árbol. Tiene una gran importancia económica.

La malaquita puede ser botroidal, con pequeñas formas redondeadas, o masiva, sin forma definida.

La crocoíta, o cromato de plomo, suele darse en forma de cristales prismáticos alargados.

Los minerales tienen una gran importancia económica, pues proporcionan una multitud de materiales útiles, desde metales a catalizadores industriales, así como objetos de gran valor intrínseco, en particular cuando se tallan y pulen como gemas. Desde un punto de vista aún más amplio, los minerales son fundamentales para la vida misma: en el suelo y en el agua, los minerales solubles liberan un aporte regular de nutrientes químicos que las plantas y otros organismos necesitan para crecer; sin ellos, los ecosistemas del mundo no subsistirían.

Los minerales se clasifican según su estructura química. Unos pocos, como el oro, la plata y el azufre, pueden darse en estado nativo, es decir, compuestos por un elemento químico puro, sin combinación. Todos los demás son compuestos químicos. El cuarzo, por ejemplo, contiene dos elementos, silicio y oxígeno, enlazados de un modo que le confiere su gran dureza y resistencia. En el sistema de clasificación de Strunz, el cuarzo (dióxido de silicio) se clasifica como un óxido, al igual que la calcedonia y el ópalo, pero según el sistema de Dana, que se utiliza en este libro, todos ellos se encuadran entre los silicatos. Estos integran el mayor grupo de minerales y constituyen el 75 % de la corteza terrestre. Otros grupos minerales abundantes son los sulfatos, los óxidos, los carbonatos, los arseniatos y los haluros.

IDENTIFICACIÓN DE MINERALES

Con experiencia, es posible identificar muchos minerales por su aspecto. Son pistas importantes el color, el lustre –la forma en que la luz se refleja sobre su superficie– y, sobre todo, el hábito o forma cristalina. Los cristales se agrupan en seis sistemas según su simetría (abajo). Los minerales no siempre se dan como cristales, y pueden presentar diversas formas: pueden ser dendríticos (ramificados) o botroidales (como un racimo de uvas), por ejemplo.

Los minerales varían también en cuanto a la densidad relativa (dr) –que se mide comparando su peso con el de un volumen equivalente de agua– y la dureza (d). En la escala de dureza de Mohs, al talco se le asigna el 1, y al diamante, el mineral más duro, el 10; una uña (2,5), una moneda de cobre (3,5) o la hoja de un cuchillo de acero (5,5) son referencias útiles para valorar la dureza de un mineral. Curiosamente, el tamaño no es útil como pista; los cristales de yeso, por ejemplo, suelen medir menos de 1 cm, pero se han descubierto ejemplares del tamaño de una casa de dos pisos.

MINERALES VOLCÁNICOS >
El terreno de Dallol, en el desierto etíope de Danakil, está surcado por fisuras volcánicas y cubierto de azufre en forma nativa.

DEBATE

¿MINERALES O NO?

Tradicionalmente, los minerales se han considerado inorgánicos. Aunque ciertos materiales orgánicos se emplean como joyas y para otros fines decorativos, y algunos de ellos tienen una composición química similar a la de los minerales, no se trata de minerales. El ámbar es resina endurecida; puede datar del Cretácico, el Paleógeno o el Neógeno, y contener insectos fosilizados. El azabache, una roca negra blanda, es un tipo de carbón impuro, y estuvo muy de moda en la joyería del siglo XIX. Las conchas, las perlas y el coral (cuyo uso no es sostenible) son ricos en calcita y se usan como adornos.

SISTEMAS CRISTALINOS

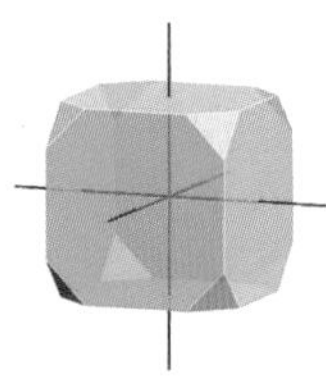

Los cristales de sistema **cúbico** son relativamente comunes y fácilmente reconocibles. Estos cristales tienen tres ejes iguales en ángulo recto, y entre sus formas figuran el cubo y el octaedro.

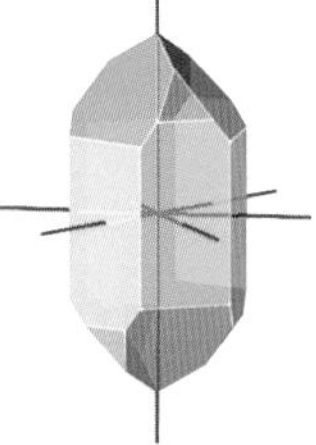

Los sistemas **hexagonales y trigonales** son muy similares, con cuatro ejes de simetría. Sus cristales suelen ser prismas de seis lados con extremos piramidales (izda.).

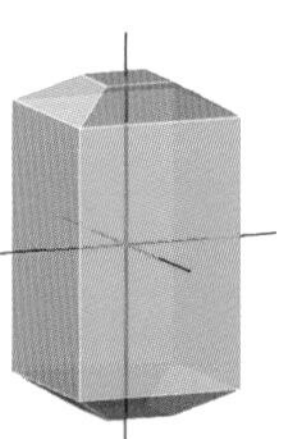

Los cristales de sistema **tetragonal** tienen tres ejes de simetría, todos en ángulo recto. Hay prismas con el eje vertical más largo (izda.), y también prismas chatos.

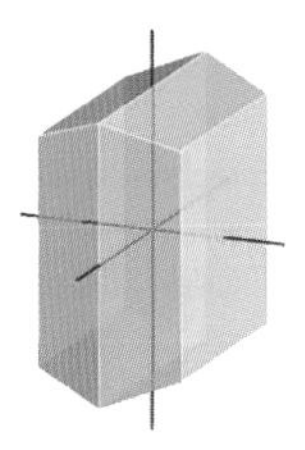

Los cristales de sistema **monoclínico** tienen tres ejes de simetría desiguales, solo dos en ángulo recto. Son comunes los hábitos tabulares (aplanados, izda.) y prismáticos.

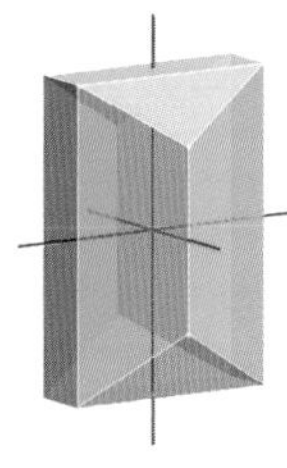

Los cristales de sistema **ortorrómbico** son similares a los de sistema monoclínico, pero los tres ejes están en ángulo recto. Los hábitos suelen ser también tabulares y prismáticos (izda.).

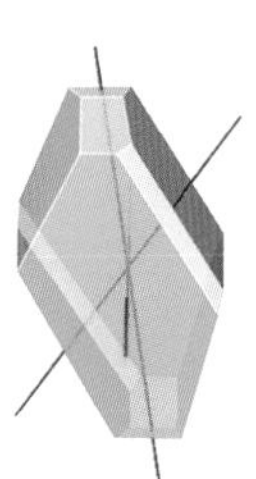

Los cristales de sistema **triclínico** presentan muy poca simetría: los tres ejes son de distinta longitud y ninguno se halla en ángulo recto. Abundan los hábitos prismáticos.

ELEMENTOS NATIVOS

De los muchos elementos naturales, solo unos 20 se encuentran en estado nativo, es decir, sin combinación con otros elementos. Estos se dividen en tres grupos: los metales rara vez adoptan una forma cristalina clara, suelen tener una densidad relativa alta y son relativamente blandos; los semimetales, como el antimonio y el arsénico, suelen darse en masas redondeadas; y los no metales, como el azufre y el carbono, a menudo forman cristales.

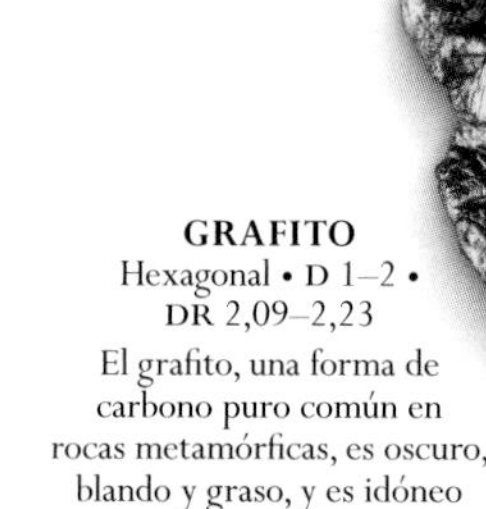

ANTIMONIO
Trigonal
D 3–3,5 • DR 6,69
Este raro semimetal se da en filones hidrotermales, a menudo con minerales de arsénico y plata. Las masas grises plateadas blanquean al oxidarse.

GRAFITO
Hexagonal • D 1–2 • DR 2,09–2,23
El grafito, una forma de carbono puro común en rocas metamórficas, es oscuro, blando y graso, y es idóneo para minas de lápices.

COBRE NATIVO

COBRE
Cúbico • D 2,5–3 • DR 8,94
El cobre nativo se da sobre todo en masas irregulares o en formas ramificadas, y destaca su asociación con lava basáltica. Buen conductor, es muy usado en la industria eléctrica.

COBRE NATIVO SOBRE BASE DE GOETHITA

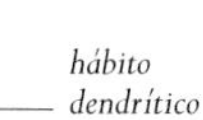

hábito dendrítico

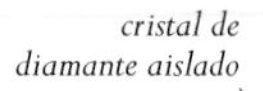

cristal de diamante aislado

DIAMANTE
Cúbico • D 10 • DR 3,51
El más duro de los minerales, el diamante, es una valiosa forma del carbono y se halla en la kimberlita, roca ígnea que se forma en chimeneas volcánicas profundas.

base de roca

lustre resinoso

ARSÉNICO
Trigonal • D 3,5 • DR 5,72–5,73
El arsénico, altamente tóxico, suele darse en masas redondeadas gris pálido en filones hidrotermales. Al calentarse, huele a ajo.

AZUFRE
Ortorrómbico • D 1,5–2,5 • DR 2,07
El azufre nativo forma cristales amarillos y cortezas polvorientas en torno a fisuras volcánicas. Se usa para obtener ácido sulfúrico, tintes, insecticidas y fertilizantes.

PEPITA DE PLATINO

PLATINO
Cúbico • D 4–4,5 • DR 21,44
Metal raro, el platino nativo se da en escamas, granos o pepitas en rocas ígneas y arenas aluviales. Su elevado punto de fusión lo hace útil en la industria, por ejemplo para bujías de aviones.

superficie irregular

PLATINO

ORO
Cúbico • D 2,5–3 • DR 19,3
Estimado por su color y su maleabilidad, se forma en vetas hidrotermales y suele meteorizarse para aparecer en forma de pepitas en arenas fluviales.

HIERRO
Cúbico • D 4,5 • DR 7,3–7,87
La mayor parte del hierro nativo se halla en el núcleo terrestre; cerca de la superficie se combina fácilmente con otros elementos.

BISMUTO
Trigonal
D 2–2,5 • DR 9,7–9,83
El bismuto nativo es relativamente raro. Apenas se da en cristales nítidos, y suele tener forma granular o ramificada.

MERCURIO
Trigonal
D Líquido • DR 14,38
Es el único metal líquido a temperatura ambiente; en tal estado, aparece en forma de glóbulos plateados.

PLATA
Cúbico • D 2,5–3 • DR 10,5
La plata nativa se halla en muchos lugares pero rara vez en abundancia. Suele darse en forma de intrincadas venas, escamas y masas ramificadas.

SULFUROS

Los sulfuros son un gran grupo de minerales en los cuales el azufre se combina con uno o más metales. Muchos de ellos tienen una densidad relativa alta y lustre metálico. Forman a menudo cristales excelentes, y se dan en muchas situaciones geológicas, con mayor frecuencia en vetas hidrotermales. El grupo incluye la mayoría de los minerales metálicos económicamente importantes.

COBALTITA
Ortorrómbico • D 5,5 • DR 6,33
La cobaltita es un raro sulfuro de arsénico y cobalto. Abunda en Suecia y Noruega, por ejemplo.

GALENA
Cúbico • D 2,5 • DR 7,58
El sulfuro de plomo es uno de los sulfuros más abundantes y extendidos. Se extrae masivamente para obtener plomo.

GREENOCKITA
Hexagonal
D 3–3,5 • DR 4,82
Bautizado en honor de lord Greenock, en cuyas tierras escocesas se halló en 1840, este raro sulfuro de cadmio puede ser amarillo, rojo o naranja.

ESFALERITA
Cúbico • D 3,5–4 • DR 3,9–4,1
Sulfuro de cinc con contenido de hierro variable, la esfalerita es el mineral más extraído para obtener cinc.

CINABRIO
Trigonal
D 2–2,5 • DR 8–8,2
El sulfuro de mercurio rojo ha sido la principal fuente de mercurio a lo largo de los siglos. Se da en fuentes termales y fisuras volcánicas.

ESTIBINA
Ortorrómbico • D 2 • DR 4,63–4,66
Sulfuro del antimonio, la estibina es el principal mineral de dicho metal. Hay grandes depósitos en China, Japón y el oeste de EEUU.

BORNITA
Ortorrómbico • D 3 • DR 5,08
Este sulfuro de hierro y cobre tiene un color rojo cobrizo, con iridiscencias púrpuras y azules. Es un importante mineral de cobre.

CALCOPIRITA
Tetragonal
D 3,5–4 • DR 4,35
Sulfuro de hierro y cobre, la calcopirita tiene un tono amarillo profundo. Tiene un valor notable como mineral de cobre.

ACANTITA
Monoclínico
D 2–2,5 • DR 7,22
Sulfuro de cristales oscuros, metálicos y a veces puntiagudos, la acantita es el principal mineral de plata.

»

OROPIMENTE
Monoclínico
D 1,5–2 • DR 3,49
El «pigmento dorado» (*auripigmentum* en latín) es un sulfuro de arsénico. Se da en masas laminares en fuentes termales.

REJALGAR
Monoclínico • D 1,5–2 • DR 3,56
Sulfuro rojo anaranjado del arsénico, usado tradicionalmente como pigmento.

GLAUCODOTA
Ortorrómbico • D 5 • DR 6,05
Este sulfuro de cobalto, hierro y arsénico se da en cristales piramidales y masas quebradizas de color blanco plateado.

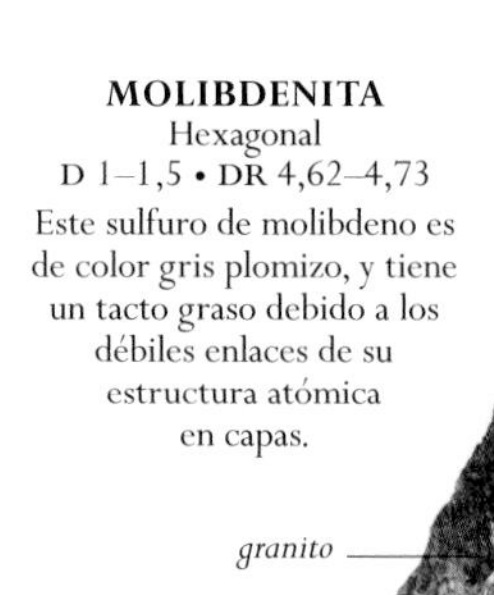

MOLIBDENITA
Hexagonal
D 1–1,5 • DR 4,62–4,73
Este sulfuro de molibdeno es de color gris plomizo, y tiene un tacto graso debido a los débiles enlaces de su estructura atómica en capas.

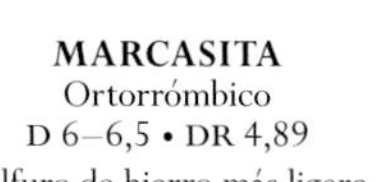

MARCASITA
Ortorrómbico
D 6–6,5 • DR 4,89
Sulfuro de hierro más ligero y quebradizo que la pirita, la marcasita se da a menudo en forma de cresta o maclas puntiagudas.

COVELLINA
Hexagonal • D 1,5–2 • DR 4,68
Aunque la covellina o covellita es rara, es un sulfuro de cobre extendido. Su reluciente color azul índigo la hace atractiva para los coleccionistas.

HAUERITA
Cúbico • D 4 • DR 3,46
Sulfuro de manganeso muy raro cuyos cristales octaédricos, de color marrón, pueden formarse cuando ciertos minerales se alteran sobre los domos salinos.

ARSENOPIRITA
Monoclínico
D 5,5–6 • DR 6,07
Este sulfuro de arsénico y hierro de color plateado tiene un contenido de arsénico de casi el 50 %, y es uno de los principales minerales de dicho metaloide tóxico.

ESTANNITA
Tetragonal • D 4 • DR 4,3–4,5
Sulfuro de estaño, cobre y hierro del que se extrae el primero de dichos metales, *stannum* en latín, de ahí su nombre.

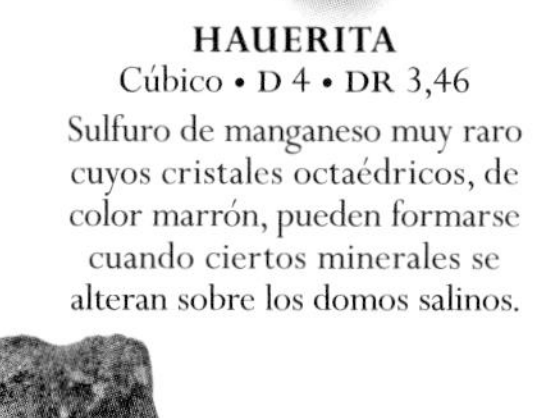

PENTLANDITA
Cúbico
D 3,5–4 • DR 4,6–5
Sulfuro de níquel y hierro, se encuentra en rocas ígneas básicas y es una importante fuente de níquel.

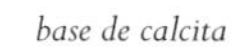

MILLERITA
Trigonal
D 3–3,5 • DR 5,3–5,5
Este sulfuro de níquel se da en calizas y rocas ultramáficas. Es valorado como mineral de níquel.

PIRITA
Cúbico
D 6–6,5 • DR 4,8–5
Este sulfuro de hierro de brillante color dorado es el más abundante de los sulfuros.

PIRROTITA
Monoclínico • D 3,5–4,5 • DR 4,58–4,65
Sulfuro de hierro, su magnetismo aumenta cuanto menor es el contenido de hierro, que es variable.

CALCOSINA
Monoclínico • D 2,5–3 • DR 5,5–5,8
De color gris oscuro a negro, este sulfuro de cobre se ha extraído durante siglos; es uno de los minerales de cobre más rentables.

BISMUTINITA
Ortorrómbico • D 2 • DR 6,78
Este sulfuro de bismuto es un mineral importante: gran parte del bismuto extraído se utiliza en medicamentos y cosmética.

lustre brillante y metálico

cristales radiantes y agudos

SULFOSALES

Se trata de un grupo de unos 200 minerales, estructuralmente relacionados con los sulfuros y con muchas propiedades en común con ellos. En estos compuestos el azufre se combina con un elemento metálico –plata, cobre, plomo o hierro– y un semimetal, con frecuencia antimonio o arsénico. Suelen darse en filones hidrotermales, en pequeñas cantidades.

PIRARGIRITA
Trigonal
D 2,5 • DR 5,85
Este sulfuro de plata y antimonio es de color negro rojizo, con finas vetas de rojo rubí.

POLIBASITA
Monoclínico
D 2,5–3 • DR 6,1
Más bien rara, la polibasita es un sulfuro de plata, cobre, antimonio y arsénico, y en algunos lugares produce una cantidad de plata considerable.

BOULANGERITA
Monoclínico
D 2,5–3 • DR 6,2
Sulfuro gris azulado de plomo y antimonio, es uno de los pocos sulfuros que forma cristales tan finos como cabellos.

ESTEFANITA
Ortorrómbico
D 2–2,5 • DR 6,26
La estefanita es un sulfuro negro y opaco de plata y antimonio. En lugares como Nevada (EE UU) es un mineral de plata importante.

cristales prismáticos estriados

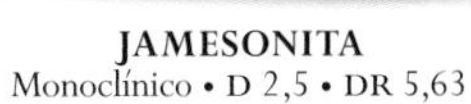

JAMESONITA
Monoclínico • D 2,5 • DR 5,63
Sulfuro de plomo, hierro y antimonio, los cristales gris oscuro de la jamesonita pueden ser finos como cabellos, o grandes y prismáticos.

PROUSTITA
Trigonal • D 2–2,5 • DR 5,55–5,64
La proustita, sulfuro de plata y arsénico, presenta unos cristales transparentes de color escarlata vivo.

ZINKENITA
Hexagonal • D 3–3,5 • DR 5,25–5,35
Sulfuro de plomo y antimonio que se da en forma de cristales finos como agujas de color gris acerado.

TETRAEDRITA
Cúbico
D 3–4,5 • DR 4,6–5,1
Este sulfuro de cobre, hierro y antimonio recibe su nombre de la forma de sus cristales de carbono, de cuatro caras triangulares.

TENNANTITA
Cúbico • D 3–4,5 • DR 4,59–4,75
Sulfuro de cobre, hierro y arsénico, es de color gris oscuro o negro. Se parece mucho a la tetraedrita.

ENARGITA
Ortorrómbico • D 3 • DR 4,45
Sulfuro de cobre y arsénico, de color gris acerado y lustre metálico. Sus cristales suelen ser pequeños, tabulares o prismáticos.

BOURNONITA
Ortorrómbico • D 2,5–3 • DR 5,83
Sulfuro de plomo, cobre y antimonio, de color negro o gris acerado, con cristales tabulares o prismáticos.

ÓXIDOS

Los óxidos son compuestos de oxígeno y otros elementos. Muchos son muy duros, algunos tienen una alta densidad relativa, y varios presentan colores vivos y son muy buscados como gemas. El grupo incluye los principales minerales de hierro, manganeso, aluminio, estaño y cromo. Los óxidos pueden darse en filones hidrotermales, en rocas ígneas y metamórficas, y también, al ser resistentes a la meteorización y el transporte, en arenas y gravas.

CUPRITA
Cúbico • D 3,5–4 • DR 6,14
Este óxido de cobre, que se forma cerca de la superficie por oxidación de minerales de cobre, se da en varios tonos de rojo.

PEROVSKITA
Ortorrómbico
D 5,5 • DR 3,98–4,26
Descubierto en Rusia en 1839, este oscuro óxido de calcio y titanio se forma en rocas ígneas y metamórficas.

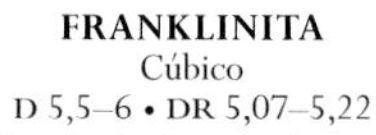

FRANKLINITA
Cúbico
D 5,5–6 • DR 5,07–5,22
Este óxido de cinc y hierro, de color negro o marrón, se encuentra en calizas metamórficas como las de Franklin, en Nueva Jersey (EE UU).

cristal octaédrico de franklinita

ILMENITA
Trigonal
D 5–6 • DR 4,68–4,76
Este óxido de hierro y titanio es el mineral principal del titanio, metal de gran resistencia y baja densidad usado en la construcción de aviones y cohetes.

URANINITA
Cúbico • D 5–6 • DR 10,63–10,95
Este óxido de uranio negro o marrón, altamente radiactivo, es la principal fuente del uranio, y se usa en reactores nucleares para generar electricidad y en la construcción de armas nucleares.

CASITERITA
Tetragonal • D 6–7 • DR 6,98–7,01
Este óxido de estaño, que es prácticamente la única fuente de estaño del mundo, suele darse en filones hidrotermales y pegmatitas y a veces en pequeños granos en gravillas fluviales.

cara cristalina estriada

lustre vítreo

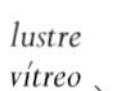

SAMARSKITA
Monoclínico
D 5–6 • DR 5–5,69
Este mineral, óxido radiactivo de varios metales –como itrio, hierro, tántalo y niobio–, se da en rocas ígneas y arenas aluviales.

GAHNITA
Cúbico • D 7,5–8 • DR 4,62
Raro óxido de aluminio y cinc presente sobre todo en rocas metamórficas, forma cristales de color verde oscuro, azul o incluso negro.

CORINDÓN
Trigonal
D 9 • DR 3,98–4,1
El corindón es un óxido de aluminio cuya dureza solo es superada por el diamante. Sus variedades de color rojo (rubí) y azul (zafiro) se usan en joyería.

CROMITA
Cúbico • D 5,5 • DR 4,5–4,8
Este óxido de hierro y cromo es la única fuente importante de cromo, elemento empleado para fabricar acero cromado e inoxidable.

lustre brillante y metálico

HEMATITES
Trigonal • D 5–6 • DR 5,26
Este óxido de hierro, muy extendido y abundante, es clave para la minería del hierro. Sus diversas formas son de color negro, gris metálico o rojo parduzco.

FERGUSONITA
Tetragonal
D 5,5–6,5 • DR 4,2–5,8
Fergusonita es el nombre común del óxido de muchos metales, itrio, lantano, niobio y cerio, entre otros.

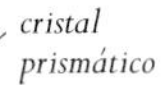

PIROLUSITA
Tetragonal
D 2–6,5 •
DR 5,04–5,08
La pirolusita es un óxido de manganeso abundante, principal mineral del manganeso, elemento esencial en la producción de acero.

RUTILO
Tetragonal
D 6–6,5 • DR 4,23
Fuente de titanio, este óxido de dicho metal forma a menudo llamativas agujas translúcidas en los cristales de cuarzo.

CRISOBERILO
Ortorrómbico • D 8,5 • DR 3,75
El crisoberilo es un óxido de aluminio y berilio. Es muy apreciado como gema, por su excepcional dureza y su color amarillo pardo.

CINCITA
Hexagonal • D 4 • DR 5,64–5,68
La cincita es un raro óxido de cinc; su único yacimiento importante en EE UU se ha agotado.

HIDRÓXIDOS

Los hidróxidos son compuestos de un elemento metálico y el radical hidroxilo (OH). Son minerales comunes formados con frecuencia por una reacción química entre un óxido y fluidos ricos en agua que se filtran por la corteza terrestre. Los hidróxidos tienden a darse en las partes alteradas de filones hidrotermales y en rocas metamórficas.

GIBBSITA
Monoclínico
D 2,5–3 • DR 2,38–2,42
La gibbsita es uno de los hidróxidos esenciales del mineral de aluminio bauxita. Se da también en filones hidrotermales.

ESTIBICONITA
Cúbico • D 5,5–7 • DR 3,5–5,5
Hidróxido raro del antimonio, la estibiconita es de color blanco o marrón amarillento, y se forma por alteración de otros minerales de antimonio, sobre todo la estibina.

LEPIDOCROCITA
Ortorrómbico • D 5 • DR 4,05–4,13
Este hidróxido de hierro, relativamente raro, se da a veces con la goethita. Es marrón rojizo y puede presentar formas irregulares y fibrosas.

DIÁSPORO
Ortorrómbico • D 6,5–7 • DR 3,2–3,5
El diásporo es un hidróxido de aluminio que se halla en la bauxita. También se da en el mármol y en rocas ígneas alteradas.

ROMANECHITA MASIVA

ROMANECHITA
Monoclínico • D 5–6 • DR 6,45
Este óxido de manganeso con bario, oscuro y opaco, suele aparecer en conglomerados o en formas masivas. Rara vez cristaliza.

LIMONITA

GOETHITA BOTROIDAL

GOETHITA
Ortorrómbico • D 5–5,5 • DR 4,27–4,29
Es un hidróxido muy abundante. Una variedad hidratada no cristalina –la limonita– colorea de amarillo pardo suelos y rocas.

BRUCITA
Trigonal • D 2,5–3 • DR 2,39
La brucita es un hidróxido de manganeso, de color blanco, gris, azul o verde. Se da en rocas metamórficas.

BAUXITA
Mezcla amorfa
D 1–3 • DR 2,3–2,7
Principal mena del aluminio, la bauxita no es un único mineral, sino una amalgama de hidróxidos de aluminio y óxidos de hierro.

HALUROS

Cuando un elemento metálico se combina con un elemento halógeno, se forma un haluro. Los halógenos son el yodo, el flúor, el cloro y el bromo. Los haluros suelen ser blandos y de baja densidad relativa, y sus cristales son a menudo cúbicos. Muchos de estos minerales, como la halita y la silvina, se forman como evaporitas a partir de la desecación de aguas salinas; otros, como la fluorita, se dan en filones hidrotermales.

FLUORITA AMARILLA

FLUORITA VIOLETA

FLUORITA

Cúbico • D 4 • DR 3,18

Este fluoruro de calcio forma a menudo cristales transparentes o translúcidos de varios colores. Se usa en gran cantidad para obtener ácido fluorhídrico.

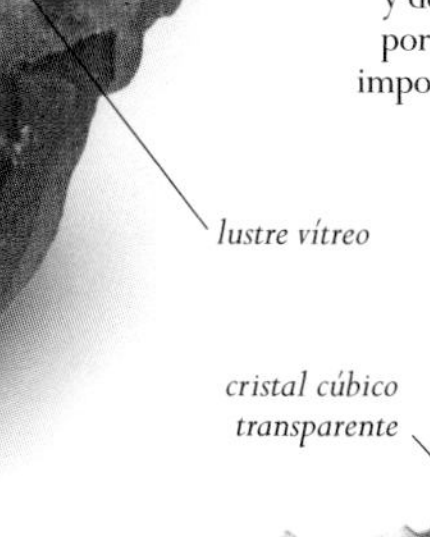

FLUORITA VERDE

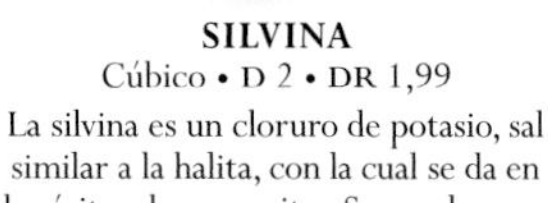

SILVINA

Cúbico • D 2 • DR 1,99

La silvina es un cloruro de potasio, sal similar a la halita, con la cual se da en depósitos de evaporitas. Se emplea para hacer fertilizantes de potasa.

CARNALITA

Ortorrómbico • D 2,5 • DR 1,6

La carnalita es un cloruro de potasio y de magnesio hidratado, y se forma por la evaporación de agua salina. Es importante en la fabricación de abonos.

DIABOLEÍTA

Tetragonal • D 2,5 • DR 5,42

Hidroxicloruro de plomo y cobre, de color azul claro u oscuro, la diaboleíta se forma por alteración de otros minerales.

BOLEÍTA

Cúbico • D 3–3,5 • DR 5,05

La boleíta, de color azul profundo, es un raro hidróxido de plomo, plata, cobre y cloro. Se da por alteración de depósitos de cobre y plomo.

HALITA NARANJA

HALITA

Cúbico • D 2 • DR 2,17

La halita (sal común) es un cloruro de sodio que se da en extensos lechos por evaporación de agua salada. Puede tener color o ser incolora.

CRISTALES DE HALITA

CARBONATOS

Los carbonatos son compuestos de elementos metálicos o semimetálicos combinados con el radical carbonato (CO_3). Se conocen más de 70 minerales de este tipo, pero la calcita, la dolomita y la siderita constituyen la mayor parte del material de carbonato de la corteza terrestre. Suelen cristalizar en formas regulares que no encierran sustancias extrañas. La mayoría son de colores pálidos, pero algunos, como la rodocrosita, la smithsonita y la malaquita, presentan un vivo colorido.

JARLITA
Monoclínico
D 4–4,5 • DR 3,78–3,93
La jarlita, que suele ser blanca, es un raro hidroxifluoruro de sodio, estroncio, magnesio y aluminio que se da en rocas ígneas.

corteza de clorargirita

CLORARGIRITA
Cúbico • D 2,5 • DR 5,55
Este cloruro de plata suele ser escamoso y se da en placas o masas cerosas. Aparece en depósitos de plata alterados.

SMITHSONITA
Trigonal
D 4–4,5 • DR 4,42–4,44
Carbonato de cinc que se halla en zonas superficiales oxidadas de depósitos de mineral de cinc; se extrae para obtener este metal.

CABEZA DE CLAVO

DIENTE DE PERRO

CALCITA
Trigonal
D 3 • DR 2,71
La calcita (un carbonato de calcio), uno de los minerales más abundantes, se da sobre todo en rocas calizas y en el mármol. Puede formar cristales extraordinarios.

cristales prismáticos

base de caliza

BARITOCALCITA
Monoclínico • D 4 • DR 3,66–3,71
Este carbonato de bario y calcio es de color blanco o amarillento, y suele darse en filones hidrotermales calizos.

cristales tabulares verde oscuro de atacamita

ATACAMITA
Ortorrómbico • D 3–3,5 • DR 3,76
La verde atacamita es un hidroxicloruro (o cloruro básico) de cobre, resultado de la oxidación de depósitos de cobre, y un mineral menor del mismo.

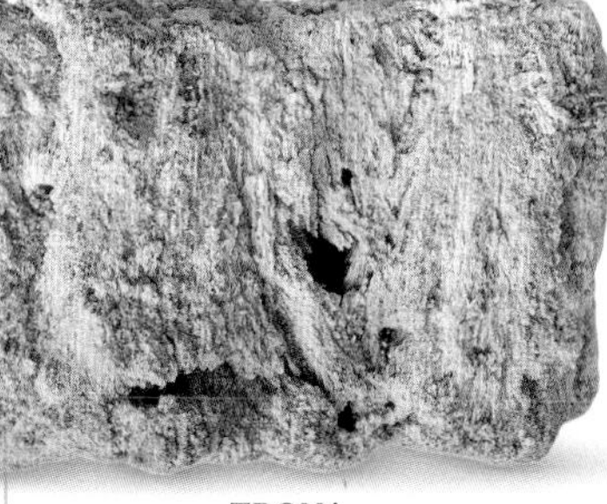

TRONA
Monoclínico • D 2,5 • DR 2,14
Un carbonato de sodio hidratado, la trona es de color gris, amarillento o marrón. Se forma en la superficie terrestre, sobre todo en entornos desérticos salinos.

caras cristalinas curvas

DOLOMITA
Trigonal
D 3,5–4 • DR 2,84–2,86
La dolomita es un carbonato de calcio y magnesio frecuente en calizas alteradas. La roca dolomítica, constituida exclusivamente por dolomita masiva, se usa en la construcción.

CALOMELANO
Tetragonal
D 1,5–2 • DR 7,15
El color de este escaso cloruro de mercurio va del blanco al gris o el marrón, y se oscurece por la exposición a la luz.

CRIOLITA
Monoclínico
D 2,5 • DR 2,97
Raro fluoruro de aluminio y sodio, la criolita tiene a menudo aspecto de hielo. Se da en granitos y pegmatitas graníticas.

WITHERITA
Ortorrómbico
D 3–3,5 • DR 4,29
Este carbonato de bario bastante raro y habitualmente blanco o gris se da en vetas hidrotermales.

MAGNESITA
Trigonal • D 3,5–4,5 • DR 2,98–3,02
La magnesita, un carbonato de magnesio, se da en densas masas que van del blanco al marrón. Se emplea en la producción de ladrillos refractarios y cemento de magnesio.

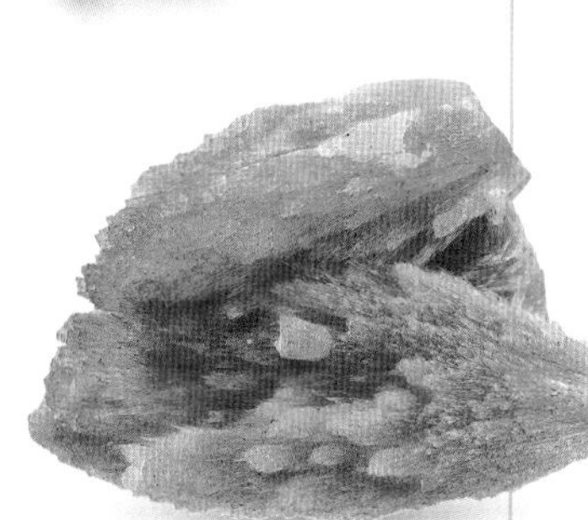

ESTRONCIANITA
Ortorrómbico • D 3,5 • DR 3,74–3,78
Este carbonato de estroncio se encuentra en filones hidrotermales y calizas. El estroncio se emplea en el refinado del azúcar y en la pirotecnia.

»

ARAGONITO
Ortorrómbico
D 3,5–4 • DR 2,95
El aragonito es un carbonato de calcio; es químicamente idéntico a la calcita, pero presenta un sistema cristalino diferente y es mucho menos común.

SIDERITA
Trigonal
D 3,5–4,5 • DR 3,96
La siderita, cuyo nombre procede del griego *sideros* («hierro»), es un carbonato de hierro de color marrón que se da en formas diversas.

FOSGENITA
Tetragonal • D 2–3 • DR 6,12–6,15
Este raro clorocarbonato de plomo se forma cerca de la superficie terrestre por la reacción de minerales de plomo con el agua.

ARTINITA
Monoclínico • D 2,5 • DR 2,01–2,03
Este hidroxicarbonato de magnesio hidratado tiene un hábito característico de agujas de cristales blancos. Se da en rocas serpentinas.

HIDROCINCITA
Monoclínico
D 2–2,5 • DR 3,5–4
La hidrocincita, un hidroxicarbonato (o carbonato básico) de cinc, es de color gris pálido, blanco, rosado o amarillento. Bajo la luz ultravioleta emite una fluorescencia blanca azulada.

AZURITA
Monoclínico • D 3,5–4 • DR 3,77
La azurita es un carbonato de cobre básico. Se caracteriza por su intenso color azul y su frecuente asociación con la malaquita en filones hidrotermales.

LEADHILLITA
Monoclínico • D 2,5–3 • DR 6,55
Este hidroxicarbonatosulfato de plomo suele aparecer en forma de cristales bien definidos en zonas oxidadas de depósitos de plomo.

MACLA DE CRISTALES

CRISTALES DE CERUSITA

CERUSITA
Ortorrómbico • D 3–3,5 • DR 6,53–6,57
Carbonato de plomo producto de la alteración de vetas de dicho metal, la cerusita es su mena más común después de la galena.

cristales romboédricos

ANKERITA
Trigonal
D 3,5–4 • DR 2,97
La ankerita es un carbonato de calcio con menos hierro, magnesio y manganeso. Se encuentra a veces en vetas de cuarzo auríferas.

RODOCROSITA
Trigonal • D 3,5–4 • DR 3,7
Los bellos cristales de tonos rosados de este carbonato de manganeso se pueden encontrar en Sudáfrica, EE UU y Perú. Las formas bandeadas se usan como gemas.

cristales de auricalcita

AURICALCITA
Monoclínico • D 1–2 • DR 3,96
Hidroxicarbonato de cinc y cobre, de color verde o azul, la auricalcita se forma en zonas oxidadas de depósitos de cinc y cobre.

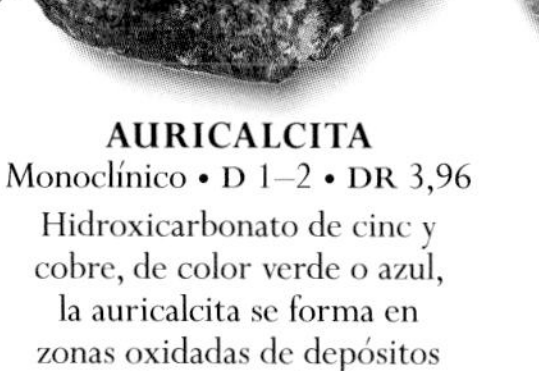

color verde característico

MALAQUITA SOBRE CRISOCOLA

azurita asociada

MALAQUITA
Monoclínico • D 3,5–4 • DR 3,6–4,05
Este llamativo carbonato de cobre verde se da a menudo en masas botrioidales. Se emplea como adorno y también como mena de cobre.

MALAQUITA BOTROIDAL

BORATOS

Los boratos se forman al combinarse elementos metálicos con el radical borato (BO_3). Existen más de cien, siendo los más comunes el bórax, la kernita, la ulexita y la colemanita. Suelen ser de colores pálidos, relativamente blandos y de baja densidad relativa. Muchos se forman como evaporitas, al desecarse aguas salinas y precipitarse los minerales entre capas de rocas sedimentarias.

KERNITA
Monoclínico • D 2,5 • DR 1,91
La kernita, hidroxiborato de sodio hidratado incoloro o blanco, tiene menos agua que el bórax; ambos minerales a menudo se dan juntos.

BORACITA
Ortorrómbico
D 7–7,5 • DR 2,91–3,1
Los cristales de este cloroborato de magnesio, de color verde claro o blanco, brillo vítreo y gran dureza se forman en depósitos salinos.

cristales translúcidos, prismáticos

COLEMANITA
Monoclínico • D 4,5 • DR 2,42
Este hidroxiborato de calcio hidratado, formado por la evaporación de aguas salinas, fue la principal fuente de boro hasta que se halló la kernita.

ULEXITA
Triclínico • D 2,5 • DR 1,95
La ulexita es un hidroxiborato de calcio y sodio hidratado; sus cristales, blancos y fibrosos, dejan pasar la luz. Tiene empleos similares al bórax.

BÓRAX
Monoclínico • D 2–2,5 • DR 1,71
Este borato de sodio hidratado, blanco y con aspecto de tiza, tiene muchas aplicaciones: medicamentos, detergentes, vidrio y textiles, entre otras.

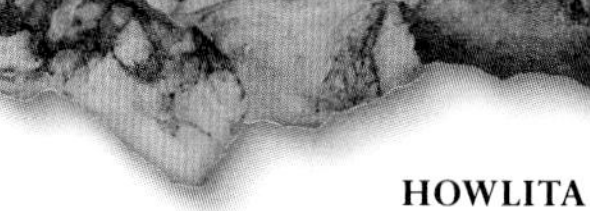

HOWLITA
Monoclínico • D 3,5–6,5 • DR 2,6
La howlita, un borosilicato de calcio, suele formar masas redondas con aspecto de tiza.

NITRATOS

Los nitratos son un reducido grupo de compuestos en los que los elementos metálicos se combinan con el radical nitrato (NO_3). Suelen ser minerales muy blandos y de baja densidad relativa. Muchos se disuelven fácilmente en agua, y rara vez se dan como cristales. Por lo general aparecen en regiones áridas, formando en la superficie una capa a veces muy extensa, y se pueden emplear como fertilizantes y como explosivos.

NITRATITA
Trigonal • D 1,5–2 • DR 2,26
Este nitrato de sodio suele formar una corteza en la superficie de regiones áridas, sobre todo en Chile. Es blanco, gris, marrón o amarillo.

SULFATOS

Son metales combinados con el radical sulfato (SO_4). Hay unos 200, y muchos son raros. Algunos, como el yeso, se forman en depósitos de evaporitas, precipitando a partir de soluciones salinas; otros se dan como producto de la meteorización, o como minerales primarios en filones hidrotermales. Los hay económicamente importantes, como la barita, usada para lubricar los taladros de las plataformas petrolíferas.

YESO RADIANTE

YESO
Monoclínico • D 2 • DR 2,31–2,32
El abundante yeso, un sulfato de calcio hidratado, se emplea en la construcción calentado y mezclado con agua.

SELENITA

THENARDITA
Ortorrómbico
D 2,5–3 • DR 2,66
La thenardita, de color gris pálido o pardo, es un sulfato de sodio. Se encuentra en lavas recientes y en torno a lagos salados.

ANGLESITA
Ortorrómbico
D 2,5–3 • DR 6,32–6,39
Este sulfato de plomo, que se da en varios colores y formas, es producto de la alteración de la galena, la principal mena de plomo.

calcancita cristalina

CALCANCITA
Triclínico
D 2,5• DR 2,29
Este mineral, de color verde o azul intenso, es un sulfato de cobre hidratado; se forma por oxidación de la calcopirita y otros sulfatos de cobre.

masa de cristales de brocancita en forma de aguja

CIANOTRIQUITA
Monoclínico • D 1–3 • DR 2,76
Este sulfato hidratado de aluminio y cobre produce unos finos cristales azules, como su nombre, de origen griego, sugiere.

LINARITA
Monoclínico
D 2,5 • DR 5,35
La linarita, de color azul vivo, es un sulfato hidratado de plomo y cobre; se da en las zonas de oxidación de los depósitos de estos minerales.

GLAUBERITA
Monoclínico
D 2,5–3 • DR 2,75–2,85
La glauberita es un sulfato de sodio y calcio. Incolora, gris o amarillenta, se forma por la evaporación de agua salina.

ALUNITA
Trigonal
D 3,5–4 • DR 2,6–2,9
La alunita, sulfato hidratado de potasio y aluminio, aparece en fisuras volcánicas en rocas alteradas por los vapores sulfurosos.

CROMATOS

Los cromatos se forman al combinarse elementos metálicos con el radical cromato (CrO_4). Son minerales raros; solo la crocoíta es relativamente conocida. Suelen ser de colores vivos, y son muy apreciados por los coleccionistas de minerales. Los cromatos se forman a menudo por la alteración de filones hidrotermales a causa de fluidos.

CROCOÍTA ROJA

CROCOÍTA NARANJA

CROCOÍTA
Monoclínico • D 2,5–3 • DR 5,97–6,02
El cromato de plomo se forma en zonas oxidadas de depósitos de plomo. Los mejores especímenes son de Australia.

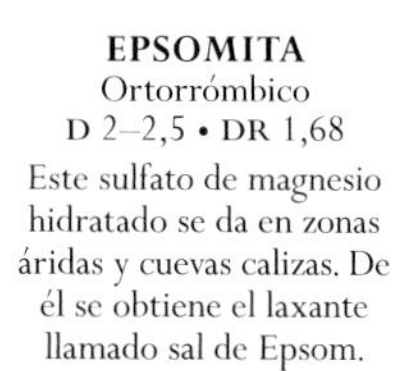

MELANTERITA
Monoclínico • D 2 • DR 1,89
La melanterita, blanca, verde o azul, es sulfato de hierro hidratado. Se emplea para purificar agua y como fertilizante.

JAROSITA
Trigonal
D 2,5–3,5 • DR 2,9–3,26
Este sulfato hidratado de hierro y potasio aparece como una capa marrón en la pirita y otros minerales de hierro.

EPSOMITA
Ortorrómbico
D 2–2,5 • DR 1,68
Este sulfato de magnesio hidratado se da en zonas áridas y cuevas calizas. De él se obtiene el laxante llamado sal de Epsom.

CELESTINA
Ortorrómbico • D 3–3,5 • DR 3,96–3,98
Este sulfato de estroncio se busca no solo como fuente de estroncio, sino también por sus hermosos cristales transparentes de tonos claros.

COPIAPITA
Triclínico • D 2,5–3 • DR 2,08–2,17
Este sulfato de hierro hidratado, amarillo o verde, fue descrito por primera vez en Copiapó (Chile), de ahí su nombre. Se produce por alteración de otros minerales.

BROCANCITA
Monoclínico
D 3,5–4 • DR 3,97
La brocancita, sulfato básico de cobre, forma cristales, cortezas o masas de color verde esmeralda.

ANHIDRITA
Ortorrómbico
D 3–3,5 • DR 2,98
La anhidrita, una forma de sulfato de calcio, se da con el yeso pero es menos común; en condiciones húmedas se convierte en yeso.

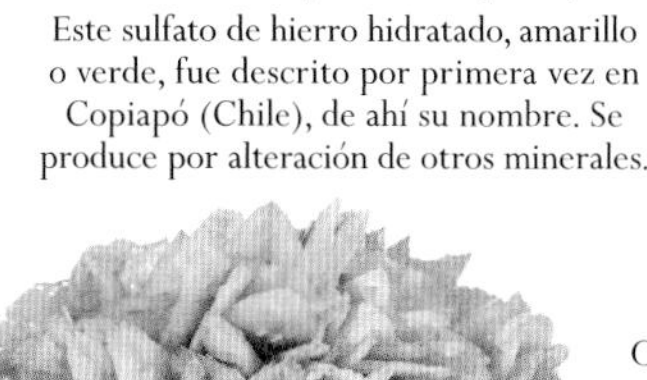

BARITA
Ortorrómbico
D 3 • DR 4,5
El sulfato de bario es el mineral de bario más común. Dada su palidez, resulta inusualmente pesado.

POLIHALITA
Triclínico • D 2,5–3,5 • DR 2,78
La polihalita es un sulfato hidratado de potasio, calcio y magnesio. Incoloro, blanco, rosado o rojo, es frecuente en depósitos de sal marina.

MOLIBDATOS

Los molibdatos se forman al combinarse metales con el radical molibdato (MoO_4). Son minerales raros, y suelen ser densos y de colores vivos. Aparecen en vetas minerales alteradas por la circulación de agua. El más conocido de ellos es la wulfenita, apreciada por la calidad de sus cristales y por sus brillantes tonos naranjas o amarillos.

WULFENITA
Tetragonal • D 2,5–3 • DR 6,5–7,5
Este molibdato de plomo se encuentra en zonas oxidadas de depósitos de plomo y molibdeno, del que es una fuente menor.

WOLFRAMATOS

Los wolframatos son compuestos de elementos metálicos con el radical wolframato (WO_4). Son minerales raros y generalmente tienen una alta gravedad específica; algunos forman buenos cristales. Se dan en filones hidrotermales y en pegmatitas, rocas graníticas de grano muy grueso, en las que se forman a partir de los fluidos que permean la roca.

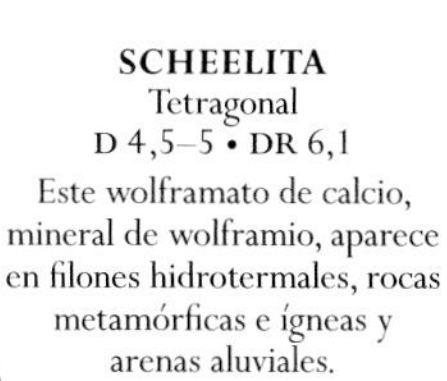

HÜBNERITA
Monoclínico
D 4–4,5 • DR 7,12–7,18
Este wolframato de manganeso es una fuente importante de wolframio, metal usado en aleaciones del acero, abrasivos y bombillas.

SCHEELITA
Tetragonal
D 4,5–5 • DR 6,1
Este wolframato de calcio, mineral de wolframio, aparece en filones hidrotermales, rocas metamórficas e ígneas y arenas aluviales.

FERBERITA
Monoclínico
D 4–4,5 • DR 7,58
Este wolframato de hierro, fuente de wolframio, es negro y opaco, y se encuentra en filones hidrotermales y pegmatitas graníticas.

FOSFATOS

Los minerales fosfatos se producen por la combinación de metales con el radical fosfato (PO_4). Forman un gran grupo de más de 200 minerales, muchos de ellos muy raros. Algunos son de colores vivos. Suelen formarse por alteración de sulfatos, pero a veces son minerales primarios. Algunos fosfatos son radiactivos.

TURQUESA
Triclínico • D 5–6 • DR 2,6–2,8
Gema muy apreciada desde hace miles de años, este fosfato hidratado de cobre y aluminio se encuentra en rocas ígneas alteradas.

HIDROXILHERDERITA
Monoclínico • D 5–5,5 • DR 2,95
La hidroxilherderita es un fosfato de calcio y berilio. Forma cristales de color amarillo claro o verdoso y lustre vítreo en pegmatitas graníticas.

PIROMORFITA
Hexagonal • D 3,5–4 • DR 7,04
La piromorfita es un clorofosfato de plomo de color verdoso, amarillento o marrón que se forma en las zonas oxidadas de depósitos de plomo.

DUFRENITA
Monoclínico • D 3,5–4,5 • DR 3,1–3,34
Fosfato hidratado de hierro y calcio que suele darse en masas o cortezas de color verde a negro en vetas alteradas y menas de hierro.

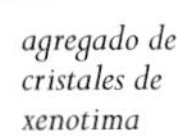
agregado de cristales de xenotima

XENOTIMA-(Y)
Tetragonal • D 4–5 • DR 4,4–5,1
Muy extendido, este fosfato de itrio es de color amarillo-marrón, gris o verdoso, y se forma en rocas ígneas y metamórficas.

cristal prismático de apatito

APATITO
Hexagonal
D 5 • DR 3,16–3,22
Apatito es el nombre común de un grupo de tres fosfatos de calcio similares: la fluorapatita, la clorapatita y la hidroxilapatita.

AUTUNITA
Ortorrómbico
D 2–2,5 • DR 3,05–3,2
La autunita es un fosfato hidratado de calcio y uranio de color amarillo limón o verde pálido. Se da por alteración de minerales de uranio y es radiactiva.

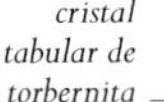
cristal tabular de torbernita

TORBERNITA
Tetragonal • D 2–2,5 • DR 3,22
Este fosfato hidratado de cobre y uranio está relacionado con la autunita y se da en medios geológicos similares. Es un mineral radiactivo.

WAVELLITA
Ortorrómbico • D 3,5–4 • DR 2,36
La wavellita es un raro fosfato hidratado de aluminio. Incoloro, gris o verdoso, vítreo, forma cristales radiantes en forma de aguja en rocas alteradas.

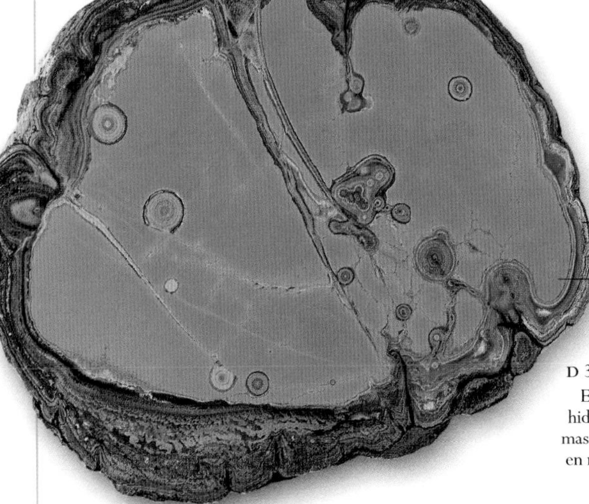
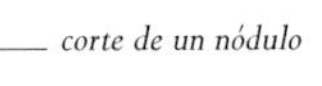
corte de un nódulo
lustre ceroso

VARISCITA
Ortorrómbico
D 3,5–4,5 • DR 2,56–2,61
Este fosfato de aluminio suele darse como masas microcristalinas verdes en nódulos, vetas o cortezas.

TRIPLITA
Monoclínico • D 5–5,5 • DR 3,5–3,9
La triplita es un fosfato de manganeso y flúor, a veces con hierro. Se forma en pegmatitas graníticas.

AMBLIGONITA
Triclínico • D 5,5–6 • DR 3,04–3,11
Raro fluofosfato de litio y aluminio que suele darse en masas, y también en cristales en Zimbabue y Brasil.

VIVIANITA
Monoclínico • D 1,5–2 • DR 2,67–2,69
Este fosfato de hierro hidratado suele formar agrupaciones de oscuros cristales prismáticos en depósitos de hierro alterados.

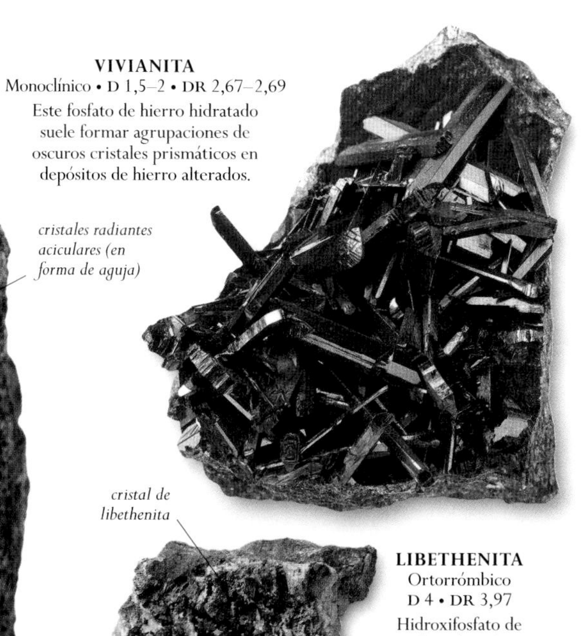

cristales radiantes aciculares (en forma de aguja)

cristal de libethenita

LIBETHENITA
Ortorrómbico
D 4 • DR 3,97
Hidroxifosfato de cobre, de color verde claro a oscuro, se forma en las zonas de oxidación de depósitos de cobre.

MONACITA
Monoclínico • D 5–5,5 • DR 5–5,5
Monacita es la denominación que reciben todos los fosfatos que contienen cerio, lantano o neodimio, elementos que se extraen de dichos minerales.

BRASILIANITA
Monoclínico • D 5,5 • DR 2,98
Este hidroxifosfato de sodio y aluminio, de color amarillo o verdoso, fue descubierto por primera vez en Brasil, y se forma en cavidades de pegmatitas graníticas.

cristal bipiramidal

LAZULITA
Monoclínico
D 5,5–6 • DR 3,12–3,24
Gema semipreciosa de color azul, relativamente rara, este hidroxifosfato de aluminio y magnesio se da en rocas metamórficas e ígneas.

VANADINITA
Hexagonal • D 2,5–3 • DR 6,88
Este clorovanadato de plomo más bien raro forma cristales en depósitos de plomo alterados. Es una fuente importante de vanadio, elemento usado en aleaciones del acero.

VANADATOS

Los vanadatos se forman por la combinación de elementos metálicos con el radical vanadato (VO_4). Este grupo reúne muchos minerales raros, que pueden ser densos y de colores vivos. Los vanadatos suelen formarse cuando filones hidrotermales se ven alterados por fluidos. La mayoría de ellos carece de valor comercial; la carnotita, no obstante, es una fuente importante de uranio.

TYUYAMUNITA
Ortorrómbico
D 1,5–2 • DR 3,57–4,35
Este raro vanadato hidratado de calcio y uranio se parece a la carnotita, y se da también en depósitos de uranio alterados.

corteza de polvo sobre arenisca

CARNOTITA
Monoclínico • D 2 • DR 4,75
Este vanadato hidratado de potasio y uranio suele aparecer como una corteza de polvo amarillo en depósitos de uranio y es radiactivo.

ARSENIATOS

Los arseniatos son en su mayoría minerales raros compuestos por elementos metálicos y el radical arseniato (AsO_3 o AsO_4). Suelen tener una escasa dureza. Muchos son de colores vivos: la adamita es amarilla o verde; la clinoclasa, verde o azul. Este grupo de minerales se forma en situaciones geológicas diversas, pero sobre todo en depósitos de metales alterados.

ADAMITA
Ortorrómbico
D 3,5 • DR 4,32–4,48
Este hidroxiarseniato de cinc se da en depósitos de cinc y arsénico alterados, a veces con cristales excepcionales.

ERITRITA
Monoclínico • D 1,5–2,5 • DR 3,06
Este arseniato de cobalto hidratado forma cortezas o cristales de color rosa o violeta; en Canadá y Marruecos se hallan ejemplares excelentes.

BAYLDONITA
Monoclínico
D 4,5 • DR 5,24–5,67
Este arseniato hídrico de cobre y plomo suele darse como una corteza verde o amarilla en filones hidrotermales alterados.

agrupamientos radiantes de cristales de clinoclasa

CLINOCLASA
Monoclínico • D 2,5–3 • DR 4,38
La clinoclasa es un hidroxiarseniato de cobre de color azul o verde oscuro. Se da en formas diversas en depósitos de sulfuro de cobre alterados.

cristales de olivenita

cuarzo

OLIVENITA
Monoclínico
D 3 • DR 4,46
La olivenita es un hidroxiarseniato de cobre. Puede ser verdosa, parda, amarilla o gris, y se da en depósitos de cobre alterados.

MIMETESITA
Hexagonal • D 3,5–4 • DR 7,24
Los cristales en forma de barril son peculiares de este cloroarseniato de plomo, que también se da en otras formas. Aparece en depósitos de plomo alterados.

CALCOFILITA
Trigonal • D 2 • DR 2,67–2,69
La calcofilita, de color verde o azul vivo, es un sulfatoarseniato hidratado de cobre y aluminio, y se forma en depósitos de cobre oxidados.

SILICATOS

Los silicatos son el mayor y más abundante de todos los grupos de minerales. Sus elementos fundamentales son tetraedros de silicio y oxígeno (SiO_4), combinados con otros elementos. Se subdividen en seis grupos en función de la estructura cristalina de los tetraedros: unos presentan tetraedros aislados (nesosilicatos), otros por parejas (sorosilicatos), otros tienen una red de tetraedros tridimensional (tectosilicatos); en algunos, los tetraedros se disponen en cadenas (inosilicatos), en otros, en redes planas (filosilicatos) o en anillos (ciclosilicatos).

NESOSILICATOS

ANDRADITA
Cúbico • D 6,5–7 • DR 3,8–3,9
Verde amarillento, pardo o negro, el granate andradita es un silicato de hierro y calcio. Una vez tallado es idóneo para descomponer la luz blanca en colores.

DUMORTIERITA MASIVA

DUMORTIERITA
Ortorrómbico • D 7–8 • DR 3,21–3,41
La dumortierita es un silicato de aluminio, hierro y boro. Suele formar agregados fibrosos o cristales radiantes, pero puede darse también en forma masiva.

EUCLASA
Monoclínico
D 7,5 • DR 2,99–3,1
La euclasa es un silicato básico de berilio y aluminio. Puede formar cristales prismáticos estriados incoloros, blancos, verdes o azules.

HUMITA
Ortorrómbico • D 6 • DR 3,2–3,32
Este hidroxifluorosilicato de magnesio y hierro suele darse en masas granulares de color amarillo a naranja en calizas y dolomitas metamórficas.

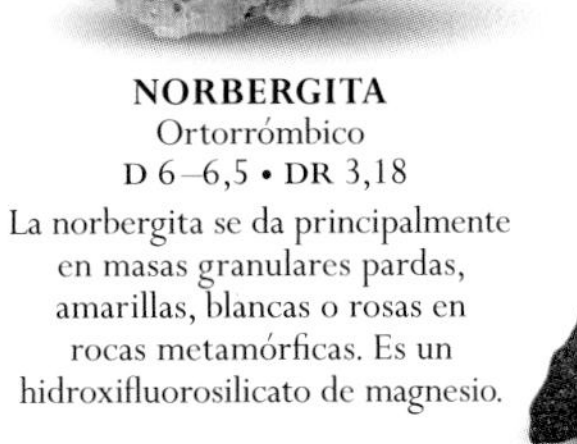

NORBERGITA
Ortorrómbico
D 6–6,5 • DR 3,18
La norbergita se da principalmente en masas granulares pardas, amarillas, blancas o rosas en rocas metamórficas. Es un hidroxifluorosilicato de magnesio.

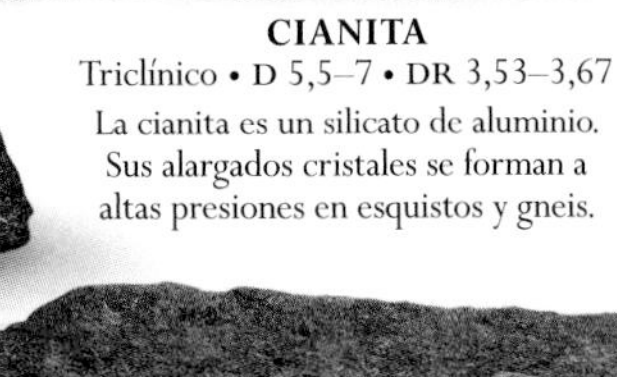

CIANITA
Triclínico • D 5,5–7 • DR 3,53–3,67
La cianita es un silicato de aluminio. Sus alargados cristales se forman a altas presiones en esquistos y gneis.

PIROPO
Cúbico • D 7–7,5 • DR 3,58
El granate piropo, silicato de magnesio y aluminio de color rojo oscuro, se forma a altas presiones en rocas metamórficas y en algunas ígneas.

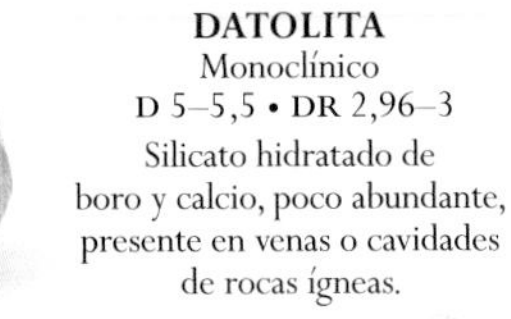

DATOLITA
Monoclínico
D 5–5,5 • DR 2,96–3
Silicato hidratado de boro y calcio, poco abundante, presente en venas o cavidades de rocas ígneas.

ALMANDINA
Cúbico • D 7–7,5 • DR 4,32
De color rojo rosado, la almandina es un silicato de aluminio y hierro y es el más común de los granates. Se usa mucho como gema.

caras cristalinas rómbicas

coloración verde debida al vanadio

GROSULARIA VERDE

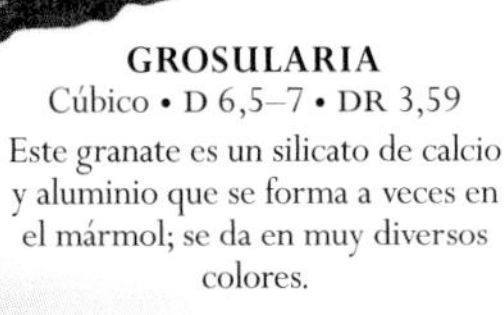

GROSULARIA
Cúbico • D 6,5–7 • DR 3,59
Este granate es un silicato de calcio y aluminio que se forma a veces en el mármol; se da en muy diversos colores.

lustre vítreo

coloración roja debida al hierro

GROSULARIA ROJA

OLIVINO
Ortorrómbico
D 7 • DR 3,27–4,39
Olivino es el nombre común de los nesosilicatos de magnesio y de hierro, que son frecuentes en rocas ígneas.

TOPACIO
Ortorrómbico • D 8 • DR 3,4–3,6
El topacio es un fluosilicato de aluminio. El tamaño de sus cristales suele ser pequeño, pero en Brasil se halló un cristal de 271 kg.

TITANITA
Monoclínico • D 5–5,5 • DR 3,48–3,6
De color variable, la titanita es silicato de calcio y titanio. Es excelente para dispersar la luz, mejor aún que el diamante.

CLORITOIDE
Monoclínico • D 6,5 • DR 3,4–3,8
El cloritoide, frecuente en rocas metamórficas y volcánicas, es un aluminosilicato hidratado de hierro, magnesio y manganeso, de color verde oscuro o negro.

ANDALUSITA
Ortorrómbico
D 6,5–7,5 • DR 3,13–3,21
Este aluminosilicato se da sobre todo en rocas metamórficas de grado bajo, en bastos cristales prismáticos de sección cuadrada.

CIRCÓN
Tetragonal • D 7,5 • DR 4,6–4,7
El circón, un silicato de circonio, es una gema muy empleada en joyería, y es la fuente principal del metal circonio, que se utiliza en los reactores nucleares.

WILLEMITA
Trigonal
D 5,5 • DR 3,89–4,19
La willemita es un silicato de cinc, de color blanco, verde, amarillo o rojizo, y generalmente masivo. Se da en depósitos de cinc alterados y en calizas metamórficas.

SILLIMANITA
Ortorrómbico • D 6,5–7,5 • DR 3,23–3,27
La sillimanita es un silicato de aluminio de cristales largos y finos. Su composición es idéntica a la de la andalusita, pero se forma a temperaturas y presiones mayores.

SOROSILICATOS

EPIDOTA
Monoclínico
D 6 • DR 3,38–3,49
La epidota es un silicato hidratado de calcio, aluminio y hierro muy abundante. Sus cristales son prismáticos o tabulares, estriados y verdes.

AXINITA
Triclínico
D 6,5–7 • DR 3,25–3,28
Este silicato hidratado de calcio, hierro, manganeso, aluminio y boro presenta cristales en forma de hacha.

HEMIMORFITA
Ortorrómbico
D 4,5–5 • DR 3,48
Este silicato hidratado de cinc se da en depósitos alterados de cinc, y es de color y forma muy variables.

DANBURITA
Ortorrómbico
D 7–7,5 • DR 2,93–3,02
La danburita es un silicato de calcio y boro cuyos cristales, de color variable, recuerdan a los del topacio, aunque también puede ser granular.

VESUVIANITA
Tetragonal
D 6,5 • DR 3,32–3,43
También conocida como idocrasa, es un silicato hidratado de calcio, sodio, magnesio, hierro y aluminio, con flúor. Se da en el mármol y en rocas ígneas.

»

CICLOSILICATOS

BENITOÍTA
Hexagonal
D 6–6,5 • DR 3,64–3,65
Este silicato de bario y titanio, habitualmente de color azul, se da en la serpentinita y en esquistos. En California (EE UU) se hallan cristales con calidad de gema.

cristal de seis caras

TURMALINA
Trigonal
D 7 • DR 2,9–3,1
Turmalina es el nombre común de un grupo de 11 borosilicatos hidratados, de igual estructura cristalina pero química diversa.

cristal prismático

AGUAMARINA

ESMERALDA

BERILO
Hexagonal
D 7,5–8 • DR 2,63–2,92
Este aluminosilicato de berilio es tanto una fuente de berilio como una gema, entre cuyas variedades figuran la esmeralda (verde) y la aguamarina (azul verdoso).

MORGANITA
Hexagonal
D 7,5–8 • DR 2,63–2,92
La morganita es una variedad rosa del berilo, cuyo color se debe a la añadidura de cesio o manganeso. Forma cristales tabulares en pegmatitas.

SUGILITA
Hexagonal
D 6–6,5 • DR 2,74–2,79
Este raro silicato de potasio, sodio, hierro y litio se da en rocas metamórficas.

cristal prismático columnar de seis caras

HELIODORO
Hexagonal
D 7,5–8 • DR 2,63–2,92
El heliodoro, cuyo nombre, de origen griego, alude al sol, es una variedad amarilla del berilo. En Rusia se hallan excelentes ejemplares.

base de roca

INOSILICATOS

ACTINOLITA
Monoclínico
D 5–6 • DR 3,03–3,24
La actinolita es una forma más oscura y rica en hierro del anfíbol tremolita, y una de las fuentes del amianto.

TREMOLITA
Monoclínico • D 5–6 • DR 2,99–3,03
Este silicato hidratado de calcio y magnesio, un anfíbol muy extendido, se forma en rocas metamórficas. Se ha usado como amianto.

lustre vítreo

PECTOLITA
Triclínico • D 4,5–5 • DR 2,48–2,9
Este hidroxisilicato de sodio y calcio se forma en cavidades dentro del basalto. Abunda en Canadá, EE UU e Inglaterra.

NEFRITA
Monoclínico • D 6,5 • DR 2,99–3,24
Esta forma dura, de color crema o verde oscuro, de los anfíboles tremolita y actinolita se conoce popularmente como jade.

EGIRINA
Monoclínico • D 6 • DR 3,5–3,6
Este piroxeno marrón, verde o negro es un silicato de sodio y hierro, y se forma en rocas metamórficas y en rocas ígneas oscuras.

HORNBLENDA
Monoclínico • D 5–6 • DR 3–3,4
Común en rocas ígneas y metamórficas, este mineral anfíbol es un oscuro silicato hidratado de calcio, magnesio, hierro y aluminio.

masa fibrosa

cristal prismático alargado

WOLLASTONITA
Triclínico • D 4,5–5 • DR 2,86–3,09
Este silicato de calcio, presente en el mármol y otras rocas metamórficas, se usa en cerámica y pintura y como una forma de amianto.

RODONITA
Triclínico
D 5,5–6,5 • DR 3,57–3,76
La rodonita, de color rojo o rosado, es un silicato de manganeso y calcio que se da en cristales, masas y granos. Se usa como piedra semipreciosa.

ESPODUMENA
Monoclínico • D 6,5–7 • DR 3,1–3,2
Este piroxeno es un silicato de litio y aluminio. Se han encontrado cristales enormes, el mayor de ellos de casi 100 toneladas.

DIÓPSIDO
Monoclínico • D 5,5–6,5 • DR 3,22–3,38
Este piroxeno es un silicato de calcio y magnesio, generalmente de color verde. Se da en rocas metamórficas e ígneas.

RICHTERITA
Monoclínico
D 5–6 • DR 3,1
El anfíbol richterita es un silicato hidratado de sodio, calcio y magnesio. Se da en calizas metamórficas y rocas ígneas.

PIGEONITA
Monoclínico
D 6 • DR 3,3–3,46
Este raro piroxeno, de color marrón a negro violáceo, es un silicato de magnesio, hierro y calcio. Se da en rocas ígneas y en meteoritos.

AUGITA
Monoclínico
D 5,5–6 • DR 3,19–3,56
La augita, un piroxeno común, es un silicato de calcio, magnesio y hierro que se da en rocas ígneas y metamórficas.

ASTROFILITA
Triclínico • D 3 • DR 3,2–3,4
Este complejo silicato hidratado de potasio, sodio, hierro y titanio, con flúor, se da en el gneis y en cavidades de rocas ígneas.

JADEÍTA
Monoclínico
D 6 • DR 3,25–3,35
Este piroxeno, silicato de sodio, aluminio y hierro, es uno de los dos materiales tallables conocidos popularmente como jade.

RIEBECKITA
Monoclínico • D 5–5,5 • DR 3,26–3,44
Este anfíbol es un silicato hidratado de sodio y hierro que se da en rocas ígneas. La variedad crocidolita (o amianto azul) se da en rocas ferruginosas metamórficas.

»

FILOSILICATOS

PREHNITA
Ortorrómbico
D 6–6,5 • DR 2,8–2,95
La prehnita es un silicato hidratado de calcio y aluminio. Se da en cavidades del basalto.

OKENITA
Triclínico • D 4,5–5 • DR 2,28–2,33
Silicato de calcio hidratado, de cristales fibrosos o aspados, de color blanco, a veces con tonos azules o amarillos. Se da en el basalto.

CLINOCLORO
Monoclínico
D 2–2,5 • DR 2,6–3,02
Este silicato hidratado de hierro, magnesio y aluminio forma cristales tabulares verdes, y se da en diversos tipos de roca.

MOSCOVITA
Monoclínico
D 2,5 • DR 2,77–2,88
La moscovita, o mica blanca, es un hidroxialuminosilicato de potasio con flúor, muy abundante en rocas metamórficas y granito.

grupos cristalinos radiantes

FLOGOPITA
Monoclínico
D 2–3 • DR 2,78–2,85
La mica flogopita, incolora, amarilla o marrón, es un hidroxialuminosilicato de potasio y magnesio.

PETALITA
Monoclínico
D 6,5 • DR 2,41–2,42
La petalita es un silicato de litio y aluminio, cuyos cristales suelen ser grises o blancos y forman agregados. Es una fuente de litio.

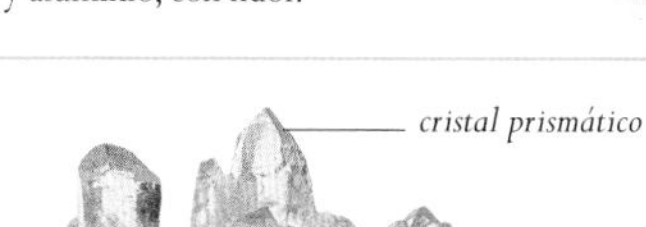

CAVANSITA
Ortorrómbico
D 3–4 • DR 2,21–2,31
La cavansita es un silicato hidratado de calcio y vanadio, de color azul o azul verdoso. Se da en cavidades del basalto.

SEPIOLITA
Ortorrómbico • D 2 • DR 2–2,2
Este mineral de arcilla de color claro, un silicato de magnesio hídrico, suele darse en masas terrosas en rocas alteradas. Se emplea para tallas decorativas.

LEPIDOLITA
Monoclínico • D 2,5–3,5 • DR 2,8–2,9
Lepidolita es el nombre común de las micas que son hidroxialuminosilicatos de potasio, litio y aluminio, con flúor.

TECTOSILICATOS

CUARZO AHUMADO
Trigonal • D 7 • DR 2,65
Variedad marrón oscuro del cuarzo, un dióxido de silicio. Se encuentra en rocas ígneas y filones hidrotermales.

CUARZO ROSA
Trigonal • D 7 • DR 2,65
La variedad rosa translúcida del cuarzo es muy apreciada. Los cristales son muy raros; suele tener un hábito masivo.

CUARZO LECHOSO
Trigonal
D 7 • DR 2,65
Esta variedad blanca del cuarzo, muy común, se da en todo tipo de rocas y en filones hidrotermales.

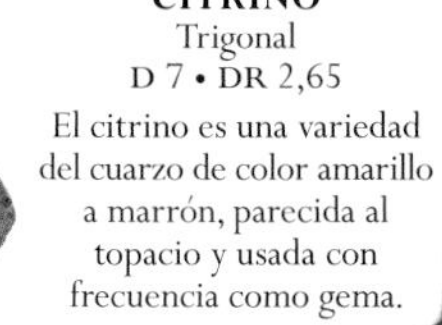

CITRINO
Trigonal
D 7 • DR 2,65
El citrino es una variedad del cuarzo de color amarillo a marrón, parecida al topacio y usada con frecuencia como gema.

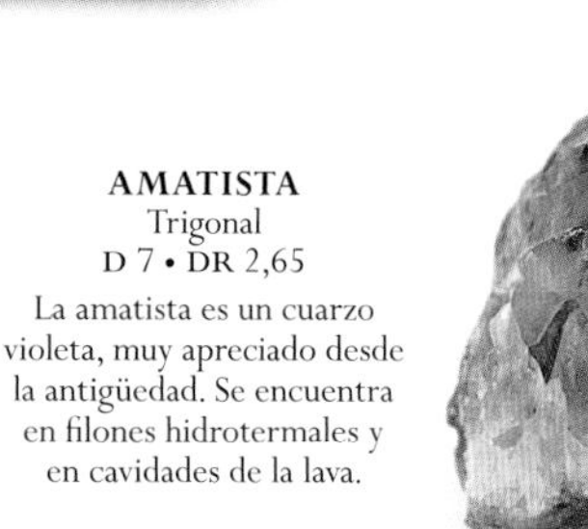

AMATISTA
Trigonal
D 7 • DR 2,65
La amatista es un cuarzo violeta, muy apreciado desde la antigüedad. Se encuentra en filones hidrotermales y en cavidades de la lava.

ZINNWALDITA
Monoclínico • D 3,5–4 • DR 2,9–3,1
Esta mica, de color marrón, gris o verde, es hidroxialuminosilicato de potasio, litio, hierro y aluminio, con flúor.

CRISOCOLA
Ortorrómbico
D 2,5–3,5 • DR 1,93–2,4
Este silicato hidratado de cobre y aluminio, de color azul o azul verdoso, se forma en depósitos de cobre alterados. No cristaliza.

VERMICULITA
Monoclínico
D 1,5 • DR 2,4–2,7
Este mineral de arcilla, de color verde o amarillo, se da a menudo donde se ha alterado la mica. Es un silicato hidratado de magnesio, hierro y aluminio.

GLAUCONITA
Monoclínico • D 2 • DR 2,4–2,95
La mica glauconita es un hidroxialuminosilicato de potasio, sodio, magnesio, aluminio y hierro. Se da en rocas sedimentarias marinas.

CRISOTILO
Monoclínico • D 2,5 • DR 2,53
El crisotilo es un silicato de magnesio hidratado que forma unos cristales blancos y fibrosos en la roca serpentinita. Es el más abundante de los minerales de amianto.

BIOTITA
Monoclínico • D 2,5–3 • DR 3,3
La biotita, o mica negra, es un hidroxialuminosilicato de potasio, hierro y magnesio, con flúor. Abunda en rocas ígneas y metamórficas.

PIROFILITA
Triclínico
D 1–2 • DR 2,65–2,9
Este hidroxisilicato de aluminio, de forma y color variables, se da en rocas metamórficas de grado bajo. Resulta eficaz como aislante.

ALOFANA
Amorfo
D 3 • DR 2,8
Mineral de arcilla, este hidroxialuminosilicato es producto de la alteración del feldespato y otros minerales. Forma masas costrosas.

TALCO
Triclínico
D 1 • DR 2,58–2,83
Es el mineral más blando. Entre los muchos usos de este hidroxisilicato de magnesio, de color blanco, gris o verdoso, se cuentan la pintura, la cerámica y el aseo.

lustre vítreo

cristales prismáticos

CRISTAL DE ROCA
Trigonal
D 7 • DR 2,65
El cristal de roca es una variedad transparente e incolora del cuarzo. Se usa ampliamente como adorno o como gema.

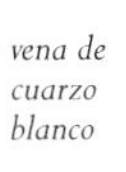

JASPE
Trigonal • D 7 • DR 2,6
El jaspe es una variedad de la calcedonia, o cuarzo microcristalino, y se emplea en joyería. Es opaco, y suele presentar un color rojo debido a las impurezas.

ÁGATA
Trigonal
D 7 • DR 2,6
Variedad de la calcedonia formada en cavidades de la lava, se caracteriza por las bandas de colores concéntricas, debidas a impurezas.

CALCEDONIA
Trigonal
D 7 • DR 2,65
La calcedonia es cuarzo microcristalino, un dióxido de silicio. La calcedonia pura es blanca. Se forma en venas y cavidades en muchos tipos de roca.

CARNEOLA
Trigonal
D 7 • DR 2,7
La carneola, o cornalina, es una variedad de la calcedonia de color rojo a naranja debido al óxido de hierro. La de mejor calidad procede de India.

HELIOTROPO
Trigonal • D 7 • DR 2,7
El heliotropo es un tipo de calcedonia cuyo color, debido a las trazas de silicatos de hierro, varía entre el verde y el azul. También se conoce como jaspe sanguíneo, por las estrías de jaspe rojo que suele presentar.

CRISOPRASA
Trigonal • D 7 • DR 2,7
La crisoprasa es una variedad de la calcedonia que contiene níquel, el cual le da un color verde. Es la más valiosa de las variedades de calcedonia.

ÓNICE
Trigonal
D 7 • DR 2,7
El ónice es la variedad de franjas paralelas de la calcedonia. No es muy abundante; destacan los yacimientos de India y América del Sur.

ÓPALO
Amorfo
D 5,5–6,5 • DR 1,9–2,3
El ópalo, un dióxido de silicio hidratado, se da en nódulos, incrustaciones o masas en la mayoría de los tipos de roca. Su color varía según las impurezas. Es apreciado como gema.

CANCRINITA
Hexagonal
D 5–6 • DR 2,42–2,51
Este feldespatoide es un sulfocarbonato de aluminosilicato hidratado de sodio y calcio, de colores diversos.

ESCAPOLITA
Tetragonal
D 5,5–6 • DR 2,5–2,78
Escapolita es el nombre común de una serie de silicatos de sodio y calcio complejos que se dan sobre todo en rocas metamórficas.

MICROCLINA
Triclínico
D 6–6,5 • DR 2,54–2,57
Feldespato alcalino muy común, este aluminosilicato de potasio suele ser blanco o rosado. La variedad verde se llama amazonita.

ANORTITA
Triclínico
D 6–6,5 • DR 2,74–2,76
Este feldespato plagioclasa es un aluminosilicato de calcio. Forma cristales, granos y masas de color claro.

HEULANDITA
Monoclínico
D 3–3,5 • DR 2,2
Esta zeolita, aluminosilicato hidratado de sodio y calcio, se usa como filtro molecular en el refinado de petróleo.

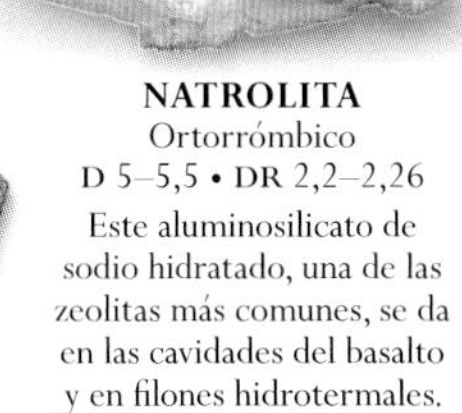

ESCOLECITA
Monoclínico
D 5–5,5 • DR 2,25–2,29
Esta zeolita es un aluminosilicato de calcio hidratado. Generalmente incolora o blanca, abunda en rocas ígneas y metamórficas.

largos cristales aciculares

ANDESINA
Triclínico
D 6–6,5 • DR 2,66–2,68
La andesina, un feldespato plagioclasa, es un aluminosilicato de sodio y calcio de color blanco o gris. Abunda en rocas ígneas.

NATROLITA
Ortorrómbico
D 5–5,5 • DR 2,2–2,26
Este aluminosilicato de sodio hidratado, una de las zeolitas más comunes, se da en las cavidades del basalto y en filones hidrotermales.

ALOFANO
Monoclínico
D 6–6,5 • DR 2,81
Feldespato de bario relativamente raro, este aluminosilicato de potasio y bario puede ser incoloro, blanco, amarillo o rosa.

sodalita masiva

SODALITA
Cúbico
D 5,5–6 • DR 2,27–2,33
Este feldespatoide es un clorosilicato de sodio y aluminio. Se han encontrado raros cristales en Canadá.

ESTILBITA
Monoclínico
D 3,5–4 • DR 2,19
Esta abundante zeolita, aluminosilicato hidratado de sodio, calcio y potasio, cristaliza en forma de haz en diversos tipos de roca.

HARMOTOMA
Monoclínico
D 4–5 • DR 2,41–2,47
Zeolita abundante de color claro, aluminosilicato hidratado de bario, calcio, potasio y sodio, se da en filones hidrotermales y rocas volcánicas.

ANALCIMA
Triclínico
D 5–5,5 • DR 2,24–2,29
Esta zeolita clara, aluminosilicato de sodio hidratado, se da en rocas ígneas y metamórficas y en algunas sedimentarias.

cristal de lazurita

calcita

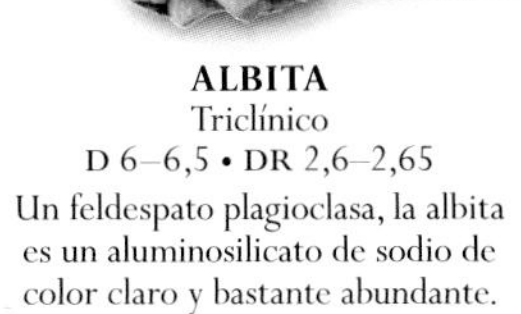

ALBITA
Triclínico
D 6–6,5 • DR 2,6–2,65
Un feldespato plagioclasa, la albita es un aluminosilicato de sodio de color claro y bastante abundante.

ANORTOCLASA
Triclínico
D 6–6,5 • DR 2,57–2,6
Este feldespato alcalino es un aluminosilicato de sodio y potasio que forma cristales prismáticos o tabulares.

LAZURITA
Cúbico
D 5–5,5 • DR 2,38–2,45
Este feldespatoide de color azul intenso, sulfoaluminosilicato de sodio y calcio, es el principal mineral de las gemas de lapislázuli.

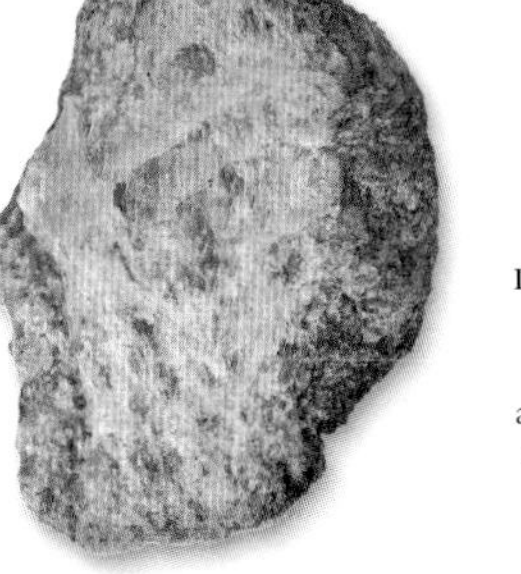

THOMSONITA
Ortorrómbico
D 5–5,5 • DR 2,23–2,29
La thomsonita, zeolita de color claro, es un aluminosilicato hidratado de sodio y calcio común en cavidades basálticas.

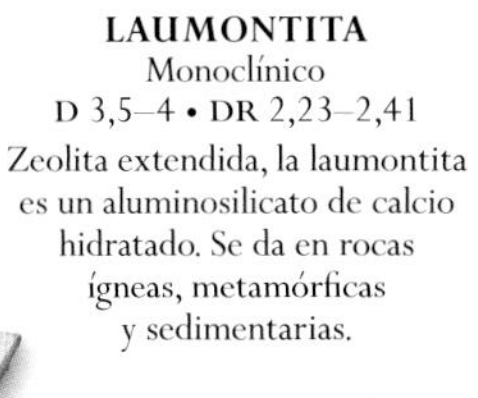

LAUMONTITA
Monoclínico
D 3,5–4 • DR 2,23–2,41
Zeolita extendida, la laumontita es un aluminosilicato de calcio hidratado. Se da en rocas ígneas, metamórficas y sedimentarias.

cristal de ortoclasa corto y prismático

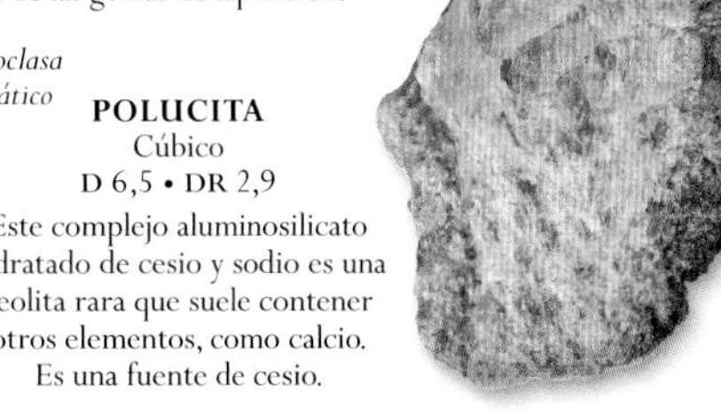

POLUCITA
Cúbico
D 6,5 • DR 2,9
Este complejo aluminosilicato hidratado de cesio y sodio es una zeolita rara que suele contener otros elementos, como calcio. Es una fuente de cesio.

ORTOCLASA
Monoclínico • D 6 • DR 2,55–2,63
La ortoclasa, un feldespato alcalino, es un aluminosilicato de potasio, componente importante de muchas rocas ígneas y metamórficas.

CHABACITA
Trigonal
D 4 • DR 2,05–2,2
Zeolita abundante, aluminosilicato hidratado de sodio y calcio, de cristales incoloros, blancos, amarillos o rosas.

cristal romboédrico seudocúbico

haz de cristales de mesolita

MESOLITA
Ortorrómbico • D 5 • DR 2,26
Esta zeolita blanca o incolora, aluminosilicato hidratado de sodio y calcio, se da en rocas ígneas y metamórficas.

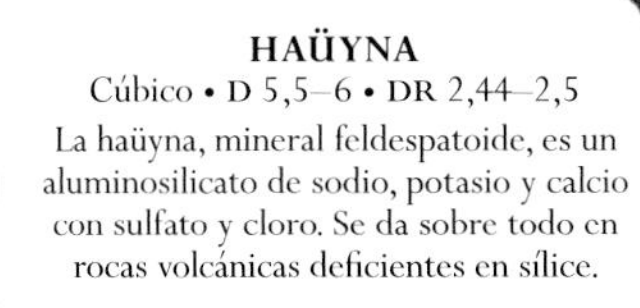

HAÜYNA
Cúbico • D 5,5–6 • DR 2,44–2,5
La haüyna, mineral feldespatoide, es un aluminosilicato de sodio, potasio y calcio con sulfato y cloro. Se da sobre todo en rocas volcánicas deficientes en sílice.

ROCAS

Las rocas que forman la corteza de la Tierra están compuestas por mezclas diversas de minerales. Consideradas como la imagen de la fuerza y la solidez, de hecho están sometidas a un constante cambio en un ciclo de destrucción y reforma de larguísima duración. Se clasifican en tres grupos principales en función de cómo se han formado.

Las rocas ígneas se pueden formar al enfriarse el magma a gran profundidad, como este granito, o por erupción volcánica.

Las rocas sedimentarias, como la arenisca, se forman por la erosión de otras rocas y la sedimentación de sus fragmentos.

Las rocas metamórficas, como el esquisto, se forman por cambios de presión, de temperatura o de ambas.

Las rocas más antiguas que se conocen, en los Territorios del Noroeste de Canadá, tienen unos 4000 millones de años; pero la mayoría son mucho más recientes. Los acantilados de creta de la costa británica del canal de la Mancha datan del Cretácico, que acabó hace 66 millones de años (cronología, abajo), y los Alpes son más recientes todavía; las rocas más antiguas del Gran Cañón del Colorado tienen 2000 millones de años, menos de la mitad de la edad del planeta. El hecho es que la Tierra es tectónicamente activa: su calor interno forma roca nueva, al tiempo que la roca existente se va descomponiendo, en un ciclo que comenzó cuando se solidificó la corteza terrestre.

TIPOS DE ROCAS

Las rocas se clasifican en tres grupos –ígneas, sedimentarias y metamórficas– según los procesos que las forman. Las ígneas se forman a partir de la lava de las erupciones volcánicas en la superficie de la Tierra y por enfriamiento del magma fundido por debajo. El calor de la lava y del magma procede del manto, bajo la corteza terrestre. El tipo más común, una roca volcánica negra llamada basalto, forma la mayor parte del lecho marino. La actividad ígnea produce también rocas plutónicas, que se enfrían y solidifican bajo la superficie, a menudo en grandes masas llamadas batolitos; así se ha formado la mayor parte del granito del mundo.

Las rocas sedimentarias se forman en la superficie terrestre y su rasgo distintivo son sus capas o estratos. Algunas rocas sedimentarias, como la arenisca y el esquisto, se forman por la erosión de rocas ya existentes: el agua o el viento liberan y transportan partículas que acaban produciendo roca nueva. Otras rocas, como la sal gema y el aljez, se forman por evaporación de agua salina, que deja sus minerales disueltos, llamados evaporitas. La roca sedimentaria también puede tener un origen biológico; así, la creta se forma a partir de los esqueletos de organismos marinos, y el carbón procede de restos de vegetación comprimidos durante millones de años.

El metamorfismo tiene lugar a una gran profundidad bajo la superficie terrestre, cuando las rocas se ven alteradas por la temperatura, la presión, o ambas. El mármol se forma cuando la lava o el magma calientan la caliza. La recristalización de la caliza puede eliminar la estratificación de la roca original, cosa que permite que algunos mármoles puedan tallarse sin cuartearse. El metamorfismo puede producirse en áreas extensas. Si la presión y la temperatura son lo suficientemente altas, todas las rocas pueden metamorfizarse y fundirse para crear magma y completar así el ciclo de las rocas.

GRAN CAÑÓN, EE UU >
Esta vista del Gran Cañón del Colorado muestra los estratos casi horizontales de rocas sedimentarias y los efectos de la erosión fluvial.

CRONOLOGÍA GEOLÓGICA

Los trilobites son un grupo de animales marinos que se extinguieron a finales del Paleozoico. *Dalmanites caudatus* abundaba en el Silúrico.

La historia de la Tierra se divide en periodos temporales cuya transición se define por un acontecimiento global verificado por evidencias fósiles. Los eones comienzan con un cambio importante, como la evolución de los organismos pluricelulares que marca el comienzo del Fanerozoico. Las épocas se dividen por acontecimientos como la última glaciación.

ROCAS ÍGNEAS

Las rocas que solidifican a partir de una masa fundida se llaman ígneas, y entre ellas se distinguen las extrusivas, formadas a partir de lava en la superficie terrestre, y las intrusivas, formadas bajo tierra a partir de magma. Tanto la lava como el magma son ricos en sílice y elementos metálicos, y al enfriarse forman minerales como los feldespatos, las micas, los anfíboles y los piroxenos. Combinaciones diversas de estos minerales componen gran parte de las rocas ígneas.

BASALTO
Roca volcánica oscura de grano fino, el basalto es la roca predominante en la corteza oceánica.

BASALTO VESICULAR
Esta lava oscura contiene sobre todo feldespatos plagioclasas, piroxenos y olivino, y presenta numerosas vesículas, cavidades formadas por burbujas de gas.

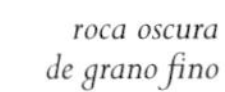
roca oscura de grano fino

vesícula

RIOLITA
Esta lava clara de grano fino contiene una gran proporción de cuarzo, mica y feldespato. Suele incluir fenocristales visibles (cristales mayores).

RIOLITA BANDEADA
Similar en composición al granito, la riolita, formada a partir de lava enfriada rápidamente, presenta también pequeños cristales. El bandeado indica la dirección del flujo de la lava.

PAHOEHOE
Abundante en Hawái, el pahoehoe recibe su nombre de la voz hawaiana *hoe* («arremolinar»). Esta lava basáltica también se conoce como lava encordada.

BASALTO AMIGDALOIDE
El nombre de este basalto alude a la forma de las cavidades formadas por burbujas de gas de las lavas basálticas, incrustadas de minerales secundarios como zeolitas, carbonatos y ágata.

BASALTO PORFÍDICO
Esta roca oscura presenta cristales grandes, a menudo de olivino o feldespatos plagioclasas, integrados en una matriz de grano fino.

PIEDRA PÓMEZ
Formada a partir de lava espumosa, la piedra pómez contiene pequeños cristales de feldespato en una matriz de grano muy fino. Es de tan baja densidad que flota en el agua.

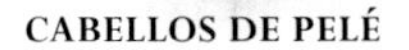

CABELLOS DE PELÉ
Los cabellos de Pelé (una diosa hawaiana) son hilos vítreos de color marrón, formados por la acción del viento sobre las efusiones de lava.

TOBA LÍTICA
Esta roca contiene fragmentos de roca formados previamente en una matriz de grano muy fino. Suele ser de color claro, y se forma a causa de erupciones volcánicas violentas.

IGNIMBRITA
Toba volcánica de grano muy fino y color claro, la ignimbrita presenta a menudo bandeado causado por el flujo de la lava fundida.

BOMBA VOLCÁNICA FUSIFORME
La lava basáltica fundida de baja viscosidad puede adquirir una forma aerodinámica al salir expulsada por el aire; la masa se enfría y forma «bombas».

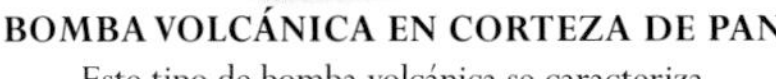

BOMBA VOLCÁNICA EN CORTEZA DE PAN
Este tipo de bomba volcánica se caracteriza por una corteza agrietada, debida a la expansión del interior una vez solidificado el exterior.

AGLOMERADO
Compuesto de fragmentos de roca más bien grandes en una matriz más fina, se forma tras las explosiones volcánicas.

RETINITA
Esta densa roca volcánica tiene una composición y un color variables, y un lustre resinoso como la pez.

TRAQUITA PORFÍDICA
Roca de mineralogía compleja, de feldespatos alcalinos, cuarzo, micas, piroxenos y hornblenda. Su matriz de grano fino contiene cristales grandes.

ANDESITA PORFÍDICA
Compuesta generalmente de feldespatos plagioclasas, piroxenos y anfíboles, contiene cristales grandes en una matriz de grano fino.

ANDESITA
Su nombre alude a los Andes, y abunda en la mayoría de los arcos volcánicos de subducción, cadenas de islas y montañas formadas por el movimiento de las placas tectónicas. Se compone de sílice en un 60 %.

DACITA
Roca de color variable y grano muy fino, se compone principalmente de feldespatos plagioclasas y cuarzo, con piroxenos, mica biotita y hornblenda.

ANDESITA AMIGDALOIDE
Esta roca volcánica de grano fino, de color marrón, gris, morado o rojo, presenta en su interior amígdalas, burbujas de gas.

ESPILITA
Esta roca volcánica, de color pardo y grano fino, contiene augita y feldespatos plagioclasas. Se forma por la alteración de la lava basáltica al contacto con el agua del mar.

TRAQUITA
Las traquitas son un grupo de rocas volcánicas de grano fino que contienen feldespatos alcalinos y minerales máficos oscuros como la biotita, la hornblenda y piroxenos.

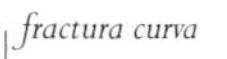

fractura curva

OBSIDIANA
De color muy oscuro, la obsidiana se forma por el rápido enfriamiento de lava riolítica muy viscosa antes de que los diversos minerales puedan cristalizar. Esto le da una textura vítrea. La obsidiana se ha usado como herramienta cortante desde la antigüedad.

mancha clara de vidrio desvitrificado

OBSIDIANA CON «COPOS DE NIEVE»
Los «copos» de esta roca volcánica negra y vítrea, muy rica en sílice, son áreas de vidrio desvitrificado (cristalino).

PÓRFIDO RÓMBICO
Esta roca se caracteriza por presentar grandes cristales de feldespatos de sección romboidal engastados en una matriz oscura de grano fino. A diferencia de las rocas extrusivas de esta doble página, el pórfido rómbico es una roca intrusiva, como las de la doble página siguiente.

DIORITA

Compuesta de feldespatos plagioclasas, con anfíboles y piroxenos, la diorita contiene poco o ningún cuarzo. Es una roca plutónica de grano basto.

GRANODIORITA

Esta es quizá la roca ígnea intrusiva más abundante en la corteza continental. Se compone de feldespato plagioclasa en más de un 65 %.

LARVIQUITA

Variedad de la sienita, es de color entre negro y azul, y se compone de gran cantidad de feldespato, que puede producir una aventurescencia azul.

SIENITA NEFELÍNICA

De grano basto y color claro, compuesta de feldespatos, micas y hornblenda, esta roca contiene también nefelina, pero no suele tener cuarzo.

SIENITA

Gris o rosada, la sienita es una roca plutónica que se da en intrusiones grandes. De grano basto, contiene feldespatos, micas y hornblenda, y poco o ningún cuarzo.

LAMPRÓFIDO

La matriz de esta roca es de grano medio y presenta nítidos cristales de micas y anfíboles. Se forma en diques y *sills*.

GRANITO

De grano basto y color variable, el granito tiene un contenido de cuarzo superior al 10 %. Pulido, se emplea a menudo en fachadas de edificios.

GABRO

Roca plutónica oscura de grano basto con feldespatos plagioclasas, piroxenos y olivino. De grano basto, procede de magma basáltico enfriado lentamente en lo profundo de la corteza.

GABRO BANDEADO

Oscuro y de grano basto, esta variedad del gabro presenta bandeado debido al asentamiento de minerales de distinta densidad en el magma.

MICROGRANITO PORFÍDICO

La matriz de esta roca de grano medio, compuesta sobre todo de cuarzo, micas y feldespatos, presenta grandes cristales.

GABRO DE OLIVINO

El gabro es una roca oscura y de grano basto con mucho piroxeno y feldespato plagioclasa. Esta variedad de gabro contiene una cantidad importante de olivino.

DOLERITA

La dolerita, común en diques y *sills*, es una roca oscura de grano medio compuesta de feldespatos plagioclasas, piroxenos y óxidos de hierro.

BOJITA

Bojita es el nombre común de los gabros ricos en hornblenda. Es oscura y de grano basto, y se forma a partir de magma.

turmalina negra

MICROGRANITO BLANCO

MICROGRANITO

Este tipo de granito de grano medio, a menudo de textura porfirítica, aparece en diques y *sills*, que son hojas de roca ígnea intrusiva.

PERIDOTITA CON GRANATE
La peridotita tiene una composición similar a la del manto superior terrestre. Esta variedad densa y verdosa se compone de minerales oscuros como granates, olivino y piroxenos.

DUNITA
Compuesta casi enteramente de olivino, es de color verde oscuro o marrón, con una textura de grano medio. Suele incluir algo de cromita.

cristales verdes de olivino

PERIDOTITA
Roca oscura y densa, de grano basto, la peridotita está compuesta principalmente de olivino y piroxenos, y se forma lentamente a gran profundidad.

ADAMELITA
Este tipo de granito se forma en profundidad con cristales de cuarzo, micas y feldespatos; de uno a dos tercios del contenido de feldespato es plagioclasa.

GRANITO GRÁFICO
Esta roca de grano basto contiene cuarzo y feldespatos, entreverados en una textura que recuerda vagamente a la escritura rúnica. También contiene micas.

KIMBERLITA
Oscura y de grano basto, la kimberlita tiene muy bajo contenido en sílice. De composición variable, es la principal fuente de diamantes del mundo.

FELSITA
La felsita se forma en intrusiones en forma de hoja en diques y *sills*. De color claro y grano fino, contiene sobre todo feldespatos y cuarzo.

PEGMATITA
Roca de grano muy basto, formada a partir de magma líquido residual una vez que la mayor parte de una intrusión granítica se ha enfriado y ha cristalizado. Algunas pegmatitas son fuentes importantes de piedras preciosas.

GRANITO PORFÍDICO
Roca clara compuesta de feldespatos, cuarzo y micas, el granito porfídico tiene en su matriz cristales grandes y bien formados.

GRANITO DE HORNBLENDA
El granito suele contener cuarzo, feldespatos y micas. Esta variedad contiene también hornblenda, mineral del grupo de los anfíboles.

ANORTOSITA
Esta roca de color claro se compone principalmente de grandes cristales de feldespatos plagioclasas. Puede contener también olivino y augita.

ROCAS METAMÓRFICAS

Cuando las rocas de la corteza terrestre se ven sometidas a calor, a presión o a ambos, se transforman en combinaciones diversas de minerales. El metamorfismo de contacto se da cuando un calor intenso y localizado irradiado por una masa de roca ígnea causa la recristalización de la roca que la rodea. El metamorfismo regional afecta a zonas amplias, a menudo a una profundidad considerable, como efecto de un calor y una presión intensos. El metamorfismo dinámico, debido a los movimientos de la corteza terrestre, puede llegar a pulverizar la roca.

GRANULITA
Formada a temperaturas y presiones muy altas, la granulita es oscura, de grano basto, rica en piroxenos, granates, micas y feldespatos.

ESQUISTO
Los esquistos se caracterizan por sus planos paralelos de minerales con una orientación similar. El patrón plegado que presenta este espécimen se conoce como crenulación.

HALLEFLINTA
Procedente de toba volcánica, riolita o cuarzo porfirítico, es una roca de grano fino y color claro, rica en cuarzo. Es un tipo de corneana.

MILONITA
La milonita es una roca de grano fino formada a partir de roca pulverizada y fracturada producida en lo profundo de una falla de empuje.

ESQUISTO DE MOSCOVITA
Esquisto común compuesto de mica moscovita clara y brillante, también contiene cuarzo y feldespatos.

ESQUISTO DE CIANITA
Compuesto sobre todo de feldespatos, micas y cuarzo, este esquisto contiene también cristales azules de cianita.

PIZARRA MOSQUEADA
Roca oscura y de grano fino que presenta manchas negras (porfiroblastos) de minerales como cordierita y andalusita.

ESQUISTO DE GRANATE
Los granates rojos de esta variedad de esquisto indican un desarrollo a temperaturas y presiones relativamente altas en lo profundo de la corteza.

ESQUISTO DE BIOTITA
Formado a temperaturas y presiones relativamente altas, este esquisto contiene feldespatos, cuarzo y mucha mica biotita, de color oscuro.

PIZARRA
Roca compacta, oscura y de grano muy fino, dispuesta en láminas paralelas, formada por metamorfismo de baja presión.

FILITA
La filita se forma a temperaturas y presiones menores que los esquistos, pero mayores que la pizarra. Es de grano fino y se parte en lajas con un lustre característico.

estructura tubular

SKARN
Formado a partir de rocas ricas en minerales carbonatados por metamorfismo de contacto a altas temperaturas, contiene minerales ricos en calcio, magnesio y hierro.

FULGURITA
Al descargar los relámpagos en playas o desiertos, la arena puede fundirse, formando pequeñas estructuras tubulares llamadas fulguritas.

METACUARCITA
Tiene un alto porcentaje de cuarzo y es más dura que la mayoría de las rocas metamórficas. Se forma a partir de arenisca alterada a altas temperaturas.

CORNEANA DE QUIASTOLITA

La corneana se forma a gran temperatura cerca de intrusiones de magma. Esta variedad presenta claros cristales de quiastolita.

CORNEANA DE CORDIERITA

Oscura y astillada, de grano fino a medio, esta corneana se produce por efecto del calor de intrusiones ígneas próximas.

CORNEANA DE PIROXENO

De grano fino a medio, dura y similar al pedernal, esta corneana contiene cuarzo, micas y piroxenos. Se forma cerca de intrusiones ígneas.

CORNEANA CON GRANATES

La corneana, roca dura y oscura similar al pedernal, se forma a causa del calor de una intrusión ígnea. Esta variedad presenta granates rojos.

ANFIBOLITA

Formada por calor moderado y presión variable en lo profundo de la corteza, esta roca de grano basto es rica en hornblenda y feldespato plagioclasa, además de otros minerales.

ECLOGITA

Compuesta principalmente de onfacita verde (un piroxeno) y granate rojo, la eclogita es de grano basto y se forma a temperaturas y presiones muy altas.

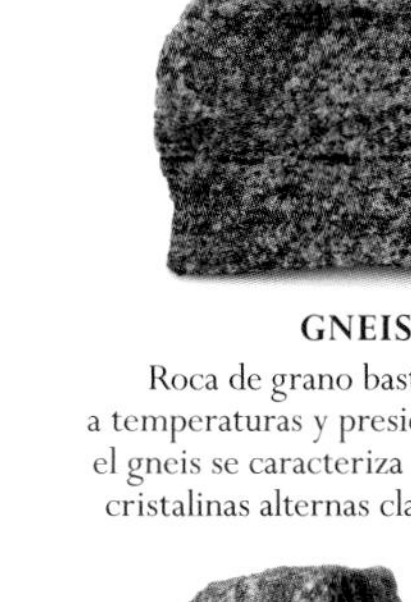

GNEIS

Roca de grano basto formada a temperaturas y presiones muy altas, el gneis se caracteriza por sus franjas cristalinas alternas claras y oscuras.

GNEIS OCELAR

El gneis contiene cuarzo, feldespatos y micas, con frecuencia en bandas paralelas. El gneis ocelar tiene cristales como lentes u ojos, de ahí su nombre.

GNEIS PLEGADO

A gran profundidad, el gneis se vuelve plástico y se pliega. Las bandas claras son de cuarzo y feldespatos; las oscuras son ricas en hornblenda.

MIGMATITA

Formada bajo las mayores temperaturas y presiones, de grano basto, la migmatita presenta bandas oscuras de minerales basálticos y bandas claras de minerales graníticos. Suele estar plegada.

GNEIS GRANULAR

Este gneis tiene una textura granular, con granos uniformes. Presenta bandas oscuras de hornblenda y mica biotita, y bandas claras de cuarzo y feldespatos.

fragmento de mármol

BRECHA DE MÁRMOL

MÁRMOL GRIS

MÁRMOL

Formado por metamorfismo de contacto o regional, el mármol es rico en calcita, y a menudo presenta coloridas venas de otros minerales. Es muy apreciado como material para talla.

MÁRMOL VERDE

SERPENTINITA

Generalmente bandeada, moteada o rayada, es una roca metamórfica densa pero blanda derivada de la peridotita. Aparece en zonas de convergencia entre placas tectónicas.

ROCAS SEDIMENTARIAS

Las rocas sedimentarias se caracterizan generalmente por sus capas o estratos, y pueden contener fósiles. Según su origen, se dividen en tres grupos: las rocas clásticas están formadas por fragmentos y minerales de rocas previamente erosionadas; las rocas orgánicas derivan de los restos de plantas y animales, y las rocas químicas proceden de la precipitación de sustancias químicas.

ARENISCA OJO DE PERDIZ

Los granos de tamaño medio de esta roca suelen tener una cobertura rojiza de óxidos de hierro. Los granos de cuarzo, bien redondeados y uniformes, fueron modelados por el viento.

ARENISCA VERDE

De color verdoso debido a la glauconita (un silicato), esta arenisca formada en el mar es rica en cuarzo.

ARENISCA MICÁCEA

Rica en cuarzo, la arenisca micácea contiene también relucientes copos de mica. Suele ser de grano medio.

ARENISCA LIMONÍTICA

Roca de color marrón rojizo o amarillento debido a la limonita (un óxido de hierro) que recubre sus finos granos de cuarzo.

TRAVERTINO

Roca clara y a menudo con estratos, el travertino es calcita casi pura. Se forma en torno a fuentes termales y fisuras volcánicas.

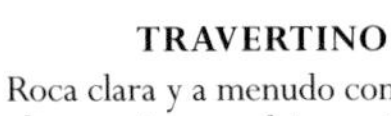

SAL GEMA

Formada por halita, a menudo coloreada por óxidos de hierro y arcilla, es soluble en agua y blanda, con sabor salado.

ALJEZ

El aljez o piedra de yeso, roca cristalina formada al evaporarse agua salada, es claro, con frecuencia fibroso, y muy blando. Se da con otros minerales de evaporita.

ARENISCA

La arenisca suele darse en forma de capas de granos de arena, cementadas por minerales diversos de distintos colores. Las areniscas son ricas en cuarzo.

ARCILLA PEDREGOSA

De color gris a marrón, esta roca presenta una matriz de arcilla de grano muy fino con fragmentos de roca redondeados y angulares de origen glaciar.

ARCILLITA

Roca de grano muy fino y color diverso, compuesta sobre todo de silicatos arcillosos como el caolín, derivados de la meteorización de feldespatos.

ARCILLA FERRUGINOSA BANDEADA

Esta roca, sedimentada en agua marina o dulce, tiene bandas alternas de hematites negro y sílex rojo. Es una de las mejores menas de hierro.

ARCILLA FERRUGINOSA OOLÍTICA

Roca compuesta de granos pequeños y redondeados (oolitos) de minerales de hierro como la siderita, cementados por otros minerales de hierro, así como por calcita y cuarzo.

LOESS

Arcilla con finísimos granos, levantados de superficies secas por el viento, el loess es quebradizo y no presenta estratos claros.

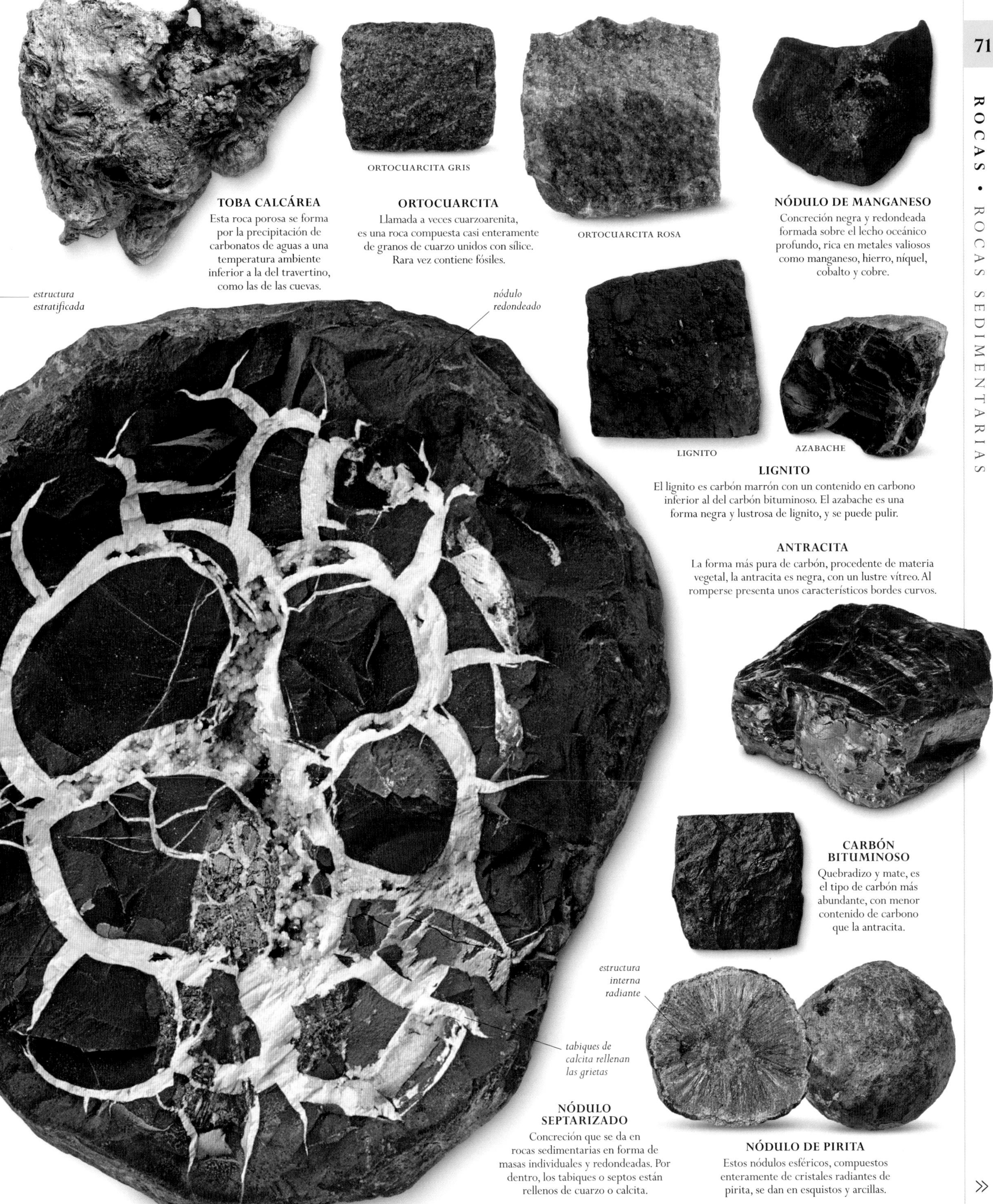

TOBA CALCÁREA
Esta roca porosa se forma por la precipitación de carbonatos de aguas a una temperatura ambiente inferior a la del travertino, como las de las cuevas.

ORTOCUARCITA
Llamada a veces cuarzoarenita, es una roca compuesta casi enteramente de granos de cuarzo unidos con sílice. Rara vez contiene fósiles.

NÓDULO DE MANGANESO
Concreción negra y redondeada formada sobre el lecho oceánico profundo, rica en metales valiosos como manganeso, hierro, níquel, cobalto y cobre.

LIGNITO
El lignito es carbón marrón con un contenido en carbono inferior al del carbón bituminoso. El azabache es una forma negra y lustrosa de lignito, y se puede pulir.

ANTRACITA
La forma más pura de carbón, procedente de materia vegetal, la antracita es negra, con un lustre vítreo. Al romperse presenta unos característicos bordes curvos.

CARBÓN BITUMINOSO
Quebradizo y mate, es el tipo de carbón más abundante, con menor contenido de carbono que la antracita.

NÓDULO SEPTARIZADO
Concreción que se da en rocas sedimentarias en forma de masas individuales y redondeadas. Por dentro, los tabiques o septos están rellenos de cuarzo o calcita.

NÓDULO DE PIRITA
Estos nódulos esféricos, compuestos enteramente de cristales radiantes de pirita, se dan en esquistos y arcillas.

»

» ROCAS SEDIMENTARIAS

CALIZA NUMMULÍTICA
Roca cementada por calcita, originalmente limo calizo, cuyo fósil principal es el foraminífero marino *Nummulites*.

CALIZA CRINOIDAL
La caliza crinoidal es una masa de fragmentos de pedúnculos de crinoideos –equinodermos que se fijan con ellos al lecho marino–, cementados por limo calizo endurecido.

CALIZA FOSILÍFERA DE AGUA DULCE
Esta caliza es una roca clara, rica en calcita, con algo de cuarzo y arcilla. Contiene fósiles de organismos de agua dulce, que revelan el entorno de la sedimentación.

CALIZA PISOLÍTICA
Esta roca se compone de pisolitos, granos algo mayores que los oolitos, a menudo aplanados y levemente cementados por calcita.

CALIZA CORALINA
Esta roca de color gris, blanco o marrón es una masa de corales fósiles cementados por calcita de grano fino.

CALIZA OOLÍTICA
Caliza de oolitos, granos pequeños y redondeados arrastrados por las corrientes del lecho marino y cementados por limo carbonatado.

CALIZA CON BRIOZOOS
Caliza orgánica gris o rojiza, con fósiles de briozoos contenidos en una matriz de limo endurecido rico en calcita.

BRECHA CALIZA
A menudo formada bajo acantilados calizos, contiene grandes fragmentos angulosos de caliza y otras rocas cementadas por calcita.

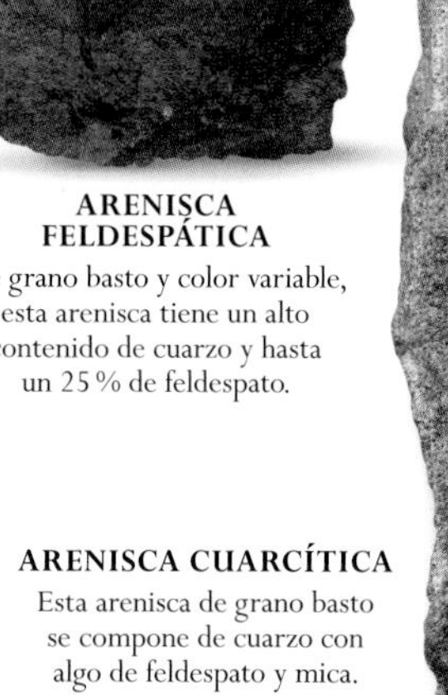

ARENISCA FELDESPÁTICA
De grano basto y color variable, esta arenisca tiene un alto contenido de cuarzo y hasta un 25 % de feldespato.

ARENISCA CUARCÍTICA
Esta arenisca de grano basto se compone de cuarzo con algo de feldespato y mica.

GRAUVACA
Roca oscura que contiene cuarzo, fragmentos de roca y feldespatos en una masa más fina de arcilla y clorita. Se forma en los lechos marinos.

ARCOSA
De color variable y grano de tamaño medio, la arcosa es una arenisca con un alto porcentaje de feldespato.

DOLOMITA
Esta roca, de color gris o marrón amarillento, contiene un alto porcentaje de dolomita (carbonato de calcio y magnesio). Se llama también dolomía, para distinguirla de este mineral.

ESQUISTO FOSILÍFERO
Las rocas sedimentarias marinas de grano fino como el esquisto suelen contener muchos fósiles bien conservados.

ESQUISTO
Esta roca de grano fino presenta una composición variable, que suele incluir limo, arcillas, materia orgánica, óxidos de hierro y pequeños cristales de minerales como la pirita y el yeso.

CONGLOMERADO POLIGÉNICO
Roca sedimentaria de grano basto, el conglomerado poligénico contiene muy diversos fragmentos rocosos y minerales en una matriz de grano más fino.

CONGLOMERADO DE CUARZO
De color variable, esta roca suele contener fragmentos de cuarzo redondeados, de color blanco sucio, en una matriz más fina y oscura.

CRETA ROJA

CRETA BLANCA

CRETA
La creta es calcita pura, de grano tan fino como el polvo. Se compone de diminutos organismos fósiles, como cocolitos y radiolarios.

LIMOLITA
Esta roca oscura se compone de partículas –sobre todo de cuarzo– menores que la arena fina pero mayores que las de la arcilla. También puede contener materia orgánica y calcita.

BRECHA
Compuesta de grandes fragmentos angulosos de rocas y minerales en una matriz fina de arena o limo, la brecha no suele presentar estratos.

MARGA
La marga, de dureza intermedia entre la arcilla y la caliza, es una roca con estratos, de grano fino y rica en calcita. La clorita y la glauconita pueden darle un color verde.

SÍLEX
Variedad de sílice de grano muy fino que se da en bandas y nódulos en rocas como la caliza. Suele ser de color gris.

LUTITA
Compuesta por arcilla con cuarzo de grano fino y feldespatos carece de la estratificación propia del esquisto.

PEDERNAL
Sílex muy duro, compacto y negro que suele darse como nódulos en la creta. Al romperse presenta unos bordes curvos y afilados.

FÓSILES

Los fósiles, enterrados y conservados en las rocas de la corteza terrestre, son testimonios de la vida pasada. Aportan a los científicos pistas importantes sobre la evolución de la vida, y sirven para datar las rocas y establecer una cronología de los acontecimientos que han dado forma a nuestro mundo.

Con el tiempo, los tejidos de esta planta se han descompuesto. Solo queda la silueta cubierta por una película de carbono.

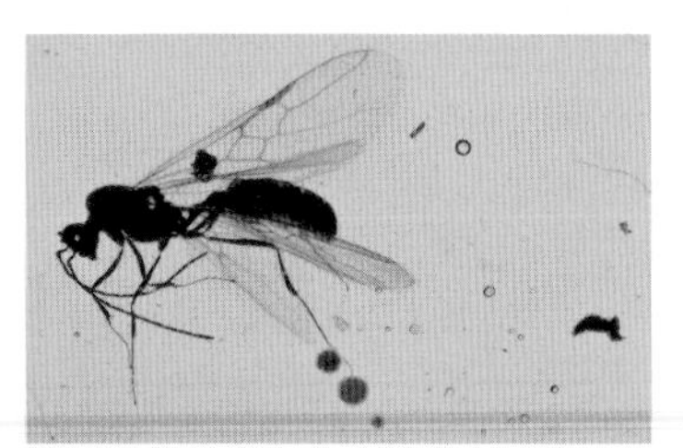

Un insecto quedó atrapado en la resina de un árbol. La resina se convirtió en ámbar y conservó perfectamente el insecto.

Este esqueleto de pez quedó fosilizado en esquisto. Todos los poros del esqueleto original se han rellenado con minerales.

La vida existe en la Tierra desde hace al menos 3700 millones de años. Los primeros seres vivos fueron organismos pequeños y de cuerpo blando que apenas dejaron rastro visible. Pero a lo largo de los últimos mil millones de años la vida fue cambiando de forma gradual, y los seres vivos desarrollaron partes duras que, con el tiempo, podían fosilizarse. La importancia de tal cambio es extraordinaria, pues las rocas sedimentarias se convirtieron así en un banco de datos global, un asombroso muestrario de especies fósiles, dispuestas por orden de aparición. Estos fósiles indican el itinerario seguido por la evolución, y revelan aquellas extinciones masivas en que un gran número de especies desapareció en un espacio de tiempo relativamente breve.

MUERTOS Y ENTERRADOS

La fosilización es una lotería, y solo se conserva una ínfima porción de los seres vivos que han existido. En tierra, la fosilización suele ser resultado de algún acontecimiento azaroso, como cuando los animales se ven sorprendidos por una avalancha o una inundación, o se ahogan en un lago. Los animales marinos tienen muchas más posibilidades de acabar fosilizados, ya que es habitual que los sedimentos se acumulen sobre sus restos. Los sedimentos finos pueden preservar cuerpos blandos; pero los mejores fósiles son los de animales con partes duras, como conchas o espinas. Una vez enterrados, los restos van siendo infiltrados lentamente por minerales disueltos, hasta que quedan literalmente petrificados. Una vez formados, muchos fósiles son destruidos en lo profundo de la corteza por el calor, la presión o los movimientos geológicos; sin embargo, si no son destruidos, el levantamiento los puede devolver a la superficie, donde la erosión puede sacarlos de la roca (ilustración, abajo). Es el momento de hallarlos, antes de que se disgreguen.

Esta clase de fósiles pueden ser objetos impactantes, sobre todo si se trata de esqueletos completos de varios metros de longitud, pero también hay restos fósiles de otros muchos tipos. Las rocas pueden ofrecer icnofósiles, es decir, huellas, madrigueras u otras señales de actividad animal, que aportan pruebas indirectas pero fascinantes de cómo vivían ciertos animales; así, por ejemplo, las huellas de pisadas pueden revelar la velocidad a la que se desplazaban, cómo interactuaban en manada, e incluso el peso que ganaban al crecer.

MUERTE SÚBITA >
Estos trilobites del Ordovícico Superior se fosilizaron juntos, lo cual sugiere que quedaron enterrados súbitamente.

DEBATE
FÓSILES GUÍA

La escala temporal geológica se ha determinado en buena parte mediante fósiles. En este sentido, las especies que habitaron un ámbito vasto pero existieron durante poco tiempo se consideran fósiles guía: sirven para identificar estratos concretos y para relacionar los de diversas zonas, ya que la presencia del mismo fósil en lugares distintos indica que sus estratos se depositaron a la vez. Tales fósiles ayudan a datar las rocas y establecer secuencias cronológicas relativas. Los amonites del Mesozoico, un grupo de moluscos marinos extintos, son muy útiles, pues el lapso en que vivieron puede reducirse a solo un millón de años.

CÓMO SE FORMAN LOS FÓSILES

Un pez muerto yace en el lecho marino, donde su carne puede descomponerse o ser devorada. Para conservarse, debe quedar enterrado rápidamente. Al petrificarse el barro, el cuerpo se comprimirá y aplanará.

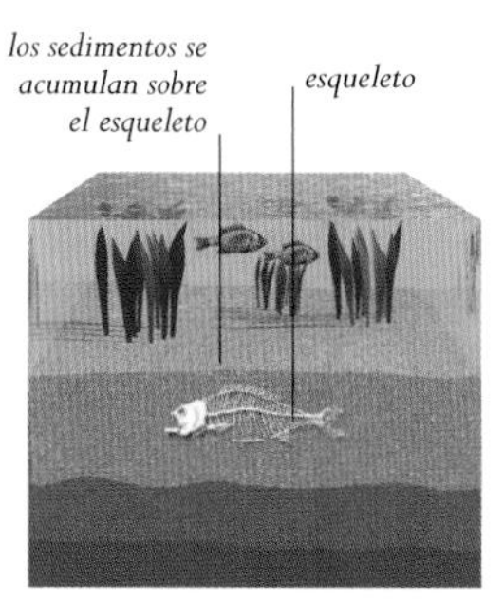

El esqueleto del pez se cubre de sedimentos. Para que se fosilicen, los huesos han de sufrir un cambio químico, la permineralización, en que los poros se rellenan con minerales.

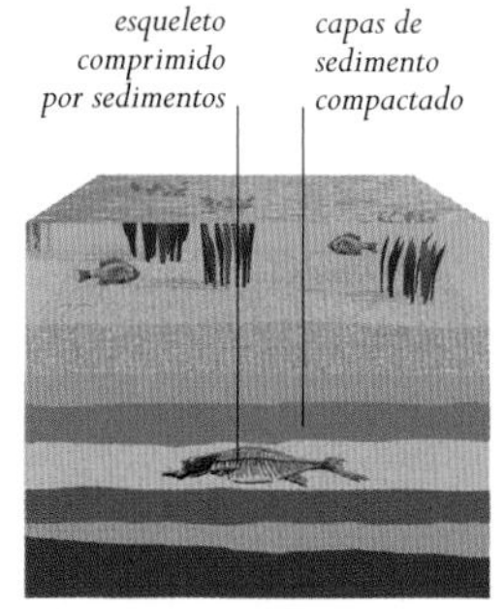

En el lecho marino se acumulan más sedimentos, que comprimen las capas inferiores. Los sedimentos se comprimen y el fósil puede quedar aplanado, deformado o destruido.

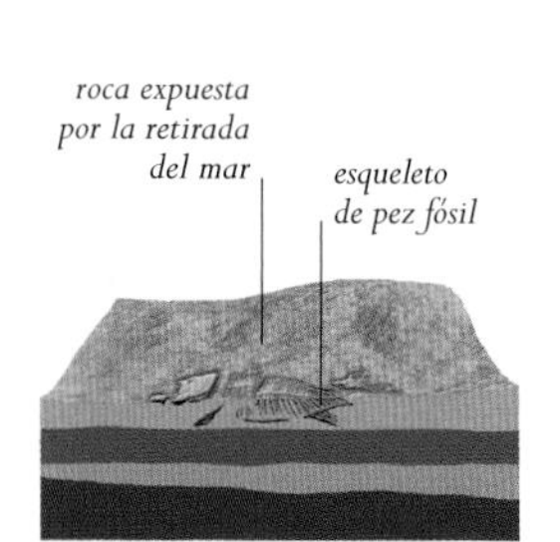

Millones de años después, los sedimentos del lecho marino, ya convertidos en roca, quedan expuestos al retirarse las aguas. La meteorización va desgastando la roca que envuelve el fósil.

PLANTAS FÓSILES

Las plantas son uno de los primeros organismos que aparecen en el registro fósil. Se han hallado algas en rocas del Precámbrico; las plantas vasculares (con tejidos para transportar agua y nutrientes) aparecieron en el Silúrico, y en el Carbonífero, cubría la Tierra un verde manto de vastos bosques pantanosos. Las plantas con flores evolucionaron más tarde, en el Mesozoico.

PLANTA TERRESTRE PRIMITIVA
Cooksonia hemisphaerica
Hallada en rocas del Silúrico y el Devónico, *Cooksonia*, de tallo rígido y ramas sin hojas, fue una de las primeras plantas vasculares.

TALLOS DE *CALAMOPHYTON*
Calamophyton primaevum
Esta planta primitiva sin hojas, probable pariente de los helechos, aparece en rocas del Devónico y el Carbonífero.

rama

tallo recio

TALLOS DE *CLADOXYLON*
Cladoxylon scoparium
Fosilizada en rocas del Devónico y el Carbonífero, *Cladoxylon* fue una planta de escasa altura, tallo central robusto y ramas sin hojas.

HOJA DE HELECHO CON SEMILLAS
Alethopteris serlii
Helecho con semillas de estratos del Carbonífero y el Pérmico, de pequeñas hojas pinnadas compuestas, gruesas y con venas muy marcadas.

FRONDES DE *CYCLOPTERIS*
Cyclopteris orbicularis
Los frondes ovales del helecho con semillas *Neuropteris* reciben el nombre científico de *Cyclopteris*. Sus fósiles se dan en estratos del Carbonífero.

SEMILLAS DE HELECHO
Trigonocarpus adamsi
Estas semillas fósiles de helecho se han hallado en estratos del Carbonífero. Cada una tiene tres costillas.

HOJAS DE EQUISETO
Asterophyllites equisetiformis
Esta planta de estratos del Carbonífero y el Pérmico tenía hojas en forma de aguja y una estructura similar a la de los equisetos actuales.

EQUISETO TREPADOR
Sphenophyllum emarginatum
Hallado en rocas del Carbonífero al Pérmico, este equiseto fósil tenía hojas en forma de cuña y unos largos y flexibles tallos de trepadora.

TALLO DE *SIGILLARIA*
Sigillaria alveolaris
Hallada en rocas del Carbonífero y el Pérmico, *Sigillaria* fue un pariente gigante de las licófitas que alcanzaba los 30 m de altura. Era de tallo estrecho y sus hojas crecían en mata.

RAÍZ DE *LEPIDODENDRON*
Stigmaria ficoides
Presente en rocas del Carbonífero al Pérmico, *Stigmaria* es el nombre de las raíces fósiles de *Lepidodendron*, pariente de las licófitas.

HELECHO DEL PÉRMICO
Oligocarpia gothanii
Este helecho reptante, propio de humedales, se encuentra en estratos del Carbonífero y el Pérmico.

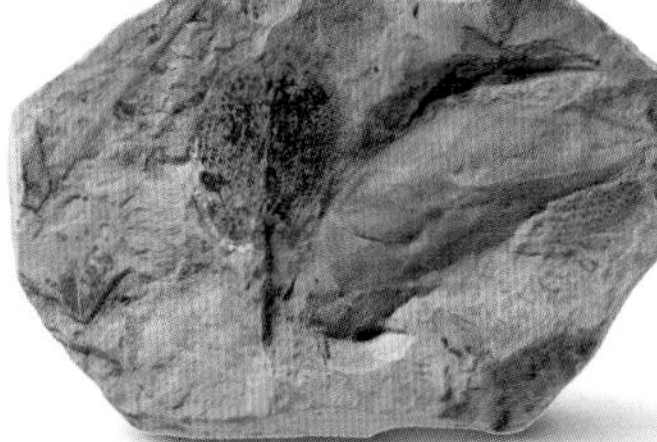

RIZOMA DE *SALVINIA*
Salvinia formosa
Este helecho acuático y flotante aparece fosilizado en rocas de estratos del Cretácico al Holoceno del área tropical.

HELECHO DEL CRETÁCICO
Weichselia reticulata
Presente en estratos del Cretácico, *Weichselia* era similar a los helechos *Pteridium* actuales y sus frondes se dividían dos veces.

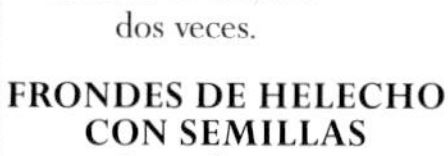

FRONDES DE HELECHO CON SEMILLAS
Dicrodium sp.
El helecho con semillas del Triásico *Dicrodium* tenía hojas pinnadas y frondes de unos 7,5 cm de longitud.

CONÍFERA PALEOZOICA
Lebachia piniformis
Lebachia, conífera de estratos del Carbonífero y el Pérmico, es un antepasado de las coníferas actuales.

CONOS DE CONÍFERA
Taxodium dubium
Taxodium, pariente de los cipreses actuales, se da en estratos del Jurásico. Crecía en ambientes húmedos y tenía hojas aciculares.

CONO DE SECUOYA
Sequoia dakotensis
Se han hallado conos de *Sequoia*, árbol gigante de hoja perenne, en rocas del Cretácico y el Holoceno. Algunos especímenes vivos tienen más de 2000 años.

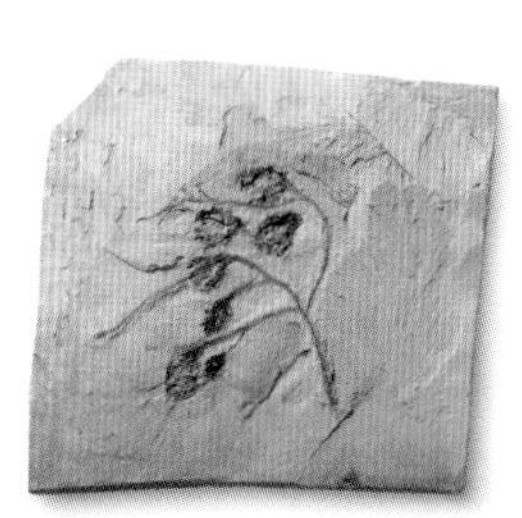

CONÍFERA CRETÁCICA
Glyptostrobus sp.
Esta conífera creció en pantanos durante el Cretácico y en el Cenozoico, y contribuyó notablemente a la formación de carbón.

RESINA SUBFÓSIL
Este pedazo de ámbar, resina fosilizada, procede de un pino kauri. Los restos de ámbar más antiguos que se conocen son del Cretácico, y suelen contener fósiles de insectos que murieron pegados a la resina.

SECCIÓN DE UN CONO

semilla

eje central

CONÍFERA JURÁSICA
Araucaria mirabilis
Esta especie de araucaria extinta producía conos femeninos característicos, con escamas dispuestas en espiral alrededor de un eje central.

GIMNOSPERMA CARBONÍFERA
Cordaites sp.
Antepasado de las coníferas, *Cordaites* se dio durante los periodos Carbonífero y Pérmico. Era de tamaño arbóreo y se reproducía por semillas.

HOJAS DE GIGANTOPTÉRIDA
Gigantopteris nicotianaefolia
Planta sin flores del Pérmico, esta especie recibió su nombre por el parecido de sus hojas con las del tabaco.

HOJAS DE GINKGO PÉRMICAS
Psygmophyllum multipartitum
El ginkgo, aún presente en China, apareció por primera vez en el Pérmico. Las hojas en abanico se pueden identificar en fósiles de *Psygmophyllum*, precursor del ginkgo actual.

GINKGO TRIÁSICO
Baiera munsteriana
Las hojas de *Baiera* se abrían en abanico y podían llegar a medir hasta 15 cm de longitud.

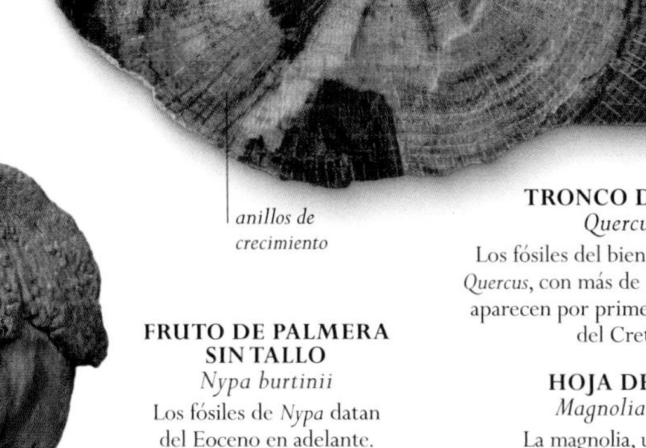

anillos de crecimiento

TRONCO DE ROBLE
Quercus sp.
Los fósiles del bien conocido género *Quercus*, con más de 500 especies vivas, aparecen por primera vez en estratos del Cretácico.

FRUTO DE PALMERA SIN TALLO
Nypa burtinii
Los fósiles de *Nypa* datan del Eoceno en adelante. Esta palmera guarda sus semillas en un fruto esférico de 25 cm.

HOJA DE MAGNOLIA
Magnolia longipetiolata
La magnolia, uno de los primeros géneros de planta con flor, apareció en el Cretácico. Los primeros insectos se alimentaron de su néctar.

INVERTEBRADOS FÓSILES

Entre los fósiles más comunes se hallan los de invertebrados, animales carentes de esqueleto interno. Estos aparecieron por primera vez en el Precámbrico, pero en el registro fósil no abundan invertebrados complejos como los trilobites hasta el Cámbrico. Los fósiles de invertebrados más comunes son los de artrópodos, moluscos, braquiópodos, equinodermos y corales, lo cual se explica porque tenían exoesqueletos duros y porque vivían en el mar, donde se forma la mayor parte de las rocas con fósiles.

ARQUEOCIATOS
Metaldetes taylori
Estos organismos formadores de arrecifes solo se conocen del Cámbrico. *Metaldetes* tenía una forma cónica similar a la del coral.

ESTROMATOPOROIDEO
Stromatopora concentrica
Hallados en rocas desde el Ordovícico al Pérmico, a menudo en caliza de arrecifes, estas esponjas fósiles estaban formadas por tubos porosos ricos en calcio.

ESPONJA CALCÁREA
Peronidella pistilliformis
Caracterizada por espículas calcáreas fusionadas y en forma de aguja, *Peronidella* aparece en rocas del Triásico y el Cretácico.

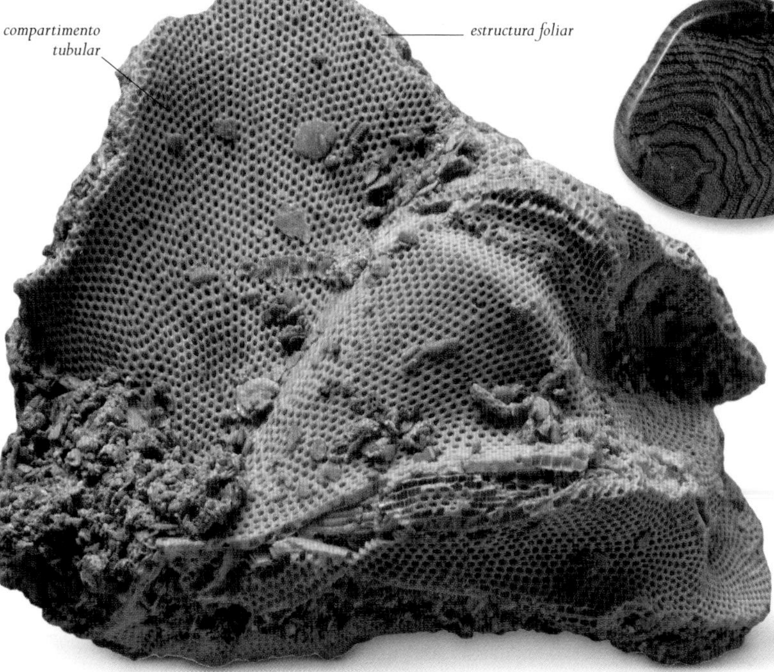

BRIOZOO QUEILOSTOMADO
Biflustra sp.
Hallado en rocas del Cenozoico, el género *Biflustra* aún existe. Estos briozoos tienen minúsculos compartimentos que albergan zooides, individuos de cuerpo blando que forman una colonia.

BRIOZOO TREPOSTOMADO
Diplotrypa sp.
Este briozoo de estratos del Ordovícico, pequeño invertebrado similar al coral, vivía en colonias en forma de cúpula.

CORAL *SCHIZORETEPORA*
Schizoretepora notopachys
Este coral, hallado en estratos del Eoceno al Pleistoceno, habitaba lechos marinos rocosos.

BRIOZOO RAMIFICADO
Constellaria sp.
Este briozoo, que construía colonias ramificadas en el lecho marino, se da en estratos del Ordovícico.

POLIQUETOS SERPÚLIDOS
Rotularia bognoriensis
Presente en rocas de estratos del Jurásico al Eoceno, *Rotularia* es un género de poliqueto serpúlido, y al igual que todos ellos protegía su cuerpo blando fabricando unos tubos espirales de carbonato cálcico.

SPRIGGINA
Spriggina floundersi
Antiquísimo fósil hallado en rocas de Ediacara, *Spriggina* era de cuerpo alargado, como un gusano. Su clasificación es incierta.

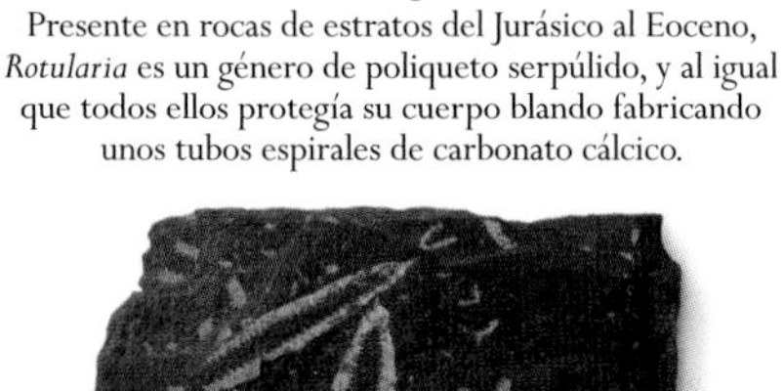

GRAPTOLITES *DIDYMOGRAPTUS*
Didymograptus murchisoni
Este graptolite (invertebrado colonial extinto) tenía dos ramas y podía medir entre 2 y 60 cm de longitud. Se encuentra en rocas de estratos del Ordovícico.

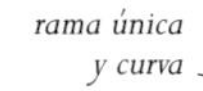

GRAPTOLITES RAMIFICADO
Rhabdinopora socialis
Hasta hace poco este graptolites de estratos del Ordovícico se llamó *Dictyonema*. Tenía numerosas ramas, delgadas y radiantes.

GRAPTOLITES EN ESPIRAL
Monograptus convolutus
Este género de estratos del Silúrico tenía una sola rama con tecas (estructuras en forma de copa) en un lado. *M. convolutus* se caracteriza por su forma espiral.

CORAL TABULADO
Catenipora sp.
Coral colonial tabulado con una estructura en forma de cadena, *Catenipora* vivió en aguas marinas cálidas y poco profundas durante el Ordovícico y el Silúrico.

estructura colonial en forma de cadena

gruesa pared de coralita

CORAL ESCLERACTINIO
Meandrina sp.
Este coral colonial presenta una superficie llena de crestas y valles. Hallado por primera vez en rocas del Eoceno, aún vive en la actualidad.

CORAL RUGOSO
Goniophyllum pyramidale
Este coral solitario de rocas del Silúrico tenía una estructura en forma de cono en la que vivía el pólipo.

TRILOBITES DEL CÁMBRICO
Paradoxides bohemicus
Algunos trilobites *Paradoxides* alcanzaban casi 1 m de longitud. Esta especie tenía largas espinas y procede de estratos del Cámbrico.

TRILOBITES DEL SILÚRICO
Dalmanites caudatus
Abundante en el Silúrico, *Dalmanites* tenía el tórax segmentado y una aguda espina en la cola.

TRILOBITES DEL DEVÓNICO
Phacops sp.
Este trilobites de ojos compuestos aparece en estratos del Devónico. Los trilobites se enrollaban, como muchos artrópodos actuales.

TRILOBITES DEL ORDOVÍCICO
Eodalmanitina macrophtalma
Este trilobites tenía grandes ojos en forma de media luna y un tórax compuesto por once segmentos.

pinzas

PARIENTE DEL CANGREJO CACEROLA
Euproops rotundatus
Pariente del Carbonífero del cangrejo cacerola, *Euproops* tenía un caparazón en forma de media luna y una larga espina en la cola.

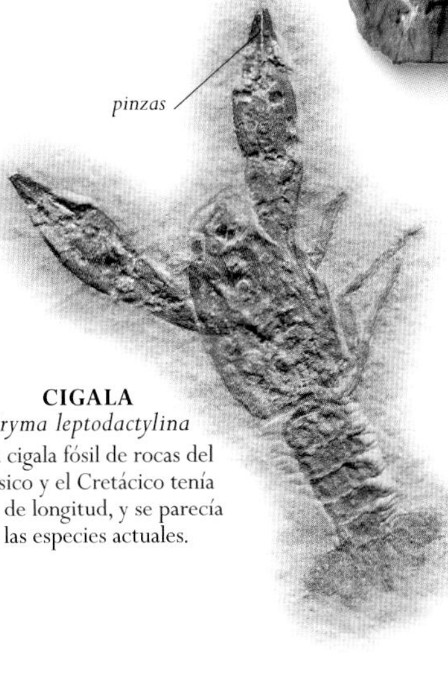

CIGALA
Eryma leptodactylina
Esta cigala fósil de rocas del Jurásico y el Cretácico tenía 6 cm de longitud, y se parecía a las especies actuales.

CANGREJO
Avitelmessus grapsoideus
Este cangrejo cubierto de espinas, procedente del Cretácico, podía alcanzar los 25 cm de anchura.

PARIENTE DE LA CUCARACHA
Archimylacris eggintoni
Este pariente de las cucarachas procedente del Carbonífero tenía unas alas traseras con un diseño muy característico.

»

BRAQUIÓPODO ESPIRIFÉRIDO
Spiriferina walcotti
Este braquiópodo común en estratos del Triásico y el Jurásico tenía una concha redondeada de hasta 3 cm de anchura con líneas de crecimiento claramente visibles.

línea de crecimiento

BRAQUIÓPODO ARTICULADO
Leptaena rhomboidalis
Braquiópodo de estratos del Ordovícico, el Silúrico y el Devónico, *Leptaena* alcanzaba unos 5 cm de anchura. Su concha tenía costillas concéntricas y radiales.

BRAQUIÓPODO RINCONÉLIDO
Homeorhynchia acuta
Presente en estratos del Jurásico, *Homeorhynchia* era un pequeño braquiópodo de aproximadamente 1 cm de anchura.

CARBONICOLA PSEUDOROBUSTA
Este bivalvo semejante a una almeja, con un estrechamiento en la concha, procede de rocas no marinas del Carbonífero y se ha empleado para la datación relativa de dichas rocas.

OSTRA
Gryphaea arcuata
Esta ostra fósil se da en rocas del Triásico y el Jurásico. *Gryphaea* tenía una valva grande y cóncava y otra menor y plana.

valva estriada

VIEIRA
Pecten maximus
Hallado en rocas del Paleógeno al Holoceno, *Pecten* es un género de moluscos bivalvos. *P. maximus* aún existe, y nada abriendo y cerrando sus valvas.

ALMEJA
Crassatella lamellosa
Este pequeño bivalvo que vivió del Cretácico al Mioceno tenía en la concha unas marcadas líneas de crecimiento concéntricas.

PARIENTE DEL MEJILLÓN
Ambonychia sp.
Ambonychia, molusco bivalvo del Ordovícico, alcanzaba los 6 cm de anchura; ambas valvas tenían un acanalado radial.

NAUTILOIDEO
Vestinautilus cariniferous
Este antiguo pariente del *Nautilus*, hallado en rocas del Carbonífero, tenía una concha poco ornamentada y de espiral muy abierta.

GASTERÓPODO DEL DEVÓNICO
Murchisonia bilineata
Este molusco gasterópodo de estratos del Silúrico al Pérmico alcanzaba los 5 cm de longitud y presenta un gran surco entre las espiras de su concha.

ROSTROCONCHA
Conocardium sp.
Este molusco del Devónico y el Carbonífero era similar a la almeja, pero su concha no tenía bisagra.

espira

GASTERÓPODO DEL JURÁSICO
Pleurotomaria anglica
Hallado en rocas del Jurásico y el Cretácico, este molusco gasterópodo tenía una amplia concha que combinaba diseños espirales y radiales.

costilla simple

AMONOIDEO DEL CARBONÍFERO
Goniatites crenistria
Molusco de rocas del Devónico y el Carbonífero, *Goniatites* presenta suturas angulares en la unión de las paredes de las cámaras internas con la concha.

AMONOIDEO DEL DEVÓNICO
Soliclymenia paradoxa
Este amonites del Devónico tiene una concha surcada por finas costillas; en algunas especies la concha tiene una peculiar forma triangular.

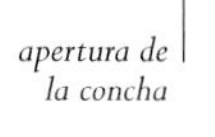
apertura de la concha

AMONOIDEO DEL TRIÁSICO
Ceratites nodosus
La concha de este amonites del Triásico, muy ornamentada, presenta una espiral abierta y costillas robustas.

AMONITES
Mortoniceras rostratum
Este amonites del Cretácico, de concha surcada por marcadas costillas, podía medir hasta 10 cm de diámetro.

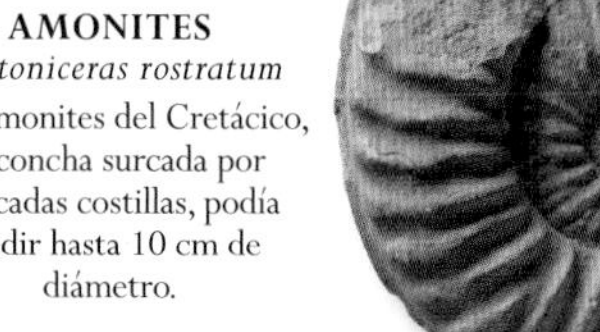

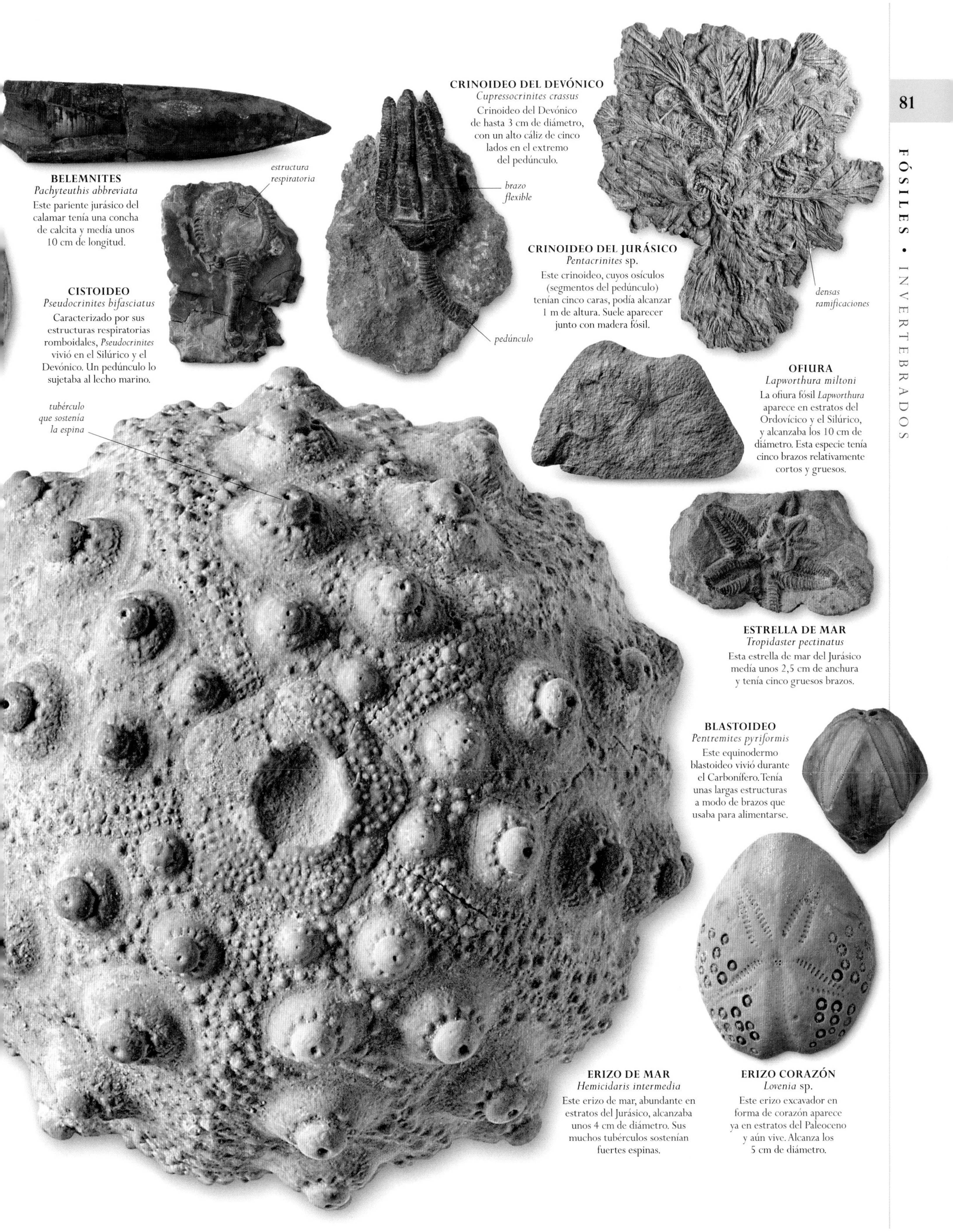

BELEMNITES
Pachyteuthis abbreviata
Este pariente jurásico del calamar tenía una concha de calcita y medía unos 10 cm de longitud.

CISTOIDEO
Pseudocrinites bifasciatus
Caracterizado por sus estructuras respiratorias romboidales, *Pseudocrinites* vivió en el Silúrico y el Devónico. Un pedúnculo lo sujetaba al lecho marino.

CRINOIDEO DEL DEVÓNICO
Cupressocrinites crassus
Crinoideo del Devónico de hasta 3 cm de diámetro, con un alto cáliz de cinco lados en el extremo del pedúnculo.

CRINOIDEO DEL JURÁSICO
Pentacrinites sp.
Este crinoideo, cuyos osículos (segmentos del pedúnculo) tenían cinco caras, podía alcanzar 1 m de altura. Suele aparecer junto con madera fósil.

OFIURA
Lapworthura miltoni
La ofiura fósil *Lapworthura* aparece en estratos del Ordovícico y el Silúrico, y alcanzaba los 10 cm de diámetro. Esta especie tenía cinco brazos relativamente cortos y gruesos.

ESTRELLA DE MAR
Tropidaster pectinatus
Esta estrella de mar del Jurásico medía unos 2,5 cm de anchura y tenía cinco gruesos brazos.

BLASTOIDEO
Pentremites pyriformis
Este equinodermo blastoideo vivió durante el Carbonífero. Tenía unas largas estructuras a modo de brazos que usaba para alimentarse.

ERIZO DE MAR
Hemicidaris intermedia
Este erizo de mar, abundante en estratos del Jurásico, alcanzaba unos 4 cm de diámetro. Sus muchos tubérculos sostenían fuertes espinas.

ERIZO CORAZÓN
Lovenia sp.
Este erizo excavador en forma de corazón aparece ya en estratos del Paleoceno y aún vive. Alcanza los 5 cm de diámetro.

VERTEBRADOS FÓSILES

Los restos fosilizados de animales vertebrados no son tan abundantes como los de invertebrados, pues muchos de ellos vivían en tierra, donde se forman menos fósiles, y además evolucionaron mucho más tarde que los invertebrados. Los peces, algunos de los cuales se remontan al Cámbrico, fueron los primeros vertebrados. Su rápida evolución en el Silúrico y el Devónico desembocó en los anfibios, que aparecieron en el Devónico. Los dinosaurios prosperaron en el Mesozoico, hacia cuyo final comenzaron a diversificarse los mamíferos.

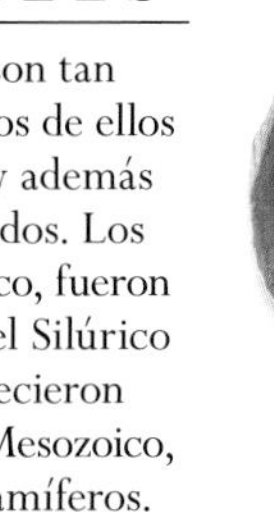

PEZ *ZENASPIS*
Zenaspis sp.
Pez de estratos del Devónico de hasta 25 cm de longitud, con la cabeza acorazada y el cuerpo cubierto de escamas óseas.

PLACODERMO
Bothriolepis canadensis
Este placodermo (grupo extinto de peces agnatos) del Devónico tenía la cabeza y el tronco acorazados y unas finísimas aletas pectorales.

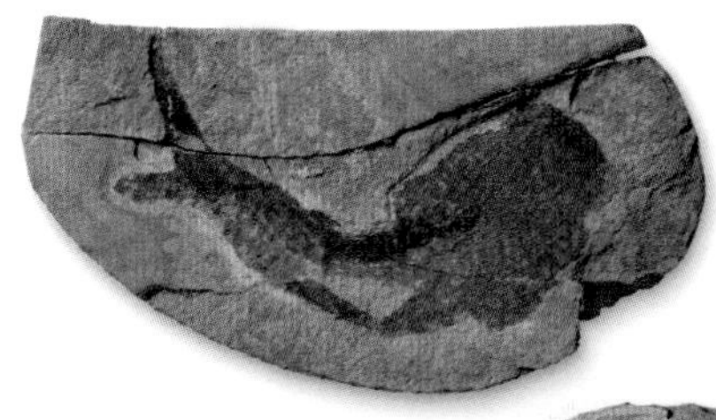

VERTEBRADO PISCIFORME PRIMITIVO
Loganellia sp.
Este «pez» agnato y aplanado, de hasta 12 cm de longitud, estaba cubierto de escamas a modo de dientes. Se encuentra en rocas del Devónico.

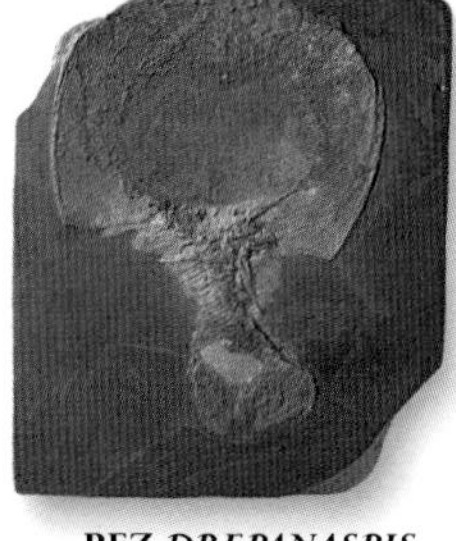

PEZ *DREPANASPIS*
Drepanaspis sp.
Este pez agnato primitivo tenía una cabeza acorazada y aplanada. Solo se encuentra en estratos del Devónico.

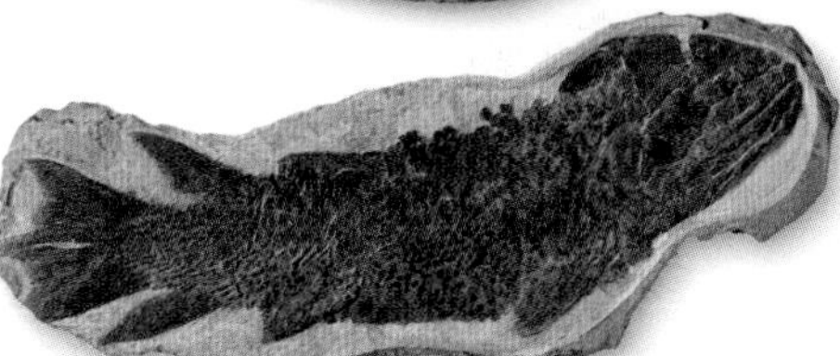

PEZ DE ALETAS LOBULADAS
Eusthenopteron foordi
Pez del Devónico con fuertes aletas de espinas parecidas a los huesos de las extremidades de los vertebrados terrestres (tetrápodos).

DIENTE DE TIBURÓN
Otodus sokolovi
Los dientes de bordes serrados de este tiburón cenozoico cortaban la carne con facilidad.

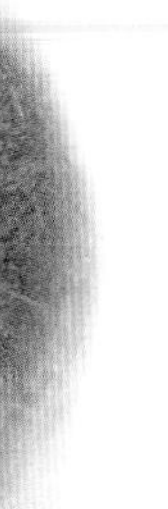

PASTINACA
Heliobatis radians
Heliobatis fue una raya de agua dulce presente en estratos del Eoceno; alcanzaba unos 30 cm de longitud y tenía un esqueleto cartilaginoso.

BANCO DE LEUCISCOS
Leuciscus pachecoi
Presente en estratos del Mioceno, esta especie de leucisco extinta se parece a los peces óseos actuales. *L. pachecoi* medía 6 cm de longitud.

RANA PRIMITIVA
Rana pueyoi
El género *Rana* se remonta al Mioceno. *R. pueyoi* alcanzaba los 15 cm de longitud y compartía con las ranas actuales características como las largas patas traseras.

órbita ocular

diente largo y afilado

CRÁNEO DE UN GRAN PEZ ÓSEO DEPREDADOR
Xiphactinus sp.
Este pez óseo de estratos del Cretácico tardío fue un depredador marino de cuerpo musculoso y grandes dientes anteriores.

ANFIBIO FÓSIL *DIPLOCAULUS*
Diplocaulus magnicornis
Anfibio del Pérmico similar a la salamandra, *Diplocaulus* tenía una prominencia a cada lado del cráneo; podía alcanzar 1 m de longitud.

CRÁNEO DE *DIMETRODON*
Dimetrodon loomisi
Dimetrodon, conocido por su gran estructura dorsal en forma de vela, fue un pariente primitivo de los mamíferos del Pérmico. Su cráneo elevado y su hocico corto le permitían morder con mucha fuerza.

órbita ocular

CRÁNEO DE DICINODONTO
Pelanomodon sp.
Este herbívoro sin colmillos era un dicinodonto, miembro de un grupo de parientes de los mamíferos que vivió en el Pérmico y el Triásico.

CRÁNEO DE TORTUGA MARINA
Puppigerus crassicostata
Se encuentran tortugas marinas fósiles en rocas del Mesozoico al Holoceno. *Puppigerus* tenía una concha pesada y aparece en estratos del Eoceno.

ALETA DE PLESIOSAURIO
Cryptoclidus eurymerus
Cryptoclidus fue un plesiosaurio del Jurásico de hasta 8 m de longitud y cuello largo.

VÉRTEBRA DE VARANO GIGANTE
Varanus priscus
Este varano podía alcanzar los 7 m de longitud. Se encuentra en rocas del Pleistoceno.

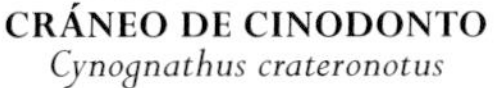

CRÁNEO DE CINODONTO
Cynognathus crateronotus
Carnívoro de cráneo robusto y grandes caninos, *Cynognathus* perteneció al grupo de los cinodontos, precursores de los mamíferos. Aparece en estratos del Triásico.

PRIMERA AVE
Archaeopteryx lithographica
Se considera que *Archaeopteryx* fue la primera ave, pero hallazgos recientes en rocas del Jurásico en China lo han puesto en cuestión.

CRÁNEO DE GRUIFORME GIGANTE
Phorusrhacos inflatus
Phorusrhacos, carnívoro de hasta 2,5 m de altura, fue un ave no voladora con un pico poderoso. Aparece en rocas del Mioceno.

DIENTES DE *PROTOROHIPPUS*
Protorohippus sp.
Antepasado braquidonto de los caballos actuales, del tamaño de un perro y patas con varios dedos, *Protorohippus* se encuentra en estratos del Eoceno.

CRÁNEO DE FÉLIDO DIENTES DE SABLE
Smilodon sp.
Smilodon, félido del tamaño de un tigre que vivió durante el Pleistoceno, tenía unos grandes caninos curvos.

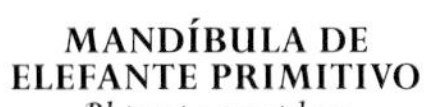

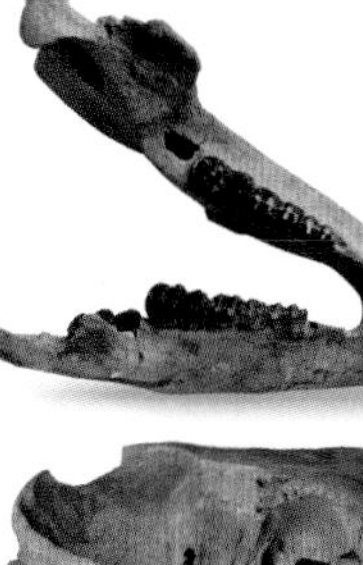

MANDÍBULA DE ELEFANTE PRIMITIVO
Phiomia serridens
Presente en estratos del Eoceno al Oligoceno, *Phiomia* alcanzaba una altura de 2,5 m; tenía colmillos en el maxilar superior y una trompa corta.

frente baja y huidiza

CRÁNEO DE HOMINOIDEO
Proconsul africanus
Proconsul, el primer hominoideo fósil hallado en África, procede de estratos del Mioceno.

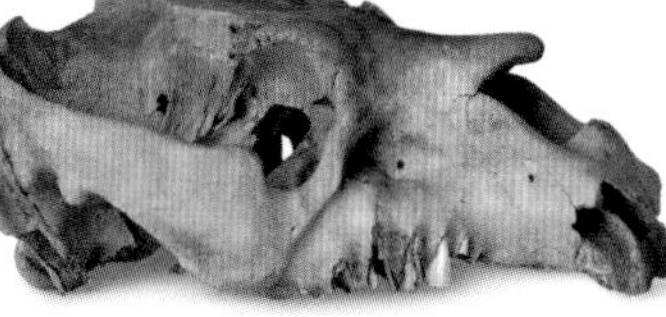

NOTOUNGULADO
Toxodon platensis
Animal robusto, con una cabeza similar a la del hipopótamo, *Toxodon* alcanzaba los 2,7 m de longitud. Vivió del Plioceno al Pleistoceno.

»

VÉRTEBRA DE COLA DE *DIPLODOCUS*
Diplodocus longus
Hallado en estratos del Jurásico, este herbívoro gigante alcanzaba los 27 m de longitud; su cola era larga y en forma de látigo.

FÉMUR DE *BRACHIOSAURUS*
Brachiosaurus sp.
Este gran herbívoro, que alcanzaba los 25 m de longitud, vivió durante los periodos Jurásico y Cretácico.

ESQUELETO DE *COELOPHYSIS*
Coelophysis bauri
Los fósiles de *Coelophysis*, dinosaurio ornitisquio y carnívoro de 3 m de longitud, se dan en rocas del Triásico.

CRÁNEO DE *PLATEOSAURUS*
Plateosaurus sp.
Este gran herbívoro del Triásico alcanzaba los 8 m de longitud y tenía una cabeza muy pequeña.

PARTE DE CRÁNEO DE *PROCERATOSAURUS*
Proceratosaurus bradleyi
Carnívoro de estratos del Jurásico en Gloucestershire (Inglaterra), tenía una cresta ósea en la cabeza.

VÉRTEBRAS SACRAS DE *MEGALOSAURUS*
Megalosaurus bucklandi
Este carnívoro del Jurásico medía 9 m de longitud; tenía una gran cabeza y unas patas traseras poderosas.

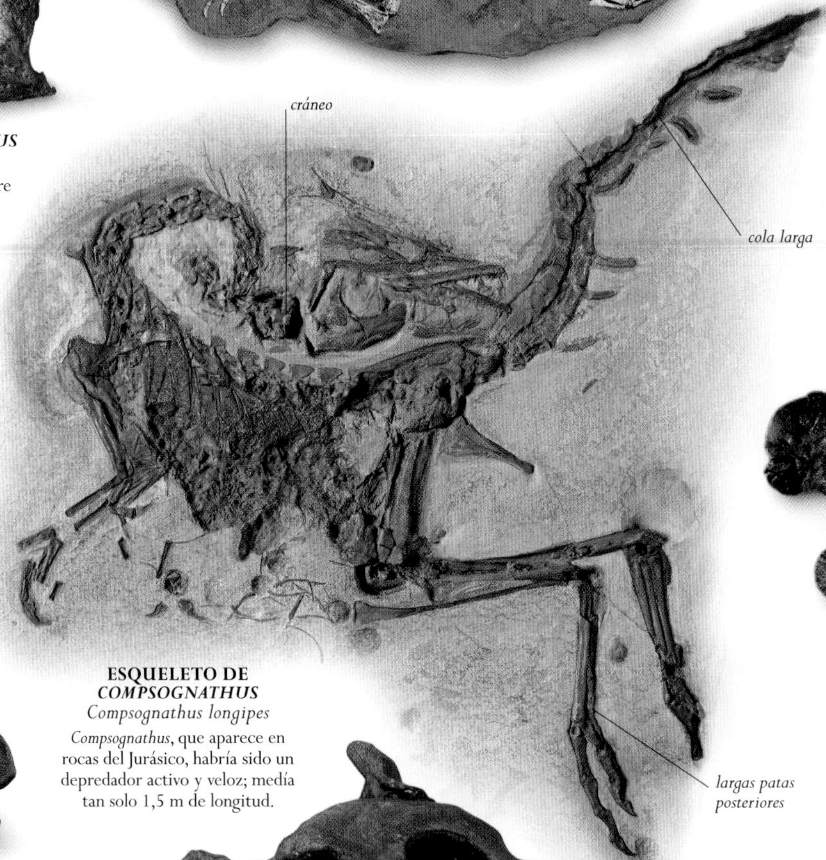

ESQUELETO DE *COMPSOGNATHUS*
Compsognathus longipes
Compsognathus, que aparece en rocas del Jurásico, habría sido un depredador activo y veloz; medía tan solo 1,5 m de longitud.

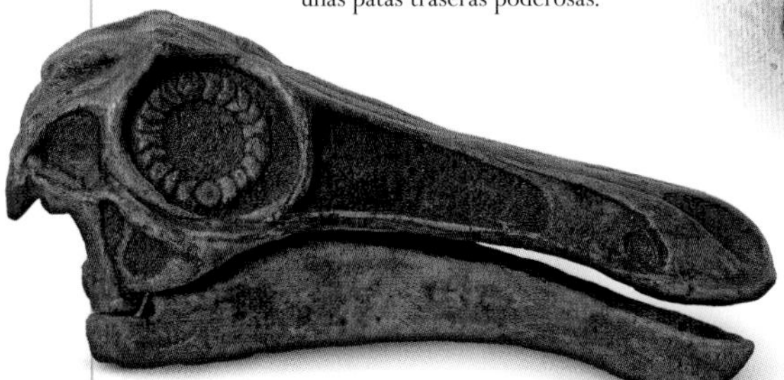

CRÁNEO DE *GALLIMIMUS*
Gallimimus bullatus
Gallimimus, que alcanzaba los 6 m de longitud, tenía un cráneo de ave con pico, y cuello y patas largas.

CRÁNEO DE *ALBERTOSAURUS*
Albertosaurus sp.
Pariente próximo de *Tyrannosaurus rex*, este depredador alcanzaba los 8 m de longitud. Aparece en rocas del Cretácico.

MANDÍBULA DE *DASPLETOSAURUS*
Daspletosaurus torosus
Este dinosaurio del Cretácico, que alcanzaba los 9 m de longitud, tenía unas grandes patas traseras y unos brazos pequeños, y una poderosa mandíbula con dientes de carnívoro.

PATA DE *SCELIDOSAURUS*
Scelidosaurus harrisonii
Hallado en rocas del Jurásico, *Scelidosaurus* alcanzaba los 4 m de longitud y tenía el cuerpo cubierto de placas óseas. Tenía dedos largos y uñas romas.

PLACA DE *STEGOSAURUS*
Stegosaurus sp.
Este herbívoro de finales del Jurásico alcanzaba los 9 m de longitud y tenía dos filas de grandes placas óseas a lo largo del lomo.

CRÁNEO DE *ANKYLOSAURUS*
Ankylosaurus magniventris
Hallado en rocas del Cretácico, *Ankylosaurus* fue un herbívoro fuertemente acorazado. Alcanzaba los 6 m de longitud.

MAZA CAUDAL DE *EUOPLOCEPHALUS*
Euoplocephalus tutus
Euoplocephalus, de hasta 7 m de longitud, vivió a finales del Cretácico. La maza ósea que tenía en el extremo de la cola sería un arma defensiva.

CRÁNEO DE *PARASAUROLOPHUS*
Parasaurolophus walkeri
Este herbívoro del Cretácico tenía sobre el cráneo una cresta larga, curva y hueca, que serviría quizá para emitir algún sonido.

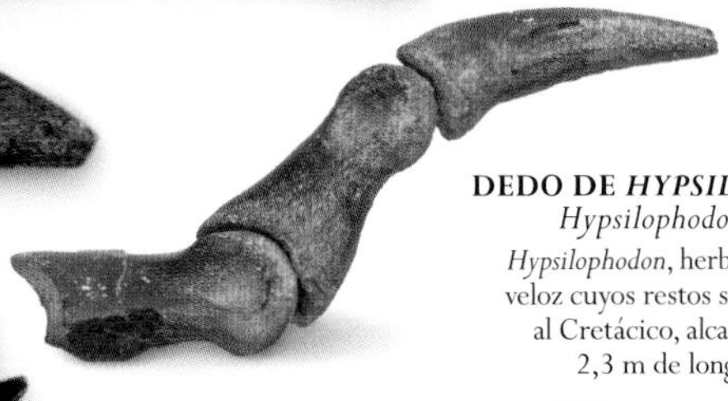

DEDO DE *HYPSILOPHODON*
Hypsilophodon foxii
Hypsilophodon, herbívoro ágil y veloz cuyos restos se remontan al Cretácico, alcanzaba los 2,3 m de longitud.

CRÁNEO DE *PACHYCEPHALOSAURUS*
Pachycephalosaurus wyomingensis
Este dinosaurio de finales del Cretácico tenía un cráneo grueso y abovedado, y alcanzaba los 5 m de longitud.

CRÁNEO DE *STEGOCERAS*
Stegoceras validum
Stegoceras, hallado en estratos del Cretácico, medía 2 m de longitud y tenía unos dientes pequeños y serrados que sugieren que era herbívoro.

gran cavidad nasal

cuerno epiyugal

CRÁNEO DE *TRICERATOPS*
Triceratops prorsus
Triceratops, herbívoro de finales del Cretácico, tenía un gran cráneo armado con cuernos y placas.

pico sin dientes

CRÁNEO DE *STYRACOSAURUS*
Styracosaurus albertensis
Similar a *Triceratops*, *Styracosaurus* tenía unos finos cuernos en la parte posterior del cráneo. Se da en rocas del Cretácico.

ESQUELETO DE *PSITTACOSAURUS*
Psittacosaurus sp.
Este herbívoro de 2 m de longitud aparece en estratos del Cretácico y es uno de los primeros dinosaurios con cuernos.

EUOPLOCEPHALUS

Euoplocephalus perteneció a una familia de dinosaurios llamada anquilosáuridos, caracterizada por tener la cabeza acorazada y el cuerpo cubierto de placas óseas. Alcanzaba unos 6 m de longitud y pesaba unas dos toneladas, y tenía el cuerpo y la cola cubiertos de placas y protuberancias óseas; incluso sus ojos estaban protegidos por párpados óseos. Dos filas de púas de gran tamaño recorrían su lomo, y en el extremo de su larga cola tenía una maza ósea que podía emplear para defenderse de los depredadores. *Euoplocephalus* era un herbívoro, y su pico estaba adaptado para alimentarse de la vegetación de los densos bosques de finales del Cretácico, y quizá usaba sus pesuños romos para extraer raíces y tubérculos del suelo. Fue probablemente un animal solitario, aunque los miembros jóvenes de la especie vivirían en manada.

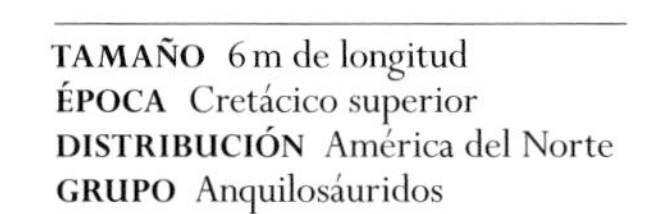

TAMAÑO 6 m de longitud
ÉPOCA Cretácico superior
DISTRIBUCIÓN América del Norte
GRUPO Anquilosáuridos

> CABEZA ACORAZADA
Euoplocephalus significa «cabeza bien armada»: tenía un cráneo robusto, con unas púas en la parte posterior y la boca en forma de pico.

∨ VÉRTEBRAS DEL CUELLO
Aunque la cabeza de *Euoplocephalus* era relativamente pequeña y su cuello era corto, las vértebras de este debían ser fuertes para soportar las pesadas placas de la cabeza.

omóplato corto

UN TANQUE CON PATAS >
Euoplocephalus tenía un cuerpo ancho, de sección casi redonda, que se sostenía sobre unos miembros cortos y fuertes. Unas púas protegían la parte posterior de su cabeza, y su boca en forma de pico habría tenido pequeños dientes adaptados para masticar plantas.

< PLACAS CLAVETEADAS
Uno de los rasgos más notables de *Euoplocephalus* era su coraza, hecha de placas de piel dura tachonadas de protuberancias óseas.

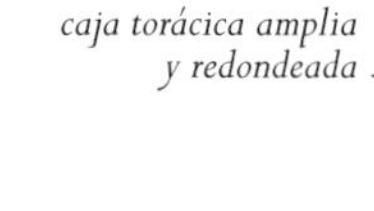

caja torácica amplia y redondeada

∧ PATA ANTERIOR
Los miembros de este dinosaurio eran cortos y robustos. Las patas anteriores tenían unos dedos cortos y macizos aptos para soportar su enorme peso.

∧ MAZA CAUDAL
La pesada maza de la cola, formada por huesos fusionados, dos grandes y varios más pequeños, era probablemente un arma defensiva.

∧ VÉRTEBRAS DE LA COLA
A la mitad de la cola, las vértebras de esta, armadas con púas, daban paso a una estructura ósea fusionada, rígida, que sostenía la maza del extremo. La cola de *Euoplocephalus* habría sido muy musculosa.

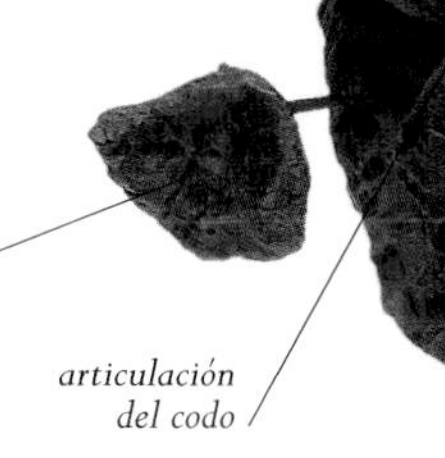

en vida, las placas óseas estaban cubiertas por una capa córnea

articulación del codo

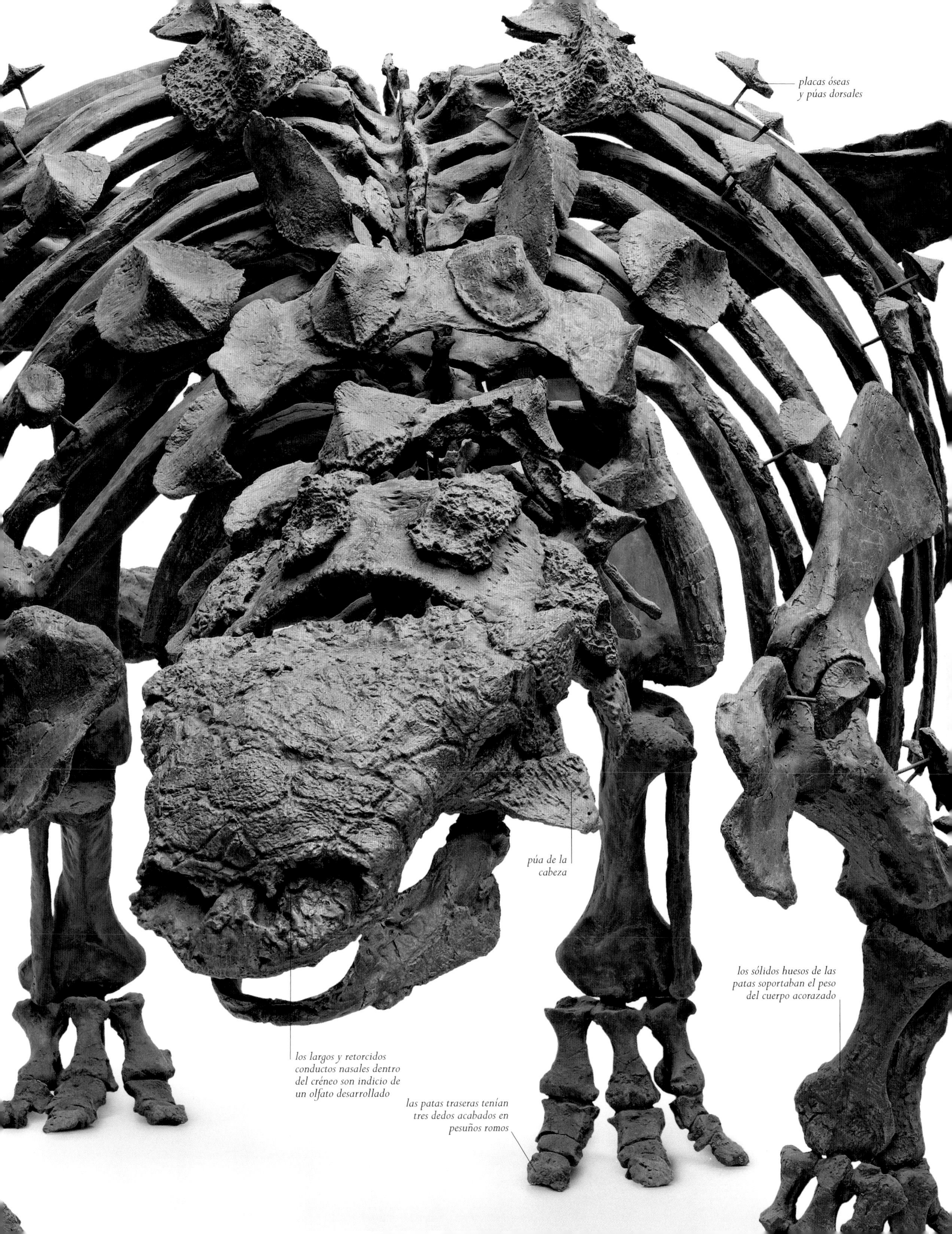

placas óseas
y púas dorsales
púa de la
cabeza
los sólidos huesos de las
patas soportaban el peso
del cuerpo acorazado
los largos y retorcidos
conductos nasales dentro
del créneo son indicio de
un olfato desarrollado
las patas traseras tenían
tres dedos acabados en
pesuños romos

VIDA MICROS

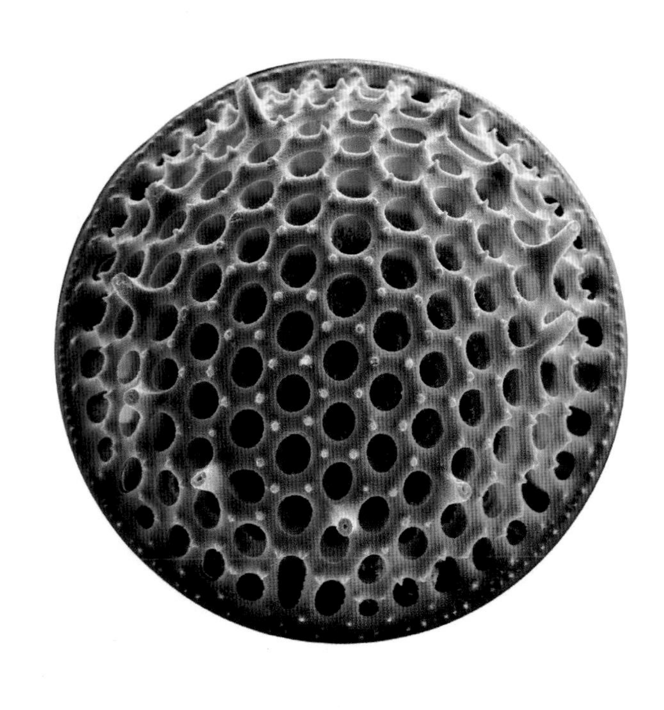

CÓPICA

Pese a su tamaño minúsculo, los organismos microscópicos dominan a vida en la Tierra. Fueron los primeros seres vivos y sostienen todos los ecosistemas del mundo, tomando y liberando nutrientes imprescindibles para otras formas de vida. Desde las bacterias más simples hasta los más complejos protistas, forman una constelación diversa y versátil que suele pasar desapercibida.

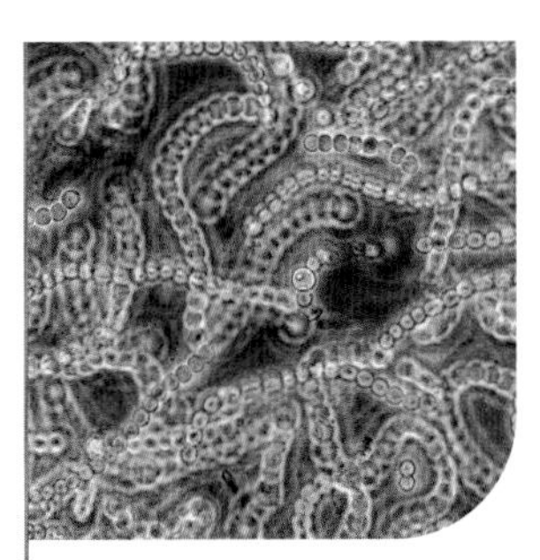

» 90

ARQUEAS Y BACTERIAS

Las formas más básicas de la vida son organismos unicelulares carentes de núcleo. Suelen ser solitarios, aunque algunos se organizan en colonias en forma de filamentos o cadenas.

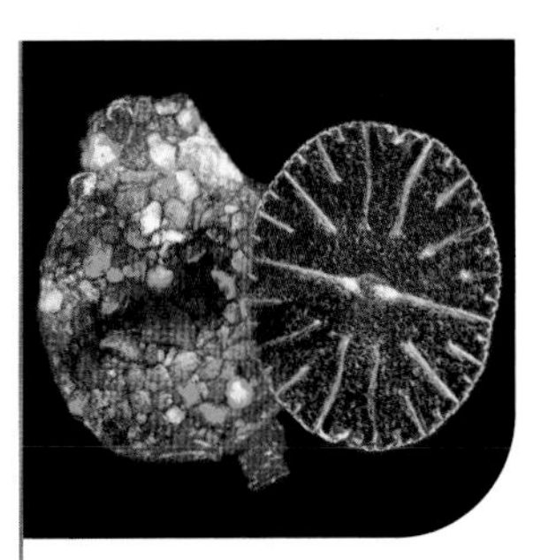

» 94

PROTISTAS

Se cuentan entre los seres vivos más numerosos y diversos. Algunos no tienen una forma fija, pero muchos otros presentan complejos esqueletos o cubiertas minerales. Suelen ser unicelulares.

ARQUEAS Y BACTERIAS

Si un extraterrestre visitara la Tierra, podría concluir que sus verdaderos señores son las arqueas y las bacterias. Son más numerosas y diversas que las formas de vida más complejas, los eucariotas, y habitan hasta en la grieta más recóndita del planeta.

DOMINIO	ARQUEAS
FILOS	12
ÓRDENES	18
FAMILIAS	28
ESPECIES	Probablemente millones

DOMINIO	BACTERIAS
FILOS	Unos 50
ÓRDENES	180
FAMILIAS	430
ESPECIES	Probablemente millones

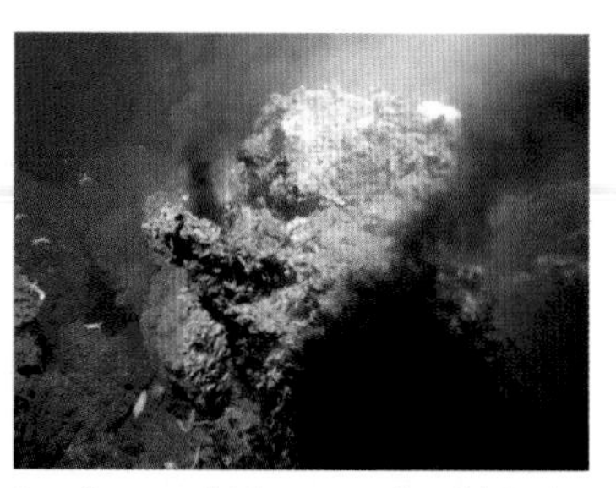

Las fuentes hidrotermales del fondo oceánico albergan a arqueas termófilas que viven a temperaturas muy altas.

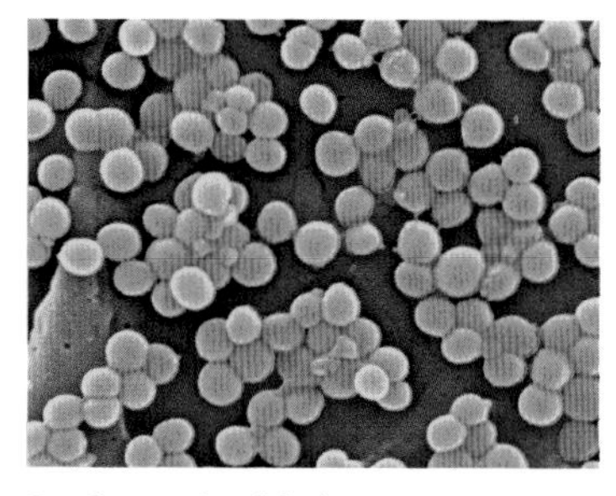

Las bacterias del género *Staphylococcus* forman colonias y causan intoxicaciones alimentarias en humanos.

DEBATE

EL CALDERO DE LA VIDA

Muchas arqueas están adaptadas a medios extremos. En el agua caliente, un escudo proteínico, similar al de los cromosomas de los eucariotas (hongos, plantas y animales), protege su ADN. Quizá lo que comenzó como aislamiento en las charcas primitivas evolucionó hasta formar un «andamio» para el ADN preciso para una vida más compleja.

Arqueas y bacterias, organismos unicelulares, fueron las primeras formas de vida en la Tierra. Junto con los eucariotas, constituyen dos de los tres grupos esenciales de seres vivos. Todas las células vivas tienen ADN, pero las de los eucariotas lo contienen en un núcleo envuelto en una membrana, y la mayoría de ellas tienen también mitocondrias, que generan energía. Arqueas y bacterias carecen tanto de un núcleo como de mitocondrias. Guardan entre sí un parentesco lejano: evolucionaron a partir de orígenes genéticos distintos, aún desconocidos. Las células de las arqueas se hallan en membranas únicas cubiertas de una resistente pared celular externa, y suelen tener el ADN cubierto de proteínas. Las células de las bacterias son física y químicamente muy distintas, sobre todo la pared celular. Estas diferencias hacen de las arqueas típicas organismos especialmente aptos para entornos extremos, mientras que las bacterias prosperan en todo tipo de medios.

LOS SERES VIVOS MÁS PEQUEÑOS

Todas las arqueas y bacterias son minúsculas: su tamaño se mide en micras. Si el grosor de un cabello humano es de unas 80 μm, la mayoría de las arqueas y bacterias miden entre 1 y 10 μm de largo. Sobreviven hasta en el último rincón de la biosfera, desde la atmósfera exterior hasta lo profundo de la corteza terrestre, desde el fondo oceánico hasta el interior del cuerpo humano. Algunas arqueas y bacterias viven en agua hirviendo o en el hielo, soportan la radiación, o se alimentan de gases venenosos y ácidos corrosivos. La mayoría de ellas se nutren de materia muerta y otras infestan cuerpos vivos. Algunas fabrican alimento gracias a la energía de los minerales; otras realizan la fotosíntesis, es decir, emplean la energía de la luz para convertir el dióxido de carbono y el agua en alimento y oxígeno. A pesar de causar enfermedades infecciosas, las bacterias son esenciales para la salud: dependemos de las bacterias intestinales para descomponer los alimentos y para fabricar nutrientes esenciales. Desde hace casi 4000 millones de años, arqueas y bacterias han influido en el clima de la Tierra, la formación de las rocas y la evolución de otras formas de vida.

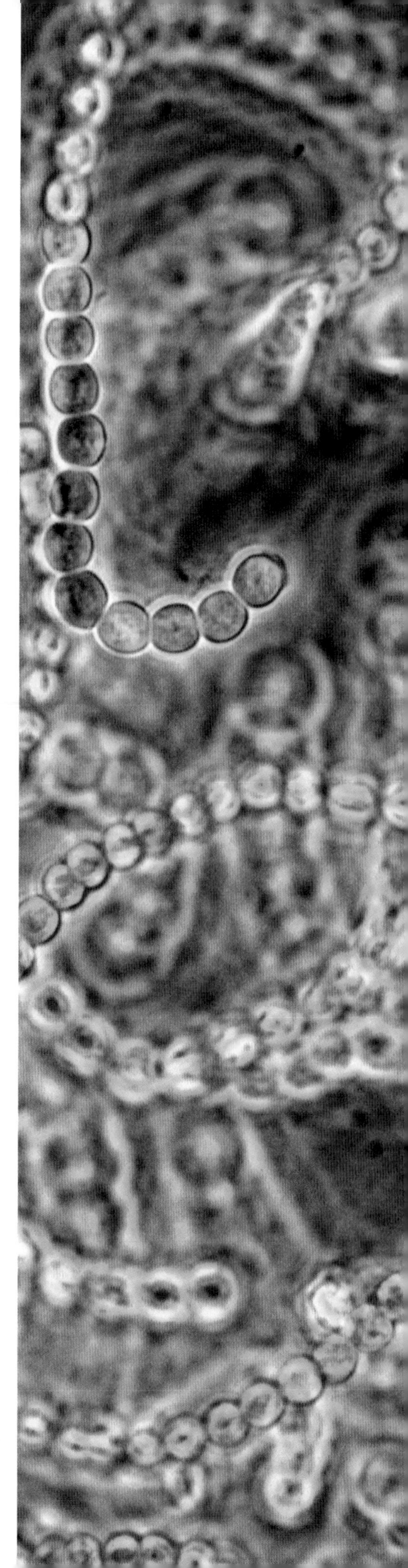

COLONIA DE CIANOBACTERIAS >
Aunque las bacterias son unicelulares, algunas, como las cianobacterias, pueden asociarse en largos filamentos.

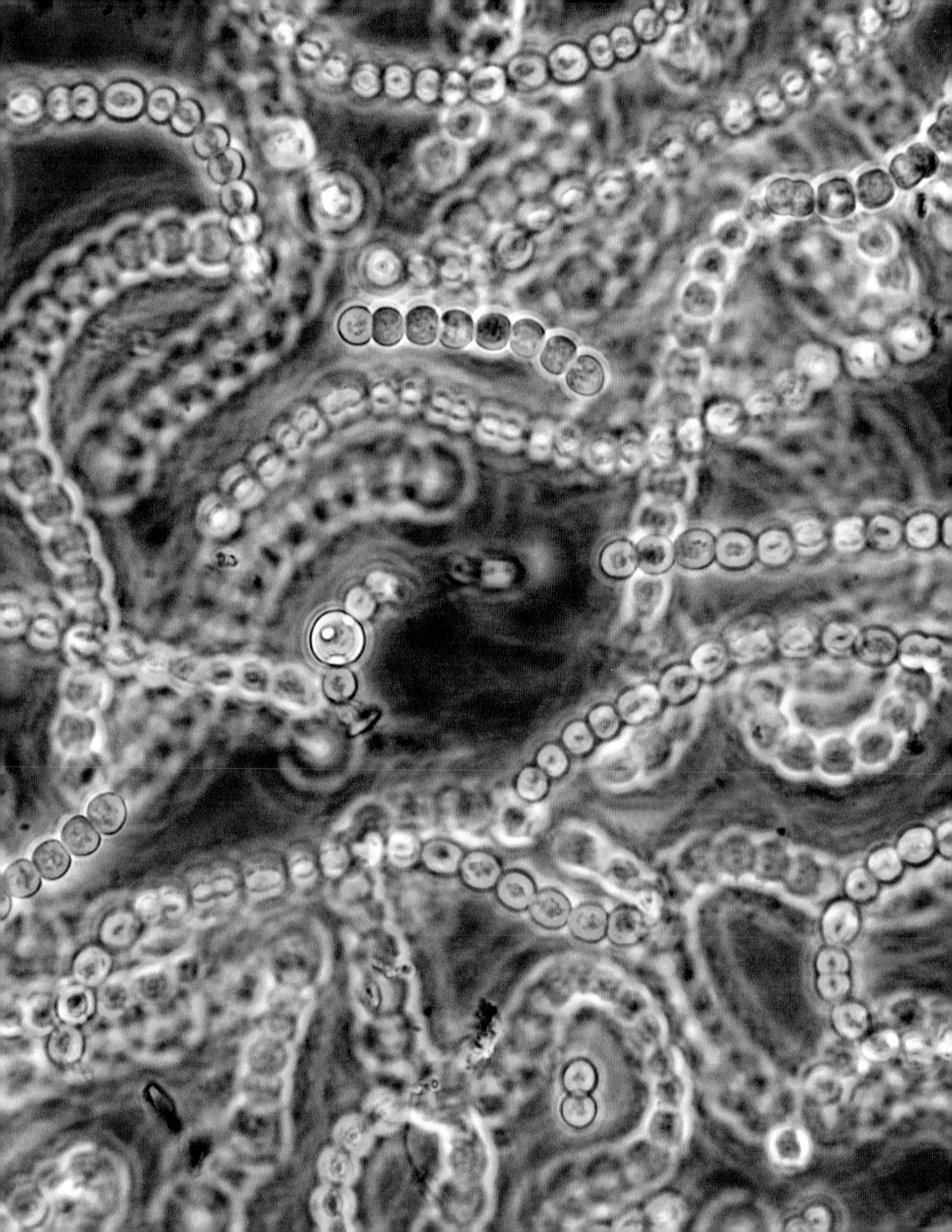

ARQUEAS

gránulos productores de proteínas

METHANOCOCCOIDES BURTONII

Este productor de metano se halló en el fondo del lago Ace de la Antártida, donde no hay oxígeno y la temperatura media es de 0,6 °C.

1,2 µm

pared celular flexible

0,5–15 µm

STAPHYLOTHERMUS MARINUS

Descubierta en una fuente hidrotermal del lecho marino, la temperatura idónea para que esta especie crezca es entre 85 y 92 °C. Forma racimos y puede alcanzar un tamaño relativamente grande.

SULFOLOBUS ACIDOCALDARIUS

Como muchas arqueas, la pared celular de este termófilo es resistente al calor. Prospera a temperaturas elevadas en las fuentes termales del parque de Yellowstone (EE UU).

1–5 µm

1 µm

DESULFUROCOCCUS MOBILIS

Este anaerobio prospera en medios con escaso o ningún oxígeno, ya que se nutre de compuestos sulfurosos. Termófilo extremo, 85 °C es su temperatura idónea.

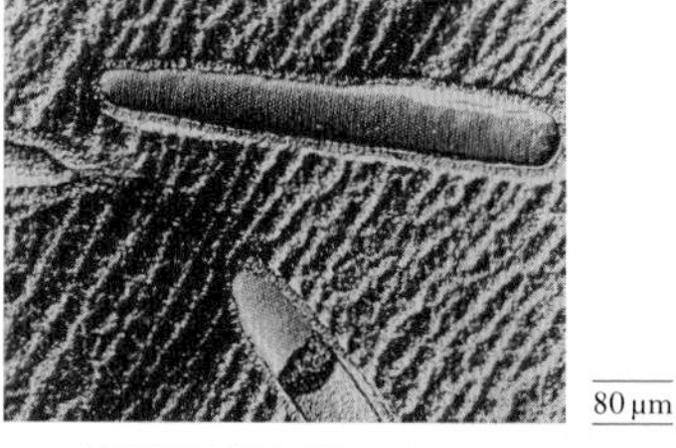

80 µm

THERMOPROTEUS TENAX

Esta especie forma células en forma de bastón de longitud variable y diámetro constante. Su cobertura exterior resistente al calor es evolutivamente antigua.

0,8–2 µm

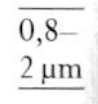

METHANOSPIRILLUM HUNGATEI

Descubierta en aguas fecales humanas, esta arquea genera grandes cantidades de metano. Cada célula está encerrada en una vaina hueca.

PYROCOCCUS FURIOSUS

El nombre *Pyrococcus* («coco de fuego») sugiere la forma y la tolerancia a temperaturas extremas de esta arquea; su crecimiento idóneo se da a los 100 °C.

BACTERIAS

1–4 µm

2–3 µm

1–2 µm

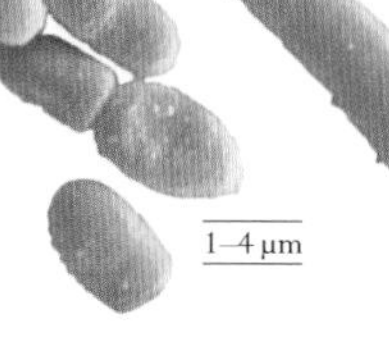

ACETOBACTER ACETI

Esta especie usada para hacer vinagre es un contaminante habitual en la fermentación de los alcoholes; así, por ejemplo, decolora y amarga la cerveza.

BACILLUS SUBTILIS

Un gramo de tierra puede contener hasta mil millones de estas bacterias. Cuando escasea el alimento o el entorno se endurece, puede vivir como una espora inactiva.

BACILLUS THURINGIENSIS

Esta bacteria produce cristales tóxicos insolubles en el intestino humano pero letales para los insectos, por lo que se comercializa como insecticida.

DEINOCOCCUS RADIODURANS

Esta especie es conocida como la bacteria más resistente del mundo, y se descubrió en carne expuesta a radiación durante un experimento.

1,62 µm

BORDETELLA PERTUSSIS

Esta especie es la causante de la tos ferina, infección respiratoria acompañada de tos espasmódica severa que ataca a las células sanguíneas.

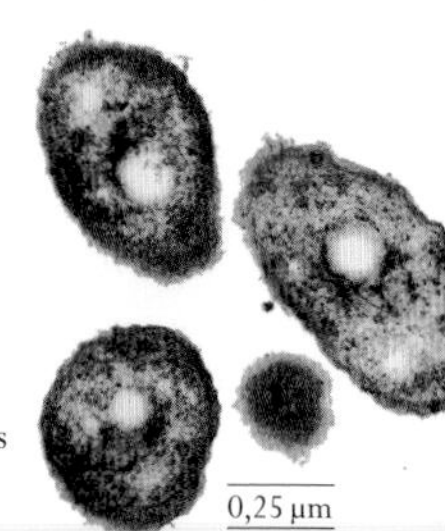

0,25 µm

ESCHERICHIA COLI

Organismo muy observado y empleado por los científicos, habita inofensivamente en el intestino pero puede causar virulentas intoxicaciones alimentarias.

1–3 µm

1,5–4,5 µm

BACTEROIDES FRAGILIS

Esta bacteria forma parte importante de la flora intestinal humana. Suele ser inofensiva para su huésped, pero puede causar enfermedades si invade tejidos, ya que forma abscesos llenos de pus.

individuo de E. coli, en forma de bastón

0,6–4 µm

NITROBACTER SP.

Este género de bacteria es una pieza clave en el ciclo del nitrógeno: oxida nitritos para formar nitratos, lo cual contribuye a purificar el agua y a fertilizar los océanos y la tierra.

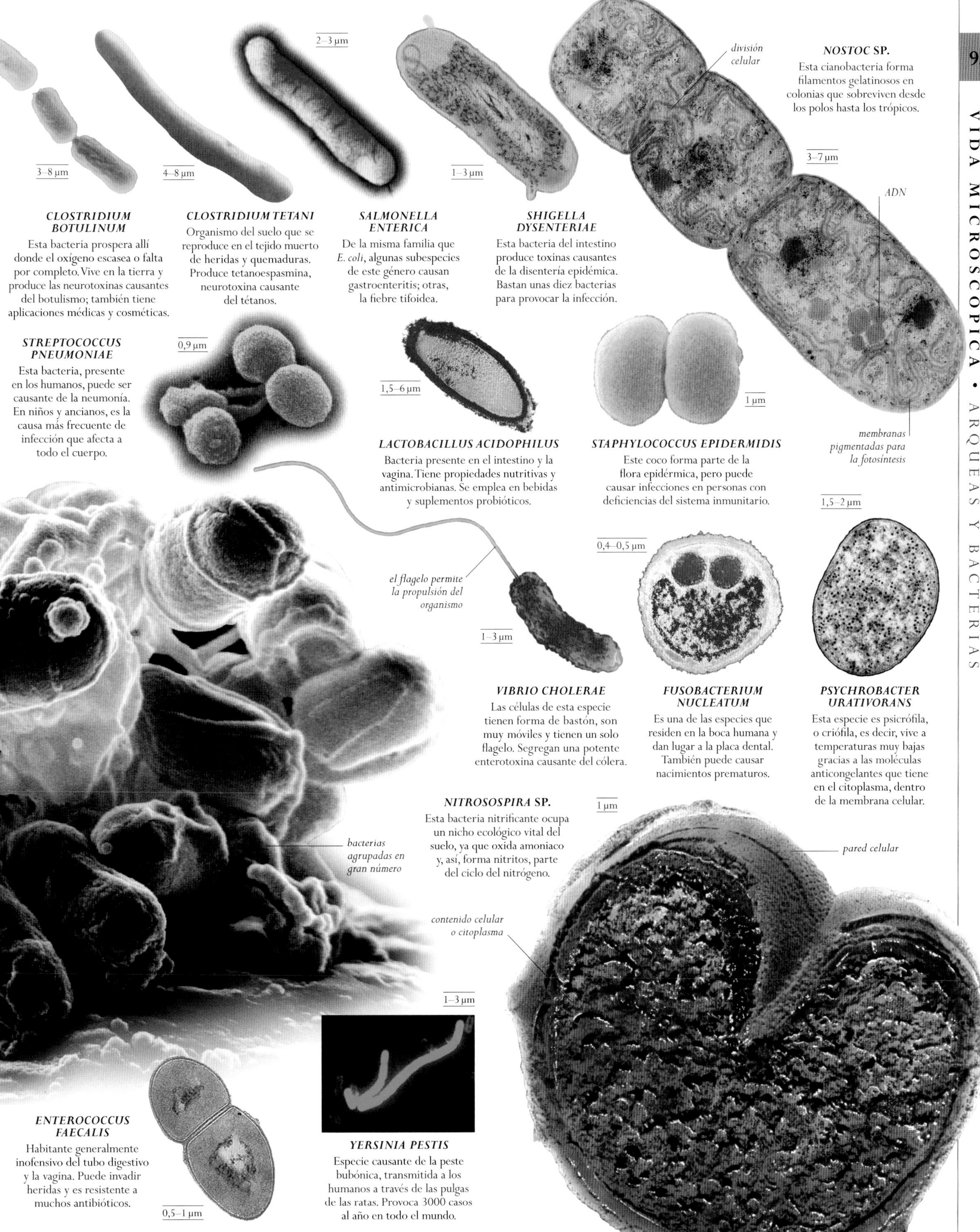

***NOSTOC* SP.**
Esta cianobacteria forma filamentos gelatinosos en colonias que sobreviven desde los polos hasta los trópicos.

CLOSTRIDIUM BOTULINUM
Esta bacteria prospera allí donde el oxígeno escasea o falta por completo. Vive en la tierra y produce las neurotoxinas causantes del botulismo; también tiene aplicaciones médicas y cosméticas.

CLOSTRIDIUM TETANI
Organismo del suelo que se reproduce en el tejido muerto de heridas y quemaduras. Produce tetanoespasmina, neurotoxina causante del tétanos.

SALMONELLA ENTERICA
De la misma familia que *E. coli*, algunas subespecies de este género causan gastroenteritis; otras, la fiebre tifoidea.

SHIGELLA DYSENTERIAE
Esta bacteria del intestino produce toxinas causantes de la disentería epidémica. Bastan unas diez bacterias para provocar la infección.

STREPTOCOCCUS PNEUMONIAE
Esta bacteria, presente en los humanos, puede ser causante de la neumonía. En niños y ancianos, es la causa más frecuente de infección que afecta a todo el cuerpo.

LACTOBACILLUS ACIDOPHILUS
Bacteria presente en el intestino y la vagina. Tiene propiedades nutritivas y antimicrobianas. Se emplea en bebidas y suplementos probióticos.

STAPHYLOCOCCUS EPIDERMIDIS
Este coco forma parte de la flora epidérmica, pero puede causar infecciones en personas con deficiencias del sistema inmunitario.

VIBRIO CHOLERAE
Las células de esta especie tienen forma de bastón, son muy móviles y tienen un solo flagelo. Segregan una potente enterotoxina causante del cólera.

FUSOBACTERIUM NUCLEATUM
Es una de las especies que residen en la boca humana y dan lugar a la placa dental. También puede causar nacimientos prematuros.

PSYCHROBACTER URATIVORANS
Esta especie es psicrófila, o criófila, es decir, vive a temperaturas muy bajas gracias a las moléculas anticongelantes que tiene en el citoplasma, dentro de la membrana celular.

***NITROSOSPIRA* SP.**
Esta bacteria nitrificante ocupa un nicho ecológico vital del suelo, ya que oxida amoniaco y, así, forma nitritos, parte del ciclo del nitrógeno.

ENTEROCOCCUS FAECALIS
Habitante generalmente inofensivo del tubo digestivo y la vagina. Puede invadir heridas y es resistente a muchos antibióticos.

YERSINIA PESTIS
Especie causante de la peste bubónica, transmitida a los humanos a través de las pulgas de las ratas. Provoca 3000 casos al año en todo el mundo.

PROTISTAS

Este grupo no sistemático de eucariotas –desde diminutas amebas hasta sargazos gigantes– escapa a toda descripción simple. Fueron los primeros seres vivos más complejos que arqueas y bacterias, y producen la mayor parte del alimento y el oxígeno de la Tierra.

DOMINIO	EUCARIOTAS
REINO	PROTISTAS
CLADOS Y DIVISIONES	Más de 9
FAMILIAS	Unas 841
ESPECIES	Unas 73 500

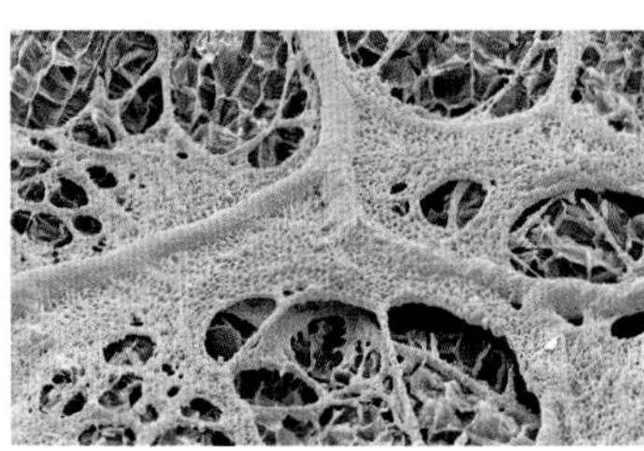

En algunos mohos mucilaginosos, agrupaciones de amebas, miles de núcleos coexisten dentro de una sola célula gigante.

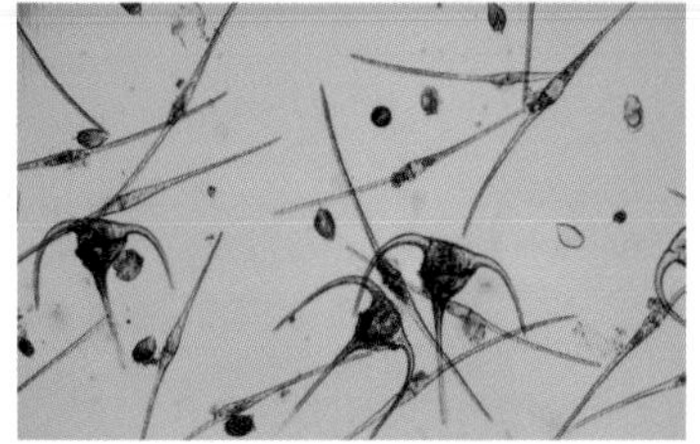

Muchos protistas unicelulares tienen formas extraordinarias, como estos dinoflagelados que parecen garfios.

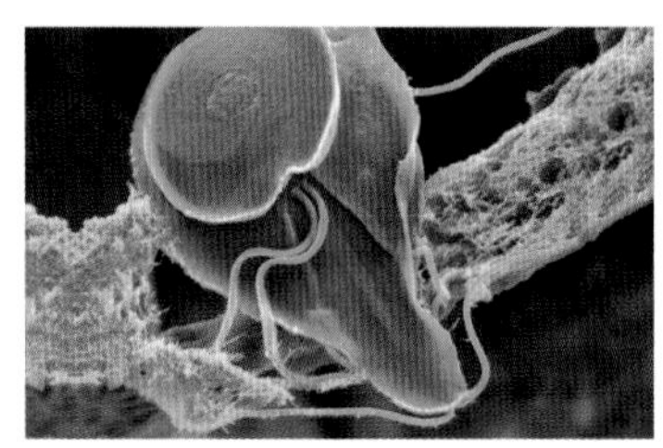

Algunos protistas causan enfermedades graves, como esta *Giardia*, que infecta el intestino de humanos y otros animales.

DEBATE

REINOS MÚLTIPLES

El reino protista comprende muchos organismos que no están clasificados como hongos, plantas o animales. En él hay muchos grupos –desde las amebas unicelulares hasta las algas pluricelulares– que no guardan un parentesco estrecho. Muchos científicos consideran que el reino protista debería dividirse en varios reinos.

Los protistas son principalmente seres vivos unicelulares que, a diferencia de arqueas y bacterias, tienen núcleo celular. La configuración elemental de sus células los separa de los más complejos eucariotas –plantas, hongos y animales– surgidos posteriormente a partir de ellos. Los protistas incluyen una gama asombrosa de organismos con formas de vida y nichos ecológicos muy diversos. La mayoría son microscópicos, con un tamaño entre 10 y 100 μm, y los hay lo bastante minúsculos para infestar los glóbulos rojos de la sangre. Otros son organismos pluricelulares, como los sargazos, alga que alcanza longitudes de decenas de metros, o los extraños mohos mucilaginosos, que forman masas viscosas que son en esencia una sola célula. Entre los protistas típicos están las amebas, que se desplazan y capturan alimento con sus pseudópodos (extensiones celulares), o el plancton marino, como las diatomeas, que tienen elaboradas cápsulas de sílice.

UN ÁMBITO OCULTO DE LA VIDA

Los protistas se cuentan entre las criaturas más numerosas de la Tierra. Viven en gran número en los océanos y ríos, en sedimentos marinos y lacustres, y en el suelo, mientras que otros son parásitos, al menos durante parte del ciclo vital. Desempeñan un papel vital en la biosfera, especialmente como fotosintetizadores, pues usan la energía lumínica para convertir el dióxido de carbono y el agua en alimento, de modo que liberan oxígeno a la atmósfera. También son recicladores de materia. Algunas especies son conocidas porque causan importantes enfermedades, como la malaria, causada por *Plasmodium* sp.; o la enfermedad del sueño, por *Trypanosoma brucei*. Otros también conocidos son los dinoflagelados, organismos del plancton de los que algunas especies pueden causar «mareas rojas», proliferaciones de células tóxicas que matan a los peces e intoxican a los humanos.

La taxonomía de los protistas es compleja, pues no forman un reino natural, pero el análisis molecular y genético ha permitido situar a la mayoría en unos pocos grandes clados, grupos que comparten un antepasado común, como los amebozoos, los rizarios y los alveolados. Las algas verdes y rojas y las carales tienen sus propias divisiones.

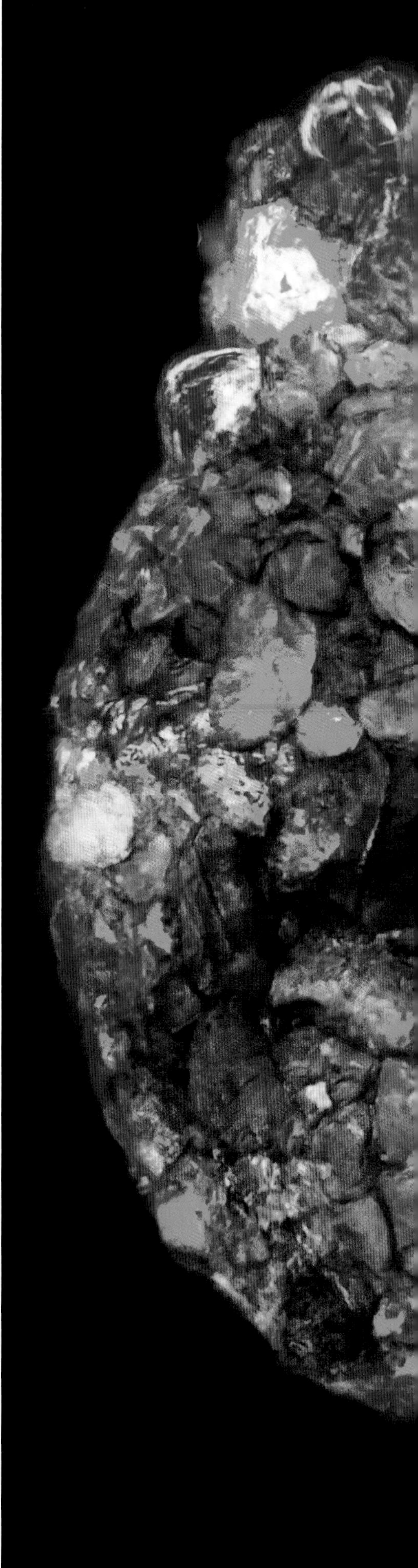

PEQUEÑAS MARAVILLAS >
Esta micrografía de luz polarizada revela una ameba con concha *Arcella* y una desmidial *Micrasterias* en toda su belleza.

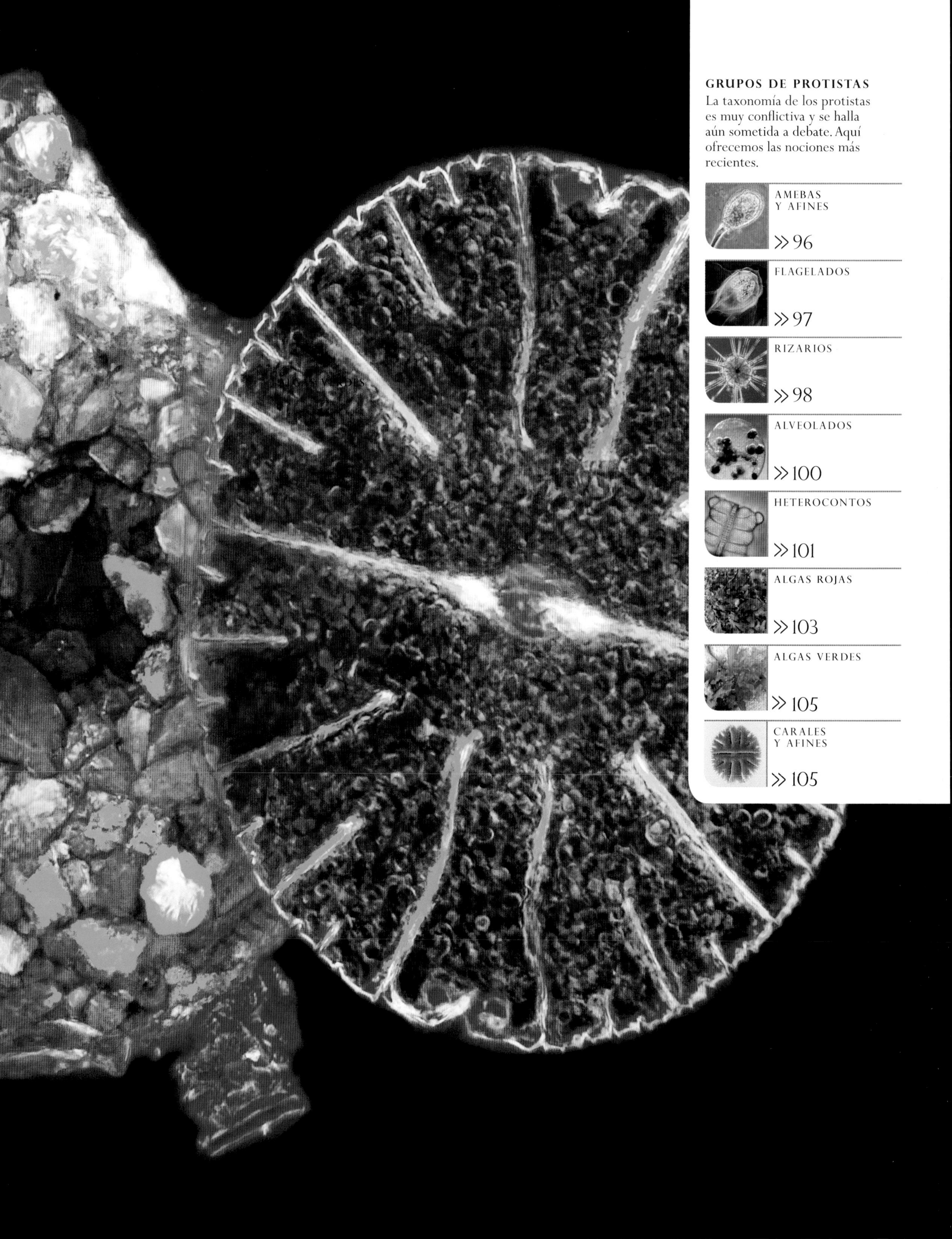

GRUPOS DE PROTISTAS

La taxonomía de los protistas es muy conflictiva y se halla aún sometida a debate. Aquí ofrecemos las nociones más recientes.

AMEBAS Y AFINES

Dos clados de protistas, amebozoos y opistocontos, han desarrollado distintas formas de desplazarse y obtener alimento.

Las amebas, que pertenecen al clado de los amebozoos, pueden cambiar de forma, extendiendo proyecciones –pseudópodos– de su única célula. Usan dichos «falsos pies» para moverse y cazar organismos menores a los que envuelven en una bolsa de fluido y digieren vivos. Algunas amebas son células gigantes, visibles a simple vista. Algunas son parásitos intestinales, causantes de la disentería amébica en humanos. Uno de los grupos, el de los mohos mucilaginosos, usa una curiosa estrategia para combatir el hambre: cuando escasean las presas, las células de los diversos individuos se atraen entre sí por una señal de alarma química y se asocian; forman una pequeña babosa de la que brota una serie de sorocarpos, que revientan para diseminar las esporas, cada una de las cuales forma una ameba lista para cazar en un terreno nuevo.

ORÍGENES DE ANIMALES Y HONGOS

La mayoría de los protistas, del clado de los opistocontos, han desarrollado un flagelo único con el que se desplazan en el agua. En los inicios de la vida, de algunos de estos protistas pudieron surgir los animales, en cuyos espermatozoides pervive el flagelo único. Otros, los cristidiscoideos, perdieron el flagelo y volvieron al estado de amebas. Tal vez los cristidiscoideos tengan un parentesco estrecho con los hongos, que también carecen de flagelo y se fecundan sin recurrir a espermatozoides capaces de nadar.

DOMINIO	EUCARIOTAS
REINO	PROTISTAS
CLADOS	2
FAMILIAS	Unas 50
ESPECIES	Unas 4000

DEBATE

PRIMERAS RAMAS

Según una de las teorías de la evolución, los eucariotas se dividen en dos ramas: unicontos (células con un flagelo) como los opistocontos, y bicontos (con dos). Los primeros dieron lugar a animales y hongos, y los segundos a las plantas. Sin embargo, las pruebas del ADN en favor de la teoría son equívocas.

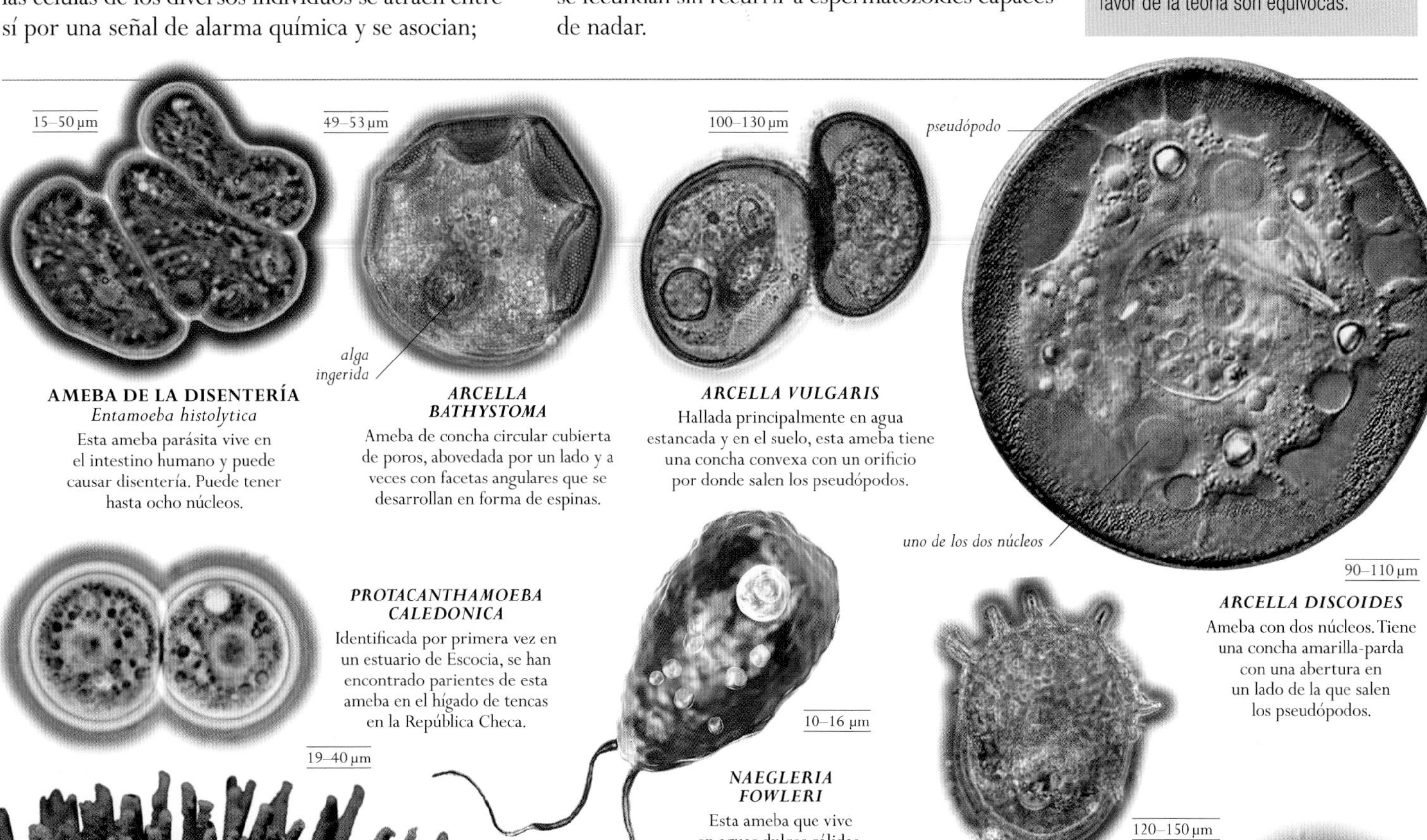

AMEBA DE LA DISENTERÍA
Entamoeba histolytica
Esta ameba parásita vive en el intestino humano y puede causar disentería. Puede tener hasta ocho núcleos.

ARCELLA BATHYSTOMA
Ameba de concha circular cubierta de poros, abovedada por un lado y a veces con facetas angulares que se desarrollan en forma de espinas.

ARCELLA VULGARIS
Hallada principalmente en agua estancada y en el suelo, esta ameba tiene una concha convexa con un orificio por donde salen los pseudópodos.

ARCELLA DISCOIDES
Ameba con dos núcleos. Tiene una concha amarilla-parda con una abertura en un lado de la que salen los pseudópodos.

PROTACANTHAMOEBA CALEDONICA
Identificada por primera vez en un estuario de Escocia, se han encontrado parientes de esta ameba en el hígado de tencas en la República Checa.

NAEGLERIA FOWLERI
Esta ameba que vive en aguas dulces cálidas, apodada «comecerebros», penetra en el cuerpo humano por la nariz y causa graves daños cerebrales, fatales en el 98 % de los casos.

CENTROPYXIS ACULEATA
Esta ameba vive de las algas de lagos y marismas. Con arena y la pared celular de algunas algas forma una concha de cuatro a seis espinas.

2 cm

***STEMONITIS* SP.**
Este organismo mucilaginoso de color café comienza como una masa celular con muchos núcleos de la que luego brotan numerosos tallos con esporangios.

pseudópodo

180–230 µm

DIFFLUGIA PROTEIFORMIS
Esta ameba vive junto a los estanques, y construye su concha con minúsculos granos de arena y paredes celulares de ciertas algas.

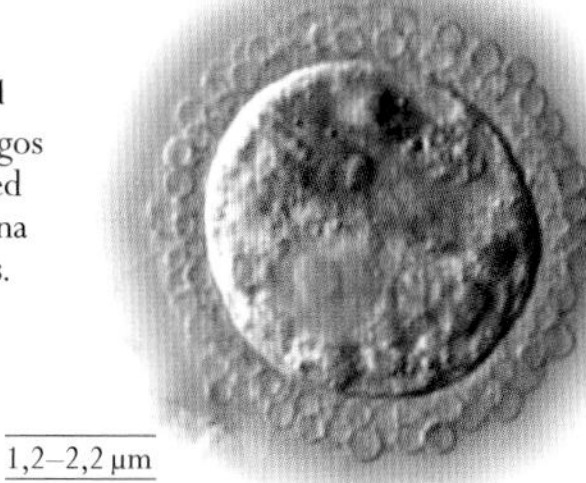

1,2–2,2 µm

POMPHOLYXOPHRYS OVULIGERA
Clasificado en su día en el clado de los heliozoos, este flagelado opistoconto está recubierto de escamas o «abalorios» huecos.

FLAGELADOS

El flagelo como medio de propulsión de los seres unicelulares se desarrolló en diversos protistas, algunos de ellos no relacionados entre sí, pero predomina en los excavados.

Los flagelados son microorganismos nadadores que se mueven impulsados por la acción de uno o más apéndices externos en forma de látigo, llamados flagelos. Muchos son depredadores que atrapan organismos menores, como bacterias. A diferencia de las amebas, los flagelados tienen una forma rígida y fija, y dirigen el alimento hacia una «boca» celular en la base de los flagelos. Algunas especies, como las del género *Euglena*, son muy versátiles: consumen alimento de tipo vegetal o animal en función de las circunstancias. En presencia de luz potente pueden llevar a cabo la fotosíntesis, pero en la oscuridad los cloroplastos, los orgánulos que absorben luz, se encogen y el organismo vuelve a capturar alimento.

VIDA DENTRO DE LOS ANIMALES

Muchos flagelados carecen de los rasgos celulares ordinarios que les permitirían respirar oxígeno, y sobreviven en el medio pobre en dicho gas del intestino de los animales. Bastantes muestran un grado de especialización extraordinario, de modo que subsisten a base de alimento parcialmente digerido en el abdomen de insectos a los que no causan daño. Otros producen enfermedades devastadoras, también a los humanos. Un género bien conocido, *Trypanosoma*, se transmite por la picadura de insectos y causa la enfermedad del sueño y la leishmaniasis en los trópicos.

DOMINIO	EUCARIOTAS
REINO	PROTISTAS
CLADO	EXCAVADOS
FAMILIAS	40
ESPECIES	Unas 2500

DEBATE

RECORTE EVOLUTIVO

Los flagelados de las termitas carecen de mitocondrias, orgánulos celulares con los que respiran oxígeno la mayoría de los demás protistas. Hay quien cree que se trata de protistas primitivos; otros, que son seres más avanzados que perdieron las mitocondrias al evolucionar en un medio pobre en oxígeno.

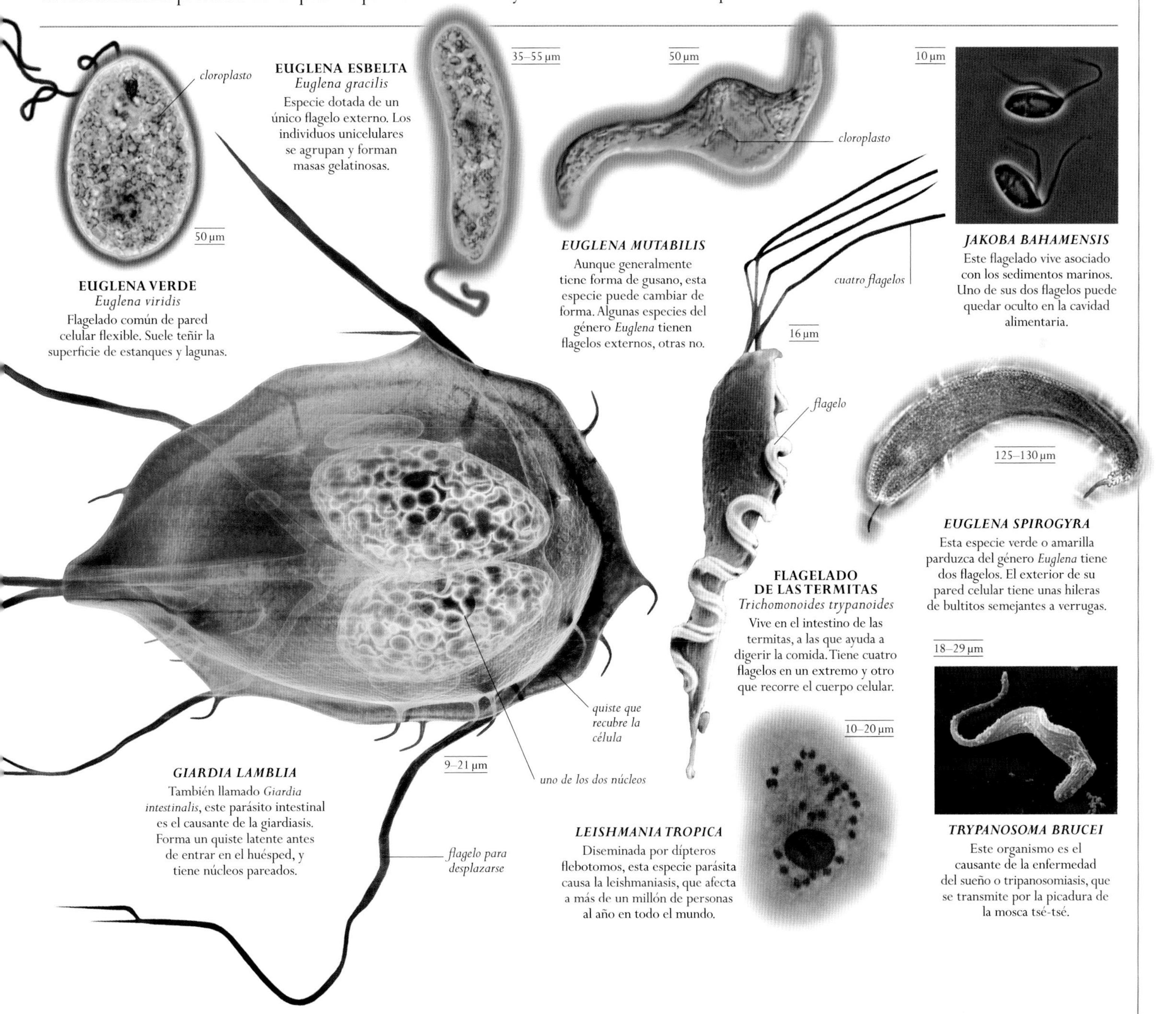

EUGLENA VERDE *Euglena viridis*
Flagelado común de pared celular flexible. Suele teñir la superficie de estanques y lagunas.

EUGLENA ESBELTA *Euglena gracilis*
Especie dotada de un único flagelo externo. Los individuos unicelulares se agrupan y forman masas gelatinosas.

EUGLENA MUTABILIS
Aunque generalmente tiene forma de gusano, esta especie puede cambiar de forma. Algunas especies del género *Euglena* tienen flagelos externos, otras no.

JAKOBA BAHAMENSIS
Este flagelado vive asociado con los sedimentos marinos. Uno de sus dos flagelos puede quedar oculto en la cavidad alimentaria.

EUGLENA SPIROGYRA
Esta especie verde o amarilla parduzca del género *Euglena* tiene dos flagelos. El exterior de su pared celular tiene unas hileras de bultitos semejantes a verrugas.

FLAGELADO DE LAS TERMITAS *Trichomonoides trypanoides*
Vive en el intestino de las termitas, a las que ayuda a digerir la comida. Tiene cuatro flagelos en un extremo y otro que recorre el cuerpo celular.

GIARDIA LAMBLIA
También llamado *Giardia intestinalis*, este parásito intestinal es el causante de la giardiasis. Forma un quiste latente antes de entrar en el huésped, y tiene núcleos pareados.

LEISHMANIA TROPICA
Diseminada por dípteros flebotomos, esta especie parásita causa la leishmaniasis, que afecta a más de un millón de personas al año en todo el mundo.

TRYPANOSOMA BRUCEI
Este organismo es el causante de la enfermedad del sueño o tripanosomiasis, que se transmite por la picadura de la mosca tsé-tsé.

RIZARIOS

El clado de los rizarios incluye dos filos entre los más hermosos de todos los protistas diminutos: el de los radiolarios y el de los foraminíferos.

Las intrincadas conchas de estos dos filos les otorgan un lugar especial en el mundo microscópico, y algunas especies han dejado un registro fósil impresionante. La mayoría de los radiolarios forma una concha vítrea de sílice, despojando la superficie del océano de este mineral por lo demás abundante cuando prosperan en gran número. Su cuerpo irradia largos pseudópodos que sobresalen de su concha; algunos presentan también duras espinas. Los radiolarios usan los pseudópodos para atrapar alimento, pero algunos albergan también algas, socios fotosintetizadores de los que obtienen glúcidos en su deriva por los mares tropicales. Al depender del sílice, el hábitat de los radiolarios se reduce al mar, pero sus aliados, los cercozoos, viven también en tierra y en agua dulce. Los cercozoos suelen conservar los largos pseudópodos, pero se dan en formas con y sin concha, y a veces con flagelos, según las exigencias del medio. Los foraminíferos han prosperado en los océanos desde hace cientos de millones de años, y sus esqueletos de carbonato de calcio cubren el lecho oceánico con capas de sedimentos de color claro. Las conchas son tan distintivas, aun fosilizadas, que sirven para datar los depósitos y localizar reservas ocultas de petróleo. Cuando están vivos, cada concha contiene una ameba que captura alimento con pseudópodos (como los radiolarios), pero algunos son lo bastante grandes como para atrapar larvas de animales.

DOMINIO	EUCARIOTAS
REINO	PROTISTAS
CLADO	RIZARIOS
FAMILIAS	108
ESPECIES	Unas 14 000

DEBATE

GIGANTES CONVERGENTES

Los pseudópodos de radiolarios y foraminíferos forman redes alrededor de sus células, lo cual podría apuntar a que compartan un antepasado común. Sin embargo, es posible que dicha red evolucionara de forma independiente y separada, quizá debido a las grandes células únicas de ambos grupos.

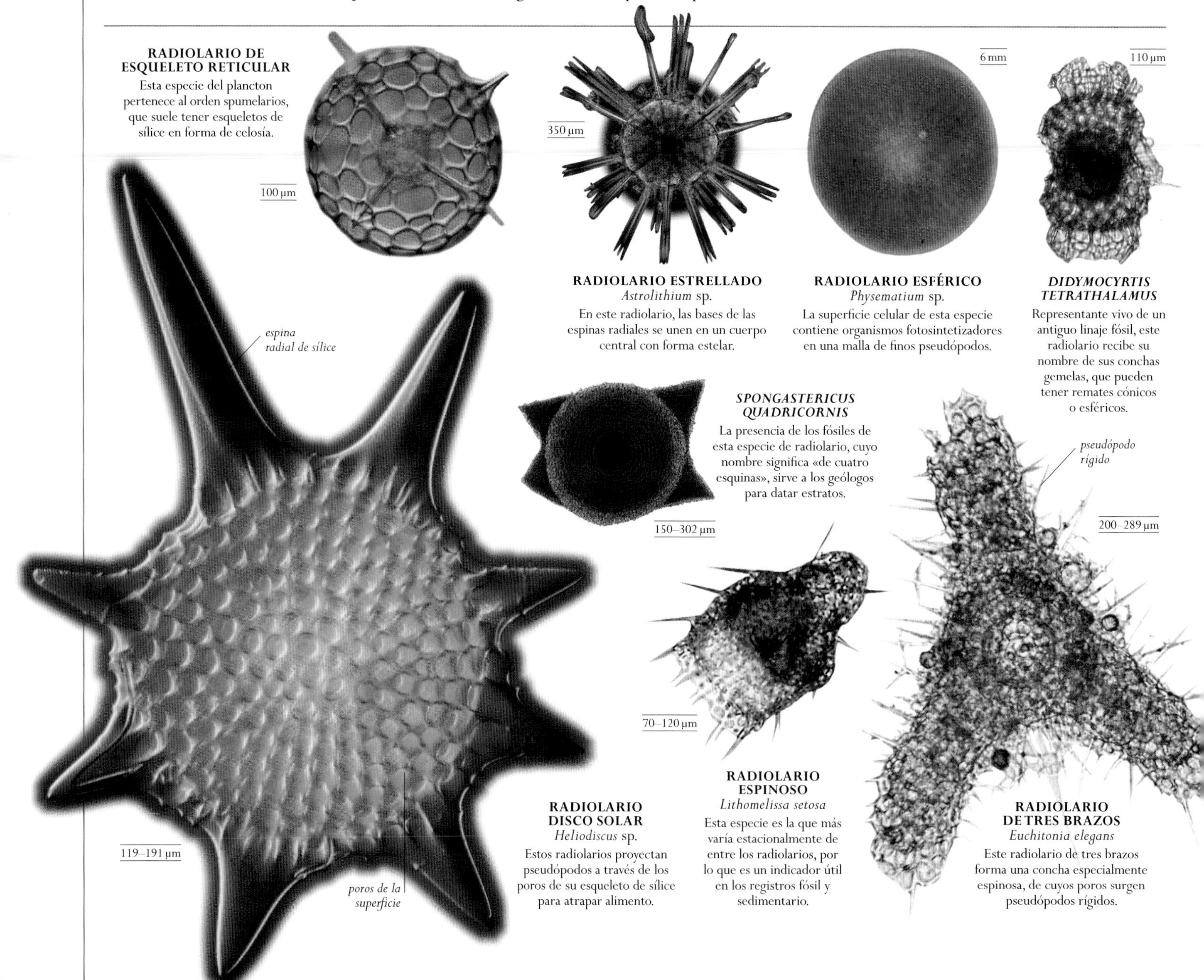

RADIOLARIO DE ESQUELETO RETICULAR
Esta especie del plancton pertenece al orden spumelarios, que suele tener esqueletos de sílice en forma de celosía.

RADIOLARIO ESTRELLADO
Astrolithium sp.
En este radiolario, las bases de las espinas radiales se unen en un cuerpo central con forma estelar.

RADIOLARIO ESFÉRICO
Physematium sp.
La superficie celular de esta especie contiene organismos fotosintetizadores en una malla de finos pseudópodos.

DIDYMOCYRTIS TETRATHALAMUS
Representante vivo de un antiguo linaje fósil, este radiolario recibe su nombre de sus conchas gemelas, que pueden tener remates cónicos o esféricos.

SPONGASTERICUS QUADRICORNIS
La presencia de los fósiles de esta especie de radiolario, cuyo nombre significa «de cuatro esquinas», sirve a los geólogos para datar estratos.

RADIOLARIO DISCO SOLAR
Heliodiscus sp.
Estos radiolarios proyectan pseudópodos a través de los poros de su esqueleto de sílice para atrapar alimento.

RADIOLARIO ESPINOSO
Lithomelissa setosa
Esta especie es la que más varía estacionalmente de entre los radiolarios, por lo que es un indicador útil en los registros fósil y sedimentario.

RADIOLARIO DE TRES BRAZOS
Euchitonia elegans
Este radiolario de tres brazos forma una concha especialmente espinosa, de cuyos poros surgen pseudópodos rígidos.

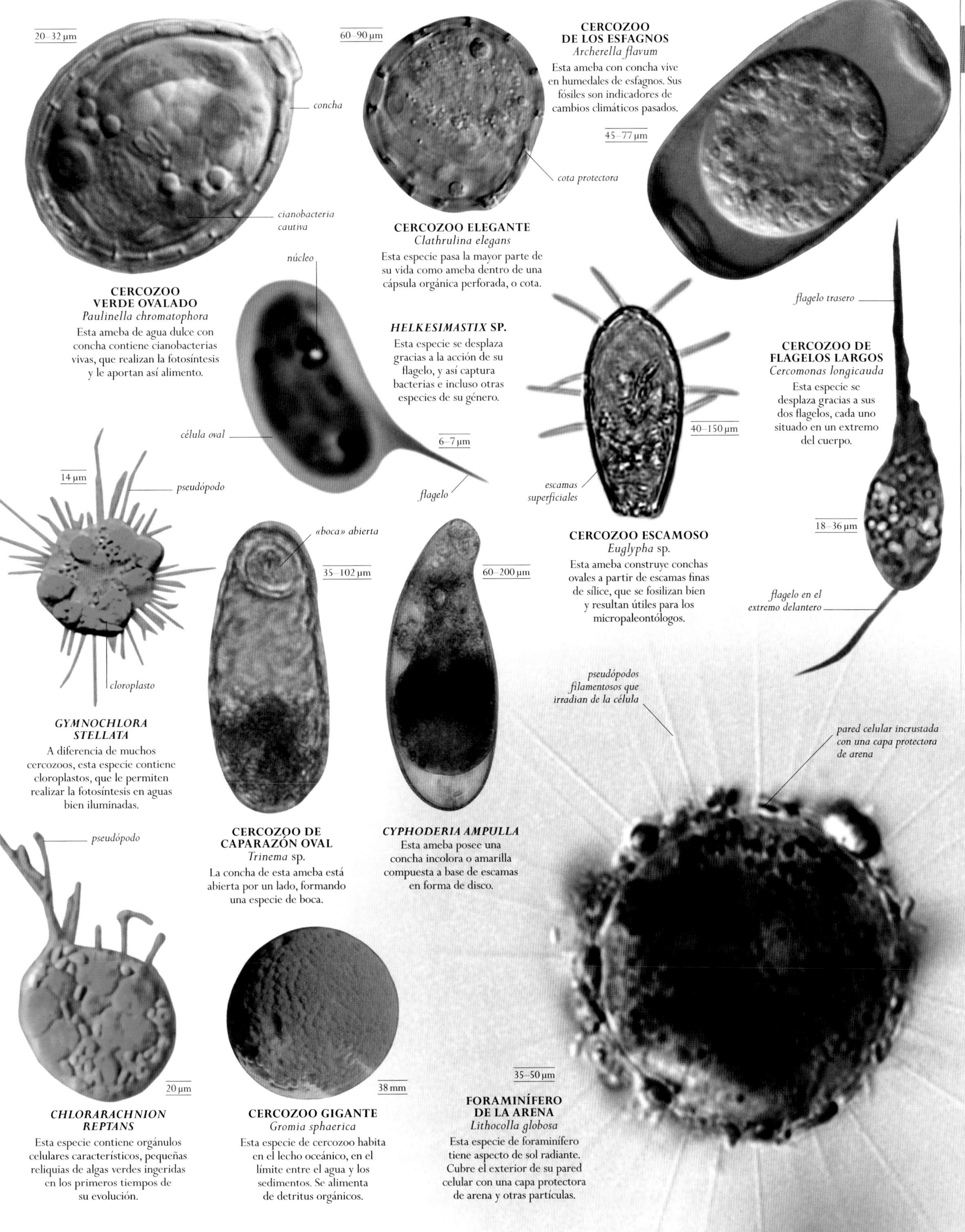

CERCOZOO VERDE OVALADO
Paulinella chromatophora
Esta ameba de agua dulce con concha contiene cianobacterias vivas, que realizan la fotosíntesis y le aportan así alimento.

CERCOZOO ELEGANTE
Clathrulina elegans
Esta especie pasa la mayor parte de su vida como ameba dentro de una cápsula orgánica perforada, o cota.

CERCOZOO DE LOS ESFAGNOS
Archerella flavum
Esta ameba con concha vive en humedales de esfagnos. Sus fósiles son indicadores de cambios climáticos pasados.

***HELKESIMASTIX* SP.**
Esta especie se desplaza gracias a la acción de su flagelo, y así captura bacterias e incluso otras especies de su género.

CERCOZOO DE FLAGELOS LARGOS
Cercomonas longicauda
Esta especie se desplaza gracias a sus dos flagelos, cada uno situado en un extremo del cuerpo.

CERCOZOO ESCAMOSO
Euglypha sp.
Esta ameba construye conchas ovales a partir de escamas finas de sílice, que se fosilizan bien y resultan útiles para los micropaleontólogos.

GYMNOCHLORA STELLATA
A diferencia de muchos cercozoos, esta especie contiene cloroplastos, que le permiten realizar la fotosíntesis en aguas bien iluminadas.

CERCOZOO DE CAPARAZÓN OVAL
Trinema sp.
La concha de esta ameba está abierta por un lado, formando una especie de boca.

CYPHODERIA AMPULLA
Esta ameba posee una concha incolora o amarilla compuesta a base de escamas en forma de disco.

CHLORARACHNION REPTANS
Esta especie contiene orgánulos celulares característicos, pequeñas reliquias de algas verdes ingeridas en los primeros tiempos de su evolución.

CERCOZOO GIGANTE
Gromia sphaerica
Esta especie de cercozoo habita en el lecho oceánico, en el límite entre el agua y los sedimentos. Se alimenta de detritus orgánicos.

FORAMINÍFERO DE LA ARENA
Lithocolla globosa
Esta especie de foraminífero tiene aspecto de sol radiante. Cubre el exterior de su pared celular con una capa protectora de arena y otras partículas.

ALVEOLADOS

Los alveolados se definen por compartir una peculiaridad anatómica, una franja de pequeños sacos alrededor de la célula, los alvéolos, de donde procede su nombre.

Los alveolados comprenden tres grupos de protistas superficialmente distintos pero aún unicelulares: los dinoflagelados, los ciliados y los apicomplejos. Los dinoflagelados depredadores habitan en los océanos, y la mayoría nada usando dos flagelos que asoman por ranuras de la cubierta celular, en ángulo recto uno respecto al otro. Algunos lanzan puntas para inmovilizar a sus presas; otros emiten sustancias tóxicas. Las proliferaciones de dinoflagelados son las causantes de ocasionales mareas rojas. Los hay bioluminescentes; estos emiten luz cuando se los molesta de noche. La mayor parte de los ciliados se alimentan de organismos menores. Se desplazan gracias al movimiento coordinado de incontables cilios, una especie de cerdas que pueden cubrirlos por completo y que pueden servir también para dirigir alimento hacia una abertura que viene a ser la boca. Los ciliados son prácticamente ubicuos; algunos habitan en el estómago de mamíferos herbívoros, a los que ayudan a digerir la celulosa de las plantas. Los apicomplejos, en cambio, son todos parásitos. Deben su nombre a una serie de estructuras, el complejo apical, que les sirve para penetrar en las células vivas de los animales de los que obtienen su alimento. En este grupo destacan, por su mala fama, los parásitos que causan la malaria; estos entran en los glóbulos rojos de la sangre para alimentarse y los destruyen.

DOMINIO	EUCARIOTAS
REINO	PROTISTAS
CLADO	ALVEOLADOS
FAMILIAS	222
ESPECIES	Unas 20 000

DEBATE

PROTOZOOS

Las primeras clasificaciones situaron los microorganismos consumidores (no sintetizadores) en diversas clases del filo de los protozoos. Algunos, como los ciliados y los dinoflagelados, hoy se consideran protistas, aunque la naturaleza exacta de sus relaciones sea debatible.

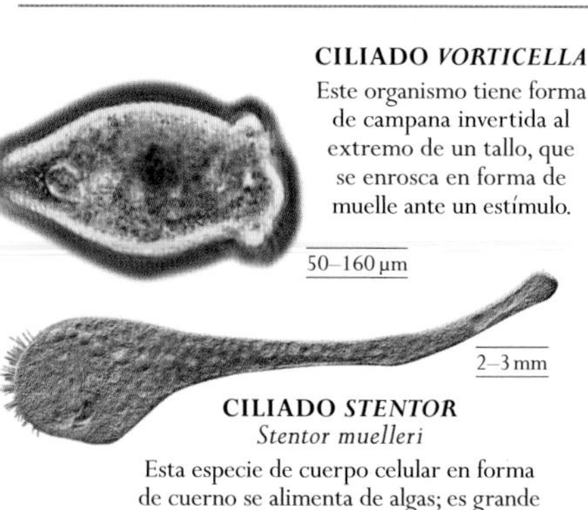

50–160 µm

CILIADO *VORTICELLA*
Este organismo tiene forma de campana invertida al extremo de un tallo, que se enrosca en forma de muelle ante un estímulo.

2–3 mm

CILIADO *STENTOR*
Stentor muelleri
Esta especie de cuerpo celular en forma de cuerno se alimenta de algas; es grande para ser un organismo unicelular.

35–90 µm

COLPODA INFLATA
Esta especie, habitualmente con forma de riñón, tiene un papel importante en la dinámica edáfica, pero es vulnerable a los pesticidas.

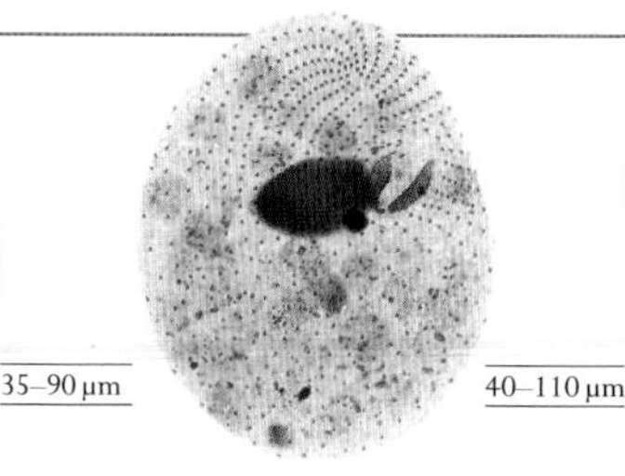

40–110 µm

COLPODA CUCULLUS
Presente habitualmente en el agua dulce junto a plantas en descomposición, este ciliado tiene en su célula orgánulos con alimento llamados vacuolas.

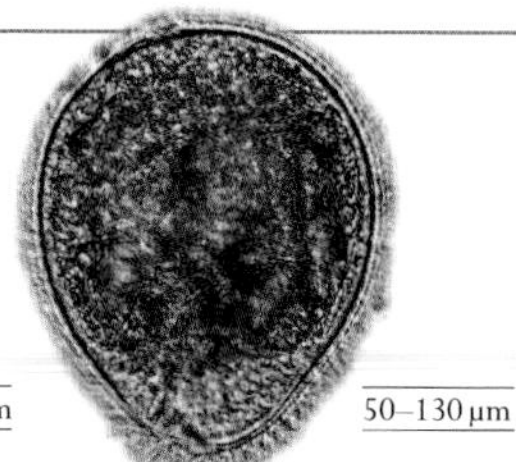

50–130 µm

CILIADO PATÓGENO INTESTINAL
Balantidium coli
El único ciliado parásito humano que se conoce puede causar úlceras e infecciones intestinales.

6 µm

TOXOPLASMA GONDII
Transmitido entre gatos y otros animales (humanos incluidos), este apicomplejo es el causante de la toxoplasmosis, peligrosa para los nonatos.

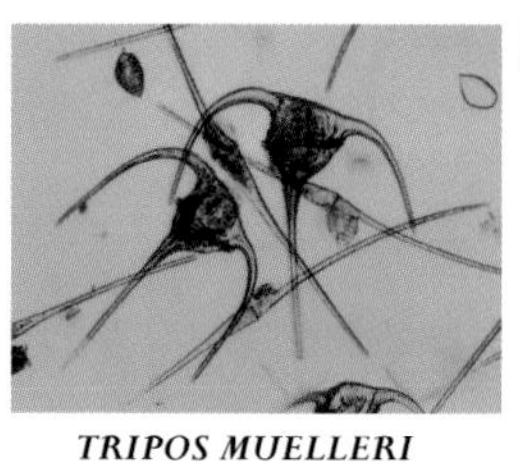

225 µm

TRIPOS MUELLERI
Las proliferaciones de este dinoflagelado, antes conocido como *Ceratium tripos* y uno de los más característicos y habituales, pueden causar mareas rojas peligrosas.

38–50 µm

GYMNODINIUM CATENATUM
Esta especie de dinoflagelado forma largas cadenas capaces de nadar, que comprenden hasta 32 células.

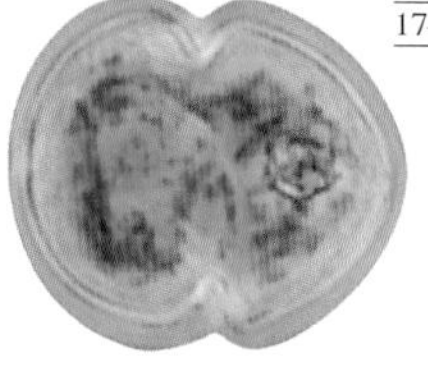

17–19 µm

KARLODINIUM VENEFICUM
Este plancton dinoflagelado experimenta aumentos de población causantes de mareas que resultan letales para los peces.

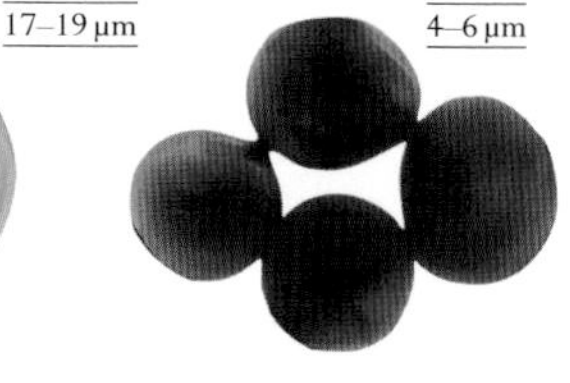

4–6 µm

CRYPTOSPORIDIUM PARVUM
Esta especie causa la criptosporidiosis, enfermedad diarreica transmitida al ingerir esporas presentes por lo general en agua contaminada por heces.

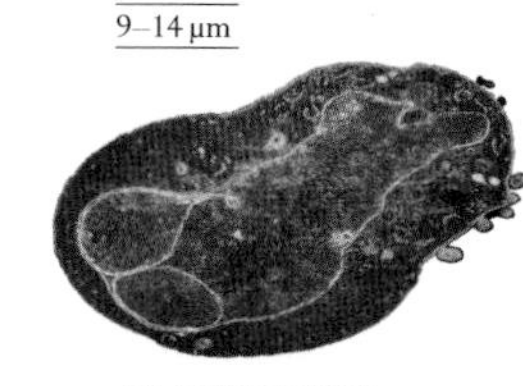

9–14 µm

PLASMODIUM FALCIPARUM
El más letal de los parásitos *Plasmodium* causantes de la malaria, esta especie causa la muerte de más de un millón de personas al año en todo el mundo.

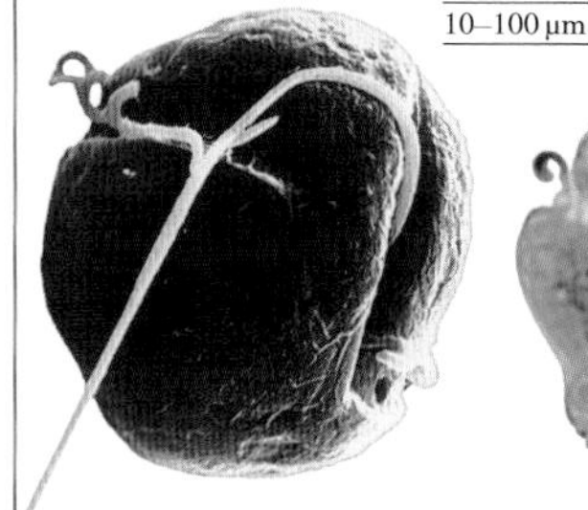

10–100 µm

***GYMNODINIUM* SP.**
Las proliferaciones de este dinoflagelado productor de una neurotoxina causan mareas rojas en aguas dulces y saladas.

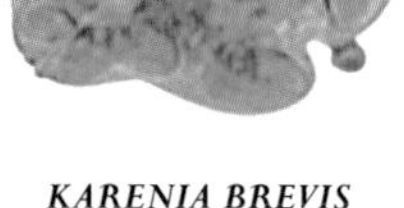

20–40 µm

KARENIA BREVIS
Antes conocido como *Gymnodinium brevis*, este dinoflagelado causa mareas rojas en el golfo de México.

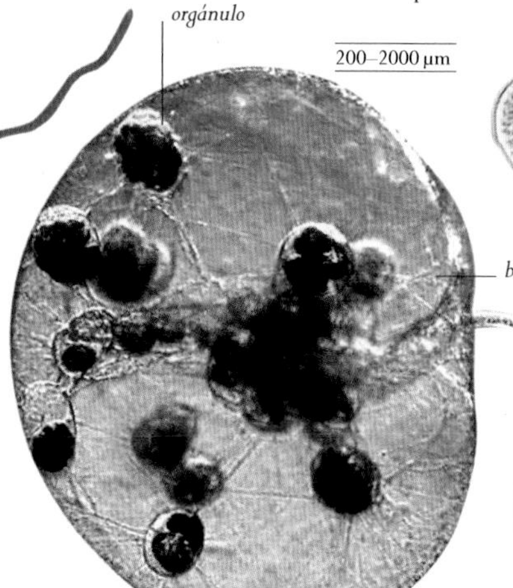

200–2000 µm

NOCTILUCA SCINTILLANS
Especie bioluminescente y formadora de plancton. Tiene una bolsa de gas que le permite flotar justo debajo de la superficie.

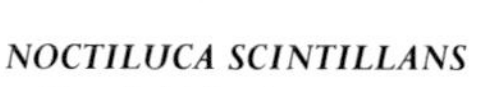

40–74 µm

AKASHIWO SANGUINEA
Especie grande de forma pentagonal, causante de episodios de proliferaciones de algas tóxicas. Este dinoflagelado es capaz de capturar otras células del plancton.

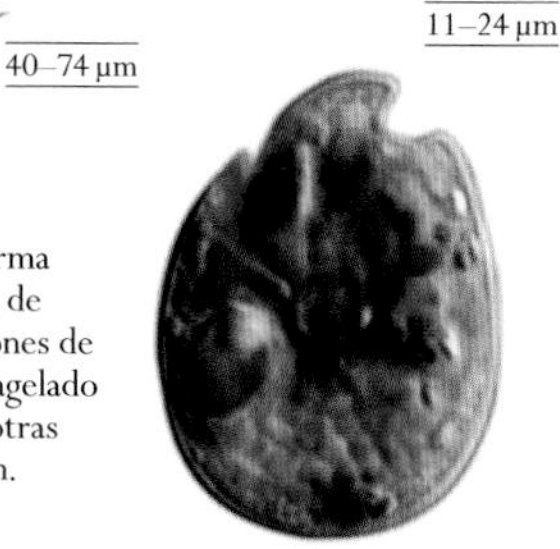

11–24 µm

AMPHIDINIUM CARTERAE
Esta especie formadora de plancton causa la ciguatera, intoxicación de los peces que puede matar a los humanos que los consuman.

HETEROCONTOS

Entre estos organismos hay algunos tipos de algas, protistas fotosintetizadores que viven en o cerca del agua y que carecen de verdaderas hojas o raíces.

El filo de los heterocontos se define sobre todo por dos tipos distintos de flagelo en los gametos, o células sexuales. Uno de ellos está recubierto de pequeñas cerdas o mastigonemas, y el otro es delgado y en forma de látigo. Las algas diatomeas, las algas pardas y los oomicetos pertenecen a este grupo. Las diatomeas son algas unicelulares con cubiertas de sílice divididas en dos partes llamadas valvas. Son el fitoplancton eucariótico dominante, compuesto por organismos fotosintetizadores que flotan en el agua. Allí, cerca de la superficie, los pigmentos absorben energía de la luz solar y fabrican alimento. Las diatomeas, como las plantas, contienen clorofila, pero también un pigmento marrón llamado fucoxantina; dicho pigmento sirve para ampliar el espectro de luz aprovechable, con lo cual su fotosíntesis resulta bastante más eficiente.

Las algas pardas ocupan hábitats costeros en todo el mundo. También presentan fucoxantina, y tienen especies pluricelulares de aspecto similar al de una planta. En lugar de verdaderas raíces y hojas, poseen unas estructuras con las que se fijan a las rocas y un talo carente de las venas de las hojas verdaderas. Sin embargo, algunas algas pardas, como las laminarias, pueden alcanzar longitudes extraordinarias y formar extensos bosques submarinos en algunas áreas próximas a la costa.

DOMINIO	EUCARIOTAS
REINO	PROTISTAS
CLADO	HETEROCONTOS
FAMILIAS	177
ESPECIES	Unas 20 000

DEBATE

DE ALGA A MOHO

Los oomicetos crecen y se alimentan como hongos, pero a diferencia de los mohos, tienen paredes celulares de tipo vegetal y flagelos de heterocontos. Su ADN los vincula a las diatomeas y algas pardas: quizá evolucionaron a partir de algas que perdieron los cloroplastos y se hicieron parásitas.

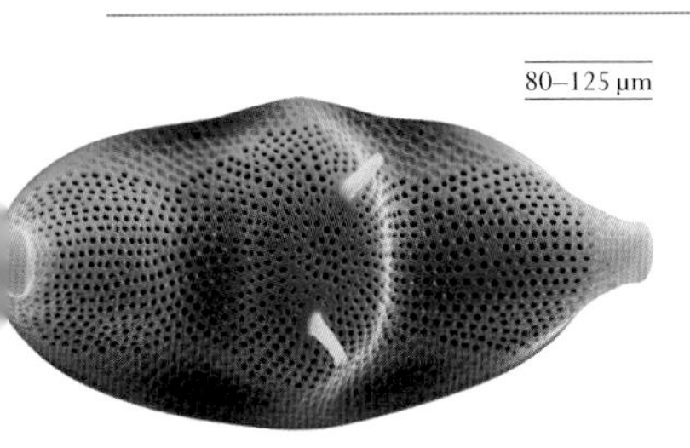
80–125 µm

DIATOMEA EPÍFITA
Biddulphia sp.
Esta especie forma la película parda de las peceras. En estado natural crece sobre algas y rocas.

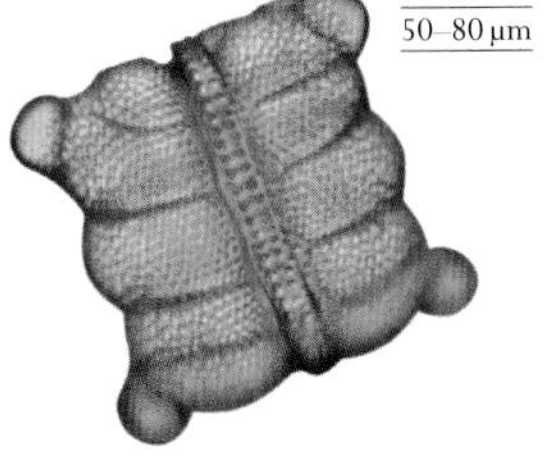
50–80 µm

DIATOMEA CON FORMA DE BARRIL
Biddulphia pulchella
Esta imagen muestra claramente los rasgos generales de la morfología de una diatomea: dos valvas unidas por una franja estrecha.

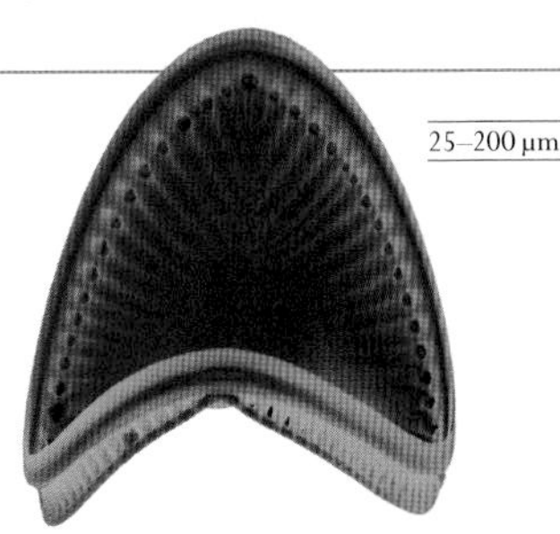
25–200 µm

DIATOMEA CON FORMA DE SILLA DE MONTAR
Campylodiscus sp.
Este género tiene una ranura entre los labios tubulares o canales que recorren el borde de las valvas.

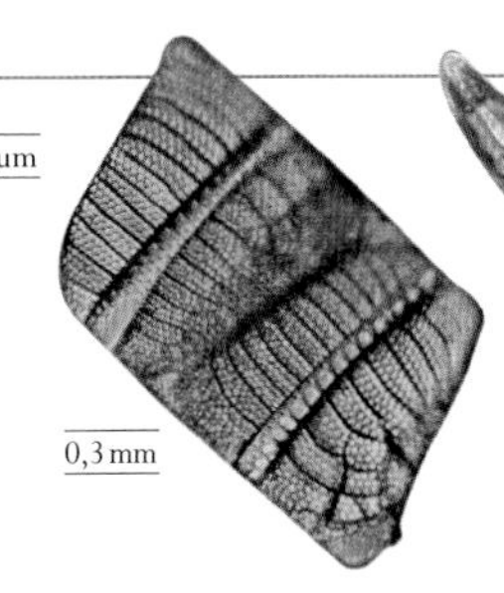
0,3 mm

DIATOMEA COLONIAL
Isthmia nervosa
Esta especie crece en la superficie de otras algas, sobre todo marinas, formando colonias ramificadas.

60–240 µm

***GYROSIGMA* SP.**
El nombre de esta diatomea hace referencia a la curva en forma de sigma, una S muy atenuada.

125 µm

DIATOMEA VISCOSA
Lyrella lyra
Esta especie exuda por la ranura central una secreción pegajosa que hace que las células se deslicen mejor por el huésped.

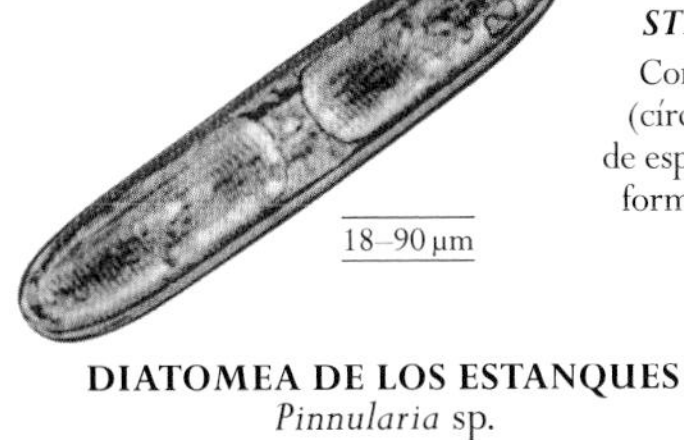
18–90 µm

DIATOMEA DE LOS ESTANQUES
Pinnularia sp.
En esta diatomea en forma de pluma, presente en estanques y en la tierra húmeda, se aprecian dos cloroplastos.

***STEPHANODISCUS* SP.**
Con forma de disco, areolas (círculos abiertos) y un anillo de espinas, esta diatomea se da de forma individual o en cadenas.

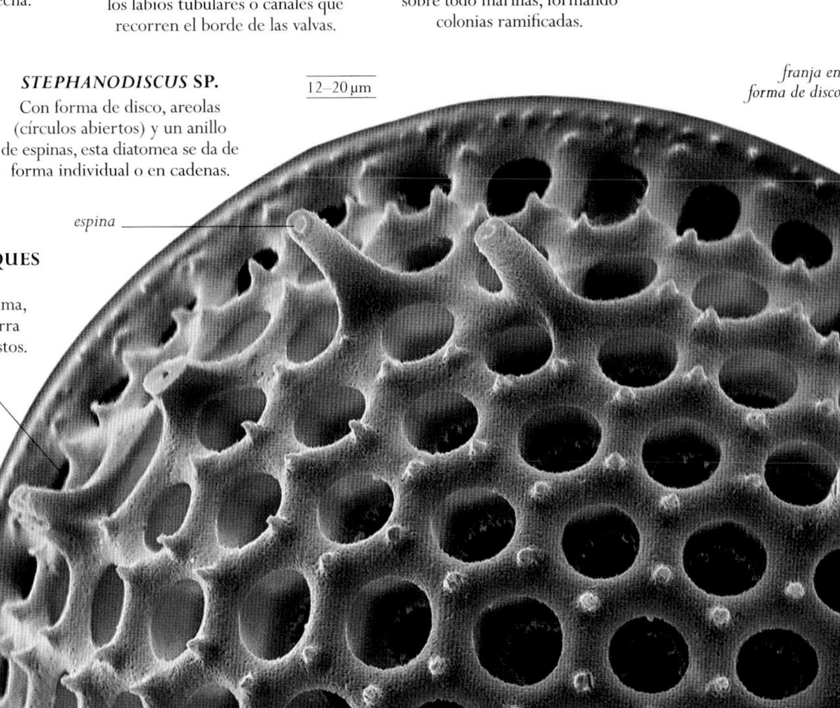

200–1000 µm

HELIOZOO ERIZO
Actinosphaerium sp.
Esta diatomea recuerda a un erizo. Se mueve pasando contenido celular a sus delgados pseudópodos.

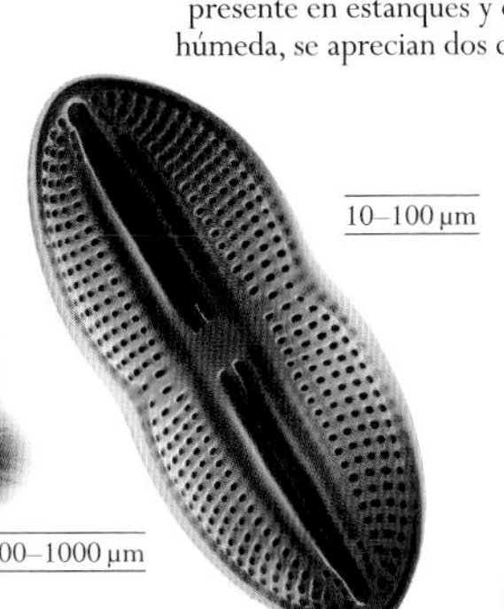
10–100 µm

DIATOMEA ACANALADA
Diploneis sp.
Las valvas de esta especie de diatomea tienen el aspecto de dos labios muy pronunciados –canales– situados a cada lado de una ranura llamada rafe.

»

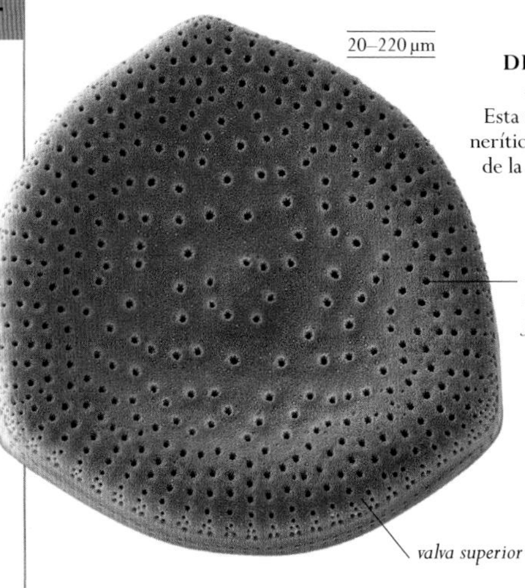

DIATOMEA DE TRES VÉRTICES
Actinoptychus sp.
Esta diatomea habita la zona nerítica de la parte más somera de la plataforma continental.

0,9 mm

DIATOMEA TELARAÑA
Arachnoidiscus sp.
Las marcadas costillas radiales y la red de las valvas caracterizan a esta diatomea en forma de disco, que puede llegar a ser muy grande.

pared celular protectora

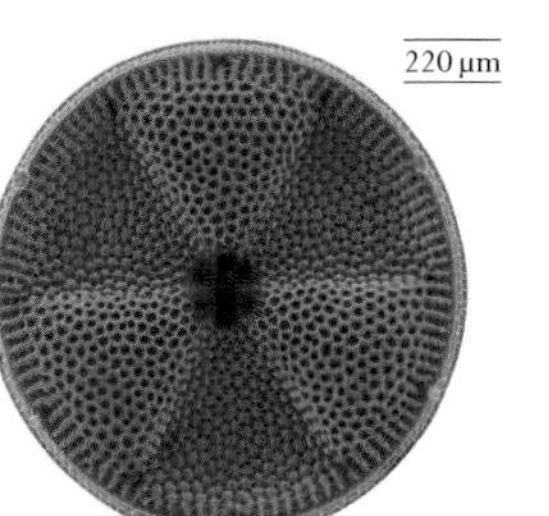

DIATOMEA RAYOS DE SOL
Actinoptychus heliopelta
Esta especie presenta un diseño distintivo de partes elevadas y valles alternos en ambas valvas.

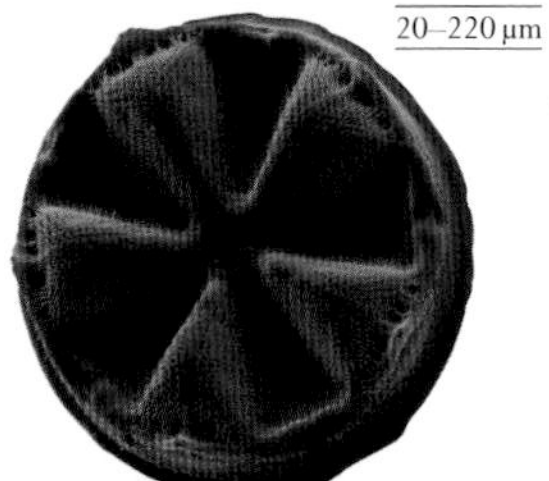

DIATOMEA DE CINCO BRAZOS
Actinoptychus sp.
Los cinco «brazos» de esta diatomea resultan de las secciones alternas en las valvas.

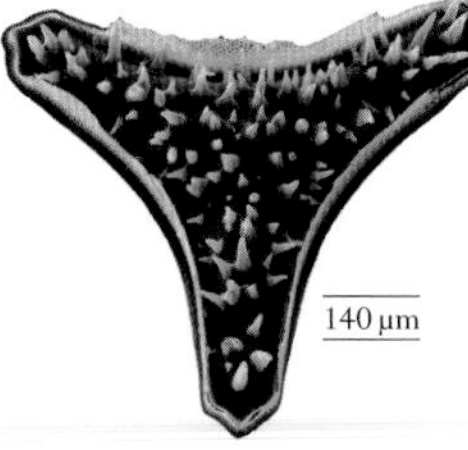

***TRICERATIUM* SP.**
Se conocen más de 400 especies pertenecientes a este género de diatomea marina. A menudo presenta tres lados.

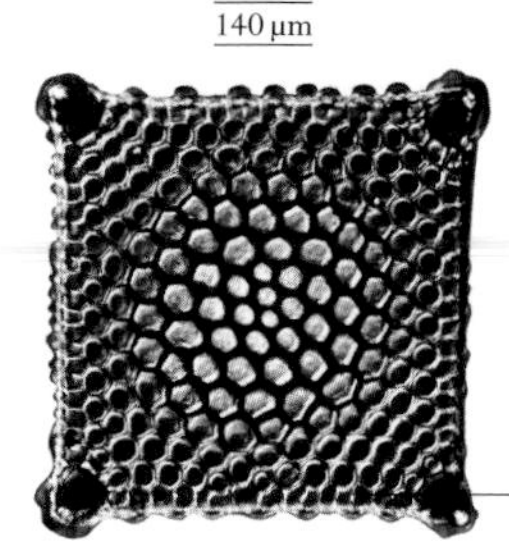

TRICERATIUM FAVUS
Por el gran contenido de sílice en su pared celular, esta especie puede dejar un rastro en el agua al desplazarse, rastro que sirve para detectar la entrada de agua de mar en medios de agua dulce.

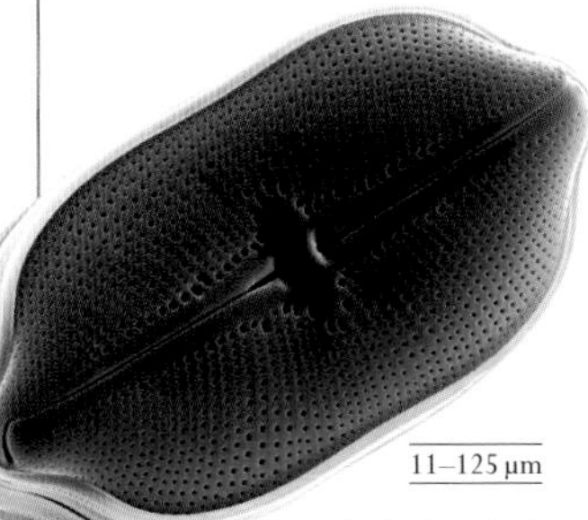

DIATOMEA CON FORMA DE BARCA
Navicula sp.
Esta especie pertenece al género más abundante de diatomeas, con miles de especies conocidas.

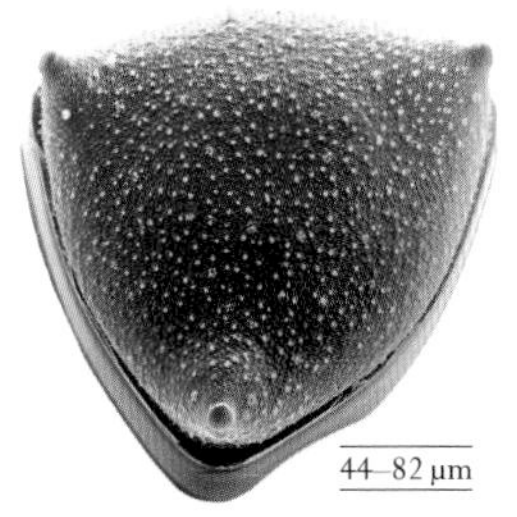

***STICTODISCUS* SP.**
Vista al microscopio electrónico de barrido, esta diatomea muestra poros sobre la franja perimetral de las valvas.

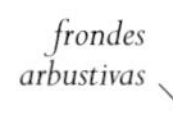

ESPAGUETI DE MAR
Himanthalia elongata
Durante su fase reproductiva, esta alga parda del hemisferio norte produce frondes largas a modo de cintas, que son un tipo de hoja dividida.

FUCUS SERRATUS
Alga marina robusta y de porte arbustivo, de color marrón oliva. Crece en costas bajas de todo el Atlántico Norte.

LAMINARIA AZUCARADA
Saccharina latifolia
Esta especie de alga marina parda habita en costas rocosas, a profundidades de entre 8 y 30 m en mares septentrionales.

LAMINARIA HYPERBOREA
Esta es un alga de importancia comercial para la producción de yodo. Crece a profundidades de entre 8 y 30 m, sobre todo en el hemisferio norte.

SARGAZO JAPONÉS
Sargassum muticum
Esta alga marina parda invasora procedente de Japón se ha extendido por Europa. Puede crecer 10 cm en un solo día.

HALIDRYS SILIQUOSA
Gran alga marina parda común en charcas intermareales de Europa. Esta especie tiene un característico tallo en zigzag y unas vainas llenas de aire llamadas aerénquimas.

ALGAS ROJAS

Aunque algunas son microscópicas, las algas rojas más conocidas son pluricelulares y unos de los protistas más grandes. Han desarrollado una extraordinaria diversidad de formas: las hay incrustadas sobre rocas, que parecen más bien líquenes, y otras filamentosas o que parecen hojas.

La gran mayoría de las cerca de 6500 especies de algas rojas son marinas, pero hay algunas de agua dulce. A diferencia de las pardas y las verdes, no producen espermatozoides flagelados y dependen de las corrientes para el transporte de las células sexuales masculinas a los órganos femeninos. El desarrollo posterior varía entre especies.

ROJO SUPERVIVIENTE

Como las plantas, la mayoría de las algas capta la luz solar mediante la clorofila y fabrica alimento por fotosíntesis. Las células de las algas rojas contienen además ficoeritrina, un pigmento rojo que enmascara el verde de la clorofila y da color y nombre a este grupo. Ese pigmento les permite seguir fotosintetizando incluso a profundidades a las que solo puede llegar un poco de luz azul, de modo que logran vivir a mucha más profundidad en el mar que las algas pardas y las verdes: se han registrado algas rojas que crecen a 200 m de profundidad. Algunas se calcifican y producen incrustaciones en las rocas o formas duras y erectas que recuerdan cuernos. A pesar de su nombre, sus pigmentos pueden hacer que tengan color oliva o gris.

DOMINIO	EUCARIOTAS
REINO	PROTISTAS
DIVISIÓN	RODÓFITOS
FAMILIAS	92
ESPECIES	Unas 6500

DEBATE

¿PARIENTES CERCANOS?

Las algas rojas y las verdes se clasificaban juntas, pero hoy las verdes se dividen en dos grupos muy distintos. Algunas especies de algas verdes pueden estar próximas a las rojas, pero otras están más cerca de las plantas. Las algas rojas se diversificaron en el árbol taxonómico antes de que evolucionaran las plantas terrestres.

ALGA DULSE
Palmaria palmata
En las comunidades costeras noratlánticas, esta alga comestible es una fuente tradicional de proteínas y vitaminas.

CORALLINA OFFICINALIS
Esta alga marina roja abunda en charcas intermareales de todo el mundo. Forma frondes ramificadas, parecidas a plumas.

AGARDHIELLA SUBULATA
Procedente del Atlántico occidental, el Caribe y el golfo de México, esta alga roja carnosa ha invadido algunas partes de Europa.

SCHMITZIA HISCOCKIANA
Presente en zonas inundadas por la marea, esta alga marina roja es carnosa y gelatinosa, con ramas aplanadas y apéndices en forma de dedo.

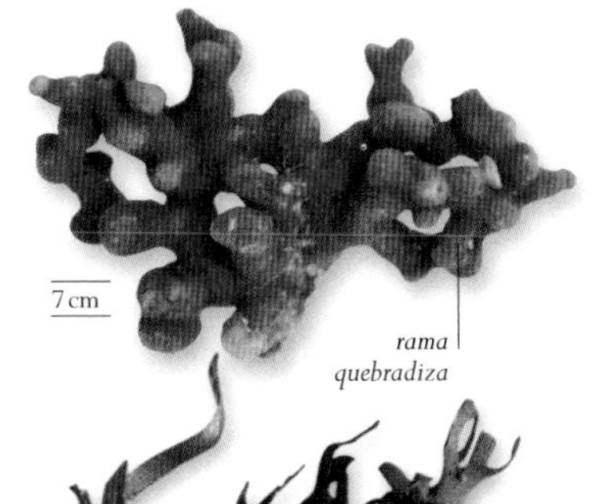

MAËRL
Phymatolithon calcareum
Esta especie de alga coralina propia de las islas Británicas se recolecta y tiene un uso comercial como fertilizante rico en calcio.

FURCELLARIA LUMBRICALIS
Alga del hemisferio norte con frondes cilíndricas de color pardo negruzco que se ramifican en masas en forma de dedos carnosos.

CALLIBLEPHARIS CILIATA
Esta alga marina del hemisferio norte tiene frondes planas y rizoides densamente ramificados.

GRACILARIA FOLIIFERA
Los tallos esbeltos de color morado apagado de esta alga marina roja acaban en frondes en forma de cinta. Abunda en albuferas poco profundas de todo el mundo.

GRACILARIA BURSA-PASTORIS
Alga roja marina larga y delgada con ramificaciones bifurcadas o alternas. Esta especie se encuentra desde el sur de Inglaterra hasta el Pacífico y el Caribe.

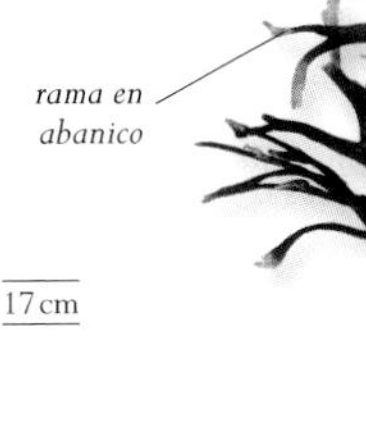

MASTOCARPUS STELLATUS
Esta alga marina roja tiene unas llamativas papilas –estructuras reproductoras– en sus frondes. Es propia del Atlántico Norte.

MUSGO DE IRLANDA
Chondrus crispus
También llamada musgo perlado o marino, esta alga de las islas Británicas es una fuente importante del gelificante carragenano.

»

» ALGAS ROJAS

PTEROCLADIELLA CAPILLACEA
Esta alga roja de zonas intermareales de todo el mundo, de ramificaciones en forma de pluma estrechadas en el extremo, recuerda a un árbol de Navidad.

MELANAMANSIA FIMBRIFOLIA
Presente en América del Norte y Australia, esta alga crece en arrecifes cubiertos de sedimentos hasta 55 m de profundidad.

***AHNFELTIA* SP.**
Fuente de la sustancia gelatinosa conocida como agar, usada en placas de Petri para el cultivo celular, esta alga del hemisferio norte forma frondes densas.

SPOROLITHON PTYCHOIDES
Esta alga roja forma una costra con depósitos calcáreos en la pared celular. Se encuentra en pozas de marea y lechos marinos rocosos de todo el mundo.

CHONDRIA DASYPHYLLA
Esta especie, distribuida por todo el mundo, tiene frondes en forma de pluma acabadas en ramificaciones que contienen esporas y esporocarpos en forma de urna.

LAURENCIA OBTUSA
Esta especie tropical es fuente de terpenoides halogenados —defensas químicas frente a cangrejos y erizos comedores de algas— útiles para prevenir el deterioro biológico.

CERAMIUM VIRGATUM
Alga roja pequeña que se da en todo el mundo sobre rocas y otras algas. De un pequeño rizoide brotan frondes filamentosas de puntas bifurcadas.

PTILOPHORA LELIAERTII
Descrita por primera vez en 2004 tras hallarse en un arrecife próximo a la costa sudafricana, esta alga roja tiene ramificaciones compuestas en forma de pluma.

DELESSERIA SANGUINEA
Conocida por sus características hojas, esta alga roja se da en la base de los bosques submarinos de laminaria europeos.

GELIDIELLA ACEROSA
Fuente importante de agar, sustancia usada en las industrias alimentaria y farmacéutica, esta alga marina roja del océano Índico tiene un brote cilíndrico conocido como estolón.

GELIDIUM PUSILLUM
Extendida por todo el mundo y con una base amplia que al crecer incorpora conchas y pequeñas caracolas, esta alga roja tiene frondes aplanadas y foliares.

LENORMANDIOPSIS NOZAWAE
A ambos lados de esta alga foliar ancha, propia de climas templados, hay cúmulos de cuerpos portadores de esporas que albergan minúsculas algas parásitas.

POLYSIPHONIA LANOSA
Esta alga roja del hemisferio norte crece sobre otras algas en matas como pompones, y tiene filamentos ramificados hechos de largas células tubulares.

ALGAS VERDES

Las algas verdes son un conjunto taxonómico poco preciso de especies diversas. Algunas viven en charcas y corrientes de agua dulce; otras forman una alfombra verde sobre troncos o rocas húmedos y sombríos, y otras crecen con forma de hoja, adheridas a las rocas en aguas someras.

Muchas algas verdes son microscópicas y viven flotando; otras son pluricelulares y tienen una estructura más o menos compleja, como las algas filamentosas que, a veces, colmatan las charcas. Algunas se reproducen asexualmente, por división, gemación o esporas móviles, pero es común la reproducción sexual en las especies más grandes. Estas producen espermatozoides con dos flagelos y también tienen una fase de producción de esporas en su ciclo vital. Las células de las algas verdes fotosintetizan con la misma clorofila que las plantas terrestres, con las que a veces se clasifican en un grupo no taxonómico: las viridiplantas.

DOMINIO	EUCARIOTAS
REINO	PROTISTAS
DIVISIÓN	CLORÓFITOS
FAMILIAS	127
ESPECIES	4300

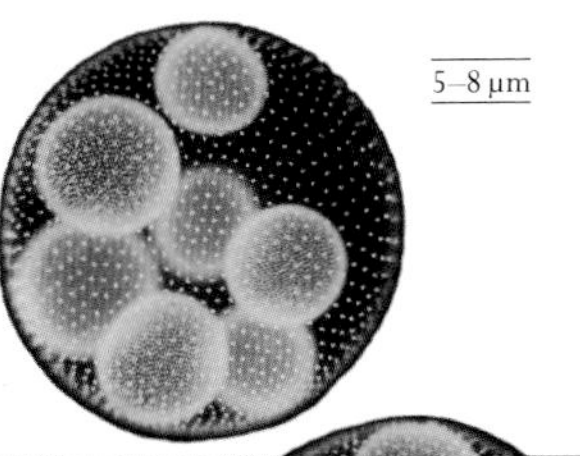

5–8 µm

12–60 cm

LECHUGA DE MAR
Ulva lactuca
Esta alga verde es un alimento común. Tiene frondes anchas y arrugadas que se anclan a las rocas por un rizoide. Puede formar también comunidades flotantes.

5–40 cm

CODIUM FRAGILE
Repartida por todo el mundo, esta alga verde tubular vive en charcos de las rocas junto al mar y en aguas costeras hasta 2 m de profundidad.

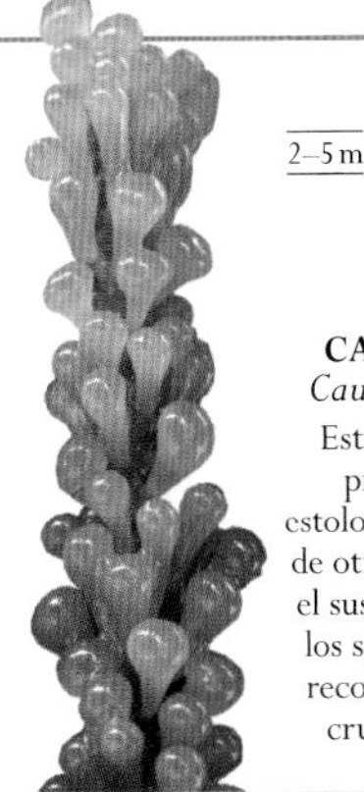

2–5 m

CAVIAR VERDE
Caulerpa lentillifera
Esta alga comestible produce muchos estolones erectos a partir de otro horizontal sobre el sustrato. En Filipinas, los suculentos tallos se recolectan y se comen crudos en ensalada.

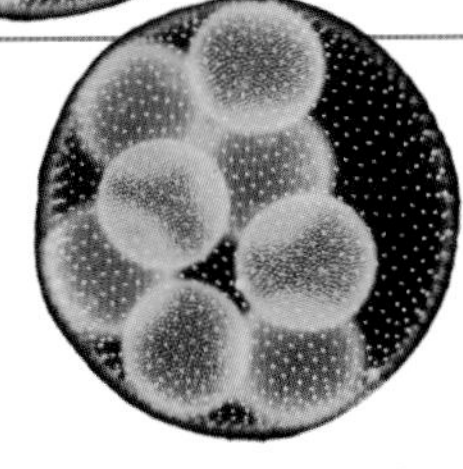

VOLVOX AUREUS
Apenas visibles a simple vista, las colonias esféricas de esta alga de agua dulce están formadas por miles de individuos microscópicos. Unos flagelos en forma de hilo hacen girar la colonia en el agua.

CARALES Y AFINES

Aunque están emparentadas con las algas verdes, las carales y sus parientes tienen estructuras y procesos químicos más complejos, lo que sugiere que son antecesoras de las plantas verdaderas.

Los estreptófitos (o carófitos) comprenden las desmidiales, que se reproducen por conjugación. La mayoría de ellos tiene una sola célula dividida en dos compartimentos. También comprenden las carales, el grupo más conocido de los estreptófitos, y a menudo se consideran casi plantas. Crecen en el sustrato de hábitats poco profundos, de agua dulce o salobre, sujetas por rizoides, que son filamentos celulares similares a las raíces de las plantas simples. Su forma ramificada y sus estructuras reproductoras también recuerdan a las de las plantas verdaderas. De hecho, algunas clasificaciones hacen de los estreptófitos un subreino que incluye a todas las plantas terrestres.

DOMINIO	EUCARIOTAS
REINO	PROTISTAS
DIVISIÓN	ESTREPTÓFITOS
FAMILIAS	16
ESPECIES	2700

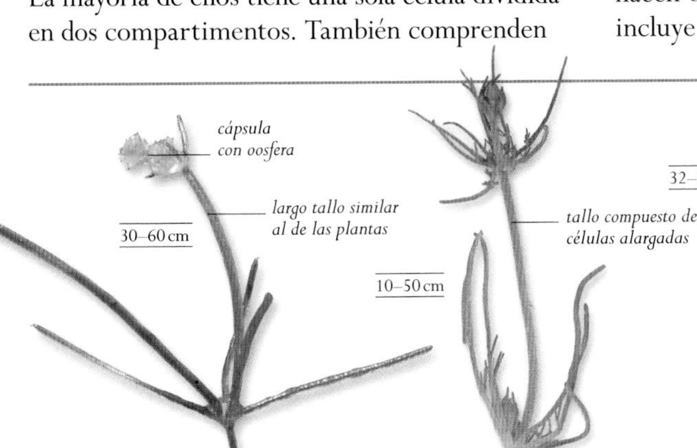

NITELLA TRANSLUCENS
Esta «planta» de hojas verdes translúcidas crece en aguas limpias de charcas, ríos y pantanos de Europa occidental y meridional.

CHARA VULGARIS
Este estreptófito propio del hemisferio norte emite un característico olor desagradable.

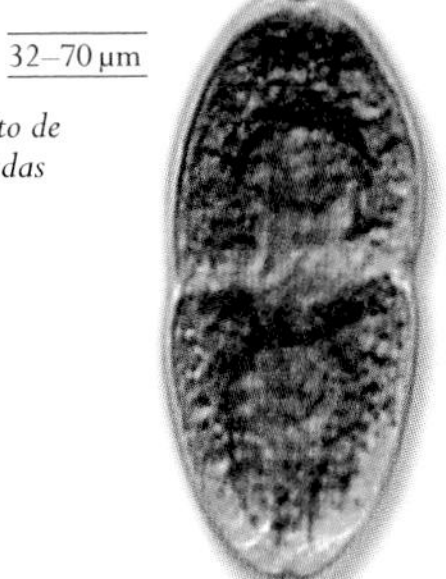

32–70 µm

***PENIUM* SP.**
Esta desmidial de América del Norte se divide simétricamente en semicélulas cilíndricas, con extremos romos ovalados y una franja central.

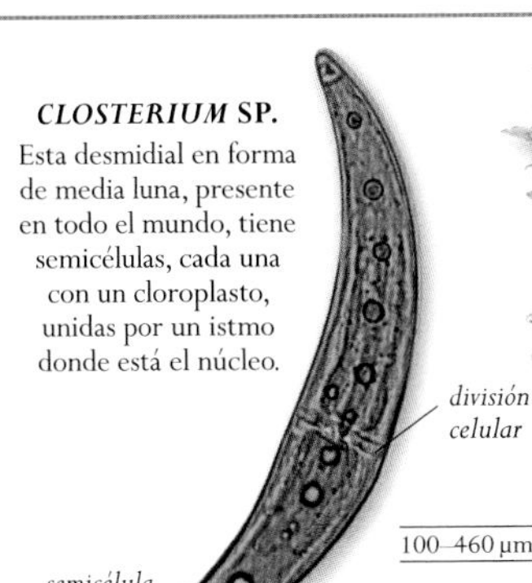

***CLOSTERIUM* SP.**
Esta desmidial en forma de media luna, presente en todo el mundo, tiene semicélulas, cada una con un cloroplasto, unidas por un istmo donde está el núcleo.

dentículo

350 µm

100–460 µm

***MICRASTERIAS* SP.**
Desmidial propia de zonas templadas con múltiples brazos espinosos acabados en dentículos que permiten que las semicélulas se traben.

PLANTAS

» 108

MUSGOS

Comunes en lugares húmedos, fríos y umbríos, son plantas sin flores dotadas de tallos rígidos y pequeñas hojas dispuestas en espiral. Muchos crecen sobre la roca o sobre el tronco de los árboles.

» 110

HEPÁTICAS

Relacionadas con los musgos, las hepáticas tampoco tienen flores, y se reproducen por esporas, no por semillas. Suelen ser pequeñas, talosas o foliosas, y con hojas diminutas (filidios).

Al aprovechar la energía solar y usarla para crecer, las plantas verdes tienen un papel esencial para la vida en la Tierra. Generan alimento para los animales y otros organismos, y a menudo también constituyen sus hábitats. Algunas son diminutas y simples, pero también existen coníferas gigantes y deslumbrantes plantas con flores que han desarrollado una notable diversidad de formas y estrategias para sobrevivir.

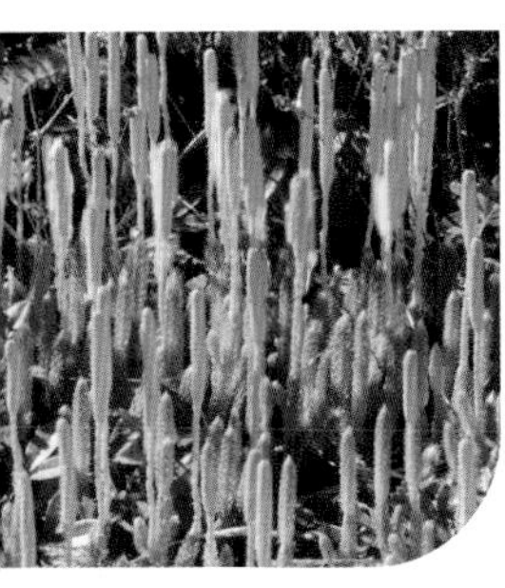

» 111

ANTOCEROS Y LICÓFITOS

Los antoceros son pequeñas plantas emparentadas con los musgos que producen esporas en estructuras alargadas que recuerdan cuernos. Los licófitos, que se creía que pertenecían a los helechos, incluyen los licopodios.

» 112

HELECHOS Y AFINES

Los helechos son las criptógamas más grandes. Muchos son de porte bajo, pero algunos adoptan formas casi arborescentes, si bien los troncos son fibrosos y no de madera.

» 116

CICADÓFITOS, GINKGÓFITOS Y GNETÓFITOS

Son plantas sin flores, pero forman semillas. Antes de la aparición de las plantas con flores, las cicas eran una parte importante de la vegetación del mundo.

» 118

CONÍFERAS

Aunque con muchas menos especies que las plantas con flores, dominan el paisaje en algunas partes del mundo. Todas ellas son árboles o arbustos, y normalmente forman las semillas en piñas leñosas.

» 122

PLANTAS CON FLORES

Los magnoliófitos o plantas con flores son el mayor grupo de plantas vivas. Todas tienen flores —a veces imperceptibles— y se reproducen por semillas.

MUSGOS

Son plantas sin flores que suelen formar pulvínulos (masas con forma de cojín). Son muy resistentes a pesar de su pequeño tamaño. Pueden crecer en una gran variedad de hábitats, desde bosques a prados, y se hallan en todos los continentes, incluida la Antártida.

DIVISIÓN	BRIÓFITOS
CLASES	8
ÓRDENES	30
FAMILIAS	110
ESPECIES	Unas 10 000

En regiones subárticas, el esfagno forma acúmulos de turba; aquí, mezcladas con parches grises de líquenes de los renos.

Los musgos tienen filidios delgados, generalmente dispuestos en espiral en torno al caulidio rígido. Como las hepáticas, se reproducen por esporas y necesitan humedad. Pueden ser muy abundantes en hábitats con humedad permanente, y algunos –los esfagnos– forman extensiones pulvinulares que dominan el terreno en regiones frías. Otros pueden permanecer latentes durante épocas de sequía; en apariencia grises e inertes, reverdecen al recibir la lluvia.

Presentan un ciclo vital similar al de todas las plantas, es decir, con dos fases (alternancia de generaciones). En los musgos, la fase dominante es la de gametófito, en la que producen células sexuales masculinas y femeninas. Después de la fecundación, pasan a la fase de esporófito: permanecen unidos a la planta madre y se reproducen por esporas. En la fase de esporófitos suelen presentar una cápsula en el extremo de una larga seta. La dehiscencia de la cápsula puede tardar meses; una vez abierta, puede liberar en el aire más de 50 millones de esporas de tamaño diminuto, que recorren grandes distancias con la brisa más ligera. Eso hace que su dispersión sea muy eficaz, permitiéndoles colonizar todo tipo de microhábitats, desde huecos en troncos de árboles a paredes húmedas y tejados.

PARIENTES Y AFINES

Bajo el nombre de briófitos se agrupan a veces también las hepáticas y los antoceros (pp. 110–111), que hoy se consideran divisiones taxonómicas separadas, aunque estrechamente emparentadas. Los licopodios son más complejos que los musgos verdaderos y se incluyen en la división licófitos (p. 111). Otros organismos de aspecto similar a los musgos son el liquen de los renos y el musgo (o barba de) español, que en realidad es una planta con flores de la familia de las bromeliáceas que cuelga de los árboles.

∨ CUBIERTA DENSA
El clima frío y húmedo del Parque Nacional Fjordland, en Nueva Zelanda, permite prosperar a una gran variedad de musgos y hepáticas.

ANDREAEA RUPESTRIS
F: Andreáceas

Común en las montañas, este musgo oscuro crece sobre roca desnuda. Las cápsulas liberan las esporas a través de cuatro hendiduras microscópicas.

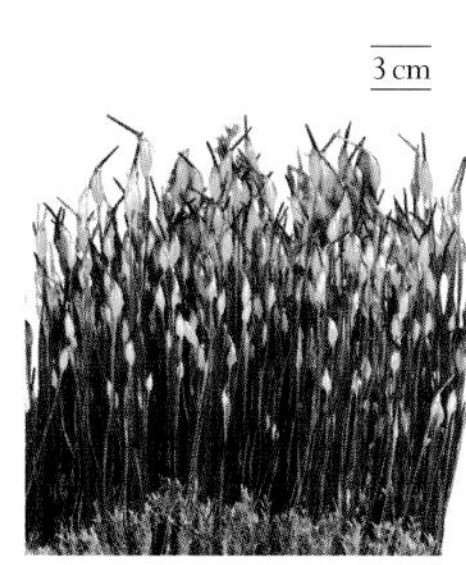

CERATODON PURPUREUS
F: Ditricáceas

Extendido en todo el mundo, en especial sobre terrenos quemados o alterados, esta especie de porte bajo es común en tejados y muros. Produce densas cubiertas de cápsulas.

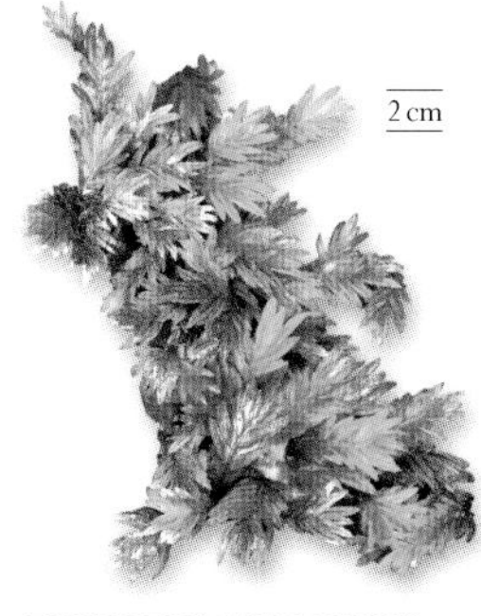

FISSIDENS TAXIFOLIUS
F: Fissidentáceas

Especie muy común con caulidios cortos dispuestos en dos filas de filidios apuntados. Crece en suelos umbríos y sobre rocas.

BRACHYTHECIUM VELUTINUM
F: Braquiteciáceas

Este abundante musgo de caulidios ramificados forma tapetes trepadores sobre madera muerta y hierba con poco drenaje. Está presente en todo el mundo.

LEUCOBRYUM GLAUCUM
F: Dicranáceas

Musgo de bosque que crece en pulvínulos grandes y redondeados. Su característica tonalidad verde grisácea se vuelve casi blanca en ausencia de humedad.

DICRANUM MONTANUM
F: Dicranáceas

Este musgo de tierras bajas forma macizos compactos y plumosos. Los filidios son estrechos y se rizan al secarse, y a veces se desprenden, formando nuevas plantas.

THUIDIUM TAMARISCINUM
F: Tuidiáceas

Sus filidios finamente divididos hacen que este musgo nemoral recuerde a un helecho en miniatura. Crece sobre madera en descomposición y rocas en Europa y el norte de Asia.

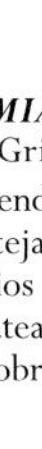

GRIMMIA PULVINATA
F: Grimmiáceas

Muy extendido, crece sobre rocas, tejados y paredes. Los filidios acaban en largas fibras plateadas. Las cápsulas crecen sobre setas curvadas.

MNIUM HORNUM
F: Mniáceas

Musgo nemoral de un verde vivo en primavera, común en Europa y América del Norte. Las cápsulas esporíferas tienen un tallo curvo que recuerda al cuello de un cisne.

HYPNUM CUPRESSIFORME
F: Hipnáceas

Los abundantes filidios de este musgo cespitoso, muy variable, se disponen solapados. De distribución mundial, es habitual en rocas, paredes y a la sombra de los árboles.

PTILIUM CRISTA-CASTRENSIS
F: Hipnáceas

Propio de bosques septentrionales, sus caulidios simétricos ramificados, en forma de pluma, suelen formar extensos parches bajo píceas y pinos.

MUSGO DE AGUA
Fontinalis antipyretica
F: Fontinaláceas

Especie de agua dulce, se extiende desde las rocas hasta orillas de corrientes lentas. Tiene tres filas de filidios aquillados de color verde oscuro.

ORTHODONTIUM LINEARE
F: Briáceas

Este musgo del hemisferio sur fue introducido en Europa a principios del siglo XX y se ha convertido en especie invasora.

ESFAGNO PALUSTRE
Sphagnum palustre
F: Esfagnáceas

Como sus parientes, este musgo formador de turba crece sobre suelos húmedos y retiene gran cantidad de agua. Cada caulidio termina en una roseta plana formada por otros menores.

MUSGO CAPILAR
Polytrichum commune
F: Politricáceas

Este musgo alto, que forma matas, es habitual en brezales de todo el hemisferio norte. Sus caulidios son rígidos y no ramificados, con filidios aciculares.

FUNARIA HYGROMETRICA
F: Funariáceas

Uno de los musgos más comunes, esta especie cespitosa es propia sobre todo de suelos alterados o recién quemados. Sus cápsulas esporíferas maduras tienen dientes anaranjados.

HEPÁTICAS

Propias de hábitats húmedos y umbríos, se considera que las hepáticas son las más simples de las plantas terrestres. Se presentan bajo dos formas: unas planas y con forma de cinta (talosas), y otras más similares a musgos (foliosas), con tallos delgados dotados de hojas diminutas, o filidios.

DIVISIÓN	HEPATÓFITOS
CLASES	3
ÓRDENES	16
FAMILIAS	88
ESPECIES	Unas 7500

DEBATE

SEPARADAS DE LAS PLANTAS

Las hepáticas tienen rasgos únicos que las distinguen de musgos y antocerotas, si bien en el pasado todos ellos se agruparon juntos como briófitas. Son las únicas plantas terrestres sin estomas (poros respiratorios) durante su fase esporófita (de producción de esporas). Además, sus rizoides son unicelulares. Así pues, hoy en día se clasifican en una división propia, la de los hepatófitos.

Las hepáticas talosas no poseen tallos ni hojas, sino un cuerpo plano, o talo, que se bifurca de forma repetida a medida que crecen. Muchas especies tienen una superficie superior brillante con lóbulos profundamente divididos; los herboristas de la Edad Media les dieron su nombre por su forma de hígado. En su aspecto, las hepáticas foliosas son bastante distintas, pues tienen tallitos (caulidios) rastreros o extendidos; suelen tener dos filas de filidios principales y una tercera de hojas más pequeñas en la cara ventral. Algunas forman almohadillas (pulvínulos) sobre la tierra húmeda; otras crecen sobre rocas. Son más numerosas que las talosas, sobre todo en los trópicos, donde muchas viven como epífitas en los árboles de la selva.

DIFUNDIENDO SU ESPECIE

A diferencia de la mayoría de las plantas con flores, las hepáticas no tienen un límite de crecimiento. Pueden formar núcleos de varios metros de diámetro, que se fragmentan a medida que crecen, dando lugar a múltiples plantas. Además, algunas especies tienen, en depresiones de su superficie superior, agrupaciones de células (propágulos) que, dispersadas por las gotas de lluvia, producen nuevas plantas.

Las hepáticas también se reproducen por dispersión de unas células microscópicas llamadas esporas. Su formación exige entornos húmedos, ya que las células femeninas deben ser fecundadas por gametos masculinos que se desplazan por el agua. Los gametos masculinos suelen alcanzar el femenino con la ayuda de las gotas de lluvia, que los salpican de una planta a otra. Muchas hepáticas producen las células sexuales en estructuras con forma de sombrilla. Después de la fecundación, las esporas maduras se dispersan por el aire.

BAZZANIA TRILOBATA
F: Lepidoziáceas
Hepática foliosa formadora de montículos, propia de bosques inundados. Sus filidios curvados hacia arriba se solapan, y dan al caulidio aspecto de oruga.

LUNULARIA CRUCIATA
F: Lunulariáceas
Hepática talosa de color verde brillante, común en jardines e invernaderos; posee estructuras reproductoras distintivas, conceptáculos, que parecen uñas diminutas.

PELLIA EPIPHYLLA
F: Peliáceas
Hepática talosa que crece sobre turba o rocas húmedas. A menudo forma pulvínulos con macollas. Las esporas se hallan en cápsulas negras sobre una delgada seta (pedículo) blanca.

PLAGIOCHILA ASPLENIOIDES
F: Plagioquiláceas
Delicada hepática de filidios traslúcidos que forma extensas macollas similares al musgo. Crece en tierra y rocas umbrías, especialmente sobre creta y piedra caliza.

RADULA COMPLANATA
F: Raduláceas
Hepática foliosa de filidios escamosos que van del verde claro al pardo. Trepa sobre superficies lisas y sin sombra, desde troncos de árboles a rocas costeras.

ESTRUCTURA REPRODUCTORA MASCULINA

HEPÁTICA DE LAS FUENTES
Marchantia polymorpha
F: Marchantiáceas
También llamada empeine. Hepática talosa que en primavera y verano produce llamativos gametófitos con forma de sombrilla. Común en hábitats húmedos y jardines.

ANTOCEROS

Los antoceros son la tercera división de los briófitos, un grupo informal. Son pequeñas plantas con hojas que se encuentran en lugares húmedos de todo el mundo.

Como los musgos y las hepáticas, los antoceros tienen un ciclo vital con dos fases: un gametófito vegetativo y un esporófito portador de esporas. El primero forma lóbulos aplanados y espesos, similares a las hepáticas, de hasta 5 cm de diámetro. En el segundo, las esporas salen de una estructura alargada y con forma de cuerno (de ahí el nombre del grupo, de *anthos* [flor] y *keras* [cuerno]). Algunas especies crecen en jardines o campos cultivados y parecen hierbas. Otras especies, tropicales y subtropicales, más grandes, crecen sobre todo en la corteza de los árboles. Ninguna especie produce flores.

DIVISIÓN	ANTOCEROTÓFITOS
CLASES	2
ÓRDENES	5
FAMILIAS	5
ESPECIES	Unas 220

***DENDROCEROS* SP.**
F: Dendrocerotáceas
Los lóbulos en forma de cinta del gametófito se extienden por las rocas húmedas o la corteza de los árboles en bosques tropicales y subtropicales. De él crece el esporófito con forma de cuerno hasta 5 cm de altura.

ANTHOCEROS AGRESTIS
F: Antocerotáceas
Los rastrojos húmedos, la tierra pisada y los bordes de las zanjas son el hábitat de esta discreta especie con lóbulos ondulados. Vive en la Europa templada y en América del Norte.

PHAEOCEROS CAROLINIANUS
F: Nototiladáceas
El gametófito masculino y el femenino viven separados en esta especie de hábitats similares a *Anthoceros*. La lluvia transporta las células sexuales desde cavidades de las hojas del masculino hasta el femenino. Tras la fecundación se desarrolla el esporófito.

LICÓFITOS

Aunque su taxonomía está en cuestión, los licófitos incluyen los musgos y los isoetes, estrechamente relacionados con los helechos, pero distintos.

Los licófitos son las primeras plantas de este libro que tienen sistema vascular, una red de tejidos conductores que transportan agua y minerales por las raíces, los tallos y las hojas. Eso les permite ser más altas que los briófitos y soportar hábitats más secos. Hay fósiles de licófitos de hace 425 millones de años. Fueron las plantas dominantes en el Carbonífero, algunas de ellas arbóreas, pero sus parientes actuales son más pequeños. Los licófitos se propagan por esporas, producidas en esporangios situados en la base de las hojas.

DIVISIÓN	LICÓFITOS
CLASES	1
ÓRDENES	3
FAMILIAS	3
ESPECIES	Unas 170

ISOETES LONGISSIMI
F: Isoetáceas
Los isoetes crecen en ríos lentos y charcas limpias. Las hojas se agrupan en penachos densos y tienen cápsulas con esporas ocultas en la base engrosada.

LICOPODIO
Lycopodium annotinum
F: Licopodiáceas
Esta especie de licopodio produce esporas a partir de unos racimos cónicos que se hallan en la punta de sus tallos erectos.

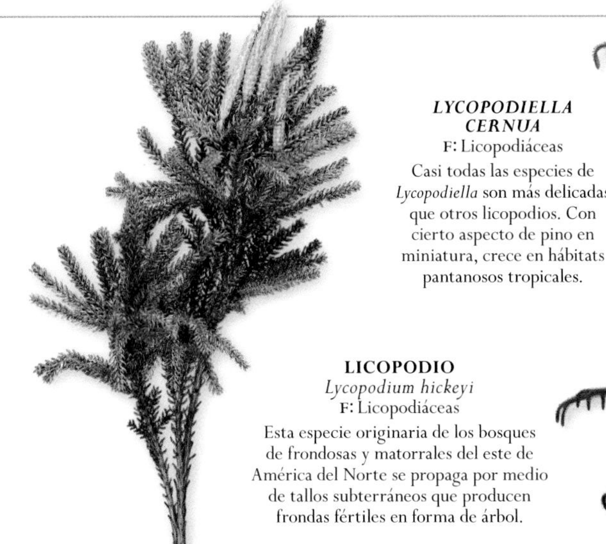

LICOPODIO
Lycopodium hickeyi
F: Licopodiáceas
Esta especie originaria de los bosques de frondosas y matorrales del este de América del Norte se propaga por medio de tallos subterráneos que producen frondas fértiles en forma de árbol.

LYCOPODIELLA CERNUA
F: Licopodiáceas
Casi todas las especies de *Lycopodiella* son más delicadas que otros licopodios. Con cierto aspecto de pino en miniatura, crece en hábitats pantanosos tropicales.

HELECHOS Y AFINES

La mayoría de los helechos son reconocibles por sus elegantes frondes, o pinnas, que se desenrollan a medida que crecen. Junto con equisetos y psilófitos, conforman un grupo diverso y antiguo de plantas sin flores que se reproducen por esporas. Crecen en hábitats muy variados, aunque prosperan más en zonas húmedas y umbrías.

DIVISIÓN	POLIPODIÓFITOS
CLASES	1
ÓRDENES	11
FAMILIAS	40
ESPECIES	Unas 12 000

DEBATE

FÓSILES VIVIENTES

Los equisetos, o colas de caballo, existen desde hace más de 300 millones de años. Uno de los mayores géneros extintos, *Calamites*, alcanzaba hasta 20 m de altura y tenía grandes tallos acanalados de más de 60 cm de diámetro, pero las cerca de 20 especies que sobreviven son plantas mucho más pequeñas que crecen en el agua, los bosques y suelos perturbados. Muchos botánicos creen que deberían clasificarse como un orden dentro de los helechos pese a que su aspecto es muy distinto, ya que producen sus esporas en estructuras cónicas en la punta de algunos tallos.

Algunos helechos pasan desapercibidos por su pequeño tamaño, pero en este grupo también hay grandes especies arbóreas de más de 15 m de alto. Muchos son plantas compactas, con un único grupo de frondes; otros poseen tallos rastreros de los que brotan frondes a medida que se extienden. El helecho común –una de las especies rastreras más extendidas– es especialmente vigoroso; a lo largo de años puede producir clones en 800 m a la redonda. También hay especies acuáticas y una amplia variedad de epífitas que viven sobre otras plantas.

Las frondes suelen ser divididas, y a menudo surgen de brotes enrollados, conocidos como báculos. En el envés de las frondes se forman esporas, en estructuras similares a botones (soros). En muchas especies todas las frondes producen esporas, pero en otras hay dos tipos: las fértiles (esporofilos), que forman esporas; y las estériles (trofofilos), adaptadas para captar luz solar. Cuando una espora de helecho germina, pasa por la fase de gametófito, diminuto y fino como el papel, y que produce un nuevo esporófito: el helecho reconocible que forma esporas.

ESPECIES AFINES

Aunque su taxonomía aún no está clara, todas las evidencias científicas sugieren que los helechos están más estrechamente emparentados con las plantas con semillas que con los licófitos, con los que se agrupaban anteriormente.

La división de los helechos comprende también a los equisetos, plantas erectas con tallos cilíndricos huecos y rodeados por verticilos de finas ramas, cuyos gránulos silíceos les dan una textura áspera, por lo que se usaban para fregar ollas y sartenes. Los psilófitos y las lenguas de serpiente, con tallos en forma de ramita o con un sola fronde dividida, constituyen grupos clasificados asimismo dentro de los helechos.

∨ **VOLUTA CARACTERÍSTICA**
Los ápices de las frondes jóvenes están protegidos dentro de volutas que se desenrollan al extenderse la fronde hacia la luz.

EQUISETOS

COLA DE CABALLO
Equisetum arvense
F: Equisetáceas
Extendido por todo el hemisferio norte, este equiseto puede llegar a ser una mala hierba. De sus rizomas negros brotan tallos huecos con anillos simétricos de frondes verdes.

HELECHOS VERDADEROS

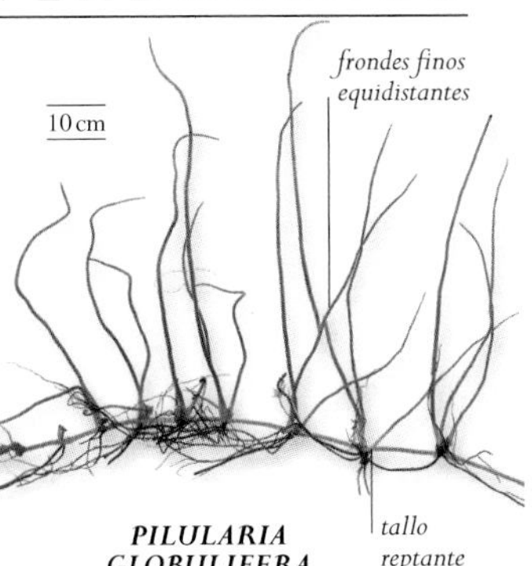

PILULARIA GLOBULIFERA
F: Marsiliáceas
Este helecho de pantanos del oeste de Europa forma grupos que semejan matas herbáceas. Las esporas están en cápsulas verdes como píldoras que crecen a ras de suelo.

TRÉBOL DE AGUA
Marsilea quadrifolia
F: Marsiliáceas
Con sus frondes de cuatro lóbulos, este helecho acuático forma macollas y parece una planta con flores. Es muy habitual en el hemisferio norte.

PSILÓFITOS, LUNARIAS Y LENGUAS DE SERPIENTE

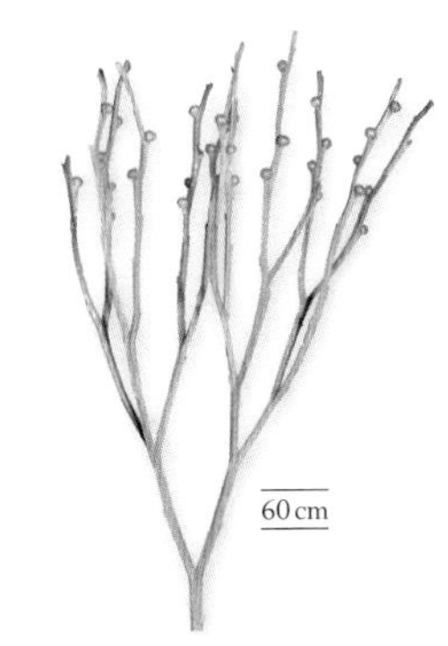

HELECHO ESCOBA
Psilotum nudum
F: Psilotáceas
Pariente primitivo de los helechos verdaderos, esta planta principalmente tropical presenta tallos parecidos a escobas y cápsulas esporíferas semejantes a bayas.

LENGUA DE SERPIENTE
Ophioglossum vulgatum
F: Ofioglosáceas
Curioso helecho con un solo trofofilo oval que abraza un esbelto esporofilo. Crece en prados de todo el hemisferio norte.

LUNARIA MENOR
Botrychium lunaria
F: Ofioglosáceas
Común en regiones templadas, la lunaria menor tiene un solo trofofilo y un esporofilo recubierto de un conjunto de cápsulas de esporas.

AZOLLA
Azolla filiculoides
F: Salviniáceas
Helecho flotante con frondes cespitosas. Se extiende con rapidez por lagos y charcas. Muy común en regiones cálidas.

STICHERUS CUNNINGHAMII
F: Gleiqueniáceas
Helecho característico de Nueva Zelanda, con un tallo fino rematado por una corona horizontal de estrechas frondes radiadas. Se propaga por rizomas.

HELECHO REAL
Osmunda regalis
F: Osmundáceas
Este imponente helecho del hemisferio norte, a menudo cultivado, presenta una roseta de frondes desplegadas con varias frondes más estrechas, portadoras de esporas, en el centro.

ACORDEÓN DE AGUA
Salvinia natans
F: Salviniáceas
Helecho flotante que puede formar densas alfombras. Tiene hojas pequeñas y ovaladas cubiertas de cilios impermeabilizantes. Común en los trópicos.

HELECHO ARBÓREO PLATEADO
Alsophila dealbata
F: Ciateáceas
Helecho arborescente cuyo nombre se debe al envés plateado de sus frondes. Natural de Nueva Zelanda, crece en bosques abiertos y en matorrales.

DICKSONIA
Dicksonia antarctica
F: Dicksoniáceas
Helecho arborescente de tallo robusto, común en Tasmania y el sureste de Australia. Necesita sombra, y suele crecer entre árboles.

HELECHO ARBÓREO NEGRO
Sphaeropteris medullaris
F: Ciateáceas
Este helecho arborescente alto y esbelto de Nueva Zelanda tiene el tronco negro y los tallos foliares oscuros, en contraste con sus frondes de color verde claro.

ALSOPHILA SMITHII
F: Ciateáceas
Natural de Nueva Zelanda e islas subantárticas, es el helecho arborescente más meridional. A menudo porta un collar de frondes muertas colgando bajo su corona.

»

» HELECHOS VERDADEROS

PTERIS ARGYRAEA
F: Pteridáceas
El nombre de este helecho de umbría se debe a sus frondes características, con una veta central plateada. Originaria del sureste de Asia, se cultiva ampliamente como planta de interior.

PTERIS TRICOLOR
F: Pteridáceas
Originario de Malasia, tiene una curiosa variación de colores: el color cobrizo, metálico, de sus frondes jóvenes se vuelve verde a medida que maduran.

PELLAEA VIRIDIS
F: Pteridáceas
Este helecho resistente a la sequía es originario de Sudáfrica. Presenta brillantes frondes verdes con peciolos negros rígidos. Crece en bosques abiertos montañosos.

CULANTRILLO DE POZO
Adiantum capillus-veneris
F: Pteridáceas
Visible en grietas sobre roca caliza, las pinnas de un verde vivo de este extendido helecho contrastan con sus esbeltos peciolos negros.

CHEILANTHES ARGENTEA
F: Pteridáceas
Pequeño helecho del este de Asia, de frondes perennes y cuneiformes con venas negras y distintivas marcas plateadas en el envés.

PTERIS VITTATA
F: Pteridáceas
Generalizado en regiones templadas, este helecho tiene frondes erectas o arqueadas con estrechas pínnulas lineares. Suele crecer sobre piedra caliza y suelos alcalinos.

PHEGOPTERIS CONNECTILIS
F: Telipteridáceas
Presente en el norte hasta Groenlandia, este helecho compacto crece en hábitats diversos, desde el boscoso hasta la tundra.

HELECHO DE MONTAÑA
Oreopteris limbosperma
F: Telipteridáceas
Crece sobre suelos ácidos en hábitats húmedos de Europa, en forma de macollas. Sus frondes desprenden un olor característico a limón cuando se frotan.

HELECHO HEMBRA
Pteridium aquilinum
F: Dennstaedtiáceas
Se halla en todos los continentes excepto la Antártida, y se propaga con vigor a partir de rizomas. En invierno suele perder las frondes, que rebrotan en primavera.

PIE DE ARDILLA
Davallia trichomanoides
F: Davaliáceas
Helecho epífito originario de Malasia, crece sobre árboles y otras plantas. Sus rizomas poseen escamas ciliadas y ápices que recuerdan al pie de una ardilla.

PÍJARA
Woodwardia radicans
F: Blechnáceas
Nativo del suroeste de Europa y Argelia, este exuberante helecho de hábitats húmedos y umbríos tiene unas frondes arqueadas que a veces producen pequeños bulbos epigeos en sus ápices.

LONCHITE
Blechnum spicant
F: Blechnáceas
Helecho de frondes persistentes con trofofilos dispersos y esporofilos erectos dotados de pínnulas. Propio de regiones templadas septentrionales.

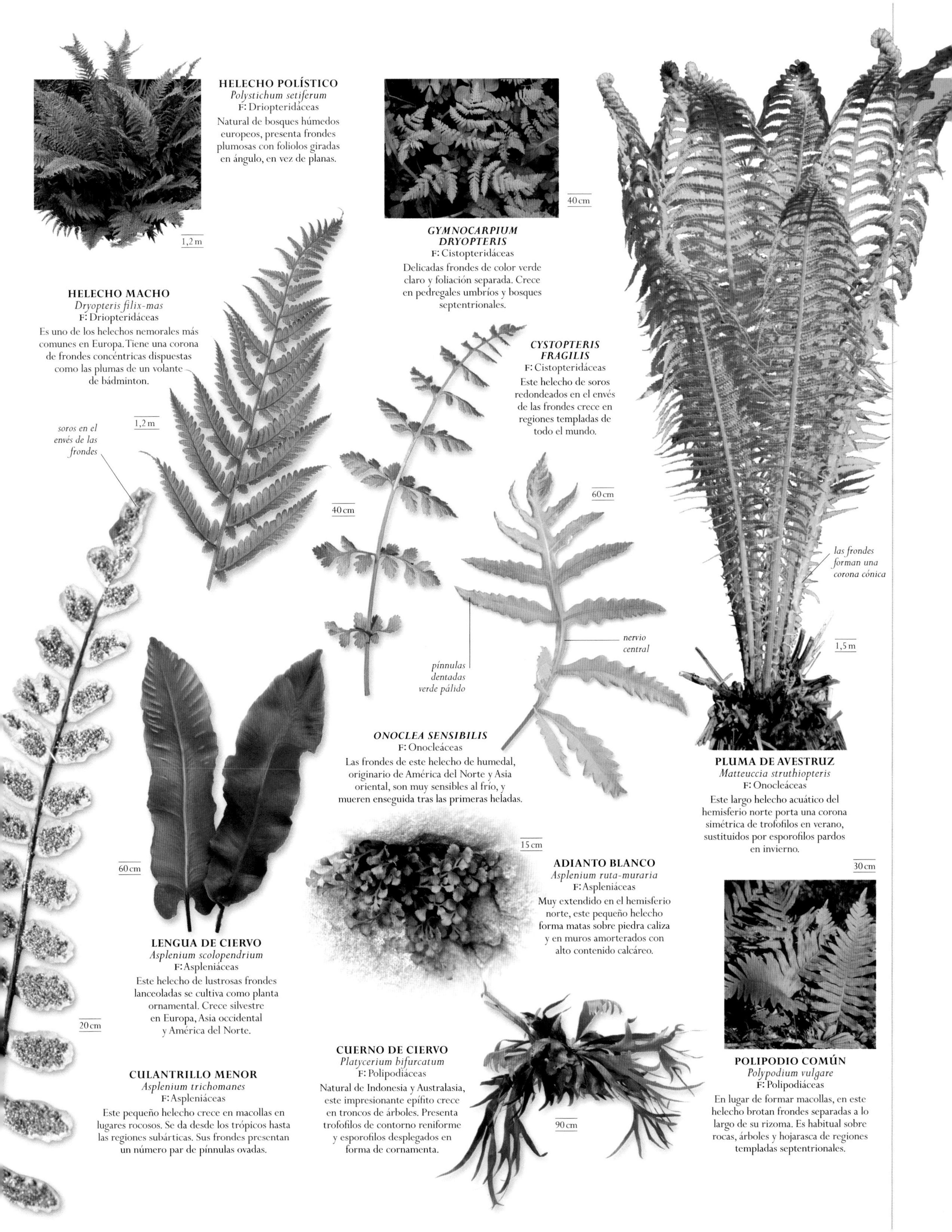

HELECHO POLÍSTICO
Polystichum setiferum
F: Driopteridáceas
Natural de bosques húmedos europeos, presenta frondes plumosas con foliolos giradas en ángulo, en vez de planas.

GYMNOCARPIUM DRYOPTERIS
F: Cistopteridáceas
Delicadas frondes de color verde claro y foliación separada. Crece en pedregales umbríos y bosques septentrionales.

HELECHO MACHO
Dryopteris filix-mas
F: Driopteridáceas
Es uno de los helechos nemorales más comunes en Europa. Tiene una corona de frondes concéntricas dispuestas como las plumas de un volante de bádminton.

CYSTOPTERIS FRAGILIS
F: Cistopteridáceas
Este helecho de soros redondeados en el envés de las frondes crece en regiones templadas de todo el mundo.

ONOCLEA SENSIBILIS
F: Onocleáceas
Las frondes de este helecho de humedal, originario de América del Norte y Asia oriental, son muy sensibles al frío, y mueren enseguida tras las primeras heladas.

PLUMA DE AVESTRUZ
Matteuccia struthiopteris
F: Onocleáceas
Este largo helecho acuático del hemisferio norte porta una corona simétrica de trofofilos en verano, sustituidos por esporofilos pardos en invierno.

ADIANTO BLANCO
Asplenium ruta-muraria
F: Aspleniáceas
Muy extendido en el hemisferio norte, este pequeño helecho forma matas sobre piedra caliza y en muros amorterados con alto contenido calcáreo.

LENGUA DE CIERVO
Asplenium scolopendrium
F: Aspleniáceas
Este helecho de lustrosas frondes lanceoladas se cultiva como planta ornamental. Crece silvestre en Europa, Asia occidental y América del Norte.

CULANTRILLO MENOR
Asplenium trichomanes
F: Aspleniáceas
Este pequeño helecho crece en macollas en lugares rocosos. Se da desde los trópicos hasta las regiones subárticas. Sus frondes presentan un número par de pínnulas ovadas.

CUERNO DE CIERVO
Platycerium bifurcatum
F: Polipodiáceas
Natural de Indonesia y Australasia, este impresionante epífito crece en troncos de árboles. Presenta trofofilos de contorno reniforme y esporofilos desplegados en forma de cornamenta.

POLIPODIO COMÚN
Polypodium vulgare
F: Polipodiáceas
En lugar de formar macollas, en este helecho brotan frondes separadas a lo largo de su rizoma. Es habitual sobre rocas, árboles y hojarasca de regiones templadas septentrionales.

CICADÓFITOS, GINKGÓFITOS Y GNETÓFITOS

Presentes en zonas cálidas del mundo, cicas, ginkgos y gnetófitos son tres antiguas divisiones de plantas sin flores con formas muy diversas: desde trepadoras y arbustos de porte bajo hasta plantas que pueden confundirse fácilmente con palmeras.

DIVISIÓN	CICADÓFITOS
CLASES	1
ÓRDENES	1
FAMILIAS	2
ESPECIES	330

DIVISIÓN	GINKGÓFITOS
CLASES	1
ÓRDENES	1
FAMILIAS	1
ESPECIES	1

DIVISIÓN	GNETÓFITOS
CLASES	1
ÓRDENES	1
FAMILIAS	3
ESPECIES	70

Estos tres grupos forman, junto con las coníferas, el grupo de las gimnospermas. A diferencia de las plantas con flores, que producen sus semillas en cámaras cerradas (ovarios), las gimnospermas las forman sobre superficies expuestas, por lo general escamas especializadas.

Los científicos no han determinado todavía la relación entre cicas, ginkgos y gnetófitos, ni la que guardan con las coníferas y las plantas con flores. A nivel celular, ciertas características de los gnetófitos indican que están más relacionados con las coníferas que con cicas y ginkgos, pero también tienen rasgos comunes con las plantas con flores.

Aparte de la naturaleza de sus semillas, los tres grupos tienen poco en común, y raramente crecen en el mismo lugar. Las cicas son principalmente tropicales y subtropicales, mientras que la única especie viva de ginkgo procede de China. Los gnetófitos son más variados; entre ellos hay árboles y trepadoras tropicales, arbustos ramificados de hábitats desérticos y la singular *welwitschia*, que solo crece en el desierto del Namib.

SUERTES DIVERSAS

Las cicas tienen una larga historia que se remonta a casi 300 millones de años. En tiempos pasados fueron una parte importante de la vegetación mundial, pero fueron perdiendo terreno de forma gradual frente a las plantas con flores. Hoy en día, casi la cuarta parte de sus especies está en peligro por la recolección ilegal y los cambios en sus hábitats.

Los gnetófitos afrontan menos problemas, y la situación de los ginkgos ha mejorado mucho. Conservados durante siglos por los monjes budistas, que los cultivaban en los jardines de sus templos mucho después de su desaparición en estado natural, e introducidos en Europa en el siglo XVIII, resultaron fáciles de cultivar y muy resistentes a la contaminación. Hoy se plantan en parques urbanos de todo el mundo.

∨ HECHA PARA DURAR
Como las palmeras, las cicas suelen tener una única corona de hojas en torno a un punto central, o meristema apical. Sus resistentes hojas son capaces de soportar fuertes insolaciones y vientos secos.

CICAS

CICA
Cycas revoluta
F: Cicadáceas
Aunque su nombre procede del término griego para palma, esta cica del sur de Japón no es una palmera. Tiene un tallo grueso y hojas lustrosas. Es muy cultivada como planta ornamental.

CICA AZUL DEL ESTE DE EL CABO
Encephalartos horridus
F: Zamiáceas
A diferencia de otras cicas, en esta especie sudafricana, semidesértica y de porte bajo, las hojas compuestas por foliolos armados con agudas espinas son glaucas.

CICA ESPINOSA
Encephalartos altensteinii
F: Zamiáceas
Propia de la costa oriental sudafricana, esta alta cica subtropical debe su nombre al borde dentado de sus hojas. Sus conos amarillos producen semillas de color rojo vivo.

CHAMAL, PALMA DE LA VIRGEN
Dioon edule
F: Zamiáceas
Es una cica, no una palma auténtica. Planta de porte bajo, propia del este de México, presenta conos ovales de hasta 30 cm de longitud.

CERATOZAMIA MEXICANA
F: Zamiáceas
Esta robusta cica del este de México posee una gran corona de hojas extendidas y conos verdes grisáceos con espinas en las escamas.

GUAYIGA
Zamia pumila
F: Zamiáceas
Usada antiguamente como fuente de almidón, esta cica enana caribeña tiene un tallo corto semienterrado y conos erectos de color marrón rojizo.

MACROZAMIA MOOREI
F: Zamiáceas
Es una de las cicas de mayor tamaño de Australia. Similar a una palma, porta conos gigantes de hasta 90 cm de longitud. Crece en bosques secos.

BURRAWANG
Macrozamia communis
F: Zamiáceas
Esta cica natural de la costa sureste de Australia posee grandes conos con semillas rojas y carnosas. Suele crecer en densos rodales.

GNETÓFITOS

POPOTILLO
Ephedra trifurca
F: Efedráceas
También conocida como «tepopote», esta planta tiene tallos rodeados de amplias hojas enrolladas. Crece en los desiertos de México y el sur de EE UU.

BAGO
Gnetum gnemon
F: Gnetáceas
Árbol sin flores originario del Sudeste Asiático y el Pacífico, de hoja perenne y semillas similares a nueces; ambas se usan para cocinar.

GINKGÓFITOS

GINKGO
Ginkgo biloba
F: Ginkgoáceas
Árbol inconfundible debido a sus hojas en forma de abanico, que adquieren un color amarillo brillante en otoño. Originaria del sur de China, hoy en día se cultiva en todo el mundo.

MA HUANG
Ephedra sinica
F: Efedráceas
Esta planta de crecimiento desordenado del este de Asia contiene potentes alcaloides y solía usarse como hierba medicinal.

WELWITSCHIA
Welwitschia mirabilis
F: Welwitschiáceas
Endémica del desierto del Namib, esta planta sumamente longeva tiene solo dos hojas cintiformes que se rompen por las puntas y crean un enmarañado montículo foliar.

CONÍFERAS

Evolucionaron hace 300 millones de años, mucho antes que los primeros árboles planifolios. Con sus fuertes hojas, las coníferas prosperan en climas extremos. Aunque son menos diversas que las especies de hoja ancha, dominan los bosques de montaña y las regiones más septentrionales.

DIVISIÓN	PINÓFITOS
CLASES	1
ÓRDENES	2
FAMILIAS	6
ESPECIES	Unas 600

Las coníferas crecen entre áreas de tundra abierta hasta rebasar el Círculo Polar Ártico, y forman el mayor bosque de la Tierra.

Aunque relativamente escasas en especies, entre las coníferas están los árboles más altos, así como los más resistentes, los más longevos y algunos de los más extendidos. Tradicionalmente se han clasificado dentro del grupo de las gimnospermas, junto con cicadófitos, ginkgófitos y gnetófitos. A diferencia de los árboles de hoja ancha, carecen de flores, y el polen y las semillas se producen en piñas, o conos.

HOJAS Y CONOS

La mayoría de las coníferas son perennifolias, con hojas muy resinosas resistentes a los vientos fríos y a la radiación solar intensa. Los pinos poseen agujas, únicas o agrupadas; otras coníferas tienen hojas lineares o escamas planas. Unas pocas son caducifolias, con hojas blandas estacionales, entre ellas los alerces y algunas secuoyas.

Las coníferas poseen dos tipos de conos, que normalmente crecen en un mismo árbol. Los masculinos producen polen; pequeños, blandos y a menudo numerosos, suelen brotar en primavera y se secan al liberar el polen. Los femeninos, más grandes, contienen una o varias semillas. Pueden tardar varios años en desarrollarse, y al madurar suelen estar lignificadas: son propiamente piñas.

Las piñas de algunas especies, como abetos y cedros, liberan las semillas al descomponerse lentamente en el árbol; en cambio, las de pino se conservan intactas y permanecen tiempo en el árbol tras madurar. La mayoría libera las semillas en tiempo seco, cuando las escamas seminíferas se abren, pero algunos las sueltan cuando se queman; es una adaptación que favorece que recolonicen áreas arrasadas por incendios forestales.

Algunas coníferas (tejos, enebros y podocarpos) poseen pequeños conos similares a bayas con escamas carnosas que no envuelven del todo las semillas, que dispersan los pájaros que se las comen.

∨ LAS CONÍFERAS MANDAN
Las coníferas suelen formar extensos rodales monoespecíficos, como este pinar en el Parque Nacional de Yosemite, en California.

35 m

PIÑA

HOJAS CUADRANGULARES RÍGIDAS

PÍCEA DEL COLORADO
Picea pungens
F: Pináceas

Árbol ornamental muy apreciado, de hojas glaucas claras con ápices punzantes. Original del oeste de América del Norte, suele crecer en montañas.

80 m

ABETO GIGANTE
Abies grandis
F: Pináceas

Árbol alto de crecimiento rápido natural del oeste de América del Norte. Al frotarlas, sus hojas desprenden un aroma cítrico.

75 m

ABETO ROJO
Abies magnifica
F: Pináceas

Muy resistente a la sequía, se halla en laderas áridas de montaña en California. Posee hojas curvadas hacia arriba y piñas erectas de hasta 20 cm de longitud.

60 m

ABETO COMÚN
Abies alba
F: Pináceas

Llamado abeto blanco por las líneas plateadas del envés de sus hojas, sus piñas son erectas y se descomponen para liberar sus semillas.

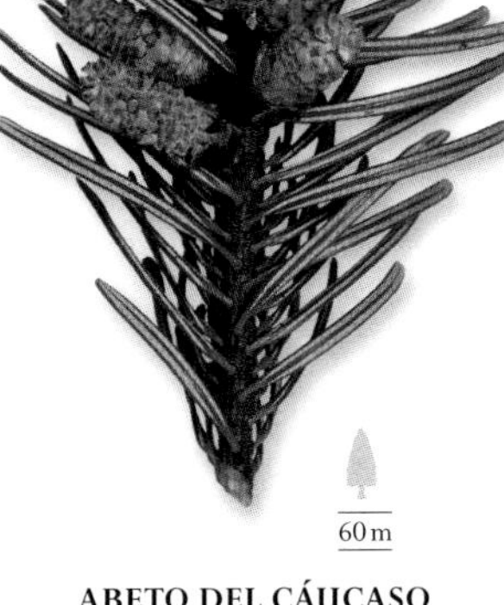

60 m

ABETO DEL CÁUCASO
Abies nordmanniana
F: Pináceas

Originario de las montañas de la región del mar Negro, es un árbol de Navidad popular en Europa porque conserva sus agujas en los espacios interiores.

PÍCEA DE SITKA
Picea sitchensis
F: Pináceas

Prospera en climas fríos y húmedos, y se suele plantar como árbol de reforestación. Procede del cinturón costero del oeste de América del Norte.

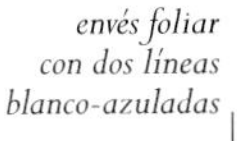

envés foliar con dos líneas blanco-azuladas

75 m

piña cilíndrica con escamas dentadas

agujas coriáceas

50 m

PÍCEA COMÚN
Picea abies
F: Pináceas

Importante árbol maderero por su rápido crecimiento, las hojas de esta conífera son puntiagudas y las piñas, cilíndricas. Su área de distribución natural es el norte y el centro de Europa.

35 m

PINO SILVESTRE
Pinus sylvestris
F: Pináceas

Esta conífera, la más extendida del mundo después del enebro común, se halla desde Gran Bretaña hasta China. Sus ramas superiores tienen una bella corteza roja anaranjada.

HOJAS LARGAS Y PAREADAS

20 m

PIÑA CON SEMILLAS COMESTIBLES

PINO PIÑONERO
Pinus pinea
F: Pináceas

Apreciado por sus semillas comestibles (piñones), este pino mediterráneo tiene grandes piñas ovales y una copa en forma de parasol cuando madura.

30 m

PINO CONTORTO
Pinus contorta
F: Pináceas

Este pino norteamericano, propio de dunas y ciénagas costeras, posee hojas dispuestas en pares y piñas espinosas que liberan semillas al quemarse.

15 m

PINO MONOAGUJA
Pinus monophylla
F: Pináceas

Las agujas de esta especie, única entre las pináceas, crecen aisladas, no en pares o haces. Procede de las laderas rocosas de México y el suroeste de América del Norte.

20 m

PINO CEMBRO
Pinus cembra
F: Pináceas

Originario de las montañas europeas, este árbol de crecimiento lento produce pequeñas piñas que caen intactas. Aves como el cascanueces se alimentan de sus piñas y esparcen sus semillas.

35 m

PINO RODENO
Pinus pinaster
F: Pináceas

Natural del oeste mediterráneo, crece con rapidez en suelos pobres arenosos. Sus grandes piñas marrones alcanzan los 20 cm de longitud.

40 m

PINO NEGRAL
Pinus nigra
F: Pináceas

Alto, esbelto y de copa abierta, con hojas largas dispuestas en pares. Muy extendido por Europa, normalmente crece en terrenos calizos.

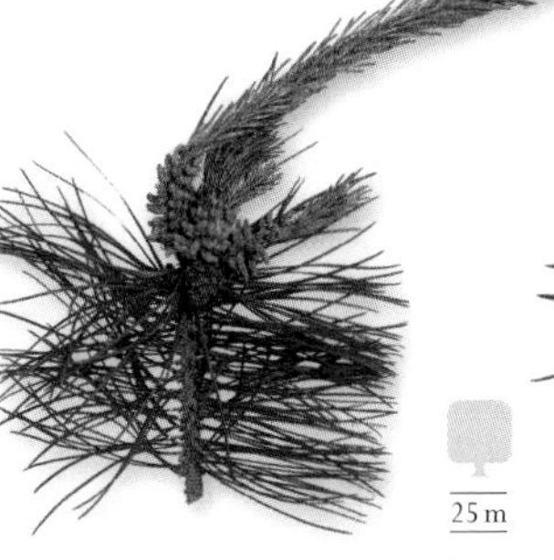

25 m

PINO DE MANCHURIA
Pinus tabuliformis
F: Pináceas

Con el paso del tiempo, este pino oriental desarrolla una distintiva copa plana. Crece en la montaña y produce pequeñas piñas ovoides.

45 m

conos polinÍferos masculinos

PINO INSIGNE
Pinus radiata
F: Pináceas

Limitado originalmente a una pequeña región de California, este pino de crecimiento rápido se planta hoy día en abundancia debido a su madera, en especial en el hemisferio sur.

»

CEDRO DEL HIMALAYA
Cedrus deodara
F: Pináceas
Las ramas de este cedro de crecimiento rápido originario del oeste del Himalaya se inclinan por los ápices. Los conos son marrones purpúreos cuando maduran.

ABETO DE DOUGLAS
Pseudotsuga menziesii
F: Pináceas
Una de las coníferas más altas del mundo, procede del oeste de América del Norte. Sus conos tienen brácteas salientes formadas a partir de escamas modificadas.

TSUGA DEL PACÍFICO
Tsuga heterophylla
F: Pináceas
Natural del oeste de América del Norte, es la tsuga más alta. Es propia de ambientes fríos y húmedos, y puede superar los mil años.

FALSO ALERCE CHINO
Pseudolarix amabilis
F: Pináceas
Natural del este de China, en otoño adquiere un color amarillo brillante antes de perder las hojas. Las piñas se rompen para esparcir las semillas.

CEDRO DEL ATLAS
Cedrus atlantica
F: Pináceas
Cedro norteafricano de agujas cortas y piñas erectas con forma de barril que al madurar se van abriendo y liberan las semillas.

CEDRO DEL LÍBANO
Cedrus libani
F: Pináceas
Majestuosa conífera de ramas péndulas. Hoy día es escaso en estado silvestre, pero abunda plantado como árbol ornamental.

FALSO ALERCE JAPONÉS
Larix kaempferi
F: Pináceas
Caducifolio, como todos los alerces, tiene agujas blandas y piñas leñosas con escamas curvadas hacia abajo. Crece en las montañas del norte de Japón.

ARAUCARIA DE CHILE O PEHUÉN
Araucaria araucana
F: Araucariáceas
Este árbol, oriundo de las montañas de Chile, tiene hojas apuntadas y dispuestas en espiral. Los ejemplares maduros desarrollan una copa en forma de sombrilla.

KOMAYAKI
Sciadopitys verticillata
F: Sciadopitiáceas
Único miembro de su familia, esta antigua especie japonesa se distingue de otras coníferas por sus haces de 10–13 agujas dispuestas en espiral.

TUYA GIGANTE
Thuja plicata
F: Cupresáceas
Gran árbol con grupos de hojas escuamiformes, crece en el noroeste de América del Norte. Su madera es muy resistente a la descomposición, incluso muerta.

70 m

FALSO CIPRÉS DE LAWSON
Chamaecyparis lawsoniana
F: Cupresáceas
Como otros cipreses, tiene gálbulos pequeños y diminutas hojas escuamiformes. Originario del oeste de América del Norte, hay variedades cultivadas.

30 m

CEDRO DE JAPÓN
Cryptomeria japonica
F: Cupresáceas
En realidad es un ciprés, de hojas esbeltas y gálbulos pequeños y redondeados. Crece en las montañas de China y Japón.

20 m

ENEBRO OCCIDENTAL
Juniperus occidentalis
F: Cupresáceas
Árbol longevo, crece en las laderas rocosas del oeste de EE UU. Como otros enebros, tiene gálbulos (conos parecidos a bayas).

25 m

ENEBRO CHINO
Juniperus chinensis
F: Cupresáceas
Común en el oeste templado de Asia, este arbusto o arbolillo posee agujas puntiagudas cuando es joven y hojas escuamiformes cuando es adulto.

SECUOYA ROJA
Sequoia sempervirens
F: Cupresáceas
Natural de las costas del norte de California y Oregón, es el árbol más alto del mundo. Tiene el tronco recto y ramificación relativamente escasa. Puede vivir hasta 2000 años.

95 m

SECUOYA GIGANTE
Sequoiadendron giganteum
F: Cupresáceas
Originario de California, es el árbol más voluminoso que existe. El mayor espécimen vivo se calcula que pesa unas 2000 toneladas, y el grosor de su corteza ignífuga supera los 60 cm.

40 m

CONO MADURO

METASECUOYA
Metasequoia glyptostroboides
F: Cupresáceas
Secuoya caducifolia del centro de China, muy rara en estado natural. Hasta la década de 1940 se pensó que estaba extinta, y solo era conocida en estado fósil.

25 m

CIPRÉS DE MONTERREY
Cupressus macrocarpa
F: Cupresáceas
Aunque muy cultivado, en estado natural se limita a una pequeña región de la costa californiana. Los adultos suelen tener forma péndula irregular.

TAIWANIA
Taiwania cryptomerioides
F: Cupresáceas
Una de las mayores coníferas asiáticas, esta especie tropical tiene un tronco de hasta 3 m de diámetro, hojas puntiagudas y conos pequeños y redondeados.

CIPRÉS DE LOS PANTANOS
Taxodium distichum
F: Cupresáceas
También llamado ciprés calvo, es una conífera caducifolia de los pantanos del sureste de EE UU. Su base a menudo está ensanchada.

TORREYA DE CALIFORNIA
Torreya californica
F: Taxáceas
Rara conífera limitada a los cañones y montañas de California. No tiene relación con la nuez moscada, aunque sus semillas se parecen.

20 m

CEFALOTAXO DE FORTUNE
Cephalotaxus fortunei
F: Taxáceas
Pequeña conífera muy ramificada. Los gálbulos maduros son de color marrón rojizo. Crece en bosques de montaña en el centro y el este de China.

los arilos se vuelven rojos cuando maduran

20 m

TEJO
Taxus baccata
F: Taxáceas
Árbol longevo que produce semillas en arilos (conos modificados) carnosos. Se halla en estado natural en Europa y el suroeste de Asia, y se cultiva con frecuencia.

PLANTAS CON FLORES

Con más de 300 000 especies, las plantas con flores –angiospermas o magnoliófitos– son el grupo vegetal más abundante, además del más diverso. Desempeñan un papel vital en la mayoría de los ecosistemas terrestres al suministrar alimento a animales y otros seres vivos.

DIVISIÓN	ANGIOSPERMAS
CLADOS	10
ÓRDENES	64
FAMILIAS	416
ESPECIES	Unas 304 000

Anemófilas. Las flores como las del avellano liberan nubes de polen al aire. No suelen ser de colores vistosos.

Zoidiófilas. Las flores polinizadas por animales son llamativas y su polen viscoso. El colibrí traslada polen al alimentarse.

Frutos carnosos. Atraen a los animales, como estos pepinos salvajes cuyas semillas dispersan los antílopes en sus heces.

Frutos secos. A menudo se abren al madurar las semillas. Esta adelfilla esparce sus semillas plumosas al viento.

Las primeras angiospermas surgieron hace 140 millones de años: son relativamente recientes en la Tierra, pero se han convertido en las formas dominantes de la vida vegetal. Las más pequeñas son apenas mayores que una cabeza de alfiler, pero en el grupo también hay árboles planifolios y especies que van desde cactus y herbáceas hasta orquídeas y palmas.

Estas plantas comparten diversas características que explican su éxito. Entre las más importantes están las flores (en realidad, una colección de hojas muy modificadas). En la mayoría de ellas, la capa exterior son sépalos y la interior pétalos; estos rodean los estambres, productores de polen, y los carpelos, que reciben el polen de otras flores similares para convertir los óvulos en semillas. El polen de algunas flores se dispersa a través del aire (anemófilas); el de otras (zoidiófilas), mediante animales que, al sorber el néctar dulce de su interior, se llenan también de polen. Generalmente atraen a insectos, pero aves y murciélagos también son importantes polinizadores.

ESTRATEGIAS DE PROPAGACIÓN

Las plantas con flores no son las únicas que producen semillas, pero sí son las únicas que dan frutos, los cuales se desarrollan a partir de los ovarios de la flor (cámaras que alojan las semillas, junto al tálamo floral). La función del fruto es doble: protege las semillas y ayuda a dispersarlas. Los frutos carnosos desempeñan tal función atrayendo animales que se alimentan de ellos y esparcen las semillas en sus excrementos. Los frutos secos actúan de diversas formas: unos se abren al madurar las semillas; otros poseen ganchos que se agarran a la ropa, a la piel o al pelo; otros flotan en el agua o en el aire. Muchas plantas con flores se propagan a la vez que crecen, a menudo produciendo plantas nuevas mediante tallos rastreros. Eso puede crear vastos clones interconectados; los de mayor tamaño, formados por álamos temblones en América del Norte, se extienden a lo largo de 40 hectáreas y podrían tener 10 000 años de edad.

ATRAER LA ATENCIÓN >
En vez de pétalos, los eléboros tienen vistosos sépalos –a veces múltiples, como en esta variedad de jardín– para atraer a los insectos polinizadores.

GRUPOS DE ANGIOSPERMAS

El análisis del material genético está revolucionando la comprensión de las relaciones entre las plantas con flores. Aquí se reflejan las tesis actuales (véanse las subdivisiones de las eudicotiledóneas en la p. 150).

ANGIOSPERMAS BASALES
» 124

MAGNÓLIDAS
» 128

MONOCOTILEDÓNEAS
» 130

EUDICOTILEDÓNEAS
» 150

ANGIOSPERMAS BASALES

De los más de 60 órdenes de angiospermas, o plantas con flores, los tres de angiospermas basales evolucionaron muy pronto y aún existen.

La secuenciación del ADN es una herramienta eficaz para identificar grupos de especies estrechamente relacionados. Sin embargo, las interrelaciones no siempre son claras, y hay marcadores de ADN que sugieren parentescos diferentes. En las angiospermas parece que los grupos relevantes se han diversificado mucho, mientras que unos pocos órdenes apenas se han diversificado y han sobrevivido así durante millones de años.

Tres de esos órdenes constituyen las angiospermas basales, o grado Anita. Son especies primitivas, aparentemente con poco en común, que viven en zonas no conectadas. Entre ellas hay árboles, arbustos, trepadoras y plantas acuáticas. El orden amborelales sobrevive hoy en día con una única especie de arbusto en una isla del Pacífico Sur. Las ninfeales son plantas acuáticas con flores primitivas y vistosas, que incluyen más de 70 especies de nenúfares presentes en todo el mundo. El orden austrobaileyales tiene casi 100 especies de plantas leñosas, principalmente en los trópicos.

En esta página aparecen otros dos órdenes como huérfanos, pues su lugar en la filogenia (historia evolutiva) de las angiospermas no está claro. La investigación más reciente sugiere que el orden clorantales podría estar relacionado con las magnólidas, y ceratofilales con las eudicotiledóneas, pero no está probado.

DIVISIÓN	ANGIOSPERMAS
GRUPO	ANGIOSPERMAS BASALES
ÓRDENES	3
FAMILIAS	7
ESPECIES	190

DEBATE

ORÍGENES MISTERIOSOS

Las angiospermas quizá evolucionaron a partir de los helechos con semillas, grupo que se extinguió hace más de 50 millones de años, o, lo más probable, a partir de los gnetófitos (p.117). El ADN y los fósiles sugieren que las amborelales fueron las primeras angiospermas en aparecer, hace 140 millones de años. Las siguieron las ninfeales y las austrobaileyales.

CLORANTALES

Las clorantáceas, única familia del orden clorantales, tienen cuatro géneros y unas 70 especies vivientes, pero su registro fósil se remonta hasta hace más de 100 millones de años. Sus miembros son sobre todo arbustos y árboles tropicales con pequeñas flores sésiles.

1,5 m

SARCANDRA GLABRA
F: Clorantáceas
Arbusto de hoja persistente con diversos usos medicinales que habita sobre terreno húmedo, en especial en riberas arboladas, del Sudeste Asiático, China y Japón.

AMBORELALES

Orden de arbustos primitivos de hoja persistente con una sola familia de una única especie, *Amborella trichopoda*. Las flores masculinas y femeninas, de pequeño tamaño, están en individuos distintos, y sus bayas rojas son monospermas (tienen una sola semilla).

2 m

AMBORELLA TRICHOPODA
F: Amboreláceas
Hallado solo en la isla de Nueva Caledonia, en el Pacífico Sur, este arbusto de flores blancas es bastante común en los bosques de montaña.

AUSTROBAILEYALES

Este orden se compone solo de tres familias. Son árboles, arbustos y trepadoras, la mayoría de flores solitarias con pétalos abundantes. Tal vez la especie más conocida sea el anís estrellado.

TALLO, HOJA Y FLORES

FRUTO

18 m

ANÍS ESTRELLADO
Illicium verum
F: Esquisandráceas
Muy usados como condimento, los frutos son leñosos y con forma de estrella. La especie es natural de los bosques de China y Vietnam.

15 m

AUSTROBAILEYA SCANDENS
F: Austrobaileyáceas
Las flores de esta rara trepadora primitiva, presente solo en los bosques lluviosos de Queensland (Australia), tienen un olor a pescado podrido que atrae a las moscas polinizadoras.

CERATOFILALES

Este orden está constituido por una sola familia, las ceratofiláceas. Las cuatro especies que la integran son plantas acuáticas sumergidas que flotan libremente, sin raíces y con hojas verticiladas finamente divididas, diminutas flores masculinas y femeninas, y frutos espinosos.

1 m

CERATÓFILO
Ceratophyllum demersum
F: Ceratofiláceas
Es una especie sumergida que habita en estanques y acequias en la Europa no ártica. Tiene flores diminutas y espirales foliares.

NINFEALES

Este orden primitivo comprende tres familias de plantas acuáticas con hojas flotantes, sumergidas o, más raramente, emergentes. La familia de las ninfeáceas incluye los nenúfares, que se cultivan en estanques ornamentales de todo el mundo por sus vistosas flores.

VICTORIA REGIA
Victoria amazonica
F: Ninfeáceas
Natural de los remansos de la Amazonia profunda, este nenúfar tiene enormes hojas redondeadas con bordes erguidos. Las flores se abren por la noche.

NYMPHAEA 'SUNRISE'
F: Ninfeáceas
Con grandes y vistosas flores fragantes y un follaje flotante verde franco, este híbrido, quizá de origen americano, es uno de los nenúfares de mayor tamaño.

ORTIGA ACUÁTICA
Cabomba caroliniana
F: Cabombáceas
Propia de remansos de agua dulce de EE UU y el sureste de América del Sur, esta especie posee hojas sumergidas y flotantes. Puede ser invasora.

NENÚFAR BLANCO
Nymphaea alba
F: Ninfeáceas
Los frutos de esta especie europea de flores fragantes maduran bajo el agua y liberan semillas flotantes. Habita en lagos, estanques y ríos de corrientes lentas.

PLANTA GORGONA
Euryale ferox
F: Ninfeáceas
Habita en aguas profundas de curso lento en zonas de Asia; tiene hojas espinosas y bayas polispermas.

∨ FLORES FLOTANTES
Las flores del nenúfar son hermafroditas: tienen órganos masculinos y femeninos. Pero no suelen autopolinizarse, ya que los órganos reproductores femeninos maduran antes de que los masculinos empiecen a producir polen. Ese desfase aumenta las posibilidades de que la flor sea fecundada por el polen de otra planta, transportado por insectos.

∨ HOJAS
El nenúfar tiene hojas grandes, de hasta 35 cm de diámetro. A diferencia de otras plantas, los estomas (poros respiratorios) están en el haz, que está provisto de una cobertura hidrófuga.

∧ FLOR
Las flores tienen numerosos pétalos blancos y estambres de color amarillo claro; su diámetro puede alcanzar los 20 cm.

< SECCIÓN DE OVARIO
Los órganos reproductores femeninos (óvulos, ovario y estigma) están fusionados. Las cavidades contienen óvulos, que cuando son fecundados se convierten en semillas.

∧ SECCIÓN DE TALLO
Además del tejido estructural, el tallo tiene espacios aeríferos longitudinales (aerénquimas) que proporcionan flotabilidad y permiten la circulación del oxígeno.

NENÚFAR BLANCO
Nymphaea alba

Esta elegante planta, una de las aproximadamente 75 especies silvestres de nenúfar, habita en aguas quietas o de flujo lento de hasta 1,5 m de profundidad y proyecta una sombra intensa con sus hojas redondeadas y lustrosas. Florece de mediados a finales de verano; sus flores blancas, que se abren por la mañana y se cierran al anochecer, duran de tres a cuatro días. Atraen escarabajos polinizadores, que a menudo pasan la noche en el interior de la flor y salen al amanecer. El nenúfar blanco es útil para los animales acuáticos: los caracoles de agua dulce ponen los huevos en el envés de las hojas y los peces se ocultan debajo de ellas para evitar a las aves depredadoras. Tras la fecundación, las flores producen semillas que flotan durante semanas antes de hundirse en el cieno.

TAMAÑO Diámetro de la hoja: 10–35 cm
HÁBITAT Estanques, arroyos, lagos, remansos
DISTRIBUCIÓN Europa
TIPO DE HOJA Simple, orbicular, con seno basal

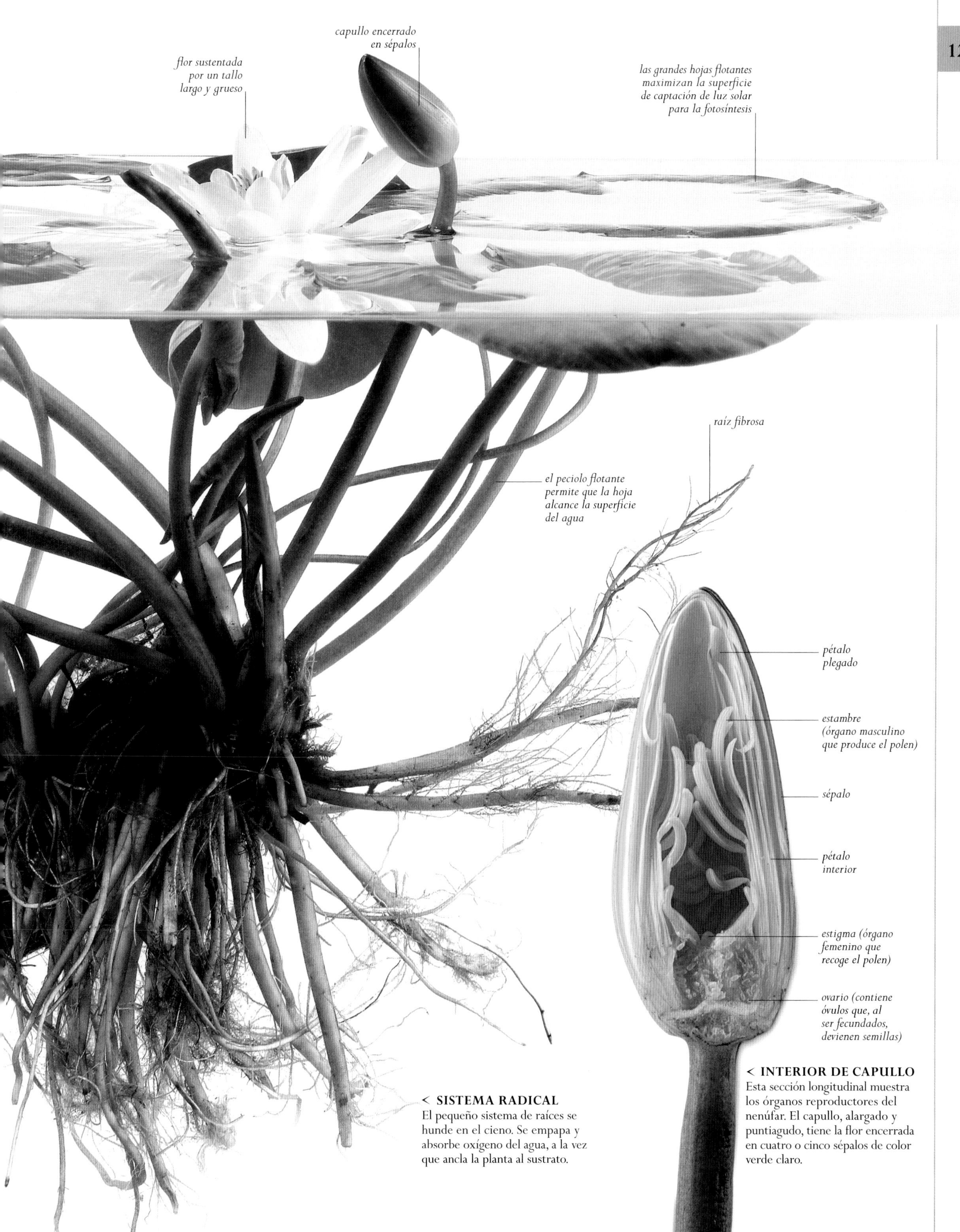

< SISTEMA RADICAL
El pequeño sistema de raíces se hunde en el cieno. Se empapa y absorbe oxígeno del agua, a la vez que ancla la planta al sustrato.

< INTERIOR DE CAPULLO
Esta sección longitudinal muestra los órganos reproductores del nenúfar. El capullo, alargado y puntiagudo, tiene la flor encerrada en cuatro o cinco sépalos de color verde claro.

MAGNÓLIDAS

Las magnólidas forman un gran grupo de plantas con flores primitivas que, en términos botánicos, se encuentran entre las angiospermas basales y las monocotiledóneas.

Presentes en las regiones tropicales y templadas, las magnólidas forman un importante grupo de aparición temprana en la historia de las plantas con flores. Toman su nombre de la familia magnoliáceas, una de las más extensas del grupo. Casi todas las plantas de esa familia poseen tallo leñoso; algunas son grandes árboles. Sin embargo, en el grupo también hay especies herbáceas (no leñosas), algunas de las cuales son trepadoras.

Algunas magnólidas herbáceas tienen flores altamente especializadas. En las clemátides y las aristoloquias, por ejemplo, la flor tiene forma de tubo acampanado con pelos oblicuos y actúa como una trampa para las moscas polinizadoras que son atraídas por un fuerte aroma, pero es una excepción. La estructura de la flor de la mayoría de las magnólidas es primitiva, con un número elevado de piezas dispuestas en espiral e insertas por separado en un pedúnculo central. En vez de sépalos y pétalos (p. 122), tienen un solo tipo de piezas (tépalos) similares en color, forma y tamaño. El registro fósil muestra que ya existían flores similares hace unos 100 millones de años.

CARACTERÍSTICAS COMUNES

Se agrupan, sobre todo, por semejanza genética, pero comparten ciertos rasgos, algunos evidentes y otros microscópicos. Al microscopio se puede ver que los granos de polen tienen un solo poro, rasgo que las vincula con las monocotiledóneas y las diferencia de las eudicotiledóneas –el grupo más grande de plantas con flores–, cuyos granos de polen tienen tres poros.

Las hojas de la mayoría de las magnólidas tienen el margen liso y nervadura ramificada. Sus frutos pueden ser blandos y carnosos, o duros y leñosos, y pueden contener una o varias semillas. Las semillas de las especies con frutos carnosos se dispersan mediante animales: muchas son ingeridas por las aves, y estas luego las esparcen. Los aguacates silvestres pudieron ser dispersados por perezosos gigantes, que hoy están extinguidos, de modo que el aguacate depende en gran medida del cultivo humano para dispersar las semillas y sobrevivir.

DIVISIÓN	ANGIOSPERMAS
CLADO	MAGNÓLIDAS
ÓRDENES	4
FAMILIAS	18
ESPECIES	10 000

DEBATE

PLANTAS PIONERAS

Los científicos difieren sobre la forma y el ciclo vital de las primeras plantas con flores. Según la hipótesis de los paleoárboles, eran plantas leñosas (árboles o arbustos), como muchas magnólidas actuales. Por el contrario, la teoría de las paleohierbas propone que las primeras angiospermas fueron herbáceas, no leñosas; plantas con ciclos vitales relativamente rápidos. Esto significa que eran buenas colonizadoras de terrenos alterados, como los márgenes fluviales. Hasta la actualidad no se ha impuesto ninguna de las dos teorías, aunque el análisis molecular apoya la idea de que fueran leñosas.

CANELALES

El orden canelales incluye dos familias: caneláceas y winteráceas. Son árboles y arbustos aromáticos con hojas coriáceas enteras. En la mayoría de las especies las flores son hermafroditas y los frutos son bayas. Las hojas y la corteza de algunas tienen usos medicinales. Las winteráceas son una familia primitiva, cuyos miembros poseen tallos leñosos que contienen vasos no conductores.

CANELO
Drimys winteri
F: Winteráceas
Natural de la pluvisilva costera de Chile y Argentina, la corteza es aromática y las hojas y flores, fragantes.

PIPERALES

El orden piperales incluye tres familias de plantas herbáceas, árboles y arbustos de amplia distribución en regiones tropicales. Los tallos tienen haces dispersos de tejido vascular, rasgo típico de las monocotiledóneas. Las flores de las especies de la familia piperáceas son apétalas, diminutas y agrupadas en espigas. Muchas especies son aromáticas.

CLEMATÍTIDE
Aristolochia clematitis
F: Aristoloquiáceas
Perenne hedionda y tóxica, se cultivaba para uso medicinal. Es originaria de Europa y crece en lugares húmedos.

ÁSARO EUROPEO
Asarum europaeum
F: Aristoloquiáceas
Esta especie rastrera crece en las arboledas de Europa. Sus lustrosas hojas perennes ocultan flores insignificantes.

PIMENTERO
Piper nigrum
F: Piperáceas
Esta especie trepadora de hoja perenne vive en entornos umbríos. Natural del sur de India y Sri Lanka, se cultiva por sus frutos: la pimienta.

MAGNOLIALES

Compuesto casi exclusivamente por árboles y arbustos, el de las magnoliales es un orden primitivo, muy común en el registro fósil. Aunque muy variables, la mayoría de las especies tienen hojas simples alternas y flores hermafroditas. El orden comprende seis familias, de las que las más conocidas son las magnoliáceas, muy cultivadas en jardinería por sus flores.

30 m

TULIPERO
Liriodendron tulipifera
F: Magnoliáceas
Esta especie originaria del este de América del Norte crece en arboledas. Las hojas amarillean en otoño antes de caer.

los tépalos protegen los estambres

30 m

MAGNOLIA DE CAMPBELL
Magnolia campbellii
F: Magnoliáceas
Varias de las 210 especies de *Magnolia* se cultivan con fines ornamentales. Esta especie crece en bosques de montaña de China, India y Nepal.

LAURALES

En el orden laurales se agrupan siete familias de árboles, arbustos y trepadoras leñosas. Unos pocos géneros crecen en zonas templadas, pero la mayoría de ellos se hallan en regiones tropicales y subtropicales. Su clasificación se basa en el análisis genético, más que en características morfológicas. Muchas son aromáticas y se usan en perfumería, cocina y medicina. Otras proporcionan madera o son de cultivo ornamental.

LAUREL
Laurus nobilis
F: Lauráceas
Ampliamente cultivada por sus aromáticas hojas, que se usan como condimento, esta especie crece en bosques, matorrales y entornos rocosos de la cuenca mediterránea.

SASAFRÁS
Sassafras albidum
F: Lauráceas
Árbol estolonífero caducifolio de las arboledas del este de América del Norte con hojas aromáticas de vivos tonos rojizos en otoño.

CALICANTO
Calycanthus floridus
F: Calicantáceas
Natural de bosques y riberas del sureste de EE UU, tiene hojas y corteza aromáticas y grandes flores fragantes.

CANELO O ÁRBOL DE LA CANELA
Cinnamomum verum
F: Lauráceas
La canela se extrae de la corteza de esta especie originaria de Sri Lanka.

LAUREL DE CALIFORNIA
Umbellularia californica
F: Lauráceas
Esta especie del oeste de EE UU, de la cual se dice que el aroma de sus hojas machacadas puede provocar cefaleas, florece en invierno.

AGUACATE
Persea americana
F: Lauráceas
Originario de zonas bien drenadas de pluvisilva, probablemente del sur de México, en la actualidad se cultiva en muchas zonas por su fruto.

YLANG-YLANG
Cananga odorata
F: Anonáceas
Este árbol de hoja perenne procede de zonas de Asia y Australia. El aceite de sus fragantes flores se emplea en perfumería.

ANONA
Annona squamosa
F: Anonáceas
Ampliamente cultivado, se cree que este árbol es de origen caribeño. El fruto es comestible y de sabor similar a la chirimoya.

MIRÍSTICA
Myristica fragrans
F: Miristicáceas
Tanto la nuez moscada como el macis se obtienen de las semillas de este árbol de hoja perenne de las islas Molucas (o de las Especias), en Indonesia.

PAWPAW
Asimina triloba
F: Anonáceas
Árbol caducifolio originario de los bosques húmedos del este de América del Norte. Sus flores individuales producen frutos comestibles.

MONOCOTILEDÓNEAS

Definido por una anatomía interna propia, este clado incluye herbáceas y palmas, además de lirios, orquídeas y muchas otras plantas ornamentales.

En la evolución de las plantas con flores pronto se desarrollaron dos ramas principales: la menor, pero aun así considerable, es la de las monocotiledóneas; la mayor evolucionó en las eudicotiledóneas. Las monocotiledóneas deben su nombre a que las semillas están cubiertas por una sola hoja primordial, o cotiledón. No existe otro método infalible para reconocerlas, aunque sí rasgos importantes. La mayoría tiene largas hojas estrechas con venas paralelas, y las partes florales (pétalos, estambres y demás) se organizan en múltiplos de tres. Los granos de polen tienen un solo poro, a diferencia de los de las eudicotiledóneas, que tienen tres. En muchas monocotiledóneas, como los tulipanes, los pétalos y los sépalos son casi idénticos y se conocen como tépalos; esa característica es compartida por muchas magnólidas.

Suelen tener un sistema de raíces fibrosas, en lugar de una raíz primaria con otras menores. Otra característica clave –que se ve al microscopio– es la estructura de los tallos: en las monocotiledóneas, el tejido vascular (las células especializadas que transportan la savia) se presenta en haces dispersos; en las eudicotiledóneas forma anillos concéntricos. Así pues, el tallo de las primeras es más flexible, pero el de las segundas es más resistente y permite la formación de árboles. Las monocotiledóneas arbóreas, principalmente palmas, tienen una forma de crecimiento muy distinta a los planifolios y las coníferas; sus troncos adquieren altura, pero no grosor, y suelen estar rematados por una única roseta foliar.

ESTRATEGIAS DE SUPERVIVENCIA

Muchas monocotiledóneas sobreviven a las épocas adversas bajo la forma de órganos subterráneos de reserva, como bulbos o tubérculos. Las herbáceas se dispersan gracias al efecto de pastoreo de los animales, y son la única familia vegetal que forma un hábitat completo: la pradera. En los trópicos, muchas monocotiledóneas son epífitas: crecen sobre los árboles. Entre ellas se encuentran las bromeliáceas y muchas orquídeas (una familia muy abundante, con más de 25 000 especies en todo el mundo).

DIVISIÓN	ANGIOSPERMAS
CLADO	MONOCOTILEDÓNEAS
ÓRDENES	11
FAMILIAS	77
ESPECIES	60 000

DEBATE

MONOCOTILEDÓNEAS: ¿DE ORIGEN ACUÁTICO?

Muchas plantas de agua dulce actuales son monocotiledóneas, y también algunas de las pocas plantas marinas. Según una teoría de larga tradición, pudieron evolucionar primero en agua dulce antes de diversificarse y adoptar la vida terrestre. Esto explicaría las hojas largas y delgadas de muchas especies, además de la estructura interna de sus tallos (izquierda). Algunas monocotiledóneas terrestres completaron el ciclo después de ocupar la tierra, y evolucionaron hacia formas acuáticas; así habrían surgido, por ejemplo, las lentejas de agua.

ACORALES

Orden formado por un único género con solo dos especies. Llamadas cálamos aromáticos, estas plantas de ribera y humedal tienen una espiga floral carnosa de pequeñas flores, y se clasificaron como aráceas (derecha). Hoy en día se cree que representan la primera rama genealógica de las monocotiledóneas, y que pueden dar una idea de su aspecto original.

1 m

CÁLAMO AROMÁTICO
Acorus calamus
F: Acoráceas
Esta planta ribereña distribuida por todo el hemisferio norte se cortaba para esparcirla sobre el suelo por su fresco olor cítrico.

ALISMATALES

Este orden comprende muchas plantas acuáticas comunes además de la familia terrestre de las aráceas; estas últimas tienen un aspecto espectacular y poseen unos órganos reproductores distintivos consistentes en una espiga carnosa de flores diminutas llamada espádice, rodeada por un órgano foliáceo, la espata. En el orden hay otras familias con muchas especies de agua dulce, y también varias familias de plantas marinas.

LLANTÉN ACUÁTICO
Alisma plantago-aquatica
F: Alismatáceas
Propio de hábitats de ribera, es común en Europa, Asia y el norte de África. Sus flores blancas, rosadas o púrpura pálido solo duran un día.

1 m

hojas de elípticas a ovales

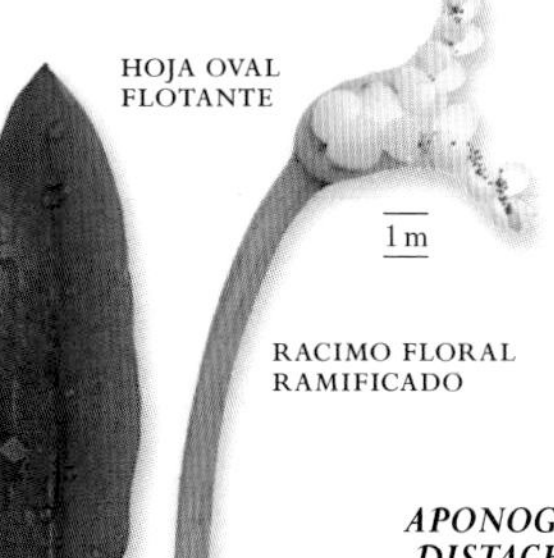

APONOGETON DISTACHYOS
F: Aponogetonáceas
Esta planta natural de Sudáfrica se ha naturalizado en otros lugares. Sus flores con aroma a vainilla se abren sobre la superficie del agua.

flor masculina

TALLO FLORAL

HOJA EN FORMA DE SAETA

verticilo de tres flores femeninas

1 m

SAGITARIA
Sagittaria sagittifolia
F: Alismatáceas
Las hojas de esta planta europea propia de humedales son sagitadas por encima del agua y lineares por debajo; además, a veces son flotantes.

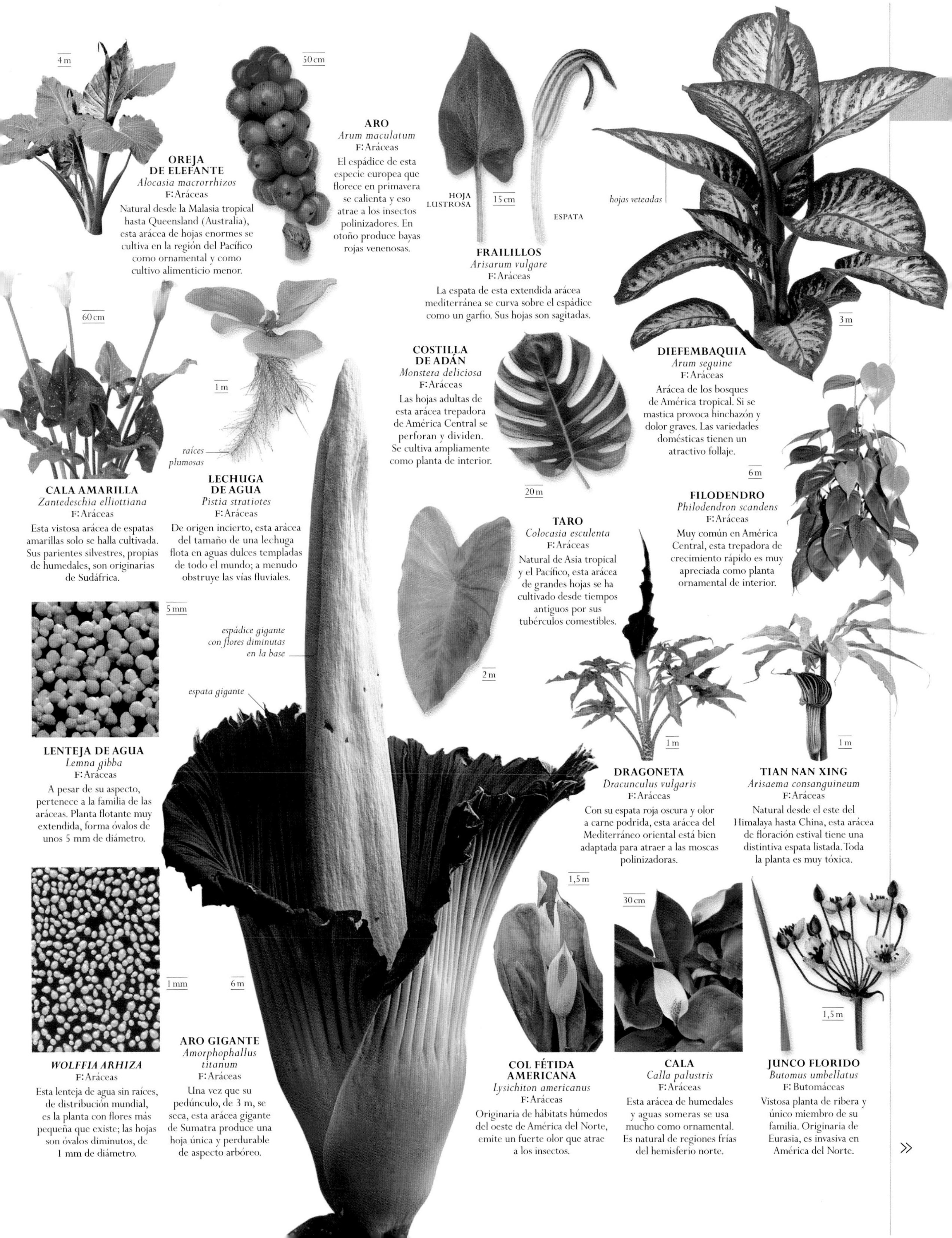

OREJA DE ELEFANTE
Alocasia macrorrhizos
F: Aráceas
Natural desde la Malasia tropical hasta Queensland (Australia), esta arácea de hojas enormes se cultiva en la región del Pacífico como ornamental y como cultivo alimenticio menor.

ARO
Arum maculatum
F: Aráceas
El espádice de esta especie europea que florece en primavera se calienta y eso atrae a los insectos polinizadores. En otoño produce bayas rojas venenosas.

FRAILILLOS
Arisarum vulgare
F: Aráceas
La espata de esta extendida arácea mediterránea se curva sobre el espádice como un garfio. Sus hojas son sagitadas.

DIEFEMBAQUIA
Arum seguine
F: Aráceas
Arácea de los bosques de América tropical. Si se mastica provoca hinchazón y dolor graves. Las variedades domésticas tienen un atractivo follaje.

COSTILLA DE ADÁN
Monstera deliciosa
F: Aráceas
Las hojas adultas de esta arácea trepadora de América Central se perforan y dividen. Se cultiva ampliamente como planta de interior.

CALA AMARILLA
Zantedeschia elliottiana
F: Aráceas
Esta vistosa arácea de espatas amarillas solo se halla cultivada. Sus parientes silvestres, propias de humedales, son originarias de Sudáfrica.

LECHUGA DE AGUA
Pistia stratiotes
F: Aráceas
De origen incierto, esta arácea del tamaño de una lechuga flota en aguas dulces templadas de todo el mundo; a menudo obstruye las vías fluviales.

FILODENDRO
Philodendron scandens
F: Aráceas
Muy común en América Central, esta trepadora de crecimiento rápido es muy apreciada como planta ornamental de interior.

TARO
Colocasia esculenta
F: Aráceas
Natural de Asia tropical y el Pacífico, esta arácea de grandes hojas se ha cultivado desde tiempos antiguos por sus tubérculos comestibles.

LENTEJA DE AGUA
Lemna gibba
F: Aráceas
A pesar de su aspecto, pertenece a la familia de las aráceas. Planta flotante muy extendida, forma óvalos de unos 5 mm de diámetro.

DRAGONETA
Dracunculus vulgaris
F: Aráceas
Con su espata roja oscura y olor a carne podrida, esta arácea del Mediterráneo oriental está bien adaptada para atraer a las moscas polinizadoras.

TIAN NAN XING
Arisaema consanguineum
F: Aráceas
Natural desde el este del Himalaya hasta China, esta arácea de floración estival tiene una distintiva espata listada. Toda la planta es muy tóxica.

WOLFFIA ARHIZA
F: Aráceas
Esta lenteja de agua sin raíces, de distribución mundial, es la planta con flores más pequeña que existe; las hojas son óvalos diminutos, de 1 mm de diámetro.

ARO GIGANTE
Amorphophallus titanum
F: Aráceas
Una vez que su pedúnculo, de 3 m, se seca, esta arácea gigante de Sumatra produce una hoja única y perdurable de aspecto arbóreo.

COL FÉTIDA AMERICANA
Lysichiton americanus
F: Aráceas
Originaria de hábitats húmedos del oeste de América del Norte, emite un fuerte olor que atrae a los insectos.

CALA
Calla palustris
F: Aráceas
Esta arácea de humedales y aguas someras se usa mucho como ornamental. Es natural de regiones frías del hemisferio norte.

JUNCO FLORIDO
Butomus umbellatus
F: Butomáceas
Vistosa planta de ribera y único miembro de su familia. Originaria de Eurasia, es invasiva en América del Norte.

»

» ALISMATALES

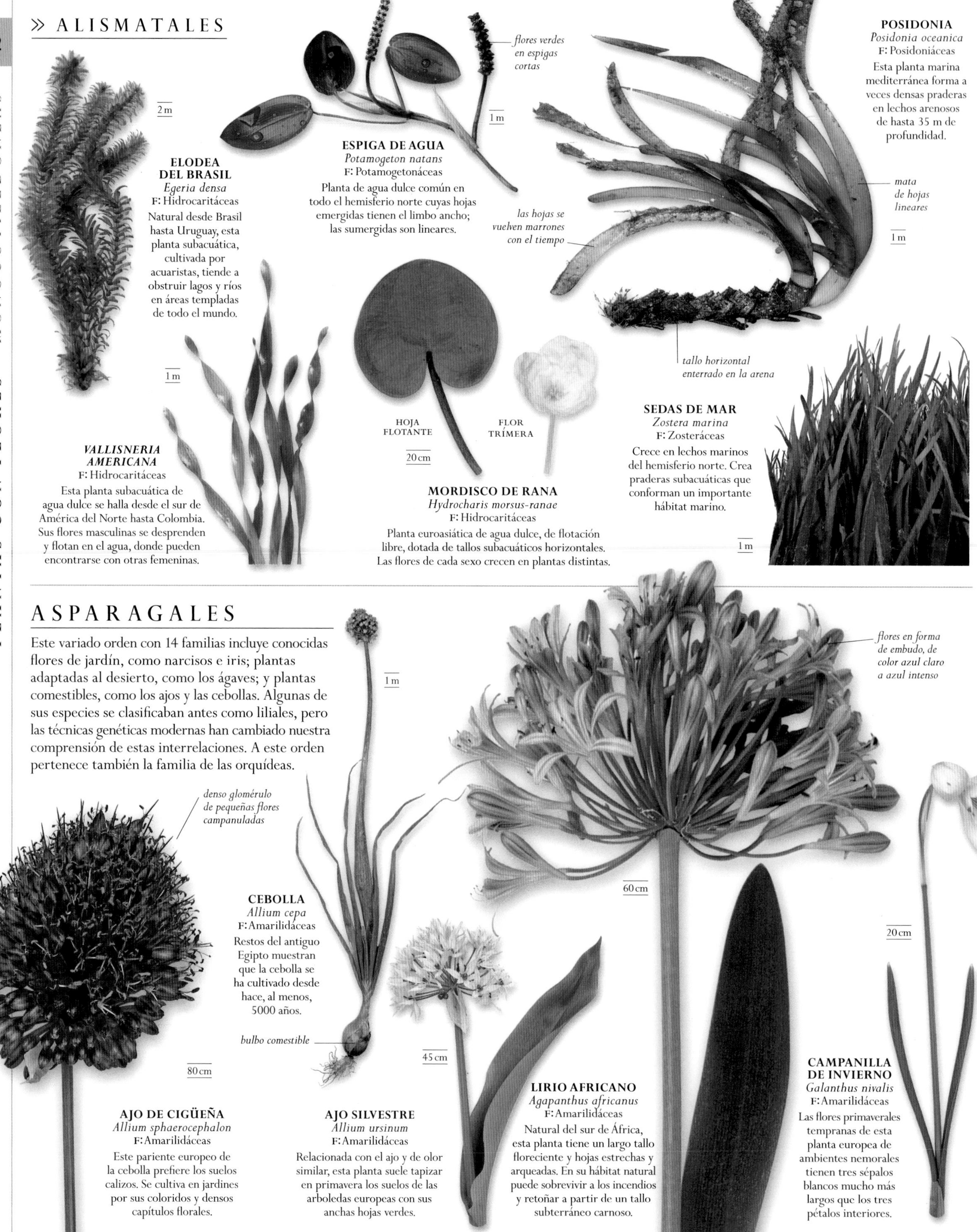

ELODEA DEL BRASIL
Egeria densa
F: Hidrocaritáceas
Natural desde Brasil hasta Uruguay, esta planta subacuática, cultivada por acuaristas, tiende a obstruir lagos y ríos en áreas templadas de todo el mundo.

ESPIGA DE AGUA
Potamogeton natans
F: Potamogetonáceas
Planta de agua dulce común en todo el hemisferio norte cuyas hojas emergidas tienen el limbo ancho; las sumergidas son lineares.

POSIDONIA
Posidonia oceanica
F: Posidoniáceas
Esta planta marina mediterránea forma a veces densas praderas en lechos arenosos de hasta 35 m de profundidad.

VALLISNERIA AMERICANA
F: Hidrocaritáceas
Esta planta subacuática de agua dulce se halla desde el sur de América del Norte hasta Colombia. Sus flores masculinas se desprenden y flotan en el agua, donde pueden encontrarse con otras femeninas.

MORDISCO DE RANA
Hydrocharis morsus-ranae
F: Hidrocaritáceas
Planta euroasiática de agua dulce, de flotación libre, dotada de tallos subacuáticos horizontales. Las flores de cada sexo crecen en plantas distintas.

SEDAS DE MAR
Zostera marina
F: Zosteráceas
Crece en lechos marinos del hemisferio norte. Crea praderas subacuáticas que conforman un importante hábitat marino.

ASPARAGALES

Este variado orden con 14 familias incluye conocidas flores de jardín, como narcisos e iris; plantas adaptadas al desierto, como los ágaves; y plantas comestibles, como los ajos y las cebollas. Algunas de sus especies se clasificaban antes como liliales, pero las técnicas genéticas modernas han cambiado nuestra comprensión de estas interrelaciones. A este orden pertenece también la familia de las orquídeas.

CEBOLLA
Allium cepa
F: Amarilidáceas
Restos del antiguo Egipto muestran que la cebolla se ha cultivado desde hace, al menos, 5000 años.

AJO DE CIGÜEÑA
Allium sphaerocephalon
F: Amarilidáceas
Este pariente europeo de la cebolla prefiere los suelos calizos. Se cultiva en jardines por sus coloridos y densos capítulos florales.

AJO SILVESTRE
Allium ursinum
F: Amarilidáceas
Relacionada con el ajo y de olor similar, esta planta suele tapizar en primavera los suelos de las arboledas europeas con sus anchas hojas verdes.

LIRIO AFRICANO
Agapanthus africanus
F: Amarilidáceas
Natural del sur de África, esta planta tiene un largo tallo floreciente y hojas estrechas y arqueadas. En su hábitat natural puede sobrevivir a los incendios y retoñar a partir de un tallo subterráneo carnoso.

CAMPANILLA DE INVIERNO
Galanthus nivalis
F: Amarilidáceas
Las flores primaverales tempranas de esta planta europea de ambientes nemorales tienen tres sépalos blancos mucho más largos que los tres pétalos interiores.

CLIVIA
Clivia miniata
F: Amarilidáceas
Debido a lo llamativo de sus flores y a las hojas lineares perennes, se han cultivado muchas variedades de esta planta sudafricana.

CRINO
Crinum x *Powellii*
F: Amarilidáceas
Esta planta bulbosa es un híbrido de dos especies sudafricanas de *Crinum*. Resiste bien los climas fríos.

AMARILIS
Hippeastrum sp.
F: Amarilidáceas
Este género de vistosas plantas bulbosas es natural de regiones cálidas de América. Existen numerosas variedades e híbridos.

DICHELOSTEMMA IDA-MAIA
F: Asparagáceas
Originaria de Oregón y el norte de California, es una especie principalmente de bosque con atractivas flores tubulares, muy apreciada en jardinería.

PITA
Agave americana
F: Asparagáceas
Natural de México y el suroeste de EE UU, esta planta suculenta (que acumula agua) florece una sola vez tras 10–30 años y luego muere.

CINTA
Chlorophytum comosum
F: Asparagáceas
Las formas variegadas de esta especie africana, muy conocidas como plantas de interior, forman plántulas a partir de las hojas y los tallos arqueados.

NARCISO DE PRADO
Narcissus pseudonarcissus
F: Amarilidáceas
Origen de muchas variedades cultivadas de narcisos, esta especie montana y nemoral europea es cada vez más rara.

FALANGERA
Anthericum liliago
F: Asparagáceas
Planta europea de hojas herbáceas que prefiere las laderas soleadas y otros lugares abiertos, así como suelos ricos y húmedos.

ESPÁRRAGO COMÚN
Asparagus officinalis
F: Asparagáceas
Cultivada por sus tiernos brotes, esta especie europea se convierte en una alta planta plumosa si se deja crecer.

DAGA ESPAÑOLA
Yucca gloriosa
F: Asparagáceas
Como todas las yucas, esta especie costera del sureste de EE UU depende de una mariposa nocturna especializada para su polinización.

ÁRBOL DE JOSUÉ
Yucca brevifolia
F: Asparagáceas
Se cree que esta ramificada yuca leñosa, originaria del desierto de Mojave (EE UU), vive cientos de años.

»

LIRIO DE LOS VALLES
Convallaria majalis
F: Asparagáceas
Planta de aroma dulce propia de la Eurasia templada; sus bayas rojas son tóxicas.

SELLO DE SALOMÓN
Polygonatum multiflorum
F: Asparagáceas
Especie euroasiática, principalmente de bosques, con frondosos tallos arqueados y flores tubulares aromáticas.

RUSCO
Ruscus aculeatus
F: Asparagáceas
En este arbusto, las flores y los frutos nacen directamente de los filóclados (tallos aplanados que parecen hojas).

CEBOLLA ALBARRANA
Drimia maritima
F: Asparagáceas
Natural de las costas mediterráneas, esta planta de grandes bulbos produce una larga espiga de flores blancas a final de verano, tras marchitarse sus hojas.

ASPIDISTRA
Aspidistra elatior
F: Asparagáceas
Planta de bosque originaria de Japón, es hoy popular como planta de interior. Sus pequeñas flores púrpuras florecen junto al suelo.

ESTRELLA DE BELÉN
Ornithogalum angustifolium
F: Asparagáceas
Esta extendida planta europea cierra sus flores ante el mal tiempo. Las hojas son estrechas, acanaladas y con una banda blanca central.

SANSEVIERA
Dracaena trifasciata
F: Asparagáceas
Especie del oeste del África tropical, de hojas coriáceas veteadas. Es popular como planta de interior y cultivada también por sus fibras.

JACINTO DEL PERÚ
Scilla peruviana
F: Asparagáceas
Esta vistosa perenne bulbosa del suroeste de Europa presenta hojas basales largas y amplias.

JUNQUILLO FALSO
Aphyllanthes monspeliensis
F: Asparagáceas
Cuando no tiene flores, esta especie mediterránea parece un matojo de juncos, con muchos tallos esbeltos casi afilos (sin hojas).

JACINTO
Hyacinthus orientalis
'Blue jacket'
F: Asparagáceas
Una de las muchas fragantes y coloridas variedades derivadas de esta especie del suroeste asiático.

LACHENALIA
Lachenalia aloides
F: Asparagáceas
Esta bulbosa originaria del extremo suroeste de África presenta solo una o dos hojas lineares.

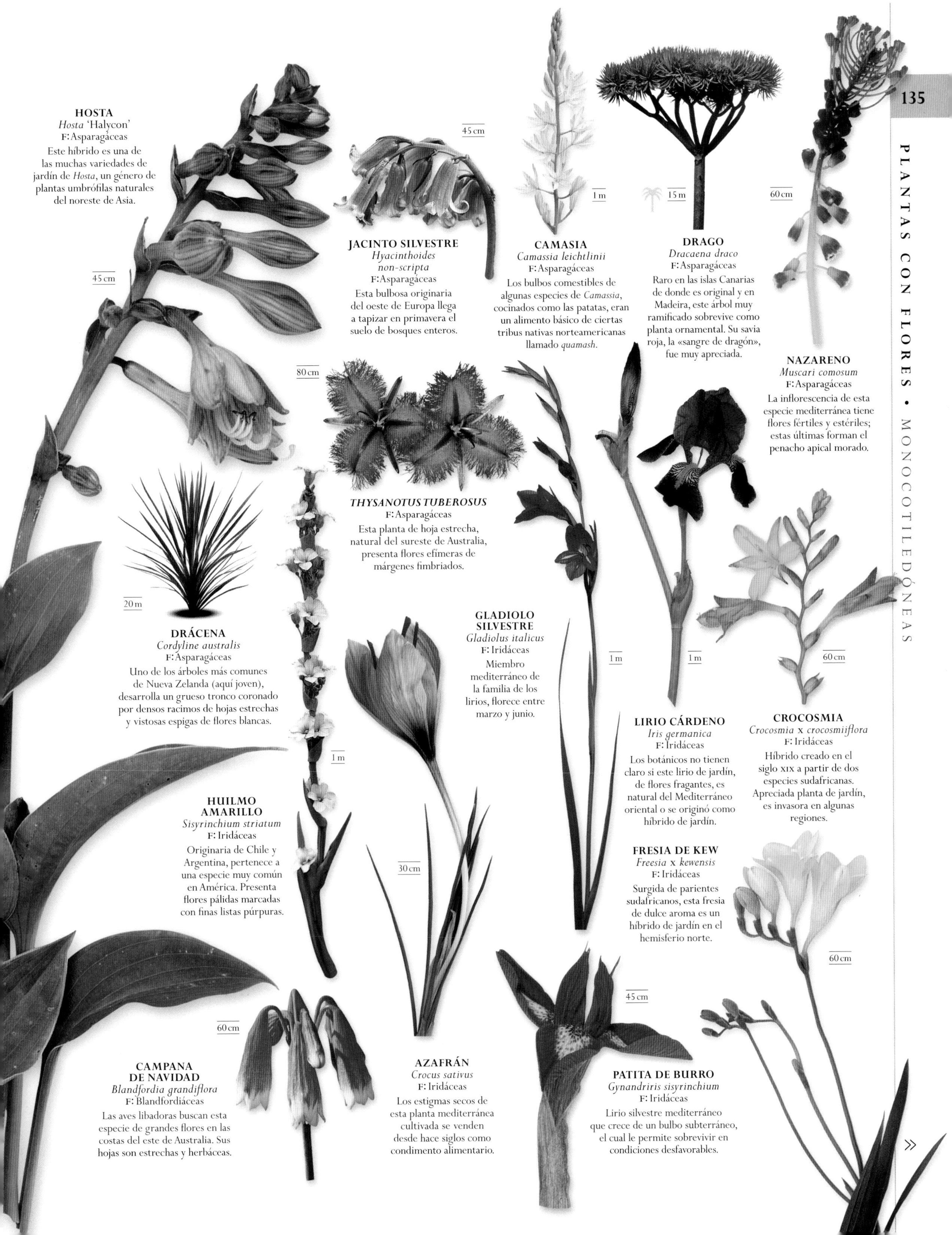

HOSTA
Hosta 'Halycon'
F: Asparagáceas
Este híbrido es una de las muchas variedades de jardín de *Hosta*, un género de plantas umbrófilas naturales del noreste de Asia.

JACINTO SILVESTRE
Hyacinthoides non-scripta
F: Asparagáceas
Esta bulbosa originaria del oeste de Europa llega a tapizar en primavera el suelo de bosques enteros.

CAMASIA
Camassia leichtlinii
F: Asparagáceas
Los bulbos comestibles de algunas especies de *Camassia*, cocinados como las patatas, eran un alimento básico de ciertas tribus nativas norteamericanas llamado *quamash*.

DRAGO
Dracaena draco
F: Asparagáceas
Raro en las islas Canarias de donde es original y en Madeira, este árbol muy ramificado sobrevive como planta ornamental. Su savia roja, la «sangre de dragón», fue muy apreciada.

NAZARENO
Muscari comosum
F: Asparagáceas
La inflorescencia de esta especie mediterránea tiene flores fértiles y estériles; estas últimas forman el penacho apical morado.

THYSANOTUS TUBEROSUS
F: Asparagáceas
Esta planta de hoja estrecha, natural del sureste de Australia, presenta flores efímeras de márgenes fimbriados.

DRÁCENA
Cordyline australis
F: Asparagáceas
Uno de los árboles más comunes de Nueva Zelanda (aquí joven), desarrolla un grueso tronco coronado por densos racimos de hojas estrechas y vistosas espigas de flores blancas.

GLADIOLO SILVESTRE
Gladiolus italicus
F: Iridáceas
Miembro mediterráneo de la familia de los lirios, florece entre marzo y junio.

LIRIO CÁRDENO
Iris germanica
F: Iridáceas
Los botánicos no tienen claro si este lirio de jardín, de flores fragantes, es natural del Mediterráneo oriental o se originó como híbrido de jardín.

CROCOSMIA
Crocosmia x *crocosmiiflora*
F: Iridáceas
Híbrido creado en el siglo XIX a partir de dos especies sudafricanas. Apreciada planta de jardín, es invasora en algunas regiones.

HUILMO AMARILLO
Sisyrinchium striatum
F: Iridáceas
Originaria de Chile y Argentina, pertenece a una especie muy común en América. Presenta flores pálidas marcadas con finas listas púrpuras.

FRESIA DE KEW
Freesia x *kewensis*
F: Iridáceas
Surgida de parientes sudafricanos, esta fresia de dulce aroma es un híbrido de jardín en el hemisferio norte.

CAMPANA DE NAVIDAD
Blandfordia grandiflora
F: Blandfordiáceas
Las aves libadoras buscan esta especie de grandes flores en las costas del este de Australia. Sus hojas son estrechas y herbáceas.

AZAFRÁN
Crocus sativus
F: Iridáceas
Los estigmas secos de esta planta mediterránea cultivada se venden desde hace siglos como condimento alimentario.

PATITA DE BURRO
Gynandriris sisyrinchium
F: Iridáceas
Lirio silvestre mediterráneo que crece de un bulbo subterráneo, el cual le permite sobrevivir en condiciones desfavorables.

»

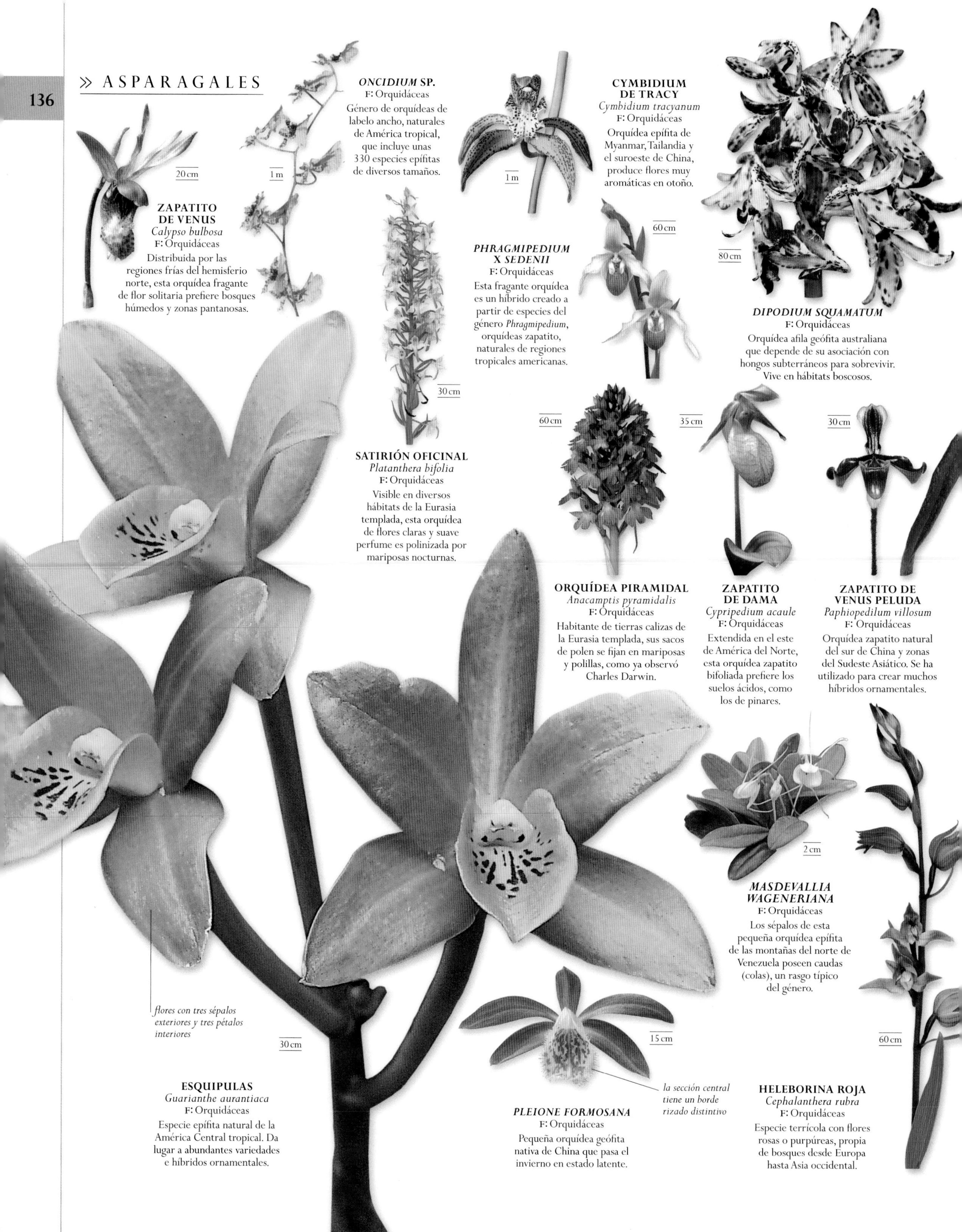

ZAPATITO DE VENUS
Calypso bulbosa
F: Orquidáceas
Distribuida por las regiones frías del hemisferio norte, esta orquídea fragante de flor solitaria prefiere bosques húmedos y zonas pantanosas.

***ONCIDIUM* SP.**
F: Orquidáceas
Género de orquídeas de labelo ancho, naturales de América tropical, que incluye unas 330 especies epífitas de diversos tamaños.

CYMBIDIUM DE TRACY
Cymbidium tracyanum
F: Orquidáceas
Orquídea epífita de Myanmar, Tailandia y el suroeste de China, produce flores muy aromáticas en otoño.

PHRAGMIPEDIUM X SEDENII
F: Orquidáceas
Esta fragante orquídea es un híbrido creado a partir de especies del género *Phragmipedium*, orquídeas zapatito, naturales de regiones tropicales americanas.

DIPODIUM SQUAMATUM
F: Orquidáceas
Orquídea afila geófita australiana que depende de su asociación con hongos subterráneos para sobrevivir. Vive en hábitats boscosos.

SATIRIÓN OFICINAL
Platanthera bifolia
F: Orquidáceas
Visible en diversos hábitats de la Eurasia templada, esta orquídea de flores claras y suave perfume es polinizada por mariposas nocturnas.

ORQUÍDEA PIRAMIDAL
Anacamptis pyramidalis
F: Orquidáceas
Habitante de tierras calizas de la Eurasia templada, sus sacos de polen se fijan en mariposas y polillas, como ya observó Charles Darwin.

ZAPATITO DE DAMA
Cypripedium acaule
F: Orquidáceas
Extendida en el este de América del Norte, esta orquídea zapatito bifoliada prefiere los suelos ácidos, como los de pinares.

ZAPATITO DE VENUS PELUDA
Paphiopedilum villosum
F: Orquidáceas
Orquídea zapatito natural del sur de China y zonas del Sudeste Asiático. Se ha utilizado para crear muchos híbridos ornamentales.

MASDEVALLIA WAGENERIANA
F: Orquidáceas
Los sépalos de esta pequeña orquídea epífita de las montañas del norte de Venezuela poseen caudas (colas), un rasgo típico del género.

flores con tres sépalos exteriores y tres pétalos interiores

ESQUIPULAS
Guarianthe aurantiaca
F: Orquidáceas
Especie epífita natural de la América Central tropical. Da lugar a abundantes variedades e híbridos ornamentales.

la sección central tiene un borde rizado distintivo

PLEIONE FORMOSANA
F: Orquidáceas
Pequeña orquídea geófita nativa de China que pasa el invierno en estado latente.

HELEBORINA ROJA
Cephalanthera rubra
F: Orquidáceas
Especie terrícola con flores rosas o purpúreas, propia de bosques desde Europa hasta Asia occidental.

LIMODORO VIOLETA
Limodorum abortivum
F: Orquidáceas
Esta orquídea del sur de Europa carece de hojas verdes. Para alimentarse, depende totalmente del hongo *Russula* que vive en sus raíces.

80 cm

***DENDROBIUM* SP.**
F: Orquidáceas
Este género de orquídeas epifitas, que se halla desde el Sudeste Asiático hasta Nueva Zelanda, incluye unas mil especies de formas, colores y tamaños diversos.

2 m

1 m

ORQUÍDEA MARIPOSA LIPPEROSE
Phalaenopsis 'Lipperose'
F: Orquidáceas
Es uno de los muchos híbridos cultivados a partir del género *Phalaenopsis*. Del Sudeste Asiático, tiene anchas flores aplanadas.

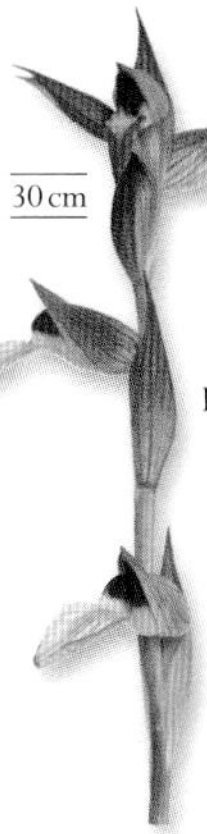

30 cm

GALLOS
Serapias lingua
F: Orquidáceas
El labelo de la flor de esta curiosa orquídea mediterránea cuelga como una lengua y sirve como plataforma de aterrizaje para los insectos visitantes.

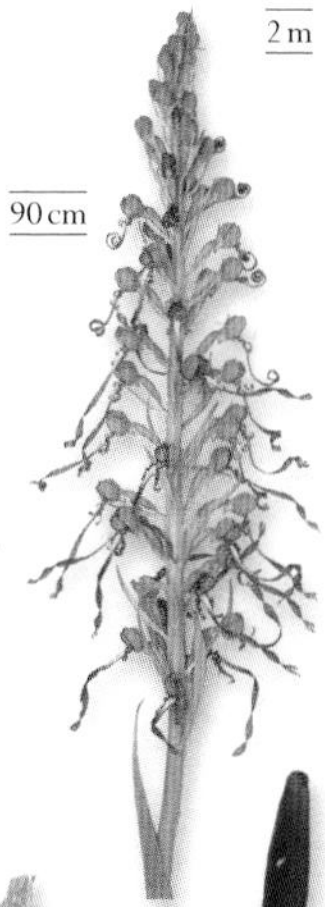

90 cm

ORQUÍDEA LAGARTO
Himantoglossum hircinum
F: Orquidáceas
Los largos labelos de esta orquídea del sur de Europa tienen un caprichoso parecido con lagartos diminutos; de ahí su nombre común.

tres sépalos y dos pétalos en cada flor

60 cm

15 m

60 cm

sépalos colgantes

30 cm

ORQUÍDEA SOLDADO
Orchis militaris
F: Orquidáceas
Orquídea euroasiática amante de terrenos calizos cuyo nombre puede deberse al parecido de las flores con figuras humanas con casco.

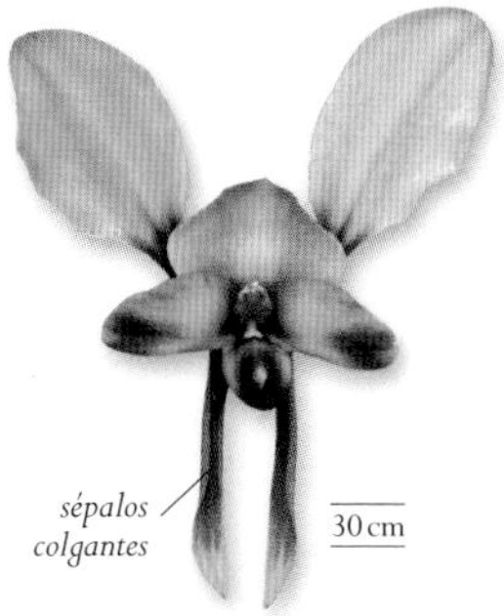

DIURIS CORYMBOSA
F: Orquidáceas
Los pétalos laterales de esta orquídea natural del sur de Australia parecen orejas de burro; así la llaman en su lugar de origen.

VAINA SEMINAL

HOJAS PERSISTENTES CORIÁCEAS

***VANDA* 'ROTHSCHILDIANA'**
F: Orquidáceas
Este híbrido fue creado cruzando especies del género *Vanda*, orquídeas epifitas originarias del Asia tropical.

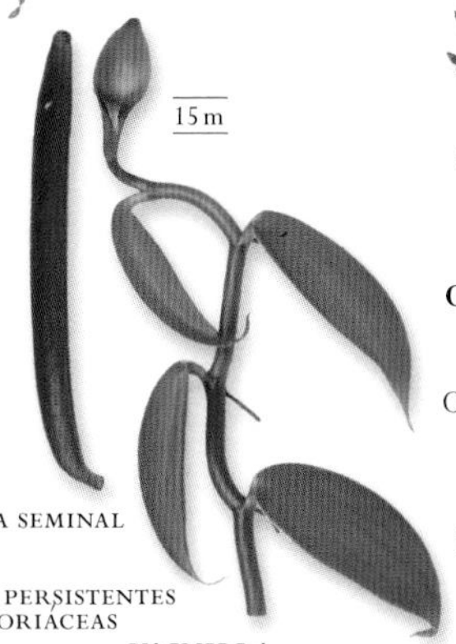

VAINILLA
Vanilla planifolia
F: Orquidáceas
Natural de México y América Central, esta orquídea trepadora es la fuente de la aromática vainilla.

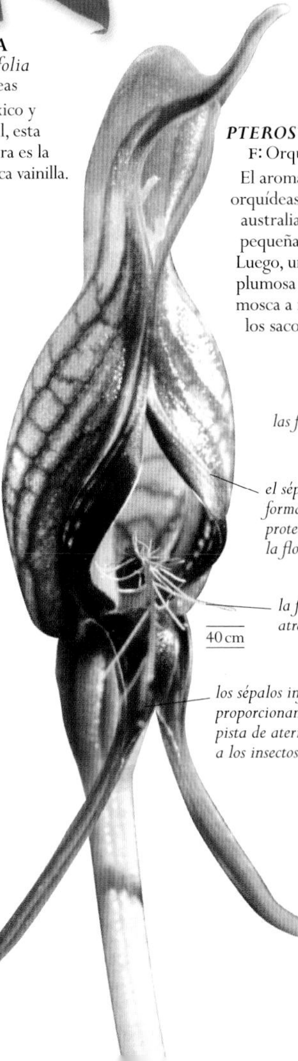

***PTEROSTYLIS* SP.**
F: Orquidáceas
El aroma de estas orquídeas terrestres australianas atrae pequeñas moscas. Luego, una trampa plumosa incita a la mosca a recolectar los sacos línicos.

una hoja lanceolada en cada pedúnculo

TRENZA DE OTOÑO
Spiranthes spiralis
F: Orquidáceas
Esta pequeña orquídea, propia de los pastizales de la Eurasia templada, es notable por la disposición en espiral de las flores en torno al pedúnculo.

las flores parecen abejorros

el sépalo y los pétalos forman una capucha protectora sobre la flor interior

20 cm

la flor atrae insectos polinizadores

1 m

la flor se cierra para atrapar al insecto

40 cm

50 cm

los sépalos inferiores proporcionan una pista de aterrizaje a los insectos

60 cm

HELEBORINA ROJA OSCURA
Epipactis atrorubens
F: Orquidáceas
Las largas raíces de esta fragante orquídea euroasiática le ayudan a crecer incluso en las grietas de acantilados calizos.

ORQUÍDEA MONJA
Phaius tankervilleae
F: Orquidáceas
Olorosa orquídea terrícola muy cultivada. Es originaria de hábitats tropicales y subtropicales del Sudeste Asiático y el Pacífico Sur.

ORQUÍDEA ABEJA
Ophrys apifera
F: Orquidáceas
Esta orquídea euroasiática pertenece a un género que imita a las hembras de insectos polinizadores para atraer a los machos, pero en la práctica se autopoliniza.

»

∨ TALLOS TREPADORES
La orquídea con pseudobulbos crece sobre toda la superficie de su sustrato, ya sea una roca u otra planta, y forma una densa maraña de estolones: tallos horizontales que surgen de la base.

ORQUÍDEA CON PSEUDOBULBOS
Dinema polybulbon

Esta diminuta orquídea es la única especie del género *Dinema*. Reptante y prolífica, crece sobre piedra o sobre árboles, que le sirven de sustrato. Obtiene sus nutrientes del aire, de detritus animales o de restos de otras plantas, y absorbe agua de lluvia y humedad de la niebla, que almacena en las hojas, gruesas y cerúleas; además, tiene estomas reducidos. Todos esos rasgos minimizan la pérdida de agua. Las hojas encauzan el agua hacia unos brotes erectos y turgentes de los tallos llamados pseudobulbos; estos sirven como órganos almacenadores de agua que mantienen la planta hidratada durante la estación seca. Los tallos trepadores, con los pseudobulbos, están unidos a raíces aéreas y (a veces) subterráneas. Estas absorben nutrientes disueltos a través de una esponjosa capa celular externa, el velamen. En invierno, cada pseudobulbo produce una única flor. Esta especie soporta temperaturas de hasta 7 °C, y es una de las favoritas de los coleccionistas de orquídeas.

TAMAÑO Altura: 7,5 cm
HÁBITAT Bosques húmedos y mixtos
DISTRIBUCIÓN México, América Central, Jamaica, Cuba
TIPO DE HOJA Acanalada, paralelinervia

ápice foliar emarginado (con una muesca)

PSEUDOBULBO >
Estos pequeños brotes ovales, similares a bulbos, en los tallos trepadores almacenan agua para los periodos secos. Cada uno produce de una a tres hojas lustrosas.

∧ FLOR
El pseudobulbo produce una pequeña flor de aroma dulce con estrechos sépalos de color tostado, pétalos púrpuras y labelo blanco péndulo.

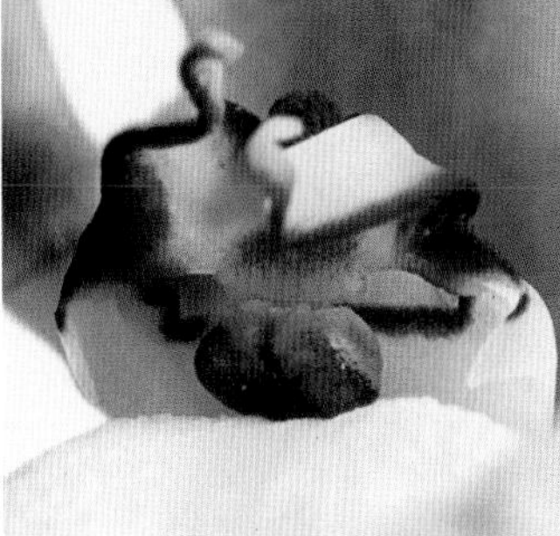

< SACOS POLÍNICOS
Los granos de polen se hallan en dos sacos. Una sustancia pegajosa pega los sacos en los insectos polinizadores, que llevan el polen a otras plantas.

< RAÍCES AÉREAS
Las raíces aéreas no requieren el contacto con el suelo. Las partes más antiguas de la raíz tienen una capa protectora de células muertas que actúa como el papel secante y absorbe y retiene agua.

» ASPARAGALES

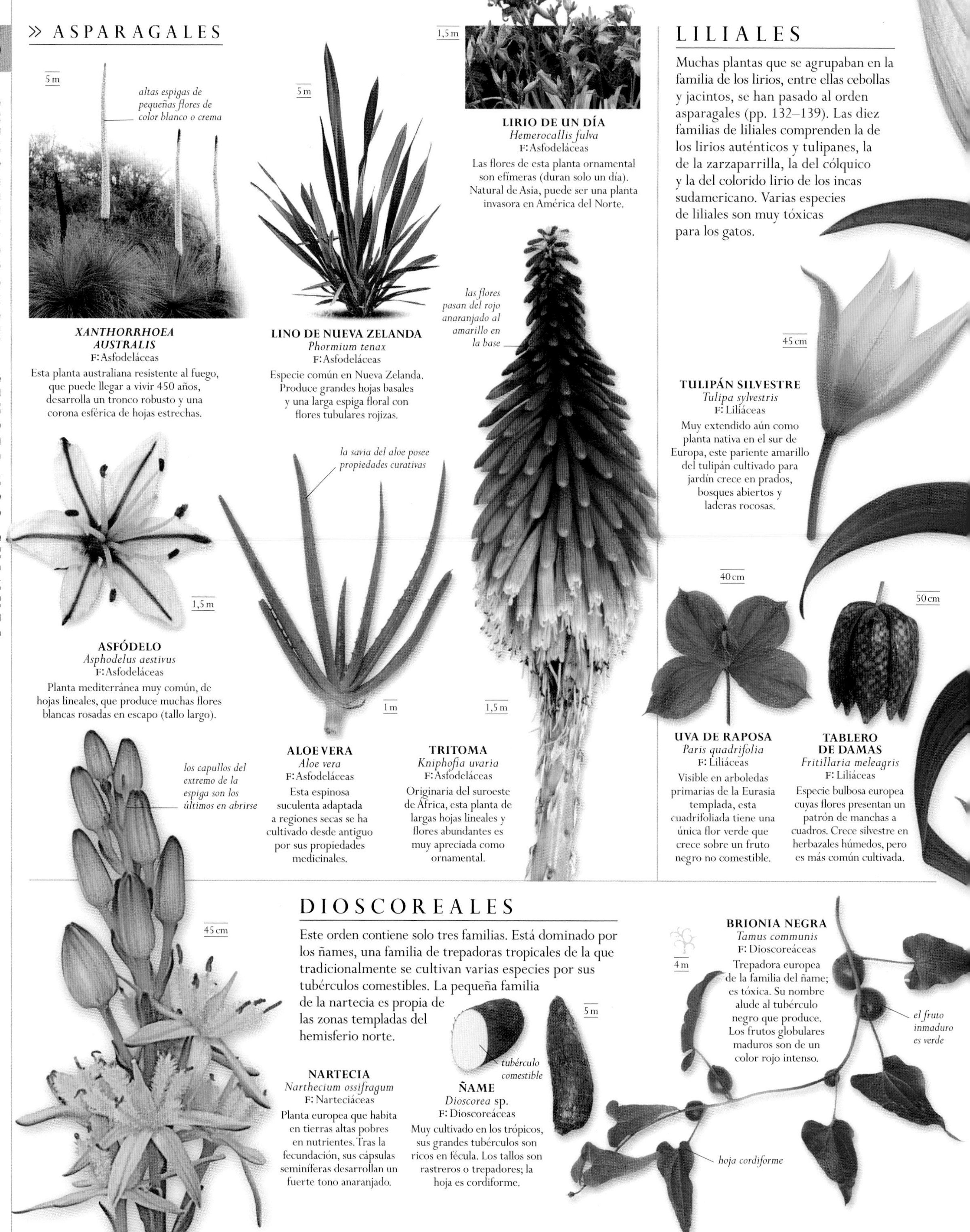

XANTHORRHOEA AUSTRALIS
F: Asfodeláceas
Esta planta australiana resistente al fuego, que puede llegar a vivir 450 años, desarrolla un tronco robusto y una corona esférica de hojas estrechas.

LINO DE NUEVA ZELANDA
Phormium tenax
F: Asfodeláceas
Especie común en Nueva Zelanda. Produce grandes hojas basales y una larga espiga floral con flores tubulares rojizas.

LIRIO DE UN DÍA
Hemerocallis fulva
F: Asfodeláceas
Las flores de esta planta ornamental son efímeras (duran solo un día). Natural de Asia, puede ser una planta invasora en América del Norte.

ASFÓDELO
Asphodelus aestivus
F: Asfodeláceas
Planta mediterránea muy común, de hojas lineales, que produce muchas flores blancas rosadas en escapo (tallo largo).

ALOE VERA
Aloe vera
F: Asfodeláceas
Esta espinosa suculenta adaptada a regiones secas se ha cultivado desde antiguo por sus propiedades medicinales.

TRITOMA
Kniphofia uvaria
F: Asfodeláceas
Originaria del suroeste de África, esta planta de largas hojas lineales y flores abundantes es muy apreciada como ornamental.

LILIALES

Muchas plantas que se agrupaban en la familia de los lirios, entre ellas cebollas y jacintos, se han pasado al orden asparagales (pp. 132–139). Las diez familias de liliales comprenden la de los lirios auténticos y tulipanes, la de la zarzaparrilla, la del cólquico y la del colorido lirio de los incas sudamericano. Varias especies de liliales son muy tóxicas para los gatos.

TULIPÁN SILVESTRE
Tulipa sylvestris
F: Liliáceas
Muy extendido aún como planta nativa en el sur de Europa, este pariente amarillo del tulipán cultivado para jardín crece en prados, bosques abiertos y laderas rocosas.

UVA DE RAPOSA
Paris quadrifolia
F: Liliáceas
Visible en arboledas primarias de la Eurasia templada, esta cuadrifoliada tiene una única flor verde que crece sobre un fruto negro no comestible.

TABLERO DE DAMAS
Fritillaria meleagris
F: Liliáceas
Especie bulbosa europea cuyas flores presentan un patrón de manchas a cuadros. Crece silvestre en herbazales húmedos, pero es más común cultivada.

DIOSCOREALES

Este orden contiene solo tres familias. Está dominado por los ñames, una familia de trepadoras tropicales de la que tradicionalmente se cultivan varias especies por sus tubérculos comestibles. La pequeña familia de la nartecia es propia de las zonas templadas del hemisferio norte.

NARTECIA
Narthecium ossifragum
F: Narteciáceas
Planta europea que habita en tierras altas pobres en nutrientes. Tras la fecundación, sus cápsulas seminíferas desarrollan un fuerte tono anaranjado.

ÑAME
Dioscorea sp.
F: Dioscoreáceas
Muy cultivado en los trópicos, sus grandes tubérculos son ricos en fécula. Los tallos son rastreros o trepadores; la hoja es cordiforme.

BRIONIA NEGRA
Tamus communis
F: Dioscoreáceas
Trepadora europea de la familia del ñame; es tóxica. Su nombre alude al tubérculo negro que produce. Los frutos globulares maduros son de un color rojo intenso.

AZUCENA
Lilium candidum
F: Liliáceas
Símbolo de pureza en el arte cristiano, esta liliácea extensamente cultivada es originaria del este del Mediterráneo.
2 m
el estigma recibe el polen
los estambres liberan el polen
disposición foliar helicoidal
GAGEA RETICULATA
F: Liliáceas
Pequeña bulbosa que crece en hábitats abiertos de gran parte del Asia templada, en el sureste de Europa y el norte de África.
15 cm
MARTAGÓN
Lilium martagon
F: Liliáceas
Los tépalos vueltos hacia atrás de este extendido lirio euroasiático dan su forma floral característica a esta especie.
2 m
GLORIOSA
Gloriosa superba
F: Colchicáceas
Esta impresionante trepadora se halla desde el sur de África hasta el sureste de Asia. Sus tallos se fijan mediante zarcillos.
2 m
CAPÍTULOS FLORALES
15 cm
CÓLQUICO, AZAFRÁN BORDE
Colchicum autumnale
F: Colchicáceas
Las flores de esta planta europea, similares a las del azafrán, aparecen en otoño, meses antes que las hojas. Es muy cultivada, a pesar de su toxicidad.
HOJA TÍPICA
LIRIO GIGANTE DEL HIMALAYA
Cardiocrinum giganteum
F: Liliáceas
Desde el Himalaya hasta China, este lirio gigante crece durante varias temporadas antes de florecer; después la planta madre muere.
3 m
flores con seis tépalos
la hoja gira desde el tallo, y el envés queda hacia arriba
inflorescencia con hasta 40 flores tubulares
TETONA PECOSA DE NUEVA GRANADA
Bomarea multiflora
F: Alstroemeriáceas
Esta trepadora de múltiples tallos, con inflorescencias de flores rojo-anaranjadas, es natural de América del Sur.
4 m
LIRIO DE LOS INCAS
Alstroemeria sp.
F: Alstroemeriáceas
Género sudamericano similar a los lirios que da plantas ornamentales muy apreciadas. Las hojas giran durante el crecimiento hasta invertirse por completo.
1,2 m
»

» LILIALES

10 m

COPIHUE
Lapageria rosea
F: Filesiáceas
Cultivada por sus espectaculares flores, esta trepadora es natural de los bosques húmedos de Chile.

15 m

BAYAS

RACIMO FLORAL

ZARZAPARRILLA
Smilax aspera
F: Esmilacáceas
Originaria del Mediterráneo y el suroeste de Asia, esta vigorosa trepadora presenta las flores masculinas y las femeninas en plantas separadas.

1,5 m

FALSO ELÉBORO
Veratrum sp.
F: Melantiáceas
Género del hemisferio norte, de plantas tóxicas que producen flores blancas verdosas agrupadas en capítulos ramificados.

PANDANALES

Orden principalmente tropical, que incluye cinco familias y unas 1300 especies de árboles, arbustos, trepadoras y herbáceas. Muchas parecen palmas, excepto por sus hojas, lineares y más sencillas. En torno a la mitad de las especies pertenecen al género *Pandanus* (pandanos).

INFRUTESCENCIA

PANDANO
Pandanus tectorius
F: Pandanáceas
Este árbol costero tropical ha sido fuente vital de recursos para las culturas isleñas del Pacífico.

ÁRBOL ADULTO

18 m

ARECALES

Desde 2016, una nueva familia de 16 árboles endémicos de Australia se ha sumado a este orden, dominado por más de 2000 especies de la familia de las palmas. Suelen crecer a partir de un vástago central y van desde enormes árboles hasta esbeltas trepadoras. Sus grandes hojas tienen forma de pluma (pinnatisectas) o de abanico (palmatisectas). La mayoría de las especies vive en pluvisilvas tropicales.

30 m

20 m

PALMA DE AZÚCAR
Arenga pinnata
F: Arecáceas
Natural de India y el Sudeste Asiático, tiene vistosos capítulos florales amarillos. Proporciona diversos productos, como azúcar de su savia y fibras.

PALMERA DATILERA
Phoenix dactylifera
F: Arecáceas
Esta palma cultivada de Oriente Próximo tiene árboles masculinos y femeninos. En la imagen, un ejemplar joven.

30 m

25 m

hoja pinnatisecta

COCOTERO
Cocos nucifera
F: Arecáceas
Esta especie, hoy ampliamente cultivada, pudo surgir en el oeste del Pacífico y colonizar nuevas islas mediante sus frutos flotantes.

ÁRBOL ADULTO

FRUTO UNISPERMO

ÁRBOL ADULTO

FRUTO MADURO

PALMERA DEL BETEL
Areca catechu
F: Arecáceas
Palma originaria del Sudeste Asiático cultivada por sus semillas, que liberan una sustancia psicoactiva al masticarlas.

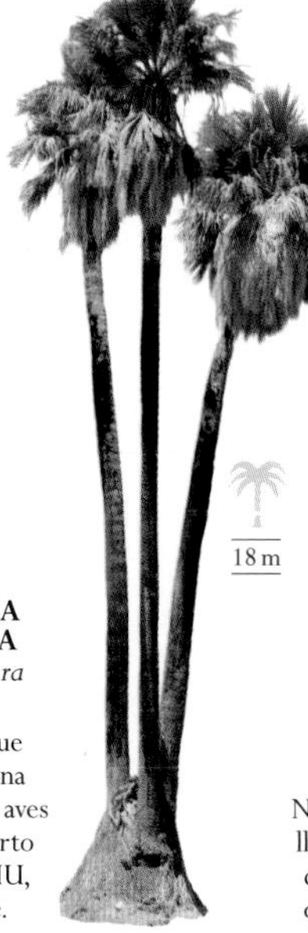

18 m

WASHINGTONIA DE CALIFORNIA
Washingtonia filifera
F: Arecáceas
Las hojas muertas que cuelgan bajo su corona proporcionan cobijo a aves e insectos en el desierto del suroeste de EE UU, de donde proviene.

PALMERA DE ABRIGO
Copernicia macroglossa
F: Arecáceas
Natural de Cuba, también se llama palma de faldas por el conjunto de hojas muertas que retiene bajo la corona.

7 m

PALMA DE ACEITE
Elaeis guineensis
F: Arecáceas
Palma propia de tierras bajas tropicales, se cultiva tanto en su África natal como en otros lugares por los aceites que contiene el fruto.

PALMERA BOTELLA
Hyophorbe lagenicaulis
F: Arecáceas
Esta palma de base engrosada procede de la diminuta isla Round, cercana a Mauricio. Es muy cultivada como ornamental.

PALMERA DEL SAGÚ
Metroxylon sagu
F: Arecáceas
Esta palma helófita (de pantano) pudo surgir en Nueva Guinea, pero hoy se cultiva en todo el Sudeste Asiático. Aquí, una planta joven.

PALMERA DE LA RAFIA
Raphia farinifera
F: Arecáceas
Las hojas de esta palma africana, que pueden alcanzar los 20 m de longitud, son las más largas existentes.

PALMITO ELEVADO
Trachycarpus fortunei
F: Arecáceas
Especie del centro de China, tolerante al frío y con plantas masculinas y femeninas separadas; estas últimas producen frutos redondos de color azul oscuro.

COCO DE MAR
Lodoicea maldivica
F: Arecáceas
Esta palma de las Seychelles produce las semillas más grandes del reino vegetal; tardan seis años en madurar.

PALMA REAL
Roystonea regia
F: Arecáceas
Esta elegante palma de tronco liso, que adorna numerosas avenidas en los trópicos, es natural desde América Central hasta Cuba y Florida.

PALMA PALMIRA
Borassus flabellifer
F: Arecáceas
Esta especie de tronco alto del sur de Asia prefiere hábitats secos. Se cultiva por sus frutos y su savia rica en azúcar.

CARNAÚBA
Copernicia prunifera
F: Arecáceas
La capa cerosa de las hojas de esta palma del noreste de Brasil la ayuda a resistir la sequía. La cera se recolecta y se usa en pulimentos y jabones.

PALMITO
Chamaerops humilis
F: Arecáceas
En estado natural suele carecer de tronco; las cultivadas desarrollan varios troncos cortos a partir de una sola base. Es natural de la cuenca mediterránea.

PALMERA DE LA MIEL
Jubaea chilensis
F: Arecáceas
También conocida como palma de coquito, esta planta de tronco masivo, que tolera el frío, es natural del centro de Chile, donde es especie protegida.

COMMELINALES

Este orden contiene cinco familias: dos que son grupos menores de unas cinco especies cada una, y tres más grandes, ilustradas aquí. La mayoría son plantas de porte bajo, típicas de regiones cálidas. Muchas tienen atractivas flores con tres pétalos azules (reducidos a dos en algunas especies), por lo que son muy apreciadas como plantas ornamentales.

60 cm

HIERBA DEL POLLO
Commelina coelestis
F: Commelináceas
Planta decumbente natural de México y América Central, plantada a veces como cubierta vegetal.

DICHORISANDRA REGINAE
F: Commelináceas
Popular flor de jardín en regiones cálidas, esta especie tropical de arboleda es originaria de Perú. Las flores son azules con centro blanco.

30 cm

10 cm

ZACATE
Callisia repens
F: Commelináceas
Esta suculenta de los márgenes de los bosques tropicales americanos se multiplica por esquejes reptantes.

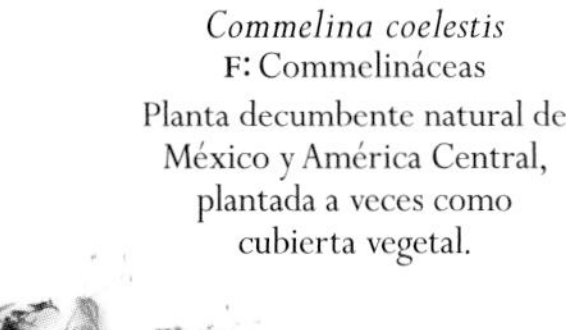

70 cm

tallos rastreros

CALLISIA PROCUMBENS
F: Commelináceas
Natural de América Central y del Sur, esta especie tiene tallos tenues y flores blancas de tres pétalos.

15 cm

AMOR DE HOMBRE
Tradescantia zebrina
F: Commelináceas
Con hojas suculentas listadas, esta especie de la América tropical es muy apreciada como planta de interior.

POALES

Las 14 familias de poales comprenden plantas polinizadas por el viento que dominan ciertos ecosistemas: gramíneas en praderas y sabanas; juncos y juncias en turberas y humedales, sobre todo en el hemisferio norte, y restionáceas en humedales y lodazales en el hemisferio sur. Las bromeliáceas son epífitas que crecen sobre árboles tropicales.

45 cm

GUZMANIA
Guzmania lingulata
F: Bromeliáceas
Esta epífita tiene una amplia distribución natural, desde América Central hasta Brasil. Es muy apreciada como ornamental.

SOMBRILLITA
Isolepis cernua
F: Ciperáceas
Extendida juncia de clima templado apodada «planta punk» por sus estrechos tallos verdes y sus capítulos florales plateados.

30 cm

50 cm

CLAVELINA DEL AIRE AZUL
Wallisia cyanea
F: Bromeliáceas
Natural de Ecuador y Perú, crece sobre árboles en pluvisilvas hasta 850 m de altitud.

1,5 m

hojas largas y estrechas

PIÑA AMERICANA
Ananas comosus
F: Bromeliáceas
Esta bromelia cultivada de grandes frutos sin semilla fue introducida en Europa por Cristóbal Colón. Su origen silvestre es incierto.

30 cm

las brácteas rojas rodean las flores

NIDULARIA
Nidularium innocentii
F: Bromeliáceas
Las pequeñas flores blancas de esta bromelia brasileña se acomodan en la cámara formada por las brácteas coloreadas.

pedúnculo arqueado de la inflorescencia

brácteas anaranjadas protegen las pequeñas flores blancas

la roseta basal en forma de florero recoge agua de lluvia

35 cm

RACINAEA DYERIANA
F: Bromeliáceas
Esta bromelia epífita está en peligro en estado natural debido a la destrucción de los manglares de Ecuador de donde es originaria.

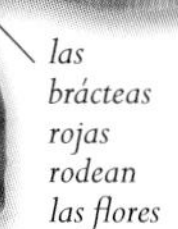

roseta de hojas espinosas

25 cm

CHAGUAR VIOLETA
Deuterocohnia lorentziana
F: Bromeliáceas
Natural de los Andes argentinos y bolivianos, es una especie xerófita.

30 cm

ARGELIA
Neoregelia carolinae
F: Bromeliáceas
En la época de floración, las hojas centrales de esta bromelia brasileña se tiñen de carmesí, y produce flores azules o violetas.

PATA DE CANGURO
Anigozanthos flavidus
F: Hemodoráceas
Esta especie de las zonas arenosas del suroeste de Australia recibe su nombre del aspecto de sus yemas florales vellosas.

JACINTO DE AGUA
Pontederia crassipes
F: Pontederiáceas
Esta planta flotante amazónica es una importante invasora tropical, pero puede usarse para absorber contaminación.

PONTEDERIA
Pontederia cordata
F: Pontederiáceas
De crecimiento rápido y con llamativos capítulos azules, esta especie hidrófila es común desde el este de América del Norte hasta Argentina.

ESPADAÑA
Carex pendula
F: Ciperáceas
Como todas las de la familia, esta especie europea tiene tallos triangulares e inflorescencias masculinas y femeninas separadas.

CASTAÑA DE AGUA CHINA
Eleocharis dulcis
F: Ciperáceas
Natural de Asia, esta juncia de humedal tiene matas de tallos tubulares. Se cultiva por sus tubérculos sumergidos comestibles.

PAPIRO
Cyperus papyrus
F: Ciperáceas
Alta perenne africana de humedal. Los antiguos egipcios escribían sobre un material elaborado con sus hojas.

CARDO AMAZÓNICO CEBRA
Aechmea chantinii
F: Bromeliáceas
Gran bromelia epífita de hojas lineares que procede de las pluvisilvas de América del Sur. Es polinizada por colibríes.

CATOPSIS PANICULATA
F: Bromeliáceas
Bromelia epífita natural de los bosques nubosos del sur de México y América Central.

TITANCA
Puya raimondii
F: Bromeliáceas
Natural del centro de los Andes, es la bromelia más grande del mundo. Tras años de crecimiento, produce una sola y colosal espiga floral y luego muere.

» POALES

JUNCO DE ESTERAS
Juncus effusus
F: Juncáceas

Este extendido junco medra en suelos húmedos poco fértiles. Sus tallos cilíndricos están rellenos de tejido esponjoso, o médula.

PENDIENTES
Briza maxima
F: Poáceas

Gramínea anual mediterránea también llamada tembladera porque sus capítulos florales se agitan con la brisa más tenue.

AVENA DESCOLLADA
Arrhenatherum elatius
F: Poáceas

Común en toda Europa, este pariente silvestre de la avena, de flores largas, se ha extendido a muchas otras partes del mundo.

GRAMA MARINA
Thinopyrum junceiforme
F: Poáceas

Crece en la ladera que da al mar de las dunas costeras europeas. Sus raíces, o rizomas, ayudan a retener la arena.

COLA DE PERRO
Cynosurus cristatus
F: Poáceas

De porte bajo al margen de su inflorescencia, esta gramínea perenne de Europa y el oeste de Asia resiste el pisoteo y se usa con frecuencia como césped.

DÁCTILO
Dactylis glomerata
F: Poáceas

Gramínea con distintivos capítulos con forma de penacho natural de Eurasia y el norte de África. Suele crecer en henares y pastos.

LÁGRIMAS DE JOB
Coix lacryma-jobi
F: Poáceas

Natural de Asia central, esta gramínea se cultiva en los trópicos como cereal o forraje. Las duras semillas de las plantas silvestres se usan como cuentas.

COLA DE CONEJO
Lagurus ovatus
F: Poáceas

Los plumosos capítulos florales distintivos de esta gramínea costera mediterránea son muy populares en los adornos de flores secas.

CAÑA COMÚN
Arundo donax
F: Poáceas

Enorme gramínea propia de pantanales del centro de Asia y ampliamente plantada en otras regiones. Sus tallos leñosos tienen muchos usos tradicionales.

BAMBÚ NEGRO
Phyllostachys nigra
F: Poáceas

Especie natural del este y el sur de China, es leñoso de tallo negro, como todos los bambúes, que son las plantas leñosas de crecimiento más rápido: llega a crecer 90 cm al día.

ROMPESACOS
Aegilops neglecta
F: Poáceas

Pariente del trigo, esta gramínea anual de porte bajo y resistente a la sequía es natural del Mediterráneo y Oriente Próximo.

6 m

CARRIZO COMÚN
Phragmites australis
F: Poáceas
Distribuida tanto en regiones templadas como tropicales, esta gramínea de aguas someras coloniza grandes áreas mediante rizomas rastreros.

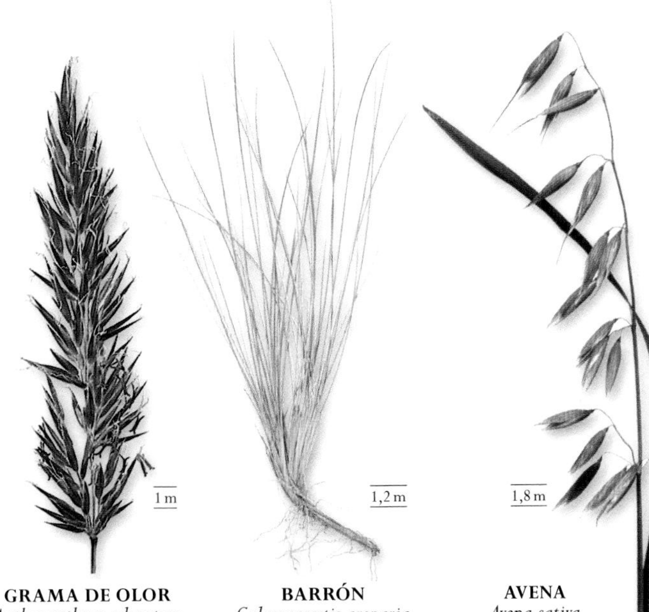

GRAMA DE OLOR
Anthoxanthum odoratum
F: Poáceas
Gramínea de floración temprana, natural de Eurasia. Contiene una sustancia, la cumarina, que le da aroma a heno recién segado.

BARRÓN
Calamagrostis arenaria
F: Poáceas
Esta resistente gramínea europea crece en las dunas, donde largos tallos y raíces subterráneos la estabilizan.

AVENA
Avena sativa
F: Poáceas
Gramínea cultivada como cereal para el consumo humano y del ganado, medra en climas fríos y húmedos.

CEBADA
Hordeum vulgare
F: Poáceas
Cereal originario del Oriente Próximo antiguo, notable por las largas barbas de la inflorescencia.

TRIGO CANDEAL
Triticum aestivum
F: Poáceas
Esta especie originaria del Oriente Próximo antiguo es la más cultivada en el mundo. Es un híbrido entre el trigo silvestre y variedades cultivadas previamente.

40 cm

AGRÓSTIDE RASTRERA
Agrostis stolonifera
F: Poáceas
Gramínea perenne de inflorescencia plumosa, de distribución mundial. Se propaga mediante estolones.

3 m

CITRONELA
Cymbopogon nardus
F: Poáceas
Es un tipo de hierba limón originaria del Asia tropical. Produce un aceite usado en perfumería y como repelente de insectos.

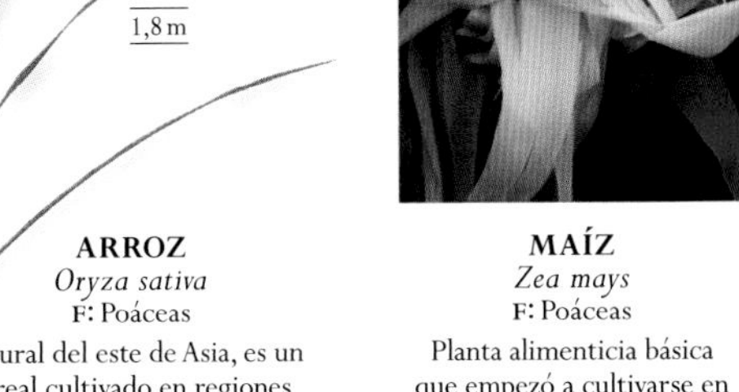

1,8 m

ARROZ
Oryza sativa
F: Poáceas
Natural del este de Asia, es un cereal cultivado en regiones cálidas, plantado normalmente en aguas someras o áreas propensas a la inundación.

3 m

6 m

MAÍZ
Zea mays
F: Poáceas
Planta alimenticia básica que empezó a cultivarse en México. Se comen las espigas femeninas, pero no los capítulos florales masculinos.

CAÑA DE AZÚCAR
Saccharum officinarum
F: Poáceas
Posiblemente relacionada con el maíz, esta gramínea cultivada pudo surgir en Nueva Guinea. De su caña se extrae azúcar.

»

RAIGRÁS INGLÉS
Lolium perenne
F: Poáceas
Muy utilizada en pastos, prados y campos de deporte, esta común gramínea euroasiática se ha extendido por todo el mundo.

tallo único

densas inflorescencias blancas

PLUMERO
Cortaderia selloana
F: Poáceas
Alta hierba de las pampas muy apreciada como ornamental. Natural de América del Sur meridional, en algunas regiones es invasora.

3 m

VETIVER
Chrysopogon zizanioides
F: Poáceas
Natural de India, esta gramínea tropical se cultiva por su aceite aromático y para estabilizar suelos erosionados.

90 cm

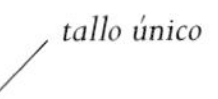

80 cm

HENO BLANCO
Holcus lanatus
F: Poáceas
Gramínea común en Europa propia de praderas húmedas. Las hojas tienen un vello aterciopelado.

3 m

» POALES

BANDERILLAS
Stipa gigantea
F: Poáceas
Los jardineros plantan esta alta gramínea por sus vistosas inflorescencias, que perduran hasta el invierno. Es natural de España, Portugal y Marruecos.

PLATANARIA
Sparganium erectum
F: Tifáceas
En esta extendida especie de humedal del hemisferio norte, las flores masculinas y las femeninas crecen en grupos separados sobre la misma inflorescencia.

ANEA
Typha latifolia
F: Tifáceas
Esta extendida planta de ambientes húmedos tiene un peculiar capítulo floral femenino en forma de puro sobre el cual crece un penacho de flores masculinas.

***XYRIS* SP.**
F: Xiridáceas
Este género de herbáceas, propio de regiones cálidas de todo el mundo, tiene pequeñas flores amarillas sobre pedúnculos espigados.

ZINGIBERALES

Un rasgo de este orden básicamente tropical es la presencia en muchas especies de hojas pedunculadas gigantes. Sin ser auténticos árboles leñosos, algunas especies, como el banano, alcanzan gran tamaño. Muchas de ellas presentan flores y follaje vistosos y se han hecho ornamentales. La familia del jengibre, o zingiberáceas, es la mayor del orden y comprende diversas plantas de especias aparte del propio jengibre.

CTENANTHE AMABILIS
F: Marantáceas
Planta terrestre de los bosques tropicales de Brasil. Amante del calor, requiere mucha humedad para su cultivo.

CALATEA
Goeppertia crocata
F: Marantáceas
Esta especie brasileña, relacionada con *Ctenanthe* y *Maranta*, presenta flores más llamativas que sus parientes, aunque habita en hábitats boscosos similares.

CAÑA DE INDIAS
Canna indica
F: Cannáceas
Esta planta americana tropical tiene unas curiosas flores, en las que algunos pétalos están fusionados con estambres. Hay numerosas variedades cultivadas.

CHAMAECOSTUS CUSPIDATUS
F: Costáceas
Esta planta de flores naranjas y lustrosas hojas verde oscuro es natural del este tropical de Brasil. También se cultiva como ornamental.

MARANTA
Maranta leuconeura
F: Marantáceas
Esta planta de las selvas brasileñas pliega las hojas por la noche y así conserva la humedad. Las hojas de las variedades cultivadas tienen manchas.

PLATANERA DE ABISINIA
Ensete ventricosum
F: Musáceas
Pariente africana del banano cultivada en Etiopía desde antiguo por sus nutritivos rizomas y por su tallo, no por sus frutos, que no son comestibles.

PLÁTANO MALAYO
Musa acuminata
F: Musáceas
Híbrido apireno (sin semillas) del banano primitivo; el cultivado presenta flores masculinas estériles en el ápice de las ramas frutales.

PLÁTANO ENANO CHINO
Musella lasiocarpa
F: Musáceas
Posiblemente extinta en estado natural, esta especie china de montaña produce una espiga floral amarilla que puede durar meses.

CARDAMOMO
Elettaria cardamomum
F: Zingiberáceas

Ampliamente cultivada, esta planta tropical es natural de los bosques del sur de India y Sri Lanka. De sus frutos verdes desecados se obtiene la especia cardamomo.

GALANGA MENOR
Alpinia officinarum
F: Zingiberáceas

Natural de Asia oriental, esta pariente del jengibre desarrolla un bulbo subterráneo que también se usa como especia.

GALANGA
Kaempferia galanga
F: Zingiberáceas

Especie de tallo corto natural del Asia tropical; presenta flores pequeñas y se cultiva como ornamental.

CÚRCUMA
Curcuma longa
F: Zingiberáceas

Esta planta de grandes hojas natural del Sudeste Asiático desarrolla un rizoma del cual se obtiene la especia amarilla del mismo nombre.

JENGIBRE
Zingiber officinale
F: Zingiberáceas

El rizoma de esta frondosa planta cutivada del Sudeste Asiático, que ya no crece silvestre, se usa como condimento.

ÁRBOL DEL VIAJERO
Ravenala madagascariensis
F: Estrelitciáceas

Natural de los bosques abiertos de Madagascar, en su hábitat natural los lémures son sus polinizadores.

AVE DEL PARAÍSO
Strelitzia reginae
F: Estrelitciáceas

Las flores naranjas y azules de esta planta sudafricana polinizada por pájaros se abren de una en una desde una espata con forma de pico.

ROSCOEA HUMEANA
F: Zingiberáceas

Esta pariente del jengibre presenta curiosas flores similares a orquídeas. Su hábitat natural son las montañas del suroeste de China.

HELICONIA STRICTA
F: Heliconiáceas

En su hábitat natural, esta especie tropical de grandes hojas, propia de regiones septentrionales de América del Sur, es polinizada por colibríes.

EUDICOTILEDÓNEAS

Casi tres cuartas partes de las plantas con flores conocidas se clasifican como eudicotiledóneas. Estas plantas surgieron hace más de 125 millones de años.

El nombre de eudicotiledóneas deriva de los cotiledones, u hojas primordiales, presentes en la semilla. A diferencia de las monocotiledóneas, que tienen una sola hoja, estas tienen dos. El clado comprende una enorme variedad de plantas, desde malas hierbas hasta grandes árboles, y su importancia económica es inmensa, además de ser apreciadas flores de jardín. Muchas son anuales, y solo viven meses o incluso semanas. Otras son bienales y perennes: viven desde dos años a un siglo o más.

A pesar de su gran diversidad, comparten muchos rasgos: las hojas suelen ser palminervias, a diferencia de las nervaduras paralelas de las monocotiledóneas; y los tallos poseen un sistema vascular desarrollado, dispuesto en anillos, que transporta el agua y la savia. Eso hace que, además de ser más altos, los tallos de las especies leñosas se engrosen mientras crecen. Este crecimiento secundario, ausente en las monocotiledóneas, es la razón por la que las eudicotiledóneas constituyen la mayor parte de los arbustos y árboles con flores del mundo. Casi todas poseen una raíz principal (axonomorfa) de la que se ramifican otras más pequeñas. Las partes florales se organizan en múltiplos de cuatro o cinco, y no de tres, como en las monocotiledóneas; y el color y la forma de sépalos y pétalos suelen estar diferenciados. Los granos de polen tienen tres poros, mientras que los de las monocotiledóneas solo tienen uno.

UN PAPEL VITAL

El polen del registro fósil indica que las plantas eudicotiledóneas divergieron de otras plantas con flores hace unos 125 millones de años. Desde ese momento, han colonizado todos los hábitats terrestres, aunque no tanto los acuáticos. Su importancia para los animales es inestimable. Incontables especies –excepto los forrajeros, que se alimentan de herbáceas (monocotiledóneas)– dependen de ellas para alimentarse y guarecerse; a cambio, muchas de estas especies actúan como polinizadores o ayudan a esparcir sus semillas.

DIVISIÓN	ANGIOSPERMAS
CLADO	EUDICOTILEDÓNEAS
ÓRDENES	44
FAMILIAS	312
ESPECIES	Más de 210 000

DEBATE

DIVISIÓN CUATERNARIA

Durante años, las plantas con flores fueron clasificadas en dos grupos según sus hojas primordiales: monocotiledóneas y dicotiledóneas. Sin embargo, el análisis de ADN, combinado con la palinología –el estudio del polen–, ha demostrado que esta clasificación no refleja la evolución vegetal. Por ello, las plantas con flores se dividen actualmente en cuatro grupos: angiospermas basales, magnólidas, monocotiledóneas y eudicotiledóneas (o dicotiledóneas verdaderas).

NUEVAS PERSPECTIVAS

El análisis informático de los datos de ADN ha sugerido nuevas maneras de subdividir las eudicotiledóneas. Los nuevos grupos jerárquicos, llamados clados (pp. 30–31), arrojan luz sobre las relaciones entre las especies y su evolución, pero resultan difíciles de interpretar atendiendo a las características físicas de los grupos resultantes y no encajan en la jerarquía taxonómica tradicional. Este libro se ha organizado en torno a los órdenes y las familias, que siguen proporcionando la manera más clara de entender la diversidad de las plantas con flores. La tabla adjunta muestra cómo se integran en el nuevo sistema de clados.

EUDICOTILEDÓNEAS (pp. 150–209)
(BUXALES–DIPSACALES)

EUDICOTILEDÓNEAS CENTRALES (pp. 155–209)
(GUNNERALES–DIPSACALES)

SUPERRÓSIDAS (pp. 156–181)
(SAXIFRAGALES–SAPINDALES)

RÓSIDAS (pp. 158–181)
(VITALES–SAPINDALES)

Como su nombre indica, el rosal japonés pertenece al grupo de las rósidas.

SUPERASTÉRIDAS (pp. 182–209)
(CARIOFILALES–DIPSACALES)

ASTÉRIDAS (pp. 192–209)
(CORNALES–DIPSACALES)

Margarita mayor, una astérida incluida en el gran grupo de las superastéridas.

BUXALES

Orden de una sola familia de unas 120 especies, se halla en regiones templadas, subtropicales y tropicales. En su mayoría son árboles o arbustos de hoja perenne simple y con flores masculinas y femeninas separadas en la misma planta. Muchas especies se cultivan como ornamentales y la madera de boj se usa para tallas y utensilios.

BOJ DE NAVIDAD
Sarcococca hookeriana
F: Buxáceas
En invierno, esta especie produce grupos de pequeñas flores fragantes; se halla en hábitats umbríos del oeste de China.

BOJ COMÚN
Buxus sempervirens
F: Buxáceas
Natural de bosques rocosos desde Europa hasta el norte de África, este arbusto o árbol pequeño perenne es muy cultivado en jardines para el arte topiario.

PROTEALES

De las cuatro familias de proteales, la mayor es la de las proteáceas, integrada por árboles y arbustos de hoja perenne del hemisferio sur. Las platanáceas son árboles caducifolios del hemisferio norte; y las nelumbonáceas son plantas acuáticas de Asia, Australia y América del Norte.

PROTEA GIGANTE
Protea cynaroides
F: Proteáceas
Especie natural de laderas y matorral en Sudáfrica. Encierra racimos de flores pequeñas en brácteas similares a pétalos.

LOTO SAGRADO
Nelumbo nucifera
F: Nelumbonáceas
Crece en hábitats de aguas dulces someras en zonas de Asia y Australia; presenta grandes flores fragantes sobre largos pedúnculos emergentes.

GREVILLEA ROJA
F: Proteáceas
Cultivada como ornamental por sus llamativos «plumeros» de flores, esta natural australiana crece en hábitats boscosos y abiertos.

PINO DE ORO
Grevillea juncifolia
F: Proteáceas
Este arbusto erecto de las regiones interiores más secas de Australia tiene unas estrechas hojas verde-grisáceas y prietos racimos de flores naranjas con largos estilos amarillos.

WARATAH
Telopea speciosissima
F: Proteáceas
Originaria de las arboledas de Nueva Gales del Sur (Australia), por lo que también es conocida como waratah de Sídney.

LAMBERTIA FORMOSA
F: Proteáceas
Esta especie de brácteas rojas en torno a sus racimos florales procede de los brezales costeros y los bosques de montaña de Nueva Gales del Sur (Australia).

LEUCOSPERMUM CORDIFOLIUM
F: Proteáceas
Este arbusto de suelos de arenisca de la provincia sudafricana de El Cabo es notable por sus capítulos esféricos de vivos colores.

BANKSIA SERRATA
F: Proteáceas
Crece en bosques y matorral del este de Australia. Su corteza es resistente al fuego, lo que le permite sobrevivir a los incendios.

PINO DE ORO
Isopogon anemonifolius
F: Proteáceas
Este arbusto, natural de los bosques secos y brezales de Nueva Gales del Sur (Australia), se caracteriza por sus capítulos esféricos amarillos sobre hojas plumosas.

CIRUELILLO
Embothrium coccineum
F: Proteáceas
Esta especie de los bosques y hábitats abiertos del sur de Chile y Argentina se cultiva por sus flores de color fuego vivo, y prospera en jardines resguardados.

MACADAMIA
Macadamia integrifolia
F: Proteáceas
Natural de los bosques lluviosos costeros del este de Australia, es cultivada por sus nueces comestibles.

PLÁTANO DE SOMBRA
Platanus x *hispanica*
F: Platanáceas
Este híbrido, surgido de la fecundación cruzada de dos especies de *Platanus* en España, tolera la contaminación, por lo que se planta en parques urbanos y calles desde hace siglos.

RANUNCULALES

Este orden consta de siete familias. Cuatro de ellas son relativamente modestas, con unas pocas especies frente a las cerca de 3200 especies de la familia del botón de oro, las ranunculáceas, que da nombre al orden. Junto con algunos miembros de las familias de la amapola y del agracejo, estas comprenden algunas de las malas hierbas agrícolas más comunes y plantas de jardín habituales.

MAHONIA
Berberis aquifolium
F: Berberidáceas
Arbusto perenne estolonífero del noroeste de EE UU que florece en primavera. Crece en entornos umbríos.

NANDINA
Nandina domestica
F: Berberidáceas
También llamado bambú sagrado, este arbusto de los valles de montaña de China y Japón no está emparentado con los bambús verdaderos.

AGRACEJO
Berberis vulgaris
F: Berberidáceas
Especie europea de seto y matorral con espinas triples, racimos florales colgantes y bayas rojas.

HIERBA DE CABRA EN CELO
Epimedium davidii
F: Berberidáceas
Especie de hoja perenne natural del oeste de China, crece en bosques y matorral. Las hojas jóvenes son cobrizas y luego verdes.

PARILLA
Menispermum canadense
F: Menispermáceas
Aunque los frutos de esta trepadora parecen uvas negras, son sumamente tóxicos. Habita en bosques y riberas en Canadá y EE UU.

ROSARIO DE CORAL
Cocculus carolinus
F: Menispermáceas
Esta trepadora de bosques del sureste de EE UU porta flores diminutas; masculinas y femeninas aparecen en plantas distintas.

AQUEBIA
Akebia quinata
F: Lardizabaláceas
Habita los márgenes de bosques en China, Corea y Japón. En primavera presenta ramilletes de flores fragantes.

PIE DE LEÓN
Leontice leontopetalum
F: Berberidáceas
Propia de suelos cultivados y laderas secas del norte de África y el este mediterráneo, crece a partir de un tubérculo.

PODÓFILO
Podophyllum peltatum
F: Berberidáceas
También conocida como mandrágora americana, crece en arboledas abiertas de América del Norte.

STAUNTONIA HEXAPHYLLA
F: Lardizabaláceas
Natural de las arboledas de Japón y Corea del Sur, esta vigorosa trepadora perennifolia tiene tallos leñosos y flores olorosas.

FUMARIA CON PÁMPANOS
Ceratocapnos claviculata
F: Papaveráceas
Esta trepadora anual de Europa occidental crece sobre suelos ácidos en bosques y hábitats umbríos, y se sostiene mediante zarcillos.

GLAUCIO
Glaucium flavum
F: Papaveráceas

Natural de Europa occidental y el Mediterráneo, esta bienal o perenne crece en pedregales costeros. Son distintivos sus largos frutos curvados.

CELIDONIA MAYOR
Chelidonium majus
F: Papaveráceas

Antiguamente cultivada por los herboristas, es natural de Europa y el norte de Asia, y crece en arboledas, matorral y lugares rocosos.

FUMARIA AMARILLA
Pseudofumaria lutea
F: Papaveráceas

Esta especie europea crece sobre muros y en pedregales. Se propaga vigorosamente por semillas.

CORAZÓN DE MARÍA
Lamprocapnos spectabilis
F: Papaveráceas

Esta especie, propia de márgenes de arboledas húmedas de Siberia, el norte de China y Corea, debe el nombre a la forma de las flores.

AMAPOLA DE CALIFORNIA
Eschscholzia californica
F: Papaveráceas

Natural de paisajes abiertos del oeste de EE UU y México, esta amapola se cultiva en jardines por sus flores de vivos colores.

ÁRBOL DE LAS AMAPOLAS
Romneya coulteri
F: Papaveráceas

Propia de malezas y herbazales de California y México, tiene flores fragantes y se cultiva con frecuencia en jardines.

FUMARIA
Fumaria officinalis
F: Papaveráceas

Vive en campos de cultivo o yermos, y normalmente sobre suelos ligeros, de Europa y el norte de África.

PAMPLINA
Hypecoum imberbe
F: Papaveráceas

Natural del Mediterráneo, crece en campos de cultivo o yermos y sobre muros.

AMAPOLA COMÚN
Papaver rhoeas
F: Papaveráceas

Propia de los campos de labor y los yermos. Originaria de Europa, el norte de África y parte de Asia, es un símbolo de la Primera Guerra Mundial.

ADORMIDERA
Papaver somniferum
F: Papaveráceas

Cultivada para producir opio, heroína y semilla de amapola, habita en suelos cultivados y perturbados de Eurasia.

AMAPOLA AMARILLA
Papaver cambrica
F: Papaveráceas

Es propia de lugares umbríos y rocosos en zonas accidentadas y habitual en jardines. Es natural del oeste de Europa.

»

GOTA DE SANGRE
Adonis annua
F: Ranunculáceas
Especie anual, cada vez más rara. Se encuentra en campos de cultivo y yermos de Europa occidental y el noroeste de África.

BOTÓN DE ORO
Ranunculus acris
F: Ranunculáceas
Presente en gran parte de Europa y en regiones templadas del oeste de Asia, esta perenne se halla en prados húmedos.

CLEMÁTIDE
Clematis vitalba
F: Ranunculáceas
También llamada hierba de los mendigos, es una trepadora leñosa presente en los bosques y setos de Europa y el norte de África.

ACÓNITO DE INVIERNO
Eranthis hyemalis
F: Ranunculáceas
Esta perenne se halla en bosques húmedos y lugares umbríos de Europa central. Florece al final del invierno (de ahí su nombre) y al principio de la primavera.

ESPUELA DE CABALLERO
Delphinium cardinale
F: Ranunculáceas
Perenne efímera que crece en California (EE UU) y Baja California (México) sobre laderas secas.

PIE DE ALONDRA
Delphinium ambiguum
F: Ranunculáceas
Crece en terrenos cultivados y perturbados de suelo ligero. Es una especie anual originaria de la región mediterránea.

CALTA
Caltha palustris
F: Ranunculáceas
La calta, o centella palustre, habita en pantanos, acequias y bosques y prados húmedos de gran parte de Europa, Asia y América del Norte.

ANÉMONA DE JARDÍN
Anemone coronaria
F: Ranunculáceas
Tuberosa perenne propia de los países mediterráneos. Crece sobre laderas rocosas, márgenes de caminos y campos de cultivo.

PULSATILLA
Pulsatilla vulgaris
F: Ranunculáceas
Esta especie perenne, natural de Europa y el oeste de Asia, habita en pendientes calizas con hierba baja.

NEGUILLA COMÚN
Nigella arvensis
F: Ranunculáceas
Especie anual, natural de suelos cultivados y perturbados del centro y el sur de Europa. Brota en jardines de todas partes de semillas esparcidas por pájaros.

RUIBARBO DE LOS POBRES
Thalictrum flavum
F: Ranunculáceas
Especie perenne de prados húmedos y zonas pantanosas cercanas a agua dulce de Europa y regiones templadas de Asia.

ACÓNITO COMÚN
Aconitum napellus
F: Ranunculáceas
También llamado matalobos, habita en arboledas húmedas y márgenes fluviales de Europa. Es una especie perenne sumamente tóxica.

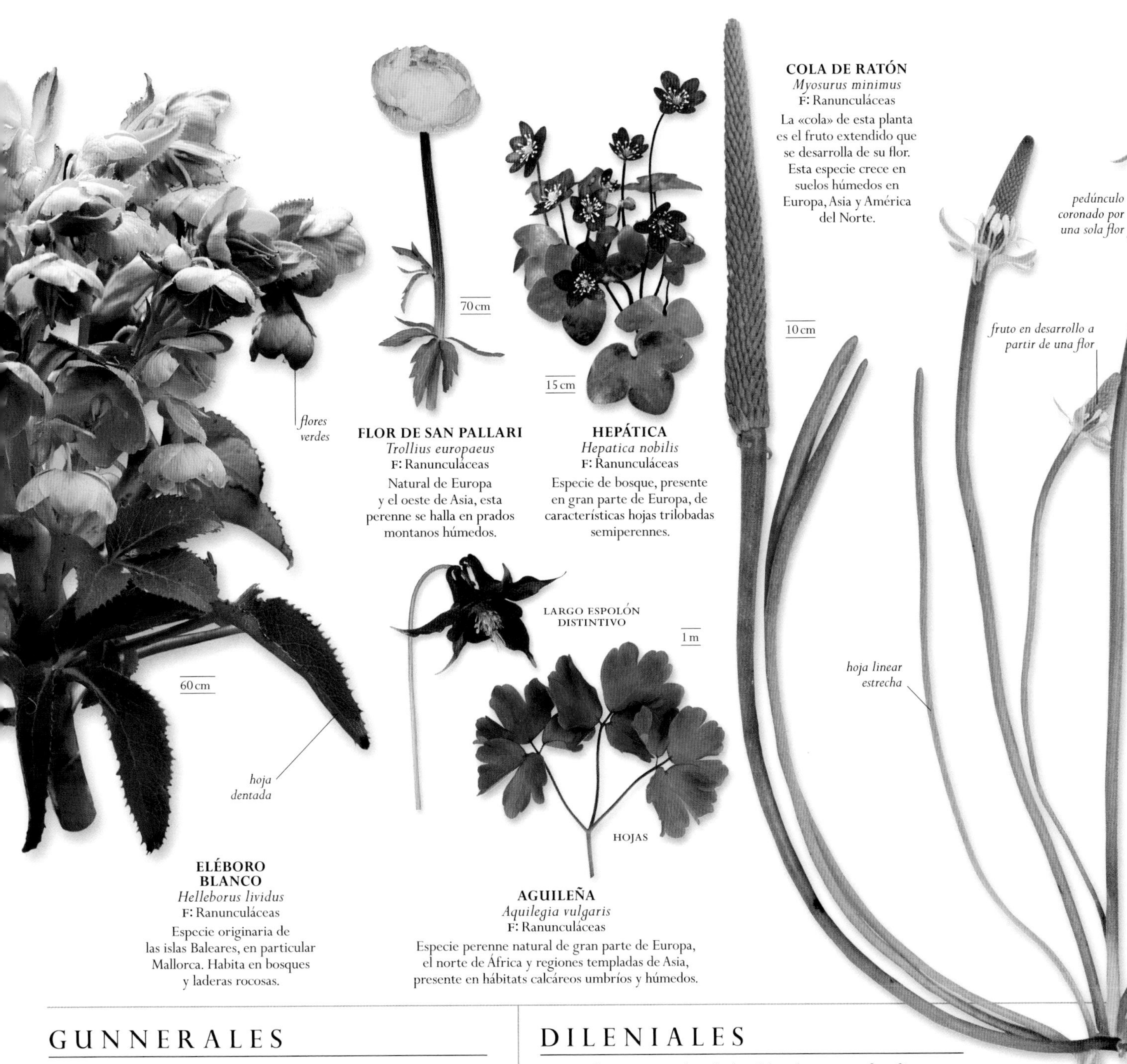

ELÉBORO BLANCO
Helleborus lividus
F: Ranunculáceas
Especie originaria de las islas Baleares, en particular Mallorca. Habita en bosques y laderas rocosas.

FLOR DE SAN PALLARI
Trollius europaeus
F: Ranunculáceas
Natural de Europa y el oeste de Asia, esta perenne se halla en prados montanos húmedos.

HEPÁTICA
Hepatica nobilis
F: Ranunculáceas
Especie de bosque, presente en gran parte de Europa, de características hojas trilobadas semiperennes.

AGUILEÑA
Aquilegia vulgaris
F: Ranunculáceas
Especie perenne natural de gran parte de Europa, el norte de África y regiones templadas de Asia, presente en hábitats calcáreos umbríos y húmedos.

COLA DE RATÓN
Myosurus minimus
F: Ranunculáceas
La «cola» de esta planta es el fruto extendido que se desarrolla de su flor. Esta especie crece en suelos húmedos en Europa, Asia y América del Norte.

GUNNERALES

Las dos familias de este orden se habían clasificado en otros, pues son de muy distinta apariencia. No obstante, el análisis genético ha demostrado que ambas familias están estrechamente relacionadas: las gunneráceas consisten en un único género de grandes plantas herbáceas propias de hábitats húmedos. Las mirotamnáceas habitan en los desiertos africanos. Las especies del género *Gunnera* son frecuentes como plantas ornamentales de jardín.

GUNNERA GIGANTE
Gunnera manicata
F: Gunneráceas
Especie perenne caracterizada por hojas enormes y largas espigas florales. Es natural de cursos de agua del sur de Brasil.

DILENIALES

Este orden comprende solo las dileniáceas, una familia mayormente tropical de unas 330 especies de árboles, arbustos y trepadoras. Casi todas presentan hojas alternas y flores bisexuales (con órganos masculinos y femeninos) con cinco sépalos, cinco pétalos y abundantes estambres. Algunas producen frutos secos que se abren para liberar las semillas; otras dan bayas. Unas pocas se cultivan como ornamentales o por su madera, usada en la construcción y para barcos.

HIBBERTIA SCANDENS
F: Dileniáceas
Vigoroso arbusto trepador de hoja persistente, crece cerca de la costa oriental de Australia y en Nueva Guinea.

7 m

DILLENIA SUFFRUTICOSA
F: Dileniáceas
Arbusto de hoja perenne, grande y vigoroso, endémico de Malasia, Sumatra y Borneo. Se halla en terrenos pantanosos y lindes de bosques.

SAXIFRAGALES

De las 15 diversas familias de este orden, cinco solo cuentan con dos miembros y solo tres contienen más de 500 especies. La más conocida es la de las saxifragáceas (literalmente «rompepiedras» en latín, porque crecen a menudo en grietas de rocas y muros). La más numerosa es la de las crasuláceas, a la que pertenecen muchas plantas suculentas o que retienen agua, adaptadas a condiciones áridas.

10 m

ROSA DE ALABASTRO
Echeveria setosa
F: Crasuláceas
Esta especie mexicana presenta rosetas de hojas crasas de color verde azulado y variablemente vellosas.

SIEMPREVIVA MAYOR
Sempervivum tectorum
F: Crasuláceas
Originaria de las montañas de Europa central, era habitual cultivarla sobre tejados y muros. Forma densos céspedes de rosetas suculentas.

50 cm

PASTEL DE RISCO
Aeonium tabuliforme
F: Crasuláceas
Natural de los acantilados de la costa norte de Tenerife (islas Canarias), forma una roseta suculenta plana.

60 cm

HIERBA CALLERA
Hylotelephium telephium
F: Crasuláceas
Coloniza suelos rocosos, gleras y claros de bosque; es natural de Eurasia y está introducida en América del Norte.

60 cm

50 cm

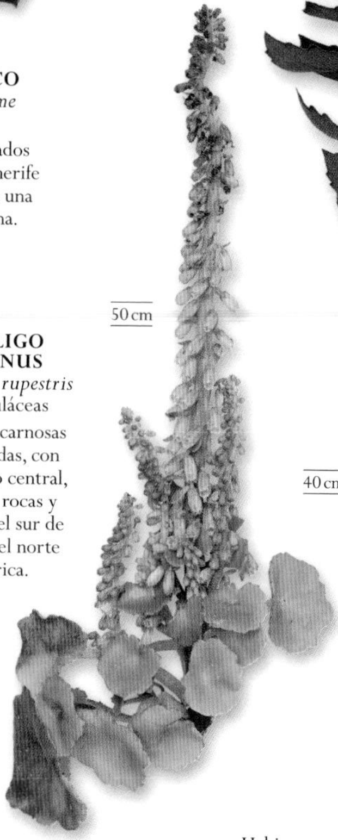

OMBLIGO DE VENUS
Umbilicus rupestris
F: Crasuláceas
Con hojas carnosas redondeadas, con un hoyuelo central, habita en rocas y muros en el sur de Europa y el norte de África.

40 cm

40 cm

CALANCHOE
Kalanchoe blossfeldiana
F: Crasuláceas
Las zonas áridas de Madagascar son el hábitat de esta especie arbustiva provista de hojas suculentas y flores de vivos colores.

RODIOLA
Rhodiola rosea
F: Crasuláceas
Habita en rocallas de montaña y acantilados costeros. Es una especie carnosa propia del Ártico y de regiones alpinas de Europa, América del Norte y Asia.

GROSELLERO NEGRO
Ribes nigrum
F: Grosulariáceas
Crece en arboledas húmedas de gran parte de Europa y Asia central. Se cultiva por sus deliciosas bayas.

2 m

1 m

GROSELLERO DE BÚFALOS
Ribes aureum
F: Grosulariáceas
Se caracteriza por sus flores fragantes y sus tallos sin espinas. Habita en zonas rocosas y arenosas del centro de EE UU.

PINO DE AGUA
Myriophyllum hippuroides
F: Haloragáceas
Esta especie acuática tiene unas hojas finamente divididas. Es natural de hábitats de agua dulce del oeste de América del Norte.

2 m

LIQUIDÁMBAR CHINO
Liquidambar formosana
F: Altingiáceas
Árbol caducifolio de los bosques húmedos del suroeste de Asia. Destaca el vivo colorido otoñal de su follaje.

PARROTIOPSIS JACQUEMONTIANA
F: Hamamelidáceas
Las flores de esta especie nemoral del oeste del Himalaya presentan brácteas blancas en vez de pétalos.

HAMAMELIS
Hamamelis virginiana
F: Hamamelidáceas
Las flores son olorosas y las hojas se ponen amarillas en otoño. Habita en bosques del este de América del Norte.

ASTILBE CHINO
Astilbe rubra
F: Saxifragáceas
Especie amante de la humedad que crece en arboledas húmedas y riberas fluviales desde Myanmar hasta Siberia. Se distingue por las panículas florales.

ÁRBOL DE HIERRO
Parrotia persica
F: Hamamelidáceas
Nativo de los bosques del Cáucaso y del norte de Irán, es un árbol caducifolio que presenta vivos colores en otoño y florece en invierno.

SAXÍFRAGA
Saxifraga stolonifera
F: Saxifragáceas
Especie perenne natural de hábitats umbríos de China y Japón. Se extiende mediante el arraigo de las plántulas que surgen en los extremos de sus estolones.

SAXÍFRAGA AMARILLA
Saxifraga aizoides
F: Saxifragáceas
Habita cursos de agua y suelos montanos pedregosos y húmedos en Europa, América del Norte y el oeste de Asia. Forma matas pulviniformes.

HEUCHERA AMERICANA
F: Saxifragáceas
Propia de bosques rocosos de América del Norte. Las hojas maduras son lustrosas, y las jóvenes, jaspeadas.

OREJAS DE ELEFANTE
Bergenia stracheyi
F: Saxifragáceas
Habitante de bosques y prados húmedos del oeste del Himalaya y Afganistán. Las flores son olorosas, y las grandes hojas, lustrosas.

DORADILLA
Chrysosplenium oppositifolium
F: Saxifragáceas
Esta especie de tallos decumbentes forma extensas manchas en hábitats umbríos y húmedos del oeste y el centro de Europa.

PEONÍA COMÚN
Paeonia officinalis
F: Peoniáceas
Herbácea propia de bosques, malezas y prados del sur de Europa. Es muy conocida por sus vistosas flores.

TOLMIEA MENZIESII
F: Saxifragáceas
En esta notable especie las plántulas crecen sobre las bases foliares. Es una perenne pilosa, propia de lugares umbríos y húmedos de América del Norte.

VITALES

Orden compuesto por una sola familia, las vitáceas, que es la de la uva. Contiene 14 géneros y 850 especies, entre ellas la importante vid y la ornamental parra virgen. Las especies de las vitáceas son, principalmente, naturales de los trópicos o de regiones de clima cálido moderado. Son sobre todo parras o lianas, y por lo general tienen nudos (bifurcación de la hoja con el tallo) engrosados y zarcillos. Sus flores suelen presentarse en panícula.

VID SILVESTRE
Vitis vinifera
F: Vitáceas
El ser humano ha usado la uva como alimento y para la producción de vino y medicamentos desde el Neolítico. Muy extendida, la vid es natural de la Europa mediterránea y de Asia.

VID ORNAMENTAL
Vitis coignetiae
F: Vitáceas
Cultivada por las hojas gigantes (30 cm de diámetro) con hoyuelos y el color otoñal, esta trepadora caducifolia es natural del Asia templada.

PARRA VIRGEN
Parthenocissus quinquefolia
F: Vitáceas
Esta prolífica trepadora de América Central y del Norte se aferra a superficies lisas mediante las ventosas de los pequeños zarcillos bifurcados.

GERANIALES

Este orden cuenta con dos familias. La familia del geranio, o geraniáceas, contiene alrededor de 800 especies, de las que 400 pertenecen al género *Geranium*. Muchas de las 200 especies del género africano *Pelargonium* tienen gran importancia hortícola, entre ellas las plantas de jardín llamadas geranios. La nueva familia francoáceas engloba cuatro familias antes reconocidas, principalmente de árboles y arbustos africanos.

MELERO
Melianthus major
F: Francoáceas
Las broncíneas espigas florales de esta especie sudafricana gotean néctar. Al tocarlas, las hojas desprenden un olor intenso.

GERANIO MALVA
Pelargonium odoratissimum
F: Geraniáceas
Esta perenne originaria de Sudáfrica presenta inflorescencias péndulas. Se cultiva por el aceite de geranio, que tiene un fuerte aroma a manzana y rosa.

HIERBA DE SAN ROBERTO
Geranium robertianum
F: Geraniáceas
Especie muy extendida en el hemisferio norte. Presenta tallos procumbentes rojizos y pedúnculos prolongados. Desprende un fuerte olor a rancio.

GERANIO DE PRADO
Geranium pratense
F: Geraniáceas
Planta perenne natural de Europa y Asia, prefiere los prados sobre suelos calizos. Sus flores son polinizadas por abejas melíferas y otras abejas silvestres.

GERANIO DE ROCA
Erodium foetidum
F: Geraniáceas
Toma su nombre común del entorno en que habita. Natural de Francia, se cultiva en jardines de rocalla.

MIRTALES

Las nueve familias de este orden son más comunes en las regiones más cálidas. Las 5800 especies de la familia del mirto, o mirtáceas, proporcionan aceites esenciales, especias y frutas como la guayaba. Entre ellas se cuentan más de 700 especies de eucalipto de Australia y Nueva Guinea. Las litráceas, o familia de la salicaria, son sobre todo árboles y arbustos tropicales que dan frutas como la granada y diversos tintes. La familia melastomatáceas, plenamente tropical, contiene unos 4500 árboles, arbustos y trepadoras.

2,5 m

DECODON VERTICILLATUS
F: Litráceas
Arbusto nativo del noreste de América que crece en pantanos. Tiene tallos arqueados con hojas en verticilos trímeros, y flores rojas o púrpuras de hasta 2,5 cm de diámetro.

SALICARIA
Lythrum salicaria
F: Litráceas
Del rizoma leñoso de esta perenne surgen numerosos tallos purpúreos de sección cuadrada. Natural de Europa, Asia, el sureste de Australia y el noroeste de África, puede ser invasora.

1,5 m

6 m

ÁRBOL DE JÚPITER
Lagerstroemia indica
F: Litráceas
Árbol natural de China, Corea y Japón, florece durante cuatro meses. La corteza, que muda cada año, es lisa, moteada y de un gris rosáceo.

6 m

ALHEÑA
Lawsonia inermis
F: Litráceas
Originaria del norte de África y Oriente Próximo, las hojas producen un tinte marrón rojizo y las flores contienen aceites esenciales.

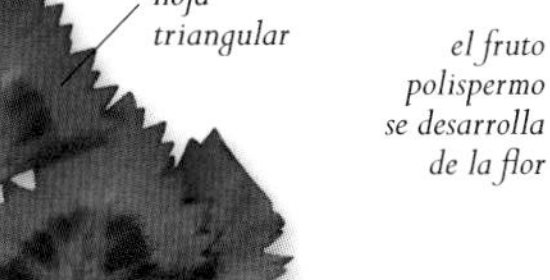

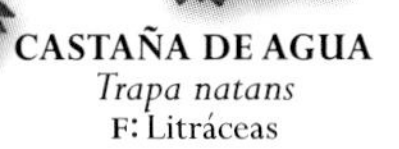

hoja triangular

75 cm

CASTAÑA DE AGUA
Trapa natans
F: Litráceas
Esta hidrófita propia de Europa y Asia encierra su semilla comestible, rica en fécula, en una nuez con cuatro robustas espinas patentes.

el fruto polispermo se desarrolla de la flor

7 m

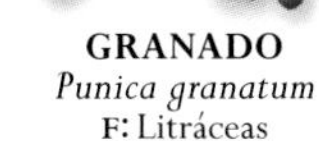

GRANADO
Punica granatum
F: Litráceas
Árbol de porte arbustivo del suroeste de Asia, muy cultivado en el Mediterráneo por sus frutos, abundantes en semillas cubiertas de pulpa.

90 cm

PLANTA DEL CIGARRO
Cuphea ignea
F: Litráceas
Arbusto perenne densamente ramificado, ornamental de jardín e interior. Natural de México, sus frutos son cápsulas de tacto similar al papel.

18 m

PISCUALA
Combretum indicum
F: Combretáceas
Esta trepadora del Asia tropical presenta racimos de flores tubulares rojas. El fruto, una drupa con cinco alas, sabe a almendra.

30 m

ALMENDRO MALABAR
Terminalia catappa
F: Combretáceas
Árbol de ramificación horizontal propio de las costas del Indo-Pacífico. El fruto, una drupa de dispersión acuática, contiene una semilla comestible con sabor a almendra.

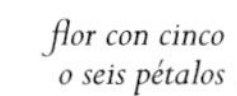

flor con cinco o seis pétalos

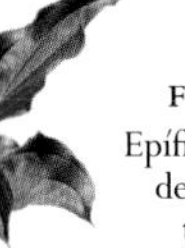

3 m

MEDINILLA MAGNIFICA
F: Melastomatáceas
Epífita ornamental propia de Filipinas. Las hojas tienen los nervios longitudinales característicos de la familia.

5 m

TIBUCHINA
Tibouchina urvilleana
F: Melastomatáceas
En las regiones cálidas esta ornamental brasileña florece gran parte del año. Las hojas aterciopeladas tienen márgenes rojos y de tres a cinco nervios longitudinales.

60 cm

RHEXIA VIRGINICA
F: Melastomatáceas
Esta herbácea pilosa perenne crece en humedales del este de EE UU y Canadá. Tiene el tallo de sección cuadrada y hojas sésiles con márgenes dentados.

»

MELALEUCA SUBULATA
F: Mirtáceas
Arbusto de ramas ligeramente péndulas con pequeños frutos leñosos polispermos. Se halla principalmente en Nueva Gales del Sur y Victoria (Australia).

EUCALIPTO ROJO
Eucalyptus camaldulensis
F: Mirtáceas
Este árbol ribereño de corteza lisa y pálida y hojas de color verde claro, muy extendido en Australia, tiene una madera muy resistente. De su néctar se obtiene miel.

GOMERO DE TASMANIA
Eucalyptus coccifera
F: Mirtáceas
Su corteza blanca caediza revela un tronco blanquecino cremoso. Las hojas juveniles son sésiles y ovales; las adultas, pecioladas y elípticas.

GOMERO DE LA SIDRA
Eucalyptus gunnii
F: Mirtáceas
Las hojas juveniles de este duro árbol de Tasmania son ovales y argénteas; las maduras, subfalciformes y glaucas. Se usa en la producción de papel.

LIMPIATUBOS VERDE
Melaleuca virens
F: Mirtáceas
Resistente a la nieve, el hielo y la sequía, este arbusto subalpino de Tasmania tiene hojas con ápices agudos y afilados. Atrae a pájaros y mariposas.

CAJEPUT
Melaleuca cajuputi
F: Mirtáceas
Nativo desde el sureste de Asia hasta el norte de Australia, es un árbol de hojas aromáticas que contienen un aceite medicinal de color amarillo pálido.

ARRAYÁN
Myrtus communis
F: Mirtáceas
Natural desde el Mediterráneo hasta Pakistán, el arrayán, o mirto, da flores fragantes y bayas de color azul oscuro. Sus aromáticas hojas producen aceites esenciales.

PIMIENTA DE JAMAICA
Pimenta dioica
F: Mirtáceas
Árbol unisexual nativo del Caribe, el sur de México y América Central. Las pequeñas flores blancas forman unos frutos duros de color marrón que, tras madurar, se secan y se machacan para obtener la especia.

EUCALYPTUS URNIGERA
F: Mirtáceas
Este árbol del sureste de Tasmania tiene frutos con forma de urna, hojas juveniles glaucas e inflorescencias en dicasio de flores blancas con abundantes estambres.

KUNZEA BAXTERI
F: Mirtáceas
Las especies de *Kunzea* tienen unos coloridos estambres mucho más largos que los pétalos, lo cual las hace aún más atractivas para las aves polinizadoras.

ARRAYÁN ROJO
Luma apiculata
F: Mirtáceas
Este árbol de crecimiento lento tiene un tronco contorto y corteza caediza lisa de color gris anaranjado. Su fruto es una baya negra.

METROSIDERO
Metrosideros excelsa
F: Mirtáceas
Natural de la isla Norte (Nueva Zelanda), este árbol produce flores rojas en diciembre. Los ejemplares viejos presentan masas de raíces aéreas colgantes.

CLAVERO
Syzygium aromaticum
F: Mirtáceas
Las yemas de la flor seca de este árbol nativo de las islas de Indonesia se usan como especia. Sus flores, de color crema y estambres rojos, maduran en bayas monospermas púrpuras.

GUAYABO
Psidium guajava
F: Mirtáceas
Árbol de América tropical y subtropical, de corteza cobriza escamosa. Los frutos maduros tienen un olor almizclado dulce y contienen abundantes semillas duras y amarillas.

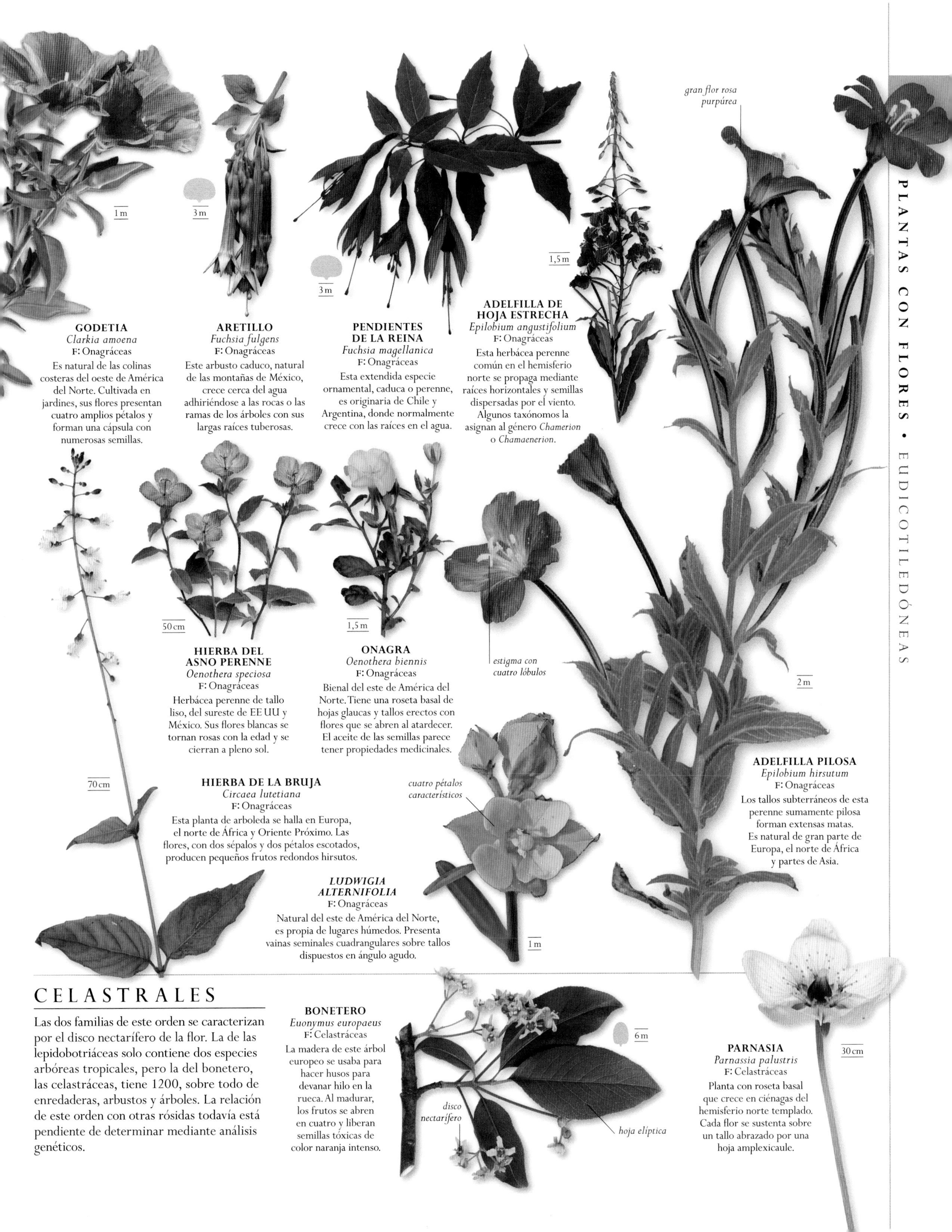

GODETIA
Clarkia amoena
F: Onagráceas
Es natural de las colinas costeras del oeste de América del Norte. Cultivada en jardines, sus flores presentan cuatro amplios pétalos y forman una cápsula con numerosas semillas.

ARETILLO
Fuchsia fulgens
F: Onagráceas
Este arbusto caduco, natural de las montañas de México, crece cerca del agua adhiriéndose a las rocas o las ramas de los árboles con sus largas raíces tuberosas.

PENDIENTES DE LA REINA
Fuchsia magellanica
F: Onagráceas
Esta extendida especie ornamental, caduca o perenne, es originaria de Chile y Argentina, donde normalmente crece con las raíces en el agua.

ADELFILLA DE HOJA ESTRECHA
Epilobium angustifolium
F: Onagráceas
Esta herbácea perenne común en el hemisferio norte se propaga mediante raíces horizontales y semillas dispersadas por el viento. Algunos taxónomos la asignan al género *Chamerion* o *Chamaenerion*.

HIERBA DEL ASNO PERENNE
Oenothera speciosa
F: Onagráceas
Herbácea perenne de tallo liso, del sureste de EE UU y México. Sus flores blancas se tornan rosas con la edad y se cierran a pleno sol.

ONAGRA
Oenothera biennis
F: Onagráceas
Bienal del este de América del Norte. Tiene una roseta basal de hojas glaucas y tallos erectos con flores que se abren al atardecer. El aceite de las semillas parece tener propiedades medicinales.

ADELFILLA PILOSA
Epilobium hirsutum
F: Onagráceas
Los tallos subterráneos de esta perenne sumamente pilosa forman extensas matas. Es natural de gran parte de Europa, el norte de África y partes de Asia.

HIERBA DE LA BRUJA
Circaea lutetiana
F: Onagráceas
Esta planta de arboleda se halla en Europa, el norte de África y Oriente Próximo. Las flores, con dos sépalos y dos pétalos escotados, producen pequeños frutos redondos hirsutos.

LUDWIGIA ALTERNIFOLIA
F: Onagráceas
Natural del este de América del Norte, es propia de lugares húmedos. Presenta vainas seminales cuadrangulares sobre tallos dispuestos en ángulo agudo.

CELASTRALES

Las dos familias de este orden se caracterizan por el disco nectarífero de la flor. La de las lepidobotriáceas solo contiene dos especies arbóreas tropicales, pero la del bonetero, las celastráceas, tiene 1200, sobre todo de enredaderas, arbustos y árboles. La relación de este orden con otras rósidas todavía está pendiente de determinar mediante análisis genéticos.

BONETERO
Euonymus europaeus
F: Celastráceas
La madera de este árbol europeo se usaba para hacer husos para devanar hilo en la rueca. Al madurar, los frutos se abren en cuatro y liberan semillas tóxicas de color naranja intenso.

PARNASIA
Parnassia palustris
F: Celastráceas
Planta con roseta basal que crece en ciénagas del hemisferio norte templado. Cada flor se sustenta sobre un tallo abrazado por una hoja amplexicaule.

CUCURBITALES

Ocho familias, principalmente tropicales, de árboles, arbustos y plantas herbáceas y trepadoras integran este orden. Seis de ellas cuentan con pocos miembros, pero las begoniáceas tienen 1400, de los cuales 130 son plantas cultivadas. Las 850 especies de cucurbitáceas comprenden plantas alimenticias tan importantes como los melones y las calabazas. Ambas familias son monoicas (la misma planta tiene flores masculinas y femeninas).

PARRA ZARZALERA
Bryonia cretica ssp. *dioica*
F: Cucurbitáceas

Común en el sur de Europa y el norte de África, en setos y matorrales sobre suelos ricos en calcio, esta trepadora venenosa tiene una hinchada raíz tuberosa.

PEPINO
Cucumis sativus
F: Cucurbitáceas

Originario del Asia tropical, el pepino se ha cultivado desde hace 3000 años y hay muchas variedades, entre ellas el pepinillo. Presenta flores tubulares amarillas.

CALABAZA COMÚN
Cucurbita pepo
F: Cucurbitáceas

Tallo escabroso de sección pentagonal y grandes flores de color amarillo anaranjado. Propia de América Central y con abundantes variedades: calabaza, calabacín, zapallo, etc.

ESPONJA VEGETAL
Luffa cylindrica
F: Cucurbitáceas

Esta trepadora anual originaria de Asia da frutos cilíndricos cuyo fibroso interior es comestible cuando están inmaduros o se utiliza como esponja una vez seco.

CALABAZA DE PEREGRINO
Lagenaria siceraria
F: Cucurbitáceas

Trepadora con flores blancas involutas. Su fruto, comestible, de corteza coriácea usada como contenedor, flota durante meses en el mar.

PEPINILLO DEL DIABLO
Ecballium elaterium
F: Cucurbitáceas

El fruto maduro y repleto de jugo de esta planta mediterránea estalla cuando se toca y esparce sus semillas hasta 6 m de distancia.

SANDÍA
Citrullus lanatus
F: Cucurbitáceas

Planta rastrera, anual, con flores amarillas, originaria del sur de África. Se cultiva en todos los climas cálidos debido a sus frutos.

BEGONIA LISTADA
F: Begoniáceas

Planta procumbente nativa de Paraguay, de hojas gruesas aterciopeladas con envés rojo y flores blancas rosáceas. Fue descrita por primera vez en 1981.

MELÓN AMARGO
Momordica charantia
F: Cucurbitáceas

Los frutos de esta trepadora tropical, también llamada cundeamor, se abren en tres direcciones dejando a la vista su pulpa amarilla y semillas encerradas en arilos rojos.

TETRAMELES NUDIFLORA
F: Datiscáceas

Árbol de gran porte sobre zancos de Asia y el norte de Australia. Las flores masculinas crecen en distintos árboles de las femeninas, que forman cápsulas de semillas redondas.

FABALES

Las legumbres están en todo el mundo, excepto en la Antártida. Tienen hojas compuestas con diminutas estípulas en la base y vainas seminales que se abren al madurar; en las raíces forman nódulos que contienen bacterias, con las que fijan nitrógeno. Plantas como el guisante pertenecen a las fabáceas o leguminosas, la mayor de las cuatro familias del orden, que presentan flores caracterizadas por un gran pétalo superior con los adyacentes menores.

CACAHUETE
Arachis hypogaea
F: Fabáceas

Legumbre originaria de Brasil, tiene flores amarillas con vetas rojizas similares al guisante. Las vainas seminales maduran en el suelo y dan lugar al fruto.

50 cm

SENSITIVA
Mimosa pudica
F: Fabáceas

Cuando se rozan, las hojas espinosas de este arbusto sudamericano se cierran. Las inflorescencias (1 cm) suelen tener flores rosadas con largos estambres de color rosa vivo.

CAÑA FÍSTULA
Cassia fistula
F: Fabáceas

Esbelto árbol del Sudeste Asiático con flores péndulas similares al guisante y hojas pinnadas con tres a ocho pares de foliolos. Sus semillas son tóxicas.

20 m

FOLIOLO CADUCO

80 cm

20 m

MIMOSA
Acacia dealbata
F: Fabáceas

Árbol de flores fragantes y corteza plateada que ennegrece con la edad. Es natural del sureste de Australia.

ESPARCETA
Onobrychis viciifolia
F: Fabáceas

Planta forrajera del sur de Europa con hojas pinnadas verdes, ovales y divididas en 6–14 pares de foliolos. Flores rosas en densas inflorescencias.

HOJAS LUSTROSAS

VAINA CON PULPA COMESTIBLE

JATOBÁ
Hymenaea courbaril
F: Fabáceas

Árbol caducifolio de tronco recto y grueso y pedúnculos de flores de color blanco violáceo con pétalos grandes y estambres largos. Del tronco rezuma una resina naranja que se usa en inciensos y perfumes.

1,2 m

RAMILLA FOLIAR

60 cm

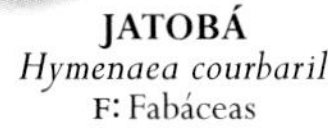

las flores son densos grupos de estambres con pétalos reducidos

VULNERARIA
Anthyllis vulneraria
F: Fabáceas

Planta perenne de praderas secas europeas con tallos vellosos e inflorescencias de color amarillo o crema a rojo sobre brácteas aterciopeladas.

TAMARINDO
Tamarindus indica
F: Fabáceas

Árbol perennifolio del este de África y Asia, con flores de color amarillo anaranjado en racimos colgantes y vainas seminales con pulpa comestible.

VAINAS SEMINALES

12 m

ACACIA AZUL
Acacia glaucoptera
F: Fabáceas

Las flores globosas de este arbusto de Australia suroccidental crecen en un tallo modificado que parece una hoja retorcida.

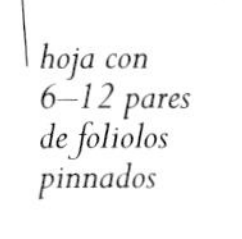
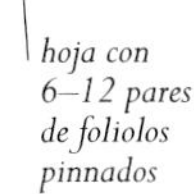

hoja con 6–12 pares de foliolos pinnados

ÁRBOL DE LA SEDA
Albizia julibrissin
F: Fabáceas

Árbol caducifolio del suroeste de Asia. La corteza verde oscura se lista verticalmente con la edad; crece rápido pero tiene una vida corta.

»

90 cm

1,5 m

HOJAS PERENNES

HOJA OBLONGA LUSTROSA

FALSO REGALIZ
Astragalus glycyphyllos
F: Fabáceas

De hojas similares al regaliz auténtico y vainas curvas, esta herbácea de pradera europea puede usarse en infusión.

FALSO ÍNDIGO
Baptisia australis
F: Fabáceas

La savia de esta herbácea perenne natural de los bosques y riberas fluviales del este de EE UU se vuelve púrpura al exponerse al aire, y se utiliza como sustituto del índigo.

SEMILLA DURA

40 m

CASTAÑO DE AUSTRALIA
Castanospermum australe
F: Fabáceas

Las flores de color rojo anaranjado de este árbol maderero producen vainas leñosas con tres a cinco semillas parecidas a habas.

15 m

SEMILLAS

FRUTOS PULPOSOS

ALGARROBO
Ceratonia siliqua
F: Fabáceas

Árbol mediterráneo de tronco grueso, follaje denso y pequeñas flores azules. Con el fruto se elabora un sucedáneo de chocolate.

ÁRBOL DEL AMOR
Cercis siliquastrum
F: Fabáceas

Árbol caducifolio ornamental y maderero del este del Mediterráneo; florece en primavera y después produce vainas seminales planas de 10 cm.

10 m

vaina inmadura

50 cm

GARBANZO
Cicer arietinum
F: Fabáceas

Una de las primeras plantas hortícolas, natural de Oriente Próximo. Sus vainas contienen de una a tres semillas, muy apreciadas como alimento.

1,5 m

1,5 m

GALEGA
Galega officinalis
F: Fabáceas

Perenne naturalizada en zonas templadas, de largas vainas cilíndricas de color pardo rojizo. Hay quien cree que mejora la lactancia y que reduce la fiebre y la diabetes.

3 m

RETAMA DEL ETNA
Genista aetnensis
F: Fabáceas

Nativo de las laderas del Etna en Sicilia y de Cerdeña, este pequeño árbol tiene pocas hojas; los aplanados tallos verdes contribuyen a la fotosíntesis.

FLOR ROSA PURPÚREA

BOCHA PELUDA
Lotus hirsutus
F: Fabáceas

Esta perenne mediterránea forma macizos arbustivos de color glauco. Sus vainas cilíndricas, de color pardo rojizo, se pueden confundir con bayas.

50 cm

AULAGA
Ulex parviflorus
F: Fabáceas

Arbusto del Mediterráneo occidental, perenne, denso y espinoso, de hojas amarillas y cortas vainas negruzcas. Los incendios y el aclarado del matorral estimulan la germinación de sus semillas.

3 m

VAINA CON 10–15 SEMILLAS

CUERNECILLO
Lotus corniculatus
F: Fabáceas

Planta de prados de Europa, Asia y África, con flores amarillas y hojas formadas por cinco foliolos. Sus vainas son similares a las del pie de pájaro *(Ornithopus perpusillus).*

GALLINICAS
Lathyrus latifolius
F: Fabáceas

Distribuida por el sur de Europa y el norte de África, esta vigorosa trepadora perenne tiene tallos alados y grupos de 5–15 flores rosadas. Las semillas (arvejas) se forman en vainas largas.

30 cm

1,5 m

VEZA
Vicia sativa
F: Fabáceas

Trepadora anual muy distribuida, nativa de Europa y el entorno mediterráneo. Planta forrajera con inflorescencias reducidas a una o dos flores y zarcillos ramificados.

COLETUY
Securigera varia
F: Fabáceas
Perenne de propagación rápida del sur de Europa y Asia occidental, con hojas gruesas y raíces profundas. Se usa para fijar los suelos y controlar la erosión.

RETAMA DE ESCOBAS
Cytisus scoparius
F: Fabáceas
Arbusto propio de brezales de toda Europa, con flores muy olorosas. Tiene abundantes ramas finas de puntas agudas que se utilizan tradicionalmente para hacer escobas.

HIERBA DE LA HERRADURA
Hippocrepis comosa
F: Fabáceas
Postrada perenne, nativa del sur de Europa y el Mediterráneo, es una fuente importante de alimento para las orugas de la mariposa niña celeste. Sus vainas se retuercen en segmentos similares a herraduras.

ALFALFA
Medicago sativa
F: Fabáceas
Esta perenne de profundas raíces crece en prados calcáreos en el suroeste de Asia, Europa y EE UU. Es un útil cultivo forrajero y tiene propiedades medicinales.

TRÉBOL ROJO
Trifolium pratense
F: Fabáceas
Cultivo forrajero para ganado. Tiene hojas perennes con hojas basales largamente pecioladas y fruto oblongo, oculto en la inflorescencia.

REGALIZ
Glycyrrhiza glabra
F: Fabáceas
Perenne plumosa con vainas pequeñas, lisas y oblongas, y raíces profundas. El extracto de la raíz es 50 veces más dulce que el azúcar, y tiene uso medicinal.

AYOCOTE
Phaseolus coccineus
F: Fabáceas
Los brotes foliares de esta perenne montana de América Central son dextrogiros (giran a la derecha en torno a su eje). Las semillas (frijoles o judías) tienen gran variedad de colores.

FALSO ÉBANO
Laburnum anagyroides
F: Fabáceas
Árbol caduco nativo del centro y el sur de Europa. Los racimos de vainas seríceas pardas (7,5 cm) contienen semillas negras tóxicas.

ROBINIA
Robinia pseudoacacia
F: Fabáceas
Este robusto árbol caducifolio de corteza y hojas tóxicas, originario del sureste de EE UU, se propaga mediante chupones y produce vainas planas pardas.

POLÍGALA
Polygala nicaeensis
F: Poligaláceas
Especie perenne de Francia e Italia, presenta flores con dos sépalos y tres pétalos soldados, uno de ellos fimbriado, y pequeños frutos en cápsula.

ALTRAMUZ
Lupinus polyphyllus
F: Fabáceas
Originaria del oeste de América del Norte y naturalizada en toda Europa, esta popular ornamental tiene vainas negras pilosas, como el envés de las hojas. Las flores son fragantes.

FAGALES

Algunos de los árboles más conocidos, que dominan los bosques en los que crecen, pertenecen a las siete familias de este orden: las hayas y los robles a las fagáceas, los abedules a las betuláceas, los raulíes a las notofagáceas, los castaños a las juglandáceas, y las casuarinas a las casuarináceas. La mayoría tiene hojas simples y pequeñas flores polinizadas por el viento.

ROBLE HEMBRA ROSA
Allocasuarina torulosa
F: Casuarináceas
La madera de este árbol del oeste australiano es muy apreciada por los ebanistas. Sus ramas péndulas tienen ramitas aciculadas verdes con hojas diminutas y conos verrugosos.

CARPE NEGRO JAPONÉS
Ostrya japonica
F: Betuláceas
Especie oriental de corteza escamosa de color marrón grisáceo. Sus semillas están envueltas en cáscaras (núculas) y cuelgan en largos racimos.

CARPE
Carpinus betulus
F: Betuláceas
Árbol europeo habitual en los setos. Los amentos de pequeñas flores verdes, masculinas y femeninas, producen frutos rodeados por involucros (brácteas) trilobulados.

AVELLANO
Corylus avellana
F: Betuláceas
Árbol arbustivo europeo cosechado por sus frutos comestibles. Sus amentos masculinos y las flores femeninas aparecen a inicios de la primavera.

ALISO ROJO
Alnus rubra
F: Betuláceas
Árbol natural del oeste de América del Norte, propio de pendientes húmedas y riberas. La corteza gris clara enrojece si es machacada o arañada.

RAULÍ
Nothofagus alpina
F: Notofagáceas
Árbol maderable nativo de Argentina y Chile. Las hojas jóvenes son pardas. Las flores femeninas, verdosas, crecen en racimo. Los pequeños frutos están en cúpulas escamosas punzantes.

PLATYCARYA STROBILACEA
F: Juglandáceas
Árbol nativo del este de Asia. Presenta grupos de amentos masculinos erectos y un fruto de tipo cono con semillas aladas.

PACANO
Carya illinoinensis
F: Juglandáceas
Árbol nativo de América del Norte cultivado por sus frutos comestibles, encerrados en una cáscara que se abre en cuatro valvas al madurar.

NOGAL CENICIENTO
Juglans cinerea
F: Juglandáceas
Árbol caducifolio natural de América del Norte con amentos verdes amarillentos. Las pequeñas infrutescencias de nueces ovoides contienen semillas dulces.

ABEDUL DE ERMAN
Betula ermanii
F: Betuláceas
Árbol de corteza blanquecina caediza. Natural de áreas montañosas desde Siberia hasta Japón, se planta a menudo en parques y jardines.

ARRAYÁN DE LOS PANTANOS
Myrica gale
F: Miricáceas
Arbusto de aroma dulce usado como repelente de insectos. Crece en turberas en regiones septentrionales templadas. Presenta amentos rojizos, masculinos o femeninos.

NOGAL
Juglans regia
F: Juglandáceas
Natural de las montañas del suroeste de Asia, valioso por sus frutos y su madera. La corteza es lisa y gris. Los amentos masculinos alcanzan los 15 cm de longitud.

ROBLE COMÚN
Quercus robur
F: Fagáceas

Árbol longevo y de valiosa madera, común en el oeste de Europa. Presenta largos amentos colgantes de flores masculinas y aquenios (bellotas) pedunculados.

ROBLE ESCARLATA
Quercus coccinea
F: Fagáceas

Las hojas de este árbol norteamericano son de un rojo profundo característico en otoño. Presenta largos amentos de flores masculinas de color amarillo verdoso y aquenios de cúpula lustrosa.

COSCOJA
Quercus coccifera
F: Fagáceas

Árbol arbustivo mediterráneo de hojas persistentes, similares a las del acebo, y de color pardo cuando son jóvenes. Los amentos masculinos son de color pardo amarillento.

LITHOCARPUS EDULIS
F: Fagáceas

Árbol japonés de hoja persistente con amentos erectos de color cremoso, de flores femeninas en la base y masculinas en el ápice. Los frutos comestibles maduran durante dos años.

HAYA NORTEAMERICANA
Fagus grandifolia
F: Fagáceas

Este árbol del este de América del Norte, de corteza grisácea, tiene hojas caducas lustrosas y dos frutos (hayucos) en cada aquenio.

CASTAÑO
Castanea sativa
F: Fagáceas

Cultivado desde hace 3000 años por sus frutos, este árbol del sureste de Europa y el oeste de Asia presenta amentos con flores masculinas en la parte superior y femeninas debajo.

MALPIGIALES

Este orden, uno de los más grandes y diversos, comprende 36 familias principalmente tropicales, con más de 16 000 especies agrupadas por su ADN, pero de aspecto muy diferente. La mitad de las familias, una de las cuales no fue reconocida hasta 2016, cuenta con menos de 100 miembros y muchas apenas se conocen fuera de su región nativa; no obstante, la familia de las euforbiáceas, a la que pertenecen la lechetrezna y el ricino, tiene 6300.

ANDROSEMO
Hypericum androsaemum
F: Hipericáceas

Pequeño arbusto del oeste de Europa de tallo rojizo con dos líneas longitudinales. Sus hojas aromáticas tienen usos medicinales, pero sus bayas son tóxicas.

PENAGA
Mesua ferrea
F: Calofiláceas

La madera de este árbol asiático es de gran dureza. Tiene flores grandes con cuatro pétalos blancos y sus hojas jóvenes son de color rojo vivo.

HIPÉRICO
Hypericum perforatum
F: Hipericáceas

Planta perenne euroasiática común en campos, terraplenes y bordes de caminos. Tiene tallos circulares con dos líneas longitudinales, hojas con glándulas negras y cápsulas polispermas.

»

NUEZ DE LA INDIA
Aleurites moluccanus
F: Euforbiáceas
El aceite de los frutos de este árbol tropical se usaba en los candiles. Tiene pequeñas flores cremosas pecioladas y hojas variadas, glaucas cuando son jóvenes.

MANDIOCA
Manihot esculenta
F: Euforbiáceas
Originaria de América del Sur, sus raíces tuberosas se hierven y trituran para comer. Los pequeños racimos florales crecen en las ramas secundarias.

CORONA DE ESPINAS
Euphorbia milii
F: Euforbiáceas
Este arbusto trepador semisuculento de Madagascar presenta tallos muy espinosos. Sus hojas crecen sobre todo en las yemas.

BALÓN VIVIENTE
Euphorbia obesa
F: Euforbiáceas
Rara en estado natural, esta suculenta esférica es propia del Karoo (Sudáfrica). Sus flores diminutas (ciatios) crecen en los ápices.

PIÑÓN DE INDIAS
Croton tiglium
F: Euforbiáceas
Árbol del Sudeste Asiático usado en la medicina tradicional china. Sus hojas son fétidas, y produce cápsulas que contienen tres semillas venenosas.

RICINO
Ricinus communis
F: Euforbiáceas
El aceite de ricino se extrae de las semillas tóxicas de esta tropical africana. La inflorescencia es erecta, con estigmas rojos en las flores femeninas (superiores), y anteras amarillas en las masculinas (inferiores).

FRAILECILLO
Jatropha gossypiifolia
F: Euforbiáceas
Planta tóxica, invasora y natural de la América tropical. Tiene hojas pegajosas, savia acuosa y flores con brácteas púrpuras.

LECHETREZNA MACHO
Euphorbia characias
F: Euforbiáceas
Perenne mediterránea de tallo erecto y purpúreo, leñoso y desnudo en la base. Fruto esférico tomentoso (pelos ramificados muy densos) con aspecto de baya.

ÁRBOL DEL CAUCHO
Hevea brasiliensis
F: Euforbiáceas
Natural de Brasil, es famoso por el fluido lechoso (látex) que se halla bajo la corteza, del que se obtiene el caucho. Tiene hojas trifoliadas y flores amarillas.

MERCURIAL PERENNE
Mercurialis perennis
F: Euforbiáceas
Planta perenne, dioica, hirsuta, con tallo simple erecto. Produce glomérulos de diminutas flores verdes sobre pedúnculos muy largos.

TOMAGALLOS
Euphorbia peplus
F: Euforbiáceas
Especie anual, con látex tóxico, natural de Europa, el norte de África y el oeste de Asia. La inflorescencia en pleocasio tiene tres pedúnculos sobre ramitas laterales.

EUPHORBIA GUENTHERI
F: Euforbiáceas
Suculenta tropical africana de hoja perenne, con brácteas blancas de márgenes púrpuras. Las hojas son crasas y falciformes, y se hallan, sobre todo, en los brotes nuevos.

LINO AZUL
Linum perenne
F: Lináceas
Planta esbelta perenne, a menudo patente, natural desde Europa central hasta China. Las flores forman yemas a intervalos en el ápice de la ramilla.

COCA
Erythroxylum coca
F: Eritroxiláceas
Las hojas de este arbusto persistente del noroeste de América del Sur contienen cocaína. Tiene hojas ovaladas y pequeñas flores blancas amarillentas en racimo.

PASIONARIA O FLOR DE LA PASIÓN AZUL
Passiflora caerulea
F: Pasifloráceas
Trepadora sudamericana de flores aromáticas, con diez sépalos y pétalos muy parecidos, cinco estambres y tres estigmas púrpuras. Se asocia a la simbología cristiana.

AYAHUASCA
Banisteriopsis caapi
F: Malpighiáceas

Trepadora leñosa, natural del Amazonas, utilizada para elaborar una bebida sagrada medicinal y estupefaciente. Las inflorescencias llevan flores rosas y vainas aladas.

MANGLE ROJO
Rhizophora mangle
F: Rizoforáceas

Distribuido en todos los trópicos, en especial en marjales salinos, presenta raíces fúlcreas y sus semillas germinan antes de abandonar el árbol padre.

RAFLESIA
Rafflesia arnoldii
F: Raflesiáceas

Esta parásita trepadora sin hojas de las selvas del Sudeste Asiático tiene las flores más grandes del mundo, de hasta 1 m de diámetro. Su olor pestilente atrae a las moscas.

SAUCE CABRUNO
Salix caprea
F: Salicáceas

Árbol de porte bajo de Europa y Asia, con hojas alternas vellosas, ovales y dentadas. Los amentos femeninos forman cápsulas que liberan semillas algodonosas.

IDESIA
Idesia polycarpa
F: Salicáceas

Árbol montano del este de Asia, de corteza gris y lisa y flores fragantes de color amarillo verdoso que producen bayas rojo oscuro.

SAUCE BLANCO
Salix alba
F: Salicáceas

Árbol de ribera natural de Europa y Asia. Presenta amentos masculinos y femeninos separados. La corteza es fuente de salicina, el principio activo de la aspirina.

MARACUYÁ GIGANTE
Passiflora quadrangularis
F: Pasifloráceas

Pasionaria perenne natural de América del Sur. Presenta tallos cuadrangulares y frutos oblongos.

ÁLAMO TEMBLÓN
Populus tremula
F: Salicáceas

Nativo de Europa y Asia, la corteza gris de los árboles añosos muestra grietas longitudinales. El temblor de sus hojas lo producen sus peciolos aplanados.

ÁLAMO BLANCO
Populus alba
F: Salicáceas

Árbol caducifolio, nativo del centro de Europa y de Asia, tolerante al agua salada. Es dioico, y la mayoría de los árboles son femeninos. Sus amentos forman cápsulas que liberan semillas plumosas.

CHINCHÍN
Azara microphylla
F: Salicáceas

Árbol perennifolio de Argentina y Chile. Las pequeñas flores de estambres amarillos huelen a vainilla. Las hojas tienen un apéndice circular (estípula) en la base.

PENSAMIENTO
Viola tricolor
F: Violáceas

Planta herbácea de vida corta natural de Europa y Asia occidental. Crece en prados y bosques con suelos de neutros a ácidos. Usada como medicinal, también es conocida como trinitaria.

PIGEA FLORIBUNDUS
F: Violáceas

Esta leñosa perenne australiana almacena níquel. Los pétalos azulados tienen una mancha amarilla en el centro. Las hojas son pequeñas, lanceoladas y de color verde oscuro.

OXALIDALES

Este orden comprende unas 2000 especies agrupadas en siete familias. De estas, las cefalotáceas tienen una única especie: la carnívora *Cephalotus follicularis*. Las cunoniáceas son leñosas que producen cápsulas lignificadas. La familia de las acederillas (oxalidáceas) es la mayor, con 800 especies agrupadas en cinco géneros; se caracterizan por sus hojas divididas que se abren durante el día y se cierran por la noche.

CEPHALOTUS FOLLICULARIS
F: Cefalotáceas
Planta carnívora natural de las costas del suroeste de Australia. Tiene hojas basales ovales y atrapa a sus presas en una jarra llena de líquido, aunque no pertenece a las familias de nepentes (p. 189) ni de sarracenias (p. 194).

20 cm

4 m

CERATOPETALUM GUMMIFERUM
F: Cunoniáceas
Arbusto de las costas del este de Australia. En primavera produce diminutas flores blancas. Los pétalos rosas y rojos se agrandan en invierno, encerrando el fruto.

flor pentámera (de cinco pétalos)

35 cm

VINAGRILLO ROSADO
Oxalis articulata
F: Oxalidáceas
Natural de América del Sur, crece a partir de un rizoma engrosado; forma matas frondosas rematadas con flores en umbela, las cuales producen cápsulas explosivas.

INFLORESCENCIA EN UMBELA

HOJA TRIFOLIADA

12 m

CALLICOMA SERRATIFOLIA
F: Cunoniáceas
La madera de este árbol arbustivo de la costa oriental de Australia fue usada por los primeros colonos para hacer refugios de quincha. Las hojas jóvenes son de color bronce.

FRUTO MADURO

RAMILLA FLORAL

CARAMBOLO
Averrhoa carambola
F: Oxalidáceas
Árbol de porte bajo del Sudeste Asiático, cultivado por sus frutos comestibles estrellados. Puede florecer cuatro veces al año.

15 m

ROSALES

Este orden comprende nueve familias, entre ellas las rosáceas (rosas), cannabáceas (cáñamos), moráceas (moreras), ramnáceas (espinos), ulmáceas (olmos) y urticáceas (ortigas). Muchas de las especies se cultivan por sus frutos u otros productos. Las plantas suelen presentar cinco sépalos y estambres abundantes. La mayoría son polinizadas por insectos y muchas portan espinas y pelos.

bayas oleíferas

FALSO ESPINO
Hippophae rhamnoides
F: Eleagnáceas
Arbusto distribuido por Asia y Europa. Presenta diminutas flores amarillas precoces (previas a las hojas). Las pequeñas bayas anaranjadas son ricas en vitamina C.

10 m

ÁRBOL DEL PARAÍSO
Elaeagnus angustifolia
F: Eleagnáceas

Caducifolio ramificado natural de Eurasia, con brotes foliares espinosos cubiertos de escamas plateadas. Sus frutos, de color amarillo rojizo, son comestibles.

CÁÑAMO
Cannabis sativa
F: Cannabáceas

Las hojas de esta anual originaria del centro y el oeste de Asia son la fuente del hachís; con la fibra del tallo se hacen sogas, y de las semillas se extrae aceite.

LÚPULO
Humulus lupulus
F: Cannabáceas

Esta trepadora perenne del norte de Europa y el norte de Asia se ha naturalizado ampliamente en otras partes. Las flores femeninas, similares a conos, se usan para aromatizar y conservar la cerveza.

MORERA NEGRA
Morus nigra
F: Moráceas

Árbol caducifolio de copa difusa, nativo de Oriente Próximo y extensamente cultivado por sus sabrosos frutos. La corteza es naranja, irregular y agrietada.

ÁRBOL DEL PAN
Artocarpus heterophyllus
F: Moráceas

Propio de zonas tropicales, presenta el mayor de los frutos arbóreos, con un peso de hasta 50 kg y 90 cm de longitud cuando está maduro.

HIGUERA
Ficus carica
F: Moráceas

Como en la mayoría de las higueras, las flores de esta especie del Mediterráneo y Asia se desarrollan dentro de un receptáculo, el higo, y son polinizadas por una sola especie de himenóptero.

HIGUERA SAGRADA
Ficus religiosa
F: Moráceas

Se dice que Buda alcanzó la iluminación bajo este árbol, nativo del Sudeste Asiático. Sus flores (y luego sus frutos) están encerradas en higos purpúreos moteados.

MORERA DEL PAPEL
Broussonetia papyrifera
F: Moráceas

De la corteza interior de este árbol de Japón y el sureste de China se obtiene papel fino. Los amentos masculinos producen grandes cantidades de polen que dispersa el viento.

NARANJO DE LUISIANA
Maclura pomifera
F: Moráceas

Árbol nativo del sureste de EE UU, usado para setos. Las raíces y la madera eran muy valorados por los indios norteamericanos.

AZUFAIFO
Ziziphus jujuba
F: Ramnáceas

Árbol espinoso extensamente cultivado en China y Corea por sus frutos. Antes de madurar, los frutos son lisos y de color verde amarillento, y saben a manzana.

ESPINO CERVAL
Rhamnus cathartica
F: Ramnáceas

Árbol arbustivo, invasor en algunas zonas, con ramillas finalizadas en espinas, flores de color verde amarillento y bayas negras. Es nativo de Europa, Asia y el noroeste de África.

TÉ DE NUEVA JERSEY
Ceanothus americanus
F: Ramnáceas

Arbusto del este de América del Norte con cápsulas trilobadas púrpuras, polispermas. Las raíces rojas y las pilosas hojas se usaban para infusiones.

»

FOTINIA CHINA
Photinia serratifolia
F: Rosáceas

Árbol de los bosques de China. Suele cultivarse con fines ornamentales; la madera, muy densa, se usa en ebanistería.

ARGENTINA
Potentilla anserina
F: Rosáceas

Hierba vivaz, pilosa, que crece en yermos, prados y dunas de Europa, Asia y América del Norte, y se ha introducido ampliamente en otras partes.

GUILLOMO ARBÓREO
Amelanchier lamarckii
F: Rosáceas

En este vistoso árbol del este de América del Norte, los racimos de flores estrelladas primaverales van seguidos por bayas granates en verano.

CEREZO SILVESTRE
Prunus avium
F: Rosáceas

El cerezo silvestre crece en bosques y setos de Europa, Asia y el norte de África, y se ha naturalizado en América del Norte.

MANZANO DE LAS PRADERAS
Malus ioensis
F: Rosáceas

Es uno de los manzanos silvestres de América del Norte. Esta especie se cultiva; sus frutos son bastante ácidos.

FRESAL
Fragaria vesca
F: Rosáceas

El fresal silvestre es una perenne de los bosques de Europa y América del Norte. Los frutos se forman a partir del receptáculo floral engrosado.

CIRUELO
Prunus domestica
F: Rosáceas

Especie híbrida de ciruelo-cerezo chino y endrino europeo, pero sin las agudas espinas de este.

ROSAL JAPONÉS
Rosa rugosa
F: Rosáceas

Este rosal del este de Asia, resistente a la salinidad del aire, se suele plantar como seto cerca del mar. Presenta tallo aculeado y flores rosadas con pétalos arrugados.

ROSAL SILVESTRE, AGAVANZO, ESCARAMUJO
Rosa canina
F: Rosáceas

De arqueadas ramas aculeadas (los rosales tienen acúleos, no espinas), es común en Europa, Asia y el norte de África, y está naturalizada en América del Norte.

ROSA MOSQUETA
Rosa rubiginosa
F: Rosáceas

Una de las rosas silvestres de color más intenso, adorna setos y matorrales de Europa, Asia y África. Sus hojas poseen unas glándulas que desprenden aroma a manzana al aplastarlas.

ROSAL DE PROVINS
Rosa gallica var. *officinalis*
F: Rosáceas

Pariente europeo de muchas rosas de té y floribundas. La esencia de rosas es un aceite fragante destilado de sus pétalos.

DRÍADA
Dryas octopetala
F: Rosáceas
Las flores de este sufrútice (casi arbusto) boreoalpino giran siguiendo el sol; así se calienta el centro y atraen a los insectos polinizadores.

ESPINA DE PESCADO
Cotoneaster horizontalis
F: Rosáceas
Arbusto postrado muy cultivado en jardines por sus flores y frutos, ocasionalmente escapa. Sus hojas semiperennes forman matas planas.

ESPINO DE FUEGO
Pyracantha rogersiana
F: Rosáceas
Arbusto persistente aculeado del este de China; pertenece a un género cultivado a menudo por sus atractivos frutos anaranjados, aunque no son comestibles.

ZARZAMORA
Rubus fruticosus
F: Rosáceas
Habitual en Europa como maleza trepadora de setos, sus frutos son comestibles en otoño. Tiene varias subespecies muy estrechamente relacionadas.

MOSTAJO
Sorbus torminalis
F: Rosáceas
Arbolillo de los bosques de Europa, Asia Menor y el norte de África. Sus pomos (frutos) son pardos, a diferencia de otros serbales, que los tienen rojizos.

SERBAL AMERICANO
Sorbus americana
F: Rosáceas
Árbol caducifolio de bosque, nativo del este de América del Norte. De sus pomos rojos y brillantes, que duran hasta el invierno, se alimentan zorzales y arrendajos.

NÍSPERO EUROPEO
Mespilus germanica
F: Rosáceas
Original del centro y el sur de Europa, produce un fruto peloso, parduzco y duro, que se ablanda y se hace comestible en otoño y luego se pudre.

PIMPINELA MENOR
Sanguisorba minor
F: Rosáceas
Los brotes tiernos de esta perenne de orados calizos, distribuida de Europa a Irán e introducida en América del Norte, son comestibles.

PERAL DE HOJA DE SAUCE
Pyrus salicifolia
F: Rosáceas
Árbol de Oriente Próximo, considerado en peligro de extinción en Turquía. Se cultiva por su follaje argénteo. Los frutos no son comestibles.

CARIOFILADA ACUÁTICA
Geum rivale
F: Rosáceas
Perenne pilosa que crece en hábitats húmedos en Europa, Asia Menor y América del Norte. Sus aquenios ganchudos se fijan a los animales y así se dispersan.

ALQUIMILA
Alchemilla vulgaris
F: Rosáceas
Bajo este nombre se agrupan varias especies herbáceas muy relacionadas genéticamente de Europa, Asia y el este de América del Norte.

ESPINO MAJUELO
Crataegus monogyna
F: Rosáceas
Arbolito muy ramificado que se da silvestre en bosques y setos desde Europa y el norte de África hasta Afganistán. Produce inflorescencias de flores blancas en primavera, seguidas por pomos (frutos) rojos. También se cultiva en jardines.

»

ROSA MOSQUETA
Rosa rubiginosa

La rosa mosqueta es una de las más atractivas de las rosas silvestres que adornan setos y matorrales de toda Europa, Asia y África. Sus flores, de cinco pétalos, suelen ser blancas o rosa pálido. A los no botánicos les resulta bastante parecida a la rosa canina, el rosal silvestre. Aunque son menos vistosas y perfumadas que las rosas de jardín cultivadas por los horticultores a lo largo de los siglos, hay quien opina que poseen una belleza más sutil y un aroma más delicado que sus ostentosas parientes. Muchas rosas silvestres son arbustos espinosos con tallos arqueados e intrincados, por lo que a veces se consideran zarzas. Las flores de esta especie son de color rosa intenso y las hojas desprenden aroma a manzana cuando se aplastan. Se ha introducido en América y Australia, donde se ha convertido en invasora.

TAMAÑO Tallos erectos de hasta 2 m de altura
HÁBITAT Matorral abierto, setos, parques y bordes de caminos y carreteras
DISTRIBUCIÓN De Europa a Asia, introducida en otros lugares

tallo espinoso que se propaga

dientes del folíolo con glándulas pedunculadas

∨ ESCARAMUJOS EN DESARROLLO
La base de la flor se hincha y forma un escaramujo, que es un falso fruto porque no se forma a partir del ovario. Este contiene muchas «pepitas», que son los verdaderos frutos, cada una con una semilla.

los sépalos permanecen como un círculo de hojas

∨ CAPULLO
Los sépalos que rodean el capullo protegen los pétalos en desarrollo y los órganos reproductores. Los pelos glandulares aíslan el capullo y repelen los parásitos.

∨ ENVÉS DE LA HOJA
La superficie inferior de la hoja es pilosa, con muchas glándulas pedunculadas marrones que liberan terpenos, sustancias químicas de olor dulce que disuaden a los herbívoros.

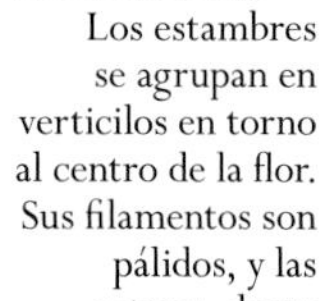

ESTAMBRES >
Los estambres se agrupan en verticilos en torno al centro de la flor. Sus filamentos son pálidos, y las anteras, de un amarillo vivo, producen polen en gran cantidad.

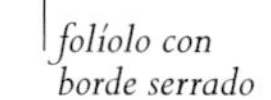

folíolo con borde serrado

ESPINAS >
Los acúleos (pinchos llamados espinas) y unas fuertes cerdas disuaden a los animales grandes de comerse las hojas.

< ESCARAMUJOS MADUROS
Los escaramujos se desprenden de los sépalos antes de madurar. Ya maduros y rojos son ricos en vitamina C, y se los comen algunos pájaros, que dispersan las semillas en sus excrementos.

∧ VISTA LATERAL
Bajo los pétalos se abren cinco sépalos. Tras la polinización por abejas o mariposas, la base de la flor se hincha y forma un escaramujo.

∧ EL DULCE AROMA DEL ÉXITO
El olor desempeña diferentes funciones en las plantas, como atraer polinizadores y repeler parásitos. El olor de las hojas de la rosa mosqueta es agradable, pero los antiguos herbolarios decían que los extractos de las hojas son «ásperos para la garganta» y «purgan el pecho»; por eso los terpenos que dan el olor a manzana pueden ser desagradables para los herbívoros.

» ROSALES

ZELKOVA DEL JAPÓN
Zelkova serrata
F: Ulmáceas
En EE UU, los olmos muertos por la grafiosis se reemplazan a veces con este valorado árbol maderable asiático. En Japón se cría como bonsái.

PANAMIGA
Pilea involucrata
F: Urticáceas
Varias especies del género constituyen valoradas plantas de interior, incluida esta nativa de América Central y del Sur, con hojas profundamente nervadas.

ALMEZ AMERICANO
Celtis occidentalis
F: Cannabáceas
Nativo de América del Norte, sus hojas de color verde claro se parecen a las del olmo. De sus frutos rojos se alimentan aves y mamíferos.

OLMO COMÚN
Ulmus minor
F: Ulmáceas
Este árbol solía ser característico de los paisajes europeos, pero lo ha diezmado la grafiosis, provocada por un hongo.

ORTIGA MAYOR
Urtica dioica
F: Urticáceas
Los pelos urticantes de las hojas de la ortiga disuaden a los animales de comerlas. Crece en baldíos de Europa, Asia, el norte de África y América del Norte.

BRASICALES

Este orden tiene 17 familias. De las hojas, tallos o raíces engrosadas de muchas plantas de este orden se extraen aceites amargos o fragantes. Estos evolucionaron para repeler a los pastadores, pero algunas especies son agradables al paladar humano, y se usan en cocina, perfumería y herboristería. La mayor familia del grupo son las brasicáceas (o crucíferas), con 3300 especies.

COL SILVESTRE
Brassica oleracea
F: Brasicáceas
Planta cultivada en el oeste de Europa durante milenios. Coliflor, brócoli o col de Bruselas son variedades cultivadas de la misma especie.

PAPAYO
Carica papaya
F: Caricáceas
Planta arbórea de América Central y del Sur, de flores amarillas. Las femeninas producen el gran fruto carnoso anaranjado llamado papaya.

MARANGO
Moringa oleifera
F: Moringáceas
Árbol tropical asiático de corteza gris corchosa y hojas con aspecto de helecho. De las raíces se obtiene un condimento.

CAPUCHINA
Tropaeolum majus
F: Tropeoláceas
Vistosa anual de América Central y del Sur, apreciada en jardinería. Las flores y las hojas se consumen en ensalada.

ALCAPARRO
Capparis spinosa
F: Caparidáceas
Arbusto espinoso perenne, natural del Mediterráneo. Los botones florales, encurtidos, y sus frutos, crudos, tienen uso culinario.

RESEDA
Reseda odorata
F: Resedáceas
Originaria del norte de África, se cultiva en jardines de todo el sur de Europa. De las olorosas flores se obtiene un aceite que se emplea en perfumería.

ALHELÍ AMARILLO
Erysimum x *cheiri*
F: Brasicáceas
Esta especie, probablemente desarrollada por primera vez como un híbrido en Grecia, se ha cultivado en toda Europa desde la Edad Media.

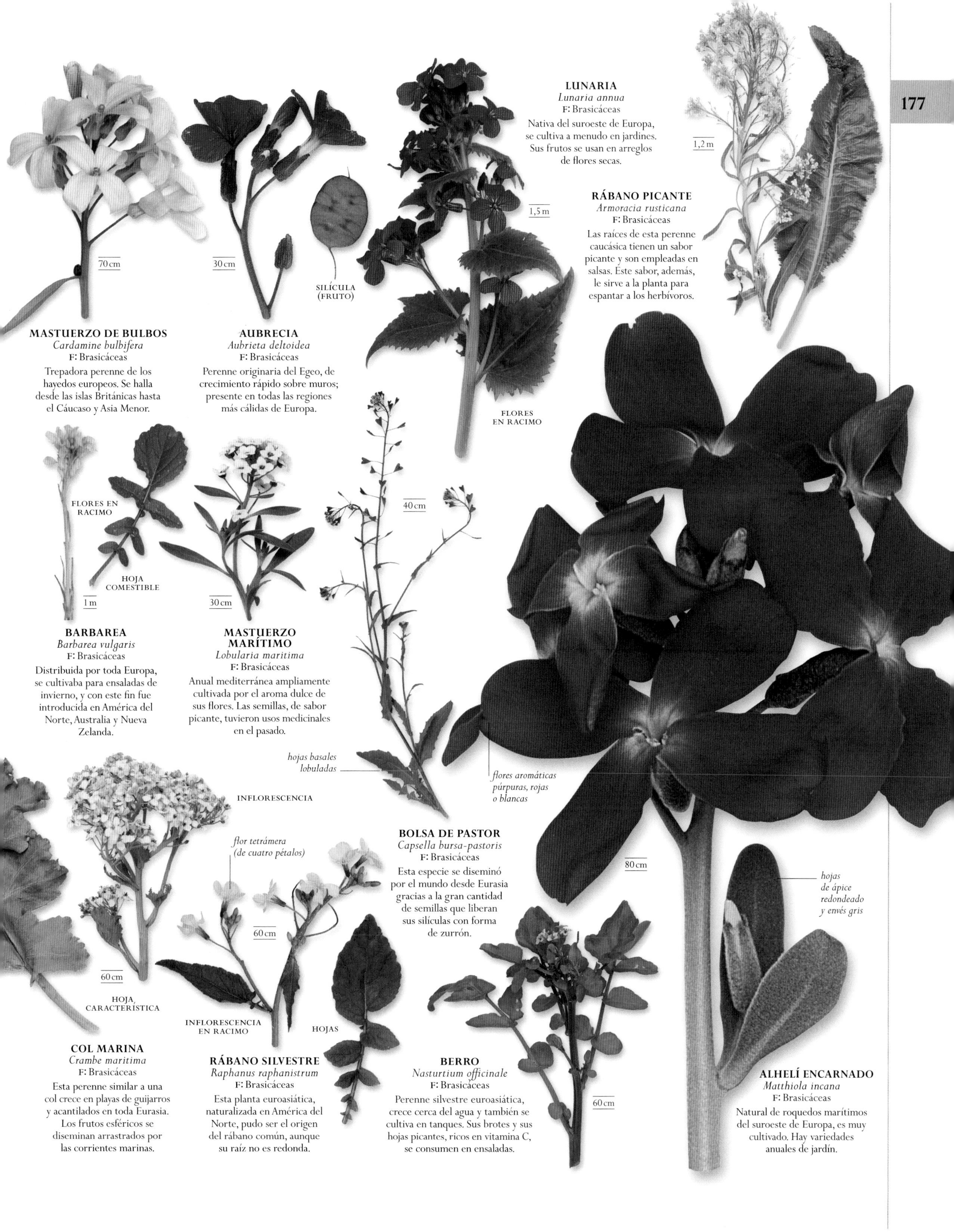

LUNARIA
Lunaria annua
F: Brasicáceas
Nativa del suroeste de Europa, se cultiva a menudo en jardines. Sus frutos se usan en arreglos de flores secas.

RÁBANO PICANTE
Armoracia rusticana
F: Brasicáceas
Las raíces de esta perenne caucásica tienen un sabor picante y son empleadas en salsas. Este sabor, además, le sirve a la planta para espantar a los herbívoros.

MASTUERZO DE BULBOS
Cardamine bulbifera
F: Brasicáceas
Trepadora perenne de los hayedos europeos. Se halla desde las islas Británicas hasta el Cáucaso y Asia Menor.

AUBRECIA
Aubrieta deltoidea
F: Brasicáceas
Perenne originaria del Egeo, de crecimiento rápido sobre muros; presente en todas las regiones más cálidas de Europa.

BARBAREA
Barbarea vulgaris
F: Brasicáceas
Distribuida por toda Europa, se cultivaba para ensaladas de invierno, y con este fin fue introducida en América del Norte, Australia y Nueva Zelanda.

MASTUERZO MARÍTIMO
Lobularia maritima
F: Brasicáceas
Anual mediterránea ampliamente cultivada por el aroma dulce de sus flores. Las semillas, de sabor picante, tuvieron usos medicinales en el pasado.

BOLSA DE PASTOR
Capsella bursa-pastoris
F: Brasicáceas
Esta especie se diseminó por el mundo desde Eurasia gracias a la gran cantidad de semillas que liberan sus silículas con forma de zurrón.

COL MARINA
Crambe maritima
F: Brasicáceas
Esta perenne similar a una col crece en playas de guijarros y acantilados en toda Eurasia. Los frutos esféricos se diseminan arrastrados por las corrientes marinas.

RÁBANO SILVESTRE
Raphanus raphanistrum
F: Brasicáceas
Esta planta euroasiática, naturalizada en América del Norte, pudo ser el origen del rábano común, aunque su raíz no es redonda.

BERRO
Nasturtium officinale
F: Brasicáceas
Perenne silvestre euroasiática, crece cerca del agua y también se cultiva en tanques. Sus brotes y sus hojas picantes, ricos en vitamina C, se consumen en ensaladas.

ALHELÍ ENCARNADO
Matthiola incana
F: Brasicáceas
Natural de roquedos marítimos del suroeste de Europa, es muy cultivado. Hay variedades anuales de jardín.

MALVALES

Las diez familias de este orden incluyen muchos arbustos y árboles, que se hallan mayormente en regiones tropicales y moderadamente cálidas, si bien se extienden a zonas más frías. Los miembros principales son la familia de las jaras (cistáceas), en su mayoría arbustos del hemisferio norte; la más distribuida de las malvas (malváceas), de herbáceas, arbustos y grandes árboles; y las pantropicales dipterocarpáceas, que incluyen algunos de los más importantes árboles madereros tropicales.

ACHIOTE
Bixa orellana
F: Bixáceas
El colorante alimenticio annatto, o bija, procede de los frutos espinulosos de este arbusto de flores rosadas de América tropical.

PERDIGUERA
Helianthemum nummularium
F: Cistáceas
Visible en lomas soleadas de gran parte de Europa, este arbusto de porte bajo prefiere los suelos calizos. En las montañas europeas crecen distintas subespecies.

JARA GRIS
Cistus incanus
F: Cistáceas
Este arbusto mediterráneo presenta hojas con tamaños muy variados y diversos grados de pubescencias.

ARBUSTO DE FRANELA DE CALIFORNIA
Fremontodendron californicum
F: Malváceas
Arbolito muy ramificado con hermosas masas florales a principios de verano. Habita a gran altura en las montañas graníticas de California.

HIBISCO
Hibiscus rosa-sinensis
F: Malváceas
También llamado rosa de China, a pesar de ser posiblemente natural de India, este arbusto tropical es una de las diversas especies de *Hibiscus*, cultivada por sus vistosas flores.

CACAO
Theobroma cacao
F: Malváceas
Árbol originario de los bosques lluviosos de Brasil, cultivado en todos los trópicos. Su fruto es una baya de cuyas semillas se obtiene el cacao.

LAUREOLA HEMBRA
Daphne mezereum
F: Timeleáceas
Este arbusto caducifolio, presente en gran parte de Europa, vive en bosques húmedos y cañadas umbrías.

MALVA MOSCADA
Malva moschata
F: Malváceas
Natural del norte de África y el sur de Europa, y planta de jardín más al norte, es perenne y crece en lugares herbosos y matosos.

ÁRBOL DE LA NUEZ DE COLA
Cola nitida
F: Malváceas
En el África occidental se mascan las semillas ricas en cafeína de este árbol por sus efectos estimulantes.

BAOBAB
Adansonia digitata
F: Malváceas
Este enorme árbol africano parece que esté boca abajo cuando pierde el follaje, pues las ramas parecen raíces. Puede vivir 1500 años.

LINTERNA CHINA
Callianthe megapotamicum
F: Malváceas

Este arbusto de ramas patentes, nativo de los valles de montaña secos de Brasil, es apreciado como ornamental en jardines cálidos y soleados.

DURIÁN
Durio zibethinus
F: Malváceas

Los frutos espinosos de este árbol del Asia tropical huelen a calcetín sudado. Los animales, atraídos por el olor, se los comen y luego dispersan las semillas en los excrementos.

TILO AMERICANO
Tilia americana
F: Malváceas

Árbol caducifolio de tamaño medio a grande que da el color otoñal a los bosques del este de América del Norte. A menudo crece junto al arce azucarero.

ALCEA PÁLIDA
Alcea pallida
F: Malváceas

Planta bienal o perenne, pariente cercana de las malvas de jardín. Procede del Mediterráneo oriental y crece en rocallas y monte bajo.

CEIBA
Ceiba pentandra
F: Malváceas

Árbol de porte majestuoso propio del oeste de África y de América Central y del Sur. La fibra de sus frutos se usa como relleno.

ALGODÓN
Gossypium hirsutum
F: Malváceas

Este arbusto centroamericano es el cultivo más común de su especie. Las fibras de algodón protegen las semillas dentro del fruto.

SAPINDALES

Orden importante con nueve familias, mayormente de árboles, arbustos y trepadoras leñosas, a menudo con hojas divididas. Incluye muchas especies comunes en los bosques y algunas de importancia comercial, como los cítricos. Más de la mitad de ellas pertenecen a dos familias: la del arce (sapindáceas), con unas 1900 especies; y la de la ruda (rutáceas), con unas 1700, en su mayor parte originarias de Australia y Sudáfrica.

ANACARDO
Anacardium occidentale
F: Anacardiáceas

Natural de América del Sur, este arbolito arbustivo se halla desde el siglo XVI en Asia y África, donde se cultiva por sus nueces.

ZUMAQUE DE VIRGINIA
Rhus typhina
F: Anacardiáceas

Arbusto o arbolito caducifolio que crece en lindes forestales y yermos del este de América del Norte. Presenta infrutescencias de bayas rojas en espiga.

FUSTETE
Cotinus coggygria
F: Anacardiáceas

Las inflorescencias plumosas grisáceas de este arbusto propio del sur de Europa y Asia parecen nubes de humo.

MANGO
Mangifera indica
F: Anacardiáceas

El mango, natural de Asia, es uno de los frutales más cultivados en el mundo tropical; su fruto es rico en vitamina A.

»

55 m

ANDIROBA
Carapa guianensis
F: Meliáceas

La madera oscura de este árbol tropical sudamericano se vende en ocasiones como caoba. Con sus semillas se elabora jabón.

40 m

FRUTOS MADUROS
HOJA PINNATISECTA

ÁRBOL DEL NIM
Azadirachta indica
F: Meliáceas

Árbol muy valorado por su madera, aceites medicinales y brotes comestibles, se cultiva en todos los trópicos del Viejo Mundo. Los campesinos indios producen insecticidas a partir de las hojas.

25 m

CEDRO CHINO
Toona sinensis
F: Meliáceas

En China consumen las hojas de este árbol como verdura. Con su dura madera rojiza se elaboran muebles.

2 m

BORONIA MEGASTIGMA
F: Rutáceas

Arbusto erecto de lugares húmedos y umbríos del oeste de Australia. Las flores, de exterior parduzco e interior verde, parecen cascabeles.

60 cm

RUDA MENOR
Ruta chalepensis
F: Rutáceas

Nativa de hábitats rocosos del sur de Europa, se cree que es la ruda mencionada en la Biblia.

60 cm

PHILOTECA SPICATA
F: Rutáceas

Distribuido en arenales y graveras del suroeste de Australia, este arbusto de porte bajo presenta hojas estrechas y flores rosas, blancas o azuladas.

1,5 m

BORONIA SERRULATA
F: Rutáceas

Pequeño arbusto de los brezales costeros cercanos a Sídney. Presenta flores rosas acopadas. Este género solo se halla en Australia.

vena media prominente

2 m

NARANJO MEXICANO
Choisya ternata
F: Rutáceas

Arbusto irregular, tupido, de hoja persistente, con racimos con flores blancas perfumadas. Originario de México, es común en jardines de otros lugares.

6 m

FRESNO HEDIONDO
Ptelea trifoliata
F: Rutáceas

Arbolito natural del este de América del Norte, cultivado como ornamental. Sus frutos se usaron antaño como un sustituto del lúpulo en la producción de cerveza.

1 m

CORREA PULCHELLA
F: Rutáceas

Pequeño arbusto de Australia meridional, cultivado en jardín por sus delicadas flores péndulas tubulares.

10 m

FRESNO ESPINOSO
Zanthoxylum americanum
F: Rutáceas

Árbol espinoso norteamericano, presente hasta Quebec (Canadá) por el norte. Los indios masticaban su corteza para aliviar las molestias dentales.

2 m

ESQUIMIA
Skimmia japonica
F: Rutáceas

Arbusto del este de Asia, aromático y de hoja persistente, muy plantado en jardines, parques y zonas de servicios; a finales de verano da bayas rojas.

RAMA
FRUTO
8 m

NARANJO TRIFOLIADO
Citrus trifoliata
F: Rutáceas

Los pequeños frutos amarillos de este arbusto espinoso no son comestibles y parecen naranjas vellosas. Tienen diversos usos medicinales.

HOJAS PERSISTENTES
6 m
FRUTO EN MADURACIÓN

LIMONERO
Citrus x *limon*
F: Rutáceas

Supuestamente originado por hibridación en Assam (India) o China, este árbol perenne es hoy ampliamente cultivado por sus frutos.

fruto inmaduro
9 m

NARANJO AMARGO
Citrus x *aurantium*
F: Rutáceas

A diferencia de la naranja dulce (*C. sinensis*), los frutos de esta especie, muy amargos, deben ser cocinados. Ambas surgieron por hibridación en Asia.

ARCE AZUCARERO
Acer saccharum
F: Sapindáceas
Árbol natural del noreste de EE UU y el sureste de Canadá. El jarabe de arce se elabora con la savia recogida del árbol en primavera.

ARCE JAPONÉS PALMEADO
Acer palmatum
F: Sapindáceas
Los siglos de cultivo han producido variedades de este árbol japonés, con formas foliares diversas y espectaculares colores en otoño.

ARCE BLANCO
Acer pseudoplatanus
F: Sapindáceas
Natural de los bosques montanos de Europa y Asia, es muy plantado en otros lugares. El viento propaga las semillas.

ÁRBOL DE LOS FAROLITOS
Koelreuteria paniculata
F: Sapindáceas
Vistoso árbol del este de Asia muy plantado en regiones templadas por sus panículas de flores amarillas y sus distintivos frutos en forma de farolillos.

LICHI
Litchi chinensis
F: Sapindáceas
Árbol originario probablemente del sur de China, se cultiva por los frutos, cuya dulce pulpa está encerrada en una cáscara resistente.

CASTAÑO DE INDIAS
Aesculus hippocastanum
F: Sapindáceas
Nativo del sureste de Europa, se planta a menudo como árbol de sombra en vías urbanas. Sus frutos se parecen a las castañas, pero son duros y no comestibles.

NANGAI
Canarium indicum
F: Burseráceas
Uno de los árboles más útiles de las pluvisilvas de las islas del Pacífico: proporciona madera, aceite y frutos secos comestibles.

XANTHOCERAS SORBIFOLIUM
F: Sapindáceas
Arbolito silvestre de China. Su nombre científico alude a sus hojas, que se parecen a las del serbal *(Sorbus)*.

AILANTO
Ailanthus altissima
F: Simarubáceas
Árbol procedente de China, de olor ligeramente rancio. Se planta en vías urbanas porque resiste la contaminación y casi cualquier tipo de suelo.

CUASIA
Quassia amara
F: Simarubáceas
Los extractos hervidos de corteza y hojas de este árbol se usaban para elaborar tónicos contra la malaria en la América tropical.

ÁRBOL DEL INCIENSO
Boswellia sacra
F: Burseráceas
El olíbano, resina usada para elaborar incienso y perfumes, rezuma al cortar la corteza de este árbol nativo de la península Arábiga.

CARIOFILALES

Este diverso orden contiene 38 familias de árboles, arbustos y plantas trepadoras, suculentas y herbáceas que van desde los claveles hasta los cactus. Muchas crecen en entornos difíciles, pero han desarrollado adaptaciones evolutivas especiales para sobrevivir, como unas hojas carnosas para almacenar agua en ambientes secos. Un ejemplo extremo de ello es la capacidad de las especies carnívoras para atrapar y digerir insectos a fin de obtener nutrientes complementarios.

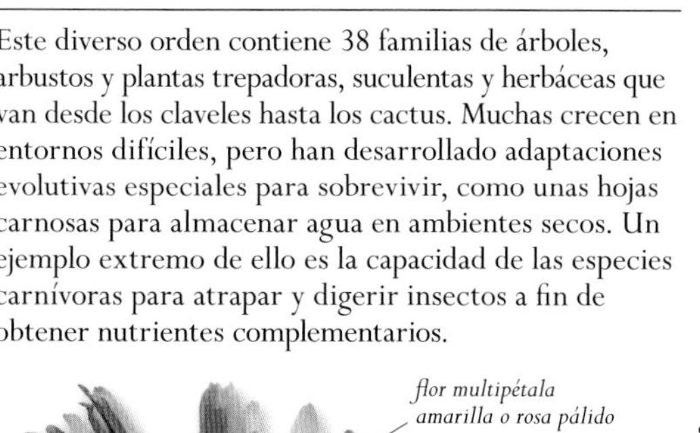

5 cm

CONOPHYTUM MINUTUM
F: Aizoáceas
Planta diminuta con hojas carnosas que parecen piedrecitas, esta suculenta perenne habita en zonas semidesérticas de Sudáfrica.

2,5 cm

FAUCARIA TUBERCULOSA
F: Aizoáceas
Las hojas de esta especie natural de zonas semidesérticas de Sudáfrica tienen la forma de una boca abierta con dientes.

30 cm

CABELLERA DE LA REINA
Disphyma crassifolium
F: Aizoáceas
Esta especie procumbente (con tallos reptantes) presenta hojas carnosas y flores similares a margaritas. Natural de Sudáfrica, Australia y Nueva Zelanda, habita en suelos salinos.

flor multipétala amarilla o rosa pálido

hoja carnosa

30 cm

UÑA DE GATO
Carpobrotus edulis
F: Aizoáceas
Suculenta procumbente sudafricana de flores vistosas y frutos comestibles similares al higo. Crece en hábitats secos abiertos, donde puede ser invasora.

10 cm

SCHWANTESIA RUEDEBUSCHII
F: Aizoáceas
Especie suculenta; crece en macollas con pares desiguales de hojas carnosas, carinadas, en laderas de colinas en Namibia y Sudáfrica.

40 cm

MESEN ROJO
Lampranthus aurantiacus
F: Aizoáceas
Especie de plantas suculentas sudafricanas. Crece en zonas semidesérticas, en especial cerca de la costa. Sus abundantes flores de vivos colores parecen margaritas.

3 cm

TITANOPSIS CALCAREA
F: Aizoáceas
Las peculiares hojas de esta suculenta de Sudáfrica la camuflan entre las rocas calizas del desierto. Florece a finales del verano y en otoño.

PIEDRA VIVIENTE
Lithops aucampiae
F: Aizoáceas
Pequeña planta de hojas bulbosas que crece en macollas entre guijarros en regiones semidesérticas de Sudáfrica.

3 cm

hojas pareadas

30 cm

ESCARCHADA
Mesembryanthemum crystallinum
F: Aizoáceas
Su popular nombre se debe a las papilas brillantes que cubren sus hojas. Habita en zonas salinas en regiones de África, Europa y el oeste de Asia.

flor rosa carmín

10 cm

hoja bulbosa

FRITHIA PULCHRA
F: Aizoáceas
Esta pequeña suculenta crece en herbazales de montaña de Sudáfrica. En época de sequía, sus hojas se contraen y arrastran la planta hacia el suelo para protegerla de la desecación.

8 cm

GIBBAEUM VELUTINUM
F: Aizoáceas
Esta especie cespitosa se caracteriza por sus hojas carnosas desiguales apareadas y unidas cerca de las bases. Se halla en zonas semidesérticas de Sudáfrica.

MOCO DE PAVO
Amaranthus caudatus
F: Amarantáceas
Supuestamente originaria de América del Sur, esta planta anual se ha cultivado desde antiguo por sus hojas y semillas comestibles.

POLPALA
Aerva lanata
F: Amarantáceas
Con racimos florales similares a amentos, esta perenne de regiones tropicales de Asia y África crece sobre suelos abiertos y perturbados.

ACHYRANTHES BIDENTATA
F: Amarantáceas
Esta especie habita en márgenes de bosques y ríos y en lugares umbríos y húmedos de China, Japón, India y Nepal.

ALMAJO
Suaeda maritima
F: Amarantáceas
Es principalmente costera y habitante de marjales en Europa, pero crece tierra adentro en zonas de Asia y América del Norte; sus hojas verdes pasan a rojas.

VERDOLAGA MARINA
Atriplex portulacoides
F: Amarantáceas
Esta decumbente argéntea habita en marjales salinos del sur de Europa y el Mediterráneo.

ALACRANERA
Salicornia europaea
F: Amarantáceas
Especie arbustiva propia de marjales salinos fangosos del oeste de Europa. En ocasiones sus tallos suculentos se cocinan como verduras.

ACELGA MARINA
Beta vulgaris
F: Amarantáceas
Pariente silvestre de la remolacha y de la acelga, habita en suelos desnudos a orillas del mar en zonas de Europa, el norte de África y Asia.

ARMUELLE
Atriplex hortensis
F: Amarantáceas
Probablemente originaria de las costas del suroeste de Asia, esta especie similar a la espinaca se cultiva desde hace tiempo por sus hojas comestibles.

EPAZOTE
Dysphania ambrosioides
F: Amarantáceas
Esta efímera, habitante de suelos cultivados y yermos de América tropical, es una planta aromática usada como condimento y en infusión.

CELOSÍA
Celosia argentea
F: Amarantáceas
Esta vistosa planta es natural de laderas secas y suelos rocosos del África tropical, pero se planta en muchas otras partes por su colorido follaje.

PARODIA HASELBERGII
F: Cactáceas
Cactus de tallo globoso y flores infundibuliformes. Habita en regiones montañosas de Brasil.

15 cm

ERIOSYCE SUBGIBBOSA
F: Cactáceas
Especie globosa que crece en lugares rocosos y secos, sobre todo en la costa de Chile.

las espinas protegen la planta, de crecimiento lento

90 cm

flor en forma de embudo

7 m

VIEJO DEL PERÚ
Espostoa lanata
F: Cactáceas
Especie de crecimiento lento de zonas no llanas de Perú y el sur de Ecuador, identificables por los largos pelos blancos sobre un tallo columnar.

40 cm

ASIENTO DE SUEGRA
Echinocactus sp.
F: Cactáceas
Los miembros de este género, con forma de barril, están confinados a los desiertos del suroeste de EE UU y México.

10 cm

el tejido foliar carnoso almacena agua

REBUTIA HELIOSA
F: Cactáceas
Esta especie forma macollas y presenta flores de colores vivos. Es natural de Bolivia y crece en semisombra en hábitats montañosos.

60 cm

COLA DE ZORRO
Cleistocactus brookeae
F: Cactáceas
Especie con tallos carnosos solitarios semierectos o péndulos. Habita en zonas montañosas de Bolivia.

60 cm

12 m

CABEZA DE VIEJO
Cephalocereus senilis
F: Cactáceas
Recibe el nombre común por los largos pelos blancos que cubren el tallo. Es natural de zonas rocosas de México.

WEBERBAUEROCEREUS JOHNSONII
F: Cactáceas
Especie de gran altura natural de Perú, donde ocupa suelos arenosos.

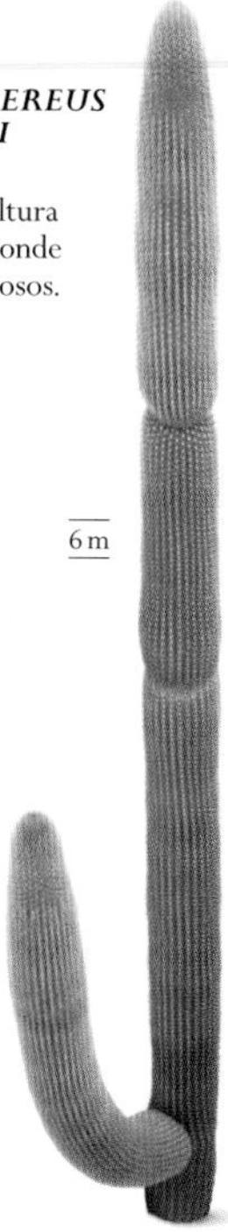

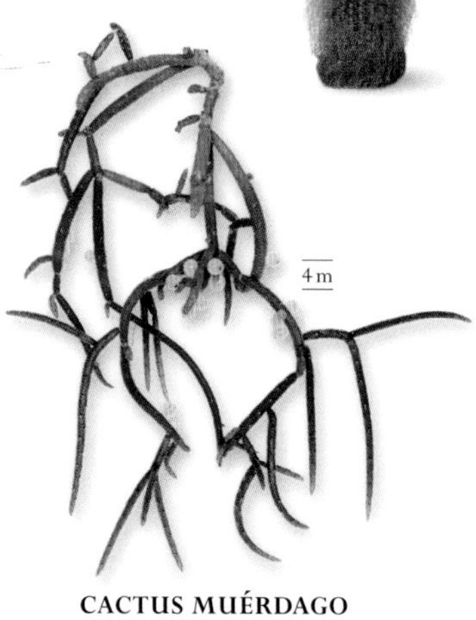

LEUCHTENBERGIA PRINCIPIS
F: Cactáceas
El tallo de esta especie puede ser globoso o corto y cilíndrico, y porta flores fragantes. Habita en áreas semidesérticas del norte de México.

4 m

6 m

16 m

los brazos, o ramas, también florecen

SAGUARO
Carnegiea gigantea
F: Cactáceas
Esta especie de enorme altura puede vivir más de 150 años en zonas desérticas de México, Arizona y California.

CACTUS MUÉRDAGO
Rhipsalis baccifera
F: Cactáceas
El único cactus que se halla naturalmente fuera de América, esta epífita debió de ser llevada a África tropical, Madagascar y Sri Lanka por aves migratorias.

2,4 m

5 m

19 m

CARDÓN GIGANTE
Pachycereus pringlei
F: Cactáceas
La especie de cactus viva más alta, crece en el desierto de Baja California (México). Sus flores se abren de noche.

HARRISIA JUSBERTII
F: Cactáceas
Posiblemente de origen híbrido natural en zonas accidentadas de Argentina y Paraguay, este cactus columnar es de floración nocturna.

LOPHOCEREUS SCHOTTII
F: Cactáceas
Cactus alto de crecimiento lento nativo de México y el sur de Arizona (EE UU). Sus flores, nocturnas, tienen un olor desagradable.

30 cm

1,5 cm

70 cm

MATUCANA INTERTEXTA
F: Cactáceas
Esta especie de tallo globoso o cilíndrico corto en macollas solo se halla en un valle de montaña de Perú.

CACTUS ESTRELLA
Astrophytum ornatum
F: Cactáceas
Especie caracterizada por un tallo globoso o columnar con largas espinas de color pardo amarillento. Crece en zonas áridas de México.

ECHINOCEREUS TRIGLOCHIDIATUS
F: Cactáceas
Crece en desiertos, maleza y laderas rocosas del sur de EE UU y el norte de México. Es un cactus muy variable polinizado por colibríes.

capullo

CACTUS COLA DE RATA
Aporocactus flagelliformis
F: Cactáceas
Vive sobre árboles o rocas en zonas arboladas de México. Tiene tallos carnosos rastreros y flores de colores vivos.

1,5 m

largos y finos tallos colgantes

20 cm

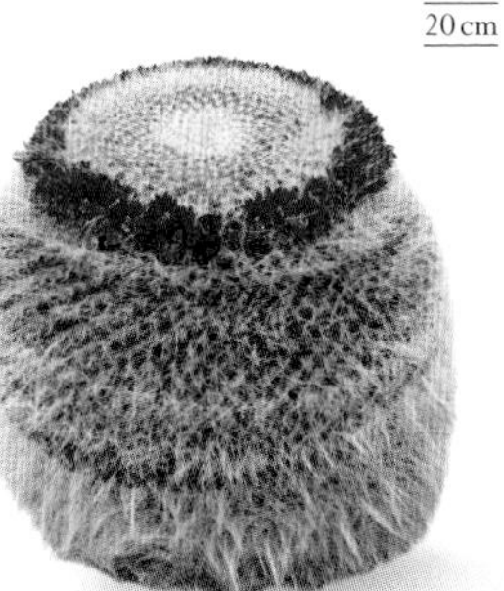

20 cm

PEDO DE PERRO
Stenocactus multicostatus
F: Cactáceas
Cactus globoso que habita en praderas secas del noreste de México. Al abrirse las yemas tubulares se ven flores veteadas.

10 cm

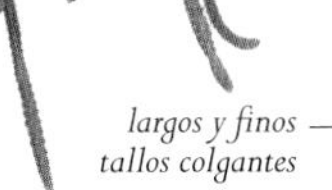

GYMNOCALYCIUM HORSTII
F: Cactáceas
Este cactus globoso que forma macollas probablemente solo crece naturalmente en praderas rocosas cerca de Rio Grande do Sul, en Brasil.

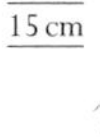

15 cm

GORRO TURCO
Melocactus salvadorensis
F: Cactáceas
Cuando su tallo globoso madura, este habitante de terrenos abiertos rocosos del noreste de Brasil presenta el receptáculo floral que inspira su nombre.

MAMMILLARIA HAHNIANA
F: Cactáceas
Crece en regiones semidesérticas de México. Presenta un tallo globoso cubierto de pelos grisáceos.

higo chumbo recién formado

5 m

30 cm

CACTUS DE NAVIDAD
Schlumbergera truncata
F: Cactáceas
Epífita de floración invernal propia de pluvisilvas tropicales del sureste de Brasil. Se cultiva como planta de interior.

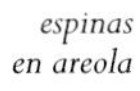

espinas en areola

FLOR AMARILLA

TALLO VERDE OBLONGO

20 cm

GLORIA DE TEXAS
Thelocactus bicolor
F: Cactáceas
Especie globosa natural de las regiones áridas de Texas y el noreste de México.

CHUMBERA O NOPAL
Opuntia ficus-indica
F: Cactáceas
De tallos planos unidos (artejos) y frutos comestibles, es natural de laderas rocosas y terrenos secos de México, y se ha naturalizado ampliamente en otras partes.

»

∨ ESTRELLA PUNZANTE
Visto desde arriba, este cactus parece una estrella gracias a las costillas (entre cinco y diez; generalmente ocho) que sobresalen y a las bandas transversales de escamas blancas vellosas que cubren la superficie entre aquellas.

CACTUS ESTRELLA
Astrophytum ornatum

Este cactus, cuyo nombre de género significa «planta con forma de estrella», se conoce también como astrofito, biznaga, liendrilla o piojosa. *A. ornatum* fue recolectado por primera vez en 1827 por el botánico irlandés Thomas Coulter, quien se lo envió al profesor Candolle, del Jardín Botánico de Ginebra. Cuando Candolle lo desempaquetó, pensó que estaba cubierto de hongos, pero luego descubrió que los puntos blancos eran en realidad tricomas, o pelos. Estas escamas vellosas captan agua y protegen del sol, y además proporcionan camuflaje. *A. ornatum* es la especie más densamente lanosa y más espinosa de su género. Hoy en día es raro en estado silvestre.

TAMAÑO 1,5 m
HÁBITAT Monte bajo semidesértico
DISTRIBUCIÓN Noreste de México
TIPO DE HOJA Espinas

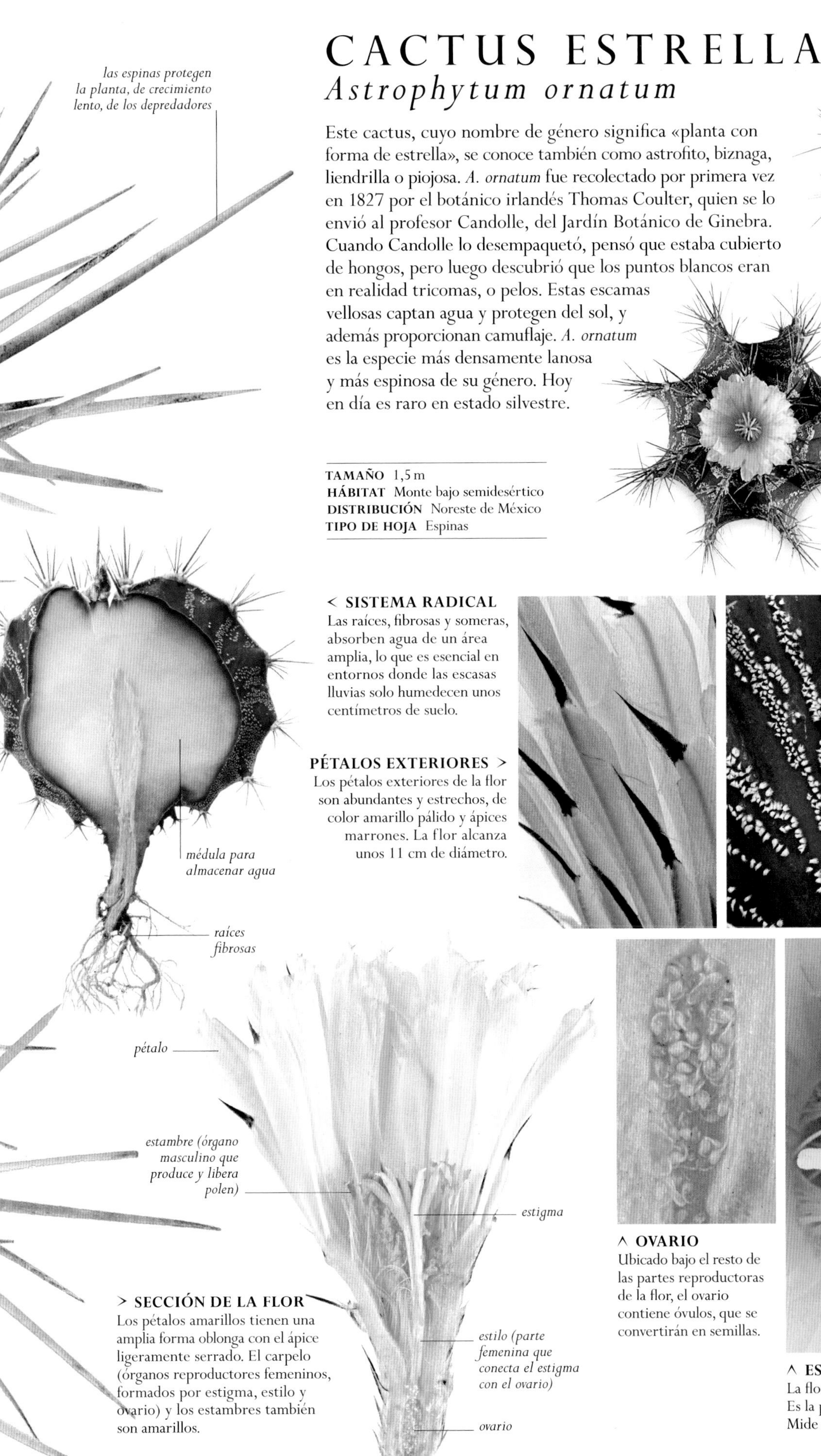

< SISTEMA RADICAL
Las raíces, fibrosas y someras, absorben agua de un área amplia, lo que es esencial en entornos donde las escasas lluvias solo humedecen unos centímetros de suelo.

PÉTALOS EXTERIORES >
Los pétalos exteriores de la flor son abundantes y estrechos, de color amarillo pálido y ápices marrones. La flor alcanza unos 11 cm de diámetro.

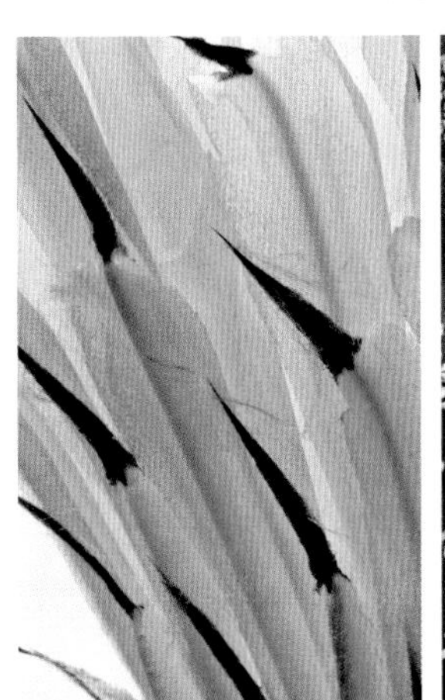

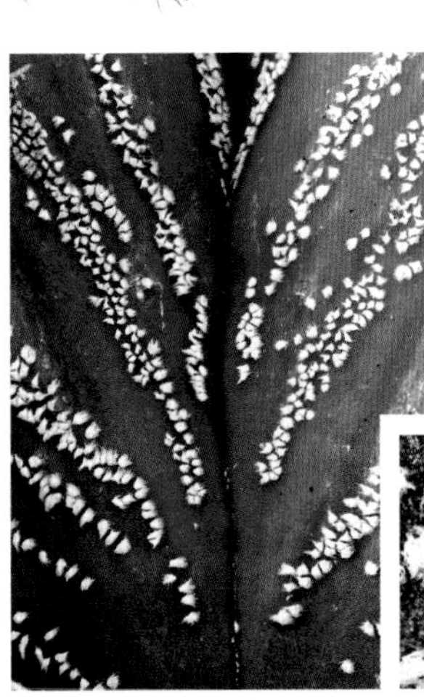

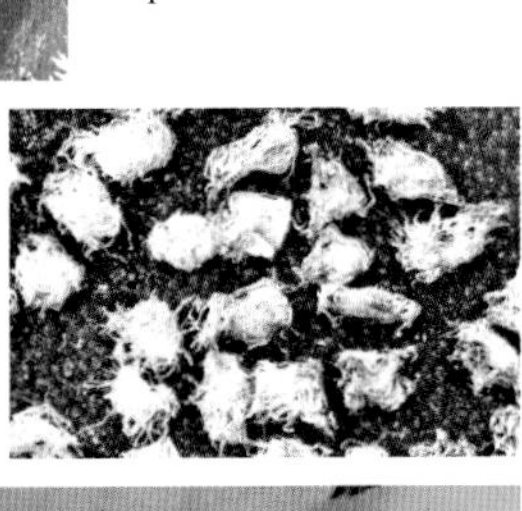

< ∨ VELLO CAULINAR
Estos cactus exhiben haces de tricomas blancos y escamosos entre las costillas; estos suelen ser densos y lanosos en las plantas jóvenes, y más dispersos en las adultas.

> SECCIÓN DE LA FLOR
Los pétalos amarillos tienen una amplia forma oblonga con el ápice ligeramente serrado. El carpelo (órganos reproductores femeninos, formados por estigma, estilo y ovario) y los estambres también son amarillos.

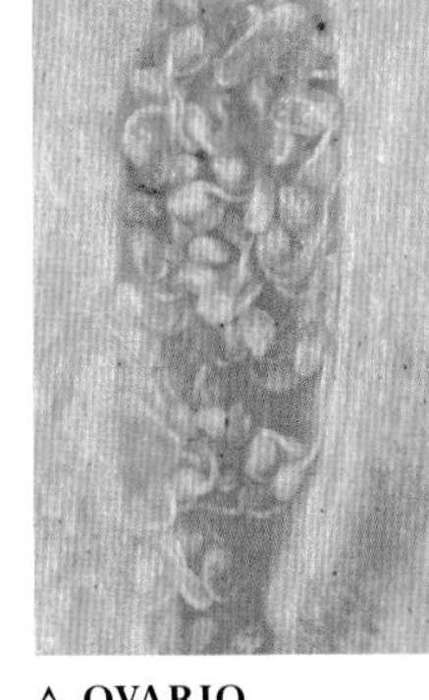

∧ OVARIO
Ubicado bajo el resto de las partes reproductoras de la flor, el ovario contiene óvulos, que se convertirán en semillas.

∧ ESTIGMA
La flor tiene un único estigma con 7–12 lóbulos. Es la parte de la flor donde se deposita el polen. Mide alrededor de 1,5 cm de longitud.

60 cm

CLAVEL SILVESTRE
Dianthus armeria
F: Cariofiláceas

Habita en herbazales secos en gran parte de Europa, en especial en suelos arenosos. Las flores son estrelladas con pétalos dentados.

1 m

NEGUILLA
Agrostemma githago
F: Cariofiláceas

Natural del Mediterráneo oriental, era una mala hierba habitual en los cultivos de cereal; hoy día es mucho más rara.

60 cm

HIERBA DE VACA
Vaccaria hispanica
F: Cariofiláceas

Planta cada vez más rara de campos de grano de Europa y Asia, esta hierba anual tiene flores rosas y hojas glaucas.

25 cm

ARENARIA DE MAR
Honckenya peploides
F: Cariofiláceas

Especie postrada de tallo carnoso, se halla en costas arenosas y guijarrosas de Europa, Asia y América del Norte.

30 cm

ARENARIA SERPYLLIFOLIA
F: Cariofiláceas

Especie propia de suelos desnudos o alterados de Europa, el Asia templada y América del Norte. Las diminutas hojas recuerdan a las del tomillo.

LICNIS ALPINA
Viscaria alpina
F: Cariofiláceas

Natural de los Alpes, los Pirineos y las zonas subárticas de Europa, el oeste de Asia y América del Norte. Crece sobre rocas ricas en minerales.

20 cm

80 cm

FLOR DEL CUCLILLO
Silene flos-cuculi
F: Cariofiláceas

Especie europea propia de prados húmedos y riberas de arroyos. Los pétalos se dividen en cuatro lacinias desiguales.

30 cm

FLOR PENTÁMERA

HOJAS LANCEOLADAS

OREJA DE RATÓN
Cerastium arvense
F: Cariofiláceas

Propia de prados secos de Europa, el norte de África, América del Norte y el oeste templado de Asia.

flores rosas, ocasionalmente blancas

el pedúnculo se alarga a medida que la flor madura

de cuatro a cinco hojas pequeñas por brote

10 cm

el cojín central tiene una larga raíz primaria

MUSGO FLORIDO
Silene acaulis
F: Cariofiláceas

Crece en las montañas del centro, el oeste y el norte de Europa, así como en Asia y América del Norte. Forma matas pulviniformes similares al musgo.

cáliz hinchado

80 cm

COLLEJA
Silene vulgaris
F: Cariofiláceas

Su nombre común deriva de «col pequeña» en latín (por sus cálices hinchados). Habita en prados abiertos de Europa, en el norte de África y en las regiones templadas de Asia.

CLAVELITO SILVESTRE
Petrorhagia nanteuilii
F: Cariofiláceas

Es una especie generalizada en Europa occidental que habita en prados secos sobre suelo arenoso. Sus flores se abren de una en una.

HIERBA JABONERA
Saponaria officinalis
F: Cariofiláceas

Usada antiguamente para hacer jabón, ocupa riberas fluviales y terrenos húmedos en el sur de Europa y Asia occidental.

ALSINE
Stellaria media
F: Cariofiláceas

Hierba postrada de suelos cultivados y abiertos de todo el mundo. A veces se come en ensalada.

DROSERA DE HOJA REDONDA
Drosera rotundifolia
F: Droseráceas

Habitante de terrenos cenagosos y brezales de Europa, el norte de Asia y América del Norte, las hojas de esta especie insectívora tienen numerosos pelos pegajosos con enzimas disolventes.

VENUS ATRAPAMOSCAS
Dionaea muscipula
F: Droseráceas

Especie insectívora perenne de los pantanales costeros de Carolina del Norte y del Sur (EE UU) con hojas provistas de dos lóbulos abisagrados.

BUGANVILLA
Bougainvillea glabra
F: Nictagináceas

Lo que en esta planta parecen pétalos, son brácteas. Esta trepadora de hoja perenne, propia de Brasil, es muy cultivada.

BREZO DE MAR
Frankenia laevis
F: Frankeniáceas

Especie cespitosa que crece sobre suelos desnudos arenosos en las partes más secas de los marjales salinos de Europa occidental y el noroeste de África.

DONDIEGO DE NOCHE
Mirabilis jalapa
F: Nictagináceas

Las olorosas flores de esta especie propia de hábitats abiertos secos de América Central y del Sur tropical se abren al crepúsculo.

NEPENTES DE VOGEL
Nepenthes stenophylla
F: Nepentáceas

Esta trepadora de los bosques de Borneo obtiene un suplemento nutritivo atrapando insectos en sus jarros.

»

ALFORFÓN SILVESTRE
Eriogonum umbellatum
F: Poligonáceas
Propia de bosque y matorral montanos bien drenados en Canadá y el norte y oeste de EE UU, esta cespitosa de tallo decumbente tiene flores persistentes.

ERIOGONUM GIGANTEUM
F: Poligonáceas
Con inflorescencias persistentes muy visitadas por mariposas, esta planta solo crece naturalmente en las islas del Canal de California (EE UU).

ENREDADERA BRAVA
Fallopia convolvulus
F: Poligonáceas
Natural de gran parte de Europa, el norte de África y el Asia templada, crece en terrenos yermos y cultivados.

ALFORFÓN
Fagopyrum esculentum
F: Poligonáceas
Natural de regiones templadas de Asia y cultivada por sus semillas, de las que se obtiene harina y alpiste para los pájaros.

LENGUA DE VACA
Rumex crispus
F: Poligonáceas
Habita en zonas herbosas, yermos y guijarrales de Europa, Asia y el norte de África. Puede ser especie invasora.

CENTINODIA
Polygonum aviculare
F: Poligonáceas
Especie de tallo postrado, propia de campos abiertos, sembrados o desnudos de Europa y Asia, tanto en la costa como en el interior.

OXIRIA
Oxyria digyna
F: Poligonáceas
Habita en fisuras y suelos pedregosos húmedos en montañas de regiones árticas y templadas del hemisferio norte. A menudo presenta un tinte rojizo.

BISTORTA
Persicaria bistorta
F: Poligonáceas
Habita en prados en gran parte de Europa y Asia central. Presenta densas espigas florales cilíndricas.

CUAMECATE
Antigonon leptopus
F: Poligonáceas
Trepadora de crecimiento rápido provista de zarcillos. Habita en bosques tropicales y maleza en México.

HIERBA CARMÍN
Phytolacca americana
F: Fitolacáceas
Con sus frutos tóxicos similares a moras, esta perenne de olor desagradable es natural de suelos abiertos y umbríos del este de América del Norte y México.

RUIBARBO DE CHINA
Rheum palmatum
F: Poligonáceas
Planta de enormes raíces y grandes hojas tóxicas. Habita en márgenes fluviales y suelos húmedos en zonas montañosas de China.

VERDOLAGA
Portulaca oleracea
F: Portulacáceas
Nativa de la región mediterránea y África, pero ampliamente introducida en otras partes, es una especie carnosa comestible propia de suelos alterados.

PHEMERANTHIS SEDIFORMIS
F: Talináceas
Las flores de esta especie de tallo postrado se abren al atardecer. Habita en prados secos y de matorral del oeste de América del Norte.

4 cm

LEWISIA BRACHYCALYX
F: Montiáceas
Natural de los prados rocosos húmedos de regiones montañosas del suroeste de EE UU, esta especie posee una roseta basal de hojas carnosas.

30 cm

LECHUGA DEL MINERO
Claytonia perfoliata
F: Montiáceas
Propia de suelos cultivados o desnudos del oeste de América del Norte, México y Guatemala. Presenta dos hojas soldadas por debajo de las flores.

CHIVITOS
Calandrinia ciliata perfoliata
F: Montiáceas
Nativa de praderas desde el sur de Canadá hasta Argentina, esta especie ha llegado a las islas Malvinas y también se cultiva en jardines.

30 cm

PLUMBAGO DE CEILÁN
Plumbago zeylanica
F: Plumbagináceas
Este arbusto trepador, que crece mayormente en hábitats abiertos creados por el hombre, se halla a lo largo de las regiones tropicales y subtropicales.

1,5 m

40 cm

ESTÁTICE
Limonium sinuatum
F: Plumbagináceas
Presenta ramas de segundo orden aladas. Es propia de países mediterráneos, donde ocupa hábitats rocosos y arenosos costeros, y salinos de interior.

25 cm

ARMERIA
Armeria maritima
F: Plumbagináceas
La armeria o clavel de playas vive en rocas y acantilados costeros, marjales salinos y montañas de gran parte del oeste de Europa. Forma cepas ramificadas.

3 m

TARAY
Tamarix gallica
F: Tamaricáceas
Normalmente costera, también crece en suelos salinos tierra adentro. Natural del sur de Europa, el norte de África y las Canarias, se cultiva en otros lugares.

2 m

JOJOBA
Simmondsia chinensis
F: Simmondsiáceas
Originaria de los desiertos de Arizona y California (EE UU) y de México, con frecuencia se cultiva por su aceite.

SANTALALES

Las siete familias de este orden, principalmente de zonas tropicales y subtropicales, contienen varias especies de importantes árboles maderables, así como muchas plantas parásitas y hemiparásitas, entre las que destacan las 900 especies de la familia de las lorantáceas del hemisferio sur. Estas plantas viven fijas sobre otras, de las que obtienen la totalidad o la mayor parte del agua y los nutrientes que precisan para crecer.

10 m

NUYTSIA FLORIBUNDA
F: Lorantáceas
Especie hemiparásita de los bosques del suroeste de Australia, que obtiene humedad y nutrientes de las raíces de las plantas circundantes.

los frutos pueden ser tóxicos

1 m

9 m

RETAMA LOCA
Osyris alba
F: Santaláceas
Especie hemiparásita de flores fragantes, similar a la retama, propia del sur de Europa, el norte de África y el suroeste de Asia. Habita en lugares rocosos y secos.

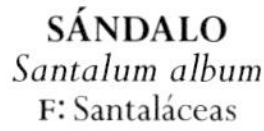

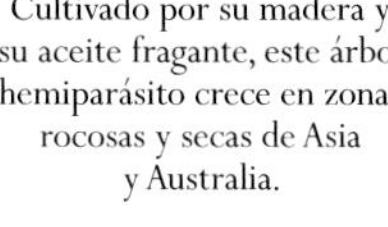

SÁNDALO
Santalum album
F: Santaláceas
Cultivado por su madera y su aceite fragante, este árbol hemiparásito crece en zonas rocosas y secas de Asia y Australia.

1,2 m

MUÉRDAGO
Viscum album
F: Santaláceas
Hemiparásita con bayas blancas, habita en gran parte de Europa, el norte de África y Asia. Forma masas esféricas en las axilas de las ramas de los árboles.

CORNALES

El orden cornales revisado consta de cinco familias. Tres de estas son pequeñas y relativamente insignificantes, y una solo tiene una especie de árbol semperviviente africano. La principal es la de los cornejos (cornáceas), una laxa agrupación de arbustos y arbolitos propios de zonas templadas y montañas tropicales. La familia de las hortensias (hidrangeáceas) incluye varias plantas de jardín populares.

CORNEJO DE FLOR
Cornus florida
F: Cornáceas
12 m
Lo que parecen vistosos pétalos blancos de esta planta norteamericana son brácteas en torno a racimos de flores diminutas.

HORTENSIA
Hydrangea macrophylla
F: Hidrangeáceas
Hermoso arbusto nativo de Japón, cultivado por sus inflorescencias cimosas de flores rosas, lavandas, azules o blancas.
1,5 m

DAVIDIA
Davidia involucrata
F: Nisáceas
Arbolito de China, de floración impresionante, con capítulos florales de unos 2 cm de diámetro rodeados por brácteas cremosas.
25 m

CELINDA
Philadelphus sp.
F: Hidrangeáceas
Género con unas 45 especies arbustivas, todas con aroma a azahar y naturales de Asia, el oeste de América del Norte y México.
4,5 m

ERICALES

Con 22 familias, es un orden de gran importancia económica y uno de los mayores grupos de plantas herbáceas. Su nombre deriva del de su miembro más destacado, la familia del brezo (ericáceas), con más de 4000 especies de arbustos con flores, principalmente de suelos ácidos. También comprende 900 especies de la familia de las primuláceas, por lo general de las regiones montañosas templadas del hemisferio norte; plantas herbáceas y arbustivas de la familia de las polemonáceas, y las sarraceniáceas, familia de carnívoras como el nepentes.

1 m

VALERIANA GRIEGA
Polemonium caeruleum
F: Polemoniáceas
Perenne con flores acopadas de color lavanda o blanco. Crece en lugares rocosos y herbosos de Europa y el norte de Asia.

1 m

FLOX PANICULADA
Phlox paniculata
F: Polemoniáceas
La ramilla floral de esta perenne de los bosques abiertos del sureste de EE UU acaba en una cima de flores en «trompeta» de color rosa o lavanda.

RODODENDRO ARBÓREO
Rhododendron arboreum
F: Ericáceas
Existen unas mil especies de este género, en su mayoría con hojas coriáceas perennes y flores vistosas. Algunas, como esta, proceden del Himalaya.

BRECINA
Calluna vulgaris
F: Ericáceas
Arbusto de hoja perenne con espigas de flores púrpuras; forma vastas extensiones (brecinales) en el norte de Europa y hasta Asia.

BREZO
Erica ciliaris
F: Ericáceas
Esta especie de brezo es propia del sur de Inglaterra, el oeste de Irlanda y Francia, y se halla también en la península Ibérica (donde se conoce como carroncha) y Marruecos.

MADROÑO
Arbutus unedo
F: Ericáceas
Los frutos rojos tuberculados de este arbolito mediterráneo de hoja perenne se parecen a la fresa, aunque su sabor es más insípido.

ARÁNDANO ROJO
Vaccinium vitis-idaea
F: Ericáceas
Este elegante brezo de hojas coriáceas y bayas rojas otoñales se halla en el norte de Europa, Asia y América del Norte.

PIERIS FORMOSA
F: Ericáceas
Formosa (hermosa) hace referencia a los racimos péndulos de flores urceoladas blancas de este arbusto o arbolito asiático.

GAULTERIA
Gaultheria procumbens
F: Ericáceas
Arbusto aromático procumbente que forma parches bajo robles y coníferas en el este de América del Norte. Sus frutos rojos duran todo el invierno.

NANCE
Clethra alnifolia
F: Cletráceas
Este arbusto caducifolio crece en bosques húmedos y ciénagas del este de América del Norte. Sus hojas se vuelven amarillas o anaranjadas en otoño.

CAQUI DE VIRGINIA
Diospyros virginiana
F: Ebenáceas
Árbol norteamericano, presenta flores campanuladas de color blanco amarillento y produce frutos globosos anaranjados de unos 4 cm de diámetro.

HIERBA DE SANTA CATALINA
Impatiens glandulifera
F: Balsamináceas
Las cápsulas explosivas, que lanzan las semillas hacia fuera, han facilitado que esta especie del Himalaya se haya establecido en los ríos de gran parte de Europa.

CIRIO
Fouquieria columnaris
F: Fouquieriáceas
Extraño árbol casi restringido a la península de Baja California (EE UU). El tallo y las ramas erectas espinosas son verdes y fotosintetizadoras.

KIWI
Actinidia chinensis
F: Actinidiáceas
Esta trepadora leñosa del Himalaya fue introducida desde China en Nueva Zelanda, y desde allí empezó a comercializarse como fruta.

NUEZ DE BRASIL
Bertholletia excelsa
F: Lecitidáceas
Las «nueces» son en realidad semillas contenidas en los frutos (pixidios) de este duro árbol sudamericano. En estado natural, los agutíes (roedores) abren los frutos caídos.

»

SARRACENIA MINOR

Esta planta insectívora está sumamente adaptada a las ciénagas ácidas y pobres en nutrientes, ya que digiere insectos de los que obtiene fósforo y nitrógeno. Los insectos son atraídos por el néctar del interior del ascidio, tubo largo y delgado de hoja modificada que da lugar al nombre común de esta especie y otras de aspecto similar (plantas odre o jarro). El interior del ascidio está cubierto por una capa cerosa y resbaladiza; además, tiene pelos descendentes, más bastos, hacia el fondo del tubo. Los insectos que caen por él, incapaces de escapar, acaban muriendo por agotamiento. En las paredes del ascidio hay glándulas digestivas que exudan enzimas; estas descomponen los insectos y así se produce un líquido viscoso que es absorbido por la hoja y que proporciona a la planta sus valiosos nutrientes.

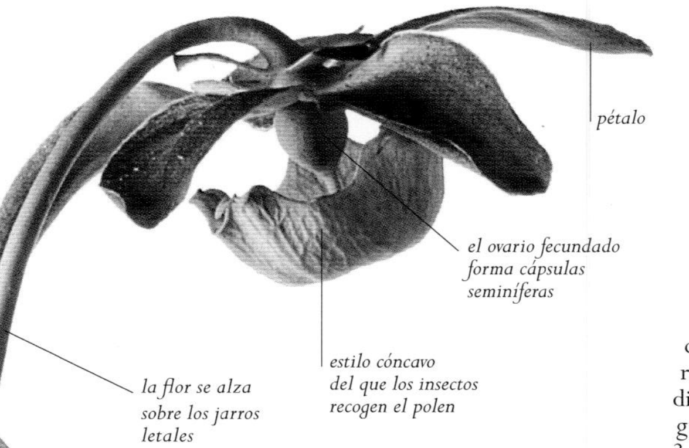

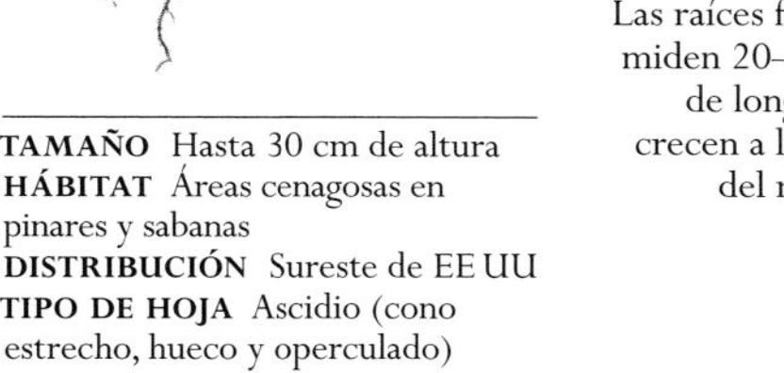

TAMAÑO Hasta 30 cm de altura
HÁBITAT Áreas cenagosas en pinares y sabanas
DISTRIBUCIÓN Sureste de EE UU
TIPO DE HOJA Ascidio (cono estrecho, hueco y operculado)

FLOR ∨
Las flores tienen cinco sépalos, cinco pétalos amarillos (que enrojecen al madurar) y un estilo blanquecino en forma de sombrilla. Son colgantes.

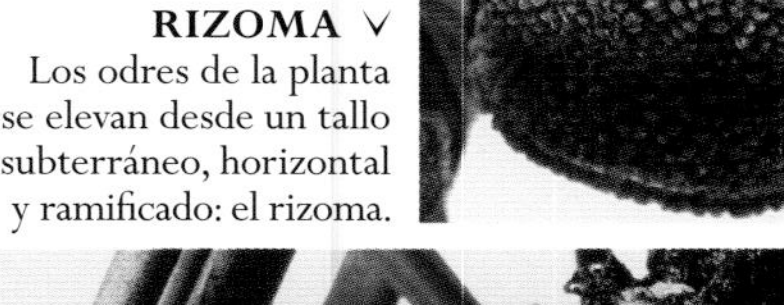

CÁPSULA ∨
Al abrirse, las cápsulas anchas y rugosas dispersan diminutas semillas grumosas de unos 3 mm de longitud.

RIZOMA ∨
Los odres de la planta se elevan desde un tallo subterráneo, horizontal y ramificado: el rizoma.

RAÍCES >
Las raíces fibrosas miden 20–30 cm de longitud y crecen a lo largo del rizoma.

∧ «VENTANA»
Los insectos vuelan hacia las «ventanas» traslúcidas, o areolas, de la parte superior del ascidio, y entonces resbalan hacia el interior del odre.

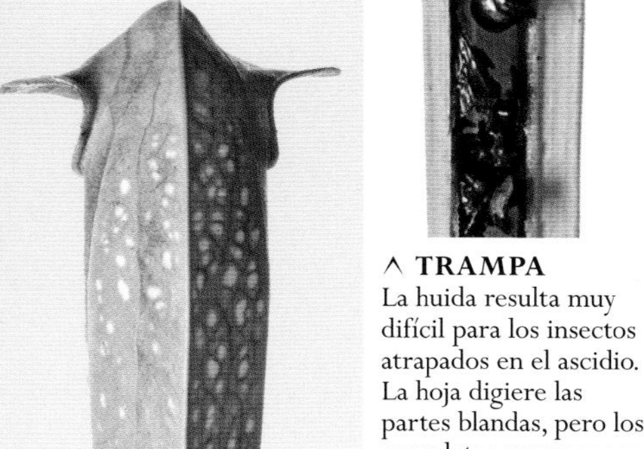

∧ TRAMPA
La huida resulta muy difícil para los insectos atrapados en el ascidio. La hoja digiere las partes blandas, pero los esqueletos permanecen.

< CARNÍVORA EN PELIGRO
Sarracenia minor es hoy una especie rara y amenazada por la pérdida de su hábitat. Se halla en Carolina del Norte, Carolina del Sur, Georgia y Florida (EE UU). Hay dos variedades: *S. minor*, que alcanza los 30 cm; y *S. minor* var. *okefenokeensis*, con ascidios de hasta 1,2 m de longitud, y que es endémica del pantano Okefenokee (Georgia).

< OPÉRCULOS
Estas capuchas cóncavas evitan que el agua de lluvia inunde el ascidio y además tapan la abertura, lo que hace más difícil la huida de los insectos atrapados.

^ FLORACIÓN
Las flores, amarillas e inodoras, crecen desde finales de marzo hasta mediados de mayo. Las abejas son los polinizadores principales, que prefieren esta especie a otras cercanas.

CAMELIA DE GRANTHAM
Camellia granthamiana
F: Teáceas
Árbol amenazado, natural de China y descubierto en 1955; es una de las más de cien especies de *Camellia*, todas ellas asiáticas.

PTEROSTYRAX HISPIDUS
F: Estiracáceas
Este árbol caducifolio de grandes hojas, nativo del este de Asia, se cultiva por sus racimos péndulos de fragantes flores blancas.

STEWARTIA MALACODENDRON
F: Teáceas
Este arbusto o árbol caducifolio de vistosas flores blancas con estambres de filamentos púrpuras crece en las arboledas del sureste de EE UU.

TÉ
Camellia sinensis
F: Teáceas
Las hojas y las yemas de este arbusto asiático se usan, secas y fermentadas, como infusión. Sus taninos astringentes lo protegen de los herbívoros.

BAKUL
Mimusops elengi
F: Sapotáceas
Este árbol indio de hoja persistente es plantado en países tropicales por sus flores fragantes. Su resistente madera se usa en la construcción de barcos y edificios.

SARRACENIA MINOR
F: Sarraceniáceas
Las sarracenias atrapan y digieren insectos para complementar los escasos nutrientes del suelo en que crecen. Esta especie es nativa del sur de EE UU.

SARRACENIA PSITTACINA
F: Sarraceniáceas
Las plantas del género *Sarracenia* solo crecen silvestres en el noreste de América del Norte. Esta especie, presente desde Florida hasta Luisiana, forma trampas horizontales.

ARDISIA
Ardisia crenata
F: Primuláceas
Favorito de los invernaderos por sus brillantes y duraderas bayas, este arbusto asiático es invasor en Hawái, Florida y Texas (EE UU).

DARLINGTONIA CALIFORNICA
F: Sarraceniáceas
Esta carnívora, única especie de *Darlingtonia*, crece en marjales costeros y en arroyos al pie de montañas en el oeste de EE UU.

MURAJES
Anagallis arvensis
F: Primuláceas
Tan propensa a dar flores azules como escarlatas, esta procumbente crece ahora en terrenos alterados de prácticamente todo el mundo, excepto en los trópicos.

ANDROSACE VELLOSA
Androsace villosa
F: Primuláceas
Esta perenne de las montañas desde Europa hasta el Himalaya, perteneciente a un género de árticas-alpinas, es conocida por sus densas inflorescencias blancas y sus hojas pilosas.

PLANTA DE LA MONEDA
Lysimachia nummularia
F: Primuláceas
Los tallos de esta perenne trepan entre la vegetación en lugares herbosos y húmedos, setos vivos umbríos y junto a cursos de agua, desde Suecia hasta el Cáucaso.

flor con cinco pétalos

30 cm

PRIMULA HENDERSONII
F: Primuláceas
Esta especie, perteneciente a un grupo de primaveras de América del Norte llamadas «estrellas fugaces» por la forma de sus flores, tiene estas de color magenta a blanco.

15 cm

PRIMAVERA SILVESTRE
Primula vulgaris
F: Primuláceas
Esta perenne, supuestamente la primera flor de la primavera, crece en claros de bosques y en sustratos pedregosos del oeste y el sur de Europa.

15cm

PRIMAVERA ESCANDINAVA
Primula scandinavica
F: Primuláceas
Propia de las laderas de Noruega y Suecia. Recuerda a la primavera de flor bermeja, más común en Europa, pero es mucho más pequeña.

30cm

PRIMAVERA
Primula veris
F: Primuláceas
Con inflorescencias de hasta 30 flores péndulas, crece en prados calizos del sur de Europa y el Asia templada.

10 cm

CICLAMEN EUROPEO
Cyclamen hederifolium
F: Primuláceas
Las hojas del ciclamen crecen desde el rizoma, y sus flores tubulares otoñales tienen pétalos reflejos. Crece en zonas umbrías y espesas del sur de Europa.

BORRAGINALES

En 2016, las dudas acerca de las relaciones de la familia del nomeolvides (borragináceas) con otras familias llevaron a la creación del orden borraginales para esta única familia de unas 2700 especies, que van desde pequeñas herbáceas anuales hasta grandes árboles, a menudo con pelos llamativos y la base de las hojas o los tallos engrosada. Algunas especies son comestibles y de otras se obtienen tintes.

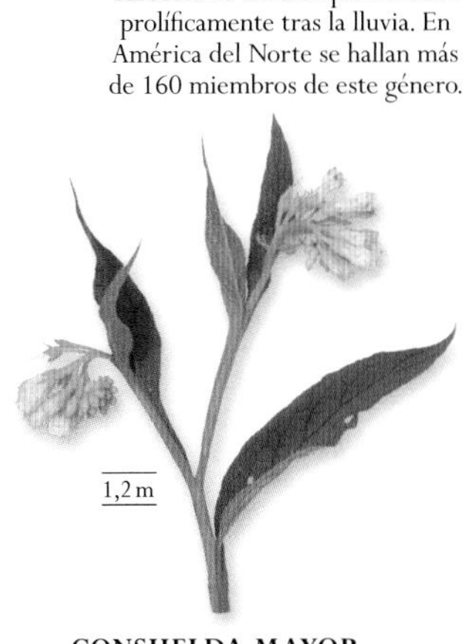

1 m

PHACELIA TANACETIFOLIA
F: Borragináceas
Las facelias son anuales propias de lugares secos del suroeste de EE UU que florecen prolíficamente tras la lluvia. En América del Norte se hallan más de 160 miembros de este género.

30 cm

PULMONARIA
Pulmonaria officinalis
F: Borragináceas
Sus hojas manchadas parecen supuestamente pulmones enfermos. Esta perenne, que se consideraba un remedio contra la tuberculosis, crece en sitios umbríos de Europa central.

60 cm

BORRAJA
Borago officinalis
F: Borragináceas
El tallo y las hojas de esta planta ruderal del sur de Europa están cubiertos de pelos rígidos. Se cultiva como ornamental y por sus semillas oleíferas.

1,2 m

CONSUELDA MAYOR
Symphytum officinale
F: Borragináceas
Esta perenne propia de terrenos inundados de toda Eurasia recibe su nombre común de su uso tradicional para el tratamiento de heridas y fracturas óseas.

70 cm

60 cm

NOMEOLVIDES ACUÁTICO
Myosotis scorpioides
F: Borragináceas
Esta planta propia de arroyos y estanques está ampliamente distribuida por Eurasia; se ha introducido en América y Nueva Zelanda.

ALJÓFAR DERRAMADA
Lithospermum purpureocaeruleum
F: Borragináceas
Los tallos floríferos erectos de esta perenne nemoral crecen a partir de rizomas reptantes. Se halla en suelos calizos del sur de Europa y el suroeste de Asia.

VIBORERA
Echium vulgare
F: Borragináceas
Habitual en los prados de Europa y Asia templada, esta bienal híspida presenta capullos rosados, pero las flores son de color azul profundo.

hojas lanceoladas, ásperas y vellosas

1 m

GARRIALES

Cualquier sistema de clasificación plantea anomalías, y el orden garryales es una. Antes se consideraba dentro de las cornales, pero la investigación genética separó este orden de dos familias y unas 20 especies. La familia de la garria (garriáceas) tiene dos géneros: *Garrya*, de América del Norte; y *Aucuba*, del este de Asia. La familia de las eucomiáceas solo tiene una especie: *Eucommia ulmoides*, un árbol de los bosques montanos de China.

5 m

AUCUBA
Aucuba japonica
F: Garriáceas
Algunos cultivares de este arbusto ornamental japonés presentan hojas manchadas de amarillo. Las inflorescencias de las plantas masculinas son espigas erectas; las femeninas son racemosas y pequeñas.

GARRIA
Garrya elliptica
F: Garriáceas
Este arbolito crece en la maleza costera de California y Oregón (EE UU); presenta vistosos amentos masculinos glaucos y otros femeninos más cortos, argénteos.

5 m

GENCIANALES

Este orden recibe el nombre de las gencianas de montañas y jardines, pero la familia de las gentianáceas solo tiene 1600 miembros. La mayor familia la forman las rubiáceas (rubia), con más de 13 000 especies, entre las que hay arbustos tropicales como el del café. El orden lo completan apocináceas (adelfa), loganiáceas (nuez vómica) y gelsemiáceas (falso jazmín).

VINCAPERVINCA DE MADAGASCAR
Catharanthus roseus
F: Apocináceas
Las hojas de esta ornamental, amenazada en Madagascar, contienen cantidades mínimas de alcaloides, que se usan para tratar leucemias infantiles; eso la ha salvado de la extinción.

FRANGIPANI ROJO
Plumeria rubra
F: Apocináceas
El perfume nocturno de las flores de este árbol ornamental, natural desde México hasta Venezuela, atrae a la mariposa esfinge, que las poliniza.

CORALITO
Nertera granadensis
F: Rubiáceas
Esta perennifolia de diminutas flores verdes es natural de Australia, Nueva Zelanda, las islas del Pacífico y América del Sur. Debe su nombre a sus pequeños frutos esféricos.

VINCA MAYOR
Vinca major
F: Apocináceas
Los largos tallos radicantes de esta perenne ocupan suelos de bosques en el sur y centro de Europa y en el norte de África.

ADELFA
Nerium oleander
F: Apocináceas
Todas las partes de este arbusto perennifolio son tóxicas. Crece junto a cursos de agua desde el Mediterráneo hasta China, y presenta racimos de flores rosas fragantes.

ASCLEPIAS
Asclepias tuberosa
F: Apocináceas
Los indios norteamericanos masticaban raíces de esta vistosa perenne para tratar la pleuresía. Crece en campos y márgenes viarios en América del Norte.

AMOR DE HORTELANO
Galium aparine
F: Rubiáceas
Mala hierba de Europa y Asia. Los espolones del tallo y de los márgenes foliares se adhieren al pelo de los animales, que así los dispersan.

CRUCETA
Cruciata laevipes
F: Rubiáceas
Perenne de prados de Europa y Asia. Presenta hojas caulinares dispuestas en verticilos de cuatro (cruz) y flores de aroma meloso en cimas axilares.

QUINO
Cinchona calisaya
F: Rubiáceas
La quinina, alcaloide usado contra la malaria, se obtiene de la quina, la corteza de este árbol sudamericano. En el siglo XIX se llevaron semillas de contrabando a Asia para su cultivo.

CAFÉ
Coffea arabica
F: Rubiáceas
Natural de Etiopía y transportado a otros lugares para su cultivo, este arbusto perennifolio produce drupas rojas, cada una con dos semillas (granos de café).

GARDENIA
Gardenia jasminoides
F: Rubiáceas
Este arbusto perenne, natural de Asia, tiene flores fragantes blancas y céreas, que amarillean con la edad y producen frutos en drupa.

NUEZ VÓMICA
Strychnos nux-vomica
F: Loganiáceas
De las semillas de este árbol de hoja perenne del sureste de Asia se extrae la estricnina.

VIOLETA PERSA
Exacum affine
F: Gencianáceas
Cultivada como ornamental de interior y natural de Yemen y el entorno de la isla de Socotra, esta bienal presenta flores púrpuras con el centro amarillo.

GENCIANA DE PRIMAVERA
Gentiana verna
F: Gencianáceas
Perenne ártica y montana de Europa y Asia occidental que presenta rosetas basales y flores tubulares de color azul profundo.

CENTÁUREA MENOR
Centaurium erythraea
F: Gencianáceas
Esta anual de flores rosas, pentámeras con forma de embudo, es originaria de los prados y dunas desde Europa hasta el suroeste de Asia.

STAPELIA GETTLIFEI
F: Apocináceas
Esta planta suculenta e hirsuta es natural del sur de África. El hedor de sus flores listadas o manchadas atrae a los califóridos (moscas de la carne), que las polinizan.

JAZMÍN DE MADAGASCAR
Stephanotis floribunda
F: Apocináceas
Esta enredadera leñosa, originaria de Madagascar, es una popular planta de invernadero, de hojas coriáceas y racimos de flores blancas, fragantes y céreas.

LAMIALES

Este orden se ha ampliado hasta incluir 25 familias; suelen presentar flores tubulares con pétalos de lóbulos desiguales. Las lamiáceas (menta), antes conocidas como labiadas, y las escrofulariáceas (escrofularia), cada una con 5000–6000 especies, son las familias más extensas. Otras familias son las oleáceas (olivo) y las plantagináceas (llantén).

ACANTO
Acanthus mollis
F: Acantáceas
Esta robusta perenne de sustratos rocosos del oeste mediterráneo presenta espigas de flores blancas con nerviación purpúrea y labio inferior trilobulado.

CAMARONCITO
Justicia brandeegeana
F: Acantáceas
Esta popular planta ornamental mexicana da espigas de flores blancas rodeadas de brácteas (hojas especializadas) solapadas y de color rosa bronce que parecen grandes camarones.

AFELANDRA
Aphelandra squarrosa
F: Acantáceas
Originaria de los bosques costeros de Brasil, esta apreciada planta de interior tiene hojas con nervaduras pálidas y espigas de flores amarillas con brácteas del mismo color.

MANGLE NEGRO
Avicennia germinans
F: Acantáceas
Este árbol forma marañas en los estuarios a lo largo de las costas atlánticas tropicales. Sus frutos puntiagudos caen al barro y dan lugar a plantas nuevas.

»

BÚGULA
Ajuga reptans
F: Lamiáceas

Perenne de prados y bosques, distribuida por Europa, el norte de África y el suroeste de Asia. Produce sus ramas floríferas a partir de largos estolones radicantes.

SALVIA
Salvia officinalis
F: Lamiáceas

Sufrútice verde blanquecino propio del suroeste de Europa y los Balcanes, muy cultivado por sus hojas de sabor amargo, usadas como condimento.

ROMERO
Salvia rosmarinus
F: Lamiáceas

Los aceites de las hojas de esta sufrútice (mata) de hábitats secos mediterráneos reducen la pérdida de agua. Es muy apreciada como condimento en la cocina.

ESPLIEGO
Lavandula angustifolia
F: Lamiáceas

Sufrútice de hoja perenne del matorral mediterráneo. Los aceites esenciales de las hojas se usan en perfumería.

80 cm

FLORES EN VERTICILASTRO

80 cm

ALBAHACA
Ocimum basilicum
F: Lamiáceas

Planta anual originaria de India e Irán. Se cultiva por las hojas amargas, usadas como hierbas culinarias.

BETÓNICA
Betonica officinalis
F: Lamiáceas

Herbácea típica de los setos y herbazales de gran parte de Europa, el Cáucaso y el norte de África. Presenta flores de color púrpura rojizo o blanco.

SAUZGATILLO
Vitex agnus-castus
F: Lamiáceas

Propio de sitios húmedos desde el sur de Europa hasta Pakistán, antiguamente se creía que preservaba la castidad, y se usa en tratamientos de herboristería para regular las funciones hormonales.

CANDILERA
Phlomis fruticosa
F: Lamiáceas

Arbusto propio de hábitats rocosos y secos del este del Mediterráneo, presenta hojas tomentosas perennes. Muy cultivado como ornamental de exterior.

BERGAMOTA SILVESTRE
Monarda fistulosa
F: Lamiáceas

Con las hojas de esta perenne, presente en campos de secano y matorral de Nueva Inglaterra a Texas (EE UU), se elabora un té mentolado.

inflorescencia en tirso de flores purpúreas

1 m

ORÉGANO
Origanum vulgare
F: Lamiáceas

Sufrútice aromático perenne propio de hábitats herbáceos y rocosos de Europa y Asia occidental; se cultiva con diversos fines culinarios.

hoja oval peciolada

PROSTANTHERA ROTUNDIFOLIA
F: Lamiáceas

Arbusto aromático australiano de floración vernal, con hojas orbiculares y flores de rosas a púrpuras. Crece en bosques abiertos desde Nueva Gales del Sur hasta Tasmania.

TOMILLO COMÚN
Thymus vulgaris
F: Lamiáceas

Sufrútice densamente ramificado propio de suelos pedregosos del oeste mediterráneo; se usa en la cocina, y en perfumes y jabones.

MENTA DE AGUA
Mentha aquatica
F: Lamiáceas

Hierba higrófila de estanques y cauces de Europa, África y el suroeste de Asia; su cruce con la hierbabuena produce el híbrido menta piperita.

OLIVO
Olea europaea
F: Oleáceas
El 40% de los frutos carnosos de este árbol mediterráneo de hoja perenne es aceite insaturado. Antes de consumirse, las aceitunas deben ser encurtidas.

FORSITIA
Forsythia suspensa
F: Oleáceas
Arbusto caducifolio, llamado también «campanas doradas», de tallos péndulos y flores amarillas. Es natural de China y, tal vez, de Japón.

FRESNO DE FLOR
Fraxinus ornus
F: Oleáceas
Inusual en un fresno, este del sur de Europa tiene vistosas panículas de flores blancas. El maná, savia obtenida de su corteza, tiene usos medicinales.

LILO COMÚN
Syringa vulgaris
F: Oleáceas
Los jardineros han desarrollado múltiples híbridos y variedades de este vistoso árbol caducifolio, propio de laderas de matorral del sureste de Europa.

STREPTOCARPUS SAXORUM
F: Gesneriáceas
Perenne o persistente originaria de Kenia y Tanzania con verticilos de hojas pequeñas, vellosas, casi suculentas, y flores pentámeras con forma de embudo.

JAZMÍN
Jasminum officinale
F: Oleáceas
Enredadera caducifolia, presente del Cáucaso a China y muy cultivada por sus vistosas flores aromáticas.

GRASILLA
Pinguicula vulgaris
F: Lentibulariáceas
Esta planta hidrófila del norte de Europa, Asia y América del Norte obtiene los nutrientes de los insectos que atrapa con sus hojas pegajosas.

VIOLETA AFRICANA
Streptocarpus ionanthus
F: Gesneriáceas
Amenazada en las pluvisilvas del este del África tropical y apreciada como planta de interior, esta violeta se incluyó antaño en el género *Saintpaulia*.

CATALPA SUREÑA
Catalpa bignonioides
F: Bignoniáceas
Este árbol es propio de los bosques del sur de EE UU, aunque se planta más al norte y en Europa por sus vistosas flores.

INCARVILLEA DELAVAYI
F: Bignoniáceas
Robusta herbácea perenne de jardín con flores en forma de embudo de color rosado o púrpura, natural de prados montanos de China.

JACARANDÁ
Jacaranda mimosifolia
F: Bignoniáceas
Originario desde Argentina hasta Bolivia, este árbol tropical con racimos péndulos de flores color lavanda suele plantarse como árbol de sombra y ornamental.

TROMPETA TREPADORA
Campsis x *tagliabuana*
F: Bignoniáceas
Este arbusto trepador es un híbrido de jardín, cruce de las especies norteamericana y asiática. Las flores, con forma de trompeta, brotan en grupos de color naranja rojizo.

»

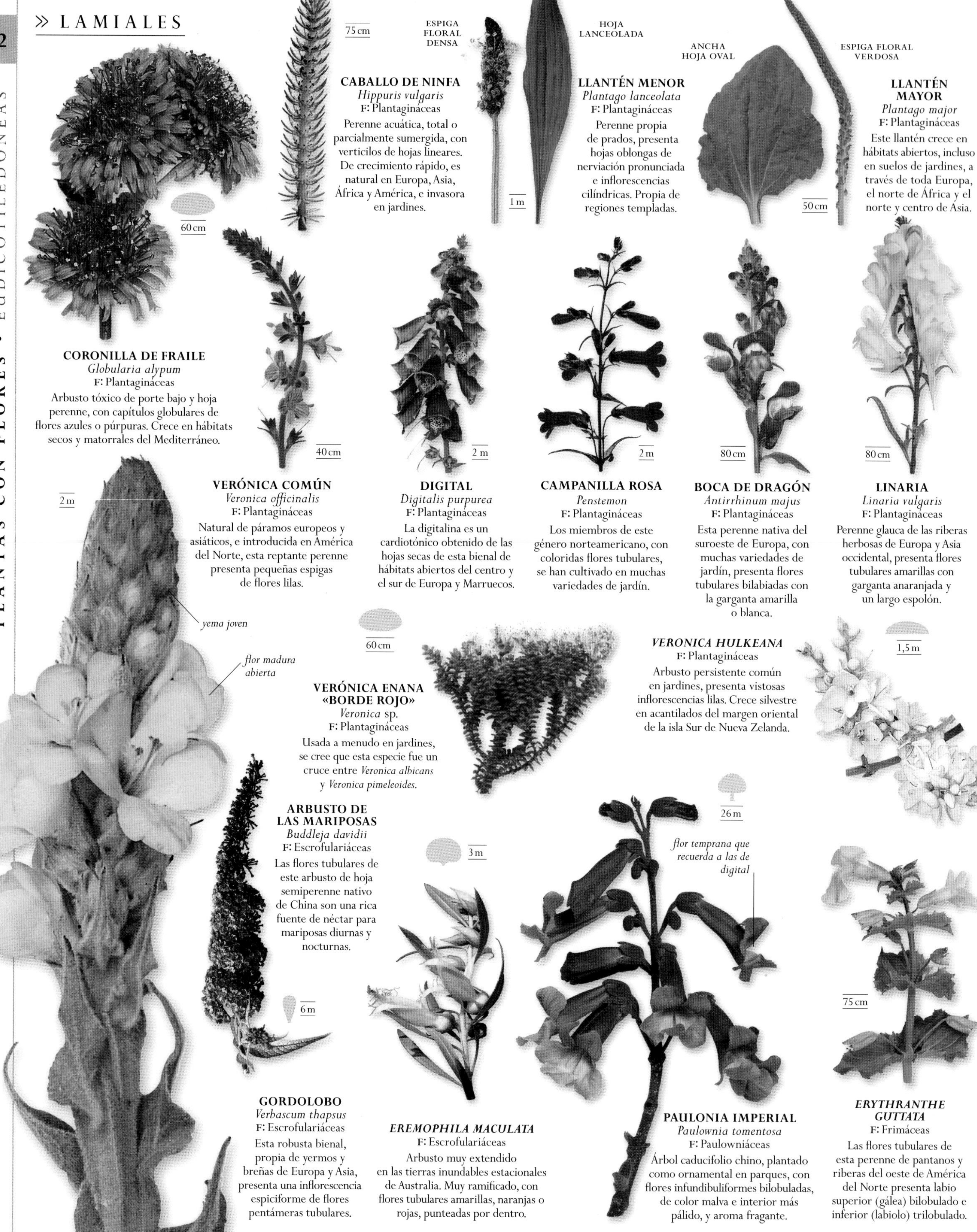

CABALLO DE NINFA
Hippuris vulgaris
F: Plantagináceas
Perenne acuática, total o parcialmente sumergida, con verticilos de hojas lineares. De crecimiento rápido, es natural en Europa, Asia, África y América, e invasora en jardines.

LLANTÉN MENOR
Plantago lanceolata
F: Plantagináceas
Perenne propia de prados, presenta hojas oblongas de nerviación pronunciada e inflorescencias cilíndricas. Propia de regiones templadas.

LLANTÉN MAYOR
Plantago major
F: Plantagináceas
Este llantén crece en hábitats abiertos, incluso en suelos de jardines, a través de toda Europa, el norte de África y el norte y centro de Asia.

CORONILLA DE FRAILE
Globularia alypum
F: Plantagináceas
Arbusto tóxico de porte bajo y hoja perenne, con capítulos globulares de flores azules o púrpuras. Crece en hábitats secos y matorrales del Mediterráneo.

VERÓNICA COMÚN
Veronica officinalis
F: Plantagináceas
Natural de páramos europeos y asiáticos, e introducida en América del Norte, esta reptante perenne presenta pequeñas espigas de flores lilas.

DIGITAL
Digitalis purpurea
F: Plantagináceas
La digitalina es un cardiotónico obtenido de las hojas secas de esta bienal de hábitats abiertos del centro y el sur de Europa y Marruecos.

CAMPANILLA ROSA
Penstemon
F: Plantagináceas
Los miembros de este género norteamericano, con coloridas flores tubulares, se han cultivado en muchas variedades de jardín.

BOCA DE DRAGÓN
Antirrhinum majus
F: Plantagináceas
Esta perenne nativa del suroeste de Europa, con muchas variedades de jardín, presenta flores tubulares bilabiadas con la garganta amarilla o blanca.

LINARIA
Linaria vulgaris
F: Plantagináceas
Perenne glauca de las riberas herbosas de Europa y Asia occidental, presenta flores tubulares amarillas con garganta anaranjada y un largo espolón.

VERÓNICA ENANA «BORDE ROJO»
Veronica sp.
F: Plantagináceas
Usada a menudo en jardines, se cree que esta especie fue un cruce entre *Veronica albicans* y *Veronica pimeleoides*.

VERONICA HULKEANA
F: Plantagináceas
Arbusto persistente común en jardines, presenta vistosas inflorescencias lilas. Crece silvestre en acantilados del margen oriental de la isla Sur de Nueva Zelanda.

ARBUSTO DE LAS MARIPOSAS
Buddleja davidii
F: Escrofulariáceas
Las flores tubulares de este arbusto de hoja semiperenne nativo de China son una rica fuente de néctar para mariposas diurnas y nocturnas.

GORDOLOBO
Verbascum thapsus
F: Escrofulariáceas
Esta robusta bienal, propia de yermos y breñas de Europa y Asia, presenta una inflorescencia espiciforme de flores pentámeras tubulares.

EREMOPHILA MACULATA
F: Escrofulariáceas
Arbusto muy extendido en las tierras inundables estacionales de Australia. Muy ramificado, con flores tubulares amarillas, naranjas o rojas, punteadas por dentro.

PAULONIA IMPERIAL
Paulownia tomentosa
F: Paulowniáceas
Árbol caducifolio chino, plantado como ornamental en parques, con flores infundibuliformes bilobuladas, de color malva e interior más pálido, y aroma fragante.

ERYTHRANTHE GUTTATA
F: Frimáceas
Las flores tubulares de esta perenne de pantanos y riberas del oeste de América del Norte presenta labio superior (gálea) bilobulado e inferior (labiolo) trilobulado.

CRESTA DE GALLO
Rhinanthus minor
F: Orobancáceas

Hemiparásita cuyas raíces se fijan sobre otras herbáceas. Anual, con flores amarillas, crece en prados de zonas templadas del hemisferio norte.

HIERBA MADRONA
Lathraea clandestina
F: Orobancáceas

Perenne parásita de Europa occidental, carente de hojas verdes, chupa las raíces de sauces y álamos para alimentarse. Sus inflorescencias surgen directamente del rizoma.

LANTANA
Lantana camara
F:Verbenáceas

Las flores tubulares de este arbusto hirsuto son amarillas o naranjas al abrirse y después enrojecen. Natural de América Central y del Sur, es una mala hierba muy invasora en regiones cálidas.

VERBENA
Verbena officinalis
F:Verbenáceas

Planta perenne híspida ampliamente distribuida en baldíos y prados de regiones templadas y tropicales. Presenta esbeltas espigas de flores lilas bilabiadas.

CALICARPA
Callicarpa bodinieri
F: Lamiáceas

Este arbusto ornamental chino se usa en jardinería por sus decorativas bayas púrpuras amargas pero no tóxicas.

CLERODENDRO
Clerodendrum splendens
F: Lamiáceas

Enredadera africana, con racimos de flores tubulares rojas, que se fija a los árboles en su hábitat nemoral nativo, o a los enrejados en los jardines.

SOLANALES

La familia de las patatas (solanáceas), de gran importancia económica y con más de 4000 especies, domina este orden. Muchas especies contienen alcaloides tóxicos. En la familia de las correhuelas (convolvuláceas) hay trepadoras tropicales y herbáceas de porte bajo. Las otras tres familias de este orden son las hidroleáceas, con un género que solo se halla en América; las montiniáceas, con cinco árboles africanos; y las esfenocleáceas, con una hierba pantropical.

CAMPANILLA SILVESTRE
Calystegia sylvaticus
F: Convolvuláceas

Propia de setos vivos y terrenos baldíos, incluso ruderales, del hemisferio norte templado, esta florida perenne tiene rizomas (tallos subterráneos) de gran recorrido.

CAMPANILLAS
Ipomoea tricolor
F: Convolvuláceas

Enredadera herbácea propia de América Central, tiene hojas palmatífidas y flores campanuladas que se abren solo por la mañana.

CUSCUTA
Cuscuta epithymum
F: Convolvuláceas

Anual euroasiática que forma densas redes de tallos volubles filiformes. Parasita aulagas, brezos y otras especies.

»

» SOLANALES

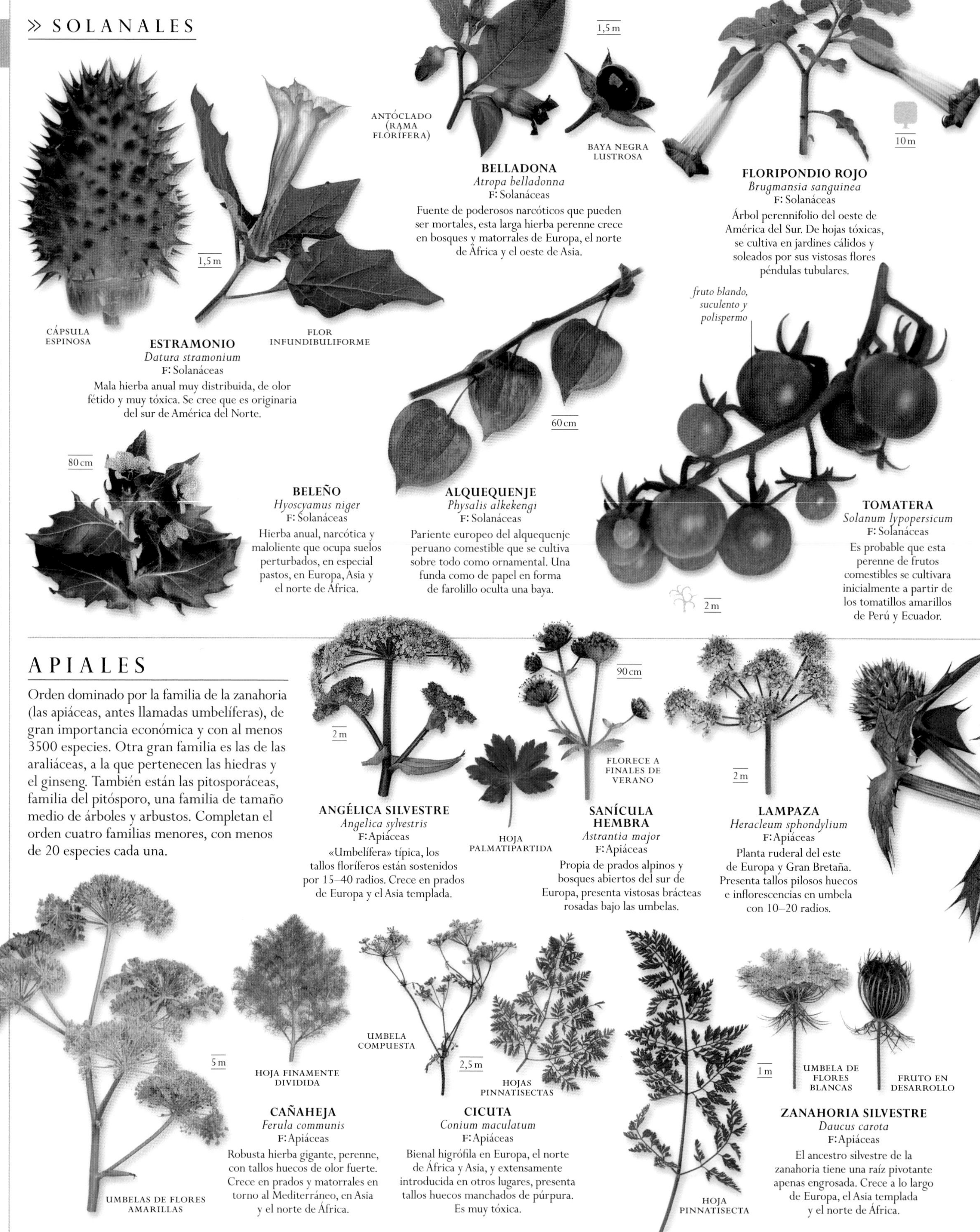

ESTRAMONIO
Datura stramonium
F: Solanáceas
Mala hierba anual muy distribuida, de olor fétido y muy tóxica. Se cree que es originaria del sur de América del Norte.

BELLADONA
Atropa belladonna
F: Solanáceas
Fuente de poderosos narcóticos que pueden ser mortales, esta larga hierba perenne crece en bosques y matorrales de Europa, el norte de África y el oeste de Asia.

FLORIPONDIO ROJO
Brugmansia sanguinea
F: Solanáceas
Árbol perennifolio del oeste de América del Sur. De hojas tóxicas, se cultiva en jardines cálidos y soleados por sus vistosas flores péndulas tubulares.

BELEÑO
Hyoscyamus niger
F: Solanáceas
Hierba anual, narcótica y maloliente que ocupa suelos perturbados, en especial pastos, en Europa, Asia y el norte de África.

ALQUEQUENJE
Physalis alkekengi
F: Solanáceas
Pariente europeo del alquequenje peruano comestible que se cultiva sobre todo como ornamental. Una funda como de papel en forma de farolillo oculta una baya.

TOMATERA
Solanum lypopersicum
F: Solanáceas
Es probable que esta perenne de frutos comestibles se cultivara inicialmente a partir de los tomatillos amarillos de Perú y Ecuador.

APIALES

Orden dominado por la familia de la zanahoria (las apiáceas, antes llamadas umbelíferas), de gran importancia económica y con al menos 3500 especies. Otra gran familia es las de las araliáceas, a la que pertenecen las hiedras y el ginseng. También están las pitosporáceas, familia del pitósporo, una familia de tamaño medio de árboles y arbustos. Completan el orden cuatro familias menores, con menos de 20 especies cada una.

ANGÉLICA SILVESTRE
Angelica sylvestris
F: Apiáceas
«Umbelífera» típica, los tallos floríferos están sostenidos por 15–40 radios. Crece en prados de Europa y el Asia templada.

SANÍCULA HEMBRA
Astrantia major
F: Apiáceas
Propia de prados alpinos y bosques abiertos del sur de Europa, presenta vistosas brácteas rosadas bajo las umbelas.

LAMPAZA
Heracleum sphondylium
F: Apiáceas
Planta ruderal del este de Europa y Gran Bretaña. Presenta tallos pilosos huecos e inflorescencias en umbela con 10–20 radios.

CAÑAHEJA
Ferula communis
F: Apiáceas
Robusta hierba gigante, perenne, con tallos huecos de olor fuerte. Crece en prados y matorrales en torno al Mediterráneo, en Asia y el norte de África.

CICUTA
Conium maculatum
F: Apiáceas
Bienal higrófila en Europa, el norte de África y Asia, y extensamente introducida en otros lugares, presenta tallos huecos manchados de púrpura. Es muy tóxica.

ZANAHORIA SILVESTRE
Daucus carota
F: Apiáceas
El ancestro silvestre de la zanahoria tiene una raíz pivotante apenas engrosada. Crece a lo largo de Europa, el Asia templada y el norte de África.

CHILE
Capsicum frutescens
F: Solanáceas
Natural de Brasil y Bolivia, este pequeño arbusto es cultivado principalmente en Asia tropical y América ecuatorial. También se conoce como pimiento o ají.

TABACO
Nicotiana tabacum
F: Solanáceas
Esta herbácea originaria de América del Sur es la más común de las dos especies cultivadas para elaborar tabaco. Las hojas contienen nicotina.

PATATA
Solanum tuberosum
F: Solanáceas
Es un importante cultivo, propagado a partir de ancestros de los Andes. Expuestos al sol, los engrosados tubérculos se vuelven verdes (y tóxicos).

KOHUHU
Pittosporum tenuifolium
F: Pitosporáceas
Árbol de hoja perenne que crece silvestre en los bosques y el monte bajo de las islas de Nueva Zelanda. Las ramas son casi negras y las flores huelen a miel.

ACEBO
Ilex aquifolium
F: Aquifoliáceas
Arbusto o arbolito de hoja perenne, propio de bosques de Europa, el norte de África y el noroeste de Asia. Las hojas, de bordes espinosos, disuaden a los herbívoros.

CARDO MARINO
Eryngium maritimum
F: Apiáceas
Las hojas coriáceas ayudan a esta robusta perenne a reducir la pérdida de agua y a repeler la aspersión salina en las dunas de Europa, el norte de África y el suroeste de Asia.

HIEDRA
Hedera helix
F: Araliáceas
Arbusto de hoja perenne de Europa y el suroeste de Asia, trepa sobre otras plantas o forma céspedes en los bosques.

GINSENG
Panax ginseng
F: Araliáceas
La raíz de esta herbácea asiática es un medicamento tradicional. El nombre de la especie, *Panax*, procede del griego *panacea*, esto es, remedio de todas las enfermedades.

AQUIFOLIALES

La familia más representativa de este pequeño orden es la del acebo, las aquifoliáceas, mayormente tropical, con árboles y arbustos con hojas dentadas. También pertenecen a este orden las cardiopteridáceas, una familia de extrañas enredaderas herbáceas; las helwingiáceas, compuesta por tres arbustos asiáticos; las filonomáceas, formada por cuatro arbustos y árboles sudamericanos; y una familia de árboles tropicales, las estemonuráceas.

ASTERALES

Orden compuesto por 11 familias. La mayor, con unas 25 000 especies, es la de las margaritas (asteráceas). Su inflorescencia típica, el capítulo, tiene muchas flores individuales, llamadas flósculos, rodeadas por vistosas lígulas. Algunas campanillas (campanuláceas) muestran características similares. Este orden incluye también los tréboles acuáticos (meniantáceas), las flores de abanico (goodeniáceas) y siete familias menores.

ÁSTER DE NUEVA YORK
Symphotrichum novi-belgii
F: Asteráceas
Antes clasificada como una especie de *Aster*, esta vistosa y variable planta de jardín es natural del este de América del Norte.

SALSIFÍ
Tragopogon porrifolius
F: Asteráceas
Hierba bienal propia de prados en torno al Mediterráneo, presenta capítulos de flores lilas o rojizas, rodeados por largas brácteas apuntadas.

HIERBA DE SANTIAGO
Jacobaea vulgaris
F: Asteráceas
Tóxica para los animales de granja y evitada por los conejos, esta perenne nativa de Europa y Asia occidental ha invadido los prados de casi todo el mundo.

GIRASOL
Helianthus annuus
F: Asteráceas
Planta anual, alta, de posible origen mexicano, cultivada como ornamental y para usos comerciales por las semillas; de ellas, el 27–40 % es aceite polinsaturado, y el 13–20 %, proteínas.

ACIANO
Centaurea cyanus
F: Asteráceas
Probablemente natural del sur de Europa y Asia occidental, sus semillas eran inseparables de las de los cereales, lo que provocó plagas agrícolas antes de la introducción de los herbicidas.

MARGARITA MAYOR
Leucanthemum vulgare
F: Asteráceas
Una de las margaritas blancas más comunes de Europa y Asia occidental, esta variable perenne formadora de matas se introduce con rapidez en suelos alterados.

MARGARITA
Bellis perennis
F: Asteráceas
Esta perenne de porte bajo, propia de los prados de Europa y Asia occidental, se ha naturalizado en casi todo el mundo. Se suele considerar una mala hierba.

DIENTE DE LEÓN
Taraxacum officinale
F: Asteráceas
Bajo el nombre de esta conocida mala hierba se recogen muchísimas formas mínimamente diferentes, con unas mil microespecies reconocidas en Europa y Asia.

EQUINÁCEA
Echinacea purpurea
F: Asteráceas
Perenne ornamental del este de América del Norte, cuyo receptáculo es cónico. Se cultiva como remedio para el resfriado y la gripe.

CARDO MARIANO
Silybum marianum
F: Asteráceas

Esta bienal débilmente espinosa, con hojas manchadas de blanco, crece en suelos yermos y cultivados del sur de Europa, el norte de África y el oeste de Asia.

VARA DE ORO DE CANADÁ
Solidago canadensis
F: Asteráceas

Natural de América del Norte, muy cultivada en jardines, esta perenne vellosa presenta capítulos amarillos sobre espigas decumbentes.

CARDO YESQUERO
Echinops bannaticus
F: Asteráceas

Perenne de tallo piloso propia de prados del sureste de Europa, con un capítulo esférico de flósculos tubulares azulados.

CARDO DE HUERTA
Cynara cardunculus
F: Asteráceas

La base floral carnosa comestible llamada alcachofa procede de la especie *C. scolymus*, una perenne de terrenos baldíos del Mediterráneo oriental.

PATA DE CABALLO
Petasites hybridus
F: Asteráceas

Esta planta tiene capítulos de flores masculinas y otros de flores femeninas. Crece en prados húmedos y riberas desde Europa hasta Irán.

ALGODONOSA
Otanthus maritimus
F: Asteráceas

Arbusto perenne de hábitats costeros del sur de Europa, el norte de África y el suroeste de Asia. Su nombre común deriva de sus tallos y hojas lanosos.

LIATRIS
Liatris spicata
F: Asteráceas

Planta de suelos húmedos del este de América del Norte, presenta capítulos de flores de color rosa purpúreo en una densa espiga alargada.

CARDO NEGRO
Cirsium vulgare
F: Asteráceas

Robusta perenne con hojas de ápice espinoso, común en los suelos alterados de Europa y el Asia occidental, y distribuida por todo el mundo con la agricultura.

ESTRAGÓN
Artemisia dracunculus
F: Asteráceas

Las hojas de esta hierba arbustiva del sureste de Europa, Asia y América del Norte se usan para condimentar pescados y otros alimentos.

MILENRAMA
Achillea millefolium
F: Asteráceas

Perenne de hojas plumosas propia de prados de Europa, Asia occidental y América del Norte, se ha naturalizado en Australia y Nueva Zelanda.

ACHICORIA
Cichorium intybus
F: Asteráceas

Introducida en casi todo el mundo desde Europa, el Asia occidental y el norte de África, se cultiva como verdura de ensalada; de sus raíces se obtiene un sucedáneo del café.

ABRÓTANO HEMBRA
Santolina chamaecyparissus
F: Asteráceas

Arbusto enano de hoja perenne, de fuerte aroma y hojas pilosas blanquecinas. Muy cultivado en jardines, es propio de lugares rocosos en torno al Mediterráneo occidental.

CALÉNDULA
Calendula officinalis
F: Asteráceas

Especie cultivada desde tan antiguo que se desconoce su origen. El extracto de sus flores se emplea para tratar problemas epiteliales.

GAZANIA DE JARDÍN
Gazania sp.
F: Asteráceas

En el sur de África crecen 17 especies de *Gazania*, casi todas en hábitats secos. Los macizos florales como los mostrados pueden sobrevivir en jardines con poco riego.

GAZANIA
Gazania rigens
F: Asteráceas

Rastrera cespitosa perenne que con frecuencia florece prolíficamente sobre las dunas y rocas de la costa meridional de El Cabo (Sudáfrica).

»

» ASTERALES

LOBELIA SIPHILITICA
F: Campanuláceas
Vistosa perenne de bosques y prados de América del Norte presente desde Manitoba hasta Alabama. Antiguamente se creía que curaba la sífilis.

WAHLENBERGIA GLORIOSA
F: Campanuláceas
Emblema floral del Territorio de la Capital Australiana, esta perenne de porte erecto con flores de color azul profundo crece en los prados montanos del sur de Australia.

CAMPANILLA CHINA
Platycodon grandiflorus
F: Campanuláceas
Único miembro de su género, hay muchas variedades de jardín de esta perenne asiática con flores campanuladas blancas o azules.

TRÉBOL ACUÁTICO
Menyanthes trifoliata
F: Meniantáceas
Esta perenne rastrera produce frutos similares a alubias en pantanos y aguas someras de América del Norte, Groenlandia, el norte de Europa y Asia.

FITEUMA ORBICULAR
Phyteuma orbiculare
F: Campanuláceas
Esta perenne de tallo simple y capítulos globosos de flores azules crece en herbazales calizos desde el sur de Inglaterra a Grecia.

CAMPANILLA CON HOJA DE ORTIGA
Campanula trachelium
F: Campanuláceas
Visible en ribazos de toda Europa, Irán y el norte de África, esta perenne híspida presenta hojas agudas y flores campanuladas azules.

ROSETA NUDOSA DE LOS PANTANOS
Selliera radicans
F: Goodeniáceas
Hierba reptante de las llanuras costeras arenosas de Chile, Australia y Nueva Zelanda, donde también se halla en la ribera de arroyos de montaña.

FALSO NENÚFAR
Nymphoides peltata
F: Meniantáceas
La flor de esta perenne acuática, con cinco pétalos fimbriados, es más pequeña que la de los nenúfares auténticos. Se halla desde Europa hasta Japón.

DIPSACALES

Los miembros de este orden de distribución mundial, pero sobre todo del hemisferio norte, se caracterizan generalmente por sus pequeñas flores, a menudo en capítulos compactos. Muchas especies son plantas ornamentales. La familia del mundillo y la moscatelina (adoxáceas) contiene unas 200 especies, mientras que la de la madreselva (caprifoliáceas) tiene unas 860, entre ellas las valerianas y cardenchas, que antes contaban con familia propia.

MOSCATELINA
Adoxa moschatellina
F: Adoxáceas
Las inflorescencias de esta perenne de bosques de Europa, Asia y América del Norte tienen cinco flores en ángulos rectos (una de ellas, erecta).

HIERBA DE SAN JORGE
Centranthus ruber
F: Caprifoliáceas
Las mariposas aprecian el néctar de esta perenne glauca, que se halla en rocas costeras y muros viejos en torno al Mediterráneo, y se ha naturalizado en otras zonas.

SAÚCO
Sambucus nigra
F: Adoxáceas
Arbusto o arbolito de seto vivo con hojas pinnatisectas e inflorescencias corimbiformes. Crece en toda Europa, el Asia occidental y el norte de África.

MUNDILLO
Viburnum opulus
F: Adoxáceas
Natural de Europa a Asia, este arbusto caducifolio de setos vivos presenta inflorescencias en umbela con grandes flores exteriores estériles en torno a las fértiles, más pequeñas.

VALERIANA
Valeriana officinalis
F: Caprifoliáceas
Perenne propia de prados desde el norte de Europa hasta Asia. Presenta inflorescencias corimbiformes de flores de color rosa pálido con cinco pétalos, más oscuras al brotar.

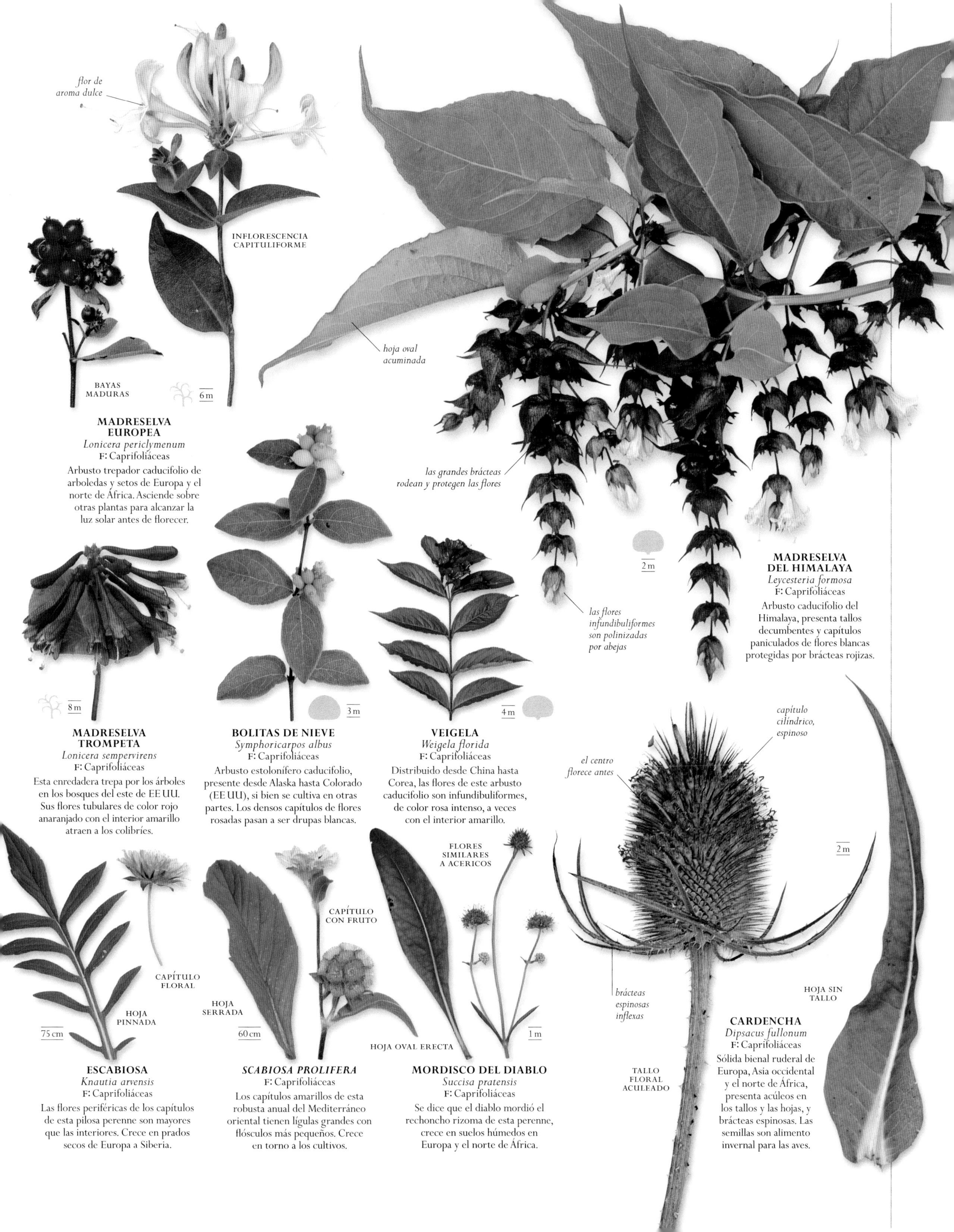

MADRESELVA EUROPEA
Lonicera periclymenum
F: Caprifoliáceas

Arbusto trepador caducifolio de arboledas y setos de Europa y el norte de África. Asciende sobre otras plantas para alcanzar la luz solar antes de florecer.

MADRESELVA DEL HIMALAYA
Leycesteria formosa
F: Caprifoliáceas

Arbusto caducifolio del Himalaya, presenta tallos decumbentes y capítulos paniculados de flores blancas protegidas por brácteas rojizas.

MADRESELVA TROMPETA
Lonicera sempervirens
F: Caprifoliáceas

Esta enredadera trepa por los árboles en los bosques del este de EE UU. Sus flores tubulares de color rojo anaranjado con el interior amarillo atraen a los colibríes.

BOLITAS DE NIEVE
Symphoricarpos albus
F: Caprifoliáceas

Arbusto estolonífero caducifolio, presente desde Alaska hasta Colorado (EE UU), si bien se cultiva en otras partes. Los densos capítulos de flores rosadas pasan a ser drupas blancas.

VEIGELA
Weigela florida
F: Caprifoliáceas

Distribuido desde China hasta Corea, las flores de este arbusto caducifolio son infundibuliformes, de color rosa intenso, a veces con el interior amarillo.

ESCABIOSA
Knautia arvensis
F: Caprifoliáceas

Las flores periféricas de los capítulos de esta pilosa perenne son mayores que las interiores. Crece en prados secos de Europa a Siberia.

SCABIOSA PROLIFERA
F: Caprifoliáceas

Los capítulos amarillos de esta robusta anual del Mediterráneo oriental tienen lígulas grandes con flósculos más pequeños. Crece en torno a los cultivos.

MORDISCO DEL DIABLO
Succisa pratensis
F: Caprifoliáceas

Se dice que el diablo mordió el rechoncho rizoma de esta perenne, crece en suelos húmedos en Europa y el norte de África.

CARDENCHA
Dipsacus fullonum
F: Caprifoliáceas

Sólida bienal ruderal de Europa, Asia occidental y el norte de África, presenta acúleos en los tallos y las hojas, y brácteas espinosas. Las semillas son alimento invernal para las aves.

HONGOS

Los hongos presentan una enorme variedad, desde las setas a los mohos microscópicos. Al principio se clasificaron como plantas, pero hoy se considera que en sí mismos constituyen un reino de seres vivos. Crecen en o mediante su alimento, digieren materia orgánica y, con frecuencia, solo resultan visibles cuando se reproducen. Los hongos son tanto aliados como enemigos de otras formas de vida: pueden ser recicladores vitales o socios mutuamente beneficiosos, pero también parásitos y agentes patógenos.

» 212

BASIDIOMICETOS

Además de las setas, este gran filo incluye los hongos yesqueros, bejines y muchas otras especies. La forma de sus cuerpos fructíferos varía, pero todos producen las esporas en células llamadas basidios.

» 238

ASCOMICETOS

Producen las esporas en sacos microscópicos, que a menudo forman una capa pubescente sobre los cuerpos fructíferos. Muchos tienen forma cóncava, pero también pertenecen a este grupo las trufas, las colmenillas y las levaduras.

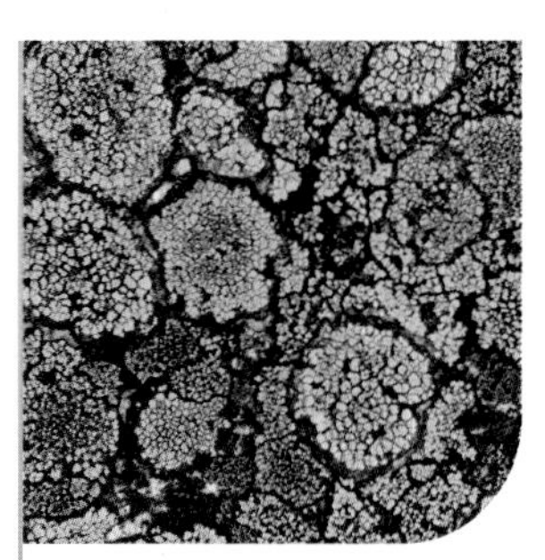

» 244

LÍQUENES

Asociaciones simbiontes entre hongos y algas, colonizan todo tipo de superficies. Algunos forman costras planas; otros son más similares a plantas diminutas. La mayoría son muy longevos y de crecimiento lento.

BASIDIOMICETOS

Este filo incluye la mayoría de lo que solemos llamar setas, comestibles o venenosas. Presentes en casi todos los tipos de hábitats principales, casi todas comparten la capacidad de formar esporas en su exterior en unas células especializadas (basidios).

FILO	BASIDIOMICETOS
CLASES	16
ÓRDENES	52
FAMILIAS	177
ESPECIES	Unas 32 000

Estas setas típicas muestran el píleo con láminas radiadas en la cara inferior, soportado por un estipe central.

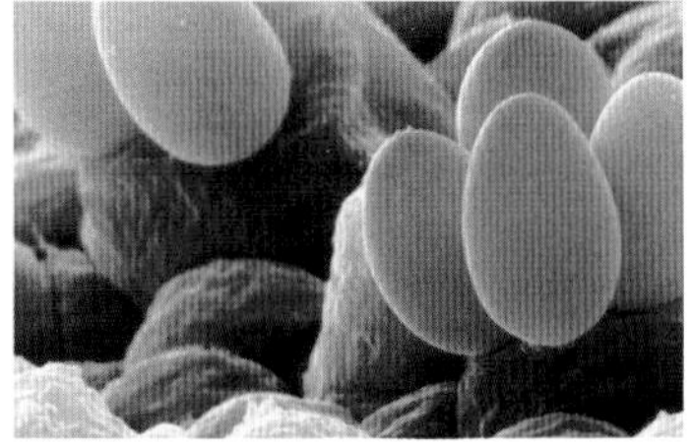

Esporas microscópicas de champiñón silvestre unidas a los basidios, o células reproductoras.

Falácea cubierta por una masa de esporas oscuras que se licua con rapidez y emite un olor fétido, como de carne podrida.

DEBATE

COLORIDO MISTERIOSO

Muchas setas presentan colores vivos: rojo, violeta, azul y verde. No se sabe qué ventaja les confieren tales colores; a diferencia de las flores, atraer animales polinizadores no es una ventaja competitiva. Es posible que los pigmentos rojos y naranjas eviten los daños de la luz solar, y que otros actúen como aviso a los depredadores.

Pocos hongos muestran la diversidad de formas de los basidiomicetos. Sus cuerpos fructíferos (las estructuras en las que se producen las esporas) han evolucionado y presentan mecanismos variados y eficientes para la dispersión de las esporas. Estos cuerpos suelen presentarse en forma de estipe (pie), píleo (sombrerillo) y láminas; otros, más simples, en láminas como costras, y otros, más complejos, en ménsula (yesqueros). Otros más particulares son los de tipo esférico –como los bejines–, las estrellas de tierra, las bellas estructuras coralinas de los hongos gelatinosos y las setas de coral, o el insólito aspecto zoomorfo de las faláceas. Cada estructura soporta y produce células esporíferas (basidios) y –dependiendo del tipo de hongo– utiliza unos u otros mecanismos de dispersión. Así, los hongos con láminas expulsan por la fuerza las esporas, que son dispersadas por las corrientes de aire, mientras que los bejines dependen de una combinación de viento y gotas de lluvia para la diáspora. Las faláceas, por su parte, tiene olores fétidos y colores brillantes que atraen a animales, quienes ingieren las masas de esporas; estas recorren intactas el tracto digestivo y, de esta forma, se dispersan tan lejos como se desplacen los animales antes de excretarlas.

ALIMENTACIÓN FÚNGICA

El cuerpo principal de un hongo está normalmente bajo tierra, formado por filamentos llamados hifas que conforman el micelio (cuerpo fúngico). Así, las hifas penetran en la sustancia en la que crece el hongo, ya sea suelo, hojarasca, troncos caídos, tejidos vegetales vivos o incluso animales muertos en descomposición. El micelio puede extenderse sobre un área extensa, y en muchos hongos forma además una relación mutuamente beneficiosa con las raíces de otras plantas. En dicha relación, llamada micorriza, el micelio envuelve la raíz y la penetra, y así el hongo accede a los carbohidratos de la planta; a cambio, esta obtiene del micelio mayor capacidad para absorber agua y nutrientes minerales. Otros hongos descomponen la materia orgánica muerta, o devoran organismos vivos: ambos procesos ayudan a renovar el suelo y a mejorar las condiciones de crecimiento para otros seres vivos.

HONGOS ENTRE LA HOJARASCA >
Muchos hongos se alimentan de tejidos vegetales muertos y pueden propagarse en abundancia allí donde existan nutrientes y humedad.

AGARICALES

Muchas de las setas comestibles o venenosas pertenecen a este orden, que comprende hongos con cuerpos fructíferos (los que portan las células esporíferas) carnosos, no leñosos. Muchas presentan píleo con láminas y estipe; algunas tienen además poros. Otras formas son las de nido de pájaro, ménsula, costra, falsa trufa y falo. La mayoría de ellas viven sobre hojarasca, suelo o madera; otras son parásitas o viven en asociación con raíces (micorrizas).

4–10 cm

CHAMPIÑÓN SILVESTRE
Agaricus campestris
F: Agaricáceas
Común en los prados de Eurasia y América del Norte, este hongo tiene píleo redondeado, láminas rosadas que se tornan marrones al madurar y estipe corto con un anillo pequeño.

5–10 cm

CHAMPIÑÓN CULTIVADO
Agaricus bisporus
F: Agaricáceas
Hongo muy apreciado y común en todo el mundo. Su píleo varía de blanco a marrón oscuro con escamas.

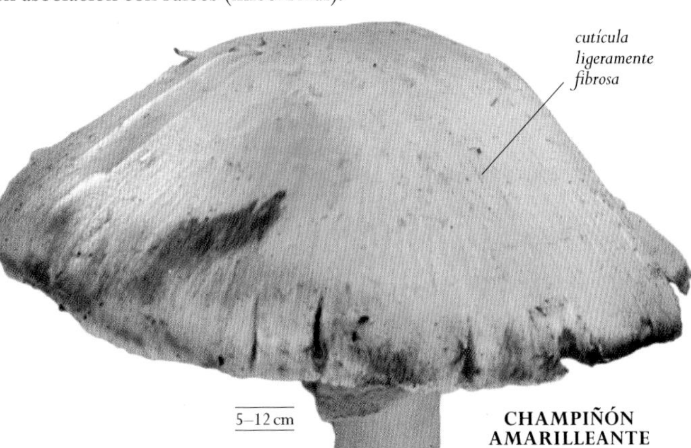

5–12 cm

CHAMPIÑÓN AMARILLEANTE
Agaricus xanthodermus
F: Agaricáceas
Esta especie tiene el centro del píleo aplanado, la base del estipe con manchas amarillas y un olor desagradable. Es común en Eurasia y el oeste de América del Norte.

AGÁRICO AUGUSTO
Agaricus augustus
F: Agaricáceas
Esta especie común en Eurasia y América del Norte se caracteriza por un gran píleo escamoso marrón anaranjado y un estipe velloso con anillo flexible.

8–15 cm

5–15 cm

LEPIOTA DE ESCAMAS PUNTIAGUDAS
Echinoderma asperum
F: Agaricáceas
El píleo marrón de este hongo de bosques y jardines de Eurasia y América del Norte tiene escamas cónicas que pierde si se frotan. El estipe marrón tiene un anillo.

7–15 cm

BOLA DE NIEVE
Agaricus arvensis
F: Agaricáceas
Común en parques de Eurasia y América del Norte, presenta manchas apagadas de color amarillo bronce. El anillo colgante de su estipe sigue un patrón de rueda dentada por el envés.

1–4 cm

LEPIOTA MALOLIENTE
Lepiota cristata
F: Agaricáceas
Presenta un característico olor similar al del caucho. Es más común en bosques y prados de Eurasia y América del Norte.

3–8 cm

LEUCOAGARICUS BADHAMII
F: Agaricáceas
Este raro hongo presente en Eurasia crece en bosques y jardines con suelos ricos. Blanco de joven, se tiñe de rojo sangre al tocarlo, y luego ennegrece.

PÍLEO MADURO

PÍLEO JOVEN

2–6 cm

MATACANDIL
Coprinus comatus
F: Agaricáceas
Hongo común en suelos alterados y bordes de caminos en Eurasia y América del Norte. El inconfundible píleo alto y enmarañado se disuelve en un fluido negro.

5–8 cm

LEPIOTA BLANCA
Leucoagaricus leucothites
F: Agaricáceas
Común en prados y márgenes viarios de Eurasia y América del Norte, el cuerpo fructífero marfileño de este hongo se torna ocre con la edad. Las láminas van del blanco al rosa pálido.

4–11 cm

anillo

LEPIOTA DE ESCAMAS ANARANJADAS
Lepiota ignivolvata
F: Agaricáceas
Esta inusual especie, propia de Eurasia, tiene un anillo de márgenes naranjas en la parte inferior del estipe blanco claviforme.

5–15 cm

APAGADOR MENOR
Chlorophyllum rhacodes
F: Agaricáceas
Hongo común en Eurasia y América del Norte. Presenta píleo marrón enmarañado, anillo grueso de doble filo y base del estipe engrosada. La carne tiende a enrojecer.

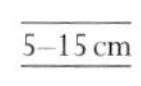

base del estipe bulbosa

1–5 cm

LEUCOCOPRINUS BIRNBAUMII
F: Agaricáceas
Especie de distribución mundial que crece en la tierra de las macetas. El píleo es de un delicado amarillo dorado y el estipe es esbelto y con anillo.

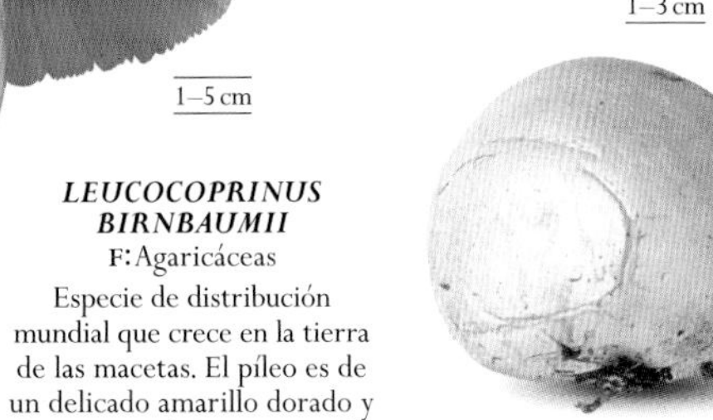

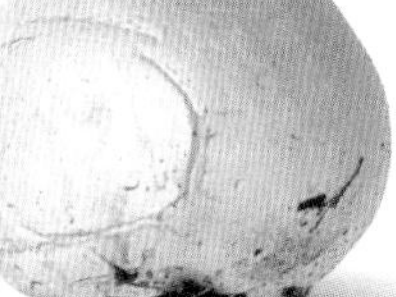

1–3 cm

PERIDIO EXTERNO

PERIDIO INTERNO

BEJÍN PLOMIZO
Bovista plumbea
F: Agaricáceas
Hongo globoso, liso de joven; al madurar, el peridio se descama para mostrar una capa interior papirácea. Es común en Eurasia y América del Norte.

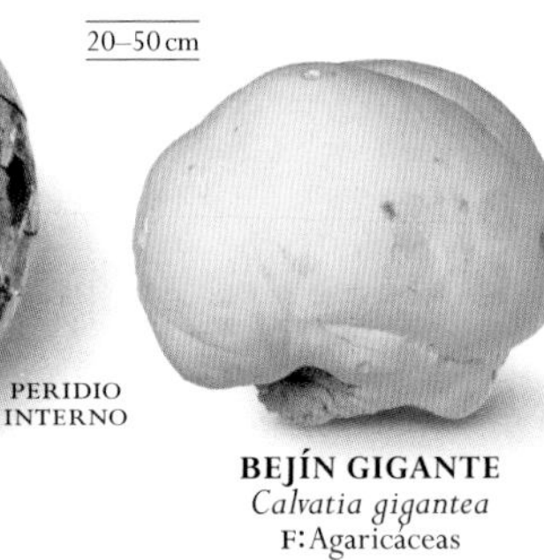

20–50 cm

BEJÍN GIGANTE
Calvatia gigantea
F: Agaricáceas
Común en setos, campos de labor y jardines de Eurasia y América del Norte. Su cuerpo fructífero es inconfundible: es grande, liso y blanco, y el interior, de blanco a amarillo.

BEJÍN DE PRADO
Lycoperdon pratense
F: Agaricáceas
Tiene el estipe corto, con una membrana interna que separa la masa esporífera. Es común en prados de toda Eurasia.

CUESCO DE LOBO
Lycoperdon perlatum
F: Agaricáceas
Es el bejín blanco más común. Se halla en Eurasia y América del Norte. Sus espinas granulosas se desprenden para dejar cicatrices circulares en un patrón regular.

APAGADOR
Macrolepiota procera
F: Agaricáceas
Común en prados de Eurasia y América del Norte, esta especie presenta píleo escamoso y estipe alto y delgado con aspecto ofídico y anillo grueso.

BEJÍN ESPINOSO
Lycoperdon echinatum
F: Agaricáceas
Especie de los hayedos de Eurasia y América del Norte. Tiene grupos de aguijones largos que se unen en las puntas. Las esporas son pardas rojizas.

BEJÍN EN FORMA DE BOLSA
Lycoperdon excipuliforme
F: Agaricáceas
Es uno de los bejines más altos; presenta un estipe pardo que queda atrás una vez liberadas las esporas. Se halla en Eurasia.

BEJÍN PIRIFORME
Apioperdon pyriforme
F: Agaricáceas
Común en Eurasia y América del Norte, esta especie con forma de pera crece sobre la madera. Tiene rizomorfos destacados en la base. De joven es firme.

BEJÍN FÉTIDO
Lycoperdon foetidum
F: Agaricáceas
Común en brezales y bosques ácidos de Eurasia, este bejín marrón amarillento tiene aguijones oscuros. La carne tiene un olor desagradable.

SETA DE CHOPO
Cyclocybe cylindracea
F: Bolbitiáceas
Esta rara especie euroasiática crece sobre los álamos. El píleo se agrieta al secarse y el estipe muestra un anillo.

AGROCYBE PEDIADES
F: Bolbitiáceas
Este hongo suele hallarse fácilmente en céspedes de Eurasia. Su píleo, liso y amarillento, y su delgado estipe desprenden un olor harinoso. Carece de velo.

AGROCIBE PRECOZ
Agrocybe praecox
F: Bolbitiáceas
Es habitual en Eurasia y América del Norte en primavera. Su píleo puede tener fragmentos de velo marginal. El estipe puede presentar un frágil anillo.

TULOSTOMA DE INVIERNO
Tulostoma brumale
F: Agaricáceas
Típico en los suelos arenosos de montes dunares en Eurasia y América del Norte, este hongo presenta unas diminutas cabezas globosas amarillentas sobre el estipe marrón claro.

BATTARREOIDES DIGUETI
F: Tulostomatáceas
Propio de suelos secos y arenosos de América del Norte, esta especie de largo estipe surge de un «huevo» coriáceo. El píleo marrón contiene las esporas.

CONOCYBE APALA
F: Bolbitiáceas
Especie frecuente en los céspedes de Eurasia y América del Norte. El píleo cónico marfileño con láminas de color pardo anaranjado se asienta sobre un estipe largo.

BOLBICIO AMARILLO
Bolbitius titubans
F: Bolbitiáceas
Común en prados de Eurasia y América del Norte, presenta un delicado píleo adherente que apenas dura un día.

»

8–20 cm

volva

ORONJA
Amanita caesarea
F: Amanitáceas
Se halla bajo robles, desde el Mediterráneo al centro de Eurasia. Presenta píleo naranja y estipe y volva blancos.

8–15 cm

ORONJA VERDE
Amanita phalloides
F: Amanitáceas
Común en Eurasia y partes de América del Norte, esta especie posee un anillo frágil, volva grande y un aroma dulzón. El píleo puede ser verdoso, amarillento o blanco.

5–10 cm

ORONJA LIMÓN
Amanita citrina
F: Amanitáceas
Esta especie de Eurasia y el este de América del Norte tiene el estipe con un bulbo globoso bien definido. El píleo es blanco o amarillo claro, y su carne tiene olor a patata.

3–8 cm

AMANITA ENFUNDADA
Amanita fulva
F: Amanitáceas
Hongo propio de bosques de Eurasia y América del Norte. El estipe presenta volva blanca (restos de un velo basal); puede tener velo parcial.

verrugas de color beige

6–18 cm

ORONJA VINOSA
Amanita rubescens
F: Amanitáceas
Especie común en bosques mixtos de Eurasia y América del Norte. El píleo varía del color crema al marrón. La carne, blanca, enrojece al corte.

bulbo globoso

6–15 cm

FALSA ORONJA
Amanita muscaria
F: Amanitáceas
Común en Eurasia y América del Norte, esta seta abunda bajo los abedules. Después de la lluvia puede perder las verrugas blancas.

6–11 cm

ORONJA FÉTIDA
Amanita virosa
F: Amanitáceas
Distribuido por todo el norte de Eurasia, este raro hongo es de color blanco puro, con un píleo acampanado algo adherente y volva blanca.

verrugas blancas

5–12 cm

AMANITA PANTERA
Amanita pantherina
F: Amanitáceas
Tiene verrugas blancas (restos del velo protector), anillo y bulbo rugoso. Esta especie se halla en Eurasia y América del Norte.

5–15 cm

CLAVULINOPSIS CORNICULATA
F: Clavariáceas
Claviforme amarillo dorado con basidiomas ramificados similares a cuernos, bastante común en prados ácidos sin uso y en claros herbosos en los bosques de Eurasia.

CLAVULINOPSIS HELVOLA
F: Clavariáceas
Común en prados de Eurasia y América del Norte, es una de las setas claviformes amarillas. Solo se puede identificar con seguridad a partir de sus diminutas esporas.

clávula a menudo plana

2–4 cm

4–8 cm

HONGO CORAL VIOLETA
Clavaria zollingeri
F: Clavariáceas
Especie rara de prados y bosques musgosos de Eurasia y América del Norte. Sus basidiomas parecen corales.

3–10 cm

CLAVARIA VERMIFORME
Clavaria fragilis
F: Clavariáceas
Este hongo forma densos racimos de basidiomas simples, de color blanco puro, en bosques y prados de Eurasia.

4–12 cm

ENTOLOMA RHODOPOLIUM
F: Entolomatáceas
Especie de color gris pálido a pardusco hallada en Eurasia. El píleo tiene el centro deprimido y el estipe esbelto. Puede oler a lejía.

1–3 cm

ENTOLOMA DE PIE VERDE
Entoloma incanum
F: Entolomatáceas
Presenta estipe hueco y un brillante píleo verde hierba que se vuelve pardo. Huele a excremento de ratón. Crece en prados sin uso de Eurasia.

1–2,5 cm

ENTOLOMA SERRULATUM
F: Entolomatáceas
Tiene el píleo de color azul a negro con láminas serruladas rosáceas de aristas oscuras. Se halla en prados y parques de Eurasia y América del Norte.

4–8 cm

ENTOLOMA PORPHYROPHAEUM
F: Entolomatáceas
Hongo ocasionalmente visto en prados de Eurasia. Presenta píleo fibroso pardo purpúreo, y estipe y láminas rosados.

3–9 cm

MOLINERA
Clitopilus prunulus
F: Entolomatáceas
Común en arboledas mixtas de Eurasia y América del Norte, el píleo cambia de forma con el tiempo: de joven es convexo; luego, deprimido.

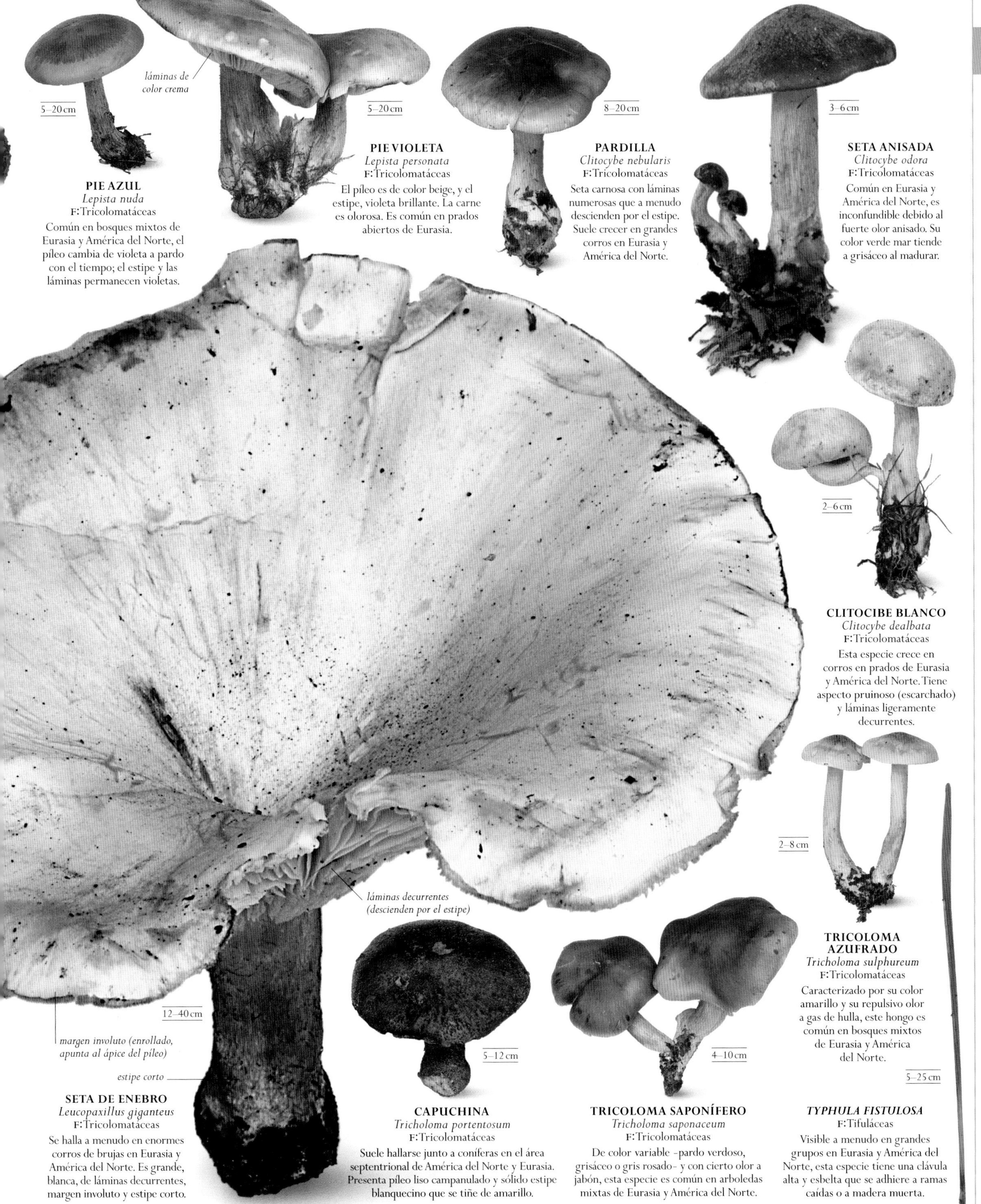

PIE AZUL
Lepista nuda
F: Tricolomatáceas
Común en bosques mixtos de Eurasia y América del Norte, el píleo cambia de violeta a pardo con el tiempo; el estipe y las láminas permanecen violetas.

PIE VIOLETA
Lepista personata
F: Tricolomatáceas
El píleo es de color beige, y el estipe, violeta brillante. La carne es olorosa. Es común en prados abiertos de Eurasia.

PARDILLA
Clitocybe nebularis
F: Tricolomatáceas
Seta carnosa con láminas numerosas que a menudo descienden por el estipe. Suele crecer en grandes corros en Eurasia y América del Norte.

SETA ANISADA
Clitocybe odora
F: Tricolomatáceas
Común en Eurasia y América del Norte, es inconfundible debido al fuerte olor anisado. Su color verde mar tiende a grisáceo al madurar.

CLITOCIBE BLANCO
Clitocybe dealbata
F: Tricolomatáceas
Esta especie crece en corros en prados de Eurasia y América del Norte. Tiene aspecto pruinoso (escarchado) y láminas ligeramente decurrentes.

TRICOLOMA AZUFRADO
Tricholoma sulphureum
F: Tricolomatáceas
Caracterizado por su color amarillo y su repulsivo olor a gas de hulla, este hongo es común en bosques mixtos de Eurasia y América del Norte.

SETA DE ENEBRO
Leucopaxillus giganteus
F: Tricolomatáceas
Se halla a menudo en enormes corros de brujas en Eurasia y América del Norte. Es grande, blanca, de láminas decurrentes, margen involuto y estipe corto.

CAPUCHINA
Tricholoma portentosum
F: Tricolomatáceas
Suele hallarse junto a coníferas en el área septentrional de América del Norte y Eurasia. Presenta píleo liso campanulado y sólido estipe blanquecino que se tiñe de amarillo.

TRICOLOMA SAPONÍFERO
Tricholoma saponaceum
F: Tricolomatáceas
De color variable -pardo verdoso, grisáceo o gris rosado- y con cierto olor a jabón, esta especie es común en arboledas mixtas de Eurasia y América del Norte.

TYPHULA FISTULOSA
F: Tifuláceas
Visible a menudo en grandes grupos en Eurasia y América del Norte, esta especie tiene una clávula alta y esbelta que se adhiere a ramas caídas o a madera muerta.

»

FALSA ORONJA
Amanita muscaria

Acaso sea esta la seta más famosa, muy presente en ilustraciones de libros infantiles. El píleo escarlata brillante, salpicado de puntos blancos del velo universal, hace de él uno de los hongos más fácilmente identificables. Originario de gran parte de Europa, el norte de Asia y América del Norte, crece en cualquier lugar en el que se hayan plantado los árboles hospedantes –normalmente abedules– con los que el hongo forma una relación de simbiosis. Puede hallarse en partes de África, India y Australasia. Es tóxica, aunque raramente mortal.

TAMAÑO Diámetro del píleo: 6–15 cm
HÁBITAT Arboledas de abedules y coníferas
DISTRIBUCIÓN Casi mundial
COLOR DE ESPORA Blanco

∨ SECCIÓN DEL PÍLEO
En sección transversal se puede ver la carne amarilla inmediatamente debajo de la piel roja del píleo. Las láminas, en contraste, son blancas.

∨ ESCAMAS
Las escamas verrugosas, blancas o amarillentas, son los restos del velo universal, tejido que encierra el basidioma joven.

< UN HONGO CONOCIDO
La falsa oronja cambia espectacularmente de forma a medida que crece y se expande, pero conserva su color y sus rasgos típicos. El píleo puede decolorarse hacia el amarillo si ha llovido mucho. El específico *muscaria* hace referencia a su toxicidad; de hecho, también se conoce como «matamoscas».

BASE DEL ESTIPE >
La base es gruesa y claviforme, con crestas granulosas que rodean la parte superior del bulbo. Las hifas del micelio se unen a las raíces de los árboles.

∧ LÁMINAS
Las láminas radiadas de la falsa oronja son de distintas longitudes; algunas no llegan al estipe. Eso les permite ocupar todo el espacio disponible, y así la producción de esporas es máxima.

ETAPAS DE CRECIMIENTO DE LA FALSA ORONJA

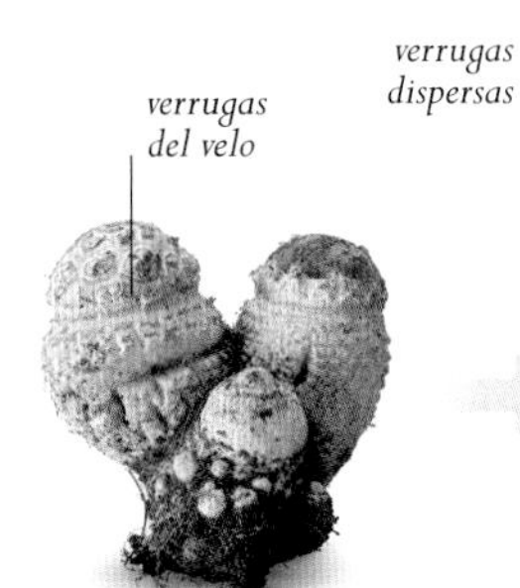

∧ BOTÓN
El botón está totalmente encerrado en un velo universal verrugoso.

∧ VELO ROTO
El estipe ha empezado a crecer y el velo universal se ha desgarrado del píleo.

∧ CRECE EL PÍLEO
El píleo se expande, con el velo parcial todavía adherido por debajo.

∧ LÁMINAS
El velo parcial empieza a rasgarse, formando el anillo y exponiendo las láminas.

∧ DIÁSPORA
Las esporas surgidas en las láminas expuestas se liberan al aire.

∧ VEJEZ
Al final de su vida, el píleo se decolora y puede volverse cóncavo.

ROCITES ARRUGADO
Cortinarius caperatus
F: Cortinariáceas
Especie del norte de Eurasia y América del Norte, propia de bosques de coníferas. Píleo pruinoso con velo blanco y estipe con un distintivo anillo envolvente.

CORTINARIUS BOLARIS
F: Cortinariáceas
Frecuente en hayedos de Eurasia, este hongo presenta diminutas escamas de color marrón rojizo sobre el píleo y el estipe, donde la carne se tiñe de naranja.

CORTINARIUS MALACHIUS
F: Cortinariáceas
Especie poco común; se han visto ejemplares en pinares del norte de Eurasia. Tiene el píleo marrón pálido de tinte violáceo y el estipe con bandas de velo blanco.

CORTINARIUS ELEGANTISSIMUS
F: Cortinariáceas
Presente en hayedos de suelo calcáreo de Eurasia, tiene el píleo de un vívido amarillo anaranjado y un estipe amarillo con un gran bulbo marginado.

CORTINARIO BLANCO VIOLÁCEO
Cortinarius alboviolaceus
F: Cortinariáceas
Especie común en bosques mixtos de Eurasia y América del Norte. Cuerpo fructífero blanco perlado con tinte violáceo. Las láminas se vuelven de color canela al madurar.

CORTINARIUS PHOLIDEUS
F: Cortinariáceas
Especie poco común; se halla bajo abedules en Eurasia. Es reconocible por su píleo escamoso marrón; las láminas y el ápice del estipe son de color violeta cuando son jóvenes.

CORTINARIUS RUFOOLIVACEUS
F: Cortinariáceas
Especie poco común, presente en hayedos de Eurasia. Es distintivo el píleo de color cobrizo con el margen rosa o verde oliva. La base bulbosa del estipe puede ir del violeta al amarillo verdoso.

CORTINARIO VISCOSO
Cortinarius mucosus
F: Cortinariáceas
Se halla en pinares del norte de Europa y América del Norte. Su píleo marrón anaranjado y su sólido estipe blanco son muy viscosos. Las láminas son de color marrón óxido.

CORTINARIO ANILLADO
Cortinarius armillatus
F: Cortinariáceas
Se caracteriza por las bandas de velo rojo cinabrio sobre un estipe claviforme. Es común en bosques de abedules de Eurasia y América del Norte.

CORTINARIUS SODAGNITUS
F: Cortinariáceas
Especie poco común; se ve, sobre todo, en hayedos de suelo calizo del sur de Inglaterra y la Eurasia mediterránea. Gran bulbo en la base del estipe.

CORTINARIO VIOLÁCEO
Cortinarius violaceus
F: Cortinariáceas
Especie rara hallada en bosques mixtos de Eurasia y América del Norte. El píleo y el estipe son de un color violeta intenso.

CORTINARIUS SPLENDENS
F: Cortinariáceas
Especie rara con píleo amarillo dorado, carne amarilla, velo amarillo azufre y estipe bulboso. Se da, sobre todo, en hayedos de Eurasia.

CORTINARIUS FLEXIPES
F: Cortinariáceas
Es característico su olor a geranio y el delicado vello blanco sobre el píleo apuntado. Se halla en bosques de abedules del norte de Eurasia y América del Norte.

CORTINARIUS TRIUMPHANS
F: Cortinariáceas
Común en bosques de abedules de Eurasia, es totalmente naranja amarillento, con fajas de velo amarillo en el estipe.

CREPIDOTO BLANDO
Crepidotus mollis
F: Crepidotáceas

Se halla en Eurasia y América del Norte. Su píleo es pequeño, flabelado y pálido, con la piel gelatinosa que se desprende fácilmente. El estipe, si lo tiene, es muy corto.

CREPIDOTO VARIABLE
Crepidotus variabilis
F: Crepidotáceas

Una de las varias especies similares de Eurasia y América del Norte. Presenta píleo seco con fibras finas. Normalmente carece de estipe.

GALERINA CALYPTRATA
F: Himenogastráceas

Esta especie euroasiática es una de las muchas que solo se identifican al microscopio. Píleo campanulado con margen estriado.

HEBELOMA RADICANTE
Hebeloma radicosum
F: Himenogastráceas

Especie euroasiática caracterizada por un estipe profundo con gran anillo, píleo color beige con escamas planas y fuerte olor a pasta de almendras.

GALERINA MORTAL
Galerina marginata
F: Himenogastráceas

El píleo de esta especie es marrón anaranjado y con un pequeño aro. Crece sobre madera muerta en Eurasia y América del Norte.

HEBELOMA LLORÓN
Hebeloma crustuliniforme
F: Himenogastráceas

Especie de Eurasia y América del Norte con fuerte olor a rábano. Píleo de blanco marfil a beige, viscoso al mojarse. En climas húmedos, las láminas exudan gotitas.

INOCYBE RIMOSA
F: Inocibáceas

Común en arboledas mixtas de Eurasia y América del Norte, su píleo fibroso apuntado es amarillo paja, y el estipe, largo y esbelto.

INOCIBE DE ESPORA ESTRELLADA
Inocybe asterospora
F: Inocibáceas

Un bulbo basal aplanado y las esporas en forma de estrella distinguen a este pequeño hongo euroasiático de píleo fibroso marrón.

INOCIBE TERRESTRE
Inocybe geophylla
F: Inocibáceas

Una de las especies más comunes de este género en los bosques de Eurasia y América del Norte. El píleo es cónico y sedoso; el estipe es esbelto.

INOCIBE LACERADO
Inocybe lacera
F: Inocibáceas

Este hongo de Eurasia y América del Norte se distingue por sus esporas cilíndricas. Presenta píleo escamoso fibroso y un esbelto estipe marrón.

INOCIBE ERUBESCENTE
Inocybe erubescens
F: Inocibáceas

Especie poco común propia de bosques mixtos calcáreos de Eurasia. El píleo fibroso se va decolorando, y su robusto estipe se tiñe de rojo al tocarlo.

INOCIBE GRIS LILA
Inocybe griseolilacina
F: Inocibáceas

Especie habitual en los hayedos de Eurasia. El píleo es escamoso; el estipe es esbelto y de color violeta pálido.

»

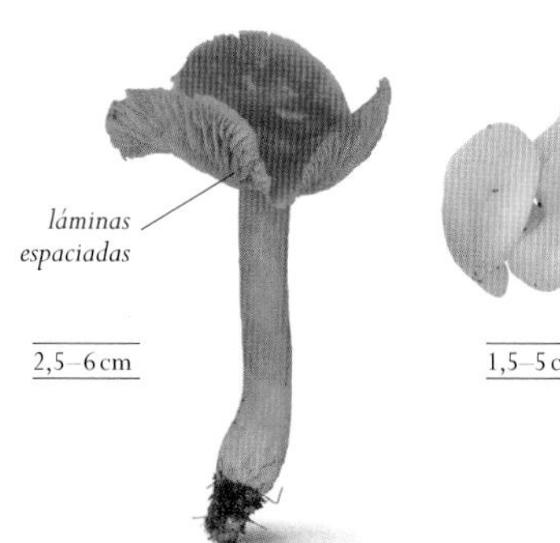

HIGRÓFORO DE LOS PRADOS
Cuphophyllus pratensis
F: Higroforáceas

Es uno de los mayores higróforos de prados. Se halla en Eurasia y América del Norte. El píleo es carnoso con láminas que descienden por el robusto estipe.

HIGRÓFORO NÍVEO
Cuphophyllus virgineus
F: Higroforáceas

Es el higróforo más común en los prados euroasiáticos. Su píleo céreo y el esbelto estipe son traslúcidos. Presenta láminas decurrentes.

1–4 cm

ápice del estipe verde

HIGRÓFORO VERDE
Gliophorus psittacinus
F: Higroforáceas

Propio de Eurasia y América del Norte. Presenta píleo viscoso de verde vivo a naranja; la parte superior del estipe es verde brillante.

PORPOLOMOPSIS CALYPTRIFORMIS
F: Higroforáceas

Hongo muy reconocible pero escaso, con píleo rosado, frágil estipe pálido y láminas céreas. Crece en prados naturales de Europa.

1–5 cm

HIGRÓFORO CÓNICO
Hygrocybe conica
F: Higroforáceas

Común en prados y bosques de Eurasia y América del Norte, presenta píleo cónico naranja rojizo y un estipe fibroso que ennegrece con el tiempo o al roce.

1,5–6 cm

HIGRÓFORO ESCARLATA
Hygrocybe coccinea
F: Higroforáceas

Llamativo hongo de prados naturales en Eurasia y América del Norte. El píleo, las láminas y el estipe son escarlatas y de aspecto céreo.

4–12 cm

margen amarillo pálido

HIGRÓFORO ROJO
Hygrocybe punicea
F: Higroforáceas

Especie poco común propia de prados naturales de Eurasia y América del Norte; es el higróforo rojo de mayor tamaño. El estipe es seco y fibroso, con base blanca.

4–8 cm

CLITOCIBE DE PIE CLAVIFORME
Ampulloclitocybe clavipes
F: Higroforáceas

Común en bosques mixtos a finales de otoño, esta especie de Eurasia y América del Norte tiene láminas decurrentes y una base esponjosa engrosada.

1,5–7 cm

HIGRÓFORO AMARILLO
Hygrocybe chlorophana
F: Higroforáceas

Es el higróforo más habitual en los prados euroasiáticos. El píleo es naranja amarillento vivo, ligeramente glutinoso.

3–8 cm

HIGRÓFORO MARFILEÑO
Hygrophorus eburneus
F: Higroforáceas

Especie de los hayedos de Eurasia y América del Norte. Presenta píleo y estipe glutinosos, láminas espesas y olor floral.

LACARIA AMATISTA
Laccaria amethystina
F: Hidnangiáceas

Seta esbelta muy reconocible de Eurasia y América del Norte, de intensa coloración violeta cuando está fresca y esporas pulverulentas en las láminas.

LACARIA LACADA
Laccaria laccata
F: Hidnangiáceas

Esta especie de color variable –del rojo ladrillo al rosa cárneo–, píleo seco y láminas espesas, abunda en las arboledas templadas de Eurasia y América del Norte.

COLIBIA DE LAS PIÑAS
Baeospora myosura
F: Cifeláceas

Presente en Eurasia y América del Norte, es uno de los pocos hongos que crecen sobre piñas. Tiene abundantes láminas estrechas y espite aterciopelado.

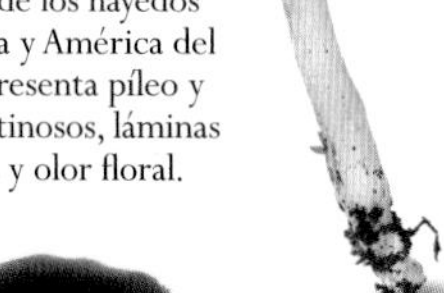

3–5 cm

HIGRÓFORO DE LÁMINAS AMARILLAS
Hygrophorus hypothejus
F: Higroforáceas

Aparece después de las heladas en bosques de coníferas de Eurasia y América del Norte. Hongo glutinoso, con píleo marrón oliváceo y estipe amarillo.

SETA DE SAN JORGE
Calocybe gambosa
F: Liofiláceas

Especie euroasiática de color marfil con trazas tostadas que crece a menudo en corros en las lindes de bosque a finales de primavera. Fuerte olor a harina recién molida.

CALOCYBE CARNEA
F: Liofiláceas

Crece sobre hierba corta en Eurasia y América del Norte. El píleo liso y el estipe fibroso son rosáceos, y las láminas, blancas.

NÍCTALO PARÁSITO
Asterophora parasitica
F: Liofiláceas

Propia de Eurasia y América del Norte, es una de las dos conocidas especies parásitas que habitan sobre los cuerpos fructíferos podridos de las rúsulas. Píleo hemisférico sedoso.

LIOFILO AGREGADO
Lyophyllum decastes
F: Liofiláceas

Común en márgenes viarios y suelos alterados de Eurasia y América del Norte, es un hongo cespitoso (forma grupos) de píleo fuerte y estipe robusto.

MARASMIO AMARGO
Gymnopus androsaceus
F: Marasmiáceas

Hongo euroasiático con un distintivo estipe filiforme negruzco y con el píleo asurcado y de un marrón pálido rosáceo.

CRINIPELLIS SCABELLA
F: Marasmiáceas

Reconocible hongo euroasiático, visible sobre tallos muertos de herbáceas. El píleo es pequeño, y el estipe, largo y esbelto, está cubierto de pelo denso, hirsuto y de color marrón.

SENDERUELA
Marasmius oreades
F: Marasmiáceas

Forma corros de brujas, comunes en prados abiertos de Eurasia y América del Norte. El píleo es de color crema, carnoso y con láminas gruesas.

NIDO DE PÁJARO
Crucibulum laeve
F: Nidulariáceas

Especie común, aunque difícil de detectar entre restos de madera. Forma «nidos» en miniatura para sus peridiolos llenos de esporas. Se da en Eurasia y América del Norte.

MARASMIO ALIÁCEO
Mycetinis alliaceus
F: Marasmiáceas

Crece en los hayedos euroasiáticos. Presenta un estipe negruzco, largo y delgado, y desprende un fuerte olor a ajo rancio.

MARASMIO RUEDECITA
Marasmius rotula
F: Marasmiáceas

El píleo convexo umbilicado de esta seta, con surcos radiales, parece un paracaídas. El resistente estipe se fija a los restos de madera. Se encuentra en Eurasia y América del Norte.

NIDO DE PÁJARO ESTRIADO
Cyathus striatus
F: Nidulariáceas

Hongo reconocible por sus carpóforos marrones, vellosos y acanalados que contienen de 10 a 15 peridiolos. Aparece sobre restos de madera en Eurasia y América del Norte, pero no es común.

»

ESTÉREO PURPÚREO
Chondrostereum purpureum
F: Cifeláceas
Hongo de Eurasia y América del Norte, habitual sobre cerezos y ciruelos. Himeneo violeta de joven, se oscurece a púrpura parduzco con el tiempo.

MICENA DE LECHE AZAFRANADA
Mycena crocata
F: Micenáceas
Este hongo común en arboledas de suelo calcáreo en Eurasia exuda un brillante jugo naranja azafranado al romperse.

MICENA EN CASCO
Mycena galericulata
F: Micenáceas
Abundante en bosques templados de Eurasia y América del Norte, y de color variable. Sus láminas grises rosáceas están unidas por nervaduras y crestas cruzadas.

MICENA ANARANJADA
Mycena acicula
F: Micenáceas
Común sobre hojarasca y desechos en arboledas de caducifolios de Eurasia y América del Norte, este hongo presenta un diminuto píleo traslúcido estriado casi hasta el centro.

MICENA DE LOS HELECHOS
Mycena epipterygia
F: Micenáceas
Se da en Eurasia y América del Norte. Crece sobre suelos ácidos en arboledas y brezales. El píleo y el estipe tienen una cutícula glutinosa exfoliable.

MICENA INCLINADA
Mycena inclinata
F: Micenáceas
Este hongo de Eurasia y América del Norte forma densos grupos sobre madera. Píleo con márgenes dentados y fuerte olor a jabón.

MYCENA PELIANTHINA
F: Micenáceas
Hongo euroasiático caracterizado por un fuerte olor a rábano. Presenta láminas púrpuras de aristas negras y píleo de lila pálido a marrón grisáceo.

MICENA ROSADA
Mycena rosea
F: Micenáceas
Especie común, propia de hayedos en Eurasia. El píleo y el estipe son robustos y de color rosado, y desprenden un fuerte olor a rábano.

PANO TARDÍO
Sarcomyxa serotina
F: Micenáceas
Seta de Eurasia y América del Norte que fructifica en invierno, a menudo sobre troncos de frondosas cerca del agua. El píleo se vuelve viscoso al mojarse.

COLIBIA DE PIE FUSIFORME
Gymnopus fusipes
F: Onfalotáceas
Abundante en los robledos euroasiáticos desde principios del verano, forma grandes terrones de fuertes cuerpos fructíferos sobre las raíces de los árboles.

MARASMIO ARDIENTE
Gymnopus peronatus
F: Onfalotáceas
Esta especie euroasiática se caracteriza por el vello híspido, de blanco a crema, de la base de su estipe.

COLIBIA MANCHADA
Rhodocollybia maculata
F: Onfalotáceas
Común en bosques mixtos de Eurasia y América del Norte. El píleo y el estipe son blancos. Las láminas, blancas y abundantes, se tiñen de rojo herrumbroso con el tiempo.

COLIBIA BUTIRÁCEA
Rhodocollybia butyracea
F: Onfalotáceas
Hongo abundante en arboledas de Eurasia y América del Norte. Varía de marrón negruzco o rojizo a ocre oscuro. Píleo aceitoso al tacto.

SETA DEL OLIVO
Omphalotus illudens
F: Onfalotáceas
Presente en Eurasia y América del Norte. Las láminas de este hongo venenoso, naranja brillante, brillan en la oscuridad con un resplandor verdoso.

3–10 cm

ARMILLARIA LUTEA
F: Fisalacriáceas

Especie euroasiática que se halla en suelos forestales. Es un parásito débil de los árboles que lo rodean.

2,5–10 cm

RHODOTUS PALMATUS
F: Fisalacriáceas

Esta especie poco común de Eurasia y América del Norte vive sobre troncos caídos, sobre todo de olmos. El píleo es rosado, reticulado y de olor frutal.

1–6 cm

COLIBIA DE PIE ATERCIOPELADO
Flammulina velutipes
F: Fisalacriáceas

Crece durante todo el invierno en Eurasia y América del Norte. Se caracteriza por el píleo a menudo glutinoso y el estipe aterciopelado.

2–15 cm

MUCÍDULA VISCOSA
Mucidula mucida
F: Fisalacriáceas

Hongo euroasiático, visible por lo general sobre troncos de hayas. Su píleo blanco grisáceo es viscoso al mojarse. El estipe es sólido y presenta un anillo delgado.

2,5–10 cm

MUCÍDULA RADICANTE
Hymenopellis radicata
F: Fisalacriáceas

Distribuido por Eurasia y América del Norte, este hongo de micelio profundo presenta un estipe largo y rígido, píleo viscoso al mojarse y láminas espaciadas.

CUERNO DE LA ABUNDANCIA
Pleurotus cornucopiae
F: Pleurotáceas

Crece cespitoso sobre leños, por lo general, de olmos. El píleo tiene forma de embudo y las láminas son decurrentes por el corto estipe, a menudo ramificado. Se da en Eurasia y América del Norte.

4–12 cm

píleos a menudo solapados

6–20 cm

SETA DE OSTRA
Pleurotus ostreatus
F: Pleurotáceas

Se halla sobre troncos desde Eurasia hasta América del Norte. Sus píleos en ménsula, con aspecto de ostra, varían del verde azulado al pardo pálido. Estipe casi ausente.

diminutos gránulos brillantes

2–3 cm

COPRINO MICÁCEO
Coprinellus micaceus
F: Psatireláceas

Esta seta suele presentarse en racimos. Sobre el píleo ovoide suele haber escamas del velo, similares a la mica. Es común en arboledas de Eurasia y América del Norte.

0,5–1 cm

COPRINO DISEMINADO
Coprinellus disseminatus
F: Psatireláceas

Hongo cespitoso de Eurasia y América del Norte, visible sobre tocones podridos. El píleo es diminuto, acampanado y con surcos profundos. Las láminas ennegrecen al madurar.

2,5–7,5 cm

PSATIRELA ATERCIOPELADA
Lacrymaria lacrymabunda
F: Psatireláceas

Común en márgenes viarios y suelos alterados de Eurasia y América del Norte, su nombre científico alude a las gotitas que rezuman las aristas de las láminas.

el velo blanco se desgarra en parches

5–8 cm

1,5–7 cm

PSATIRELA BLANCA
Psathyrella candolleana
F: Psatireláceas

Hongo cespitoso visible sobre restos leñosos a principios de verano. El estipe es frágil y esbelto; el píleo, amarillento u ocre. Se da en Eurasia y América del Norte.

0,8–4 cm

PSATIRELA APRETADA
Psathyrella multipedata
F: Psatireláceas

Se presenta en racimos agrupados por la base. Suele verse en prados abiertos de Eurasia.

2,5–8 cm

COPRINO ENTINTADO
Coprinopsis atramentaria
F: Psatireláceas

Especie propia de Eurasia y América del Norte, con píleos ovoides que se disuelven en un fluido negruzco al liberar las esporas.

COPRINO BLANCO Y NEGRO
Coprinopsis picacea
F: Psatireláceas

Especie poco común, propia de suelos calcáreos en bosques euroasiáticos. Tiene escamas vellosas blancas que contrastan con el marrón grisáceo oscuro de la cutícula.

»

PLÚTEO CERVINO
Pluteus cervinus
F: Pluteáceas
Especie propia de Eurasia y América del Norte, de color variable, con píleo fibroso, a menudo mamelonado, y láminas rosadas libres (no adheridas) al estipe, también fibroso.

PLUTEUS CHRYSOPHLEBIUS
F: Pluteáceas
Especie euroasiática caracterizada por el píleo de color dorado a amarillo verdoso, láminas de amarillas a rosadas y estipe blanquecino. Crece sobre madera podrida.

PLÚTEO DE LOS SAUCES
Pluteus salicinus
F: Pluteáceas
Común en bosques caducifolios de Eurasia, se identifica por el tono gris azulado de la base de su esbelto estipe.

LENGUA DE BUEY
Fistulina hepatica
F: Esquizofiláceas
Esta especie, que rezuma un jugo de color rojo sangre, es muy común en zonas cálidas de Eurasia y América del Norte.

VOLVARIA SEDOSA
Volvariella bombycina
F: Pluteáceas
Especie rara que crece sobre árboles caducifolios en Eurasia y América del Norte. Píleo de amarillo limón claro a blanco, y estipe blanquecino con un fino velo parcial (volva) en la base.

ESQUIZÓFILO COMÚN
Schizophyllum commune
F: Esquizofiláceas
Hongo flabelado (en abanico) propio de Eurasia y América del Norte, identificable por las falsas láminas de su himenio en la cara inferior del píleo.

VOLVARIA VISTOSA
Volvopluteus gloiocephalus
F: Pluteáceas
Es bastante común en campos, rastrojales y sobre mantillo de madera en Eurasia y América del Norte. El píleo es glutinoso y gris.

HIFOLOMA DE LÁMINAS GRISES
Hypholoma capnoides
F: Estrofariáceas
Especie poco común de Eurasia y América del Norte, propia de bosques de coníferas. Sus láminas blanquecinas se vuelven de color lila grisáceo al madurar.

HIFOLOMA DE LÁMINAS VERDES
Hypholoma fasciculare
F: Estrofariáceas
Abundante en bosques templados de Eurasia y América del Norte, sus láminas amarillas verdosas se vuelven de color púrpura oscuro al madurar; son fáciles de reconocer en el campo.

HIFOLOMA DE COLOR LADRILLO
Hypholoma lateritium
F: Estrofariáceas
Se caracteriza por el píleo carnoso con fragmentos de velo y las láminas amarillas que pasan a lavanda al madurar. Crece sobre madera de frondosas en Eurasia y América del Norte.

FOLIOTA CAMBIANTE
Kuehneromyces mutabilis
F: Estrofariáceas

A menudo confundida con la letal *Galerina marginata*, esta especie se identifica por su píleo glutinoso, el estipe escamoso y las láminas marrones. Se da en Eurasia y América del Norte.

LERATIOMYCES CERES
F: Estrofariáceas

Previamente clasificada como *Stropharia aurantiaca*, esta especie tiene un píleo rojo cinabrio y un estipe que enrojece. Crece entre virutas de madera en Eurasia y América del Norte.

FOLIOTA DE LOS ALISOS
Pholiota alnicola
F: Estrofariáceas

Especie euroasiática caracterizada por su píleo glutinoso amarillo limón. A pesar de su nombre común, suele estar entre abedules.

ESTROFARIA SEMIGLOBULOSA
Protostropharia semiglobata
F: Estrofariáceas

Especie propia de Eurasia y América del Norte, aparece sobre estiércol o en herbáceas de pastos. Presenta píleo glutinoso y estipe fino y delgado con anillo.

FOLIOTA ESCAMOSA
Pholiota squarrosa
F: Estrofariáceas

Hongo de píleo y estipe distintivos, secos y con escamas agudas, láminas de color amarillo pálido, y olor a maíz o a rábano.

FOLIOTA DE PIEL DORADA
Pholiota aurivella
F: Estrofariáceas

Especie bastante común sobre troncos de hayas en Eurasia y América del Norte. Su píleo glutinoso muestra escamas de color marrón anaranjado.

MONGUI
Psilocybe semilanceata
F: Estrofariáceas

Agárico muy conocido con píleo cónico blanquecino y mamelón central. Aparece en prados de Eurasia y América del Norte a finales de otoño.

ESTROFARIA VERDE
Stropharia cyanea
F: Estrofariáceas

Hongo con píleo verde azulado que pasa a amarillo, propio de Eurasia y América del Norte.

MEGACOLLYBIA PLATYPHYLLA
F: Posición incierta

Especie propia de Eurasia y América del Norte. Presenta píleo pardo radialmente fibroso, láminas profundas y espaciadas, y base del estipe con filamentos radiciformes.

SETA DE CAÑA
Melanoleuca polioleuca
F: Posición incierta

Especie euroasiática común en prados. Presenta píleo marrón grisáceo y láminas blancas. La carne de la base del estipe es negruzca.

TRICOLOMA RUTILANTE
Tricholomopsis rutilans
F: Posición incierta

Común sobre tocones de pino, con píleo y estipe púrpura rojizo y láminas amarillas. Crece en Eurasia y América del Norte.

GIMNOPILO NOTABLE
Gymnopilus junonius
F: Posición incierta

Hongo cespitoso euroasiático, suele ocupar la base de un árbol. El píleo es seco y las láminas son amarillentas, abundantes y poco profundas.

PANEOLO ALUCINÓGENO
Panaeolus papilionaceus
F: Posición incierta

Los diminutos restos dentados del velo en el margen del píleo y las láminas negras jaspeadas caracterizan a esta especie propia de Eurasia y América del Norte.

PANEOLO ANILLADO
Panaeolus semiovatus
F: Posición incierta

Especie coprófila de Eurasia y América del Norte. Se caracteriza por el píleo gris y glutinoso, y por el anillo en torno a un estipe largo.

CLITOCIBE ACOPADO
Pseudoclitocybe cyathiformis
F: Posición incierta

Especie inconfundible de color muy oscuro y estipe largo y fibroso. Propia de Eurasia, es común a finales de otoño y durante el invierno.

CYSTODERMELLA CINNABARINA
F: Posición incierta

Especie propia de Eurasia y América del Norte, presenta píleo rojo ladrillo y láminas crema pálido. Píleo y estipe de cutícula granulosa.

PLATERA
Infundibulicybe geotropa
F: Posición incierta

Hongo euroasiático de píleo carnoso infundibuliforme. El estipe es largo y de color marrón claro.

BOLETALES

Este orden agrupa hongos carnosos con himenios tanto porosos como laminares, casi todos con píleo y estipe, aunque hay algunas costras, bejines y falsas trufas. La mayoría de ellos viven asociados con árboles, formando micorrizas; algunos se alimentan de madera muerta y provocan pudrición parda, y otros son parásitos. El himenio se desprende con facilidad de la carne.

BOLETO BAYO
Imleria badia
F: Boletáceas

Especie común entre coníferas o hayas de Eurasia y América del Norte. Su color varía de marrón anaranjado a bayo.

BOLETO COMESTIBLE
Boletus edulis
F: Boletáceas

Especie de distribución mundial, tiene una fina retícula blanca en el estipe, carne blanca, inmutable, y poros blancos, amarillos al madurar.

BOLETO RETICULADO
Boletus reticulatus
F: Boletáceas

Especie de Eurasia y el este de América del Norte. Píleo marrón, mate y quebradizo. El estipe presenta un fino retículo (redecilla) blanco que se extiende hasta la base.

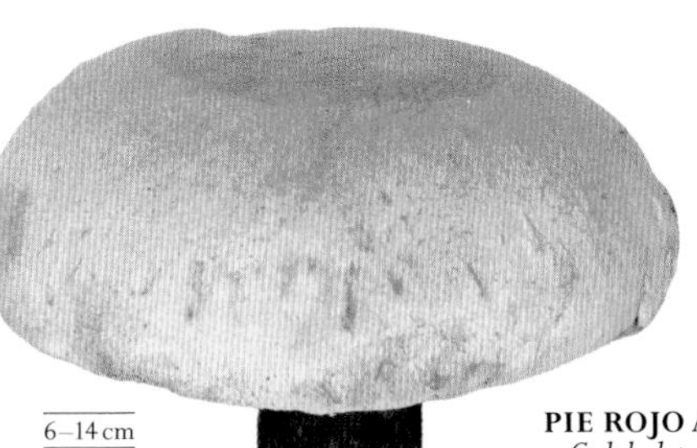

PIE ROJO AMARGO
Caloboletus calopus
F: Boletáceas

Propio de Eurasia y el oeste de América del Norte. El píleo varía de blanco a beige, los poros son amarillos y la carne es cremosa y azulea al roce.

BOLETO PARÁSITO
Pseudoboletus parasiticus
F: Boletáceas

Pequeño hongo de Eurasia y América del Norte. Solo crece sobre la escleroderma amarilla, a la que deja hueca.

BOLETO PICANTE
Chalciporus piperatus
F: Boletáceas

Es común bajo coníferas y también bajo abedules junto a la falsa oronja. Presenta poros de color canela y carne amarilla. Propio de Eurasia y América del Norte.

BOLETO AMARGO
Tylopilus felleus
F: Boletáceas

Especie de Eurasia y América del Norte caracterizada por el color rosa de los poros al madurar y por un estipe densamente reticulado.

BOLETO ESCAMOSO
Strobilomyces strobilaceus
F: Boletáceas

Especie rara de Eurasia y América del Norte. Se caracteriza por las escamas flocosas del píleo y del estipe, y por los tubos germinativos blancos.

8–15 cm

LECCINUM VERSIPELLE
F: Boletáceas

Especie euroasiática de píleo carnoso naranja amarillento. Estipe con escamas flocosas negras y carne tintada de negro violáceo.

6–15 cm

BOLETO DEL ABEDUL
Leccinum scabrum
F: Boletáceas

Una de las especies similares de este hongo propio de Eurasia y América del Norte. Su carne puede ruborizarse al cortarla. El píleo es glutinoso cuando se moja.

1–2 cm

CALOSTOMA CINNABARINUM
F: Calostomatáceas

La brillante cabeza globosa de color rojo cinabrio que corona el estipe de esta especie norteamericana emerge de una capa gelatinosa.

5–100 cm

PUDRICIÓN HÚMEDA
Coniophora puteana
F: Conioforáceas

Este hongo, extendido por todo el mundo, forma una capa tisular marrón, a menudo verrugosa, sobre la madera húmeda. Daña la estructura de los edificios.

5–9 cm

ESTRELLA DE TIERRA HIGROMÉTRICA
Astraeus hygrometricus
F: Diplocistidiáceas

Especie frecuente en Eurasia y América del Norte. Su capa externa se desgarra para mostrar la interna, globosa y llena de esporas, pero se cierra en días secos.

5–8 cm

CAMALEÓN AZUL
Gyroporus cyanescens
F: Giroporáceas

Especie poco común de suelos ácidos de Eurasia y el este de América del Norte. Su color amarillento vira al azul intenso al tacto.

1,5–5 cm

GONFIDIO ROSADO
Gomphidius roseus
F: Gonfidiáceas

Crece en pinares euroasiáticos asociado con el boleto *Suilles bovinus*. Presenta un píleo viscoso y rosado, y láminas grisáceas.

4–8 cm

GONFIDIO RELUCIENTE
Chroogomphus rutilus
F: Gonfidiáceas

Común bajo los pinos en Eurasia y el oeste de América del Norte, presenta píleo apuntado marrón cobrizo.

6–15 cm

PAXILO ENROLLADO
Paxillus involutus
F: Paxiláceas

Común en bosques mixtos de Eurasia y América del Norte. Presenta margen piloso involuto y láminas de color amarillo pálido que se tiñen de pardo rojizo al tocarlas.

4–10 cm

ESCLERODERMA AMARILLA
Scleroderma citrinum
F: Esclerodermatáceas

Hongo con forma de patata, común en bosques húmedos de Eurasia y América del Norte. Carpóforo coriáceo con escamas oscuras e interior (gleba) negro.

2–5 cm

SCLERODERMA BOVISTA
F: Esclerodermatáceas

Común en arboledas de Eurasia y América del Norte. El carpóforo, liso, se agrieta en un fino mosaico. La gleba (masa de esporas) es negra purpúrea y se vuelve parda al secarse.

2–8 cm

REBOZUELO FALSO
Hygrophoropsis aurantiaca
F: Higroforopscidáceas

Especie de Eurasia y América del Norte. Se distingue del rebozuelo auténtico por sus láminas blandas y muy divididas.

10–30 cm

PAXILO DE PIE NEGRO
Tapinella atrotomentosa
F: Tapineláceas

Común sobre tocones de pino en Eurasia y América del Norte. Margen del píleo involuto, láminas suaves y gruesas, y estipe aterciopelado.

5–10 cm

SETA TINTORERA
Pisolithus arhizus
F: Esclerodermatáceas

Especie de distribución mundial en suelos arenosos pobres asociados a pinos. Las esporas, agrupadas en falsos peridiolos, están rodeadas por un gel negruzco.

la piel del píleo se desprende

los poros pueden exudar látex

4–10 cm

BOLETO GRANULADO
Suillus granulatus
F: Suiláceas

Común en los pinares de Eurasia y América del Norte. Presenta estipe sin anillo cubierto de puntos glandulares.

5–10 cm

BOLETO VISCOSO ANILLADO
Suillus luteus
F: Suiláceas

Habita sobre pinos en Eurasia y América del Norte. Presenta píleo viscoso y poros amarillos. El gran anillo de su estipe es de color lavanda por debajo.

3–7 cm

BOLETO BOVINO
Suillus bovinus
F: Suiláceas

Común en los pinares de Eurasia y América del Norte. Píleo glutinoso y poros angulares irregulares.

cutícula del píleo de amarilla a marrón, seca y de margen serrado

BOLETO VARIEGADO
Suillus variegatus
F: Suiláceas

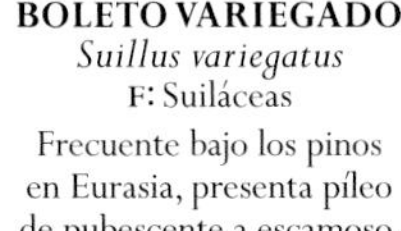

Frecuente bajo los pinos en Eurasia, presenta píleo de pubescente a escamoso, poros oscuros de color canela a marrón y estipe sin anillo.

5–10 cm

BOLETO DE ALERCE
Suillus grevillei
F: Suiláceas

Especie confinada a los bosques de alerces en Eurasia y América del Norte. Varía del naranja amarillento al rojo ladrillo. El anillo del estipe es envolvente.

7–13 cm

CANTARELALES

Las especies de este orden pueden parecer agáricos (miembros del orden agaricales), pero difieren en aspectos importantes. Sus cuerpos fructíferos pueden ser carnosos y presentar píleo y estipe, pero el himenio carece de láminas auténticas y está formado por una superficie productora de esporas lisa, rugosa o plegada. Las esporas son lisas y, por lo general, de color blanco a crema.

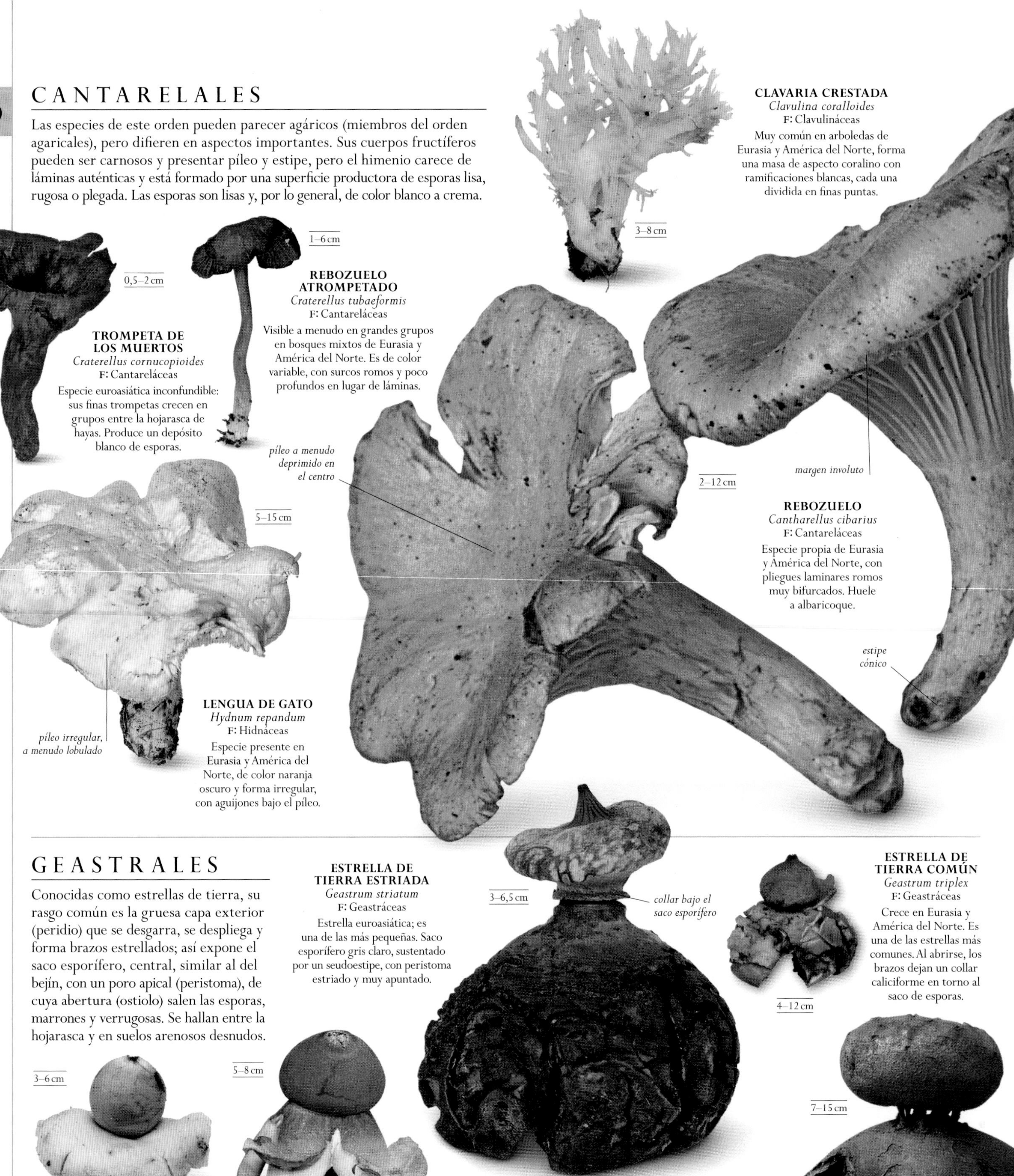

CLAVARIA CRESTADA
Clavulina coralloides
F: Clavulináceas
Muy común en arboledas de Eurasia y América del Norte, forma una masa de aspecto coralino con ramificaciones blancas, cada una dividida en finas puntas.

TROMPETA DE LOS MUERTOS
Craterellus cornucopioides
F: Cantareláceas
Especie euroasiática inconfundible: sus finas trompetas crecen en grupos entre la hojarasca de hayas. Produce un depósito blanco de esporas.

REBOZUELO ATROMPETADO
Craterellus tubaeformis
F: Cantareláceas
Visible a menudo en grandes grupos en bosques mixtos de Eurasia y América del Norte. Es de color variable, con surcos romos y poco profundos en lugar de láminas.

REBOZUELO
Cantharellus cibarius
F: Cantareláceas
Especie propia de Eurasia y América del Norte, con pliegues laminares romos muy bifurcados. Huele a albaricoque.

LENGUA DE GATO
Hydnum repandum
F: Hidnáceas
Especie presente en Eurasia y América del Norte, de color naranja oscuro y forma irregular, con aguijones bajo el píleo.

GEASTRALES

Conocidas como estrellas de tierra, su rasgo común es la gruesa capa exterior (peridio) que se desgarra, se despliega y forma brazos estrellados; así expone el saco esporífero, central, similar al del bejín, con un poro apical (peristoma), de cuya abertura (ostiolo) salen las esporas, marrones y verrugosas. Se hallan entre la hojarasca y en suelos arenosos desnudos.

ESTRELLA DE TIERRA ESTRIADA
Geastrum striatum
F: Geastráceas
Estrella euroasiática; es una de las más pequeñas. Saco esporífero gris claro, sustentado por un seudoestipe, con peristoma estriado y muy apuntado.

ESTRELLA DE TIERRA COMÚN
Geastrum triplex
F: Geastráceas
Crece en Eurasia y América del Norte. Es una de las estrellas más comunes. Al abrirse, los brazos dejan un collar caliciforme en torno al saco de esporas.

ESTRELLA DE TIERRA SÉSIL
Geastrum fimbriatum
F: Geastráceas
Hongo propio de Eurasia y América del Norte, con cuerpo fructífero globoso ocre pálido que se abre en 5–9 brazos. Saco esporífero de color ocre grisáceo y peristoma fimbriado.

ESTRELLA DE TIERRA ARQUEADA
Geastrum fornicatum
F: Geastráceas
Sus brazos permanecen unidos al suelo por un disco tisular; su saco esporífero, sobre seudoestipe, presenta un peristoma prominente. Se da en Eurasia y América del Norte.

MYRIOSTOMA COLIFORME
F: Geastráceas
Propia de suelos arenosos secos de Eurasia y América del Norte, esta especie rara tiene un gran saco esporífero distintivo, con numerosas aberturas (ostiolos).

GONFALES

Aunque algunas especies fueron incluidas con los rebozuelos en las cantarelales, el análisis genético de los hongos del orden gonfales indica que están más relacionados con las faláceas del orden falales. Suelen formar grandes cuerpos fructíferos que van de la forma de simples mazas *(Clavariadelphus)* a estructuras atrompetadas o caliciformes con una compleja superficie productora de esporas (en el género *Gomphus*).

CORNETA
Gomphus floccosus
F: Gonfáceas
Común en América del Norte, este hongo parece una vasija atrompetada carnosa con escamas en el margen y pliegues laminares en la superficie expuesta.

MANO DE MORTERO
Clavariadelphus pistillaris
F: Clavariadelfáceas
Especie rara de Eurasia y América del Norte. Forma una gran maza turgente de superficie lisa o algo rugosa que se tiñe de marrón purpúreo al roce.

RAMARIA APRETADA
Ramaria stricta
F: Gonfáceas
Bastante común en Eurasia y América del Norte, siempre está asociada a madera podrida o mantillo de madera. Las ramas son de color marrón pálido y enrojecen al tacto.

7–15 cm

RAMARIA COLIFLOR
Ramaria botrytis
F: Gonfáceas
Hongo coral poco común de los hayedos de Eurasia y América del Norte. Tiene ramas de color blanco rosáceo con ápices rojo oscuro.

se tiñe de verde con la edad

1,5–4 cm

PHAEOCLAVULINA ABIETINA
F: Gonfáceas
Hongo de amarillo a oliva, propio de bosques de coníferas de Eurasia y América del Norte, con densas ramificaciones que se tornan verdes.

GLEOFILALES

Orden de hongos lignívoros capaces de producir pudrición parda en la madera. Incluye una única familia, gleofiláceas, con el género *Gloeophylum*, al cual pertenecen algunos hongos en ménsula bien conocidos de las coníferas.

5–20 cm

GLOEOPHYLLUM ODORATUM
F: Gleofiláceas
Hongo de Eurasia y América del Norte que crece sobre madera de coníferas en descomposición. Presenta ménsulas irregulares con poros amarillos y olor anisado.

DACRIMICETALES

Orden de hongos con cuerpos fructíferos gelatinosos muy simples, globosos o ramificados. Lisos o rugosos, los basidios (células esporíferas) son peculiares, ya que suelen presentar dos robustos filamentos (esterigmas) con una espora cada uno. Se alimentan principalmente de madera muerta.

CALOCERA VISCOSA
F: Dacrimicetáceas
Este hongo de Eurasia y América del Norte crece sobre madera de coníferas. Sus estipes claviformes suelen dividirse en dos ramas de textura gelatinosa.

HIMENOCAETALES

Este grupo contiene diversos tipos de hongos, algunos incrustantes, poliporos como *Mensularia* y *Phellinus*, y varios agáricos, como *Rickenella*. El grupo se identifica mediante análisis moleculares y tiene pocas características macroscópicas comunes. Muchos son lignívoros y pueden provocar pudrición blanca en la madera.

HYMENOCHAETE RUBIGINOSA
F: Himenocetáceas
Hongo euroasiático que forma ménsulas y costras solapadas, principalmente sobre madera caída de roble. Sus duros cuerpos fructíferos presentan manchas concéntricas.

YESQUERO RADIADO
Mensularia radiata
F: Himenocetáceas
Hongo marrón rojizo con margen pálido que a menudo forma columnas verticales de ménsulas sobre alisos y otros árboles en Eurasia y América del Norte.

FALSO YESQUERO
Phellinus igniarius
F: Himenocetáceas
Yesquero perenne de Eurasia y América del Norte, de gris a casi negro, que crece durante muchos años. Es ungulado (forma de casco de caballo) y muy leñoso.

0,3–1 cm

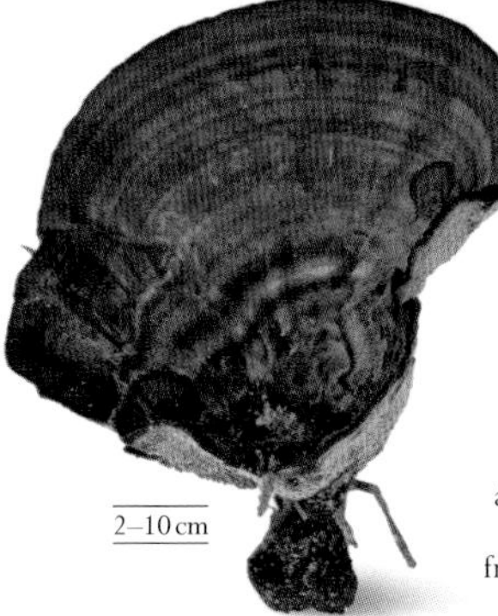

COLTRICIA PERENNIS
F: Himenocetáceas
Se halla a menudo en brezales ácidos de Eurasia y América del Norte. Sus delgados cuerpos fructíferos caliciformes muestran zonas concéntricas.

RICKENELLA FIBULA
F: Posición incierta en el clado Rickenella
Especie diminuta, común en prados musgosos de Eurasia y América del Norte. Píleo naranja intenso más oscuro en el centro.

POLIPORALES

Amplio grupo de hongos variados. La mayoría de ellos son poliporos, descomponedores de la madera cuyas esporas se forman en tubos (similares a los de los boletos), o en ocasiones sobre acúleos. Muchos carecen de estipe desarrollado y producen cuerpos fructíferos en ménsula o incrustantes sobre madera; pero algunos tienen pedúnculos más o menos centrales y crecen en la base de los árboles. Unos pocos parecen crecer desde el suelo.

las ménsulas crecen por capas

15–30 cm

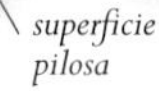

superficie pilosa

PHAEOLUS SCHWEINITZII
F: Fomitopsidáceas
Visible normalmente en la base de las coníferas en Eurasia y América del Norte, este gran yesquero pulviniforme y piloso se usa en la producción de tintes.

10–25 cm

YESQUERO DEL PINO
Fomitopsis pinicola
F: Fomitopsidáceas
Presente en Eurasia y América del Norte, este yesquero leñoso ungulado suele verse sobre pinos y, a veces, sobre abedules.

PÍLEO

10–30 cm

HIMENIO

DEDALEA DEL ROBLE
Daedalea quercina
F: Fomitopsidáceas
Se halla sobre robles caídos en Eurasia y América del Norte. Es una especie perenne que forma duras ménsulas con grandes poros laberínticos en el himenio.

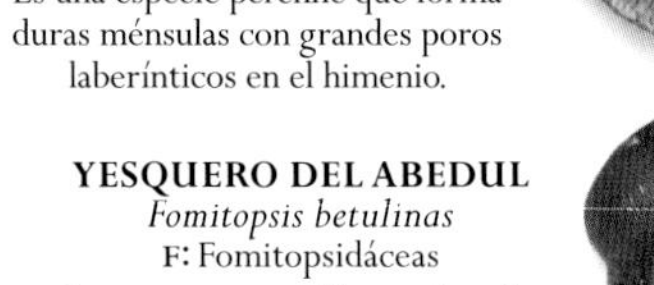

YESQUERO DEL ABEDUL
Fomitopsis betulinas
F: Fomitopsidáceas
Gran yesquero reniforme de color marrón pálido a blanco. Parásito perjudicial de los abedules, se halla en Eurasia y América del Norte.

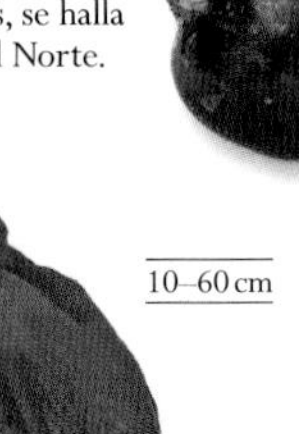

5–30 cm

10–50 cm

POLIPORO AZUFRADO
Lactiporus sulphureus
F: Fomitopsidáceas
Grandes hongos en ménsula, propios de Eurasia y América del Norte, que suelen crecer sobre robles y, a veces, sobre otros árboles.

10–60 cm

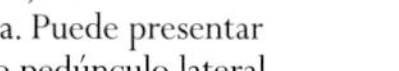

PIPA
Ganoderma lucidum
F: Ganodermatáceas
El color de este yesquero va de rojo profundo a marrón purpúreo, con una cutícula lustrosa. Puede presentar un largo pedúnculo lateral. Se encuentra en Eurasia y América del Norte.

10–30 cm

YESQUERO APLANADO
Ganoderma applanatum
F: Ganodermatáceas
Perenne y leñoso, propio de Eurasia y América del Norte, crece durante años hasta alcanzar enormes dimensiones. Esporada de color pardo canela.

POLIPORO GIGANTE
Meripilus giganteus
F: Meripiláceas
Es uno de los poliporos más grandes; sus ménsulas solapadas son gruesas y carnosas. Crece en troncos de hayas y otros árboles en Eurasia y América del Norte.

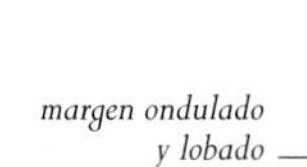

margen ondulado y lobado

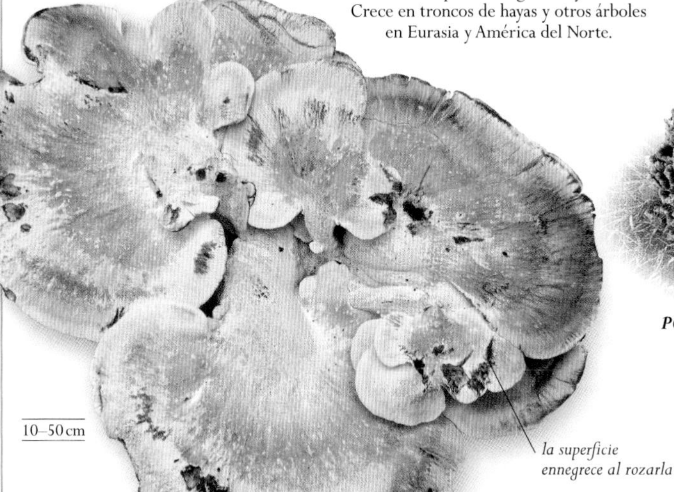

10–50 cm

la superficie ennegrece al rozarla

10–20 cm

PODOSCYPHA MULTIZONATA
F: Meruliáceas
Especie rara euroasiática que crece en el suelo sobre raíces de roble. Sus lóbulos, muy apiñados, forman una masa circular.

PHLEBIA TREMELLOSA
F: Meruliáceas
Crece sobre troncos caídos en Eurasia. Presenta píleo de color crema y aterciopelado, e himenio de amarillo a naranja con pliegues densos.

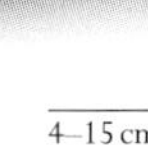

4–15 cm

3–7 cm

BJERKANDERA ADUSTA
F: Meruliáceas
Yesquero común en Eurasia y América del Norte; se reconoce por la superficie porífera de su himenio, de color gris ceniza.

YESQUERO
Fomes fomentarius
F: Poliporáceas

Este yesquero perenne, marrón grisáceo y ungulado, crece sobre abedules y otros caducifolios. Se encuentra en Eurasia y América del Norte.

DAEDALEOPSIS CONFRAGOSA
F: Poliporáceas

Es uno de los yesqueros más comunes de Eurasia y América del Norte. Presenta carpóforo semicircular con poros de color crema que se manchan de rosa rojizo al contacto.

LENZITES DEL ABEDUL
Lenzites betulina
F: Poliporáceas

Especie resistente y coriácea. Los poros pueden elongarse hasta formar crestas laminares. Suele hallarse sobre abedules en Eurasia y América del Norte.

POLIPORO ESCAMOSO
Cerioporus squamosus
F: Poliporáceas

Visible a comienzos de verano en Eurasia y América del Norte, este yesquero circular o incrustante tiene escamas concéntricas y poros en el himenio.

POLYPORUS DURUS
F: Poliporáceas

Píleo con forma de embudo, coriáceo. El estipe es negro en la base. Crece sobre troncos caídos de haya en Eurasia y América del Norte.

POLYPORUS TUBERASTER
F: Poliporáceas

Crece sobre ramas caídas en Eurasia y América del Norte. Puede arraigar en el suelo; entonces forma grandes masas tuberosas.

POLIPORO DE INVIERNO
Lentinus brumalis
F: Poliporáceas

Seta pequeña, crece sobre ramas caídas en Eurasia y América del Norte. Los poros son decurrentes (descienden por el estipe) y de buen tamaño. El estipe puede ser central o excéntrico.

YESQUERO BERMELLÓN
Pycnoporus cinnabarinus
F: Poliporáceas

Especie rara que crece sobre madera muerta de caducifolios en Eurasia y América del Norte. Ménsula anual, naranja rojiza y coriácea.

TRICHAPTUM ABIETINUM
F: Poliporáceas

Visible sobre coníferas caídas en Eurasia y América del Norte. Tiene forma de abanico, con zonas concéntricas grises pálidas, a menudo manchadas de verde por algas, y con margen púrpura.

YESQUERO PELUDO
Trametes hirsuta
F: Poliporáceas

Yesquero semicircular cubierto de pelos diminutos. Crece en Eurasia y América del Norte, sobre madera muerta de caducifolios o, en ocasiones, sobre tallos viejos de aulaga.

YESQUERO MULTICOLOR
Trametes versicolor
F: Poliporáceas

Propio de Eurasia y América del Norte. Se presenta en ménsulas, con zonas concéntricas de distintos colores; la superficie porífera es blanca.

YESQUERO BLANCO
Trametes gibbosa
F: Poliporáceas

De color cremoso, pero a menudo manchado de verde por algas. Sus poros pueden ser largos y laberínticos. Crece sobre troncos caídos de caducifolios en Eurasia y América del Norte.

CLAVARIA RIZADA
Sparassis crispa
F: Esparasidáceas

Crece en la base de coníferas en Eurasia y América del Norte. Presenta lóbulos de color crema, aplanados y carnosos, como una coliflor.

POLIPORO FRONDOSO
Grifola frondosa
F: Esparasidáceas

Especie hallada en Eurasia y América del Norte que crece al pie de los robles, a menudo en las zonas más iluminadas. Presenta un denso racimo de pequeñas ménsulas.

RUSULALES

Los géneros más conocidos de este orden son *Russula* y *Lactarius* que, aunque parecen setas típicas, no están relacionados en absoluto con las del orden de los agaricales. Aparte de la forma píleo-estipe, los rusulales producen cuerpos fructíferos muy diversos. La mayoría tiene esporas verrugosas que se tiñen de negro azulado en soluciones de yodo. *Lactarius* produce un látex de blanco a coloreado cuando se corta.

LACTARIO PARDO
Lactarius hepaticus
F: Rusuláceas
Seta asociada a los pinos en Eurasia, tiene el píleo liso con el margen acanalado. Al cortar las láminas, exudan un látex blanco que se tiñe de amarillo.

LACTARIO DE LOS ROBLES
Lactarius quietus
F: Rusuláceas
Común bajo los robles en Eurasia. Píleo marrón rojizo con zonas más oscuras, y carne de sabor dulce, oleaginoso.

LACTARIO MUCOSO
Lactarius blennius
F: Rusuláceas
Especie común junto a las hayas en Eurasia. El píleo es verde grisáceo con manchas en torno al margen; se vuelve viscoso al humedecerse.

LACTARIO PLOMIZO
Lactarius turpis
F: Rusuláceas
Especie común entre abedules en Eurasia y América del Norte. Es de color verde oliva a casi negro; el píleo es viscoso.

NÍSCALO O ROBELLÓN
Lactarius deliciosus
F: Rusuláceas
Hongo asociado a los pinos en Eurasia y América del Norte. Su píleo, naranja con manchas, verdea con el tiempo. Exuda látex rojo anaranjado.

FALSO NÍSCALO
Lactarius torminosus
F: Rusuláceas
Común bajo los abedules en Eurasia y América del Norte. Tiene el píleo velloso rosa oscuro, notablemente manchado.

LACTARIO ALCANFORADO
Lactarius camphoratus
F: Rusuláceas
El cuerpo fructífero de este hongo desprende al secarse olor a curry, que persiste durante semanas. Se halla en Eurasia y América del Norte.

LACTARIO FULIGINOSO
Lactarius fuliginosus
F: Rusuláceas
Especie poco común propia de bosques caducifolios euroasiáticos. Presenta píleo marrón oscuro; el estipe exuda un látex blanco que pronto se vuelve rosa.

PEBRAZO
Lactifluus piperatus
F: Rusuláceas
Especie poco común de bosques mixtos de Eurasia y América del Norte. El píleo tiene forma de embudo y láminas muy estrechas y apiñadas. Exuda látex blanco al cortarlo.

cutícula seca y lisa

5–15 cm

CARBONERA
Russula cyanoxantha
F: Rusuláceas

El píleo de esta seta varía del lila purpúreo al verde. Las láminas son bifurcadas, flexibles y aceitosas. Crece en bosques mixtos de Eurasia y América del Norte.

5–10 cm

RÚSULA SANGUÍNEA
Russula sanguinaria
F: Rusuláceas

Especie asociada a pinos en Eurasia y América del Norte. El píleo es escarlata; el estipe, rojo listado. Sus esporas son de color ocre pálido.

3–7 cm

RÚSULA DE LOS HAYEDOS
Russula mairei
F: Rusuláceas

Especie euroasiática asociada en exclusiva a las hayas. El píleo es escarlata, y las láminas, de un blanco azulado.

4–9 cm

RÚSULA VERDE
Russula aeruginea
F: Rusuláceas

Común bajo los abedules en Eurasia y América del Norte. Va del oliva pálido al verde hierba con pequeñas manchas herrumbrosas. Esporas de color crema pálido.

5–10 cm

RÚSULA AMARILLA
Russula claroflava
F: Rusuláceas

Especie común sobre el musgo en bosques pantanosos de abedules de Eurasia y América del Norte. El píleo, las láminas de color crema y el estipe blanco se tiñen de negro grisáceo.

5–12 cm

RÚSULA BLANCO-OCRÁCEA
Russula ochroleuca
F: Rusuláceas

Una de las especies más comunes de Eurasia, muy identificable por el píleo mate, ocre amarillento o amarillo verdoso, y las láminas blancas.

4–10 cm

RÚSULA ACRE
Russula sardonia
F: Rusuláceas

Especie euroasiática que crece asociada a pinos. Color variable, de púrpura a verde o amarillo. Desprende un aroma afrutado.

3–8 cm

RÚSULA EMÉTICA
Russula emetica
F: Rusuláceas

Crece en pinares húmedos de Eurasia y América del Norte. Su píleo escarlata brillante contrasta con el blanco puro de las láminas y el estipe.

cutícula seca y mate

4–12 cm

las láminas pueden tener bordes rojos

el estipe a menudo se vuelve rojo

RÚSULA GRACIOSA
Russula lepida
F: Rusuláceas

Hongo euroasiático con un píleo rosa carmín, duro y seco que se decolora con rapidez. El estipe también puede ser rojo y la carne tiene un olor similar a la madera de cedro.

8–15 cm

RÚSULA FÉTIDA
Russula foetens
F: Rusuláceas

Gran hongo marrón anaranjado con un píleo de margen grumoso acanalado, propio de Eurasia y América del Norte. Desprende un olor agrio y rancio.

6–15 cm

RÚSULA COLOR DE HOJA SECA
Russula xerampelina
F: Rusuláceas

Hongo propio de Eurasia y América del Norte, es una de las muchas especies que solo pueden identificarse al microscopio o por su hábitat.

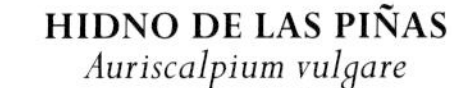

0,5–2 cm

HIDNO DE LAS PIÑAS
Auriscalpium vulgare
F: Auriscalpiáceas

Crece sobre conos de pino en Eurasia y América del Norte. Hongo singular que parece una cucharilla doblada con diminutas acículas colgando del pequeño píleo aterciopelado.

2–6 cm

ESTÉREO HIRSUTO
Stereum hirsutum
F: Estereáceas

Propia de Eurasia y América del Norte. Puede presentar varias formas: desde una forma incrustante a pequeñas ménsulas solapadas. Es piloso por encima y liso por debajo.

10–50 cm

ESTÉREO RUGOSO
Stereum rugosum
F: Estereáceas

Especie de Eurasia y América del Norte que forma pequeñas costras y, a veces, ménsulas sobre madera. Su superficie superior se tiñe de rojo al cortarlo.

5–25 cm

YESQUERO AÑOSO
Heterobasidion annosum
F: Bondarzewiáceas

Suele parasitar coníferas en Eurasia y América del Norte. Tiene una corteza de color marrón pálido que se oscurece con la edad.

10–40 cm

HERICIUM CORALLOIDES
F: Hericiáceas

Especie amenazada que suele verse sobre hayas en Eurasia y América del Norte. Cuerpo fructífero ramificado blanco del que cuelgan acículas sobre las superficies inferiores.

AURICULARIALES

Aunque se han agrupado a menudo con otros hongos gelatinosos, el orden de los auriculariales queda separado por sus inusuales basidios (células esporíferas), que si bien varían en su forma, todos poseen membranas divisorias que los tabican en cuatro secciones, con una espora en cada una.

EXIDIA NIGRICANS
F: Auriculariáceas
Propia de bosques templados de frondosas en Eurasia y América del Norte. Parece una gelatina de alquitrán; cuando el tiempo es seco, se reduce a una masa negra endurecida.

FALSA TREMELLA
Auricularia mesenterica
F: Auriculariáceas
Especie euroasiática común sobre madera muerta, sobre todo de olmos. Desde arriba recuerda a un yesquero. La cara inferior, púrpura grisácea, es rugosa y correosa.

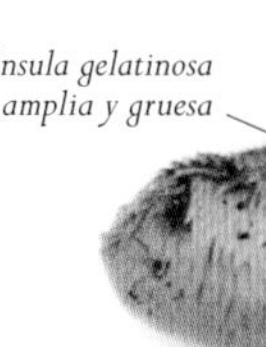

OREJA DE JUDAS
Auricularia auricula-judae
F: Auriculariáceas
Común sobre madera muerta de caducifolios en Eurasia y América del Norte. Las «orejas», finas y elásticas, tienen el exterior aterciopelado y el interior rugoso.

1–8 cm

ménsula gelatinosa amplia y gruesa

acículas suaves en la cara inferior, sobre las que se forman las esporas

PSEUDOHIDNO GELATINOSO
Pseudohydnum gelatinosum
F: Posición incierta
Especie de Eurasia y América del Norte con coloración traslúcida de gris a marrón pálido. Ocasionalmente puede hallarse sobre tocones de coníferas.

TELEFORALES

Grupo diverso que incluye hongos en ménsula, con forma de abanico y dentados. Muchos de ellos tienen la carne dura y correosa, y suelen presentar esporas umbonadas o aculeadas. La pertenencia al grupo solo se identifica mediante análisis moleculares, ya que sus especies tienen pocos rasgos en común.

BANKERA FULIGINEOALBA
F: Bankeráceas
Especie poco común de los bosques de coníferas de Eurasia. El estipe es corto y robusto. El himenio está cubierto por diminutos acúleos de color blanco grisáceo.

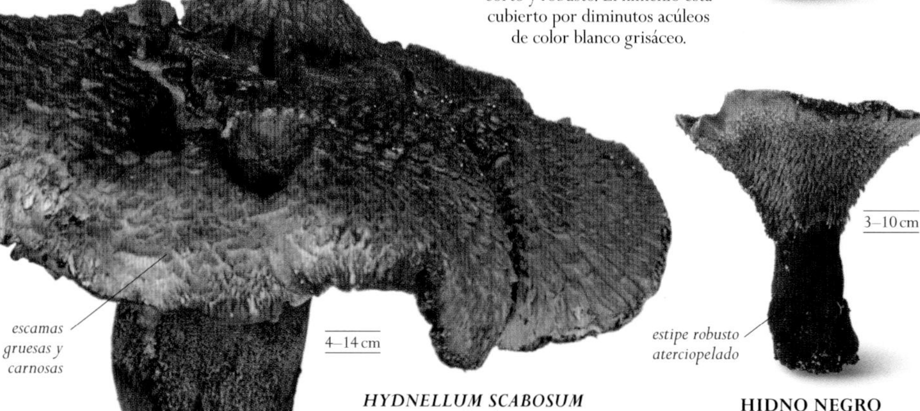

HYDNELLUM SCABOSUM
F: Bankeráceas
Especie rara, propia de bosques mixtos de Eurasia y América del Norte. El píleo presenta depresión central y escamas irregulares; himenio con acúleos pardos grisáceos.

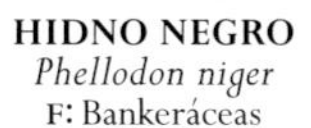

3–10 cm

estipe robusto aterciopelado

HIDNO NEGRO
Phellodon niger
F: Bankeráceas
Esta especie poco común, propia de bosques mixtos de Eurasia y América del Norte, huele a alholva en épocas secas. Su píleo irregular va del gris al negro purpúreo; himenio con acúleos grises.

HONGO DIENTE SANGRANTE
Hydnellum peckii
F: Bankeráceas
Especie de los bosques de coníferas de Eurasia y América del Norte, común localmente. El píleo, aplanado, nudoso y leñoso, exuda a menudo unas gotitas de color rojo sangre. Acúleos pardos pálidos.

THELEPHORA TERRESTRIS
F: Teleforáceas
Hongo común en bosques o brezales de Eurasia y América del Norte. Crece en el suelo o sobre desechos leñosos. Sus cuerpos fructíferos, con forma de abanico, se solapan, formando rosetas de márgenes crenados más pálidos.

FALALES

El nombre de este orden responde a la forma fálica de muchas de sus especies, como las falanas; también incluye algunas falsas trufas. Las falanas «eclosionan», a veces en cuestión de horas, desde una estructura (volva) similar a un huevo.

esporas en la cara interna

10 cm

la jaula brota de la volva

CLATRO ROJO
Clathrus ruber
F: Clatráceas
Vista en parques y jardines de Eurasia, esta especie rara presenta una jaula roja con esporas negras fétidas. La jaula surge de una pequeña volva blanquecina.

2,5–14 cm

CLATHRUS ARCHERI
F: Clatráceas
Esta especie se halla en el sur de Eurasia introducida desde Australia, aunque es rara. Sus brazos rojos surgen de una volva blanca y tienen esporas negruzcas de olor fétido.

EXOBASIDIALES

Este pequeño orden incluye sobre todo parásitas formadoras de agallas cuyas células esporíferas crean una capa sobre la superficie de la hoja. Algunas causan enfermedades en plantas cultivadas del género *Vaccinium*, como los arándanos.

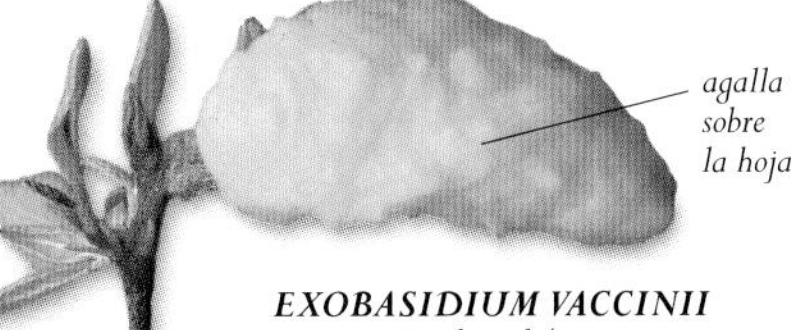

EXOBASIDIUM VACCINII
F: Exobasidiáceas
Hongo común en Eurasia y América del Norte que parasita el arándano rojo y acaba por tintar de rojo brillante sus hojas, que pueden adoptar el aspecto de agallas.

UROCISTIDIALES

Orden que incluye algunos conocidos carbones o tizones, en especial del género *Urocystis*. Son parásitos de plantas con flores como anémonas, cebollas, trigo y centeno, y a menudo provocan graves daños al huésped.

2–4 mm

esporas negras pulverulentas sobre la hoja

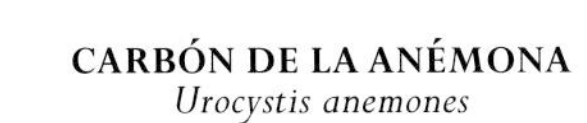

CARBÓN DE LA ANÉMONA
Urocystis anemones
F: Urocistidáceas
Este carbón propio de Eurasia y América del Norte forma pústulas marrones oscuras, pulverulentas y abultadas sobre las hojas de anémonas y otras plantas.

gleba hedionda sobre el píleo

estipe esponjoso y hueco

1–12 cm

FALO PERRUNO
Mutinus caninus
F: Faláceas
Falana común en bosques mixtos de Eurasia y América del Norte. El ápice, cubierto de esporas negras verdosas, está unido al estipe esponjoso que surge de una volva blanca.

5–20 cm

el indusio desciende desde el píleo

PHALLUS MERULINUS
F: Faláceas
Especie tropical vista sobre todo en Australasia. Surge de una volva blanca. Hay especies similares, conocidas como «velos de novia», con indusios de colores diversos.

volva blanca y grande

5–20 cm

FALO HEDIONDO
Phallus impudicus
F: Faláceas
Hongo euroasiático común en bosques mixtos. El píleo reticulado emerge de la volva en unas pocas horas. A menudo su fetidez se hace evidente a muchos metros de distancia.

PUCINIALES

Las royas forman uno de los órdenes más abundantes, con unas 7000 especies, entre ellas parásitos de plantas de cultivo. Sus ciclos vitales pueden ser muy complejos, con múltiples huéspedes y distintos tipos de esporas en las diversas etapas de su vida.

ROYA DEL FRAMBUESO
Phragmidium rubi-idaei
F: Fragmidiáceas
Roya de Eurasia y América del Norte que forma pústulas en el haz de las hojas. En el envés se acumulan esporas negras gracias a las cuales sobrevive al invierno.

tallo afectado por pústula naranja

ROYA DEL ROSAL
Phragmidium tuberculatum
F: Fragmidiáceas
Hongo común en América del Norte y Eurasia. En el envés de las hojas y en los tallos forma pústulas naranjas, que ennegrecen a finales de verano.

ROYA DEL APIO CABALLAR
Puccinia smyrnii
F: Pucciniáceas
Roya común en toda Eurasia que forma ampollas o verrugas sobre las hojas del apio caballar (*Smyrnium olusatrum*).

ampolla producida por el hongo

envés de hoja punteado por la roya

ROYA DE LA MALVARROSA
Puccinia malvacearum
F: Pucciniáceas
Grave plaga de las alceas en Eurasia y América del Norte. Cubre las hojas con pequeñas pústulas; las más viejas mueren y se desprenden.

ROYA DEL AJO
Puccinia allii
F: Pucciniáceas
Común en cebollas, ajos y puerros en Eurasia y América del Norte. Forma pústulas sobre las hojas infectadas, que se agrietan y liberan esporas aéreas pulverulentas.

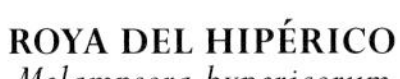

pústulas pulverulentas sobre la hoja

ROYA DEL HIPÉRICO
Melampsora hypericorum
F: Melampsoráceas
Especie común en Eurasia, visible como pústulas dispersas sobre el envés de las hojas de *Hypericum*.

ROYA DE LAS FUCSIAS
Pucciniastrum epilobii
F: Pucciniastráceas
Parásita de fucsias y epilobios en Eurasia, forma pústulas sobre el envés de las hojas que infecta.

ASCOMICETOS

Los ascomicetos son hongos que producen sus esporas en unos sacos redondeados u oblongos llamados ascos, situados en la superficie fértil del cuerpo fructífero. Constituyen el grupo de hongos más numeroso, con muchas especies con forma de copa o de platillo.

FILO	ASCOMICETOS
CLASES	7
ÓRDENES	56
FAMILIAS	226
ESPECIES	Unas 33 000

Muchos ascomicetos son de colores vivos, aunque no está claro si esos tonos confieren alguna ventaja competitiva o biológica.

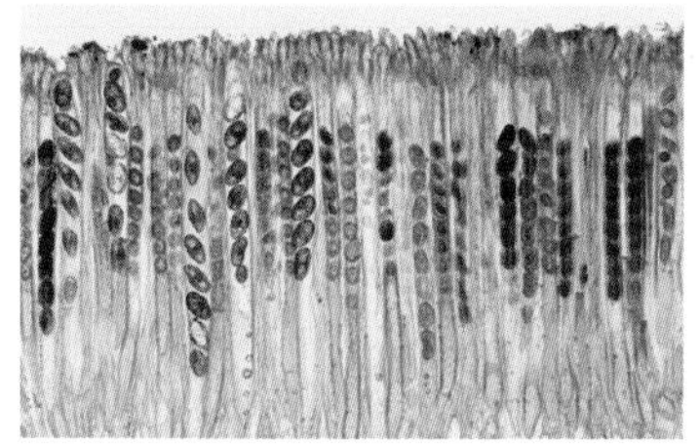

Ascos productores de esporas vistos al microscopio. Ordenados en densas capas, cada uno contiene ocho esporas.

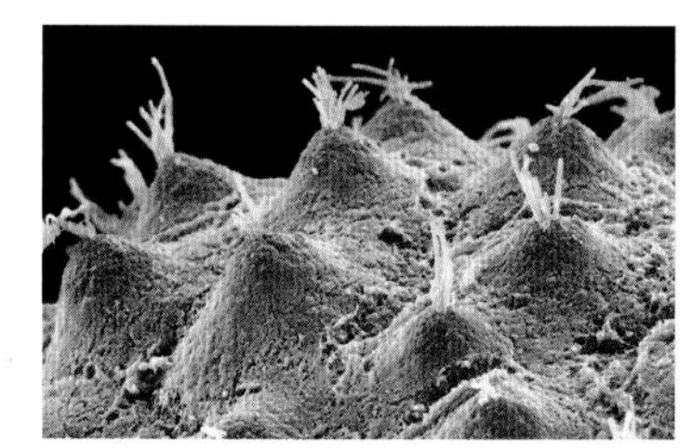

Muchas especies forman sus ascos en cámaras protectoras llamadas peritecios, desde donde descargan las esporas.

DEBATE

¿HÉROES O VILLANOS?

Los ascomicetos forman asociaciones beneficiosas con plantas, algas, e incluso artrópodos como el escarabajo. Pero también son de este grupo algunos de los patógenos más nocivos que existen: así, *Cryphonectria* es responsable de la reciente muerte de millones de castaños. Es posible que no haya otro grupo de hongos con efectos tan opuestos.

Con una variedad de tamaños que va de lo microscópico a unos 20 cm de altura, los ascomicetos ocupan gran variedad de hábitats; crecen sobre tejidos vivos y muertos, y flotan en aguas saladas y dulces. Muchas especies son parásitas, e incluyen graves plagas de cultivos; otras forman relaciones mutuamente beneficiosas con plantas, las micorrizas. Entre estos hongos están algunos de los más importantes en la historia de la medicina, como los que producen penicilina, mientras que otros son peligrosos patógenos: *Pneumocystis jirovecii*, por ejemplo, puede provocar infecciones pulmonares en personas con el sistema inmunitario débil. También pertenecen a este filo las levaduras, componentes vitales en la producción de alcoholes y pan, que han desempeñado un papel clave en la historia de la humanidad.

Los ascomas (cuerpos fructíferos) de los ascomicetos presentan formas muy variadas: hipocrateriformes (copa), claviformes (maza), esféricos, crustáceos (costra) o laminares, papuliformes (pústula), coraliformes, peltados (escudo) o con pie y píleo esponjoso. Los ascos pueden crecer en el exterior del ascoma, sobre una capa fértil especial, o estar contenidos dentro. No todas las especies tienen una etapa sexual; de hecho, muchas solamente se reproducen asexualmente. La mayoría de las levaduras crecen y colonizan deprisa nuevas zonas como resultado de la división asexual, o gemación: en la cara externa de una célula se forma un rudimento seminal que luego se separa y se convierte en una célula nueva.

HONGOS DE COPA

Este nombre alude a una de las formas más llamativas del ascoma o cuerpo fructífero de los ascomicetos. Su ápice abierto (en ocasiones con forma de disco o platillo) permite que el viento y la lluvia dispersen las esporas alineadas en su superficie interior. En algunas variedades, los ascos absorben el agua, de manera que aumenta la presión y las esporas se expulsan hasta 30 cm de distancia. Un examen minucioso de la superficie de leños, ramas caídas u hojas puede revelar un mundo fascinante de hongos casi microscópicos. En las especies más grandes, la alteración de la copa puede provocar una dispersión de esporas tan potente que no solo es visible en forma de nube, sino incluso audible.

PEZIZA ANARANJADA >
Este hongo es un buen ejemplo del cuerpo fructífero en forma de copa adoptado por muchas otras especies.

HIPOCREALES

Los hongos de este orden suelen distinguirse por los vivos colores de sus estructuras esporíferas, normalmente amarillas, naranjas o rojas. A menudo son parásitos de otros hongos o incluso de insectos. El más conocido es el género *Cordyceps*, con ascomas claviformes o ramiformes. Algunas especies tienen usos medicinales.

3–6 cm

HONGO DE LA PROCESIONARIA
Cordyceps militaris
F: Cordicipitáceas
Hongo propio de Eurasia y América del Norte, parásito de varios lepidópteros. La cabeza de su maza porta diminutas estructuras esporíferas (peritecios).

5–13 cm

falsa trufa parasitada

TOLYPOCLADIUM OPHIOGLOSSOIDES
F: Ofiocordicipitáceas
Esta especie de Eurasia y América del Norte parasita falsas trufas hipogeas. Forma mazos amarillos con una cabeza negra grisácea (estroma).

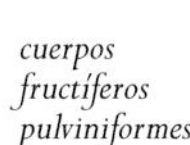

cuerpos fructíferos pulviniformes

NECTRIA CINNABARINA
F: Nectriáceas
Hongo abundante en arboledas húmedas de Eurasia y América del Norte. Forma granitos rosados mientras es sexualmente inmaduro y racimos de color marrón rojizo al madurar.

espiga con esclerocios (cornezuelos)

1,5 cm

CORNEZUELO DEL CENTENO
Claviceps purpurea
F: Clavicipitáceas
Especie tóxica para los humanos. Propia de Eurasia y América del Norte, parasita cultivos herbáceos y cereales.

píleo de boleto infectado

20–30 cm

HYPOMYCES CHRYSOSPERMUS
F: Hipocreáceas
Moho habitual sobre boletos en América del Norte y Eurasia. Adquiere un vivo tono dorado de textura pubescente.

XILARIALES

Los miembros de este orden suelen tener las células esporíferas en cámaras insertas en una excrecencia leñosa llamada estroma. Aunque muchas especies viven sobre madera, algunas aparecen sobre excrementos, frutos, hojas y el suelo, o están asociadas a insectos. Muchas son parásitas de plantas económicamente importantes.

1–1,5 cm

PORONIA PUNCTATA
F: Xilariáceas
Especie vulnerable de Eurasia y América del Norte, visible sobre excrementos de equinos. Su disco plano presenta abundantes poros negros desde los que libera las esporas.

ápices cubiertos por esporas pulverulentas

1–4 cm

XILARIA DE LA MADERA
Xylaria hypoxylon
F: Xilariáceas
Especie común sobre madera muerta en Eurasia y América del Norte. Recuerda a una vela soplada, con el pie negro aterciopelado.

2–8 cm

DEDOS DE MUERTO
Xylaria polymorpha
F: Xilariáceas
Hongo saprófito de Eurasia y América del Norte que forma mazas negras quebradizas de superficie áspera, poros diminutos y densa carne blanca.

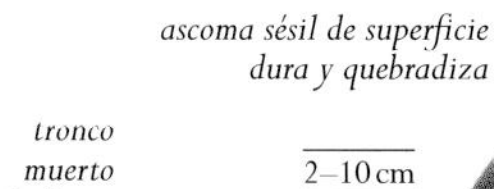

0,5–1 cm

HYPOXYLON FRAGIFORME
F: Xilariáceas
Especie de Europa y América del Norte. Se ve en racimos sobre leños de haya; su ascoma es un peritecio (cerrado y con diminutas aberturas) duro y esférico.

ascoma sésil de superficie dura y quebradiza

tronco muerto de fresno

2–10 cm

BOLA DE MADERA
Daldinia concentrica
F: Xilariáceas
Hongo de Eurasia y América del Norte con cuerpos fructíferos globosos que revelan zonas concéntricas blanquecinas al cortarlos por la mitad. Expulsan esporas negras desde el peritecio.

ERISIFALES

Son oidios parásitos de hojas y frutos de plantas con flores. Las hifas (filamentos) de su micelio (parte vegetativa del hongo) penetran en las células de la planta hospedante y toman sus nutrientes.

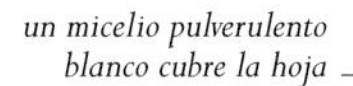

un micelio pulverulento blanco cubre la hoja

OIDIO DEL ROBLE
Erysiphe alphitoides
F: Erisifáceas
Crece sobre robles en Eurasia y América del Norte; cubre las hojas jóvenes, a las que mancha y marchita.

hoja de manzano afectada

OIDIO DEL MANZANO
Podosphaera leucotricha
F: Erisifáceas
Común en las hojas de manzano en Eurasia y América del Norte, aparece primero sobre el envés de la hoja en forma de parches blanquecinos; luego se extiende con rapidez.

parches de oidio

OIDIO DE LAS ASTERÁCEAS
Golovinomyces cichoracearum
F: Erisifáceas
Especie propia de Eurasia y América del Norte que aparece sobre las plantas de la familia del girasol; produce parches en las hojas, que acaban muriendo.

CAPNODIALES

Llamados vulgarmente mohos negros, estos hongos se hallan con frecuencia sobre las hojas. Se alimentan de la ligamaza excretada por insectos o del líquido exudado por las hojas. Algunos causan problemas de piel en los humanos.

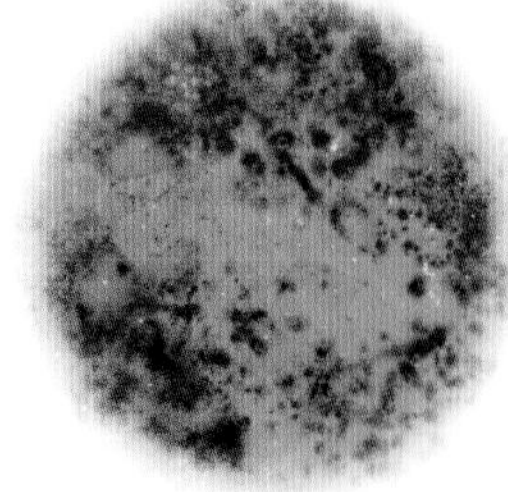

CLADOSPORIUM CLADOSPORIOIDES
F: Davidieláceas
Hongo común en Eurasia y América del Norte que crece en las paredes húmedas de los baños. Puede producir reacciones alérgicas en algunas personas.

HELOTIALES

Los hongos de este orden se distinguen por sus ascomas en forma de disco o copa, distintos a otros hongos similares. Sus ascos, o células esporíferas, carecen de opérculo (aleta por la que se abren). La mayoría habita sobre suelos ricos en humus, leños y otra materia orgánica. El orden incluye también algunos de los parásitos vegetales más nocivos.

RUTSTROEMIA FIRMA
F: Rutstroemiáceas
Hongo compuesto por un píleo marrón claro y un pedículo estrecho. Crece sobre ramas caídas, en especial de roble, en Europa. Ennegrece la madera del huésped.

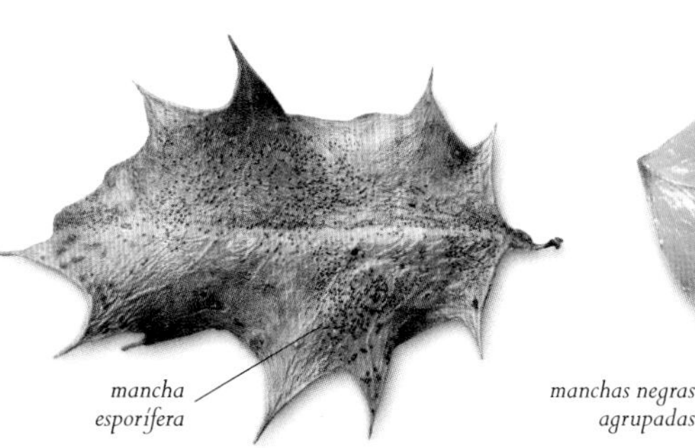

TROCHILA ILICINA
F: Dermatáceas
Hongo abundante sobre las hojas caídas de acebo en Eurasia y América del Norte. Forma esporangios en la superficie de las hojas.

manchas negras agrupadas

MANCHA NEGRA DEL ROSAL
Diplocarpon rosae
F: Dermatáceas
Visible en hojas de rosal en Eurasia y América del Norte, este hongo produce manchas negras que se agrupan y forman parches.

3–7 cm

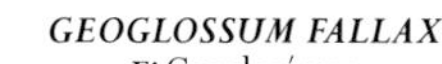

GEOGLOSSUM FALLAX
F: Geoglosáceas
Hongo poco común que crece en prados de Eurasia y América del Norte. Es una de las varias especies claviformes con mazas aplanadas y negruzcas que solo pueden distinguirse al microscopio.

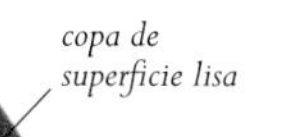

himenio con ascoma

copa de superficie lisa

0,5–3 cm

DUMONTINIA TUBEROSA
F: Esclerotiniáceas
Esta especie común en Eurasia parasita los tubérculos de las anémonas. Tiene un largo estipe negro y una copa sencilla marrón.

BULGARIA TIZNADA
Bulgaria inquinans
F: Bulgariáceas
Especie propia de Eurasia y América del Norte. Presenta una superficie exterior marrón; la interior, productora de esporas, es negra, lisa y correosa.

NEOBULGARIA PURA
F: Helotiáceas
Suele verse sobre leños de haya en Eurasia. Sus discos gelatinosos y translúcidos van del rosa al lila pálidos, y con frecuencia están apiñados y se deforman.

MONILIA
Monilia fructigena
F: Esclerotiniáceas
Hongo común en Eurasia, sobre todo sobre manzanas y peras, y también en *Prunus* sp.; da lugar a la pudrición morena de la fruta.

BISPORELLA CITRINA
F: Helotiáceas
Especie muy común en racimos sobre madera muerta de frondosas en Eurasia. Sus discos amarillos dorados pueden llegar a cubrir ramas enteras.

0,2–1 cm

MITRULA PALUDOSA
F: Helotiáceas
Esta especie de Eurasia y América del Norte crece en primavera y principios de verano sobre restos de plantas en aguas someras. Cabeza del ascoma de globosa a linguliforme.

LEOTIA VISCOSA
Leotia lubrica
F: Leotiáceas
Frecuente en bosques mixtos de Eurasia y América del Norte. Ascoma con píleo lobulado de margen enrollado sobre sí mismo.

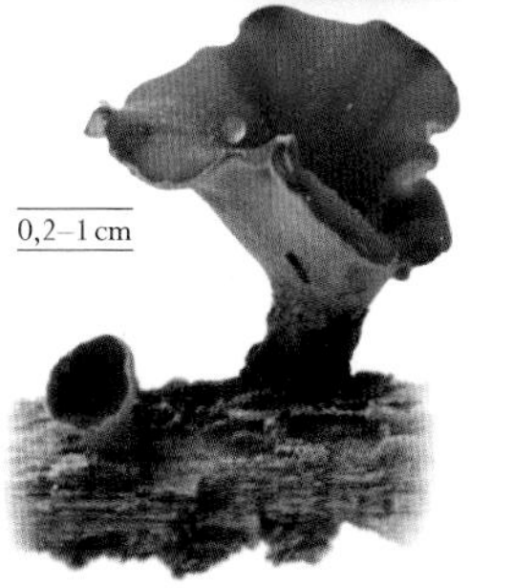

SETA VERDE DE LA MADERA
Chlorociboria aeruginascens
F: Helotiáceas
Sus ascomas maduros de color azul verdoso son bastante raros, pero las manchas verdes que produce sobre leños de roble son frecuentes. Es propio de Eurasia y América del Norte.

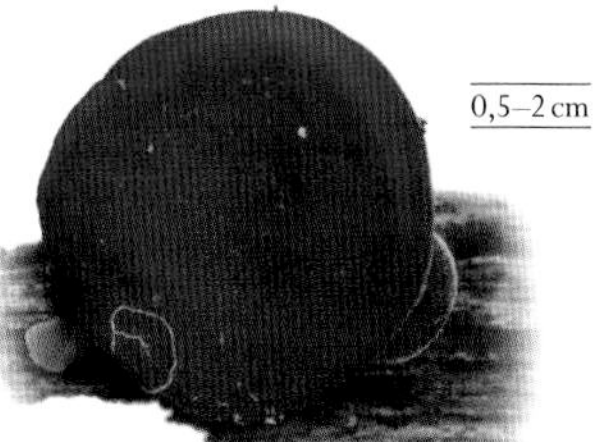
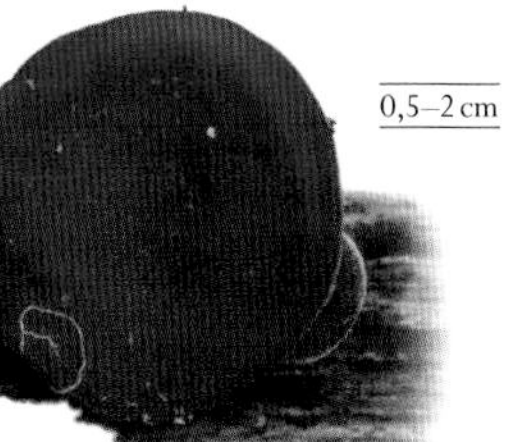

ASCOCORYNE CYLICHNIUM
F: Helotiáceas
Bastante común sobre leños de haya en Eurasia. Se fija por su centro a la madera y forma ascomas gelatinosos discoidales, irregulares al madurar sexualmente.

PEZIZALES

Los miembros de este orden producen sus esporas en el interior de ascos que generalmente se abren por ruptura, formando un opérculo (tapa apical) por donde son expulsadas. El orden incluye varias especies económicamente importantes, como colmenillas, trufas y trufas del desierto.

0,5–2 cm

GEOPORA ARENOSA
Geopora arenicola
F: Pironematáceas

Común en Eurasia, es un hongo difícil de ver, ya que vive enterrado en suelos arenosos. Su superficie interior es lisa.

apotecios anaranjados

5–10 cm

OREJA DE ASNO
Otidea onotica
F: Pironematáceas

Especie común que a menudo crece en los bosques de planifolios de Eurasia y América del Norte. Sus altos apotecios están hendidos por un lado.

0,5–1 cm

SCUTELLINIA SCUTELLATA
F: Pironematáceas

Su ascoma es un disco escarlata con pelos marginales negros. Es común sobre madera húmeda podrida en Eurasia y América del Norte. Hay varias especies similares.

0,5–1,5 cm

TARZETTA CUPULARIS
F: Pironematáceas

Especie común sobre suelos alcalinos en bosques de Eurasia y América del Norte. Un breve pedículo sostiene el apotecio.

apotecio cerebriforme marrón oscuro

5–15 cm

BONETE
Gyromitra esculenta
F: Discináceas

Especie tóxica propia de toda América del Norte y Eurasia que suele crecer en primavera bajo las coníferas. Su lustroso apotecio marrón recuerda a un cerebro.

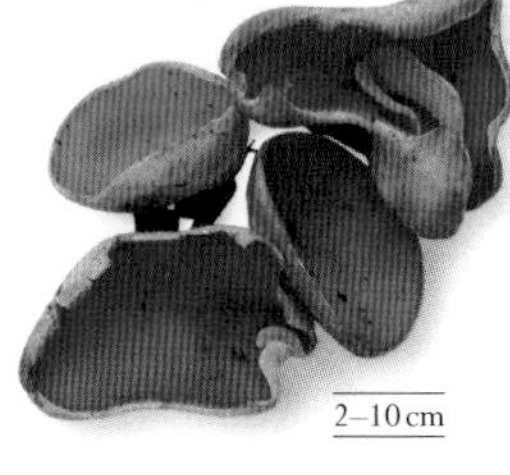

PEZIZA ANARANJADA
Aleuria aurantia
F: Pironematáceas

Visible a menudo a lo largo de caminos de grava en Eurasia y América del Norte, es una especie inconfundible por sus delgados apotecios naranjas.

2–10 cm

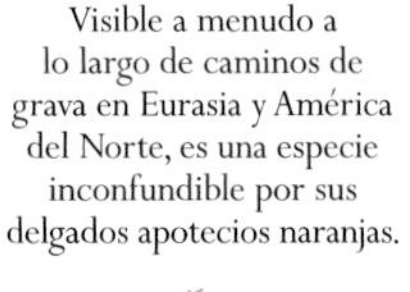

4–10 cm

PEZIZA VENOSA
Disciotis venosa
F: Morcheláceas

Especie de estipe corto con cierto olor a cloro que crece en primavera en bosques húmedos de Eurasia y América del Norte. El interior (himenio) es marrón y rugoso; el exterior, más pálido y liso.

crestas y celdillas irregulares

5–20 cm

estipe hueco

CRESPILLO
Morchella semilibera
F: Morcheláceas

Esta colmenilla hueca recuerda a un dedal oscuro y estriado sobre un estipe pálido y casposo. Es común en primavera en arboledas mixtas de Eurasia y América del Norte.

la superficie del píleo es suave

5–10 cm

5–15 cm

VERPA CÓNICA
Verpa conica
F: Morcheláceas

Hongo poco común que crece sobre suelos calizos en arboledas y setos de Eurasia y América del Norte. Su apotecio liso similar a un dedal se asienta sobre un estipe hueco.

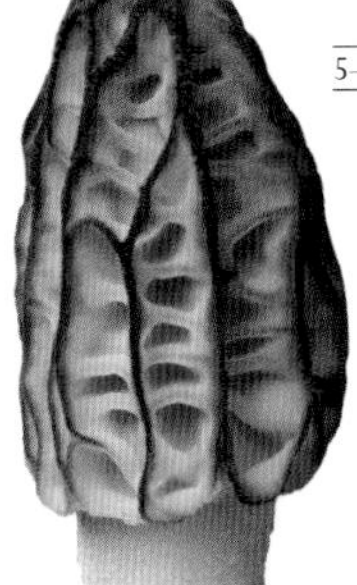

5–15 cm

COLMENILLA CÓNICA
Morchella elata
F: Morcheláceas

Común en primavera en los bosques de Eurasia y América del Norte, esta especie presenta un apotecio de rosado a negro con crestas negras conectadas, y el estipe hueco.

COLMENILLA
Morchella esculenta
F: Morcheláceas

Esta apreciada especie crece en primavera en bosques de suelo calizo de América del Norte y Eurasia. Su esponjoso apotecio es hueco, igual que el estipe.

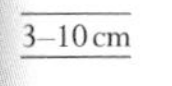

3–10 cm

PEZIZA VESICULOSA
F: Pezizáceas

Hongo común en Eurasia y América del Norte que suele crecer en grupos sobre compost, paja o estiércol. Su frágil apotecio puede tener los márgenes fisurados.

2,5–7,5 cm

PEZIZA CEREA
F: Pezizáceas

Hongo presente en Eurasia y América del Norte. Suele verse sobre mampostería húmeda. Su interior es ocre oscuro; el exterior, más pálido.

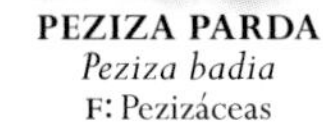

1,5–7 cm

PEZIZA PARDA
Peziza badia
F: Pezizáceas

Una entre muchas especies similares, comunes en bosques de Eurasia y América del Norte. El apotecio, pardo oscuro, adquiere tintes oliváceos con la edad; el himenio es liso.

TRUFA NEGRA
Tuber melanosporum
F: Tuberáceas
Trufa hipogea sumamente apreciada que crece en torno a los robles en la región mediterránea. Para su localización se utilizan perros o cerdos.

TRUFA BLANCA
Tuber magnatum
F: Tuberáceas
Trufa muy valorada en Italia y Francia. Propia de suelos alcalinos del sur de Europa, puede cultivarse por inoculación en árboles como robles y álamos.

TRUFA DE VERANO
Tuber aestivum
F: Tuberáceas
Trufa hipogea muy valorada del sur y el centro de Europa; crece junto a diversos árboles planifolios.

SARCOSCYPHA AUSTRIACA
F: Sarcoscifáceas
Visible desde el invierno hasta la primavera temprana sobre ramas caídas en Eurasia y América del Norte. El interior escarlata contrasta con el exterior, más pálido.

OREJA DE GATO BLANCA
Helvella crispa
F: Helveláceas
Posiblemente tóxica, común en bosques mixtos de Eurasia y América del Norte. Píleo en silla de montar asentado sobre un frágil estipe acanalado.

OREJA DE GATO NEGRA
Helvella lacunosa
F: Helveláceas
Común en bosques mixtos de Eurasia y América del Norte. Presenta píleo oscuro lobulado asentado sobre estipe gris, columnar y acanalado.

EUROTIALES

Más conocidos como mohos azules y verdes, entre los hongos de este orden se hallan los del género *Penicillium* (que produce penicilina, primer antibiótico descubierto) y *Aspergillus* (patógeno para los humanos).

CRIADILLA DE CIERVO
Elaphomyces granulatus
F: Elafomicetáceas
Común en suelos arenosos bajo coníferas en Eurasia y América del Norte, la superficie áspera de esta falsa trufa marrón rojiza encierra una masa de esporas negras purpúreas.

RITISMATALES

Conocidas en general como costras, las especies de este orden infectan materia vegetal como hojas, vástagos, corteza, piñas de coníferas, y, a veces, bayas. Muchas atacan a las acículas de coníferas y provocan su caída. Posiblemente la más frecuente sea la costra negra del arce.

COSTRA NEGRA DEL ARCE
Rhytisma acerinum
F: Ristimatáceas
Hongo abundante sobre arces de América del Norte y Eurasia, en los que produce manchas irregulares con márgenes amarillos.

ESPATULARIA AMARILLA
Spathularia flavida
F: Cudoniáceas
Especie común en bosques de coníferas musgosos y húmedos de Eurasia y América del Norte. Tiene la cabeza aplanada y correosa, de blanca a amarilla oscura.

TAFRINALES

Orden al que pertenecen muchos parásitos de plantas, la mayoría del género *Taphrina*. Todas las especies presentan dos fases de crecimiento: en la saprófita semejan levaduras y se propagan por gemación; en la parasitaria emergen a través del tejido vegetal y provocan malformaciones (abolladura).

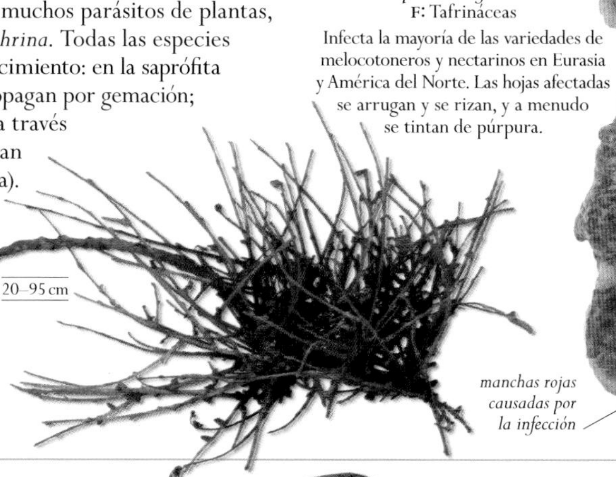

ABOLLADURA DEL MELOCOTONERO
Taphrina deformans
F: Tafrináceas
Infecta la mayoría de las variedades de melocotoneros y nectarinos en Eurasia y América del Norte. Las hojas afectadas se arrugan y se rizan, y a menudo se tintan de púrpura.

ESCOBA DE BRUJA
Taphrina betulina
F: Tafrináceas
Especie común en Eurasia, causa en los abedules la enfermedad de su mismo nombre, que provoca la proliferación de matas de ramillas estrechas en el ápice de las ramas.

PLEOSPORALES

Las especies de este orden desarrollan sus ascos dentro de ascostromas, cavidades excavadas en el estroma. Los ascos son bitunicados; al madurar, la capa interior rasga la exterior y eyecta las esporas. Muchas crecen sobre plantas; algunas forman líquenes.

manchas oscuras hundidas

SARNA DEL PERAL
Venturia pyrina
F: Venturiáceas
Parásito común en perales de Eurasia y América del Norte. Causa la malformación, la decoloración e incluso la caída prematura del fruto.

LEPTOSPHAERIA ACUTA
F: Leptosfaeriáceas
Especie común en Eurasia y América del Norte. Infecta los tallos muertos de la ortiga *Urtica dioica*; forma conos diminutos que atraviesan la superficie del tallo del huésped para expulsar sus esporas.

BOEREMIA HEDERICOLA
F: Didimeláceas
Especie de Eurasia y América del Norte que produce unas lesiones circulares blancas en las hojas de hiedra; estas adquieren un tono pardo y mueren.

LÍQUENES

Sobreviven en las regiones más severas, desde las rocas expuestas al mar hasta los desiertos, en los que el único lugar donde pueden crecer es el interior de las rocas. Algunos son pioneros de la naturaleza, pues constituyen la base sobre la que otros seres pueden vivir.

FILO	ASCOMICETOS BASIDIOMICETOS
CLASES	10
ÓRDENES	15
FAMILIAS	40
ESPECIES	Unas 18 000

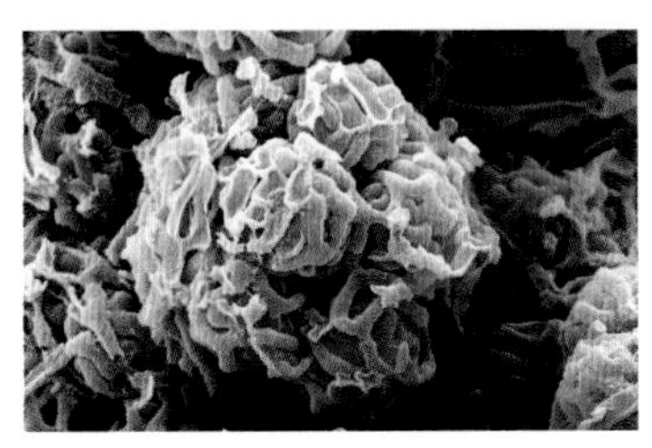

Los soredios son manojos de hifas fúngicas y células algales. Aquí, agrupados en soralios a la espera de su dispersión.

Los isidios son células en forma de clavo que aparecen sobre el liquen y, al quebrarse, forman nuevas colonias.

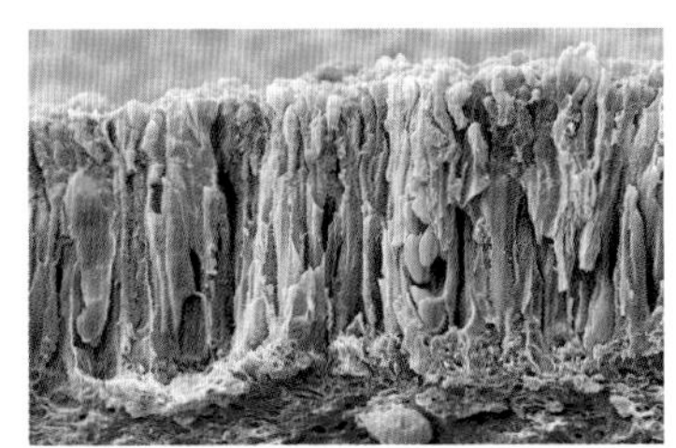

Células liquénicas vistas al microscopio (sección transversal). Los ascos surgen de las células algales.

DEBATE

¿SOCIOS?

La evolución de los líquenes es un misterio. Los científicos aún intentan comprender cómo y por qué hongos y algas llegaron a vivir juntos. Pudo tratarse de un ataque de unos a otros, que finalizó en una asociación. Pero no todas las asociaciones son mutuamente beneficiosas: algunas pueden ser parasitarias, y no mutualistas.

Un liquen está compuesto por la asociación de un alga clorofícea o cianofícea y un hongo. El alga proporciona nutrientes a través de la fotosíntesis, mientras que el hongo retiene agua y capta nutrientes minerales. Por lo general, el hongo es un ascomiceto, y más raramente un basidiomiceto; la clasificación de los líquenes refleja el tipo de hongo implicado. Normalmente, el hongo rodea las células fotosintetizadoras del alga (fotobionte), encerrándolas en «falsos tejidos» o plecténquimas, exclusivos de los líquenes. Parece ser que, aunque no son capaces de sobrevivir por sí solos, juntos pueden soportar las condiciones más extremas: se han hallado líquenes a unos 400 km del polo sur, pero crecen igualmente en sitios más comunes, como muros de piedra, rocas y cortezas.

Según su morfología, los líquenes se clasifican en tres grandes tipos: foliáceos, con lóbulos en forma de hojas; crustáceos, que forman costras; y fruticulosos o radiados, ramificados. Sin embargo, hay líquenes que desafían esta clasificación, como los filamentosos (capilares) y los gelatinosos, de aspecto informe y viscoso.

REPRODUCCIÓN

Muchos líquenes se reproducen sexualmente por medio de esporas. Estas son producidas por la parte fúngica de la asociación, y generalmente se forman en estructuras con forma de copa o disco, llamadas apotecios. Una vez eyectadas, las esporas deben caer cerca de un alga adecuada para formar un liquen y sobrevivir. Otros producen las esporas dentro de cámaras, llamadas peritecios, semejantes a volcanes microscópicos que liberan las esporas por un orificio (ostiolo) en el ápice. Alternativamente los líquenes se pueden reproducir asexualmente mediante la gemación o fragmentación de partes especializadas (propágulos), como soredios o isidios, que contienen una mezcla de células fúngicas y algales; si caen en un hábitat adecuado, formarán nuevas colonias liquénicas. Las costas rocosas de América del Norte acogen vastas colonias de kilómetros de longitud, a las que les habrá costado cientos o incluso miles de años alcanzar tan inmenso tamaño.

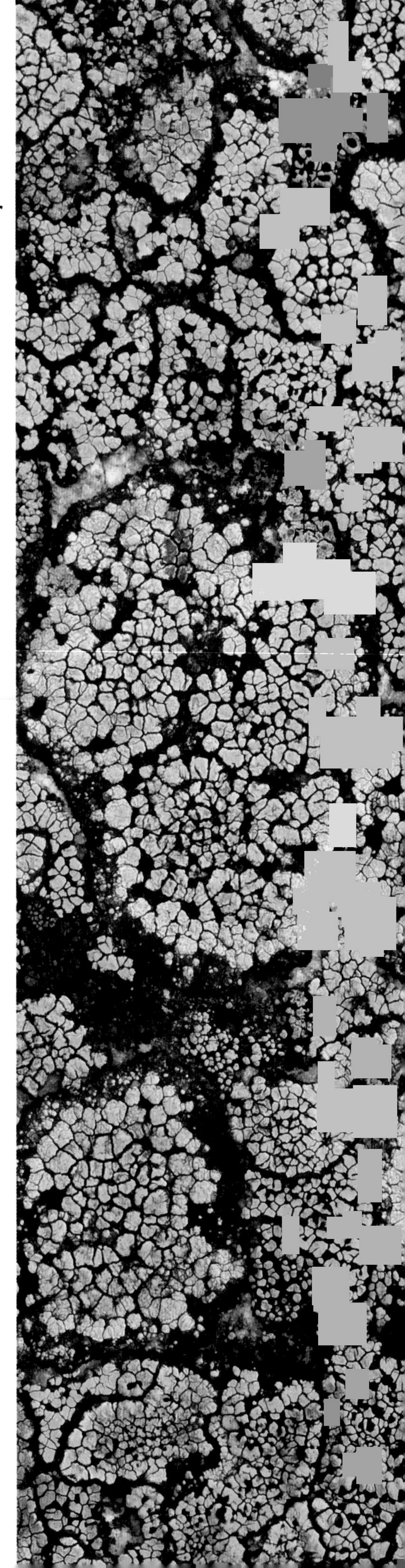

PROPAGACIÓN DEL LIQUEN GEOGRÁFICO >
Como muchos líquenes, *Rhizocarpon* es capaz de colonizar entornos tan inhóspitos como la superficie expuesta y seca de las rocas.

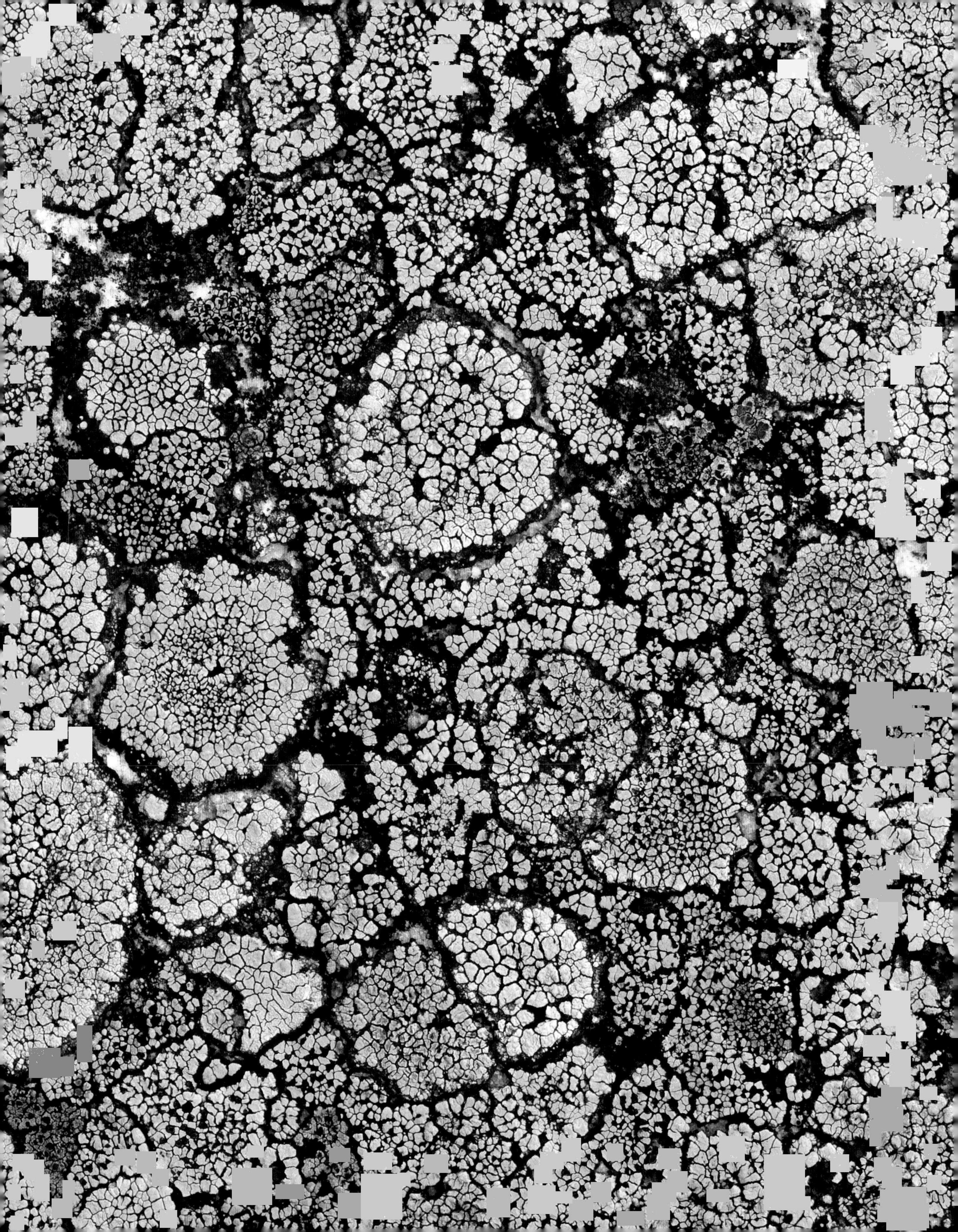

» LÍQUENES

5–10 cm

CALOPLACA VERRUCULIFERA
F: Telosquistáceas

Liquen de talo crustáceo, presenta lóbulos radiantes con apotecios (discos esporíferos) en el centro. Se halla sobre rocas costeras en Eurasia y América del Norte, con frecuencia junto a apostaderos de aves.

2,5–7,5 cm

TELOSCHISTES CHRYSOPHTHALMUS
F: Telosquistáceas

Especie en peligro de extinción en Europa, América y los trópicos. Crece sobre arbustos y arbolitos en huertos y setos. Sus lóbulos ramificados producen grandes discos naranjas.

2,5–7,5 cm

lóbulos ascendentes en los márgenes

XANTHORIA PARIENTINA
F: Telosquistáceas

Crece sobre árboles, muros y tejados en América del Norte, Eurasia, África y Australia. Tiene lóbulos redondeados de color amarillo anaranjado.

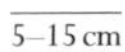

5–15 cm

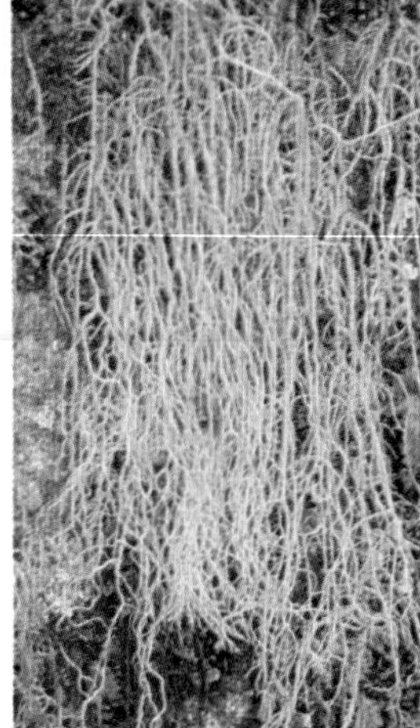
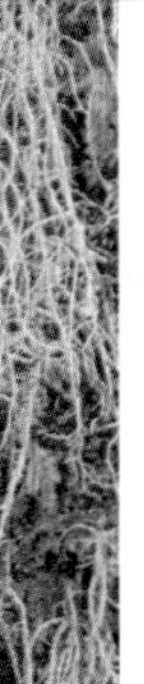

BARBA DE CAPUCHINO
Usnea filipendula
F: Parmeliáceas

Liquen de regiones septentrionales. Fruticuloso, de talo péndulo, de color amarillo a verde grisáceo y apotecios espinulados en las ramitas.

2,5–7,5 cm

FLAVOCETRARIA NIVALIS
F: Parmeliáceas

Especie propia de brezales montanos y páramos de tierras altas de América del Norte y Eurasia. Presenta talo foliáceo aplanado, con márgenes espinulados.

PARMELIA SULCATA
F: Parmeliáceas

Sus lóbulos son verdes grisáceos, con ápices redondeados y con soralios pulverulentos en la superficie. Suele hallarse sobre árboles en América del Norte y Eurasia.

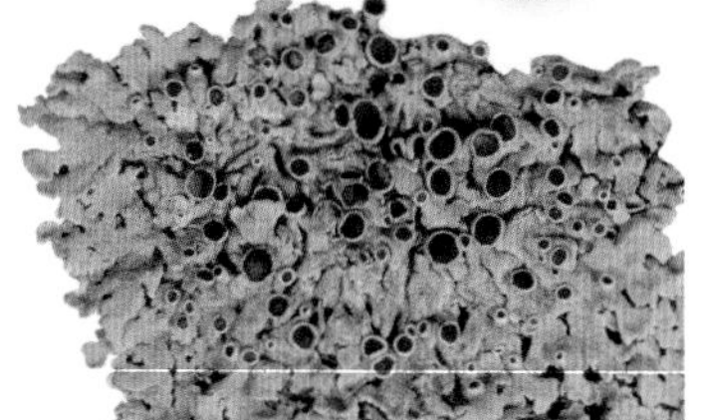

2,5–7,5 cm

2,5–7,5 cm

PHYSCIA AIPOLIA
F: Fisciáceas

Crece sobre la corteza de árboles en Eurasia y América del Norte. Forma parches de márgenes lobulados de grises a pardos. Apotecios de color marrón a negro.

2,5–7,5 cm

HYPOGYMNIA TUBULOSA
F: Parmeliáceas

Liquen común sobre ramitas y troncos. Sus lóbulos son verdes grisáceos por la cara superior y negros por la inferior. Se halla en Eurasia y América del Norte.

2,5–7,5 cm

HYPOGYMNIA PHYSODES
F: Parmeliáceas

Liquen de distribución mundial, habita sobre árboles, rocas y muros. Los lóbulos son de color gris verdoso, con bordes recurvados. Apotecios raros, castaños con márgenes grises.

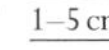

1–5 cm

CLADONIA FLOERKEANA
F: Cladoniáceas

Especie común en turberas en Eurasia y América del Norte. Forma una costra de escuámulas de color gris verdoso desde las que emergen los podecios, rematados por apotecios escarlatas.

2,5–12,5 cm

RAMALINA FRAXINEA
F: Ramalináceas

Este liquen fruticuloso, epífito sobre árboles en Eurasia y América del Norte, forma ramificaciones (lacinias) aplanadas de verdes a grises punteadas de apotecios.

2,5–10 cm

SPHAEROPHORUS GLOBOSUS
F: Esferoforáceas

Liquen visto sobre rocas en pisos montanos elevados del norte de Eurasia y América del Norte. Forma densas almohadillas con ramificaciones coraloides de color pardo rosado y apotecios globulares.

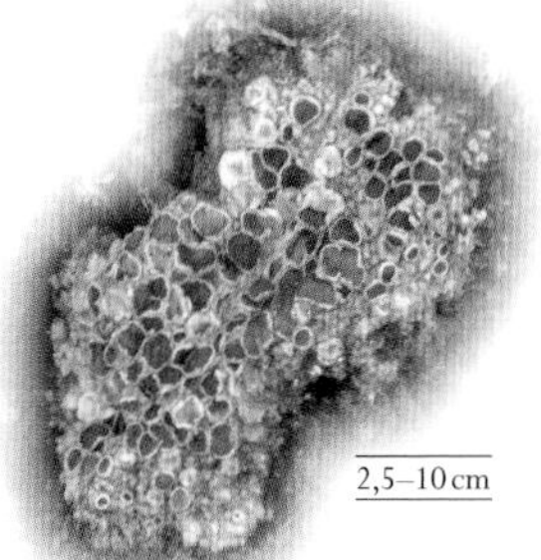

2,5–10 cm

TEPHROMELA ATRA
F: Micoblastáceas

Liquen de talo crustáceo gris pálido, con aspecto de gachas secas. Los apotecios son negros. Se halla sobre rocas expuestas en América del Norte y Eurasia.

2,5–10 cm

LECANORA MURALIS
F: Lecanoráceas

Liquen crustáceo que crece a menudo sobre paredes y rocas silíceas. Sus lóbulos de color verde grisáceo irradian hacia fuera. Se halla en Eurasia y América del Norte.

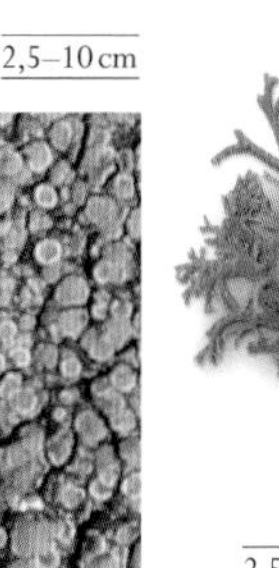

2,5–10 cm

CLADONIA PORTENTOSA
F: Cladoniáceas

Uno de los varios líquenes de los renos, esta especie es común en brezales y páramos de América del Norte y Eurasia. Presenta podecios delgados y huecos muy ramificados.

5–50 cm

VERRUCARIA MAURA
F: Verrucariáceas
Visible sobre rocas costeras en Eurasia y América del Norte, esta especie presenta una costra gris oscura y fisurada que contiene los peritecios.

20–30 cm

PELTIGERA PRAETEXTATA
F: Peltigeráceas
Liquen saxícola de Eurasia y América del Norte. Presenta grandes lóbulos de negros a grises, con márgenes más claros, y apotecios de color marrón rojizo.

2,5–5 cm

COLLEMA FURFURACEUM
F: Colematáceas
Este liquen con lóbulos rugosos, planos y gelatinosos se encuentra sobre rocas y árboles en zonas de alta pluviosidad de Eurasia y América del Norte.

5–15 cm

PULMONARIA ARBÓREA
Lobaria pulmonaria
F: Lobariáceas
Visible sobre todo en cortezas de árboles en zonas costeras de Eurasia, América del Norte y África. Se trata de una especie en retroceso debido a la pérdida de su hábitat. La cara inferior de los lóbulos ramificados es de color naranja claro.

5–20 cm

LASALLIA PUSTULATA
F: Umbilicariáceas
Liquen de Eurasia y América del Norte que forma colonias sobre rocas ricas en nutrientes en zonas costeras o mesetarias. La cara superior es marrón grisáceo, con pústulas ovales.

2,5–7,5 cm

UMBILICARIA POLYPHYLLA
F: Umbilicariáceas
Especie común sobre rocas montanas en Eurasia y América del Norte. Presenta lóbulos lisos y amplios, de color marrón oscuro por arriba y negro por debajo.

5–10 cm

GRAPHIS SCRIPTA
F: Grafidáceas
Liquen visible a menudo sobre corteza de árbol en América del Norte y Eurasia. Forma una delgada costra verde grisácea con apotecios alargados (lirelas).

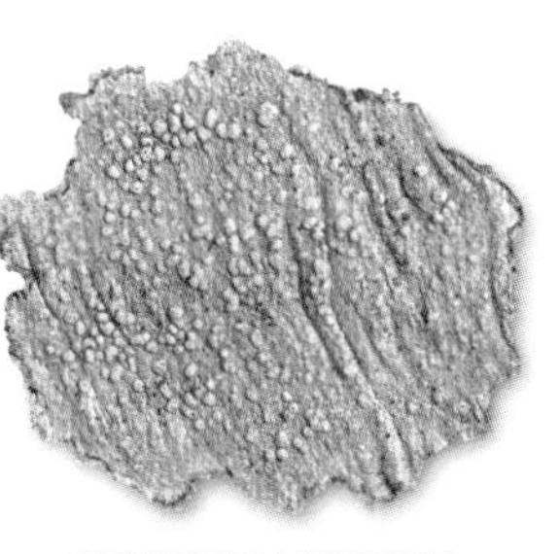

2,5–7,5 cm

PERTUSARIA PERTUSA
F: Pertusariáceas
Liquen crustáceo de Eurasia y América del Norte, común en cortezas de árbol. Forma costras grises con márgenes pálidos y cubiertas de grupos de verrugas con ostiolos diminutos.

2,5–10 cm

LECIDEA FUSCOATRA
F: Lecideáceas
Especie saxícola propia de América del Norte y Eurasia, común sobre roca silícea y viejos muros de ladrillo. Forma costras grises fisuradas con apotecios negros.

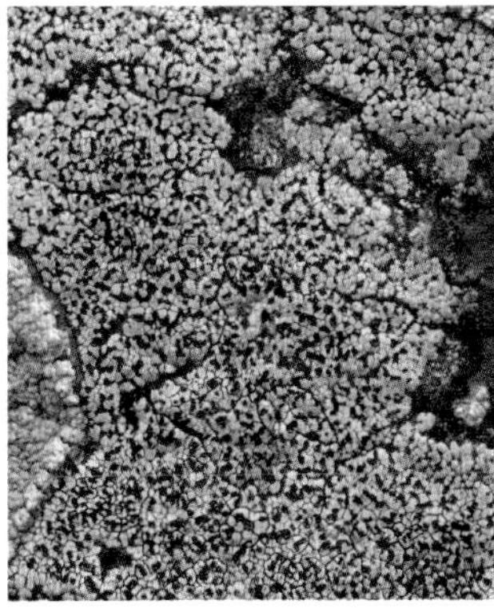

5–65 mm

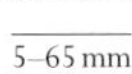

LIQUEN GEOGRÁFICO
Rhizocarpon geographicum
F: Rizocarpáceas
Común en rocas montanas de regiones septentrionales y en la Antártida. Forma costras bordeadas por una línea negra de esporas. El talo areolado da aspecto de mosaico a sus agrupaciones.

5–20 cm

OCHROLECHIA PARELLA
F: Ocrolequiáceas
Liquen saxícola que forma costras sobre muros y rocas en América del Norte y Eurasia. Los apotecios, de pardos a rosados, suelen ser abundantes.

2,5–12,5 cm

BAEOMYCES RUFUS
F: Beomicetáceas
Liquen crustáceo de suelos arenosos y rocas. De color verde grisáceo, presenta grandes apotecios globosos sobre podecios de apenas unos milímetros. Es propio de Eurasia y América del Norte.

ANIMA

LES

Los animales constituyen el mayor reino de los seres vivos. Impulsados por la necesidad de comer y de evitar ser comidos, poseen una sensibilidad única hacia el mundo que los rodea. La mayoría son invertebrados, pero es entre los mamíferos y otros cordados donde se hallan los animales de mayor tamaño, fuerza y velocidad.

» 250

INVERTEBRADOS

Con formas y estilos de vida muy variados, se dividen en muchos grupos. El más numeroso de ellos es el de los insectos; otros incluyen medusas, gusanos y animales protegidos por una concha dura.

» 322

CORDADOS

La mayoría de los animales más grandes del mundo son cordados. Cubiertos por piel, plumas o escamas solapadas, casi todos tienen una columna vertebral que forma parte de un esqueleto óseo.

INVERTEBRADOS

Con alrededor de 1,4 millones de especies identificadas, los animales constituyen el mayor reino de los seres vivos. La gran mayoría son invertebrados, animales sin columna vertebral; sumamente variados, muchos son microscópicos, pero los más grandes pueden superar los 10 m de longitud.

Los invertebrados fueron los primeros animales en evolucionar. Al principio eran pequeños, acuáticos y de cuerpo blando, características que muchos de ellos todavía comparten. Durante el Cámbrico, que concluyó hace unos 485 millones de años, experimentaron una explosión evolutiva espectacular y desarrollaron formas corporales y estilos de vida que dieron lugar a casi todos los principales filos de invertebrados que existen en la actualidad.

UNA GRAN DIVERSIDAD

No es posible definir un invertebrado típico porque incluso dentro de un mismo filo existen muchas diferencias. Los más simples no tienen cabeza ni cerebro y mantienen su forma gracias a la presión interna de sus fluidos. En el otro extremo, los artrópodos poseen un sistema nervioso muy desarrollado y sofisticados órganos sensoriales, incluidos los ojos compuestos, así como una cubierta externa dura, o exoesqueleto, con patas que se doblan por unas flexibles articulaciones. Este particular tipo de cuerpo ha demostrado una eficacia admirable y ha permitido a los artrópodos invadir todos los hábitats naturales de agua, tierra y aire. Entre los invertebrados también hay animales con concha o reforzados con minerales y placas duras; pero ninguno tiene un esqueleto interno óseo, algo que solo es propio de los vertebrados.

UNA VIDA POR ETAPAS

Casi todos nacen de un huevo. Al nacer, algunos parecen versiones en miniatura de sus padres, pero la mayoría inicia su vida con una forma corporal diferente. Estas larvas cambian de forma, fuentes de alimento y hábitos alimentarios a medida que crecen. Las del erizo de mar, por ejemplo, filtran su alimento del agua, mientras que los adultos raspan algas en las rocas. El cambio de forma (metamorfosis) puede darse de manera gradual, o muy rápidamente si el cuerpo del animal joven degenera para dar lugar al del adulto. Así pues, este proceso de la metamorfosis permite a los animales invertebrados explotar más de una fuente de alimento y también expandir su área de distribución.

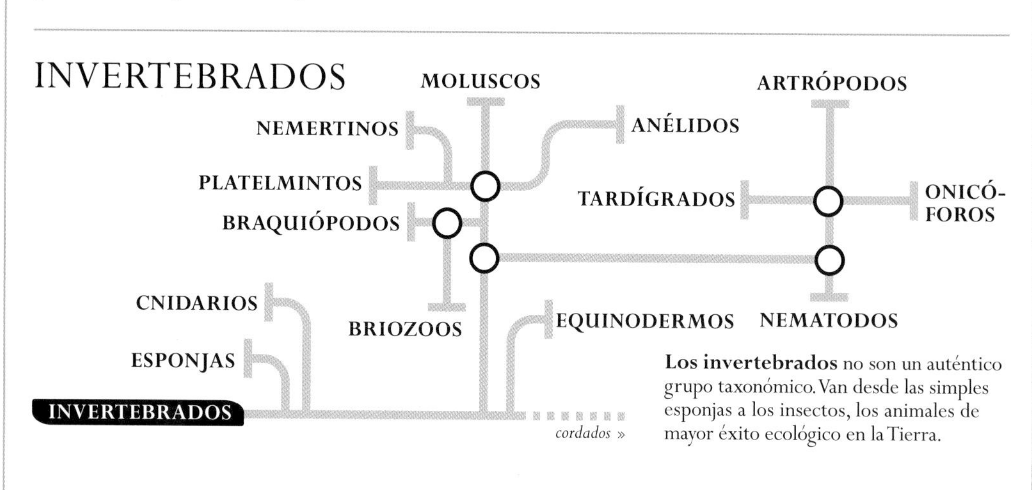

Los invertebrados no son un auténtico grupo taxonómico. Van desde las simples esponjas a los insectos, los animales de mayor éxito ecológico en la Tierra.

ESPONJAS
Las esponjas, unos de los animales más simples, tienen un esqueleto interno de cristales minerales. Pertenecen al filo poríferos, que contiene más de 9000 especies.

ARTRÓPODOS
El filo artrópodos es el más grande del reino animal, con más de 1,2 millones de especies identificadas. Comprende insecto crustáceos, arácnidos y miriápodos (ciempiés y milpiés).

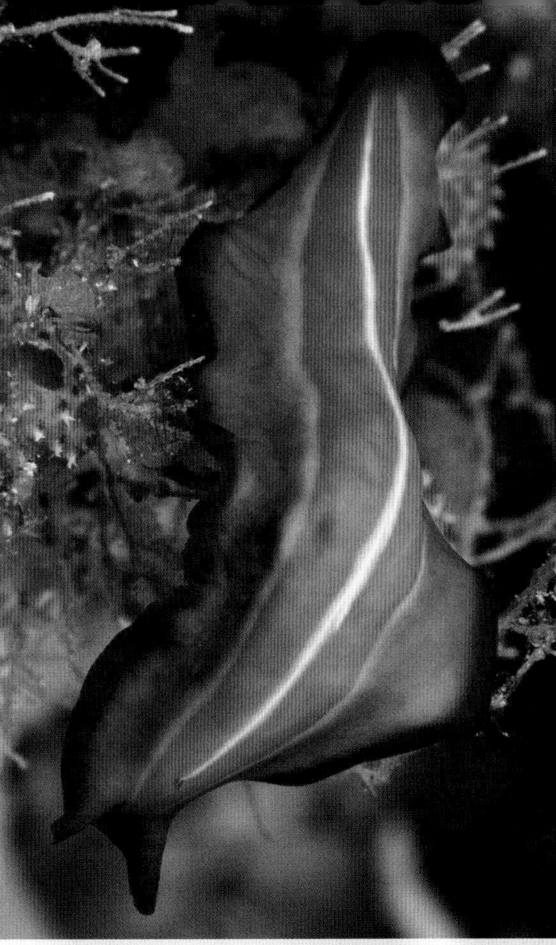

CNIDARIOS
Los miembros de este filo son invertebrados de cuerpo blando que matan a sus presas con células urticantes. Se conocen 11 947 especies, casi todas marinas.

PLATELMINTOS
El filo platelmintos, con cerca de 30 000 especies, contiene animales con un cuerpo plano y muy fino, y con cabeza y cola distinguibles.

ANÉLIDOS
Con unas 18 000 especies, este filo contiene gusanos de cuerpo sinuoso que se divide en segmentos con forma de anillo. Comprende a las lombrices de tierra y las sanguijuelas.

CRUSTÁCEOS
Principalmente acuáticos, son artrópodos que respiran por branquias. El subfilo crustáceos cuenta con unas 70 000 especies, incluidos los cangrejos y las langostas.

MOLUSCOS
Este filo, uno de los grupos de invertebrados más diversos, contiene casi 72 000 especies. Comprende a gasterópodos, bivalvos y cefalópodos.

EQUINODERMOS
Conocidos por su simetría radial de cinco puntas (pentámera), tienen un esqueleto formado por placas calcáreas bajo la piel. Existen unas 7450 especies.

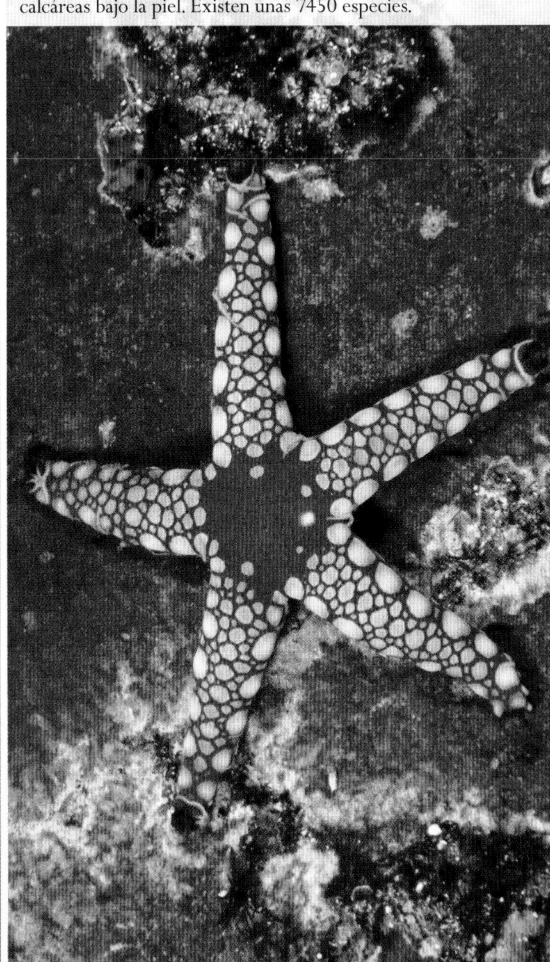

ESPONJAS

De estructura simple y generalmente marinas, las adultas viven adheridas permanentemente a rocas o corales. Algunas especies viven en agua dulce.

Pese a la variedad de sus formas y tamaños –desde finas láminas a enormes barriles– todos los poríferos poseen la misma estructura básica, compuesta por diferentes tipos de células especializadas, sin formar órganos. Para alimentarse dependen de un sistema de canales por los que circula el agua que entra por poros situados en la superficie; unas células especiales (coanocitos) que revisten estos canales atrapan y engullen bacterias y otras sustancias planctónicas, y el agua residual sale por orificios llamados ósculos.

Las hay «esponjosas», duras, suaves o viscosas en función de su estructura de soporte, compuesta de espículas, pequeños cristales de sílice o carbonato de calcio. Las espículas varían de forma y número según la especie y sirven para su identificación.

FILO	PORÍFEROS
CLASES	4
ÓRDENES	32
FAMILIAS	144
ESPECIES	Más de 9000

ESPONJAS CALCÁREAS

El esqueleto de estas esponjas está compuesto por densas espículas de carbonato de calcio con tres o cuatro radios puntiagudos. De forma variable y crujientes al tacto, la mayoría de las especies son pequeñas y de forma lobulada o tubular.

8 cm

ESPONJA LIMÓN
Leucetta chagosensis
F: Leucétidos
Esta especie con forma de saco pone una nota de color en los escarpados arrecifes de coral del Pacífico occidental donde vive.

1–4 cm

CLATHRINA CLATHRUS
F: Clatrínidos
Compuesta por múltiples tubos de unos milímetros de ancho, esta esponja del Mediterráneo es de un distintivo color amarillo.

2–5 cm

ESPONJA CALCÁREA COMÚN
Sycon ciliatum
F: Sicétidos
Esta sencilla esponja hueca de las costas del noroeste del Atlántico tiene el ósculo rodeado de espículas calcáreas puntiagudas.

los pequeños poros permiten la entrada del agua

10 cm

***LEUCONIA* SP.**
F: Baéridos
Esta esponja del Atlántico nororiental puede presentar formas que varían desde lóbulos y cojines hasta costras. Vive en zonas con grandes movimientos de agua.

8 cm

ESPONJA SACCIFORME ROJA
Grantessa sp.
F: Heterópidos
Esta delicada esponja crece entre corales en arrecifes poco profundos de Malasia e Indonesia.

DEMOSPONJAS

Más del 85 % de las esponjas pertenece a este grupo. Aunque su apariencia varía, la mayoría tiene un esqueleto formado por espículas de dióxido de silicio y un colágeno orgánico flexible llamado espongina. Algunas especies carecen de esqueleto, y otras tan solo tienen espongina.

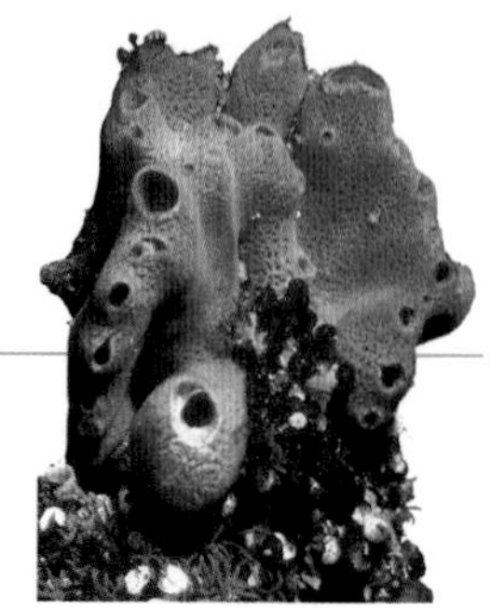

1 m

ESPONJA AZUL
Haliclona sp.
F: Calínidos
Una de las raras esponjas de color azul, crece comúnmente en la parte superior de corales y rocas al norte de Borneo.

1 m

ESPONJA TUBULAR
Agelas tubulata
F: Agelásidos
Se compone de tubos marrones irregulares dispuestos en racimos. Es común en los arrecifes profundos de las Bahamas y otras zonas del Caribe.

35 cm

ESPONJA DE BAÑO
Spongia (Spongia) officinalis
F: Espóngidos
Esta especie posee un esqueleto elástico y no tiene espículas duras, por lo que, después de limpiarse y secarse, es ideal para la higiene personal.

5–10 cm

ESPONJA PELOTA DE GOLF
Paratetilla bacca
F: Tetílidos
Una de las muchas esponjas tropicales con forma de bola, crece en arrecifes de coral protegidos del Pacífico occidental.

12 cm

OREJA DE ELEFANTE
Pachymatisma johnstonia
F: Geódidos
Montículos de esta dura esponja pueden cubrir zonas rocosas y restos de naufragios en aguas costeras limpias del Atlántico nororiental.

30–40 cm

NEGOMBATA MAGNIFICA
F: Podospóngidos
Los intentos de cultivar esta bonita esponja del mar Rojo están prosperando notablemente. Contiene sustancias químicas de gran importancia médica.

50 cm

ESPONJA PERFORANTE
Cliona celata
F: Cliónidos
Aunque puede presentar una masa de bultos amarillos, gran parte de esta esponja europea permanece oculta abriéndose paso entre conchas y rocas calcáreas.

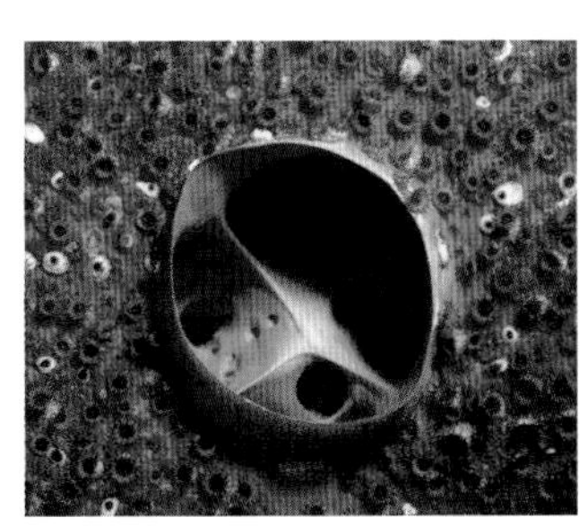

15–30 cm

ESPONJA PERFORANTE
Cliona delitrix
F: Cliónidos
Esta especie caribeña con grandes ósculos (como el de la imagen) para la salida del agua se instala en los corales perforándolos mediante una secreción ácida.

30–40 cm

CALLISPONGIA (CALLISPONGIA) NUDA
F: Calispóngidos
El vívido color de esta esponja del Pacífico tropical se debe a las sustancias químicas que contiene. Sus extractos se utilizan en la industria farmacéutica.

1 cm

PAN DE GAVIOTA
Halichondria panicea
F: Halicóndridos
Esta esponja del Atlántico nororiental crece formando costras en costas rocosas y aguas poco profundas. Su color proviene de algas simbiontes.

1–2 cm

SPIRASTRELLA CUNCTATRIX
F: Espirastrélidos
Una de las muchas esponjas incrustantes de vivos colores, esta especie se encuentra sobre rocas costeras del Mediterráneo y el Atlántico Norte.

2 m

ESPONJA BARRIL
Xestospongia testudinaria
F: Petrósidos
Dentro y fuera de esta enorme esponja de la región indopacífica viven pequeños peces e invertebrados. Hay ejemplares en los que cabría una persona.

0,8–2 m

APLYSINA ARCHERI
F: Aplisínidos
Los largos y elegantes tubos de esta especie se mecen suavemente con la corriente en los arrecifes caribeños en los que crece.

45 cm

CALLYSPONGIA PLICIFERA
F: Calispóngidos
Esta especie de superficie esculpida con crestas y valles, común en el Caribe, colorea los arrecifes con tonalidades que van del azul claro al púrpura.

ESPONJAS HOMOSCLEROMORFAS

En la pequeña clase homoscleromorfos se agrupan menos de 130 esponjas de aguas templadas y tropicales, la mayoría blandas, ya que poseen unas espículas silíceas diminutas o carecen de ellas. Sus larvas planctónicas tienen una forma única.

pólipo de coral blando

10–15 cm

PLAKORTIS LITA
F: Plakínidos
Esta esponja de color marrón oscuro por dentro y por fuera, y suave al tacto, se encuentra en arrecifes de coral del Pacífico occidental.

ESPONJAS DE CRISTAL

Las esponjas del grupo hexactinélidos viven en las profundidades oceánicas, donde algunas forman montículos de hasta 20 m de alto parecidos a arrecifes. Las espículas silíceas de seis radios de su esqueleto suelen fusionarse en una red que sigue en pie tras su muerte.

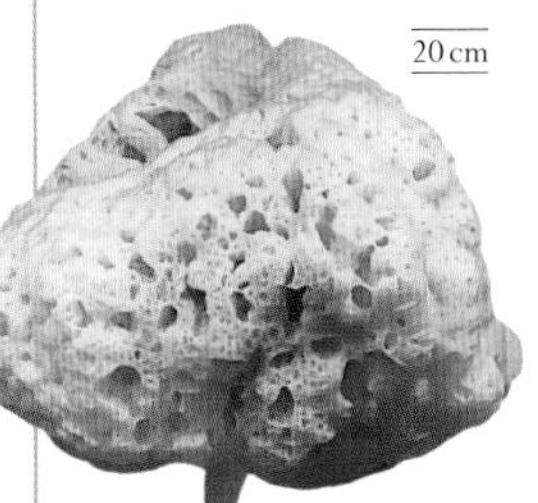

20 cm

***BOLOSOMA* SP.**
F: Euplectélidos
Las esponjas del género *Bolosoma*, que recuerdan hongos con sombrerillo gordo, viven en las profundidades marinas sostenidas en las corrientes por un largo y fino tallo.

35 cm

REGADERA DE FILIPINAS
Euplectella aspergillum
F: Euplectélidos
Vive en los océanos tropicales por debajo de los 150 m de profundidad. Antaño se recogía por su apreciado delicado esqueleto silíceo.

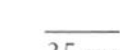

red rígida de espículas silíceas

CNIDARIOS

Este filo incluye medusas, corales y anémonas de mar. Capturan vivas a sus presas con sus tentáculos urticantes y las digieren en un simple tubo digestivo con forma de saco.

Todos son acuáticos y, por lo general, marinos. Tienen dos formas corporales: una de vida libre y con forma de campana o sombrilla, llamada medusa, y otra estática o sésil, llamada pólipo, típica de las anémonas de mar. Ni las medusas ni los pólipos tienen cabeza. Sus tentáculos rodean una única abertura que sirve para ingerir los alimentos y expulsar los residuos. El sistema nervioso de un cnidario es una simple red de fibras, sin cerebro: esto explica la simplicidad del comportamiento del animal. Aunque son carnívoros, los cnidarios no cazan activamente, con la posible excepción de los cubozoos. La mayoría espera a que una presa quede por azar al alcance de sus tentáculos.

PICADURAS

La superficie externa de la piel de los cnidarios —y en algunas especies también la interna— contiene unas pequeñas cápsulas urticantes. Estos órganos urticantes se llaman cnidocitos, origen del nombre de cnidarios. Los cnidocitos se concentran en los tentáculos y se activan cuando se produce el contacto con una presa potencial o cuando el animal es atacado. Cada cnidocito contiene un microscópico saco de veneno y dispara un pequeño «arpón» para inyectarlo en la carne. Algunos pueden penetrar la piel humana y causar un dolor intenso, pero la mayoría de los cnidarios son inofensivos para las personas.

CICLO DE VIDA ALTERNO

La mayoría de los cnidarios alterna las formas de medusa y pólipo durante su ciclo vital; por lo general, una de las dos es la dominante, pero en algunos grupos falta una u otra. La forma medusa, de vida libre, corresponde a la etapa reproductora. En casi todas las especies la fecundación es externa: los espermatozoides y los óvulos se liberan en el agua, donde nacen plánulas planctónicas, parecidas a platelmintos diminutos, que se fijan para crecer como pólipos. Estos podrán producir más adelante nuevas medusas que completarán el ciclo.

FILO	CNIDARIOS
CLASES	6
ÓRDENES	22
FAMILIAS	278
ESPECIES	11 947

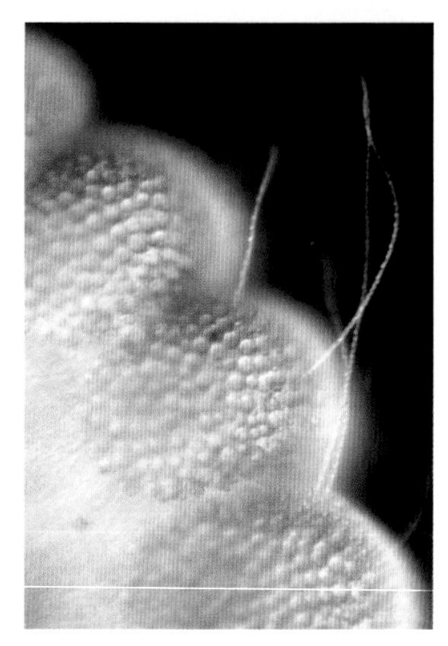

Esta imagen microscópica muestra unos cnidocitos (células urticantes) en el momento de lanzar sus arpones cargados de veneno.

CUBOZOOS

Los miembros de esta clase, llamados cubomedusas, son tropicales y subtropicales. Se distinguen de las medusas verdaderas por su mayor capacidad de controlar la dirección y la velocidad al desplazarse, en vez de dejarse llevar por la corriente. El velario ondeante en la parte inferior de la umbrela les permite alcanzar una velocidad considerable. Tienen ojos, dispuestos en los lados de la umbrela, y ven lo suficiente para esquivar obstáculos y detectar presas.

umbrela con cuatro lados

0,3–3 m

AVISPA DE MAR
Chironex fleckeri
F: Quiropódidos
La picadura de esta especie de la región indopacífica -el cubozoo más grande- es particularmente dolorosa y ha causado muertes humanas.

MEDUSAS PEDUNCULADAS

Los miembros de la clase estaurozoos solo son fácilmente visibles en la fase adulta. A diferencia de otras medusas, no nadan, sino que permanecen fijas al sustrato por un pedúnculo. De su boca irradian ocho brazos con grupos de tentáculos en la punta. Las otras fases de su vida son larvas plánula y pólipos (llamados estauropólipos) sumamente pequeños.

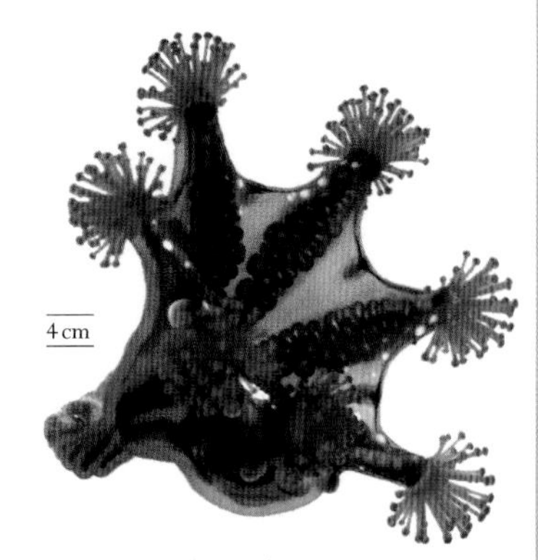

4 cm

MEDUSA PEDUNCULADA
Haliclystus auricula
F: Haliclístidas
Esta especie se encuentra fijada a algas y plantas marinas en aguas frías someras del Atlántico y el Pacífico, donde captura su alimento con las células urticantes de los tentáculos.

MEDUSAS VERDADERAS

La conocida medusa con umbrela redondeada corresponde a la fase de medusa de los escifozoos. El pólipo es más pequeño e incluso inexistente en algunas especies de las profundidades. Los pólipos producen nuevas medusas diminutas en un proceso llamado estrobilación. Algunas carecen de tentáculos en torno a la umbrela.

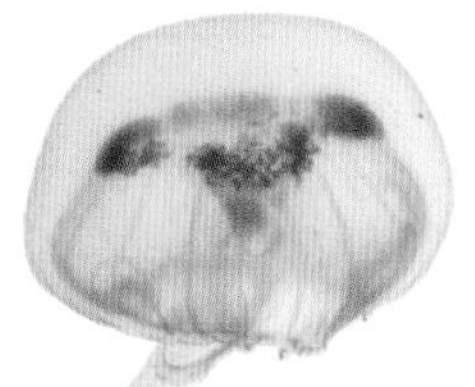

20–40 cm

MEDUSA COMÚN
Aurelia aurita
F: Ulmáridos
Esta especie de distribución mundial tiene cuatro largos «brazos», además de pequeños tentáculos marginales. Se reproduce cerca de la costa, y los pólipos se asientan en estuarios.

14–16 cm

MEDUSA MOTEADA DE LOS ATOLONES
Mastigias papua
F: Mastígidos
Esta especie portadora de algas atrapa el plancton con una secreción mucosa. Vive en lagunas litorales del Pacífico Sur, incluidas las de los atolones.

20–30 cm

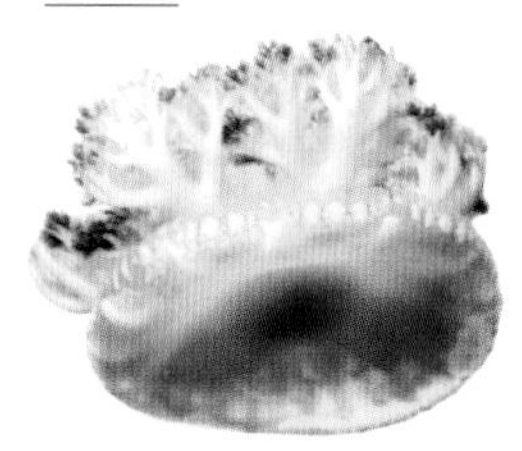

MEDUSA INVERTIDA
Cassiopea andromeda
F: Casiopeidos
Esta medusa indopacífica, que recuerda a una anémona, vive en el fondo de lagunas litorales, boca arriba y haciendo circular el agua con movimientos pulsátiles de la umbrela.

HIDROZOOS

La mayoría vive en colonias ramificadas, formadas por diminutos pólipos. Algunos se fijan a las superficies con unos tallos horizontales llamados estolones. Las colonias están cubiertas por una envoltura transparente córnea (perisarco), y algunos de los pólipos producen medusas. La hidra común no pasa por la fase de medusa: los pólipos solitarios desarrollan órganos sexuales o se reproducen asexualmente.

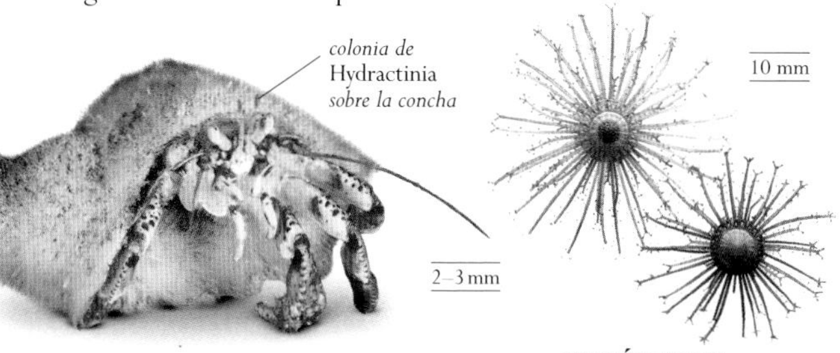

HYDRACTINIA ECHINATA
F: Hidractínidos
De una familia de hidrozoos coloniales espinosos, esta especie del Atlántico nororiental crece sobre las conchas de caracol de cangrejos ermitaños.

BOTÓN AZUL
Porpita porpita
F: Porpítidos
Este hidrozoo colonial de los océanos tropicales que parece una medusa a veces se considera un pólipo individual muy modificado.

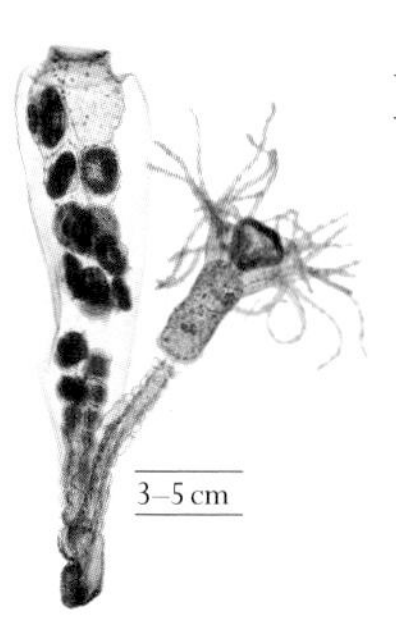

OBELIA GENICULATA
F: Campanuláridos
Este hidrozoo extendido por todo el mundo abunda en las algas marinas intermareales. Crece en colonias de pólipos con una envoltura en forma de cáliz (teca) que parten de tallos horizontales.

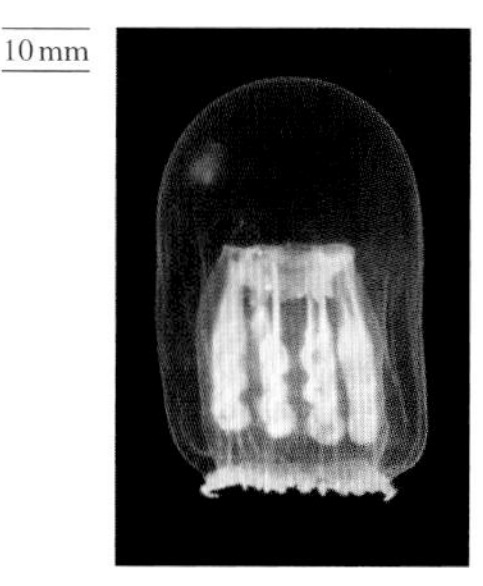

MELICERTUM OCTOCOSTATUM
F: Melicértidos
Este hidrozoo del norte de los océanos Atlántico y Pacífico pertenece a una familia emparentada con la de los pólipos con teca. Se conoce sobre todo por sus medusas.

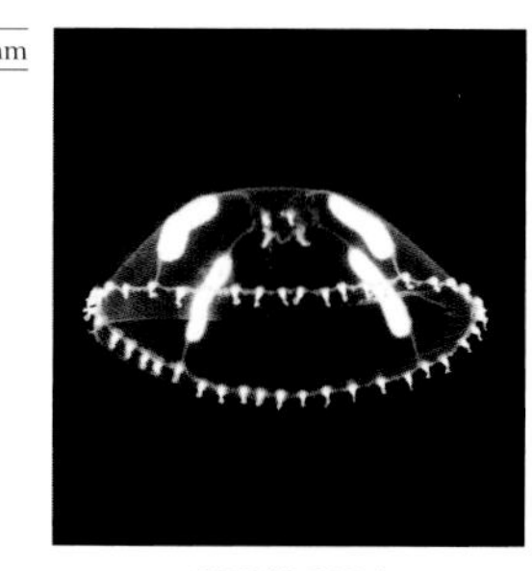

PHIALELLA QUADRATA
F: Fialélidos
Como las de su pariente *Obelia*, las ramificadas colonias de este hidrozoo de distribución mundial liberan pequeñas medusas que se reproducen sexualmente.

HIDROZOO MORADO
Distichopora violacea
F: Estilastéridos
Al igual que otros hidrozoos, las colonias de esta especie indopacífica tienen pólipos especializados en distintas funciones, como la nutrición y la defensa.

CARABELA O FRAGATA PORTUGUESA
Physalia physalis
F: Fisálidos
Parece una medusa, pero es una colonia oceánica cuyos pólipos especializados cuelgan de un flotador lleno de gas.

flotador lleno de gas (neumatóforo)

10–50 m

40 cm

PHYSOPHORA HYDROSTATICA
F: Fisofóridos
Esta colonia de hidrozoos tiene un flotador más pequeño que su pariente, la carabela portuguesa, y dispone de unas prominentes campanas que le permiten nadar.

HIDROZOO URTICANTE
Aglaophenia cupressina
F: Aglaofénidos
Esta especie indopacífica con aspecto de pluma o helecho pertenece a un grupo de hidrozoos coloniales con pólipos provistos de teca.

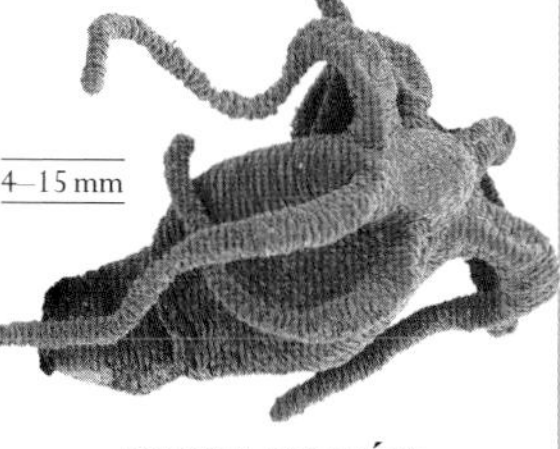

HIDRA COMÚN
Hydra vulgaris
F: Hídridos
Carece de fase de medusa, y sus pequeños pólipos pueden reproducirse asexualmente por gemación. Vive en aguas dulces frías de todo el mundo. (Aquí se muestra con un color distinto al real.)

CRIN DE LEÓN
Cyanea capillata
F: Cianeidos
Esta gran medusa de las aguas árticas posee numerosos tentáculos dispuestos en densos grupos. Su picadura es potente, y entre sus presas se encuentran los peces.

MEDUSA CORONADA DE AGUAS PROFUNDAS
Periphylla periphylla
F: Perifílidos
Es una de las muchas especies de aguas profundas poco conocidas de un grupo caracterizado por tener un surco en torno a la umbrela.

10–20 cm

TUBULARIA SP.
F: Tubuláridos
Los pólipos de este hidrozoo están sobre largos tallos con dos verticilos de tentáculos, uno alrededor de la base del pólipo y otro en torno a su boca.

40–50 cm

CORAL DE FUEGO
Millepora sp.
F: Milepóridos
Como otros de su familia, este hidrozoo colonial de potente picadura tiene un esqueleto calcificado y forma arrecifes. Se trata de un pariente lejano de las madréporas.

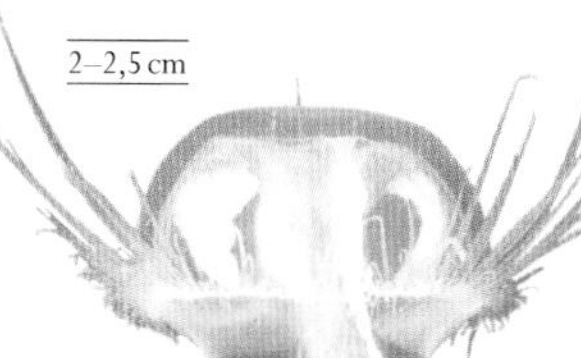

MEDUSA DE AGUA DULCE
Craspedacusta sowerbii
F: Olíndidos
Es la fase dominante de la especie, esporádica en estanques, lagos y arroyos de todo el mundo.

ANÉMONAS DE MAR Y CORALES

A diferencia de otros cnidarios, los antozoos carecen de la fase de medusa, por lo que los pólipos, muchos de los cuales tienen apariencia de flor, producen espermatozoides y óvulos. Esta clase comprende anémonas de mar solitarias, plumas de mar coloniales, corales blandos y corales pétreos tropicales que forman arrecifes.

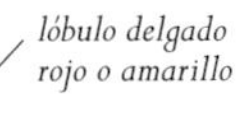
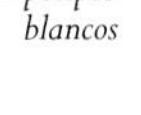
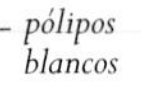

20–30 cm

lóbulo delgado rojo o amarillo

pólipos blancos

MANO DE MUERTO ROJA
Alcyonium glomeratum
F: Alciónidos
Pariente de la mano de muerto común, pero más esbelta y erguida, crece en costas rocosas europeas abrigadas y su color varía del amarillo al rojo.

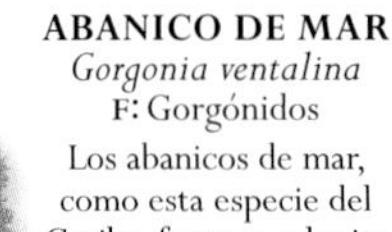

1–1,5 m

ABANICO DE MAR
Gorgonia ventalina
F: Gorgónidos
Los abanicos de mar, como esta especie del Caribe, forman colonias sostenidas por un eje vertical reforzado con una sustancia córnea llamada gorgonina.

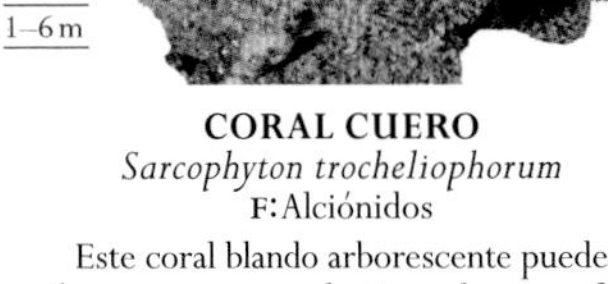

1–6 m

CORAL CUERO
Sarcophyton trocheliophorum
F: Alciónidos
Este coral blando arborescente puede formar enormes colonias en los arrecifes tropicales de la región indopacífica. Crece rápido y se alimenta a partir de algas fotosintetizadoras.

10–15 cm

GERSEMIA RUBIFORMIS
F: Nefteidos
Las colonias de este coral blando arborescente forman masas de vivo color rosa. Crece en la parte septentrional de los océanos Pacífico y Atlántico.

racimo de pólipos

20–30 cm

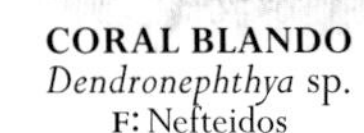

CORAL BLANDO
Dendronephthya sp.
F: Nefteidos
Típica de una familia de corales blandos arborescentes con pólipos en racimos, esta colorida especie crece en arrecifes tropicales indopacíficos.

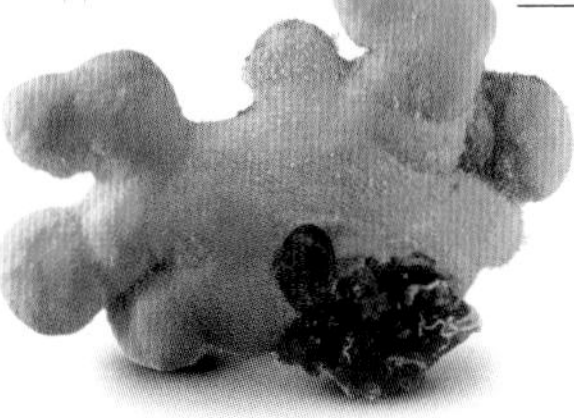

10–20 cm

MANO DE MUERTO COMÚN
Alcyonium digitatum
F: Alciónidos
Esta especie lobulada europea, un coral blando típico, forma colonias de pólipos sobre una masa carnosa, sin esqueleto rígido.

50–100 cm

CORAL ROJO
Corallium rubrum
F: Corálidos
Las colonias de este abanico de mar Mediterráneo, que no es un auténtico coral, se apoyan en un esqueleto de diminutas agujas calcificadas. Es muy apreciado en joyería.

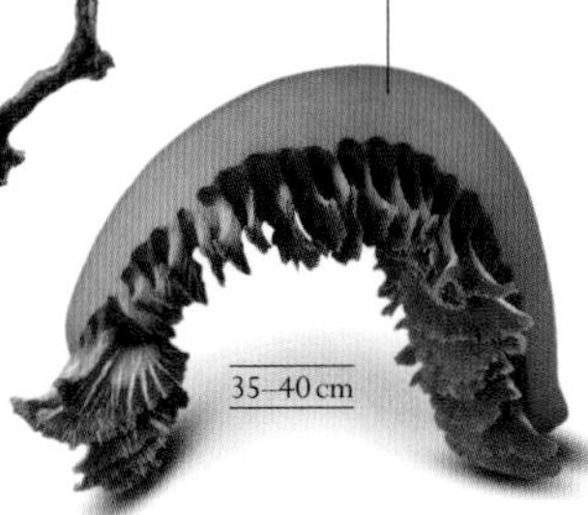

cuerpo flexible

35–40 cm

SARCOPTILUS GRANDIS
F: Pennatúlidos
Extendida en aguas templadas, esta pluma de mar porta ramas con forma de riñón dispuestas en hileras a cada lado de su eje.

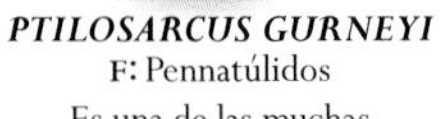

40–50 cm

PTILOSARCUS GURNEYI
F: Pennatúlidos
Es una de las muchas plumas de mar de vivos colores que crecen en la costa norteamericana del Pacífico. Se retrae en su madriguera cuando la acechan sus depredadores.

0,5–2 m

LÁTIGO DE MAR BLANCO
Junceella fragilis
F: Elisélidos
Los látigos de mar, parientes de los abanicos de mar, tienen un eje reforzado con calcio. Esta es una especie de arrecife indonesia.

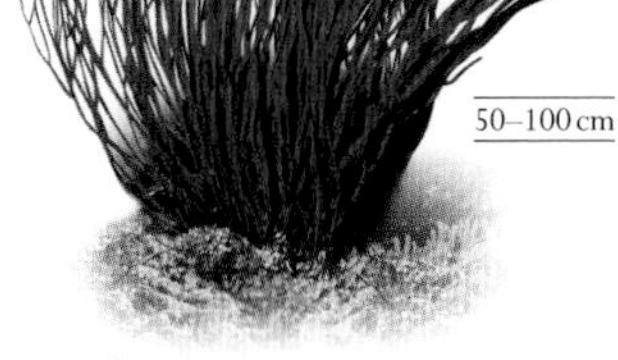

50–100 cm

LÁTIGO DE MAR ROJO
Ellisella sp.
F: Elisélidos
Los *Ellisella* crean colonias ramificadas que a veces llegan a formar densos arbustos submarinos. Se encuentran en aguas tropicales y templadas.

tubos calcáreos

50–100 cm

CORAL TUBO DE ÓRGANO
Tubipora musica
F: Tubipóridos
Este coral blando indopacífico tiene los pólipos en tubos calcificados erguidos que se conectan a la colonia mediante una red a modo de raíces.

15–30 cm

CORAL AZUL
Heliopora coerulea
F: Heliopóridos
A pesar de su duro esqueleto calcificado, está más estrechamente emparentado con los corales blandos que con los pétreos. Es el único miembro de su orden.

tentáculo

GONIOPORA COLUMNA
F: Porítidos
Esta especie indopacífica, pariente del coral lobular, tiene unos pólipos parecidos a margaritas que se alargan mucho cuando están completamente extendidos.

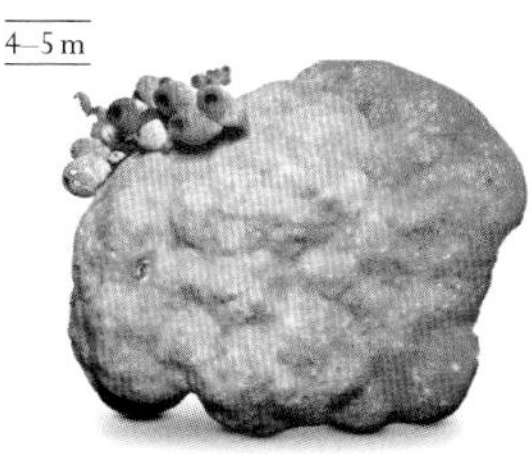

CORAL LOBULAR
Porites lobata
F: Porítidos
Este constructor de arrecifes de la región indopacífica forma grandes colonias incrustantes en lugares batidos por el oleaje.

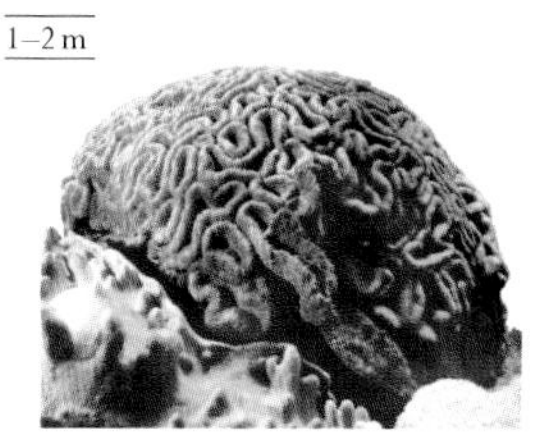

CORAL CEREBRO LOBULADO
Lobophyllia sp.
F: Lobofílidos
Las colonias masivas de este coral, planas o con forma de cúpula, se encuentran en arrecifes de aguas tropicales de la región indopacífica.

ANÉMONA DALIA
Urticina felina
F: Actínidos
Esta anémona puede acumular tantos desechos en sus pegajosas protuberancias que, con los tentáculos retraídos, parece un montoncito de grava. Se halla alrededor del polo Norte.

CORAL CUERNO DE CIERVO
Acropora sp.
F: Acropóridos
Este ramificado coral es uno de los mayores constructores de arrecifes tropicales. Se alimenta mediante algas fotosintetizadoras y crece muy rápido.

CORAL MARGARITA
Goniopora sp.
F: Porítidos
Los pólipos de este género de corales pétreos suelen tener 24 tentáculos de largo alcance. Es uno de los corales que más se parecen a una flor.

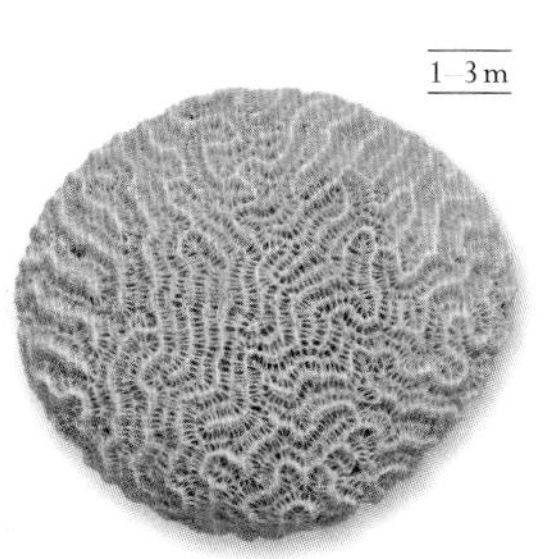

CORAL CEREBRO DE SURCOS GRANDES
Colpophyllia sp.
F: Fávidos
Su estructura hemisférica similar a un cerebro es típica de su familia. Es un constructor de arrecifes tropical que contiene algas fotosintetizadoras.

CORAL HONGO
Fungia fungites
F: Fúngidos
Es uno de los muchos corales hongo tropicales que no construyen arrecifes, sino que viven entre otras especies como pólipos solitarios que se arrastran por el suelo oceánico.

ANÉMONA DE MAR MAGNÍFICA
Heteractis magnifica
F: Estilodactílidos
Esta especie gigante vive en los arrecifes indopacíficos, en estrecha colaboración con varias especies de peces, como los peces payaso.

CORAL DE AGUAS FRÍAS DEL ATLÁNTICO
Desmophyllum pertusum
F: Cariofílidos
Este coral del Atlántico Norte construye, aunque muy lentamente, extensos arrecifes que no forman otras especies por falta de algas que les aporten nutrientes.

ANÉMONA DE MAR PLUMOSA
Metridium senile
F: Metrídidos
Pertenece a una familia de distribución mundial que se caracteriza por tener una masa confusa de tentáculos. Cuando se divide forma poblaciones genéticamente idénticas.

ANÉMONA DE MAR COMÚN
Anemonia viridis
F: Actínidos
Los largos tentáculos de esta especie intermareal europea rara vez se retraen, ni siquiera al quedar expuestos durante la marea baja.

CARYOPHYLLIA (CARYOPHYLLIA) SMITHII
F: Cariofílidos
Esta especie del Atlántico nororiental pertenece a una familia que comprende corales de aguas frías, algunos de ellos con grandes pólipos similares a anémonas. Las bellotas de mar suelen fijarse en este coral.

ANÉMONA TUBIFORME COMÚN
Cerianthus membranaceus
F: Ceriántidos
Se esconde entre los sedimentos en un tubo que construye a partir de sustancias mucosas con sus exclusivos cnidocitos no urticantes. Se halla en el limo de alta mar de Europa.

CORAL NEGRO DEL ATLÁNTICO
Antipathes sp.
F: Antipátidos
Los corales negros viven principalmente en aguas profundas y forman colonias de pólipos espinosas con finos exoesqueletos córneos.

PLATELMINTOS

De gran simplicidad estructural, viven en cualquier hábitat húmedo que pueda proporcionar oxígeno y alimento a su delgado cuerpo plano.

Los animales del filo platelmintos se encuentran en diversas formas en el océano, en estanques de agua dulce e incluso dentro del cuerpo de otros animales. Superficialmente parecen sanguijuelas o gusanos, aunque en realidad son animales mucho más simples. No tienen sistema circulatorio ni órganos para respirar, y usan la superficie de todo el cuerpo para absorber oxígeno y liberar dióxido de carbono. Las especies que carecen de tubo digestivo absorben el alimento del mismo modo; otras especies poseen un tubo digestivo con una abertura y dividido en ramales, de manera que el alimento digerido puede llegar a todos los tejidos incluso sin un sistema vascular sanguíneo que haga circular los nutrientes. Algunos platelmintos libres son detritívoros que se deslizan sobre unos cilios o pelos microscópicos, y otros depredan diversos invertebrados.

PARÁSITOS INTERNOS

Las tenias y los trematodos son parásitos. Su cuerpo plano está adaptado para la absorción de nutrientes en el interior del huésped. Muchos usan complejos procedimientos para pasar de un huésped a otro y pueden infestar a más de un tipo de animal. Entran en su cuerpo con alimentos contaminados o a través de la piel; una vez dentro, pueden penetrar más profundamente atravesando la pared intestinal para alojarse en órganos vitales.

FILO	PLATELMINTOS
CLASES	6
ÓRDENES	41
FAMILIAS	Unas 420
ESPECIES	Unas 30 000

DEBATE

¿UN NUEVO FILO?

Según recientes y controvertidos estudios, los acelos, pequeños animales marinos sin tubo digestivo ni cerebro tradicionalmente considerados platelmintos, pertenecen a un nuevo filo propio, y son los más primitivos animales vivos con simetría bilateral, en contraste con los cnidarios radiados.

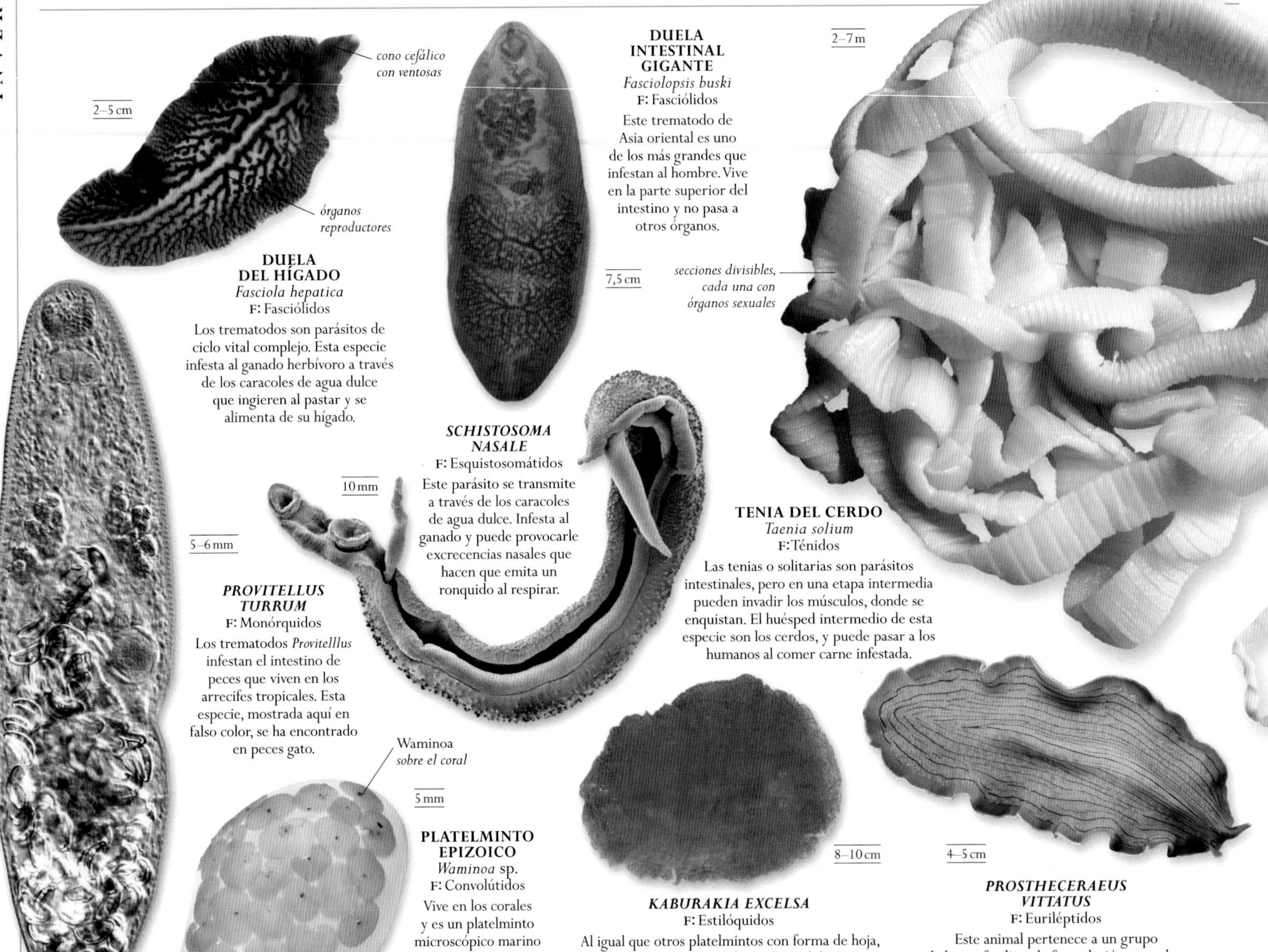

DUELA DEL HÍGADO
Fasciola hepatica
F: Fasciólidos
Los trematodos son parásitos de ciclo vital complejo. Esta especie infesta al ganado herbívoro a través de los caracoles de agua dulce que ingieren al pastar y se alimenta de su hígado.

DUELA INTESTINAL GIGANTE
Fasciolopsis buski
F: Fasciólidos
Este trematodo de Asia oriental es uno de los más grandes que infestan al hombre. Vive en la parte superior del intestino y no pasa a otros órganos.

SCHISTOSOMA NASALE
F: Esquistosomátidos
Este parásito se transmite a través de los caracoles de agua dulce. Infesta al ganado y puede provocarle excrecencias nasales que hacen que emita un ronquido al respirar.

TENIA DEL CERDO
Taenia solium
F: Ténidos
Las tenias o solitarias son parásitos intestinales, pero en una etapa intermedia pueden invadir los músculos, donde se enquistan. El huésped intermedio de esta especie son los cerdos, y puede pasar a los humanos al comer carne infestada.

PROVITELLUS TURRUM
F: Monórquidos
Los trematodos *Provitelllus* infestan el intestino de peces que viven en los arrecifes tropicales. Esta especie, mostrada aquí en falso color, se ha encontrado en peces gato.

PLATELMINTO EPIZOICO
Waminoa sp.
F: Convolútidos
Vive en los corales y es un platelminto microscópico marino que recuerda a las larvas planctónicas de los cnidarios.

KABURAKIA EXCELSA
F: Estilóquidos
Al igual que otros platelmintos con forma de hoja, esta especie intermareal de América del Norte es principalmente carnívora. Asfixia a su presa con una extensión del intestino donde se encuentra la boca.

PROSTHECERAEUS VITTATUS
F: Euriléptidos
Este animal pertenece a un grupo de hermafroditas de fecundación cruzada y vida libre, principalmente marinos, llamados policládidos. Vive en el océano Atlántico.

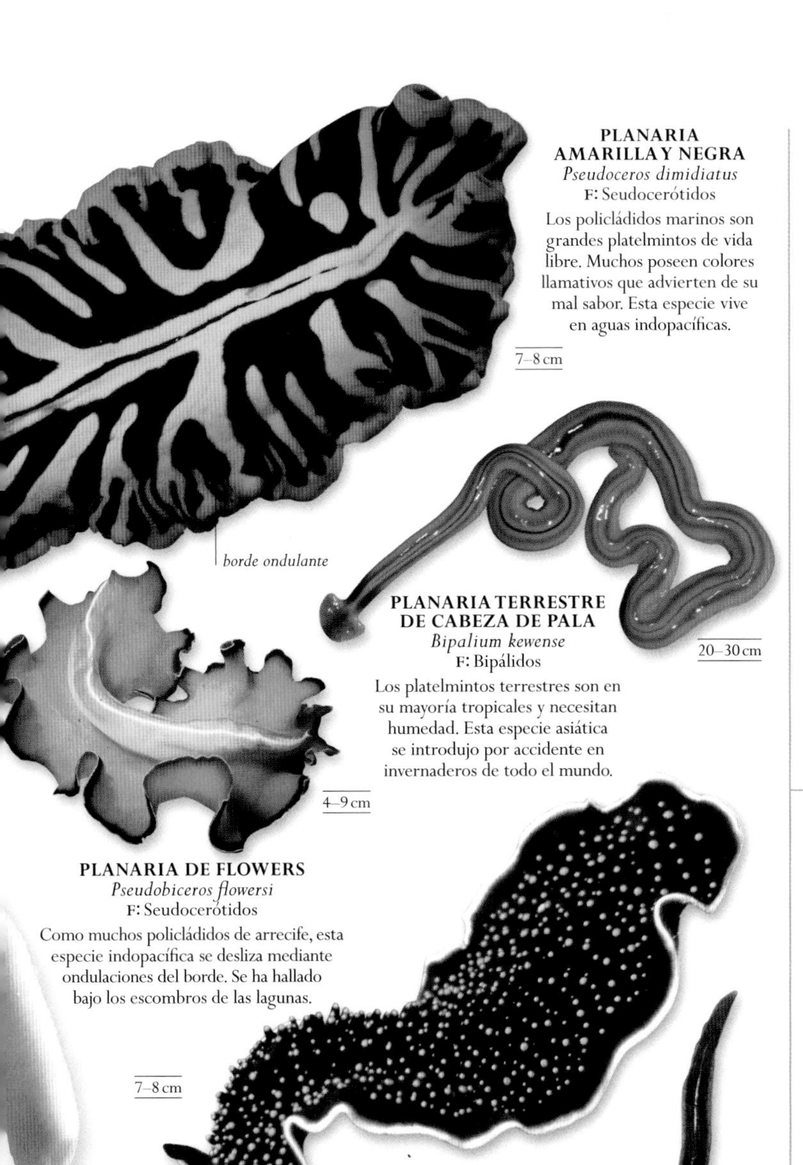

PLANARIA AMARILLA Y NEGRA
Pseudoceros dimidiatus
F: Seudocerótidos
Los policládidos marinos son grandes platelmintos de vida libre. Muchos poseen colores llamativos que advierten de su mal sabor. Esta especie vive en aguas indopacíficas.

PLANARIA TERRESTRE DE CABEZA DE PALA
Bipalium kewense
F: Bipálidos
Los platelmintos terrestres son en su mayoría tropicales y necesitan humedad. Esta especie asiática se introdujo por accidente en invernaderos de todo el mundo.

PLANARIA DE FLOWERS
Pseudobiceros flowersi
F: Seudocerótidos
Como muchos policládidos de arrecife, esta especie indopacífica se desliza mediante ondulaciones del borde. Se ha hallado bajo los escombros de las lagunas.

PLANARIA DE PAPILAS DORADAS
Thysanozoon nigropapillosum
F: Seudocerótidos
Muchos policládidos de su género están cubiertos de gránulos, que en esta especie negra aterciopelada de la región indopacífica tienen la punta amarilla.

1,5–2 cm

PLANARIA DE AGUA DULCE LÚGUBRE
Dugesia lugubris
F: Planáridos
Esta especie europea de nematodo con un intestino de tres ramales se encuentra en hábitats de agua dulce, mientras que otras especies de este tipo son marinas.

PLANARIA TERRESTRE DE NUEVA ZELANDA
Arthurdendyus triangulatus
F: Geoplánidos
Esta especie que vive en el suelo es nativa de Nueva Zelanda, pero ha invadido Europa. Se alimenta de lombrices de tierra.

2–3 cm

PLANARIA DE AGUA DULCE PARDA
Dugesia tigrina
F: Planáridos
Nativa de los hábitats de agua dulce de América del Norte, ha sido introducida en Europa.

PLANARIA DE LOS TORRENTES
Dugesia gonocephala
F: Planáridos
Muchos de estos nematodos dulceacuícolas, como esta especie europea de aguas rápidas, tienen aletas en forma de orejas para detectar corrientes de agua.

NEMATODOS

De estructura simple y cilíndrica, son capaces de sobrevivir casi en cualquier parte, resistir la sequía y reproducirse rápidamente.

FILO	NEMATODOS
CLASES	2
ÓRDENES	17
FAMILIAS	Unas 160
ESPECIES	Unas 26 000

Los nematodos se hallan por doquier. En un metro cuadrado de suelo puede haber millones de ellos, y también viven en agua dulce y hábitats marinos. Muchos son parásitos. Estos animales son sumamente prolíficos, llegando a producir cientos de miles de huevos al día. Cuando se deterioran las condiciones ambientales pueden sobrevivir al calor, las heladas o la sequía con distintos mecanismos de resistencia y volviéndose inactivos. Tienen una cavidad corporal revestida de tejido muscular y dos aberturas en su sistema digestivo: boca y ano. Su cuerpo cilíndrico está cubierto de una capa dura llamada cutícula –funcionalmente similar a la de los artrópodos– que mudan periódicamente a medida que crecen.

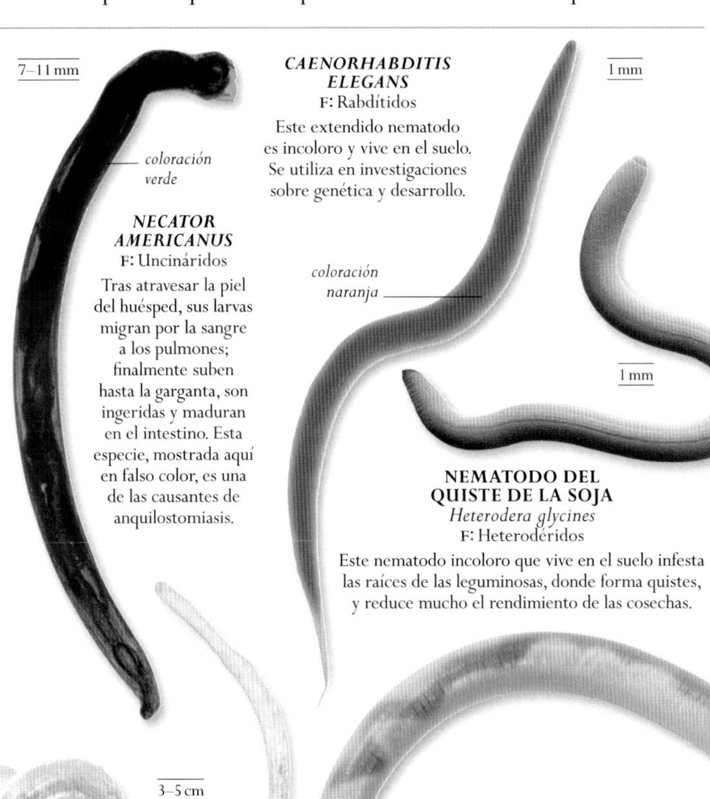

CAENORHABDITIS ELEGANS
F: Rabdítidos
Este extendido nematodo es incoloro y vive en el suelo. Se utiliza en investigaciones sobre genética y desarrollo.

NECATOR AMERICANUS
F: Uncinárídos
Tras atravesar la piel del huésped, sus larvas migran por la sangre a los pulmones; finalmente suben hasta la garganta, son ingeridas y maduran en el intestino. Esta especie, mostrada aquí en falso color, es una de las causantes de anquilostomiasis.

NEMATODO DEL QUISTE DE LA SOJA
Heterodera glycines
F: Heterodéridos
Este nematodo incoloro que vive en el suelo infesta las raíces de las leguminosas, donde forma quistes, y reduce mucho el rendimiento de las cosechas.

TRICOCÉFALO
Trichuris trichiura
F: Tricúridos
Como muchos otros parásitos intestinales, esta especie principalmente tropical infesta a los humanos al ingerir alimentos contaminados con heces. Completa su ciclo vital en los intestinos.

LOMBRIZ INTESTINAL
Ascaris lumbricoides
F: Ascáridos
Parásito común en humanos en regiones con malas condiciones higiénicas, donde la gente se infecta al comer alimentos contaminados con heces. Las lombrices adultas viven en el intestino del huésped.

ANÉLIDOS

Muchas especies de este filo, con órganos y músculos más complejos que los platelmintos, son nadadoras o excavadoras.

Los anélidos incluyen lombrices de tierra, poliquetos y sanguijuelas. En general, su sangre circula por vasos y tienen celoma, un saco de líquido que recorre su cuerpo y mantiene el movimiento del tubo digestivo separado del de la pared corporal. El celoma se divide en secciones que corresponden a los segmentos del cuerpo; cada uno tiene un conjunto de músculos, y la coordinación de estos grupos musculares puede enviar una onda de contracción a lo largo de todo el cuerpo o hacer que se flexione hacia delante y hacia atrás. Esto permite a muchos anélidos una gran movilidad tanto en tierra como en el agua. Los anélidos marinos –poliquetos depredadores y sus parientes filtradores– tienen conjuntos de cerdas (quetas) a lo largo de su cuerpo, por lo general en pequeñas aletas que usan para nadar, excavar o arrastrarse. Este tipo de anélidos se llaman poliquetos.

Las lombrices de tierra tienen menos quetas y son unos importantes detritívoros, ya que reciclan la vegetación muerta y airean el suelo. Muchas sanguijuelas, más especializadas, son parásitos externos con ventosas para extraer sangre de su huésped y una saliva con sustancias químicas que impiden la coagulación sanguínea; otras son depredadoras. Tanto las lombrices de tierra como las sanguijuelas tienen una estructura glandular llamada clitelo que abarca varios anillos o segmentos y contiene los órganos reproductores.

FILO	ANÉLIDOS
CLASES	4
ÓRDENES	17
FAMILIAS	Unas 130
ESPECIES	Unas 18 000

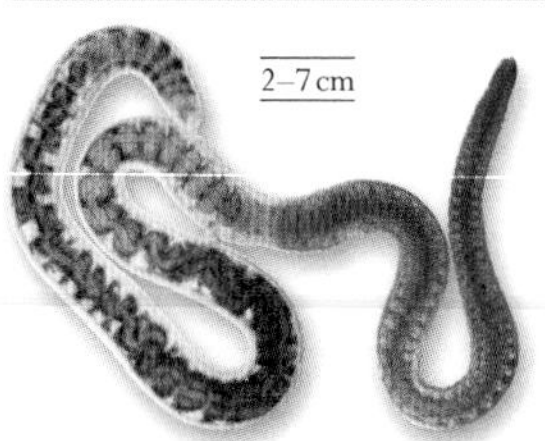

2–7 cm

LOMBRIZ ACUÁTICA
Tubifex sp.
F: Naídidos
Puede verse en el limo contaminado por aguas residuales, con el extremo anterior enterrado y el posterior moviéndose para absorber oxígeno.

50 cm

***GLOSSOSCOLEX* SP.**
F: Glososcolécidos
Se trata de una gran lombriz tropical de América Central y del Sur. Muchas de ellas se hallan en hábitats selváticos.

10–15 cm

LOMBRIZ ROJA
Eisenia foetida
F: Lumbrícidos
Esta especie europea que habita entre la vegetación podrida segrega un líquido defensivo y, como otras lombrices de tierra, tiene un clitelo que produce capullos con huevos.

15–25 cm

clitelo

LOMBRIZ DE TIERRA COMÚN
Lumbricus terrestris
F: Lumbrícidos
Esta lombriz nativa de Europa e introducida en otros lugares arrastra hojas hasta su madriguera por la noche como fuente de alimento.

4–7 cm

GUSANO ÁRBOL DE NAVIDAD
Spirobranchus giganteus
F: Serpúlidos
Esta especie caracterizada por sus verticilos de tentáculos en espiral, que usa para filtrar alimentos y extraer oxígeno, es común en arrecifes tropicales.

ONICÓFOROS

Estos animales de cuerpo blando, emparentados con los artrópodos, avanzan lentamente por los suelos forestales como orugas gigantes, pero son unos extraordinarios cazadores.

Los onicóforos tienen el cuerpo de una lombriz y los múltiples miembros de un ciempiés, pero pertenecen a un filo propio. Los onicóforos viven en las pluvisilvas de América tropical, África y Australasia, pero rara vez se dejan ver porque evitan la luz y prefieren esconderse en grietas o entre la hojarasca. Salen de noche o después de la lluvia a la caza de otros invertebrados que capturan tras inmovilizarlos, rociándolos con una baba pegajosa producida por unas glándulas que se abren a través de unos poros a ambos lados de la boca.

FILO	ONICÓFOROS
CLASES	1
ÓRDENES	1
FAMILIAS	2
ESPECIES	Unas 200

piel cubierta de finos pelos

10 cm

ONICÓFORO DE ÁFRICA DEL SUR
Peripatopsis moseleyi
F: Peripatópsidos
Esta especie pertenece a una familia con una distribución meridional mundial.

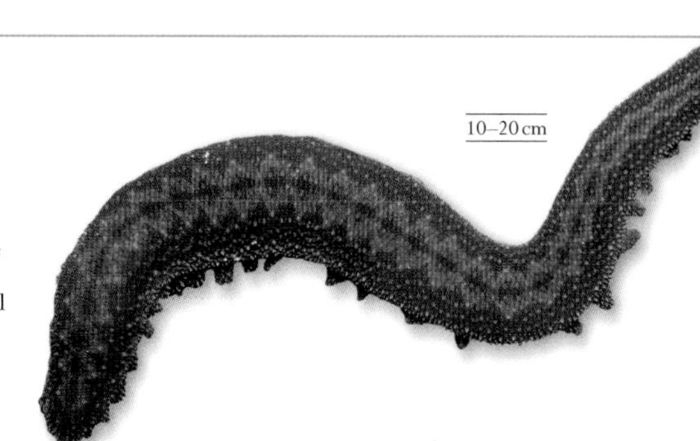

10–20 cm

ONICÓFORO DEL CARIBE
Epiperipatus broadwayi
F: Peripátidos
Pertenece a una familia de onicóforos ecuatoriales que normalmente tienen más patas que las especies del hemisferio sur.

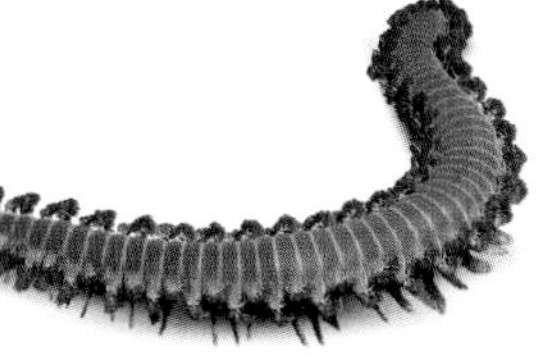

6–30 cm

GUSANO DE FUEGO
Hermodice carunculata
F: Anfinómidos
Esta especie del Atlántico tropical vive en alta mar. Es un depredador que succiona la pulpa blanda del duro esqueleto de los corales. Tiene cerdas irritantes que causan mucho dolor.

10–20 cm

RATÓN DE MAR
Aphrodita aculeata
F: Afrodítidos
Este gusano excavador en el limo vive en aguas someras del norte de Europa. Sus escamas están cubiertas por una capa peluda.

2,5–3 cm

POLIQUETO DE LAS HOLOTURIAS
Gastrolepidia clavigera
F: Polinoideos
Este parásito indopacífico de las holoturias tiene escamas aplanadas en el dorso.

12–25 cm

GUSANA DE PLAYA
Arenicola marina
F: Arenicólidos
Este poliqueto parecido a una lombriz de tierra vive en madrigueras en playas y marismas, donde ingiere sedimentos y se alimenta de detritos.

1–4 m

POLIQUETO TUBÍCOLA ALVEOLAR
Sabellaria alveolata
F: Sabeláridos
Construye su tubo con arena y trozos de conchas, y crea arrecifes con forma de panal en el Atlántico y el Mediterráneo.

5–15 cm

GUSANA VERDE
Eulalia viridis
F: Filodócidos
Esta especie europea es un activo carnívoro con aletas en forma de hoja en las extensiones de su cuerpo. Vive entre rocas y algas intermareales.

8–10 cm

PLUMERO DEL PACÍFICO
Sabellastarte sanctijosephi
F: Sabélidos
Esta especie tropical indopacífica es común a lo largo de las costas, incluidos los arrecifes de coral y las pozas mareales.

25–40 cm

ALITTA VIRENS
F: Neréididos
Este gusano del Atlántico, pariente de la gusana verde, excava su madriguera en el limo. Su mordedura es dolorosa.

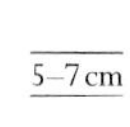

5–7 cm

SÉRPULA ROJA
Serpula vermicularis
F: Serpúlidos
Los gusanos de esta familia construyen un duro tubo calcáreo. Esta especie cosmopolita tiene unos tentáculos modificados que tapan el tubo después de retraerse.

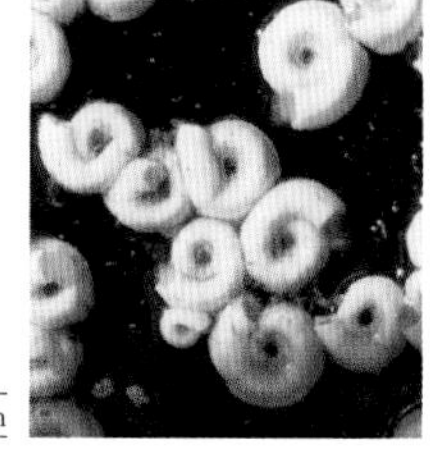

2–3 mm

SPIRORBIS BOREALIS
F: Serpúlidos
El pequeño tubo en espiral de esta especie se adhiere a las algas pardas en las zonas intermareales del Atlántico Norte.

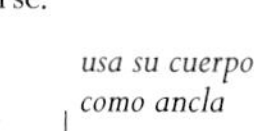

2–2,4 m

usa su cuerpo como ancla

GUSANO VESTIMENTÍFERO GIGANTE
Riftia pachyptila
F: Siboglínidos
Vive en la oscuridad caliente y sulfurosa de las fumarolas del fondo del Pacífico. Su penacho rojo aloja bacterias que fabrican su alimento a partir de las sustancias químicas que emanan.

TARDÍGRADOS

Los tardígrados son ágiles animales de cuerpo rechoncho, visibles solo con un microscopio, que comparten hábitat acuático con microbios e invertebrados mucho más simples.

Los pequeños tardígrados («de paso lento») trepan por las plantas acuáticas aferrándose con las garras de sus cuatro pares de cortas patas. La mayoría mide menos de un milímetro de largo. Abundan entre el musgo o las algas, donde muchos emplean sus mandíbulas en forma de aguja para perforar las células de estas plantas y chupar su savia. Muchas especies solo son hembras que se reproducen asexualmente a partir de huevos no fecundados. Si su hábitat se seca, son capaces de sobrevivir entrando en un estado de suspensión de sus procesos metabólicos llamado criptobiosis, a veces durante años, hasta que la lluvia los reanima.

FILO	TARDÍGRADOS
CLASES	3
ÓRDENES	5
FAMILIAS	20
ESPECIES	Unas 1000

TARDÍGRADO DEL MUSGO
Echiniscus sp.
F: Equiniscidos
Muchos tardígrados viven en el musgo, pero su capacidad de sobrevivir en un hábitat seco les ha permitido dispersarse por todo el mundo.

0,25 mm

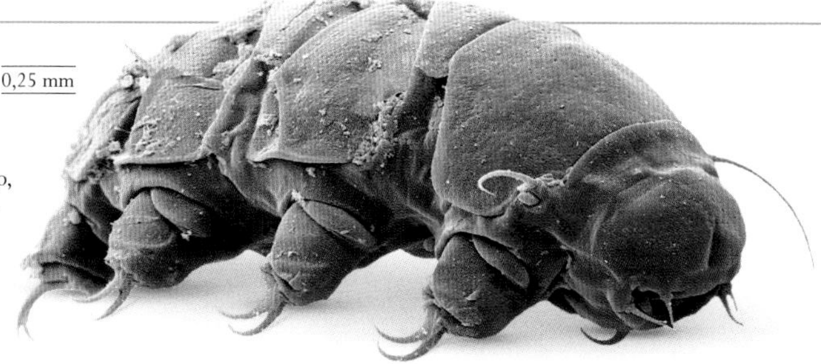

garra

TARDÍGRADO DE LAS ALGAS
Echiniscoides sigismundi
F: Equiniscoididos
Esta especie, una de las muchas especies de tardígrados marinos poco conocidas, se ha encontrado entre las algas de zonas costeras de todo el mundo.

0,25 mm

ARTRÓPODOS

Las patas articuladas y una armadura flexible han contribuido a que este filo desarrolle una gran diversidad, desde crustáceos acuáticos a insectos alados.

Se conocen más especies de artrópodos que de todos los demás filos juntos, y quedan muchas más por descubrir. Este grupo comprende animales con una extraordinaria variedad de estilos de vida, desde depredadores, filtradores de partículas del agua y herbívoros hasta chupadores de néctar o sangre.

Los artrópodos están protegidos por un esqueleto externo formado por un material duro, llamado quitina, lo suficientemente flexible como para permitir la movilidad de sus articulaciones y segmentos y a la vez resistente a la deformación, y que mudan de forma periódica por otro un poco más grande a medida que crecen. El exoesqueleto les sirve tanto de armadura protectora como para limitar la pérdida de agua en ambientes muy secos.

PARTES DEL CUERPO

Evolucionaron a partir de un ancestro segmentado común, tal vez parecido a un anélido. El cuerpo segmentado es común a todas las especies, pero es más evidente en los miriápodos (milpiés y ciempiés). En otros grupos, los segmentos se han fusionado para formar distintas secciones corporales. Los insectos se dividen en una cabeza sensorial, un tórax musculoso con patas y alas, y un abdomen con la mayor parte de los órganos internos. En los arácnidos y en algunos crustáceos, la cabeza y el tórax están unidos en una sola sección.

CAPTAR EL OXÍGENO

Los artrópodos acuáticos, como los crustáceos, respiran mediante branquias. El cuerpo de la mayoría de los artrópodos terrestres –insectos y miriápodos– está atravesado por una red de tubos microscópicos que se llenan de aire, las tráqueas. Estas se abren al exterior por unos poros llamados espiráculos o estigmas, situados a los lados del cuerpo, generalmente un par por segmento, y rodeados de pequeños músculos que regulan el flujo de aire. Así, el oxígeno llega a todas las células sin tener que ser transportado por la sangre. Algunos arácnidos respiran con tráqueas, y otros mediante filotráqueas abdominales desarrolladas a partir de las agallas de sus ancestros acuáticos; la mayoría utiliza una combinación de ambas.

FILO	ARTRÓPODOS
CLASES	19
ÓRDENES	123
FAMILIAS	Unas 2300
ESPECIES	Cerca de 1 200 000

DEBATE

CAMUFLAJE Y MIMETISMO

Muchos artrópodos se han adaptado a su entorno confundiéndose sutilmente con él (camuflaje); así, los insectos palo parecen realmente ramas, de modo que son muy difíciles de detectar por los depredadores. Otros, como las avispas, han evolucionado adquiriendo colores vivos que advierten de su desagradable sabor o su peligrosidad. La inofensiva abejilla del álamo, o mariposa abeja, se libra de los depredadores por semejar un avispón, incluso en el zumbido (mimetismo). Sin embargo, estos dos insectos pertenecen a órdenes distintos: la abejilla del álamo es un lepidóptero, y el avispón, un himenóptero.

MILPIÉS Y CIEMPIÉS

Esos artrópodos de cuerpo multisegmentado constituyen el grupo de los miriápodos. Los milpiés suelen tener dos pares de patas por cada segmento y son fitófagos, mientras que los ciempiés tienen solo un par por segmento y son carnívoros depredadores.

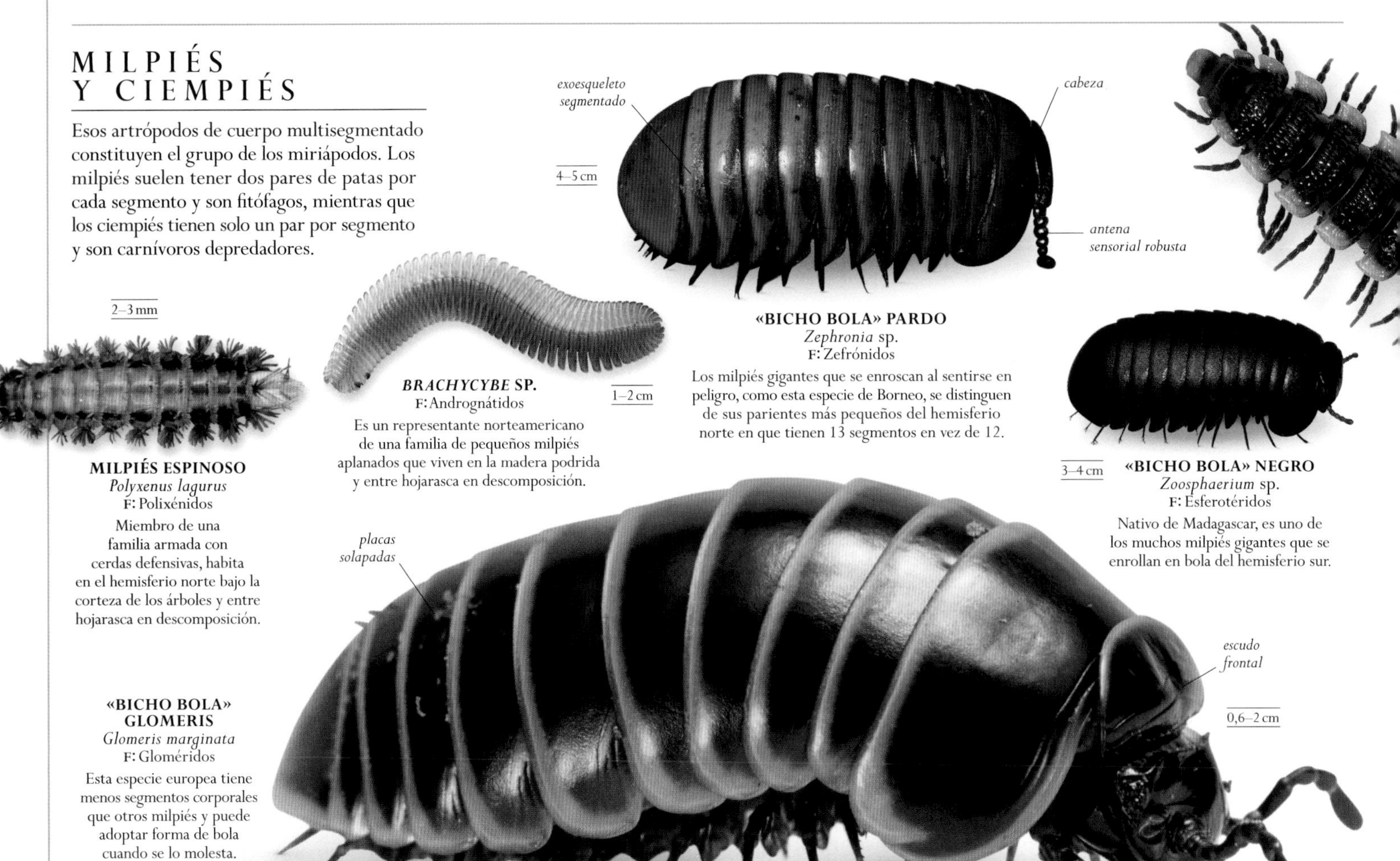

MILPIÉS ESPINOSO
Polyxenus lagurus
F: Polixénidos
Miembro de una familia armada con cerdas defensivas, habita en el hemisferio norte bajo la corteza de los árboles y entre hojarasca en descomposición.

***BRACHYCYBE* SP.**
F: Andrognátidos
Es un representante norteamericano de una familia de pequeños milpiés aplanados que viven en la madera podrida y entre hojarasca en descomposición.

«BICHO BOLA» PARDO
Zephronia sp.
F: Zefrónidos
Los milpiés gigantes que se enroscan al sentirse en peligro, como esta especie de Borneo, se distinguen de sus parientes más pequeños del hemisferio norte en que tienen 13 segmentos en vez de 12.

«BICHO BOLA» NEGRO
Zoosphaerium sp.
F: Esferotéridos
Nativo de Madagascar, es uno de los muchos milpiés gigantes que se enrollan en bola del hemisferio sur.

«BICHO BOLA» GLOMERIS
Glomeris marginata
F: Gloméridos
Esta especie europea tiene menos segmentos corporales que otros milpiés y puede adoptar forma de bola cuando se lo molesta.

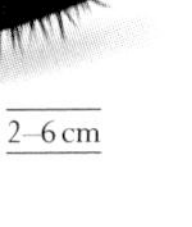

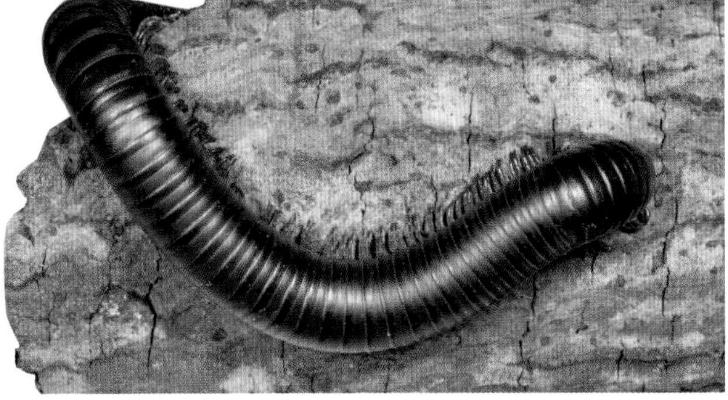

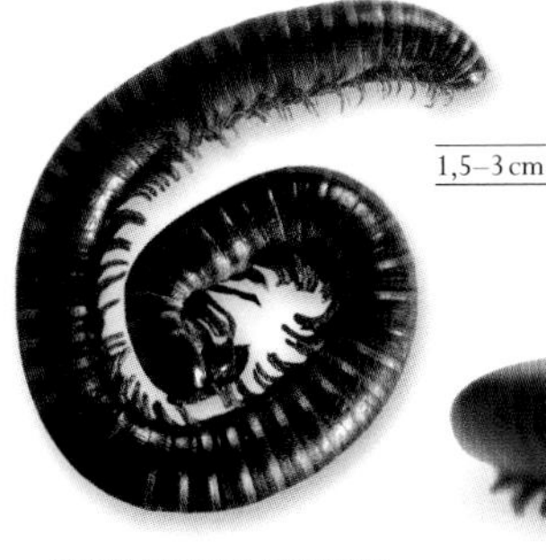

1,5–3 cm

CARDADOR NEGRO
Tachypodoiulus niger
F: Júlidos

2–6 cm

A diferencia de sus parientes cercanos, este milpiés de patas blancas de Europa occidental pasa la mayor parte del tiempo en el suelo o trepando por árboles y paredes.

7,5–13 cm

MILPIÉS GIGANTE AMERICANO
Narceus americanus
F: Espirobólidos

Esta gran especie de la costa atlántica pertenece a una familia, principalmente americana, de milpiés cilíndricos. Como defensa expulsa sustancias químicas nocivas.

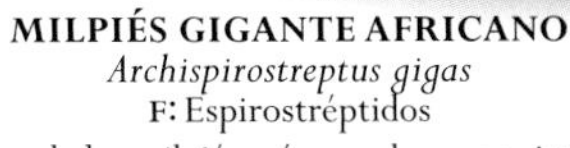

20–38 cm

CARDADOR PARDO
Julus scandinavius
F: Júlidos

Miembro de una gran familia de milpiés cilíndricos con segmentos anillados, se encuentra principalmente en bosques caducifolios europeos de suelos ácidos.

MILPIÉS GIGANTE AFRICANO
Archispirostreptus gigas
F: Espirostréptidos

Uno de los milpiés más grandes que existen, se encuentra sobre todo en el este del África tropical y se caracteriza por segregar sustancias químicas irritantes al sentirse amenazado.

MILPIÉS ZAPADOR
Polyzonium germanicum
F: Polizónidos

Este primitivo milpiés, con una distribución dispersa en Europa, vive en los bosques; cuando se enrosca parece una yema de haya.

0,5–1,8 cm

POLYDESMUS COMPLANATUS
F: Polidésmidos

Los milpiés de esta familia parece que tengan el dorso aplanado debido a las proyecciones del exoesqueleto. Este de Europa oriental es un veloz corredor.

1,5–6 cm

GEOPHILUS FLAVUS
F: Geofílidos

Los geofílidos son ciempiés ciegos que tienen más segmentos, y por lo tanto más patas, que otros. Esta especie europea que habita en el suelo se ha introducido en América y Australia.

2–4,5 cm

4–6 cm

COROMUS DIAPHORUS
F: Oxidésmidos

La brillante superficie en relieve típica de muchos milpiés de dorso aplanado y sin ojos es particularmente prominente en esta especie del África tropical.

2–3 cm

2,5–5 cm

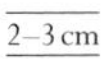

2–3 cm

CIEMPIÉS COBRIZO
Lithobius forficatus
F: Litóbidos

Este ciempiés que se refugia bajo la corteza y las piedras tiene el cuerpo dividido en 15 segmentos. Se encuentra en bosques, jardines y playas de todo el mundo.

LITHOBIUS VARIEGATUS
F: Litóbidos

Aunque se creía que esta especie de ciempiés era endémica de Gran Bretaña, se ha descubierto que vive en toda la Europa continental.

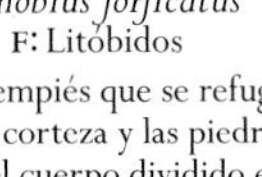

CIEMPIÉS DE LAS CASAS
Scutigera coleoptrata
F: Escutigéridos

Este animal de largas patas con ojos compuestos es uno de los invertebrados más rápidos. Oriundo de la región mediterránea, se ha introducido en otros lugares.

las mandíbulas inyectan veneno

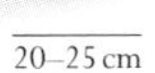

20–25 cm

ESCOLOPENDRA TIGRE
Scolopendra hardwickei
F: Escolopéndridos

Este ciempiés gigante de India posee un vistoso colorido, que recuerda al del tigre, como advertencia de su peligrosidad.

un par de patas por segmento

10–15 cm

CIEMPIÉS DE PATAS AZULES
Ethmostigmus trigonopodus
F: Escolopéndridos

Este pariente cercano de las escolopendras gigantes, muy extendido en África, es uno de los pocos con las patas azuladas.

ARÁCNIDOS

Esta clase de artrópodos comprende arañas y escorpiones, depredadores, así como ácaros y garrapatas, parásitos que chupan sangre.

Los arácnidos y sus parientes los cangrejos cacerola son quelicerados: poseen unos apéndices bucales con forma de pinzas llamados quelíceros. La cabeza y el tórax forman una sola sección corporal, en la que tienen los órganos sensoriales, el cerebro y cuatro pares de patas. Carecen de antenas.

EFICACES DEPREDADORES

Los escorpiones, las arañas y otros arácnidos son depredadores que han desarrollado métodos para inmovilizar y matar a sus presas rápidamente. Las arañas emplean sus quelíceros a modo de colmillos para inyectarles veneno, en muchos casos tras atraparlas en una telaraña, y los escorpiones inoculan veneno con el aguijón de la cola. Entre las patas y los quelíceros, los arácnidos tienen un par de apéndices –los pedipalpos– modificados en pinzas en los escorpiones o en órganos para transmitir el esperma en las arañas macho.

DIVERSIDAD MICROSCÓPICA

Muchos ácaros no se ven a simple vista. Abundan en casi todos los hábitats, donde se alimentan de residuos, depredan otros pequeños invertebrados o son parásitos. Algunos viven entre los folículos de la piel, las plumas o el pelaje del huésped sin dañarlo; otros causan enfermedades o alergias. Las garrapatas chupan sangre y pueden propagar microbios patógenos.

FILO	ARTRÓPODOS
CLASE	ARÁCNIDOS
ÓRDENES	12
FAMILIAS	661
ESPECIES	Unas 103 000

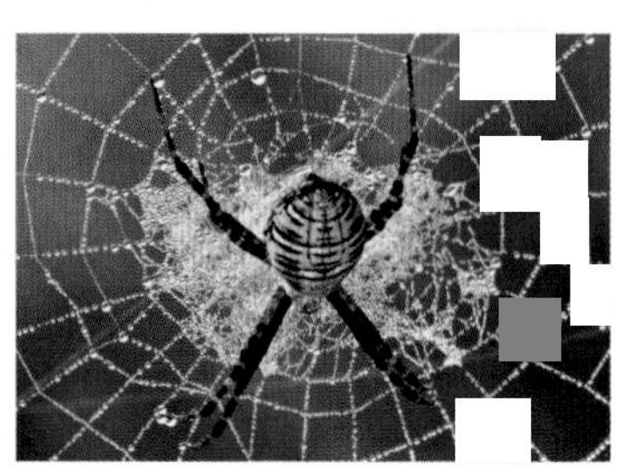

Esta araña tigre hembra espera en el centro de su tela orbicular cubierta de rocío a cualquier insecto que caiga en ella.

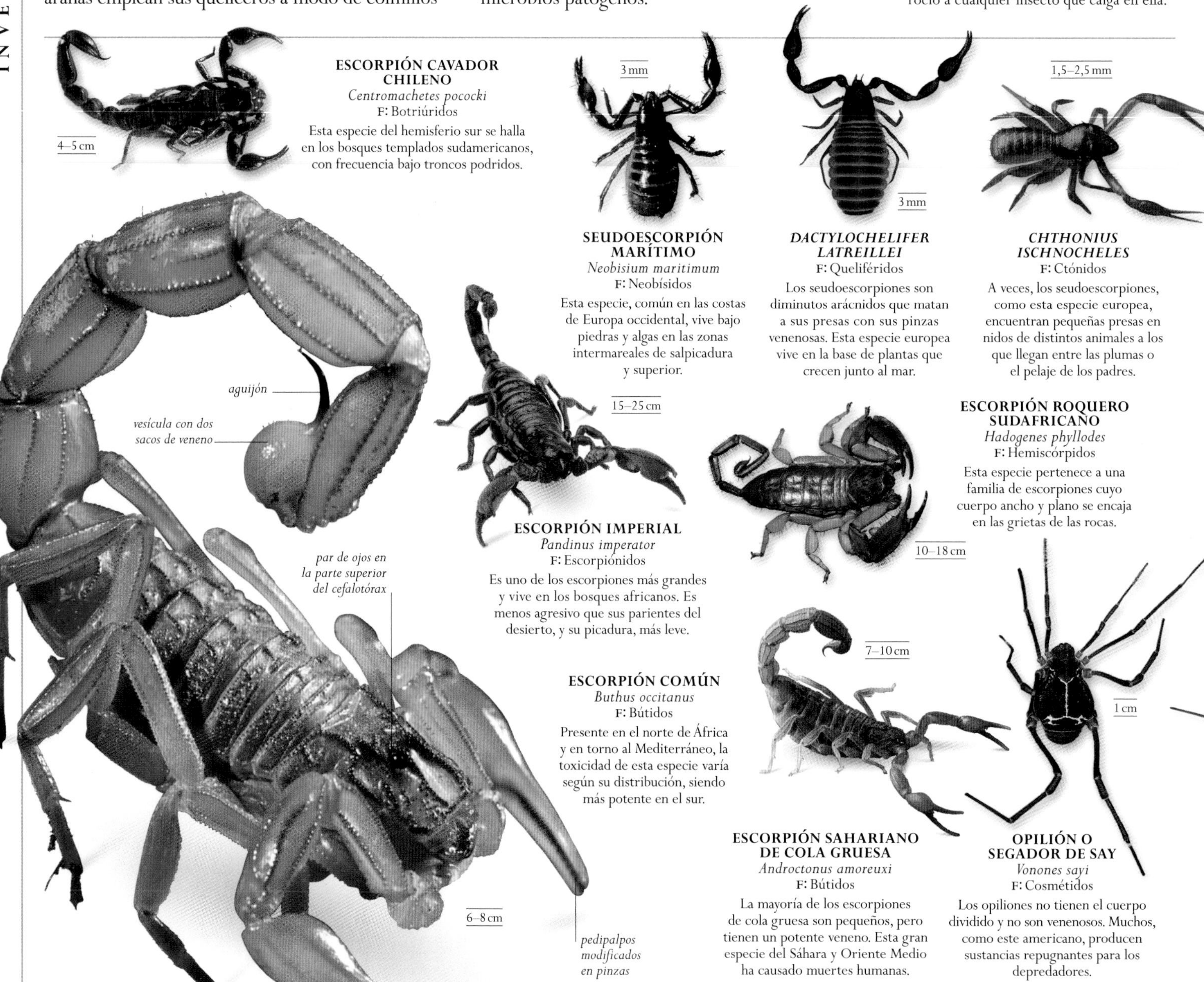

ESCORPIÓN CAVADOR CHILENO
Centromachetes pococki
F: Botriúridos
Esta especie del hemisferio sur se halla en los bosques templados sudamericanos, con frecuencia bajo troncos podridos.

SEUDOESCORPIÓN MARÍTIMO
Neobisium maritimum
F: Neobísidos
Esta especie, común en las costas de Europa occidental, vive bajo piedras y algas en las zonas intermareales de salpicadura y superior.

DACTYLOCHELIFER LATREILLEI
F: Queliféridos
Los seudoescorpiones son diminutos arácnidos que matan a sus presas con sus pinzas venenosas. Esta especie europea vive en la base de plantas que crecen junto al mar.

CHTHONIUS ISCHNOCHELES
F: Ctónidos
A veces, los seudoescorpiones, como esta especie europea, encuentran pequeñas presas en nidos de distintos animales a los que llegan entre las plumas o el pelaje de los padres.

ESCORPIÓN ROQUERO SUDAFRICANO
Hadogenes phyllodes
F: Hemiscórpidos
Esta especie pertenece a una familia de escorpiones cuyo cuerpo ancho y plano se encaja en las grietas de las rocas.

ESCORPIÓN IMPERIAL
Pandinus imperator
F: Escorpiónidos
Es uno de los escorpiones más grandes y vive en los bosques africanos. Es menos agresivo que sus parientes del desierto, y su picadura, más leve.

ESCORPIÓN COMÚN
Buthus occitanus
F: Bútidos
Presente en el norte de África y en torno al Mediterráneo, la toxicidad de esta especie varía según su distribución, siendo más potente en el sur.

ESCORPIÓN SAHARIANO DE COLA GRUESA
Androctonus amoreuxi
F: Bútidos
La mayoría de los escorpiones de cola gruesa son pequeños, pero tienen un potente veneno. Esta gran especie del Sáhara y Oriente Medio ha causado muertes humanas.

OPILIÓN O SEGADOR DE SAY
Vonones sayi
F: Cosmétidos
Los opiliones no tienen el cuerpo dividido y no son venenosos. Muchos, como este americano, producen sustancias repugnantes para los depredadores.

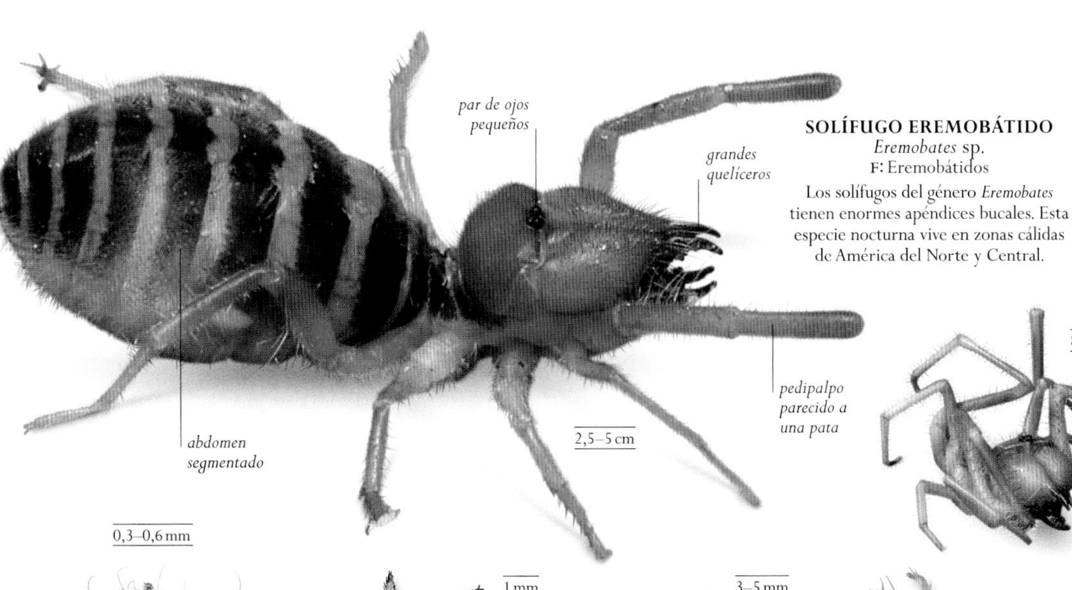

SOLÍFUGO EREMOBÁTIDO
Eremobates sp.
F: Eremobátidos
Los solífugos del género *Eremobates* tienen enormes apéndices bucales. Esta especie nocturna vive en zonas cálidas de América del Norte y Central.

8–10 cm

SOLÍFUGO SOLPÚGIDO
Metasolpuga picta
F: Solpúgidos
Los solífugos, parientes de las arañas, son veloces corredores del desierto. Esta es una especie diurna de Namibia.

8–15 cm

SOLÍFUGO DEL VIENTO
Galeodes arabs
F: Galeódidos
Esta especie de Oriente Medio debe su nombre a su capacidad de soportar las tormentas de arena.

0,3–0,6 mm

ÁCARO DE LA HARINA
Acarus siro
F: Acáridos
Se alimenta de productos cereales almacenados y es una importante plaga. Puede causar reacciones alérgicas en humanos.

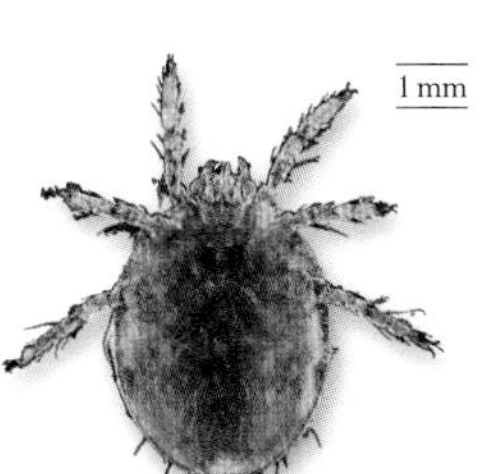

ÁCARO DE LA COSECHA
Neotrombicula autumnalis
F: Trombicúlidos
Los adultos son herbívoros, pero sus larvas se nutren de la piel de otros animales, incluido el ser humano. Su picadura causa una intensa irritación.

ÁCARO ATERCIOPELADO
Trombidium holosericeum
F: Trombídidos
Esta extendida especie euroasiática parasita a otros artrópodos de joven y se vuelve depredadora al madurar.

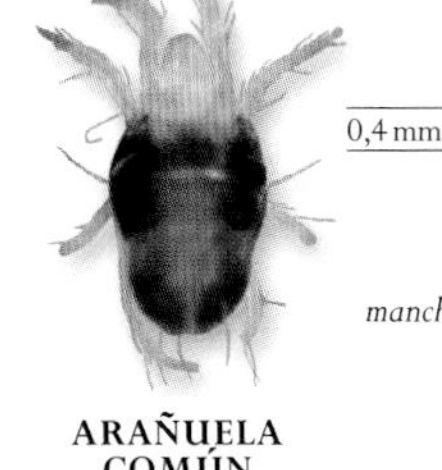
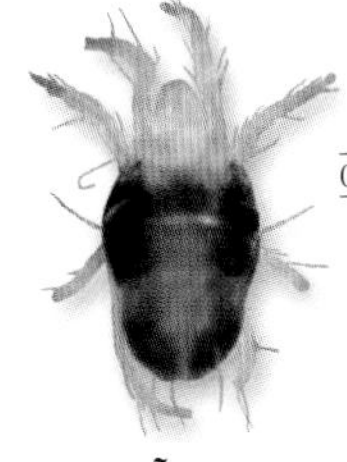

ARAÑUELA COMÚN
Tetranychus urticae
F: Tetraníquidos
Pertenece a una familia de ácaros chupadores de savia que debilitan a las plantas y pueden transmitir enfermedades víricas.

8–10 mm

mancha característica en el cuerpo

GARRAPATA DE LA ESTRELLA SOLITARIA
Amblyomma americanum
F: Ixódidos
Como otras chupadoras de sangre, esta especie de los bosques de EE UU puede transmitir microbios patógenos.

1–2 mm

ÁCARO DE LA VARROASIS
Varroa sp.
F: Varroideos
Los jóvenes de esta especie se alimentan de larvas de abejas. Cuando crecen, se adhieren a las abejas adultas, de las que se alimentan, y parasitan otras colmenas.

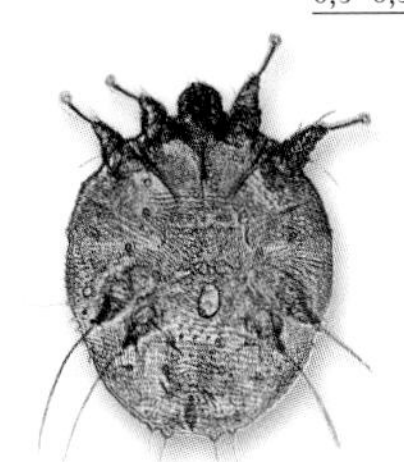
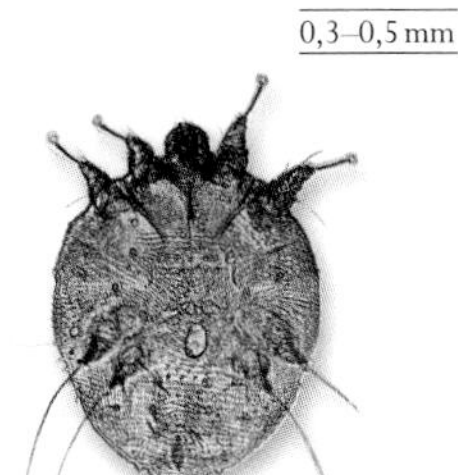

ARADOR DE LA SARNA
Sarcoptes scabiei
F: Sarcóptidos
Este pequeño ácaro excava túneles en la piel de diversos mamíferos y completa allí su ciclo vital. Esto causa sarna en humanos y carnívoros.

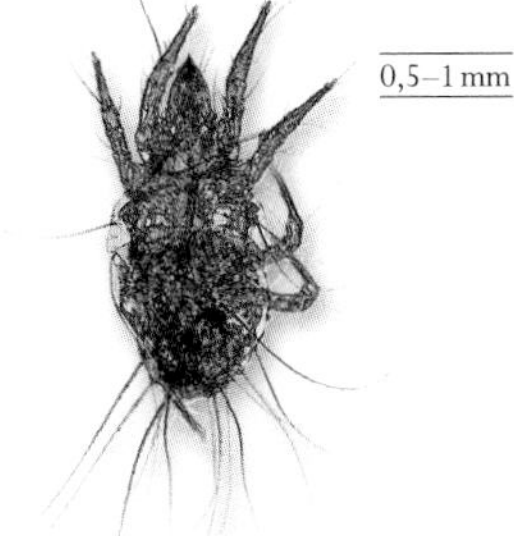

ÁCARO DE LAS GALLINAS
Dermanyssus gallinae
F: Dermanísidos
Este parásito que chupa la sangre de las aves de corral vive y completa su ciclo vital alejado del huésped, pero sale por la noche para alimentarse de él.

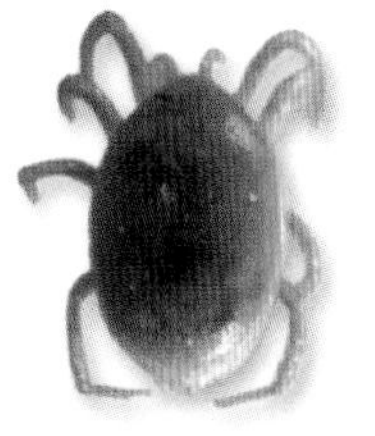

GARRAPATA DE LAS AVES
Argas persicus
F: Argásidos
Este parásito de cuerpo blando y ovalado que chupa la sangre de las aves, incluidas las de corral, puede propagar enfermedades entre ellas y causar parálisis.

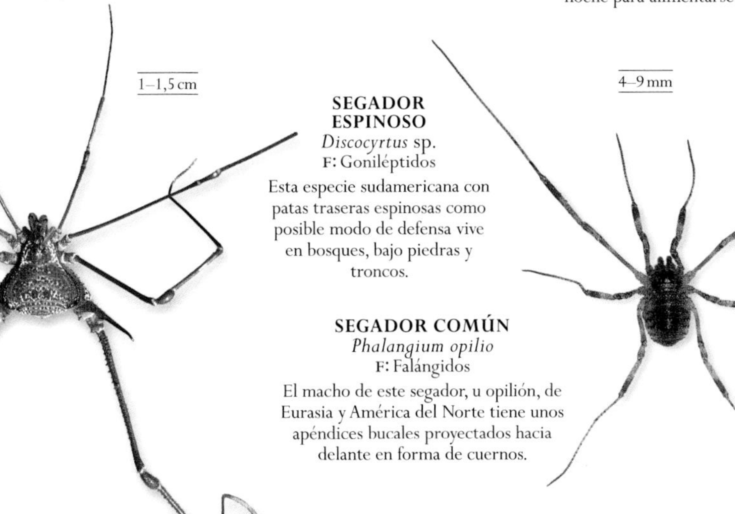

SEGADOR ESPINOSO
Discocyrtus sp.
F: Goniléptidos
Esta especie sudamericana con patas traseras espinosas como posible modo de defensa vive en bosques, bajo piedras y troncos.

SEGADOR COMÚN
Phalangium opilio
F: Falángidos
El macho de este segador, u opilión, de Eurasia y América del Norte tiene unos apéndices bucales proyectados hacia delante en forma de cuernos.

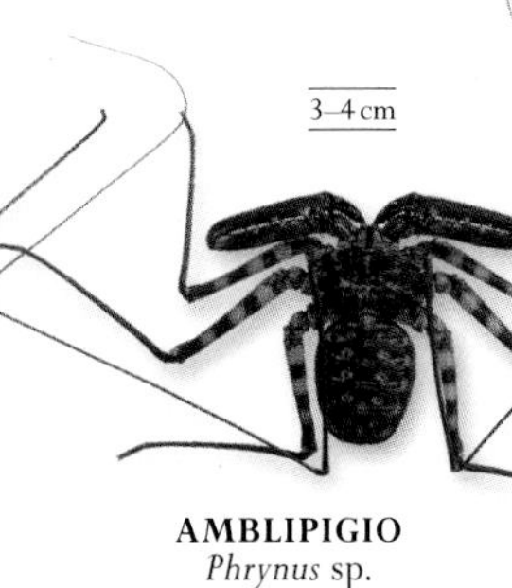
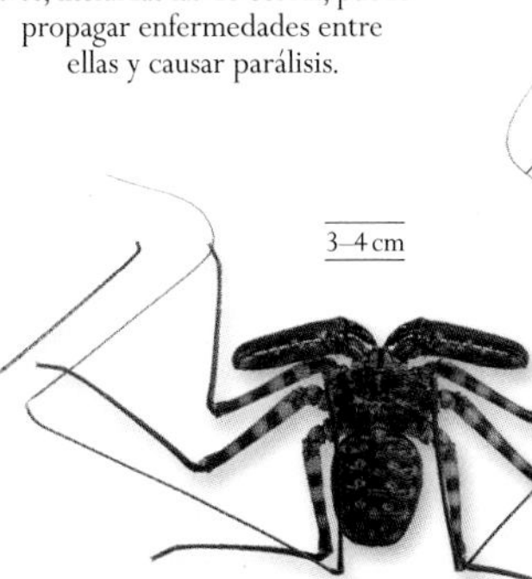

AMBLIPIGIO
Phrynus sp.
F: Frínidos
Los amblipigios son parientes tropicales de las arañas, no venenosos, con unas largas patas delanteras y pinzas para sujetar a las presas.

UROPIGIO TELIFÓNIDO
Thelyphonus sp.
F: Telifónidos
Este arácnido tropical tiene una cola en forma de látigo, sin aguijón ni veneno; sin embargo, puede lanzar ácido acético del abdomen.

»

2–5 cm

ATRAX ROBUSTUS
F: Atrácidos
Las hembras de esta agresiva araña australiana viven en nidos con la entrada en forma de embudo y revestidos con su tela. La picadura más peligrosa es la de los machos que buscan aparearse.

5–7,5 cm

TARÁNTULA DE RODILLAS ROJAS MEXICANA
Brachypelma smithi
F: Terafósidos
Es una de las robustas arañas peludas popularmente llamadas comedoras de pájaros, que se alimentan de insectos grandes y rara vez de pequeños vertebrados.

5–7,5 cm

TARÁNTULA DEL CHACO
Acanthoscurria insubtilis
F: Terafósidos
Muchas grandes terafósidas, como esta especie sudamericana, viven en madrigueras de roedores abandonadas. Cazan al acecho.

TARÁNTULA BABUINO ANARANJADA
Pterinochilus murinus
F: Terafósidos
Las tarántulas babuino africanas deben su nombre a la semejanza de los segmenos de sus patas con los dedos de un babuino. Como otras de su familia, esta especie excava madrigueras con sus «colmillos» y pedipalpos.

pedipalpo
5–6 cm
quelíceros con colmillos proyectados hacia delante
ocho ojos pequeños
cuerpo marrón peludo
hileras (órganos extrusores de la seda)

1–2 cm

UMMIDIA AUDOUINI
F: Halonopróctidos
Esta especie norteamericana construye una telaraña con una trampilla y con hilos de señal que la alertan del impacto de una presa. La araña la espera debajo, en su escondite forrado de seda.

1,5–2 mm

OONOPS DOMESTICUS
F: Oonópidos
Esta pequeña araña rosada con seis ojos vive en regiones cálidas de Eurasia. También se encuentra más al norte, incluso en Gran Bretaña, pero solo en las casas.

1–1,5 cm

ARAÑA ROJA
Dysdera crocata
F: Disdéridos
Esta araña europea nocturna tiene unos enormes quelíceros que perforan el duro exoesqueleto de las cochinillas. Vive en sitios húmedos, donde abundan estas presas.

0,6–1,6 cm
patas con rayas blancas
♂

ERESUS KOLLARI
F: Erésidos
Solo los machos de esta araña euroasiática tienen el dibujo de mariquita característico. Captura a las presas desde madrigueras forradas de telaraña que construye en laderas pobladas de brezos.

3 mm

ARAÑA ENANA
Gonatium sp.
F: Linífidos
Esta especie del hemisferio norte, típica de su extensa familia, construye telas en forma de sábana y puede trasladarse flotando en el viento sujeta a hilos de seda.

3–6 mm

ARAÑA ESCUPIDORA
Scytodes thoracica
F: Escitódidos
Las arañas escupidoras son lentas y se caracterizan por rociar a la presa con un líquido pegajoso y venenoso para inmovilizarla antes de morderla. Esta especie vive en el hemisferio norte.

4–13 mm

ARAÑA DE JARDÍN
Araneus diadematus
F: Araneidos
Esta tejedora de telas orbiculares vive en bosques, brezales y jardines del hemisferio norte. También se llama araña de la cruz por las líneas blancas que tiene en el dorso sobre fondo de color variable.

huevos
♀
7–10 mm

ARAÑA DE PATAS LARGAS
Pholcus phalangioides
F: Fólcidos
Las arañas de largas y finas patas de esta familia hacen vibrar su tela cuando se las molesta. Aunque muchas viven en cuevas, esta especie cosmopolita habita en las casas. Las hembras llevan la puesta en sus mandíbulas.

0,6–4,5 cm

ARAÑA HILO DE ORO AMERICANA
Trichonephila clavipes
F: Araneidos
Es la única especie americana de un grupo de arañas tejedoras tropicales. Se distingue por los mechones plumosos que tiene en las patas.

2–9 mm

ARAÑA TEJEDORA CANCRIFORME
Gasteracantha cancriformis
F: Araneidos
Una de las muchas arañas tejedoras americanas con espinas defensivas, vive en el Caribe y el sur de EE UU. El colorido del cuerpo y de las espinas varía.

PISAURA MIRABILIS
F: Pisáuridos
Las hembras de esta araña euroasiática transportan el saco de huevos bajo el cuerpo sujeto con sus apéndices bucales; luego tejen una «tienda» de seda para proteger a las crías.

VIUDA NEGRA DEL SUR
Latrodectus mactans
F: Terídidos
El veneno de esta pequeña araña es peligroso para el ser humano. Las hembras suelen comerse al macho tras la cópula.

ARAÑA LOBO GRANDE
Lycosa tarantula
F: Licósidos
Las arañas grandes de esta familia de la Europa mediterránea también se llaman tarántulas, pero no deben confundirse con las americanas, de cuerpo velludo.

ARAÑA LOBO MEDIANA
Pardosa amentata
F: Licósidos
Esta especie, típica de su familia, de color marrón, caza en tierra al rececho, sin telaraña. Las hembras llevan un saco de huevos y transportan a las crías en el dorso.

ARAÑA CAVERNÍCOLA
Meta menardi
F: Tetragnátidos
Muchas arañas de su género, como esta especie europea, viven en cuevas en las que cuelgan sus sacos de huevos con forma de gota.

ARAÑA DE AGUA
Argyroneta aquatica
F: Dictínidos
Es la única araña que habita permanentemente en el agua, en charcas y estanques de Eurasia. Construye una cámara de aire donde se come a sus presas, que incluyen crías de peces.

TEGENARIA GIGANTE
Eratigena duellica
F: Agelénidos
Miembro de un grupo de arañas que tejen telas en forma de sábana con refugios tubulares, esta especie es frecuente en edificios en todo el hemisferio norte.

DOLOMEDES FIMBRIATUS
F: Pisáuridos
Esta araña que vive en los pantanos de toda Europa se alimenta sobre todo de pequeños peces a los que atrae haciendo vibrar la superficie del agua con las patas.

ARAÑA BANANERA
Phoneutria nigriventer
F: Cténidos
Esta araña errante de hábitos nocturnos vive en los bosques de Brasil, y se cree que es la araña más venenosa del mundo.

ARAÑA CANGREJO
Misumena vatia
F: Tomísidos
Las hembras de esta araña del hemisferio norte pueden cambiar su color lentamente del blanco al amarillo para camuflarse en las flores y atacar a los insectos que liban néctar.

ARAÑA CANGREJO GIGANTE
Heteropoda venatoria
F: Esparásidos
Distribuida por todas las regiones tropicales y subtropicales, esta gran araña inofensiva a veces es bien recibida en las casas porque caza cucarachas.

ARAÑA SALTADORA ELEGANTE
Chrysilla lauta
F: Saltícidos
Las arañas saltadoras son especialmente diversas en los trópicos. Muchas, como esta de Asia oriental, tienen colores llamativos que facilitan la comunicación entre ellas.

ARAÑA SALTADORA MARRÓN
Evarcha arcuata
F: Saltícidos
Esta especie de los herbazales euroasiáticos es una de las miles de arañas saltadoras, con buena visión binocular y complejos rituales de cortejo.

TARÁNTULA DE RODILLAS ROJAS MEXICANA
Brachypelma smithi

La hembra de esta especie de robusto cuerpo peludo puede vivir hasta 30 años, una edad insólita para un invertebrado, pero el macho apenas alcanza los 6 años. Es una de las arañas apodadas «comedoras de pájaros» debido a su tamaño, y aunque la mayor parte de su dieta se compone de otros artrópodos, también caza pequeños mamíferos y reptiles cuando tiene la ocasión. Nativa de México, vive en madrigueras abiertas en taludes terrosos, donde se siente segura para mudar, poner los huevos y acechar a sus presas. Actualmente en peligro por la destrucción de su hábitat, se cría en cautividad como mascota.

TAMAÑO Longitud del cuerpo: 5–7,5 cm
HÁBITAT Bosques caducifolios tropicales
DISTRIBUCIÓN México
DIETA Principalmente insectos

patas cubiertas de pelos especializados, sensibles al tacto y a movimientos del aire

pies almohadillados

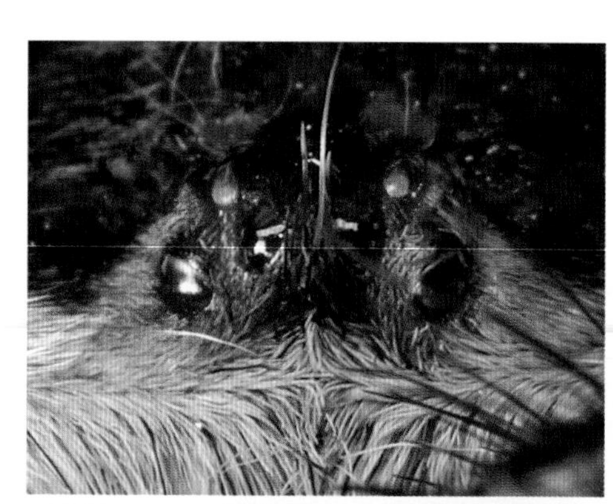

< OJOS
Como la mayoría de las arañas, posee ocho ojos simples en la parte frontal de la cabeza. Aun así, su vista es deficiente y depende más del tacto para percibir su entorno y la presencia de una presa.

< ARTICULACIONES
Como todos los artrópodos, tiene las patas articuladas. Cada pata consta de siete artejos, secciones tubulares del exoesqueleto conectadas por articulaciones flexibles donde actúan los músculos.

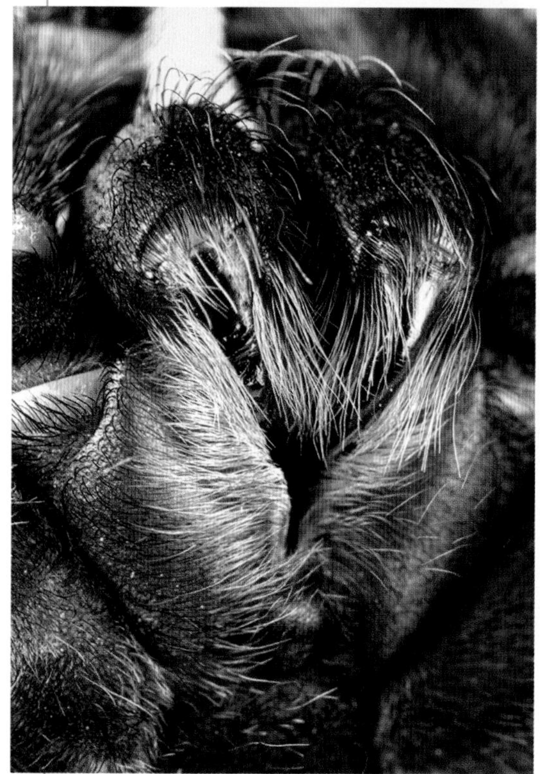

∧ QUELÍCEROS VENENOSOS
Cuando ataca, los quelíceros se proyectan hacia delante (a diferencia de otras arañas que los tienen oblicuos y enfrentados) e inyectan el veneno de unos sacos musculares del interior de la cabeza para paralizar a la víctima.

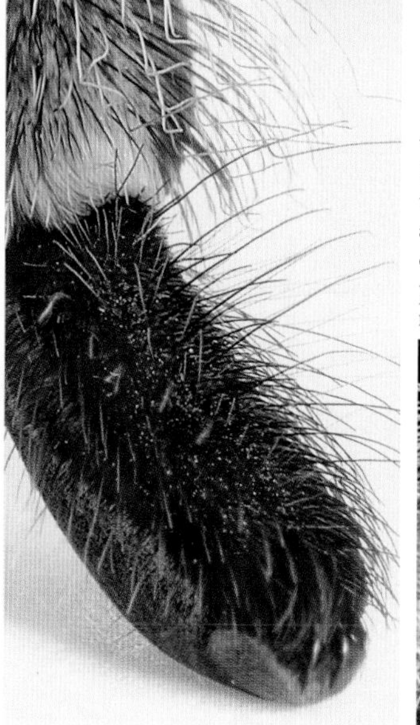

< PIE
En la punta de cada pie tiene dos uñas que le proporcionan mejor adherencia. Como otras arañas cazadoras, posee unos cojines de pelos minúsculos que le ayudan a no resbalar en superficies lisas.

< HILERAS
Unas glándulas del abdomen producen seda en estado líquido. Con las patas traseras, la tarántula tira de la seda que sale de unos apéndices, llamados hileras, y va solidificándose en hilos con los que hace el ovisaco y reviste la madriguera.

^ ARMAS PELUDAS
Como muchas tarántulas tropicales americanas, se defiende frotando sus patas traseras contra el abdomen para desprender unos pelos diminutos y ligeros que forman una nube alrededor de la cara del depredador y se meten en sus ojos, nariz y boca. Al introducirse en la piel, estos pelos causan una intensa irritación.

CARA VENTRAL >
Las patas y las piezas bucales se insertan en el cefalotórax (cabeza y tórax unidos). El abdomen tiene orificios respiratorios y reproductores, así como dos pares de hileras en el extremo posterior.

ARAÑAS DE MAR

Estos animales marinos de aspecto frágil viven entre algas y en los arrecifes de coral. Las especies de mayor tamaño habitan en las profundidades del océano.

Pese a su nombre común, los artrópodos de la clase picnogónidos son tan distintos de las arañas que algunos creen que pertenecen a un antiguo linaje no emparentado con ningún otro grupo actual; para otros, son parientes lejanos de los arácnidos. Por lo general, son pequeños, de menos de 1 cm de longitud; tienen tres o cuatro pares de patas, la cabeza y el tórax fusionados y, en lugar de piezas bucales mordedoras, una probóscide o trompa punzante que utilizan como una aguja hipodérmica para succionar los líquidos de sus presas invertebradas. Su alargado cuerpo carece de agallas, y el oxígeno se filtra directamente a todas sus células a través de la superficie corporal.

FILO	ARTRÓPODOS
CLASE	PICNOGÓNIDOS
ÓRDENES	1
FAMILIAS	13
ESPECIES	1348

2 cm

A. DE MAR GIGANTE
Colossendeis megalonyx
F: Colosendeidos
Una de las especies más grandes, con una envergadura de patas de 70 cm, vive en aguas profundas subantárticas.

ARAÑA DE MAR DE ARTICULACIONES AMARILLAS
Especie desconocida
F: Calipalénidos
Algunas arañas de mar, como esta de los arrecifes australianos, tienen colores llamativos para camuflarse en su colorido entorno.

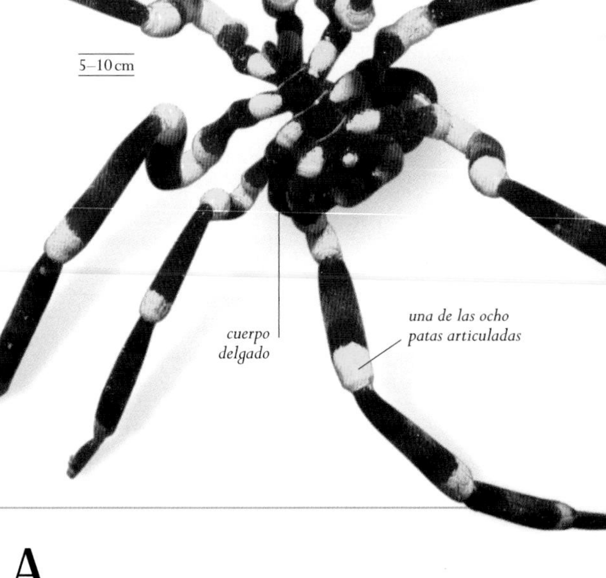

8 mm

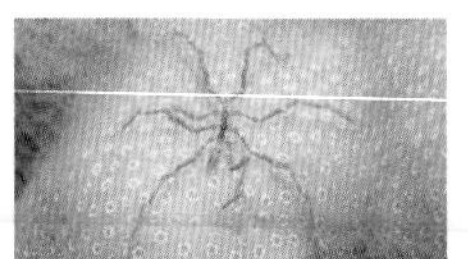

A. DE MAR ESPINOSA
Endeis spinosa
F: Endeidos
Hallada en las costas europeas, puede que viva también en otros lugares. Tiene un cuerpo especialmente delgado y una larga probóscide cilíndrica.

5 mm

A. DE MAR GRUESA
Pycnogonum litorale
F: Picnogónidos
A diferencia de la mayoría, esta especie europea tiene el cuerpo grueso y las patas cortas, curvadas y con garras. Se alimenta de anémonas.

ARAÑA DE MAR GRÁCIL
Nymphon brevirostre
F: Ninfónidos
Una de las más comunes del Atlántico nororiental, se encuentra en la zona intermareal y en bajíos de alta mar.

CANGREJOS CACEROLA

La pequeña clase merostomados comprende unos animales marinos también llamados cacerolas de las Molucas o cangrejos herradura, considerados «fósiles vivientes».

Estos artrópodos eran mucho más abundantes hace millones de años, cuando animales como ellos podrían haber sido los primeros quelicerados de la Tierra. Sus piezas bucales con forma de pinza y la ausencia de antenas indican que, pese a su duro caparazón, están estrechamente emparentados con los arácnidos. Las branquias laminares en la parte inferior del abdomen son las precursoras de una estructura interna similar, el pulmón en libro de los arácnidos para respirar en tierra. Sus pedipalpos actúan como un quinto par de patas, uno más que las arañas. Buscan sus presas en el limo oceánico y arriban a la costa en gran número para reproducirse y depositar la puesta en la arena.

FILO	ARTRÓPODOS
CLASE	MEROSTOMADOS
ÓRDENES	1
FAMILIAS	1
ESPECIES	4

40–60 cm

CANGREJO CACEROLA JAPONÉS
Tachypleus tridentatus
F: Limúlidos
Esta especie desova en costas arenosas de Asia oriental. La destrucción de su hábitat y la contaminación han reducido las poblaciones en algunas zonas de su área de distribución.

cabeza y tórax fusionados y cubiertos por un caparazón

CANGREJO CACEROLA DE MANGLAR
Carcinoscorpius rotundicauda
F: Limúlidos
Propio de hábitats lodosos y arenosos del sureste de Asia, esta especie se alimenta de larvas de insectos y otros invertebrados, así como de pequeños peces.

CRUSTÁCEOS

Casi todos los crustáceos son acuáticos, respiran mediante branquias y tienen extremidades para desplazarse o nadar. Los hay sedentarios en su etapa adulta, parásitos y terrestres.

La estructura corporal básica de un crustáceo consiste en cabeza, tórax y abdomen, aunque en muchos grupos la cabeza y el tórax están fusionados. Cangrejos, langostas y gambas tienen una placa frontal que se prolonga hacia atrás sobre la cabeza y el tórax en una sola pieza. Los crustáceos son los únicos artrópodos con dos pares de antenas y primitivas patas con dos ramas o puntas. Los apéndices torácicos sirven para la locomoción, aunque a veces un par está modificado en pinzas para alimentarse o defenderse. Muchos tienen también apéndices abdominales bien desarrollados, con frecuencia utilizados para incubar la puesta. Las branquias vinculan a la mayoría con el medio acuático, aunque algunos cangrejos poseen órganos respiratorios modificados que les permiten vivir fuera del agua, en lugares húmedos.

Al vivir siempre bajo el agua, los crustáceos pueden desarrollar un exoesqueleto grueso y pesado. Muchas especies tienen un exoesqueleto endurecido con minerales, que se reabsorben entre mudas. Gracias a la flotabilidad que les confiere la vida en el agua, las especies acuáticas son más grandes que sus parientes terrestres; así, el cangrejo gigante japonés es el mayor artrópodo del mundo (4 m de envergadura de patas). En el otro extremo, algunos crustáceos constituyen la mayor parte del zooplancton, en su etapa larvaria o ya adultos.

FILO	ARTRÓPODOS
SUBFILO	CRUSTÁCEOS
ÓRDENES	56
FAMILIAS	Unas 1000
ESPECIES	Unas 70 000

DEBATE

EL SUBFILO CRUSTÁCEOS

Muchas características, como las antenas dobles y las patas o apéndices acabados en dos puntas, señalan a los crustáceos como únicos descendientes de un solo ancestro común. No obstante, recientes estudios de ADN muestran que también los insectos descienden del grupo de los crustáceos.

PULGAS DE AGUA Y AFINES

La clase branquiópodos comprende crustáceos de agua dulce que forman parte del plancton de charcas o balsas temporales y pueden resistir largos periodos de sequía dentro del huevo. Su tórax tiene apéndices plumosos para respirar y filtrar el alimento. Las pulgas de agua están encerradas en un caparazón transparente.

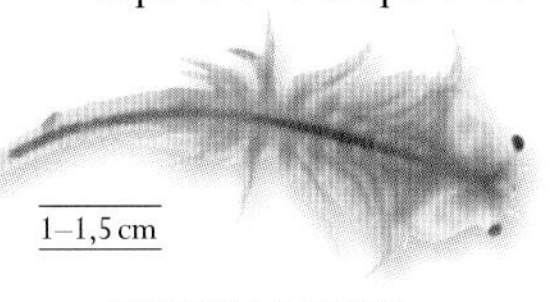

1–1,5 cm

ARTEMIA SALINA
F: Artémidos
Este animal de cuerpo blando y ojos pedunculados nada cabeza abajo en los estanques de salinas de todo el mundo. Sus huevos de cáscara endurecida pueden resistir años de sequía.

2–5 mm

DAFNIA
Daphnia magna
F: Dáfnidos
Como sus parientes, esta extendida pulga de agua puede incubar los huevos en el caparazón sin fecundación. Así puebla deprisa las aguas estancadas.

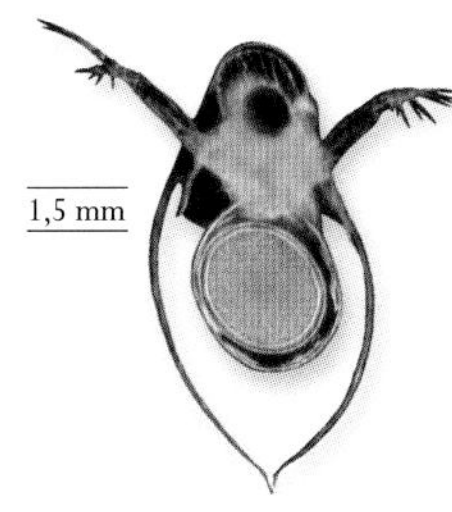

1,5 mm

PULGA DE AGUA MARINA
Evadne nordmanni
F: Podónidos
Casi todas las pulgas de agua se encuentran en aguas dulces estancadas. Esta es una especie de agua salada del plancton oceánico.

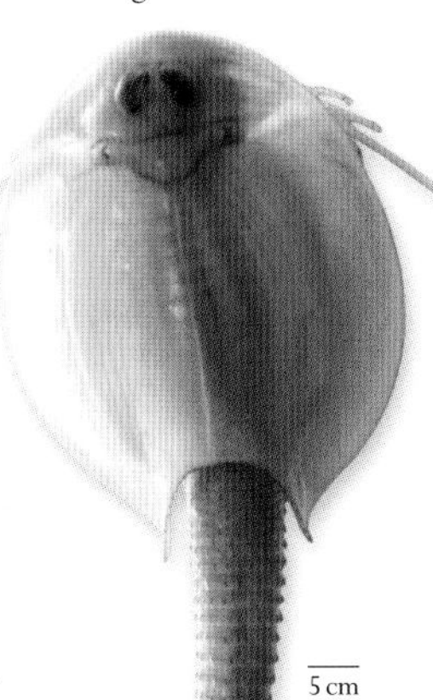

5 cm

dos colas

TRIOPS DE CALIFORNIA
Lepidurus packardi
F: Triópsidos
Este ancestral crustáceo vive en el fondo de charcas temporales de agua dulce. El aspecto de los parientes de esta especie californiana apenas ha cambiado en 220 millones de años de evolución.

PERCEBES, COPÉPODOS Y AFINES

Al igual que otros crustáceos marinos, los de la clase maxilópodos inician su vida como larvas planctónicas. Las bellotas de mar y los percebes se cementan después a un sustrato; casi todos los copépodos siguen nadando libremente, pero algunos se convierten en parásitos.

0,5–1,5 cm

BELLOTA DE MAR O BÁLANO
Semibalanus balanoides
F: Arqueobalánidos
Esta especie intermareal, sensible a la desecación, abunda en las zonas expuestas de las costas rocosas del Atlántico Norte.

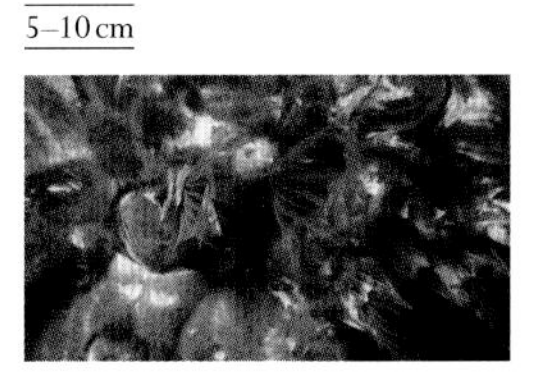

5–10 cm

BELLOTA DE MAR O BÁLANO GIGANTE
Balanus nubilus
F: Balánidos
Vive sobre rocas por debajo del nivel intermareal en la costa norteamericana del Pacífico.

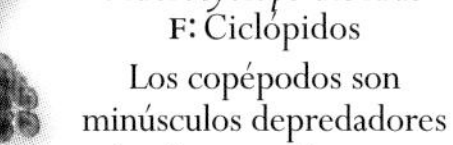

1–2,5 mm

COPÉPODO GIGANTE
Macrocyclops albidus
F: Ciclópidos
Los copépodos son minúsculos depredadores de plancton. Este caza larvas de mosquitos y podría contribuir al control de estos insectos.

5–10 cm

PERCEBE O PIE DE CABRA ABISAL
Neolepas sp.
F: Neolepádidos
Vive cerca de las fumarolas del fondo oceánico, donde se alimenta filtrando microorganismos, bacterias incluidas.

8–90 cm

PERCEBE O PIE DE CABRA
Lepas anatifera
F: Lepádidos
Los percebes se fijan al sustrato mediante un pedúnculo flexible. Esta especie se encuentra en aguas templadas del Atlántico nororiental.

1,8 cm

PIOJO DE LOS SALMÓNIDOS
Caligus sp.
F: Calígidos
Representante de un grupo de copépodos que parasitan peces marinos, ataca al salmón y especies afines.

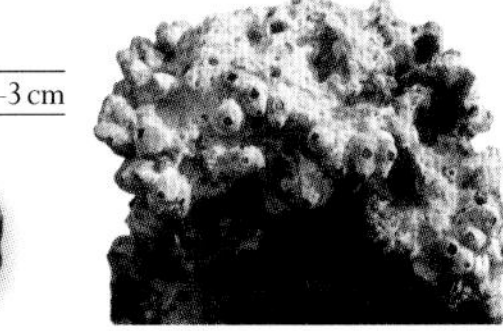

2–3 cm

BELLOTA DE MAR ASIÁTICA
Tetraclita squamosa
F: Tetraclítidos
Vive en las costas indopacíficas. Estudios recientes han llevado a reconocer cinco subespecies.

0,5–1 cm

PIOJO DE LOS PECES
Argulus sp.
F: Argúlidos
Este veloz crustáceo aplanado con caparazón oval utiliza ventosas para adherirse a los peces y chupar su sangre.

3–5 mm

COPÉPODO GLACIAL
Calanus glacialis
F: Calánidos
Como integrante del plancton del océano Ártico, constituye una parte importante de la cadena alimentaria.

OSTRÁCODOS

Los miembros de esta clase poseen un caparazón articulado con dos valvas del que solamente asoman las extremidades. Si se ven en peligro, pueden encerrarse en su interior. Estos pequeños crustáceos viven entre la vegetación marina y de agua dulce; algunos utilizan las antenas para nadar.

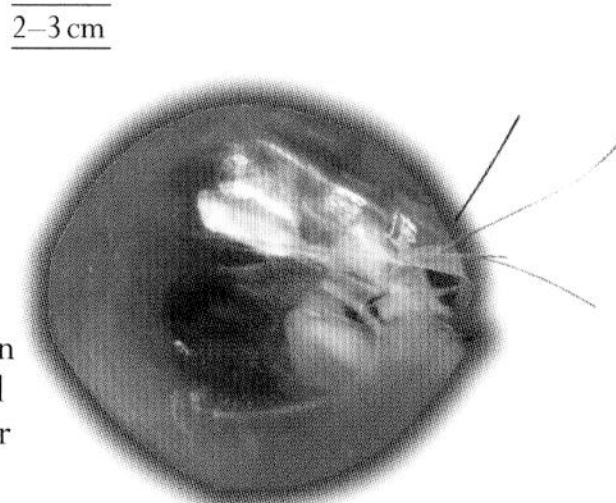
2–3 cm

OSTRÁCODO NADADOR GIGANTE
Gigantocypris sp.
F: Cipridínidos
Casi todos los ostrácodos son diminutos y tienen un caparazón bivalvo. Esta gran especie abisal tiene grandes ojos para capturar presas bioluminiscentes.

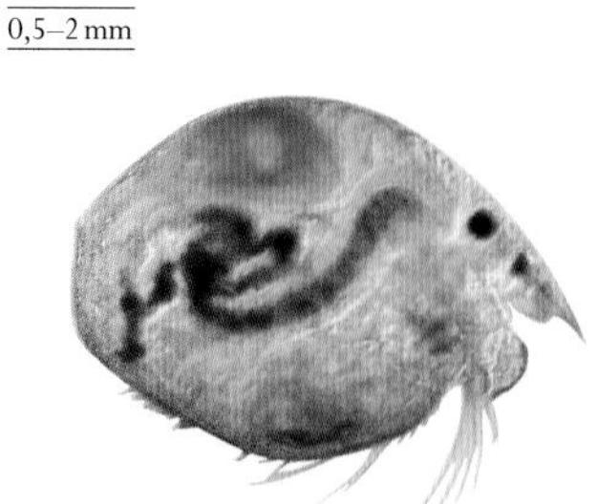
0,5–2 mm

OSTRÁCODO *CYPRIS*
Cypris sp.
F: Ciprídidos
Este extendido crustáceo de agua dulce pertenece a un grupo de pequeños ostrácodos de caparazón duro que se arrastran entre detritos.

CANGREJOS Y AFINES

Los malacostráceos constituyen la clase más diversificada de los crustáceos. Su cuerpo consta de cabeza, tórax y un abdomen con múltiples extremidades. Existen dos grandes órdenes: los decápodos, que tienen un caparazón curvado en torno a la cabeza y el tórax fusionados y que albergan una cavidad branquial, y los isópodos (cochinillas y afines), que carecen de caparazón y son el grupo más numeroso de crustáceos terrestres.

4–6 cm

KRILL ANTÁRTICO
Euphausia superba
F: Eufáusidos
Los enjambres de estos crustáceos que se alimentan de plancton son un eslabón esencial de las cadenas tróficas de las aguas antárticas donde viven ballenas, focas y aves marinas.

1–1,8 cm

MYSIS RELICTA
F: Mísidos
Estos crustáceos translúcidos llevan las larvas en una bolsa incubadora entre sus características patas plumosas. Casi todos viven en aguas costeras, pero esta especie se encuentra en aguas dulces del hemisferio norte.

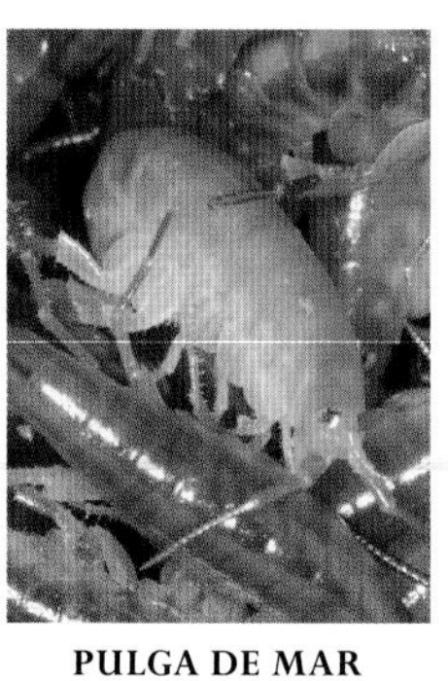
1,5–2,2 cm

PULGA DE MAR
Orchestia gammarellus
F: Talítridos
Esta especie intermareal europea, uno de los muchos anfípodos (crustáceos de flancos aplanados), es capaz de dar saltos arqueando el abdomen.

1–2 cm

CAMARÓN DE AGUA DULCE
Gammarus pulex
F: Gammáridos
Este anfípodo abundante en los cursos de agua del norte de Europa pertenece a una familia que se alimenta de detritos. Algunas especies emparentadas viven en aguas salobres.

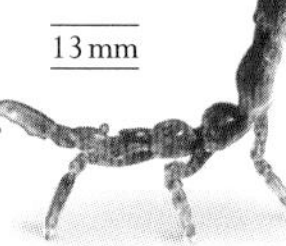
13 mm

CAPRELLA ACANTHIFERA
F: Caprélidos
Esta especie es un anfípodo depredador de cuerpo delgado y movimientos lentos, con pocas patas. Se adhiere a las algas de las pozas de las costas rocosas europeas.

1–1,5 cm

COCHINILLA ACUÁTICA
Asellus aquaticus
F: Asélidos
Esta especie europea de agua dulce busca su alimento entre detritos en aguas estancadas.

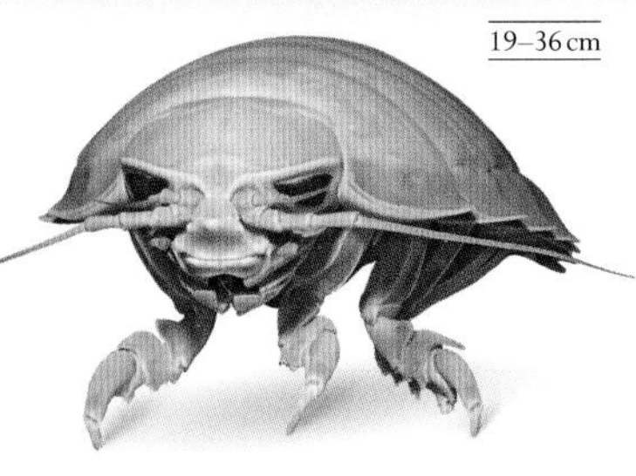
19–36 cm

ISÓPODO GIGANTE
Bathynomus giganteus
F: Cirolánidos
Este gran pariente de las cochinillas de la humedad se arrastra por el lecho oceánico en busca de carroña y de vez en cuando captura presas vivas.

2–3 cm

COCHINILLA MARINA
Ligia oceanica
F: Lígidos
Esta gran cochinilla europea costera vive en grietas rocosas situadas por encima de la zona intermareal. Se alimenta de detritos.

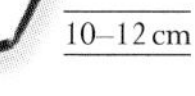
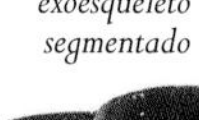
10–12 cm

COCHINILLA DE LA HUMEDAD DE CABEZA NEGRA
Porcellio spinicornis
F: Porceliónidos
A menudo vive junto a los humanos, sobre todo en hábitats ricos en calcio. Oriunda de Europa, ha invadido América del Norte.

1–1,8 cm

COCHINILLA DE LA HUMEDAD COMÚN
Armadillidium vulgare
F: Armadílidos
Llamada bicho bola por su capacidad de enroscarse cuando se la molesta, está muy extendida por Eurasia y se ha introducido en todas partes.

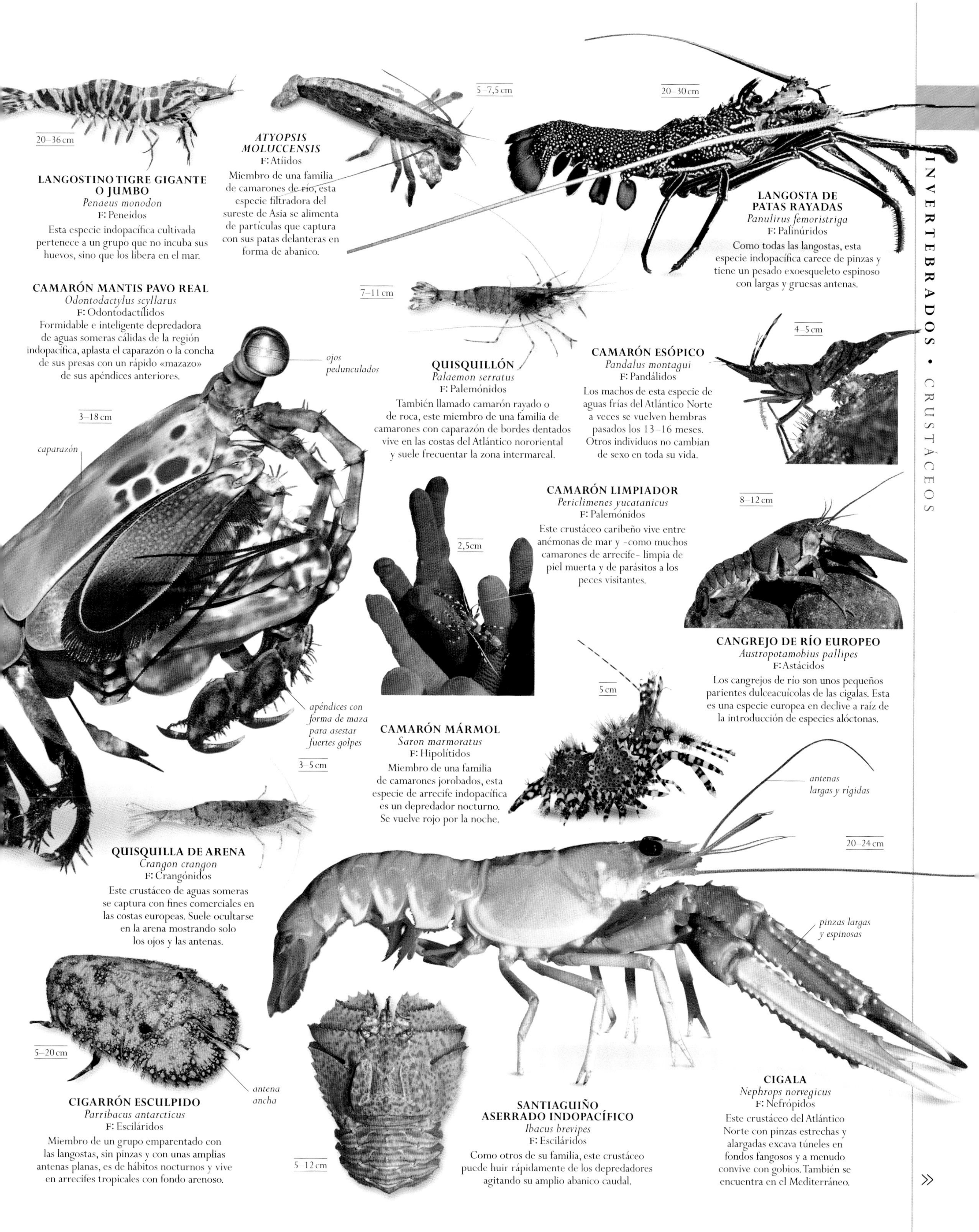

LANGOSTINO TIGRE GIGANTE O JUMBO
Penaeus monodon
F: Peneidos
Esta especie indopacífica cultivada pertenece a un grupo que no incuba sus huevos, sino que los libera en el mar.

ATYOPSIS MOLUCCENSIS
F: Atíidos
Miembro de una familia de camarones de río, esta especie filtradora del sureste de Asia se alimenta de partículas que captura con sus patas delanteras en forma de abanico.

LANGOSTA DE PATAS RAYADAS
Panulirus femoristriga
F: Palinúridos
Como todas las langostas, esta especie indopacífica carece de pinzas y tiene un pesado exoesqueleto espinoso con largas y gruesas antenas.

CAMARÓN MANTIS PAVO REAL
Odontodactylus scyllarus
F: Odontodactílidos
Formidable e inteligente depredadora de aguas someras cálidas de la región indopacífica, aplasta el caparazón o la concha de sus presas con un rápido «mazazo» de sus apéndices anteriores.

QUISQUILLÓN
Palaemon serratus
F: Palemónidos
También llamado camarón rayado o de roca, este miembro de una familia de camarones con caparazón de bordes dentados vive en las costas del Atlántico nororiental y suele frecuentar la zona intermareal.

CAMARÓN ESÓPICO
Pandalus montagui
F: Pandálidos
Los machos de esta especie de aguas frías del Atlántico Norte a veces se vuelven hembras pasados los 13–16 meses. Otros individuos no cambian de sexo en toda su vida.

CAMARÓN LIMPIADOR
Periclimenes yucatanicus
F: Palemónidos
Este crustáceo caribeño vive entre anémonas de mar y -como muchos camarones de arrecife- limpia de piel muerta y de parásitos a los peces visitantes.

CANGREJO DE RÍO EUROPEO
Austropotamobius pallipes
F: Astácidos
Los cangrejos de río son unos pequeños parientes dulceacuícolas de las cigalas. Esta es una especie europea en declive a raíz de la introducción de especies alóctonas.

CAMARÓN MÁRMOL
Saron marmoratus
F: Hipolítidos
Miembro de una familia de camarones jorobados, esta especie de arrecife indopacífica es un depredador nocturno. Se vuelve rojo por la noche.

QUISQUILLA DE ARENA
Crangon crangon
F: Crangónidos
Este crustáceo de aguas someras se captura con fines comerciales en las costas europeas. Suele ocultarse en la arena mostrando solo los ojos y las antenas.

CIGARRÓN ESCULPIDO
Parribacus antarcticus
F: Esciláridos
Miembro de un grupo emparentado con las langostas, sin pinzas y con unas amplias antenas planas, es de hábitos nocturnos y vive en arrecifes tropicales con fondo arenoso.

SANTIAGUIÑO ASERRADO INDOPACÍFICO
Ibacus brevipes
F: Esciláridos
Como otros de su familia, este crustáceo puede huir rápidamente de los depredadores agitando su amplio abanico caudal.

CIGALA
Nephrops norvegicus
F: Nefrópidos
Este crustáceo del Atlántico Norte con pinzas estrechas y alargadas excava túneles en fondos fangosos y a menudo convive con gobios. También se encuentra en el Mediterráneo.

»

» CANGREJOS Y AFINES

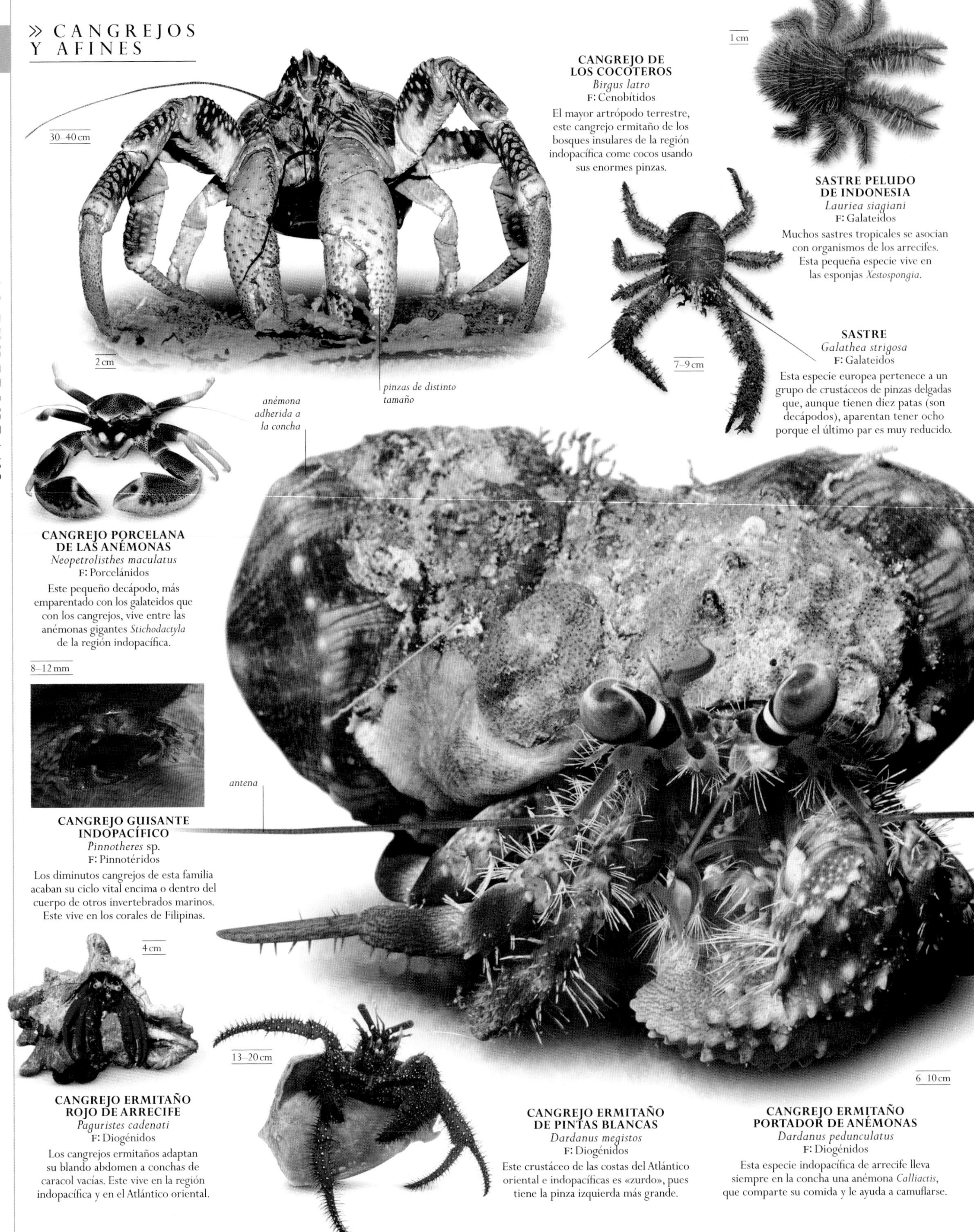

CANGREJO DE LOS COCOTEROS
Birgus latro
F: Cenobítidos
El mayor artrópodo terrestre, este cangrejo ermitaño de los bosques insulares de la región indopacífica come cocos usando sus enormes pinzas.

SASTRE PELUDO DE INDONESIA
Lauriea siagiani
F: Galateidos
Muchos sastres tropicales se asocian con organismos de los arrecifes. Esta pequeña especie vive en las esponjas *Xestospongia*.

SASTRE
Galathea strigosa
F: Galateidos
Esta especie europea pertenece a un grupo de crustáceos de pinzas delgadas que, aunque tienen diez patas (son decápodos), aparentan tener ocho porque el último par es muy reducido.

CANGREJO PORCELANA DE LAS ANÉMONAS
Neopetrolisthes maculatus
F: Porcelánidos
Este pequeño decápodo, más emparentado con los galateidos que con los cangrejos, vive entre las anémonas gigantes *Stichodactyla* de la región indopacífica.

CANGREJO GUISANTE INDOPACÍFICO
Pinnotheres sp.
F: Pinnotéridos
Los diminutos cangrejos de esta familia acaban su ciclo vital encima o dentro del cuerpo de otros invertebrados marinos. Este vive en los corales de Filipinas.

CANGREJO ERMITAÑO ROJO DE ARRECIFE
Paguristes cadenati
F: Diogénidos
Los cangrejos ermitaños adaptan su blando abdomen a conchas de caracol vacías. Este vive en la región indopacífica y en el Atlántico oriental.

CANGREJO ERMITAÑO DE PINTAS BLANCAS
Dardanus megistos
F: Diogénidos
Este crustáceo de las costas del Atlántico oriental e indopacíficas es «zurdo», pues tiene la pinza izquierda más grande.

CANGREJO ERMITAÑO PORTADOR DE ANÉMONAS
Dardanus pedunculatus
F: Diogénidos
Esta especie indopacífica de arrecife lleva siempre en la concha una anémona *Calliactis*, que comparte su comida y le ayuda a camuflarse.

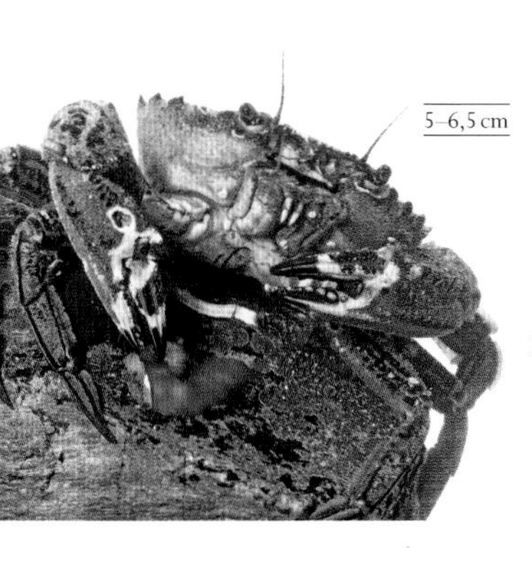

5–6,5 cm

NÉCORA
Necora puber
F: Polibidos

Los cangrejos nadadores tienen las patas traseras con forma de remo. Esta agresiva especie de ojos rojos es común en la zona sublitoral de las costas rocosas del Atlántico.

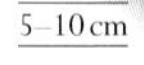

5–7 cm

CANGREJO NADADOR AZUL
Portunus pelagicus
F: Portúnidos

Este cangrejo indopacífico prefiere las costas arenosas o fangosas, donde los individuos jóvenes entran en la zona intermareal. Como sus parientes, depreda otros invertebrados.

5–10 cm

caparazón pardo rojizo

BUEY DE MAR
Cancer pagurus
F: Cáncridos

Este cangrejo europeo de alta mar de gran importancia comercial tiene un característico caparazón oval de borde rizado. Puede vivir más de 20 años.

4,5–9 cm

CARPILIUS MACULATUS
F: Carpílidos

Esta gran especie, uno de los cangrejos de los corales con un vivo colorido emparentados con muchas especies fósiles, se ha hallado en los océanos Índico y Pacífico.

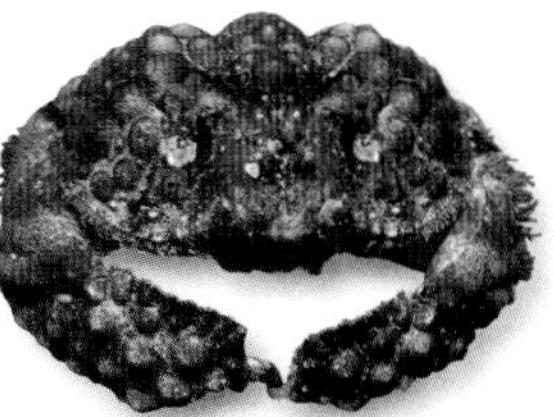

4–6 cm

CALAPPA HEPATICA
F: Calápidos

Esta especie indopacífica que recuerda a una tortuga excava en la arena. Se le llama cangrejo tímido porque suele protegerse la «cara» con las pinzas.

4–5 cm

CANGREJO PORTADOR DE ESPONJAS
Dromia personata
F: Drómidos

Este cangrejo del Atlántico usa las esponjas adheridas a su cuerpo para camuflarse. Tiene las patas traseras reducidas como los primitivos cangrejos ermitaños.

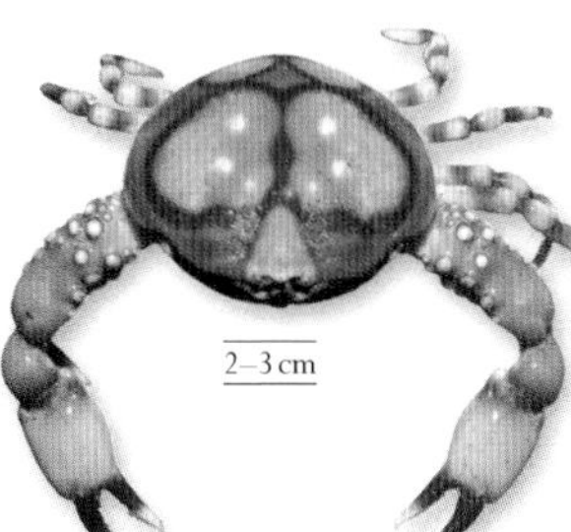

2–3 cm

LEUCOSIA ANATUM
F: Leucósidos

Esta especie, perteneciente a una familia de pequeños cangrejos generalmente con forma romboidal y largas pinzas, vive en el océano Índico.

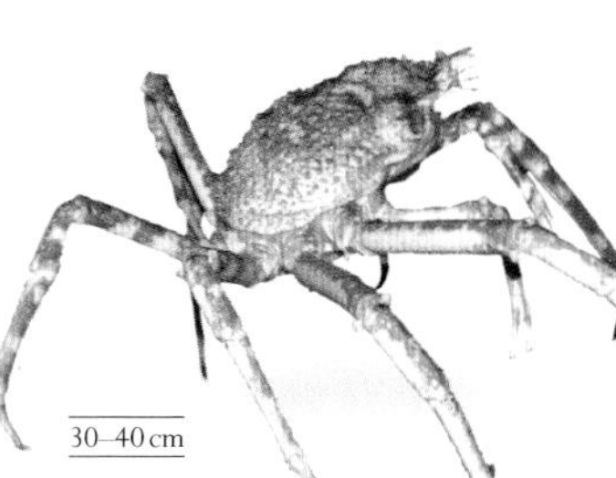

30–40 cm

CANGREJO GIGANTE JAPONÉS
Macrocheira kaempferi
F: Ináquidos

Con una envergadura de patas de 4 m, es el mayor artrópodo del mundo. Vive en aguas del noroeste del Pacífico y puede llegar a vivir un siglo.

8–10 cm

CANGREJO ROJO DE LA ISLA CHRISTMAS
Gecarcoidea natalis
F: Gecarcínidos

Este cangrejo terrestre solo vive en las cuevas de los bosques de la isla australiana de Christmas. Cada año migra al mar en gran número para reproducirse.

1–3 cm

CANGREJO ARAÑA DEL PACÍFICO
Stenorhynchus debilis
F: Ináquidos

Este carroñero de arrecife pequeño, con ojos pedunculados y cabeza puntiaguda, vive en el Pacífico oriental.

4–5 cm

POTAMON POTAMIOS
F: Potámidos

Miembro de una gran familia de cangrejos euroasiáticos de aguas dulces alcalinas, vive en el sur de Europa y pasa mucho tiempo en tierra firme.

ojos sobre pedúnculos

1–2 cm

CANGREJO VIOLINISTA ANARANJADO
Gelasimus vocans
F: Ocipódidos

Los machos de esta especie excavadora de las costas fangosas del Pacífico occidental tienen una pinza mucho mayor que la otra.

5–6 cm

pinzas peludas

CANGREJO CHINO CON MITONES
Eriocheir sinensis
F: Varúnidos

Este cangrejo de río excavador de pinzas peludas, originario de Asia oriental, fue introducido en América del Norte y Europa, donde se ha convertido en una plaga.

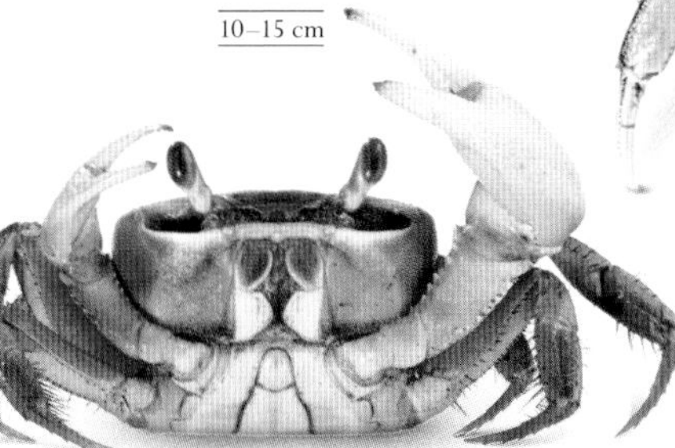

10–15 cm

OCYPODE (CARDISOMA) ARMATUM
F: Ocipódidos

Esta especie del litoral de África occidental se alimenta de fruta, vegetales y animales. Solo las hembras entran en el mar, para desovar.

OCYPODE (CARDISOMA) ARMATUM

Este cangrejo africano multicolor excava profundas madrigueras individuales en playas arenosas, dunas, manglares y estuarios. Se aparea en la madriguera o cerca de ella, y la hembra lleva los huevos fecundados bajo el abdomen durante 2 o 3 semanas antes de liberarlos en aguas someras. En cada desove, una sola hembra produce millones de larvas flotantes de las que sobreviven muy pocas, que continúan su vida en tierra.

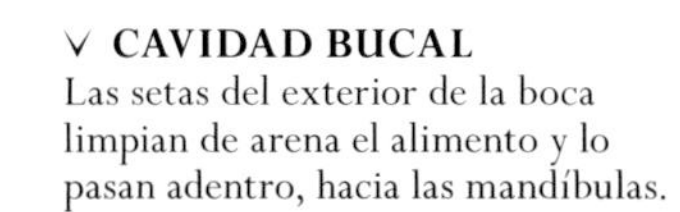

∨ CAVIDAD BUCAL
Las setas del exterior de la boca limpian de arena el alimento y lo pasan adentro, hacia las mandíbulas.

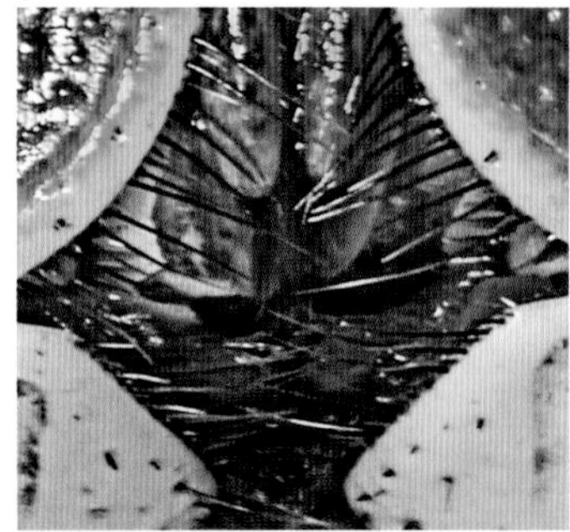

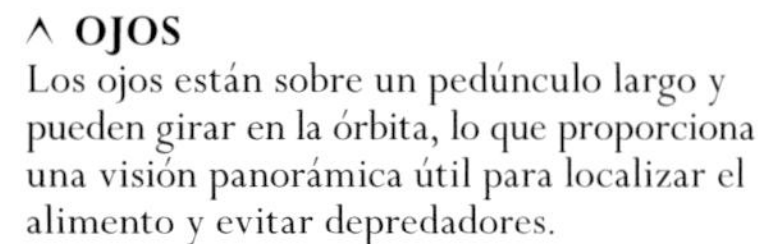

∧ OJOS
Los ojos están sobre un pedúnculo largo y pueden girar en la órbita, lo que proporciona una visión panorámica útil para localizar el alimento y evitar depredadores.

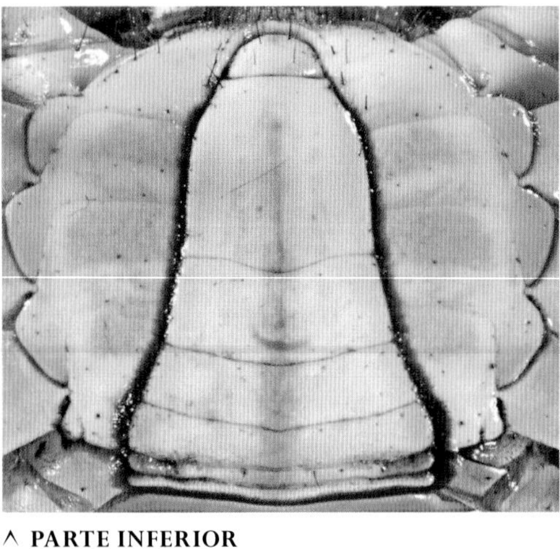

∧ PARTE INFERIOR
El abdomen del macho (en la imagen) es estrecho. En la hembra es amplio y ancho, lo que facilita el transporte de la masa de huevos.

∧ ARTICULACIÓN
Las articulaciones de las patas se mueven en un plano, como la rodilla humana, pero cada una se mueve en un plano diferente, lo que hace que el cangrejo sea muy ágil.

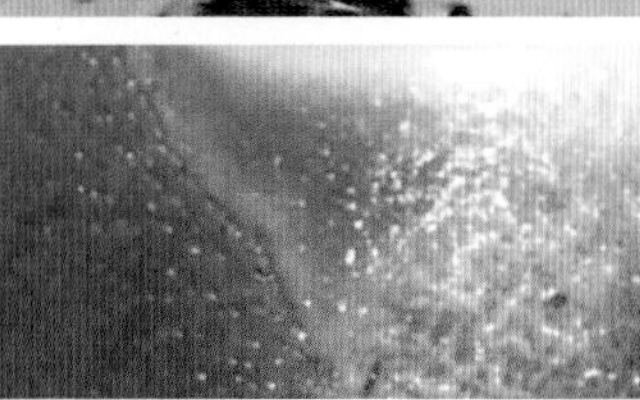

∧ CAPARAZÓN
Para crecer, el cangrejo se desprende del caparazón: en esto consiste la muda. El cuerpo absorbe agua hasta que su presión abre el caparazón; este se elimina y debajo aparece uno nuevo más grande.

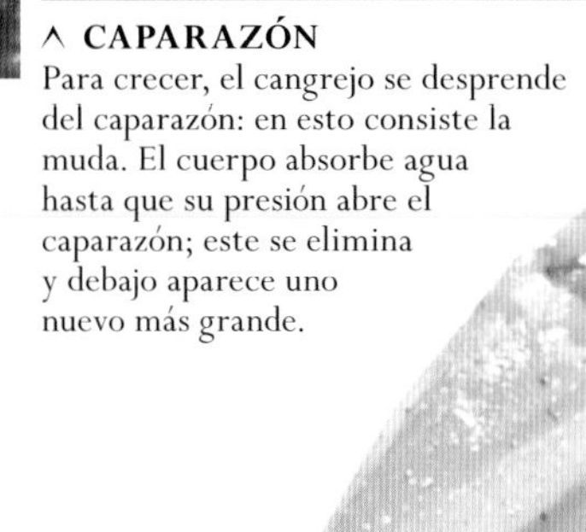

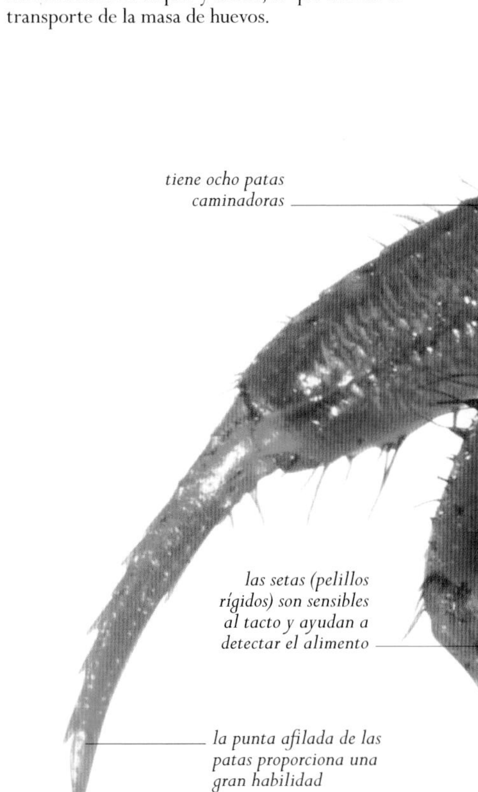

TAMAÑO 10–15 cm
HÁBITAT Costas arenosas
DISTRIBUCIÓN Costa atlántica de África occidental
DIETA Son oportunistas y se alimentan principalmente de plantas y animales en descomposición

∨ RASTREADOR DE PLAYA
Este vistoso cangrejo es más activo por la noche, cuando sale a buscar alimento, y regresa corriendo a la madriguera si lo molestan. Come restos vegetales y animales, peces muertos e insectos, y deja bolitas de arena entre la que ha rebuscado comida.

INSECTOS

Los insectos, que aparecieron en tierra hace más de 400 millones de años, cuentan con más especies que cualquier otra clase del planeta.

Los insectos han desarrollado diversos estilos de vida. A pesar de que la mayoría de las especies son terrestres, existen muchas de agua dulce, mientras que apenas las hay marinas. Varias características comunes, como el pequeño tamaño, un sistema nervioso eficiente, altas tasas de reproducción y, en muchos casos, la capacidad de volar, han sido la clave de su éxito.

Los insectos comprenden, entre otros, a moscas, escarabajos, mariposas, polillas, hormigas, abejas y chinches, que pese a ser muy diversos, guardan gran similitud. La evolución ha modificado su anatomía básica hasta crear múltiples variantes en torno a las tres regiones principales del cuerpo: cabeza, tórax y abdomen. La cabeza, formada por seis segmentos fusionados, contiene el cerebro y los principales órganos sensoriales: ojos compuestos, órganos fotorreceptores (ocelos) y antenas. Las piezas bucales se han especializado de acuerdo con la dieta, ya sea para la succión o para la masticación. El tórax consta de tres segmentos, cada uno con un par de patas y, en los posteriores, un par de alas. Las patas de los insectos están formadas por una serie de segmentos y pueden servir para una gran variedad de funciones como andar, correr, saltar, cavar o nadar. En cuanto al abdomen, por lo general se encuentra dividido en once segmentos y además contiene los órganos digestivos y reproductores.

FILO	ARTRÓPODOS
CLASE	INSECTOS
ÓRDENES	29
FAMILIAS	Unas 1000
ESPECIES	Cerca de 1 100 000

DEBATE

¿CUÁNTAS ESPECIES?

El número real de especies de insectos supera con creces los 1,1 millones de las descritas hasta hoy, ya que cada año se descubren muchas nuevas. Las investigaciones basadas en muestreos de selvas ricas en especies sugieren que podrían existir hasta 10–12 millones de especies de insectos.

LEPISMAS

Los primitivos insectos sin alas del orden zigentomos tienen el cuerpo alargado y cubierto de escamas, los ojos pequeños y un par de largas antenas. Los segmentos abdominales poseen apéndices diminutos.

1,2 cm

LEPISMA COMÚN
Lepisma saccharina
F: Lepismátidos
También llamada pececillo de plata, esta abundante especie doméstica frecuenta las cocinas, donde ingiere restos de alimentos.

1–1,5 cm

INSECTO DEL FUEGO
Thermobia domestica
F: Lepismátidos
Este insecto cosmopolita vive bajo piedras y entre hojarasca. En interiores prefiere el calor y puede ser una plaga en las panaderías.

EFÍMERAS

Los efemerópteros, llamados efímeras o cachipollas, tienen el cuerpo blando, las patas delgadas y dos pares de alas; la cabeza cuenta con un par de antenas cortas y grandes ojos compuestos, y el extremo del abdomen tiene dos o tres largos filamentos. La mayor parte de su ciclo vital corresponde al estadio de ninfa acuática; los adultos no comen y solo viven unas horas o algunos días.

largas patas delanteras

primer segmento del tórax

alas anteriores grandes y triangulares

abdomen pálido

15–25 mm

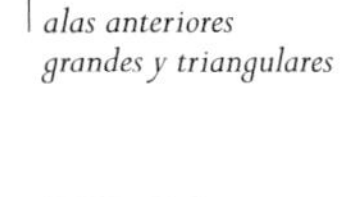

MOSCA DE MAYO
Ephemera danica
F: Efeméridos
Esta gran especie, muy extendida por Europa, se reproduce en ríos y lagos de fondo fangoso. Los adultos tienen largas antenas y tres filamentos en la cola.

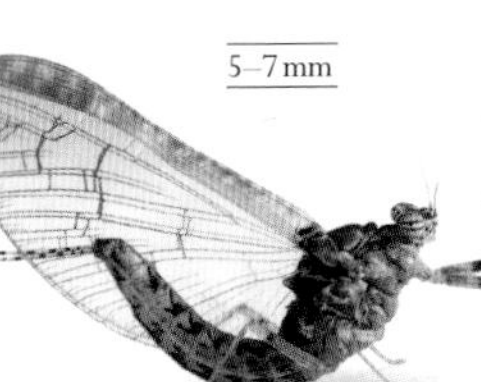

5–7 mm

CLOEON DIPTERUM
F: Bétidos
Esta especie europea de amplia distribución vive en una gran variedad de ambientes, desde acequias y estanques hasta charcos y aljibes.

6–12 mm

EPHEMERELLA IGNITA
F: Efemerélidos
Los adultos de esta especie del norte de Europa poseen tres filamentos caudales. Los ojos redondeados del macho tienen dos partes: la superior y más grande sirve para detectar a las hembras.

10–15 mm

SIPHLONURUS LACUSTRIS
F: Siflonúridos
Común en lagos de montaña del norte de Europa, tiene dos largos filamentos en la cola y las alas grises verdosas, muy pequeñas las posteriores.

LIBÉLULAS Y CABALLITOS DEL DIABLO

Los insectos del orden odonatos tienen un largo cuerpo con la cabeza móvil y enormes ojos que les proporcionan un amplio campo de visión. Los adultos poseen dos pares de alas de tamaño similar y son veloces cazadores aéreos; las ninfas capturan presas bajo el agua con sus piezas bucales especializadas. Las libélulas son robustas y con la cabeza redondeada, mientras que los caballitos del diablo son más esbeltos y tienen la cabeza más ancha y los ojos más separados.

en reposo, las alas se extienden hacia atrás

CABALLITO DEL DIABLO AZUL
Coenagrion puella
F: Cenagriónidos
Los machos azules con manchas negras de esta especie del noroeste de Europa suelen descansar sobre vegetación flotante. Las hembras son verdosas, también con manchas negras.

3,5 cm

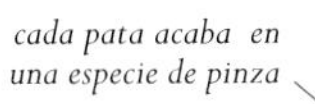

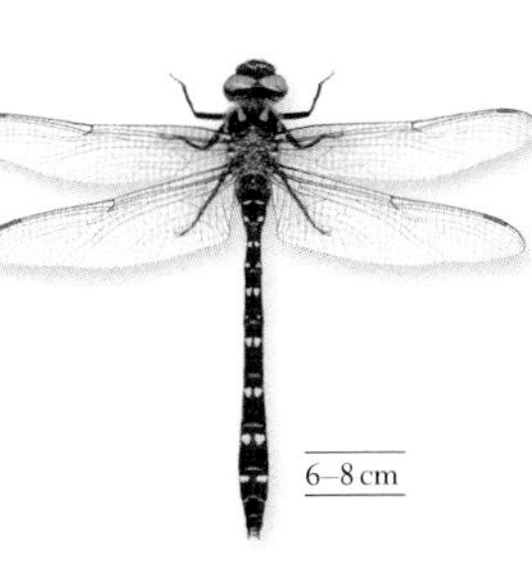

CORDULEGASTER MACULATA
F: Cordulegástridos
Esta libélula se encuentra en el este de EE UU y el sureste de Canadá, donde prefiere los arroyos límpidos de los hábitats forestales.

LIBÉLULA PRÍNCIPE NORTEAMERICANA
Epitheca princeps
F: Cordúlidos
Muy extendida en América del Norte, puede verse patrullando por estanques, lagos, arroyos y ríos del amanecer al ocaso.

CABALLITO DEL DIABLO ESMERALDA
Lestes sponsa
F: Léstidos
Es común a lo largo de Europa y Asia, siempre cerca de aguas calmas con mucha vegetación.

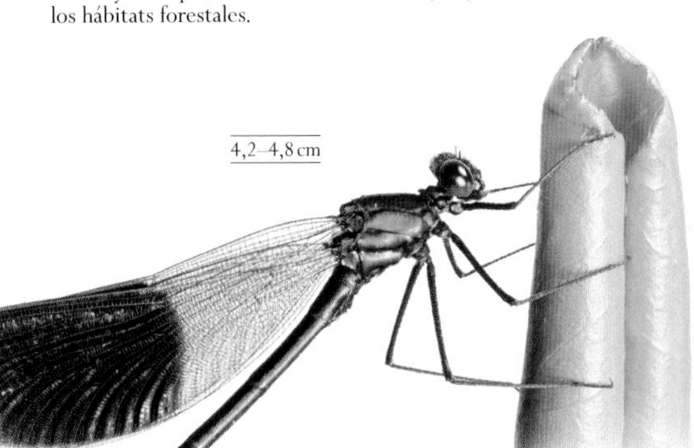

CABALLITO DEL DIABLO ESPLÉNDIDO
Calopteryx splendens
F: Calopterígidos
Los machos tienen el cuerpo azul verdoso metálico y una mancha azul en las alas; las hembras son de color verde metálico, sin manchas en las alas. Vive en el noroeste de Europa.

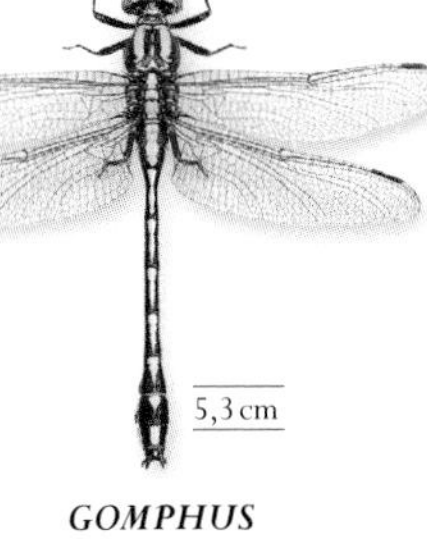

GOMPHUS EXTERNUS
F: Gónfidos
Esta libélula, muy extendida en EE UU, vuela en días cálidos y soleados, y se reproduce en arroyos y ríos limosos de curso lento.

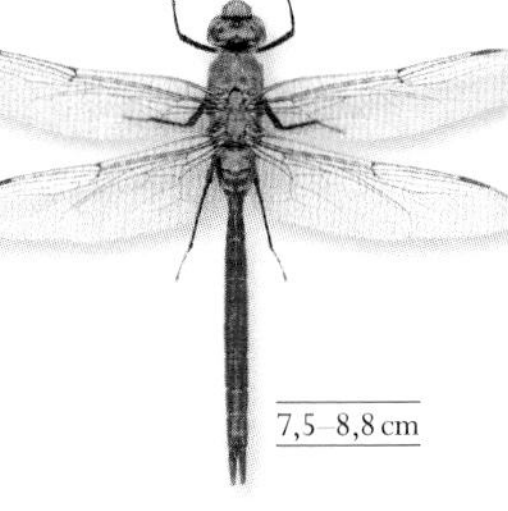

ANAX LONGIPES
F: Ésnidos
Esta especie distribuida desde Brasil hasta Massachusetts (EE UU) frecuenta lagos y grandes estanques y tiene un patrón de vuelo muy estable y regular.

LIBÉLULA DEL RÍO ILLINOIS
Macromia illinoiensis
F: Macrómidos
Esta especie norteamericana patrulla por arroyos y ríos pedregosos, pero también puede verse a lo largo de carreteras o caminos.

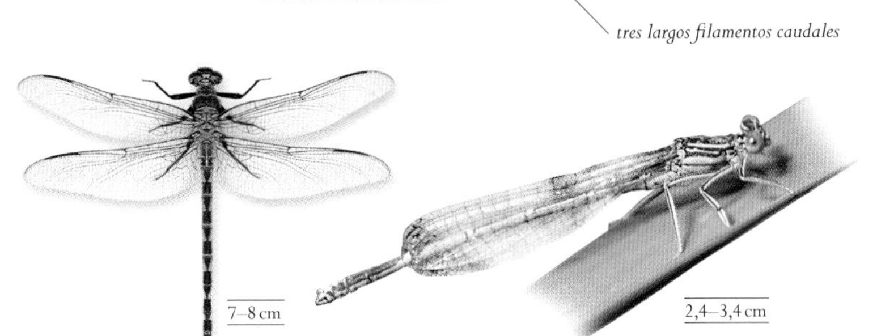

TACHOPTERYX THOREYI
F: Petalúridos
Esta gran libélula vive en bosques caducifolios anegados de la costa este de América del Norte. Se reproduce en ciénagas y zonas pantanosas, donde encuentra alimento.

CABALLITO DEL DIABLO DE PATAS BLANCAS
Platycnemis pennipes
F: Platicnemídidos
Vive en Europa central y se reproduce en canales y ríos lentos, ricos en vegetación. La tibia de las patas traseras es ancha y parece cubierta de plumas.

LIBÉLULA DE VIENTRE PLANO
Libellula depressa
F: Libelúlidos
Vive en Europa central y se reproduce en acequias y estanques. La parte superior del abdomen del macho es azul, y la de la hembra, marrón amarillenta.

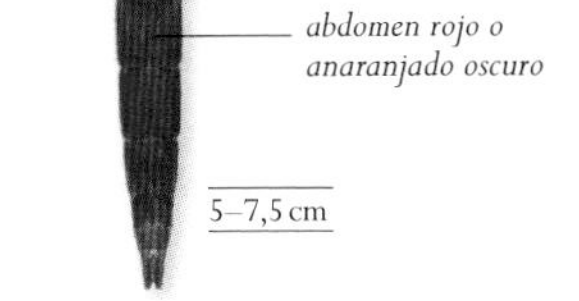

LIBELLULA SATURATA
F: Libelúlidos
Común en el suroeste de EE UU, frecuenta estanques y arroyos de aguas cálidas e incluso fuentes termales.

PLECÓPTEROS

Los miembros de este orden, de cuerpo blando y delgado, poseen dos finos filamentos caudales y dos pares de alas. Las ninfas son acuáticas.

PERLA BIPUNCTATA
F: Pérlidos
Los machos de esta especie, que prefiere los ríos rocosos de montaña, tienen casi la mitad del tamaño de las hembras y las alas mucho más cortas.

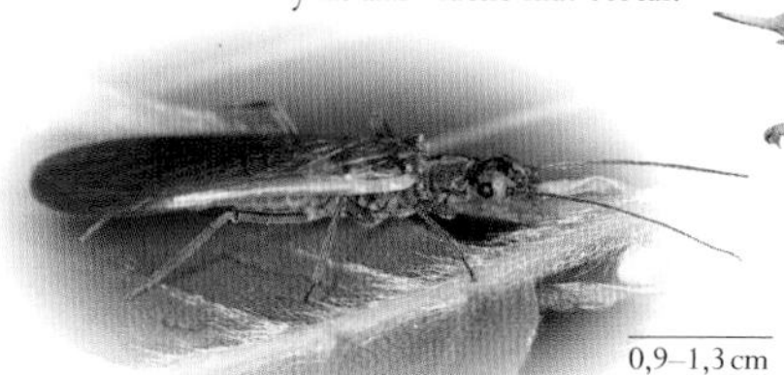

«MOSCA» DE JUNIO
Isoperla grammatica
F: Perlódidos
Particularmente común en zonas calizas, prefiere arroyos de aguas limpias con fondo de grava y lagos rocosos. Los machos son más cortos que las hembras.

INSECTOS PALO E INSECTOS HOJA

Los insectos herbívoros y de movimientos lentos del orden fásmidos o fasmatodeos tienen el cuerpo liso o espinoso con forma de palo o de hoja para camuflarse y eludir a los depredadores.

FÁSMIDO BILISTADO
Anisomorpha buprestoides
F: Pseudofasmátidos
Esta especie del sur de EE UU puede expeler un líquido ácido defensivo, producido por unas glándulas del tórax.

4,2–6,8 cm

NINFA DE FÁSMIDO MALAYO
Heteropteryx dilatata
F: Heteropterígidos
Este impresionante fásmido se halla en la jungla de Malasia. Las hembras son verdes y no vuelan; los machos, parduscos y más pequeños, pueden volar.

10–15,5 cm

INSECTO HOJA JAVANÉS
Phyllium bioculatum
F: Fílidos
Las hembras de esta especie del sureste de Asia son grandes, aladas y con forma de hoja. Los machos son pequeños, más delgados y de color marrón.

7–9,4 cm
grandes alas posteriores con forma de abanico
abdomen aplanado similar a una hoja

TIJERETAS

Estos insectos carroñeros delgados y aplanados pertenecen al orden dermápteros. Sus alas anteriores son cortas; las posteriores, membranosas, están plegadas debajo. Su flexible abdomen termina en un par de ganchos con forma de tenaza.

TIJERETA COMÚN
Forficula auricularia
F: Forficúlidos
Esta especie se encuentra bajo la corteza y entre hojarasca en putrefacción. La hembra cuida de su puesta y alimenta a las ninfas jóvenes.

LABIDURA RIPARIA
F: Labidúridos
Esta especie, la mayor de Europa, es muy común a lo largo de riberas fluviales arenosas y en zonas costeras.

MANTIS Y AFINES

Los insectos del orden mantodeos son depredadores con la cabeza triangular muy móvil, grandes ojos y unas anchas y espinosas patas delanteras con las que capturan las presas. Las alas anteriores endurecidas protegen las grandes alas posteriores membranosas plegadas debajo.

grandes ojos compuestos y cabeza triangular
protórax extendido
ala anterior con forma de hoja
6–9 cm
fémur anterior ancho y espinoso

MANTIS RELIGIOSA
Mantis religiosa
F: Mántidos
Con un rápido ataque, que dura una fracción de segundo, este mántido empala a su presa en las afiladas púas de las patas delanteras.

cresta cefálica
5–7 cm

EMPUSA
Empusa pennata
F: Empúsidos
Este mántido esbelto y con una pequeña cresta en la cabeza que vive en la Europa meridional come pequeñas moscas y puede ser verde o marrón.

3–7 cm

MANTIS ORQUÍDEA
Hymenopus coronatus
F: Himenopódidos
Con su colorido de flor y las patas que parecen pétalos, esta mantis del sureste de Asia rececha pequeños insectos oculta entre el follaje.

GRILLOS Y SALTAMONTES

Los ortópteros son principalmente herbívoros. Poseen dos pares de alas, aunque algunos las tienen cortas o carecen de ellas, y grandes patas traseras saltadoras. Cantan o estridulan frotando una con otra las alas anteriores o las patas traseras contra el borde del ala.

1,4–2,4 cm

SALTAMONTES DE CAMPO COMÚN
Chorthippus brunneus
F: Acrídidos

Se encuentra normalmente en prados de hierba corta y seca en Europa, el norte de África y el Asia templada. Es más activo en días soleados.

5–7 cm

HEMIDEINA CRASSIDENS
F: Anostostomátidos

Este insecto nocturno originario de Nueva Zelanda vive en la madera podrida y en troncos de árbol. Se alimenta de materia vegetal, así como de pequeños insectos.

1,5–2,6 cm

GRILLO DE CUEVA AFRICANO
Phaeophilacris bredoides
F: Rafidofóridos

Esta especie omnívora carroñera de África central posee largas antenas, una adaptación a la vida en microhábitats oscuros.

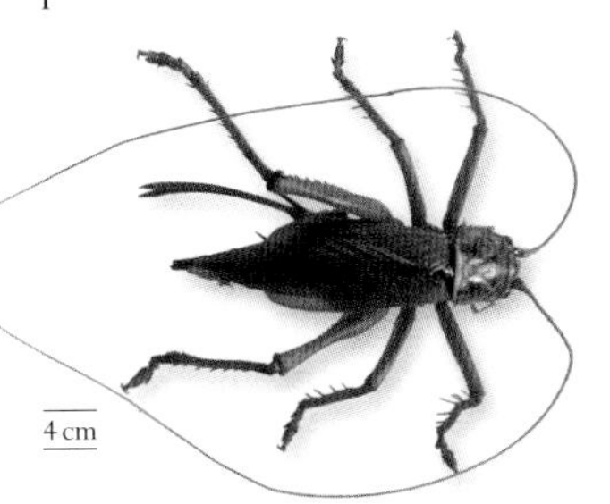

4 cm

GRILLO ENROLLADOR DE HOJAS
Hyalogryllacris subdebilis
F: Grillacrídidos

Esta especie australiana tiene las alas relativamente largas y unas antenas que pueden triplicar la longitud de su cuerpo.

5–8 cm

LANGOSTA DEL DESIERTO
Schistocerca gregaria
F: Acrídidos

La concentración de ninfas tras la lluvia hace que este insecto africano solitario se transforme en gregario. Sus inmensas nubes devastan los cultivos.

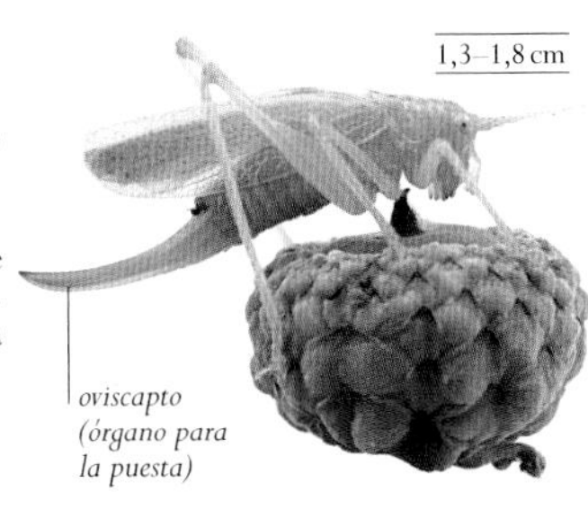

1,3–1,8 cm

SALTAMONTES MECONEMA
Meconema thalassinum
F: Tetigónidos

Habitante de árboles caducifolios, esta especie europea come pequeños insectos por la noche. La hembra tiene un largo oviscapto curvo.

3,5–4,6 cm

ALACRÁN CEBOLLERO, GRILLO TOPO EUROPEO
Gryllotalpa gryllotalpa
F: Grillotálpidos

Esta especie excava con sus fuertes patas delanteras como un diminuto topo. Vive en prados y riberas de ríos de suelo húmedo y arenoso.

1,4–2 cm

GRILLO DOMÉSTICO
Acheta domesticus
F: Gríllidos

Esta especie nocturna produce un «canto» chirriante característico. Originaria del suroeste de Asia y el norte de África, se ha extendido por Europa.

6–8 cm

SALTAMONTES AFRICANO APOSEMÁTICO
Dictyophorus spumans
F: Pirgomórfidos

El colorido de esta especie sudafricana indica su toxicidad. Sus glándulas torácicas producen una espuma nociva.

1,7–2,3 cm

GRILLO DE DOS PUNTOS
Gryllus bimaculatus
F: Gríllidos

Muy extendido por el sur de Europa, África y Asia, vive en el suelo, debajo de maderas o escombros.

CUCARACHAS

Los miembros del orden blatodeos son insectos carroñeros de cuerpo aplanado y ovalado. La cabeza, dirigida hacia abajo, está parcialmente oculta por el pronoto. Tienen dos pares de alas y dos órganos sensoriales en el extremo del abdomen llamados cercos.

5–8 cm

CUCARACHA SILBADORA DE MADAGASCAR
Gromphadorhina portentosa
F: Blabéridos

Los machos de esta gran especie sin alas, criada como mascota, tienen unas protuberancias en el tórax para combatir.

2,7–4,4 cm

CUCARACHA AMERICANA
Periplaneta americana
F: Blátidos

Oriunda de África, hoy se encuentra en casi todo el mundo. Vive en barcos y almacenes de alimentos.

0,8–1,3 cm

CUCARACHA PARDA
Ectobius lapponicus
F: Ectóbidos

Esta especie europea, pequeña y muy veloz, vive entre la hojarasca y el follaje. Se ha introducido en EE UU.

TERMITAS

Estos insectos sociales del orden isópteros viven en colonias en las que asumen distintas funciones. Las obreras, más claras generalmente, no tienen alas; las reproductoras (reyes y reinas) poseen alas que pierden tras la danza nupcial; los soldados tienen la cabeza y las maxilas muy grandes.

6–7 mm

TERMITA SUBTERRÁNEA DE FORMOSA
Coptotermes formosanus
F: Rinotermítidos

Nativa del sur de China, Taiwán y Japón, esta especie invasora es una grave plaga en otras partes del mundo.

0,8–1,5 cm

ZOOTERMOPSIS ANGUSTICOLLIS
F: Arcotermópsidos

Esta termita que se halla en los estados de la costa del Pacífico de América del Norte anida y se alimenta en la madera infectada por hongos.

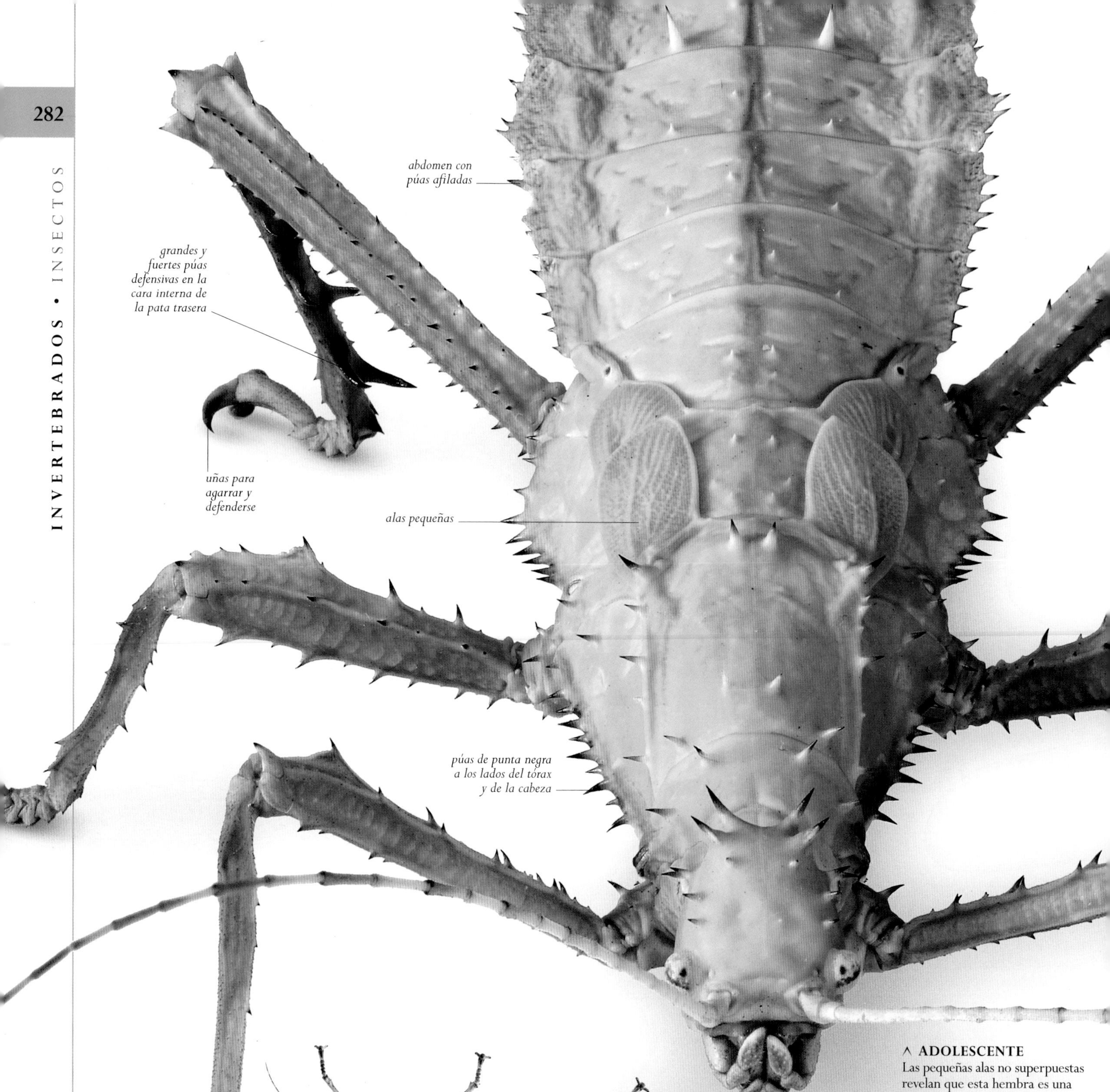

abdomen con púas afiladas

grandes y fuertes púas defensivas en la cara interna de la pata trasera

uñas para agarrar y defenderse

alas pequeñas

púas de punta negra a los lados del tórax y de la cabeza

∧ ADOLESCENTE
Las pequeñas alas no superpuestas revelan que esta hembra es una ninfa (que no ha alcanzado la madurez sexual). En la siguiente muda, cuando cambie su piel, la ninfa se convertirá en adulta con alas cortas y un oviscapto funcional. Después de la cópula, el abdomen se hinchará a medida que se desarrollan los huevos.

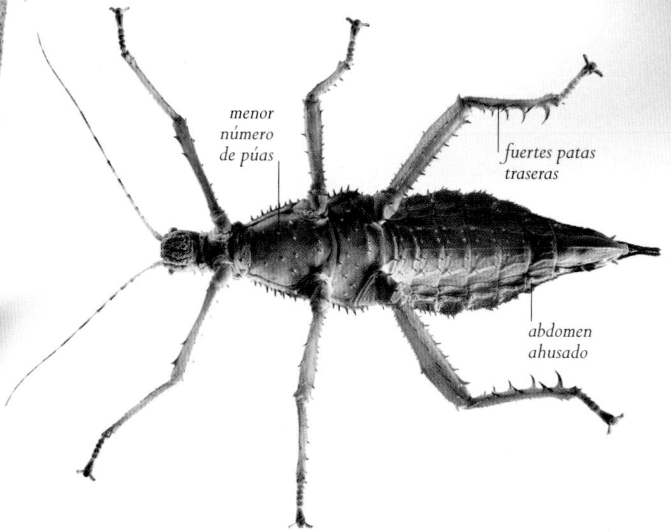

menor número de púas

fuertes patas traseras

abdomen ahusado

< CARA VENTRAL
En la hembra es verde oscura y, aunque tiene menos púas que la dorsal, está bien protegida por las espinosas patas.

NINFA DE FÁSMIDO MALAYO
Heteropteryx dilatata

Las hembras de esta especie son más grandes, de color verde claro en la cara superior y verde oscuro en la inferior. El macho adulto es mucho más pequeño y delgado, y de color más oscuro. Ambos sexos poseen alas, pero la hembra no vuela. Ninfas y adultos se alimentan de hojas de distintas plantas y árboles como el durián, el guayabo y el mango. Las hembras maduras con huevos pueden ser muy agresivas. Cuando se las molesta emiten un fuerte sonido sibilante con sus cortas alas y separan las patas posteriores en una postura defensiva; responderán con violentas patadas si son atacadas. Esta especie vivaz y nocturna se ha convertido en una mascota en todo el mundo.

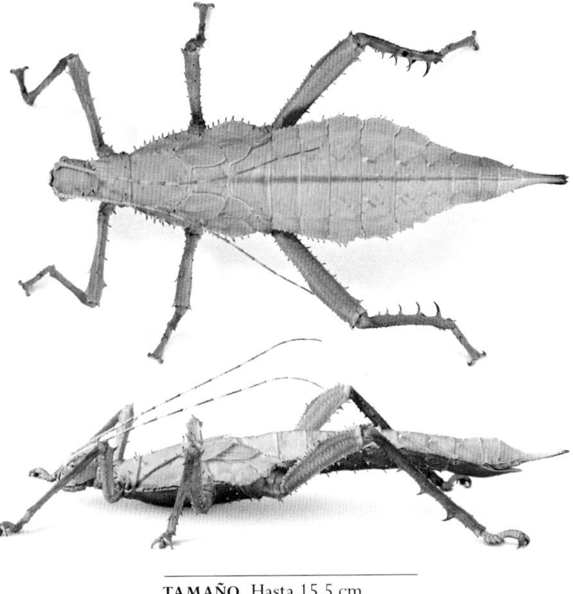

TAMAÑO Hasta 15,5 cm
HÁBITAT Bosques tropicales
DISTRIBUCIÓN Malasia
DIETA Hojas de diversas plantas

PIEZAS BUCALES >
En reposo, las mandíbulas se ocultan detrás de dos pares de apéndices que manipulan el alimento (palpos) cubiertos de órganos sensoriales que permiten al insecto degustar la superficie de las hojas e identificarlas.

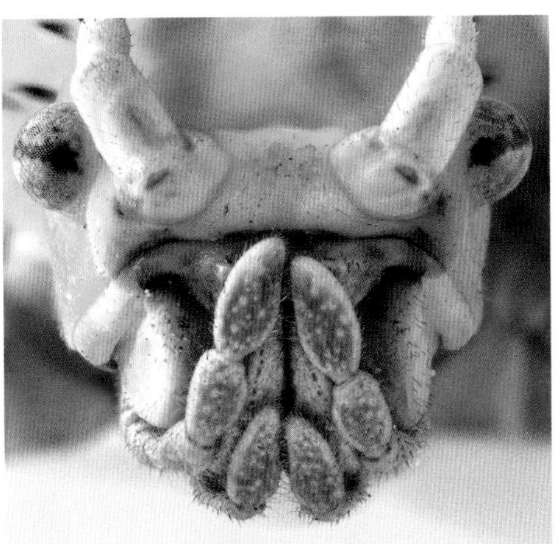

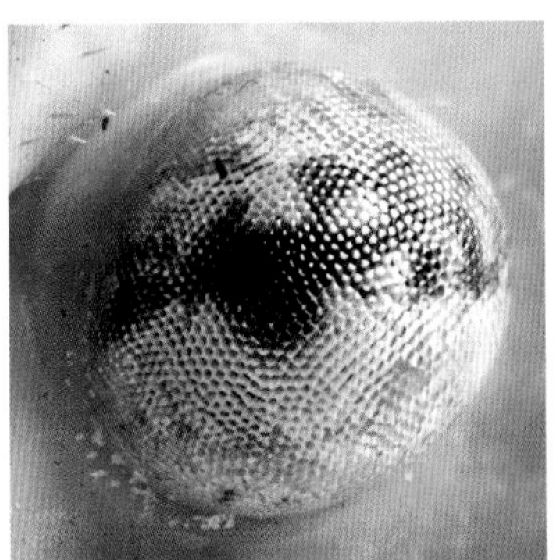

< OJO COMPUESTO
Los ojos compuestos, típicos de los insectos, no precisan la agudeza de los otros artrópodos depredadores, pero tienen que poder detectar el movimiento y los enemigos potenciales.

CUERPO > SEGMENTADO
Las duras placas con púas que forman los segmentos están unidas por membranas que dan flexibilidad al cuerpo.

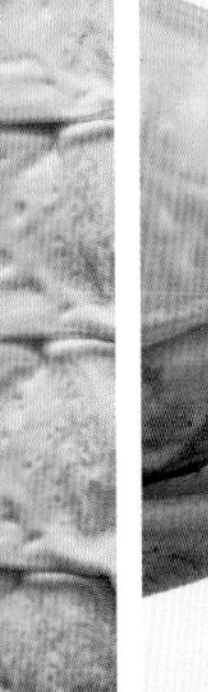

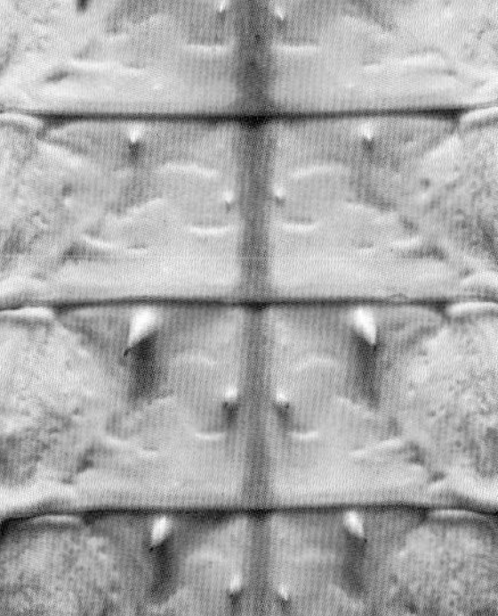

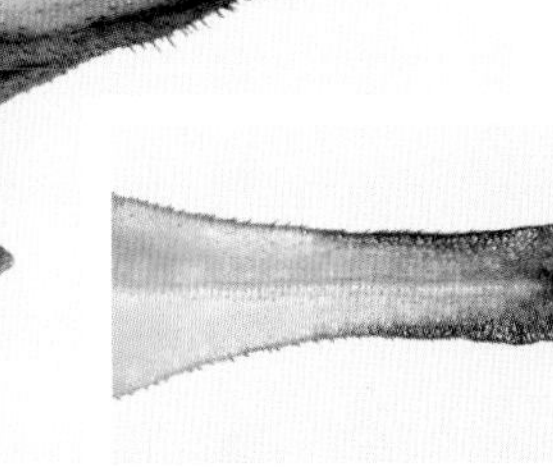

^ OVISCAPTO
La hembra, que puede poner unos 150 huevos a lo largo de su vida, usa este órgano para depositarlos, uno por uno, y ocultarlos en la hojarasca o el suelo húmedo.

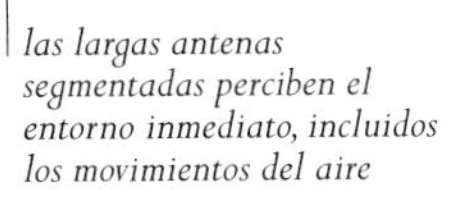

las largas antenas segmentadas perciben el entorno inmediato, incluidos los movimientos del aire

^ > PIE
El pie está compuesto por los cortos segmentos del tarso y un largo segmento terminal espinoso con un par de uñas curvas y afiladas.

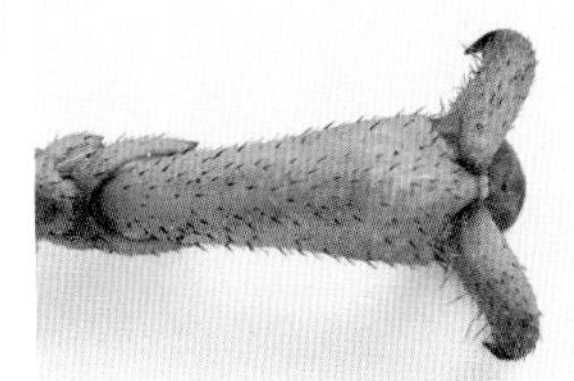

HEMÍPTEROS

Abundantes en hábitats terrestres y acuáticos, los miembros del orden hemípteros varían desde diminutas especies ápteras (sin alas) hasta chinches acuáticas gigantes capaces de capturar peces y ranas. Las piezas bucales sirven para perforar y para succionar líquidos como savia o sangre. Muchas especies son plagas de las plantas y algunas transmiten enfermedades.

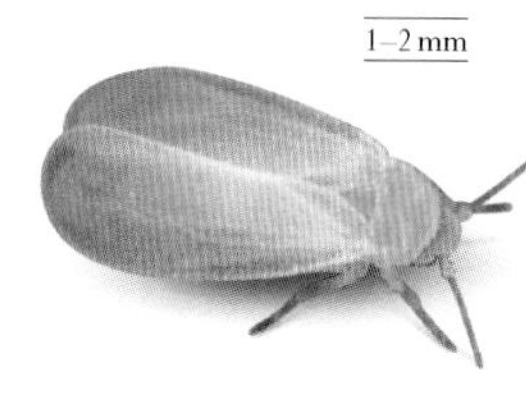

1–2 mm

MOSCA BLANCA
Trialeurodes vaporariorum
F: Aleiródidos

Parecida a una diminuta polilla, se encuentra en las regiones templadas de todo el mundo y puede ser una grave plaga en los invernaderos.

3–5 mm

PULGÓN DEL ALTRAMUZ AMERICANO
Macrosiphum albifrons
F: Afídidos

Esta especie de EE UU infesta rápidamente las plantas porque las hembras pueden producir una numerosa prole sin fecundación.

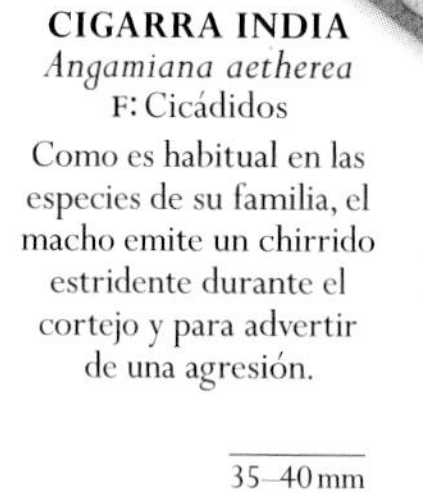

3,5–4 cm

CIGARRA INDIA
Angamiana aetherea
F: Cicádidos

Como es habitual en las especies de su familia, el macho emite un chirrido estridente durante el cortejo y para advertir de una agresión.

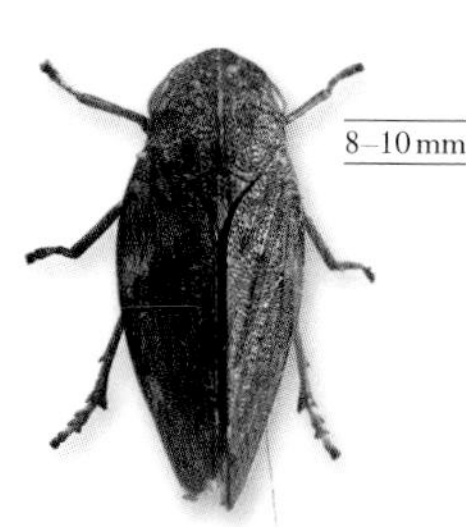

8–10 mm

CIGARRA ESPUMADORA
Aphrophora alni
F: Afrofóridos

Común en una gran variedad de árboles y arbustos de toda Europa, su color puede variar de marrón claro a oscuro.

9–11 mm

CERCOPIS VULNERATA
F: Cercópidos

Las ninfas de esta colorida especie europea viven bajo tierra en una masa espumosa protectora. Se alimentan de savia de las raíces de las plantas.

35–40 mm

CIGARRA DE ASSAM
Platypleura assamensis
F: Cicádidos

Oriunda del norte de India, se encuentra también en Bután y en partes de China, donde prefiere los bosques templados caducifolios.

6–8 mm

PULVINARIA REGALIS
F: Cóccidos

Aunque suele encontrarse en la corteza del castaño de Indias, este insecto extendido por Europa también ataca a otras especies caducifolias.

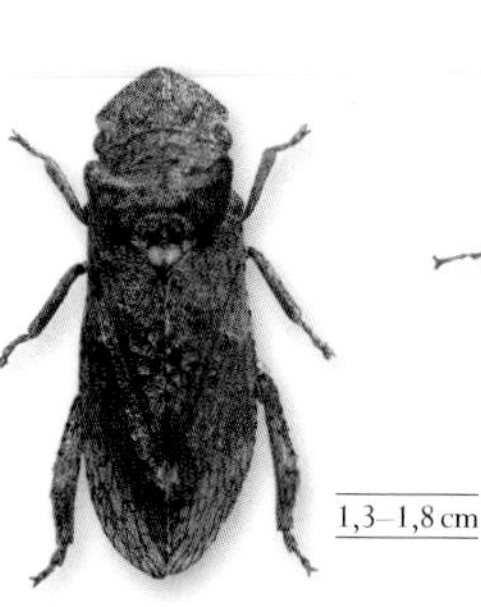

1,3–1,8 cm

CIGARRA SALTADORA
Ledra aurita
F: Cicadélidos

La coloración moteada de esta cigarra aplanada del norte de Europa la camufla en la corteza cubierta de líquenes de los robles de su hábitat.

6–8 mm

CIGARRILLA SALTADORA VERDE
Cicadella viridis
F: Cicadélidos

Se alimenta de hierbas y juncos en zonas húmedas y pantanosas de Europa y Asia. También se encuentra en jardines junto a los estanques.

8 cm

grandes ocelos

MACHACA O MARIPOSA CAIMÁN
Fulgora laternaria
F: Fulgóridos

Se encuentra en América Central y del Sur, las Bahamas y las Antillas. Para defenderse expele una sustancia maloliente.

1–1,2 cm

HEMÍPTERO PÚA
Umbonia crassicornis
F: Membrácidos

Casi todo el cuerpo de este insecto de América Central y del Sur se oculta bajo el amplio pronoto con forma de púa.

3,2 cm

PHRICTUS QUINQUEPARTITUS
F: Fulgóridos

Esta especie, también conocida como insecto de cabeza de dragón, se puede encontrar en Costa Rica, Panamá, Colombia y algunas zonas de Brasil.

2–3 mm

PSYLLOPSIS FRAXINI
F: Psílidos

Esta especie se encuentra comúnmente en los fresnos. Las ninfas hacen que se formen agallas rojas en los bordes de las hojas cuando se alimentan de ellas.

3–4 mm

TINGIS CARDUI
F: Tíngidos

Este insecto vive en la mayor parte de Europa y se alimenta de diversos cardos. Su cuerpo está cubierto de un polvillo ceroso.

1–1,2 cm

CHINCHE DE LAS GRAMÍNEAS
Eurygaster maura
F: Escuteléridos

Se alimenta de una gran variedad de hierbas y a veces es una plaga menor de los cultivos de cereales.

1–1,6 cm

CHINCHE DEL ESPINO ROJO
Acanthosoma haemorrhoidale
F: Acantosomátidos

Esta especie europea se alimenta de brotes y bayas de espino y, en ocasiones, de hojas de roble y otros árboles caducifolios.

4 mm

CHINCHE DE LAS FLORES COMÚN
Anthocoris nemorum
F: Antocóridos

Este depredador se encuentra en muchas plantas. Pese a su pequeño tamaño, puede perforar la piel humana.

5 mm

CHINCHE DEL ABEDUL
Aradus betulae
F: Arádidos

El cuerpo aplanado de este insecto europeo le permite vivir bajo la corteza de los abedules, donde se alimenta de hongos.

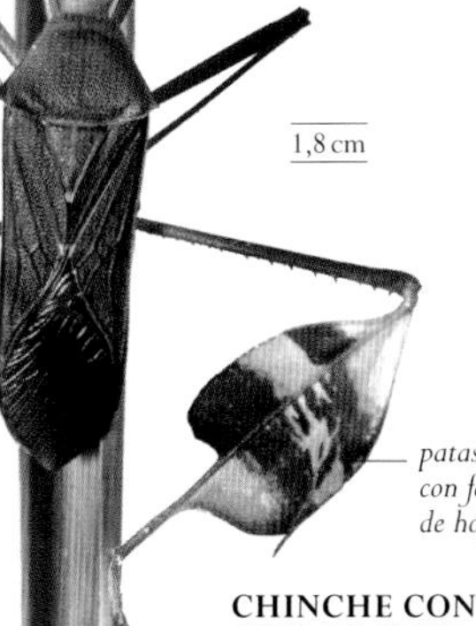

1,8 cm

CHINCHE CON PIES DE HOJA
Anisocelis affinis
F: Coreidos

Presente en México y América Central, las expansiones de las patas de este herbívoro lo camuflan ante sus depredadores.

4–5 mm

CHINCHE DE CAMA
Cimex lectularius
F: Cimícidos

Esta extendida especie nocturna de cuerpo aplanado y sin alas chupa la sangre humana y de otros mamíferos.

fuerte pata delantera

una única uña afilada

pata trasera peluda

par de apéndices que le permiten respirar

8–10 cm

CHINCHE ACUÁTICA GIGANTE
Lethocerus sp.
F: Belostomátidos

Con sus fuertes patas delanteras y su saliva tóxica, esta chinche tropical es capaz de dominar a vertebrados como ranas y peces.

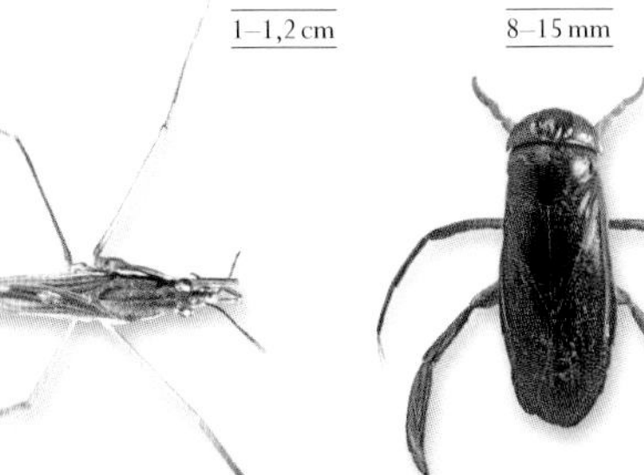

1–1,2 cm

ZAPATERO O TEJEDOR
Gerris lacustris
F: Gérridos

Esta extendida especie que corre ágilmente sobre la superficie del agua localiza a sus presas mediante las ondas acuáticas que genera.

8–15 mm

CHINCHE BARQUERA
Corixa punctata
F: Coríxidos

Utilizando sus fuertes patas traseras como remos para nadar, esta abundante especie europea se alimenta de algas y detritos.

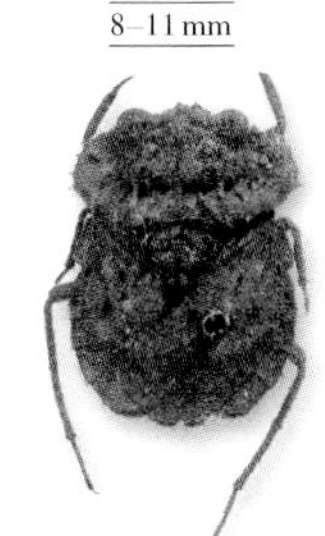

8–11 mm

CHINCHE SAPO
Nerthra grandicollis
F: Gelastocóridos

La superficie verrugosa y el color de esta especie africana le permiten ocultarse en el barro y los escombros para acechar a otros insectos.

1–1,5 cm

CHINCHE DE AGUA
Ilyocoris cimicoides
F: Naucóridos

Este insecto europeo atrapa aire de la superficie bajo sus alas plegadas y caza a sus presas en los márgenes someros de lagos y ríos lentos.

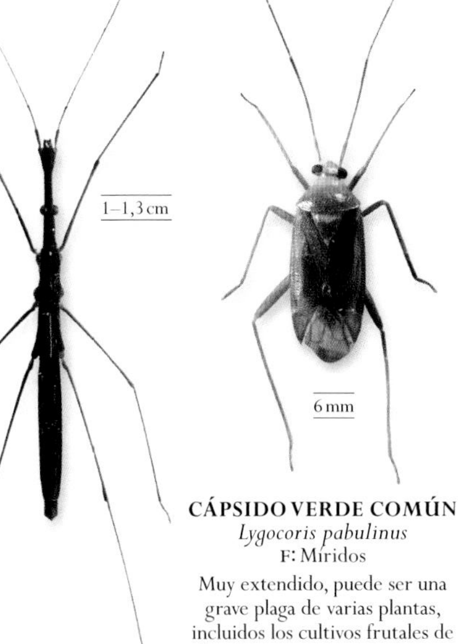

1–1,3 cm

HIDRÓMETRA
Hydrometra stagnorum
F: Hidrométridos

Este insecto europeo de movimientos lentos vive en la orilla de estanques, lagos y ríos, y se alimenta de pequeños insectos y crustáceos.

6 mm

CÁPSIDO VERDE COMÚN
Lygocoris pabulinus
F: Míridos

Muy extendido, puede ser una grave plaga de varias plantas, incluidos los cultivos frutales de frambuesas, peras y manzanas.

»

» HEMÍPTEROS

6–8 mm

CHINCHE DE ESCUDO ESCARLATA
Eurydema dominulus
F: Pentatómidos
Esta especie europea de color rojo o naranja se alimenta de plantas como el mastuerzo y puede ser una plaga del género *Brassica*.

8–10 mm

CHINCHE ROJA O DE LAS MALVAS
Pyrrhocoris apterus
F: Pirrocóridos
Esta especie roja y negra, gregaria y no voladora, está extendida por el sur y el centro de Europa. Se alimenta de semillas.

1,2–1,4 cm

CHINCHE DE ESCUDO VERDE
Palomena prasina
F: Pentatómidos
Esta especie es muy común y está extendida por toda Europa. Se alimenta de una amplia gama de plantas y puede ser una plaga menor.

1,1–1,4 cm

CHINCHE DE BOSQUE
Pentatoma rufipes
F: Pentatómidos
Esta especie europea frecuenta varios árboles de hoja caduca y se distingue por sus «hombros» romos. Se alimenta de savia y pequeños insectos.

2–4 cm

patas frontales fuertes para agarrar a su presa
espina en el costado del tórax
ocelos (falsos ojos) en las alas frontales
banda anaranjada rojiza en las patas

CHINCHE ASESINA AFRICANA
Platymeris biguttata
F: Redúvidos
Como todas las chinches asesinas, esta especie africana tiene una saliva tóxica; es capaz de escupirla y causar así una ceguera temporal.

3–3,5 cm

INSECTO PALO ACUÁTICO
Ranatra linearis
F: Népidos
Usa sus especializadas patas anteriores para capturar presas, incluidos pequeños peces. Prefiere los estanques profundos con mucha vegetación.

1,8–2,2 cm

ESCORPIÓN DE AGUA
Nepa cinera
F: Népidos
Frecuenta los márgenes de lagunas poco profundas en busca de presas pequeñas. Respira a través de una larga cola.

1,3–1,7 cm

patas traseras plumosas para nadar

GARAPITO O NOTONECTA COMÚN
Notonecta glauca
F: Notonéctidos
Habita en estanques, lagos, canales y acequias de Europa y es capaz de cazar pequeños vertebrados como renacuajos y pececillos. Nada con la parte ventral hacia arriba.

PIOJOS

Estos insectos sin alas del orden ftirápteros son ectoparásitos y viven en el cuerpo de aves y mamíferos. Sus piezas bucales están modificadas para masticar fragmentos de piel o chupar sangre, y sus patas, para aferrarse a pelos y plumas.

5 mm

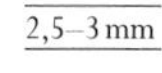

2,5–3 mm

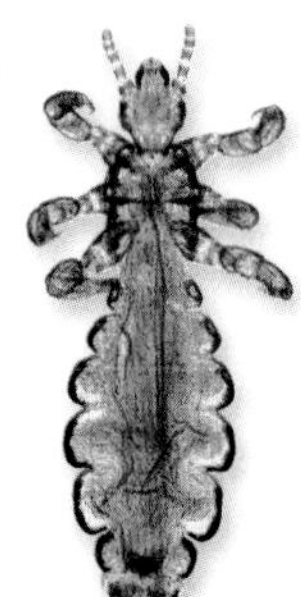

PIOJO HUMANO DE LA CABEZA
Pediculus humanus capitis
F: Pedicúlidos
Adhiere sus huevos, llamados liendres, a los cabellos. Una especie emparentada ataca al chimpancé.

PIOJO HUMANO DEL CUERPO
Pediculus humanus humanus
F: Pedicúlidos
Esta subespecie podría haber evolucionado del piojo de la cabeza a raíz de la invención de la ropa, donde deposita sus huevos.

2,5–3 mm

PIOJO DEL CUERPO DEL POLLO
Menacanthus stramineus
F: Menopónidos
Este pálido y aplanado ectoparásito masticador extendido por todo el mundo causa infecciones y pérdida de plumas a las aves afectadas.

1–2 mm

PIOJO MASTICADOR DE LAS CABRAS
Damalinia caprae
F: Tricodéctidos
Parasita las cabras de todo el mundo. Puede sobrevivir unos días en las ovejas, pero en estas no se reproduce.

PSOCÓPTEROS

Comunes en la vegetación y los residuos, los insectos de este orden son pequeños y de cuerpo blando y aplanado, con antenas filiformes y ojos prominentes. Se alimentan de microflora, y algunos son plagas de productos almacenados.

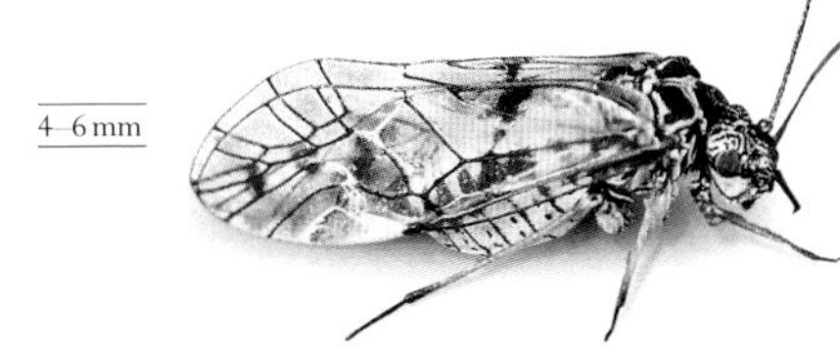

4–6 mm

PSOCOCERASTIS GIBBOSA
F: Psócidos

Esta especie relativamente grande, nativa de Europa y algunas partes de Asia, vive en una amplia variedad de árboles de hoja caduca y coníferas.

0,6–1,5 mm

LIPOSCELIS LIPARIUS
F: Liposcelídidos

Esta especie cosmopolita prefiere microhábitats oscuros y húmedos. Puede ser una plaga en bibliotecas y graneros si la humedad es muy alta.

TISANÓPTEROS

Los miembros de este orden son diminutos insectos generalmente con dos pares de alas estrechas y de bordes peludos. Poseen grandes ojos compuestos y unas típicas piezas bucales para perforar y succionar.

TRIP DE LAS FLORES
Frankliniella sp.
F: Trípidos

1–1,5 mm

Este insecto, que se encuentra en todo el mundo, puede ser una plaga en plantas cultivadas como el cacahuete, el algodón, el camote y el café.

RAFIDIÓPTEROS

Los miembros de este orden son insectos forestales con protórax largo, cabeza ancha y dos pares de alas. Tanto adultos como larvas comen pulgones y otras presas blandas.

1,6–1,8 cm

RAPHIDIA NOTATA
F: Rafídidos

Esta especie se halla en bosques europeos de coníferas o caducifolios, aunque generalmente prefiere los robles, donde se alimenta de pulgones.

SIÁLIDOS Y AFINES

Pertenecientes al orden megalópteros, tienen dos pares de alas que en reposo forman una superficie plana. Las larvas, acuáticas y depredadoras, tienen branquias abdominales y pupan en el suelo, el musgo o la madera podrida.

CORYDALUS CORNUTUS
F: Coridálidos

El macho de esta especie de América del Norte tiene unas largas mandíbulas que utiliza para el combate y para sujetar a la hembra.

10–14 cm

SIALIS LUTARIA
F: Siálidos

La hembra de esta especie ampliamente distribuida deposita una masa de hasta 2000 huevos en ramas u hojas cerca del agua.

1,4–2,6 cm

NEURÓPTEROS Y AFINES

Los miembros del orden neurópteros tienen los ojos saltones. En reposo, sus dos pares de alas membranosas con marcadas nervaduras forman una superficie plana. Las larvas poseen unas piezas bucales afiladas y en forma de hoz para chupar.

1,4 cm

MANTISPA STYRIACA
F: Mantíspidos

Parecida a una mantis diminuta, esta especie vive en el sur y el centro de Europa, en zonas poco arboladas, donde se alimenta de pequeñas moscas.

4 cm

NEMOPTERA SINUATA
F: Nemoptéridos

Esta delicada especie, distribuida a lo largo del sureste de Europa, se alimenta de néctar y polen de las flores en bosques y herbazales abiertos.

3 cm

ASCÁLAFO ABIGARRADO
Libelloides macaronius
F: Ascaláfidos

Captura sus presas en el aire y solo vuela en días cálidos y soleados. Se puede encontrar en partes de Asia y en Europa central y meridional.

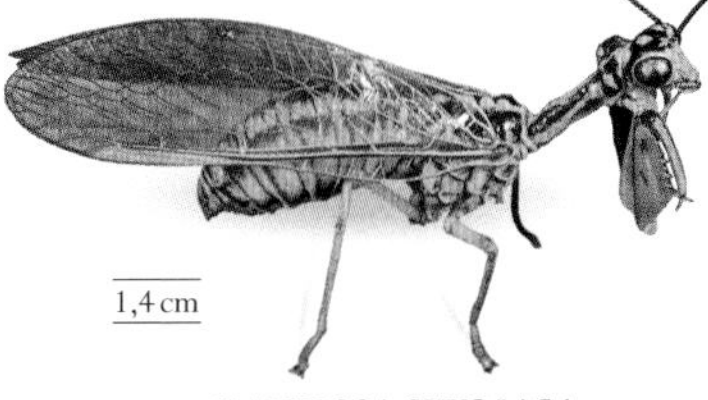

1–1,2 cm

CRISOPA
Chrysopa perla
F: Crisópidos

Esta especie extendida por Europa, de un característico color verde azulado con manchas negras, se halla normalmente en bosques caducifolios.

alas moteadas

OSMYLUS FULVICEPHALUS
F: Osmílidos

Esta especie europea se suele encontrar en bosques de ribera sombríos, donde se alimenta de pequeños insectos y polen.

1,3 cm

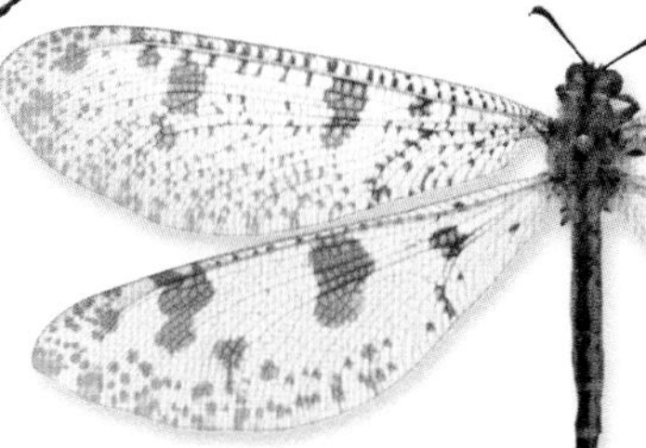

HORMIGA LEÓN
Palpares libelluloides
F: Mirmeleóntidos

Esta gran especie diurna mediterránea con unas alas moteadas características se encuentra en herbazales, hábitats cálidos cubiertos de maleza y dunas de arena.

5–5,5 cm

el macho posee órganos para sujetar a la hembra

ESCARABAJOS

El orden coleópteros –el mayor de los insectos y de todos los animales– comprende especies diminutas y de gran tamaño caracterizadas por tener unas alas delanteras endurecidas, llamadas élitros, que protegen a las posteriores, membranosas y más grandes. Los escarabajos ocupan todo tipo de hábitats terrestres y de agua dulce, y pueden ser carroñeros, herbívoros o depredadores.

2,8–3,4 cm

CÁRABO VIOLÁCEO
Carabus violaceus
F: Carábidos

Este escarabajo es un cazador nocturno común en muchos hábitats, incluidos los jardines. Es nativo de Europa y algunas partes de Asia.

3–5 mm

CARCOMA DE LOS MUEBLES
Anobium punctatum
F: Anóbidos

Cría dentro de la madera de edificios y muebles. Distribuido por todo el mundo, puede ser una grave plaga.

4 cm

ESCARABAJO JOYA CHINO
Chrysochroa chinensis
F: Bupréstidos

Nativo de India y el sureste de Asia, donde sus larvas horadan la madera de árboles caducifolios.

8–10 mm

CORACERO ROJO
Rhagonycha fulva
F: Cantáridos

Este escarabajo europeo, común sobre las flores en verano, se puede encontrar en prados y linderos forestales.

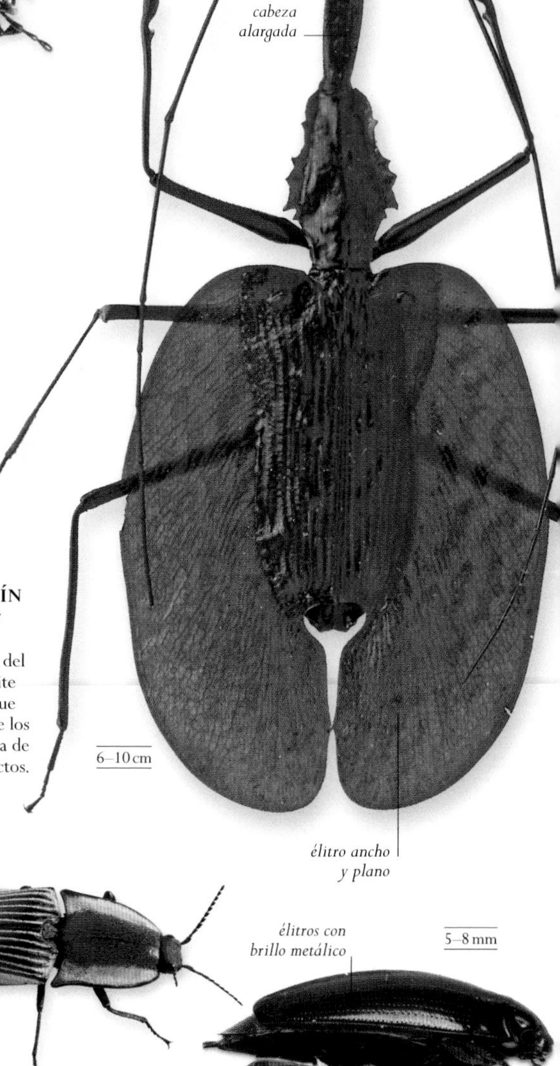

6–10 cm

ESCARABAJO VIOLÍN
Mormolyce phyllodes
F: Carábidos

La forma de esta especie del sureste de Asia le permite meterse bajo las setas que crecen sobre la corteza de los árboles, donde se alimenta de caracoles y larvas de insectos.

7–10 mm

E. AJEDREZADO
Thanasimus formicarius
F: Cléridos

Asociada a las coníferas de Europa y el norte de Asia, las larvas y los adultos de esta especie cazan larvas de escarabajo en la corteza.

8–10 mm

E. DEL TOCINO
Dermestes lardarius
F: Derméstidos

Frecuente en Europa y partes de Asia, se alimenta de restos de animales y también de productos almacenados en los edificios.

2,5–3,8 cm

DITISCO O E. BUCEADOR
Dytiscus marginalis
F: Ditíscidos

Esta gran especie vive en estanques y lagos de Europa y el norte de Asia. Se alimenta de insectos, ranas, tritones y pequeños peces.

3 cm

E. DE RESORTE
Chalcolepidius limbatus
F: Elatéridos

Esta especie vive en bosques y herbazales de las zonas más cálidas de América del Sur. Sus larvas depredan en la madera podrida y en el suelo.

élitros con brillo metálico

5–8 mm

ESCRIBANO DE AGUA
Gyrinus marinus
F: Girínidos

Este común escarabajo europeo vive en la superficie de estanques y lagos, por la que se desplaza con sus patas en forma de pala de remo.

8–11 mm

HYGROBIA HERMANNI
F: Higróbidos

Este escarabajo europeo se alimenta de pequeños invertebrados en ríos lentos y estanques fangosos. Emite un agudo chirrido cuando es capturado.

2,5 cm

LUCIÉRNAGA EUROPEA
Lampyris noctiluca
F: Lampíridos

También llamada gusano de luz, esta especie se encuentra en los herbazales de Europa y Asia. La hembra no tiene alas y emite una luz verdosa para atraer pareja.

6–10 mm

HISTER QUADRIMACULATUS
F: Histéridos

Este lustroso escarabajo moteado, extendido por toda Europa, se halla entre el estiércol y a veces en la carroña, donde se alimenta de pequeños insectos y de sus larvas.

cuernos curvos

1,5–2 cm

ESCARABAJO MINOTAURO
Typhoeus typhoeus
F: Geotrúpidos

Vive en zonas arenosas del oeste de Europa y entierra excrementos de ovejas y conejos para alimentar a sus larvas.

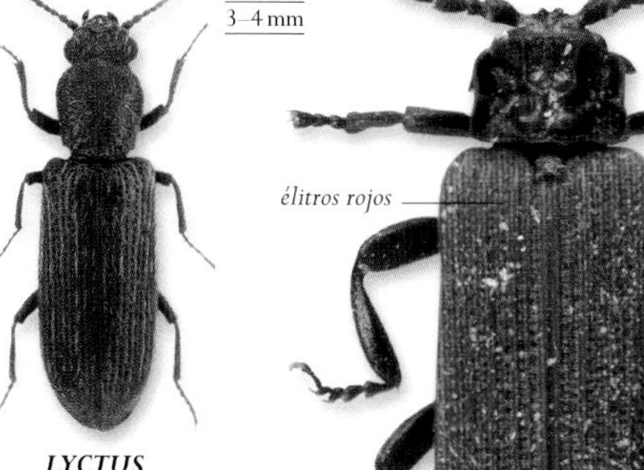

LYCTUS OPACULUS
F: Bostríquidos
Este escarabajo de América del Norte se reproduce en la madera seca y la tritura hasta reducirla a un polvo fino.

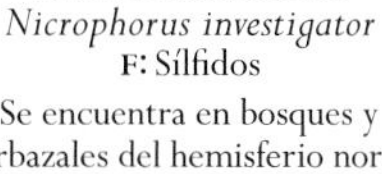

E. ENTERRADOR
Nicrophorus investigator
F: Sílfidos
Se encuentra en bosques y herbazales del hemisferio norte. Entierra pequeños animales muertos en los cuales la hembra deposita los huevos para que las larvas se alimenten de sus restos.

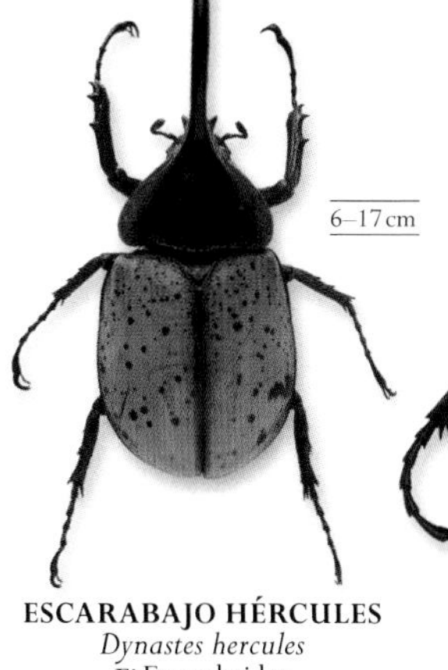

ESCARABAJO HÉRCULES
Dynastes hercules
F: Escarabeidos
Es la especie más grande del género *Dynastes*. Se alimenta de frutos en descomposición en las pluvisilvas de América Central y del Sur. Sus larvas crecen en la madera podrida.

ESCARABAJO GOLIAT
Goliathus cacicus
F: Escarabeidos
Es el insecto más pesado del mundo. Vive en el África ecuatorial, donde los adultos se alimentan de fruta madura o de savia de los árboles.

PLATYCIS MINUTUS
F: Lícidos
Este pequeño escarabajo se encuentra en la madera en descomposición de los árboles en los bosques euroasiáticos maduros y viejos.

CIERVO VOLANTE
Lucanus cervus
F: Lucánidos
Este impresionante escarabajo vive en los bosques del centro y el sur de Europa. Sus larvas se desarrollan durante 4–6 años, principalmente en troncos de roble en descomposición. Los machos pelean por las hembras con sus grandes mandíbulas con forma de astas de ciervo.

PHANAEUS DEMON
F: Escarabeidos
Este escarabajo de color muy variable, nativo de América Central, se alimenta del estiércol de grandes herbívoros en herbazales y prados.

GLISCHROCHILUS HORTENSIS
F: Nitidúlidos
Esta especie de Europa occidental se encuentra a menudo alimentándose de frutos maduros o savia en proceso de fermentación. Se asocia con árboles en descomposición como el abedul.

ASNILLO
Staphylinus olens
F: Estafilínidos
Esta especie europea que se encuentra entre la hojarasca de bosques y jardines eleva el abdomen en actitud amenazante cuando se le molesta.

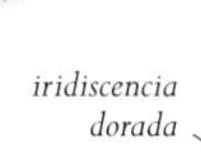

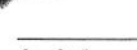

EMUS HIRTUS
F: Estafilínidos
Originario de Europa central y del sur, este velludo escarabajo se alimenta de otros insectos atraídos por la carroña o el estiércol de vaca y caballo.

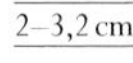

ESCARABAJO RESPLANDECIENTE
Chrysina aurigans
F: Escarabeidos
Vive en bosques caducos de Costa Rica y Panamá, normalmente en troncos podridos. Los adultos son nocturnos y se ven atraídos por la luz.

»

» ESCARABAJOS

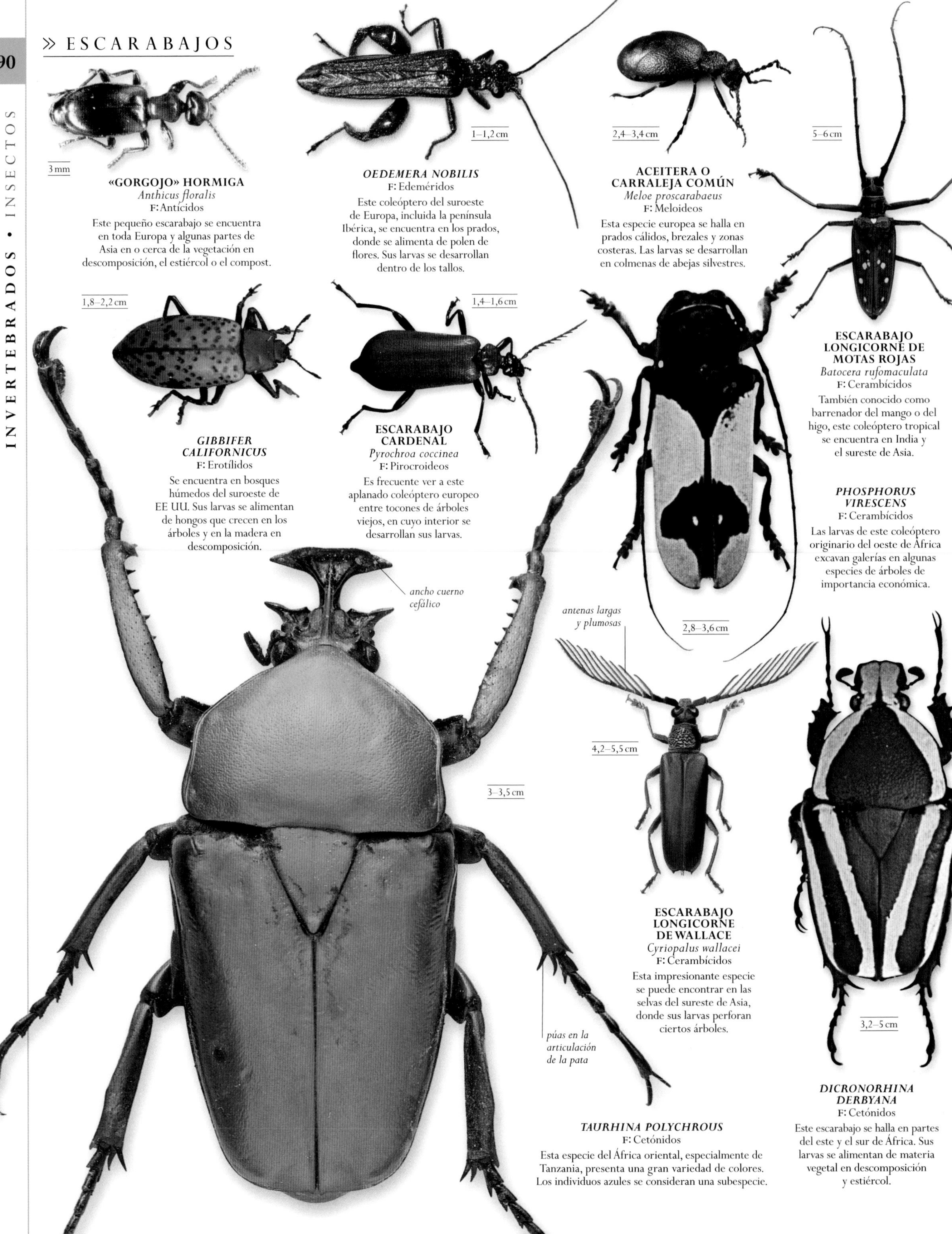

«GORGOJO» HORMIGA
Anthicus floralis
F: Antícidos
Este pequeño escarabajo se encuentra en toda Europa y algunas partes de Asia en o cerca de la vegetación en descomposición, el estiércol o el compost.

OEDEMERA NOBILIS
F: Edeméridos
Este coleóptero del suroeste de Europa, incluida la península Ibérica, se encuentra en los prados, donde se alimenta de polen de flores. Sus larvas se desarrollan dentro de los tallos.

ACEITERA O CARRALEJA COMÚN
Meloe proscarabaeus
F: Meloideos
Esta especie europea se halla en prados cálidos, brezales y zonas costeras. Las larvas se desarrollan en colmenas de abejas silvestres.

ESCARABAJO LONGICORNE DE MOTAS ROJAS
Batocera rufomaculata
F: Cerambícidos
También conocido como barrenador del mango o del higo, este coleóptero tropical se encuentra en India y el sureste de Asia.

GIBBIFER CALIFORNICUS
F: Erotílidos
Se encuentra en bosques húmedos del suroeste de EE UU. Sus larvas se alimentan de hongos que crecen en los árboles y en la madera en descomposición.

ESCARABAJO CARDENAL
Pyrochroa coccinea
F: Pirocroideos
Es frecuente ver a este aplanado coleóptero europeo entre tocones de árboles viejos, en cuyo interior se desarrollan sus larvas.

PHOSPHORUS VIRESCENS
F: Cerambícidos
Las larvas de este coleóptero originario del oeste de África excavan galerías en algunas especies de árboles de importancia económica.

ESCARABAJO LONGICORNE DE WALLACE
Cyriopalus wallacei
F: Cerambícidos
Esta impresionante especie se puede encontrar en las selvas del sureste de Asia, donde sus larvas perforan ciertos árboles.

TAURHINA POLYCHROUS
F: Cetónidos
Esta especie del África oriental, especialmente de Tanzania, presenta una gran variedad de colores. Los individuos azules se consideran una subespecie.

DICRONORHINA DERBYANA
F: Cetónidos
Este escarabajo se halla en partes del este y el sur de África. Sus larvas se alimentan de materia vegetal en descomposición y estiércol.

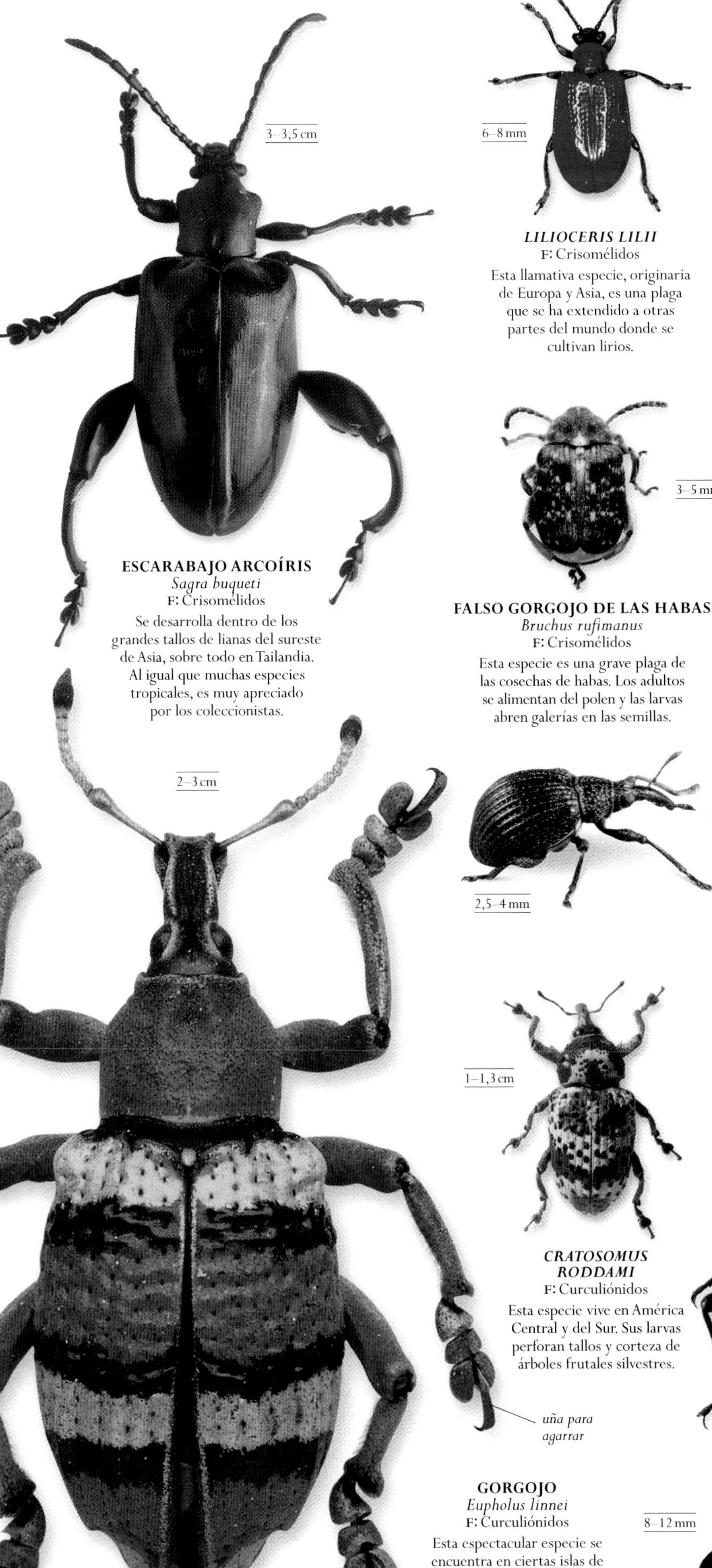

ESCARABAJO ARCOÍRIS
Sagra buqueti
F: Crisomélidos

Se desarrolla dentro de los grandes tallos de lianas del sureste de Asia, sobre todo en Tailandia. Al igual que muchas especies tropicales, es muy apreciado por los coleccionistas.

6–8 mm

LILIOCERIS LILII
F: Crisomélidos

Esta llamativa especie, originaria de Europa y Asia, es una plaga que se ha extendido a otras partes del mundo donde se cultivan lirios.

MARIQUITA OCELADA
Anatis ocellata
F: Coccinélidos

Este coleóptero originario de Europa se encuentra en las coníferas, especialmente píceas y pinos, donde se alimenta de pulgones.

MARIQUITA DE SIETE PUNTOS
Coccinella septempunctata
F: Coccinélidos

También llamada cochinilla de san Antón o vaquita de san Antón, es muy común en muchos hábitats europeos y se ha establecido en América del Norte.

3–5 mm

FALSO GORGOJO DE LAS HABAS
Bruchus rufimanus
F: Crisomélidos

Esta especie es una grave plaga de las cosechas de habas. Los adultos se alimentan del polen y las larvas abren galerías en las semillas.

MARIQUITA DE LAS CONÍFERAS
Aphidecta obliterata
F: Coccinélidos

Esta especie europea vive en diversas coníferas en las que se alimenta de cochinillas y áfidos (pulgones).

MARIQUITA DE VEINTIDÓS PUNTOS
Psyllobora vigintiduopunctata
F: Coccinélidos

Vive en los prados europeos y, a diferencia de la mayoría de mariquitas, se alimenta de hongos como los oídios.

2,5–4 mm

TRICHAPION ROSTRUM
F: Bréntidos

Esta pequeña especie se alimenta de semillas de las plantas silvestres del género *Baptisia* en las praderas de América del Norte.

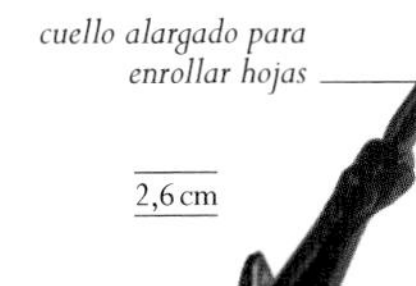

GORGOJO JIRAFA
Trachelophorus giraffa
F: Atelábidos

Vive en las selvas de Madagascar. Con su cuello forma rollos de hojas del árbol *Dichaetanthera* dentro de los cuales la hembra deposita los huevos.

1–1,3 cm

CRATOSOMUS RODDAMI
F: Curculiónidos

Esta especie vive en América Central y del Sur. Sus larvas perforan tallos y corteza de árboles frutales silvestres.

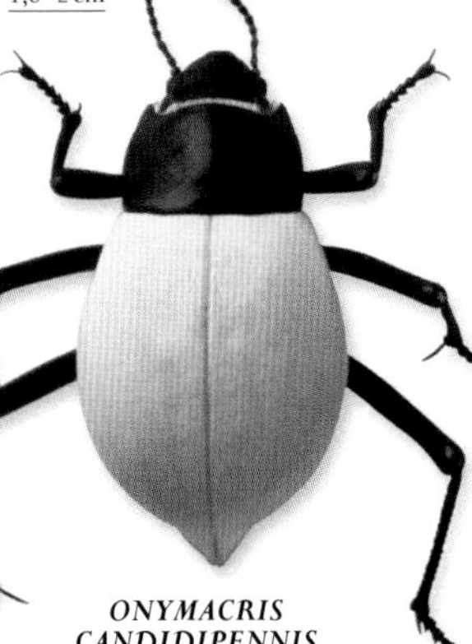

ONYMACRIS CANDIDIPENNIS
F: Tenebriónidos

Las largas patas y los blancos élitros de esta especie diurna lo ayudan a sobrevivir en los áridos desiertos de la costa suroccidental de África.

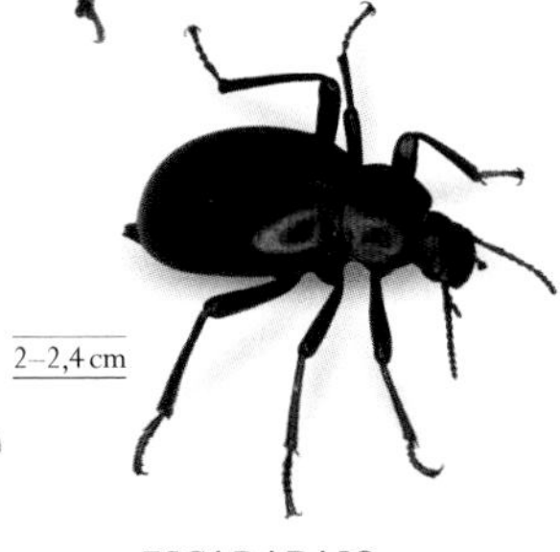

ESCARABAJO NAUSEABUNDO
Blaps mucronata
F: Tenebriónidos

Esta especie no voladora y activa por la noche vive en lugares oscuros y húmedos, donde come materia en descomposición.

GORGOJO
Eupholus linnei
F: Curculiónidos

Esta espectacular especie se encuentra en ciertas islas de Indonesia. Como muchas de su género, se alimenta de ñames.

8–12 mm

GORGOJO DE LA VID
Otiorhynchus sulcatus
F: Curculiónidos

Extendido por Europa, América del Norte y Australasia, es una plaga grave de muchos tipos de plantas de jardín y de cultivo.

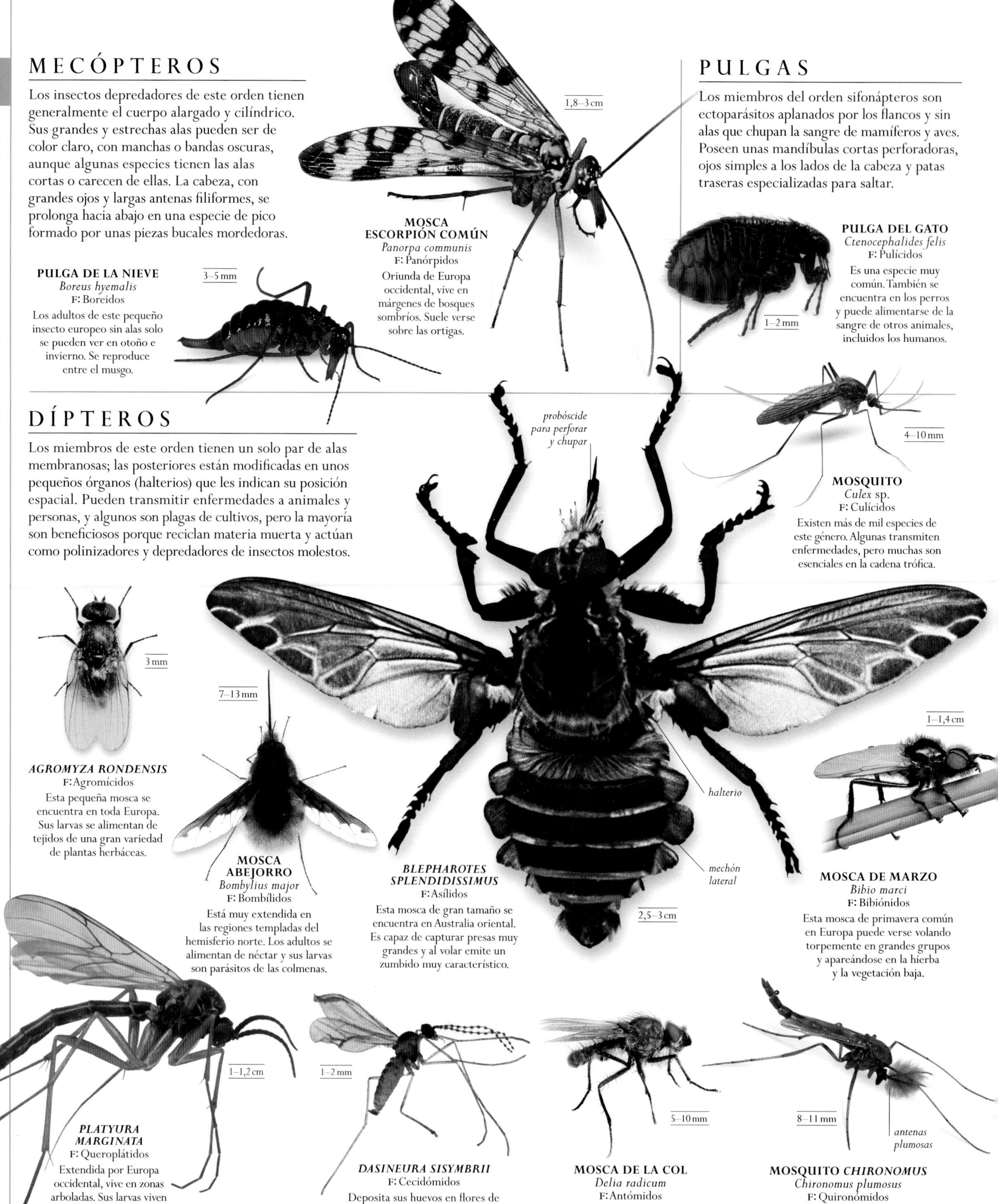

MECÓPTEROS

Los insectos depredadores de este orden tienen generalmente el cuerpo alargado y cilíndrico. Sus grandes y estrechas alas pueden ser de color claro, con manchas o bandas oscuras, aunque algunas especies tienen las alas cortas o carecen de ellas. La cabeza, con grandes ojos y largas antenas filiformes, se prolonga hacia abajo en una especie de pico formado por unas piezas bucales mordedoras.

PULGA DE LA NIEVE
Boreus hyemalis
F: Boreidos
Los adultos de este pequeño insecto europeo sin alas solo se pueden ver en otoño e invierno. Se reproduce entre el musgo.

MOSCA ESCORPIÓN COMÚN
Panorpa communis
F: Panórpidos
Oriunda de Europa occidental, vive en márgenes de bosques sombríos. Suele verse sobre las ortigas.

PULGAS

Los miembros del orden sifonápteros son ectoparásitos aplanados por los flancos y sin alas que chupan la sangre de mamíferos y aves. Poseen unas mandíbulas cortas perforadoras, ojos simples a los lados de la cabeza y patas traseras especializadas para saltar.

PULGA DEL GATO
Ctenocephalides felis
F: Pulícidos
Es una especie muy común. También se encuentra en los perros y puede alimentarse de la sangre de otros animales, incluidos los humanos.

DÍPTEROS

Los miembros de este orden tienen un solo par de alas membranosas; las posteriores están modificadas en unos pequeños órganos (halterios) que les indican su posición espacial. Pueden transmitir enfermedades a animales y personas, y algunos son plagas de cultivos, pero la mayoría son beneficiosos porque reciclan materia muerta y actúan como polinizadores y depredadores de insectos molestos.

MOSQUITO
Culex sp.
F: Culícidos
Existen más de mil especies de este género. Algunas transmiten enfermedades, pero muchas son esenciales en la cadena trófica.

AGROMYZA RONDENSIS
F: Agromícidos
Esta pequeña mosca se encuentra en toda Europa. Sus larvas se alimentan de tejidos de una gran variedad de plantas herbáceas.

MOSCA ABEJORRO
Bombylius major
F: Bombílidos
Está muy extendida en las regiones templadas del hemisferio norte. Los adultos se alimentan de néctar y sus larvas son parásitos de las colmenas.

BLEPHAROTES SPLENDIDISSIMUS
F: Asílidos
Esta mosca de gran tamaño se encuentra en Australia oriental. Es capaz de capturar presas muy grandes y al volar emite un zumbido muy característico.

MOSCA DE MARZO
Bibio marci
F: Bibiónidos
Esta mosca de primavera común en Europa puede verse volando torpemente en grandes grupos y apareándose en la hierba y la vegetación baja.

PLATYURA MARGINATA
F: Queroplátidos
Extendida por Europa occidental, vive en zonas arboladas. Sus larvas viven en la madera podrida, donde se alimentan de pequeños insectos.

DASINEURA SISYMBRII
F: Cecidómidos
Deposita sus huevos en flores de brasicáceas. Las larvas se alimentan de los tejidos de la planta creando una excrecencia pálida y esponjosa llamada agalla.

MOSCA DE LA COL
Delia radicum
F: Antómidos
Esta pequeña mosca europea puede ser una grave plaga de brasicáceas silvestres y cultivadas como la col y el nabo.

MOSQUITO *CHIRONOMUS*
Chironomus plumosus
F: Quironómidos
Esta especie se encuentra a lo largo de todo el hemisferio norte. Sus larvas, de color rojo brillante, viven en estanques de fondo fangoso.

4–6 mm

MEROMYZA PRATORUM
F: Clorópidos

Se encuentra en el hemisferio norte, especialmente en regiones costeras arenosas. Sus larvas excavan galerías en el tallo de algunas gramíneas.

MOSCA DOMÉSTICA
Musca domestica
F: Múscidos

Se encuentra en todo el mundo y es la mosca más común en las viviendas. Transmite diversos organismos patógenos y puede infectar ciertos alimentos.

ojos rojos prominentes

base del ala rojiza anaranjada

6–8 mm

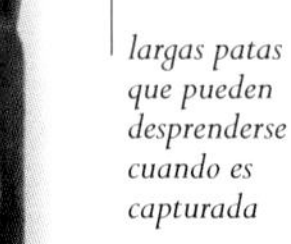

largas patas que pueden desprenderse cuando es capturada

2–3 cm

TÍPULA COMÚN
Tipula oleracea
F: Tipúlidos

Esta especie, originaria de Europa, ha sido introducida en América del Norte y en algunas partes altas de América del Sur. Se encuentra con frecuencia cerca del agua.

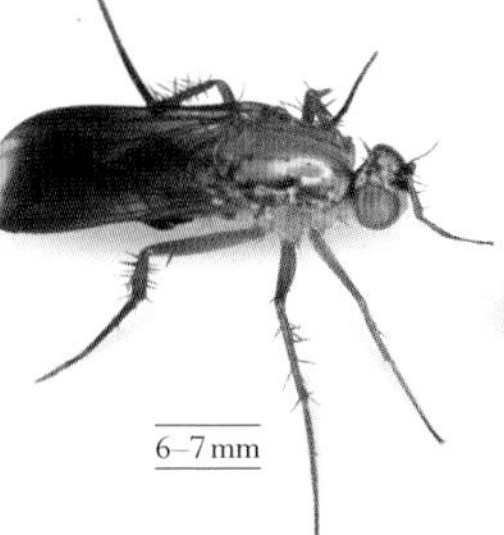

6–7 mm

POECILOBOTHRUS NOBILITATUS
F: Dolicopódidos

Esta especie europea se encuentra en hábitats húmedos cerca del agua. Los machos pueden verse en charcos agitando sus alas al sol.

4–6 mm

MOSCA DOMÉSTICA MENOR
Fannia canicularis
F: Fánnidos

Capaz de reproducirse en casi cualquier materia semilíquida en descomposición, esta especie se asocia principalmente a las viviendas.

4 mm

SIMULIUM ORNATUM
F: Simúlidos

Esta pequeña mosca vive en Europa y Asia, pero se ha introducido en otros lugares. Los adultos se alimentan de sangre de animal y pueden transmitir la oncocercosis, una enfermedad parasitaria que puede causar ceguera.

3–5 mm

MOSCA POLILLA COMÚN
Clogmia albipunctata
F: Psicódidos

Parecida a una pequeña polilla, está muy extendida. Sus larvas se desarrollan en lugares oscuros y húmedos como alcantarillas y agujeros en los árboles.

1,4–1,8 cm

MOSCARDA DE LA CARNE
Sarcophaga carnaria
F: Sarcofágidos

Ampliamente distribuida por Europa y Asia, se alimenta de néctar y líquidos de materias descompuestas. La hembra deposita sus pequeñas larvas en la carroña.

los machos con los pedúnculos más largos ganan las luchas por el territorio

1,5–1,8 cm

ACHIAS ROTHSCHILDI
F: Platistomátidos

Los machos de esta mosca de Papúa Nueva Guinea tienen unos pedúnculos oculares muy largos, que usan en exhibiciones territoriales o de cortejo.

8–14 mm

rostro claro con grandes ojos compuestos

SICUS FERRUGINEUS
F: Conópidos

Esta especie europea deposita sus huevos en el abdomen de algunos abejorros; las larvas se desarrollan como parásitos internos y causan la muerte del huésped.

1–2 mm

JEJÉN DEL GANADO
Culicoides nubeculosus
F: Ceratopogónidos

Vive en Europa y cría en el barro contaminado por excrementos o aguas residuales. Los adultos chupan la sangre de los caballos y el ganado vacuno.

1–1,2 cm

MOSCARDA AZUL COMÚN
Calliphora vicina
F: Califóridos

Se encuentra en Europa y América del Norte. Es muy común en zonas urbanas y se reproduce en cadáveres de palomas y roedores.

»

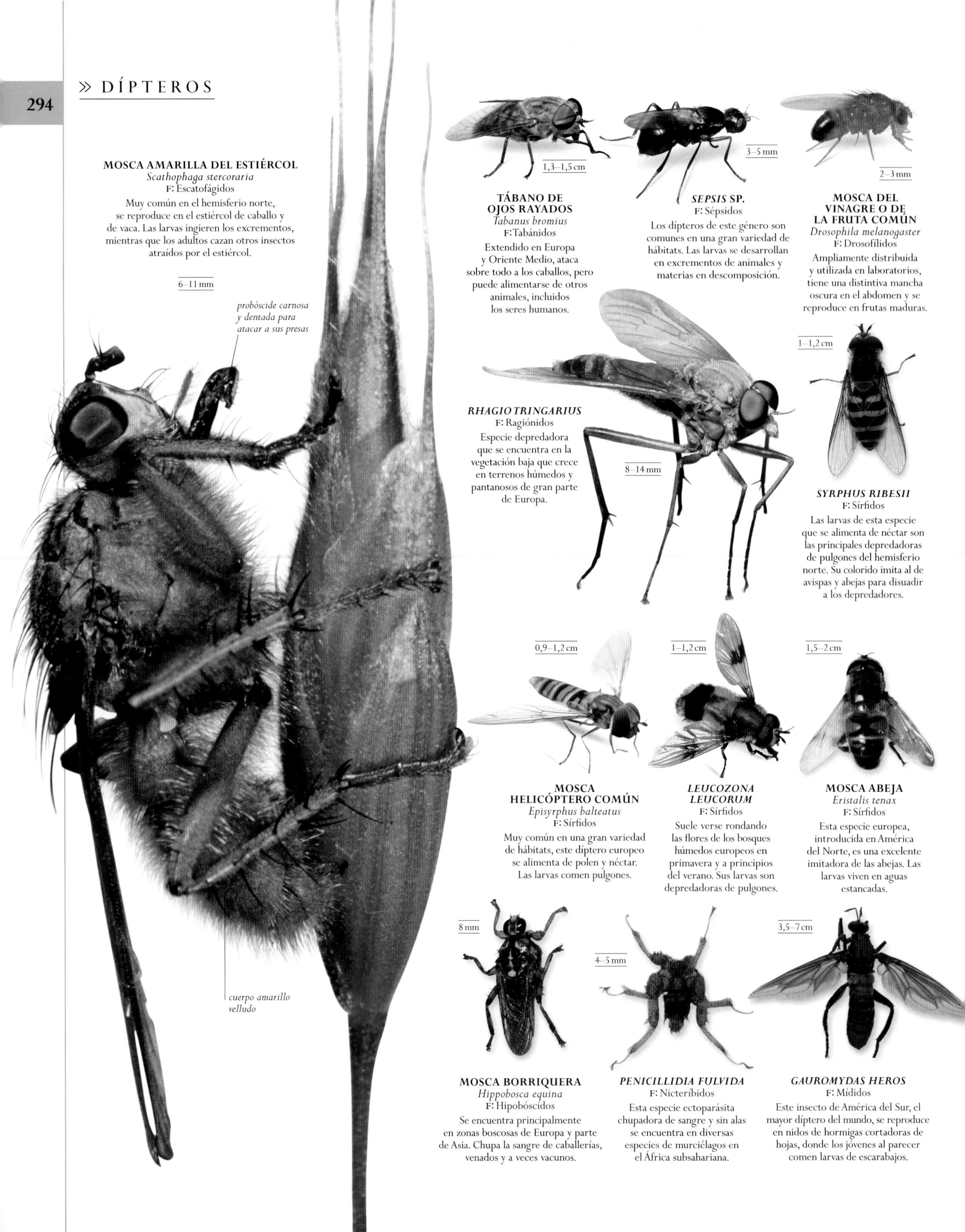

MOSCA AMARILLA DEL ESTIÉRCOL
Scathophaga stercoraria
F: Escatofágidos
Muy común en el hemisferio norte, se reproduce en el estiércol de caballo y de vaca. Las larvas ingieren los excrementos, mientras que los adultos cazan otros insectos atraídos por el estiércol.

TÁBANO DE OJOS RAYADOS
Tabanus bromius
F: Tabánidos
Extendido en Europa y Oriente Medio, ataca sobre todo a los caballos, pero puede alimentarse de otros animales, incluidos los seres humanos.

***SEPSIS* SP.**
F: Sépsidos
Los dípteros de este género son comunes en una gran variedad de hábitats. Las larvas se desarrollan en excrementos de animales y materias en descomposición.

MOSCA DEL VINAGRE O DE LA FRUTA COMÚN
Drosophila melanogaster
F: Drosofílidos
Ampliamente distribuida y utilizada en laboratorios, tiene una distintiva mancha oscura en el abdomen y se reproduce en frutas maduras.

RHAGIO TRINGARIUS
F: Ragiónidos
Especie depredadora que se encuentra en la vegetación baja que crece en terrenos húmedos y pantanosos de gran parte de Europa.

SYRPHUS RIBESII
F: Sírfidos
Las larvas de esta especie que se alimenta de néctar son las principales depredadoras de pulgones del hemisferio norte. Su colorido imita al de avispas y abejas para disuadir a los depredadores.

MOSCA HELICÓPTERO COMÚN
Episyrphus balteatus
F: Sírfidos
Muy común en una gran variedad de hábitats, este díptero europeo se alimenta de polen y néctar. Las larvas comen pulgones.

LEUCOZONA LEUCORUM
F: Sírfidos
Suele verse rondando las flores de los bosques húmedos europeos en primavera y a principios del verano. Sus larvas son depredadoras de pulgones.

MOSCA ABEJA
Eristalis tenax
F: Sírfidos
Esta especie europea, introducida en América del Norte, es una excelente imitadora de las abejas. Las larvas viven en aguas estancadas.

MOSCA BORRIQUERA
Hippobosca equina
F: Hipobóscidos
Se encuentra principalmente en zonas boscosas de Europa y parte de Asia. Chupa la sangre de caballerías, venados y a veces vacunos.

PENICILLIDIA FULVIDA
F: Nicteríbidos
Esta especie ectoparásita chupadora de sangre y sin alas se encuentra en diversas especies de murciélagos en el África subsahariana.

GAUROMYDAS HEROS
F: Mídidos
Este insecto de América del Sur, el mayor díptero del mundo, se reproduce en nidos de hormigas cortadoras de hojas, donde los jóvenes al parecer comen larvas de escarabajos.

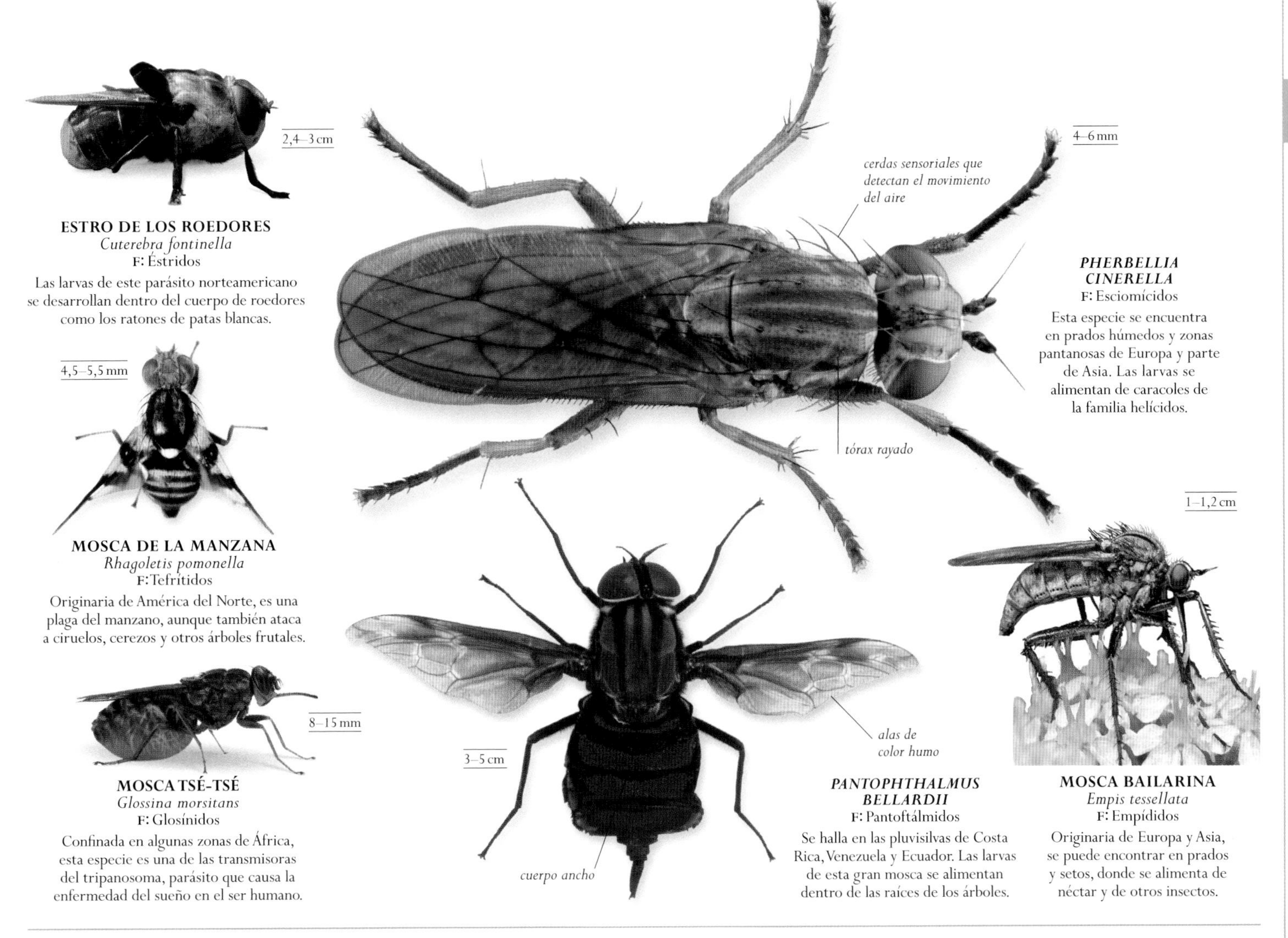

ESTRO DE LOS ROEDORES
Cuterebra fontinella
F: Éstridos
Las larvas de este parásito norteamericano se desarrollan dentro del cuerpo de roedores como los ratones de patas blancas.

PHERBELLIA CINERELLA
F: Esciomícidos
Esta especie se encuentra en prados húmedos y zonas pantanosas de Europa y parte de Asia. Las larvas se alimentan de caracoles de la familia helícidos.

MOSCA DE LA MANZANA
Rhagoletis pomonella
F: Tefrítidos
Originaria de América del Norte, es una plaga del manzano, aunque también ataca a ciruelos, cerezos y otros árboles frutales.

MOSCA TSÉ-TSÉ
Glossina morsitans
F: Glosínidos
Confinada en algunas zonas de África, esta especie es una de las transmisoras del tripanosoma, parásito que causa la enfermedad del sueño en el ser humano.

PANTOPHTHALMUS BELLARDII
F: Pantoftálmidos
Se halla en las pluvisilvas de Costa Rica, Venezuela y Ecuador. Las larvas de esta gran mosca se alimentan dentro de las raíces de los árboles.

MOSCA BAILARINA
Empis tessellata
F: Empídidos
Originaria de Europa y Asia, se puede encontrar en prados y setos, donde se alimenta de néctar y de otros insectos.

TRICÓPTEROS

Estrechamente emparentados con los lepidópteros, los delgados insectos de este orden parecen polillas, pero están cubiertos de pelos, no de escamas. Poseen unas largas antenas filiformes y unas piezas bucales poco desarrolladas. En reposo, los dos pares de alas parecen un tejado a dos aguas. Sus larvas son acuáticas y suelen construir con piedrecitas o fragmentos de plantas un refugio portátil característico de cada especie.

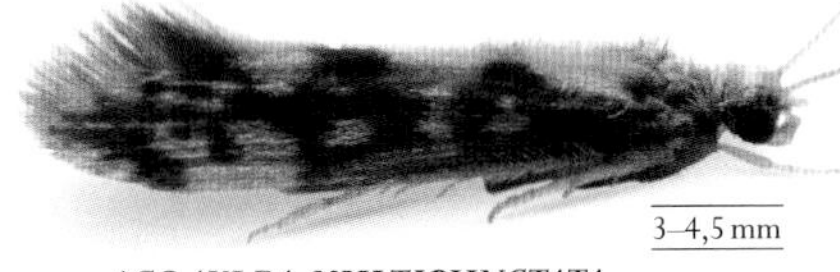

AGRAYLEA MULTIPUNCTATA
F: Hidroptílidos
Este pequeño tricóptero, muy común y ampliamente distribuido por América del Norte, tiene las alas estrechas y se reproduce en estanques y lagos ricos en algas.

FRIGÁNEA GRANDE
Phryganea grandis
F: Frigánidos
Este tricóptero europeo se reproduce en lagos y ríos. Las larvas forman un envoltorio a partir de trozos de hojas dispuestas en espiral.

FRIGÁNEA DE MOTAS OSCURAS
Philopotamus montanus
F: Filopotámidos
Esta especie europea de antenas cortas se reproduce en cursos de agua rápidos y rocosos. Las larvas construyen redes tubulares en el reverso de las piedras.

FRIGÁNEA JASPEADA
Hydropsyche contubernalis
F: Hidropsíquidos
Este tricóptero vuela de noche y se reproduce en ríos y arroyos. Las larvas, acuáticas, tejen una red para capturar el alimento.

FRIGÁNEA MOTEADA
Glyphotaelius pellucidus
F: Limnefílidos
Esta especie europea se reproduce en lagos y pequeños estanques. Las larvas forman un envoltorio con fragmentos de hojas secas de árboles.

MARIPOSAS DIURNAS Y NOCTURNAS

Los miembros del orden lepidópteros están cubiertos de diminutas escamas. Tienen grandes ojos compuestos y la mayoría tiene una probóscide enrollable en espiral (espiritrompa). Las larvas (orugas) se transforman en pupa (crisálida) durante la metamorfosis que da lugar al adulto (mariposa). En reposo, la mayoría de las mariposas nocturnas o heteróceros extiende las alas de forma horizontal; en cambio, las diurnas las cierran en vertical.

MARIPOSA HÉRCULES
Coscinocera hercules
F: Satúrnidos

Especie nocturna de Australia y Nueva Guinea; es una de las más grandes del mundo. Solo el macho tiene largas colas en las alas posteriores.

10–16 cm

MARIPOSA LUNA AMERICANA
Actias luna
F: Satúrnidos

Esta especie norteamericana de color verde lima tiene largas colas en las alas posteriores. Las orugas comen hojas de árboles caducifolios.

10–16 cm

MARIPOSA POLIFEMO
Antheraea polyphemus
F: Satúrnidos

Común en EE UU y el sur de Canadá, esta especie nocturna posee grandes ocelos que simulan ojos para asustar a los depredadores.

POLILLA LEOPARDO GIGANTE
Hypercompe scribonia
F: Erébidos

El área de distribución de esta llamativa especie nocturna se extiende del sureste de Canadá al sur de México. Las orugas se alimentan de una gran variedad de plantas.

4,5–7,5 cm

BÓMBIX DE LA ENCINA, LASIOCAMPA DEL ROBLE
Lasiocampa quercus
F: Lasiocámpidos

Se distribuye desde Europa hasta el norte de África. Las orugas se alimentan de hojas de zarza, roble, brezo y otras plantas.

5–8,5 cm

HOJA MUERTA DE ROBLE
Gastropacha quercifolia
F: Lasiocámpidos

El nombre de esta gran mariposa nocturna de Europa y Asia se debe a que en reposo parece un grupo de hojas secas de roble o encina.

5–8 cm

HOJA MUERTA DEL PINO
Dendrolimus pini
F: Lasiocámpidos

Esta gran especie nocturna está muy extendida en los bosques de coníferas de Europa y Asia, donde las orugas se alimentan de hojas de pino, pícea y abeto.

NYCTEMERA AMICUS
F: Erébidos

Esta especie diurna es muy abundante en Australia y también se encuentra en Nueva Zelanda. Sus orugas se alimentan de diversas plantas asteráceas.

POLILLA DE LA ROPA
Tinea pellionella
F: Tineidos

Se encuentra en Europa y algunas partes de América del Norte. Su oruga causa graves daños en tejidos de lana.

4,5–7 cm

GITANA
Arctia caja
F: Erébidos

Este inconfundible heterócero diurno se encuentra en todo el hemisferio norte. Sus peludas orugas se alimentan de hojas de una amplia gama de plantas bajas y arbustos.

CATOCALA ILIA
F: Erébidos

Ampliamente distribuida en América del Norte, tiene unas distintivas alas posteriores con franjas rojas. Las orugas se alimentan de hojas de roble.

VIEJECITA
Orgyia antiqua
F: Erébidos

La hembra de esta especie nocturna europea que se encuentra en todo el hemisferio norte tiene unas alas diminutas y es incapaz de volar.

MARIPOSA EMPERADOR
Thysania agrippina
F: Noctuidos
Se encuentra en América Central y parte de América del Sur. Es una de las especies nocturnas de mayor envergadura alar.

VITESSA SURADEVA
F: Pirálidos
Esta especie nocturna se encuentra en India, parte del Sudeste Asiático y Nueva Guinea. Las orugas se alimentan de hojas jóvenes de algunos arbustos venenosos.

MARIPOSA DIVA
Divana diva
F: Cástnidos
Esta especie diurna de los bosques tropicales de América del Sur se camufla eficazmente en reposo a pesar del colorido de sus alas posteriores.

PIRÁLIDO DE LA ORTIGA
Anania hortulata
F: Pirálidos
Las orugas de esta especie europea común en setos y terrenos baldíos se alimentan de hojas de ortigas enrolladas.

STHENOPIS ARGENTEOMACULATUS
F: Hepiálidos
Esta especie se encuentra en el sur de Canadá y algunas partes de EE UU. Las orugas se alimentan principalmente dentro de raíces de alisos.

CARPINTERA DE LA ACACIA
Endoxyla encalypti
F: Cósidos
Las orugas blancas y robustas de esta gran especie australiana excavan en el tejido leñoso de ciertas especies de acacia.

GEOMETRA PAPILIONARIA
F: Geométridos
Esta mariposa nocturna se encuentra en toda Europa y algunas regiones templadas de Asia. Las orugas se alimentan principalmente de hojas de abedul.

RHEUMAPTERA HASTATA
F: Geométridos
El patrón de color de este heterócero diurno del hemisferio norte se basa en una combinación ajedrezada de blanco plateado y negro.

THALAINA CLARA
F: Geométridos
Las orugas de esta especie nocturna, que se encuentra en el este y el sureste de Australia y el norte de Tasmania, se alimentan de hojas de acacia.

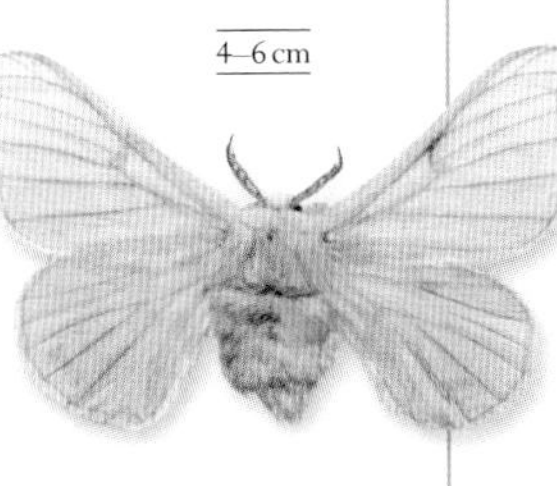
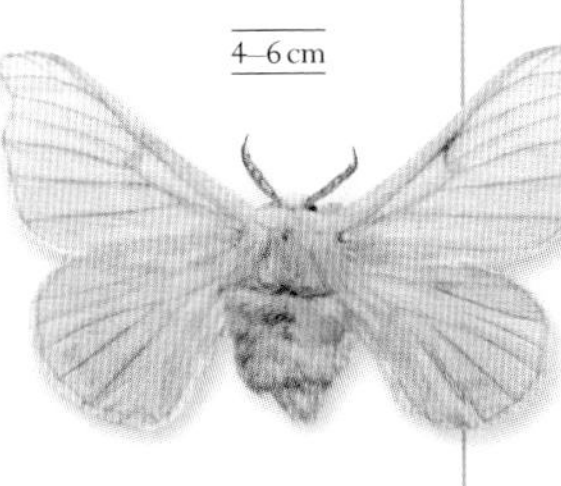

MARIPOSA DE LA SEDA
Bombyx mori
F: Bombícidos
Originaria de China, se ha criado en cautividad durante miles de años alimentada con hojas de morera blanca. De su capullo se obtiene el hilo de seda.

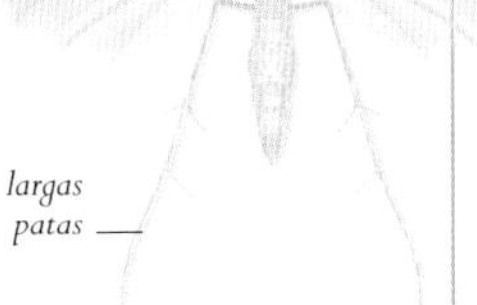

PTEROPHORUS PENTADACTYLA
F: Pterofóridos
Esta especie, muy común en toda Europa, se halla en herbazales secos, terrenos baldíos y jardines. Las orugas se alimentan de la correhuela mayor.

BRAHMAEA WALLICHII
F: Brahmeidos
Esta gran especie se encuentra desde el norte de India hasta China y Japón. Las orugas comen hojas de fresno, aligustre y lilo.

DYSPHANIA CUPRINA
F: Geométridos
Se cree que el sabor de esta colorida especie diurna, extendida por todo el sureste de Asia, resulta desagradable para las aves.

»

EUSCHEMON RAFFLESIA
F: Hespéridos

Esta mariposa diurna de vivos colores es originaria de los bosques tropicales y subtropicales de Australia oriental, donde se la puede ver alimentándose de flores.

4,5–6,2 cm

HESPÉRIDO DE LA GUAYABA
Phocides polybius
F: Hespéridos

Se puede encontrar desde el sur de Texas hasta el sur de Argentina. Las orugas se alimentan en el interior de hojas de guayabo enrolladas.

3,5–5 cm

ABEJILLA DEL ÁLAMO
Sesia apiformis
F: Sésidos

Para eludir a los depredadores, los adultos de esta especie nocturna de Europa y Oriente Próximo se parecen mucho a los avispones, pero son inofensivos. Las orugas perforan el tronco y las raíces de álamos y sauces.

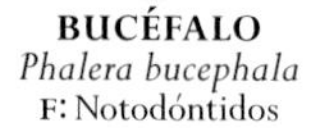

BUCÉFALO
Phalera bucephala
F: Notodóntidos

También llamada pájaro luna, esta mariposa nocturna se encuentra en Europa hasta Siberia. En reposo, las alas envuelven su cuerpo y la camuflan dándole el aspecto de una ramita desgajada.

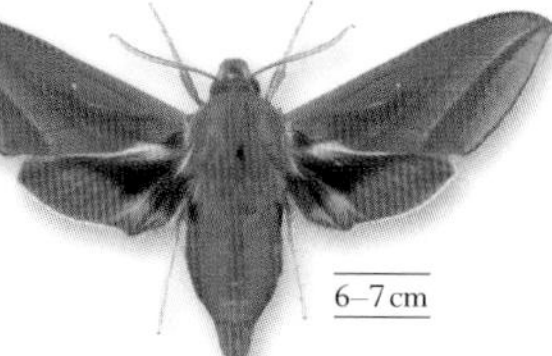

ESFINGE MAYOR DE LA VID
Deilephila elpenor
F: Esfíngidos

Esta especie nocturna rosada está muy extendida en las zonas templadas de Europa y Asia. Las orugas se alimentan de plantas como el galio y la adelfilla.

ESFINGE VERDE
Euchloron megaera
F: Esfíngidos

Esta distintiva especie nocturna abunda en el África subsahariana. La oruga se alimenta del follaje de plantas trepadoras de la familia de la vid.

MORFO AZUL
Morpho peleides
F: Ninfálidos

Es una mariposa diurna extendida por los bosques tropicales de América Central y del Sur. Los adultos se alimentan de los jugos de frutas en descomposición.

9,5–15 cm

el color azul metálico atrae pareja

3–4 cm

ZIGENA DE SEIS MANCHAS
Zygaena filipendulae
F: Zigénidos

De vivos colores y sabor desagradable para las aves, esta especie diurna se puede encontrar en prados y claros de bosque de toda Europa.

4,5–5 cm

EUPTYCHIA CYMELA
F: Ninfálidos

Esta mariposa diurna se halla en los bosques desde el sur de Canadá hasta el norte de México. La oruga se alimenta de plantas herbáceas en claros cerca del agua.

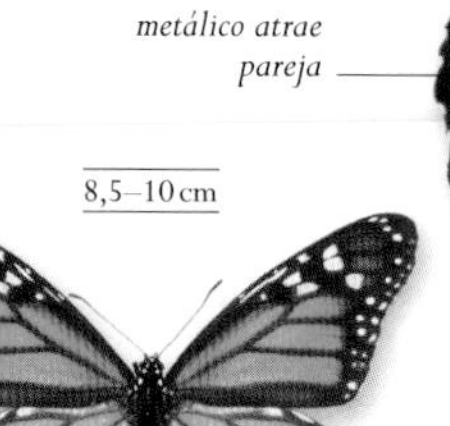

MARIPOSA MONARCA
Danaus plexippus
F: Ninfálidos

Esta especie migratoria se ha extendido desde América a muchas otras partes del mundo. Las orugas se alimentan de la planta americana *Asclepias incarnata*.

NINFA DE BOSQUE
Ladoga camilla
F: Ninfálidos

Esta mariposa diurna se puede encontrar en las zonas templadas de Europa y de Asia hasta Japón. La oruga se alimenta de hojas de madreselva.

cola del ala posterior

HAMADRYAS ARETHUSA
F: Ninfálidos

Esta mariposa diurna que se encuentra en los bosques desde México hasta Bolivia produce un característico sonido «clic-clic» cuando vuela.

7–9 cm

MARIPOSA TORNASOLADA
Apatura iris
F: Ninfálidos

Esta especie diurna vive en densos robledales de toda Europa y Asia hasta Japón. El macho es de color violeta irisado, y la hembra, marrón mate.

MARIPOSA HOJA INDIA
Kallima inachus
F: Ninfálidos

Esta mariposa diurna queda perfectamente camuflada en reposo, cuando cierra las alas, que semejan una hoja marrón por su cara inferior. Se encuentra desde India hasta el sur de China.

BLANQUITA DE LA COL
Pieris rapae
F: Piéridos

Esta especie diurna se encuentra en todo el mundo. La oruga se alimenta de plantas de mostaza y de coles silvestres o cultivadas, y puede ser una plaga.

REINA DE MADAGASCAR
Chrysiridia madagascariensis
F: Uránidos

Esta especie diurna de vuelo crepuscular con escamas que reflejan la luz en las alas es endémica de Madagascar. Se alimenta de hojas de arbustos venenosos de la familia del tártago.

ZERENE EURYDICE
F: Piéridos

Esta curiosa mariposa diurna, conocida como cara de perro, está limitada a ciertas partes de California y, a veces, al oeste de Arizona.

MARIPOSA MUSGOSA
Anthocharis cardamines
F: Piéridos

Esta especie diurna, también llamada aurora, se puede encontrar en praderas de las zonas templadas de Europa y Asia hasta Japón. Las orugas se alimentan del berro de prado y la hierba del ajo.

PHOEBIS PHILEA
F: Piéridos

El área de distribución de esta mariposa diurna se extiende del sur de Brasil al sur de EE UU y, de forma esporádica, más al norte. Las orugas se alimentan de plantas del género *Senna*.

PIÉRIDO TIGRE
Dismorphia amphione
F: Piéridos

Es una mariposa mimética que imita a otras de sabor desagradable para los depredadores. Está muy extendida y es muy común desde México hasta América del Sur.

HELICONIUS ERATO
F: Ninfálidos

Esta mariposa diurna es muy común a lo largo de márgenes forestales y campos abiertos desde América Central hasta el sur de Brasil. Las orugas comen hojas de pasionaria.

MARIPOSA BÚHO
Caligo idomeneus
F: Ninfálidos

La parte inferior de esta gran mariposa diurna sudamericana destaca por sus ocelos, que en reposo semejan los ojos de un búho y espantan a los depredadores.

BLANCA DEL MAJUELO
Aporia crataegi
F: Piéridos

Esta característica mariposa diurna que vive en Europa, el norte de África y Asia hasta Japón, cría sobre espinos y endrinos.

CLEOPATRA
Gonepteryx cleopatra
F: Piéridos

Esta mariposa diurna abunda en torno al Mediterráneo, sobre todo en áreas costeras poco arboladas y de monte bajo. La oruga se alimenta de aladiernas y otras plantas del género *Rhamnus*.

»

7–8,5 cm

CRESSIDA CRESSIDA
F: Papiliónidos
Esta especie diurna se encuentra en los bosques y herbazales más secos de Australia y Papúa Nueva Guinea, donde crecen aristoloquias, sus plantas nutricias.

6–10 cm

PAPILIO CEBRA
Photographium marcellus
F: Papiliónidos
Esta mariposa diurna de los bosques anegados del este de América del Norte tiene unas distintivas manchas blancas y negras. Las orugas se alimentan del pawpaw.

25–31 cm

ALA DE PÁJARO DE LA REINA ALEXANDRA
Ornithoptera alexandrae
F: Papiliónidos
Esta mariposa diurna, la más grande del mundo, es una especie en peligro protegida que se encuentra en Papúa Nueva Guinea, al este de la cordillera Owen Stanley.

♂

15–18 cm

ALA DE PÁJARO DEL RAJÁ BROOKE
Troides brookiana
F: Papiliónidos
Esta mariposa diurna vive en los bosques tropicales de Borneo y Malasia. Los adultos se alimentan de jugo de frutas y néctar, y las orugas, de aristoloquias.

12–19 cm

ORNITHOPTERA PRIAMUS
F: Papiliónidos
Esta gran mariposa diurna se encuentra desde Papúa Nueva Guinea y las islas Salomón hasta el norte de Australia. Las orugas comen aristoloquias.

7,5–9 cm

MACAÓN
Papilio machaon
F: Papiliónidos
Esta especie diurna se encuentra en herbazales húmedos y otros hábitats de todo el hemisferio norte. Las orugas se alimentan de diversas plantas umbelíferas.

4–5,5 cm

COLA DE DRAGÓN VERDE
Lamproptera meges
F: Papiliónidos
Esta inconfundible mariposa diurna que planea mientras se alimenta del néctar de las flores se encuentra desde India hasta China y por el sur y el sureste de Asia.

6–9 cm

APOLO O PAVÓN DIURNO
Parnassius apollo
F: Papiliónidos
Se halla en los prados floridos de las regiones montañosas de Europa y Asia. La oruga come plantas del género *Sedum* y otras suculentas.

mancha roja

antena corta y robusta

4,5–5 cm

dibujo marginal en zigzag

8–9 cm

TRIÁNGULO AZUL
Graphium sarpedon
F: Papiliónidos
Muy común y extendida desde India hasta China, Papúa Nueva Guinea y Australia, esta mariposa diurna se alimenta de néctar y bebe de los charcos.

7–8 cm

CHUPALECHE
Iphiclides podalirius
F: Papiliónidos
Esta especie diurna se encuentra a lo largo de Europa y algunas regiones templadas de Asia y China. Las orugas se alimentan de hojas de endrino.

ARLEQUÍN
Zerynthia rumina
F: Papiliónidos
Esta especie vive en matorrales, prados y laderas rocosas del sureste de Francia, España, Portugal y parte del norte de África. Las orugas se alimentan de varias especies de clemátides.

PAPILIO TIGRE
Papilio glaucus
F: Papiliónidos
Abunda en América del Norte. Las orugas jóvenes, que parecen excrementos de ave, se alimentan de una gran variedad de árboles y arbustos.

MANTO BICOLOR
Lycaena phlaeas
F: Licénidos
Común en Europa, el norte de África y Asia, esta mariposa diurna también se puede encontrar en América del Norte. La oruga se alimenta de plantas poligonáceas.

TOPACIO
Thecla betulae
F: Licénidos
Esta mariposa diurna se puede encontrar en setos, matorrales y bosques de Europa –incluido el norte de España– y del Asia templada. Las orugas se alimentan de endrino.

MENANDER MENANDER
F: Licénidos
Esta mariposa diurna de vuelo rápido se encuentra en bosques tropicales desde Panamá hasta el norte de América del Sur. Se sabe poco sobre su ciclo vital y sus orugas.

NIÑA CELESTE
Lysandra bellargus
F: Licénidos
Esta especie europea se puede encontrar en herbazales calcáreos, donde las orugas se alimentan de la hierba de la herradura. El macho es azul, y la hembra, marrón.

PHILOTES SONORENSIS
F: Licénidos
Esta rara mariposa diurna solo se halla en los rápidos rocosos y los acantilados del desierto de California. La oruga se alimenta de plantas suculentas.

PERICO
Hamearis lucina
F: Licénidos
Se encuentra de Europa hasta los Urales, revoloteando en los prados floridos donde crecen la hierba centella y la onagra o hierba de san Pablo, plantas nutricias de la oruga.

HIMENÓPTEROS

Suelen tener dos pares de alas, que en vuelo permanecen unidas mediante pequeños ganchos. A excepción de los sínfitos, tienen una «cintura de avispa», y las hembras tienen un oviscapto que puede modificarse para picar. Casi todas las avispas son depredadoras o parásitas; las abejas son polinizadoras clave, y las hormigas son vitales en muchos ecosistemas.

CÉFIDO
Cephus nigrinus
F: Céfidos
Este sínfito negro está extendido por Europa occidental. La larva perfora el interior de los tallos de plantas tanto silvestres como cultivadas.

CIMBÍCIDO
Trichiosoma lucorum
F: Cimbícido
Este sínfito europeo de cuerpo robusto se encuentra en bosques, setos y matorrales. Las larvas se alimentan de las hojas de sauces y abedules.

AVISPA PORTASIERRA
Tenthredo arcuata
F: Tentredínidos
Abundante en las praderas, este distintivo sínfito europeo negro y amarillo deposita sus huevos en los tréboles.

PÉRGIDO
Especie desconocida
F: Pérgidos
Este insecto herbívoro se encuentra en Australia y América del Sur. Se alimenta de hojas de eucalipto y las larvas lo hacen de forma gregaria.

ÁRGIDO
Arge ochropus
F: Árgidos
Reconocible por el borde negro del ala, este sínfito europeo se alimenta de varios tipos de flores. Las larvas se alimentan de rosales silvestres.

ACANTHOLYDA ERYTHROCEPHALA
F: Panfílidos
Originalmente hallado en Europa y Asia, este sínfito se ha extendido a América del Norte. Las larvas se alimentan gregariamente bajo telas de seda entre las agujas de los pinos.

SÍRICE GIGANTE
Urocerus gigas
F: Sirícidos
Esta impresionante especie vive en todo el hemisferio norte. La hembra excava en las coníferas para depositar sus huevos.

»

» HIMENÓPTEROS

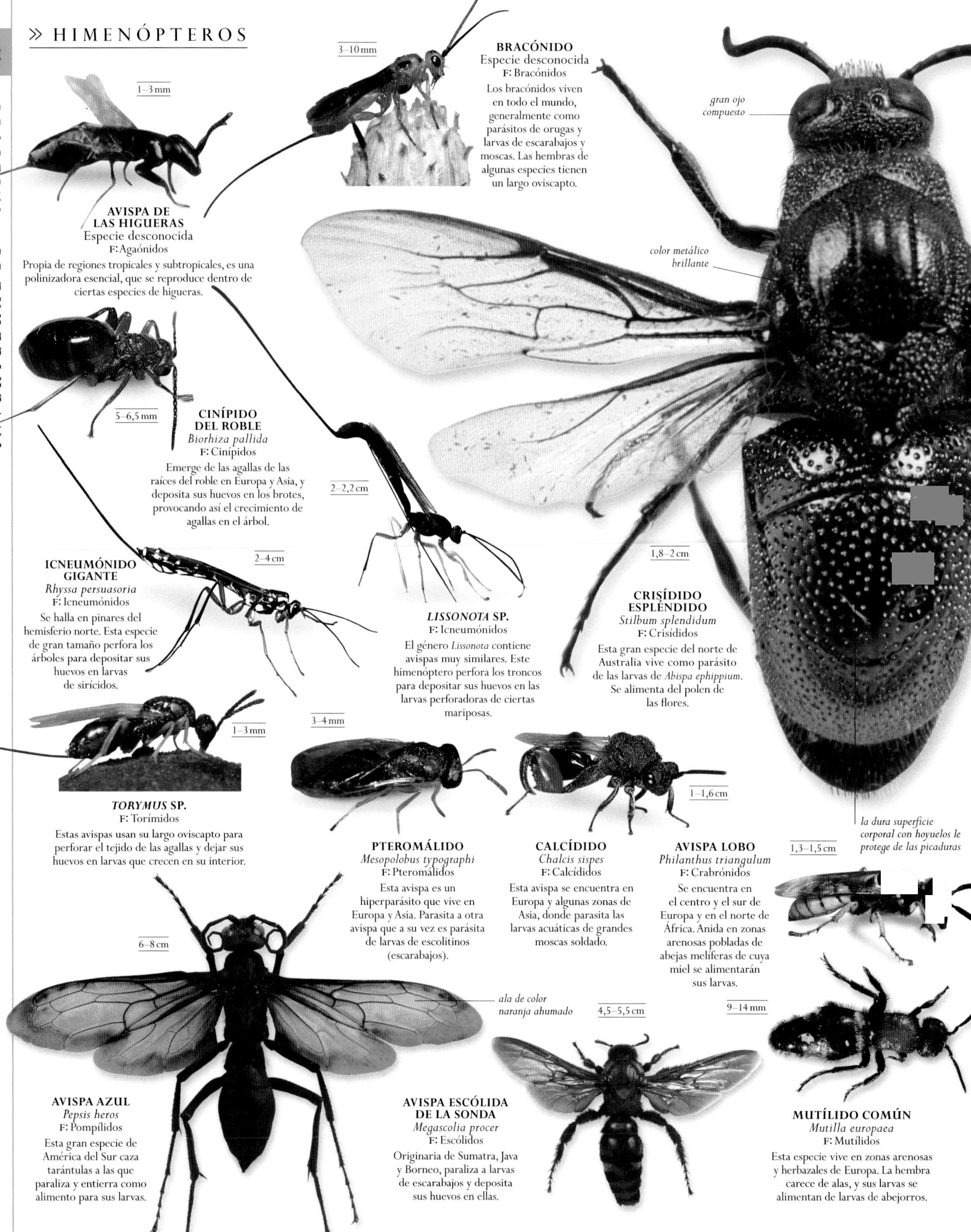

AVISPA DE LAS HIGUERAS
Especie desconocida
F: Agaónidos
Propia de regiones tropicales y subtropicales, es una polinizadora esencial, que se reproduce dentro de ciertas especies de higueras.

BRACÓNIDO
Especie desconocida
F: Bracónidos
Los bracónidos viven en todo el mundo, generalmente como parásitos de orugas y larvas de escarabajos y moscas. Las hembras de algunas especies tienen un largo oviscapto.

CINÍPIDO DEL ROBLE
Biorhiza pallida
F: Cinípidos
Emerge de las agallas de las raíces del roble en Europa y Asia, y deposita sus huevos en los brotes, provocando así el crecimiento de agallas en el árbol.

ICNEUMÓNIDO GIGANTE
Rhyssa persuasoria
F: Icneumónidos
Se halla en pinares del hemisferio norte. Esta especie de gran tamaño perfora los árboles para depositar sus huevos en larvas de sirícidos.

***LISSONOTA* SP.**
F: Icneumónidos
El género *Lissonota* contiene avispas muy similares. Este himenóptero perfora los troncos para depositar sus huevos en las larvas perforadoras de ciertas mariposas.

CRISÍDIDO ESPLÉNDIDO
Stilbum splendidum
F: Crisídidos
Esta gran especie del norte de Australia vive como parásito de las larvas de *Abispa ephippium*. Se alimenta del polen de las flores.

***TORYMUS* SP.**
F: Torímidos
Estas avispas usan su largo oviscapto para perforar el tejido de las agallas y dejar sus huevos en larvas que crecen en su interior.

PTEROMÁLIDO
Mesopolobus typographi
F: Pteromálidos
Esta avispa es un hiperparásito que vive en Europa y Asia. Parasita a otra avispa que a su vez es parásita de larvas de escolitinos (escarabajos).

CALCÍDIDO
Chalcis sispes
F: Calcídidos
Esta avispa se encuentra en Europa y algunas zonas de Asia, donde parasita las larvas acuáticas de grandes moscas soldado.

AVISPA LOBO
Philanthus triangulum
F: Crabrónidos
Se encuentra en el centro y el sur de Europa y en el norte de África. Anida en zonas arenosas pobladas de abejas melíferas de cuya miel se alimentarán sus larvas.

AVISPA AZUL
Pepsis heros
F: Pompílidos
Esta gran especie de América del Sur caza tarántulas a las que paraliza y entierra como alimento para sus larvas.

AVISPA ESCÓLIDA DE LA SONDA
Megascolia procer
F: Escólidos
Originaria de Sumatra, Java y Borneo, paraliza a larvas de escarabajos y deposita sus huevos en ellas.

MUTÍLIDO COMÚN
Mutilla europaea
F: Mutílidos
Esta especie vive en zonas arenosas y herbazales de Europa. La hembra carece de alas, y sus larvas se alimentan de larvas de abejorros.

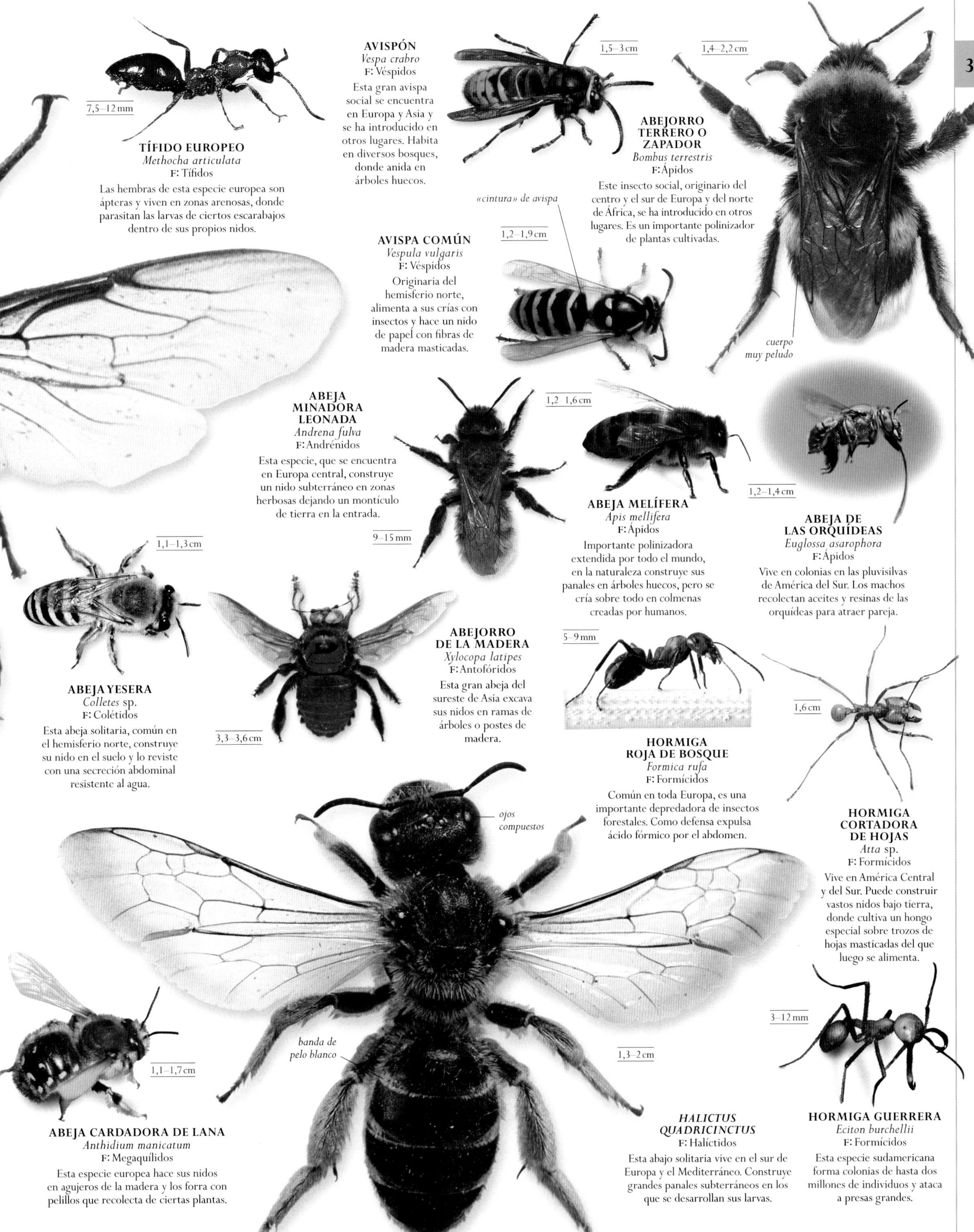

TÍFIDO EUROPEO
Methocha articulata
F: Tífidos
Las hembras de esta especie europea son ápteras y viven en zonas arenosas, donde parasitan las larvas de ciertos escarabajos dentro de sus propios nidos.

AVISPÓN
Vespa crabro
F: Véspidos
Esta gran avispa social se encuentra en Europa y Asia y se ha introducido en otros lugares. Habita en diversos bosques, donde anida en árboles huecos.

ABEJORRO TERRERO O ZAPADOR
Bombus terrestris
F: Ápidos
Este insecto social, originario del centro y el sur de Europa y del norte de África, se ha introducido en otros lugares. Es un importante polinizador de plantas cultivadas.

AVISPA COMÚN
Vespula vulgaris
F: Véspidos
Originaria del hemisferio norte, alimenta a sus crías con insectos y hace un nido de papel con fibras de madera masticadas.

ABEJA MINADORA LEONADA
Andrena fulva
F: Andrénidos
Esta especie, que se encuentra en Europa central, construye un nido subterráneo en zonas herbosas dejando un montículo de tierra en la entrada.

ABEJA MELÍFERA
Apis mellifera
F: Ápidos
Importante polinizadora extendida por todo el mundo, en la naturaleza construye sus panales en árboles huecos, pero se cría sobre todo en colmenas creadas por humanos.

ABEJA DE LAS ORQUÍDEAS
Euglossa asarophora
F: Ápidos
Vive en colonias en las pluvisilvas de América del Sur. Los machos recolectan aceites y resinas de las orquídeas para atraer pareja.

ABEJA YESERA
Colletes sp.
F: Colétidos
Esta abeja solitaria, común en el hemisferio norte, construye su nido en el suelo y lo reviste con una secreción abdominal resistente al agua.

ABEJORRO DE LA MADERA
Xylocopa latipes
F: Antofóridos
Esta gran abeja del sureste de Asia excava sus nidos en ramas de árboles o postes de madera.

HORMIGA ROJA DE BOSQUE
Formica rufa
F: Formícidos
Común en toda Europa, es una importante depredadora de insectos forestales. Como defensa expulsa ácido fórmico por el abdomen.

HORMIGA CORTADORA DE HOJAS
Atta sp.
F: Formícidos
Vive en América Central y del Sur. Puede construir vastos nidos bajo tierra, donde cultiva un hongo especial sobre trozos de hojas masticadas del que luego se alimenta.

ABEJA CARDADORA DE LANA
Anthidium manicatum
F: Megaquílidos
Esta especie europea hace sus nidos en agujeros de la madera y los forra con pelillos que recolecta de ciertas plantas.

HALICTUS QUADRICINCTUS
F: Halíctidos
Esta abajo solitaria vive en el sur de Europa y el Mediterráneo. Construye grandes panales subterráneos en los que se desarrollan sus larvas.

HORMIGA GUERRERA
Eciton burchellii
F: Formícidos
Esta especie sudamericana forma colonias de hasta dos millones de individuos y ataca a presas grandes.

NEMERTINOS

Estos gusanos marinos son voraces depredadores que capturan las presas con una probóscide evaginable y las tragan enteras o succionan sus fluidos.

FILO	NEMERTINOS
CLASES	4
ÓRDENES	4
FAMILIAS	48
ESPECIES	1350

Son animales de cuerpo blando, viscoso y de forma cilíndrica o ligeramente aplanada. Muchos se deslizan por el fondo del mar, aunque algunos pueden nadar. La especie *Lineus longissimus* llega a medir más de 30 m de longitud. El cuerpo de estos animales es frágil y se rompe fácilmente.

La probóscide no forma parte del tubo digestivo, sino que emerge de un saco situado en la cabeza justo encima de la boca, y en algunas especies posee púas afiladas para sujetar y perforar las presas e incluso veneno para inmovilizarlas. Estas especies bien armadas se alimentan de otros invertebrados, como crustáceos, poliquetos y moluscos. Otros nemertinos se alimentan de materia muerta.

BRIOZOOS

Estos diminutos animales forman colonias parecidas a las de los corales y se alimentan por filtración con sus microscópicos tentáculos.

FILO	BRIOZOOS
CLASES	3
ÓRDENES	7
FAMILIAS	Unas 160
ESPECIES	6409

Aunque se asemejan a los corales, son animales más avanzados. Una colonia –genéticamente un solo individuo– se compone de miles de pequeños cuerpos llamados zooides. Estos tienen alrededor de la boca unos tentáculos retráctiles con pelillos microscópicos que derivan las partículas alimenticias al intestino, con forma de U; los residuos salen por el ano, situado en la pared corporal. Las colonias adoptan múltiples formas, según la especie. Algunas se incrustan en rocas o algas, y otras crecen formando ramificaciones erizadas o lóbulos carnosos. Muchas están muy calcificadas, como los corales pétreos, mientras que otras son blandas.

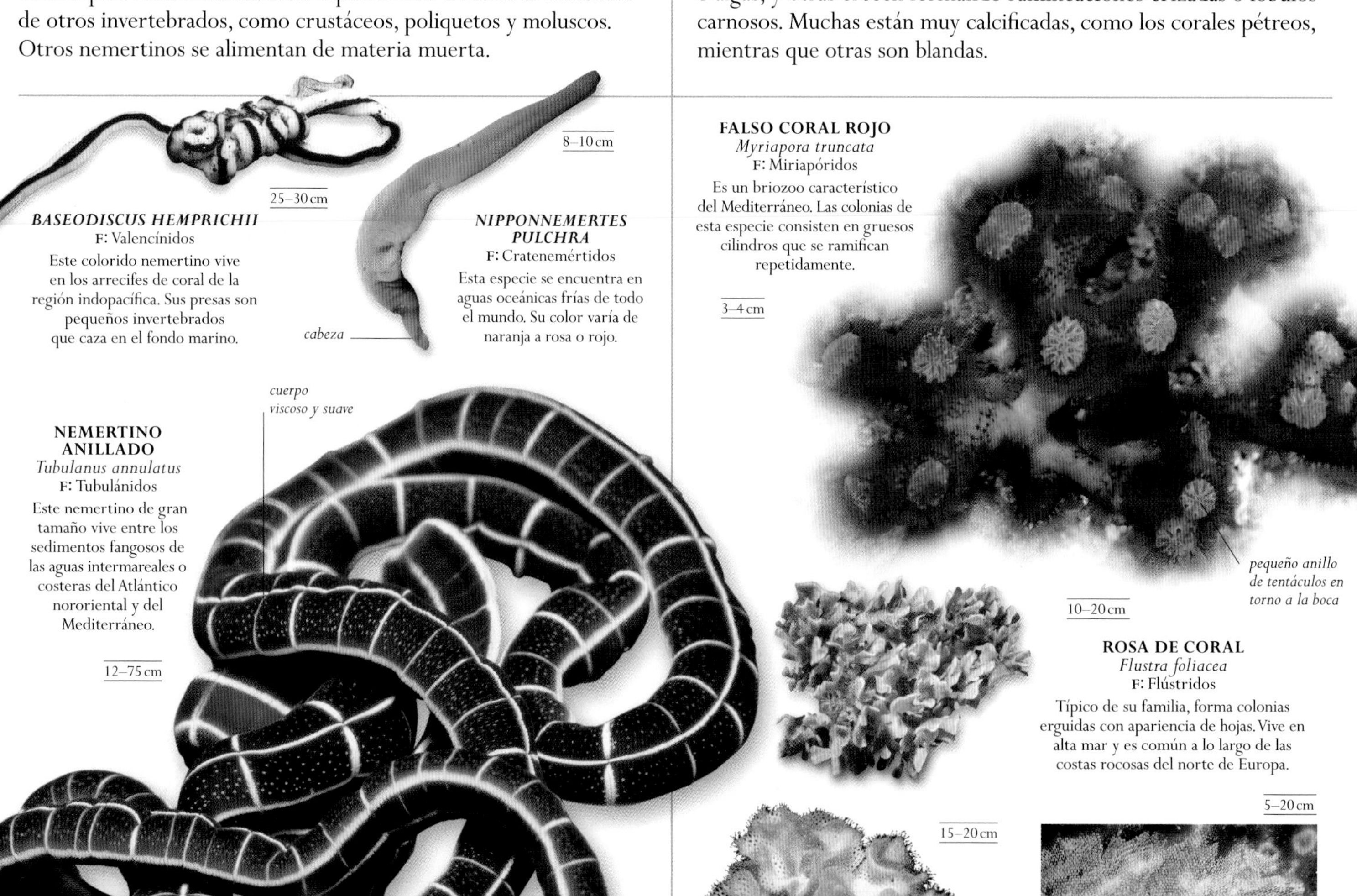

BASEODISCUS HEMPRICHII
F: Valencínidos
Este colorido nemertino vive en los arrecifes de coral de la región indopacífica. Sus presas son pequeños invertebrados que caza en el fondo marino.

NIPPONNEMERTES PULCHRA
F: Cratenemértidos
Esta especie se encuentra en aguas oceánicas frías de todo el mundo. Su color varía de naranja a rosa o rojo.

NEMERTINO ANILLADO
Tubulanus annulatus
F: Tubulánidos
Este nemertino de gran tamaño vive entre los sedimentos fangosos de las aguas intermareales o costeras del Atlántico nororiental y del Mediterráneo.

FALSO CORAL ROJO
Myriapora truncata
F: Miriapóridos
Es un briozoo característico del Mediterráneo. Las colonias de esta especie consisten en gruesos cilindros que se ramifican repetidamente.

ROSA DE CORAL
Flustra foliacea
F: Flústridos
Típico de su familia, forma colonias erguidas con apariencia de hojas. Vive en alta mar y es común a lo largo de las costas rocosas del norte de Europa.

IODICTYUM PHOENICEUM
F: Fidolopóridos
Esta especie, uno de los briozoos que forman colonias reticuladas altas y rígidas que presentan un aspecto de encaje, vive a lo largo de las costas del sur y el este de Australia.

MEMBRANIPORA MEMBRANACEA
F: Membranipóridos
Este briozoo incrustante crece en láminas que recuerdan a una tela de encaje. Forma colonias de rápido crecimiento sobre frondes de laminarias en aguas del Atlántico nororiental.

BRAQUIÓPODOS

Aunque se parecen mucho a los moluscos bivalvos, se alimentan mediante tentáculos. Pertenecen a un filo diferente y muy antiguo.

FILO	BRAQUIÓPODOS
CLASES	3
ÓRDENES	5
FAMILIAS	Unas 30
ESPECIES	414

El cuerpo de los braquiópodos está encerrado en una concha de dos valvas desiguales, una más grande que la otra, y situadas en posición dorsal y ventral, y no a los lados, como en el caso de los moluscos bivalvos. Los individuos de este orden viven fijos en sustratos duros del fondo marino mediante un pedúnculo o enterrados en sustratos blandos. Al igual que los moluscos, poseen un manto carnoso unido a la superficie interna de las valvas que encierra una cavidad donde tienen un anillo de tentáculos con pelos microscópicos que conducen las partículas hacia la boca central, una estructura alimentaria similar a la de los briozoos.

El registro fósil demuestra que la abundancia y la diversidad de los braquiópodos eran mucho mayores en los mares cálidos y poco profundos de la era Paleozoica. Su drástico declive empezó durante la época de los dinosaurios, posiblemente a causa de la expansión de los moluscos bivalvos.

BRAQUIÓPODO ARTICULADO EUROPEO
Terebratulina retusa
F: Cancelotirídidos
Se encuentra desde el Atlántico nororiental hasta el Mediterráneo. Tiene las valvas con forma de pera y se adhiere a las rocas con un corto pedúnculo.

BRAQUIÓPODO DEL PACÍFICO
Terebratalia transversa
F: Terebratálidos
La concha de esta especie de pedúnculo corto, abundante en el Pacífico Norte, puede ser lisa o estriada.

BRAQUIÓPODO INARTICULADO
Novocrania anomala
F: Cránidos
Esta especie del Atlántico Norte adhiere su concha a la roca, de manera que superficialmente parece una lapa.

MOLUSCOS »

Este gran y diverso filo contiene desde bivalvos filtradores que viven fijos en las rocas y caracoles y babosas terrestres, voraces herbívoros, hasta los activos pulpos y calamares.

FILO	MOLUSCOS
CLASES	9
ÓRDENES	53
FAMILIAS	609
ESPECIES	71 719

Un molusco típico tiene un cuerpo blando apoyado en un gran pie muscular y una cabeza con ojos y tentáculos sensoriales. Los órganos internos se encuentran dentro de una masa visceral cubierta por un manto carnoso que forma una cavidad, llamada paleal, usada para respirar. En la mayoría de las especies, este manto segrega sustancias que crean la concha. Muchos se alimentan mediante un órgano llamado rádula, cubierto de hileras de dientes quitinosos curvos y que se mueve adelante y atrás a través de la boca para raer los alimentos. Los bivalvos carecen de rádula y se alimentan aspirando el agua mediante un sifón a través de la concha. La mayoría de especies capturan las partículas con la sustancia mucosa de sus branquias.

Estas lapas han raspado la roca a su alrededor, pero no pueden alcanzar las algas verdes que crecen sobre su propia concha.

CON O SIN CONCHA

La concha no es solo un refugio frente a los depredadores: también protege de la desecación. Algunos caracoles incluso tienen una tapa, llamada opérculo, para sellar la abertura de su concha. La concha se endurece con los minerales obtenidos de los alimentos y del agua circundante. Está cubierta por una proteína resistente, pero la cara interna es suave y permite al animal deslizarse hacia fuera y hacia dentro (algunos grupos tienen un revestimiento de nácar). Muchos moluscos sin concha externa se defienden con sustancias químicas que los hacen desagradables e incluso venenosos, y advierten de ello con llamativos colores. La mayoría de los cefalópodos carece de concha externa. Son depredadores y poseen un pico córneo para masticar la carne. El pie muscular está modificado en sus característicos tentáculos, que usan para nadar y capturar presas.

CÓMO OBTENER OXÍGENO

Casi todos son acuáticos, por lo que tienen branquias para respirar, proyectadas por lo general hacia la cavidad paleal e irrigadas por una corriente de agua. En la mayoría de los caracoles y babosas terrestres esta cavidad está llena de aire y funciona como un pulmón. Debido a que probablemente evolucionaron a partir de los terrestres, muchos caracoles de agua dulce también tienen un pulmón y deben salir a la superficie para respirar.

CAUDOFOVEADOS Y SOLENOGASTROS

Estas clases comprenden pequeños excavadores cilíndricos sin concha, pero con rádula, que se nutren de detritos o de otros invertebrados en los sedimentos. La cavidad paleal es solo una abertura en la parte posterior, en la que vierten los residuos digestivos.

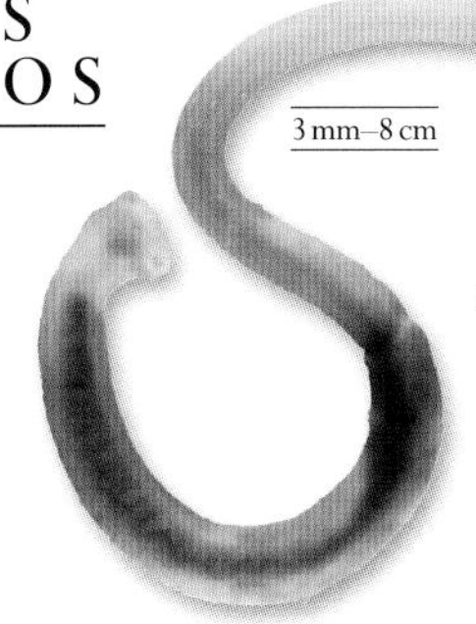

CAUDOFOVEADO BRILLANTE
Chaetoderma sp.
F: Quetodermátidos
Este molusco vermiforme está cubierto por una dura cutícula. Busca su alimento entre los sedimentos fangosos de las profundidades del Atlántico Norte.

BIVALVOS

Estos moluscos acuáticos altamente especializados se reconocen al instante porque su concha articulada se abre para absorber los alimentos y el agua.

Se identifican por su concha, que consta de dos placas, o valvas, unidas por una bisagra (charnela) y ligamentos. Para protegerse de los depredadores y evitar los peligros de la deshidratación, cierran las valvas mediante la contracción de sus fuertes músculos, sellando la mayor parte o la totalidad del cuerpo en su interior. Las especies costeras quedan expuestas regularmente durante la bajamar.

El tamaño de los bivalvos oscila entre los 6 mm de *Musculium transversum* hasta los 1,4 m de la almeja gigante. Algunos se fijan a las rocas y superficies duras mediante los filamentos del biso. Otros usan su potente pie muscular para excavar en sedimentos fangosos. Unos pocos, como las vieiras, nadan con un método de propulsión a chorro.

El agua es bombeada hacia dentro y fuera de la concha a través de unos tubos llamados sifones y suministra oxígeno y alimento al pasar sobre unas branquias modificadas. Las partículas alimenticias atrapadas por la mucosidad de las branquias son conducidas a la boca por pelos microscópicos.

UTILIDAD DE LOS BIVALVOS

Mejillones, almejas y ostras son una importante fuente de alimento, y algunas ostras producen finas perlas recubriendo con capas de nácar un cuerpo extraño. Los bivalvos son también indicadores de la calidad del agua, ya que muchos no pueden sobrevivir con altos niveles de contaminación.

FILO	MOLUSCOS
CLASE	BIVALVOS
ÓRDENES	19
FAMILIAS	105
ESPECIES	9733

Una volandeira cierra con fuerza sus dos valvas para acelerar y alejarse de una estrella de mar depredadora.

OSTRAS Y VIEIRAS

Los miembros del orden ostreoideos filtran pequeñas partículas del agua de mar. Muchas especies de ostras viven permanentemente sumergidas en aguas costeras, adheridas a las rocas mediante la secreción de una serie de filamentos que forman el biso; las vieiras pueden nadar abriendo y cerrando sus valvas.

12–15 cm

VIEIRA
Pecten maximus
F: Pectínidos
Además de nadar libremente, las vieiras pueden propulsarse a chorro como respuesta de huida. Esta especie de alto valor comercial vive en costas europeas de arenas finas.

10–12 cm

valva izquierda espinosa

SPONDYLUS LINGUAFELIS
F: Espondílidos
Miembro de una familia de ostras espinosas con un colorido manto, esta especie del Pacífico tiene la parte externa de sus valvas cubierta de espinas.

10–12 cm

OSTRA CRESTA DE GALLO
Lopha cristagalli
F: Ostreidos
Pariente cercana de las vieiras, esta ostra de las aguas indopacíficas es muy apreciada como alimento y por sus perlas.

8–10 cm

OSTRA
Ostrea edulis
F: Ostreidos
Esta especie, actualmente objeto de sobrepesca en algunas zonas, era muy abundante en Europa. Es incomestible en los meses de verano, cuando se reproduce.

ARCAS Y AFINES

Su concha se cierra con dos poderosos músculos y se abre a lo largo de una charnela recta con una serie de dentículos. Como sus parientes, los miembros del orden arcoideos tienen un pie reducido y grandes branquias para atrapar partículas alimenticias.

5–7 cm

ARCA DE NOÉ
Arca noae
F: Árcidos
Es una especie intermareal de gruesa concha cuadrangular que se ancla con su biso a las rocas de las costas del Atlántico occidental.

5–6 cm

ALMENDRA DE MAR
Glycymeris glycymeris
F: Glicimérídos
Esta especie de concha redonda, pariente de los árcidos, vive en el Atlántico nororiental y se pesca en Europa. Es sabrosa, pero resulta dura si se cuece demasiado.

MEJILLONES Y AFINES

Los moluscos del orden mitiloideos tienen la concha alargada y asimétrica, y se fijan al sustrato con los fuertes filamentos del biso. Solo uno de los dos músculos que cierran las valvas está bien desarrollado.

8–10 cm

MEJILLÓN ATLÁNTICO
Mytilus edulis
F: Mitílidos
Es el mejillón de mayor importancia comercial en Europa. Es longevo y vive en comunidades densas. Puede tolerar la baja salinidad de los estuarios.

NACRAS Y AFINES

El orden pterioideos comprende especies con charnela alargada y de forma triangular o de cabeza de hacha. Algunas tienen importancia comercial por sus perlas y su nácar.

25–40 cm

ATRINA VEXILLUM
F: Pínnidos
Las nacras, o nácares, como esta de la región indopacífica o la del Mediterráneo *(Pinna nobilis)*, tienen la concha triangular y se fijan con un biso a rocas o sedimentos blandos.

NÁYADES Y AFINES

El orden unionoideos está formado por los únicos bivalvos de agua dulce. Sus pequeñas larvas se adhieren a peces y forman quistes en sus branquias para alimentarse de su sangre o mucosidad hasta alcanzar la etapa juvenil.

9–10 cm

NÁYADE
Anodonta sp.
F: Uniónidos
Algunos peces ciprínidos desovan en mejillones de agua dulce vivos, como esta especie euroasiática, que se convierten en viveros de alevines.

10–15 cm

MADREPERLA DE RÍO
Pinctada margaritifera
F: Margaritiféridos
Conocido por sus perlas, este mejillón vive enterrado en la arena o la grava del fondo de los ríos de corriente rápida de Eurasia y América del Norte.

BARRENA, BROMA Y AFINES

Los bivalvos del orden mioides poseen largos sifones y excavan en el barro o perforan la madera y la roca. La parte frontal de la concha de las barrenas actúa como una lima que perfora rocas blandas. Las bromas perforan la madera con sus valvas.

12–15 cm

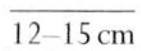

BARRENA
Pholas dactylus
F: Foládidos
Esta especie común en el Atlántico nororiental es fosforescente y vive en agujeros excavados en la madera o la arcilla.

12–15 cm

MYA ARENARIA
F: Míidos
Esta gran almeja comestible de concha delgada vive en el Atlántico Norte. Abunda en estuarios fangosos, donde se entierra en los sedimentos blandos.

1,5–2 cm

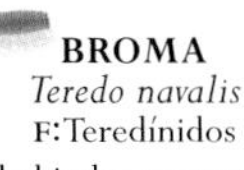

BROMA
Teredo navalis
F: Teredínidos
Este extendido bivalvo, muy modificado, abre profundas galerías en la madera con sus valvas estriadas como un taladro y causa graves daños en los barcos.

FOLADOMIOIDES

Este orden contiene diversas especies tropicales. Apenas reconocibles como bivalvos, los clavagélidos viven encerrados en tubos calcáreos y absorben los detritos y el agua a través de una placa perforada en el extremo anterior.

15–17 cm

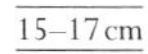

VERPA PHILIPPINENSIS
F: Penicílidos
Esta extraña especie indopacífica pertenece a una familia caracterizada por su ancho extremo perforado rodeado de túbulos. Vive parcialmente enterrado en sedimentos.

ALMEJAS, BERBERECHOS Y AFINES

El orden veneroideos, el más grande de los bivalvos, contiene una gran variedad de especies. La mayoría tiene cortos sifones, a veces fusionados. Algunos, como los berberechos, son ágiles y capaces de excavar o incluso saltar; otros se fijan a las rocas mediante el biso.

3–4 cm

MEJILLÓN CEBRA
Dreissena polymorpha
F: Dreisénidos
Este mejillón de agua dulce se ancla a las rocas con los filamentos del biso, pero puede soltarse y arrastrarse con un delgado pie. Oriundo del este de Europa, se ha extendido ampliamente.

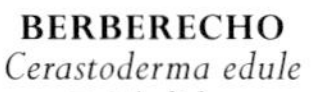

4–5 cm

BERBERECHO
Cerastoderma edule
F: Cárdidos
Los berberechos, excavadores en la arena, tienen las valvas con costillas radiales. Esta especie del Atlántico nororiental se recolecta en grandes cantidades en Europa.

15–20 cm

NAVAJA GRANDE O LONGUEIRÓN
Ensis siliqua
F: Fáridos
Las navajas, como esta del Atlántico nororiental, viven enterradas, alimentándose y respirando a través de su sifón emergente, pero descienden rápidamente con su pie muscular si se las molesta.

2–4 cm

DONAX CUNEATUS
F: Donácidos
Miembro de una familia de rápidos excavadores con concha triangular en forma de cuña, es una especie tropical de la región indopacífica.

5–6 cm

TRAPEZIUM OBLONGUM
F: Trapécidos
Este bivalvo indopacífico vive unido a las rocas por el biso, a menudo en grietas o bajo escombros de coral.

2,5–3 cm

HYSTEROCONCHA DIONE
F: Venéridos
Las espinas de la superficie de la concha de esta almeja tienen forma de peine. Se encuentra en las costas de América tropical.

5–7 cm

TELLINA RADIATA
F: Tellínidos
La concha de esta especie del Caribe tiene un patrón de bandas variable y se encuentra a menudo en las playas.

8–9 cm

PERONAEA MADAGASCARIENSIS
F: Tellínidos
Como sus congéneres, esta especie tropical del Atlántico oriental se alimenta de partículas del sedimento que aspira con su largo sifón extensible.

TELLINELLA VIRGATA
F: Tellínidos
La concha de esta especie indopacífica tiene un patrón decorativo, como muchas de esta familia.

3–4 cm

5–8 cm

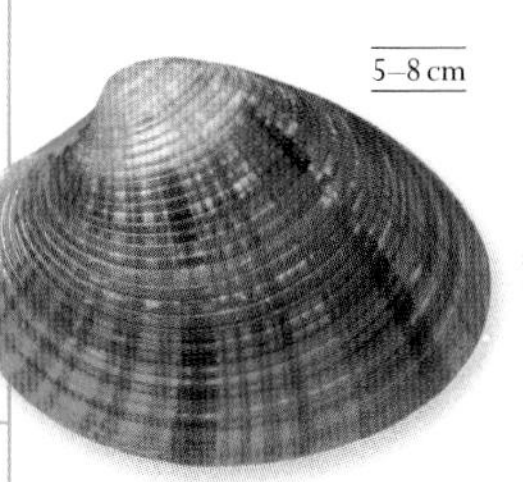

CALLISTA ERYCINA
F: Venéridos
Las conchas de las almejas de esta familia, como esta especie de la región indopacífica, son muy apreciadas por los coleccionistas.

6–8 cm

DOSINIA ANUS
F: Venéridos
Esta especie de las costas de Nueva Zelanda es una de las muchas de su familia que se recolectan para el consumo humano.

1–1,4 m

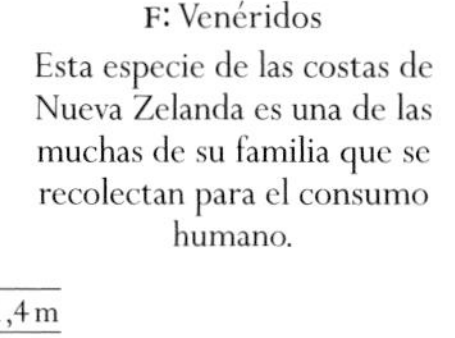

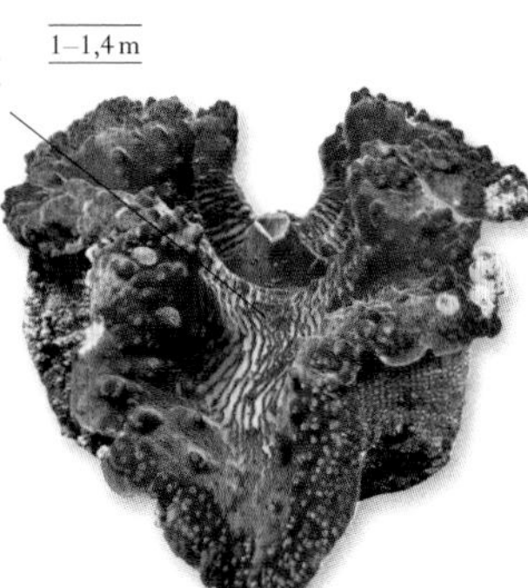

ALMEJA GIGANTE
Tridacna gigas
F: Cárdidos
Esta longeva especie vulnerable es el bivalvo más grande del mundo. Vive entre corales, en fondos arenosos de la región indopacífica.

30–40 cm

ALMEJA GIGANTE ESCAMOSA
Tridacna squamosa
F: Cárdidos
Como otras almejas gigantes de la región indopacífica, abre su concha durante el día para que las algas de su manto puedan realizar la fotosíntesis y producir alimento.

GASTERÓPODOS

Es, con diferencia, la clase más numerosa de los moluscos. Estos animales se denominan gasterópodos («con el pie en el estómago») porque parecen arrastrarse sobre su vientre.

Casi todos los caracoles y babosas se deslizan sobre un pie muscular único y raen sus alimentos con la rádula, una lengua similar a la lija. La mayoría la utiliza para raspar la vegetación, las algas o la fina capa de microbios que cubren la superficie de las rocas sumergidas, aunque algunos son depredadores. Generalmente poseen una cabeza diferenciada con tentáculos sensoriales bien desarrollados. Los caracoles tienen una concha espiral o helicoidal en la que se pueden refugiar; las babosas la perdieron a lo largo de la evolución. Sin embargo, las babosas de mar difieren de este patrón. Los gasterópodos surgieron en el océano y casi todas las especies son acuáticas, aunque también las hay terrestres y de agua dulce.

TORSIÓN

Los gasterópodos jóvenes experimentan un proceso llamado torsión mediante el cual la totalidad de su cuerpo gira 180º dentro de la concha, de modo que la cavidad respiratoria del manto se sitúa sobre la cabeza, que queda así protegida. En los caracoles marinos, como los bígaros y las lapas, esta forma corporal persiste en la etapa adulta; por esa razón se denominan prosobranquios («con branquias delanteras»). Sin embargo, las babosas de mar se llaman opistobranquios («con branquias traseras») porque el cuerpo gira de nuevo.

FILO	MOLUSCOS
CLASE	GASTERÓPODOS
ÓRDENES	21
FAMILIAS	409
ESPECIES	Unas 67 000

DEBATE

UN RASGO COMÚN

Los caracoles de mar se clasificaron juntos porque sus branquias se sitúan delante al girar su cuerpo. Sin embargo, probablemente el ancestro de todos los caracoles poseía este rasgo, así que hoy se dividen en grupos basados en otras características. Su posición taxonómica sigue siendo discutible.

LAPAS VERDADERAS

El orden patelogasterópodos comprende las primitivas lapas de concha cónica ligeramente enrollada y que pacen algas. Gracias a sus potentes músculos se adhieren con firmeza a las rocas intermareales para protegerse de los depredadores, la desecación y el oleaje.

3–5 cm

LAPA COMÚN
Patella vulgata
F: Patélidos
Esta especie roe algas en las rocas de las costas del Atlántico nororiental durante la pleamar y después regresa a una depresión de la roca en la que encaja su concha.

NERITAS Y AFINES

El pequeño y diversificado clado cicloneritimorfos, conocido en el registro fósil, incluye especies marinas, dulceacuícolas y terrestres, unas con concha espiralada y otras con forma de lapa. Algunas tienen concha con opérculo.

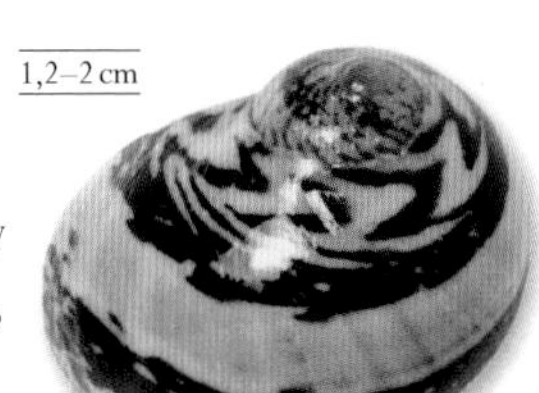

1,2–2 cm

NERITA ZIGZAG
Neritina communis
F: Nerítidos
Esta especie de los manglares de la región indopacífica es muy variable, con conchas blancas, negras, rojas y amarillas incluso dentro de la misma población.

2–5 cm

NERITA PELORONTA
F: Nerítidos
Este molusco caribeño intermareal, con una característica mancha de color rojo sangre en la abertura de la concha, sobrevive fuera del agua durante largos periodos.

OREJAS DE MAR Y AFINES

Los miembros del orden vetigasterópodos son gasterópodos marinos que roen algas y capas de microbios de las rocas con la rádula para alimentarse. Sus conchas varían desde las cónicas y apenas enrolladas, similares a las de las lapas verdaderas, hasta las espiraladas, globosas o apuntadas y con opérculo para sellar su interior.

8–12 cm

CARACOLA TURBO
Rochia nilotica
F: Tegúlidos
Muchos caracoles de esta familia tienen una gruesa capa de nácar. Esta gran especie de la región indopacífica se utiliza en joyería.

1,5–4,5 cm

LAPA DE LISTER
Diodora listeri
F: Fisurélidos
Como todas las de su familia, pariente cercana de los abulones y las caracolas turbo, esta especie del Atlántico occidental exhala el agua residual a través de una abertura apical.

2–2,5 cm

OSILINUS TURBINATUS
Phorcus turbinatus
F: Tróquidos
Los caracoles de esta familia tienen una concha espiral cónica con un opérculo circular. Esta especie es endémica del Mediterráneo.

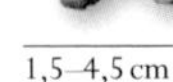

5–7 cm

TURBO ARGYROSTOMUS
F: Turbínidos
Esta especie indopacífica, cuya concha recuerda a un turbante, se diferencia de las de su familia por tener un opérculo calcificado.

20–30 cm

ABULÓN ROJO
Haliotis rufescens
F: Haliótidos
Los abulones, u orejas de mar, tienen una concha muy nacarada y con agujeros para exhalar el agua. Este del Pacífico nororiental que se alimenta de laminarias es el más grande.

TURRITELLA, VERMICULARIA Y AFINES

Estos caracoles espiralados suelen vivir en sedimentos fangosos o arenosos, y se nutren de las partículas en suspensión en el agua que circula por la cavidad paleal. Los miembros del orden ceritioideos viven en hábitats marinos, dulceacuícolas y estuarinos. Son de movimiento lento y a veces se agrupan en gran número.

2,5–5,5 cm

TURRITELLA TEREBRA
F: Turritélidos

Es una especie filtradora de los sedimentos limosos de la región indopacífica con la típica concha alta y estrecha, como una pequeña torre, que da nombre al género.

6–17 cm

RHINOCLAVIS ASPERA
F: Cerítidos

Como otras de su familia, abundantes en los sedimentos de aguas tropicales poco profundas, esta especie indopacífica deposita cadenas de huevos que se adhieren a materiales sólidos.

2,5–16 cm

VERMICULARIA SPIRATA
F: Turritélidos

Los machos de esta especie caribeña de concha con forma de sacacorchos flotan libremente y se fijan en materiales sólidos, a veces en esponjas. Luego se convierten en grandes hembras sedentarias.

BÍGAROS, CAÑADILLAS Y AFINES

Los cenogasterópodos constituyen el grupo más grande y diversificado de caracoles marinos, con varios subgrupos. Los epitónidos, como *Epitonium* (que viven en el fondo) y *Janthina* (que flotan) depredan cnidarios. Los litorínidos (bígaros) pacen algas. Los buccinos y afines son depredadores que proyectan un largo sifón a través de una ranura de su concha.

2,5–7 cm

EPITONIUM SCALARE
F: Epitónidos

Esta especie indopacífica se alimenta de anémonas y corales que corta con sus mandíbulas.

2–4 cm

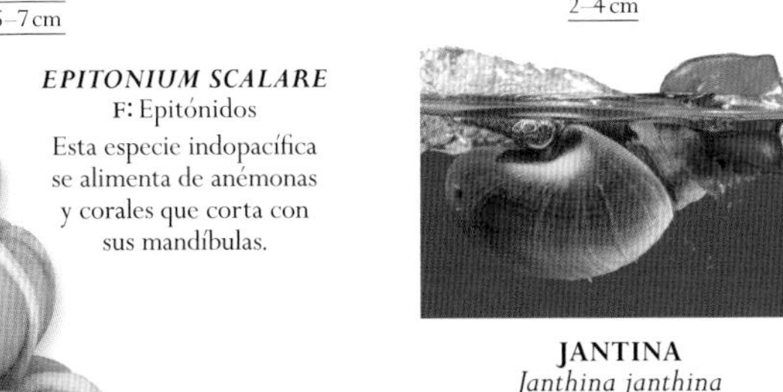

JANTINA
Janthina janthina
F: Epitónidos

Este caracol de concha azulada o violeta de aguas tropicales segrega moco para crear balsas de burbujas y mantenerse a flote. Consume cnidarios que encuentra en la superficie.

10–15 cm

CYPRAEA TIGRIS
F: Cipreidos

Los lóbulos carnosos del manto de esta especie indopacífica envuelven su suave concha cuando se arrastra. Depreda otros invertebrados.

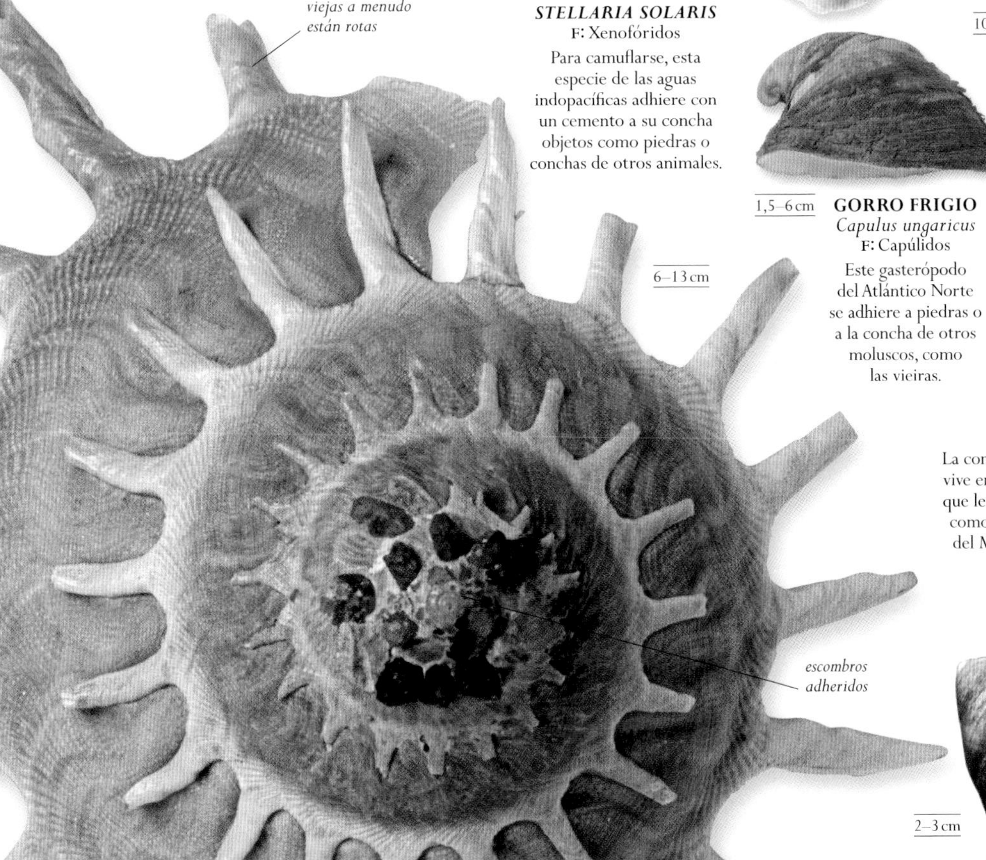

las puntas más viejas a menudo están rotas

escombros adheridos

6–13 cm

STELLARIA SOLARIS
F: Xenofóridos

Para camuflarse, esta especie de las aguas indopacíficas adhiere con un cemento a su concha objetos como piedras o conchas de otros animales.

1,5–6 cm

GORRO FRIGIO
Capulus ungaricus
F: Capúlidos

Este gasterópodo del Atlántico Norte se adhiere a piedras o a la concha de otros moluscos, como las vieiras.

2–5 cm

LAPA ZAPATILLA
Crepidula fornicata
F: Caliptreidos

Esta especie filtradora, no emparentada con las lapas verdaderas, forma torres de apareamiento donde los machos de la cima cambian de sexo para reemplazar a las hembras muertas de debajo.

30–42 cm

PIE DE PELÍCANO
Aporrhais pespelecani
F: Aporraidos

La concha de este caracol detritívoro que vive en el limo tiene unas prolongaciones que le dan el aspecto de un pie palmeado como los del pelícano. Habita a lo largo del Mediterráneo y del mar del Norte.

2–3 cm

BÍGARO COMÚN
Littorina littorea
F: Litorínidos

Los bígaros, como esta especie europea, constituyen una familia de caracoles intermareales con la concha globosa en espiral y cerrada por un opérculo.

15–31 cm

BOTUTO
Aliger gigas
F: Estrómbidos

Las caracolas son caracoles marinos de tamaño mediano o grande, generalmente tropicales. La concha de esta especie gigante del Atlántico occidental tiene grandes labios acampanados.

»

» BÍGAROS, CAÑADILLAS Y AFINES

TUTUFA BUBO
F: Búrsidos
Esta especie marina tropical de concha verrugosa habita en la región indopacífica y se alimenta de poliquetos que succiona con su probóscide, anestesiándolos previamente con su saliva.

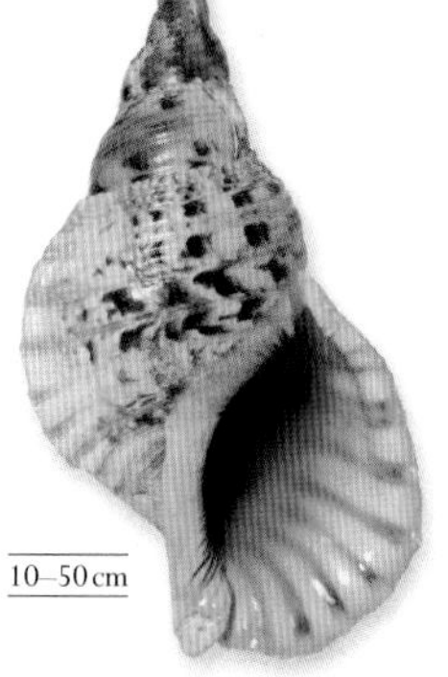

TRITÓN GIGANTE
Charonia tritonis
F: Carónidos
Esta especie intermareal tropical es depredadora. Vive en aguas indopacíficas y se alimenta de la estrella de mar llamada corona de espinas, que se alimenta de coral.

EUSPIRA NITIDA
F: Natícidos
Esta especie es un miembro europeo de una familia de excavadores en la arena que depredan bivalvos. La hembra pone tiras de huevos que semejan collares.

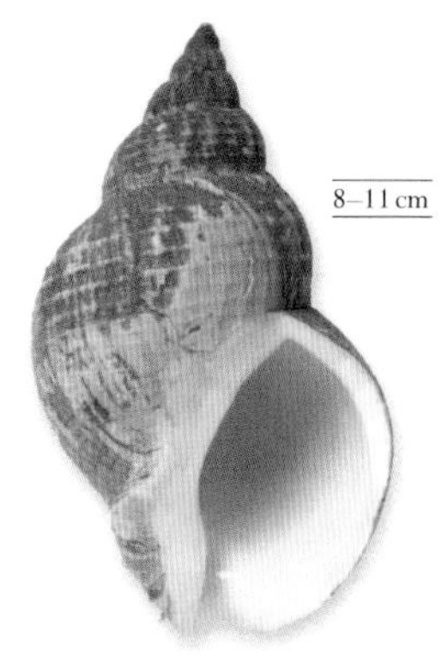

BOCINA O BUCCINO COMÚN
Buccinum undatum
F: Buccínidos
Gran depredador de otros moluscos y gusanos, este caracol del Atlántico Norte también come carroña. Se consume en algunos sitios como marisco.

DRUPA RICINUS
F: Murícidos
Esta especie, caracterizada por las extensiones de su concha, vive en los arrecifes de coral de la región indopacífica, donde se alimenta de poliquetos.

NUCELLA LAPILLUS
F: Murícidos
Esta especie del Atlántico Norte pertenece a una familia que captura sus presas taladrando con la rádula la concha de las lapas y otros moluscos, ayudándose con secreciones de enzimas.

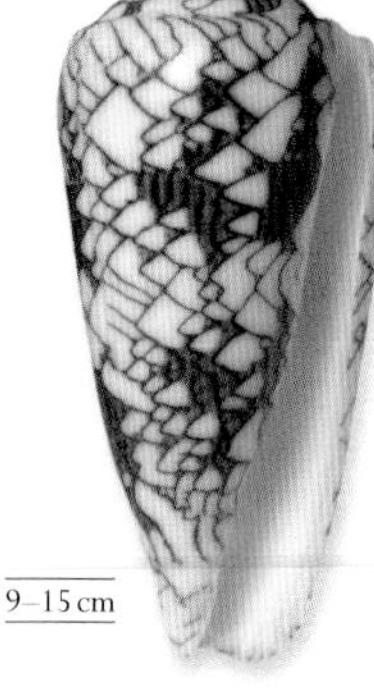

CONUS TEXTILE
F: Cónidos
Los cónidos utilizan la rádula para arponear a sus presas e inyectarles veneno. Algunos, como esta especie indopacífica, pueden ser peligrosos para el ser humano.

CINCTURA LILIUM
F: Fasciolláridos
Este caracol, emparentado con los *Buccinum*, vive en lechos arenosos del Caribe. Hay otras especies con un canal sifonal más largo.

HARPA COSTATA
F: Hárpidos
Este molusco que vive en la arena es un depredador de cangrejos, que atrapa con su ancho pie y digiere con su saliva. Vive en las aguas del océano Índico.

TEREBRA SUBULATA
F: Terébridos
Esta especie indopacífica con un bonito dibujo de colores en su concha excava en las capas de arena superficiales en busca de gusanos.

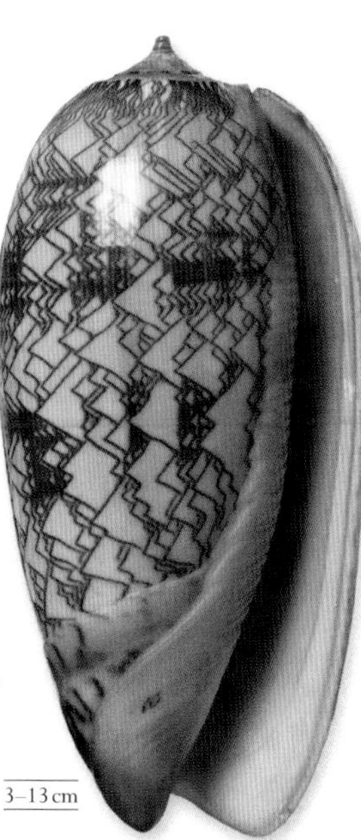

OLIVA PORPHYRIA
F: Olívidos
Esta especie, la mayor de su familia, vive en las costas del Pacífico mexicana y sudamericana. Tiene una colorida y brillante concha.

CARACOLES DE AGUA DULCE CON BRANQUIAS

El orden arquitenioglosos es el único de caracoles con branquias que no incluye especies marinas. Casi todos son dulceacuícolas, pero también los hay terrestres. Los caracoles manzana usan las branquias de la cavidad paleal como un pulmón, lo cual les permite sobrevivir en periodos de sequía. Todos ellos poseen una tapa, u opérculo, para sellar su concha.

CARACOL MANZANA ACANALADO
Pomacea canaliculata
F: Ampuláridos
Es el típico caracol manzana. Esta especie tropical americana se ha introducido en otros lugares donde es una plaga invasora.

VIVIPARUS VIVIPARUS
F: Vivipáridos
Este caracol europeo de agua dulce con branquias está emparentado con los caracoles manzana y, como ellos, posee un opérculo para abrir y cerrar su concha.

3–4 cm

LIEBRES DE MAR

En los anaspídeos, los pedúnculos sensoriales cefálicos, un rasgo en común con las babosas de mar, son tan grandes que parecen orejas. Estos moluscos tienen una pequeña concha interna y, como los ángeles de mar, pueden nadar con los bordes de su pie.

LIEBRE DE MAR PUNTEADA
Aplysia punctata
F: Aplísidos
Al igual que otras liebres de mar, come algas. Esta especie europea se reproduce gregariamente y, si se le molesta, libera tinta como medio de defensa.

ÁNGELES DE MAR

Los gimnosomados se llaman ángeles de mar porque «vuelan» por el agua con unos lóbulos del pie a modo de alas. Sus parientes las mariposas de mar, o tecosomados, también lo hacen, pero conservan una frágil concha.

ÁNGEL DE MAR COMÚN
Clione limacina
F: Cliónidos
Los ángeles de mar nadan libremente con sus suaves y transparentes «alas». Esta especie de aguas frías se alimenta de un gasterópodo llamado mariposa de mar *(Limacina helicina)*.

BABOSAS DE MAR

El grupo de los nudibranquios comprende a las babosas de mar. Su nombre significa «de branquias desnudas» y se debe al hecho de que sus branquias no están en la cavidad paleal, sino expuestas en el dorso. Muchas tienen llamativos dibujos y colores para advertir de su toxicidad.

BABOSA DE MAR DE BORDE NEGRO
Doriprismatica atromarginata
F: Cromodorídidos
Esta común especie indopacífica de aguas poco profundas se alimenta de esponjas. Su color va del blanco al amarillo claro.

BABOSA DE MAR OPALESCENTE
Hermissenda crassicornis
F: Mirrínidos
Esta especie intermareal del Pacífico Norte pertenece a un grupo dotado de unos órganos que almacenan un potente veneno con los que caza medusas.

BABOSA DE MAR VARICOSA
Phyllidia varicosa
F: Filídidos
Esta especie común indopacífica vive entre rocas, escombros y arena de las aguas costeras, donde se alimenta de esponjas.

BABOSA DE MAR DE ANNA
Chromodoris annae
F: Cromodorídidos
Al igual que otras de su género, esta variable especie del Pacífico occidental está especializada en comer esponjas.

BABOSA DE MAR ELEGANTE
Okenia elegans
F: Goniodorídidos
Esta especie, típica de su familia, se alimenta de ascidias. Se encuentra en aguas europeas, incluidas las del Mediterráneo.

NEMBROTHA KUBARYANA
F: Policéridos
Esta especie indopacífica se alimenta de ascidias e incorpora las sustancias químicas defensivas de estas a su propio mucus. Muchas de sus parientes comen briozoos.

BAILARINA ESPAÑOLA
Hexabranchus sanguineus
F: Hexabránquidos
Esta babosa de mar gigante se encuentra en el Indo-Pacífico. Se denomina así porque, al nadar, su manto rojo ondulante parece la falda de volantes de una bailaora de flamenco.

CARACOLES DE AGUA DULCE PULMONADOS

Los caracoles del superorden higrófilos tienen la cavidad paleal desarrollada como un pulmón. Por ello, a diferencia de la mayoría de gasterópodos marinos, deben salir a la superficie para respirar. Principalmente herbívoros, son comunes en aguas alcalinas o neutras estancadas o de curso lento.

2,5–5 cm

CARACOL TROMPO
Lymnaea stagnalis
F: Limneidos
Este caracol distribuido en las zonas templadas del hemisferio norte se suele encontrar en aguas dulces estancadas o de circulación lenta.

1–1,6 cm

PHYSELLA ACUTA
F: Físidos
La concha de la mayoría de los caracoles se abre hacia la derecha (cuando la abertura está de cara al observador), pero la de los miembros de esta familia se abre hacia la izquierda.

5–8 mm

LAPA DE RÍO COMÚN
Ancylus fluviatilis
F: Planórbidos
No es una lapa verdadera sino un miembro de la familia del caracol del diablo. Es común en aguas rápidas de toda Europa.

3–3,5 cm

CARACOL DEL DIABLO
Planorbarius corneus
F: Planórbidos
Tiene la concha enrollada y aplanada, a diferencia de la espiral típica de los caracoles. Esta especie se encuentra en aguas dulces estancadas de Eurasia.

CARACOLES Y BABOSAS DE TIERRA

Los estilomatóforos son caracoles y babosas terrestres que respiran aire mediante un pulmón situado en la cavidad paleal. Sus ojos se encuentran en el extremo de los tentáculos. Muchos son hermafroditas, pero deben aparearse. Su cortejo comprende un intercambio de dardos antes de la cópula.

15–22 cm

CARACOL GIGANTE AFRICANO
Lissachatina fulica
F: Acatínidos
Oriundo del este de África, se ha convertido en una plaga invasora en otras zonas cálidas del mundo.

3–3,5 cm

CARACOL ARBORÍCOLA CUBANO O DE BARACOA
Polymita picta
F: Cepólidos
Se halla solo en bosques de montaña de Cuba. Hay muchas variedades con colores de concha diferentes.

2,5–4,5 cm

CARACOL DE TIERRA COMÚN O DE JARDÍN
Cornu aspersum
F: Helícidos
De color variable y concha rugosa, se halla en bosques, prados, dunas costeras y jardines europeos.

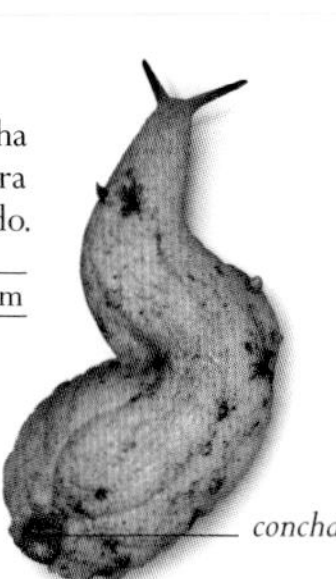

8–12 cm

TESTACELLA HALIOTIDEA
F: Testacélidos
Miembro típico de una familia de babosas con una pequeña concha externa, esta especie europea come lombrices de tierra.

7–8 mm

DISCUS PATULUS
F: Díscidos
Esta especie de los bosques de América del Norte pertenece a una familia de caracoles con ciertos rasgos primitivos y una concha enrollada aplanada.

10–20 cm

BABOSA O LIMACO COMÚN
Arion ater
F: Ariónidos
Los ejemplares negros de esta especie europea predominan en el norte, pero otros son pardos o anaranjados. Se alimentan de plantas y residuos en descomposición.

15–25 cm

BABOSA AMARILLA DEL PACÍFICO
Ariolimax columbianus
F: Ariolimácidos
Esta especie vive en los bosques húmedos de coníferas de la costa oeste de América del Norte.

3–5 cm

CARACOL ROMANO O DE BORGOÑA
Helix pomatia
F: Helícidos
Extendido en los suelos ricos en calcio de Europa central, es el más grande de la región y se cría en algunos lugares para el consumo humano.

2–3 cm

CARACOL RAYADO
Cepaea nemoralis
F: Helícidos
Esta especie de Europa occidental, pariente cercana del caracol romano, tiene una concha de color muy variable y con un dibujo a rayas que le permite camuflarse en diversos hábitats.

10–30 cm

BABOSA GRIS CENIZA
Limax cinereoniger
F: Limácidos
Esta especie de gran tamaño con una pequeña concha interna vive en los bosques europeos y puede presentar una gran variedad de colores.

CEFALÓPODOS

Son ágiles cazadores: tienen un sofisticado sistema nervioso que les permite cazar presas de movimiento rápido.

Entre los cefalópodos se hallan los invertebrados más inteligentes. Muchas especies incluso muestran su estado de ánimo cambiando de color mediante unas células dérmicas con pigmentos llamadas cromatóforos. La clase se organiza según el número de apéndices, llamados tentáculos o brazos: los calamares y las sepias tienen diez, ocho para nadar y dos retráctiles más largos y con ventosas para sujetar las presas; los pulpos poseen ocho, provistos de ventosas. La cavidad paleal de los cefalópodos contiene las branquias que extraen el oxígeno del agua absorbida a través de los bordes del manto y que luego expulsan por un corto sifón. Se desplazan hacia atrás con rapidez expeliendo un chorro de agua a través de este sifón. Las sepias, los calamares y algunos pulpos nadan en aguas abiertas con las aletas que tienen a los lados del manto; la mayoría de pulpos pasa su vida en el fondo del mar.

Solo los nautilos tienen una concha en espiral. La concha de los calamares se reduce a la pluma, una estructura interna con forma de pluma de ave que les proporciona soporte, y las sepias, o jibias, tienen una estructura calcificada similar llamada jibión. Casi todas las especies de pulpo han perdido la concha.

Los cefalópodos son rápidos depredadores que atrapan las presas con los tentáculos y las muerden con un «pico de loro» formado por las mandíbulas. Los calamares pueden capturar presas que nadan con rapidez, mientras que sepias y pulpos cazan crustáceos más lentos, como los cangrejos.

FILO	MOLUSCOS
CLASE	CEFALÓPODOS
ÓRDENES	9
FAMILIAS	Unas 50
ESPECIES	822

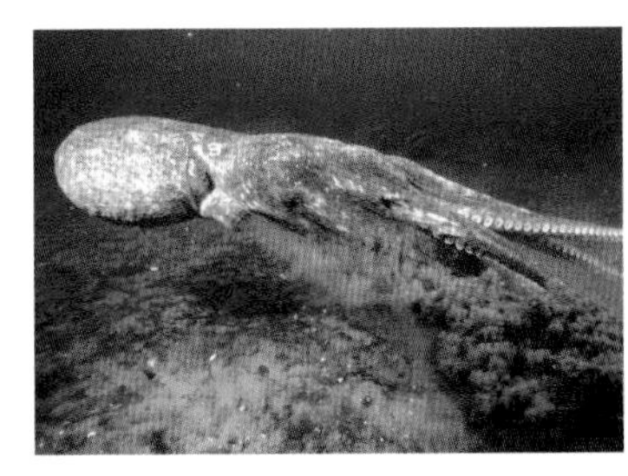

Este pulpo gigante del Pacífico Norte descarga tinta negra para defenderse y distraer al depredador mientras escapa.

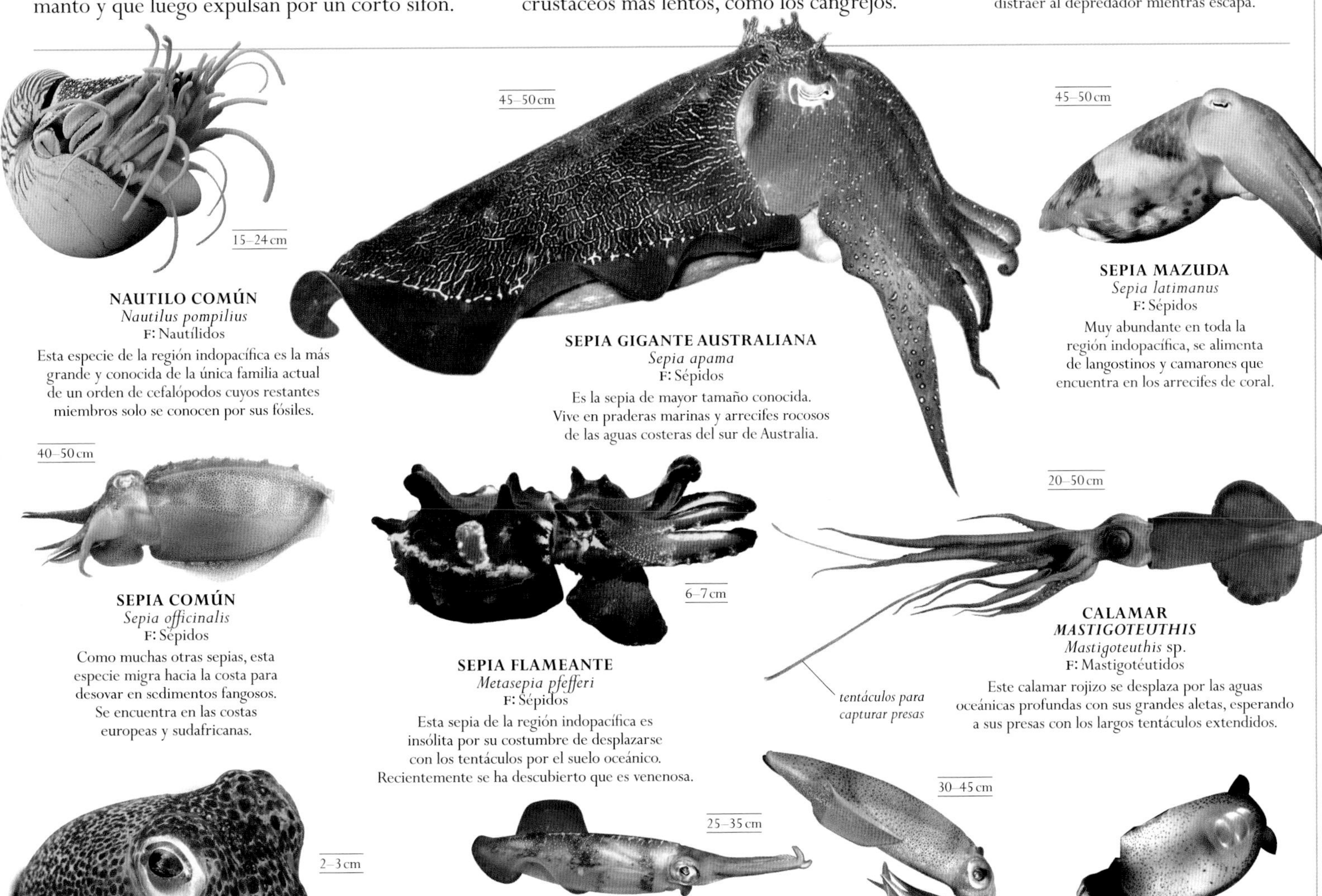

NAUTILO COMÚN
Nautilus pompilius
F: Nautílidos
Esta especie de la región indopacífica es la más grande y conocida de la única familia actual de un orden de cefalópodos cuyos restantes miembros solo se conocen por sus fósiles.

SEPIA GIGANTE AUSTRALIANA
Sepia apama
F: Sépidos
Es la sepia de mayor tamaño conocida. Vive en praderas marinas y arrecifes rocosos de las aguas costeras del sur de Australia.

SEPIA MAZUDA
Sepia latimanus
F: Sépidos
Muy abundante en toda la región indopacífica, se alimenta de langostinos y camarones que encuentra en los arrecifes de coral.

SEPIA COMÚN
Sepia officinalis
F: Sépidos
Como muchas otras sepias, esta especie migra hacia la costa para desovar en sedimentos fangosos. Se encuentra en las costas europeas y sudafricanas.

SEPIA FLAMEANTE
Metasepia pfefferi
F: Sépidos
Esta sepia de la región indopacífica es insólita por su costumbre de desplazarse con los tentáculos por el suelo oceánico. Recientemente se ha descubierto que es venenosa.

CALAMAR *MASTIGOTEUTHIS*
Mastigoteuthis sp.
F: Mastigotéutidos
Este calamar rojizo se desplaza por las aguas oceánicas profundas con sus grandes aletas, esperando a sus presas con los largos tentáculos extendidos.

SEPIOLA DE BERRY
Euprymna berryi
F: Sepiólidos
Las sepiolas, como esta pequeña especie indopacífica, son parientes de las sepias, con pluma en vez de jibión y el cuerpo redondeado con aletas lobuladas.

CALAMAR MANOPLA
Sepioteuthis lessoniana
F: Loligínidos
Su par de grandes aletas hace que este calamar de la región indopacífica parezca una sepia. Se comunica mediante destellos emitidos por unos órganos especiales que contienen bacterias luminiscentes.

CALAMAR COMÚN
Loligo vulgaris
F: Loligínidos
Esta especie de importancia comercial es común en el Atlántico nororiental y el Mediterráneo. Como sus parientes, tiene unas prominentes aletas laterales.

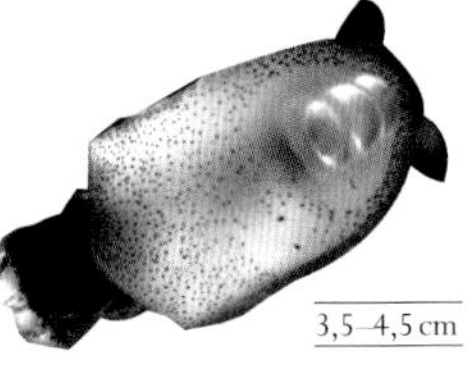

SPIRULA SPIRULA
F: Espirúlidos
Este pequeño cefalópodo de las profundidades oceánicas posee una concha en espiral llena de gas que actúa como flotador, con la que se eleva hacia la superficie por la noche.

»

PULPO COMÚN
Octopus vulgaris

Este molusco marino es uno de los invertebrados más inteligentes que existen, capaz de sacar a un bogavante de una trampa o cazar un escurridizo cangrejo. Tiene una vista excelente y ocho brazos, o tentáculos, prensiles que también usa para desplazarse. Puede cambiar de color en un instante y pasar a través de grietas muy estrechas. Su pico córneo puede perforar las conchas o caparazones de sus presas, cuyos fragmentos con frecuencia se encuentran dispersos en la arena en torno a su guarida. Pero a pesar de su versatilidad, la vida del pulpo común no es demasiado larga. Al nacer, el pequeño pulpo entra en el plancton oceánico acompañado de medio millón de congéneres para descender al fondo del mar dos meses después; si sobrevive, en poco más de un año madurará y tendrá su propia descendencia antes de morir. El pulpo común está distribuido por las aguas oceánicas tropicales y templadas cálidas.

TAMAÑO Envergadura tentacular: 1,5–3 m
HÁBITAT Aguas de costas rocosas
DISTRIBUCIÓN Aguas tropicales y templadas cálidas
DIETA Crustáceos y moluscos con concha

el carnoso manto engloba una cavidad que contiene órganos vitales, incluidas las branquias para respirar

> UN MOLUSCO INTELIGENTE
El pulpo es un ágil depredador con un sistema nervioso avanzado. Dos tercios de sus neuronas se encuentran en los brazos, que actúan con un elevado grado de independencia de su cerebro. Los experimentos demuestran que también tiene una considerable inteligencia para resolver problemas y una excelente memoria a corto y largo plazo.

∨ CARA VENTRAL

El pulpo es un cefalópodo, nombre que significa «con pies en la cabeza». Sus ocho brazos móviles parten de la parte inferior de la cabeza, con la boca en el centro.

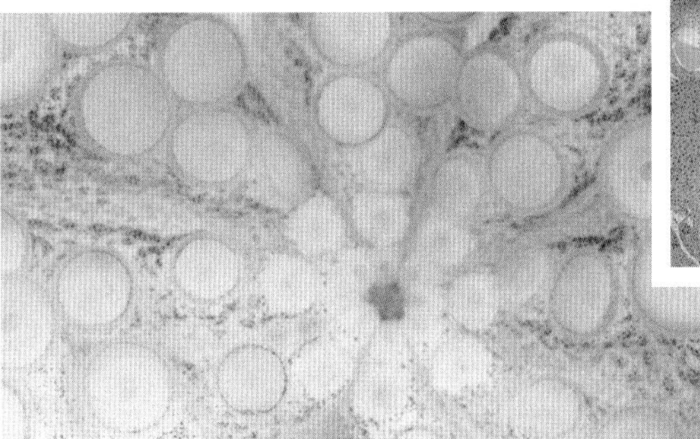

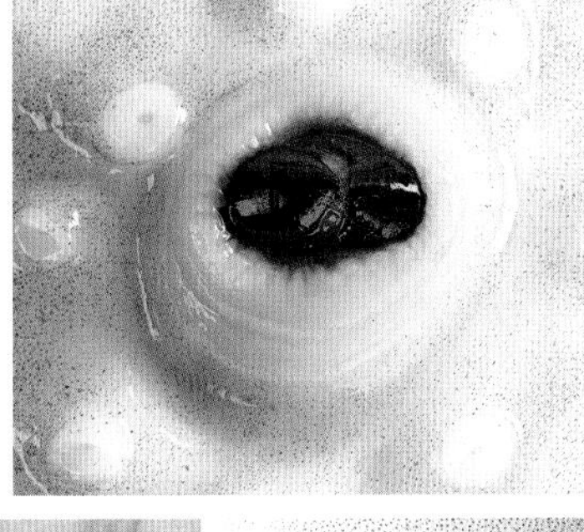

< PICO

Las mandíbulas de este depredador de crustáceos, entre otras presas, forman un pico córneo lo suficientemente fuerte como para perforar el duro caparazón de cangrejos y langostas.

∧ SIFÓN ABIERTO Y CERRADO

A un lado del manto, justo detrás de la cabeza, se encuentra el sifón, que el animal utiliza para expeler el agua cuando las branquias han extraído el oxígeno, para lanzar un potente chorro de agua que le permite impulsarse y huir rápidamente, y para expulsar una nube de tinta que confunde al depredador antes de escapar.

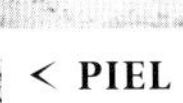

< PIEL

La piel contiene unas células especiales, llamadas cromatóforos, que poseen un pigmento capaz de cambiar el color del pulpo para camuflarlo con el entorno o para revelar su estado de ánimo (enfado, miedo, etc.).

∧ VENTOSA

Cada brazo tiene dos hileras de ventosas. Estas dan al pulpo una excelente adherencia, que le permite deambular por el fondo del mar y franquear arrecifes de coral con facilidad. Las ventosas poseen unos receptores con los que el animal degusta lo que toca.

10–15 cm

CALAMAR VAMPIRO
Vampyroteuthis infernalis
F: Vampirotéutidos

Este cefalópodo de aguas profundas, con características intermedias entre pulpo y calamar, tiene unas proyecciones del manto con forma de aletas y el cuerpo cubierto de órganos luminiscentes.

20 cm

PULPO DUMBO
Grimpoteuthis plena
F: Opistotéutidos

Debe su nombre a las aletas con forma de orejas que usa para nadar. Vive a profundidades de entre 3000 y 4000 m y caza otros invertebrados.

3–6 cm

ARGONAUTA
Argonauta hians
F: Argonáutidos

Los argonautas son parientes del pulpo cuyas hembras segregan una cápsula para la puesta que recuerda a la concha de los nautilos y es tan fina como el papel. Esta especie está distribuida por todo el mundo

2 m

PULPO GIGANTE
Enteroctopus dofleini
F: Enteroctopódidos

Tal vez el más grande de los pulpos, tiene una vida sorprendentemente breve. Las hembras cuidan con esmero de sus numerosísimos huevos.

JUVENIL

5 cm

PULPO DE BRAZOS LARGOS DEL PACÍFICO
Octopus sp.
F: Octopódidos

Los adultos de esta especie de largos brazos frecuentan las lagunas arenosas, mientras que los jóvenes viven entre el plancton oceánico.

1–1,5 m

PULPO DE LOS ARRECIFES CARIBEÑOS
Octopus briareus
F: Octopódidos

Esta especie del Atlántico occidental y del Caribe vive entre corales y captura a sus presas extendiendo sus brazos unidos por una membrana como si se tratara de una red.

1,5–3 m

PULPO COMÚN
Octopus vulgaris
F: Octopódidos

Ampliamente distribuido en aguas tropicales y templadas de todo el mundo, suele tener el cuerpo verrugoso y dos filas de ventosas en los brazos.

50–70 cm

PULPO DEL ATLÁNTICO
Octopus sp.
F: Octopódidos

Los análisis de ADN han revelado la existencia de varias especies de pulpo, como esta, emparentadas con el pulpo común, desvelando así una biodiversidad oculta.

1 m

PULPO MIMÉTICO
Thaumoctopus mimicus
F: Octopódidos

Muchos pulpos pueden cambiar de color, pero esta extraordinaria especie asiática es capaz de cambiar de forma e imitar la apariencia de otros animales marinos como esponjas, corales y medusas.

color de fondo amarillo

sifón

15–20 cm

PULPO DE ANILLOS AZULES
Hapalochlaena lunulata
F: Octopódidos

Esta especie caza crustáceos y peces en el Pacífico occidental paralizándolos con su venenosa saliva, potencialmente mortal para el ser humano.

los anillos de color azul y negro advierten de que es una especie muy venenosa

POLIPLACÓFOROS

También llamados quitones, son unos de los moluscos más primitivos. De cuerpo aplanado, viven sobre las rocas en aguas costeras. La mayoría de ellos come algas y microbios.

Su concha está formada por ocho placas imbricadas lo suficientemente flexibles como para permitir que el animal se doble al deslizarse sobre rocas irregulares e incluso se enrolle cuando se le molesta. No tienen ojos ni tentáculos, pero la concha contiene células que les permiten reaccionar a la luz. Las placas están rodeadas por un cinturón carnoso formado por el borde del manto, que sobresale por los costados creando unos surcos por donde se canaliza el agua de la que obtienen oxígeno las branquias. La rádula, una especie de lengua áspera cubierta por dentículos reforzados con hierro y sílice, permite a los quitones alimentarse raspando las algas incrustantes más duras.

FILO	MOLUSCOS
CLASE	POLIPLACÓFOROS
ÓRDENES	2
FAMILIAS	20
ESPECIES	1026

8 cm

QUITÓN JASPEADO
Chiton marmoratus
F: Quitónidos
Como en otros chitones, las placas de esta especie caribeña se componen enteramente de un mineral calcáreo llamado aragonito.

4–5 cm

QUITÓN VERDE
Chiton glaucus
F: Quitónidos
Como casi todos los quitones, esta especie de color variable de las costas de Nueva Zelanda y Tasmania es de hábitos nocturnos.

2–8 cm

ACANTHOPLEURA GRANULATA
F: Quitónidos
Esta especie de las aguas caribeñas puede tolerar la exposición al sol, lo que le permite sobrevivir en las partes altas de la zona intermareal.

2,5 cm

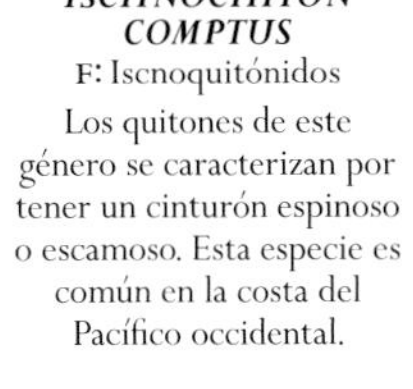

ISCHNOCHITON COMPTUS
F: Iscnoquitónidos
Los quitones de este género se caracterizan por tener un cinturón espinoso o escamoso. Esta especie es común en la costa del Pacífico occidental.

30–33 cm

CRYPTOCHITON STELLERI
F: Acantoquitónidos
En esta familia, el cinturón carnoso se superpone a las placas de la concha. En esta especie del Pacífico Norte, la mayor de los quitones, forma una piel correosa.

5–8 cm

MOPALIA CILIATA
F: Mopálidos
Este quitón con un cinturón prominente y peludo de la costa pacífica de América del Norte se encuentra a veces debajo de barcos que llevan tiempo amarrados.

4–7 cm

QUITÓN PELUDO
Chaetopleura papilio
F: Quetopléuridos
Esta especie de cinturón peludo y placas con rayas marrones se encuentra normalmente bajo las rocas en las costas de Sudáfrica.

4–5 cm

QUITÓN ESTRIADO
Tonicella lineata
F: Iscnoquitónidos
Esta especie de vivos colores vive en las costas del Pacífico Norte, donde puede camuflarse cuando se alimenta de algas incrustantes rojas.

DIENTES DE ELEFANTE

Estos extraños excavadores en los sedimentos marinos tienen una concha tubular curvada y abierta por ambos extremos diferente de la de cualquier otro molusco.

FILO	MOLUSCOS
CLASE	ESCAFÓPODOS
ÓRDENES	2
FAMILIAS	13
ESPECIES	576

Los dientes de elefante o dentalios viven lejos de la costa, con el extremo ancho de su concha con forma de colmillo enterrada en el lodo. En este extremo están la cabeza sin ojos y el pie, que pueden introducirse en el sedimento para tantear el lodo y buscar alimento (diminutos invertebrados y detritos) con unas estructuras similares a tentáculos, llamadas captáculos, y con detectores químicos. Cuando lo encuentran, se lo llevan a la boca con los tentáculos y lo trituran con la rádula, el órgano similar a una lengua áspera típico de los moluscos. Carecen de branquias: el manto rodea un tubo que se llena de agua y extrae el oxígeno; cuando este se agota, el animal contrae el pie y expulsa el agua residual por el extremo superior (el más estrecho) de la concha para que entre agua renovada.

3–4 cm

DENTALIO DEL ATLÁNTICO
Antalis dentalis
F: Dentálidos
Esta especie del Atlántico nororiental es muy frecuente en zonas arenosas de aguas costeras. En algunos lugares se encuentran juntas muchas de sus conchas vacías.

5–8 cm

PICTODENTALIUM FORMOSUM
F: Dentálidos
Esta colorida especie tropical se ha hallado entre los sedimentos marinos de Japón, Filipinas, Australasia y Nueva Caledonia.

EQUINODERMOS

Este filo agrupa una sorprendente variedad de animales marinos: desde lirios de mar filtradores hasta erizos de mar herbívoros que pacen algas y estrellas de mar depredadoras.

Es el único filo de invertebrados totalmente restringido al agua salada. Los equinodermos son lentos habitantes del fondo marino, y la mayoría de ellos posee una simetría pentarradial secundaria única en el reino animal. Equinodermo significa «de piel espinosa», en alusión a los osículos, duras estructuras calcificadas que constituyen su esqueleto interno. En las estrellas de mar están espaciados en los tejidos blandos, permitiendo de esta forma cierta flexibilidad al animal, pero en los erizos de mar se encuentran soldados en un caparazón interno rígido. Las holoturias los tienen tan diminutos y dispersos –en algunos casos faltan por completo– que su cuerpo es muy blando.

PIES HIDRÁULICOS

Son los únicos animales con un sistema vascular acuífero o de transporte de agua. El agua de mar es absorbida hacia el centro del cuerpo a través de una placa perforada, usualmente situada en la cara superior, y circula por conductos que la impulsan hacia unas pequeñas prolongaciones tubulares, llamadas pies ambulacrales, que pueden moverse hacia delante y hacia atrás y adherirse al sustrato. En los lirios de mar, estos pies están orientados hacia arriba, en sus plumosos brazos, para atrapar partículas que luego trasladan a la boca central. En otros equinodermos, miles de estos pies apuntan hacia abajo y sirven como sistema de locomoción.

DEFENSA

La piel espinosa sirve de protección frente a los depredadores a la mayoría de equinodermos, pero no es su único sistema de defensa. Los erizos de mar están cubiertos de formidables espinas capaces de causar heridas graves a los humanos. Muchas especies tienen pequeñas proyecciones en forma de pinza (pedicelarios), en ocasiones venenosas, con las que pueden quitarse molestos residuos o disuadir a los depredadores. Las blandas holoturias usan sustancias químicas nocivas, de las que a menudo advierten con un brillante colorido, y como último recurso, algunas expulsan filamentos pegajosos e incluso sus propias vísceras.

FILO	EQUINODERMOS
CLASES	5
ÓRDENES	35
FAMILIAS	173
ESPECIES	7447

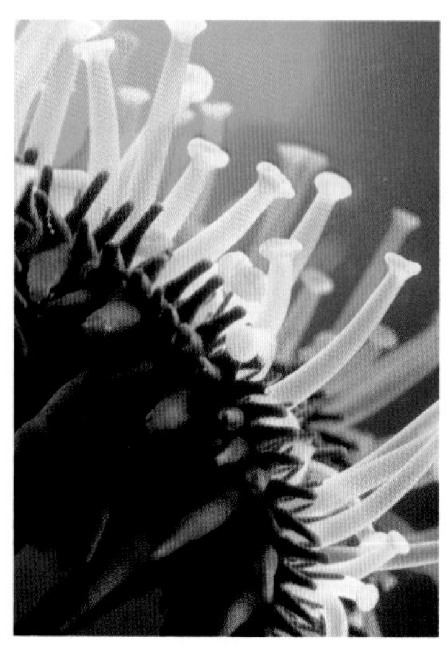

Con estos pequeños pies ambulacrales, la corona de espinas *(Acanthaster planci)* deambula por el fondo marino.

LIRIOS DE MAR

Los lirios de mar tienen cinco brazos filtradores, que en algunas especies se ramifican en un denso racimo, y la boca y el ano en el centro del cuerpo y orientados hacia arriba. Algunos miembros de la clase crinoideos se arrastran por el fondo marino con sus brazos plumosos; otros viven fijos mediante un pedúnculo.

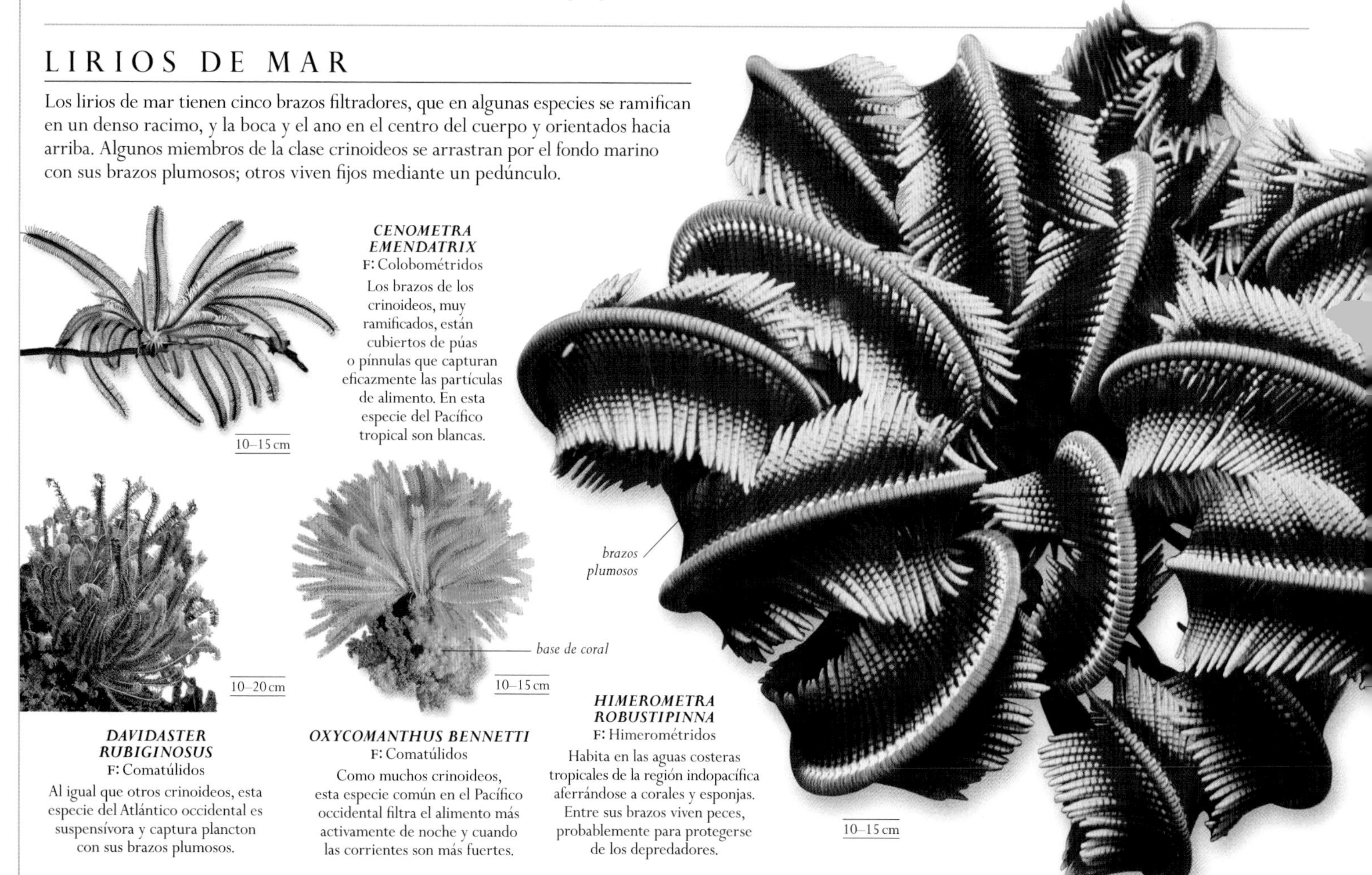

CENOMETRA EMENDATRIX
F: Colobométridos
Los brazos de los crinoideos, muy ramificados, están cubiertos de púas o pínnulas que capturan eficazmente las partículas de alimento. En esta especie del Pacífico tropical son blancas.

DAVIDASTER RUBIGINOSUS
F: Comatúlidos
Al igual que otros crinoideos, esta especie del Atlántico occidental es suspensívora y captura plancton con sus brazos plumosos.

OXYCOMANTHUS BENNETTI
F: Comatúlidos
Como muchos crinoideos, esta especie común en el Pacífico occidental filtra el alimento más activamente de noche y cuando las corrientes son más fuertes.

HIMEROMETRA ROBUSTIPINNA
F: Himerométridos
Habita en las aguas costeras tropicales de la región indopacífica aferrándose a corales y esponjas. Entre sus brazos viven peces, probablemente para protegerse de los depredadores.

ERIZOS DE MAR Y AFINES

Los duros osículos de los miembros de la clase equinoideos son placas calcáreas que se han fusionado para formar un caparazón más o menos globoso, llamado testa, en el que se anclan unas espinas móviles con funciones de locomoción y de defensa. Generalmente la boca está orientada hacia abajo y el ano hacia arriba, con hileras de pies ambulacrales entre ambos.

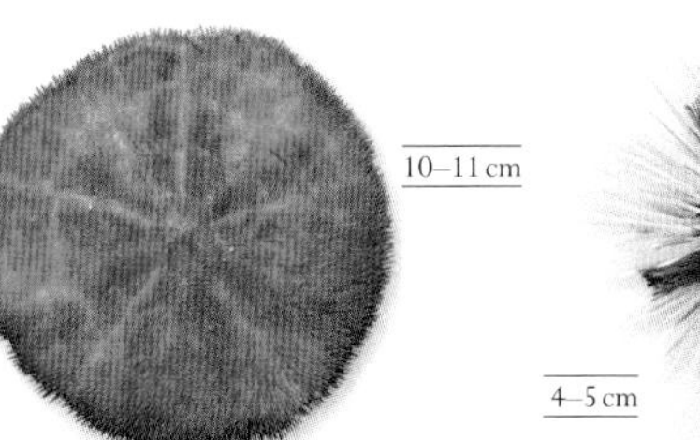

10–11 cm

DÓLAR DE ARENA INDOPACÍFICO
Sculpsitechinus auritus
F: Astriclipeidos
Esta especie de las costas arenosas de la región indopacífica es un miembro típico de un grupo de erizos de mar excavadores de forma aplanada.

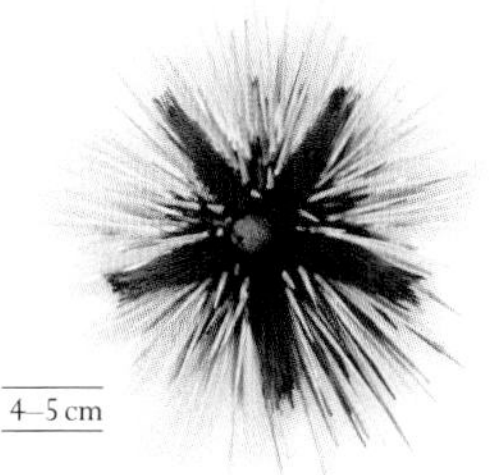

4–5 cm

ECHINOTHRIX CALAMARIS
F: Diademátidos
Las espinas más cortas de esta especie de los arrecifes indopacíficos contienen un doloroso veneno. Entre ellas se refugian a menudo peces apogónidos.

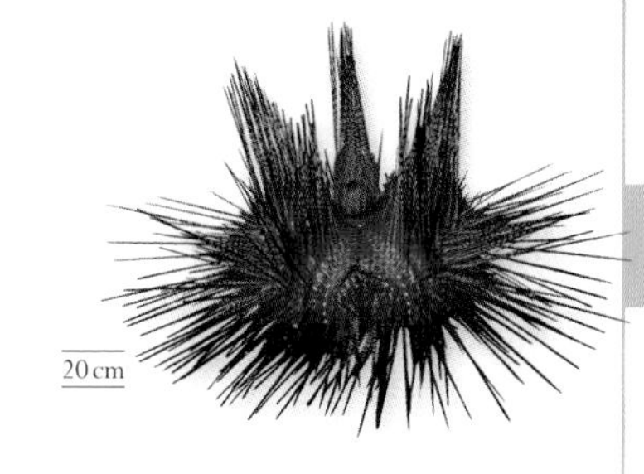

20 cm

ERIZO ROJO
Astropyga radiata
F: Diademátidos
Esta especie de los atolones indopacíficos pertenece a una familia tropical con largas espinas huecas. Suele adherirse al cangrejo *Dorippe frascone*.

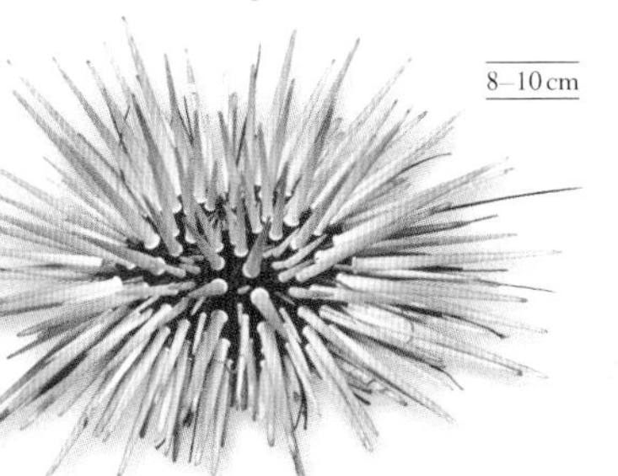

8–10 cm

ECHINOMETRA MATHAEI
F: Equinométridos
Esta especie de la región indopacífica pertenece a un grupo de erizos con espinas gruesas. Vive en grietas de los arrecifes de coral.

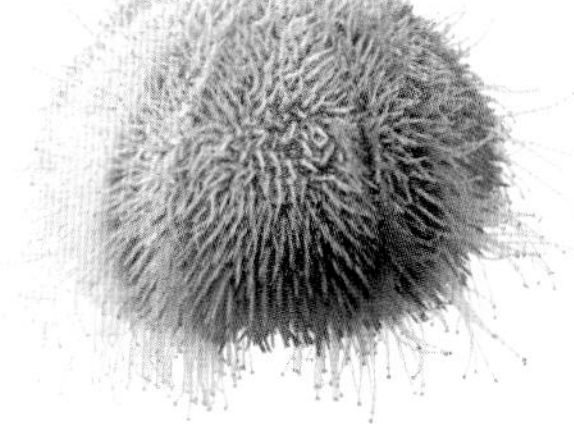

16–18 cm

ERIZO DE MAR AGUADO
Echinus esculentus
F: Equínidos
Este gran erizo globular de color variable es frecuente en las costas del Atlántico nororiental. Se alimenta de invertebrados y algas.

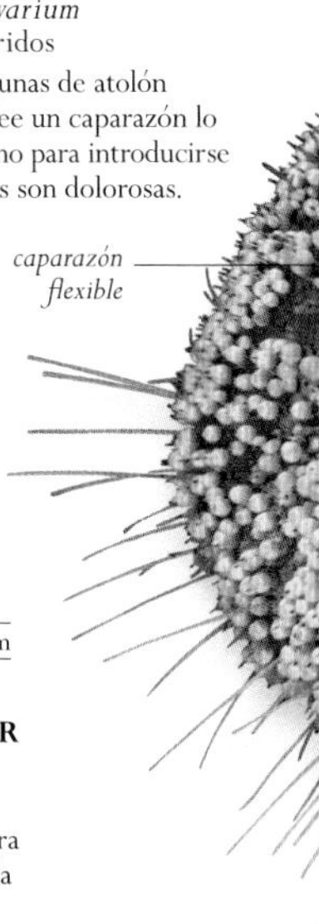

20–25 cm

ERIZO DE FUEGO
Asthenosoma varium
F: Equinotúridos
Esta especie de las lagunas de atolón arenosas indopacíficas posee un caparazón lo suficientemente flexible como para introducirse en grietas. Sus punzadas son dolorosas.

8–10 cm

ERIZO PÚRPURA DE CALIFORNIA
Strongylocentrotus purpuratus
F: Estrongilocentrótidos
Habitante de los bosques de laminarias que crecen a lo largo de la costa pacífica de América del Norte, se emplea en investigación biomédica.

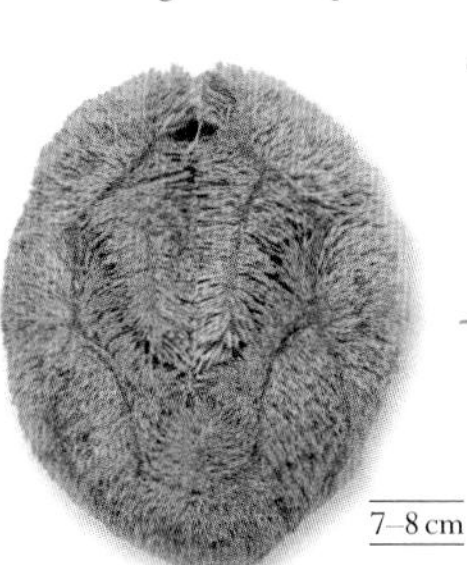

7–8 cm

ERIZO DE MAR IRREGULAR
Echinocardium cordatum
F: Lovénidos
Esta especie excavadora y detritívora de distribución mundial no posee la evidente simetría radial típica de otros erizos de mar.

HOLOTURIAS

También llamados cohombros o pepinos de mar, son animales tubulares blandos con el ano en un extremo, y la boca, rodeada de tentáculos que capturan el alimento, en el otro extremo. Algunos miembros de la clase holoturioideos excavan o se entierran en sedimentos con sus tentáculos; otros se desplazan por el fondo marino con sus pies ambulacrales.

5–8 cm

HOLOTURIA AMARILLA
Colochirus robustus
F: Cucumáridos
Esta especie indopacífica pertenece a una familia de cohombros de mar de piel gruesa, muchos de los cuales están cubiertos de proyecciones puntiagudas.

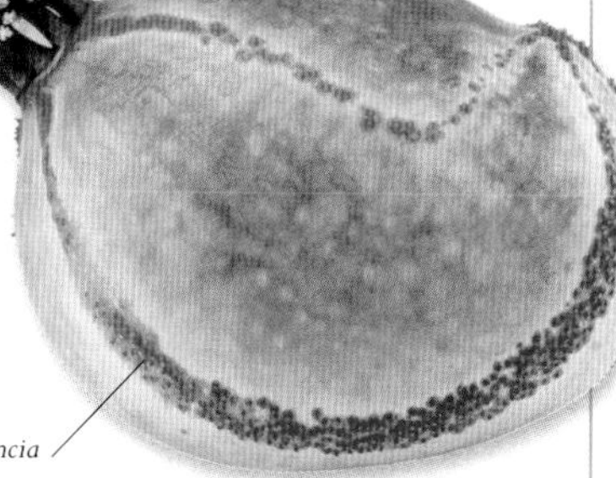

15–18 cm

PSEUDOCOLOCHIRUS VIOLACEUS
F: Cucumáridos
Pertenece a un género de holoturias coloridas y muy venenosas que habitan en los arrecifes. Esta especie tiene los pies de color amarillo o naranja, aunque el de su cuerpo es variable.

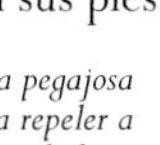

38–60 cm

HOLOTURIA OCELADA
Bohadschia argus
F: Holotúridos
Este gran cohombro de mar distribuido desde el Índico en torno a Madagascar hasta el Pacífico Sur es de color variable, pero siempre moteado.

25–30 cm

HOLOTURIA COMESTIBLE DEL INDO-PACÍFICO
Holothuria (Halodeima) edulis
F: Holotúridos
Las holoturias grandes abundan en aguas tropicales. Esta se recolecta y se seca para el consumo humano.

60 cm

HOLOTURIA VERMIFORME
Synapta maculata
F: Sináptidos
Típica de su familia, esta especie indopacífica de cuerpo blando y sin pies ambulacrales se entierra en los sedimentos blandos.

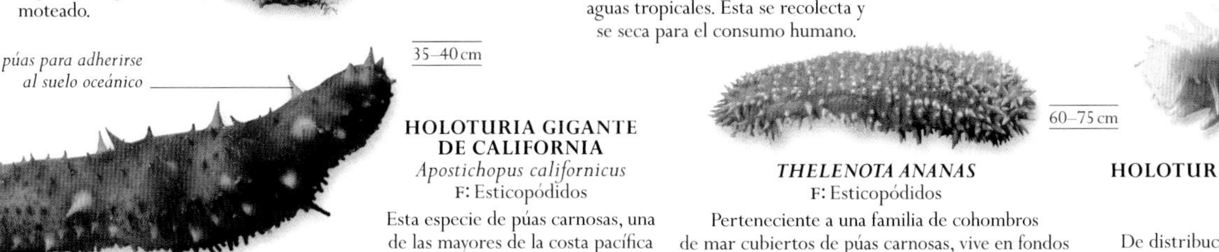

35–40 cm

HOLOTURIA GIGANTE DE CALIFORNIA
Apostichopus californicus
F: Esticopódidos
Esta especie de púas carnosas, una de las mayores de la costa pacífica de América del Norte, se pesca por su interés gastronómico.

60–75 cm

THELENOTA ANANAS
F: Esticopódidos
Perteneciente a una familia de cohombros de mar cubiertos de púas carnosas, vive en fondos arenosos en torno a los arrecifes de coral indopacíficos.

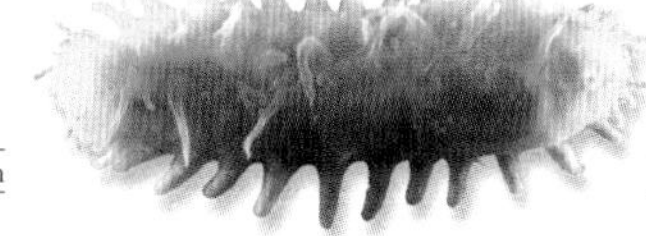

30 cm

HOLOTURIA DE AGUAS PROFUNDAS
Kolga hyalina
F: Elpídidos
De distribución prácticamente cosmopolita a profundidades de hasta 1500 m, es una de las muchas especies poco conocidas de los suelos oceánicos.

OFIURAS

Los miembros de la clase ofiuroideos poseen unos brazos largos y delgados, a veces ramificados, que se desprenden fácilmente. Su boca se encuentra en el disco central, orientada hacia abajo. Algunos usan sus brazos para atrapar partículas de alimento, mientras que otros son depredadores.

OFIURA DE ESPINAS CORTAS
Ophioderma sp.
F: Ofiodermátidos
Esta especie de las aguas costeras del Atlántico occidental vive en fondos marinos frondosos, donde se alimenta de otros invertebrados, como los camarones.

12–15 cm

OFIURA DE ESPINAS FINAS
Ophiothrix fragilis
F: Ofiotriquidos
Esta ofiura del Atlántico nororiental, que forma a veces densas poblaciones, mantiene levantados algunos de sus espinosos brazos para capturar partículas de alimento.

20–30 cm

OFIURA NEGRA
Ophiocomina nigra
F: Ofiocómidos
Esta especie de gran tamaño de aguas europeas puede filtrar partículas de alimento o comer detritos. Suele frecuentar costas rocosas con fuertes corrientes.

20–25 cm

GORGONOCÉFALO
Gorgonocephalus caputmedusae
F: Gorgonocefálidos
Esta especie, cuyo nombre alude a sus brazos ramificados y enroscados en forma de serpiente, es común en las costas europeas. Los mayores ejemplares crecen en lugares de fuertes corrientes, donde capturan más alimento.

ESTRELLAS DE MAR

Como la mayoría de equinodermos, se desplazan por el lecho marino con sus pies ambulacrales, dispuestos en hileras a lo largo de los surcos que tienen en los brazos. Casi todas las especies de la clase asteroideos poseen cinco brazos, pero algunas tienen más y otras son casi esféricas. Muchas depredan invertebrados lentos, mientras que otras se alimentan de detritos. Aunque su piel está repleta de duros osículos, son lo suficientemente flexibles como para capturar sus presas.

35–40 cm

base de los brazos amplia

pies ambulacrales en la parte inferior de los brazos

superficie áspera y espinosa

SOLASTER ENDECA
F: Solastéridos
Esta estrella de mar espinosa de gran tamaño vive sobre el fondo limoso en las frías aguas de alta mar del hemisferio norte. Puede tener entre 7 y 13 brazos.

50–60 cm

ESTRELLA DE MAR DE SIETE BRAZOS
Luidia ciliaris
F: Luídidos
A diferencia de la mayoría de estrellas de mar, esta gran especie atlántica tiene siete brazos. Gracias a sus largos pies ambulacrales, persigue a sus presas a gran velocidad.

ESTRELLA DE MAR MOSAICO
Plectaster decanus
F: Equinastéridos
Como muchas otras de su familia, esta vistosa especie de las costas rocosas del Pacífico suroccidental presenta una coloración muy variable.

ESTRELLA DE MAR VERRUGOSA
Echinaster callosus
F: Equinastéridos
Esta especie del Pacífico occidental, miembro de una familia de cuerpo rígido y con brazos cónicos, destaca por sus verrugas rosadas y blancas.

10–12 cm

ESTRELLA PORANIA
Porania (Porania) pulvillus
F: Poránidos
Esta característica especie lisa de brazos cortos con un fleco espinoso se encuentra en costas rocosas europeas, a menudo entre estípites de algas.

10–12 cm

ESTRELLA DE MAR DE SANGRE
Henricia oculata
F: Equinastéridos
Pariente de la estrella de mar verrugosa, vive en pozas mareales y bosques de algas del Atlántico nororiental. Su cuerpo segrega moco para atrapar partículas alimenticias.

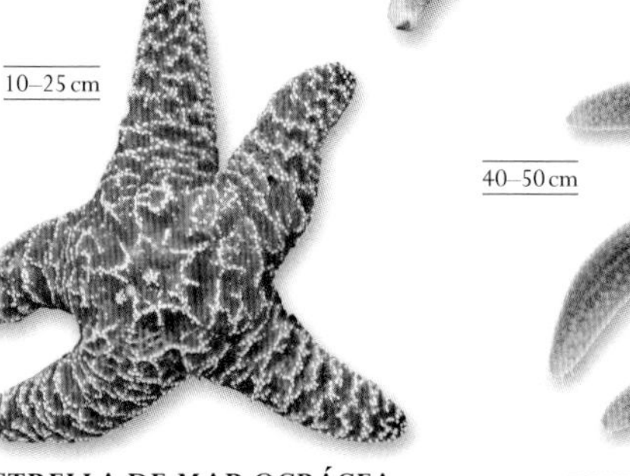

ESTRELLA DE MAR OCRÁCEA
Pisaster ochraceus
F: Astéridos
Esta especie del Pacífico norteamericano, pariente de la común del Atlántico, caza otros invertebrados. Es un importante depredador de mejillones.

40–50 cm

ESTRELLA DE MAR COMÚN DEL ATLÁNTICO
Asterias rubens
F: Astéridos
Este depredador de otros invertebrados, común en el Atlántico nororiental, es un equinodermo inusual porque tolera los estuarios.

80–100 cm

ESTRELLA DE MAR GIRASOL
Pycnopodia helianthoides
F: Astéridos
Esta especie de múltiples brazos, una de las mayores estrellas de mar, se alimenta de moluscos y otros equinodermos. Vive entre algas de alta mar a lo largo de las costas del Pacífico nororiental.

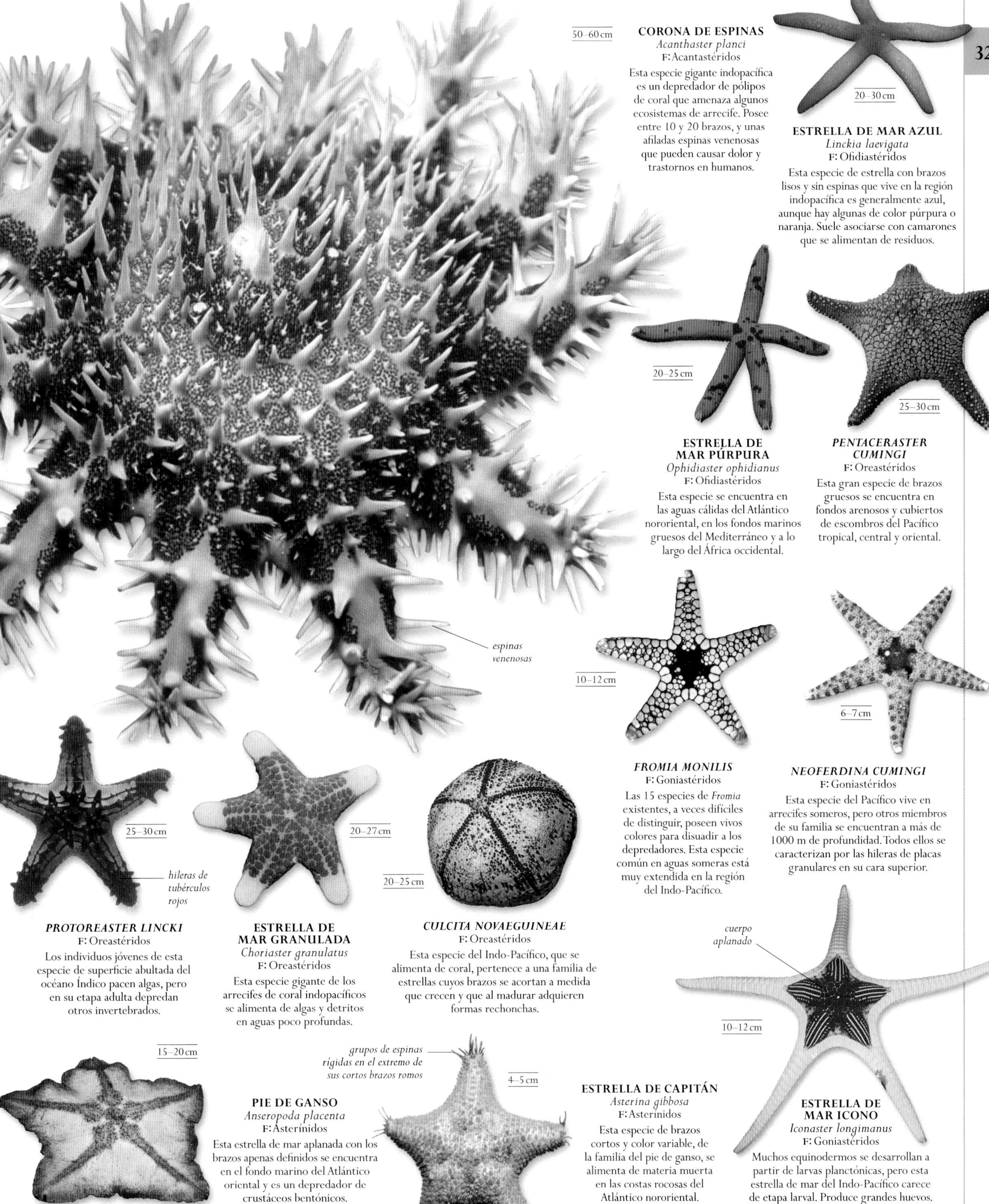

CORONA DE ESPINAS
Acanthaster planci
F: Acantastéridos

Esta especie gigante indopacífica es un depredador de pólipos de coral que amenaza algunos ecosistemas de arrecife. Posee entre 10 y 20 brazos, y unas afiladas espinas venenosas que pueden causar dolor y trastornos en humanos.

ESTRELLA DE MAR AZUL
Linckia laevigata
F: Ofidiastéridos

Esta especie de estrella con brazos lisos y sin espinas que vive en la región indopacífica es generalmente azul, aunque hay algunas de color púrpura o naranja. Suele asociarse con camarones que se alimentan de residuos.

ESTRELLA DE MAR PÚRPURA
Ophidiaster ophidianus
F: Ofidiastéridos

Esta especie se encuentra en las aguas cálidas del Atlántico nororiental, en los fondos marinos gruesos del Mediterráneo y a lo largo del África occidental.

PENTACERASTER CUMINGI
F: Oreastéridos

Esta gran especie de brazos gruesos se encuentra en fondos arenosos y cubiertos de escombros del Pacífico tropical, central y oriental.

FROMIA MONILIS
F: Goniastéridos

Las 15 especies de *Fromia* existentes, a veces difíciles de distinguir, poseen vivos colores para disuadir a los depredadores. Esta especie común en aguas someras está muy extendida en la región del Indo-Pacífico.

NEOFERDINA CUMINGI
F: Goniastéridos

Esta especie del Pacífico vive en arrecifes someros, pero otros miembros de su familia se encuentran a más de 1000 m de profundidad. Todos ellos se caracterizan por las hileras de placas granulares en su cara superior.

PROTOREASTER LINCKI
F: Oreastéridos

Los individuos jóvenes de esta especie de superficie abultada del océano Índico pacen algas, pero en su etapa adulta depredan otros invertebrados.

ESTRELLA DE MAR GRANULADA
Choriaster granulatus
F: Oreastéridos

Esta especie gigante de los arrecifes de coral indopacíficos se alimenta de algas y detritos en aguas poco profundas.

CULCITA NOVAEGUINEAE
F: Oreastéridos

Esta especie del Indo-Pacífico, que se alimenta de coral, pertenece a una familia de estrellas cuyos brazos se acortan a medida que crecen y que al madurar adquieren formas rechonchas.

ESTRELLA DE MAR ICONO
Iconaster longimanus
F: Goniastéridos

Muchos equinodermos se desarrollan a partir de larvas planctónicas, pero esta estrella de mar del Indo-Pacífico carece de etapa larval. Produce grandes huevos.

PIE DE GANSO
Anseropoda placenta
F: Asterínidos

Esta estrella de mar aplanada con los brazos apenas definidos se encuentra en el fondo marino del Atlántico oriental y es un depredador de crustáceos bentónicos.

ESTRELLA DE CAPITÁN
Asterina gibbosa
F: Asterínidos

Esta especie de brazos cortos y color variable, de la familia del pie de ganso, se alimenta de materia muerta en las costas rocosas del Atlántico nororiental.

CORDADOS

Constituyen solo entre el 3 y el 4 % de las especies animales conocidas, pero entre ellos se hallan los animales más grandes, rápidos e inteligentes. La mayoría de ellos tiene un esqueleto de hueso o cartílago, pero el rasgo que los define es el notocordio: el precursor evolutivo de la espina dorsal.

El registro fósil indica que los primeros cordados verdaderos conocidos eran pequeños animales hidrodinámicos, de unos pocos centímetros de longitud. Vivieron hace al menos 500 millones de años y carecían de partes duras a excepción del notocordio, rígido y flexible, que recorría su cuerpo y que servía de anclaje para los músculos. Todos los cordados actuales han heredado esa estructura. Unos pocos la conservan de por vida, pero la gran mayoría –peces, anfibios, reptiles, aves y mamíferos– solo tiene notocordio en las primeras fases embrionarias: con el desarrollo del embrión, el notocordio desaparece y lo sustituye un esqueleto interno, óseo o cartilaginoso. Estos animales se llaman vertebrados en alusión a la columna vertebral.

A diferencia de conchas y caparazones, el tamaño de los esqueletos óseos es muy variable. Así, el más pequeño de los vertebrados, el pez óseo *Paedocypris progenetica*, mide menos de 1 cm de longitud y pesa varios miles de millones de veces menos que la ballena azul, que es el mayor animal que ha existido.

MODOS DE VIDA

Los miembros de uno de los grupos de cordados más simples, las ascidias (tunicados), carecen de esqueleto o columna vertebral y pasan su vida adulta fijos en un mismo lugar. No obstante, en su fase larval planctónica tienen notocordio, lo cual indica que comparten linaje con los cordados vertebrados. Estos, a diferencia de los cordados simples, suelen moverse y reaccionar con rapidez, con un sistema nervioso desarrollado y un cerebro grande. Aves, mamíferos y algunos peces utilizan la energía del alimento para mantener constante su temperatura corporal.

Los cordados se reproducen y cuidan de sus crías de diversas maneras. Los mamíferos, excepto ornitorrincos y equidnas, paren crían vivas. Casi todos los demás cordados ponen huevos, si bien hay vivíparos en todos los grupos de vertebrados, excepto en las aves. El número de crías es inversamente proporcional a la cantidad de cuidados parentales. Algunos peces ponen millones de huevos y no se ocupan de su progenie, mientras que mamíferos y aves tienen familias mucho más reducidas.

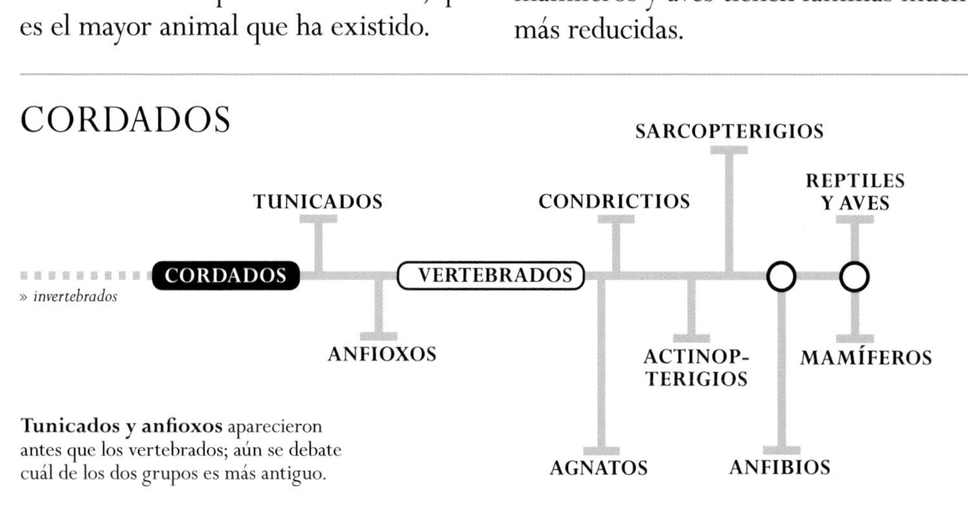

Tunicados y anfioxos aparecieron antes que los vertebrados; aún se debate cuál de los dos grupos es más antiguo.

TUNICADOS
Este subfilo comprende poco más de 3000 especies, la mayc de las cuales (unas 2300) son ascidias. Las larvas de los tunic tienen notocordio y parecen renacuajos; los adultos son filtr

ANFIBIOS
Con más de 8200 especies, esta clase incluye a ranas y sapos salamandras, tritones y cecilias. La mayoría comienzan su vida como larvas acuáticas y se vuelven terrestres de adultos

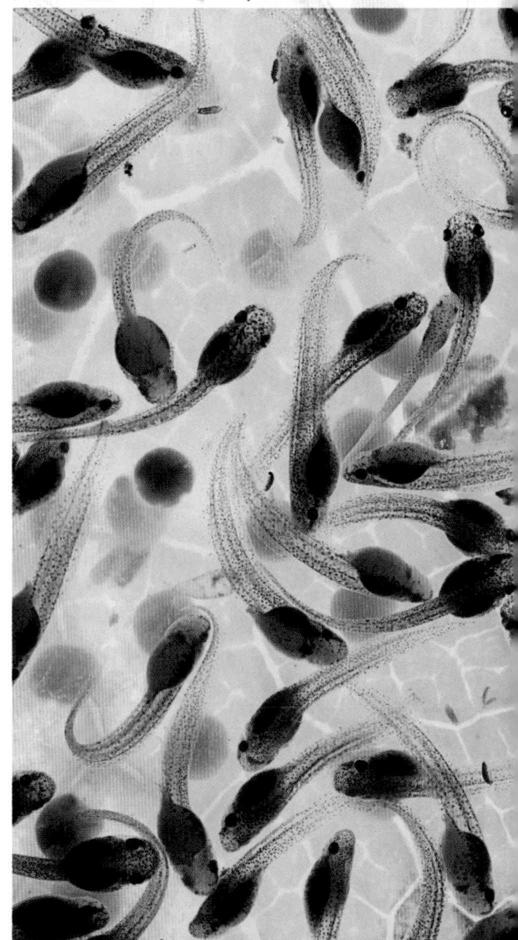

ANFIOXOS
El subfilo cefalocordados comprende unas 20 especies. Estos cordados marinos, pequeños y esbeltos, conservan siempre el notocordio y viven medio enterrados en el fondo del mar.

PECES
Los peces son los más numerosos y diversos de todos los cordados vertebrados y se clasifican en varias clases dentro del subfilo vertebrados. Estas clases se suelen agrupar a menudo en una superclase denominada peces. Su variedad es un reflejo de su pasado evolutivo. Se conocen casi 34 000 especies vivas.

REPTILES
Con más de 11 000 especies, se distribuyen por todos los continentes salvo la Antártida. Están cubiertos de escamas y, a diferencia de las aves y los mamíferos, son de sangre fría.

AVES
Son los únicos animales actuales con plumas. Hay unas 10 000 especies, pero estudios sugieren que pueden ser hasta 18 000; todas ponen huevos y muchas prodigan sofisticados cuidados parentales.

MAMÍFEROS
Los mamíferos, que se caracterizan por su pelaje (incluso las ballenas tienen pelo), son los únicos cordados que amamantan a sus crías. Se conocen más de 6300 especies.

PECES

Son los cordados más diversificados y ocupan todos los tipos de hábitats acuáticos, desde las charcas hasta las profundidades oceánicas. Casi sin excepción, respiran mediante branquias que absorben oxígeno del agua, y casi todos nadan con aletas.

FILO	CORDADOS
CLASES	PETROMIZONTES MIXINOS ELASMOBRANQUIOS HOLOCÉFALOS ACTINOPTERIGIOS CELACANTOS DIPNEUSTOS
ÓRDENES	66–81
FAMILIAS	560–588
ESPECIES	Unas 33 900

Las escamas traslapadas que cubren el cuerpo de este pez loro bicolor forman una capa protectora flexible.

Dos tiburones arremeten contra un enorme cardumen de sardinas que nadan muy juntas para defenderse.

La enorme boca de este pez guardián macho constituye un nido para los huevos. El pez no come durante la incubación.

El de los peces no es un grupo unitario: comprende siete clases de cordados vertebrados, de las que la clase actinopterigios (o peces con aletas con radios) es la más extensa, con gran diferencia. La mayoría de los peces son ectotérmicos y su temperatura corporal es similar a la del agua circundante. Solo unos pocos superdepredadores, como el tiburón blanco, pueden mantener un flujo de sangre caliente al cerebro, los ojos y los principales músculos, lo que les permite cazar incluso en aguas muy frías. La mayoría de los peces están protegidos por escamas o por placas óseas incrustadas en la piel. En los nadadores rápidos, estas escamas son ligeras, contribuyen a la hidrodinamicidad y protegen de la abrasión. La mayoría nada con aletas, aunque algunos se deslizan por el fondo del mar. Salvo en el caso de las rayas, la aleta caudal aporta la fuerza propulsora principal; los pares de aletas pectorales y pélvicas, con la ayuda de hasta tres aletas dorsales y una o dos anales, dan estabilidad y capacidad de maniobra. Especialmente en los grandes cardúmenes, los peces evitan las colisiones gracias a unos órganos sensoriales que detectan las vibraciones producidas cuando ellos u otros animales se mueven por el agua. La mayoría de los peces tienen una hilera longitudinal de estos órganos —la línea lateral— a cada lado del cuerpo, que colaboran con los sentidos del oído, el tacto, la vista, el gusto y el olfato. Entre los cordados, solo los peces, los renacuajos y los anfibios adultos acuáticos tienen línea lateral.

ESTRATEGIAS REPRODUCTIVAS

Las siete clases de peces tienen formas muy diferentes de reproducirse. La mayoría de los actinopterigios y algunos sarcopterigios tienen fecundación externa y liberan masas de huevos y esperma en el agua para compensar la gran cantidad de crías que son devoradas antes de convertirse en juveniles; unos pocos, en cambio, guardan sus huevos hasta que eclosionan. Por su parte, todos los peces cartilaginosos tienen fecundación interna y producen huevos o crías en una fase de desarrollo avanzada; esto requiere mucha energía y solo se generan unas pocas crías cada vez, si bien con bastantes opciones de sobrevivir. En cuanto a las lampreas (peces agnatos), ponen huevos de los que nacen larvas que viven y se alimentan durante meses antes de devenir adultos.

UN ESPECTÁCULO BRILLANTE >
Los fabulosos colores del pez cardenal de las Banggai, que aquí aparece entre anémonas gigantes, atraen a los acuariófilos.

GRUPOS DE PECES

Las siete clases comparten muchas similitudes en su forma corporal, pero también presentan diferencias notables, sobre todo en el esqueleto y en las branquias.

AGNATOS » 326

CONDRICTIOS » 327

ACTINOPTERIGIOS » 334

SARCOPTERIGIOS » 353

AGNATOS

A diferencia de otros vertebrados, los agnatos carecen de mandíbulas, aunque tienen dientes. Antes abundantes y diversos, hoy tienen pocos representantes.

Existen dos grupos de agnatos –lampreas y mixinos–, cuyo parentesco aún es objeto de debate. En vez de mandíbulas, las lampreas tienen una ventosa circular con hileras concéntricas de dientes raspadores, mientras que los mixinos poseen una boca similar a una ranura con dientes en la lengua. A los lados se alinean las aberturas branquiales circulares, siete en las lampreas y entre una y dieciséis en los mixinos. Ambos grupos poseen una simple estructura de soporte e inserción muscular similar a un cordón llamada notocordio. Además, las lampreas pueden tener soportes cartilaginosos en torno a este.

CICLOS VITALES DIFERENTES

Los mixinos viven siempre en las profundidades oceánicas, y las lampreas en aguas costeras templadas y en aguas dulces de todo el mundo. Todas crían en agua dulce. Las especies costeras son anadromas, es decir que, como los salmones, entran en aguas dulces, nadan río arriba para desovar y mueren tras el desove. De los huevos salen unas larvas vermiformes llamadas amocetos, que viven en el cieno y se alimentan de detritos. Al cabo de tres años, las larvas de las especies anadromas se transforman en adultos y nadan hasta el mar, donde se alimentan durante años. Las especies de agua dulce viven y crían en ríos y lagos. Los mixinos ponen los huevos en el lecho marino.

PARÁSITOS Y CARROÑEROS

Las lampreas adultas parasitan peces más grandes adhiriéndose a ellos mediante su boca-ventosa, para atravesar su piel y alimentarse de su carne o su sangre. Las lampreas pueden ser perjudiciales para la pesca, ya que dañan y matan a los peces en las redes o en las granjas marinas. Sin embargo, muchas, sobre todo las especies de agua dulce, solo comen pequeños invertebrados. También usan la boca para adherirse a las rocas y descansar al remontar un río, y para mover piedras al excavar un nido en el lecho fluvial.

Los mixinos viven en madrigueras en el fondo marino y se alimentan de noche de invertebrados vivos y muertos. También comen restos de ballenas o peces en descomposición, arrancando trozos de carne. Si se les ataca, segregan un abundante moco que se pega a las agallas y disuade al depredador.

FILO	CORDADOS
CLASES	PETROMIZONTES MIXINOS
ÓRDENES	2
FAMILIAS	4
ESPECIES	128

DEBATE

¿ESTÁN EMPARENTADOS LAMPREAS Y MIXINOS?

Lampreas y mixinos se clasificaban como ciclostomados, separados de los vertebrados con mandíbulas. Las comparaciones morfológicas detalladas y los primeros trabajos moleculares vincularon a las lampreas con los vertebrados mandibulados, dejando a los mixinos como cordados no vertebrados. Desde alrededor de 2010, la genética avanzada (de los microARN) ha aportado pruebas suficientes para agruparlos juntos de nuevo.

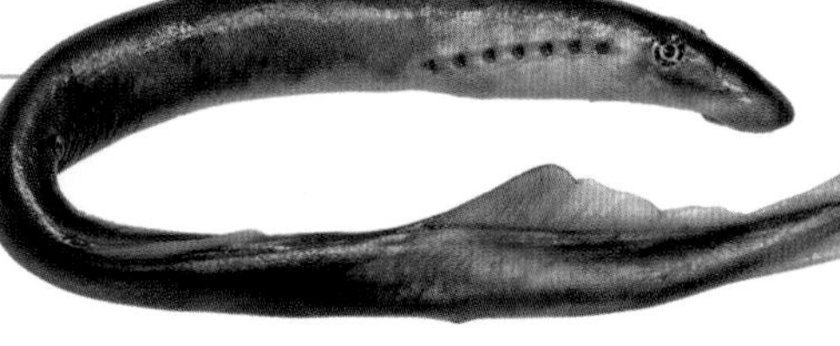

LAMPREAS Y MIXINOS

Los órdenes petromizontiformes y mixiniformes son los únicos grupos de peces sin mandíbulas, o agnatos. Aunque comparten la forma de anguila, la falta de mandíbulas y la presencia de notocordio, poseen muchas diferencias anatómicas. Las lampreas tienen una larga fase larval en agua dulce, mientras que los mixinos ponen huevos en el fondo marino de los que nacen adultos en miniatura.

LAMPREA COMÚN
Petromyzon marinus
F: Petromizóntidos
Los salmones son a veces presa de este parásito del Atlántico Norte, que se adhiere a su víctima y le raspa la carne.

LAMPREA DE ARROYO
Lampetra planeri
F: Petromizóntidos
También llamada lampreílla, las larvas y los adultos de esta lamprea común en el norte y el oeste de Europa viven en arroyos y ríos. Tras la metamorfosis, los adultos dejan de comer y dedican toda su energía al desove, después del cual perecen.

LAMPREA DEL PACÍFICO
Entosphenus tridentatus
F: Petromizóntidos
Algunas poblaciones de esta lamprea pasan toda su vida en lagos. Las de los océanos comen carne y chupan sangre de peces y cachalotes.

MIXINO DEL ATLÁNTICO
Myxine glutinosa
F: Mixínidos
Los mixinos detectan el alimento mediante el olfato y sus tentáculos sensoriales, y se retuercen hasta anudar rápidamente el cuerpo para hacer palanca cuando comen y para desprenderse de la mucosidad defensiva. Esta especie vive en el Atlántico Norte y en el Mediterráneo.

CONDRICTIOS

Estos peces poseen un esqueleto de cartílagos flexibles en vez de los duros huesos de la mayoría de los vertebrados. Casi todos son depredadores con agudos sentidos.

Tiburones, rayas y quimeras son condrictios, pero las quimeras muestran netas diferencias anatómicas con los otros dos grupos. La mandíbula superior de las quimeras está fusionada con la caja craneal y no puede moverse de forma independiente; además, sus dientes crecen de forma continua. En cambio, los tiburones pierden sus dientes cubiertos de duro esmalte, que son reemplazados por hileras adicionales dispuestas detrás de los dientes activos, un rasgo que los convierte en depredadores formidables. La piel de los condrictios está protegida por unas escamas como dientes llamadas dentículos dérmicos.

EN BUSCA DE PRESAS

La mayoría de los condrictios son marinos, y así como muchos viven en el fondo del mar, los grandes tiburones y los que se alimentan de plancton nadan por el mar abierto. El tiburón toro y otras cien especies pueden entrar en estuarios y nadar río arriba, y unos pocos condrictios viven solo en ríos. La mayoría de los condrictios de aguas abiertas están siempre en movimiento porque, a diferencia de los peces óseos, no tienen una vejiga natatoria que controle su flotabilidad, y pueden hundirse si dejan de nadar. El tiburón ballena y otras especies de superficie tienen un hígado grande y oleoso para evitar este problema. Los tiburones depredadores son notorios por su sorprendente capacidad de oler la sangre y de localizar los peces y mamíferos heridos. Los condrictios detectan además los campos eléctricos débiles que rodean a los animales, y si bien no son los únicos que poseen este sentido, en ellos está muy desarrollado.

REPRODUCCIÓN

Los condrictios se reproducen por fecundación interna. Las quimeras y muchos tiburones y rayas menores ponen huevos protegidos por una cápsula córnea. No obstante, el 60 % de los condrictios paren crías vivas bien desarrolladas que se han nutrido en el útero con yema de huevo o mediante una conexión placentaria con la madre. A diferencia de los mamíferos, las crías son independientes desde que nacen y ningún progenitor cuida de ellas.

FILO	CORDADOS
CLASES	ELASMOBRANQUIOS HOLOCÉFALOS
ÓRDENES	14–17
FAMILIAS	57
ESPECIES	1338

Este tiburón blanco muestra las hileras de afilados dientes en continuo remplazo que hacen de él un depredador tan temible.

QUIMERAS

Los holocéfalos son una pequeña clase de peces cartilaginosos de formas extrañas con un solo orden, quimeriformes, y unas 56 especies. Una fuerte espina venenosa delante de la primera de sus dos aletas dorsales protege a estos peces en sus hábitats de aguas profundas.

QUIMERA NARIGUDA DEL PACÍFICO
Rhinochimaera pacifica
F: Rinoquiméridos
1,3 m
El hocico largo y cónico de esta quimera está cubierto de poros sensoriales que detectan los campos eléctricos de sus presas.

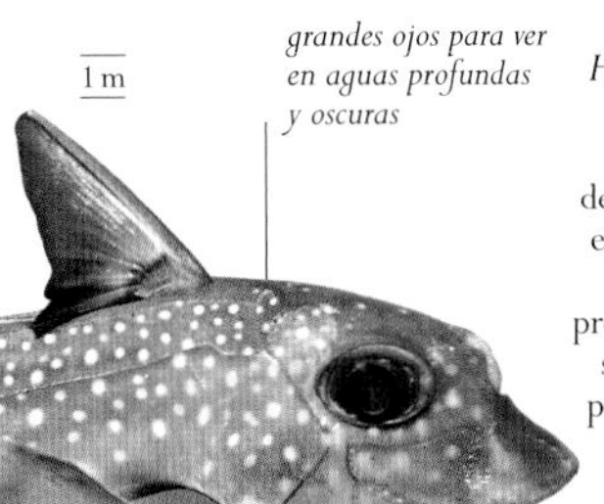

1 m
grandes ojos para ver en aguas profundas y oscuras

QUIMERA MANCHADA
Hydrolagus colliei
F: Quiméridos
Como la mayoría de las quimeras, esta especie del noreste del Pacífico se propulsa y planea con sus grandes aletas pectorales mientras busca presas.

PEJEGALLO
Callorhinchus milii
F: Calorrínquidos
1,3 m
Empleando su hocico largo y carnoso a modo de pala, esta quimera desentierra moluscos de los fondos marinos cenagosos del sur de Australia y de Nueva Zelanda.

QUIMERA COMÚN O BORRICO
Chimaera monstrosa
F: Quiméridos
1,5 m
las aletas pectorales se baten para nadar
Esta especie, que suele vivir por debajo de los 300 m en el Mediterráneo y el noreste del Atlántico, nada en pequeños grupos en busca de invertebrados del fondo.

TIBURONES DE SEIS Y SIETE HENDIDURAS BRANQUIALES

Si bien la mayoría de los tiburones tiene cinco pares de hendiduras branquiales, los del orden hexanquiformes cuentan con seis o siete pares. Las seis especies conocidas habitan en aguas profundas. Dos de ellas, los tiburones-anguila, tienen el cuerpo suave y alargado, y se han clasificado recientemente en un nuevo orden propio: clamidoselaciformes.

CAÑABOTA GRIS
Hexanchus griseus
F: Hexánquidos
5,5 m
Este tiburón de ojos verdes, que puede superar los 600 kg de peso, se aloja en los taludes continentales de gran parte del mundo.

TIBURÓN ANGUILA
Chlamydoselachus anguineus
F: Clamidoselácidos
2 m
Esta especie, observada en localidades dispersas a lo ancho del mundo, tiene unos brillantes dientes blancos que atraen quizá a sus presas, peces y calamares.

MIELGA, TOLLOS Y AFINES

Escualiformes, un orden bien diversificado, comprende al menos 143 especies de tiburones, entre ellos los tollos y el quelvacho. Todas ellas tienen dos aletas dorsales y carecen de aleta anal. Todas las especies estudiadas hasta la fecha paren crías vivas.

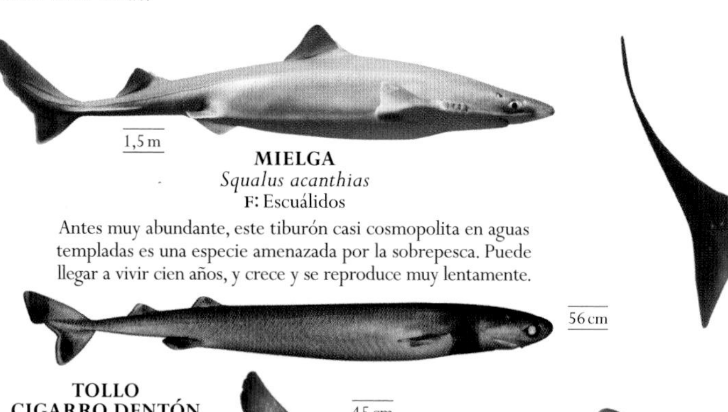

MIELGA
Squalus acanthias
F: Escuálidos

Antes muy abundante, este tiburón casi cosmopolita en aguas templadas es una especie amenazada por la sobrepesca. Puede llegar a vivir cien años, y crece y se reproduce muy lentamente.

TOLLO CIGARRO DENTÓN
Isistius brasiliensis
F: Dalátidos

Este extendido tiburón tropical es un ectoparásito de delfines y grandes peces. Tras adherirse a ellos con sus gruesos labios, gira y arranca un trozo de carne redondeado.

45 cm

NEGRITO
Etmopterus spinax
F: Etmoptéridos

Vive entre los 70 y los 2000 m de profundidad en el Mediterráneo y el Atlántico oriental. Tiene en el vientre unos órganos luminosos que son un reclamo sexual.

2,4–4,3 m

TIBURÓN DE GROENLANDIA
Somniosus microcephalus
F: Somniósidos

Esta especie del Ártico y del Atlántico Norte, grande y lenta, suele comer animales terrestres ahogados.

piel áspera

espinas en las aletas dorsales

1,5 m

CERDO MARINO
Oxynotus centrina
F: Oxinótidos

Recientemente catalogada en su propio orden, equinorriniformes, esta especie vive en el Mediterráneo y el Atlántico oriental, entre los 60 y los 600 m de profundidad.

ORECTOLOBIFORMES

Las 46 especies del orden orectolobiformes tienen dos aletas dorsales, una aleta anal y barbillones sensoriales que parten de las narinas. A excepción del tiburón ballena, viven en el fondo del mar y se alimentan de peces e invertebrados.

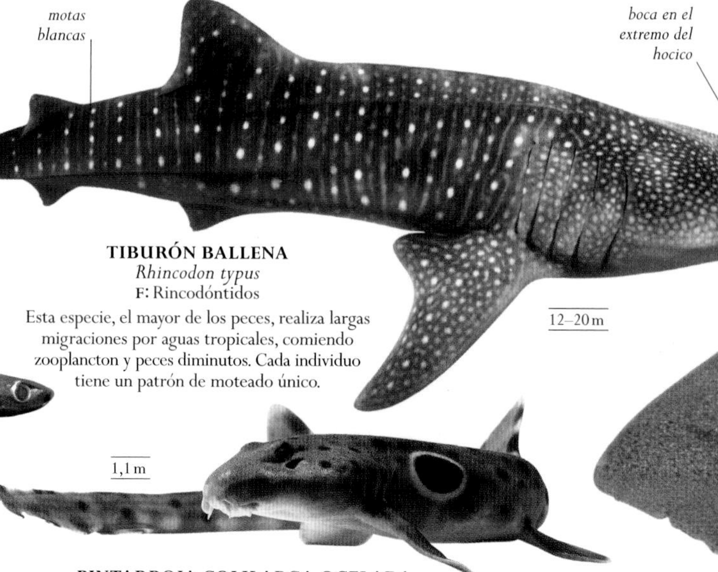

TIBURÓN BALLENA
Rhincodon typus
F: Rincodóntidos

Esta especie, el mayor de los peces, realiza largas migraciones por aguas tropicales, comiendo zooplancton y peces diminutos. Cada individuo tiene un patrón de moteado único.

1,1 m

PINTARROJA COLILARGA OCELADA
Hemiscyllium ocellatum
F: Hemiscílidos

El llamativo ocelo de este tiburón de larga cola puede disuadir a los depredadores. Nada entre los corales de los mares del norte de Australia, Papúa Nueva Guinea e Indonesia.

1,2 m

«barba» de borlas

TIBURÓN ALFOMBRA BARBUDO
Eucrossorhinus dasypogon
F: Orectolóbidos

Con su cuerpo aplanado, sus borlas de piel y su color críptico, este tiburón de los arrecifes coralinos del suroeste del Pacífico es difícil de detectar.

3 m

GATA NODRIZA
Ginglymostoma cirratum
F: Ginglimostómidos

Este tiburón de las aguas costeras cálidas o templadas del Atlántico y del Pacífico oriental se oculta en grietas rocosas durante el día y por la noche sale a cazar.

TIBURONES SIERRA

Tienen la cabeza plana, y su largo hocico tiene dientes en los bordes y en la parte inferior, y dos largos barbillones sensoriales que sirven para encontrar presas enterradas. La mayoría de las nueve especies de pristioforiformes viven en el trópico.

1,4 m

TIBURÓN SIERRA TROMPUDO
Pristiophorus cirratus
F: Pristiofóridos

Esta especie de los fondos arenosos de la costa del sur de Australia usa su hocico tanto para disuadir a los depredadores como para matar a sus presas.

HETERODONTIFORMES

El orden heterodontiformes comprende una única familia de tiburones bentónicos con dientes trituradores, grandes aletas pectorales y dos aletas dorsales, cada una con una afilada espina anterior. Ponen huevos de una forma espiral única.

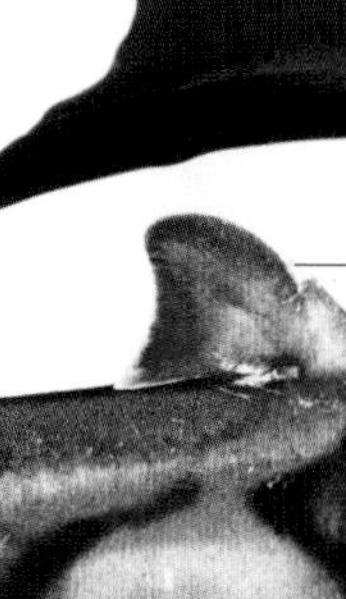

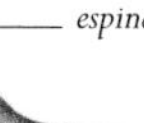

1,7 m

TIBURÓN DE PORT JACKSON
Heterodontus portusjacksoni
F: Heterodóntidos

Usando sus aletas frontales a modo de paletas, este tiburón de la costa del sur de Australia nada a ras de fondo en busca de erizos de mar.

ANGELOTES

Los angelotes (escuatiniformes), aplanados dorsoventralmente, tienen las hendiduras branquiales a los lados de su gran cabeza, a diferencia de las rayas, de forma similar, que tienen hendiduras ínferas. Este orden contiene una única familia de 25 especies. Los angelotes emplean sus aletas pectorales para alzarse del fondo y capturar a sus presas.

CARCARRINIFORMES

Con unas 295 especies, el orden carcarriniformes es el mayor y más diversificado de los órdenes de tiburones. Todas ellas tienen dos aletas dorsales y una anal, y la mayoría son grandes depredadoras, aunque los numerosos miembros de esciliorrínidos son pequeños.

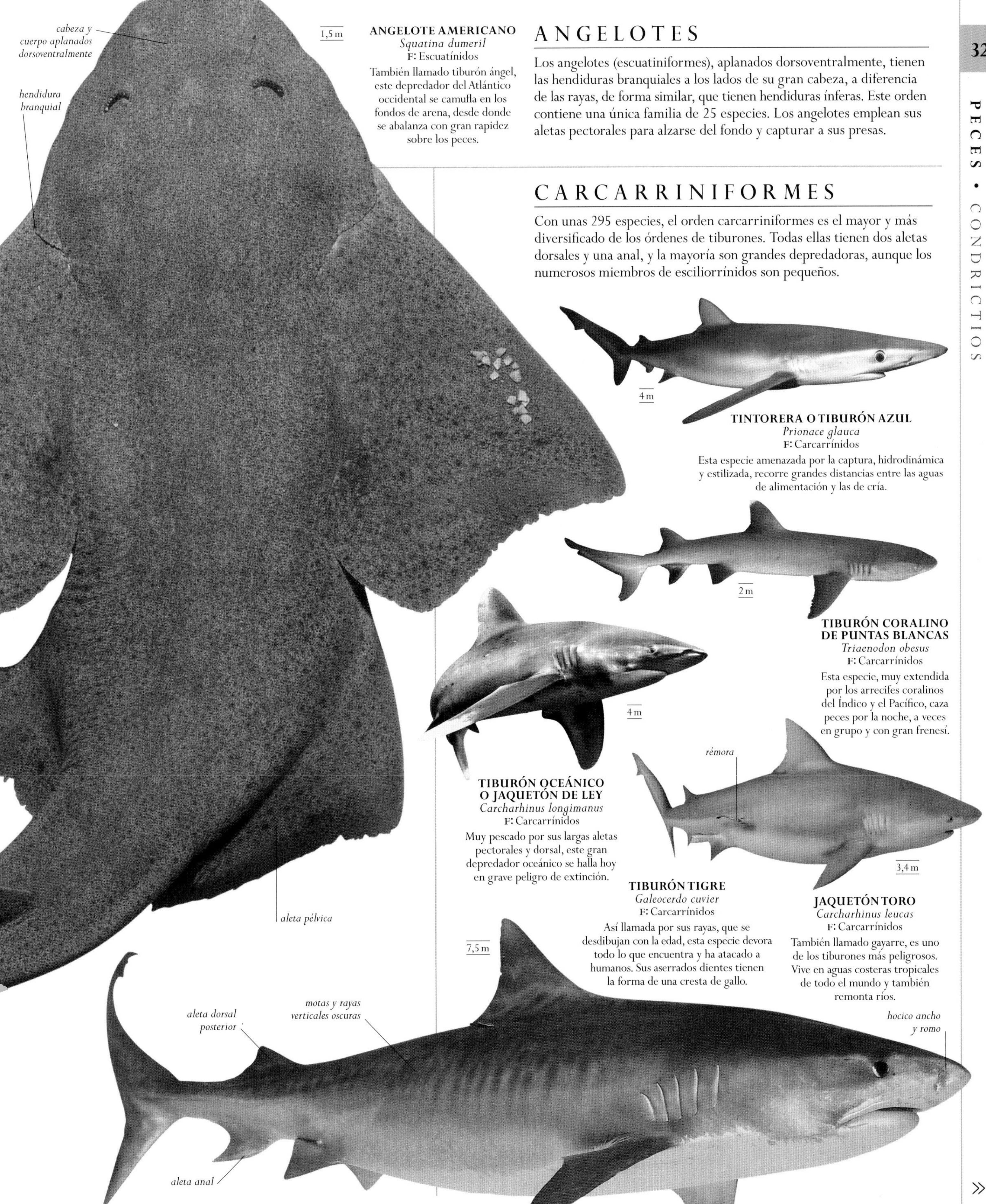

ANGELOTE AMERICANO
Squatina dumeril
F: Escuatínidos
También llamado tiburón ángel, este depredador del Atlántico occidental se camufla en los fondos de arena, desde donde se abalanza con gran rapidez sobre los peces.

TINTORERA O TIBURÓN AZUL
Prionace glauca
F: Carcarrínidos
Esta especie amenazada por la captura, hidrodinámica y estilizada, recorre grandes distancias entre las aguas de alimentación y las de cría.

TIBURÓN CORALINO DE PUNTAS BLANCAS
Triaenodon obesus
F: Carcarrínidos
Esta especie, muy extendida por los arrecifes coralinos del Índico y el Pacífico, caza peces por la noche, a veces en grupo y con gran frenesí.

TIBURÓN OCEÁNICO O JAQUETÓN DE LEY
Carcharhinus longimanus
F: Carcarrínidos
Muy pescado por sus largas aletas pectorales y dorsal, este gran depredador oceánico se halla hoy en grave peligro de extinción.

TIBURÓN TIGRE
Galeocerdo cuvier
F: Carcarrínidos
Así llamada por sus rayas, que se desdibujan con la edad, esta especie devora todo lo que encuentra y ha atacado a humanos. Sus aserrados dientes tienen la forma de una cresta de gallo.

JAQUETÓN TORO
Carcharhinus leucas
F: Carcarrínidos
También llamado gayarre, es uno de los tiburones más peligrosos. Vive en aguas costeras tropicales de todo el mundo y también remonta ríos.

»

motas blancas en partes superiores

1,4 m

MUSOLA ESTRELLADA
Mustelus asterias
F: Triáquidos
Este pequeño tiburón del Mediterráneo y el noreste del Atlántico tiene la piel brillante y los dientes romos, ideales para triturar cangrejos y moluscos.

1 m

PINTARROJA COMÚN
Scyliorhinus canicula
F: Esciliorrínidos
Este pequeño tiburón del Mediterráneo y el Atlántico oriental, cuyos huevos están cubiertos por una cápsula quitinosa, es una de las más de 130 especies de su familia.

porción dorsal de la cola más grande que la ventral

4 m

cabeza en forma de martillo

TIBURÓN O PEZ MARTILLO
Sphyrna zygaena
F: Esfírnidos
Con los ojos situados en ambos extremos de su cabeza en forma de T, este tiburón cosmopolita en aguas cálidas y templadas tiene un ángulo de visión de 360º.

LAMNIFORMES

Las 16 especies de este orden son grandes, con el cuerpo cilíndrico y la cabeza cónica. La mayoría son cazadoras temibles, y muchas de ellas pueden conservar una elevada temperatura corporal, lo que les permite mantener la velocidad en aguas frías.

3,9 m

TIBURÓN DUENDE ROSADO
Mitsukurina owstoni
F: Mitsukurínidos
Este tiburón del Atlántico, el Pacífico y el Índico occidental proyecta sus mandíbulas para capturar a sus presas. Para detectar presas en las oscuras aguas profundas, utiliza su hocico aplanado y electrosensible.

3,2 m

TIBURÓN TORO O TORO BACOTA
Carcharias taurus
F: Odontaspídidos
A pesar de sus amenazadores dientes, esta especie de las aguas costeras cálidas –incluidas las del Mediterráneo– tiene un temperamento dócil. Es común en acuarios públicos.

5,5 m

TIBURÓN BOQUIANCHO
Megachasma pelagios
F: Megacásmidos
Este gran tiburón, descubierto en 1976, filtra zooplancton y pequeños crustáceos. El centenar de ejemplares registrados sugiere que es cosmopolita en aguas tropicales.

MARRAJO
Isurus oxyrinchus
F: Lámnidos
Capaz de alcanzar los 50 km/h, el marrajo debe de ser el más rápido de los tiburones. Cosmopolita excepto en aguas polares, está amenazado por la pesca.

hocico puntiagudo

4 m

cola poderosa

primera aleta dorsal alta y triangular

hocico cónico

5,5 m

TIBURÓN BLANCO
Carcharodon carcharias
F: Lámnidos
Este tiburón, uno de los superdepredadores marinos más conocidos, recorre grandes distancias y es cosmopolita. Como el marrajo, es una especie vulnerable.

7,2 m

gran aleta pectoral

PEZ ZORRO O ZORRO MARINO
Alopias vulpinus
F: Alópidos
Este tiburón cosmopolita agita su cola, tan larga como su cuerpo, para atacar a los bancos de peces y aturdir a sus presas.

RAYAS Y AFINES

La mayoría de las rayas (rayiformes) y las mantarrayas (miliobatiformes) viven en el fondo del mar y pueden nadar agitando las aletas pectorales. Su cuerpo plano y con forma de disco se adapta bien a este modo de vida. Las mantarrayas tienen la cola larga, fina y armada con una espina venenosa. Algunas rayas pasan casi todo el tiempo nadando y unas pocas viven en agua dulce.

cola tan larga como el cuerpo

aleta pectoral

partes superiores parduscas

1,4 m

PASTINACA COMÚN O CHUCHO
Dasyatis pastinaca
F: Dasiátidos

Aunque los dasiátidos son en su mayoría tropicales, este vive en el mar Negro, el Mediterráneo y el Atlántico oriental, hasta los 200 m de profundidad.

90 cm

RAYA DE ARRECIFE
Taeniura lymma
F: Dasiátidos

Algunos individuos de esta especie, que se halla en los arrecifes de coral del Índico y el Pacífico occidental, tienen dos espinas caudales venenosas en vez de una.

90 cm

RAYA DE CLAVOS
Raja clavata
F: Rayidos

Una hilera de espinas dorsales curvas protege de los depredadores a esta especie del Mediterráneo, el Atlántico oriental y el Índico suroccidental.

2,9 m

NORIEGA
Dipturus flossada
F: Rayidos

Esta especie del Mediterráneo y el Atlántico oriental, en peligro crítico, es de las mayores rayas de Europa y depreda peces nadadores e invertebrados del fondo marino.

9 m

MANTARRAYA GIGANTE / MANTARRAYA DE ARRECIFE
Mobula birostris / Mobula alfredi
F: Miliobátidos

Estas dos especies tropicales, las rayas más grandes, son filtradoras y se llevan el plancton a la boca mediante sus cuernos cefálicos.

gran aleta apuntada

cuerno cefálico

RAYA REDONDA DE HALLER
Urobatis halleri
F: Urotrigónidos

La espina venenosa de esta raya de los fondos poco profundos y arenosos del Pacífico oriental, desde California hasta Panamá, es una amenaza para los bañistas.

58 cm

3,3 m

CHUCHO PINTADO
Aetobatus narinari
F: Miliobátidos

También llamado raya águila o pico de pato, es cosmopolita en aguas tropicales y subtropicales. Rastrea con el olfato moluscos en la arena, y bate sus aletas pectorales como las alas de un pájaro.

4 m

MANTELINA
Gymnura altavela
F: Gimnúridos

Esta especie planea sobre el fondo en aguas costeras cálidas y templadas del Atlántico y el Mediterráneo, en busca de invertebrados y peces.

PECES SIERRA Y PECES GUITARRA

Estos peces de cuerpo aplanado viven y cazan en el fondo del mar o en sus proximidades, y nadan con la cola. Los peces sierra tienen un hocico largo y duro parecido a una espada de dos filos armados de dientes uniformes. Parecen tiburones sierra, pero tienen las hendiduras branquiales en la cara ventral, como las rayas. Las recientes investigaciones sitúan las siete especies de peces sierra en el orden rinopristiformes, junto con los peces guitarra.

GUITARRA DIABLITO
Pseudobatos lentiginosus
F: Rinobátidos

Su morro en forma de pala le sirve para desenterrar moluscos y cangrejos. Se halla principalmente en el golfo de México, pero cada vez es más raro.

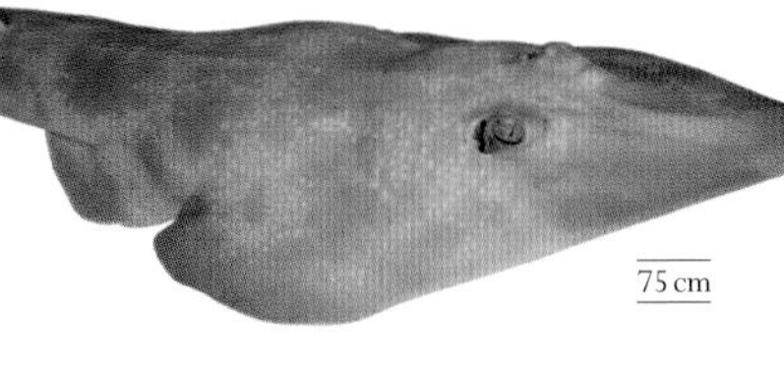

75 cm

7,6 m

PEZ SIERRA, RASTRILLO O PEINE
Pristis pectinata
F: Prístidos

Cada vez más rara, esta especie de las cálidas aguas costeras del Atlántico y el Mediterráneo emplea su sierra para atacar a bancos de peces y para sacar invertebrados del lecho marino.

TORPEDOS Y AFINES

Los torpediniformes tienen el cuerpo circular, una poderosa aleta caudal, y unas aletas pectorales provistas de unos órganos especiales que producen electricidad suficiente para aturdir a las presas y disuadir a los depredadores.

1 m

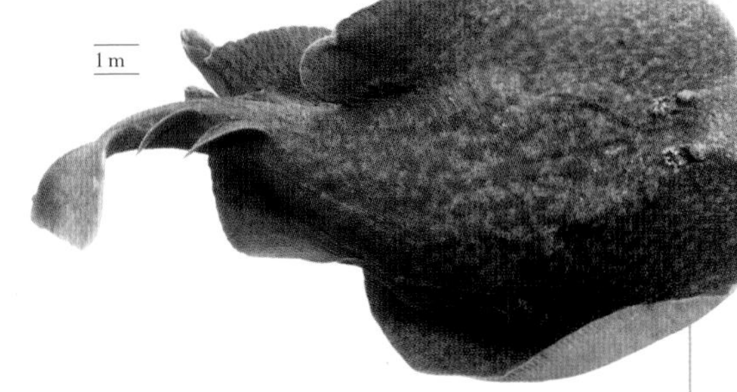

TREMIELGA
Torpedo marmorata
F: Torpedínidos

Cuando se abalanza sobre un pez bentónico, esta raya puede darle una descarga eléctrica de hasta 200 voltios. Incluso los neonatos de esta especie pueden producir electricidad.

RAYA DE ARRECIFE
Taeniura lymma

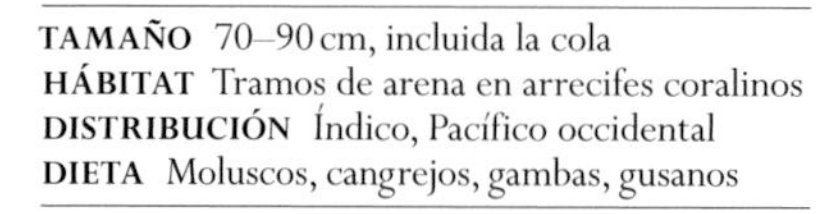

Los dasiátidos son notorios por las dolorosas picaduras que pueden infligir con su aguijón caudal y que en casos excepcionales son letales. Con todo, la raya de arrecife, al igual que otros dasiátidos, solo utiliza su aguijón para defenderse. Gran parte del tiempo lo pasa descansando inmóvil sobre la arena y oculta entre el coral, dejando solo su cola a la vista; si se la molesta, escapa batiendo las dos aletas pectorales. El mejor momento para verla es cuando sube la marea, ya que entonces se acerca a la línea de costa para comer invertebrados en las aguas someras.

TAMAÑO 70–90 cm, incluida la cola
HÁBITAT Tramos de arena en arrecifes coralinos
DISTRIBUCIÓN Índico, Pacífico occidental
DIETA Moluscos, cangrejos, gambas, gusanos

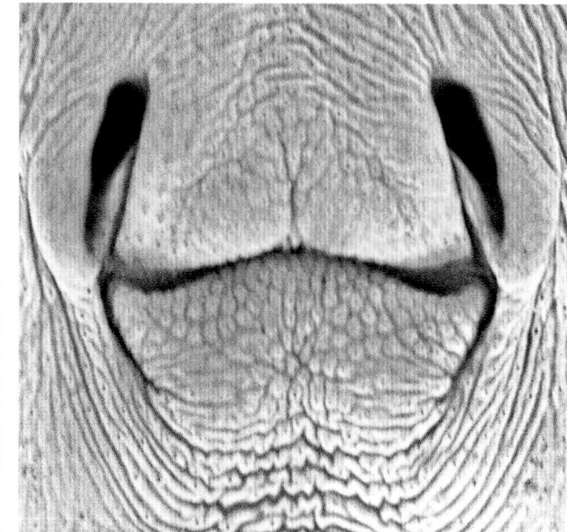

< BOCA
Se halla en la parte ventral y le permite extraer moluscos y cangrejos ocultos bajo la superficie de la arena. Dos placas de pequeños dientes en el interior de la boca sirven para triturar la concha de sus presas.

ALETAS PÉLVICAS >
En esta hembra se puede ver la abertura urogenital, en la parte ventral, entre las aletas. Después de la cópula, las hembras paren hasta siete crías tras una gestación de entre unos pocos meses y un año.

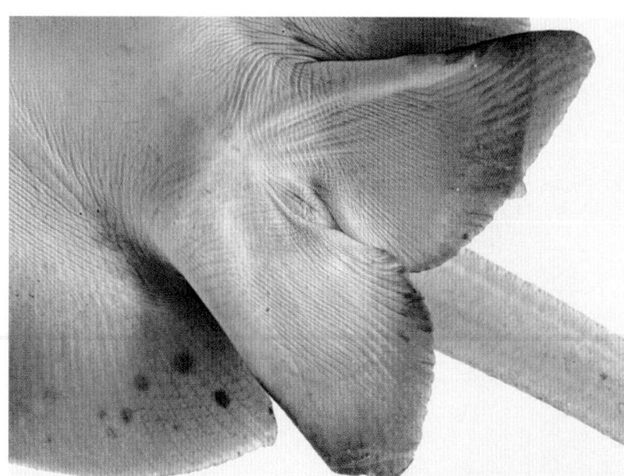

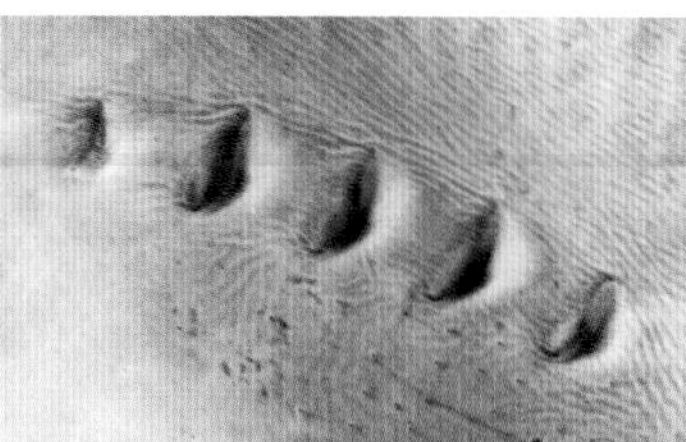

< HENDIDURAS BRANQUIALES
Tras pasar por las branquias, el agua sale del cuerpo por cinco pares de hendiduras branquiales situadas en la parte ventral.

∨ ESPIRÁCULOS
El agua es aspirada hacia las branquias a través de dos espiráculos situados en lo alto de la cabeza, entre los ojos, y sale a través de las hendiduras branquiales, en la parte inferior. La posición elevada de los espiráculos impide la entrada de arena.

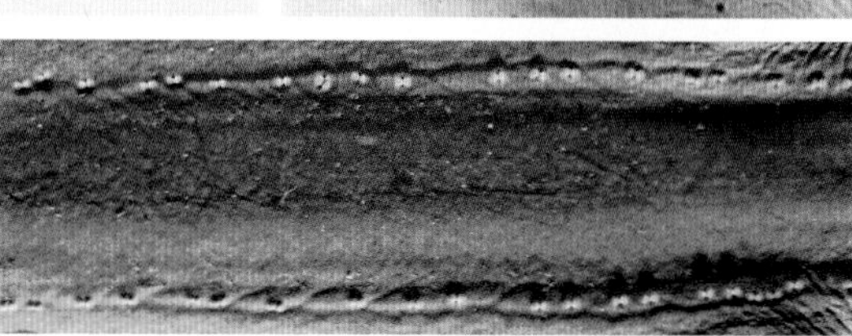

< ESPINAS DORSALES
La piel es relativamente lisa, pero tiene dos hileras paralelas de espinas diminutas a lo largo del dorso, así como otras espinas esparcidas.

∧ AGUIJONES CAUDALES
La cola está armada con uno o dos afilados aguijones que se clavan e inyectan veneno si se ataca o se pisa al animal.

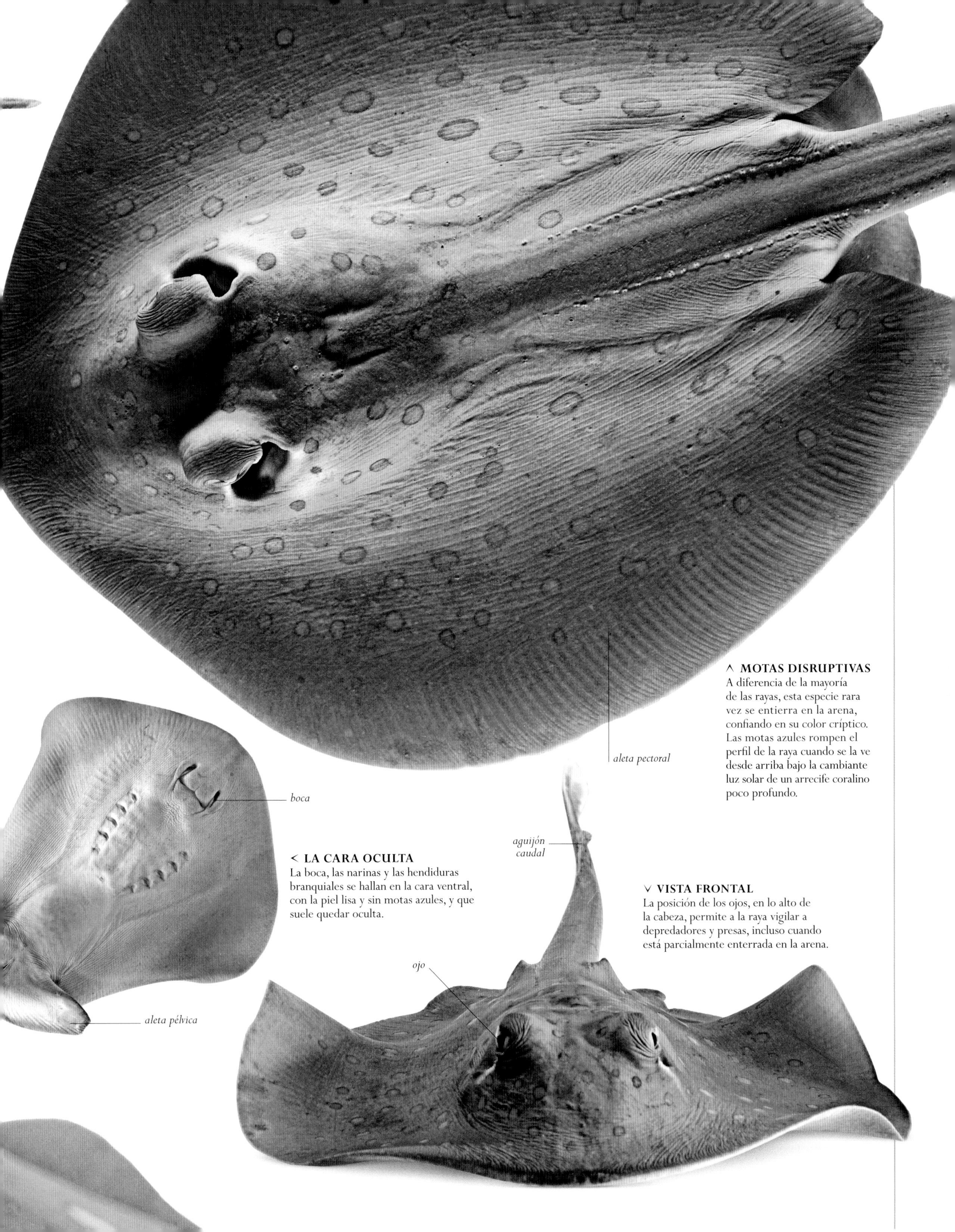

∧ MOTAS DISRUPTIVAS
A diferencia de la mayoría de las rayas, esta especie rara vez se entierra en la arena, confiando en su color críptico. Las motas azules rompen el perfil de la raya cuando se la ve desde arriba bajo la cambiante luz solar de un arrecife coralino poco profundo.

< LA CARA OCULTA
La boca, las narinas y las hendiduras branquiales se hallan en la cara ventral, con la piel lisa y sin motas azules, y que suele quedar oculta.

∨ VISTA FRONTAL
La posición de los ojos, en lo alto de la cabeza, permite a la raya vigilar a depredadores y presas, incluso cuando está parcialmente enterrada en la arena.

ACTINOPTERIGIOS

Son peces óseos, con un esqueleto calcificado, cuyas aletas tienen como soporte un abanico de radios articulados, óseos o cartilaginosos.

Los peces de aletas con radios pueden nadar con mayor precisión que los peces cartilaginosos. Con sus aletas, muy móviles y versátiles, pueden realizar maniobras como cernirse, frenar e incluso nadar hacia atrás. Las aletas pueden ser finas y flexibles o fuertes y espinosas, y suelen tener usos secundarios tales como la defensa, la exhibición o el camuflaje.

Salvo muchas especies bentónicas y de aguas profundas, la mayoría de los actinopterigios tienen una vejiga natatoria llena de gas que les permite mantener su posición a diferentes profundidades ajustando el volumen de gas vía el torrente sanguíneo.

MÚLTIPLES ADAPTACIONES

La gran mayoría de los peces son actinopterigios, y este grupo está enormemente diversificado, desde los diminutos gobios hasta los gigantescos peces luna. Los actinopterigios ocupan todos los nichos ecológicos imaginables, desde los arrecifes coralinos tropicales hasta las aguas situadas bajo los hielos antárticos, desde las profundidades oceánicas hasta las someras charcas del desierto. Depredadores, carroñeros, fitófagos y omnívoros están bien representados en esta clase, cuyos miembros exhiben estrategias de caza y de defensa de todo tipo, así como de cooperación entre especies.

ESTRATEGIAS REPRODUCTIVAS

La mayoría de los actinopterigios liberan huevos y esperma en el agua y la fecundación es externa. En algunos casos, las puestas son menores y se dan cuidados parentales. Así, por ejemplo, los peces guardianes y algunos cíclidos protegen sus huevos y alevines en la boca, y los espinosos y muchos lábridos construyen nidos de algas y detritos. La mayor parte de las especies, sin embargo, ponen grandes cantidades de huevos. Los millones de huevos flotantes y larvas de peces son una fuente alimenticia muy importante para otros animales acuáticos; los que sobreviven aseguran la dispersión de las especies. Las poblaciones de peces que se reproducen así son menos vulnerables a la pesca intensiva, ya que sus efectivos pueden recuperarse cuando cesa la pesca, pero si la pesca es continua pueden llegar a desaparecer.

FILO	CORDADOS
CLASE	ACTINOPTERIGIOS
ÓRDENES	47–59
FAMILIAS	495–523
ESPECIES	Unas 32 400

Dos peces mariposa enmascarados nadan al unísono mientras patrullan su «parcela» de arrecife coralino.

ESTURIONES Y AFINES

De los 28 miembros del orden acipenseriformes, solo la familia de los esturiones comprende especies marinas. El cráneo y algunos soportes de las aletas son óseos, pero el resto del esqueleto es en su mayor parte cartilaginoso. Como en los tiburones, la cola es asimétrica, con el lóbulo superior más largo.

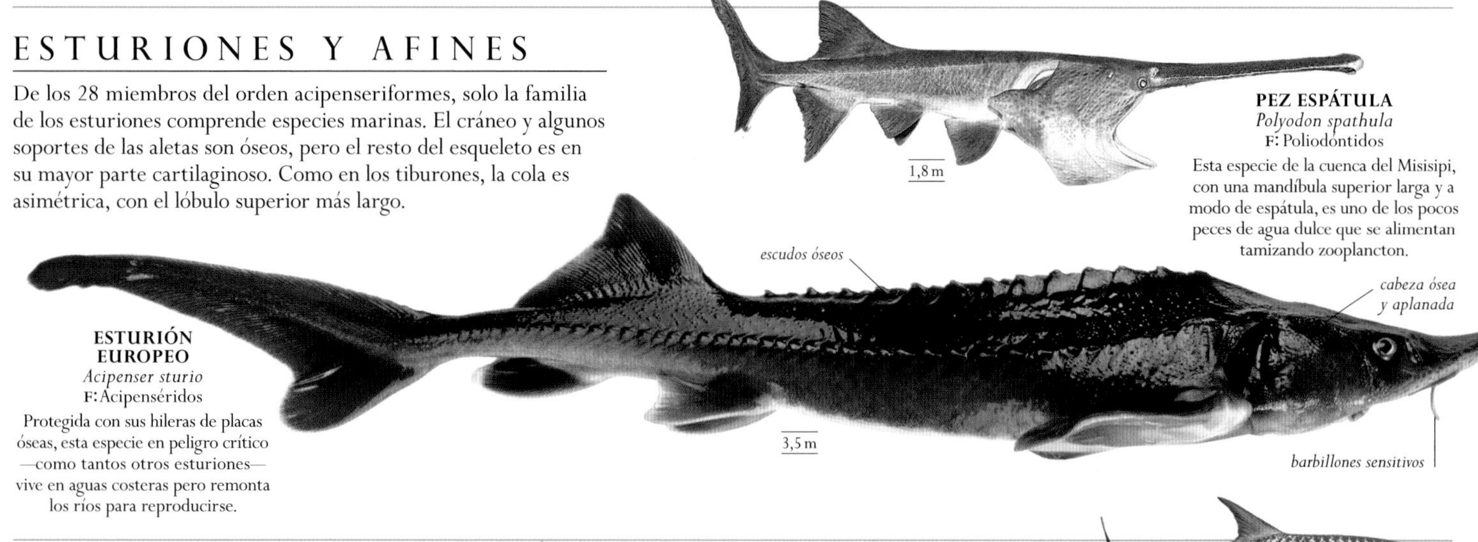

PEZ ESPÁTULA
Polyodon spathula
F: Poliodóntidos
Esta especie de la cuenca del Misisipi, con una mandíbula superior larga y a modo de espátula, es uno de los pocos peces de agua dulce que se alimentan tamizando zooplancton.

ESTURIÓN EUROPEO
Acipenser sturio
F: Acipenséridos
Protegida con sus hileras de placas óseas, esta especie en peligro crítico —como tantos otros esturiones— vive en aguas costeras pero remonta los ríos para reproducirse.

LEPISOSTEIFORMES

Los peces del orden lepisosteiformes son primitivos depredadores de agua dulce de América del Norte, con el cuerpo largo y cilíndrico, protegido por unas pesadas y apretadas escamas. Sus largas mandíbulas tienen dientes como agujas.

1,8 m

PEJELAGARTO NARIGUDO
Lepisosteus osseus
F: Lepisosteidos
Este pez alargado, hábil depredador, espera inmóvil cerca de la superficie, oculto entre la vegetación, antes de abalanzarse sobre su presa.

TARPÓN Y AFINES

El orden elopiformes es poco extenso y sus miembros son plateados, con una única aleta dorsal, la cola ahorquillada y unos huesos especiales en la garganta (placas gulares). Parecen arenques gigantes, y aunque son peces marinos, algunas especies remontan estuarios y ríos.

2,5 m

TARPÓN O SÁBALO REAL
Megalops atlanticus
F: Megalópidos
Esta especie de las aguas costeras del Atlántico entra a veces en ríos. En aguas estancadas, inspira aire de la superficie usando su vejiga natatoria como un primitivo pulmón.

1 m

MACABÍ O BANANO
Elops saurus
F: Elópidos
Nada en grandes cardúmenes cerca de las costas del Atlántico occidental. Cuando se asusta, salta por encima del agua.

OSTEOGLOSIFORMES

La lengua y el paladar de los osteoglosiformes están provistos de multitud de dientes afilados para sujetar a sus presas. Estos peces viven en aguas dulces sobre todo tropicales, y muchos de ellos tienen formas inusuales.

PIRARUCÚ O ARAPAIMA
Arapaima gigas
F: Arapáimidos

Este pez amazónico de hasta 250 kg de peso es uno de los mayores de agua dulce. Su vejiga natatoria funciona como un pulmón y debe tragar aire regularmente.

PEZ ELEFANTE
Gnathonemus petersii
F: Mormíridos

Este pez del África tropical utiliza su larga mandíbula inferior para generar débiles descargas eléctricas, útiles para navegar en aguas turbias, descubrir presas o encontrar pareja.

87 cm

PEZ CUCHILLO PAYASO
Chitala chitala
F: Notoptéridos

Esta especie vive en ríos y humedales del sur del Asia tropical. En aguas estancadas, traga aire y absorbe el oxígeno con su vejiga natatoria.

ANGUILAS, MORENAS Y AFINES

Los peces del orden anguiliformes tienen formas serpentinas y la piel lisa, sin escamas o con escamas hondamente incrustadas. Sus aletas se limitan a menudo a la larga aleta que recorre el dorso, la cola y el vientre. Los anguiliformes se encuentran en hábitats marinos y de agua dulce.

1,5 m

MORENA CEBRA
Gymnomuraena zebra
F: Murénidos

Esta vistosa morena tropical tiene unos dientes en forma de guijarro para comer cangrejos, moluscos y erizos de mar de concha dura.

larga aleta dorsal

60 cm

grandes mandíbulas

piel moteada críptica

MORENA LENTIGINOSA O JOYA
Muraena lentiginosa
F: Murénidos

Esta morena de los arrecifes de coral del Pacífico oriental abre y cierra rítmicamente la boca para respirar.

ANGUILA JARDINERA PUNTEADA
Heteroconger hassi
F: Cóngridos

Forma colonias que se albergan en los fondos de arena próximos a arrecifes coralinos. Con la cola enterrada, oscilan como plantas, y se retraen cuando se sienten amenazadas.

40 cm

CONGRIO
Conger conger
F: Cóngridos

Este pez del Atlántico Norte y del Mediterráneo habita en pecios y en rocas. Los congrios que viven en rocas litorales se ocultan en grietas durante el día y salen de noche para cazar otros peces.

cuerpo grueso

3 m

piel lisa

1,3 m

MORENA CINTA
Rhinomuraena quaesita
F: Murénidos

Los juveniles de esta morena del Índico y el Pacífico son negros con las aletas amarillas. Primero maduran como machos de color azul brillante, y más tarde cambian de sexo y se convierten en hembras amarillas.

ANGUILA EUROPEA
Anguilla anguilla
F: Anguílidos

Tras pasar gran parte de su vida en aguas dulces, esta especie en peligro crítico migra por el Atlántico hasta el mar de los Sargazos, donde desova y muere.

97 cm

ANGUILA ARLEQUÍN
Myrichthys colubrinus
F: Ofíctidos

Esta anguila del Índico y el Pacífico occidental busca pequeños peces en las madrigueras de la arena. Su parecido con una serpiente marina venenosa disuade a los depredadores.

ANGUILAS ENGULLIDORAS Y AFINES

Estos extraños peces abisales con forma de anguila del orden sacofaringiformes carecen de escamas y de aletas caudal y pélvica. Carecen de costillas, y sus grandes mandíbulas modificadas permiten una enorme abertura bucal. Como las anguilas verdaderas, se cree que desovan una vez y mueren.

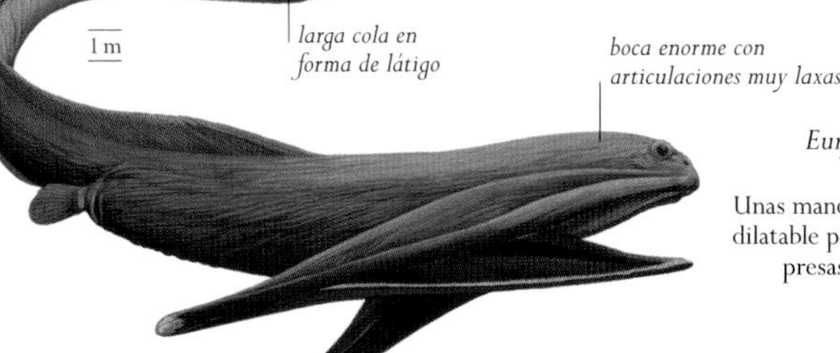

PEZ PELÍCANO
Eurypharynx pelecanoides
F: Eurifaríngidos

Unas mandíbulas enormes y un estómago dilatable permiten a este pez abisal tragar presas casi tan grandes como él.

SABALOTE Y AFINES

Los gonorrinquiformes tienen un par de aletas pélvicas situadas muy atrás en el vientre. Aparte de dos excepciones, entre ellas el sabalote, viven en aguas dulces.

cuerpo hidrodinámico

1,8 m

SABALOTE O PEZ DE LECHE
Chanos chanos
F: Chánidos
Este rápido nadador de cola ahorquillada se alimenta únicamente de zooplancton. En el sureste de Asia se cría en granjas.

aletas pélvicas

50 cm

GONORYNCHUS GREYI
F: Gonorrínquidos
Este pez de Australia y Nueva Zelanda vive en bahías someras y se entierra en la arena cuando se ve amenazado.

SARDINAS, ARENQUES Y AFINES

Clupeiformes es un orden principalmente marino con muchas especies de importancia comercial. La mayoría de estos peces plateados, con escamas laxas, una aleta dorsal, la cola ahorquillada, viven en grandes cardúmenes y son depredados por tiburones, atunes y otros grandes peces.

20 cm

ANCHOVETA PERUANA
Engraulis ringens
F: Engráulidos
Este diminuto planctonívoro forma enormes cardúmenes frente a la costa occidental de América del Sur, donde es una fuente de alimentación de primer orden para humanos, pelícanos y peces más grandes.

45 cm

83 cm

SÁBALO
Alosa alosa
F: Clupeidos
En primavera, los adultos de esta especie migratoria nadan desde el mar, a veces grandes distancias, para desovar en ríos europeos.

ARENQUE
Clupea harengus
F: Clupeidos
Este apreciado pez plateado nada en grandes cardúmenes comiendo copépodos planctónicos y es objeto de sobrepesca en muchos caladeros del Atlántico nororiental.

CARPAS Y AFINES

Cipriniformes es uno de los mayores órdenes de peces de agua dulce, con más de 4000 especies. Tienen una sola aleta dorsal, grandes escamas y los dientes en la garganta en vez de en las mandíbulas. Muchos de ellos son peces de acuario comunes, como las lochas o el carpín dorado.

aleta dorsal con el borde rojo

rayas negras

30 cm

cola muy ahorquillada

BOTIA PAYASO O TIGRE, LOCHA PAYASO
Chromobotia macracanthus
F: Cobítidos
Esta locha de los humedales de Sumatra y Borneo se alimenta en el fondo y se defiende con unas espinas que tiene junto a los ojos.

7 cm

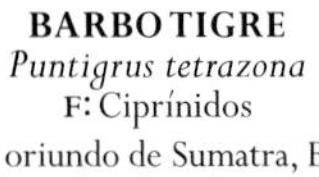

BARBO TIGRE
Puntigrus tetrazona
F: Ciprínidos
Este pez oriundo de Sumatra, Borneo y la península Malaya ha sido introducido en muchos lugares y se cría intensamente como pez de acuario.

RÓDEO
Rhodeus amarus
F: Ciprínidos
Este pez del centro y el este de Europa pone sus huevos dentro de la cavidad del manto de un mejillón de agua dulce, donde al cabo eclosionan liberando a los alevines.

11 cm

1,5 m

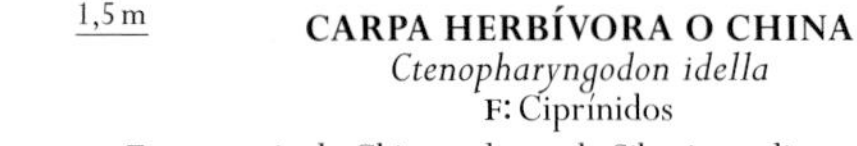

CARPA HERBÍVORA O CHINA
Ctenopharyngodon idella
F: Ciprínidos
Esta especie de China y el este de Siberia se alimenta de plantas acuáticas, razón por la cual se introdujo en Europa y EE UU para mantener los canales de drenaje limpios de plantas.

10 cm

CARPÍN DORADO O PEZ ROJO
Carassius auratus
F: Ciprínidos
Originario de China y Asia central, el carpín dorado se ha introducido en todo el mundo y hoy existen muchas variedades.

grandes escamas plateadas

1,2 m

boca protráctil

CARPA COMÚN
Cyprinus carpio
F: Ciprínidos
Oriunda de las cuencas de los mares Negro, Caspio y de Aral, se ha introducido en el mundo entero y es a menudo una plaga. Con su boca protráctil y sus barbillones sensoriales, busca alimentos en el lodo del fondo.

6 cm

DANIO CEBRA
Danio rerio
F: Ciprínidos
Este pequeño y activo pez, común en charcas y lagos del sur de Asia, desova con gran frecuencia. Se cría como especie de acuario y de laboratorio.

TETRAS, PIRAÑAS Y AFINES

El orden caraciformes comprende 23 familias de peces de agua dulce y en su mayoría carnívoros –las pirañas son los más notorios–, con dientes bien desarrollados. Además de la aleta dorsal normal, la mayoría tiene una pequeña aleta adiposa cerca de la cola.

12 cm

TETRA MEXICANO
Astyanax mexicanus
F: Carácidos
La forma normal de este tetra vive en ríos y arroyos y tiene buena vista, pero esta variante de las charcas subterráneas es ciega y albina.

cabeza de color gris oscuro

aleta adiposa

33 cm

cuerpo moteado

vientre rojo

PIRAÑA DE VIENTRE ROJO
Pygocentrus nattereri
F: Serrasálmidos
Este pez de río de América del Sur tropical, de afiladísimos dientes, suele comer invertebrados y peces, pero en grandes cardúmenes, excitado por la sangre, puede matar a grandes mamíferos. Cuando está desarrollado tiene el vientre rojo.

6,5 cm

PEZ HACHA PLATEADO O DE RÍO
Gasteropelecus sternicla
F: Gasteropelécidos
También llamado pechito, este pez insectívoro de América del Sur tropical tiene un cuerpo muy musculoso que le permite nadar con gran rapidez.

1 m

PEZ TIGRE
Hydrocynus vittatus
F: Aléstidos
Este gran depredador de los ríos africanos tiene dientes tipo colmillo y puede comer peces de la mitad de su longitud.

40 cm

***DISTICHODUS* DE HOCICO LARGO**
Distichodus lusosso
F: Disticodos
A diferencia de las pirañas y otros caraciformes, este pez de la cuenca del río Congo es herbívoro y pacífico.

PECES GATO

Los siluriformes, llamados peces gato o bagres y casi todos de agua dulce, tienen el cuerpo alargado, numerosos barbillones para detectar el alimento y una afilada espina en la parte anterior de la aleta dorsal. Muchas especies rebuscan en el fondo algas y pequeños invertebrados.

32 cm

BAGRE MARINO LISTADO
Plotosus lineatus
F: Plotósidos
Los juveniles de esta especie marina tropical se defienden formando densos cardúmenes esféricos. Los adultos son solitarios y se defienden con las espinas venenosas de sus aletas.

1 m

SORUBIM ATIGRADO O BAGRE RAYADO
Pseudoplatystoma fasciatum
F: Pimelódidos
Los largos barbillones de este pez sudamericano que caza por la noche le ayudan a encontrar a sus presas en los fondos de los ríos.

5 m

SILURO
Silurus glanis
F: Silúridos
Este pez de Europa central y Asia, introducido ilegalmente en la península Ibérica, llegaba a pesar 300 kg, pero desde hace cien años no se han citado ejemplares de más de 150 kg.

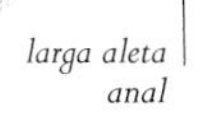

larga aleta anal

esqueleto visible a través del cuerpo transparente

barbillones sensitivos

15 cm

PEZ GATO DE CRISTAL
Kryptopterus bicirrhis
F: Silúridos
También llamado bagre de cristal, este pequeño pez del sureste de Asia tiene el cuerpo transparente y suele quedarse inmóvil en el agua, por lo que es difícil de ver para los depredadores.

52 cm

PEZ GATO MARRÓN
Ameiurus nebulosus
F: Ictalúridos
También llamado cabeza de toro marrón, este pez norteamericano tiene unas espinas venenosas que aleja a los depredadores cuando vigila su nido.

SALMONES Y AFINES

Salmoniformes comprende peces de agua dulce y marinos, entre ellos muchas especies anádromas (que van del mar a aguas dulces para reproducirse). Son depredadores poderosos, con la cola grande, una sola aleta dorsal y una aleta adiposa mucho más pequeña.

SALMÓN ROJO
Oncorhynchus nerka
F: Salmónidos

Este pez, rojo en época de reproducción, migra del Pacífico Norte a los ríos de América del Norte y Asia para desovar y morir. En su arduo viaje río arriba es cazado por los osos pardos.

CORÉGONO DE ARTEDI
Coregonus artedi
F: Salmónidos

También llamado cisco, este pez de los lagos y ríos de Canadá y el norte de EE UU forma cardúmenes que comen zooplancton y larvas de insectos.

1 m

SALVELINO, TRUCHA ALPINA O ÁRTICA
Salvelinus alpinus
F: Salmónidos

Prospera en aguas limpias y frías. Algunas poblaciones viven en lagos alpinos, pero otras migran del mar a los ríos.

1,2 m

TRUCHA ARCOÍRIS
Oncorhynchus mykiss
F: Salmónidos

Nativo de los tributarios del Pacífico Norte, se ha introducido al menos en 45 países como especie alimenticia y deportiva.

LUCIOS Y AFINES

Peces rápidos y ágiles, los esociformes viven en aguas dulces y frescas del hemisferio norte. Las aletas dorsal y anal están muy retrasadas, cerca de la cola, lo que da una buena propulsión a estos depredadores.

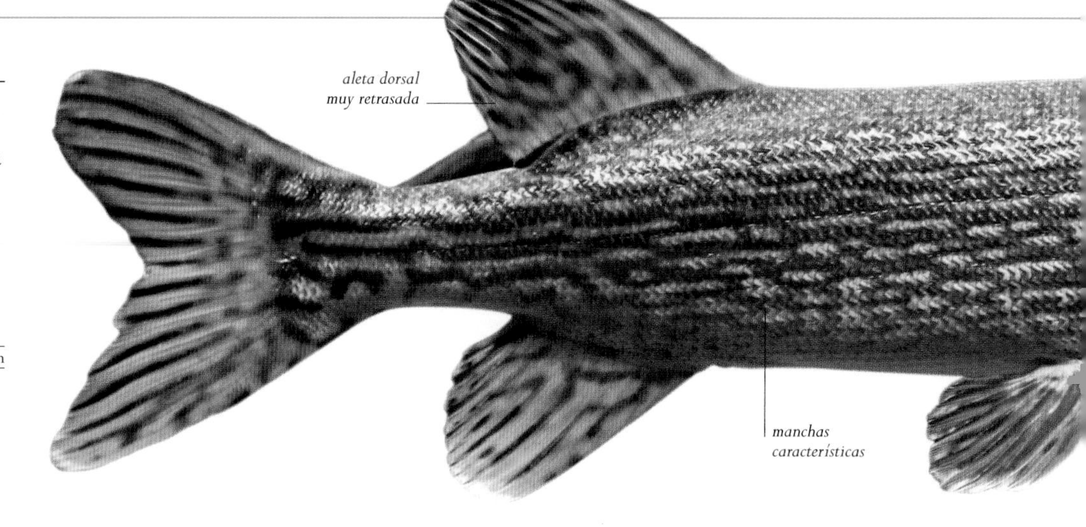

UMBRA KRAMERI
F: Úmbridos

Esta especie de las cuencas del Danubio y el Dniéster se ha vuelto vulnerable debido a la desaparición progresiva de las pequeñas acequias y humedales fluviales.

PECES LAGARTO Y AFINES

Este diversificado orden de peces marinos se distribuye desde las aguas costeras hasta las abisales. Los aulopiformes tienen la boca grande, con muchos dientes pequeños, y pueden capturar grandes presas. Tienen una aleta dorsal normal y una adiposa mucho más pequeña.

cabeza triangular

40 cm

larga aleta pélvica usada como apoyo

PEZ LAGARTO JASPEADO
Synodus variegatus
F: Sinodóntidos

Este pez de los arrecifes coralinos del Índico y el Pacífico se posa sobre una cabeza de coral y permanece quieto antes de abalanzarse sobre otros peces.

BUMALO
Harpadon nehereus
F: Sinodóntidos

En la época de los monzones, los cardúmenes de este pequeño pez se agrupan cerca de los deltas para alimentarse de la materia acarreada por los ríos.

aletas pectorales filamentosas

37 cm

aletas pélvicas alargadas

BATHYPTEROIS LONGIFILIS
F: Ipnópidos

Este pez se posa sobre el fondo lodoso de la zona batial con sus aletas pélvicas y su cola y usa sus filamentosas aletas pectorales para detectar presas.

MICTOFIFORMES

Son pequeños peces con grandes ojos y abundantes fotóforos (órganos luminosos) que les permiten comunicarse en las profundas y oscuras aguas marinas en que viven. Por la noche migran hacia la superficie para alimentarse.

MICTÓFIDO MOTEADO
Myctophum punctatum
F: Mictófidos

Este mictófido de la oscura zona batial del Atlántico usa sus fotóforos tanto para camuflarse como para comunicarse.

ESTOMIFORMES

La mayoría de estos peces de aguas profundas tienen fotóforos para cazar y encontrar pareja. Casi todos ellos son depredadores temibles, con grandes dientes y a veces un largo barbillón en el mentón.

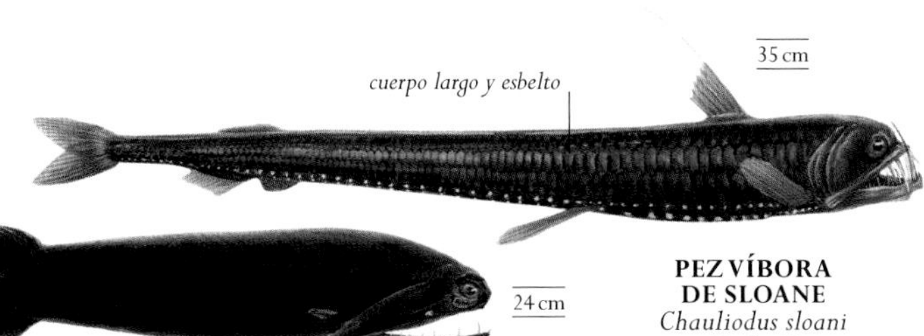

MALACOSTEUS NIGER
F: Estómidos
Este pez cosmopolita en aguas marinas templadas, tropicales y subtropicales localiza a las gambas que depreda emitiendo una bioluminiscencia roja invisible para las gambas.

PEZ VÍBORA DE SLOANE
Chauliodus sloani
F: Estómidos
Este pez tiene unos largos colmillos transparentes que sobresalen cuando cierra la boca. La luz de sus fotóforos confunde a sus presas en las profundidades oceánicas tropicales y subtropicales.

PEZ HACHA DEL PACÍFICO
Argyropelecus affinis
F: Esternoptíquidos
El cuerpo plateado y comprimido de este pez de aguas templadas, subtropicales y tropicales contribuye a ocultarlo de los depredadores.

ESOX NIGER
F: Esócidos
Este pez, uno de los cinco lucios de América del Norte, mueve delicadamente sus aletas para cernirse inmóvil antes de abalanzarse sobre su presa a gran velocidad.

GIMNOTOS Y AFINES

Los gimnotiformes tienen el cuerpo alargado y comprimido lateralmente –a excepción de la anguila eléctrica, de cuerpo redondeado– y una única y larga aleta anal que utilizan para avanzar y retroceder. Estos peces de agua dulce pueden producir descargas eléctricas.

60 cm

2,5 m

ANGUILA ELÉCTRICA O TEMBLÓN
Electrophorus electricus
F: Gimnótidos
Este pez de las cuencas del Amazonas y el Orinoco produce descargas eléctricas de hasta 600 voltios, suficientes para matar a otros peces y aturdir a un humano.

GIMNOTO O MORENA PINTADA
Gymnotus carapo
F: Gimnótidos
Este pez de los humedales de aguas turbias de América del Sur genera campos eléctricos débiles para percibir su entorno.

EPERLANO Y AFINES

Los eperlanos parecen salmónidos pequeños y esbeltos y, como ellos, la mayoría tiene una aleta adiposa cerca de la cola. Algunos osmeriformes tienen un olor característico; el eperlano europeo, por ejemplo, huele a pepino fresco.

EPERLANO
Osmerus eperlanus
F: Opistopróctidos
Este pez que parece un cruce entre arenque y trucha es común en los estuarios del mar del Norte. En primavera remonta los ríos desde el mar para desovar.

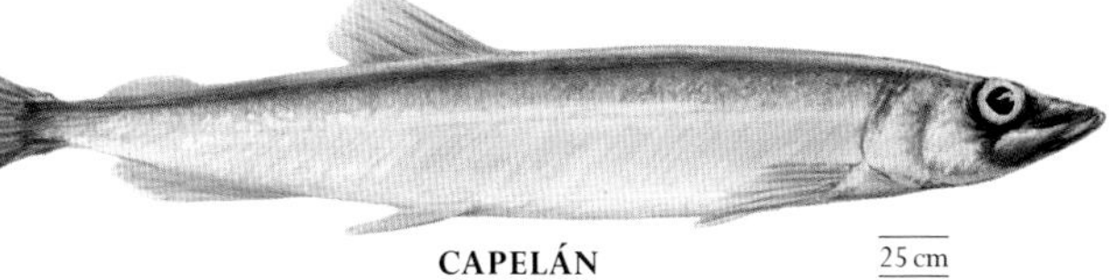

CAPELÁN
Mallotus villosus
F: Osméridos
Este pez de las aguas árticas y subárticas forma grandes cardúmenes que son una fuente de alimentación clave para muchas aves marinas; su abundancia o escasez determina el éxito reproductor de estas aves.

PEZ REMO Y AFINES

Los 23 miembros del orden lampriformes son peces pelágicos cuyos adultos tienen las aletas carmesíes. En muchas especies, los radios de la aleta dorsal forman largas remeras. La mayoría de los peces de este orden vagan lejos de las costas y rara vez se ven.

cresta de radios de la aleta dorsal

JUVENIL AZUL

11 m

PEZ REMO
Regalecus glesne
F: Regalécidos
También llamado rey de los arenques, este enorme pez cosmopolita en aguas tropicales, subtropicales y templadas es el pez óseo más largo del mundo y ha dado pie a muchas historias sobre serpientes marinas.

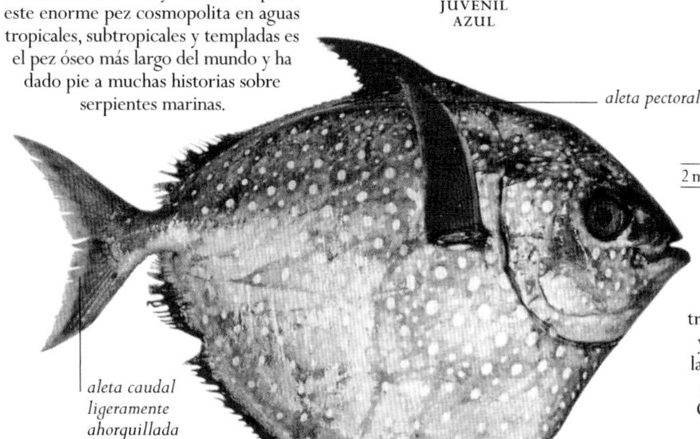

LUNA REAL
Lampris guttatus
F: Lámpridos
Este pez de aguas tropicales, subtropicales y templadas bate sus largas aletas pectorales como si fueran alas. Come calamares, kril y pequeños peces.

RAPES Y AFINES

Los 376 integrantes del orden lofiformes presentan las formas más extrañas. Un filamento que les sale de la cabeza, bioluminiscente en las especies de aguas profundas, actúa a modo de señuelo que atrae a las presas.

20 cm

PEZ MURCIÉLAGO DE LABIOS ROJOS
Ogcocephalus darwini
F: Ogcocefálidos
El extraño cuerpo de esta rara especie gatea por el lecho marino usando sus pares de aletas pectorales y pélvicas. Sus labios rojos son un misterio.

22 cm

BOSTEZADOR
Chaunax endeavouri
F: Chaunácidos
Se encuentra en los fondos marinos limosos del Pacífico suroccidental, al acecho de pequeños peces que pasen a su alcance.

2 m

RAPE
Lophius piscatorius
F: Lófidos
Las aletas y las barbas en forma de algas ayudan a este rape del Atlántico a camuflarse. Ataca a una velocidad extraordinaria.

11,5 cm

20 cm

CAULOPHRYNE JORDANI
F: Caulofrínidos
Dada la dificultad para encontrar pareja en la oscuridad del fondo marino, cuando el pequeño macho de esta especie encuentra una hembra, se une a ella de por vida.

PEZ SAPO VERRUGOSO
Antennarius maculatus
F: Antenáridos
Este pez pasa desapercibido cuando se mueve entre los arrecifes de coral usando sus aletas pectorales.

20 cm

PEZ DE LOS SARGAZOS
Histrio histrio
F: Antenáridos
Aunque la mayoría de los peces sapo viven en el fondo marino, esta especie se esconde entre las macroalgas planctónicas flotantes denominadas sargazos.

apéndices de piel para camuflarse

grandes aletas pectorales

BACALAOS Y AFINES

El orden gadiformes incluye varias especies de importancia comercial. Suelen tener dos o tres aletas dorsales y bigotes (órganos sensoriales). Los granaderos habitan en aguas profundas y poseen una cola larga y delgada.

BACALAO DEL ATLÁNTICO
Gadus morhua
F: Gádidos
La pesca intensiva ha reducido el peso promedio de esta especie del Atlántico a 11 kg; el máximo peso histórico registrado supera los 90 kg.

COLÍN DE ALASKA
Gadus chalcogrammus
F: Gádidos
Vive en las frías aguas del océano Ártico. La ausencia de bigote mentoniano y su prominente mandíbula inferior lo distinguen del bacalao.

BERTORELLA
Gaidropsarus mediterraneus
F: Lótidos
Provista de tres bigotes sensoriales, esta especie parecida a una anguila se halla en las lagunas rocosas del Atlántico nororiental.

colorida aleta caudal con el borde redondeado

LOTA
Lota lota
F: Lótidos
A diferencia de los demás gadiformes, esta especie es de agua dulce, y se encuentra en ríos y lagos profundos de todo el hemisferio norte.

GRANADERO DEL PACÍFICO
Coryphaenoides acrolepis
F: Macroúridos
Este abundante pariente del bacalao vive en las aguas profundas del Pacífico. Posee una cola larga y escamosa y una cabeza bulbosa.

RUBIOCAS Y AFINES

La mayoría de los miembros del orden ofidiformes vive en el océano. Largos y delgados como anguilas, tienen finas aletas pélvicas; las aletas dorsal y anal son largas, y en muchas especies se unen con la caudal.

21 cm

RUBIOCA
Carapus acus
F: Carápidos
Los adultos se refugian dentro de los pepinos de mar: entran a través del ano con la cola por delante, y salen de noche para alimentarse.

LISAS Y AFINES

Las lisas son peces plateados y listados con dos aletas dorsales muy separadas; la primera tiene afiladas espinas y la segunda, blandos radios. Los miembros del orden mugiliformes se encuentran por todo el mundo. Se alimentan de algas y detritus.

75 cm

GALUPE
Liza aurata
F: Mugílidos
Esta lisa vive en puertos, estuarios y aguas costeras del Atlántico nororiental y suele formar bancos muy numerosos.

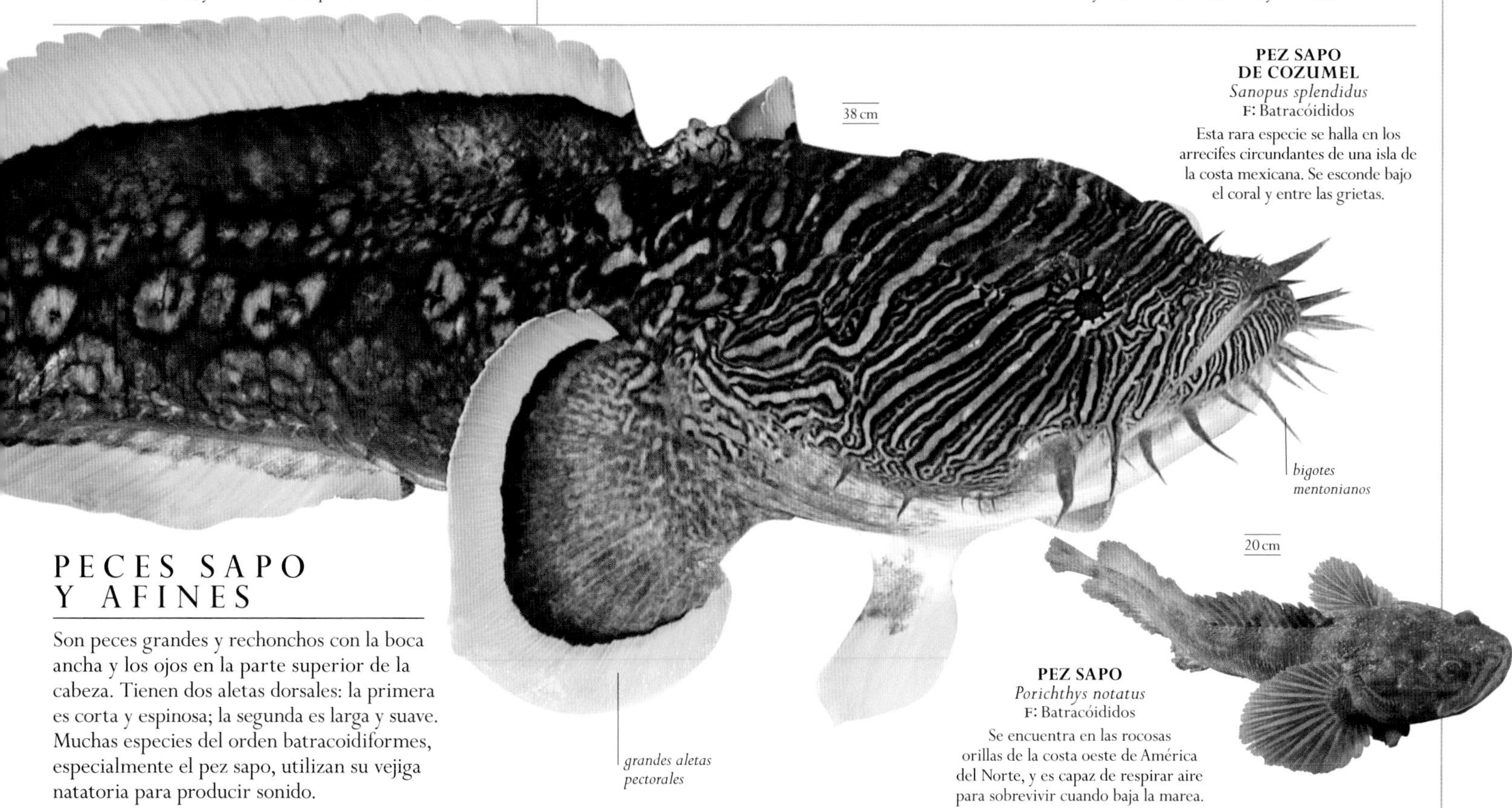

PEZ SAPO DE COZUMEL
Sanopus splendidus
F: Batracóididos
Esta rara especie se halla en los arrecifes circundantes de una isla de la costa mexicana. Se esconde bajo el coral y entre las grietas.

PEZ SAPO
Porichthys notatus
F: Batracóididos
Se encuentra en las rocosas orillas de la costa oeste de América del Norte, y es capaz de respirar aire para sobrevivir cuando baja la marea.

PECES SAPO Y AFINES

Son peces grandes y rechonchos con la boca ancha y los ojos en la parte superior de la cabeza. Tienen dos aletas dorsales: la primera es corta y espinosa; la segunda es larga y suave. Muchas especies del orden batracoidiformes, especialmente el pez sapo, utilizan su vejiga natatoria para producir sonido.

PEJERREYES Y AFINES

Estos pequeños y delgados peces plateados forman grandes bancos. El orden ateriniformes incluye más de 330 especies, tanto de agua salada como de agua dulce. La mayoría tiene dos aletas dorsales –la primera con espinas flexibles– y una sola aleta anal.

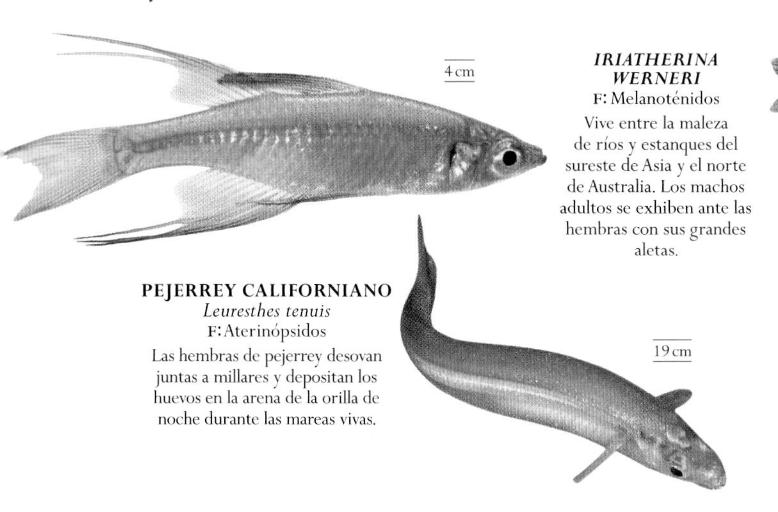

IRIATHERINA WERNERI
F: Melanoténidos
Vive entre la maleza de ríos y estanques del sureste de Asia y el norte de Australia. Los machos adultos se exhiben ante las hembras con sus grandes aletas.

PEJERREY CALIFORNIANO
Leuresthes tenuis
F: Aterinópsidos
Las hembras de pejerrey desovan juntas a millares y depositan los huevos en la arena de la orilla de noche durante las mareas vivas.

AGUJAS Y AFINES

Los beloniformes poseen un cuerpo largo y delgado y una boca en forma de pico; su color plateado les permite camuflarse en el océano abierto. Los peces voladores, con sus grandes aletas pectorales y pélvicas, también pertenecen a este orden.

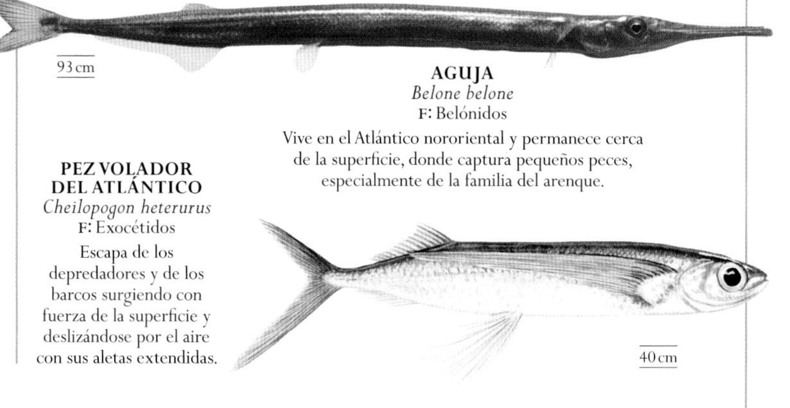

AGUJA
Belone belone
F: Belónidos
Vive en el Atlántico nororiental y permanece cerca de la superficie, donde captura pequeños peces, especialmente de la familia del arenque.

PEZ VOLADOR DEL ATLÁNTICO
Cheilopogon heterurus
F: Exocétidos
Escapa de los depredadores y de los barcos surgiendo con fuerza de la superficie y deslizándose por el aire con sus aletas extendidas.

KILLIS Y AFINES

La mayoría de los miembros del orden ciprinodontiformes son pequeños peces de agua dulce con una sola aleta dorsal y una caudal muy grande. De las diez familias, los guppys son los más conocidos por su increíble capacidad de parir crías vivas.

7 cm

la cola es importante en el cortejo

KILLI DE AMIET
Fundulopanchax amieti
F: Notobránquidos
Este pequeño y colorido pez vive en los arroyos de la selva tropical de Camerún. Hay más especies similares, conocidas colectivamente como killis.

32 cm

PEZ DE CUATRO OJOS
Anableps anableps
F: Anablépidos
Los prominentes ojos de este pez sudamericano están divididos para poder ver por encima y por debajo del agua.

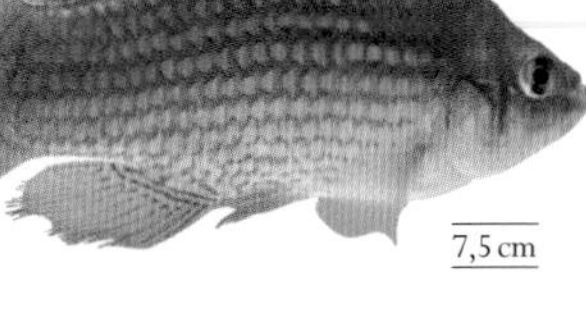

7,5 cm

PEZ BANDERA NORTEAMERICANO
Jordanella floridae
F: Ciprinodóntidos
Este pacífico herbívoro habita en los pantanos y arroyos de Florida. El macho corteja a la hembra y vigila sus huevos.

7 cm

AUSTROLEBIAS NIGRIPINNIS
F: Rivúlidos
Esta especie y los demás miembros de esta colorida familia se encuentran en los ríos subtropicales de América del Sur.

5 cm

MOLLY DE VELA
Poecilia latipinna
F: Poecílidos
La gran aleta dorsal de este pez de América del Norte es clave en el cortejo. Las hembras paren crías vivas.

PECES ARDILLA Y PECES RELOJ

Estos peces marinos tienen el cuerpo alto y comprimido con grandes escamas, cola bifurcada y aletas con afiladas espinas. La mayoría (bericiformes y traquictiformes) son nocturnos y a menudo rojizos, ya que el rojo es el color que absorbe primero el agua, y esto hace que parezcan negros a cierta profundidad.

PEZ ARDILLA DIADEMA
Sargocentron diadema
F: Holocéntridos
Este pez ardilla es de los más conocidos entre los muchos similares que viven en arrecifes tropicales. Durante el día se esconde entre las grietas.

17 cm

22 cm

PEZ PIÑA AUSTRALIANO
Cleidopus gloriamaris
F: Monocéntridos
Pocos depredadores atacan a este pez espinoso, que posee una armadura de gruesas escamas. Además, su color advierte que es desagradable.

12 cm

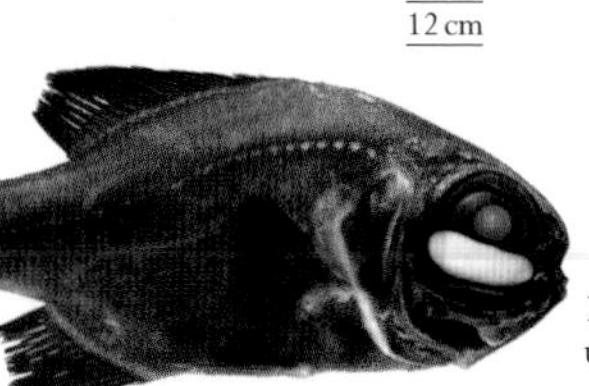

PHOTOBLEPHARON PALPEBRATUM
F: Anomalópidos
Por la noche, este pez avisa a los demás con los órganos luminiscentes de sus ojos. Posee una membrana negra que utiliza para tapar la luz, creando un efecto de parpadeo.

18 cm

ANOPLOGASTER CORNUTA
F: Anoplogástridos
Los enormes dientes de este depredador del fondo oceánico son letales para sus presas, que se traga enteras.

75 cm

PEZ RELOJ ANARANJADO
Hoplostethus atlanticus
F: Traquíctidos
Este es uno de los peces más longevos y de crecimiento más lento que existen. Puede vivir al menos 150 años.

PEZ DE SAN PEDRO Y AFINES

Las 41 especies del orden zeiformes son todas marinas, de cuerpo alto y delgado, y con largas aletas dorsal y anal. Los peces de San Pedro tienen mandíbulas protráctiles que se proyectan hacia fuera para capturar sus presas. Se alimentan de una amplia variedad de pequeños peces.

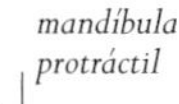

mandíbula protráctil

90 cm

PEZ DE SAN PEDRO
Zeus faber
F: Zeidos
De frente, este pez ultradelgado es difícil de ver, lo que le permite acechar y atacar a sus presas con gran eficacia.

ESPINOSOS Y PECES POLILLA

La mayoría de los espinosos son de agua dulce, pero algunos, como el pez polilla, viven en el mar. Los gasterosteiformes tienen un cuerpo alargado, delgado y rígido, protegido por placas óseas dispuestas en los costados y por unas afiladas espinas dorsales.

espinas

11 cm

placas óseas

el vientre de los machos se vuelve rojo durante la cría

ESPINOSO NORTEÑO
Gasterosteus aculeatus
F: Gasterosteidos
Este pequeño pez es muy abundante en agua dulce y en los mares poco profundos del hemisferio norte. El macho realiza una elaborada danza de cortejo.

PEZ POLILLA
Eurypegasus draconis
F: Pegásidos
Esta especie tropical se distingue de los espinosos por ser marina. Tiene unas grandes aletas pectorales en forma de alas.

7 cm

CHAFARROCAS Y AFINES

Son peces pequeños, generalmente marinos y habitan las profundidades. Muchos gobiesociformes poseen una ventosa formada a partir de las aletas pélvicas modificadas con la que se aferran a las rocas. Tienen una aleta dorsal, y sus ojos se hallan en lo alto de la cabeza.

8 cm

CHAFARROCAS
Lepadogaster candolii
F: Gobiesócidos
Vive entre las rocas de las aguas poco profundas del Atlántico nororiental; expuesto al fuerte oleaje, se aferra sólidamente a las rocas.

PECES AGUJA Y CABALLITOS DE MAR

Los caballitos de mar y otros peces similares del orden signatiformes tienen un cuerpo rígido protegido por una armadura de placas óseas. El grupo incluye especies marinas y de agua dulce. Los caballitos de mar se alimentan de pequeños crustáceos planctónicos mediante la boca que tienen en el extremo de su hocico tubular.

pequeña aleta pectoral que le ayuda a mantener la posición

16 cm

PEZ AGUJA FANTASMA
Solenostomus cyanopterus
F: Solenostómidos
Sus grandes aletas pélvicas le permiten nadar lentamente a la deriva entre la maleza y las praderas marinas, donde caza diminutos invertebrados.

largo hocico tubular

46 cm

DRAGÓN MARINO COMÚN
Phyllopteryx taeniolatus
F: Singnátidos
Este gran dragón de mar australiano se oculta entre las algas de los arrecifes, camuflado por sus aletas en forma de hoja.

CABALLITO DE MAR AMARILLO
Hippocampus kuda
F: Singnátidos
Como en todos los caballitos de mar, el macho de esta especie posee una bolsa ventral donde incuba los huevos puestos por la hembra.

30 cm

15 cm

PEZ NAVAJA
Aeoliscus strigatus
F: Centríscidos
Esta especie del Índico y el Pacífico se camufla entre las espinas de los erizos de mar manteniéndose cabeza abajo; nada habitualmente en esta posición.

PEZ AGUJA ANILLADO
Dunckerocampus dactyliophorus
F: Singnátidos
Este habitante de los arrecifes de coral tiene el cuerpo largo y delgado propio de los peces aguja.

18 cm

apéndices de piel que le camuflan entre las algas

PEZ TROMPETA
Aulostomus chinensis
F: Aulostómidos
Este pez sigue a las morenas y acecha sobre los arrecifes de coral a los pequeños peces que escapan de aquellas.

80 cm

SIMBRANQUIFORMES

Estos peces de agua dulce tropicales y subtropicales tienen un cuerpo parecido al de la anguila, y la mayoría carece de aletas o las tiene muy reducidas. Esto les facilita el deslizamiento por el lodo de las ciénagas.

ANGUILA DE FUEGO
Mastacembelus erythrotaenia
F: Mastacembélidos
Habitante de las llanuras inundadas y los ríos lentos del sureste de Asia, esta anguila comestible se alimenta de gusanos y larvas de insectos.

1 m

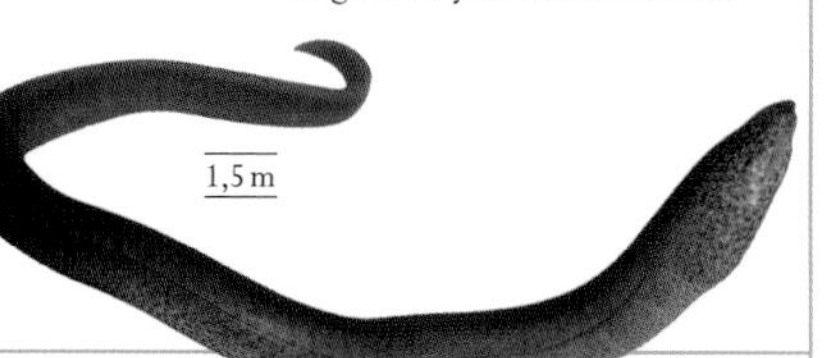

1,5 m

ANGUILA CRIOLLA
Synbranchus marmoratus
F: Simbránquidos
Capaz de respirar aire si es necesario, este pez con aletas muy reducidas sobrevive en pequeños cuerpos de agua de América Central y del Sur.

PECES PLANOS

Los pleuronectiformes nacen con un ojo en cada costado. A medida que crecen, el cuerpo se va aplanando lateralmente para posarse mejor en el lecho marino, y el ojo inferior migra hasta quedarse junto al otro en la parte superior.

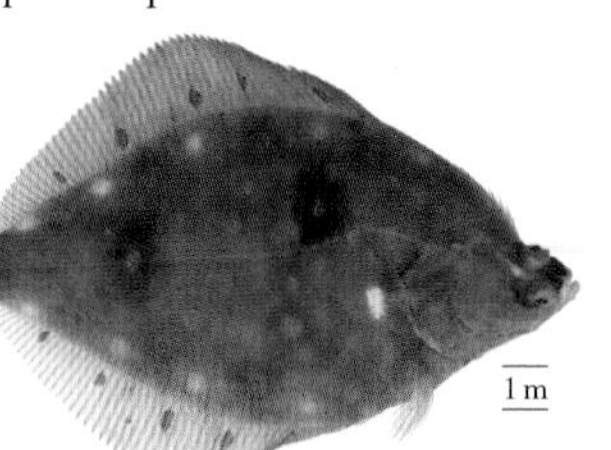

1 m

SOLLA
Pleuronectes platessa
F: Pleuronéctidos
Esta especie del Atlántico Norte, de importancia comercial, se camufla en el fondo del mar con su costado derecho hacia arriba, y se alza por la noche para comer.

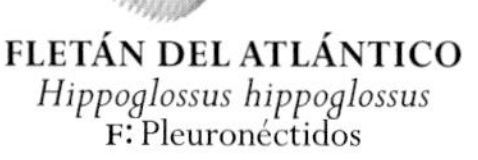

FLETÁN DEL ATLÁNTICO
Hippoglossus hippoglossus
F: Pleuronéctidos
Uno de los peces planos más grandes, este fletán se posa en el fondo sobre su lado izquierdo, con sus dos ojos mirando hacia arriba.

2,5 m

70 cm

LENGUADO COMÚN
Solea solea
F: Soleidos
Aunque puede alcanzar la edad de 30 años, este pez no suele sobrevivir tanto tiempo debido a su gran importancia comercial.

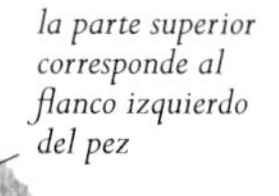

la parte superior corresponde al flanco izquierdo del pez

el ojo derecho se ha desplazado a la parte superior

RODABALLO
Scophthalmus maximus
F: Escoftálmidos
La capacidad de modificar su color conforme al medio marino permite a este apreciado pez del Atlántico Norte pasar desapercibido.

1 m

PECES BALLESTA, TAMBORILES Y AFINES

Este diversificado grupo de peces marinos y de agua dulce incluye al enorme pez luna y al venenoso botete pintado. Los tetraodontiformes tienen las placas dentales fusionadas o solo unos pocos dientes grandes. Sus escamas modificadas forman espinas o placas protectoras.

50 cm

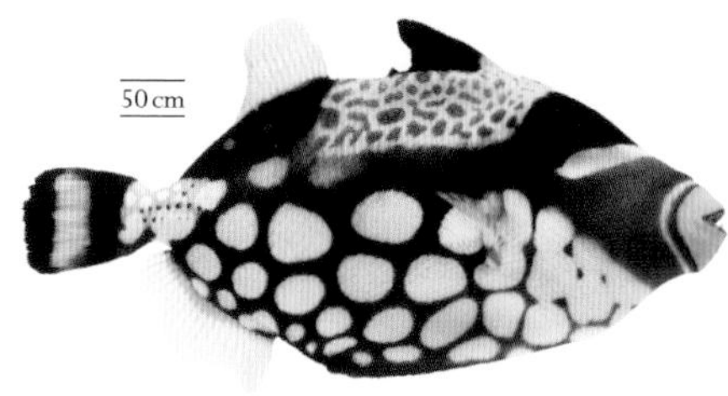

PEZ BALLESTA PAYASO
Balistoides conspicillum
F: Balístidos
Este colorido habitante de los arrecifes de coral puede incrustarse en una grieta proyectando sus espinas dorsales.

cola larga

25 cm

PEZ COFRE MOTEADO
Ostracion meleagris
F: Ostrácidos
Recubierto por unas placas óseas fusionadas y con una piel venenosa, este pez de los arrecifes del Índico y el Pacífico no teme a los depredadores.

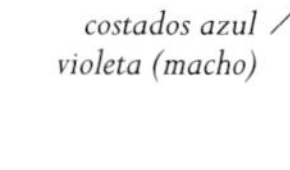

costados azul violeta (macho)

15 cm

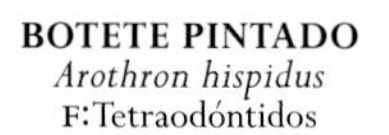

BOTETE PINTADO
Arothron hispidus
F: Tetraodóntidos
La neurotoxina que se halla en la piel y los órganos de este pez mantiene alejados a los depredadores y puede matar a un humano.

50 cm

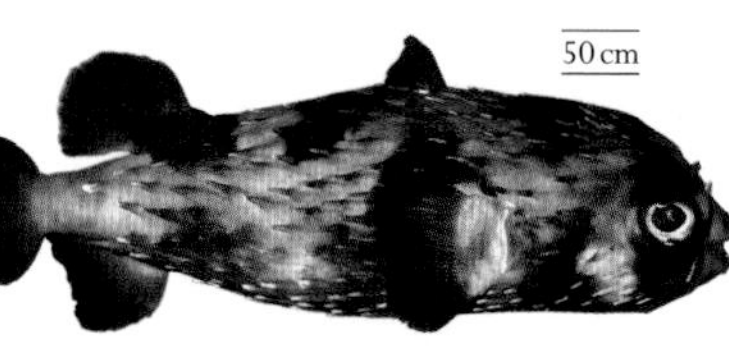

PEZ ERIZO
Diodon holocanthus
F: Diodóntidos
Este habitante de los mares tropicales puede aspirar el agua e inflar su cuerpo hasta convertirse en una bola espinosa que disuade a los depredadores.

ESCORPÉNIDOS Y AFINES

La mayoría de los escorpeniformes viven en el fondo del mar. Tienen una gran cabeza espinosa con una prolongación ósea suborbital hasta el opérculo. Muchos de ellos poseen afiladas espinas, en ocasiones venenosas, en sus aletas dorsales, y son expertos del camuflaje.

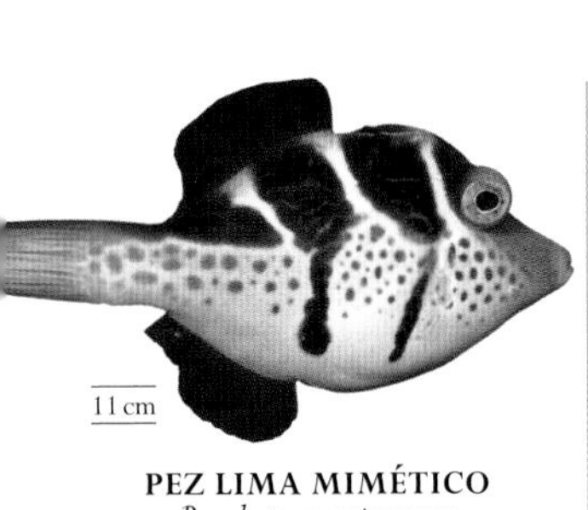

11 cm

PEZ LIMA MIMÉTICO
Paraluteres prionurus
F: Monacántido
Este pez disuade a los depredadores por mimetismo, ya que se parece mucho al pez globo de Valentini, una especie muy venenosa.

37 cm

RASCACIO
Scorpaena porcus
F: Escorpénidos
Esta críptica especie tiene unos apéndices dérmicos en la cabeza y puede cambiar de color, por lo que es difícil de detectar.

75 cm

BEJEL
Chelidonichthys lucerna
F: Tríglidos
El bejel camina sobre el fondo del mar con los tres radios móviles de cada una de sus aletas pectorales, sondeando en busca de invertebrados.

JUVENIL

45 cm

PEZ LEÓN COMÚN
Pterois volitans
F: Escorpénidos
El patrón rayado de esta especie de los arrecifes de coral advierte de las venenosas espinas de su aleta dorsal. Los adultos se oscurecen con la edad y pueden llegar a ser casi negros.

el dorso plano

pequeña boca con fuertes dientes para arrancar esponjas

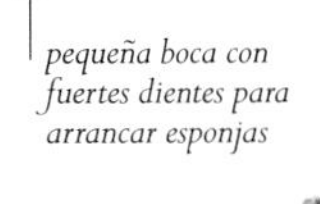

60 cm

LUMPO
Cyclopterus lumpus
F: Ciclopteridos
La potente ventosa de su vientre permite a este pez del Atlántico Norte aferrarse a las rocas batidas por el oleaje y proteger sus huevos.

21 cm

COMEPHORUS BAIKALENSIS
F: Comefóridos
Casi una cuarta parte del cuerpo de este pez es aceite, lo que le proporciona una gran flotabilidad. Es endémico del lago Baikal (Rusia).

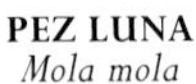

PEZ LUNA
Mola mola
F: Mólidos
Este pez que suele descansar de lado en la superficie es casi el más pesado de los peces óseos. El récord lo ostenta la especie *M. alexandrini*, con 2300 kg.

3,3 m

25 cm

CABRACHO VENENOSO
Taurulus bubalis
F: Cótidos
El color de este pez costero es muy variable, dependiendo de su entorno; así, los ejemplares que viven entre algas rojas adquieren ese color.

espinas venenosas de la aleta dorsal

gran boca proyectada hacia arriba

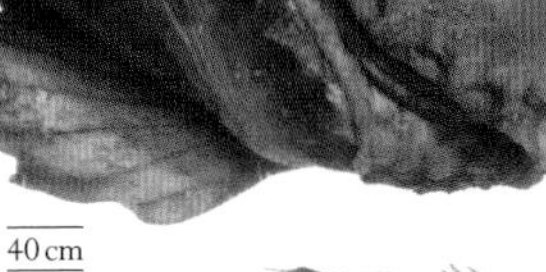

40 cm

PEZ PIEDRA
Synanceia verrucosa
F: Sinanceidos
Este pez tropical de los arrecifes de coral es muy difícil de localizar. La picadura de sus espinas venenosas puede ser mortal para el hombre.

18 cm

CAVILAT
Cottus gobio
F: Cótidos
Esta especie vive entre las piedras y la vegetación de los ríos y los arroyos de agua dulce de gran parte de Europa. El macho incuba los huevos.

50 cm

CHICHARRA
Dactylopterus volitans
F: Dactilopteridos
Usa sus aletas pectorales en forma de abanico para «volar» por el agua; si se le molesta, «despega» del fondo del mar.

PEZ LEÓN COMÚN
Pterois volitans

El pez león común es un cazador nocturno que rastrea los arrecifes de coral y las rocas del Pacífico occidental en busca de pequeños peces y crustáceos. Acorrala a sus presas contra el arrecife extendiendo sus anchas aletas pectorales, y después se las traga a gran velocidad. A veces las acecha sigilosamente en alta mar y las captura con un rápido *sprint* final, de modo similar a como caza el león en la sabana africana. Protegido por espinas venenosas, puede enfrentarse a depredadores y buzos si se le acercan. Cada macho puede tener un pequeño harén de hembras, y cargará contra otros machos que se le aproximen demasiado. Cuando la hembra está lista para el desove, el macho se exhibe dando vueltas a su alrededor antes de nadar juntos hacia la superficie para liberar los huevos y el esperma en el agua. Unos días más tarde los huevos eclosionan y salen diminutas larvas planctónicas que van a la deriva durante casi un mes antes de establecerse en el lecho marino.

TAMAÑO 45 cm de longitud
HÁBITAT Coral y arrecifes rocosos
DISTRIBUCIÓN Océano Pacífico; introducido en el Atlántico occidental
DIETA Peces y crustáceos

> COLORES DE ADVERTENCIA
El llamativo patrón rayado de esta especie advierte a los depredadores de que es venenosa. En tierra, las avispas utilizan un método similar como estrategia de supervivencia.

el ojo está disimulado por una raya oscura que confunde a los depredadores

tentáculo

los carnosos bigotes disimulan la gran boca abierta cuando el pez se acerca a su presa

< CAZADOR TEMIBLE
Este eficiente depredador ha escapado de los acuarios al Caribe, donde es una amenaza para los peces de arrecife nativos. Caza en la penumbra ayudándose de sus grandes ojos y agudo sentido del olfato.

^ PATRONES DIVERSOS
El patrón de rayas difiere de un ejemplar a otro y resulta menos evidente en los machos durante la cría, cuando se oscurecen.

< ALETAS PECTORALES
Los suaves radios de las aletas pectorales están unidos por una fina membrana coloreada con manchas circulares.

ESPINAS VENENOSAS >
Las afiladas espinas defensivas de las aletas dorsales, anales y pélvicas pueden inyectar un veneno que para los humanos puede resultar muy doloroso, pero rara vez es mortal.

< COLA ERGUIDA
El pez león común suele llevar la cabeza levemente inclinada hacia abajo y la cola erguida, listo para atacar a su presa. La cola le sirve para mantener la posición más que para nadar con velocidad.

aleta dorsal formada por espinas puntiagudas
los anchos radios de las aletas pectorales se extienden totalmente cuando el pez acorrala a su presa
cola
aleta anal

PERCAS Y AFINES

Con al menos 162 familias y más de 11 500 especies, los perciformes constituyen el orden más grande y diverso de los vertebrados. La mayoría tiene radios blandos y espinas en sus aletas dorsal y anal; las aletas pélvicas están adelantadas, cerca de las pectorales. Estudios recientes sugieren que algunas familias incluidas aquí deberían catalogarse en otros órdenes, existentes o nuevos.

60 cm

PEZ MURCIÉLAGO DE ALETA LARGA
Platax teira
F: Efípidos
Esta especie de los arrecifes de coral del Índico y el Pacífico rastrea en pequeños grupos en busca de algas e invertebrados.

16 cm

PEZ MARIPOSA CUADRIMACULADO
Chaetodon quadrimaculatus
F: Quetodóntidos
Son muchas las especies de pez mariposa que se encuentran en los arrecifes coralinos de todo el mundo. Esta vive en el Pacífico occidental.

90 cm

PARGO ZAPATA
Pagrus caeruleostictus
F: Espáridos
Esta especie del Atlántico oriental es el típico pargo, con cola bifurcada y una larga aleta dorsal.

80 cm

CINTA
Cepola macrophthalma
F: Cepólidos
Este pez del Atlántico nororiental vive en escondrijos en el lodo y se alimenta del plancton circundante.

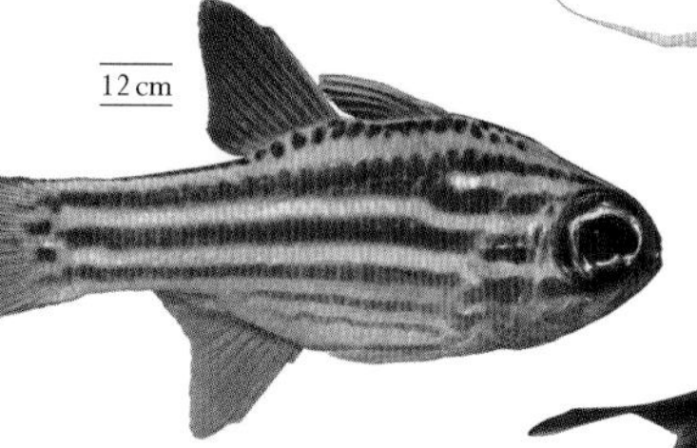

12 cm

PEZ CARDENAL DE LISTAS OCRES
Ostorhinchus compressus
F: Apogónidos
Este pequeño pez nocturno de los arrecifes coralinos del Pacífico occidental tiene unos grandes ojos y dos aletas dorsales. El macho incuba los huevos en su boca.

40 cm

SALMONETE DE ROCA
Mullus surmuletus
F: Múlidos
Abundante en el Mediterráneo y el Atlántico nororiental, esta especie rastrea con sus bigotes el fondo marino en busca de presas enterradas.

31 cm

PEZ SOL
Lepomis cyanellus
F: Centrárquidos
Muy conocido en América del Norte, esta especie de gran tamaño es uno de los peces más comunes en lagos y ríos.

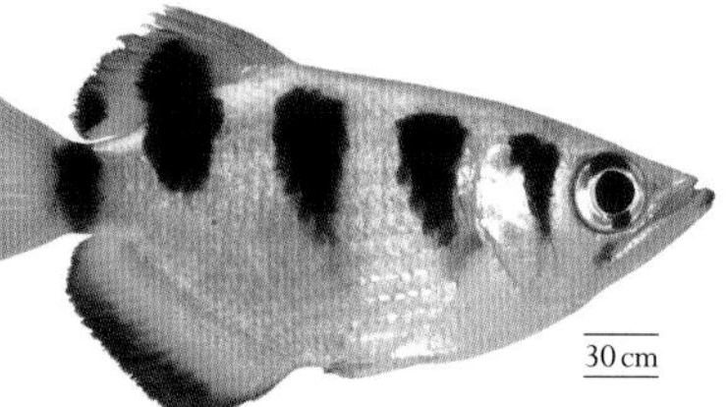

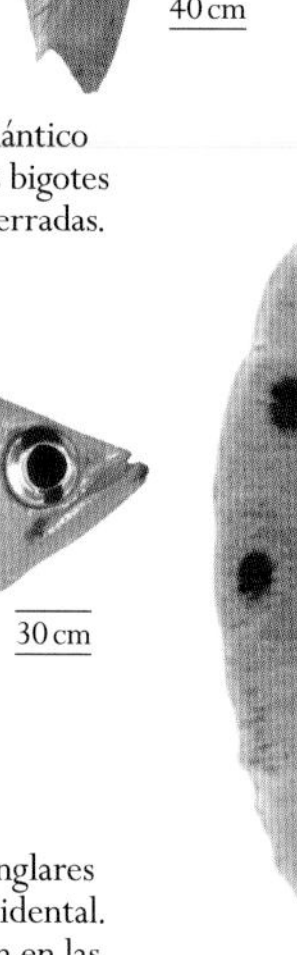

30 cm

PEZ ARQUERO COMÚN
Toxotes jaculatrix
F: Toxótidos
Vive sobre todo en estuarios salobres de manglares del sureste de Asia, Australia y el Pacífico occidental. Captura a los pequeños insectos que se posan en las ramas disparándoles un chorro de agua con su boca.

LABIOS DULCES ARLEQUÍN
Plectorhinchus chaetodonoides
F: Hemúlidos
Los adultos son de color crema con manchas negras. El color y el movimiento del juvenil aquí mostrado imitan al de un gusano platelminto tóxico.

1,2 m

ANJOVA
Pomatomus saltatrix
F: Pomatómidos
Este voraz y agresivo depredador, ampliamente distribuido por los océanos tropicales y subtropicales, vaga en pequeños grupos y ataca a peces más pequeños.

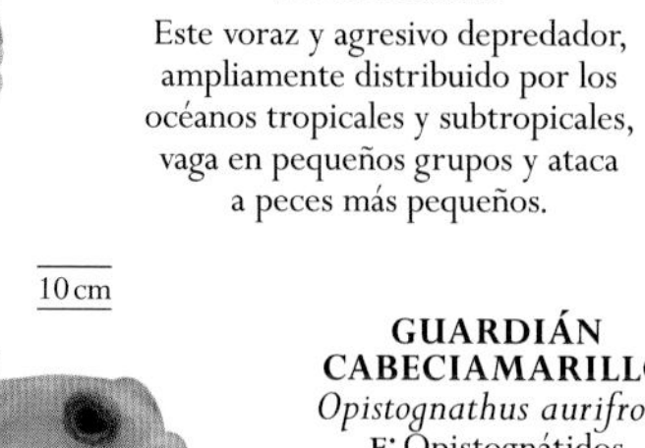

10 cm

GUARDIÁN CABECIAMARILLO
Opistognathus aurifrons
F: Opistognátidos
En cuanto la hembra de esta especie caribeña deposita los huevos, el macho los incuba en su boca.

51 cm

PERCA EUROPEA
Perca fluviatilis
F: Pércidos
Originario de Europa y Asia, este depredador de amplia distribución en agua dulce se ha introducido como pez de pesca deportiva en Australia, donde se ha convertido en una plaga.

PEZ ÁNGEL EMPERADOR
Pomacanthus imperator
F: Pomacántidos

Vive en los arrecifes coralinos del Índico y el Pacífico. Los juveniles tienen un patrón de color distinto al de los adultos para protegerse de la agresión territorial.

40 cm

PEZ ÁNGEL REAL
Pygoplites diacanthus
F: Pomacántidos

Los llamativos colores de este y otros peces de los arrecifes de coral sirven para comunicarse y distinguirse entre las numerosas especies.

patrón rayado

25 cm

larga aleta dorsal única

10 cm

PEZ HOJA AMAZÓNICO
Monocirrhus polyacanthus
F: Policéntridos

Este depredador de agua dulce nada a la deriva como una hoja muerta para acercarse a sus presas y engullirlas con su gran boca.

2 m

CHERNA
Polyprion americanus
F: Poliprióinidos

Los jóvenes llevan una vida nómada entre los desechos que flotan a la deriva, mientras que los adultos frecuentan pecios, cuevas y zonas rocosas. Viven en todos los océanos del mundo.

25 cm

PEZ ÁNGEL MALAYO
Monodactylus argenteus
F: Monodactílidos

Esta especie del Índico y el Pacífico habita en estuarios de agua salobre, donde nada en pequeños grupos.

cabeza con una pronunciada extensión dorsal

15 cm

ANTIAS COLA DE LIRA
Pseudanthias squamipinnis
F: Serránidos

Este pequeño pez recoge el plancton de las aguas coralinas cercanas a los acantilados. Los machos pueden tener un harén de hembras.

70 cm

CORVALLO
Sciaena umbra
F: Esciénidos

Perteneciente a la familia de las corvinas, este pez del Atlántico nororiental y el Mediterráneo se comunica mediante fuertes sonidos producidos por su vejiga natatoria.

70 cm

MERO JOROBADO
Cromileptes altivelis
F: Serránidos

Como la mayoría de los meros, esta especie de los arrecifes coralinos del Índico y el Pacífico, cada vez más rara, cambia de hembra a macho a medida que crece.

1,2 m

EPINEPHELUS MALABARICUS
F: Serránidos

Esta especie indopacífica se halla en diversos hábitats, desde arrecifes a estuarios. Como muchos meros, cambia de hembra a macho hacia los 10 años de edad.

alta aleta dorsal

GUAPENA
Equetus lanceolatus
F: Esciánidos

Vive en los profundos arrecifes coralinos tropicales del Atlántico occidental. Su forma y su color le proporcionan un buen camuflaje.

25 cm

40 cm

PARGO DE RAYAS AZULES
Lutjanus kasmira
F: Lutjánidos

Este veloz nadador de los arrecifes coralinos forma grupos durante el día y se dispersa por la noche para alimentarse.

1,2 m

BLANQUILLO LUCIO
Caulolatilus microps
F: Malacántidos

Vive en el lodo y la arena de la costa este de América del Norte, y suele permanecer entre la superficie y los 200 m de profundidad para evitar aguas demasiado frías.

»

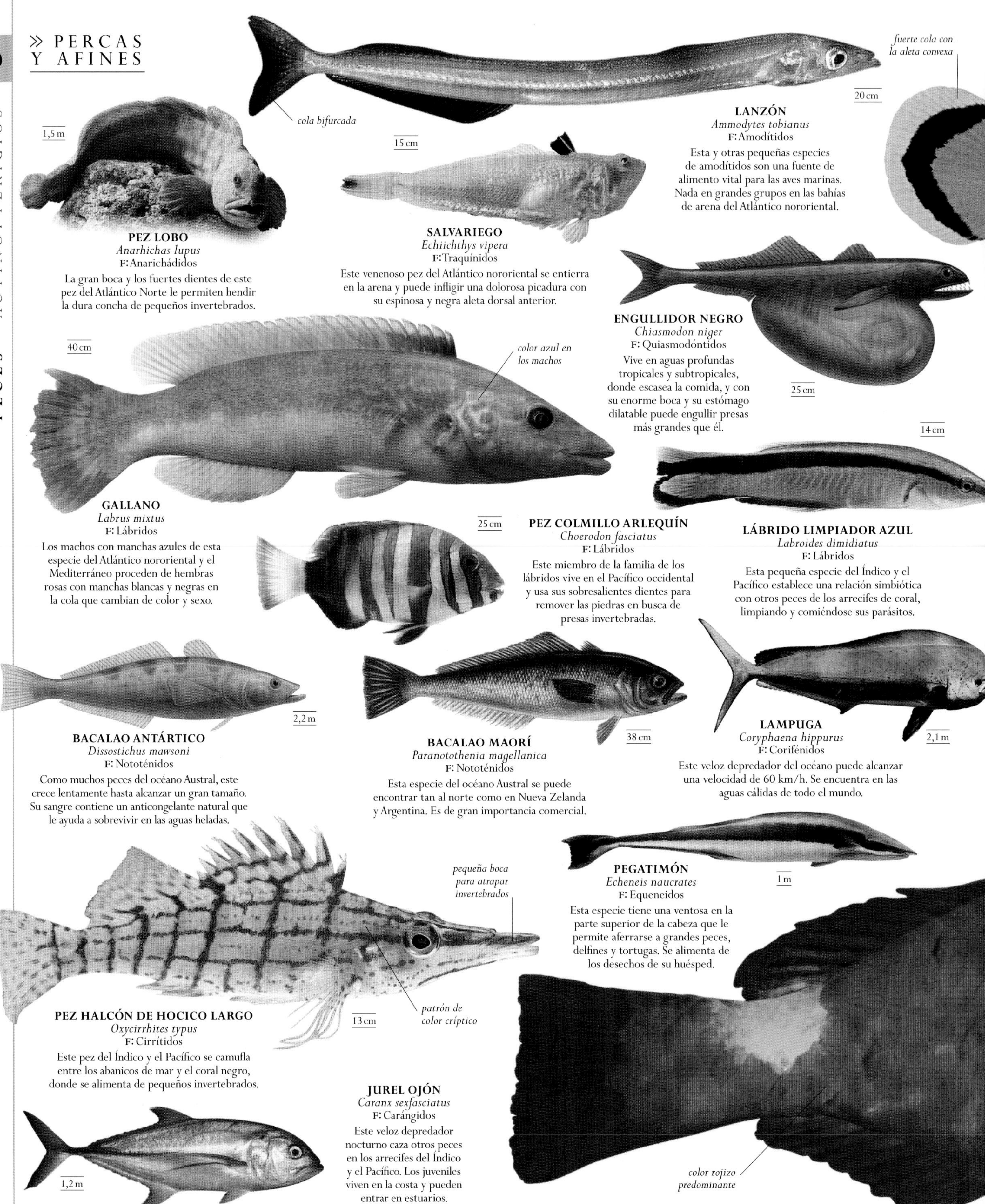

LANZÓN
Ammodytes tobianus
F: Amodítidos

Esta y otras pequeñas especies de amodítidos son una fuente de alimento vital para las aves marinas. Nada en grandes grupos en las bahías de arena del Atlántico nororiental.

PEZ LOBO
Anarhichas lupus
F: Anarichádidos

La gran boca y los fuertes dientes de este pez del Atlántico Norte le permiten hendir la dura concha de pequeños invertebrados.

SALVARIEGO
Echiichthys vipera
F: Traquínidos

Este venenoso pez del Atlántico nororiental se entierra en la arena y puede infligir una dolorosa picadura con su espinosa y negra aleta dorsal anterior.

ENGULLIDOR NEGRO
Chiasmodon niger
F: Quiasmodóntidos

Vive en aguas profundas tropicales y subtropicales, donde escasea la comida, y con su enorme boca y su estómago dilatable puede engullir presas más grandes que él.

GALLANO
Labrus mixtus
F: Lábridos

Los machos con manchas azules de esta especie del Atlántico nororiental y el Mediterráneo proceden de hembras rosas con manchas blancas y negras en la cola que cambian de color y sexo.

PEZ COLMILLO ARLEQUÍN
Choerodon fasciatus
F: Lábridos

Este miembro de la familia de los lábridos vive en el Pacífico occidental y usa sus sobresalientes dientes para remover las piedras en busca de presas invertebradas.

LÁBRIDO LIMPIADOR AZUL
Labroides dimidiatus
F: Lábridos

Esta pequeña especie del Índico y el Pacífico establece una relación simbiótica con otros peces de los arrecifes de coral, limpiando y comiéndose sus parásitos.

BACALAO ANTÁRTICO
Dissostichus mawsoni
F: Nototénidos

Como muchos peces del océano Austral, este crece lentamente hasta alcanzar un gran tamaño. Su sangre contiene un anticongelante natural que le ayuda a sobrevivir en las aguas heladas.

BACALAO MAORÍ
Paranotothenia magellanica
F: Nototénidos

Esta especie del océano Austral se puede encontrar tan al norte como en Nueva Zelanda y Argentina. Es de gran importancia comercial.

LAMPUGA
Coryphaena hippurus
F: Corifénidos

Este veloz depredador del océano puede alcanzar una velocidad de 60 km/h. Se encuentra en las aguas cálidas de todo el mundo.

PEGATIMÓN
Echeneis naucrates
F: Equeneidos

Esta especie tiene una ventosa en la parte superior de la cabeza que le permite aferrarse a grandes peces, delfines y tortugas. Se alimenta de los desechos de su huésped.

PEZ HALCÓN DE HOCICO LARGO
Oxycirrhites typus
F: Cirrítidos

Este pez del Índico y el Pacífico se camufla entre los abanicos de mar y el coral negro, donde se alimenta de pequeños invertebrados.

JUREL OJÓN
Caranx sexfasciatus
F: Carángidos

Este veloz depredador nocturno caza otros peces en los arrecifes del Índico y el Pacífico. Los juveniles viven en la costa y pueden entrar en estuarios.

PEZ PAYASO COMÚN
Amphiprion ocellaris
F: Pomacéntridos

Este colorido pez del área tropical del Pacífico occidental se refugia y vive entre los tentáculos urticantes de las anémonas de mar gigantes. También se cría en cautividad.

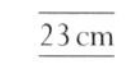

15 cm

CASTAÑUELA AZUL
Chromis cyanea
F: Pomacéntridos

Es uno de los peces más comunes en los arrecifes coralinos del Atlántico occidental tropical. Pone sus huevos a través de un oviscapto de color naranja.

23 cm

SARGENTO MAYOR
Abudefduf saxatilis
F: Pomacéntridos

Este pequeño pez rayado y brillante, el miembro más común de la familia de los peces payaso, puede verse fácilmente en los arrecifes de coral del Atlántico.

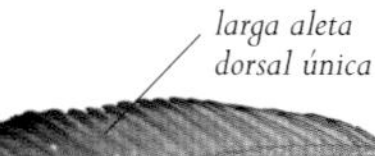

TILAPIA DEL NILO
Oreochromis niloticus
F: Cíclidos

Esta especie de los lagos de África es una fuente de alimento importante a nivel local. La hembra incuba unos 2000 huevos en su boca.

MELANOCHROMIS CHIPOKAE
F: Cíclidos

Esta especie solo se encuentra en las orillas rocosas del lago Malawi, en África. Otros peces de esta familia son endémicos de diversos lagos.

6,5 cm

CASTAÑUELA ORQUÍDEA
Pseudochromis fridmani
F: Pseudocrómidos

Este habitante del mar Rojo, uno de los más espléndidos peces coralinos, se esconde bajo los salientes de las áreas escarpadas.

10 cm

CÍCLIDO CEBRA
Amatitlania nigrofasciata
F: Cíclidos

Originario de los ríos de América Central, se ha introducido en otros lugares, donde puede ser una plaga que compite con las especies autóctonas por el alimento y el espacio.

PEZ ÁNGEL DE AGUA DULCE
Pterophyllum scalare
F: Cíclidos

Este popular pez de acuario, con su cuerpo en forma de disco comprimido lateralmente, es originario de los pantanos de América del Sur. Ambos sexos incuban los huevos.

PEZ SAPO AUSTRALIANO
Kathetostoma laeve
F: Uranoscópidos

Esta abundante especie del sur de Australia se entierra en la arena dejando al descubierto solo los ojos y la boca.

DRACO ANTÁRTICO
Chaenocephalus aceratus
F: Queníctidos

Este pez del océano Austral tiene en su sangre un anticongelante natural que le permite sobrevivir a temperaturas de hasta -2 °C.

PEZ MANTEQUILLA
Pholis gunnellus
F: Fólidos

Este pez con forma de anguila se halla en las lagunas rocosas del Atlántico Norte. Es muy resbaladizo y escapa fácilmente de los depredadores.

VIEJA COLORADA
Sparisoma cretense
F: Escáridos

Esta especie mediterránea es el único pez loro cuya hembra es más colorida que el macho. La mayoría de los integrantes de esta familia son tropicales.

apéndice duro para romper el coral

1,3 m

LORO COTOTO VERDE
Bolbometopon muricatum
F: Escáridos

Con su fuerte boca en forma de pico, este gran pez de los arrecifes coralinos del Índico y el Pacífico tritura el coral vivo, y luego expulsa los restos reducidos a arenilla.

»

» PERCAS Y AFINES

12 cm

GURAMI LEOPARDO
Ctenopoma acutirostre
F: Anabántidos

Este pez tropical de agua dulce vive en la cuenca del río Congo, en África. Suele acechar a las presas con su cabeza dirigida hacia abajo.

20 cm

TORILLO
Blennius ocellaris
F: Blénidos

Como muchos de sus parientes, este pez del Atlántico nororiental vive en el fondo del mar y protege sus huevos, que suele depositar en una concha vacía.

9 cm

PEZ DARDO MAGNÍFICO
Nemateleotris magnifica
F: Microdésmidos

Vive en los arrecifes coralinos y recoge el plancton que pasa por encima de su escondrijo. Ante el peligro, levanta su «dardo» dorsal.

6,5 cm

LUCHADOR DE SIAM
Betta splendens
F: Osfronémidos

La distribución original de este pez asiático de agua dulce no está clara, pero se ha criado en cautividad durante siglos por su destreza en la lucha.

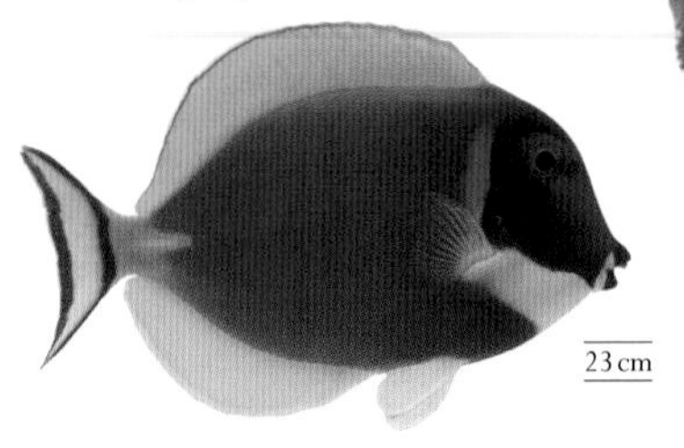

23 cm

PEZ CIRUJANO DE ALETA AMARILLA
Acanthurus leucosternon
F: Acantúridos

Para defenderse, este pez del Índico tiene una estructura similar a una cuchilla oculta en ambos lados de la base de la cola.

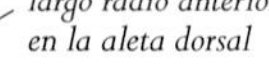

6 cm

PEZ MANDARÍN
Synchiropus splendidus
F: Calionímidos

Originario del Pacífico, este pez es uno de los más coloridos de los arrecifes coralinos tropicales. Sus colores advierten a los depredadores de su mal sabor.

gran aleta dorsal en forma de vela

hocico en forma de lanza

3,2 m

PEZ VELA DEL ATLÁNTICO
Istiophorus albicans
F: Istiofóridos

Este depredador marino utiliza su mandíbula superior en forma de lanza para penetrar en los bancos de peces y aturdir a sus presas.

cuerpo en forma de torpedo

mandíbula inferior prominente

2 m

BARRACUDA
Sphyraena barracuda
F: Esfirénidos

Este depredador solitario, distribuido por las aguas tropicales y subtropicales de todo el mundo, acecha a su presa y luego lanza un veloz ataque.

60 cm

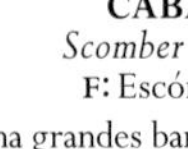

CABALLA
Scomber scombrus
F: Escómbridos

Forma grandes bancos en el Atlántico Norte y se alimenta vorazmente de peces pequeños y plancton. Su hidrodinámico cuerpo lo convierte en un veloz nadador.

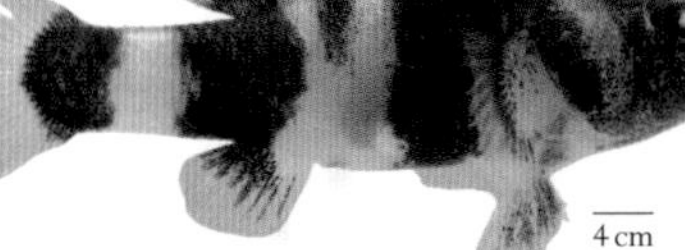

4 cm

PEZ AVISPA
Brachygobius doriae
F: Góbidos

Esta especie tolera las aguas salobres y se encuentra en el fondo de los estuarios y manglares del sureste de Asia.

9 cm

GOBIO PINTADO
Pomatoschistus pictus
F: Góbidos

Este y otros gobios similares son comunes en áreas de sedimentos poco profundas del noreste del Atlántico. Los análisis de ADN sugieren que los gobios deben incluirse en un orden separado, gobiformes.

4,5 m

ATÚN
Thunnus thynnus
F: Escómbridos

De distribución cosmopolita, es uno de los peces de mayor valor comercial. Es un veloz y dinámico depredador que merodea a la caza de pequeños peces.

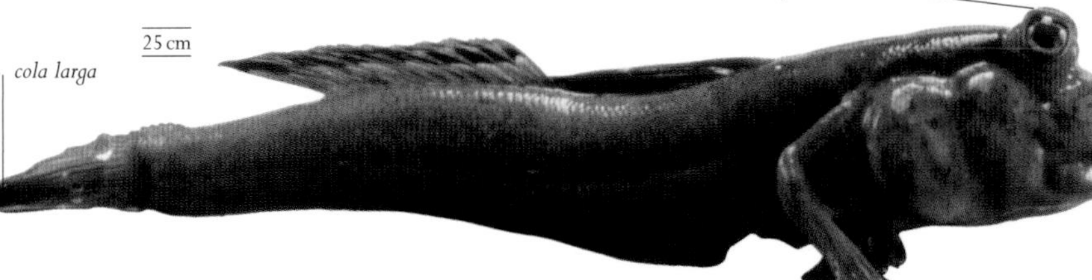

25 cm

SALTARÍN DEL FANGO DEL ATLÁNTICO
Periophthalmus barbarus
F: Góbidos

Si se mantiene húmedo, puede permanecer fuera del agua durante hor absorbiendo oxígeno a través de la pie

SARCOPTERIGIOS

Las aletas lobuladas de estos peces parecen miembros primitivos; de ahí que se los considerara antaño los ancestros de los vertebrados terrestres.

Como los actinopterigios, los sarcopterigios son peces óseos con un esqueleto duro, pero sus aletas tienen una estructura diferente. La membrana de la aleta se apoya en un lóbulo muscular que sobresale del cuerpo y es lo suficientemente fuerte como para que algunos de estos peces «caminen» sobre sus aletas pectorales y pélvicas. Los huesos y el cartílago de los lóbulos proporcionan inserción a los músculos. Esta clase incluye a los celacantos y a los peces pulmonados de agua dulce, así como a muchos grupos fósiles.

UN FÓSIL VIVIENTE

Los celacantos son nocturnos y sigilosos. El primer ejemplar vivo se encontró en 1938; hasta entonces solo se conocían especies fósiles de hace más de 65 millones de años. El histórico hallazgo fue un ejemplar de la especie que vive en las zonas rocosas de las profundidades del Índico occidental. En 1998 se halló otro en las aguas de Indonesia. Tienen varios rasgos estructurales únicos, como una espina dorsal incompleta, un notocordio residual y una aleta caudal con un lobulillo adicional. Sus escamas son pesadas placas óseas, lo que les impide nadar largas distancias. A diferencia de los pulmonados, los huevos de los celacantos eclosionan en el cuerpo de la hembra, que pare diminutos alevines; la gestación puede durar hasta tres años, lo que dificulta su supervivencia si su pesca continúa.

PECES PULMONADOS

Aunque la mayoría de sus antepasados fósiles vivían en el mar, los peces pulmonados viven en hábitats de agua dulce en América del Sur, África y Australia. Todos pueden respirar aire mediante una conexión con la vejiga natatoria, útil cuando los estanques se secan estacionalmente. Algunas especies pueden sobrevivir enterradas en el barro durante meses, mientras que otras respiran únicamente mediante sus branquias. Su forma y el hecho de que las larvas de algunas especies tengan branquias externas llevaron a los primeros zoólogos a pensar que los peces pulmonados eran anfibios.

FILO	CORDADOS
CLASES	CELACANTOS DIPNEUSTOS
ÓRDENES	3
FAMILIAS	4
ESPECIES	8

DEBATE

PECES TERRESTRES

Aunque se acepta que los vertebrados terrestres evolucionaron a partir de un pez o semejante marino primitivo, hallar ese antepasado no es fácil. Los estudios sugieren que los peces pulmonados están más relacionados con los tetrápodos (vertebrados de cuatro extremidades) que con los celacantos. En 2002 se halló en China un fósil de pez de aletas lobuladas, *Styloichthys*, que parece indicar una estrecha relación entre los peces pulmonados y los tetrápodos. El debate continúa, pero hoy ya no se considera a los celacantos antepasados directos de los tetrápodos.

PECES PULMONADOS AFRICANOS

Las cuatro especies del orden lepidosireniformes tienen el cuerpo alargado y unas aletas pectorales y pélvicas filiformes, y respiran mediante un par de pulmones derivados de su vejiga natatoria.

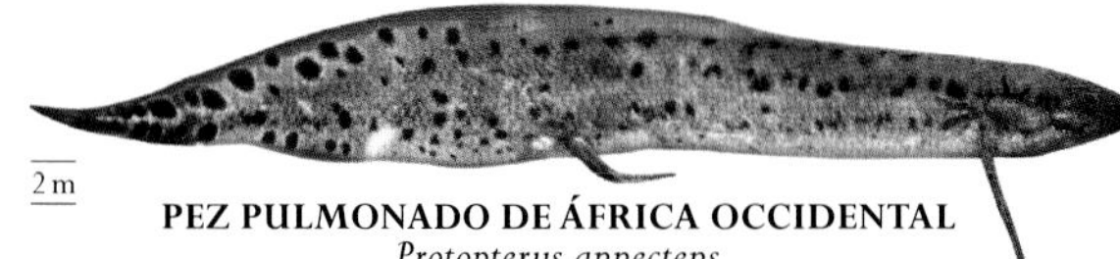

2 m

PEZ PULMONADO DE ÁFRICA OCCIDENTAL
Protopterus annectens
F: Protoptéridos
Cuando los lagos en los que vive se secan, este pez pulmonado sobrevive enterrándose en una cámara de barro con una entrada de aire.

PEZ PULMONADO AUSTRALIANO

La única especie del orden ceratodontiformes tiene el cuerpo alargado, grandes escamas, aletas pélvicas y pectorales en forma de remo y cola cónica. Puede respirar mediante sus pulmones durante periodos cortos, pero no sobrevive si su hábitat se seca.

1,8 m

aletas similares a extremidades

PEZ PULMONADO AUSTRALIANO
Neoceratodus forsteri
F: Neoceratodóntidos
Esta especie, que vive en pozas profundas y ríos, puede sobrevivir en aguas estancadas respirando aire mediante su vejiga natatoria.

CELACANTOS

El orden celacantiformes incluye solo a dos peces primitivos con grandes escamas óseas y unas aletas pectorales y pélvicas de base carnosa similares a extremidades. En vida, son de color azul metálico con manchas blancas, pero el color se desvanece cuando mueren. Desde un sumergible se ha observado una interesante postura de natación cabeza abajo

aleta caudal trilobulada

1,4 m

CELACANTO INDONESIO
Latimeria menadoensis
F: Latiméridos
Los estudios moleculares demuestran que se trata de una especie distinta del celacanto, aunque físicamente es similar. Vive en el mar de Célebes.

cuerpo salpicado de motas blancas

2 m

aleta con base carnosa

CELACANTO
Latimeria chalumnae
F: Latiméridos
Vive en las costas del sur de África y Madagascar en áreas submarinas abruptas y rocosas, y se esconde en las profundas cuevas oceánicas durante el día.

ANFIBIOS

Son vertebrados ectotermos que prosperan en hábitats de agua dulce. Algunos pasan toda su vida en el agua, y otros solo necesitan el agua para reproducirse. En tierra deben encontrar lugares húmedos, pues su piel permeable no les protege de la desecación.

FILO	CORDADOS
CLASE	ANFIBIOS
ÓRDENES	3
FAMILIAS	74
ESPECIES	8212

Machos y hembras de sapo dorado, especie de Costa Rica extinguida en 1989, congregados en una charca para aparearse.

Una hembra de salamandra de Jefferson deja una masa de huevos en una ramita sumergida a comienzos de la primavera.

Tras la eclosión de los huevos, el macho de rana venenosa rojiza lleva a los renacuajos a las charcas de bromelias del dosel.

DEBATE
UN GRAN DESAFÍO

Es posible que en un futuro próximo un tercio de los anfibios se extinga, lo que supone un gran desafío de conservación. Este peligro se debe a la destrucción y contaminación de los hábitats de agua dulce, pero los anfibios también están muy amenazados por la propagación global de la quitridiomicosis, causada por unos hongos que invaden su piel.

Algunos autores opinan que los tres órdenes actuales de anfibios vivos tienen un antecesor común; otros creen que dicho antecesor solo lo comparten urodelos y anuros, y aun otros, que lo comparten urodelos y cecilias pero no anuros. En el registro fósil existe una gran discontinuidad entre los primeros animales terrestres derivados de los peces –los primeros tetrápodos, de hace 370 millones de años– y *Gerobatrachus hottoni*, el primer antecesor común de anuros y urodelos, de hace 230 millones de años.

Los anfibios tienen un ciclo de vida único y complejo y ocupan nichos ecológicos muy diferentes en sus distintas fases vitales. En la mayoría de los casos, de sus huevos nacen larvas que viven en el agua y que generalmente se alimentan de materias vegetales y detritos. Tras crecer con rapidez, las larvas se metamorfosean en adultos de vida terrestre. Todos los anfibios adultos –y las larvas de los urodelos– son depredadores, y la mayoría se alimenta de insectos y otros pequeños invertebrados; suelen llevar una vida sigilosa y solitaria, excepto cuando vuelven a las masas de agua para reproducirse. Así pues, la mayoría de los anfibios requiere dos tipos muy distintos de hábitats a lo largo de su vida: acuáticos y terrestres. Durante la metamorfosis experimentan cambios anatómicos y fisiológicos, pasando de larvas acuáticas nadadoras que respiran con branquias a adultos terrestres que andan a cuatro patas y respiran con pulmones.

CUIDADOS PARENTALES

Algunos anfibios producen grandes cantidades de huevos cuyas larvas deberán valerse por sí mismas y de las que solo sobrevivirán unas pocas, pero muchos otros han desarrollado distintos tipos de cuidados parentales. Estos suelen ir asociados con la producción de una progenie poco numerosa, de modo que el éxito reproductivo se consigue mediante el cuidado de un número manejable de jóvenes, más que produciendo el máximo número de huevos posible. Los cuidados parentales pueden ser de muchos tipos: desde defender huevos o larvas, o alimentar a los renacuajos con huevos no fecundados, hasta trasportarlos de un lugar a otro. En algunas especies, estos cuidados los da el padre; en el caso de muchas salamandras y cecilias, solo los da la madre, y en el de algunos anuros, padre y madre establecen un vínculo duradero y comparten los cuidados parentales.

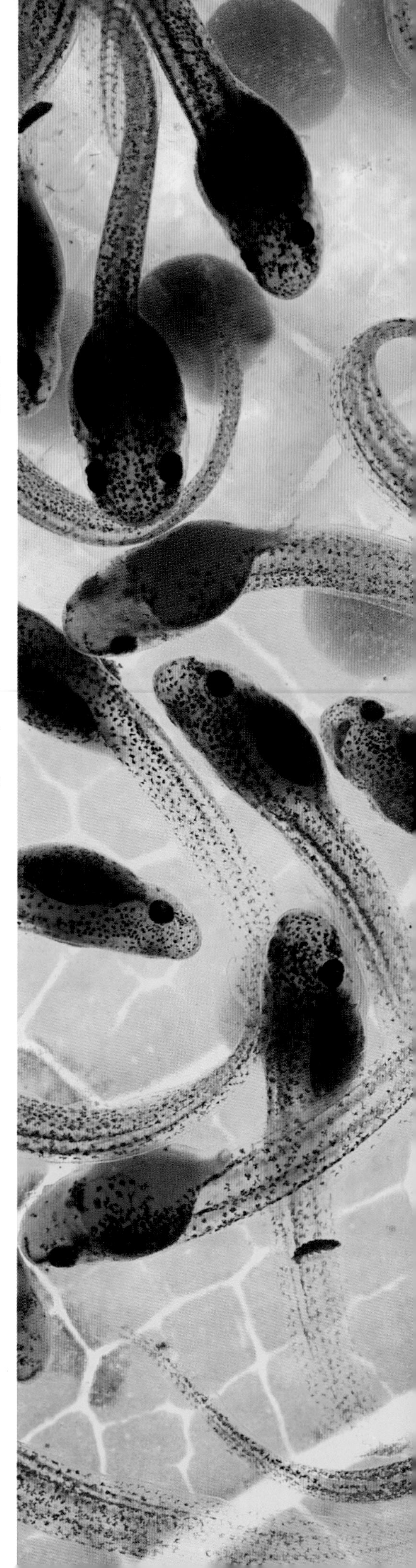

A PUNTO DE ECLOSIONAR >
Renacuajos del anuro de Tanzania *Hyperolius mitchelli* se agitan dentro de sus huevos, a punto de nacer.

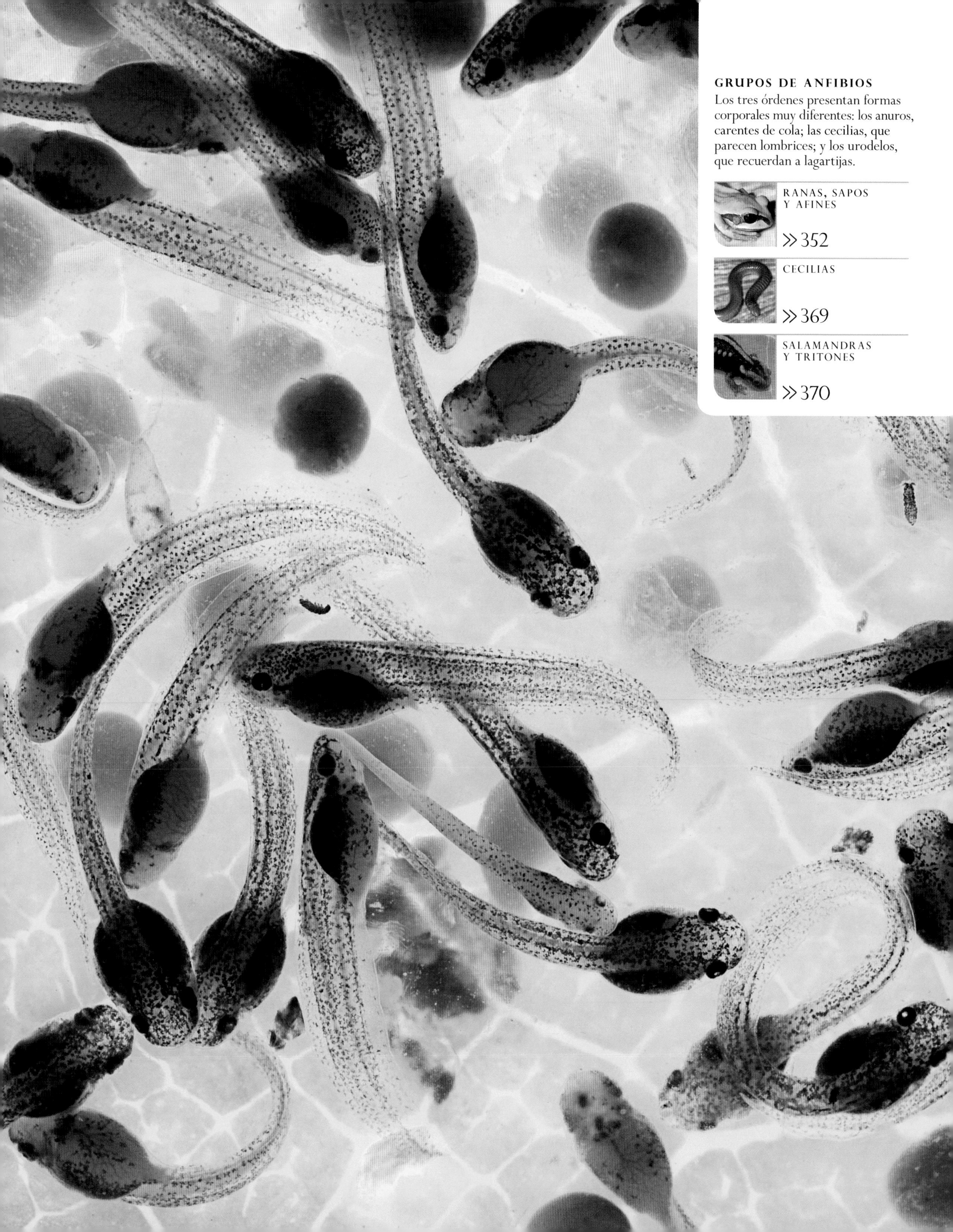

GRUPOS DE ANFIBIOS

Los tres órdenes presentan formas corporales muy diferentes: los anuros, carentes de cola; las cecilias, que parecen lombrices; y los urodelos, que recuerdan a lagartijas.

RANAS, SAPOS Y AFINES » 352

CECILIAS » 369

SALAMANDRAS Y TRITONES » 370

RANAS, SAPOS Y AFINES

Con sus poderosas patas posteriores plegadas contra el cuerpo, su ancha boca y sus ojos saltones, los anuros tienen una forma única e inconfundible.

El nombre de este orden, anuros, significa «animales sin cola». Todos los demás anfibios tienen cola cuando son adultos, pero en los anuros la cola va desapareciendo durante la metamorfosis entre la fase larval y la adulta. Las larvas o renacuajos se alimentan sobre todo de materias vegetales y tienen un cuerpo esférico que aloja el largo y retorcido intestino que requiere esta dieta. Los adultos, en cambio, son totalmente carnívoros y se alimentan de una gran variedad de insectos y otros invertebrados; las especies de gran talla también depredan pequeños reptiles y mamíferos, además de otros anuros.

ADAPTACIONES INGENIOSAS

Los anuros cazan sus presas al acecho, a menudo saltando sobre ellas. En muchos las patas traseras están modificadas para el salto y son mucho más largas que las delanteras y muy musculosas. El salto es también un método eficaz para escapar de los depredadores. Pero no todos los anuros saltan; muchos de ellos tienen las patas traseras adaptadas para otras acciones, tales como nadar, excavar, trepar e incluso planear por los aires. La mayoría de los anuros viven en hábitats húmedos, cerca de las charcas y arroyos en los que se reproducen, pero hay varias especies adaptadas a la vida en zonas áridas. La mayor diversidad de anuros se da en el trópico, especialmente en las pluvisilvas. Unas especies son diurnas, y otras, nocturnas. Algunas se camuflan a la perfección, mientras que otras tienen colores vivos que advierten de que son venenosas o tienen un sabor repugnante.

CORTEJO Y REPRODUCCIÓN

Los anuros difieren de los otros anfibios en que tienen voz y un oído muy bueno. Los machos de la mayoría de las especies cantan para atraer a las hembras, y su canto es característico de la especie. En casi todos los anuros la fecundación es externa: el macho deposita su esperma sobre los huevos a medida que la hembra los va poniendo. Para ello, el macho se abraza al dorso de la hembra en la postura denominada amplexo; la duración del amplexo varía entre las distintas especies, desde unos pocos minutos hasta varios días.

FILO	CORDADOS
CLASE	ANFIBIOS
ORDEN	ANUROS
FAMILIAS	54
ESPECIES	7244

DEBATE

SAPOS Y RANAS

La diferenciación entre sapos y ranas no tiene validez taxonómica y se usa de forma diversa en distintas partes del mundo. En Europa y América del Norte, el término «sapo» alude, entre otras, a las especies de bufónidos, pero esta familia también incluye a las ranas arlequín de la América tropical. Por lo general, los sapos tienen la piel áspera y son de movimientos lentos, mientras que las ranas son de piel lisa, ágiles y rápidas, y pasan mucho tiempo en el agua, si bien existen muchas ranas y ranitas que pasan gran parte de su vida adulta en árboles o arbustos y varios sapillos que son ágiles y rápidos o tienen la piel lisa.

SAPOS PARTEROS

Los machos de los sapos parteros (familia alítidos) cantan por la noche para atraer a las hembras. Cuando se aparea, el macho se adhiere en el dorso los huevos fecundados, y luego los transporta hasta que están listos para eclosionar, momento en que los deja en el agua. A veces los machos llevan las puestas de más de una hembra. En el caso de los sapillos pintojos, cada hembra copula con varios machos y pone hasta mil huevos, que libera en el agua.

SAPO PARTERO COMÚN
Alytes obstetricans
Esta especie de Europa occidental y central tiene el cuerpo rechoncho y las patas traseras potentes, adaptadas para cavar. Durante el día se esconde en una madriguera.

ARTROLÉPTIDOS

Esta es una extensa y diversificada familia de anuros que se distribuye por el África subsahariana en selvas, terrenos arbolados y herbazales, a veces a gran altitud. Sus miembros varían desde las pequeñas *Arthroleptis* de agudo canto hasta las grandes ranas arborícolas.

2–3 cm

tercer dedo muy largo

3–4 cm

CARDIOGLOSSA GRACILIS
Esta rana habita en selvas y bosques de montaña de África ecuatorial y cría en torrentes; los machos cantan desde las laderas próximas.

RANITA TERRESTRE AFRICANA
Arthroleptis poecilonotus
La hembra de esta pequeña especie pone grandes huevos en cavidades del suelo. El macho tiene un canto muy sonoro.

4–5,5 cm

LEPTOPELIS NORDEQUATORIALIS
Esta rana arborícola vive en herbazales de montaña de Camerún y el sureste de Nigeria. Los machos cantan a las hembras cerca del agua, y estas ponen sus huevos en charcas, estanques o marjales.

2,5–4 cm

LEPTOPELIS MODESTUS
Esta especie vive en bosques de montaña, cerca de torrentes, en áreas dispersas del oeste y el centro del África ecuatorial. Las hembras son mayores que los machos.

RANAS DE CRISTAL

Las ranas de la familia centrolénidos, de América Central y del Sur, se denominan «ranas de cristal» porque en muchas especies la piel ventral es transparente y permite ver los órganos internos.

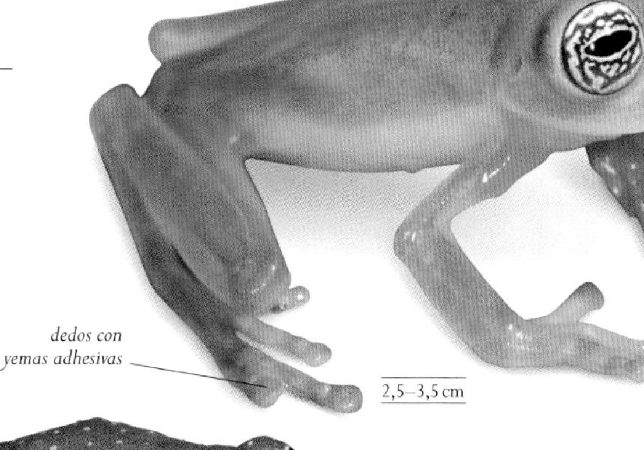

RANA DE CRISTAL FANTASMA
Sachatamia ilex
Esta rana arborícola vive en la vegetación húmeda, a menudo junto a torrentes. Sus huesos verde oscuro son visibles a través de la piel.

RANA DE CRISTAL DE FLEISCHMANN
Hyalinobatrachium fleischmanni
Los machos de esta especie son territoriales y cantan para defender el territorio y atraer a las hembras. Estas ponen sus huevos en hojas situadas encima del agua.

2–3 cm

SACHATAMIA ALBOMACULATA
Esta especie vive en selvas húmedas de tierras bajas y cría cerca de torrentes; los machos cantan a las hembras desde la vegetación baja próxima.

RANA DE CRISTAL ESMERALDA
Espadarana prosoblepon
Ferozmente territoriales, los machos de esta rana arborícola defienden su territorio cantando y a veces también luchando.

CERATÓFRIDOS

Estos anuros de América del Sur tienen la cabeza muy grande y una boca muy ancha que les permite comer animales casi tan grandes como ellos mismos. Cazan al acecho y permanecen quietos y camuflados hasta que la presa se halla a su alcance.

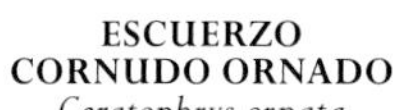

ESCUERZO CORNUDO ORNADO
Ceratophrys ornata
Este anuro de los herbazales de Argentina, Uruguay y el sur de Brasil depreda vertebrados y cría en charcas temporales tras las fuertes lluvias primaverales.

«cuerno» sobre el ojo

boca ancha

ESCUERZO CORNUDO DE CRANWELL
Ceratophrys cranwelli
Este escuerzo del Chaco pasa gran parte de su vida enterrado y sale tras las lluvias intensas para aparearse y poner sus huevos en charcas.

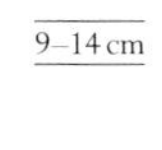

9–14 cm

ESCUERZO DE AGUA
Lepidobatrachus laevis
Esta especie pasa los periodos secos en un capullo bajo tierra, y sale tras las lluvias para reproducirse en charcas. Los renacuajos, de enormes mandíbulas, son carnívoros y caníbales.

CRAUGASTÓRIDOS

Distribuidos por toda América, los craugastóridos ponen huevos de los que nacen pequeños adultos que no pasan por la fase de renacuajo. Las puestas pueden hacerse en el suelo o en la vegetación. Muchas especies cuidan de los huevos.

RANA DE LLUVIA CABECIANCHA
Craugastor megacephalus
Esta rana centroamericana que hace su puesta en la hojarasca se esconde durante el día en una madriguera y sale de noche.

3–7 cm

CRAUGASTOR CRASSIDIGITUS
Esta especie terrestre de las selvas húmedas de América Central y el extremo noroeste de Colombia también se halla en cafetales y pastizales.

RANA DE LLUVIA COMÚN
Craugastor fitzingeri
Especie selvática de Colombia y América Central. El macho canta a la hembra desde una percha elevada. La hembra pone en el suelo y vigila los huevos.

SAPOS VERDADEROS

Numerosa y diversificada, la familia bufónidos se distribuye por el mundo entero. Sus miembros se caracterizan por sus cortas patas posteriores, aptas para caminar o dar pequeños saltos, por su piel seca y verrugosa y por sus grandes glándulas parótidas. Pero esta familia también incluye a las ranas arlequín de América Central y del Sur, que son más esbeltas y de patas largas.

SAPO COMÚN AFRICANO
Sclerophorus regularis
Común en toda África excepto en las partes más secas de los desiertos del Sáhara y el Namib, este sapo robusto cría en embalses y charcas. El macho atrae a la hembra con un canto ronco, como de pato.

SAPO ARBORÍCOLA MALAYO
Rentapia hosii
Este sapo del Sudeste Asiático es inusual por su vida en buena parte arborícola. Para trepar por los árboles tiene unos discos adhesivos en los dedos.

SAPO VERDE
Bufotes viridis
Este sapo de los hábitats arenosos del centro y el este de Europa y el oeste de Asia sale de su madriguera en primavera para criar en charcas.

SAPO CORREDOR
Bufo (Epidalea) calamita
Esta especie del centro y el oeste de Europa, desde Estonia hasta Gibraltar, tiene las patas más cortas que otros sapos y anda o corre como un ratón.

CERATOBATRÁCIDOS

Las ranas de esta familia, que se distribuye por China, el Sudeste Asiático y varias islas del Pacífico, ponen grandes huevos de los que nacen pequeños adultos. Muchas especies tienen el extremo de los dedos ensanchado.

RANA TERRESTRE DE LAS FIYI
Cornufer vitianus
Esta especie en peligro solo se encuentra hoy en día en las cuatro pequeñas islas de las Fiyi en las que no se han introducido mangostas.

2,5–11 cm

RANA CORNUDA DE LAS SALOMÓN
Cornufer guentheri
Esta especie se esconde entre las hojas secas de selvas, zonas degradadas y jardines de Nueva Guinea y las Salomón.

BOMBINATÓRIDOS

Estos pequeños anfibios acuáticos, de cuerpo aplanado y con frecuencia de colores vivos, se distribuyen por Europa y Asia. Los sapos vientre de fuego son sobre todo diurnos, pero los *Barboroula* de Filipinas y Borneo son nocturnos.

SAPO VIENTRE DE FUEGO ORIENTAL
Bombina orientalis
Este anuro del este de Siberia, China y Corea, popular en terrarios, puede segregar una sustancia tóxica; cuando lo atacan muestra su brillante coloración ventral.

BREVICIPÍTIDOS

Los miembros de esta familia se distribuyen por el este y el sur de África. Cuando se aparean, el macho se adhiere al dorso de la hembra, mucho más grande, mediante una secreción especial de la piel.

BREVICEPS MACROPS
Esta especie excavadora de Namibia y el noroeste de Sudáfrica vive y cría lejos del agua, entre las dunas ocasionalmente humedecidas por la bruma marina.

SAPO NORTEAMERICANO
Anaxyrus americanus
Este sapo del este de América del Norte, de coloración bastante variable, se reproduce en charcas donde los machos cantan emitiendo largos trinos.

RANA ARLEQUÍN VARIABLE
Atelopus varius
Esta especie muy variable de Panamá y Costa Rica está en peligro crítico debido a los quitridios, hongos que con el cambio climático global están afectando gravemente a muchas especies de anfibios.

SAPO DEL TRUANDO
Rhaebo haematiticus
Este sapo que vive entre la hojarasca de las selvas del norte de América tropical pone sus largos cordones de huevos en charcas rocosas.

RANA ARLEQUÍN DE LA GUAYANA
Atelopus barbotini
Este bufónido de la Guayana Francesa, pequeño y de cuerpo aplanado, cría todo el año en torrentes selváticos.

RANA ARLEQUÍN DE PANAMÁ
Atelopus zeteki
Este anuro cría en charcas después de lluvias intensas. En peligro crítico, podría estar extinguido en la naturaleza.

SAPO COMÚN
Bufo bufo
Este sapo se distribuye por Europa, el noroeste de África, Turquía y la Rusia asiática. Cuando se reproduce, el número de machos triplica al de las hembras, mucho más grandes.

SAPO VERDE TREPADOR
Incilius coniferus
Este sapo nocturno de América Central, Colombia y Ecuador puede verse con frecuencia trepando por la vegetación.

SAPO MARINO
Rhinella marina
También llamado sapo gigante neotropical, este enorme sapo de América tropical está introducido en Australia, Japón, las Antillas, etc., donde constituye una amenaza para la fauna nativa.

RINODERMÁTIDOS

Esta familia sudamericana comprende dos especies de hocico puntiagudo y coloración críptica cuyos machos transportan los huevos y los renacuajos en la boca. Las restantes especies son raras y poco conocidas.

ELEUTERODACTÍLIDOS

Este extensísimo grupo de ranas de cuyos huevos salen ranitas adultas se distribuye por el sur de EE UU, México, las Antillas, América Central y el norte de América del Sur. Algunas especies extremadamente pequeñas tienen menos dedos de lo normal, y ponen muy pocos huevos, a veces uno solo.

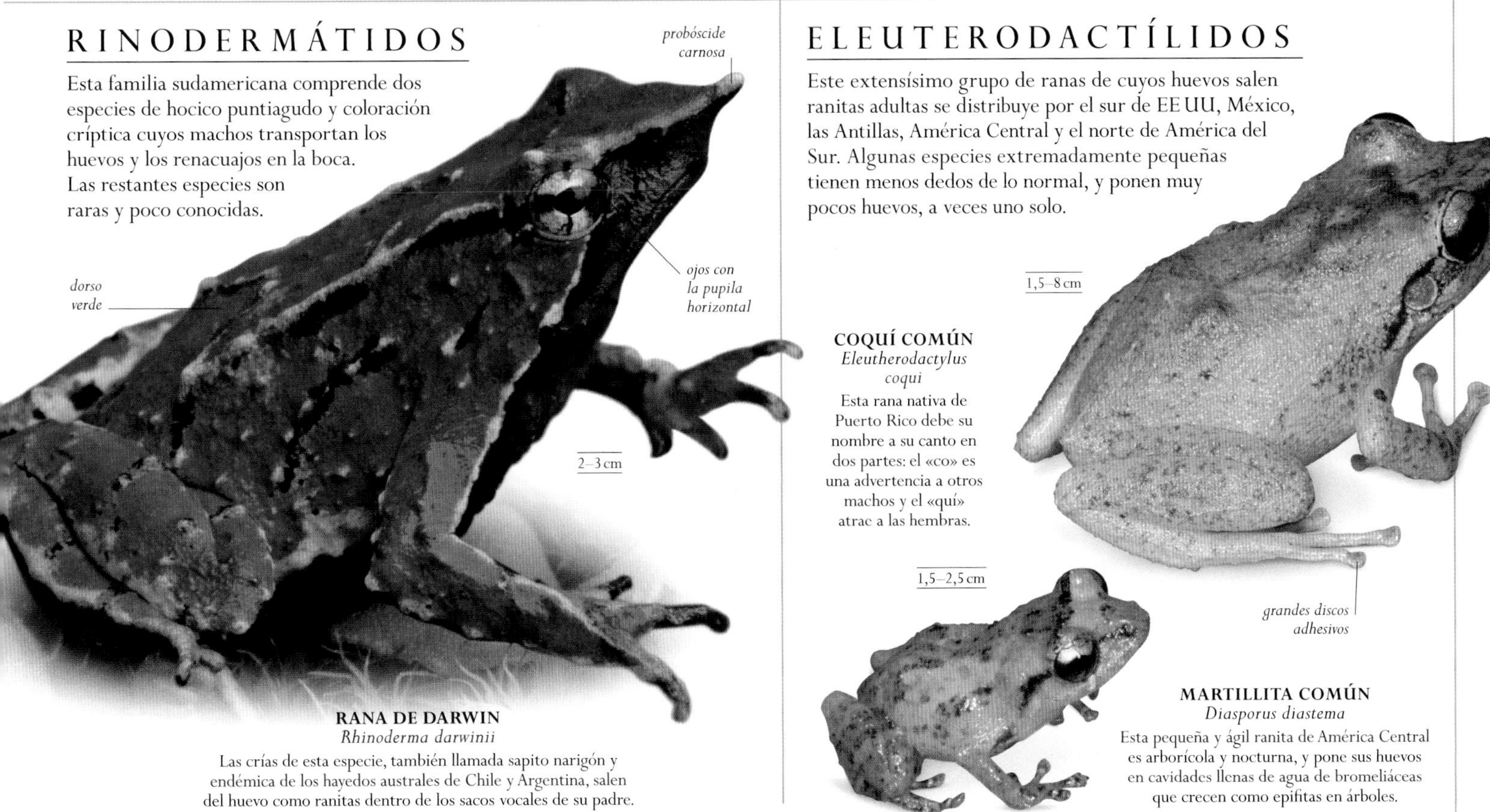

RANA DE DARWIN
Rhinoderma darwinii
Las crías de esta especie, también llamada sapito narigón y endémica de los hayedos australes de Chile y Argentina, salen del huevo como ranitas dentro de los sacos vocales de su padre.

COQUÍ COMÚN
Eleutherodactylus coqui
Esta rana nativa de Puerto Rico debe su nombre a su canto en dos partes: el «co» es una advertencia a otros machos y el «quí» atrae a las hembras.

MARTILLITA COMÚN
Diasporus diastema
Esta pequeña y ágil ranita de América Central es arborícola y nocturna, y pone sus huevos en cavidades llenas de agua de bromeliáceas que crecen como epífitas en árboles.

SAPO MARINO
Rhinella marina

El sapo marino o sapo gigante neotropical es uno de los mayores sapos del mundo, resistente y con un gran apetito. Habita sobre todo en ambientes secos, tales como montes bajos y sabanas, y es común en torno a los asentamientos humanos –se le ve a menudo bajo las farolas esperando a que caigan insectos–. La hembra es más grande que el macho, y las hembras más grandes pueden poner más de 20 000 huevos en una misma puesta. Los machos atraen a las hembras con un canto lento y de tono bajo. Este sapo tiene pocos enemigos, ya que en todas las fases de su ciclo vital es tóxico o de sabor repulsivo para los depredadores potenciales. En Australia y en otros lugares se ha convertido en una plaga grave, pues es venenoso para los animales nativos y domésticos, y es tan prolífico que es muy difícil erradicarlo.

TAMAÑO 10–24 cm
HÁBITAT Hábitats no forestales
DISTRIBUCIÓN América tropical, México y sur de EE UU; introducido en Australia, etc.
DIETA Invertebrados terrestres

glándula parótida

el color del adulto es amarillento, oliváceo o pardo rojizo

las verrugas de la piel del macho desarrollan unas espinas afiladas y oscuras en la época de reproducción

CAZADOR NOCTURNO >
Protegidos por su piel venenosa y sin miedo a los depredadores, los sapos marinos salen de noche de sus escondrijos diurnos y saltan de un lado a otro en busca de presas.

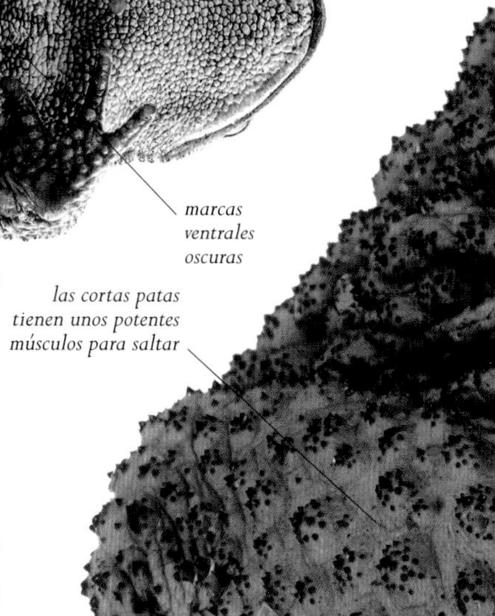

marcas ventrales oscuras

las cortas patas tienen unos potentes músculos para saltar

∧ VIENTRE PÁLIDO
El vientre y la garganta de este sapo son relativamente lisos y de color pálido. Los sapos tienen la piel permeable, y deben esconderse durante el día para conservar agua.

DEBATE

CONTROL DE PLAGAS

El sapo marino fue introducido en Queensland (Australia) en el año 1935 para controlar los insectos plaga en las plantaciones de caña de azúcar. La especie proliferó en Australia devorando a los animales nativos y formando poblaciones más densas que en su área nativa, y aún se extiende a una velocidad alarmante; ahora se halla en el este y el norte de Australia, y es probable que se propague más. Los científicos están estudiando métodos para limitar su número y contener su expansión.

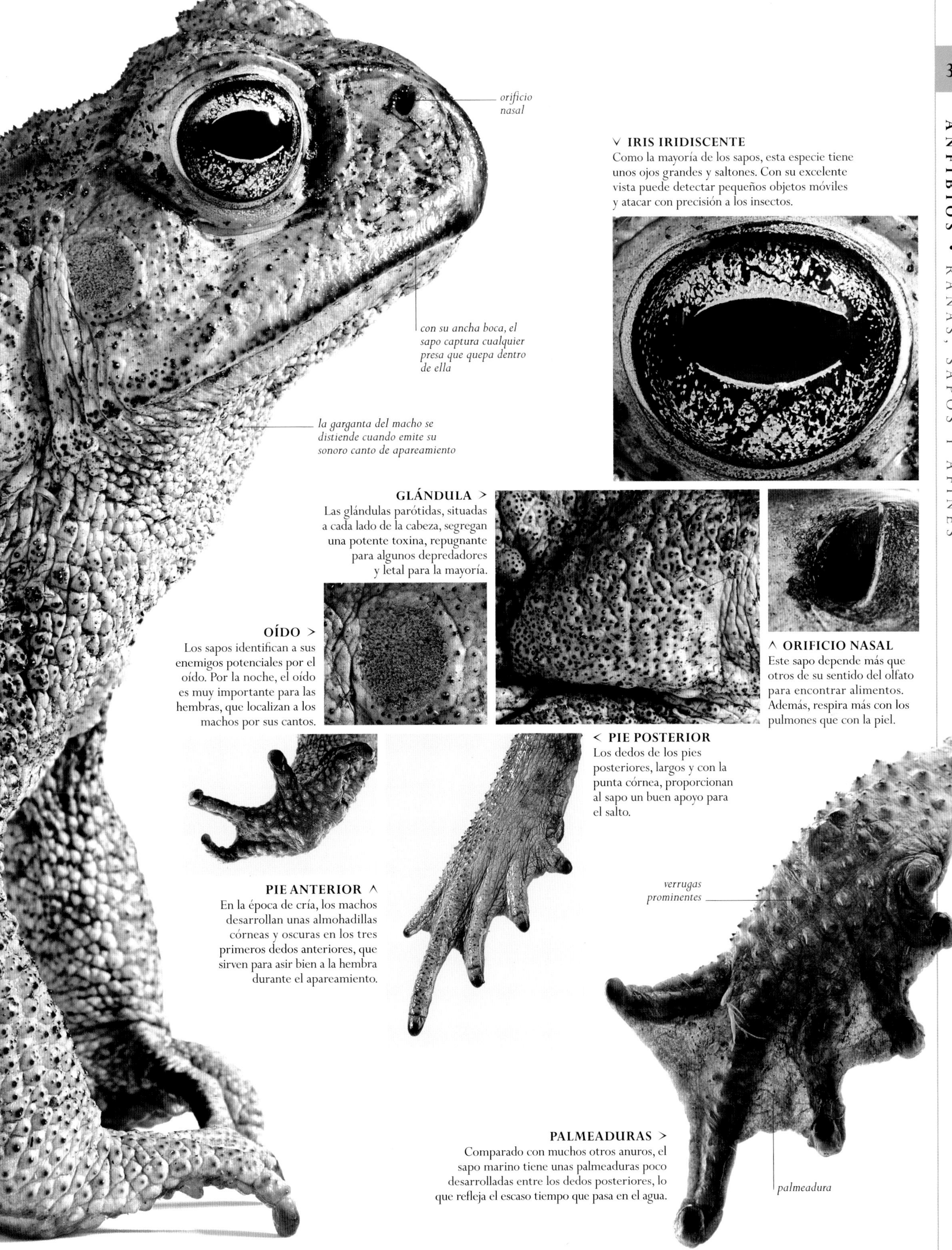

∨ IRIS IRIDISCENTE
Como la mayoría de los sapos, esta especie tiene unos ojos grandes y saltones. Con su excelente vista puede detectar pequeños objetos móviles y atacar con precisión a los insectos.

GLÁNDULA >
Las glándulas parótidas, situadas a cada lado de la cabeza, segregan una potente toxina, repugnante para algunos depredadores y letal para la mayoría.

OÍDO >
Los sapos identifican a sus enemigos potenciales por el oído. Por la noche, el oído es muy importante para las hembras, que localizan a los machos por sus cantos.

∧ ORIFICIO NASAL
Este sapo depende más que otros de su sentido del olfato para encontrar alimentos. Además, respira más con los pulmones que con la piel.

< PIE POSTERIOR
Los dedos de los pies posteriores, largos y con la punta córnea, proporcionan al sapo un buen apoyo para el salto.

PIE ANTERIOR ∧
En la época de cría, los machos desarrollan unas almohadillas córneas y oscuras en los tres primeros dedos anteriores, que sirven para asir bien a la hembra durante el apareamiento.

PALMEADURAS >
Comparado con muchos otros anuros, el sapo marino tiene unas palmeaduras poco desarrolladas entre los dedos posteriores, lo que refleja el escaso tiempo que pasa en el agua.

DENDROBÁTIDOS

También llamados ranas venenosas o ranas punta de flecha, los dendrobátidos son notorios por sus vivos colores, con los que advierten a los depredadores de que su piel contiene potentes toxinas, procedentes de los insectos que caza. Estas ranas viven en selvas de América tropical y están activas durante el día.

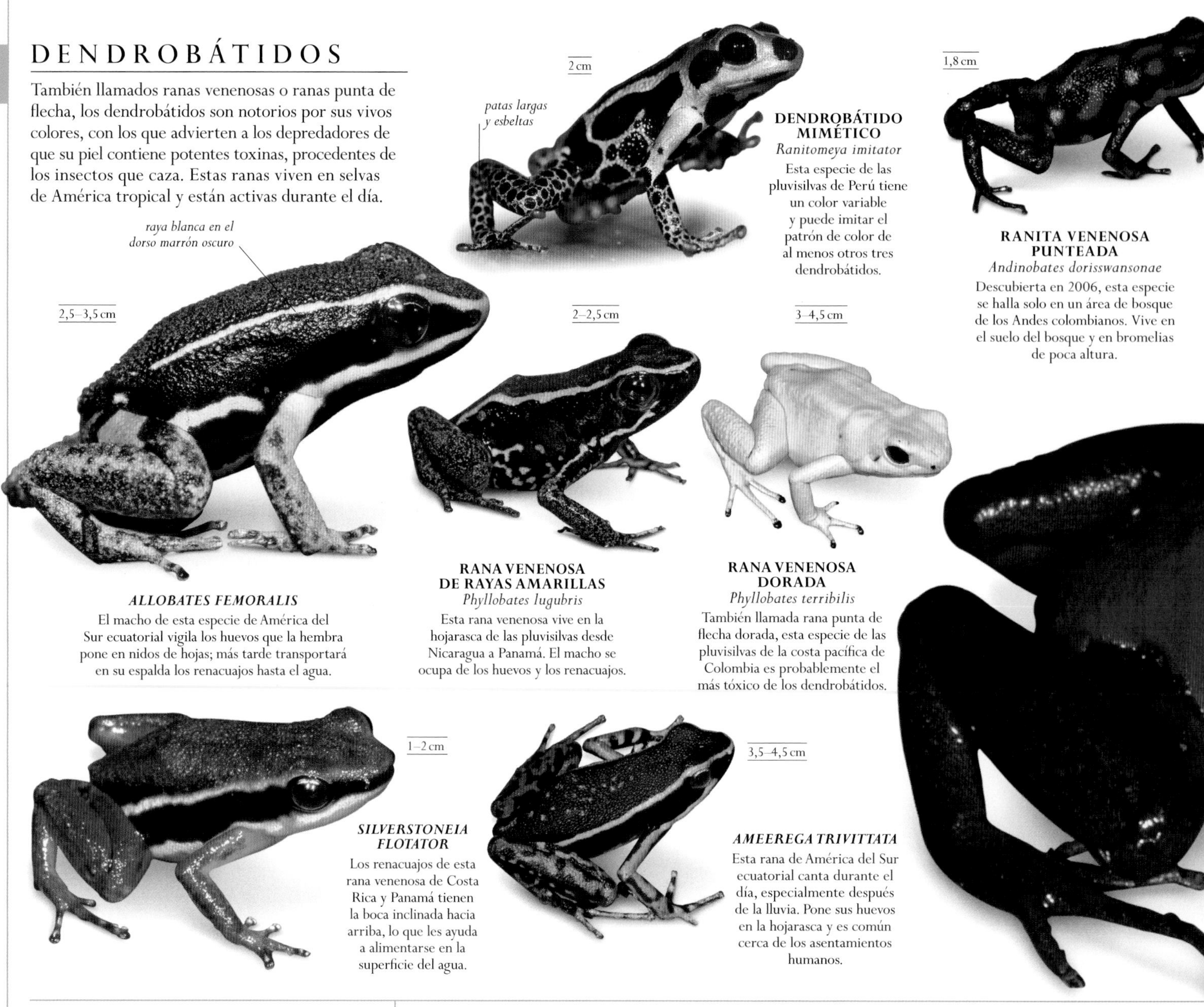

DENDROBÁTIDO MIMÉTICO
Ranitomeya imitator
Esta especie de las pluvisilvas de Perú tiene un color variable y puede imitar el patrón de color de al menos otros tres dendrobátidos.

RANITA VENENOSA PUNTEADA
Andinobates dorisswansonae
Descubierta en 2006, esta especie se halla solo en un área de bosque de los Andes colombianos. Vive en el suelo del bosque y en bromelias de poca altura.

ALLOBATES FEMORALIS
El macho de esta especie de América del Sur ecuatorial vigila los huevos que la hembra pone en nidos de hojas; más tarde transportará en su espalda los renacuajos hasta el agua.

RANA VENENOSA DE RAYAS AMARILLAS
Phyllobates lugubris
Esta rana venenosa vive en la hojarasca de las pluvisilvas desde Nicaragua a Panamá. El macho se ocupa de los huevos y los renacuajos.

RANA VENENOSA DORADA
Phyllobates terribilis
También llamada rana punta de flecha dorada, esta especie de las pluvisilvas de la costa pacífica de Colombia es probablemente el más tóxico de los dendrobátidos.

SILVERSTONEIA FLOTATOR
Los renacuajos de esta rana venenosa de Costa Rica y Panamá tienen la boca inclinada hacia arriba, lo que les ayuda a alimentarse en la superficie del agua.

AMEEREGA TRIVITTATA
Esta rana de América del Sur ecuatorial canta durante el día, especialmente después de la lluvia. Pone sus huevos en la hojarasca y es común cerca de los asentamientos humanos.

RANAS MARSUPIALES

Distribuidos por América Central y del Sur, los hemifráctidos llevan sus huevos, de los que nacen diminutos adultos, en el dorso; algunos los llevan en una bolsa, de ahí el nombre de ranas marsupiales.

RANAS ARBORÍCOLAS AFRICANAS

La familia de los hiperólidos comprende muchas especies trepadoras que se concentran en árboles, arbustos o cañaverales cerca del agua para encontrar pareja y poner sus huevos. Algunas especies tienen colores vivos y presentan notables diferencias entre sexos.

RANA DE CABEZA TRIANGULAR
Hemiphractus proboscideus
La hembra de esta especie de la alta Amazonia de Colombia, Ecuador y Perú lleva sus huevos en el dorso, pero carece de bolsa incubadora.

KASSINA MACULOSA
Esta rana acuática del este de África (de Kenia a Sudáfrica), con discos adhesivos en los dedos, pone sus huevos en la vegetación sumergida, y de ellos nacen grandes renacuajos.

AFRIXALUS PARADORSALIS
Esta rana del oeste de África pone sus huevos en una hoja plegada encima del agua. El macho atrae a las hembras con un canto como de chasquidos.

RANA VENENOSA VERDINEGRA
Dendrobates auratus
Los machos de esta rana de América Central y Colombia luchan por el territorio y defienden los huevos, y cuando estos eclosionan, ponen a los renacuajos en bromelias llenas de agua.

DENDROBÁTIDO AMARILLO Y NEGRO
Dendrobates leucomelas
Esta rana de las pluvisilvas del norte de América del Sur obtiene el veneno de su piel de las hormigas de las que se alimenta.

RANA PUNTA DE FLECHA AZUL
Dendrobates tinctorius
Esta es la variante morfológica azul, o *azureus*, de esta variable especie sudamericana. Ambos sexos protegen los huevos y son muy agresivos en la defensa de su territorio.

ADELPHOBATES GALACTONOTUS
Esta rana que vive en la hojarasca de ciertas selvas brasileñas pone huevos en el suelo y lleva los renacuajos al agua.

DENDROBÁTIDO DEL RÍO MADEIRA
Adelphobates quinquevittatus
Esta rana diminuta del oeste de Brasil y de Perú transporta sus renacuajos a huecos llenos de agua, donde la hembra los alimenta con huevos no fecundados.

RANA VENENOSA ROJA Y AZUL
Oophaga pumilio
También llamada ranita de sangre, la hembra de esta especie centroamericana lleva los renacuajos a bromelias llenas de agua y los alimenta con huevos no fecundados.

DENDROBÁTIDO GRANULOSO
Oophaga granulifera
Las hembras de esta especie de Costa Rica y Panamá alimentan a sus renacuajos con huevos no fecundados.

ADELPHOBATES CASTANEOTICUS
Esta especie es endémica de la baja Amazonia brasileña. Los machos colocan a cada uno de sus voraces renacuajos en una charca distinta, un hueco de árbol lleno de agua.

HYPEROLIUS TUBERILINGUIS
Esta ágil rana del este de África (de Kenia a Sudáfrica) tiene un canto muy sonoro; en la época de cría pueden congregarse en una charca miles de machos, que forman un coro ensordecedor.

3–4,5 cm

grandes discos adhesivos en los dedos

2–3,5 cm

ojos grandes

RANA ARBORÍCOLA DE BOLIFAMBA
Hyperolius bolifambae
Esta pequeña rana del oeste de África vive en selvas degradadas y cría en charcas. El canto del macho es un agudo zumbido.

RANAS TERRESTRES AUSTRALIANAS

La familia limnodinástidos, de Nueva Guinea y Australia, comprende muchas especies terrestres y excavadoras. Dos especies recién extinguidas eran los únicos anuros que incubaban sus huevos y desarrollaban sus renacuajos en el estómago.

RANA NIDO DE ESPUMA AUSTRALIANA
Limnodynastes peronii
Esta rana australiana sobrevive a los periodos secos enterrándose en el suelo. Tras las lluvias intensas sale a la superficie y pone sus huevos en nidos de espuma flotantes.

REINETAS Y AFINES

Los hílidos son una familia extensa y extendida por todo el mundo, en especial por América. Sus miembros tienen las patas largas y esbeltas y discos adhesivos en los dedos. La mayoría son arborícolas y nocturnos, y muchos se reúnen en ruidosos coros para reproducirse.

PSEUDACRIS CRUCIFER

Esta especie vive en terrenos arbolados húmedos del este de EE UU y de Canadá. Su característico canto de tono alto anuncia la inminencia de la primavera.

5–7 cm

RANA PARADÓJICA
Pseudis paradoxa

El nombre de esta rana de América del Sur tropical y Trinidad, de la que se extraen prometedores fármacos, alude a que sus renacuajos son cuatro veces más largos que el adulto.

RANA HOJA ESPLÉNDIDA
Cruziohyla calcarifer

Esta rana de América Central, el oeste de Colombia y Ecuador vive en lo alto de las copas arbóreas y planea de un árbol a otro gracias a las extensas palmeaduras de sus pies.

2,5–4 cm

DUELLMANOHYLA RUFIOCULIS

Esta rana de las selvas de Costa Rica cría en torrentes de aguas rápidas. Sus renacuajos se enganchan a las rocas del torrente gracias a su boca modificada.

RANA LECHERA AMAZÓNICA
Trachycephalus resinifictrix

Esta rana vive en lo alto del dosel selvático de América del Sur ecuatorial y pone sus huevos en huecos de árbol llenos de agua, donde se desarrollan los renacuajos.

RANA GLADIADORA DE ROSENBERG
Boana rosenbergi

Los machos de esta rana de América Central, el oeste de Colombia y Ecuador cavan charcas en el suelo húmedo y dejan ahí sus huevos, que pueden defender hasta la muerte.

4–5 cm

RANA LÉMUR DE FLANCOS ROJOS
Phyllomedusa hypochondrialis

Esta rana trepadora de los bosques secos o secundarios de América del Sur tropical minimiza la pérdida de agua extendiendo una secreción cerosa sobre su piel.

discos adhesivos en los dedos

RANA VOLADORA CENTROAMERICANA
Ecnomiohyla miliaria

Esta rana arborícola de América Central tiene en las patas unos repliegues de piel que le ayudan a planear de un árbol a otro.

RANITA DE BOULENGER
Scinax boulengeri

Esta rana de América Central y el noroeste de Colombia cría en las charcas temporales formadas tras la lluvia. Los machos regresan noche tras noche a la misma percha para cantar a las hembras.

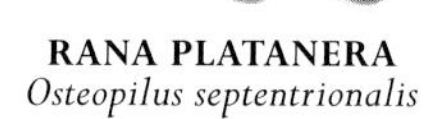

RANA PLATANERA
Osteopilus septentrionalis

También llamada reineta de Cuba, esta rana nativa de esta isla, de las Bahamas y las Caimán se ha introducido en lugares como Florida, donde depreda las reinetas nativas.

3–5 cm

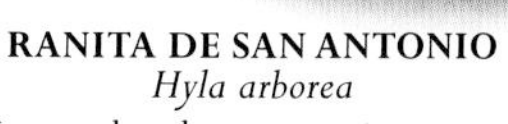

RANITA DE SAN ANTONIO
Hyla arborea

Los machos de esta especie europea se congregan en primavera y cantan en sonoros coros para atraer a las hembras. Después de aparearse, las parejas descienden de las perchas para poner en las charcas vecinas.

RANA DE OJOS ROJOS
Agalychnis callidryas

También llamada rana calzonuda, esta conocida rana trepadora de América Central se aparea en árboles sobre el agua y pone los huevos en hojas, de modo que, al nacer, los renacuajos caen al agua.

3–5 cm

RANA LÉMUR
Agalychnis lemur

Esta reineta de América Central es nocturna y duerme en el envés de las hojas durante el día. Las hembras ponen sus huevos en hojas encima del agua.

RANA DE CASCO COMÚN
Osteocephalus taurinus

Esta rana arborícola de las selvas del Amazonas y el Orinoco se aparea después de las lluvias y pone sus huevos en la superficie de las charcas.

RANITA MÍSERA
Dendropsophus microcephalus
Esta especie que cría en charcas, común en gran parte de América tropical, es de color amarillo pálido durante el día y pardo rojizo por la noche.

2–3 cm

pupilas horizontales

5–10 cm

REINETA GIGANTE
Litoria caerulea
También llamada rana arborícola rechoncha, esta ágil trepadora del norte y el este de Australia y el sur de Nueva Guinea se ve a menudo cerca de viviendas humanas.

RANAS NEOZELANDESAS

La ancestral familia de los leiopelmátidos comprende cuatro especies endémicas de Nueva Zelanda. Estas ranas viven en bosques húmedos y son nocturnas. Se caracterizan por sus vértebras adicionales y porque, a diferencia de los demás anuros, nadan moviendo las patas alternativamente.

2,5–3,5 cm

RANA NEOZELANDESA DE COROMANDEL
Leiopelma archeyi
Esta rana terrestre endémica de la isla Norte de Nueva Zelanda pone sus huevos bajo leños. Está en peligro crítico debido a agentes patógenos, probablemente hongos quitridios.

LEPTODACTÍLIDOS

Esta extensa y variada familia comprende ranas mayoritariamente terrestres de América del Norte. Central y del Sur, incluidas las Antillas, con el hocico en punta y largas y fuertes patas posteriores. Sus hábitos de cría son diversos, y muchas ponen sus huevos en nidos de espuma.

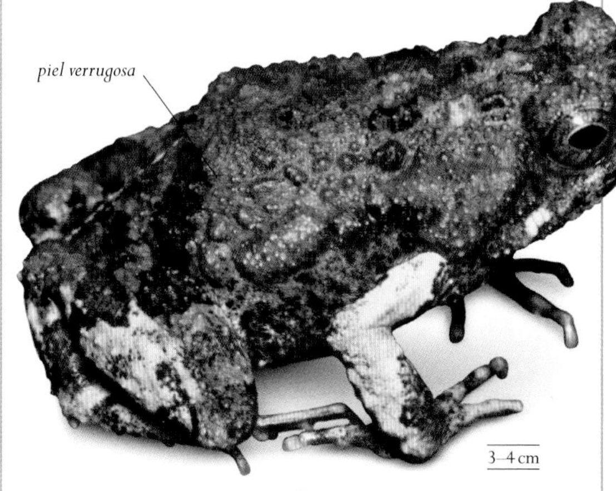

piel verrugosa

3–4 cm

RANA TÚNGARA
Engystomops pustulosus
Especie centroamericana también llamada sapito de pústulas. Cuando se aparea, la hembra produce una secreción que el macho bate para formar un nido de espuma flotante que albergará los huevos.

RANA CORONADA
Anotheca spinosa
La rana de árbol coronada, gran rana del sur de México y de América Central, vive en selvas y plantaciones, y pone sus huevos en huecos de árbol llenos de agua.

6–8 cm

4–8 cm

RANA ARBORÍCOLA ENMASCARADA
Smilisca phaeota
Esta rana nocturna de las selvas húmedas y linderos forestales de América Central, el oeste de Colombia y Ecuador pone sus huevos en pequeñas charcas.

proyección ósea

5–7,5 cm

RANA CABEZA DE PALA
Triprion petasatus
También llamada rana de casco yucateca, esta rana de las sabanas y bosques secos de México y América Central se refugia en huecos de árbol y sella la entrada con la proyección ósea de su cabeza.

MANTELLAS

Las mantellas solo se encuentran en Madagascar y la isla de Mayotte. Son diurnas y muchas de ellas tienen colores vivos que advierten a los depredadores de las potentes toxinas de su piel. Muchas especies están amenazadas por la deforestación.

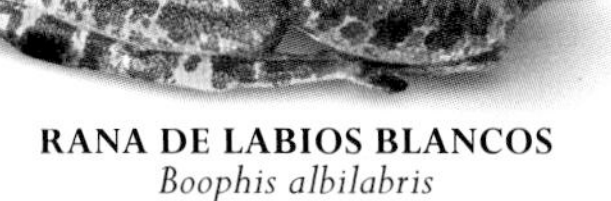

4,5–8 cm

RANA DE LABIOS BLANCOS
Boophis albilabris
Esta gran rana arborícola, con los pies posteriores totalmente palmeados, es endémica del este de Madagascar y vive cerca de los torrentes en los que cría.

5–6 cm

RANA ELEGANTE DE MADAGASCAR
Spinomantis elegans
Esta especie vive en afloramientos rocosos del sureste de la isla, a menudo a gran altitud -incluso por encima del límite del arbolado-, y cría en torrentes.

2–2,5 cm

piel áspera y húmeda

2–3 cm

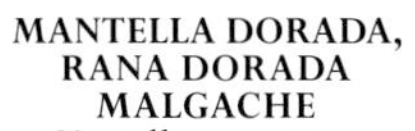

MANTELLA DORADA, RANA DORADA MALGACHE
Mantella aurantiaca
El vivo color de esta especie en peligro crítico de las pluvisilvas de Madagascar, también llamada rana dorada malgache, advierte a los depredadores de la toxicidad de su piel.

MANTELLA MADAGASCARIENSIS
Esta rana de Madagascar cría en torrentes selváticos y se halla en situación vulnerable por la deforestación. El canto del macho consiste en breves chirridos.

MICROHÍLIDOS

Los miembros de esta diversificada y extensa familia se distribuyen por América, África, Asia y Australasia. La mayoría son terrestres y algunos viven en madrigueras. En general tienen el hocico corto, el cuerpo hinchado y las patas posteriores gruesas.

5–7,5 cm

RANA DE BOCA PEQUEÑA MALAYA
Kaloula pulchra
Esta especie de India y el Sudeste Asiático está bien adaptada a los asentamientos humanos. Se protege con una secreción cutánea pegajosa y tóxica.

8–12 cm

SAPO TOMATE
Dyscophus antongilii
Este sapo malgache se queda enterrado en el suelo durante el día y sale por la noche para comer. Una secreción cutánea pegajosa lo protege contra los depredadores.

3–6 cm

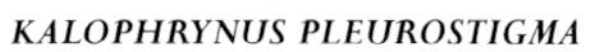

KALOPHRYNUS PLEUROSTIGMA
Esta especie de la península Malaya, Sumatra, Borneo y Filipinas, que cría en pequeñas charcas después de la lluvia, se protege con una secreción pegajosa.

2–3,5 cm

GASTROPHRYNE CAROLINENSIS
Este anuro excavador del sureste de EE UU cría en masas de agua de todos los tamaños. El canto del macho suena como el balido de un cordero lechal.

2–2,5 cm

STUMPFFIA GRANDIS
Este pequeño anuro terrestre vive en la hojarasca de las selvas y los bosques de montaña del este de Madagascar.

MEGÓFRIDOS

Los miembros de esta pequeña familia asiática tienen formas corporales y patrones de color que les permiten camuflarse entre las hojas secas. Andan en vez de saltar, y la mayoría son terrestres.

«cuernos» sobre los párpados

color críptico con manchas negras

SAPO HOJA ASIÁTICO
Pelobatrachus nasuta
Esta rana se camufla entre las hojas secas, al acecho de sus presas. Las hembras dejan los huevos bajo rocas y troncos en arroyos.

7–14 cm

SAPILLOS MOTEADOS

La familia pelodítidos comprende cuatro especies de Europa y el Cáucaso. Estos anuros se reproducen en charcas más o menos temporales y en pozas de arroyos y ramblas, sobre todo en invierno y primavera.

3–5 cm

SAPILLO MOTEADO COMÚN
Pelodytes punctatus
Cuando trepa por superficies verticales lisas, este anuro del suroeste de Europa usa su vientre como ventosa. Ambos sexos cantan durante el celo.

RANAS SIN LENGUA

Estos anuros están muy bien adaptados a la vida acuática: tienen el cuerpo aplanado, los pies posteriores totalmente palmeados y los ojos proyectados hacia delante para poder ver por encima de la superficie del agua. Carecen de lengua y se alimentan de una gran variedad de presas y también de animales muertos.

uñas para trocear los alimentos

3–5 cm

RANA DE UÑAS DE FRASER
Xenopus fraseri
Este anuro totalmente acuático de las selvas de África central y occidental tolera los hábitats alterados por el hombre, que lo captura para comerlo.

huevos en el dorso de la hembra

patas posteriores musculosas

2,5–4,5 cm

SAPO DE SURINAM ENANO
Pipa parva
Los huevos de esta especie totalmente acuática de Venezuela y Colombia se desarrollan en el dorso de la hembra.

SAPOS DE ESPUELAS

Estos sapos de Eurasia y del norte de África, llamados pelobátidos, se caracterizan por las proyecciones córneas de sus pies posteriores, que les sirven para cavar en el suelo, donde se esconden durante el día y en los periodos secos.

4–8 cm

SAPO DE ESPUELAS PARDO
Pelobates fuscus
Esta especie del centro y el este de Europa, el suroeste de Rusia y Kazajstán es de color variable. Cuando la atacan, hincha su cuerpo.

DICROGLÓSIDOS

Esta diversificada familia se distribuye por África, Asia y varias islas del Pacífico. La mayoría de las especies son terrestres pero viven cerca del agua. Muchas ponen sus huevos en el agua y tienen renacuajos de vida libre.

RANA TIGRE ASIÁTICA
Hoplobatrachus tigerinus
Esta rana grande y voraz de India y Myanmar cría durante el monzón. El macho tiene un canto especialmente sonoro.

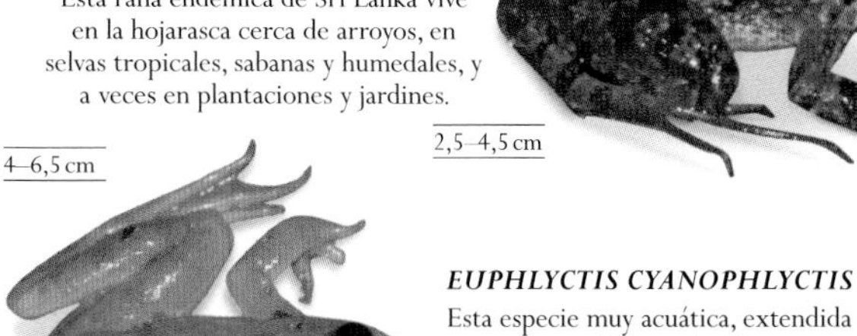

FEJERVARYA KIRTISINGHEI
Esta rana endémica de Sri Lanka vive en la hojarasca cerca de arroyos, en selvas tropicales, sabanas y humedales, y a veces en plantaciones y jardines.

EUPHLYCTIS CYANOPHLYCTIS
Esta especie muy acuática, extendida por el sur de Asia, de Irán a Sri Lanka, es capaz de saltar sobre la superficie del agua.

OCCIDOZYGA MARTENSII
Esta pequeña rana del sur de China y el sureste de Asia vive en charcos, acequias y pequeñas charcas cerca de arroyos y ríos forestales.

RANAS GOLIAT

La familia conrauidos comprende seis especies de grandes ranas semiacuáticas africanas que viven y crían en ríos y arroyos de corriente rápida. Se cree que los machos no cantan, y las hembras ponen sus huevos sobre grava y guijarros del lecho fluvial.

RANA GOLIAT
Conraua goliath
Esta especie de África occidental es el anuro más grande del mundo. Vive en selvas, en o cerca de torrentes rápidos, y es una gran nadadora.

RANAS TÍPICAS

La extensa familia de los ránidos se distribuye por gran parte del mundo. La mayoría de ellas tienen unas potentes patas posteriores que les permiten saltar ágilmente y nadar con gran rapidez. Casi todas las especies se reproducen a principios de primavera, y muchas ponen sus huevos comunalmente.

RANA VERDE COMESTIBLE
Pelophylax esculentus
También llamada rana híbrida europea, es un híbrido entre dos especies comunes en Europa, *P. lessonae* y *P. ridibundus*. Como las demás *Pelophylax* –incluida la ibérica *P. perezi*–, vive en o muy cerca del agua.

RANA PALUSTRIS
Esta rana del sureste de Canadá y el este de EE UU cría en primavera, y las hembras ponen en paquetes que contienen dos o tres mil huevos.

RANA DE BOSQUE NEÁRTICA
Rana sylvaticus
La única rana americana que se halla al norte del Círculo Polar Ártico se reproduce a comienzos de la primavera en charcas temporales sin peces.

RANA TORO AMERICANA
Rana catesbeianus
La mayor rana de América del Norte, depredadora voraz y peligrosa invasora en muchas regiones, tiene renacuajos que pueden tardar cuatro años en desarrollarse.

RANA BERMEJA
Rana temporaria
Esta especie europea, principalmente terrestre, suele acudir a las charcas y pozas de reproducción en primavera; pone sus huevos en grandes paquetes.

FRINOBATRÁCIDOS

Esta familia de pequeñas ranas, terrestres o semiacuáticas, está confinada al África subsahariana. La mayoría cría durante todo el año y pone sus huevos en el agua, y estos alcanzan la madurez en cinco meses.

PHRYNOBATRACHUS AURITUS

Esta especie terrestre del centro de África se reproduce en pequeñas charcas de las pluvisilvas primarias, secundarias o de ribera.

PTICADÉNIDOS

Las ranas de esta familia se distribuyen por África, Madagascar y las islas Seychelles, y muchas de ellas son de colores vivos. Con su cuerpo aerodinámico y sus fuertes patas posteriores, son excelentes saltadoras.

PTYCHADENA MASCARENIENSIS

Esta rana de patas largas y hocico puntiagudo, común en tierras agrícolas de África, Madagascar y las Mascareñas, cría en charcos, roderas y acequias.

RACOFÓRIDOS

Los racofóridos, propios de África y gran parte de Asia, son en su mayoría arborícolas. Varias especies son ranas voladoras que planean de un árbol a otro, y muchas de ellas ponen sus huevos en nidos de espuma, que protegen a sus huevos y renacuajos de los depredadores.

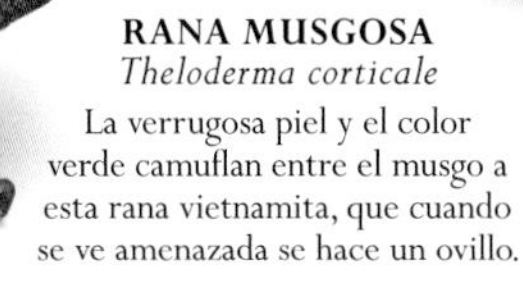

RANA NARIGUDA DE SRI LANKA
Taruga longinasus
Esta rana arborícola, en peligro de extinción por la destrucción de gran parte de su hábitat, vive en los reductos de la pluvisilva de Sri Lanka.

RANITA NIDO DE ESPUMA AFRICANA
Chiromantis rufescens
Esta rana de las selvas de África central y occidental pone sus huevos en nidos de espuma adheridos a ramas inclinadas sobre el agua.

RANA MUSGOSA
Theloderma corticale
La verrugosa piel y el color verde camuflan entre el musgo a esta rana vietnamita, que cuando se ve amenazada se hace un ovillo.

color verde brillante

9–10 cm

pies anteriores y posteriores muy grandes y palmeados

RANA VOLADORA DE WALLACE
Rhacophorus nigropalmatus
Esta especie arborícola de las pluvisilvas del Sudeste Asiático tiene unos pies enormes y muy palmeados que le permiten planear entre los árboles.

PIXICEFÁLIDOS

Los miembros de esta familia, que habitan en diversos hábitats del África subsahariana, varían mucho en tamaño, desde las enormes ranas toro a las diminutas ranas del musgo. La mayoría pone sus huevos en el agua, pero algunas especies pequeñas los ponen en tierra.

RANA TORO AFRICANA
Pyxicephalus adspersus
Los machos de esta rana defienden agresivamente sus huevos y renacuajos. Para que los renacuajos puedan llegar a aguas más profundas que no se sequen, cavan canales en el suelo.

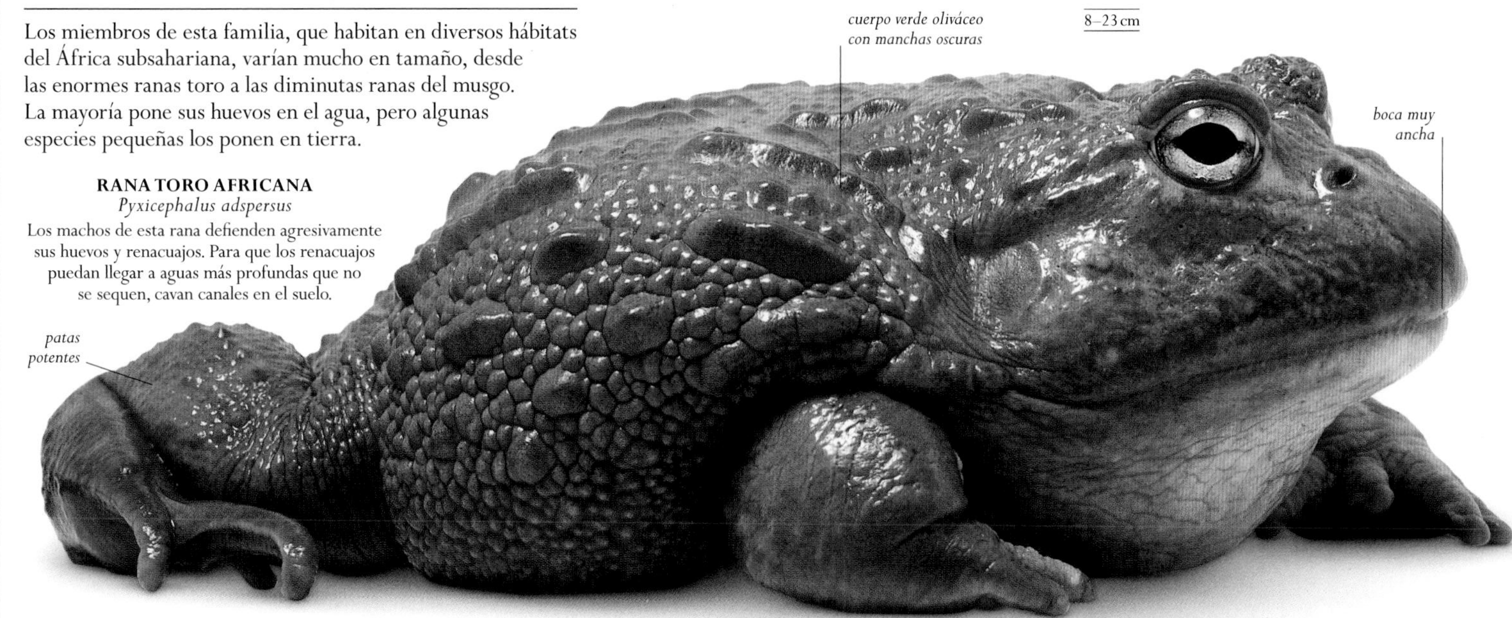

SAPO EXCAVADOR MEXICANO

El único miembro de la familia rinofrínidos se ha especializado en cavar en el suelo y en comer hormigas. Para capturarlas tiene una lengua larga y fina que saca por su estrecha boca.

6–8 cm

SAPO EXCAVADOR MEXICANO
Rhinophrynus dorsalis
Este sapo de México y América Central, también llamado sapo borracho, pasa la mayor parte del tiempo bajo tierra y solo sale tras las lluvias para criar en charcas temporales.

SAPOS DE ESPUELAS AMERICANOS

La familia escafiopódidos comprende sapos que viven en suelos secos y permanecen inactivos bajo tierra largos periodos. Estos sapos salen tras las lluvias para criar en charcas temporales; estas pueden evaporarse en muy poco tiempo, por lo que los renacuajos se desarrollan con gran rapidez.

5,5–9 cm

piel moteada pardoverdosa

4–6 cm

SAPO DE ESPUELAS DE LAS PRADERAS
Spea bombifrons
Este anuro de las llanuras áridas de América del Norte se reúne en multitud para reproducirse tras las lluvias intensas.

SAPO DE ESPUELAS DE COUCH
Scaphiopus couchii
Este sapo de las zonas áridas del sur de EE UU y el norte de México pasa mucho tiempo bajo tierra; sale de noche para comer y tras las lluvias intensas para reproducirse.

ESTRABOMÁNTIDOS

Esta familia comprende numerosas especies de América tropical, todas ellas de desarrollo directo: no hay renacuajos ni metamorfosis; de los huevos nacen adultos en miniatura.

1,5–3,5 cm

RANA DE LLUVIA ARCILLOSA
Pristimantis cerasinus
Esta pequeña rana de las selvas húmedas de América Central se esconde en la hojarasca durante el día, pero es arborícola por la noche.

2–4 cm

RANA LADRONA MUSLIDORADA
Pristimantis cruentus
Esta pequeña rana terrestre de Costa Rica y Panamá pone sus huevos en grietas de troncos de árboles.

1,5–2,5 cm

RANA DE LLUVIA PIGMEA
Pristimantis ridens
Esta diminuta rana nocturna de la selvas de América Central y del Chocó colombiano también frecuenta jardines y pone sus huevos en la hojarasca.

CECILIAS

Son anfibios de cuerpo muy largo y sin patas, con poca o ninguna cola. Los pliegues anulares de su piel les dan un aspecto segmentado.

Viven en los trópicos. Su longitud varía entre 12 cm y 1,6 m, y la mayoría vive bajo tierra; cavan en el suelo blando utilizando su cabeza a modo de pala. Por la noche, y sobre todo tras la lluvia, salen a la superficie para comer lombrices, termitas y otros insectos. Otras viven en el agua; similares a anguilas, tienen una aleta caudal y rara vez van a tierra. Todas ellas tienen ojos rudimentarios y encuentran comida y pareja mediante el olfato; un par de tentáculos retráctiles transmiten las señales químicas a la nariz.

En todas las especies los huevos se fecundan internamente. Algunas especies ponen huevos, pero en otras los huevos permanecen dentro del cuerpo de la hembra y esta pare larvas con branquias o pequeños adultos.

FILO	CORDADOS
CLASE	ANFIBIOS
ORDEN	GIMNOFIONES
FAMILIAS	10
ESPECIES	214

50 cm

CECILIA PÚRPURA
Gymnopis multiplicata
Esta cecilia subterránea de América Central vive en una gran variedad de hábitats. Los huevos eclosionan dentro de la hembra.

ICTIÓFIDOS

Estas cecilias asiáticas ponen huevos en el suelo cerca del agua. Las hembras permanecen con sus puestas y las defienden hasta que las larvas llegan a aguas abiertas.

33 cm

raya longitudinal amarilla

CECILIA DE KOH TAO
Ichthyophis kohtaoensis
Esta cecilia, distribuida por diversos hábitats del Sudeste Asiático, pone sus huevos en tierra, pero sus larvas viven en el agua.

DERMÓFIDOS

Estas robustas cecilias cilíndricas africanas que viven bajo la superficie son generalmente de color marrón, gris o púrpura oscuro, pero pueden ser amarillas. Algunas especies carecen de ojos. Paren crías vivas.

CECÍLIDOS

La mayoría de las especies de esta familia son cavadoras. Se distribuyen por casi todas las regiones tropicales del mundo y varían mucho en longitud; algunas alcanzan 1,5 m. En algunas especies, de los huevos nacen larvas, y en otras, las larvas se desarrollan dentro de la hembra.

37–91 cm

CECILIA DE SANTA ROSA
Caecilia attenuata
Esta especie cavadora azul grisácea, raramente vista, de los bosques húmedos de las tierras bajas del Ecuador amazónico también aparece en hábitats degradados, incluidos plantaciones y huertos.

SALAMANDRAS Y TRITONES

A diferencia de los anuros, los urodelos (salamandras, tritones y afines) tienen el cuerpo esbelto, la cola larga y, por lo general, cuatro patas de talla similar.

Los urodelos suelen vivir en hábitats muy húmedos y la mayoría se distribuyen por el hemisferio norte, siendo especialmente numerosos en América, de Canadá al norte de América del Sur. Varían mucho en tamaño, desde más de 1 m hasta apenas unos 2 cm de longitud.

MODOS DE VIDA ANFIBIOS

Los tritones y algunos otros urodelos pasan una parte de su vida en el agua y la otra parte en tierra. Algunas salamandras viven en el agua toda su vida; otras son totalmente terrestres. La mayoría tiene una piel lisa y húmeda a través de la cual respira en mayor o menor grado. Los pletodónidos carecen de pulmones y respiran exclusivamente por la piel y por el paladar.

Los urodelos tienen la cabeza pequeña en comparación con los anuros; también tienen los ojos más pequeños, siendo el olfato el sentido que más utilizan para encontrar alimento y en las interacciones sociales. La mayoría de las especies, y en particular las terrestres, son nocturnas y se esconden bajo leños o rocas durante el día.

REPRODUCCIÓN

En la mayoría de las especies, los huevos son fecundados dentro de la hembra. Los machos no tienen pene, sino que empaquetan su semen en cápsulas llamadas espermatóforos que transfieren a la hembra durante la cópula. En muchas especies la transferencia de esperma viene precedida por un elaborado cortejo en el que el macho induce a la hembra a cooperar con él. En muchas especies de tritones los machos desarrollan crestas dorsales y colores vivos en la época de celo.

Muchas especies ponen sus huevos en el agua. Las larvas que nacen de ellos tienen el cuerpo largo y esbelto, la cola alta y a modo de aleta, y grandes branquias externas; estas larvas son carnívoras y se alimentan de pequeños animales acuáticos. Las excepciones a esta regla son las salamandras totalmente terrestres, que ponen en tierra huevos en cuyo interior se completa el desarrollo larval y de los que nacen adultos en miniatura, o bien que paren directamente pequeños adultos (ovovivíparas).

FILO	CORDADOS
CLASE	ANFIBIOS
ORDEN	URODELOS
FAMILIAS	10
ESPECIES	754

Un macho de tritón alpino olisquea a una hembra antes de cortejarla. El olor ayuda a identificar la especie y el sexo.

SIRÉNIDOS

Las cuatro especies totalmente acuáticas de esta familia del sur de EE UU y el noreste de México conservan rasgos larvales en la fase adulta –tienen branquias externas y carecen de patas posteriores–; parecen anguilas.

SIRENA MAYOR
Siren lacertina
Esta especie con las patas anteriores diminutas y la cola a modo de aleta habita en charcas, ríos y lagos poco profundos del sureste de EE UU y el extremo noreste de México.

RIACOTRITÓNIDOS

Esta familia comprende cuatro especies endémicas del noroeste de EE UU. Estas salamandras robustas y semiacuáticas ponen sus huevos en rocas dentro del agua y tienen larvas acuáticas.

7,5–11,5 cm

RHYACOTRITON KEZERI
Esta especie de los bosques de coníferas de Oregón y Washington vive en o cerca de torrentes y pone sus huevos en manantiales. La tala intensiva ha afectado a sus poblaciones, aunque menos que a la *R. olympicus*.

SALAMÁNDRIDOS

Esta familia comprende salamandras y tritones medianos y pequeños de Europa, Asia, el norte de África y América del Norte. Los huevos se fecundan dentro de la hembra tras la transferencia del esperma del macho mediante un espermatóforo (cápsula de esperma) durante un elaborado cortejo.

12–20 cm

TRITÓN DE CALIFORNIA
Taricha torosa
Este tritón nocturno entra en el agua en primavera para aparearse y poner sus huevos. Para disuadir a los depredadores segrega una neurotoxina letal.

glándulas de veneno naranjas

12–18 cm

cabeza ancha con mandíbulas redondeadas

cola aplanada

TRITÓN COCODRILO
Tylototriton verrucosus
Este robusto tritón del centro y el sur de Asia cría en charcas después del monzón. Sus manchas naranjas advierten de sus desagradables secreciones.

15–30 cm

GALLIPATO
Pleurodeles waltl
Esta especie en declive, endémica de la península Ibérica y Marruecos, tiene un modo de defensa único: cuando la agarran, empuja las afiladas puntas de sus costillas a través de su piel.

TRITÓN ALPINO
Ichthyosaura alpestris
La hembra de este tritón europeo que cría en primavera envuelve los huevos uno a uno en hojas de plantas acuáticas.

SALAMANDRA DE ANTEOJOS
Salamandrina terdigitata
Esta sigilosa salamandra de cuerpo largo y aplanado solo vive en Italia, cerca de arroyos oxigenados en umbrías de valles de montaña.

TRITÓN COLA DE PALA
Paramesotriton labiatus
Este tritón de los torrentes de montaña de China tiene una potente cola para nadar. Deja sus huevos adheridos a las rocas.

TRITÓN DE CERDEÑA
Euproctus platycephalus
Este esbelto tritón solo vive en Cerdeña y pone sus huevos bajo las rocas en arroyos y pequeños lagos de montaña. Está en peligro de extinción por la degradación de su hábitat.

SALAMANDRA COMÚN
Salamandra salamandra
Esta salamandra europea pasa todo o casi todo su tiempo en tierra y solo entra en el agua para la puesta. Sus glándulas parótidas pueden arrojar una secreción tóxica a sus enemigos.

TRITÓN NORTEAMERICANO ORIENTAL
Notophthalmus viridescens
Este tritón cría en aguas estancadas. Sus juveniles son terrestres, de un rojo anaranjado vivo, y muy tóxicos.

TRITÓN DE LURISTÁN
Neurergus kaiseri
Esta especie que solo vive en arroyos de Luristán (Irán), al sur de los montes Zagros, está en peligro de extinción debido a la degradación de su hábitat y a su popularidad como mascota.

TRITÓN VIENTRE DE FUEGO JAPONÉS
Cynops pyrrhogaster
Este tritón pasa gran parte de su vida en el agua. Los brillantes colores de su vientre advierten a los depredadores de la toxicidad de su piel.

TRITÓN PUNTEADO
Lissotriton vulgaris
Este pequeño tritón común en Europa y en el Asia templada cría en charcas; los machos ejecutan un elaborado cortejo.

TRITÓN CRESTADO
Triturus cristatus
Los machos de esta especie que pone en aguas arremansadas de Europa central y Asia occidental desarrollan en primavera una espectacular cresta dorsal que exhiben en el cortejo.

TRITÓN JASPEADO
Triturus marmoratus
Este tritón de Francia y España vive en zonas de matorral, brezales y bosques, y se reproduce y tiene su fase acuática en aguas quietas con abundante vegetación.

SALAMANDRAS SIN PULMONES

Los pletodóntidos, con más de 390 especies, son la familia de urodelos más extensa. Al carecer de pulmones, estas salamandras respiran por la boca y por la piel. Aparte de seis especies europeas, todas ellas viven en América, donde ocupan una gran variedad de hábitats y se alimentan sobre todo de invertebrados.

8–13 cm

patas pequeñas

cuerpo y cola largos y esbeltos

SALAMANDRA ESTRIADA
Bolitoglossa striatula
Esta pequeña salamandra con los pies muy palmeados es nocturna y durante el día se esconde entre hojas de plataneras. Vive en Costa Rica, Honduras y Nicaragua.

7–11 cm

DESMOGNATHUS OCHROPHAEUS
Esta salamandra en gran parte terrestre de los bosques del este de Canadá y EE UU suele verse en gran número tras las lluvias intensas, buscando presas y trepando por árboles y arbustos.

DESMOGNATHUS MONTICOLA
Esta especie del este de EE UU, de cuerpo robusto, vive en una madriguera durante el día y está activa por la noche.

8–13 cm

11–15 cm

OEDIPINA ALLENI
Esta salamandra, que vive en la hojarasca de las selvas de la vertiente pacífica de Costa Rica y del extremo noroeste de Panamá, se enrosca sobre sí misma cuando la atacan.

10–16 cm

EURYCEA GUTTOLINEATA
Esta especie del este de EE UU vive dentro y en torno al agua y es muy buena nadadora, pero pasa gran parte de su vida en una madriguera.

raya negra a lo largo del flanco

7–11 cm

EURYCEA WILDERAE
Esta pequeña especie que vive en torno a manantiales y arroyos es común en las montañas boscosas del sur de los Apalaches (EE UU). Se aparea en otoño y pone sus huevos en invierno.

11,5–21 cm

SALAMANDRA VISCOSA DEL MISISIPI
Plethodon mississippi
Esta salamandra terrestre que vive en bosques de planifolios y pone sus huevos en tierra se defiende de los depredadores con una secreción cutánea viscosa.

7–12 cm

PLETHODON CINEREUS
Esta especie terrestre del este de Canadá y EE UU se esconde bajo la corteza de los árboles durante el día y caza insectos y otras presas en el follaje después del ocaso.

SALAMANDRAS GIGANTES

La familia criptobránquidos comprende tres especies muy grandes y totalmente acuáticas: una de Japón, otra de China y otra de América del Norte. Comen una enorme variedad de presas, desde gusanos hasta pequeños mamíferos. Una de ellas, la salamandra gigante de China, es, con sus 1,8 m de longitud, el mayor urodelo del mundo.

SALAMANDRA GIGANTE AMERICANA
Cryptobranchus alleganiensis
Esta especie del este de EE UU tiene la piel muy arrugada y una cabeza aplanada que le permite cavar bajo las rocas, donde esconde los huevos.

30–75 cm

cuerpo aplanado

patas abiertas

1–1,4 m

SALAMANDRA GIGANTE DEL JAPÓN
Andrias japonicus
Esta especie acuática está amenazada por la degradación de su hábitat. Algunos machos se ocupan de defender las madrigueras donde las hembras ponen los huevos.

SALAMANDRA DE LOS MANANTIALES
Gyrinophilus porphyriticus
Este ágil habitante de los arroyos y fuentes de montaña del este de Canadá y EE UU suele ocultarse bajo leños o rocas.

SALAMANDRA CAVERNÍCOLA ITALIANA
Hydromantes italicus
Esta especie de las montañas del norte de Italia vive en cuevas y grietas rocosas, y también cerca de arroyos y fuentes.

SALAMANDRA ROJA
Ensatina eschscholtzii
Esta salamandra de la costa oeste de América del Norte agita su gruesa cola frente a los enemigos como pauta defensiva.

SALAMANDRA DE CUATRO DEDOS
Hemidactylium scutatum
Los adultos de esta especie del este de Canadá y EE UU viven en el musgo, pero las larvas crecen en el agua. Su cola tiene un marcado estrechamiento en la base.

SALAMANDRAS ASIÁTICAS

La familia hinóbidos comprende unas 50 especies pequeñas o medianas y confinadas a Asia, aunque una de ellas vive también en la Rusia europea. Ponen sus huevos en charcas o arroyos, y sus larvas tienen branquias externas. Algunas especies tienen garras para aferrarse a las rocas.

HYNOBIUS DUNNI
Las hembras de esta especie japonesa en peligro de extinción ponen sus huevos en sacos y los machos compiten entre sí para fecundarlos externamente.

AJOLOTE Y AFINES

La familia ambistomátidos comprende 33 especies, todas norteamericanas. Casi todos estos grandes urodelos viven en madrigueras de las que salen por la noche para alimentarse. Algunos, como el ajolote mexicano, son neoténicos, es decir, conservan rasgos larvarios a lo largo de su vida adulta.

AJOLOTE
Ambystoma mexicanum
Los adultos de esta especie nunca salen del agua y parecen larvas de salamandra muy grandes, con branquias externas plumosas.

SALAMANDRA TIGRE
Ambystoma tigrinum
Esta especie robusta, común en gran parte de la América del Norte templada, acude en primavera a sus charcas natales para aparearse y poner huevos.

SALAMANDRA JASPEADA
Ambystoma opacum
Esta salamandra del este de EE UU, robusta y de cola corta, se reproduce en otoño y pone sus huevos en charcas secas que se llenan con las lluvias de invierno.

SALAMANDRAS GIGANTES NORTEAMERICANAS

Las cuatro grandes y agresivas especies de los *Dicamptodontidae*, de los bosques húmedos de coníferas del oeste de América del Norte, crían en cursos de agua permanentes no contaminados, donde sus larvas viven y se desarrollan entre dos y cuatro años antes de la metamorfosis.

SALAMANDRA GIGANTE DE CALIFORNIA
Dicamptodon ensatus
Esta salamandra nocturna está amenazada por la fragmentación de su hábitat forestal y la degradación de los arroyos donde crecen sus larvas.

PROTEO Y NECTUROS

Cinco de las seis especies de proteidos viven en América del Norte, y la otra, el proteo, es europea. Todas ellas son neoténicas, conservan su forma larval en la vida adulta: cuerpo alargado, branquias externas y ojos pequeños.

20–50 cm

NECTURO COMÚN
Necturus maculosus
Este depredador voraz se alimenta de una gran variedad de invertebrados, peces y anfibios. La hembra defiende agresivamente sus huevos.

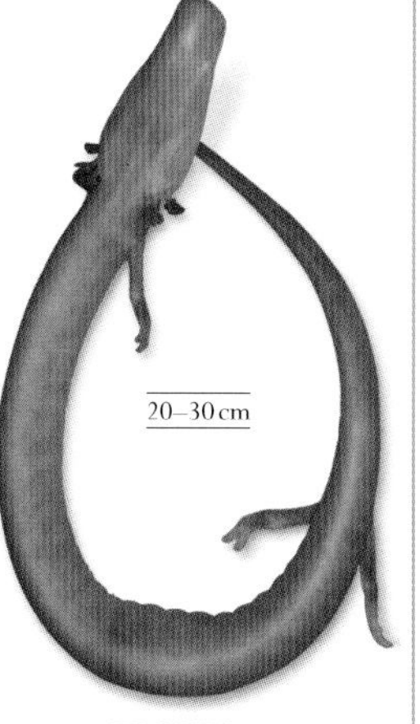

PROTEO
Proteus anguinus
Este urodelo de piel blanca, rosada o gris, totalmente acuático, vive en cuevas inundadas del norte de la península Balcánica.

ANFIUMAS

La familia anfiúmidos comprende tres especies del este de EE UU, grandes, totalmente acuáticas, con aspecto de anguila y con patas diminutas. Las anfiumas pueden sobrevivir a la sequía enterrándose en el barro y formando un capullo. Se alimentan de gusanos, moluscos, peces, serpientes y anfibios. Las hembras custodian los huevos en un nido terrestre.

ANFIUMA DE TRES DEDOS
Amphiuma tridactylum
La mordedura de este gran urodelo de piel viscosa y cola larga puede ser dolorosa. Los machos se reproducen cada año, mientras que las hembras lo hacen en años alternos.

REPTILES

El de los reptiles es un diversificado y exitoso grupo de vertebrados ectotérmicos (de sangre fría). Se les suele asociar con ambientes calurosos y secos, pero en realidad se hallan en una gran variedad de hábitats y climas de todo el mundo.

FILO	CORDADOS
CLASE	REPTILES
ÓRDENES	4
FAMILIAS	92
ESPECIES	11 050

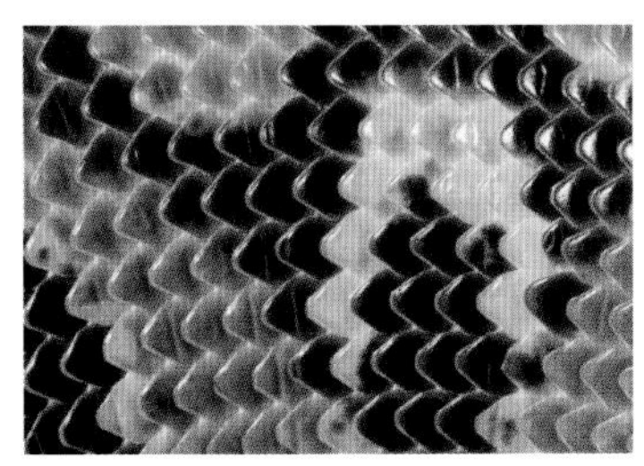

Las escamas son piezas epidérmicas reforzadas con queratina –o a veces con hueso– que cubren la piel de los reptiles.

El huevo con cáscara permite la reproducción fuera del agua; la capa externa protege al embrión de la deshidratación.

Los cocodrilos, a diferencia de la mayoría de las tortugas, pueden andar con el cuerpo alzado sobre el suelo.

Para absorber energía térmica, muchas especies de reptiles toman el sol matinal.

Los primeros evolucionaron a partir de anfibios hace más de 295 millones de años. Son los antecesores de los actuales reptiles, de los mamíferos y de las aves. En el Mesozoico, reptiles como los dinosaurios, los acuáticos ictiosaurios y plesiosauros y los aéreos pterosaurios dominaron la Tierra. Los actuales órdenes de reptiles aparecieron en esta era y sobrevivieron a la extinción masiva que acabó con los dinosaurios no aviares hace 66 millones de años.

Todos los reptiles tienen rasgos en común, como la piel escamosa y el comportamiento de termorregulación –el uso de fuentes de energía externas para mantener la temperatura corporal constante, calentándose al sol, por ejemplo–. Pero los distintos órdenes muestran diferencias patentes. Las tortugas tienen un caparazón; los lagartos, cocodrilos y tuátaras tienen cuatro patas y la cola larga; y en el orden escamosos hay muchas especies sin patas.

Los desiertos calurosos están típicamente dominados por escamosos; en otros hábitats tropicales o subtropicales hay reptiles de todo tipo, y en las zonas frías y templadas viven menos especies. Dentro de cada ecosistema, los reptiles son clave como depredadores y como presas. La mayoría son carnívoros; unos pocos lagartos y tortugas son herbívoros, y muchas especies son omnívoras y oportunistas.

COMPORTAMIENTO Y SUPERVIVENCIA

Unas especies son solitarias; otras, sociales. Cuando refresca se tornan inactivos, pero una vez alcanzan la temperatura corporal adecuada, al sol o en contacto con una roca caliente, pueden volverse muy activos.

El comportamiento reproductor puede ser complejo, con machos que defienden activamente el territorio y cortejan a las hembras. Aunque algunos escamosos paren crías vivas, en la mayoría de las especies el macho fecunda a la hembra, que luego pone huevos en un nido subterráneo. Los reptiles son autónomos y se alimentan por sí solos desde que nacen, aunque algunos cocodrilos cuidan de sus crías durante dos o más años.

Los reptiles son explotados por su piel o con fines alimenticios o médicos, lo que, junto con la pérdida de hábitats, la contaminación y el cambio climático, constituye una amenaza para muchas especies.

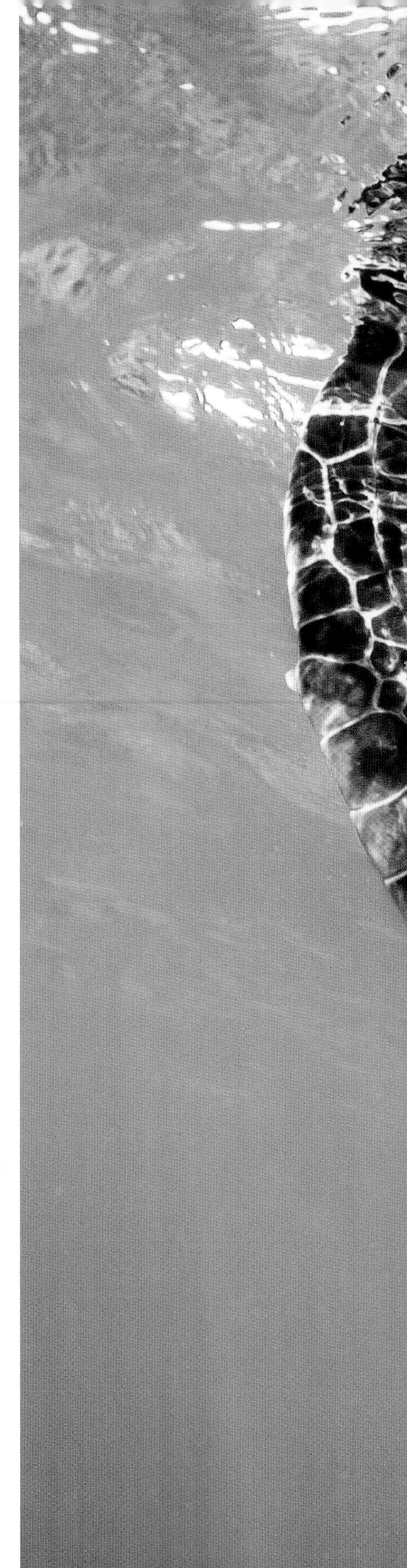

TORTUGA VERDE EN SU ELEMENTO >
Esta tortuga puede parecer primitiva, pero con sus patas a modo de aletas y su caparazón aplanado está muy bien adaptada para la vida acuática.

GRUPOS DE REPTILES
En el Mesozoico ya existían todos los grupos actuales. Primero divergieron los cocodrilos y las tortugas, y un poco más tarde los escamosos: lagartos y serpientes.

TORTUGAS

Con su caparazón, sus patas robustas y su boca sin dientes y a modo de pico, las tortugas actuales no son muy distintas de las de hace 200 millones de años.

El orden testudinos (del superorden quelonios) comprende las tortugas marinas, de agua dulce y terrestres. Algunas tortugas extinguidas eran gigantescas; hoy, a excepción de las grandes tortugas marinas y ciertas especies terrestres de islas remotas, la mayoría son de talla moderada.

PROTECCIÓN Y LOCOMOCIÓN

El caparazón está formado por numerosos huesos fusionados y cubiertos de placas óseas, debajo de las cuales se forman nuevas placas cada año. La parte superior abovedada se llama espaldar y la inferior, plastrón. La protección que da el caparazón varía de unas especies a otras y es muy escasa en algunas tortugas acuáticas. No todas las especies pueden retraer la cabeza dentro del caparazón: algunas esconden la cabeza y el cuello doblándolo hacia un lado, bajo el borde del espaldar.

Las tortugas terrestres son lentas; algunas especies marinas, en cambio, pueden nadar a 30 km/h con sus patas anteriores modificadas en aletas. Aunque tienen que respirar aire, muchas tortugas acuáticas toleran los bajos niveles de oxígeno y pueden permanecer sumergidas durante horas. Las tortugas tienen un metabolismo lento y suelen ser longevas.

Algunas especies son carnívoras y otras herbívoras, pero la mayoría son omnívoras. Las presas son animales lentos o bien son capturadas al acecho. El «pico» o recubrimiento de queratina de las mandíbulas sirve para partir o cortar la comida.

NIDIFICACIÓN Y REPRODUCCIÓN

Las tortugas no defienden un territorio, pero pueden tener áreas de deambulación extensas y desarrollar jerarquías sociales. Se congregan a menudo en orillas fluviales o lacustres para calentarse al sol o anidar.

Los machos de algunas especies realizan cortejos antes de la cópula. La fecundación es interna y las hembras ponen huevos con cáscara como los demás reptiles y las aves. Estos son esféricos u ovalados, con la cáscara rígida o flexible, y se ponen en un nido que cavan las propias hembras; casi todas las tortugas marinas vienen a tierra para anidar. En muchas especies el sexo de las crías depende de la temperatura de incubación.

FILO	CORDADOS
CLASE	REPTILES
ORDEN	TESTUDINOS
FAMILIAS	14
ESPECIES	353

Una cría de tortuga verde se dirige al mar. La especie está en peligro pese a la protección de las playas donde se reproduce.

GALÁPAGO CUELLO-SERPIENTE Y AFINES

La familia de los quélidos comprende especies carnívoras y omnívoras, de América del Sur y de Australasia. Su característico cuello no es retráctil, por lo que lo doblan hacia un lado bajo el borde del espaldar. Ponen unos huevos alargados y de cáscara correosa.

34 cm

GALÁPAGO CUELLICORTO DEL MURRAY
Emydura macquarii
Esta especie distribuida por la cuenca del río Murray (Australia) come anfibios, peces y algas. Los machos son más pequeños que las hembras.

75 cm

GALÁPAGO CUELLO-SERPIENTE DE REIMANN
Chelodina reimanni
Esta tortuga de Nueva Guinea come crustáceos y moluscos. Cuando la amenazan esconde su gran cabeza bajo el borde del espaldar.

25 cm

GALÁPAGO CUELLO-SERPIENTE ORIENTAL
Chelodina longicollis
Esta tímida tortuga del este de Australia tiene un largo cuello que le permite sacar la cabeza del agua y capturar presas.

50 cm

MATAMATA
Chelus fimbriatus
Esta tortuga de las cuencas del Amazonas y el Orinoco aprovecha su extraño aspecto para camuflarse y acechar a sus presas.

TORTUGAS PLEURODIRAS AFRICANAS

Los pelomedúsidos se distribuyen por África y Madagascar. La mayoría son carnívoros, ocupan hábitats de agua dulce y se entierran en el barro para sobrevivir a la sequedad. Cuando se les amenaza pueden esconder la cabeza y el cuello bajo el borde del espaldar.

espaldar marrón

las escamas de la cabeza recuerdan a un casco

20 cm

GALÁPAGO DE CASCO AFRICANO
Pelomedusa subrufa
Esta tortuga carnívora del África subsahariana y Madagascar es muy social, y suele cazar en grupo para abatir presas grandes.

GALÁPAGO MEGACÉFALO

El único miembro de la familia platisternidos, en peligro de extinción, sobrevive en arroyos forestales del sur de China y el sureste de Asia, y acecha a sus presas andando por el fondo, más que nadando.

18 cm

GALÁPAGO MEGACÉFALO
Platysternon megacephalum
Esta pequeña tortuga carnívora tiene el espaldar aplanado, la cola larga, la cabeza muy grande y unas potentes mandíbulas.

TORTUGAS PLEURODIRAS AMERICANAS

Las tortugas de la familia podocnemídidos, estrechamente emparentadas con los pelomedúsidos, viven en América del Sur a excepción de una que es endémica de Madagascar. Son herbívoras, ocupan diversos hábitats de agua dulce y, como pleurodiras, no pueden retraer la cabeza dentro del caparazón.

32 cm

CHARAPA CHIMPIRE
Podocnemis erythrocephala
Esta especie vive en marjales selváticos de la zona del río Negro, en la cuenca del Amazonas.

QUELÍDRIDOS

Los quelídridos, grandes tortugas acuáticas de América, son notorios por su agresividad. Con su fuerte caparazón, su robusta cabeza y sus potentes mandíbulas, son depredadores eficaces que acechan a una gran variedad de animales, aunque también comen plantas.

55 cm

TORTUGA MORDEDORA NORTEAMERICANA
Chelydra serpentina
Esta tortuga de agua dulce de Canadá y EE UU, muy similar a *C. rossignonii* de América Central y *C. acutirostris* de América del Sur, suele acechar a sus presas medio enterrada en el barro.

enorme cabeza con fuertes mandíbulas y un pico afilado y puntiagudo

lengua con un señuelo a modo de gusano

caparazón muy grueso y resistente, con tres hileras de placas cónicas

80 cm

TORTUGA ALIGÁTOR
Macrochelys temminckii
Esta especie norteamericana, una de las tortugas de agua dulce mayores del mundo, tiene en la lengua un señuelo a modo de gusano para atraer a sus presas mientras las acecha inmóvil.

GALÁPAGOS CONCHIBLANDOS

Estos depredadores acuáticos, llamados trioníquidos, ocupan hábitats de agua dulce de América del Norte, África y Asia meridional. Tienen el caparazón aplanado, cubierto de una piel correosa en vez de las típicas placas queratinizadas, y de una longitud (de adultos) de entre 25 cm y más de 1 m.

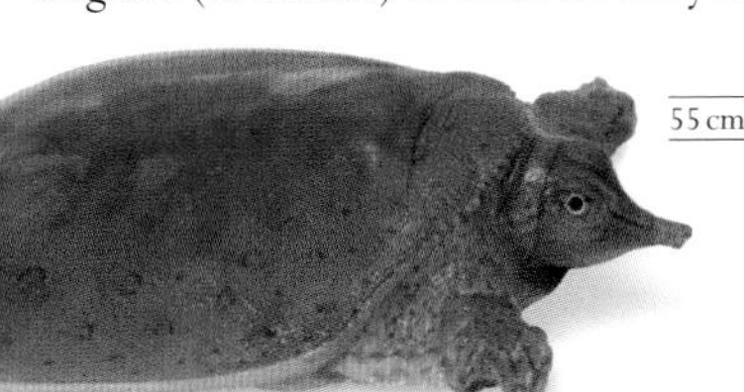

55 cm

GALÁPAGO CONCHIBLANDO ESPINOSO
Apalone spinifera
Esta especie del este de América del Norte y de América Central come sobre todo insectos e invertebrados acuáticos.

27 cm

GALÁPAGO CONCHIBLANDO MOTEADO
Lissemys punctata
Esta tortuga de India y los países vecinos tiene a cada lado del plastrón una «tapa» articulada que protege sus patas posteriores cuando están retraídas.

caparazón verde grisáceo con crestas longitudinales

35 cm

GALÁPAGO CONCHIBLANDO CHINO
Pelodiscus sinensis
Apreciada por su carne, esta tortuga de Asia oriental sigue siendo vulnerable en la naturaleza debido a la caza, a pesar de que cada año se crían varios millones en granjas.

TORTUGA DE NARIZ DE CERDO

La única especie de la familia caretoquélidos es fluvial, omnívora y nocturna. Su caparazón carece de placas duras pero es rígido, y su hocico está adaptado para respirar aire mientras está sumergida.

TORTUGA DE NARIZ DE CERDO
Carettochelys insculpta
Esta tortuga de Nueva Guinea y el norte de Australia tiene las patas anteriores modificadas en aletas para nadar, como las tortugas marinas.

CASQUITOS Y GALÁPAGOS ALMIZCLEROS

Estas tortugas americanas (quinostérnidos) desprenden un fuerte olor cuando las amenazan. Más que nadar, tienden a andar por el fondo de lagos y ríos, y son omnívoras oportunistas. Las hembras ponen unos huevos alargados y de cáscara dura.

TORTUGA DE PANTANO
Kinosternon subrubrum
Esta tortuga se alimenta en el fondo de cursos de agua someros y lentos del este de EE UU.

CASQUITO ALMIZCLERO
Sternotherus odoratus
Cuando la amenazan, esta tortuga de agua dulce del sureste de Canadá y el este de EE UU desprende un nauseabundo almizcle y muerde.

TORTUGA LAÚD

La única especie de la familia dermoquélidos es capaz de mantener una temperatura corporal elevada, lo que le permite nadar en aguas frías. Su caparazón carece de placas, y su correosa piel cubre una capa de tejido oleoso aislante.

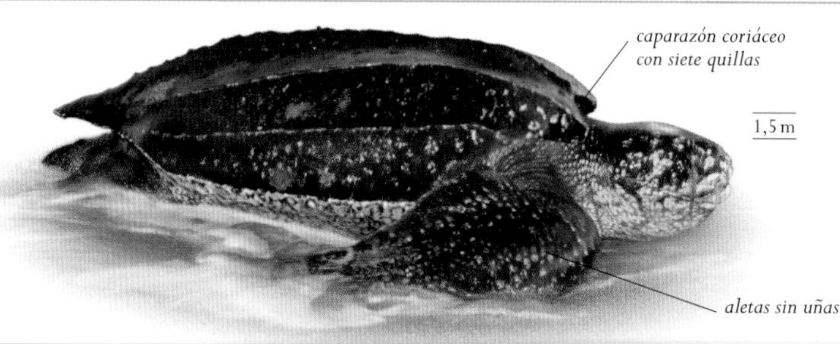

TORTUGA LAÚD
Dermochelys coriacea
Esta especie oceánica que se alimenta principalmente de medusas es la tortuga más grande del mundo. Vive en todos los océanos, e incluso en aguas subárticas, pero está en peligro crítico.

OTRAS TORTUGAS MARINAS

Los quelónidos viven en todos los océanos, sobre todo en aguas costeras. Con su cuerpo hidrodinámico y sus patas en forma de aletas, están muy bien adaptados al medio marino, pero vienen a tierra para anidar en playas. Cinco de las seis especies de quelónidos se encuentran amenazadas.

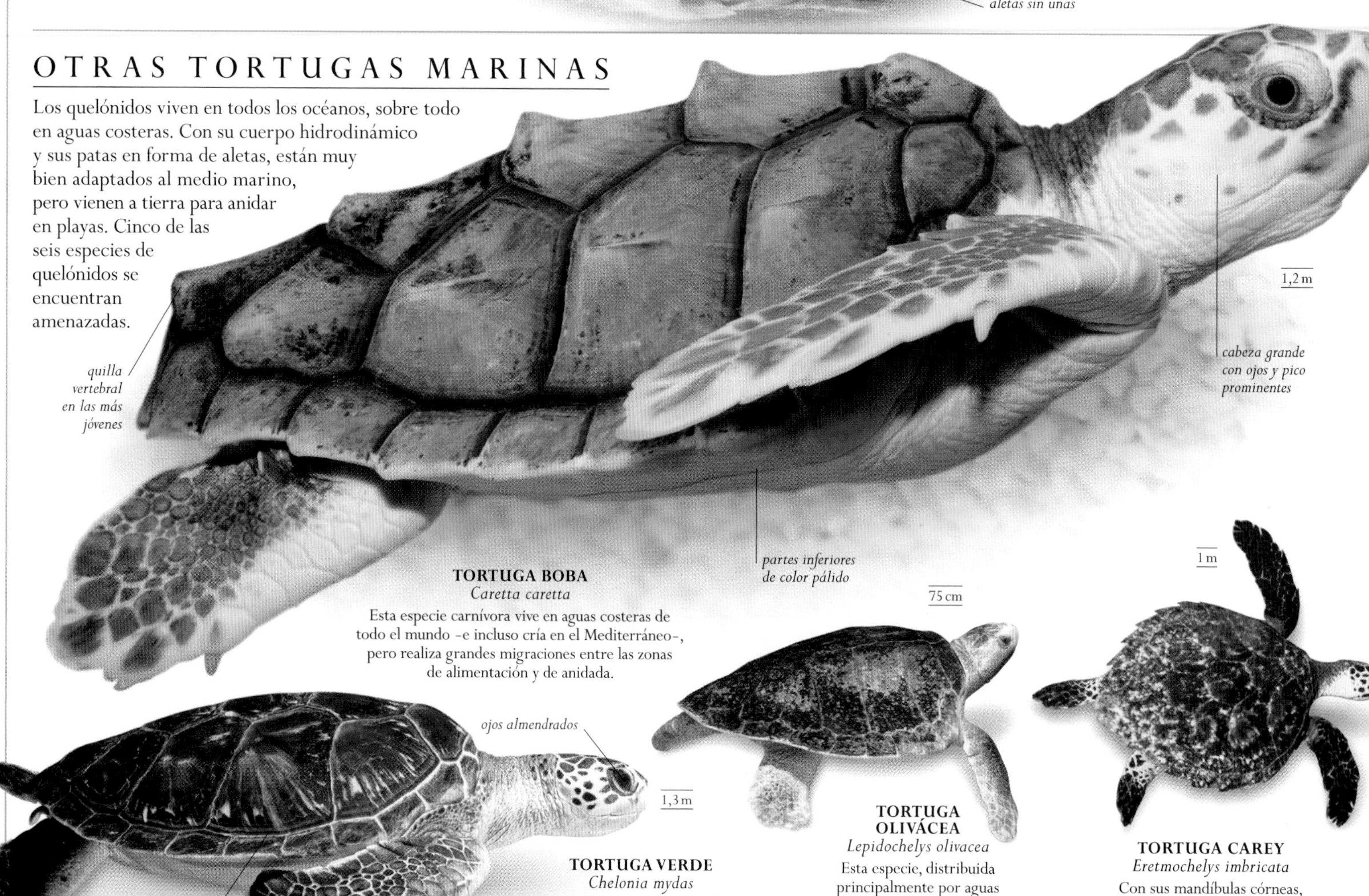

TORTUGA BOBA
Caretta caretta
Esta especie carnívora vive en aguas costeras de todo el mundo –e incluso cría en el Mediterráneo–, pero realiza grandes migraciones entre las zonas de alimentación y de anidada.

TORTUGA VERDE
Chelonia mydas
Esta especie, fitófaga estricta, es la única tortuga marina que se calienta al sol en tierra. Cosmopolita en aguas templadas y tropicales, es rara en el Mediterráneo.

TORTUGA OLIVÁCEA
Lepidochelys olivacea
Esta especie, distribuida principalmente por aguas costeras tropicales, come una gran variedad de invertebrados y algas.

TORTUGA CAREY
Eretmochelys imbricata
Con sus mandíbulas córneas, esta tortuga captura moluscos y otras presas. Es cosmopolita en aguas sobre todo tropicales.

GALÁPAGO EUROPEO Y AFINES

Los emídidos varían desde totalmente acuáticos a totalmente terrestres; su dieta también varía, aunque muchos son herbívoros. La mayoría de las especies viven en América del Norte, pero la que da nombre a la familia es europea. Muchas especies lucen colores vivos e intrincados dibujos.

hilera de espinas en el caparazón

27 cm

patas anteriores fuertes y con garras

dibujo de líneas amarillas en cuello y cabeza

FALSO GALÁPAGO MAPA
Graptemys pseudogeographica
Esta tortuga norteamericana ocupa hábitats de agua dulce con abundante vegetación. Las hembras son casi dos veces mayores que los machos.

28 cm

JICOTEA NORTEAMERICANA DE SIENES ROJAS
Trachemys scripta elegans
Muy popular como mascota, este galápago conocido como tortuga de Florida ha invadido gran parte de Europa y Asia, donde compite con los galápagos nativos.

27 cm

JICOTEA NORTEAMERICANA DE SIENES AMARILLAS
Trachemys scripta scripta
Esta especie del sureste de EE UU y el noreste de México es menos común como mascota que *T. s. elegans*.

23 cm

GALÁPAGO DIAMANTINO
Malaclemys terrapin
Esta tortuga diurna de las aguas salobres del este de EE UU, amenazada por la urbanización costera, tiene unas poderosas mandíbulas adaptadas para comer crustáceos y moluscos.

25 cm

GALÁPAGO PINTADO NORTEAMERICANO
Chrysemys picta
Este pequeño galápago ampliamente distribuido por América del Norte está activo en primavera y verano, y en otoño e invierno yace aletargado bajo el agua.

20 cm

TORTUGA CAJA NORTEAMERICANA
Terrapene carolina
Los machos de esta especie del este de América del Norte tienen unas uñas muy curvas que les ayudan a agarrar el abovedado caparazón de la hembra durante la cópula.

caparazón con un dibujo distintivo

14 cm

uñas fuertes, adaptadas para cavar

TORTUGA CAJA ORNADA
Terrapene ornata
Esta especie terrestre y omnívora del centro de América del Norte cava madrigueras para resguardarse de las temperaturas extremas.

13 cm

GALÁPAGO MOTEADO NORTEAMERICANO
Clemmys guttata
Esta especie de motas características se alimenta de invertebrados y plantas en los marjales del este de EE UU y el sureste de Canadá.

26 cm

GALÁPAGO RETICULADO
Deirochelys reticularia
Esta tímida tortuga de los marjales del este de EE UU extiende su largo cuello para capturar cangrejos de río y otras presas.

21 cm

GALÁPAGO EUROPEO
Emys orbicularis
Tortuga muy acuática, de amplia distribución en el oeste del Paleártico. Se calienta al sol sobre leños y rocas y se zambulle con rapidez cuando se espanta.

13 cm

GALÁPAGO GRABADO
Glyptemys insculpta
Caso inusual, los machos y las hembras de esta especie de los bosques húmedos del noreste de América del Norte ejecutan una elegante danza durante el cortejo.

piel oliválcea con motas amarillas

26 cm

GALÁPAGO DE BLANDING
Emydoidea blandingii
Esta tortuga omnívora de la región de los Grandes Lagos de América del Norte está especialmente adaptada para capturar cangrejos de río.

38 cm

ESCURRIDIZA ROJA
Pseudemys nelsoni
Esta tortuga de Florida y el sur de Georgia (EE UU) vive en lagos y cursos de aguas lentas. Durante el cortejo, el macho acaricia la cabeza de la hembra con sus patas anteriores.

40 cm

ESCURRIDIZA PECHIRROJA
Pseudemys rubriventris
Esta especie omnívora y diurna del noreste de EE UU prefiere las masas de agua grandes y profundas. Las hembras son mayores que los machos.

TORTUGA GIGANTE DE ALDABRA
Aldabrachelys gigantea (Dipsochelys elephantina)

Esta especie vulnerable, la única tortuga gigante del Índico no extinguida en la naturaleza junto con las muy amenazadas tortugas gigantes de las Seychelles, *Dipsochelys hololissa* y *Dipsochelys arnoldi*, puede pesar más de 300 kg. Aunque vive en las tres islas del atolón de Aldabra, el 90% de la población habita en Grande Terre, la mayor de ellas, pese a la escasez de agua y de vegetación. Las adversas condiciones inhiben el crecimiento de las tortugas y muchas no llegan a la madurez sexual. Sin embargo, son muy sociales, más que las tortugas más grandes de otros islotes. Los machos son mayores que las hembras, pero el cortejo no es agresivo. Las hembras entierran los huevos, que eclosionan en la época de lluvias.

TAMAÑO 1,2 m
HÁBITAT Zonas herbáceas
DISTRIBUCIÓN Aldabra (océano Índico)
DIETA Plantas

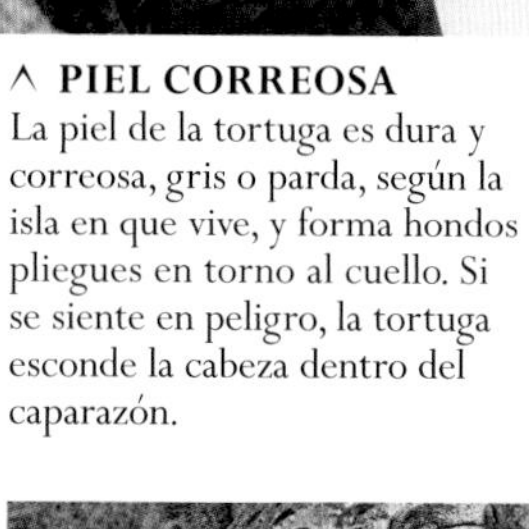

∧ PIEL CORREOSA
La piel de la tortuga es dura y correosa, gris o parda, según la isla en que vive, y forma hondos pliegues en torno al cuello. Si se siente en peligro, la tortuga esconde la cabeza dentro del caparazón.

< PICO CÓRNEO
La tortuga corta las plantas con su afilado pico córneo, se las mete en la boca con la lengua y se las traga enteras, pues no tiene dientes.

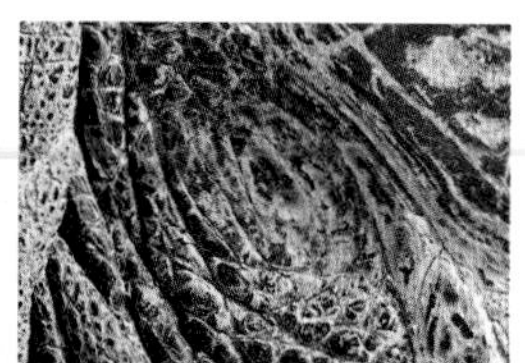

< OREJA
Las tortugas no tienen pabellón auditivo, y su tímpano se halla en una concavidad.

< OJO
El ojo es relativamente grande y tiene un párpado bien desarrollado. Las tortugas pueden ver en color y tienen una especial sensibilidad para los rojos y amarillos, lo que debe de ayudarles a encontrar frutos de colores vivos.

∧ PATA ANTERIOR
Las patas anteriores son cilíndricas y más largas que las posteriores, lo que permite a la tortuga levantar el cuerpo del suelo cuando camina. Las patas están cubiertas por grandes y duras escamas.

< UÑAS PARA CAVAR
Los pies de las patas posteriores, robustas y como de elefante, tienen cinco uñas en cada pie. Las uñas de las hembras son más grandes que las de los machos y las usan para excavar su nido.

< COLA
La cola es corta y la tortuga puede esconderla hacia un lado bajo el espaldar. Los machos tienen la cola más larga que las hembras.

unas escamas córneas cubren las patas anteriores y posteriores

las patas posteriores son elefantinas, con fuertes uñas

las placas del espaldar muestran los anillos de crecimiento

HECHA PARA DURAR ∨
Comparada con las tortugas gigantes de las islas Galápagos, esta tiene la cabeza más redondeada, el hocico puntiagudo y la boca «sonriente». Puede vivir más de un centenar de años.

GEOEMÍDIDOS O BATAGÚRIDOS

Los geoemídidos o batagúridos son tortugas de agua dulce o terrestres, de América y del Viejo Mundo, cuya longitud de caparazón varía entre 14 y 50 cm. Pueden ser herbívoras, omnívoras o carnívoras, y muchas presentan dimorfismo sexual, con hembras más grandes que los machos.

GALÁPAGO NARIZÓN CAFÉ
Rhinoclemmys annulata
Esta tortuga herbívora de las selvas de América Central, Colombia y Ecuador es más activa por la mañana y tras las lluvias.

TORTUGA CAJA RAYADA
Cuora trifasciata
Esta tortuga carnívora del sur de China es objeto de un intenso tráfico ilegal para su uso en medicina tradicional, y está en peligro crítico de extinción.

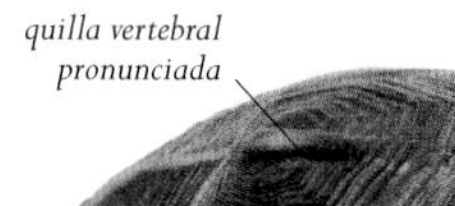

TORTUGA CAJA DE BORDE AMARILLO
Cuora flavomarginata
Esta especie omnívora de los arrozales de China, Taiwán y las Ryukyu (Japón) evita las aguas profundas y pasa horas calentándose al sol en tierra.

13 cm

GALÁPAGO HOJA SERRADO
Cyclemys dentata
Es omnívora y vive en aguas de curso lento del sur de Asia. Para defenderse libera un líquido nauseabundo.

13 cm

GALÁPAGO FORESTAL PECHINEGRO
Geoemyda spengleri
Esta especie de las montañas boscosas del sur de China y de Vietnam come pequeños invertebrados y frutos. Su caparazón es rectangular, espinoso y con quillas.

TESTUDÍNIDOS

Los testudínidos, que se distribuyen por América, África y la Eurasia meridional, pueden alcanzar grandes dimensiones. Totalmente terrestres, tienen patas elefantinas y un caparazón abovedado y sólido dentro del cual pueden retraer su cabeza. Ponen huevos de cáscara dura.

30 cm

TORTUGA DEL DESIERTO NORTEAMERICANA
Gopherus agassizii
Vive en desiertos del suroeste de América del Norte. Es vegetariana, pero a veces depreda animales.

33 cm

TORTUGA DORADA SUDASIÁTICA
Indotestudo elongata
Esta especie en peligro del sur de Asia come frutos y carroña. Cuando el tiempo es seco se esconde en la hojarasca húmeda.

TORTUGA ARTICULADA SERRADA
Kinixys erosa
Esta tortuga omnívora vive en los marjales del oeste del África tropical. En los individuos más viejos, la parte posterior del caparazón está articulada.

MOTELO NEGRO
Chelonoidis carbonaria
Esta tortuga ocupa una gran variedad de hábitats en el norte y el centro de América del Sur. Come carroña, pero es sobre todo vegetariana.

TORTUGA ESTRELLADA DE MADAGASCAR
Astrochelys radiata
Esta tortuga, endémica del sur de Madagascar y en peligro de extinción crítico, come sobre todo plantas y está activa por la mañana.

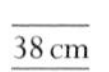

TORTUGA ESTRELLADA INDIA
Geochelone elegans
Esta especie herbívora de las zonas secas de India y Sri Lanka se aparea y cría durante los monzones.

TORTUGA DE CUÑA
Malacochersus tornieri
Esta especie de África oriental es omnívora y vive en zonas rocosas, donde su forma aplanada le permite esconderse en grietas.

TORTUGA GIGANTE DE ALDABRA
Aldabrachelys gigantea (Dipsochelys elephantina)
Esta gran tortuga herbívora nativa del atolón de Aldabra puede beber a través de sus narinas.

TORTUGA GIGANTE DE GALÁPAGOS
Chelonoidis nigra
Esta especie vulnerable, principalmente vegetariana, es una de las mayores tortugas del mundo y tiene once subespecies (cuatro de ellas extinguidas), de las diferentes islas Galápagos.

TORTUGA MEDITERRÁNEA
Testudo hermanni
Esta especie herbívora vive en bosques secos, no lejos de la costa, en Cataluña, Baleares, el sureste de Francia e Italia. En invierno se aletarga.

TORTUGA DE HORSFIELD
Agrionemys horsfieldii
Esta especie de los desiertos y estepas secas de Asia central escapa al calor diurno refugiándose en madrigueras.

TUÁTARA

Similar a un lagarto, el tuátara pertenece a un orden distinto de reptiles. Sus parientes más próximos se extinguieron hace 100 millones de años.

Tiene muchos rasgos anatómicos que lo diferencian de los lagartos; el más notable es la forma de cuña de sus «dientes» (denticulaciones de las mandíbulas). La mandíbula superior tiene una hilera doble que encaja en la hilera única de la inferior. Es longevo, pero vulnerable a los depredadores introducidos. Habita en bosques costeros, es activo con bajas temperaturas corporales y sale de la madriguera por la noche para cazar huevos, pollos de aves e invertebrados. Los machos son territoriales y la nidificación es comunal. Los huevos tardan cuatro años en formarse y son incubados durante 11–16 meses; el sexo de las crías depende de la temperatura de incubación.

FILO	CORDADOS
CLASE	REPTILES
ORDEN	RINCOCÉFALOS
FAMILIA	1
ESPECIES	1

TUÁTARA

El tuátara (familia esfenodóntidos) es el último representante de un orden que floreció en la era de los dinosaurios, y hoy solo se encuentra en pequeños islotes de Nueva Zelanda.

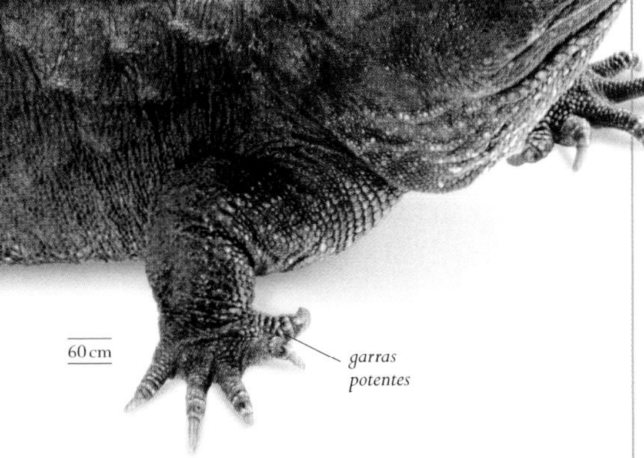

TUÁTARA COMÚN O DE LA ISLA NORTE
Sphenodon punctatus
Tiene unas fuertes garras para cavar madrigueras y una robusta cola que puede perder para escapar de los depredadores. Los machos emplean la cresta dorsal para exhibirse.

LAGARTOS Y LAGARTIJAS

La mayoría de los lagartos y lagartijas tienen cuatro patas y una cola fina y larga, pero también hay muchas especies sin patas. Tienen la piel escamosa y una mandíbula firme.

Todos los lagartos y lagartijas son ectotérmicos y obtienen calor del medio ambiente. A pesar de que están más diversificados en zonas tropicales y subtropicales, su distribución es cosmopolita, desde más allá del Círculo Polar Ártico en Europa hasta el extremo meridional de América del Sur. Muy adaptables, ocupan una gran variedad de hábitats terrestres. Muchas especies sin patas están adaptadas para excavar; algunos lagartos planean entre los árboles y otros son semiacuáticos, incluida una especie marina de las Galápagos.

ESTRATEGIAS DE SUPERVIVENCIA

El tamaño varía desde 1,5 cm hasta los 3 m del varano de Komodo, pero la mayoría mide entre 10 y 30 cm. Aunque muchos son depredadores, cerca de un 2 % es principalmente herbívoro. Muchos lagartos y lagartijas son presas de otros depredadores, y sus mecanismos de defensa se basan en la agilidad, el camuflaje o el engaño. Muchas especies pueden desprenderse de la cola para escapar, aunque después les vuelve a crecer. Algunas especies pueden cambiar el color de su piel, ya sea para camuflarse o para comunicarse. En muchos lagartos (como en los tuátaras) la glándula pineal situada en lo alto de la cabeza funciona como un «tercer ojo» sensible a la luz.

ESTILOS DE VIDA VARIADOS

Algunas especies son solitarias, mientras que otras muchas tienen estructuras sociales complejas, con machos que defienden su territorio mediante señales visuales. Muchas especies ponen sus huevos en nidos subterráneos; otras los retienen en el oviducto hasta la eclosión. También hay especies vivíparas, en las que la madre nutre a las crías a través de una placenta. Los machos poseen por lo general un par de hemipenes, órganos sexuales adecuados para la fecundación interna, pero algunas especies son partenogenéticas: esto quiere decir que las hembras se reproducen sin el concurso de un macho. Algunos lagartos cuidan de los huevos durante la incubación, pero son muy pocas las especies que dan cuidados maternales a las crías.

FILO	CORDADOS
CLASE	REPTILES
ORDEN	ESCAMOSOS
FAMILIAS (LAGARTOS Y LAGARTIJAS)	38
ESPECIES	6687

DEBATE

ESCAMOSOS, UN ORDEN MUY AMPLIO

Aunque las serpientes se clasificaban en un suborden bien diferenciado del de los lagartos, los datos actuales desmienten tal distinción. Los primeros escamosos conocidos, de mediados del Triásico, eran animales tipo lagarto, y las primeras serpientes, del Cretácico inferior, conservaban en parte las patas posteriores. Por otra parte, los análisis genéticos del veneno de serpiente y el descubrimiento de que, además de los helodermos, varios lagartos actuales son venenosos, permitieron clasificar a iguanios y anguimorfos junto con las serpientes en el grupo de los toxicóforos.

CAMALEONES

Los miembros de la familia de los camaleónidos, confinada al Viejo Mundo, tienen patas largas con pies prensiles y una cola también prensil, adaptaciones a la vida arborícola. Sus ojos pueden moverse de forma independiente en cualquier dirección para localizar insectos o pequeños vertebrados, y capturan sus presas proyectando su larga y pegajosa lengua. Su capacidad de cambiar de color les sirve para exhibirse, comunicarse y camuflarse. Varias especies se hallan en peligro de extinción.

8 cm

CAMALEÓN ENANO DE COLA CORTA, CAMALEÓN HOJA
Rieppeleon brevicaudatus
También llamado camaleón hoja, este pequeño camaleón de África oriental tiene una forma y un color que recuerdan a una hoja seca.

70 cm

CAMALEÓN DE PARSON
Calumma parsonii
Este endemismo del norte y el este de Madagascar que caza invertebrados en las copas arbóreas de los bosques de montaña es el mayor camaleón del mundo.

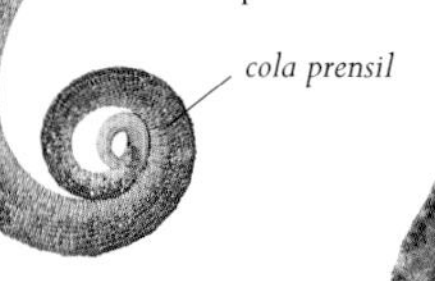

cola prensil

30 cm

el color verde puede volverse marrón, amarillento o grisáceo

pies prensiles de cuatro dedos

CAMALEÓN COMÚN
Chamaeleo chamaeleon
Este camaleón, que se distribuye por el área mediterránea y el norte de África, pasa mucho tiempo en los arbustos buscando insectos.

30 cm

CAMALEÓN DE JACKSON
Triocerus jacksonii
Especie diurna y arborícola de Kenia y Tanzania, cuyo macho se identifica por los tres cuernos que luce en la frente.

espinas dorsales

51 cm

CAMALEÓN GIGANTE ESPINOSO
Furcifer verrucosus
Este gran camaleón que habita en el área costera del oeste y el sur de Madagascar se vale de su color críptico para acechar insectos.

56 cm

CAMALEÓN PANTERA
Furcifer pardalis
Esta especie extremadamente variable de las selvas del este y el norte de Madagascar caza insectos al acecho. Los machos son muy territoriales.

60 cm

CAMALEÓN DE VELO YEMENÍ
Chamaeleo calyptratus
Los machos de esta especie del vértice suroccidental de la península Arábiga tienen un casco muy grande, mayor que el de las hembras.

AGÁMIDOS

Comunes en África, el este de Europa, el sur de Asia y Australasia, los miembros de esta familia pertenecen al subgrupo de los iguanios del grupo de los toxicóforos. Los agámidos, que ponen huevos de cáscara blanda, suelen presentar rasgos como espinas, repliegues cutáneos o crestas. Los machos tienen colores más vivos que las hembras.

1 m

DRAGÓN ACUÁTICO AUSTRALIANO
Intellagama lesueurii
El mayor dragón acuático de Australia vive junto al agua, en la que se zambulle para huir de los depredadores. Los adultos comen invertebrados y pequeños vertebrados.

40 cm

CALOTES VERSICOLOR
Este lagarto diurno común en el sur de Asia se observa a menudo cazando insectos en los árboles cerca de viviendas humanas.

la larga cola le equilibra cuando trepa

1 m

patas largas

cola larga y aplanada lateralmente, adecuada para nadar

DRAGÓN ACUÁTICO DE INDOCHINA
Physignathus cocincinus
Este poderoso nadador que vive en los árboles ribereños del sureste de Asia busca refugio en el agua cuando se siente amenazado.

26 cm

ACANTHOSAURA CRUCIGERA
Este agámido de Indochina, de movimientos lentos, acecha insectos desde las ramas. Los machos usan las largas espinas de su cuello cuando luchan entre sí.

40 cm

LAGARTO DE COLA ESPINOSA COMÚN
Uromastyx acanthinura
Este lagarto herbívoro vive en desiertos y semidesiertos del norte de África. Para defenderse emplea su cola espinosa en forma de porra.

50 cm

DRAGÓN BARBUDO
Pogona vitticeps
Este agámido de las zonas áridas y semiáridas de Australia, que luce una barba de espinas, pone sus huevos en un nido subterráneo.

20 cm

AGAMA CHINO ESPLÉNDIDO
Diploderma splendidum
Este colorido agámido vive en los bosques de montaña húmedos del suroeste de China, donde caza insectos y realiza pequeñas puestas de cinco a siete huevos.

15–18 cm

DIABLO ESPINOSO
Moloch horridus
Este lagarto australiano se alimenta solo de hormigas. Las grandes espinas que cubren su cuerpo dificultan que un depredador se lo trague y canalizan el agua de lluvia o el rocío hacia su boca.

dientes en forma de cincel en el borde externo de la boca

la gran gorguera hace que la cabeza parezca más grande

las largas y fuertes patas posteriores le permiten correr en postura bípeda

90 cm

LAGARTO DE GORGUERA O CLAMIDOSAURIO
Chlamydosaurus kingii
Esta especie común en zonas arboladas subtropicales de Australia depreda insectos y lagartijas en árboles y en el suelo. Ante la amenaza, despliega su gorguera y abre mucho la boca.

40 cm

AGAMA O LAGARTO DE FUEGO
Agama agama
También llamado lagarto de fuego, este insectívoro del África subsahariana es gris por la noche pero a la luz del sol adquiere vivos colores, que los machos exhiben en las disputas territoriales.

CAMALEÓN PANTERA
Furcifer pardalis

Este camaleón de gran tamaño es endémico de Madagascar y ha sido introducido en Mauricio y Reunión. Vive en árboles, en zonas de monte bajo húmedas, y sus pies están tan bien adaptados para agarrarse a las ramas que al animal le resulta difícil andar por una superficie plana. Activo durante el día, se desplaza lentamente por las ramas para cazar insectos al acecho. Cuando avista una presa, la enfoca con ambos ojos y acto seguido dispara su larga lengua para capturarla y tragarla. Los cambios de color del camaleón indican su estado de ánimo y su estatus, y no pretenden servir de camuflaje. Cuando se enfrenta a un rival, el camaleón infla su cuerpo y entonces cambia de color, en una exhibición de dominancia que suele ser suficiente para resolver la disputa.

TAMAÑO 40–56 cm
HÁBITAT Árboles en monte bajo húmedo
DISTRIBUCIÓN Madagascar
DIETA Insectos y otros artrópodos

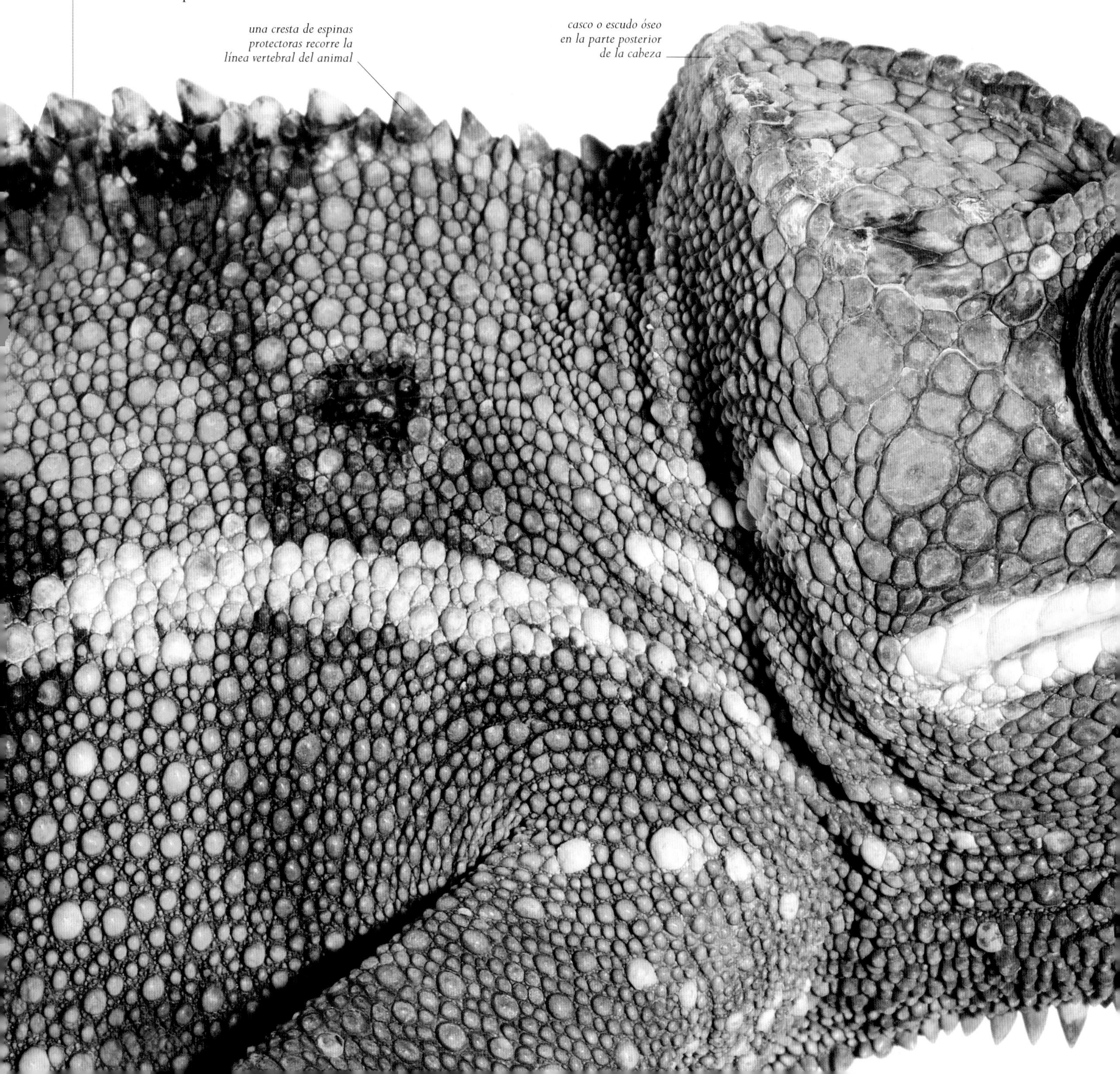

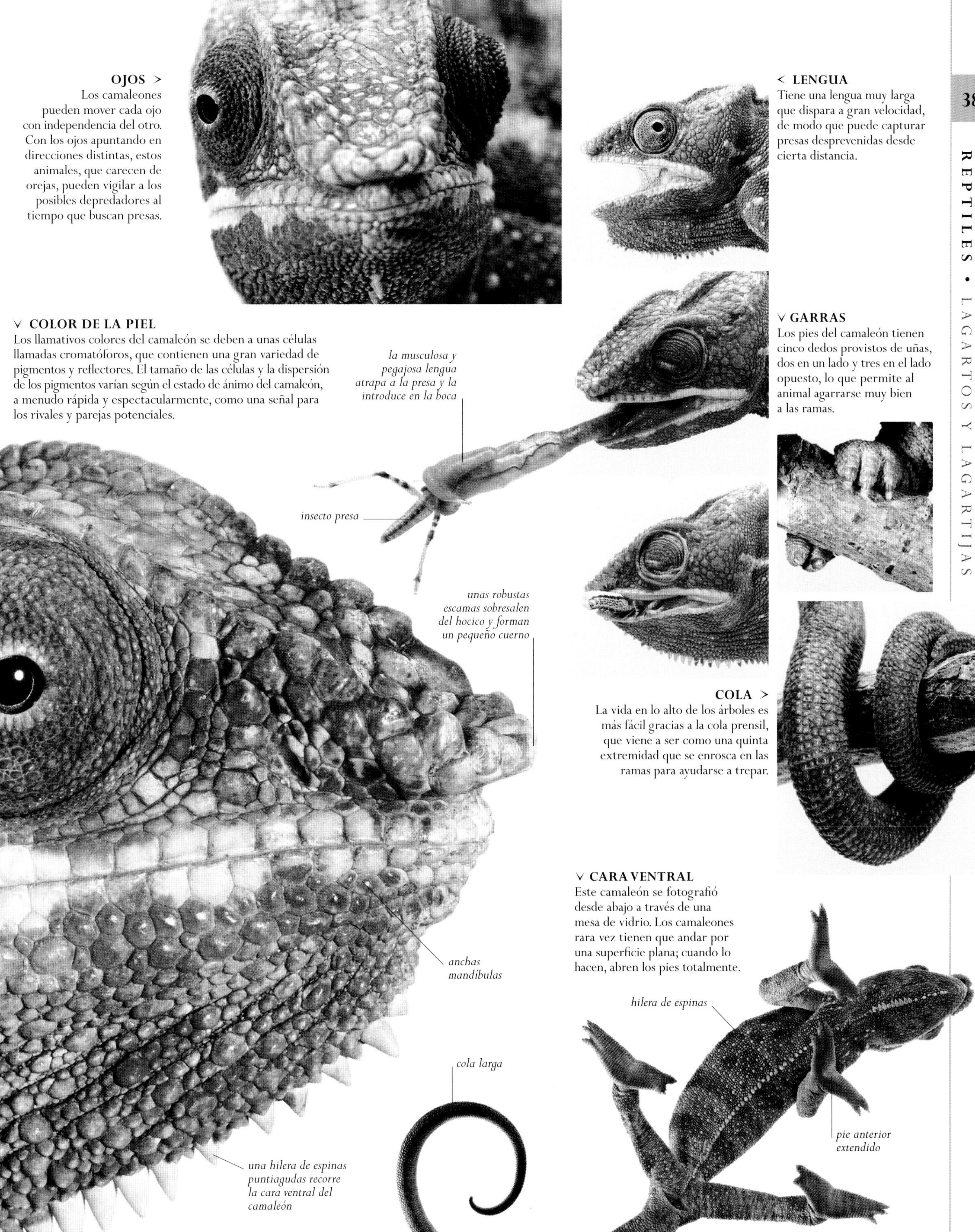

OJOS >
Los camaleones pueden mover cada ojo con independencia del otro. Con los ojos apuntando en direcciones distintas, estos animales, que carecen de orejas, pueden vigilar a los posibles depredadores al tiempo que buscan presas.

< LENGUA
Tiene una lengua muy larga que dispara a gran velocidad, de modo que puede capturar presas desprevenidas desde cierta distancia.

∨ COLOR DE LA PIEL
Los llamativos colores del camaleón se deben a unas células llamadas cromatóforos, que contienen una gran variedad de pigmentos y reflectores. El tamaño de las células y la dispersión de los pigmentos varían según el estado de ánimo del camaleón, a menudo rápida y espectacularmente, como una señal para los rivales y parejas potenciales.

∨ GARRAS
Los pies del camaleón tienen cinco dedos provistos de uñas, dos en un lado y tres en el lado opuesto, lo que permite al animal agarrarse muy bien a las ramas.

COLA >
La vida en lo alto de los árboles es más fácil gracias a la cola prensil, que viene a ser como una quinta extremidad que se enrosca en las ramas para ayudarse a trepar.

∨ CARA VENTRAL
Este camaleón se fotografió desde abajo a través de una mesa de vidrio. Los camaleones rara vez tienen que andar por una superficie plana; cuando lo hacen, abren los pies totalmente.

GECOS Y SALAMANQUESAS

La superfamilia geconoideos comprende las antiguas subfamilias de gecónidos (eublefarinos, geconinos, etc.) y cuenta con más de mil especies, la mayoría tropicales y subtropicales. Emiten sonidos vocales y pueden trepar por superficies lisas. La mayoría pone huevos de cáscara dura; algunos son vivíparos.

12 cm

GECO FRANJEADO
Coleonyx variegatus
También llamado cuija occidental, este geco terrestre caza invertebrados en los desiertos del oeste de EE UU. Al ser eublefárido, tiene los párpados móviles.

25 cm

GECO COLIGRUESO DE ÁFRICA OCCIDENTAL
Hemitheconyx caudicinctus
Este eublefárido de África occidental, distribuido desde Senegal hasta Camerún, acumula grasa en la cola. Sus dedos carecen de almohadillas adherentes.

21 cm

GECO LEOPARDO COMÚN
Eublepharis macularius
Este eublefárido oriundo del sur de Asia central es una popular mascota que se ha criado para obtener individuos con diferentes dibujos y colores.

15 cm

SALAMANQUESA COMÚN
Tarentola mauritanica
Este ágil filodactílido es común en torno al Mediterráneo; depreda insectos en muros de piedra y paredes, y con frecuencia entra en las casas.

20 cm

TERATOSCINCUS SCINCUS
Para defenderse, esta especie de Asia central agita lentamente la cola, produciendo un siseo al frotarse unas con otras sus grandes escamas caudales.

color vivo

almohadillas adherentes en los dedos

25 cm

GECO DIURNO DE MADAGASCAR
Phelsuma madagascariensis
Este gecónido diurno de vivos colores es muy arborícola, y pone sus huevos, de cáscara dura, en las ramas de los árboles.

20 cm

GECO VOLADOR DE KUHL
Ptychozoon kuhli
Con sus dedos palmeados y sus repliegues cutáneos, este gecónido de las pluvisilvas del sureste de Asia puede hacer breves planeos entre los árboles.

40 cm

GECO TOKAY
Gekko gecko
Este gran gecónido del Sudeste Asiático, que emite un áspero «to-kay», suele vivir dentro de las casas.

34 cm

GECO DE DEDOS ARQUEADOS DE NUEVA GUINEA
Cyrtodactylus louisiadensis
Este gran geco nocturno depreda invertebrados y pequeños anuros que encuentra en el suelo.

15 cm

SALAMANQUESA ESPINOSA ASIÁTICA
Hemidactylus brookii
Este gecónido nativo del norte de India también vive en Hong Kong, Shanghái y las Filipinas. Habita cerca de los humanos.

10 cm

SALAMANQUESA ROSADA
Hemidactylus turcicus
Este pequeño gecónido de reclamo maullador, oriundo del sur de Europa, suele hallarse dentro de las casas, donde caza insectos.

PIGOPÓDIDOS, CULEBRILLAS DE ALETAS

Las 36 especies de pigopódidos, emparentadas con los gecos, tienen un cuerpo muy alargado, carecen de patas anteriores y las posteriores están muy atrofiadas. Confinadas a Australasia, cazan insectos bajo tierra o en la superficie y ponen huevos de cáscara blanda.

12 cm

DELMA FRASERI
Este lagarto insectívoro de Australia habita en herbazales de Spinifex y está bien adaptado para moverse entre las rígidas hojas de las gramíneas.

21 cm

PYGOPUS LEPIDOPODUS
Este lagarto con aspecto de serpiente está muy extendido por Australia. Es un depredador diurno de insectos y de arañas que viven en túneles.

60 cm

CULEBRILLA DE ALETAS DE BURTON
Lialis burtonis
Con su hocico alargado y en forma de cuña, esta especie nativa de Australia y Nueva Guinea captura escincos, y se los traga enteros.

ANOLIS

Los anolis (familia dactiloidos) son típicamente pequeños, arborícolas e insectívoros, y están muy diversificados en las Antillas. Suelen ser verdes o marrones, pero cambian de color según el estado de ánimo o el entorno. Ambos sexos defienden su territorio agresivamente.

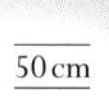

50 cm

ANOLIS ECUESTRE
Anolis equestris
Es el mayor de los anolis y es endémico de Cuba. Las almohadillas de sus dedos le permiten trepar por paredes lisas.

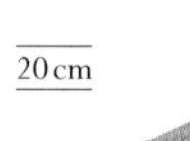

20 cm

ANOLIS DE CAROLINA
Anolis carolinensis
Los machos de esta especie nativa del sureste de EE UU muestran su dominancia meneando la cabeza y luciendo sus vivos colores gulares.

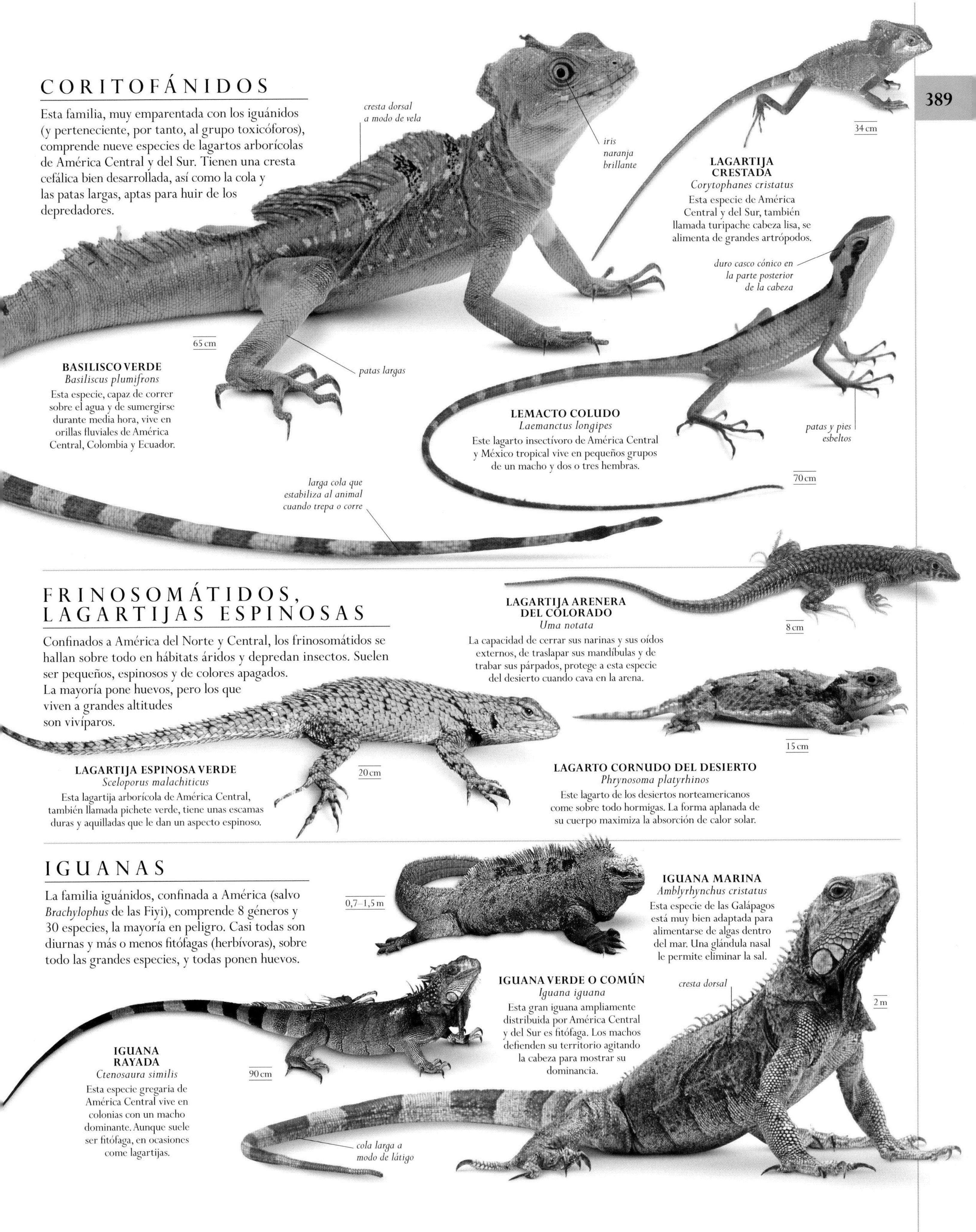

CORITOFÁNIDOS

Esta familia, muy emparentada con los iguánidos (y perteneciente, por tanto, al grupo toxicóforos), comprende nueve especies de lagartos arborícolas de América Central y del Sur. Tienen una cresta cefálica bien desarrollada, así como la cola y las patas largas, aptas para huir de los depredadores.

LAGARTIJA CRESTADA
Corytophanes cristatus
Esta especie de América Central y del Sur, también llamada turipache cabeza lisa, se alimenta de grandes artrópodos.

BASILISCO VERDE
Basiliscus plumifrons
Esta especie, capaz de correr sobre el agua y de sumergirse durante media hora, vive en orillas fluviales de América Central, Colombia y Ecuador.

LEMACTO COLUDO
Laemanctus longipes
Este lagarto insectívoro de América Central y México tropical vive en pequeños grupos de un macho y dos o tres hembras.

FRINOSOMÁTIDOS, LAGARTIJAS ESPINOSAS

Confinados a América del Norte y Central, los frinosomátidos se hallan sobre todo en hábitats áridos y depredan insectos. Suelen ser pequeños, espinosos y de colores apagados. La mayoría pone huevos, pero los que viven a grandes altitudes son vivíparos.

LAGARTIJA ARENERA DEL COLORADO
Uma notata
La capacidad de cerrar sus narinas y sus oídos externos, de traslapar sus mandíbulas y de trabar sus párpados, protege a esta especie del desierto cuando cava en la arena.

LAGARTIJA ESPINOSA VERDE
Sceloporus malachiticus
Esta lagartija arborícola de América Central, también llamada pichete verde, tiene unas escamas duras y aquilladas que le dan un aspecto espinoso.

LAGARTO CORNUDO DEL DESIERTO
Phrynosoma platyrhinos
Este lagarto de los desiertos norteamericanos come sobre todo hormigas. La forma aplanada de su cuerpo maximiza la absorción de calor solar.

IGUANAS

La familia iguánidos, confinada a América (salvo *Brachylophus* de las Fiyi), comprende 8 géneros y 30 especies, la mayoría en peligro. Casi todas son diurnas y más o menos fitófagas (herbívoras), sobre todo las grandes especies, y todas ponen huevos.

IGUANA MARINA
Amblyrhynchus cristatus
Esta especie de las Galápagos está muy bien adaptada para alimentarse de algas dentro del mar. Una glándula nasal le permite eliminar la sal.

IGUANA VERDE O COMÚN
Iguana iguana
Esta gran iguana ampliamente distribuida por América Central y del Sur es fitófaga. Los machos defienden su territorio agitando la cabeza para mostrar su dominancia.

IGUANA RAYADA
Ctenosaura similis
Esta especie gregaria de América Central vive en colonias con un macho dominante. Aunque suele ser fitófaga, en ocasiones come lagartijas.

ESCINCOS Y AFINES

La familia de los escíncidos es cosmopolita y comprende unas 1400 especies, muchas de ellas depredadoras diurnas, y otras nocturnas, sin patas y excavadoras. Los escíncidos se comunican tanto química como visualmente. Aunque por lo general son ovíparos, hay muchas especies vivíparas.

35 cm

colores vivos en los flancos

patas débiles

ESCINCO DE FUEGO
Mochlus fernandi
Este escinco insectívoro habita en zonas boscosas y húmedas de África occidental. Con sus vivos colores, es un popular animal de terrario.

25 cm

21 cm

ESCINCO ESMERALDA
Lamprolepis smaragdina
Esta especie de Taiwán, las Salomón y otras islas del Pacífico occidental caza insectos en troncos de árbol desnudos.

ESCINCO NORTEAMERICANO DE CINCO LÍNEAS
Plestiodon fasciatus
Este escinco se enrosca en torno a sus huevos para protegerlos durante la incubación. Prefiere los terrenos arbolados y depreda insectos terrestres.

30 cm

ESCINCO ÁPODO DE PERCIVAL
Acontias percivali
Esta especie del este y el sur de África cava entre la hojarasca en busca de invertebrados. Las hembras paren hasta tres crías vivas.

LACÉRTIDOS

Los lagartos y lagartijas de esta familia ocupan una gran variedad de hábitats del Viejo Mundo. Son depredadores activos y tienen un sistema social complejo en que los machos defienden su territorio. Casi todas las especies ponen huevos. Por lo general, tienen la cabeza grande.

7,5 cm

LAGARTIJA COLILARGA
Psammodromus algirus
Esta lagartija del Mediterráneo occidental vive en bosques y zonas de matorral. Durante la reproducción, la cabeza de los machos adquiere un tono rojo muy vivo.

20 cm

LAGARTO OCELADO
Timon lepidus
Esta especie del suroeste de Europa prefiere las zonas de bosque mediterráneo y matorral, y come insectos, huevos y pequeños vertebrados.

15 cm

LAGARTIJA DE TURBERA
Zootoca vivipara
El área de esta especie se extiende desde la cornisa cantábrica hasta el norte de Escandinavia y hasta Japón. Muchas de sus poblaciones son vivíparas, pero las ibéricas son ovíparas.

LAGARTIJA COLIRROJA
Acanthodactylus erythrurus
Esta lagartija de la península Ibérica y el norte de África tiene en los dedos tres series de escamas carenadas que le permiten desplazarse sobre arena muy suelta.

9 cm

80 cm

LAGARTO GIGANTE DE GRAN CANARIA
Gallotia stehlini
Este gran lagarto herbívoro ocupa casi todos los hábitats de Gran Canaria y ha sido introducido en Fuerteventura.

7,5 cm

LAGARTIJA ITALIANA
Podarcis siculus
Esta lagartija nativa de Italia, Córcega, Dalmacia y áreas vecinas ocupa diversos hábitats mediterráneos, incluidos los edificios.

TEJÚS Y AFINES

Estos lagartos y lagartijas de carrera rápida ocupan muy diversos hábitats. Las más de 230 especies de la familia teíidos son depredadoras y todas ellas son ovíparas, aunque muchos lagartos cola de látigo *(Cnemidophorus)* son partenogenéticos, con poblaciones exclusivamente femeninas que tienen puestas fértiles sin aparearse.

45 cm

AMEIVA COMÚN
Ameiva ameiva
Gracias a sus potentes mandíbulas, esta especie del norte de América del Sur puede comer los insectos y pequeños vertebrados que captura en hábitats terrestres abiertos.

cola larga útil para la defensa

TEJÚ COLORADO
Salvator rufescens
Este gran lagarto de las zonas áridas del centro de América del Sur es depredador y carroñero, aunque también come plantas.

1,2 m

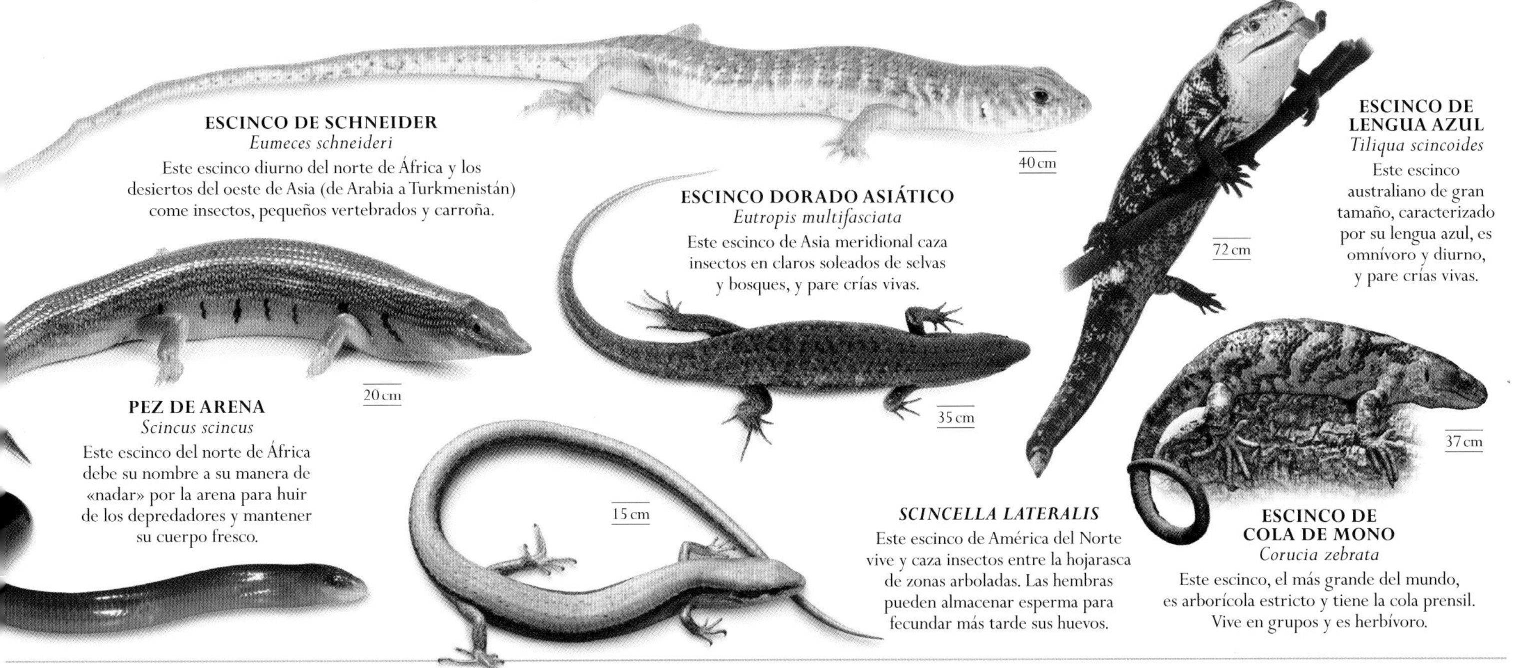

ESCINCO DE SCHNEIDER
Eumeces schneideri
Este escinco diurno del norte de África y los desiertos del oeste de Asia (de Arabia a Turkmenistán) come insectos, pequeños vertebrados y carroña.

ESCINCO DORADO ASIÁTICO
Eutropis multifasciata
Este escinco de Asia meridional caza insectos en claros soleados de selvas y bosques, y pare crías vivas.

ESCINCO DE LENGUA AZUL
Tiliqua scincoides
Este escinco australiano de gran tamaño, caracterizado por su lengua azul, es omnívoro y diurno, y pare crías vivas.

PEZ DE ARENA
Scincus scincus
Este escinco del norte de África debe su nombre a su manera de «nadar» por la arena para huir de los depredadores y mantener su cuerpo fresco.

SCINCELLA LATERALIS
Este escinco de América del Norte vive y caza insectos entre la hojarasca de zonas arboladas. Las hembras pueden almacenar esperma para fecundar más tarde sus huevos.

ESCINCO DE COLA DE MONO
Corucia zebrata
Este escinco, el más grande del mundo, es arborícola estricto y tiene la cola prensil. Vive en grupos y es herbívoro.

GERROSÁURIDOS

Las 32 especies de esta familia del África subsahariana ponen huevos y tienen el cuerpo cilíndrico y las patas bien desarrolladas para cazar insectos en las zonas rocosas de la sabana. Solitarios por naturaleza, los gerrosáuridos son a menudo agresivos con otros miembros de su especie.

GERROSAURIO GIGANTE
Broadleysaurus major
Esta especie omnívora está ampliamente distribuida por las sabanas del este de África, donde ocupa grietas de afloramientos rocosos o termiteros.

ZONURO DE MADAGASCAR
Zonosaurus madagascariensis
Esta lagartija insectívora de Madagascar, las Seychelles y las Gloriosas se alimenta en el suelo, en hábitats abiertos y secos.

CORDÍLIDOS

Los cordílidos se distribuyen por el sur y el este de África y se caracterizan por sus escamas caudales espinosas. Su aplanado cuerpo tiene poco espacio para alojar huevos o crías vivas, de ahí que las especies vivíparas tengan camadas pequeñas y las ovíparas pongan solo dos huevos.

ZONURO COMÚN
Cordylus cordylus
Este lagarto endémico del sur de África vive en densas colonias organizadas jerárquicamente bajo un macho dominante.

GIMNOFTÁLMIDOS

Las 175 especies de esta familia se distribuyen por América del Sur tropical. Los gimnoftálmidos suelen ser pequeños y se caracterizan por sus grandes escamas dorsales. Son insectívoros, diurnos y sigilosos, y su color apagado les camufla entre la hojarasca. La mayoría de ellos pone huevos.

LAGARTIJA DE LAS BROMELIÁCEAS
Anadia ocellata
Esta especie arborícola de América Central, Colombia y Ecuador caza insectos y se refugia en el follaje.

LAGARTO COCODRILO

Este lagarto poco estudiado es el único representante de los sinisáuridos y está en peligro a causa de la popularidad de los lagartos como mascotas. Existen dos subespecies reconocidas en China y en el norte de Vietnam.

LAGARTO COCODRILO CHINO
Shinisaurus crocodilurus crocodilurus
Este lagarto acuático del sur de China, también llamado xenosaurio de Guanxi, se alimenta de peces y renacuajos, y se calienta al sol en los arbustos ribereños.

XENOSAURIOS

Estos curiosos lagartos (familia xenosáuridos), en su mayoría mexicanos, tienen la cabeza reforzada por osteodermos cónicos, que se hallan debajo de las escamas. Paren crías vivas y las protegen en madrigueras. Depredan insectos y otros animales.

XENOSAURIO MAYOR
Xenosaurus grandis
Este lagarto de cuerpo aplanado vive en el suelo de las pluvisilvas mexicanas, donde se esconde durante el día y depreda insectos voladores por la noche.

LAGARTIJAS NOCTURNAS

La familia de los xantúsidos, con unas 30 especies, está confinada a América del Norte y Central. Pese a su nombre, estas lagartijas, con grandes placas cefálicas y escamas ventrales rectangulares, son diurnas.

LAGARTIJA NOCTURNA DE MANCHAS AMARILLAS
Lepidophyma flavimaculatum
Vive entre leños podridos en bosques húmedos de América Central y el sur de América del Norte.

LAGARTOS SIN PATAS NORTEAMERICANOS

La familia aniélidos comprende dos especies de los desiertos del oeste de América del Norte. Tienen el cuerpo largo y cilíndrico y la cabeza pequeña, cazan invertebrados subterráneos y paren una o dos crías vivas.

LAGARTIJA SIN PATAS CALIFORNIANA
Anniella pulchra
Este lagarto con forma de lombriz es insectívoro y cava en la arena o la tierra blanda. Como los lacértidos o los luciones, puede desprenderse de la cola para escapar.

14 cm

VARANOS

Entre los varanos (familia varánidos) se hallan algunos de los lagartos vivos más grandes. Ampliamente distribuidos por África, Asia y Australia, tienen el cuerpo alargado y las patas fuertes, y eligen a sus presas según su tamaño. Muchos varanos producen una saliva tóxica.

1,5 m

VARANO DE ROSENBERG
Varanus rosenbergi
Este varano de la zona costera del sur de Australia tiene una dieta variada. Es un buen excavador y con frecuencia busca sus presas bajo tierra.

VARANO ACUÁTICO
Varanus salvator
Este varano vive en pluvisilvas y otros hábitats húmedos del sur de Asia. Su gran tamaño le permite cazar una gran variedad de presas.

VARANO DE LA SABANA
Varanus exanthematicus
Esta especie de las sabanas del oeste y el centro de África caza invertebrados y otros animales que puede tragar enteros.

LUCIONES Y AFINES

La familia de los ánguidos comprende especies tanto con patas como sin patas. La mayoría de los ánguidos viven sobre el suelo, en una gran variedad de hábitats del Viejo y del Nuevo Mundo. Aunque suelen ser insectívoros, algunos cazan otras presas. La mayoría pone huevos.

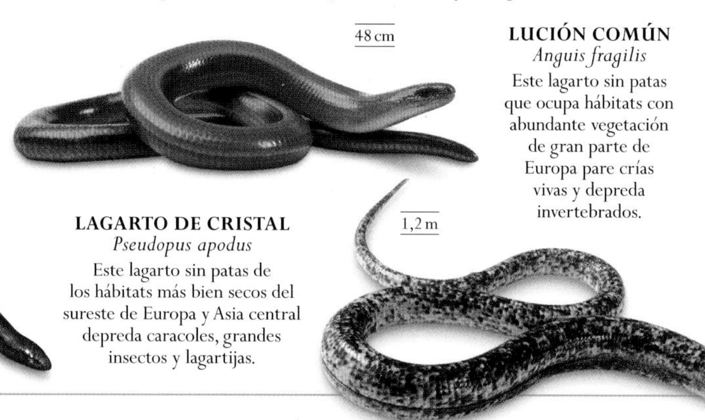

LUCIÓN COMÚN
Anguis fragilis
Este lagarto sin patas que ocupa hábitats con abundante vegetación de gran parte de Europa pare crías vivas y depreda invertebrados.

LAGARTO DE CRISTAL
Pseudopus apodus
Este lagarto sin patas de los hábitats más bien secos del sureste de Europa y Asia central depreda caracoles, grandes insectos y lagartijas.

HELODERMÁTIDOS

Nativas de las zonas áridas de América del Norte, las dos especies de helodermátidos tienen glándulas salivales modificadas para producir veneno y dientes acanalados para inocularlo. Activas por la noche, cazan una gran variedad de invertebrados y comen carroña.

MONSTRUO DE GILA
Heloderma suspectum
Este lagarto ovíparo de las zonas áridas del suroeste de EE UU y el norte de México caza insectos y vertebrados terrestres, incluidos pequeños mamíferos.

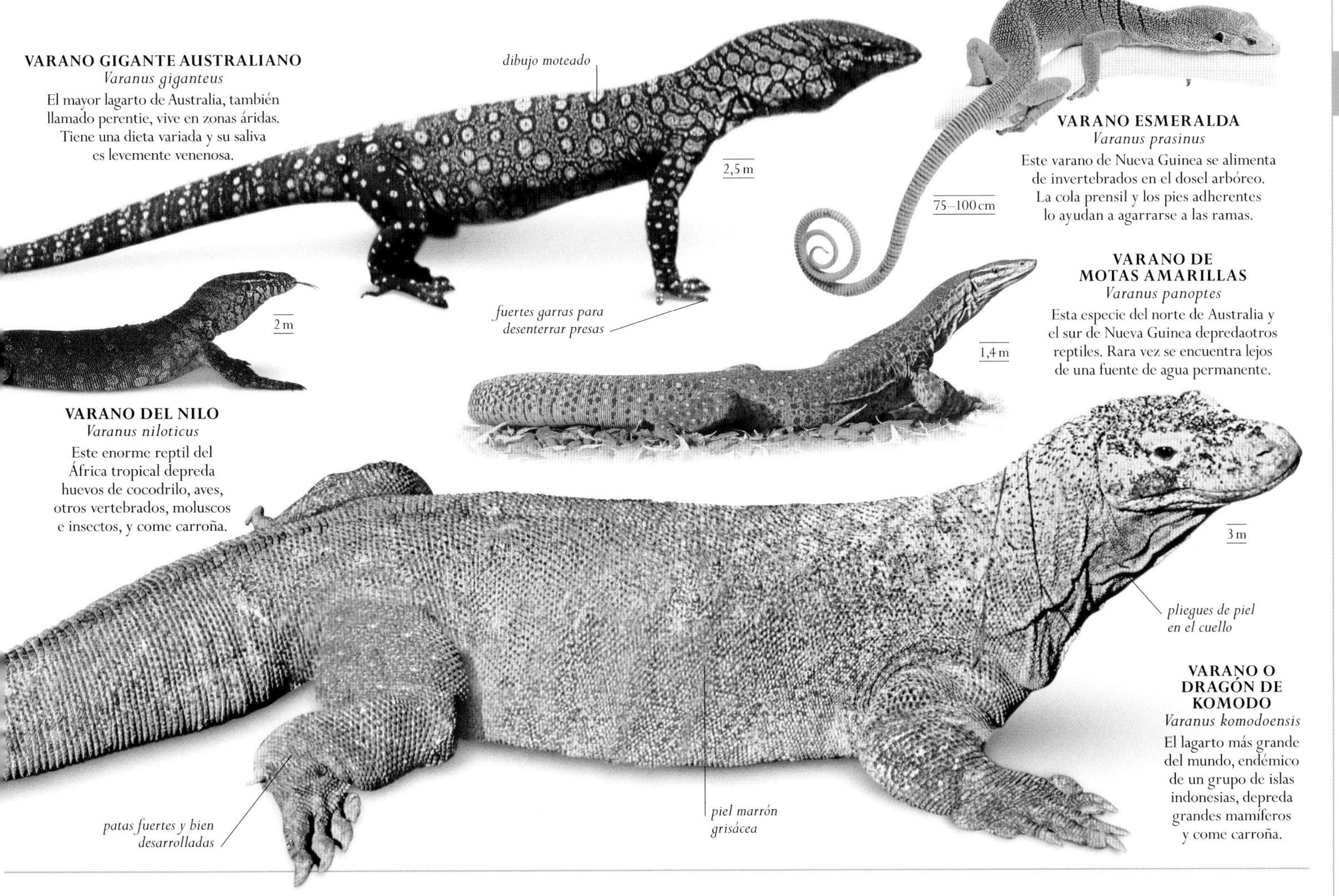

VARANO GIGANTE AUSTRALIANO
Varanus giganteus
El mayor lagarto de Australia, también llamado perentie, vive en zonas áridas. Tiene una dieta variada y su saliva es levemente venenosa.

VARANO ESMERALDA
Varanus prasinus
Este varano de Nueva Guinea se alimenta de invertebrados en el dosel arbóreo. La cola prensil y los pies adherentes lo ayudan a agarrarse a las ramas.

VARANO DE MOTAS AMARILLAS
Varanus panoptes
Esta especie del norte de Australia y el sur de Nueva Guinea depredaotros reptiles. Rara vez se encuentra lejos de una fuente de agua permanente.

VARANO DEL NILO
Varanus niloticus
Este enorme reptil del África tropical depreda huevos de cocodrilo, aves, otros vertebrados, moluscos e insectos, y come carroña.

VARANO O DRAGÓN DE KOMODO
Varanus komodoensis
El lagarto más grande del mundo, endémico de un grupo de islas indonesias, depreda grandes mamíferos y come carroña.

ANFISBENAS Y AFINES

El grupo de los anfisbenios, escamosos sin patas, se consideraba un suborden distinto hasta que los análisis moleculares revelaron su íntimo parentesco con los lacértidos, esto es, con los lagartos y lagartijas más típicos.

Se hallan en América del Sur, las Antillas, México, Florida, África, el sur de Europa y el suroeste de Asia. Pasan casi toda su vida bajo el suelo, por lo que están adaptadas a la vida subterránea. La mayoría ha perdido todo vestigio de sus patas y tienen el cuerpo alargado con escamas lisas. Detectan invertebrados del suelo por el olor y el sonido y los matan con sus fuertes mandíbulas. Para cavar, el lagarto se propulsa hacia delante contrayendo y extendiendo su cuerpo, al tiempo que su dura cabeza hace de ariete contra el suelo. Sus ojos están protegidos por una piel dura y translúcida. Su fecundación es interna; algunas ponen huevos, mientras que otras paren crías vivas.

FILO	CORDADOS
CLASE	REPTILES
ORDEN	ESCAMOSOS
FAMILIAS (ANFISBENAS Y AFINES)	6
ESPECIES	195

ANFISBENAS Y AFINES

Todas las anfisbenas son reptiles excavadores, con una cabeza adaptada para cavar. Se hallan en Europa, el África subsahariana y América del Sur. Depredan invertebrados y cazan mediante el olfato y el oído.

CULEBRILLA CIEGA COMÚN
Blanus cinereus
Endémica de la península Ibérica, esta especie que rara vez se ve sobre el suelo come hormigas, larvas de insectos y otros artrópodos.

ANFISBENA FULIGINOSA
Amphisbaena fuliginosa
Esta anfisbena de las pluvisilvas del norte de América del Sur caza invertebrados mientras cava entre la hojarasca. Sale a la superficie cuando llueve intensamente.

ANFISBENA DE LANG
Chirindia langi
Esta anfisbena del sur de África excava en los suelos arenosos en busca de termitas. Cuando es capturada, puede desprenderse de la cola para huir.

SERPIENTES

Son tal vez los representantes más típicos del subgrupo toxicóforos de los escamosos. Muchas especies poseen dientes inoculadores de veneno.

Las serpientes se hallan en todos los continentes excepto la Antártida, y si bien son especialmente numerosas en las regiones tropicales, existen varias especies adaptadas a las zonas frías. Suelen ser terrestres o arborícolas, pero también las hay subterráneas, semiacuáticas e incluso totalmente marinas. Su tamaño oscila entre unos pocos centímetros y los 10 m de longitud; la mayoría mide entre 30 cm y 2 m.

UNOS SENTIDOS ÚNICOS

Tienen unas articulaciones intervertebrales muy flexibles que les permiten doblarse y enroscarse en cualquier dirección. Su piel se muda con regularidad para permitir el crecimiento. Muchas serpientes respiran con apenas un pulmón alargado, y su tracto digestivo es un simple tubo con un estómago grande y musculoso. En vez de tener párpados que pueden abrirse y cerrarse, los ojos de las serpientes están cubiertos por una escama protectora transparente. Su vista puede ser buena, pero varía según el modo de vida. Las serpientes carecen de oídos externos; detectan los sonidos como vibraciones en el suelo y en el aire. Su sentido clave es el olfato, que no depende de las narinas sino de su lengua bífida, que capta las sustancias olorosas transmitidas por el aire. Algunas especies pueden detectar también el calor corporal de aves y mamíferos.

MATAR PARA VIVIR

Todas son depredadoras. Sus afilados dientes están curvados hacia atrás para agarrar a las presas, y tanto si se las comen vivas como si las matan inyectándoles veneno o por constricción, consumen sus presas enteras. Sus mandíbulas elásticas les permiten tragar animales mucho mayores que su propia cabeza. Las serpientes se defienden mediante el camuflaje, el color advertidor o el mimetismo; atacan y muerden cuando se sienten amenazadas y no pueden huir. Las serpientes que viven en lugares fríos tienden a ser vivíparas, mientras que las que habitan en climas más cálidos ponen huevos. Además, su fecundación es interna: al igual que en los demás escamosos, el macho transfiere su esperma mediante uno de sus hemipenes.

FILO	CORDADOS
CLASE	REPTILES
ORDEN	ESCAMOSOS
FAMILIAS (SERPIENTES)	30
ESPECIES	3789

La serpiente de cascabel de Chihuahua hace sonar su cascabel, saca los colmillos y se enrosca, lista para defenderse.

BOAS

La mayoría de las boas viven en América Central y del Sur, pero hay algunas en Madagascar y Nueva Guinea. Estas serpientes ocupan distintos hábitats, desde bosques a ríos y marjales, donde depredan vertebrados a los que matan por constricción. La familia boidos incluye a la anaconda, la mayor serpiente del mundo, y otras especies de distintos tamaños. La mayoría pare crías vivas.

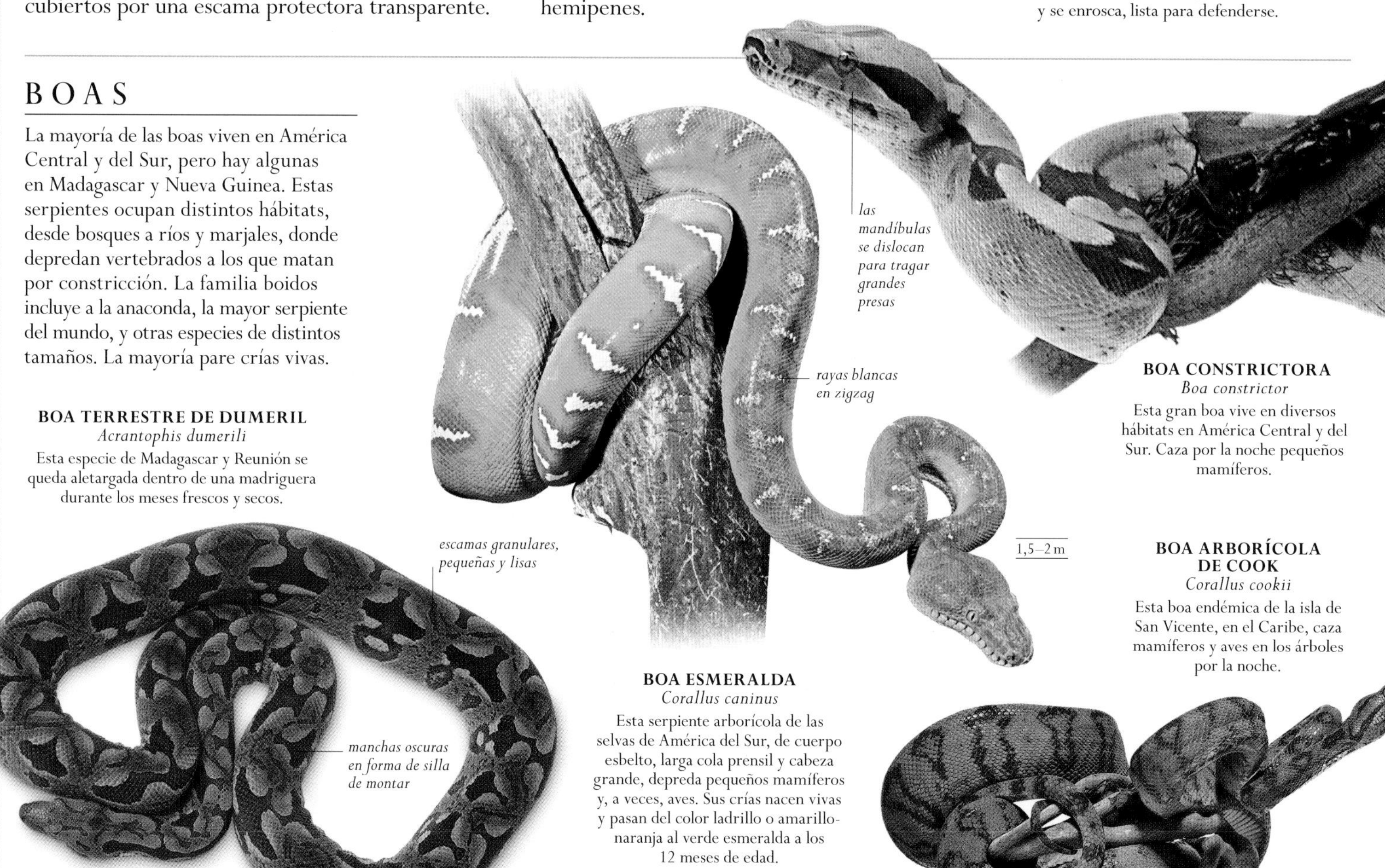

BOA TERRESTRE DE DUMERIL
Acrantophis dumerili
Esta especie de Madagascar y Reunión se queda aletargada dentro de una madriguera durante los meses frescos y secos.

BOA ESMERALDA
Corallus caninus
Esta serpiente arborícola de las selvas de América del Sur, de cuerpo esbelto, larga cola prensil y cabeza grande, depreda pequeños mamíferos y, a veces, aves. Sus crías nacen vivas y pasan del color ladrillo o amarillo-naranja al verde esmeralda a los 12 meses de edad.

BOA CONSTRICTORA
Boa constrictor
Esta gran boa vive en diversos hábitats en América Central y del Sur. Caza por la noche pequeños mamíferos.

BOA ARBORÍCOLA DE COOK
Corallus cookii
Esta boa endémica de la isla de San Vicente, en el Caribe, caza mamíferos y aves en los árboles por la noche.

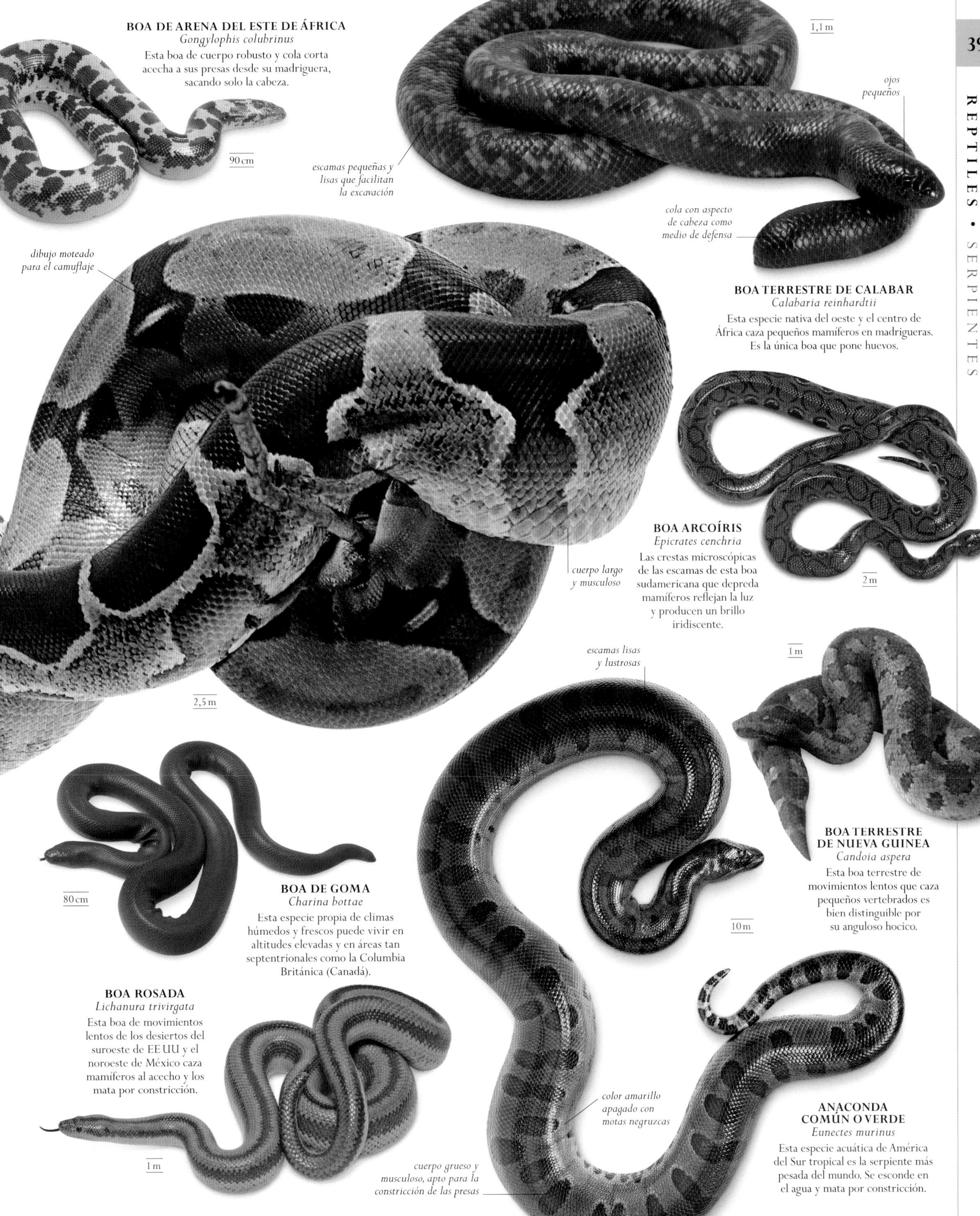

BOA DE ARENA DEL ESTE DE ÁFRICA
Gongylophis colubrinus
Esta boa de cuerpo robusto y cola corta acecha a sus presas desde su madriguera, sacando solo la cabeza.

BOA TERRESTRE DE CALABAR
Calabaria reinhardtii
Esta especie nativa del oeste y el centro de África caza pequeños mamíferos en madrigueras. Es la única boa que pone huevos.

BOA ARCOÍRIS
Epicrates cenchria
Las crestas microscópicas de las escamas de esta boa sudamericana que depreda mamíferos reflejan la luz y producen un brillo iridiscente.

BOA TERRESTRE DE NUEVA GUINEA
Candoia aspera
Esta boa terrestre de movimientos lentos que caza pequeños vertebrados es bien distinguible por su anguloso hocico.

BOA DE GOMA
Charina bottae
Esta especie propia de climas húmedos y frescos puede vivir en altitudes elevadas y en áreas tan septentrionales como la Columbia Británica (Canadá).

BOA ROSADA
Lichanura trivirgata
Esta boa de movimientos lentos de los desiertos del suroeste de EE UU y el noroeste de México caza mamíferos al acecho y los mata por constricción.

ANACONDA COMÚN O VERDE
Eunectes murinus
Esta especie acuática de América del Sur tropical es la serpiente más pesada del mundo. Se esconde en el agua y mata por constricción.

BOA CONSTRICTORA
Boa constrictor

La boa constrictora es una gran serpiente terrestre de América Central y del Sur tropical. Aunque es común en terrenos arbolados y de monte bajo, también se halla en otros hábitats. Inmóvil en el suelo, acecha a mamíferos, aves y reptiles, y cuando una presa se pone a su alcance, la agarra con las mandíbulas, se enrosca en torno a ella y la mata por constricción lenta, aumentando la presión a cada exhalación de la presa. Una vez muerta, la engulle empezando por la cabeza. Los lados derecho e izquierdo de su mandíbula inferior se separan por delante para tragar presas asombrosamente grandes. La boa constrictora muda de piel periódicamente. Suele ser solitaria, pero en la época de cría los machos buscan pareja activamente, atraídos por el olor de las hembras. Mayores que los machos, estas paren de 30 a 50 crías de unos 30 cm de longitud. La boa constrictora no es rara en cautividad.

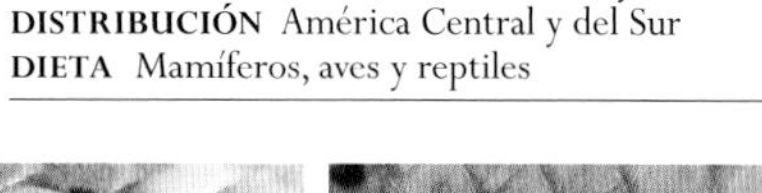

TAMAÑO Hasta 2,5 m
HÁBITAT Terrenos arbolados abiertos y zonas de monte bajo
DISTRIBUCIÓN América Central y del Sur
DIETA Mamíferos, aves y reptiles

∧ VARIANTES CROMÁTICAS
Las numerosas subespecies de boa constrictora se definen según su área de distribución y a veces según su color, aunque este también puede variar en una misma subespecie.

CAMUFLAJE >
La pigmentación de algunas escamas forma manchas de color que alteran el contorno de la serpiente y la camuflan a la hora de cazar o huir de los depredadores.

∧ ESCAMAS VENTRALES
Las robustas escamas ventrales de la boa se adhieren a la mayoría de las superficies, lo que le permite trepar por los árboles.

> DIGESTIONES LENTAS
La boa constrictora caza sirviéndose de la vista y el olfato, y tiene unos ojos y unas narinas prominentes. La digestión de una presa mediana puede durar dos o tres semanas, y si se trata de una presa grande, como un ciervo, la boa no necesitará comer hasta al cabo de seis meses.

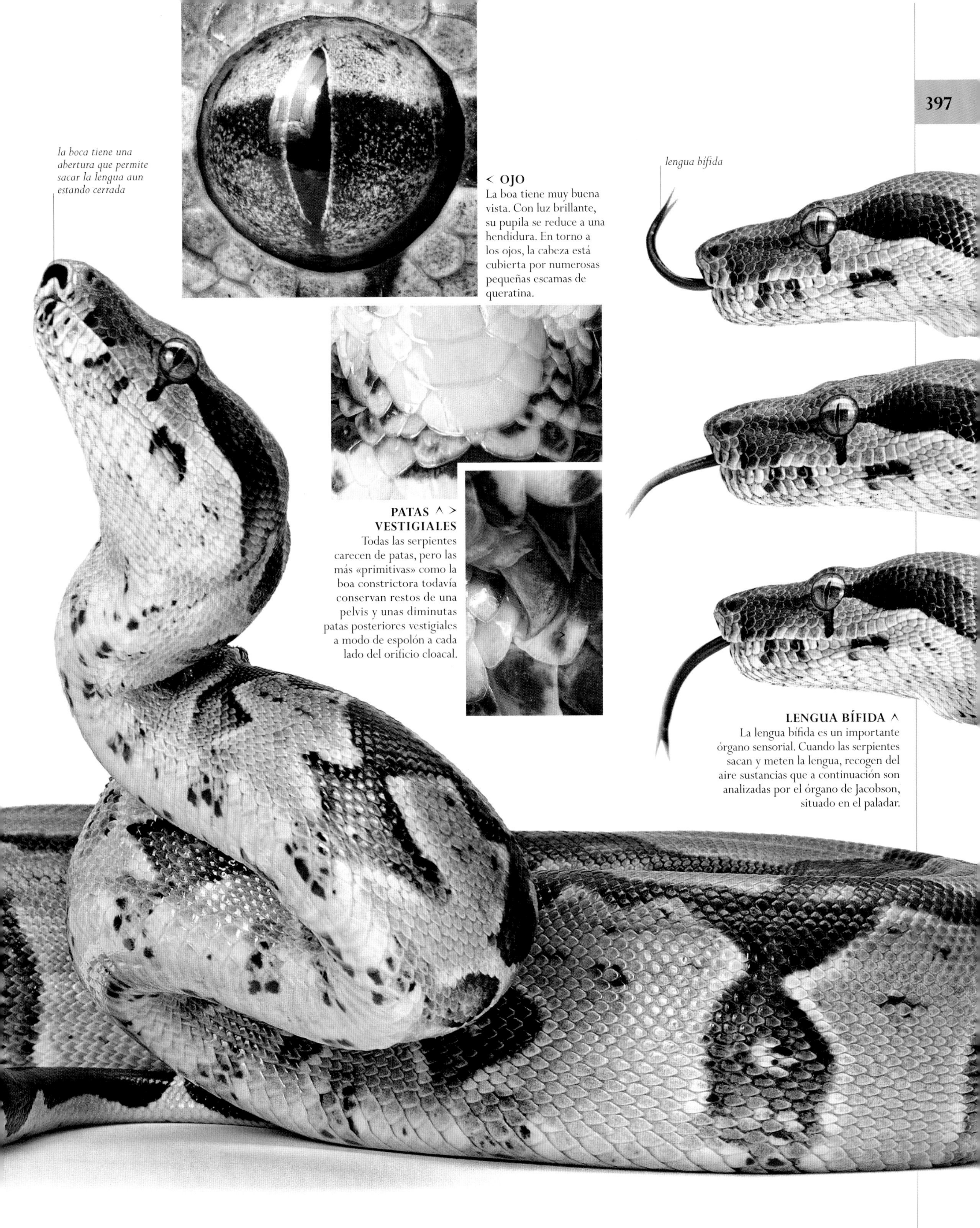

< OJO
La boa tiene muy buena vista. Con luz brillante, su pupila se reduce a una hendidura. En torno a los ojos, la cabeza está cubierta por numerosas pequeñas escamas de queratina.

PATAS ^ > VESTIGIALES
Todas las serpientes carecen de patas, pero las más «primitivas» como la boa constrictora todavía conservan restos de una pelvis y unas diminutas patas posteriores vestigiales a modo de espolón a cada lado del orificio cloacal.

LENGUA BÍFIDA ^
La lengua bífida es un importante órgano sensorial. Cuando las serpientes sacan y meten la lengua, recogen del aire sustancias que a continuación son analizadas por el órgano de Jacobson, situado en el paladar.

CULEBRAS

Muchos autores actuales consideran que el grupo de las culebras (la antigua familia colúbridos, que con unas 2000 especies era la mayor familia de serpientes) debe dividirse en varias familias. Las culebras ocupan una gran variedad de hábitats, desde desiertos hasta humedales y manglares, y muchas de ellas ponen huevos.

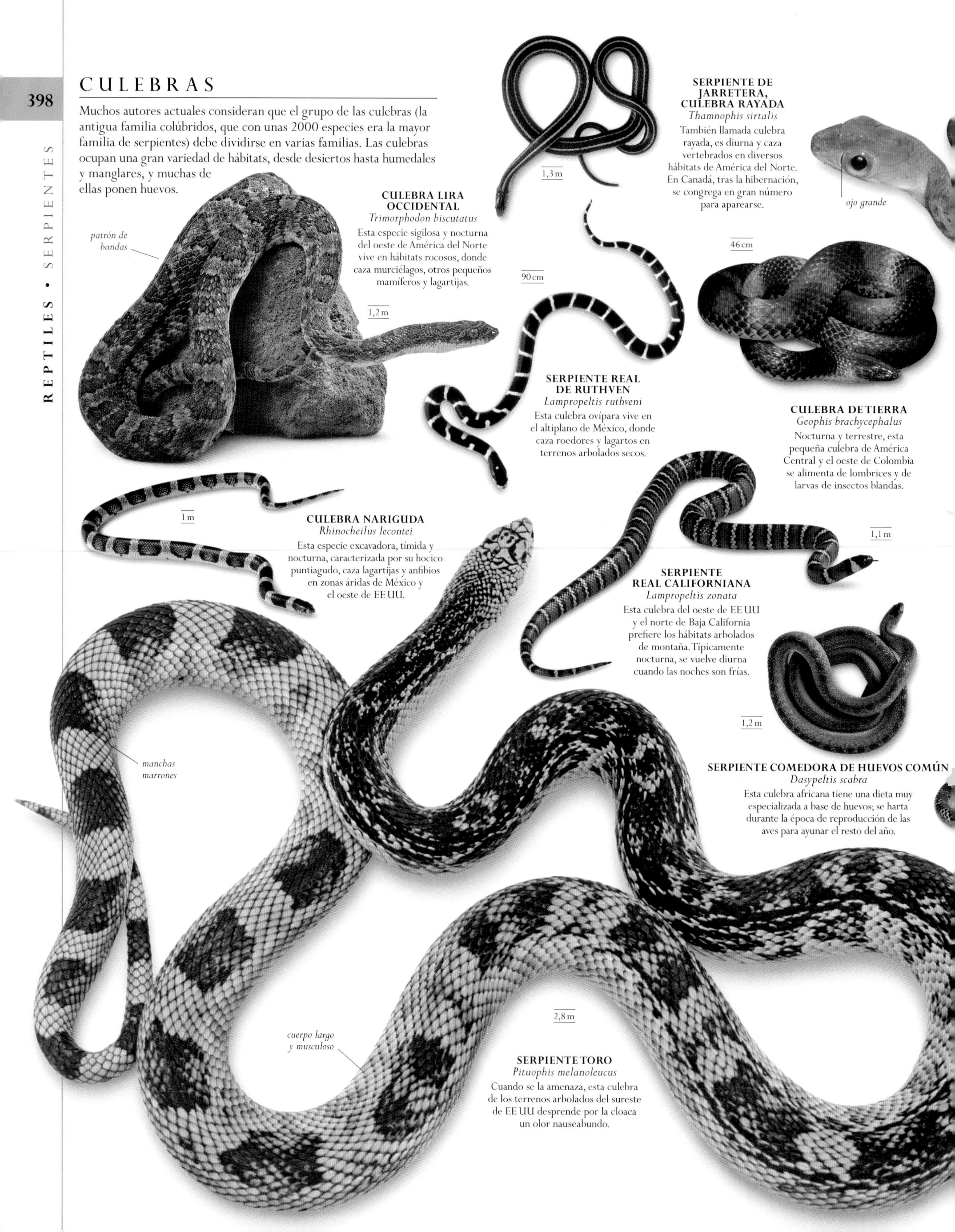

CULEBRA LIRA OCCIDENTAL
Trimorphodon biscutatus
Esta especie sigilosa y nocturna del oeste de América del Norte vive en hábitats rocosos, donde caza murciélagos, otros pequeños mamíferos y lagartijas.

SERPIENTE DE JARRETERA, CULEBRA RAYADA
Thamnophis sirtalis
También llamada culebra rayada, es diurna y caza vertebrados en diversos hábitats de América del Norte. En Canadá, tras la hibernación, se congrega en gran número para aparearse.

SERPIENTE REAL DE RUTHVEN
Lampropeltis ruthveni
Esta culebra ovípara vive en el altiplano de México, donde caza roedores y lagartos en terrenos arbolados secos.

CULEBRA DE TIERRA
Geophis brachycephalus
Nocturna y terrestre, esta pequeña culebra de América Central y el oeste de Colombia se alimenta de lombrices y de larvas de insectos blandas.

CULEBRA NARIGUDA
Rhinocheilus lecontei
Esta especie excavadora, tímida y nocturna, caracterizada por su hocico puntiagudo, caza lagartijas y anfibios en zonas áridas de México y el oeste de EE UU.

SERPIENTE REAL CALIFORNIANA
Lampropeltis zonata
Esta culebra del oeste de EE UU y el norte de Baja California prefiere los hábitats arbolados de montaña. Típicamente nocturna, se vuelve diurna cuando las noches son frías.

SERPIENTE COMEDORA DE HUEVOS COMÚN
Dasypeltis scabra
Esta culebra africana tiene una dieta muy especializada a base de huevos; se harta durante la época de reproducción de las aves para ayunar el resto del año.

SERPIENTE TORO
Pituophis melanoleucus
Cuando se la amenaza, esta culebra de los terrenos arbolados del sureste de EE UU desprende por la cloaca un olor nauseabundo.

CULEBRA VERDE CENTROAMERICANA
Drymobius chloroticus
Esta rápida y ágil culebra de las pluvisilvas de América Central y México suele estar cerca del agua, donde depreda ranas.

CULEBRA ÍNDIGO OCCIDENTAL
Drymarchon corais
Esta serpiente del sureste de EE UU es una de las más largas de América del Norte y a menudo comparte su madriguera con la tortuga *Gopherus polyphemus.*

3 m

NERODIA SIPEDON
Esta especie acuática y vivípara del este de EE UU y el sureste de Canadá está activa día y noche y se alimenta de cangrejos de río, anfibios y peces.

1,2 m

SERPIENTE VOLADORA BANDEADA
Chrysopelea pelias
Esta culebra del sureste de Asia se deja caer desde lo alto de los árboles y «planea» poniendo cóncava la parte ventral.

ELAPHE MOELLENDORFFI
Esta especie de hocico alargado y cola relativamente larga vive en las secas regiones calizas de China y Vietnam.

SERPIENTE DEL LODO
Farancia abacura
Esta serpiente del sureste de EE UU depreda salamandras acuáticas agarrándolas con sus curvados dientes. Las hembras se enroscan en torno a sus huevos hasta que eclosionan.

FALSA CORAL SUDAMERICANA
Erythrolamprus mimus
El patrón de color de esta inofensiva culebra de América del Sur es similar al de las muy venenosas corales. Es un caso de mimetismo batesiano.

bandas rojas, blancas y negras

CULEBRILLA DEL CAFÉ
Ninia sebae
Esta serpiente inofensiva de México y América Central tiene la facultad de extender su cuello para intimidar.

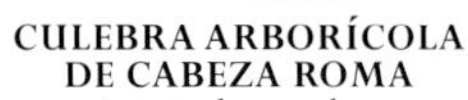

CULEBRA OJO DE GATO O CANTIL FRIJOLILLO
Leptodeira septentrionalis
Esta especie arborícola y nocturna de América Central tiene unos grandes ojos que le sirven para depredar vertebrados y huevos de ranas arborícolas.

CULEBRA ARBORÍCOLA DE CABEZA ROMA
Imantodes cenchoa
Los grandes ojos de esta esbelta culebra de las pluvisilvas del norte de América del Sur le permiten cazar lagartijas en la oscuridad.

1 m

CULEBRA ARBORÍCOLA PARDA
Boiga irregularis
Esta serpiente oriunda de Australia y Nueva Guinea fue introducida accidentalmente en la isla de Guam, donde ha diezmado la fauna nativa.

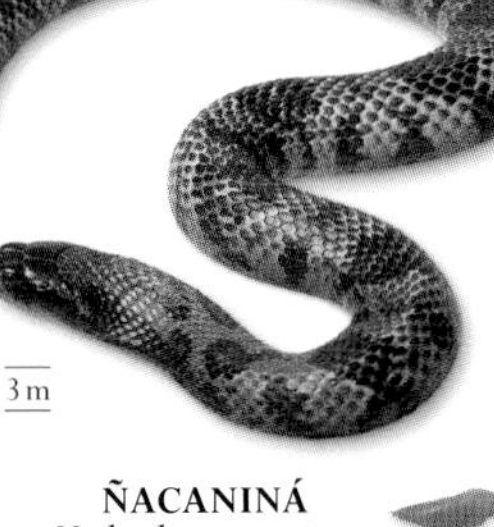

ÑACANINÁ
Hydrodynastes gigas
Esta culebra semiacuática de las pluvisilvas de América del Sur, también llamada cobra falsa de agua, puede aplanar el cuello como las cobras para intimidar.

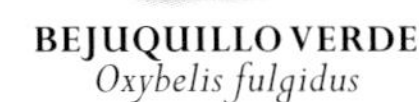

BEJUQUILLO VERDE
Oxybelis fulgidus
Larga y delgada, esta culebra arborícola, también llamada serpiente liana verde, vive en selvas de América Central y del Sur. Sostiene a sus presas en el aire hasta que su veneno las inmoviliza.

CULEBRA NEGRA Y ROSA
Oxyrhopus petolarius
Especie terrestre y diurna de las pluvisilvas de América del Sur, depreda lagartijas y otros pequeños vertebrados.

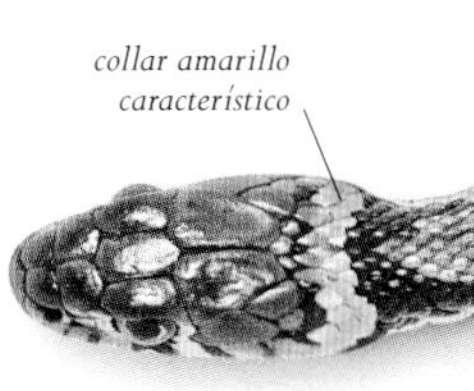
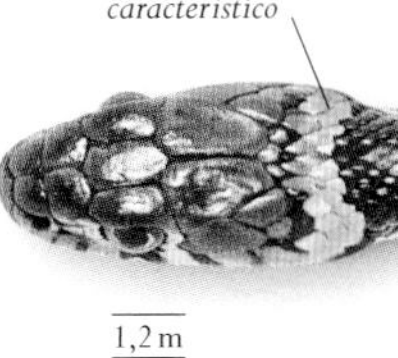

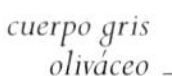

CULEBRA DE COLLAR
Natrix natrix
Esta especie cuya área abarca casi toda Europa suele fingir que está muerta cuando la amenazan. Bastante acuática, depreda sobre todo anuros.

»

» CULEBRAS

COELOGNATHUS HELENA

Esta especie del subcontinente indio y Sri Lanka extiende el cuello y se yergue para intimidar a sus enemigos. Caza mamíferos, por lo general de noche.

CULEBRA VERDE ÁSPERA
Opheodrys aestivus

Esta culebra arborícola del este de EE UU y el noreste de México es ovípara y depreda insectos durante el día.

SERPIENTE VERDE DE COLA ROJA
Gonyosoma oxycephalum

Esta culebra de movimientos rápidos caza aves y mamíferos en los árboles de las pluvisilvas del sureste de Asia.

CULEBRA LISA EUROPEA
Coronella austriaca

Culebra de Europa templada y Asia occidental, de hábitats húmedos. Es ovovivípara y depreda escamosos de talla pequeña o media que mata por constricción.

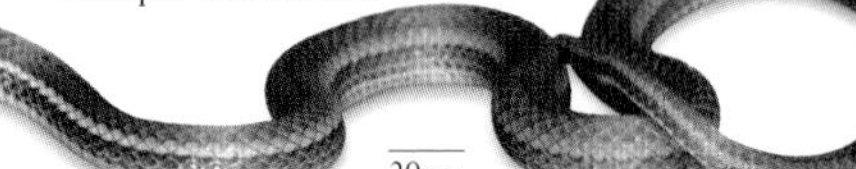

TINTERA DE CABEZA PARDA
Tantilla ruficeps

Esta culebra excavadora vive en las selvas tropicales de América Central, donde depreda insectos durante el día.

CULEBRA DE LOS BALCANES
Hierophis gemonensis

Esta culebra diurna de los Balcanes y algunas islas griegas caza lagartos y grandes insectos en bosques abiertos, maquias y terrenos pedregosos.

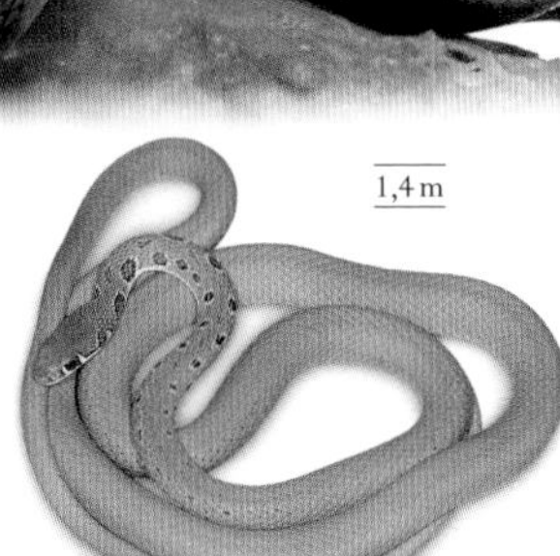

CULEBRA DE DAHL
Platyceps najadum

Esta culebra de los Balcanes y el suroeste de Asia se halla en hábitats pedregosos y secos; caza lagartijas y saltamontes durante el día.

NERODIA FASCIATA

Esta culebra del sur de EE UU vive en humedales, donde depreda peces y anfibios y mimetiza al muy venenoso mocasín de agua.

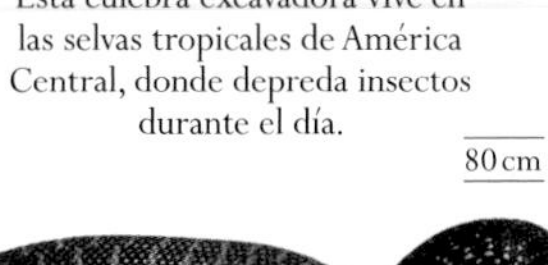

CULEBRA DE NARIZ DE CERDO OCCIDENTAL
Heterodon nasicus

Esta culebra de las praderas de América del Norte usa sus largos dientes para perforar los pulmones de los sapos, facilitando así su deglución.

SERPIENTE DIADEMA
Spalaerosophis diadema cliffordi

Esta subespecie de los desiertos del norte de África es diurna durante los meses más fríos pero se vuelve nocturna en verano.

SERPIENTE DEL MAÍZ
Pantherophis guttatus

Esta serpiente es común en el sureste de EE UU, pero rara vez se ve. Caza pequeños mamíferos en zonas arboladas.

TIGRA CAZADORA
Spilotes pullatus

Esta gran culebra del sur de América Central y el norte de América del Sur depreda pequeños vertebrados, y rara vez se la ve lejos del agua.

LAMPRÓFIDOS

Las serpientes de esta diversa familia, principalmente africanas, ocupan distintos hábitats (terrestre, arbóreo y semiacuático). Depredan vertebrados e invertebrados y someten a sus presas por constricción o mediante veneno.

VÍBORA TOPO DEL ESTE DE ÁFRICA
Atractaspis fallax

Esta serpiente venenosa tiene unos grandes colmillos frontales y caza otros vertebrados subterráneos bajo tierra.

CULEBRA BASTARDA
Malpolon monspessulanus

Esta gran culebra diurna del Mediterráneo occidental se halla en hábitats calurosos y secos, donde caza pequeños vertebrados.

CULEBRA DE NARIZ DE CERDO MALGACHE
Leioheterodon madagascariensis

Esta culebra diurna, grande y con el hocico respingón, caza lagartos y anfibios en herbazales y bosques de Madagascar.

CILINDRÓFIDOS

Las 8 especies de esta familia de Sri Lanka y el sureste de Asia son pequeñas serpientes excavadoras de cuerpo cilíndrico y escamas brillantes y lisas. Viven en hábitats húmedos; se refugian en túneles y salen por la noche para cazar otras serpientes y anguilas. Paren crías vivas.

SERPIENTE CILÍNDRICA DE CEILÁN
Cylindrophis maculatus

Endémica de Sri Lanka, esta serpiente excavadora e inofensiva come invertebrados y utiliza su aplanada cola para imitar los movimientos de las cobras.

SERPIENTES MARINAS

Estas serpientes del Índico y el Pacífico tropicales, muy venenosas, pertenecen a la subfamilia hidrofinos de la familia elápidos. Están bien adaptadas a la vida acuática, con su cola en forma de aleta y su dieta a base de peces; algunas especies son muy pelágicas, y la mayoría pare crías vivas dentro del mar.

KRAIT MARINO DE LABIOS AMARILLOS
Laticauda colubrina

Como los demás kraits marinos, este caza peces de noche, puede desplazarse por tierra y pone huevos.

COBRAS Y AFINES

Muy diversificados en el trópico, los venenosos elápidos tienen unos colmillos cortos y siempre erectos en la parte frontal de la boca. Tienen formas muy diversas y se hallan en una gran variedad de hábitats. Algunas especies ponen huevos, y otras paren crías vivas.

SERPIENTE CORAL CENTROAMERICANA
Micrurus nigrocinctus
Esta serpiente venenosa de América Central y el noroeste de Colombia caza en la hojarasca de los bosques tropicales. Sus colores sirven de advertencia a los agresores potenciales.

DEMANSIA PSAMMOPHIS
Esta esbelta serpiente, ampliamente distribuida por Australia, prefiere hábitats abiertos y secos y caza lagartijas durante el día.

COBRA DE NARIZ EN ESCUDO ORIENTAL
Aspidelaps scutatus fulafulus
Esta depredadora nocturna de lagartijas y pequeños mamíferos excava en suelos arenosos de las sabanas del sur de África.

SUTA FASCIATA
Esta serpiente venenosa caza lagartos y lagartijas en las zonas áridas de Australia Occidental.

PSEUDONAJA MODESTA
Esta serpiente venenosa de las zonas rocosas y secas de Australia se alimenta de pequeños escincos. Otra serpiente del mismo género, *P. textilis*, es una de las más venenosas del mundo.

SIMOSELAPS BERTHOLDI
Esta pequeña especie extendida por Australia Occidental excava en busca de lagartijas. Su dibujo de bandas acaso confunda a los depredadores.

VÍBORA DE LA MUERTE DESÉRTICA
Acanthophis pyrrhus
Esta falsa víbora de los desiertos del oeste de Australia agita su cola como señuelo para atraer lagartijas y pequeños mamíferos y capturarlos.

COBRA DE MONÓCULO
Naja kaouthia
Esta gran especie común en el sureste de Asia caza ratas y serpientes en terrenos arbolados y arrozales, con frecuencia cerca de viviendas humanas.

COBRA EGIPCIA
Naja haje
Esta cobra caza pequeños vertebrados en semidesiertos y sabanas del norte y el centro de África. Cuando la amenazan, abre la capucha y levanta la cabeza.

COBRA REAL
Ophiophagus hannah
Esta especie de los menguantes bosques tropicales de Asia depreda otras serpientes y, caso inusual entre los ofidios, ambos sexos defienden los huevos.

COBRA ESCUPIDORA ROJA
Naja pallida
Cuando la amenazan, esta especie africana alza su capucha y escupe chorros de veneno a la cara de su agresor.

PITONES

Las pitones (familia pitónidos) se distribuyen por África, Asia y Australia. Detectan las presas con sus fosetas faciales y utilizan su boca para agarrarlas, pero las matan por constricción. Algunas especies se enroscan en torno a sus huevos para incubarlos aprovechando el calor que generan con su temblor.

1,5 m

PITÓN ARBORÍCOLA VERDE
Morelia viridis
Esta serpiente de las selvas tropicales de Australasia se enrosca en las ramas al acecho de lagartijas y pequeños mamíferos.

el verde brillante contribuye al camuflaje

1,8 m

PITÓN DE COLA CORTA
Python curtus
Esta pitón más bien corta de las pluvisilvas del sureste de Asia se enrosca en torno a sus huevos para incubarlos y protegerlos.

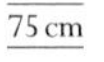

3 m

PITÓN DE CABEZA NEGRA
Aspidites melanocephalus
Esta especie endémica del norte de Australia vive en diversos tipos de hábitats, donde depreda serpientes y otros reptiles.

7 m

PITÓN DE LA INDIA O BIRMANA
Python molurus
Amenazada en Asia tropical, de donde es nativa, se está volviendo muy abundante en los Everglades de Florida, donde su dieta de aves, mamíferos y reptiles es una amenaza para la fauna local.

SERPIENTES CIEGAS

Los tiflópidos tienen los ojos cubiertos de escamas, por lo que son efectivamente ciegas. Estas pequeñas serpientes que viven en la hojarasca de los bosques tropicales comen invertebrados del suelo y solo tienen dientes en la mandíbula superior.

75 cm

ANILIOS NIGRESCENS
Las duras escamas de esta serpiente del este de Australia le permiten resistir el ataque de las hormigas mientras devora sus huevos y larvas.

35 cm

SERPIENTE CIEGA VERMIFORME O EUROASIÁTICA
Xerotyphlops vermicularis
Esta serpiente ciega del este de Europa y el suroeste de Asia vive en zonas abiertas y secas, donde come larvas de hormigas y otros invertebrados.

SERPIENTES GUSANO

Las pequeñas y esbeltas serpientes de la familia leptotiflópidos rara vez se ven debido a sus costumbres excavadoras. Se hallan en casi toda el área tropical y depredan invertebrados.

30 cm

MYRIOPHOLIS ROUXESTEVAE
Descrita en 2004, esta serpiente vive en el suelo de los bosques tropicales del oeste de África y se cree que come invertebrados.

VÍBORAS Y AFINES

Los vipéridos tienen el cuerpo robusto, escamas carenadas y la cabeza triangular. En la parte frontal de la boca tienen unos colmillos articulados, largos y tubulares, con los que inyectan veneno a sus presas, que son vertebrados. Los cascabeles y afines tienen entre los ojos unas fosetas sensoriales que detectan el calor. La mayoría pare crías vivas.

1,5 m

JERGÓN DE LA SELVA O MAPANARE
Bothrops atrox
Esta serpiente de las selvas de América tropical se caracteriza por su puntiaguda cabeza. Muy venenosa, caza aves y mamíferos por la noche.

85 cm

VÍBORA CORNUDA DEL SAHARA O DEL DESIERTO
Cerastes cerastes
Vive en el norte de África y la península del Sinaí, y se entierra en la arena al acecho de mamíferos y lagartos.

60 cm

VÍBORA DE FOSETAS NARIZ DE CERDO
Porthidium nasutum
Esta cazadora diurna de América Central y el oeste de Colombia y Ecuador, que prefiere las selvas primarias húmedas, pare crías vivas. Tiene entre los ojos y las narinas unas fosetas que detectan el calor.

PITÓN MOTEADA
Antaresia maculosa
Esta pitón del noreste de Australia vive sobre todo en laderas rocosas, donde se alimenta de murciélagos a los que captura a la entrada de sus cuevas dormideros.

PITÓN RETICULADA
Python reticulatus
Esta especie, que vive en pluvisilvas del sur de Asia y mata grandes mamíferos por constricción, es probablemente la serpiente más larga del mundo.

SERPIENTES IRIDISCENTES

Las dos especies existentes de xenopéltidos se encuentran en el sureste de Asia y se caracterizan por sus escamas iridiscentes; son ovíparas, viven en madrigueras en hábitats forestales y cazan anfibios, otros reptiles y pequeños mamíferos.

SERPIENTE DE FANGO ASIÁTICA
Xenopeltis unicolor
La serpiente iridiscente asiática excava en la vegetación descompuesta y sale al ocaso para cazar anfibios y pequeños mamíferos.

SERPIENTE CABEZA DE COBRE
Agkistrodon contortrix
Las bandas de esta serpiente la camuflan entre la hojarasca de los terrenos rocosos y arbolados del este de EE UU y el noreste de México.

VÍBORA ÁSPID
Vipera aspis
Esta víbora europea, que come pequeños mamíferos y pare hasta 22 crías, prefiere las laderas soleadas y de suelo seco, pero también se halla en bosques frondosos y hábitats de montaña.

VÍBORA EUROPEA
Vipera berus
Esta especie diurna, ampliamente distribuida por Eurasia (pero ausente en la península Ibérica), caza pequeños mamíferos y lagartijas.

BITIS RHINOCEROS
El más pesado de los vipéridos habita en selvas y sabanas del África tropical, donde acecha y depreda mamíferos.

SERPIENTE DE CASCABEL DIAMANTINA OCCIDENTAL
Crotalus atrox
Esta cazadora nocturna de mamíferos vive en zonas áridas y semiáridas del norte de México y el suroeste de EE UU.

SERPIENTE DE CASCABEL DE LAS PRADERAS
Crotalus viridis
Esta serpiente del Medio Oeste de América del Norte caza mamíferos al alba y al atardecer, y durante el día se esconde en grietas.

VÍBORA BUFADORA
Bitis arietans
Esta víbora sobre todo nocturna, común en el África subsahariana, acecha vertebrados en herbazales rocosos y otros hábitats abiertos.

VÍBORA DE FOSETAS MALAYA
Calloselasma rhodostoma
Esta especie nocturna del sureste de Asia depreda roedores y lagartijas. Es ovípara, y las hembras vigilan la puesta.

COCODRILOS, CAIMANES Y AFINES

Con su piel acorazada y sus poderosas mandíbulas, estos grandes reptiles acuáticos son formidables depredadores, y no obstante son animales sociales y cuidan de sus crías.

Todos los crocodilios –cocodrilos, caimanes, aligátores y gaviales– se parecen físicamente: tienen un hocico alargado, con numerosos dientes afilados y no especializados, un cuerpo hidrodinámico, una cola musculosa y la piel acorazada con placas óseas. El cocodrilo de estuario es el mayor reptil vivo.

NATACIÓN Y ALIMENTACIÓN

Los crocodilios se distribuyen por las regiones tropicales del mundo y ocupan diversos hábitats de agua dulce y marinos. Los ojos, oídos externos y narinas se hallan en lo alto de la cabeza, por lo que el animal puede estar completamente sumergido cuando caza. Su potente cola le sirve para nadar, y sus fuertes patas les permiten desplazarse con facilidad por tierra con el cuerpo levantado sobre el suelo.

Aunque son carnívoros generalistas que comen peces, reptiles, aves y mamíferos, los crocodilios presentan un comportamiento alimentario sofisticado cuando localizan y acechan presas tales como mamíferos en migración y peces. Las presas pequeñas las tragan enteras; si son grandes, las ahogan primero y después las despiezan con los dientes. Facilitan su digestión los gastrolitos y las secreciones ácidas de su estómago.

VIDA SOCIAL Y REPRODUCCIÓN

Los crocodilios presentan un comportamiento más similar al de las aves, sus parientes vivos más próximos, que al de otros reptiles. Los adultos forman grupos laxos –especialmente en los lugares de buena alimentación– e interactúan mediante una amplia gama de sonidos y gestos.

Durante la época de cría, los machos dominantes controlan a las hembras y las cortejan. La fecundación es interna, y las hembras ponen y vigilan los huevos, de cáscara rígida, en nidos construidos por ellas. El sexo de los individuos depende de la temperatura de incubación. Las crías emiten reclamos para que su madre excave el nido o las transporte hasta el agua dentro de su boca. La mortalidad de los jóvenes es alta, pero una vez alcanzan 1 m de longitud tienen ya pocos enemigos naturales.

FILO	CORDADOS
CLASE	REPTILES
ORDEN	CROCODILIOS
FAMILIAS	3
ESPECIES	25

En medio de un río de aguas bravas, unos yacarés esperan con la boca abierta a que los peces se pongan a su alcance.

GAVIÁLIDOS

Esta familia en peligro comprende el gavial y el falso gavial *(Tomistoma schlegelii)* del sureste de Asia, que tiene un hocico algo más grueso y no tan especializado en la captura de peces.

GAVIAL
Gavialis gangeticus
Esta especie del subcontinente indio, una de las más grandes del orden crocodilios, tiene una dentadura temible, pero no constan ataques a humanos.

COCODRILOS

Los crocodílidos tienen modos de vida, hábitats y dietas poco especializados, y se caracterizan porque el cuarto diente de su mandíbula inferior queda a la vista cuando cierran sus fauces. Estos reptiles tropicales ocupan muchos hábitats fluviales, lacustres y costeros.

2 m

COCODRILO ENANO
Osteolaemus tetraspis
Este pequeño cocodrilo de las selvas del África tropical tiene una pesada coraza de escamas en el cuello y el dorso. Caza peces y ranas por la noche.

3,5 m

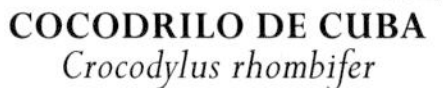

COCODRILO DE CUBA
Crocodylus rhombifer
Endémico de Cuba, este cocodrilo de tamaño medio vive en la ciénaga de Zapata y otros pocos humedales, donde depreda sobre todo jutías y galápagos.

COCODRILO DE SIAM
Crocodylus siamensis
Este cocodrilo endémico del sureste de Asia, que vive en marjales de agua dulce y come una gran variedad de presas, se halla en peligro de extinción.

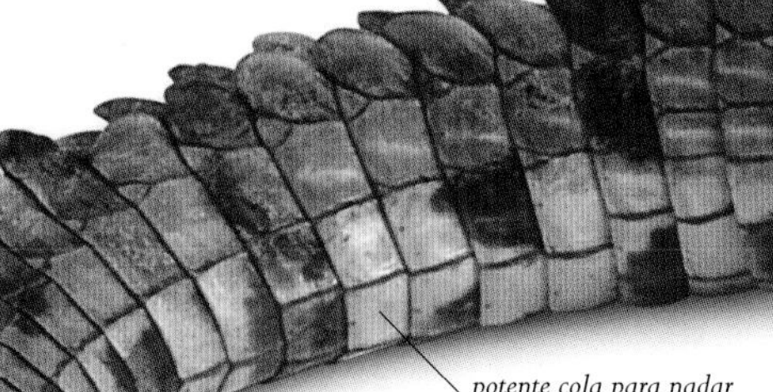

CAIMANES Y ALIGÁTORES

Los miembros de la familia aligatóridos se alimentan de los peces, aves y mamíferos con quienes comparten su hábitat acuático. Se distribuyen por marjales y ríos de la América tropical y templada. La única especie que vive fuera de América es el amenazadísimo aligátor chino.

ALIGÁTOR AMERICANO O DEL MISISIPI
Alligator mississippiensis
Gracias a los esfuerzos de conservación, esta especie del sureste de EE UU que depreda aves, pequeños mamíferos y tortugas, se ha vuelto bastante común.

CAIMÁN DE ANTEOJOS O BABILLA
Caiman crocodilus
Extendido desde el sur de México a Brasil, este caimán depreda una amplia gama de presas, y parece ser el único crocodilio que ocupa sin problemas hábitats acuáticos artificiales.

2 m

ALIGÁTOR CHINO
Alligator sinensis
Esta especie en peligro crítico del bajo Yangtsé y los marjales contiguos inverna en madrigueras durante los meses más fríos.

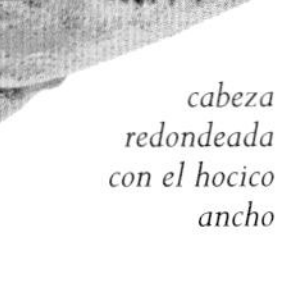

YACARÉ O CAIMÁN OVERO
Caiman latirostris
Este caimán, que vive en gran parte del centro de América del Sur y anida en montículos, se caracteriza por su ancho hocico. Caza mamíferos y aves.

CAIMÁN ALMIZCLADO O DE CUVIER
Paleosuchus palpebrosus
Esta especie del norte y el centro de América del Sur es la más pequeña del orden crocodilios. Tiene un cráneo perruno y una coraza ósea en la piel.

YACARÉ COROA
Paleosuchus trigonatus
Este pequeño cocodrilo semiterrestre de las pluvisilvas de América del Sur construye su nido contra un termitero; así los huevos se mantienen calientes.

COCODRILO DE ESTUARIO O MARINO
Crocodylus porosus
El mayor de los reptiles actuales vive en el sur de India, el sureste de Asia y Australasia, y cruza a menudo grandes brazos de mar. Su dieta es muy variada.

COCODRILO DEL NILO
Crocodylus niloticus
Este gran cocodrilo muy extendido por África suele vivir en aguas dulces, pero también se le ha visto en torno a las costas. Su dieta varía con la edad y los adultos comen presas mayores.

COCODRILO DE CUBA
Crocodylus rhombifer

Este llamativo cocodrilo, endémico de Cuba, tiene un cuerpo robusto y está acorazado con escamas dérmicas. Más terrestre que otros cocodrilos y afines, levanta el vientre del suelo y se alza bastante cuando camina. Sus presas preferidas son los galápagos o jicoteas, que tritura con sus fuertes dientes posteriores. En la década de 1960, debido a la presión cinegética y a la pérdida de hábitats, los pocos cocodrilos salvajes que quedaban en Cuba fueron capturados y liberados en la ciénaga de Zapata, una reserva situada en el sur de la isla. Pese a los esfuerzos de protección, esta población continúa siendo muy pequeña y la hibridación con cocodrilos americanos *(C. acutus)* amenaza la pureza de la especie. En la isla de la Juventud existe otra población, pero es mucho más pequeña.

TAMAÑO 3–3,5 m
HÁBITAT Marjales de agua dulce
DISTRIBUCIÓN Cuba
DIETA Peces, galápagos, jutías y otros pequeños mamíferos

PATAS MUSCULOSAS ∨ >

Gracias a sus fuertes patas posteriores, el cocodrilo puede recorrer breves distancias a la carrera. Los dedos de sus pies, más adaptados para andar que para nadar, no están palmeados.

∨ NARINAS

Las narinas se hallan en el disco nasal, un abultamiento de tejido en la punta del hocico. Bajo el agua, estos orificios se pueden cerrar mediante unas válvulas.

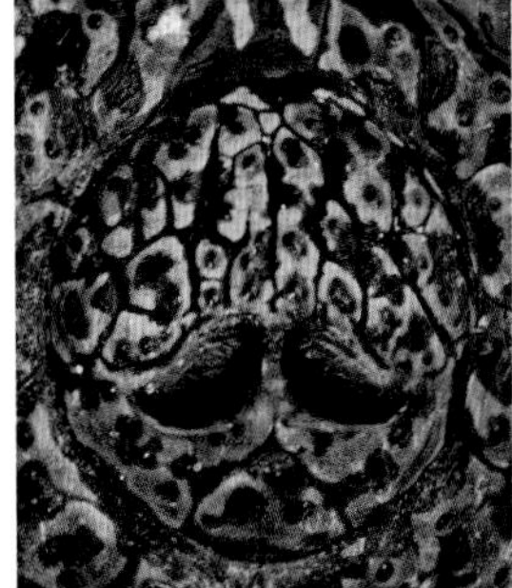

∧ MANDÍBULAS FORMIDABLES

Los cocodrilos no pueden masticar sus presas, pero usan sus poderosas mandíbulas para agarrarlas. Tienen en la lengua unas papilas gustativas que les permiten rechazar los alimentos con mal sabor. El aire que entra por la boca refresca el cuerpo.

∧ CRESTA CAUDAL

Las escamas con proyecciones óseas incrementan la altura de la cola, lo que resulta útil para la natación. Ricas en vasos sanguíneos, absorben calor cuando el cocodrilo se tiende al sol.

< ESCAMAS VENTRALES

Las escamas ventrales son pequeñas y uniformes, y son muy apreciadas para la confección de artículos de piel.

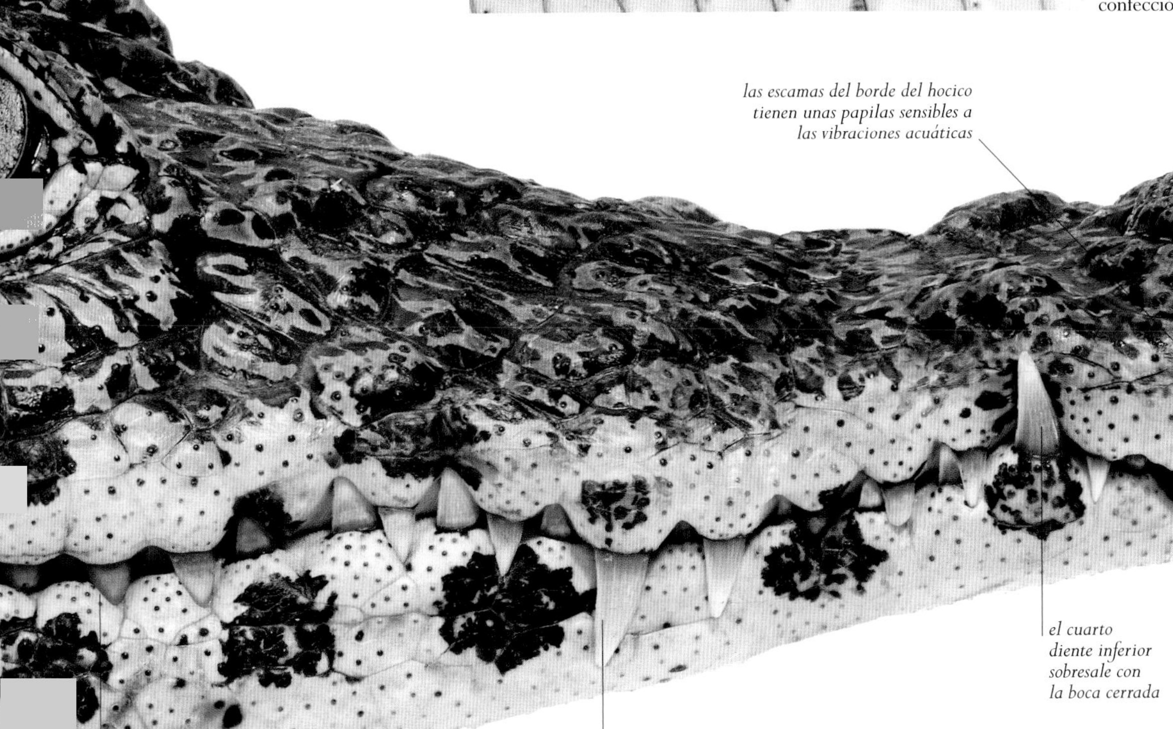

∧ ATAQUE POR SORPRESA

Los agudos ojos y oídos del cocodrilo se hallan en lo alto de su cabeza, de forma que puede detectar a sus presas estando sumergido y atacarlas por sorpresa. La larga mandíbula inferior se cierra con una fuerza tremenda para inmovilizar a las presas.

AVES

Las aves llevan una vida activa, atareada. Muchas de ellas son de una belleza espectacular, y algunas emiten cantos complejos o incluso musicales. Combinan la inteligencia y la devoción parental de los mamíferos con características más propias de los reptiles.

FILO	CORDADOS
CLASE	AVES
ÓRDENES	40
FAMILIAS	250
ESPECIES	10770

Las aves son los únicos animales actuales con plumas. Son vertebrados homeotermos (de sangre caliente) que se yerguen sobre dos patas y cuyos miembros anteriores están modificados en alas. Además de facilitar el vuelo, las plumas aíslan el cuerpo, por lo que muchas siguen activas a temperaturas bajo cero, al igual que muchos mamíferos. En algunos casos las plumas son de colores vivos, lo que indica que esas aves usan claves visuales para comunicarse y encontrar pareja. Evolucionaron a partir del grupo de dinosaurios carnívoros bípedos que incluía a *Tyrannosaurus*, y que antes de su aparición ya comprendía varios taxones con plumas.

La asimetría de las plumas de vuelo, con la bandera externa estrecha y la interna ancha, permite un mayor control del vuelo.

Muchos polluelos son altriciales: nacen ciegos e implumes y requieren unos cuidados parentales prolongados.

Los machos de los tejedores construyen elaborados nidos para cortejar a sus parejas potenciales: una muestra de su inteligencia.

PRIMEROS VUELOS

Nadie sabe con seguridad cómo o por qué empezaron a volar las primeras aves, pero el hecho de que lo hicieran tuvo efectos irreversibles en su cuerpo. Los huesos de la muñeca se fusionaron al transformarse los brazos en alas; el esternón desarrolló una enorme quilla para el anclaje de unos músculos más grandes, capaces de mover las alas en el vuelo batido. Los antecesores de las aves ya tenían huesos huecos pero fuertes, y en las aves este rasgo se unió a un corazón de cuatro cámaras similar al de los mamíferos y un metabolismo rápido capaz de generar mucha energía. Un sistema de sacos aéreos incrementó su capacidad respiratoria para espirar aire de los pulmones más eficientemente que los mamíferos.

Las aves conservan aún muchos rasgos reptilianos, como las escamas córneas de sus patas y dedos, la excreción de ácido úrico en vez de una solución de urea (como en los mamíferos), o la presencia de una cloaca que evacua a la vez los productos de desecho de riñones e intestinos. Pero el cerebro de las aves está más desarrollado que el de los reptiles gracias a la homeotermia y al metabolismo rápido. De esta forma, las aves no solo vuelan con gran destreza, sino que además son muy sofisticadas en sus maneras de obtener comida o cuidar de sus crías. Las crías de ave nacen de huevos reptilianos de cáscara dura, pero sus inteligentes progenitores invierten mucho tiempo y energía en criarlos hasta la madurez. Tras sesenta millones de años de evolución, las aves ya no son meros reptiles con plumas.

DEBATE

¿SON DINOSAURIOS?

Tradicionalmente, las aves se han ubicado en una clase separada de los reptiles, incluidos los dinosaurios. Pero, según la cladística, los científicos actuales opinan que los descendientes de un antecesor común deben clasificarse juntos para poner de manifiesto sus afinidades evolutivas. Así, las aves pertenecen al grupo de los dinosaurios al igual que *Tyrannosaurus*.

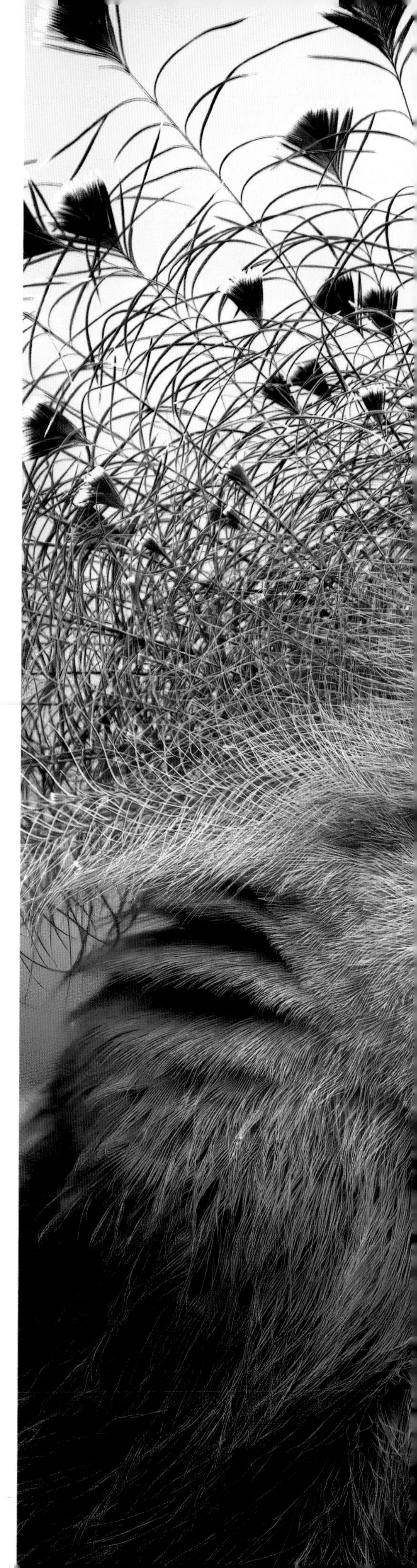

PALOMA CORONADA >
Muchas aves lucen colores llamativos o rasgos extravagantes, como la magnífica cresta de esta paloma.

GRUPOS DE AVES

Los 40 órdenes comprenden desde aves terrestres de cuerpo pesado –algunas de las cuales son incapaces de volar– hasta verdaderos señores del aire como los albatros, los halcones, los colibríes y los vencejos. Habitan desde los océanos hasta las cimas de montaña, de los desiertos a las selvas y los pantanos.

TINAMIFORMES

Estas aves terrestres de América Central y del Sur parecen perdices del Viejo Mundo pero están mucho más emparentadas con las ratites.

FILO	CORDADOS
CLASE	AVES
ORDEN	TINAMIFORMES
FAMILIA	1
ESPECIES	47

La familia tinámidos, la única del orden tinamiformes, comprende aves terrestres, de cuerpo redondeado, patas cortas y cola muy corta; algunas especies tienen cresta.

A diferencia de las ratites, los tinamúes y las martinetas tienen en el esternón una quilla para el anclaje de los músculos de vuelo, rasgo que se observa en todas las demás aves. Sus alas están mucho más desarrolladas que en las ratites y les permiten volar a corta distancia. Por lo general son reacios a alzar el vuelo, y ante los depredadores prefieren escapar corriendo. Tienen el corazón y los pulmones relativamente pequeños, lo que explicaría por qué estas aves se cansan tan fácilmente.

Algunas especies habitan en bosques y otras en herbazales abiertos. Todas ellas se alimentan de semillas, frutos, insectos y a veces de pequeños vertebrados. El plumaje críptico de la mayoría de las especies dificulta su observación en la naturaleza, siendo más fácil reconocerlas por su distintiva llamada.

HUEVOS BONITOS

Los machos de estas aves se aparean con muchas hembras diferentes y son ellos quienes se ocupan de los huevos y las crías. Los nidos se construyen en el suelo, con hojarasca, y los huevos, de vivo color turquesa, rojo o púrpura, tienen un brillo como de porcelana.

DEBATE

ORIGEN

Aunque tradicionalmente los tinamúes y las ratites se clasifican en grupos distintos, ambos comparten un diseño de los huesos craneales que no se halla en otras aves, lo que sugiere un antecesor común. Los científicos no están de acuerdo en si este antecesor podía o no volar; es probable que pudiera.

MARTINETA COMÚN
Eudromia elegans
F: Tinámidos
Esta ave se halla en terrenos de matorral de gran altitud desde el sur de Chile hasta Argentina. A diferencia de otros tinamúes, a menudo forma bandos.

31–35 cm

TINAMÚ PISACCA
Nothoprocta ornata
F: Tinámidos
Esta especie habita en herbazales de alta montaña de los Andes, desde Perú hasta el norte de Argentina.

RATITES

Las ratites son incapaces de volar y tienen los pies fuertes. Algunas forman bandos en hábitats abiertos; otras viven en solitario, en bosques.

FILO	CORDADOS
CLASE	AVES
ÓRDENES	4
FAMILIAS	4
ESPECIES	13

Las ratites evolucionaron en el hemisferio austral y hay evidencias que sugieren que tuvieron antecesores voladores. Estas aves carecen de algunos rasgos asociados con el vuelo pero conservan otros. No tienen la quilla o extensión del esternón que en otras aves sirve de anclaje a los poderosos músculos del vuelo, pero tienen alas y la parte de su cerebro que controla el vuelo está bien desarrollada.

El avestruz, que constituye el orden estrutioniformes, habita en zonas abiertas y secas de África; puede correr a gran velocidad en terrenos llanos gracias a sus poderosas patas. El ñandú –orden reiformes– tiene un aspecto similar, aunque no es tan grande, y habita en herbazales de América del Sur. Como la mayoría de las ratites, estas aves tienen pocos dedos –el ñandú tiene tres y el avestruz solo dos–. Ambas especies tienen grandes alas que usan para exhibirse o para estabilizarse al correr.

ESPECIES DE AUSTRALASIA

Las ratites de Australasia comprenden el casuario y el emú, del orden casuariformes, y el kiwi, del orden apterigiformes. A excepción del emú, que vive en herbazales y matorrales, son aves forestales. Las diminutas alas de estas ratites son invisibles bajo su plumaje, que parece hecho de pelo, más que de plumas. El kiwi –símbolo nacional de Nueva Zelanda– es un ave nocturna y la única ratite que no tiene un número reducido de dedos.

El macho del avestruz escarba en el suelo un somero nido en el que su harén de hembras pone hasta 50 huevos.

KIWI DE LA ISLA NORTE
Apteryx mantelli
F: Apterígidos
Esta ratite nocturna detecta los invertebrados enterrados mediante el olfato, usando las narinas que se abren en el extremo de su pico.

plumaje con aspecto de pelaje

65–70 cm

KIWI COMÚN
Apteryx australis
F: Apterígidos
Antes del análisis de ADN que sirvió para separar ambos taxones, esta especie del sur de la isla Sur de Nueva Zelanda se consideraba conespecífica con *A. mantelli*.

CASUARIO COMÚN
Casuarius casuarius
F: Casuáridos

Los casuarios son aves frugívoras que habitan en las pluvisilvas de un área que se extiende por Nueva Guinea y el noreste de Australia. Esta especie es la más extendida de su familia.

EMÚ
Dromaius novaehollandiae
F: Dromaidos

La mayor ave actual de Australia vive en zonas herbosas abiertas de gran parte del continente. Como los de los casuarios, sus pollos presentan un rayado de camuflaje.

ÑANDÚ PETIZO
Rhea pennata
F: Reidos

Más pequeña y más meridional que el ñandú común, esta ratite vive en bandadas en el sur de los Andes y en la Patagonia.

ÑANDÚ COMÚN
Rhea americana
F: Reidos

Esta ratite del centro de Sudamérica se reproduce sin crear vínculos de pareja; los machos empollan un gran nido de huevos puestos por varias hembras.

AVESTRUZ
Struthio camelus
F: Estrutiónidos

Las avestruces, las aves más grandes del mundo, viven en sabanas y zonas semidesérticas de África. Cada macho se aparea con varias hembras.

KIWI MOTEADO MAYOR
Apteryx haastii
F: Apterígidos

Esta especie está confinada en las zonas montañosas del oeste de la isla Sur de Nueva Zelanda.

KIWI MOTEADO MENOR
Apteryx owenii
F: Apterígidos

La introducción de mamíferos depredadores en su hábitat llevó al borde de la extinción a este pequeño kiwi, que hoy sobrevive en pequeñas islas neozelandesas libres de depredadores.

AVESTRUZ SOMALÍ
Struthio molybdophanes
F: Estrutiónidos

Esta especie de cuello gris se halla por todo el Cuerno de África y su área se solapa con las de otras especies de avestruz.

GALLIFORMES (GALLINÁCEAS)

Estas aves de patas fuertes se han adaptado a una gran variedad de hábitats. Son en su mayoría terrestres y se alimentan sobre todo de plantas.

Aunque pueden ser buenas voladoras, la mayoría de las gallináceas solamente alzan el vuelo cuando se las amenaza. Ninguna de ellas, a excepción de las codornices común y japonesa, realiza largos vuelos migratorios. La mayoría pasa su vida en el suelo, y solamente las pavas, chachalacas y afines (crácidos) de América tropical viven habitualmente en árboles y anidan en ellos. Las galliformes más primitivas son los talégalos, aves de grandes pies de las selvas indo-pacíficas que entierran sus huevos en montones de compost o en arena volcánica y dejan que el calor generado por la descomposición o la acción volcánica los incube. Las demás galliformes tienen un rol parental más activo, aunque solamente la hembra cría a los pollos; estos son precoces y pueden correr y alimentarse poco después de la eclosión.

Los machos de numerosas gallináceas tienen un plumaje muy vistoso que lucen en sus exhibiciones de cortejo para atraer a las hembras. Los de algunas especies tienen espolones en las patas para luchar con los machos competidores.

ESPECIES DOMESTICADAS

La facilidad con que pueden criarse en cautividad algunas especies de galliformes les ha dado en muchos países importancia económica. Todos los pollos y gallinas domésticos del mundo descienden del gallo bankiva del Sudeste Asiático.

FILO	CORDADOS
CLASE	AVES
ORDEN	GALLIFORMES
FAMILIAS	5
ESPECIES	300

DEBATE

¿QUÉ ES UNA PERDIZ?

Los nombres comunes de las aves no siempre reflejan sus afinidades taxonómicas. Muchas galliformes se denominan perdices, pero la perdiz pardilla difiere de otras perdices en el color más vivo de los machos, quizás por su parentesco más estrecho con los faisanes.

TALÉGALO CABECIRROJO
Alectura lathami
F: Megapódidos
Los machos de esta especie del este de Australia controlan la temperatura de la incubación añadiendo o quitando plantas en descomposición; a temperaturas elevadas nacen más hembras.

TALÉGALO MALEO
Macrocephalon maleo
F: Megapódidos
Esta especie de las islas Célebes y Buton, en Indonesia, pone los huevos en la arena y deja que el calor del sol o de la actividad volcánica subterránea los incube.

PAVÓN NORTEÑO
Crax rubra
F: Crácidos
Esta especie, cuya área se extiende desde México hasta Ecuador, tiene una cresta rizada como otros pavones. Los machos son negros y las hembras, marrones.

TALÉGALO LEIPOA
Leipoa ocellata
F: Megapódidos
Como muchos talégalos, esta especie del sur de Australia construye un montón de compost para poner sus huevos. Aunque se alimenta sobre todo de semillas, se cree que es omnívora.

PAVÓN MUITÚ
Crax fasciolata
F: Crácidos
Esta especie extendida por Sudamérica tropical presenta áreas faciales desnudas; a diferencia de otros pavones, no tiene carúnculas ni un bulto en el pico.

CHACHALACA NORTEÑA
Ortalis vetula
F: Crácidos
Esta especie, cuya área se extiende desde Texas hasta Costa Rica, es la más norteña de su familia y la única que puede encontrarse en EE UU.

CHACHALACA CABECIGRÍS
Ortalis cinereiceps
F: Crácidos
Las chachalacas reciben este nombre por el sonido de su llamada. La cabecigrís ocupa hábitats de matorral desde Honduras hasta Colombia.

PAVA COLIAZUL
Pipile cumanensis
F: Crácidos
Esta especie de América del Sur tropical tiene el plumaje negro satinado típico de este género de aves arborícolas, que tienen una llamada de apareamiento muy estridente.

PAVA PAJUIL
Penelopina nigra
F: Crácidos
Esta especie de América Central es más terrestre que otras pavas, y tal vez es el único miembro de su familia que anida en el suelo.

PAVA BARBUDA
Penelope barbata
F: Crácidos
Así llamada por las listas de su cuello, esta especie vive en selvas húmedas de montaña de Ecuador y Perú.

PAVA AMAZÓNICA
Penelope jacquacu
F: Crácidos
Esta especie de América del Sur tropical es una de las pavas marrones que parecen chachalacas, aunque tiene las patas más cortas. Anida en árboles y tiene una llamada de apareamiento muy sonora.

PAVA DEL CAUCA
Penelope perspicax
F: Crácidos
Esta especie de lustre broncíneo solo se encuentra en áreas dispersas de los Andes colombianos, sobre todo en el valle del Cauca.

PAVA OSCURA
Penelope obscura
F: Crácidos
Esta especie de pava, la única con patas oscuras en vez de rojizas, vive en el centro de América del Sur, desde Brasil hasta el norte de Argentina.

PAVA VENTRIRRUFA
Penelope ochrogaster
F: Crácidos
La carúncula gular, típica de las pavas, está especialmente bien desarrollada en esta especie del Brasil central y meridional.

PINTADA VULTURINA
Acryllium vulturinum
F: Numídidos
Las pintadas son gallináceas africanas que viven en grupos pero son monógamas. Todas ellas tienen la cabeza desnuda. Esta es la pintada de mayor tamaño y vive en el este de África.

COLÍN SERRANO
Oreortyx pictus
F: Odontofóridos
Como otros colines, esta especie de las Montañas Rocosas anida en el suelo y es monógama.

COLÍN DE CALIFORNIA
Callipepla californica
F: Odontofóridos
Esta especie que habita desde Oregón hasta California se caracteriza por su cresta caída hacia delante, compuesta por un haz de seis plumas.

COLÍN DE GAMBEL
Callipepla gambelii
F: Odontofóridos
Este pariente del colín de California, de cresta más larga, vive en el desierto del sur de California; las áreas de distribución de ambas especies no se solapan.

»

» GALLIFORMES (GALLINÁCEAS)

PERDIZ CHUCAR
Alectoris chukar
F: Faisánidos
Con un área de distribución que se extiende por el centro de Eurasia, esta es la más extendida de las perdices de patas rojas, aves propias de terrenos secos y con unas llamativas marcas negras.

PERDIZ ÁRABE
Alectoris melanocephala
F: Faisánidos
Esta gran perdiz de patas rojas habita en regiones semidesérticas de Omán, Arabia Saudita y Yemen. Su hábitat preferido es el monte de enebros.

ARBORÓFILA DE JAVA
Arborophila javanica
F: Faisánidos
Propias de las pluvisilvas del Sudeste Asiático, las arborófilas son galliformes pequeñas, de colores crípticos y cola muy corta. Muchas, como esta de Java, tienen marcas distintivas en la cabeza.

PERDIZ PARDILLA
Perdix perdix
F: Faisánidos
Esta es la más extendida de un pequeño género de galliformes euroasiáticas de vientre oscuro que están más emparentadas con los faisanes que otras perdices.

FRANCOLÍN GRIS
Francolinus pondicerianus
F: Faisánidos
Como en otras especies afines, los machos de este francolín del sur de Asia tienen espolones en las patas que usan para luchar.

FRANCOLÍN GORGIRROJO
Francolinus afer
F: Faisánidos
Esta especie, que anida en el suelo, habita en bosques y herbazales de gran parte de África, desde Kenia y la R. D. del Congo hasta El Cabo.

PERDIZ RULRUL
Rollulus rouloul
F: Faisánidos
Emparentada con las arborófilas, esta perdiz del sureste de Asia tiene un plumaje más colorido. Los machos son azul oscuro y las hembras son verdes y carecen de cresta.

BAMBUSÍCOLA CHINA
Bambusicola thoracicus
F: Faisánidos
Hay dos especies de bambusícolas, aves del sureste de Asia emparentadas con los francolines y los gallos salvajes. Esta es nativa de China, Taiwán y Japón.

CODORNIZ COMÚN
Coturnix coturnix
F: Faisánidos
Esta diminuta especie de los herbazales y semidesiertos del oeste de Eurasia y de África es migratoria en gran parte de su área, algo inusual entre las galliformes.

GALLO CANADIENSE
Canachites canadensis
F: Faisánidos
Como otras tetraoninas forestales, esta especie de Canadá y EE UU puede digerir las agujas de las coníferas, rechazadas por la mayoría de animales.

UROGALLO FULIGINOSO
Dendragapus fuliginosus
F: Faisánidos
Esta tetraonina oscura, uno de los gallos norteamericanos que tienen un saco hinchable en el cuello, habita en pinares y abetales del oeste de América del Norte.

GALLO DE LAS PRADERAS RABUDO
Tympanuchus phasianellus
F: Faisánidos
Los machos de esta especie, más extentida y más norteña que los otros dos *Tympanuchus*, tienen un saco de color púrpura.

GALLO DE LAS PRADERAS
Tympanuchus cupido
F: Faisánidos
Como otros gallos de las praderas, los machos de esta tetraonina del centro de EE UU se exhiben hinchando su colorido saco gular.

GALLO DE LAS PRADERAS CHICO
Tympanuchus pallidicinctus
F: Faisánidos
Este pequeño gallo de las praderas del sur y el centro de EE UU tiene el saco coloreado en el cuello y el reclamo tamborileante típicos de los *Tympanuchus*.

UROGALLO COMÚN
Tetrao urogallus
F: Faisánidos

Esta especie de los bosques de coníferas de Eurasia es la más grande de la subfamilia tetraoninas. Los machos se exhiben ante las hembras con reclamos traqueteantes.

LAGÓPODO ALPINO
Lagopus muta
F: Faisánidos

Esta tetraonina de distribución circumpolar vive en montañas y en tundras, y se torna blanca en invierno.

LAGÓPODO ESCOCÉS
Lagopus lagopus scotica
F: Faisánidos

A diferencia de los demás lagópodos, esta raza británica del extendido lagópodo común no se vuelve blanca en invierno.

FAISÁN KÁLIJ
Lophura leucomelanos
F: Faisánidos

Este faisán habita en bosques, desde el Himalaya hasta Myanmar y Tailandia. También hay una población introducida en las islas hawaianas.

FAISÁN SIAMÉS
Lophura diardi
F: Faisánidos

Como muchos faisanes, esta ave del sureste de Asia tiene la piel facial desnuda y roja, y como en otras especies del género *Lophura*, este rasgo es común a ambos sexos.

TRAGOPÁN SÁTIRO
Tragopan satyra
F: Faisánidos

Los tragopanes son faisanes asiáticos que anidan en árboles. Los machos tienen una carúncula muy dilatable y cuernos que emplean para exhibirse. Esta especie del Himalaya solo es común en Bután.

FAISÁN VULGAR
Phasianus colchicus
F: Faisánidos

Esta especie nativa del centro y el este de Eurasia e introducida en muchos países es hoy en día bastante común en tierras agrícolas de Europa occidental.

FAISÁN DE LADY AMHERST
Chrysolophus amherstiae
F: Faisánidos

Como muchos otros faisanes, solo los machos de esta especie tienen un plumaje espectacular, y solo las hembras se ocupan de las crías. Esta ave es nativa de China y Myanmar.

ESPOLONERO DE PALAWAN
Polyplectron napoleonis
F: Faisánidos

Los machos de los espoloneros no tienen los largos penachos de sus parientes los pavos reales, pero exhiben sus plumas caudales, adornadas con iridiscentes ocelos.

PAVO REAL COMÚN
Pavo cristatus
F: Faisánidos

Esta especie nativa del subcontinente indio y de Sri Lanka se conoce en Europa desde hace siglos. Los machos cortejan a las hembras alzando sus largas coberteras caudales.

GALLO BANKIVA
Gallus gallus
F: Faisánidos

A diferencia de sus parientes los francolines, los machos del ancestro de los pollos domésticos se emparejan con muchas hembras; tienen cresta y carúnculas, ausentes en las hembras.

GUAJOLOTE O GALLIPAVO
Meleagris gallopavo
F: Faisánidos

El ancestro del pavo doméstico, una gallinácea grande con abundantes carúnculas, es nativo de América del Norte y se ha introducido en Nueva Zelanda y Australia.

ANSERIFORMES

Son aves de pies palmeados, adaptadas para nadar en superficie. La mayoría se nutre de plantas, pero algunas comen pequeños animales acuáticos.

La mayoría tiene las patas cortas y retrasadas. Nadan propulsándose con sus pies palmeados y conservan su plumaje impermeable mediante un aceite que segrega una glándula cercana a la cola. El ganso urraco de Australasia y los chajás de América del Sur tienen los pies parcialmente palmeados y pasan la mayor parte del tiempo en tierra o vadeando en marjales. Pertenecen a dos familias antiguas; todas las demás anseriformes se clasifican en una misma familia, siendo los suriríes las más primitivas.

CISNES, ÁNSARES Y ÁNADES

En cisnes y gansos, ambos sexos tienen el plumaje similar. Estas aves de cuello y alas largos suelen habitar fuera del área tropical. Muchas especies boreales anidan cerca del Ártico y migran al sur en invierno. Los ánades son más pequeños y tienen el cuello más corto que otros anátidos; a diferencia de cisnes y ánsares, los machos de los patos tienen un plumaje más vistoso que las hembras, sobre todo en la época de apareamiento; ambos sexos de muchas especies de ánades tienen una mancha alar de color vivo denominada espéculo.

El «pico de pato» propio de estas aves tiene unas placas internas que tamizan los alimentos acuáticos que empuja contra ellas la musculosa lengua. Todas las especies conservan este rasgo, aun cuando algunas han adoptado otros métodos de alimentación. Los ánsares pacen en herbazales, pero los cisnes son más acuáticos y aprovechan su largo cuello para hundir la cabeza en el agua. Muchos patos sumergen la cabeza para alimentarse en o justo debajo de la superficie del agua. Otros bucean para obtener comida. Las serretas tienen el pico estrecho con los bordes aserrados para capturar peces. Y algunos patos –éideres, negrones, etc.– son buenos buceadores.

REPRODUCCIÓN

La mayoría de anátidos son monógamos y algunos se emparejan de por vida. Anidan en el suelo, aunque algunos lo hacen en árboles. Los patos marinos van a tierra para criar. Las anseriformes tienen pollos con plumón que pueden andar y nadar ya poco después de nacer.

FILO	CORDADOS
CLASE	AVES
ORDEN	ANSERIFORMES
FAMILIAS	3
ESPECIES	177

El vuelo en formación en V reduce la resistencia del aire y minimiza el consumo de energía de las aves migratorias.

BARNACLA CUELLIRROJA
Branta ruficollis
F: Anátidos
Esta especie es la más colorida de las barnaclas. Cría en el noroeste de Siberia, donde anida cerca de rapaces, probablemente para protegerse de los zorros.

BARNACLA CANADIENSE
Branta canadensis
F: Anátidos
Esta especie, la mayor de las barnaclas, es nativa de América del Norte, pero se ha introducido en el norte y el oeste de Europa.

BARNACLA CARIBLANCA
Branta leucopsis
F: Anátidos
Esta barnacla cría en la tundra de Groenlandia, las Svalbard y Rusia, donde evita a los depredadores anidando en lo alto de los acantilados.

BARNACLA NENÉ
Branta sandvicensis
F: Anátidos
Esta especie, confinada a las islas Hawái, presenta palmeaduras reducidas y fuertes garras, y está adaptada para trepar por las coladas de lava solidificadas.

ÁNSAR PIQUICORTO
Anser brachyrhynchus
F: Anátidos
Este pequeño ánsar cría en afloramientos rocosos de la tundra en Groenlandia, Islandia y las Svalbard, e inverna en la Europa noroccidental.

ÁNSAR INDIO
Anser indicus
F: Anátidos
Esta ave está adaptada al aire pobre en oxígeno de las montañas de Asia central. Tras sobrevolar las cumbres del Himalaya, inverna en India, Pakistán y Myanmar.

ÁNSAR COMÚN
Anser anser
F: Anátidos
Ánsar ampliamente distribuido por los humedales y herbazales de Eurasia –en España solo inverna–. Es el ancestro salvaje del ganso doméstico.

66–89 cm

cuerpo gris, finamente barrado

ÁNSAR EMPERADOR
Anser canagicus
F: Anátidos
Este ánsar del noreste de Siberia y de Alaska pace hierbas y algas costeras. Es menos gregario que otros ánsares y sus poblaciones están en declive.

50–60 cm

CAUQUÉN CABECIGRÍS
Chloephaga poliocephala
F: Anátidos
Los cauquenes parecen estar más emparentados con los patos que con los ánsares o gansos. Esta especie vive en Argentina y Chile y, como otras de su género, puede posarse en árboles.

71–73 cm

GANSO DEL NILO
Alopochen aegyptiaca
F: Anátidos
Perteneciente a un grupo de gansos del hemisferio austral emparentados con los patos, esta especie está muy extendida por África.

39–44 cm

SURIRÍ AUSTRALIANO
Dendrocygna eytoni
F: Anátidos
Los suriríes, cuyo reclamo recuerda a un silbido, constituyen una subfamilia aparte. Esta especie es nativa de Australia y Nueva Guinea.

70–90 cm

75–100 cm

60–75 cm

GANSO ALIAZUL
Cyanochen cyanoptera
F: Anátidos
Esta especie tiene un plumaje tupido, adaptado a las frías tierras altas de su Etiopía natal.

0,9–1,2 m

CISNE COSCOROBA
Coscoroba coscoroba
F: Anátidos
Esta especie que parece un ganso y habita en los marjales del sur de Chile y de Argentina es el más pequeño de los cisnes.

1,3–1,6 m

GANSO URRACO
Anseranas semipalmata
F: Anseranátidos
Esta especie de los humedales de Australia y Nueva Guinea tiene pies parcialmente palmeados. No está estrechamente emparentada con ninguna otra anseriforme.

GANSO CENIZO
Cereopsis novaehollandiae
F: Anátidos
Este ganso está confinado al sur de Australia, Tasmania e islas vecinas, donde forma pequeñas bandadas y pace en herbazales.

pico rojo

1,1–1,4 m

plumaje negruzco

CISNE NEGRO
Cygnus atratus
F: Anátidos
Este cisne de color negro hollín, con las puntas de las plumas blancas, puede anidar en enormes colonias. Nativo de Australia y Tasmania, se ha introducido en Nueva Zelanda, Europa y América del Norte.

CISNE TROMPETERO
Cygnus buccinator
F: Anátidos
Esta especie norteamericana emparentada con otros cisnes como el cantor *(C. cygnus)* tiene un reclamo muy sonoro, como de trompeta.

CISNE VULGAR
Cygnus olor
F: Anátidos
Esta especie cría en Europa y en Asia central. Como otros cisnes, pace la vegetación subacuática sumergiendo la cabeza.

cuello recto

1–1,2 m

cuerpo totalmente blanco

1,5–1,8 m

CISNE CUELLINEGRO
Cygnus melancoryphus
F: Anátidos
Esta especie de América del Sur meridional pasa más tiempo en el agua que los demás cisnes y anida en la vegetación flotante.

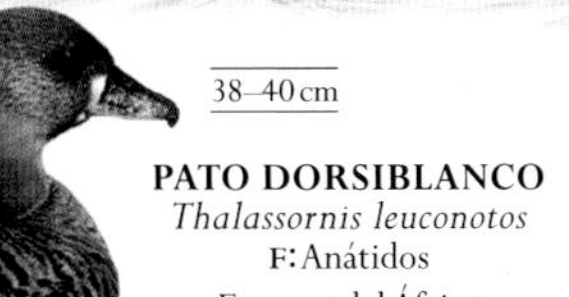

38–40 cm

PATO DORSIBLANCO
Thalassornis leuconotos
F: Anátidos
Esta ave del África subsahariana y Madagascar está emparentada con los suriríes, pero pasa más tiempo en el agua y anida en islas de vegetación.

30–33 cm

GANSITO AFRICANO
Nettapus auritus
F: Anátidos
Como otros gansitos, este del África subsahariana anida en huecos de árboles. Suele estar en humedales con nenúfares, de los que se alimenta.

61–66 cm

GANSO DEL ORINOCO
Neochen jubata
F: Anátidos
Este ganso de América del Sur tropical, emparentado con los ánades, habita en sabanas húmedas y en linderos forestales junto a ríos.

83–95 cm

CHAJÁ COMÚN
Chauna torquata
F: Anímidos
Los chajás son aves grandes que viven en marjales de América del Sur. Como otros chajás, esta especie tiene en las alas unos espolones óseos que usa para luchar.

»

SILBÓN AMERICANO
Mareca americana
F: Anátidos

Esta especie se alimenta en la superficie de aguas someras y ocasionalmente se sumerge. Inverna en enormes bandadas en el Caribe después de reproducirse en América del Norte.

CERCETA DEL BAIKAL
Sibirionetta formosa
F: Anátidos

Esta especie de peculiar plumaje cría en bosques abiertos de Siberia, en el límite con la tundra, y migra en invierno al este de Asia.

CUCHARA COMÚN
Spatula clypeata
F: Anátidos

Especie de los humedales muy migratoria y que cría en el hemisferio norte. Como es común entre los patos que comen en la superficie, ambos sexos tienen una mancha alar o espéculo; el de esta especie es verde.

ÁNADE AZULÓN
Anas platyrhynchos
F: Anátidos

Esta especie, muy extendida en el hemisferio norte y que se alimenta en la superficie, puede cruzarse con especies emparentadas, lo que podría indicar que este grupo es de evolución reciente.

CORREDOR INDIO
Anas platyrhynchos
F: Anátidos

Este descendiente doméstico y de largo cuello del ánade azulón se originó en India y en la península Malaya en el siglo XIX.

PATO DOMÉSTICO
Anas platyrhynchos
F: Anátidos

La mayoría de los patos domesticados descienden del ánade azulón. Se los cría por su carne, sus huevos o su plumón, o con fines ornamentales.

ÁNADE GARGANTILLO
Anas bahamensis
F: Anátidos

Este pato que se alimenta en la superficie de aguas saladas y que tiene un aspecto similar en ambos sexos vive en estuarios y manglares de América del Sur y las Antillas.

PORRÓN ALBEOLA
Bucephala albeola
F: Anátidos

Este porrón, el más pequeño de los patos marinos de América del Sur, anida en huecos de árboles y a veces utiliza antiguos nidos de pájaros carpinteros.

PATO ARLEQUÍN
Histrionicus histrionicus
F: Anátidos

Este pato marino muy flotante nada en aguas agitadas y anida junto a torrentes rápidos en el este de América del Norte, Groenlandia, Islandia y el oeste de Rusia.

PATO JOYUYO
Aix sponsa
F: Anátidos

Los pollos recién nacidos de este pato norteamericano que se posa en árboles saltan al agua desde el nido, situado en un hueco de un árbol.

PATO MANDARÍN
Aix galericulata
F: Anátidos

Este pato que anida en árboles, considerado erróneamente monógamo, es un símbolo de amor en el noreste de Asia, de donde es nativo. Está introducido en Europa y en California.

PATO TORRENTERO
Merganetta armata
F: Anátidos

Buen nadador, este pato sudamericano vive en ríos de aguas rápidas en cotas elevadas de los Andes y anida entre las rocas de la orilla.

PATO ACOLLARADO
Callonetta leucophrys
F: Anátidos

Como otros patos tropicales, este de América del Sur central y meridional no es migratoria y conserva los colores de su plumaje durante todo el año.

46–55 cm

NEGRÓN CARETO
Melanitta perspicillata
F: Anátidos

Al igual que otros negrones, esta especie de América del Norte cría cerca de aguas dulces e inverna en el mar. El macho tiene el cuerpo totalmente negro.

42–50 cm

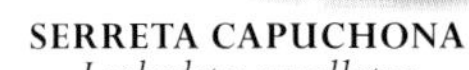

SERRETA CAPUCHONA
Lophodytes cucullatus
F: Anátidos

Esta especie de América del Norte tiene un pico con bordes aserrados para capturar peces. Bucea propulsándose fuertemente con los pies.

46–54 cm

mancha blanca en la mejilla

ÁNADE ANTEOJILLO
Speculanas specularis
F: Anátidos

Este pato que vive junto a ríos del Cono Sur recibe localmente el nombre de «pato perro» por la llamada de la hembra, similar a un ladrido.

36–45 cm

PATO PACHÓN
Malacorhynchus membranaceus
F: Anátidos

La mota rosada de la cabeza de esta especie, muy extendida por Australia, es menos distintiva que su dibujo cebrado. Consume plancton, que tamiza con su pico.

35–43 cm

MALVASÍA CANELA
Oxyura jamaicensis
F: Anátidos

Este pato norteamericano, introducido en Europa, tiene una cola rígida que usa como gobernalle cuando bucea.

40–47 cm

PORRÓN MOÑUDO
Aythya fuligula
F: Anátidos

A diferencia de sus parientes, en gran parte herbívoros, este porrón euroasiático se alimenta principalmente de invertebrados.

48–61 cm

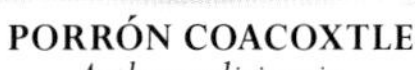

PORRÓN COACOXTLE
Aythya valisineria
F: Anátidos

Esta especie norteamericana es el mayor de los porrones, un grupo de patos de cuerpo rechoncho y cabeza grande.

38–58 cm

PATO HAVELDA
Clangula hyemalis
F: Anátidos

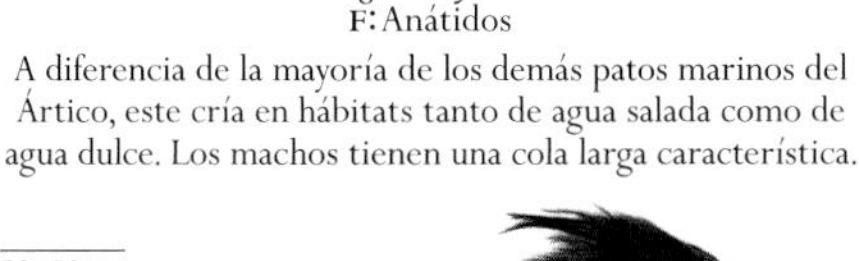

A diferencia de la mayoría de los demás patos marinos del Ártico, este cría en hábitats tanto de agua salada como de agua dulce. Los machos tienen una cola larga característica.

35–44 cm

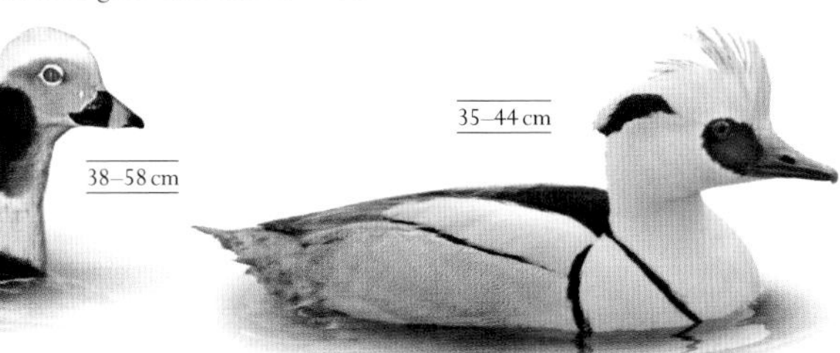

SERRETA CHICA
Mergellus albellus
F: Anátidos

Esta especie, perteneciente a un grupo de serretas que anidan en cavidades, es el único pato pequeño y blanco que vive en el norte de Eurasia.

61–63 cm

TARRO BLANCO
Tadorna tadorna
F: Anátidos

Esta especie que anida en madrigueras reside en costas en gran parte de Europa, pero en Asia y Escandinavia migra hacia el sur desde regiones del interior durante el invierno.

52–58 cm

SERRETA MEDIANA
Mergus serrator
F: Anátidos

Esta especie, muy extendida por el hemisferio norte, cría en costas y en aguas interiores de la tundra y de la taiga, y pasa más tiempo en el mar que otras serretas.

43–63 cm

mancha naranja sobre el pico

pecho rosado

ÉIDER REAL
Somateria spectabilis
F: Anátidos

Esta ave cría en costas de la tundra ártica. Su gran tamaño debe de facilitarle el buceo en profundidad a la caza de invertebrados.

55–56 cm

PATO PICAZO
Netta peposaca
F: Anátidos

Este pato sudamericano está emparentado con los buceadores porrones pero pasa más tiempo comiendo en la superficie del agua. Solo los machos tienen el pico rojo.

51–61 cm

43–48 cm

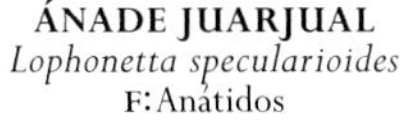

ÁNADE JUARJUAL
Lophonetta specularioides
F: Anátidos

Esta especie de los Andes es una posible reliquia de un linaje sudamericano antecesor de los más extendidos patos de superficie, como el ánade azulón.

ÉIDER DE STELLER
Polysticta stelleri
F: Anátidos

Como otros patos marinos emparentados de las regiones árticas y subárticas, este éider inverna más al sur en enormes bandadas, en ocasiones de 20 000 individuos.

PINGÜINOS

Con su plumaje bicolor, su postura erguida y su andar vacilante, son el símbolo clásico de los océanos australes.

Los pingüinos, residentes en las regiones costeras del hemisferio sur, están adaptados a la vida en aguas frías. La mayoría vive en islas en torno a la Antártida, pero algunos viven en las líneas de costa meridionales de América del Sur, África y Australasia. Estas aves incapaces de volar descienden quizás del mismo antecesor que los albatros, y podrían ser «primas lejanas» de los colimbos del hemisferio norte.

ADAPTACIONES ESPECIALES

Tienen las patas muy retrasadas hacia la cola, rasgo que les proporciona una gran propulsión en el agua y que también tienen otras aves como colimbos y somormujos. En tierra andan erguidos, pero sus pies palmeados les permiten una andadura poco garbosa; en contrapartida, con sus alas modificadas en aletas, estas aves parece que «vuelen» bajo el agua. El plumaje corto y prieto de los pingüinos tiene una base de plumón que atrapa el aire; eso, junto con la capa de grasa que tienen bajo la piel, les proporciona un buen aislamiento. Las puntas de las plumas están impermeabilizadas por el aceite segregado por una gran glándula situada en la rabadilla. Un complejo sistema de riego sanguíneo asegura que el cuerpo del pingüino no se enfríe cuando está de pie sobre la nieve o el hielo. Los pingüinos de mayor tamaño incuban sus huevos sobre los pies. Todos los pingüinos tienen un plumaje contrasombreado (oscuro por encima y pálido por debajo), que en el mar les camufla ante depredadores oceánicos como la foca leopardo.

ALIMENTACIÓN Y NIDIFICACIÓN

Los pingüinos pueden sumergirse y bucear en busca de peces, gambas y kril más de 200 veces al día. Cuando incuban o cuidan de las crías, los progenitores se turnan para alimentarse. En el caso del pingüino emperador, una de las pocas especies que crían en la Antártida, los machos incuban los huevos solos durante todo el invierno mientras las hembras se alimentan en el mar. La mayoría de los pingüinos crían en colonias y regresan al mismo lugar de nidificación cada estación reproductora.

FILO	CORDADOS
CLASE	AVES
ORDEN	ESFENISCIFORMES
FAMILIA	1
ESPECIES	18

DEBATE

¿ANTECESORES VOLADORES?

A principios del siglo XX se creía que las aves no voladoras eran primitivas, y se esperaba que el estudio de sus embriones revelaría evidencias de un vínculo directo con un pasado dinosauriano. Los miembros de la última expedición (1910–1913) de Robert F. Scott hicieron un arriesgado viaje hasta una colonia de emperadores y recogieron algunos huevos. Pero cuando estos huevos recibieron la atención científica, la teoría de los embriones ya había sido refutada. Los modernos estudios de anatomía, fósiles y ADN revelan que los antecesores de los pingüinos, y de otras aves no voladoras, podían volar.

PINGÜINO REY
Aptenodytes patagonicus
F: Esfeníscidos
Esta especie subantártica parecida al pingüino rey, con manchas amarillas en el cuello y el pecho, incuba un único huevo sobre sus pies.

PINGÜINO EMPERADOR
Aptenodytes forsteri
F: Esfeníscidos
Es el mayor de los pingüinos; cría en colonias sobre el hielo antártico, y los machos incuban el huevo durante el gélido invierno polar.

PINGÜINO SALTARROCAS
Eudyptes chrysocome
F: Esfeníscidos
Esta ave, el menor de los pingüinos crestados subantárticos, debe su nombre a su costumbre de saltar por rocas y cantos rodados.

PINGÜINO ENANO
Eudyptula minor
F: Esfeníscidos
Esta especie, que anida en madrigueras, es el menor de los pingüinos. Vive en las costas del sur de Australia y de Nueva Zelanda.

PINGÜINO DE FIORDLAND
Eudyptes pachyrhynchus
F: Esfeníscidos
Esta especie, que anida en los fríos bosques costeros del sur de Nueva Zelanda, tiene la cresta y el pico típicos de los *Eudyptes*.

PINGÜINO MACARRONES
Eudyptes chrysolophus
F: Esfeníscidos
Vive en islas del extremo sur del Atlántico y del Índico, pero es el único pingüino crestado que cría en la península Antártica.

PINGÜINO BARBIJO
Pygoscelis antarcticus
F: Esfeníscidos

Este pingüino bucea en busca de peces y kril, y cría en las costas de la Antártida y en las islas del sur del Atlántico.

PINGÜINO JUANITO
Pygoscelis papua
F: Esfeníscidos

Este pingüino cría en la península Antártica y en islas del océano Antártico. Sus nidos son simples montones de piedras y plumas.

PINGÜINO DE ADELIA
Pygoscelis adeliae
F: Esfeníscidos

Esta especie, uno de los tres *Pygoscelis* o pingüinos con «cola de cepillo» de la Antártida y las islas adyacentes, cría en colonias de más de 200 000 parejas.

PINGÜINO OJIGUALDO
Megadyptes antipodes
F: Esfeníscidos

Esta especie de Nueva Zelanda anida en zonas de matorral pero no forma colonias densas como sus parientes los pingüinos crestados *(Eudyptes)*.

PINGÜINO DE LAS GALÁPAGOS
Spheniscus mendiculus
F: Esfeníscidos

Este pingüino, que anida en grietas rocosas, es el único que cría en aguas ecuatoriales (enfriadas por la corriente de Humboldt, que fluye por la costa oeste de América del Sur).

PINGÜINO DE HUMBOLDT
Spheniscus humboldti
F: Esfeníscidos

Esta especie de la costa pacífica de América del Sur pertenece a un género de pingüinos que anidan en madrigueras y presentan unas llamativas bandas en pecho y flancos.

PINGÜINO MAGALLÁNICO
Spheniscus magellanicus
F: Esfeníscidos

Este pingüino, estrechamente emparentado con el de Humboldt, anida en colonias en las costas del sur de Argentina y de Chile y en las islas Malvinas.

PINGÜINO DE EL CABO
Spheniscus demersus
F: Esfeníscidos

Esta especie es el único pingüino de África, donde cría en colonias en las costas suroccidentales.

PINGÜINO REY
Aptenodytes patagonicus

El pingüino rey es, en cuanto al tamaño, la segunda especie de su familia; solo su «primo hermano» el pingüino emperador le supera en talla. A diferencia de este, el rey vive en islas subantárticas. Captura peces e ignora el kril que consumen muchos de sus rivales, y bucea a grandes profundidades –a veces a más de 200 m– para cazarlos. Solo pone un huevo cada vez y tarda más de un año en criar el único pollo, lo que implica que los adultos no pueden reproducirse cada año y que se forman enormes colonias de cría, con individuos jóvenes de diferentes edades.

TAMAÑO 90–100 cm
HÁBITAT Llanuras costeras y aguas en torno a las islas subantárticas
DISTRIBUCIÓN Islas del sur de los océanos Atlántico e Índico
DIETA Peces mictófidos, y a veces calamares

mandíbula superior negra

los pingüinos beben agua de mar y excretan el exceso de sal por las narinas

< LENGUA ESPINOSA
La lengua de los pingüinos es musculosa y espinosa: las papilas de la lengua se han transformado en unas púas dirigidas hacia atrás que atrapan la presa capturada en el buceo.

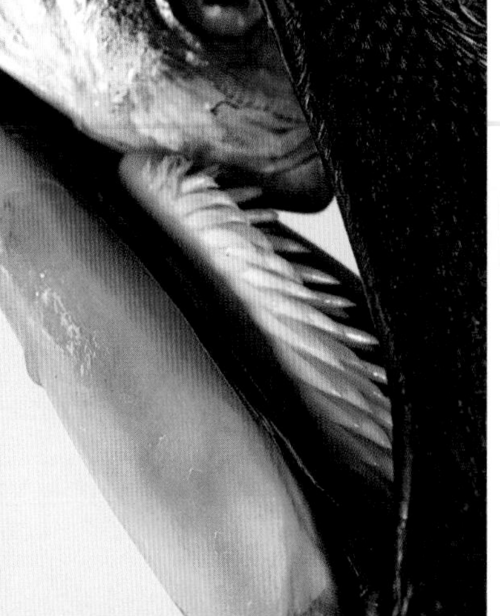

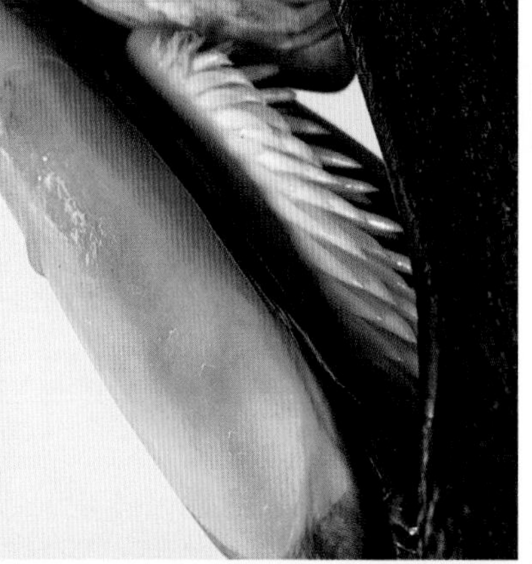

∨ OJOS AGUZADOS
Para cazar, los pingüinos cuentan con una buena visión subacuática. En la dieta de esta especie predominan los mictófidos, peces luminosos que captura en sus buceos nocturnos.

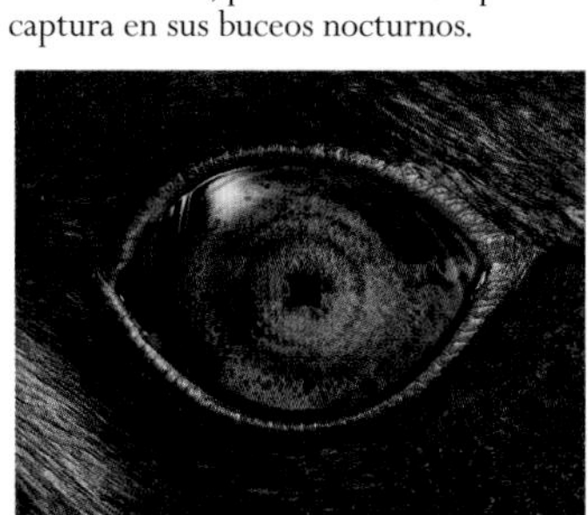

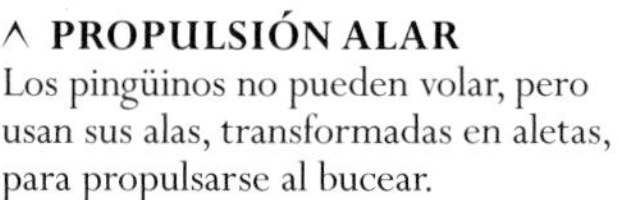

∧ PROPULSIÓN ALAR
Los pingüinos no pueden volar, pero usan sus alas, transformadas en aletas, para propulsarse al bucear.

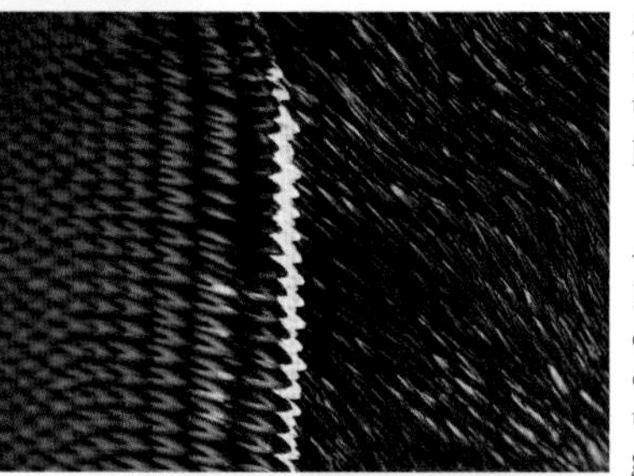

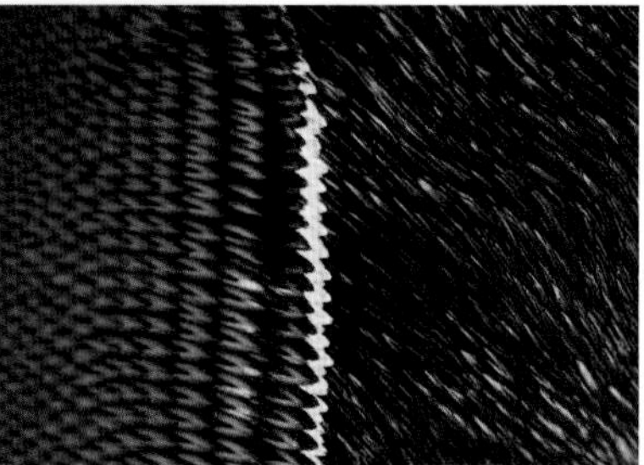

< PLUMAJE DENSO
El plumaje del pingüino, con su capa externa oleosa e impermeable y su capa interna de plumón aislante, es una adaptación para bucear en aguas gélidas.

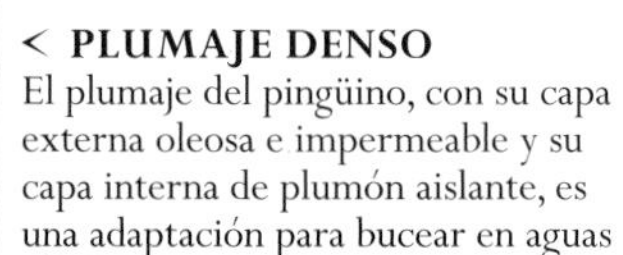

∧ PIEL ESCAMOSA
Las escamas de las patas recuerdan el origen reptiliano de todas las aves; la oscura piel debe de contribuir a dar calor a huevos y pollos.

∧ PLIEGUE PROTECTOR
El huevo único se incuba encima de los pies y bajo un pliegue de piel o bolsa de incubación. Tras la eclosión, el pollo utiliza la bolsa de incubación para refugiarse.

PIES PALMEADOS >
El movimiento de los pies propulsa al pingüino dentro del agua y también en tierra, cuando se desliza por la nieve sobre su vientre.

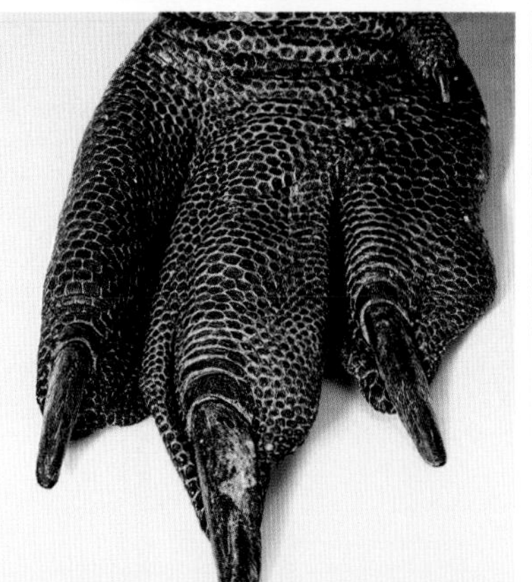

< COLA RÍGIDA
La corta cola está formada por plumas rígidas y sirve de gobernalle bajo el agua. En las especies más pequeñas, sirve como puntal en tierra.

∨ BUCEADOR CONTRASOMBREADO
Aparte de sus características marcas amarillas, el pingüino rey tiene el plumaje blanco y negro estilo esmoquin típico de los pingüinos. Cuando bucea, esta coloración le camufla ante los depredadores acuáticos: desde abajo, el vientre pálido apenas resulta visible contra la superficie iluminada por el sol, y desde arriba, el dorso oscuro del ave se confunde con las oscuras aguas de debajo.

COLIMBOS

Estas aves de las aguas árticas tienen pies palmeados y unas patas retrasadas que limitan sus movimientos en tierra pero son magníficos propulsores en el agua.

Los colimbos, que forman la única familia del orden gaviformes, se alimentan de peces, y sus patas están tan atrás en el cuerpo que en tierra solo pueden andar muy pesada y torpemente, pero en el agua nadan y bucean con gran facilidad. Su cuerpo hidrodinámico y su pico en forma de lanza se parecen a los de los pingüinos, que tienen costumbres similares y con quienes podrían compartir un antecesor. Aunque sus puntiagudas alas son relativamente pequeñas para su tamaño corporal, los colimbos vuelan con gran rapidez. Para arrancar el vuelo, las especies más grandes tienen que golpear el agua con los pies durante un buen trecho; tan solo el colimbo chico es capaz de despegar desde tierra. Todas las especies de colimbos vuelan hacia el sur para invernar.

CUIDADOS COMPARTIDOS

Los machos de los colimbos nidifican a orillas de charcas, lagos árticos de aguas transparentes o costas resguardadas del Ártico, donde ambos sexos incuban y crían a los pollos. Los pollos montan en el dorso de sus progenitores, pero pueden nadar e incluso bucear poco después de nacer. Después de la reproducción, los colimbos pierden sus llamativos dibujos y colores, por lo que la identificación de las especies resulta más difícil.

FILO	CORDADOS
CLASE	AVES
ORDEN	GAVIFORMES
FAMILIAS	1
ESPECIES	5

Los colimbos vuelan con el cuello extendido y la cabeza algo más baja que el cuerpo, lo que les da un aspecto jorobado.

COLIMBO GRANDE
Gavia immer
F: Gávidos
Esta ave, uno de los colimbos de mayor talla, cría en lagos de regiones subárticas de América del Norte e Islandia e inverna en costas más meridionales, como las costas ibéricas atlánticas.

COLIMBO DE ADAMS
Gavia adamsii
F: Gávidos
Esta especie de gran talla, que cría en las costas árticas de Rusia, Alaska y Canadá, se distingue de otros colimbos por su pico blanco amarillento.

COLIMBO ÁRTICO
Gavia arctica
F: Gávidos
Esta especie, que cría sobre todo en Eurasia, llega a veces hasta Alaska, pero inverna más al sur, también en la costa pacífica de América del Norte.

COLIMBO CHICO
Gavia stellata
F: Gávidos
El menor de los colimbos cría en pequeñas charcas de la tundra del área circumpolar y migra al sur, a aguas costeras de Europa, China y el sureste de EE UU, para pasar el invierno.

COLIMBO DEL PACÍFICO
Gavia pacifica
F: Gávidos
Esta especie, que cuando no cría tiene la garganta blanca, como el colimbo ártico, inverna en el Pacífico y cría en lagos de la tundra de Canadá, Alaska y Rusia.

ALBATROS, PETRELES, PAÍÑOS Y AFINES

Los albatros y afines pasan la mayor parte de su vida en el aire, recorriendo grandes distancias mientras rastrean la superficie marina en busca de peces.

Los albatros, petreles, pardelas y paíños –el orden procelariformes– son aeronautas consumados que rara vez regresan a tierra salvo para criar. Estas aves se distribuyen por todo el mundo, pero muestran su mayor diversidad en el hemisferio sur. Todas tienen en el pico unas protuberancias nasales tubulares, y a diferencia de otras aves, detectan sus presas marinas mediante el olfato. Todas las especies salvo las más pequeñas tienen alas alargadas, y casi todas tienen pies palmeados situados tan atrás en el cuerpo que no pueden andar sin dificultades. Estas aves disuaden a los depredadores regurgitando un aceite repulsivo que segregan en su estómago y que a veces eyectan con fuerza; este aceite también es suficientemente nutritivo para alimentar a los pollos.

REPRODUCCIÓN LENTA

Las procelariformes se emparejan en ocasiones de por vida, vida que en las especies más grandes puede durar varias décadas. Muchas especies crían en colonias en islas remotas, y suelen regresar al mismo lugar todos los años. Las especies más pequeñas anidan en cavidades y madrigueras. Estas aves tienen una tasa de reproducción baja, pero los progenitores invierten mucho en sus pollos. La mayoría de las procelariformes solo ponen un huevo por estación reproductora. Pese al largo periodo de incubación, los pollos nacen indefensos y maduran muy lentamente.

FILO	CORDADOS
CLASE	AVES
ORDEN	PROCELARIFORMES
FAMILIAS	4
ESPECIES	147

El longevo albatros viajero es monógamo y refuerza sus vínculos de pareja con una elaborada danza de cortejo.

ALBATROS VIAJERO
Diomedea exulans
F: Diomedeidos
El mayor de los albatros gigantes *Diomedea* del océano Antártico se empareja de por vida y tiene un único pollo cada dos años.

ALBATROS DE LAYSAN
Phoebastria immutabilis
F: Diomedeidos
Entre los albatros del Pacífico Norte figuran los que crían en el trópico, como esta especie pequeña que anida en islas, entre ellas las Hawái.

ALBATROS PATINEGRO
Phoebastria nigripes
F: Diomedeidos
Como otros albatros del Pacífico Norte, los de esta especie, pequeños y oscuros, interrumpen a menudo su planeo con un repentino aleteo.

FULMAR BOREAL
Fulmarus glacialis
F: Proceláridos
Esta ave común en gran parte del hemisferio norte, aunque en Europa no cría más al sur de Bretaña, anida en acantilados y puede expulsar un aceite estomacal apestoso para repeler a los depredadores.

ALBATROS OJEROSO
Thalassarche melanophrys
F: Diomedeidos
Este albatros del hemisferio sur anida en densas colonias y pone un único huevo cada año. Como otros albatros, está en peligro de extinción debido a la pesca industrial.

»

PARDELA DE AUDUBON
Puffinus lherminieri
F: Procelláridos
Esta pequeña ave cría en islas oceánicas tropicales. Algunos consideran que sus diferentes poblaciones son especies distintas.

PARDELA PATIRROSA
Ardenna creatopus
F: Procelláridos
Esta especie, de la que existe una forma oscura y otra clara, anida en islas chilenas, y en verano migra hasta aguas subárticas del Pacífico Norte.

PARDELA DORSIGRÍS
Ardenna bulleri
F: Procelláridos
Esta especie anida en islas frente a la costa norte de Nueva Zelanda, y vaga por el Pacífico cuando no cría.

PARDELA CENICIENTA
Calonectris diomedea
F: Procelláridos
Una de las subespecies de esta gran pardela cría en islas del Atlántico oriental; la otra, en islas y acantilados del Mediterráneo; ambas invernan en el Pacífico Sur.

PATO-PETREL ANTÁRTICO
Pachyptila desolata
F: Procelláridos
Los pato-petreles son petreles pequeños y grises del océano Antártico que se alimentan tamizando plancton con su pico aplanado.

PETREL DE JOUANIN
Bulweria fallax
F: Procelláridos
Este petrel tropical del noroeste del océano Índico tiene un vuelo zigzagueante. Está estrechamente emparentado con las pardelas del género *Procellaria*.

PETREL NÍVEO
Pagodroma nivea
F: Procelláridos
Este petrel, una de las pocas aves que crían en el Antártico, cría más al sur que ninguna otra ave e incluso divaga hasta el polo Sur.

PETREL ANTÁRTICO
Thalassoica antarctica
F: Procelláridos
Esta especie común en los mares de Ross y de Weddell, donde nada y bucea en busca de peces, kril y calamares, cría en islas antárticas.

PETREL ANTILLANO
Pterodroma hasitata
F: Procelláridos
Como muchos de los pequeños y rápidos petreles del género *Pterodroma*, este, que cría en las Antillas, tiene una distribución tropical.

PETREL DAMERO
Daption capense
F: Procelláridos
Este petrel, uno de los miembros de esta familia mayoritariamente circumpolar, cría en islas en torno a la Antártida e inverna más al norte.

ABANTO MARINO ANTÁRTICO
Macronectes giganteus
F: Procelláridos
Esta ave carroñera cría en numerosas islas de las aguas oceánicas más australes. A diferencia de muchos otros petreles, tiene patas suficientemente fuertes para andar por tierra.

PAÍÑO DE MADEIRA
Oceanodroma castro
F: Hidrobátidos
Este representante típico de los paíños del hemisferio norte, con su obispillo blanco y su cola ahorquillada, cría en el Atlántico (Azores, Madeira) y el Pacífico (Galápagos).

SOMORMUJOS Y ZAMPULLINES

Aves de charcas y lagos, nadan con el cuerpo bajo y bucean propulsándose con los pies. Se alimentan de pequeños animales acuáticos.

Como muchas aves buceadoras, los somormujos y zampullines tienen las patas situadas muy atrás, por lo que son patosos en tierra pero ágiles en el agua. Sus dedos lobulados les proporcionan un buen impulso en cada brazada y minimizan la resistencia al avance entre brazadas. Los pies también les sirven de gobernalle, función que en otras aves cumple la cola, que en estas es apenas un mechón de plumas que sirve más bien como distintivo social –el ave levanta la cola para exponer las plumas de debajo–. Su denso plumaje está bien impermeabilizado gracias a una glándula que, caso único entre las aves, segrega un aceite con un 50% de parafina. Sus alas son pequeñas y muchas especies son reacias a volar, aunque las norteñas son migratorias y viajan desde el interior hasta la costa para invernar.

Tradicionalmente, somormujos y zampullines –orden podicipediformes– se han considerado parientes de colimbos, pingüinos y albatros. Pero los últimos datos científicos indican un parentesco más estrecho con los flamencos que con otras aves.

REPRODUCCIÓN

En la estación de cría, algunos somormujos ejecutan elaborados rituales de cortejo. Las podicipediformes anidan en esteras de vegetación flotantes en hábitats de agua dulce. Los pollos pueden ñadar justo tras nacer, pero buscan refugio en el dorso de uno de sus progenitores durante las primeras semanas.

FILO	CORDADOS
CLASE	AVES
ORDEN	PODICIPEDIFORMES
FAMILIA	1
ESPECIES	23

El ritual de cortejo del somormujo lavanco culmina cuando ambas aves se yerguen sobre el agua con plantas acuáticas en el pico.

ZAMPULLÍN COMÚN
Tachybaptus ruficollis
F: Podicipédidos
Esta ave que cría en casi todo el sur de Eurasia y gran parte de África es el más extendido de los zampullines. Cuando cría tiene el cuello rojizo.

ZAMPULLÍN PIMPOLLO
Rollandia rolland
F: Podicipédidos
Esta especie de América del Sur meridional vive en lagos abiertos con abundantes plantas acuáticas. Una especie emparentada, el zampullín del Titicaca *(R. microptera)*, es incapaz de volar.

ZAMPULLÍN PICOGRUESO
Podilymbus podiceps
F: Podicipédidos
Esta ave americana es más rechoncha y tiene el pico más grueso que otros podicipédidos. Las poblaciones norteñas invernan en el Caribe, pero las tropicales son sedentarias.

SOMORMUJO CUELLIRROJO
Podiceps grisegena
F: Podicipédidos
Esta especie cría en América del Norte y el norte de Eurasia e inverna más al sur (o más al oeste en el norte de Europa) en aguas costeras. Como otros somormujos, migra de noche.

ZAMPULLÍN CUELLINEGRO
Podiceps nigricollis
F: Podicipédidos
Como otros *Podiceps*, este buceador de pico apuntado del hemisferio norte tiene el plumaje de la cabeza muy coloreado cuando cría.

ZAMPULLÍN BLANQUILLO
Podiceps occipitalis
F: Podicipédidos
Esta especie que vive en América del Sur, desde los Andes hasta las Malvinas, cría en colonias que se congregan en lagos alcalinos o salados.

ACHICHILIQUE COMÚN
Aechmophorus occidentalis
F: Podicipédidos
Esta especie, uno de los dos podicipédidos similares del oeste de América del Norte, se distribuye desde Canadá hasta México. Las poblaciones norteñas invernan frente a la costa del Pacífico.

SOMORMUJO LAVANCO
Podiceps cristatus
F: Podicipédidos
Este somormujo del Viejo Mundo es conocido por su exhibición de cortejo. Como otros podicipédidos, ambos sexos lucen colores vivos.

FLAMENCOS

Viven en lagunas saladas y lagos alcalinos. Aunque se las ha clasificado junto con las cigüeñas, parecen estar emparentadas con somormujos y zampullines.

La vida de los flamencos es sumamente gregaria. Estas aves se congregan en enormes bandadas, a veces de cientos de miles, tan apretadas que los individuos no pueden alzar el vuelo fácilmente y deben antes andar o correr durante un trecho. Los hábitats abiertos preferidos por los flamencos, junto con la vigilancia de tantas aves, asegura la fácil detección de los depredadores.

Las grandes bandadas son necesarias para estimular la reproducción, y las exhibiciones en grupo son parte del cortejo. Las parejas construyen nidos de barro, y su territorio queda delimitado simplemente por la capacidad de extensión de su cuello desde el nido. Unos días después de nacer, los pollos se agrupan en grandes grupos. Los adultos alimentan a sus pollos con un alimento líquido, la «leche de buche».

ALIMENTACIÓN POR FILTRACIÓN

Tienen una manera única de alimentarse, filtrando el agua con un pico especialmente adaptado. Con la cabeza invertida, el ave tamiza algas planctónicas y crustáceos con la suerte de pelos que tapizan su pico por dentro. Son los pigmentos absorbidos en sus alimentos lo que les confiere su color rosa característico. Estas aves tienen pocos competidores, ya que se alimentan en aguas del interior que son muy saladas o cáusticas.

FILO	CORDADOS
CLASE	AVES
ORDEN	FENICOPTERIFORMES
FAMILIA	1
ESPECIES	6

En lagos del valle del Rift, en África, se ven grandes bandadas de flamencos; allí los flamencos enanos se congregan para comer.

FLAMENCO CHILENO
Phoenicopterus chilensis
F: Fenicoptéridos
Este flamenco, el más extendido de América del Sur, tiene un área de distribución que se extiende desde Perú hasta la Tierra del Fuego, y se distingue por sus patas grises con las «rodillas» rosas.

FLAMENCO DEL CARIBE
Phoenicopterus ruber
F: Fenicoptéridos
Esta especie, que cría en el norte del Caribe, el Yucatán (México) y el norte de América del Sur, es algo menor y tiene un plumaje de un rosa más intenso que el flamenco común.

FLAMENCO COMÚN
Phoenicopterus roseus
F: Fenicoptéridos
Con un área que abarca África, el sur de Europa y el sur y el centro de Asia, este es el mayor y el más ampliamente extendido de todos los flamencos.

PARINA GRANDE
Phoenicoparrus andinus
F: Fenicoptéridos
Esta especie, caracterizada por sus patas amarillas, es uno de los dos flamencos confinados a las altas cotas de los Andes, donde a veces vuela de un lago a otro en busca de comida.

FLAMENCO ENANO
Phoeniconaias minor
F: Fenicoptéridos
El menor de los flamencos vive en África y el sur de Asia, y se congrega en grandes bandadas en los lagos alcalinos del valle del Rift.

CIGÜEÑAS

La mayoría de estas especies son aves de humedal, con patas largas para andar por los hábitats húmedos o herbáceos y pico largo para capturar presas.

Los miembros de la familia cicónidos, del orden ciconiformes, son aves altas que suelen vivir en espacios abiertos. Algunas son especies de ribera similares a las garzas y otras buscan comida en suelos secos. Caminan a zancadas, pero se pueden posar en ramas y muchas anidan en árboles. Comen peces, anfibios, reptiles, pequeños mamíferos e insectos grandes. En África se alimentan de animales que huyen de los incendios de la sabana, y explotan nubes de langostas y saltamontes.

Los cicónidos tienen un pico fuerte y más o menos puntiagudo. El marabú utiliza su pico para todo, desde alejar a los buitres de los restos de mamíferos muertos hasta hurgar en vertederos. Otros tienen el pico más fino y en algunos casos más o menos afilado hacia la punta curvada hacia arriba o abajo.

Todos poseen unas amplias alas con el extremo digitado y se elevan con las corrientes ascendentes para ganar altura antes de planear hasta una nueva zona de alimentación o en largas jornadas migratorias. Las cigüeñas blancas cruzan en bandadas el Mediterráneo en sus puntos más estrechos de la misma manera que las aves de presa migratorias.

ANIDAMIENTO COLONIAL

Muchas aves de este grupo son gregarias en la época de cría, y sus colonias de anidamiento pueden albergar varias especies. Todas ellas tienen pollos indefensos que deben ser criados en el nido durante unas semanas.

FILO	CORDADOS
CLASE	AVES
ORDEN	CICONIFORMES
FAMILIA	1
ESPECIES	19

Anidan en árboles, pero las cigüeñas blancas en Europa occidental usan a menudo superficies planas en lo alto de edificios.

TÁNTALO AMERICANO
Mycteria americana
F: Cicónidos

Los tántalos sumergen su pico abierto en aguas someras y lo cierran de golpe sobre las presas en movimiento. Este tántalo vive en América tropical y subtropical.

CIGÜEÑA BLANCA
Ciconia ciconia
F: Cicónidos

Esta especie europea, una de las tres *Ciconia* que crían fuera de los trópicos, utiliza las corrientes ascendentes de su ruta migratoria sobre tierra para invernar en África.

CIGÜEÑA LANUDA
Ciconia episcopus
F: Cicónidos

Esta ave, la más extendida de las cigüeñas tropicales, habita en África y en Asia, donde prefiere los humedales, aunque a veces ocupa pastizales.

JABIRÚ AFRICANO
Ephippiorhynchus senegalensis
F: Cicónidos

Esta especie del África tropical, emparentada con el jabirú americano, tiene el pico algo curvado hacia arriba. Vive en parejas aisladas, incluso cuando anida.

MARABÚ AFRICANO
Leptoptilos crumeniferus
F: Cicónidos

Como otros marabúes, esta especie del África subsahariana que vuela con la cabeza retraída tiene la cabeza implume, lo que le permite comer carroñas sin ensuciarse las plumas.

JABIRÚ AMERICANO
Jabiru mycteria
F: Cicónidos

Esta gran cigüeña americana es el ave voladora más alta de América del Sur. Cuando se excita expande el saco implume de su cuello.

PICOTENAZA AFRICANO
Anastomus lamelligerus
F: Cicónidos

Los picotenazas, pequeñas cigüeñas de los humedales tropicales, usan su distintivo pico para capturar y manipular moluscos antes de comerlos. Esta especie vive en África continental y Madagascar.

IBIS, AVETOROS, GARZAS Y PELÍCANOS

La mayoría de las especies del orden pelecaniformes son aves de humedal con largas patas para andar por hábitats cenagosos o herbazales. Sus largos dedos les ayudan a propulsarse cuando cazan o a posarse en manglares o bosques húmedos. Todas ellas tienen el pico largo para atrapar presas.

Por lo general, las aves de este grupo comen anfibios y peces, y a veces, pequeños mamíferos e insectos. Garzas, garcetas y avetoros tienen vértebras modificadas que dan a su cuello una forma de S que lo impulsa a la velocidad del rayo para atrapar presas, pero no para alancearlas. Los ibis sondean en busca de presas con su fino pico curvado, mientras que las espátulas barren de lado a lado las aguas someras con su pico plano ligeramente abierto que se cierra al detectar una presa por el tacto. Garzas y pelícanos retraen el cuello en vuelo, a diferencia de las espátulas y los ibis.

Los pelícanos son pesados, pero tienen una gran envergadura y son buenos voladores. Su largo pico posee una bolsa flexible y profunda. Para comer (generalmente mientras nadan, aunque los pelícanos alcatraz también se zambullen y bucean) toman un gran volumen de agua y filtran el alimento al vaciar dicha bolsa.

FILO	CORDADOS
CLASE	AVES
ORDEN	PELECANIFORMES
FAMILIAS	5
ESPECIES	118

Este pollo de pelícano mete la cabeza en la garganta de su progenitor para alimentarse de peces regurgitados parcialmente digeridos.

GARCITA VERDE
Butorides virescens
F: Ardeidos
Esta pequeña garza de los humedales de América Central y del Norte caza a veces echando cebo a los peces desde la orilla.

GARCETA GRANDE
Ardea alba
F: Ardeidos
Esta especie que habita en zonas húmedas de gran parte del mundo no es una garceta verdadera, sino una gran garza blanca.

GARZA REAL
Ardea cinerea
F: Ardeidos
Esta especie común en gran parte de Eurasia y de África construye su nido de palos en árboles, y como otras grandes garzas, cría en colonias.

AVETORILLO COMÚN
Ixobrychus minutus
F: Ardeidos
Esta escondidiza ave del Viejo Mundo, una de las más pequeñas de su familia, trepa por los carrizos y adopta a veces la postura vertical e inmóvil típica del avetoro.

AVETORO COMÚN
Botaurus stellaris
F: Ardeidos
Como a otros avetoros, a esta especie es más fácil oírla que verla. Su sonoro reclamo recuerda un mugido.

GARZA CUELLIBLANCA
Ardea pacifica
F: Ardeidos
Esta gran garza de Nueva Guinea y de las zonas semiáridas de Australia caza insectos y pequeños vertebrados en marjales y herbazales.

GARCETA COMÚN
Egretta garzetta
F: Ardeidos
Esta especie del Viejo Mundo ha empezado a colonizar América. Tiene el pico y las patas negros y, excepto en Indonesia y Papúa, los pies amarillos.

GARCETA CARIBLANCA
Egretta novaehollandiae
F: Ardeidos
Esta garceta de Indonesia, Nueva Guinea, Australia, Nueva Zelanda y Nueva Caledonia tiene una dieta variada que incluye insectos y ranas.

GARCETA TRICOLOR
Egretta tricolor
F: Ardeidos
Al igual que otras especies emparentadas, este habitante de los marjales americanos utiliza su pico en forma de daga para capturar pequeños animales.

GARCETA AZUL
Egretta caerulea
F: Ardeidos
La cabeza y el cuello purpúreos de esta garceta panamericana se vuelven de color gris azulado después de la época de reproducción.

GARCILLA BUEYERA
Bubulcus ibis
F: Ardeidos

Esta especie cosmopolita, que es de hecho una pequeña garza blanca, se alimenta en herbazales y a menudo sigue al ganado vacuno para capturar las presas que este levanta a su paso.

GARCILLA INDIA
Ardeola grayii
F: Ardeidos

Esta garcilla común en Asia meridional caza tanto al acecho como en vuelo bajo sobre el agua.

MARTINETE CUCHARÓN
Cochlearius cochlearius
F: Ardeidos

Este martinete que vive en manglares de la América tropical tiene el pico muy ancho, adaptado para capturar presas.

MARTINETE COMÚN
Nycticorax nycticorax
F: Ardeidos

Los martinetes tienen una buena visión nocturna. Viven en la mayoría de las regiones cálidas excepto en Australia, y esta es la especie de distribución más amplia.

IBIS SAGRADO
Threskiornis aethiopicus
F: Treskiornítidos

Esta ave común en los humedades y herbazales del África subsahariana y el suroeste de Asia está extinguida en Egipto pero se ha introducido en EE UU y Europa.

IBIS TORNASOL
Threskiornis spinicollis
F: Treskiornítidos

Este ibis muy nómada, con unas características plumas similares a espinas en la base del cuello, vive en Australia, Papúa Nueva Guinea y partes de Indonesia.

COROCORO ROJO
Eudocimus ruber
F: Treskiornítidos

Esta especie de la América tropical septentrional, que debe su pigmentación escarlata a los crustáceos que come, es el ave nacional de Trinidad.

GARCETA ROJIZA
Egretta rufescens
F: Ardeidos

Esta garceta americana tiene una forma blanca y otra gris y rojiza. Cuando pesca, a veces extiende sus alas para mitigar el resplandor del sol sobre el agua.

IBIS MOLUQUEÑO
Threskiornis molucca
F: Treskiornítidos

Esta especie es común en toda Australia. Con frecuencia invade zonas urbanas, llegando a constituir una plaga.

IBIS HADADA
Bostrychia hagedash
F: Treskiornítidos

El nombre de esta especie común en herbazales, bosques, parques y jardines del África subsahariana alude a su distintivo reclamo de vuelo.

BANDURRIA DE COLLAR
Theristicus melanopis
F: Treskiornítidos

Esta especie sudamericana ocupa hábitats herbáceos templados desde los Andes de Ecuador hasta la Patagonia.

MORITO COMÚN
Plegadis falcinellus
F: Treskiornítidos

Este es el ibis con una distribución más amplia, y se halla en las regiones cálidas de todo el mundo. Anida en árboles, en colonias, y a veces junto con garzas.

»

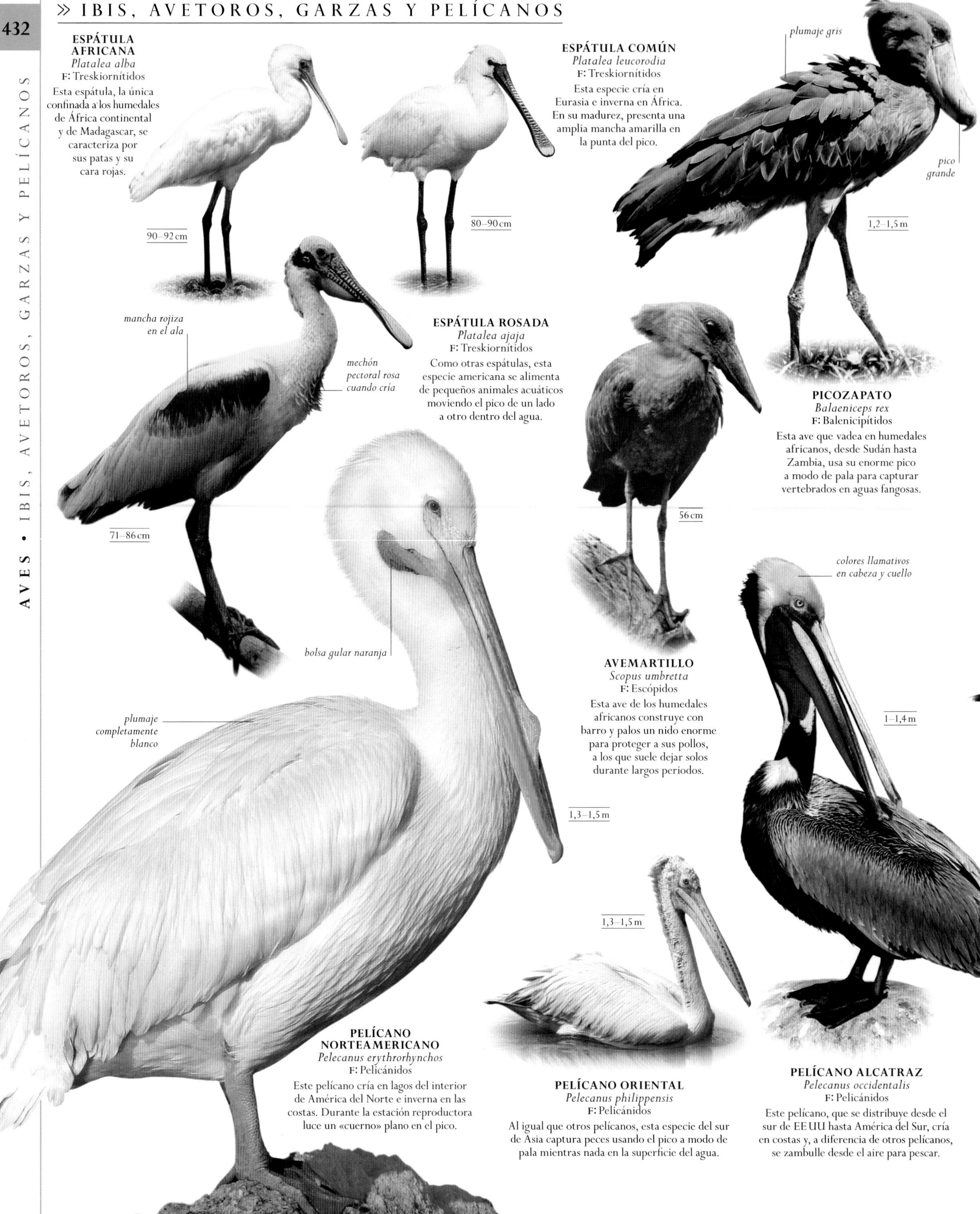

ESPÁTULA AFRICANA
Platalea alba
F: Treskiornítidos
Esta espátula, la única confinada a los humedales de África continental y de Madagascar, se caracteriza por sus patas y su cara rojas.

ESPÁTULA COMÚN
Platalea leucorodia
F: Treskiornítidos
Esta especie cría en Eurasia e inverna en África. En su madurez, presenta una amplia mancha amarilla en la punta del pico.

ESPÁTULA ROSADA
Platalea ajaja
F: Treskiornítidos
Como otras espátulas, esta especie americana se alimenta de pequeños animales acuáticos moviendo el pico de un lado a otro dentro del agua.

PICOZAPATO
Balaeniceps rex
F: Balenicipítidos
Esta ave que vadea en humedales africanos, desde Sudán hasta Zambia, usa su enorme pico a modo de pala para capturar vertebrados en aguas fangosas.

AVEMARTILLO
Scopus umbretta
F: Escópidos
Esta ave de los humedales africanos construye con barro y palos un nido enorme para proteger a sus pollos, a los que suele dejar solos durante largos periodos.

PELÍCANO NORTEAMERICANO
Pelecanus erythrorhynchos
F: Pelicánidos
Este pelícano cría en lagos del interior de América del Norte e inverna en las costas. Durante la estación reproductora luce un «cuerno» plano en el pico.

PELÍCANO ORIENTAL
Pelecanus philippensis
F: Pelicánidos
Al igual que otros pelícanos, esta especie del sur de Asia captura peces usando el pico a modo de pala mientras nada en la superficie del agua.

PELÍCANO ALCATRAZ
Pelecanus occidentalis
F: Pelicánidos
Este pelícano, que se distribuye desde el sur de EE UU hasta América del Sur, cría en costas y, a diferencia de otros pelícanos, se zambulle desde el aire para pescar.

CORMORANES, ALCATRACES Y AFINES

El orden suliformes comprende especies marinas, aunque algunos cormoranes y aningas también visitan hábitats de agua dulce. La plameadura de los pies de este grupo abarca los cuatro dedos.

Los rabihorcados, o fragatas, cruzan vastas áreas marinas, pero rara vez amerizan, y capturan peces voladores o roban comida a otras aves en el aire. Cormoranes y aningas comen especies acuáticas zambulléndose desde la superficie; alcatraces y piqueros lo hacen desde el aire y se alimentan casi solo de peces.

FILO	CORDADOS
CLASE	AVES
ORDEN	SULIFORMES
FAMILIAS	4
ESPECIES	61

PIQUERO CAMANAY
Sula nebouxii
F: Súlidos
Este piquero, que habita en costas rocosas desde California hasta Perú y las Galápagos, luce sus pies azules en su exhibición de cortejo.

PIQUERO ENMASCARADO
Sula dactylatra
F: Súlidos
Con su plumaje blanco y negro, esta especie, el mayor de los piqueros, se parece mucho a los alcatraces de los mares fríos.

ALCATRAZ ATLÁNTICO
Morus bassanus
F: Súlidos
Las tres especies de alcatraces del género Morus crían en grandes colonias, en costas rocosas de mares fríos. Esta es nativa del Atlántico Norte.

ANINGA AMERICANA
Anhinga anhinga
F: Aníngidos
Esta especie, cuya área se extiende desde el sur de EE UU hasta Bolivia y Brasil, tiene un cuello largo como de cormorán y un pico recto para alancear peces.

CORMORÁN CARIRROJO
Phalacrocorax urile
F: Falacrocorácidos
Esta ave marina que bucea en aguas profundas y se distribuye desde Japón hasta el mar de Bering pertenece a un grupo de cormoranes del Pacífico Norte muy adaptados al medio marino.

CORMORÁN PIQUICORTO
Microcarbo melanoleucos
F: Falacrocorácidos
Esta especie de Australasia pertenece a un grupo de «micro-cormoranes», primitivos y de pico corto, asociados sobre todo con hábitats de agua dulce o de estuario.

RABIHORCADO MAGNÍFICO
Fregata magnificens
F:Fregátidos
Las escasas oportunidades de alimentarse y los vuelos prolongados implican que los rabihorcados, como este americano, tengan una tasa de reproducción baja y el periodo de cría más largo de todas las aves.

RABIJUNCOS

FILO	CORDADOS
CLASE	AVES
ORDEN	FAETONTIFORMES
FAMILIA	1
ESPECIES	3

Estas grandes aves marinas tipo charrán con una larga prolongación de la cola similar a una espina anidan en islas tropicales y pescan en el mar.

Las tres especies de faetontiformes tienen los cuatro dedos de los pies palmeados, como los alcatraces y piqueros, pero son incapaces de sostenerse en pie. Localizan los peces con la vista planeando antes de zambullirse desde el aire, y en sus colonias de cría, los machos vuelan en círculos balanceando su larga cola para impresionar a las hembras.

RABIJUNCO MENOR
Phaethon lepturus
F: Fetóntidos
Los rabijuncos son aves con largas remeras y unos pies tan débiles que han de usar su vientre para aterrizar. Esta especie frecuenta la mayoría de las líneas de costa tropicales.

RABIJUNCO ETÉREO
Phaethon aethereus
F: Fetóntidos
Distribuido desde el Pacífico oriental hasta el Atlántico, este rabijunco típico que anida en cavidades tiene un único pollo de crecimiento lento, una adaptación a la escasez de recursos alimenticios en los océanos.

RAPACES

Casi todas las aves de este orden, el grupo más diversificado e importante de cazadores diurnos, solo comen carne. En algunos hábitats, las rapaces son los superdepredadores.

Las grandes rapaces, como la arpía mayor y el águila monera de las pluvisilvas tropicales, son capaces de cazar grandes monos y pequeños ciervos. Las especies más grandes, que incluyen a los buitres del Viejo Mundo (accipítridos) y los cóndores (catártidos), comen animales muertos, y muchas, como milanos y busardos, se comportan como carroñeras además de cazar presas vivas. Una de las excepciones es el africano buitre palmero, mayormente vegetariano.

La rapaces suelen tener una vista muy aguda. El aura gallipavo detecta presas por el olor, y otras especies la observan y la siguen hasta cadáveres ocultos. Las aves de este grupo tienen un fuerte pico ganchudo para desmembrar presas. Los mayores buitres están bien equipados para desgarrar piel y carne, pero sus pies son relativamente débiles. La mayoría tiene la cabeza calva, lo cual evita que se les adhieran restos al introducirla en las carcasas de animales. Los buitres americanos (catártidos) podrían estar más emparentados con los cicónidos que los del Viejo Mundo similares. Águilas, busardos y milanos tienen los pies más fuertes, con uñas corvas y afiladas para capturar y matar presas. El secretario, un ave única de las llanuras africanas, caza a pie.

Algunos milanos tienen la cola bifurcada para un mejor control del vuelo. Los azores tienen las alas más cortas y la cola larga para maniobrar mejor en zonas boscosas, y otras especies las tienen más anchas y largas para elevarse con las corrientes ascendentes y planear largas distancias con poco esfuerzo. Así, los pesados buitres pueden desplazarse muy lejos en busca de su comida diaria, y algunas especies, realizar largas migraciones anuales. La punta de las alas digitada reduce la turbulencia, lo que hace el vuelo más eficiente.

FILO	CORDADOS
CLASE	AVES
ORDEN	ACCIPITRIFORMES
FAMILIAS	4
ESPECIES	266

La parte ventral clara de las alas de un aura gallipavo capta la luz solar cuando el ave se inclina y vira buscando el alimento por debajo.

AURA GALLIPAVO
Cathartes aura
F: Catártidos
Caso inusual entre las aves, esta especie extendida por gran parte de América, que suele anidar bajo grandes rocas o tocones o en otras oquedades oscuras, localiza las carroñas por el olfato.

ZOPILOTE REY
Sarcoramphus papa
F: Catártidos
Esta imponente ave remonta a gran altura sobre los bosques para buscar carroña con la vista o siguiendo a las auras sabanera y selvática, que la detectan por el olfato.

ZOPILOTE NEGRO
Coragyps atratus
F: Catártidos
Más gregario que el aura gallipavo, el zopilote negro es un carroñero oportunista que se distribuye desde el centro de EE UU hasta Chile.

CÓNDOR ANDINO
Vultur gryphus
F: Catártidos
Es el ave terrestre de mayor envergadura. Remonta las corrientes ascendentes de los Andes y localiza las carroñas por la vista o siguiendo a otros carroñeros como el aura gallipavo.

ABEJERO EUROPEO
Pernis apivorus
F: Accipítridos
Esta especie, que pertenece a un grupo de rapaces tropicales que comen larvas de abejas y avispas, cría en Eurasia e inverna en África.

BUSARDO RATONERO
Buteo buteo
F: Accipítridos
Esta rapaz muy común en Europa tiene una forma clara y otra oscura. Sus poblaciones boreales invernan más al sur, hasta el sur de África y el sur de Asia.

BUSARDO MORO
Buteo rufinus
F: Accipítridos
Este busardo cría en semidesiertos y montañas del sureste de Europa, Asia oriental y central y el norte de África. Buena parte de la población euroasiática inverna en el Asia y el África tropicales.

ELANIO MAROMERO
Elanus leucurus
F: Accipítridos
Este elanio típico, con las cejas muy marcadas y un color contrastado, suele cernirse cuando caza. Se distribuye desde EE UU hasta el norte de América del Sur.

BUSARDO TISA
Butastur teesa
F: Accipítridos
Más terrestre que las especies emparentadas con él, este pequeño busardo del sur de Asia caza pequeños vertebrados e insectos en el suelo.

ELANIO TIJERETA
Elanoides forficatus
F: Accipítridos
Esta rapaz que come insectos vuela con elegancia y agilidad. Cría entre el sur de EE UU y América Central e inverna en América del Sur, junto con los elanios residentes.

MILANO BRAHMÁN
Haliastur indus
F: Accipítridos
Este carroñero que habita en costas y orillas fluviales, desde India hasta Australasia, también caza presas vivas tales como peces y pequeños mamíferos.

ÁGUILA PESCADORA
Pandion haliaetus
F: Accipítridos
Esta especie casi cosmopolita come peces; baja en picado cuando avista un pez y lo agarra bien gracias a su dedo externo reversible.

BUITRE PALMERO
Gypohierax angolensis
F: Accipítridos
Esta especie del África subsahariana tiene una dieta insólita, básicamente vegetariana, consistente en frutos de la palma de aceite, aunque también come peces y carroña.

SECRETARIO
Sagittarius serpentarius
F: Accipítridos
Esta ave de patas largas de las sabanas africanas, una de las pocas rapaces que caza en el suelo, persigue a pequeños animales y a veces los patea para reducirlos.

»

PIGARGO ORIENTAL
Haliaeetus leucogaster
F: Accipítridos

Al igual que otras grandes rapaces, este pigargo, que se distribuye desde India hasta China y Australasia, en costas marinas, lagos y ríos, construye grandes nidos con palos.

PIGARGO AMERICANO
Haliaeetus leucocephalus
F: Accipítridos

Emblema nacional de EE UU, captura peces o los recoge muertos, y a veces caza en cooperación. Cría en terrenos arbolados cerca del agua.

ÁGUILA-AZOR PERDICERA
Aquila fasciatus
F: Accipítridos

El área de distribución de esta águila de alas largas que cría en bosques y montañas se extiende desde el sur de Eurasia hasta el norte de África.

BUITRE CABECIBLANCO
Trigonoceps occipitalis
F: Accipítridos

A esta especie del África subsahariana se la ve a menudo en parejas, y ante las carroñas, suele hallarse en inferioridad numérica frente a otros buitres.

ALIMOCHE COMÚN
Neophron percnopterus
F: Accipítridos

Esta ave del sur de Eurasia y de África utiliza piedras para romper los huevos de avestruz.

ÁGUILA IMPERIAL ORIENTAL
Aquila heliaca
F: Accipítridos

Esta especie, muy similar al águila imperial ibérica, vive en el este de Europa, el este de África y gran parte de Asia.

ÁGUILA-AZOR AFRICANA
Aquila spilogaster
F: Accipítridos

Esta águila del África subsahariana caza en sabanas arboladas y terrenos ondulados.

ÁGUILA REAL
Aquila chrysaetos
F: Accipítridos

Esta águila grande y de cola bastante larga planea con especial elegancia. Habita en terrenos abiertos del hemisferio norte, y en algunas regiones frecuenta los bosques.

ÁGUILA-AZOR VARIABLE
Spizaetus cirrhatus
F: Accipítridos

Esta especie de Asia tropical tiene subespecies crestadas y otras sin cresta; la más extendida de estas subespecies (de Nepal a las Filipinas) tiene una forma oscura y otra pálida.

BUITRE DORSIBLANCO AFRICANO
Gyps africanus
F: Accipítridos
Esta especie de la sabana subsahariana se congrega en grandes números en torno a las carroñas. Aparece también en aldeas y pueblos.

BUITRE OREJUDO
Torgos tracheliotus
F: Accipítridos
Como los buitres del género *Gyps*, esta especie del África árida tiene el cuello largo y la cabeza implume, de modo que no se ensucia con las carroñas.

BUITRE LEONADO
Gyps fulvus
F: Accipítridos
Este buitre de las regiones montañosas del suroeste de Eurasia y del noreste de África cría y duerme entre rocas y en salientes de acantilados.

BUITRE MOTEADO
Gyps rueppelli
F: Accipítridos
Esta especie, emparentada con el buitre leonado pero más oscura, vive en zonas áridas del África tropical. Se la ha observado volando a altitudes mayores que cualquier otra ave.

QUEBRANTAHUESOS
Gypaetus barbatus
F: Accipítridos
Esta rapaz carroñera solitaria, de cola romboidal, nativa de África y Eurasia, se nutre en gran parte de la médula de los huesos que rompe contra las rocas.

BUSARDO COLORADO
Busarellus nigricollis
F: Accipítridos
Esta especie emparentada con los caracoleros habita en humedales de América Central y del Sur, donde pesca posando las garras en la vegetación flotante.

BUSARDO BLANCO
Pseudastur albicollis
F: Accipítridos
Este busardo de las selvas de América Central y América del Sur tropical caza reptiles, sobre todo serpientes. Se ha descrito como letárgico y fácil de aproximar.

AZOR-LAGARTIJERO OSCURO
Melierax metabates
F: Accipítridos
Esta rapaz africana de los terrenos abiertos y secos parece un aguilucho cuando vuela. Tiene una llamada nupcial musical y aflautada.

CARACOLERO COMÚN
Rostrhamus sociabilis
F: Accipítridos
Esta ave de los marjales de Florida, América Central y América del Sur tropical tiene un pico muy curvo, adaptado para alimentarse de caracoles acuáticos.

AGUILUCHO-CARICALVO COMÚN
Polyboroides typus
F: Accipítridos
Esta rapaz del África subsahariana come frutos de la palma de aceite y pequeños vertebrados. Sus flexibles patas con «articulación doble» le permiten capturar presas en huecos de árboles.

»

BUITRE MOTEADO
Gyps rueppellii

Este carroñero típico de las llanuras africanas, des Senegal a Sudán y Tanzania, vuela tan alto en busca de carroñas que su sangre está especialmente adaptada para absorber el escaso oxígeno de las alturas. Patrulla los terrenos montañosos secos, tras remontar las corrientes ascendentes y dejar atrás sus dormideros en lo alto de los acantilados. Detecta las carroñas y espera con paciencia –varios días, si es necesario– a que los depredadores terminen su festín. Como muchos buitres, come la blanda carne en descomposición y los despojos, y con su largo cuello puede profundizar más en el cadáver que muchos de sus competidores; así se atiborra hasta que, con cierta dificultad, vuelve a alzar el vuelo.

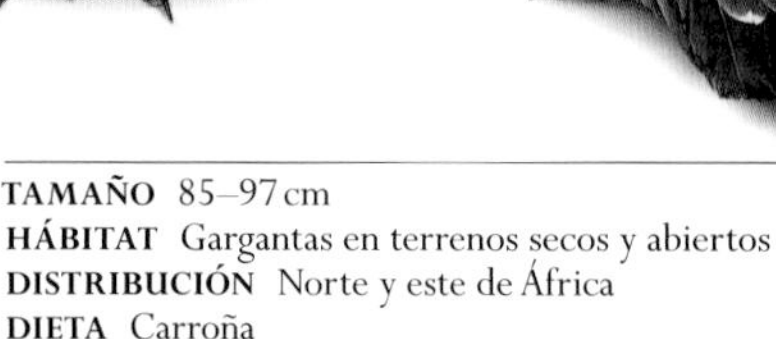

TAMAÑO 85–97 cm
HÁBITAT Gargantas en terrenos secos y abiertos
DISTRIBUCIÓN Norte y este de África
DIETA Carroña

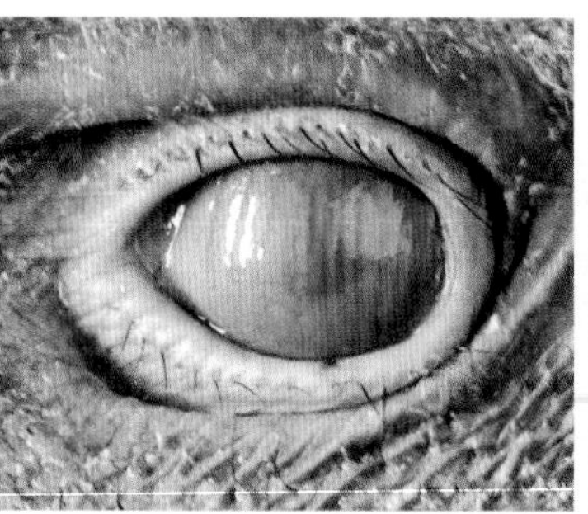

> TERCER PÁRPADO
Esta membrana, un rasgo típico de las aves, limpia la superficie del ojo y lo protege del impacto de partículas voladoras durante los disputados frenesíes carroñeros.

V GORGUERA
Las suaves plumas que rodean la base del cuello forman una gorguera blanca.

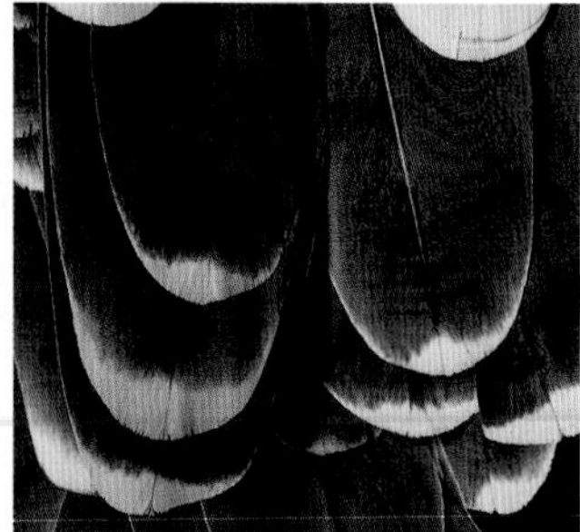

< FESTONEADO
Las oscuras plumas alares de este buitre tienen un borde claro, lo que le da un aspecto festoneado.

< PLUMAJE
Bajo las moteadas plumas que perfilan el contorno del cuerpo hay un plumón que atrapa el calor corporal, vital a elevadas altitudes.

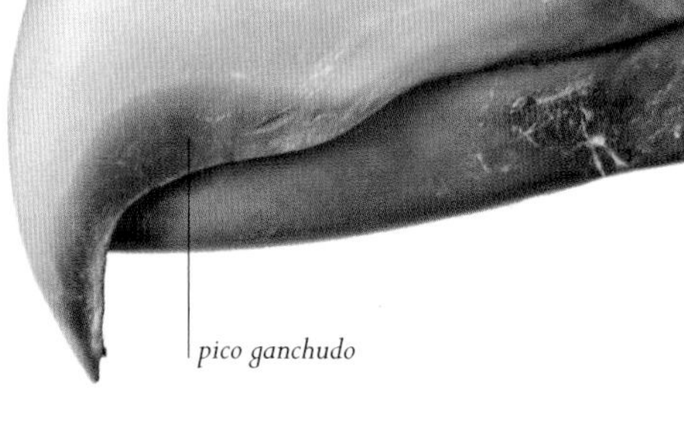

> CABEZA IMPLUME
El ralo plumón de la cabeza y el cuello se manchan de sangre con frecuencia, pero si la cabeza tuviera todas sus plumas, estas se llenarían de fragmentos pegajosos al introducirla el ave en las carroñas de los grandes mamíferos. El pico ganchudo es útil para desgarrar la carne podrida, y es bastante largo para explorar la carroña.

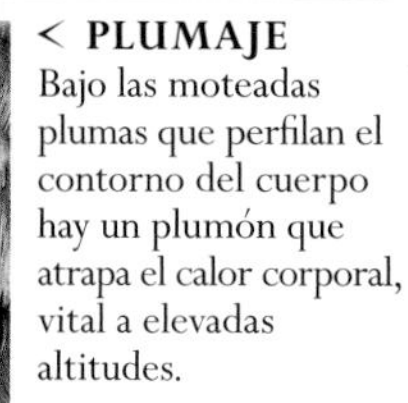

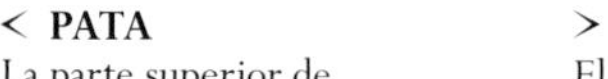

< PATA
La parte superior de las patas tiene plumas, pero la parte inferior es implume y permanece relativamente limpia cuando el ave come carroña.

Λ ALA
Las alas largas y anchas permiten al buitre volar planeando y ahorrar así energía. El despegue puede ser muy dificultoso tras una comida copiosa.

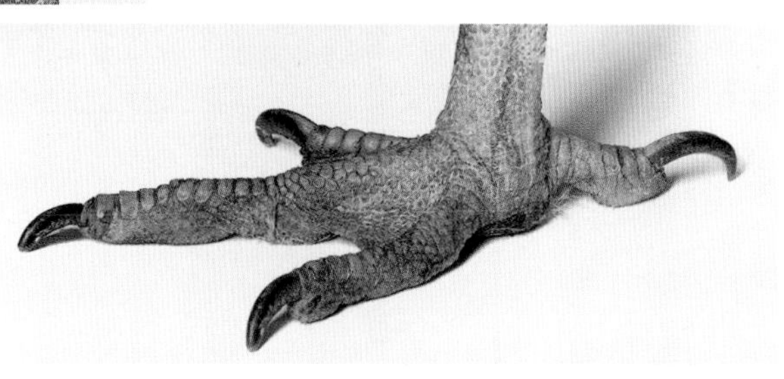

< GARRA
Como los buitres usan sus garras para andar y no para matar, no tienen unas uñas tan grandes como otras rapaces.

la piel gris rosácea de cabeza y cuello tiene una leve capa de plumón

AGUILUCHO CENIZO
Circus pygargus
F: Accipítridos
Esta ave cría en llanuras abiertas, marjales y campos de cereales, y a diferencia de los aguiluchos pálido y lagunero occidental, es migratoria en toda Eurasia.

AGUILUCHO LAGUNERO OCCIDENTAL
Circus aeruginosus
F: Accipítridos
Los machos de esta especie que cría en carrizales de la Eurasia occidental templada son marrones con gris en alas y cola, mientras que los de otros aguiluchos son casi totalmente grises.

AGUILUCHO PÁLIDO
Circus hudsonius
F: Accipítridos
Los aguiluchos se caracterizan por cola estrecha, alas estrechas y puntiagudas y patas largas. Esta especie tiene una distribución muy amplia en América del Norte.

BUSARDO GAVILÁN
Kaupifalco monogrammicus
F: Accipítridos
Esta ave nativa de las sabanas africanas depreda saltamontes y otros insectos, y también pequeños vertebrados.

CULEBRERA PECHINEGRA
Circaetus pectoralis
F: Accipítridos
Esta rapaz de los herbazales africanos se alimenta de serpientes, lagartijas y pequeños mamíferos.

AZOR COMÚN
Accipiter gentilis
F: Accipítridos
Propio de América del Norte y Eurasia, el mayor de los *Accipiter* es capaz de maniobrar entre los árboles para capturar ardillas, palomas torcaces y otras aves grandes.

GAVILÁN COMÚN
Accipiter nisus
F: Accipítridos
Este cazador de pequeñas aves, una de las casi 50 especies del género *Accipiter*, vive en hábitats forestales, desde Marruecos y Portugal hasta Japón.

GAVILÁN CHIKRA
Accipiter badius
F: Accipítridos
Esta especie del sur de Asia y el África subsahariana es un gavilán típico, de cola larga y alas anchas, que captura aves y otros pequeños animales en un vuelo rápido y ágil.

MILANO REAL
Milvus milvus
F: Accipítridos
Como otros milanos Milvus, esta especie de Europa, Marruecos y Oriente Medio no es ágil en tierra pero remonta con gran destreza. Se alimenta a menudo de carroña.

MILANO NEGRO
Milvus migrans
F: Accipítridos
Este milano de las zonas abiertas de Eurasia, África y Australasia es migratoria en Eurasia no tropical, y tiene una dieta variada que incluye peces y pequeños mamíferos, carroña y a veces desperdicios humanos.

CULEBRERA CHIÍLA
Spilornis cheela
F: Accipítridos
Especie que pertenece a un grupo de culebreras asiáticas; tiene un área extensa, desde India hasta Filipinas, y a menudo se halla cerca de aguas dulces.

ÁGUILA VOLATINERA
Terathopius ecaudatus
F: Accipítridos
Ave de las sabanas africanas; es la única culebrera que come carroña con regularidad. Su sobrenombre alude a su acrobático vuelo.

HALCONES Y CARACARÁS

Los halcones ya no se consideran estrechamente emparentados con el gran orden de las rapaces (accipitriformes); se encuadran en su propio orden: falconiformes.

Las aves de este grupo tienen el pico ganchudo, como el de las accipitriformes, pero con una muesca adicional que usan para matar las presas que capturan y sujetan con sus pies, también provistos de uñas corvas y afiladas. Casi todas tienen alas largas y son magníficas voladoras. Algunos halcones cazan insectos grandes y aves en el aire, mientras que otros se abalanzan sobre la presa en el suelo. Otros incluso atacan aves más grandes en espectaculares picados, deteniéndose para golpear a gran velocidad. Varios se ciernen sobre un punto fijo del suelo en busca de presas a las que suelen detectar por la luz ultravioleta que emite su orina. Los caracarás también cazan y carroñean en tierra. A diferencia de la mayoría de las rapaces, los halcones no construyen nidos; ponen sus huevos en cornisas o en nidos de otras especies.

FILO	CORDADOS
CLASE	AVES
ORDEN	FALCONIFORMES
FAMILIA	1
ESPECIES	67

HALCÓN PEREGRINO
Falco peregrinus
F: Falcónidos
El animal más rápido del mundo baja en picados de hasta 320 km/h sobre presas en pleno vuelo. Habita en terrenos abiertos de todo el mundo, incluidas tundras y semidesiertos.

CERNÍCALO DEL AMUR
Falco amurensis
F: Falcónidos
Caso inusual entre los falcónidos, este suele congregarse en bandadas; cría en terrenos arbolados pantanosos de Siberia y del norte de China y migra al sur de África para invernar.

CERNÍCALO AMERICANO
Falco sparverius
F: Falcónidos
Los cernícalos son pequeños halcones que suelen cazar cerniéndose. Este se distribuye por gran parte de América, incluidas las Antillas.

HALCÓN MURCIELAGUERO
Falco rufigularis
F: Falcónidos
Esta ave de vuelo rápido caza aves, murciélagos y grandes insectos durante el crepúsculo. Se distribuye desde México hasta Argentina.

CERNÍCALO VULGAR
Falco tinnunculus
F: Falcónidos
Como otros cernícalos, esta especie de las zonas abiertas de Eurasia y del norte de África usa las térmicas para mantener su vuelo cernido mientras inspecciona el terreno en busca de presas.

ESMEREJÓN
Falco columbarius
F: Falcónidos
Este halcón, ágil depredador y de vuelo muy raudo, captura aves en el aire sobre zonas de monte bajo y otros terrenos abiertos del hemisferio norte.

HALCONCITO AFRICANO
Polihierax semitorquatus
F: Falcónidos
Esta ave del este y el sur de África baja en picado para capturar insectos y lagartijas en el suelo. Pone sus huevos en nidos de tejedores y puede criar sus pollos en cooperación con otros halconcitos.

CARANCHO NORTEÑO
Caracara cheriway
F: Falcónidos
Esta especie común en terrenos abiertos desde el sur de EE UU hasta el norte de América del Sur anida en árboles o en el suelo.

CARACARÁ AUSTRAL
Phalcoboenus australis
F: Falcónidos
Esta ave del extremo sur de América no teme al hombre y ataca a veces a los corderos recién nacidos. Por ese motivo ha sido perseguida en las Malvinas.

CARACARÁ CHIMACHINA
Milvago chimachima
F: Falcónidos
Este carroñero con aspecto de busardo que también come frutos de la palma de aceite frecuenta sabanas y linderos forestales del sur de América Central y de América del Sur tropical.

CARACARÁ ANDINO
Phalcoboenus megalopterus
F: Falcónidos
Emparentados con los halcones, los caracarás son más lentos y tienen las patas más largas. Como otros caracarás, este de las altas cotas andinas es carroñero pero también caza pequeños animales.

AVUTARDAS Y SISONES

Las avutardas son aves terrestres de tamaño mediano a muy grande (comprenden algunas de las aves voladoras más pesadas) con patas largas y fuertes, pero pico corto.

Las aves de este orden (otidiformes) caminan a grandes zancadas y comen insectos, reptiles, pequeños mamíferos y materia vegetal que recogen del suelo en semidesiertos, herbazales y terrenos cultivados. En vuelo muestran las grandes zonas blancas de sus largas y anchas alas. Las especies mayores son voladoras rápidas y potentes; las más pequeñas aletean a la manera de pequeñas anseriformes o galliformes con alas de punta cuadrada. Son sociales y forman bandadas siempre que su número sea suficientemente alto.

FILO	CORDADOS
CLASE	AVES
ORDEN	OTIDIFORMES
FAMILIA	1
ESPECIES	26

AVUTARDA KORI
Ardeotis kori
F: Otídidos
Con sus 19 kg de peso, esta especie del este y el sur de África, que come pequeños vertebrados, carroña y semillas, es una de las aves voladoras más pesadas después de la avutarda común.

AVUTARDA AUSTRALIANA
Ardeotis australis
F: Otídidos
Esta avutarda vive en herbazales y terrenos arbolados abiertos de Australia y del sur de Nueva Guinea. Los machos tienen un saco gular que hinchan para exhibirse.

AVUTARDA HUBARA
Chlamydotis undulata
F: Otídidos
Esta especie habita en llanuras abiertas y zonas desérticas del norte de África y de las Canarias, y es el símbolo natural de Fuerteventura.

AVUTARDA COMÚN
Otis tarda
F: Otídidos
Los machos de las avutardas son mayores que las hembras, sobre todo en esta especie de las estepas euroasiáticas. Los adultos tardan seis años en madurar y desarrollar los penachos de plumas.

SISÓN COMÚN
Tetrax tetrax
F: Otídidos
Esta especie de llamativo plumaje nupcial masculino cría en terrenos abiertos de Eurasia y migra más al sur en invierno. En vuelo parece un tarro blanco.

SISÓN MOÑUDO AUSTRAL
Lophotis ruficrista
F: Otídidos
Como otras avutardas, esta especie africana tiene una exhibición de cortejo espectacular; los machos ejecutan vuelos acrobáticos y las parejas «cantan» a dúo.

GRULLAS, RASCONES Y AFINES

Este orden contiene una gran variedad de aves terrestres tanto de hábitats secos como húmedos.

Las aves gruiformes, por lo general con patas y pico largos, presentan comportamientos muy diversos. Las grullas caminan por el suelo, no se posan en árboles, y sus pies tienen dedos cortos con el posterior muy reducido o ausente. Los avesoles africanos y las fochas tienen los pies lobulados. Rascones y polluelas tienen los dedos muy largos y el cuerpo comprimido lateralmente para moverse entre la densa vegetación, incluidos los carrizales, de humedales o áreas más secas. Algunas especies de islas remotas han perdido la capacidad de volar.

FILO	CORDADOS
CLASE	AVES
ORDEN	GRUIFORMES
FAMILIAS	6
ESPECIES	188

CARRAO
Aramus guarauna
F: Arámidos
El único miembro de la familia *Aramidae* vive en humedales de América tropical; es principalmente nocturno, y usa su pico a modo de pinzas para extraer caracoles de sus conchas.

TORILLO TANKI
Turnix tanki
F: Turnícidos
Como otros torillos (excepto las poblaciones mediterráneas del torillo andaluz), esta especie del este de Asia vive en herbazales tropicales. Las hembras son más coloridas y compiten por los machos, los cuales crían a los pollos.

POLLUELA NEGRA AFRICANA
Amaurornis flavirostra
F: Rállidos
Esta polluela africana está muy extendida al sur del Sáhara. A diferencia de muchas polluelas y rascones, suele dejarse ver en espacios abiertos.

GUIÓN DE CODORNICES
Crex crex
F: Rállidos
Esta tímida especie de los herbazales, que cría en Eurasia e inverna en África, se identifica sobre todo por su áspero reclamo «crex crex».

RASCÓN FILIPINO
Gallirallus philippensis
F: Rállidos
A diferencia de otros *Gallirallus* del Indo-Pacífico, incapaces o casi incapaces de volar, este rascón ha conseguido dispersarse por muchas islas oceánicas, desde Filipinas hasta Nueva Zelanda.

POLLUELA AMARILLENTA
Coturnicops noveboracensis
F: Rállidos
Esta especie diminuta y escondidiza, congénere de la polluela sudamericana de Darwin, vive en América del Norte, y se detecta por su reclamo nocturno.

RASCÓN ELEGANTE
Rallus elegans
F: Rállidos
Esta especie vive en marjales del este de EE UU, México y Cuba, donde busca insectos, arañas, gambas y caracoles en lugares escondidos.

»

23–28 cm

RASCÓN EUROPEO
Rallus aquaticus
F: Rállidos

Los rascones *Rallus* tienen el pico largo y el cuerpo estrecho para pasar a través de los carrizales. Como otros *Rallus*, a esta especie de Eurasia rara vez se la ve fuera de las espesuras de los marjales.

20–27 cm

RASCÓN DE VIRGINIA
Rallus limicola
F: Rállidos

Esta ave discreta y escondidiza realiza largas migraciones entre América del Norte y América del Sur septentrional.

partes superiores pardogrisáceas

rayas claras en los flancos

32–41 cm

RASCÓN PIQUILARGO
Rallus longirostris
F: Rállidos

A diferencia de muchos otros rállidos, esta especie de América tropical y reclamo característico prefiere los saladares y los manglares.

26–33 cm

AVESOL AMERICANO
Heliornis fulica
F: Heliornítidos

Como los otros avesoles, esta especie de América tropical es escondidiza y vive en aguas de curso lento, donde se alimenta de pequeños animales.

39–40 cm

FOCHA AMERICANA
Fulica americana
F: Rállidos

A diferencia de los rascones y las polluelas, las fochas viven en el agua. Esta especie se alimenta tanto en aguas someras como en tierra.

pico rojo con la punta amarilla

21–27 cm

POLLUELA PECHIRRUFA
Porzana fusca
F: Rállidos

Esta polluela vive en humedales del este de Asia, pero también se la ve en manglares o en hábitats más secos. Le caracteriza el pecho de color castaño.

30–36 cm

partes inferiores azul purpúreo

alas verdes

20–25 cm

POLLUELA SORA
Porzana carolina
F: Rállidos

Esta polluela es el rálido más común de América del Norte. Cría en humedales poco hondos e inverna en las Antillas.

18–22 cm

POLLUELA CEJIBLANCA
Porzana cinerea
F: Rállidos

Las polluelas se distinguen de los rascones por su pico más corto y su peculiar reclamo. Esta ave de frente gris, típica del género Porzana, se distribuye desde la península Malaya hasta Polinesia.

patas amarillas

CALAMONCILLO AMERICANO
Porphyrio martinica
F: Rállidos

Esta especie de los marjales de América tropical es congénere del calamón común de la fauna ibérica, también de vistoso plumaje azul purpúreo pero con el escudo frontal rojo en vez de gris azulado.

GALLINETA COMÚN
Gallinula chloropus
F: Rállidos

Las gallinetas son ruidosas aves de plumaje oscuro y movimientos espasmódicos. Esta especie de *Gallinula* es prácticamente cosmopolita.

32–35 cm

TROMPETERO ALIGRÍS
Psophia crepitans
F: Psofíidos
Los trompeteros, así llamados por sus sonoros reclamos, son aves terrestres endémicas de la Amazonia. Al igual que las otras especies, esta tiene el cuerpo negruzco y un aspecto encorvado.

GRULLA BROLGA
Grus rubicunda
F: Grúidos
Esta grulla de Australia y Nueva Guinea, con la parte desnuda de la cabeza roja y la carúncula gular negra, realiza espectaculares brincos en su exhibición de cortejo.

GRULLA DEL PARAÍSO
Anthropoides paradiseus
F: Grúidos
Los largos penachos alares de esta especie del sur de África parecen una cola. Después de criar en herbazales de montaña, migra a tierras más bajas, a menudo agrícolas.

GRULLA CORONADA CUELLIGRÍS
Balearica regulorum
F: Grúidos
Las grullas coronadas africanas son las únicas grullas que pueden agarrarse a las ramas y por tanto dormir en árboles. Esta es la especie más meridional.

GRULLA MANCHÚ
Grus japonensis
F: Grúidos
Esta especie en peligro de extinción cría en Siberia, Mongolia, China nororiental y Japón y (excepto la japonesa) migra más al sur. Es la más pesada de todas las grullas y, como las demás *Grus*, tiene una mancha roja en la cabeza.

GRULLA CANADIENSE
Grus canadensis
F: Grúidos
Esta grulla cría en Canadá, EE UU, Cuba y el noreste de Siberia. Las poblaciones más norteñas migran en grupos familiares al suroeste de EE UU y a México.

GRULLA COMÚN
Grus grus
F: Grúidos
Esta grulla, que cría en humedales boscosos y cañizales lacustres del norte de Eurasia, migra en formación en V al sur de Europa, el norte de África y el sur de Asia.

KAGÚ Y TIGANA

Recientemente separados de las grullas y rascones, el kagú y la tigana son aves de selva húmeda limitadas a ámbitos geográficos muy restringidos.

En el mundo existen ciertas especies cuya relación con otras es difícil de establecer: estas dos parecen ser parientes cercanas pese a su distinto aspecto, pero su posición en el árbol evolutivo aún es controvertida. El kagú muestra unas anchas bandas grises y blancas transversales en las alas cuando las despliega durante el cortejo. Del mismo modo, la tigana presenta unas manchas coloridas en la parte superior de las alas y en la cola que se abren en abanico horizontalmente formando una sola franja cuando se exhibe.

FILO	CORDADOS
CLASE	AVES
ORDEN	EURIPIGIFORMES
FAMILIAS	2
ESPECIES	2

TIGANA
Eurypyga helias
F: Euripígidos
Este depredador tipo garza vive en selvas húmedas de América Central y del Sur, donde hace destellar sus coloridos ocelos alares para exhibirse o para asustar a los intrusos.

KAGÚ
Rhynochetos jubatus
F: Rinoquétidos
Confinada a las selvas de Nueva Caledonia, en el suroeste del Pacífico, esta especie carece de los fuertes músculos necesarios para volar y utiliza sus alas para planear y exhibirse.

∧ CABEZA CORONADA
Esta grulla luce una llamativa corona de «cerdas» doradas, una pulcra frente negra y unas blancas mejillas desnudas cuya orla roja es más grande en los ejemplares del este de África. Ambos sexos tienen un saco gular rojo que pueden hinchar de aire y deshinchar con rapidez para emitir una especie de bramido.

GRULLA CORONADA CUELLIGRÍS
Balearica regulorum

Como sucede con las demás grullas, las danzas son un elemento importante de la vida de esta especie. En la sabana abierta las grullas coronadas se exhiben saltando, batiendo las alas y meneando la cabeza, en ocasiones, al parecer, para mitigar la agresividad o para reforzar los vínculos de pareja, pero sobre todo para cortejar al sexo opuesto, luciendo la ornamentación de su cabeza. Al carecer de la larga y enroscada tráquea de las grullas de cuello más largo, graznan como gansos en vez de dar «toques de corneta». Durante el cortejo emiten una especie de bramido soplando el aire de su hinchado saco gular rojo. Cuando crían, las parejas se retiran a hábitats más húmedos, donde la vegetación más densa oculta su nido, una plataforma circular hecha de hierba y juncias. Al quedar los pollos escondidos de los depredadores, los progenitores pueden dormir posados en lo alto de los árboles, caso único entre las grullas.

TAMAÑO 1,1 m
HÁBITAT Terrenos abiertos
DISTRIBUCIÓN Este y sur de África
DIETA Hierba, semillas, invertebrados, pequeños vertebrados

las plumas negras de la cabeza le dan un perfil protuberante

narina

el pico es más corto y grueso que en otras especies de grullas

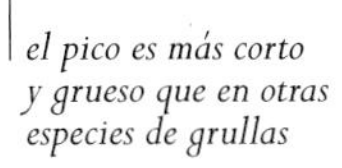

TERCER PÁRPADO >
Este párpado translúcido, que se llama membrana nictitante (del latín *nictare*, parpadear) y también se observa en otras aves, en reptiles, etc., barre el ojo y limpia su superficie.

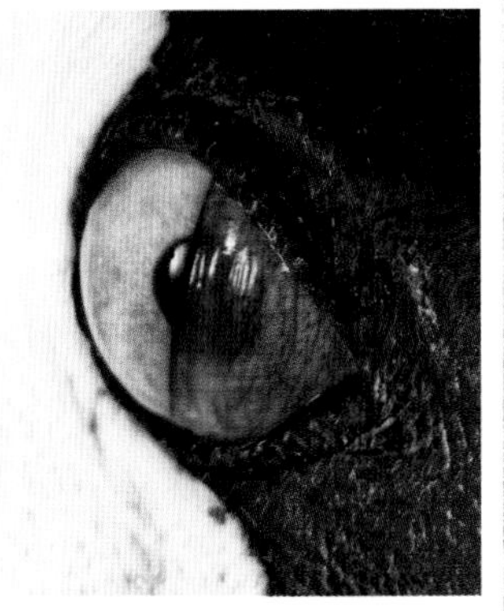

PLUMAS DORADAS >
Cuando las alas están cerradas, las largas plumas alares doradas, situadas justo encima de las rémiges, cuelgan por encima de los flancos.

∨ CUELLO HIRSUTO
Las plumas de contorno largas y ahusadas le dan a esta grulla un aspecto desgreñado. La mayor parte de su plumaje es de color gris.

PIES Y GARRAS >
Las grullas coronadas tienen los dedos posteriores cortos, lo que las diferencia de otras grullas. Esto les permite posarse en árboles, un vestigio acaso de antecesores arborícolas.

∧ PATAS LARGAS
Aunque las patas largas resultan útiles para danzar y para vadear, las grullas coronadas las tienen más cortas que otras grullas.

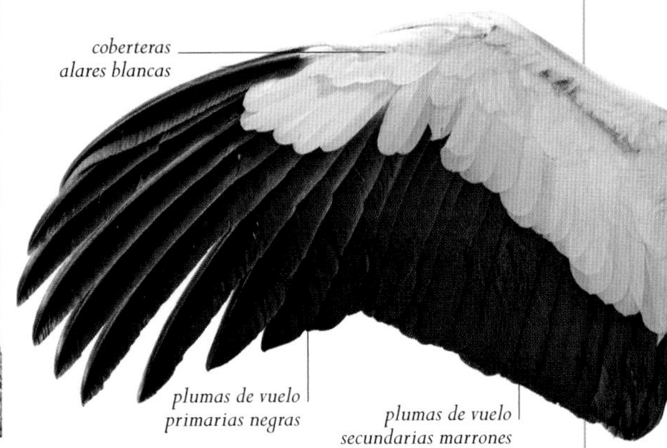

∧ ALA
En vuelo, las blancas infracoberteras de la grulla coronada son perfectamente visibles desde abajo. Aunque sus alas son fuertes, estas aves tropicales no migran tan lejos como otras grullas.

LIMÍCOLAS, GAVIOTAS Y ÁLCIDOS

Las limícolas presentan diversas formas y costumbres. Muchas de ellas están adaptadas para alimentarse en aguas fangosas, y tienen patas y pico largos.

Las limícolas y afines (o caradriformes) se dividen en tres grupos principales, dos de ellos constituidos por aves costeras. Los chorlitos y afines son en su mayoría aves de patas y pico cortos que se alimentan de pequeños invertebrados cerca de la superficie del suelo. Algunas especies de este grupo, como las avefrías, prefieren hábitats más secos del interior, y otras están más adaptadas a las zonas húmedas. Las cigüeñuelas y avocetas barren las aguas someras con su finísimo pico, y los ostreros abren las conchas de los moluscos con su pico largo y grueso. Andarríos, agachadizas y afines tienen también un pico largo con el que sondean en el barro, y algunas aves de este grupo, como las agujas y los zarapitos, tienen patas largas y pueden vadear en aguas más hondas.

AVES MARINAS

El último grupo de este orden lo constituyen gaviotas, charranes, págalos y álcidos, aves de pies palmeados que son las más marinas del orden. Estas aves pueden pasar gran parte de su vida en el mar, y algunas migran a enormes distancias. Las gaviotas son depredadoras oportunistas y a veces se ven también muy tierra adentro. Los álcidos, que se distribuyen en torno al Ártico, están adaptados para bucear en busca de presas marinas nadadoras; su coloración blanca y negra recuerda a la de los pingüinos, pero no están muy emparentados con ellos.

FILO	CORDADOS
CLASE	AVES
ORDEN	CARADRIFORMES
FAMILIAS	19
ESPECIES	383

DEBATE

LA GAVIOTA ARGÉNTEA

Una especie nueva surge cuando las poblaciones divergen tanto que no pueden cruzarse entre sí. Así, se postuló que las gaviotas argénteas divergieron de ancestros asiáticos que se habían extendido hacia el este para rodear el Ártico. Pruebas recientes sugieren que esta gaviota desciende de gaviotas aisladas en el Atlántico Norte.

PICOVAINA DE MALVINAS
Chionis albus
F: Quiónidos
Este es uno de los dos picovainas, caradriformes subantárticos de plumaje blanco que se alimentan de carroña y de la comida y los pollos de otras aves.

ALCARAVÁN COMÚN
Burhinus oedicnemus
F: Burínidos
Esta especie mayoritariamente nocturna cría en terrenos abiertos y más bien secos del sur de Europa, el norte de África y el sur de Asia; las poblaciones europeas no ibéricas migran más al sur.

ALCARAVÁN PICOGRUESO INDIO
Esacus recurvirostris
F: Burínidos
Los alcaravanes *Esacus* tienen el pico en forma de cincel para cazar cangrejos y otras presas cerca del agua. Esta es una especie del sur de Asia.

CHORLITO DE MAGALLANES
Pluvianellus socialis
F: Pluvianélidos
Esta inusual limícola de América del Sur meridional, la única que regurgita comida para sus pollos, está más emparentada con los picovainas que con los otros chorlitos.

PICOIBIS
Ibidorhyncha struthersii
F: Ibidorrínquidos
El picoibis, el único «pariente» de los chorlitos que tiene el pico largo y curvado hacia abajo, captura invertebrados en lechos fluviales pedregosos de las montañas de Asia central.

OSTRERO NEGRO NORTEAMERICANO
Haematopus bachmani
F: Hematopódidos
Los ostreros negros tienen distribuciones menos extensas que los píos (de dos o más colores). Esta especie se halla confinada en la costa oeste de América del Norte.

OSTRERO EUROASIÁTICO
Haematopus ostralegus
F: Hematopódidos
Esta especie pía, la más extendida de su género, cría en Europa y el norte de Asia. Como otros ostreros, usa su largo pico para abrir las conchas de los bivalvos.

DROMAS
Dromas ardeola
F: Dromádidos
El dromas, que podría estar más emparentado con las gaviotas que con los chorlitos, habita en las líneas de costa del Índico y usa su grueso pico para comer cangrejos.

CIGÜEÑUELA PECHIRROJA
Cladorhynchus leucocephalus
F: Recurvirróstridos
Las cigüeñuelas cazan pequeños invertebrados nadadores. Esta especie australiana forma grandes bandadas en lagos salados para nutrirse de artemias.

AVOCETA AUSTRALIANA
Recurvirostra novaehollandiae
F: Recurvirróstridos
Esta ave nómada de los humedales australianos es una especie social que se alimenta en grandes bandadas.

AVOCETA COMÚN
Recurvirostra avosetta
F: Recurvirróstridos
Esta limícola de Eurasia es una avoceta típica, un ave que captura pequeños animales acuáticos barriendo el agua con su pico curvado hacia arriba.

CHORLITEJO PIQUITUERTO
Anarhynchus frontalis
F: Carádridos
Esta especie de Nueva Zelanda es la única ave que tiene el pico curvado hacia un lado, lo que le sirve para capturar invertebrados bajo las piedras.

CIGÜEÑUELA COMÚN
Himantopus himantopus
F: Recurvirróstridos
Esta cigüeñuela tiene una distribución casi global y presenta muy diversas formas; la de cuello blanco y la de cuello negro podrían ser especies distintas.

CHORLITO AUSTRALIANO
Peltohyas australis
F: Carádridos
Este pariente de color arena de las avefrías habita en zonas áridas de Australia, con frecuencia lejos del agua.

AVEFRÍA ESPINOSA
Vanellus spinosus
F: Carádridos
Esta ave, que vive en humedales de África, Europa oriental y Oriente Próximo, es una de las varias avefrías que, como la militar y la tero, tienen un espolón en cada ala.

CHORLITO GRIS
Pluvialis squatarola
F: Carádridos
Es el único chorlito *Pluvialis* que tiene gris en vez de dorado en la parte dorsal de su plumaje nupcial. Cría en la tundra ártica e inverna en el oeste de Europa y el oeste de África con un plumaje mucho más apagado.

CHORLITO DORADO EUROPEO
Pluvialis apricaria
F: Carádridos
Esta especie que inverna en campos, pastizales y costas del oeste de Europa adquiere un plumaje ventral negro cuando cría en la tundra del noroeste de Eurasia.

AVEFRÍA MILITAR
Vanellus miles
F: Carádridos
Muchas avefrías tienen carúnculas carnosas amarillas. Estos adornos faciales son especialmente notables en esta especie de Australasia.

AVEFRÍA EUROPEA
Vanellus vanellus
F: Carádridos
Esta especie de avefría euroasiática luce una cresta muy característca. En invierno suele formar grandes bandadas en zonas agrícolas y marjales.

CHORLITEJO GRANDE
Charadrius hiaticula
F: Carádridos
Es uno de los chorlitejos más ampliamente extendidos; cría en el norte de Eurasia y el noreste de Canadá, e inverna en el suroeste de Europa, África y el suroeste de Asia.

CHORLITEJO CULIRROJO
Charadrius vociferus
F: Carádridos
Este chorlitejo de los herbazales migra entre América del Norte y del Sur, pero hay poblaciones sedentarias en Perú y Chile.

CHORLITO CARAMBOLO
Charadrius morinellus
F: Carádridos
Las hembras que crían en la tundra y en alta montaña tienen colores más brillantes que los machos; como otros chorlitos, ambos sexos pierden color en invierno.

»

» LIMÍCOLAS, GAVIOTAS Y ÁLCIDOS

JACANA AFRICANA
Actophilornis africanus
F: Jacánidos
Esta ave de los humedales del África subsahariana tiene los pies muy grandes para andar sobre la vegetación flotante.

JACANA BRONCEADA
Metopidius indicus
F: Jacánidos
Esta especie está muy extendida por India y el Sudeste Asiático. Los machos tienen en el «antebrazo» un hueso aplanado que les permite levantar los polluelos con sus alas.

JACANA CRESTADA
Irediparra gallinacea
F: Jacánidos
Esta especie de Australia y el Sudeste Asiático recibe este nombre por la carúncula carnosa de su cabeza. Como en otras jacanas, los machos incuban los huevos y crían a los pollos.

JACANA COLILARGA
Hydrophasianus chirurgus
F: Jacánidos
Esta especie del sur de Asia con las alas espolonadas es la única jacana que cambia de plumaje -y pierde su larga cola- fuera de la época de cría.

JACANA SURAMERICANA
Jacana jacana
F: Jacánidos
La dominante hembra de esta especie de América del Sur tropical cría con muchos machos, quizás para compensar la depredación de sus huevos por los cocodrilos.

LLANERO
Pedionomus torquatus
F: Pedionómidos
Esta ave de los herbazales australianos, con aspecto de codorniz, es el único miembro de esta familia emparentada con la de las jacanas.

AGUATERO BENGALÍ
Rostratula benghalensis
F: Rostratúlidos
Emparentados con las jacanas, los aguateros comparten con algunas de ellas el sistema de reproducción con hembras dominantes. Vive en humedales tropicales de África y Asia.

AGUJETA GRIS
Limnodromus griseus
F: Escolopácidos
Las agujetas están emparentadas con las agachadizas, y presentan tonos rojizos en su plumaje nupcial. La agujeta gris vive en América y es muy migratoria.

CORRELIMOS GORDO
Calidris canutus
F: Escolopácidos
Como muchas limícolas migratorias, esta especie que cría en el Ártico cambia en invierno su distintivo plumaje nupcial por otro más apagado.

CORRELIMOS COMÚN
Calidris alpina
F: Escolopácidos
Como muchas otras limícolas, esta especie globalmente común cría en torno al Ártico y en zonas subárticas e inverna más al sur, en tierras más cálidas.

AGACHADIZA CHICA
Lymnocryptes minimus
F: Escolopácidos
Las agachadizas y las chochas tienen el pico largo, las patas cortas y un plumaje muy críptico. Esta especie del Viejo Mundo es la más pequeña de este grupo de aves.

AGACHADIZA COMÚN
Gallinago gallinago
F: Escolopácidos
Como es propio de las limícolas, los pollos de esta especie casi cosmopolita son ya activos poco después de nacer. A diferencia de otras limícolas, las agachadizas dan de comer a sus pollos.

CORRELIMOS TRIDÁCTILO
Calidris alba
F: Escolopácidos
Este correlimos cría dentro del círculo ártico, más al norte que otras limícolas. En invierno forma bandadas en costas arenosas mucho más al sur.

AGUJA CAFÉ
Limosa haemastica
F: Escolopácidos
Esta especie, una de las dos agujas americanas, cría en el norte de Canadá y Alaska y a orillas de la bahía de Hudson, e inverna en América del Sur.

AGUJA COLINEGRA
Limosa limosa
F: Escolopácidos
Como las demás agujas, esta especie del Viejo Mundo, con varias poblaciones ibéricas invernantes y una población sedentaria en el delta del Ebro, tiene el pico algo curvado hacia arriba.

FALAROPO PICOFINO
Phalaropus lobatus
F: Escolopácidos
Esta especie tiene un área de cría que incluye gran parte de la región ártica. Las hembras tienen colores brillantes y atraen a los machos con su parada nupcial; los machos cuidan de la progenie.

ZARAPITO AMERICANO
Numenius americanus
F: Escolopácidos
Zarapito típico, limícola grande con el pico curvado hacia abajo, apto para sondear las profundidades del barro en busca de invertebrados.

ZARAPITO TRINADOR
Numenius phaeopus
F: Escolopácidos
Este zarapito de tamaño mediano emite un trino característico y cría en regiones circumpolares. Algunos individuos invernan tan al sur como en Australia.

CORRELIMOS CANELO
Tryngites subruficollis
F: Escolopácidos
Esta especie cría en la tundra de América del Norte y del extremo oriental de Siberia e inverna en herbazales de América del Sur.

ARCHIBEBE COMÚN
Tringa totanus
F: Escolopácidos
La mayoría de las limícolas crían cerca de aguas dulces, pero esta especie del Viejo Mundo, de distintivas patas rojas, también cría en marjales salobres o salados.

ARCHIBEBE PATIGUALDO CHICO
Tringa flavipes
F: Escolopácidos
Este archibebe cría en bosques de Alaska y Canadá y pasa el invierno en América tropical, especialmente en las islas del Caribe.

PLAYERO DE ALASKA
Tringa incana
F: Escolopácidos
Esta especie cría en Alaska e inverna más al sur a lo largo de las líneas de costa del Pacífico, hasta América del Sur y Oceanía. Durante la cría tiene el pecho barrado.

CHOCHA AMERICANA
Scolopax minor
F: Escolopácidos
Como otras agachadizas y chochas, esta ave norteamericana está muy bien camuflada, y sus ojos en posición súpera le permiten vigilar a todo su alrededor.

COMBATIENTE
Calidris pugnax
F: Escolopácidos
Durante la reproducción, los machos de esta ave de los marjales y prados húmedos del Viejo Mundo pierden su plumaje invernal gris y adquieren un plumaje marrón rojizo y negro con una vistosa gorguera.

ANDARRÍOS MACULADO
Actitis macularius
F: Escolopácidos
Como el andarríos chico *(A. hypoleucos)* de Eurasia, este andarríos americano tiene un pico corto para capturar invertebrados en el suelo o en aguas someras.

VUELVEPIEDRAS COMÚN
Arenaria interpres
F: Escolopácidos
Esta ave que cría en zonas boreales del hemisferio norte utiliza su pico para voltear guijarros o algas en busca de presas.

CORRELIMOS CUCHARETA
Calidris pygmaea
F: Escolopácidos
Como las espátulas, esta limícola de Asia oriental utiliza su pico en forma de cuchara para barrer aguas someras en busca de invertebrados.

AGACHONA PATAGONA
Attagis malouinus
F: Tinocóridos
Los hábitats abiertos de América del Sur acogen cuatro especies de agachonas, aves herbívoras de pico corto. Esta especie está confinada en el extremo austral.

»

CANASTERA ALINEGRA
Glareola nordmanni
F: Glareólidos
Como otras canasteras, esta especie es totalmente migratoria. Cría en Europa oriental y Asia central e inverna en África.

CORREDOR SAHARIANO
Cursorius cursor
F: Glareólidos
Los corredores son aves terrestres de patas largas, similares a chorlitos y generalmente nocturnos. Esta especie cría en Canarias, el norte de África y el suroeste de Asia.

CANASTERA PATILARGA
Stiltia isabella
F: Glareólidos
Esta canastera de Australia, Indonesia y Malasia suele permanecer cerca de aguas dulces, pero tiene unas glándulas que le permiten beber también agua salada.

CORREDOR ESCAMOSO GRANDE
Rhinoptilus cinctus
F: Glareólidos
La mayoría de los corredores solo habitan en zonas desérticas y de monte bajo, pero esta especie africana también se aventura en hábitats arbolados.

CANASTERA CHICA
Glareola lactea
F: Glareólidos
Como sus congéneres, esta pequeña especie del sur de Asia, de cola ahorquillada, caza insectos al vuelo.

CANASTERA COMÚN
Glareola pratincola
F: Glareólidos
Como muchas canasteras, esta especie del sur de Europa y de África se concentra en grandes y ruidosas bandadas en humedales abiertos.

GAVIOTA TIJERETA
Creagrus furcatus
F: Láridos
Esta especie, la única gaviota nocturna, cría en las Galápagos e inverna en alta mar, hasta las costas de América del Sur. Se alimenta de peces y calamares.

GAVIOTA PATAGONA
Leucophaeus scoresbii
F: Láridos
Esta gaviota es notoriamente agresiva con otras aves. Está confinada en el extremo meridional de América del Sur y las Malvinas.

GAVIOTA GUANAGUANARE
Leucophaeus atricilla
F: Láridos
Esta especie de América del Norte y América tropical cría colonialmente en estuarios costeros y saladares.

GAVIOTA GARUMA
Leucophaeus modestus
F: Láridos
Esta especie de las costas de Chile, Perú y Ecuador anida únicamente en el desierto de Atacama, una de las zonas más áridas del mundo.

GAVIOTA DE SABINE
Xema sabini
F: Láridos
Esta ave, que cría en el alto Ártico y estaría emparentada con la gaviota marfileña, migra a enormes distancias para invernar en América del Sur y África.

GAVIOTA ROSADA
Rhodostethia rosea
F: Láridos
Esta gaviota, que en verano tiene el vientre rosado, cría en la tundra ártica del noreste de Siberia y de América del Norte e inverna en las costas y en el mar.

GAVIOTA DE BONAPARTE
Chroicocephalus philadelphia
F: Láridos
Esta pariente norteamericana de la gaviota reidora cría en Canadá y Alaska, en bosques húmedos de coníferas, e inverna en las costas del Caribe.

GAVIOTA REIDORA
Chroicocephalus ridibundus
F: Láridos
Como otras gaviotas de su grupo, esta especie abundante en el hemisferio norte tiene la cabeza oscura en verano y blanca en invierno.

GAVIOTA PLATEADA AUSTRALIANA
Chroicocephalus novaehollandiae
F: Láridos
Pese a su aspecto diferente, esta gaviota está emparentada con la gaviota reidora. Muy común en Australia, visita los vertederos de basura en busca de alimento.

GAVIOTA CANA
Larus canus
F: Láridos
Esta especie cría en costas, islas, marjales, riberas fluviales o lagos del interior del norte de Eurasia y el noroeste de América del Norte. En la península Ibérica solo es invernante.

GAVIOTA TASMANIA
Larus pacificus
F: Láridos
Esta especie australiana de pico grande, perteneciente a un grupo de gaviotas australes con una banda caudal oscura, abre los moluscos bivalvos dejándolos caer sobre las rocas.

GAVIOTA OCCIDENTAL
Larus occidentalis
F: Láridos
Esta gran gaviota vive en la costa pacífica de América del Norte, donde anida en colonias, por lo general en islas y en rocas costeras.

GAVIÓN ATLÁNTICO
Larus marinus
F: Láridos
Esta ave de las costas del Atlántico Norte, la mayor gaviota del mundo, es una agresiva depredadora que caza otras aves marinas y sus pollos.

GAVIÓN CABECINEGRO
Ichthyaetus ichthyaetus
F: Láridos
Este miembro de un grupo de gaviotas del Viejo Mundo cría en Rusia e inverna en las costas del Mediterráneo y del océano Índico. También se conoce como gaviota de Pallas.

GAVIÓN HIPERBÓREO
Larus hyperboreus
F: Láridos
Esta especie costera de gran tamaño que cría en el Ártico es mucho más pálida que la mayoría de las gaviotas de cabeza blanca del hemisferio norte.

GAVIOTA DE DELAWARE
Larus delawarensis
F: Láridos
Esta especie, que cría en América del Norte e inverna más al sur, tiene una franja negra en el pico. Suele buscar comida en tierras agrícolas.

GAVIOTA ARGÉNTEA
Larus argentatus
F: Láridos
Esta especie emparentada con la gaviota sombría *(L. fuscus)* es común en muchas costas del hemisferio norte; en la península Ibérica, no obstante, se da más bien la gaviota patiamarilla *(L. michahelis)*.

GAVIOTA CEJIBLANCA
Ichthyaetus hemprichii
F: Láridos
Como muchas gaviotas de regiones cálidas, esta especie de Asia y África tiene un plumaje oscuro, quizás como adaptación a la intensa luz solar.

GAVIOTA MARFILEÑA
Pagophila eburnea
F: Láridos
Esta gaviota del Ártico rara vez se aventura lejos de la banquisa. A veces sigue a los osos polares y come los despojos de sus presas.

GAVIOTA MEXICANA
Larus heermanni
F: Láridos
Esta gaviota oscura de la costa pacífica de América del Norte está emparentada con las gaviotas norteñas de cabeza blanca. Se alimenta a menudo junto con pelícanos alcatraces y les roba su comida.

GAVIOTA OJIBLANCA
Ichthyaetus leucophthalmus
F: Láridos
Esta pariente de la gaviota cejiblanca es endémica del mar Rojo y del golfo de Adén, donde la amenazan los vertidos de petróleo.

GAVIOTA PIQUICORTA
Rissa brevirostris
F: Láridos
Esta especie cría únicamente en islas del mar de Bering, en el Pacífico Norte, e inverna en el mar más al sur.

GAVIOTA TRIDÁCTILA
Rissa tridactyla
F: Láridos
Esta ave que anida colonialmente en acantilados del Pacífico y del Atlántico Norte es la gaviota más abundante del mundo.

»

CHARRÁN BLANCO
Gygis alba
F: Estérnidos
Este charrán pequeño y completamente blanco de las islas tropicales del Atlántico y el Índico pone sus huevos en ramas desnudas de árboles.

CHARRÁN INCA
Larosterna inca
F: Estérnidos
Esta especie de patrón de color tan característico cría en líneas de costa rocosas de Perú y Chile.

FUMAREL COMÚN
Chlidonias niger
F: Estérnidos
Esta especie de aguas dulces cría en humedales del hemisferio norte e inverna en América del Sur y el África subsahariana.

CHARRÁN PIQUIGUALDO
Thalasseus bergii
F: Estérnidos
Esta especie del Viejo Mundo pertenece a un grupo de charranes emparentados –como *S. bengalensis*– que se caracterizan por su cresta nucal negra.

CHARRÁN BENGALÍ
Thalasseus bengalensis
F: Estérnidos
El pico de este pariente del charrán piquigualdo cambia de amarillo a naranja en la edad adulta.

CHARRANCITO COMÚN
Sternula albifrons
F: Estérnidos
Esta especie del Viejo Mundo pertenece a un grupo de aves costeras que presentan una mancha blanca sobre los ojos.

PAGAZA PIQUIRROJA
Hydroprogne caspia
F: Estérnidos
El mayor de los estérnidos anida en colonias, como la mayoría de ellos, y tiene una distribución casi cosmopolita aunque dispersa.

CHARRÁN SOMBRÍO
Onychoprion fuscatus
F: Estérnidos
Este charrán anida en islas tropicales, donde se congrega en ruidosas colonias, y cuando no cría se vuelve muy pelágico.

CHARRANCITO DE SAUNDERS
Sternula saundersi
F: Estérnidos
Este pequeño estérnido del mar Rojo y del océano Índico solía considerarse una subespecie del charrancito común.

CHARRÁN EMBRIDADO
Onychoprion anaethetus
F: Estérnidos
Esta especie de las regiones tropicales y subtropicales, emparentada con el charrán sombrío, es migratoria y pasa mucho tiempo en el mar.

CHARRÁN ROSADO
Sterna dougallii
F: Estérnidos
Esta especie migratoria abunda sobre todo en el hemisferio sur. Como les ocurre a otros charranes emparentados, su píleo negro se decolora en invierno.

CHARRÁN ARÁBIGO
Sterna repressa
F: Estérnidos
Esta especie del mar Rojo y del Índico puede identificarse por su plumaje, más oscuro que el de otros charranes grises.

CHARRÁN DE SUMATRA
Sterna sumatrana
F: Estérnidos
Este charrán del Pacífico y el Índico tropicales y subtropicales, muy pelágico, anida en pequeñas colonias, por lo general separado de otros charranes.

CHARRÁN ÁRTICO
Sterna paradisaea
F: Estérnidos
Este charrán, que come peces y crustáceos, realiza las migraciones más largas del reino animal: desde sus zonas de cría en el Ártico a las de invernada en torno a la Antártida.

40–50 cm

40–45 cm

pico grueso y ganchudo

46–51 cm

TIÑOSA BOBA
Anous stolidus
F: Estérnidos

Las tiñosas son estérnidos oscuros o blancos y grises; la tiñosa boba, que es la de mayor talla, tiene una distribución circuntropical.

52–54 cm

PÁGALO POMARINO
Stercorarius pomarinus
F: Estercoráridos

Los págalos son aves tipo gaviota muy agresivas. Las especies árticas como esta matan y comen otras aves marinas e incluso atacan a los humanos que se acercan a su nido.

cuerpo gris pardusco

RAYADOR AMERICANO
Rynchops niger
F: Rincópidos

Los rayadores son las únicas aves que tienen la mandíbula inferior sobresaliente, apta para rozar al paso («rayar») el agua en busca de peces. Esta especie es panamericana.

48–53 cm

PÁGALO PARÁSITO
Stercorarius parasiticus
F: Estercoráridos

Es el más común de los cuatro págalos que crían en el Ártico, y como la mayoría de los págalos, acosa a otras aves marinas para robarles sus presas.

PÁGALO POLAR
Stercorarius maccormicki
F: Estercoráridos

Esta ave de gran talla, que suele atacar a otras aves marinas, es una de las pocas caradriformes que crían en las costas antárticas.

41–46 cm

24–25 cm

PÁGALO RABERO
Stercorarius longicaudus
F: Estercoráridos

Es el págalo más pequeño. Ave migratoria como otras especies de la familia, cría en regiones circumpolares e inverna más al sur.

37–39 cm

24–27 cm

17–19 cm

MÉRGULO JASPEADO
Brachyramphus marmoratus
F: Álcidos

Este pequeño álcido americano anida en árboles, en bosques de coníferas. Los pollos plumados abandonan el nido por la noche y se hacen a la mar.

MÉRGULO ATLÁNTICO
Alle alle
F: Álcidos

Este diminuto álcido cría en islas árticas e inverna en el mar más al sur. Se alimenta de peces diminutos y crustáceos.

ALCA COMÚN
Alca torda
F: Álcidos

Como los de otros álcidos, la forma de pera de los huevos de esta especie del Atlántico Norte les impide rodar fuera del nido.

MÉRGULO EMPENACHADO
Aethia cristatella
F: Álcidos

Como otros mérgulos, esta especie del Pacífico Norte se alimenta de crustáceos planctónicos. Durante el cortejo, macho y hembra se untan mutuamente con sus secreciones.

cabeza marrón o negra

30–32 cm

28–29 cm

30–36 cm

ALCA UNICÓRNEA
Cerorhinca monocerata
F: Álcidos

Este álcido del Pacífico Norte, emparentado con los frailecillos, también anida en madrigueras. Los adultos reproductores presentan una proyección a modo de cuerno.

ARAO COLOMBINO
Cepphus columba
F: Álcidos

Este álcido del Pacífico Norte, muy adaptado al frío, no puede migrar al sur a aguas más cálidas, al igual que los pingüinos del hemisferio sur no pueden migrar al norte.

ARAO ALIBLANCO
Cepphus grylle
F: Álcidos

Este arao de las costas septentrionales de América del Norte y Eurasia cría en colonias más laxas que otros álcidos y también inverna en aguas muy norteñas.

38–41 cm

mancha alar blanca

26–29 cm

34–36 cm

pies rojos

FRAILECILLO ATLÁNTICO
Fratercula arctica
F: Álcidos

Como otros frailecillos, este álcido del Atlántico Norte anida colonialmente en madrigueras, por lo general bajo hierba.

FRAILECILLO CORNICULADO
Fratercula cirrhata
F: Álcidos

Como su pariente atlántico, este frailecillo más grande del Pacífico captura pequeños peces, y puede sostener varios a la vez con el pico.

ARAO COMÚN
Uria aalge
F: Álcidos

Este álcido, que cría en costas del Atlántico y el Pacífico Norte e inverna en el mar, es el único que anida en las costas de la península Ibérica.

GANGAS

El plumaje de color arena camufla a estas aves en sus hábitats desérticos o muy áridos, donde están muy bien adaptadas para vivir en una sequedad extrema.

Con su cuerpo redondeado y sus patas cortas, las gangas podrían confundirse con perdices hasta que alzan el vuelo, muy rápido y acrobático. Estas aves, las pterocliformes, viven en zonas áridas del sur de Europa, Asia, África y Madagascar, y están emparentadas con las palomas y las tórtolas.

Las gangas tienen las alas puntiagudas y un plumaje críptico, moteado en el dorso y a menudo con llamativas manchas o rayas marrones o blancas en la cabeza y las partes inferiores. Las gangas son aves sociables que forman bandadas para acudir a beber a las charcas a primera hora de la mañana o al atardecer; para ello recorren con frecuencia considerables distancias. Se alimentan de semillas exclusivamente.

TRANSPORTE DE AGUA

Las gangas crían durante la estación lluviosa para beneficiarse de las semillas. Su nido es apenas una depresión somera en el suelo. Ambos progenitores incuban y cuidan de sus pollos. Y lo que es más notable, los machos traen agua a sus pollos, que suelen criarse lejos del agua; cuando el macho visita una charca, moja las plumas de su vientre en el agua, y de vuelta al nido, los pollos beben de las plumas empapadas de su padre.

FILO	CORDADOS
CLASE	AVES
ORDEN	PTEROCLIFORMES
FAMILIA	1
ESPECIES	16

Gangas namaqua bebiendo en una charca. Suelen congregarse en bandadas para disuadir a los depredadores.

GANGA DE PALLAS
Syrrhaptes paradoxus
F: Pteróclidos
Esta especie de gran talla, una de las dos gangas del Asia central, tiene los pies cubiertos de plumas, la cola larga y una rémige larga y puntiaguda en cada ala.

GANGA BICINTA
Pterocles bicinctus
F: Pteróclidos
Esta ave de las sabanas y terrenos arbolados abiertos del sur de África es una de las diversas especies de ganga cuyos machos presentan unas distintivas franjas pectorales.

GANGA MORUNA
Pterocles exustus
F: Pteróclidos
Esta ave de zonas abiertas desérticas forma enormes bandadas, y se distribuye desde Senegal a Kenia y de ahí hasta India.

GANGA CORONADA
Pterocles coronatus
F: Pteróclidos
Esta ganga de garganta amarilla se distribuye desde los desiertos pedregosos del Sáhara hasta Pakistán. Puede tolerar temperaturas elevadas e incluso aguas salobres.

GANGA DE LICHTENSTEIN
Pterocles lichtensteinii
F: Pteróclidos
Esta pequeña ganga es menos gregaria que otras especies de la familia. Habita en zonas de monte bajo y semidesérticas, desde el norte y el este de África hasta Pakistán.

PALOMAS Y TÓRTOLAS

Este exitoso grupo de aves que comen semillas y frutos se distribuye por casi todo el mundo excepto las regiones más frías.

Después del de los loros, las palomas y afines constituyen el mayor grupo de aves vegetarianas que se posan en árboles: el orden columbiformes. Así como los loros tienen un pico ganchudo y fuerte para cascar grandes frutos secos, las palomas tienen un pico menos robusto, adaptado para comer semillas más pequeñas. Algunos grupos, como los tilopos del Indo-Pacífico, comen frutos en el dosel de las pluvisilvas.

La mayoría de estas aves tienen las patas cortas, y algunas pasan casi todo el tiempo en el suelo. Una particulidad de las columbiformes es que pueden sorber agua y beberla sin inclinar la cabeza hacia atrás, gracias al bombeo de su esófago; esto les permite beber de forma continua, lo que es una ventaja en ambientes áridos. Pueden almacenar agua en el pico, y alimentan a sus pollos con una secreción del pico que es similar a la leche de los mamíferos.

AMENAZAS Y EXTINCIONES

El éxito de muchas columbiformes se debe a sus elevados índices de reproducción. Con todo, algunas especies están amenazadas y otras ya se han extinguido. Tras la desaparición del dodó, una especie que no podía volar, en el siglo XVII, la paloma migratoria, antaño una de las aves más comunes de América del Norte, fue cazada hasta la extinción en la década de 1900.

FILO	CORDADOS
CLASE	AVES
ORDEN	COLUMBIFORMES
FAMILIA	1
ESPECIES	344

DEBATE

¿UNA PALOMA MODIFICADA?

A mediados del siglo XIX los científicos clasificaron el extinto dodó de Mauricio en el orden columbiformes, y los análisis recientes indican su parentesco con la paloma de Nicobar. Así pues, el dodó era realmente una paloma modificada, con antecesores del Indo-Pacífico que quizá ya no podían volar.

TÓRTOLA EUROPEA
Streptopelia turtur
F: Colúmbidos
Aunque esta especie migratoria de Eurasia y África no se considera amenazada, su población ha disminuido mucho debido a los cambios en las prácticas agrícolas y a la caza en el Mediterráneo.

TÓRTOLA SENEGALESA
Streptopelia senegalensis
F: Colúmbidos
Esta tórtola común en aldeas y oasis de África y el sur de Asia tiene un canto muy característico, similar a una risa.

TÓRTOLA-CUCO PECHIRROJA
Macropygia amboinensis
F: Colúmbidos
Las tórtolas *Macropygia*, de larga cola, son aves tipo cuco de las pluvisilvas del Indo-Pacífico. Como otras especies, esta de las Molucas, Nueva Guinea y Australia tiene muchas razas.

TORTOLITA RABILARGA
Oena capensis
F: Colúmbidos
Esta tórtola diminuta y de cola muy larga come en el suelo y vive en el África subsahariana, Madagascar y el suroeste de Asia, desde Arabia hasta Jordania e Israel.

PALOMA DE GUINEA
Columba guinea
F: Colúmbidos
Esta paloma de gran talla es común en terrenos abiertos del África subsahariana, y a menudo se congrega en torno a pueblos y aldeas.

PALOMA DE MAURICIO
Nesoenas mayeri
F: Colúmbidos
Este endemismo de Mauricio estuvo en peligro de extinción crítico, pero la amenaza ha disminuido gracias a un exitoso programa de cría en cautividad.

PALOMA TORCAZ
Columba palumbus
F: Colúmbidos
Esta paloma de gran talla del oeste de Eurasia es común en bosques y zonas agrícolas, y a menudo entra en parques y jardines.

PALOMA BRAVÍA
Columba livia
F: Colúmbidos
La antecesora de las palomas domésticas anida en acantilados y cuevas, sobre todo en costas marinas, pero también en montañas de Europa, el norte de África y Asia.

PALOMA DOMÉSTICA
Columba livia
F: Colúmbidos
Los descendientes domésticos y asilvestrados de la paloma bravía viven en áreas urbanas de todo el mundo y tienen patrones de color muy diversos.

»

» PALOMAS Y TÓRTOLAS

PALOMA DE NICOBAR
Caloenas nicobarica
F: Colúmbidos
Esta especie, posiblemente emparentada con el extinto dodó, vive en selvas insulares desde las Nicobar y Myanmar hasta Nueva Guinea y Palau.

TORTOLITA MEXICANA
Columbina inca
F: Colúmbidos
Esta especie de las regiones áridas del sur de EE UU, México y América Central pertenece a un grupo de tórtolas terrestres de América tropical.

TORTOLITA DIAMANTE
Geopelia cuneata
F: Colúmbidos
Esta pequeña tórtola nómada de las zonas secas de Australia vive en pequeños grupos y se congrega en gran número en las charcas.

TILOPO MAGNÍFICO
Ptilinopus magnificus
F: Colúmbidos
Los multicolores tilopos están emparentados con las dúculas (*Ducula* sp.). Este tilopo de gran tamaño vive en el dosel de las pluvisilvas de Australia y Nueva Guinea.

PALOMA MONTARAZ COMÚN
Leptotila verreauxi
F: Colúmbidos
Esta paloma, emparentada con la zenaida huilota, está ampliamente extendida por América del Sur y Central, y hacia el norte llega hasta Texas.

PALOMA APUÑALADA DE MINDANAO
Gallicolumba criniger
F: Colúmbidos
Las cinco especies de palomas apuñaladas, así llamadas por su mancha pectoral rojo sangre, se distribuyen por Filipinas; esta especie es endémica del sur del archipiélago.

PALOMA-PERDIZ DE CÉLEBES
Gallicolumba tristigmata
F: Colúmbidos
Esta ave terrestre de las selvas primarias de Célebes (Indonesia) está emparentada con las palomas apuñaladas y quizás con varias tórtolas de la Australia árida.

ZENAIDA HUILOTA
Zenaida macroura
F: Colúmbidos
Esta tórtola de cola larga, que emite un reclamo lastimero, habita en terrenos abiertos de América del Norte (donde es muy común), América Central y las Antillas.

DÚCULA BICOLOR
Ducula bicolor
F: Colúmbidos
Las dúculas son aves grandes y frugívoras propias de hábitats boscosos. Esta especie del sureste de Asia, Indonesia y Filipinas tiene un plumaje blanco que se mancha a menudo debido a su dieta.

PALOMITA ESMERALDA DORSIVERDE
Chalcophaps indica
F: Colúmbidos
Esta ave que come frutos y semillas en el suelo habita en pluvisilvas, bosques húmedos y parques, desde Pakistán hasta las islas del suroeste del Pacífico.

PALOMA BICRESTADA
Lopholaimus antarcticus
F: Colúmbidos
Esta paloma del este de Australia, grande y con aspecto de rapaz, tiene dos crestas de plumas, una en la frente y otra en el píleo.

DÚCULA VERDE
Ducula aenea
F: Colúmbidos
Esta paloma, que habita en doseles selváticos desde India hasta Filipinas, se alimenta sobre todo de frutos y emite un reclamo profundo y retumbante.

GURA VICTORIA
Goura victoria
F: Colúmbidos

Los guras son las palomas de mayor tamaño. Esta especie del norte de Nueva Guinea se distingue de la gura sureña porque las plumas de su cresta tienen la punta blanca.

PALOMA WONGA
Leucosarcia melanoleuca
F: Colúmbidos

Endémica del este de Australia, esta paloma de dibujo característico habita en zonas arboladas y de matorral desde el sur de Queensland hasta Victoria.

PALOMA FAISÁN
Otidiphaps nobilis
F: Colúmbidos

Esta paloma, cuyas afinidades taxonómicas con las demás colúmbidas no están claras, sustituye ecológicamente a los faisanes en los suelos selváticos de Nueva Guinea.

GURA SUREÑA
Goura scheepmakeri
F: Colúmbidos

Esta especie, con las partes superiores gris azulado, el pecho granate y la cresta como de encaje, vive en selvas del sur de Nueva Guinea.

PALOMA-PERDIZ BARBIQUEJA
Geotrygon chrysia
F: Colúmbidos

Las palomas-perdices son propias de los bosques y selvas de América tropical. Esta especie iridiscente vive en las Antillas y las Bahamas.

VINAGO AFRICANO
Treron calvus
F: Colúmbidos

Las más de veinte especies de vinagos (*Treron, Phapitreron*) se distribuyen por las áreas tropicales de África y Asia; esta especie se halla en el África tropical.

PALOMA-BRONCE COMÚN
Phaps chalcoptera
F: Colúmbidos

Las palomas-bronce de Australia y Nueva Guinea son aves de vuelo rápido que comen en el suelo. Tienen unas manchas alares iridiscentes, especialmente notables en esta especie forestal.

PALOMA PLUMÍFERA
Geophaps plumifera
F: Colúmbidos

Esta paloma vive en hábitats rocosos y áridos de Australia donde abundan las gramíneas *Spinifex*, entre las que anida.

PALOMA-BRONCE CRESTUDA
Ocyphaps lophotes
F: Colúmbidos

Esta especie, una de las diversas palomas-bronce de Australia, habita en terrenos abiertos de casi todo el continente excepto en el norte tropical.

LOROS Y CACATÚAS

Este orden comprende muchas especies, muchas de ellas de vivos colores; la mayoría viven en bosques tropicales, pero algunas prefieren los hábitats abiertos.

El rasgo más notable de las psitaciformes es su pico curvado hacia abajo. Ambas mandíbulas del pico se articulan con el cráneo: la superior puede moverse hacia arriba y la inferior hacia abajo, lo que permite al ave cascar semillas duras y frutos secos, así como agarrarse con el pico cuando trepa por los árboles. Sus patas son fuertes y sus pies, con dos dedos hacia delante y dos hacia atrás, pueden asir y manipular alimentos. El plumaje de ambos sexos suele lucir colores vivos, con predominio del verde; este color se debe a la estructura de las plumas, que dispersa la luz sobre el pigmento amarillo. Las plumas de las cacatúas, psitaciformes de cresta eréctil, carecen de esta textura, y por tanto de los colores verdes y azules.

La gran diversidad de las psitaciformes de Australasia sugiere que este orden se originó allí. Los loros más primitivos, el kea y el kakapo (nocturno y no volador), son propios de Nueva Zelanda.

ESPECIES SOCIALES

Las psitaciformes son aves sociales, que suelen formar grandes bandadas y establecen por lo general fuertes vínculos de pareja. Son populares como mascotas, pero el tráfico internacional de aves de jaula ha llevado a muchas especies al borde de la extinción.

FILO	CORDADOS
CLASE	AVES
ORDEN	PSITACIFORMES
FAMILIAS	4
ESPECIES	398

Estos guacamayos aliverdes socializan en un lamedero de arcilla, donde obtienen sodio en una zona donde este elemento escasea.

KEA
Nestor notabilis
F: Psitácidos
Esta especie de las zonas alpinas que come carroña y pollos de petreles pertenece a un antiguo grupo de psitaciformes de Nueva Zelanda que incluye al kakapo.

KAKAPO
Strigops habroptila
F: Psitácidos
Esta ave nocturna, la única psitaciforme que no puede volar, vive en pequeñas islas frente a Nueva Zelanda. Los machos emiten un retumbante reclamo de apareamiento.

CACATÚA GALAH
Eolophus roseicapilla
F: Psitácidos
Esta pequeña pariente de las cacatúas blancas es la única cacatúa con el cuello y las partes inferiores rosa oscuro. Vive en zonas abiertas de casi toda Australia.

LORÍCULO VERNAL
Loriculus vernalis
F: Psitácidos
Los lorículos son aves del Indo-Pacífico, pero estudios genéticos sugieren afinidades con los inseparables africanos. Esta especie se encuentra desde India hasta Vietnam.

LORÍCULO CORONIAZUL
Loriculus galgulus
F: Psitácidos
Como otros lorículos, esta pequeña ave forestal del Sudeste Asiático duerme boca abajo -algo inusual entre las aves-, tiene la cola corta y un plumaje en que predomina el verde.

CACATÚA GALERITA
Cacatua galerita
F: Psitácidos
Las estridentes cacatúas blancas se distribuyen desde Indonesia hasta las Salomón y Australia; esta especie vive en Nueva Guinea y Australia.

CACATÚA COLIRROJA
Calyptorhynchus banksii
F: Psitácidos
Esta especie de plumaje lustroso, una de las diversas cacatúas negras con plumas caudales de color, emite un peculiar reclamo lastimero y tiene un aleteo lento y pesado.

CACATÚA NINFA
Nymphicus hollandicus
F: Psitácidos
Esta ave del interior seco de Australia parece un periquito, pero su ADN revela que es una diminuta cacatúa.

LORI GÁRRULO
Lorius garrulus
F: Psitácidos
Esta especie de las Molucas pertenece a un grupo de loris rojos con alas verdes de Nueva Guinea y las islas circundantes.

LORI SOMBRÍO
Pseudeos fuscata
F: Psitácidos
Esta especie, que vive en Nueva Guinea y las islas próximas, luce un patrón de manchas pardas único entre los loris.

LORI ALINEGRO
Eos cyanogenia
F: Psitácidos
Los loris *Eos* de Indonesia son aves de vivos tonos rojos y violetas. Esta especie es la más oriental, endémica de las islas Geelvink (Nueva Guinea).

LORI HUMILDE
Trichoglossus euteles
F: Psitácidos
Este pariente del lori arcoíris, que vive en Timor y en algunas pequeñas islas vecinas, tiene el plumaje verde vivo típico de muchos loros.

LORI VERSICOLOR
Psitteuteles versicolor
F: Psitácidos
Este pequeño lori de los terrenos arbolados del norte de Australia anida en las cavidades de los eucaliptos, como muchos otros loros de este hábitat.

LORI ARCOÍRIS
Trichoglossus haematodus
F: Psitácidos
Esta especie variable se encuentra en muchos hábitats con flores que producen néctar, en la mayor parte de Australasia y las islas del suroeste del Pacífico.

PAPAGAYO AUSTRALIANO
Alisterus scapularis
F: Psitácidos
Los papagayos *Alisterus*, emparentados con los pericos de Asia, viven en pluvisilvas de Australasia; esta especie es endémica del este de Australia.

LORO ECLÉCTICO
Eclectus roratus
F: Psitácidos
Los machos y las hembras de esta especie de las pluvisilvas de Australasia son tan diferentes que al principio se clasificaron como especies distintas.

PERIQUITO COMÚN
Melopsittacus undulatus
F: Psitácidos
Esta pequeña ave nómada de las regiones áridas de Australia se congrega en las charcas para beber. Pese a ser granívoro, está emparentado con los loris que comen néctar.

PERICO MAORÍ CABECIRROJO
Cyanoramphus novaezelandiae
F: Psitácidos
Los pericos pequeños y de frente coloreada están diversificados en el suroeste del Pacífico, e incluyen a los únicos loros de Nueva Zelanda, como esta especie.

PERICO DE PORT LINCOLN
Barnardius zonarius
F: Psitácidos
Esta ave de los terrenos arbolados de Australia, de cabeza verde o negra, se distingue por su collar amarillo.

»

LORO CACIQUE
Deroptyus accipitrinus
F: Psitácidos

Este loro de la pluvisilva amazónica, posiblemente próximo a los guacamayos, levanta en abanico las plumas rojas de la nuca cuando se excita.

PERIQUITO TURQUESA
Neophema pulchella
F: Psitácidos

Este colorido miembro de un grupo de pequeños loros verdes de Australia vive en terrenos arbolados abiertos del sureste del continente.

COTORRA DE KRAMER
Psittacula krameri
F: Psitácidos

Esta cotorra, muy extendida por Asia, llega por el oeste hasta el norte de África, y se ha introducido en Europa.

PAPAGAYO ENMASCARADO
Prosopeia personata
F: Psitácidos

La población de este papagayo, una de las tres especies de este género endémico de las Fiyi, está en declive debido a la deforestación.

PERICO MULTICOLOR
Platycercus eximius
F: Psitácidos

Los pericos de cola ancha *Platycercus* se distribuyen por Australia y las islas cercanas del Pacífico. Esta especie variable, de mejillas blancas, vive en el este de Australia.

PERICO PRINCESA
Polytelis alexandrae
F: Psitácidos

Esta ave nómada de Australia central sigue los cursos de agua y se congrega cerca de las matas de *Spinifex*. A menudo cría en pequeñas colonias en los eucaliptos.

PERICO SOBERBIO
Polytelis swainsonii
F: Psitácidos

Esta especie en declive del sureste de Australia pertenece a un género de loros australianos de cola larga, y cría en bosques de eucalipto rojo.

LORO YACO
Psittacus erithacus
F: Psitácidos

Este loro de las pluvisilvas africanas es muy inteligente y un gran imitador, lo que ha llevado a su explotación en el tráfico de aves.

INSEPARABLE CABECINEGRO
Agapornis personatus
F: Psitácidos

Los inseparables son loritos africanos que viven en pequeñas bandadas. A diferencia de la mayoría de los psitácidos, esta especie de Tanzania construye un nido: una estructura abovedada en el hueco de un árbol.

INSEPARABLE DE NAMIBIA
Agapornis roseicollis
F: Psitácidos

Este social inseparable de las zonas arboladas secas y los semidesiertos del suroeste de África suele congregarse cerca de charcas.

LORITO ROBUSTO
Poicephalus robustus
F: Psitácidos

Esta especie forestal, la más grande de los loritos africanos *Poicephalus*, se distribuye por áreas dispersas del África subsahariana.

GUACAMAYO AZULAMARILLO
Ara ararauna
F: Psitácidos

Los guacamayos son loros grandes y de cola larga con manchas faciales de plumaje ralo. Esta especie, una de las dos amarillas y azules, se distribuye desde Panamá hasta Paraguay.

AMAZONA FRENTIAZUL
Amazona aestiva
F: Psitácidos

Este miembro de un extenso grupo de loros mayoritariamente verdes habita en bosques abiertos y sabanas de América del Sur central y oriental.

AMAZONA DE SAN VICENTE
Amazona guildingii
F: Psitácidos

Varias amazonas de las Antillas son vulnerables como la de San Vicente, están en peligro como la imperial o incluso en peligro crítico como la portorriqueña.

LORO CABECIAZUL
Pionus menstruus
F: Psitácidos

Este pequeño loro emparentado con las amazonas es común en selvas de tierras bajas desde Costa Rica hasta Bolivia.

COTORRITA DE PIURA
Forpus coelestis
F: Psitácidos

Las verdes cotorritas americanas son los loros más pequeños después de los microloros de Nueva Guinea e islas vecinas. Esta especie vive en Perú y Ecuador.

GUACAMAYO DE COCHABAMBA
Ara rubrogenys
F: Psitácidos

Este pequeño guacamayo es endémico de una pequeña zona de matorral árido del centro de Bolivia y está en peligro de extinción por la reducción de su hábitat.

GUACAMAYO MACAO
Ara macao
F: Psitácidos

Como otros guacamayos, esta ave ruidosa y social que se distribuye desde el sureste de México hasta Perú y Brasil tiene un pico muy poderoso para abrir frutos de cáscara dura.

ARATINGA JANDAYA
Aratinga jandaya
F: Psitácidos

Las aratingas son «mini-guacamayos» en gran parte verdes de América tropical. Esta especie es del noreste de Brasil.

GUACAMAYO JACINTO
Anodorhynchus hyacinthinus
F: Psitácidos

Como las aratingas, este guacamayo gigante del centro de Brasil tiene la mancha facial reducida a un anillo ocular.

LORO BARRANQUERO
Cyanoliseus patagonus
F: Psitácidos

Este loro de Chile y Argentina anida en túneles cavados en barrancos y terraplenes. A diferencia de la mayoría de las aves, forma parejas muy fieles.

CATITA CHIRIRÍ
Brotogeris chiriri
F: Psitácidos

Este loro es nativo del centro de América del Sur, pero se ha introducido en las áreas más cálidas de EE UU.

COTORRA ARGENTINA
Myiopsitta monachus
F: Psitácidos

Esta especie de la América del Sur templada y subtropical, introducida en ciertas ciudades del mundo, es el único loro que construye nidos de palos, a menudo grandes estructuras comunales.

COTORRA CHIRIPEPÉ
Pyrrhura frontalis
F: Psitácidos

La mayoría de las cotorras *Pyrrhura* tienen vistosas manchas rojas o granates, como esta especie del este de América del Sur.

TURACOS

Este grupo, confinado en África, comprende aves de llamativos colores, generalmente verde, azul o violeta, así como de discretos tonos grisáceos y con un típico reclamo nasal, y frugívoras.

Las aves del orden musofagiformes tienen rasgos en común con los cucos, como la estructura del pie, que parece ser una coincidencia más que un indicativo de parentesco. Viven en bosques, alimentándose sobre todo de frutos estacionales. Aunque su pico es muy corto, la larga cola les permite mantener el equilibrio mientras buscan comida en el dosel arbóreo. Se desplazan pesadamente entre el follaje y vuelan cortas distancias a través de los claros. Los vivos colores de su plumaje derivan de pigmentos verdes y rojos con base de cobre. La mayoría de las especies posee una cresta o copete eréctil corto y denso.

FILO	CORDADOS
CLASE	AVES
ORDEN	MUSOFAGIFORMES
FAMILIA	1
ESPECIES	23

TURACO DE HARTLAUB
Tauraco hartlaubi
F: Musofágidos
Este miembro de cresta azul del grupo de los turacos verdes habita en bosques de montaña del este de África.

TURACO CRESTIRROJO
Tauraco erythrolophus
F: Musofágidos
Uno de los pocos turacos de cresta roja, esta especie tiene un plumaje corporal menos brillante que otros turacos verdes. Es común en los bosques perennifolios de Angola.

TURACO DE KNYSNA
Tauraco corythaix
F: Musofágidos
Este pariente sudafricano del turaco de Guinea también tiene unas rayas oculares blancas, y se diferencia por el extremo blanco de su cresta.

TURACO DE RUSPOLI
Tauraco ruspolii
F: Musofágidos
Esta especie, con una distintiva cresta blanca, es endémica de los bosques secos del sur de Etiopía, y es uno de los turacos que tienen un área más exigua.

TURACO DE GUINEA
Tauraco persa
F: Musofágidos
Con un área que se extiende desde Senegal hasta Angola, este es el más extendido de los turacos verdes con rémiges carmesíes visibles en vuelo.

TURACO VIOLÁCEO
Musophaga violacea
F: Musofágidos
Esta especie, uno de los dos turacos de lustroso color violeta, vive en selvas de África central y occidental.

TURACO DE ROSS
Musophaga rossae
F: Musofágidos
Esta ave de África central y oriental es el turaco más grande después del gigante, y se distingue del violáceo por su cresta roja y erguida.

TURACO UNICOLOR
Corythaixoides concolor
F: Musofágidos
Esta especie del sur de África es un *Corythaixoides* típico, con su reclamo «cai-uaaai» y su cresta hirsuta y puntiaguda.

TURACO ENMASCARADO
Corythaixoides personatus
F: Musofágidos
Como otras especies de este género, esta de África oriental vive en sabanas. Cuando se excita levanta la cresta.

TURACO GIGANTE
Corythaeola cristata
F: Musofágidos
Este turaco de África central y occidental, con la cresta en abanico, es el miembro más grande y destacado de su familia.

TURACO GRIS ORIENTAL
Crinifer zonurus
F: Musofágidos
Como los emparentados *Corythaixoides*, los turacos grises tienen colores apagados. Esta especie del este de África se alimenta de frutos, sobre todo de higos.

HOATZIN

Esta enigmática ave vegetariana de América del Sur únicamente se alimenta de hojas.

FILO	CORDADOS
CLASE	AVES
ORDEN	OPISTOCOMIFORMES
FAMILIA	1
ESPECIES	1

El hoatzin presenta ciertas características de las galliformes, como los pies fuertes y el pico corto y curvo. Sin embargo, también tiene rasgos en común con los cucos, cuyo parentesco parecían confirmar los primeros análisis de ADN y que las investigaciones posteriores han puesto en duda. Por esta razón se clasifica en un orden propio, opistocomiformes, del que es el único representante.

HOATZIN
Opisthocomus hoazin
F: Opistocómidos
Esta ave de posición taxonómica incierta come plantas en marjales, selvas ribereñas y manglares de la Amazonia. Sus pollos tienen garras en las alas para trepar por las ramas.

CUCOS

Los cucos son aves de patas más bien cortas, alas largas y plumaje suave que comprenden especies de colores apagados y grises así como un pequeño grupo con manchas verdes.

Todos los cuculiformes tienen los pies con dos dedos hacia delante y dos hacia atrás. Los cucos más primitivos son aves americanas de cuerpo pesado que se alimentan en el suelo o cerca de él, un modo de vida que los correcaminos han llevado al extremo. Pese a su reputación, no todos los cucos ponen sus huevos en los nidos de otras aves. Casi todos estos cucos terrestres construyen nidos y crían a sus pollos, al igual que sus homólogos del Viejo Mundo, los tropicales cucales y cúas. Los cucos que ponen sus huevos en los nidos de otras aves se llaman parásitos de cría. Curiosamente, este comportamiento ha aparecido al menos dos veces en los cucos del Viejo Mundo. Los pollos de los críalos (*Clamator* sp.) sobrepasan la talla del nido de su huésped tan rápidamente que los pollos del huésped se mueren de inanición; en otro linaje de cucos, que incluye al cuco común de Eurasia, los pollos son aún más «asesinos», ya que expulsan expresamente a los pollos y huevos del huésped.

FILO	CORDADOS
CLASE	AVES
ORDEN	CUCULIFORMES
FAMILIA	1
ESPECIES	149

CUCO ORIENTAL
Cuculus saturatus
F: Cucúlidos
Esta especie del sur de Asia es típica de un grupo de cucos barrados del Viejo Mundo que parecen gavilanes, un parecido que acaso les ayude a ahuyentar a otras aves de sus nidos.

CRÍALO EUROPEO
Clamator glandarius
F: Cucúlidos
Este críalo, distribuido por el sur de Europa, el suroeste de Asia y África, pone sus huevos en nidos de urracas, pero no expulsa a los pollos del huésped.

34 cm

CRÍALO BLANQUINEGRO
Clamator jacobinus
F: Cucúlidos
Los críalos son cucúlidos grandes y crestados del Viejo Mundo. Como otros críalos, esta especie tropical de África y Asia come orugas que sus competidores rechazan.

CUCO COMÚN
Cuculus canorus
F: Cucúlidos
Esta especie extendida por Eurasia inverna en África y el sur de Asia, y emite el bien conocido reclamo «cu-cú» que da nombre a los cucos.

24–28 cm

CUCO FLABELIFORME
Cacomantis flabelliformis
F: Cucúlidos
Este cuco de los terrenos arbolados de Australasia es uno de los pocos que se hallan en el Pacífico y el único que vive en las islas Fiyi.

30–33 cm

CUCO PÁLIDO
Cacomantis pallidus
F: Cucúlidos
Muchos cucos del Viejo Mundo tienen un plumaje barrado, pero en algunos casos, como el de esta especie australiana, solo tienen barras los individuos juveniles.

17–19 cm

CUCLILLO DIDERIC
Chrysococcyx caprius
F: Cucúlidos
Este miembro africano de un grupo de pequeños cucos tropicales con reflejos broncíneos pone sus huevos en nidos de tejedores.

24 cm

CUCO PASERINO
Cacomantis passerinus
F: Cucúlidos
Esta especie que se distribuye desde la península Malaya hasta Australia es una de las diversas especies del Indo-Pacífico de este género muy emparentado con *Cuculus*.

23 cm

CUCO VARIOLOSO
Cacomantis variolosus
F: Cucúlidos
Esta especie unicolor cría en el sur de Asia, y las poblaciones que viven más al norte o en montañas migran en invierno a tierras más cálidas, más bajas o más sureñas.

CUCLILLO DE KLAAS
Chrysococcyx klaas
F: Cucúlidos
Esta especie del África subsahariana difiere del cuclillo dideric en que es más verde y carece de motas alares blancas.

»

» CUCOS

CUCLILLO PIQUIGUALDO
Coccyzus americanus
F: Cucúlidos
Este cuclillo, una de las diversas especies de este género de cucos arborícolas americanos, migra entre América del Norte, Central y del Sur.

CUCO-ARDILLA VENTRINEGRO
Piaya melanogaster
F: Cucúlidos
Como otros cucos arborícolas americanos, esta especie que habita de Colombia a Bolivia construye su propio nido y cría a sus pollos.

CÚA GIGANTE
Coua gigas
F: Cucúlidos
Los cúas son cucos terrestres de Madagascar con la piel facial azul y largas pestañas. Esta especie vive en bosques costeros secos.

PIRINCHO
Guira guira
F: Cucúlidos
Esta ave de América del Sur, emparentada con los garrapateros y de aspecto hirsuto, forma ruidosas bandadas y anida comunalmente en árboles.

CUCAL CHINO
Centropus sinensis
F: Cucúlidos
Como otros cucales, esta especie del sur de Asia tiene unas fuertes patas con espolones y una larga garra posterior en cada pie.

CUCLILLO FAISÁN
Dromococcyx phasianellus
F: Cucúlidos
Este cuco terrestre vive en selvas y bosques de América del Sur tropical y subtropical, y pone sus huevos en nidos de paseriformes más pequeños.

CUCAL FAISÁN
Centropus phasianinus
F: Cucúlidos
Entre los cucales, son sobre todo los machos quienes cuidan a las crías. Esta especie de Australasia, que tiene el cuerpo negro cuando cría, construye un nido a modo de copa en la hierba.

GARRAPATERO ASURCADO
Crotophaga sulcirostris
F: Cucúlidos
Esta especie de pico muy grueso, que se distribuye desde California hasta Argentina, anida comunalmente, y vuela con torpeza pero corre bien.

CUCLILLO PAVONINO
Dromococcyx pavoninus
F: Cucúlidos
Este pariente más pequeño del cuclillo faisán, también de América del Sur tropical y subtropical, depreda invertebrados en el suelo.

CUCO TERRESTRE DE INDOCHINA
Carpococcyx renauldi
F: Cucúlidos
Esta ave, una de las tres especies de este género asiático emparentado con los cúas malgaches, vive en selvas de Indochina.

CORRECAMINOS GRANDE
Geococcyx californianus
F: Cucúlidos
Este cuco terrestre, depredador y corredor veloz, vive en desiertos del suroeste de EE UU y el norte de México, y anida en cactus.

KOEL COMÚN
Eudynamys scolopaceus
F: Cucúlidos
Este parásito de nidada tropical vive en Asia y Australasia y, caso inusual entre los cucos, se nutre de frutos. Los machos son negros y las hembras, grises.

LECHUZAS, BÚHOS Y AFINES

Con sus agudos sentidos, sus poderosas garras y su silencioso vuelo, estas aves están soberbiamente adaptadas para la caza nocturna. Solo unas pocas especies son activas durante el día.

Aunque no están emparentadas con las rapaces, las estrigiformes también tienen el pico ganchudo y unas garras muy poderosas. La mayoría tiene un plumaje críptico para camuflarse durante el día. Las lechuzas se distinguen de los búhos y afines por su disco facial en forma de corazón; dentro de la familia de los búhos se da una gran diversidad.

VISTA Y OÍDO

Todas las estrigiformes tienen unos ojos grandes y proyectados hacia delante que captan la luz con eficiencia y les permiten ver en la oscuridad. Su visión binocular es buena para valorar las distancias a la hora de atacar, pero sus ojos están fijos en las órbitas, de modo que estas aves tienen que girar la cabeza para seguir a las presas móviles; para ello, tienen un cuello largo y flexible que queda oculto bajo el plumaje. Su oído es también sensible, y esta sensibilidad se ve favorecida por el disco facial, que conduce las ondas sonoras hacia las grandes aberturas auditivas; el pico proyectado hacia abajo, además, minimiza las interferencias acústicas. Las estrigiformes pueden determinar con gran exactitud la dirección de las presas a partir de sus sonidos; la mayoría de las especies nocturnas tienen una abertura auditiva algo más alta que la otra, lo que les permite captar los sonidos en dirección vertical.

CAZADORES SILENCIOSOS

Suelen abatirse sobre sus presas y extender sus pies para agarrarlas. La aproximación es muy silenciosa: al ser las alas grandes y redondeadas, los aleteos se reducen al mínimo, y el borde blando y aserrado de las plumas de vuelo anula las turbulencias del aire (algunas especies diurnas carecen de estas plumas aserradas). La mayoría depreda pequeños mamíferos –ratones, topillos, etc.–, pero algunas de las más pequeñas cazan grandes insectos, y unas pocas especies capturan peces. Si las presas muertas son grandes, las desgarra con su pico ganchudo; si son pequeñas, se las traga enteras. Los elementos indigestos –huesos, pelos, etc.– se comprimen en una parte del estómago y se regurgitan después en forma de egagrópila.

FILO	CORDADOS
CLASE	AVES
ORDEN	ESTRIGIFORMES
FAMILIAS	2
ESPECIES	243

DEBATE

AUTILLOS AMERICANOS

Hay más de 60 especies de autillos. En sus bosques nativos, estos pequeños búhos se identifican bien por su canto. Aunque el canto de cada especie se distingue por la frecuencia y duración de sus notas, hay dos grupos bien definidos: los autillos del Viejo Mundo, con un canto de notas lentas, y los americanos, que emiten trinos más rápidos y estridentes. Esta diferencia bastó para clasificar en un género distinto a los americanos, decisión respaldada por los estudios de su ADN. Así, hoy se acepta la existencia de dos géneros: *Otus* para los autillos del Viejo Mundo y *Megascops* para los autillos americanos.

LECHUZA COMÚN
Tyto alba
F: Titónidos
Casi cosmopolita excepto en desiertos y regiones polares, esta especie, conocida por sus escalofriantes gritos de alarma, es la más extendida de las lechuzas.

LECHUZA DE LA ESPAÑOLA
Tyto glaucops
F: Titónidos
Esta lechuza endémica de Haití y la República Dominicana vive en bosques secos y puede sufrir la competencia con la lechuza común.

AUTILLO EUROPEO
Otus scops
F: Estrígidos
Este pequeño y ágil búho del oeste de Eurasia es el típico autillo del Viejo Mundo. Anida en cavidades de árboles o edificios, y su reclamo recuerda al canto del sapo partero común.

AUTILLO MALGACHE
Otus rutilus
F: Estrígidos
Este autillo endémico de Madagascar es común en zonas boscosas. Suele ser gris, y los raros especímenes rojizos están confinados en las pluvisilvas.

AUTILLO CALIFORNIANO
Megascops kennicottii
F: Estrígidos
Esta especie del oeste de América del Norte y Central es común en zonas boscosas cercanas a ríos, pero también entra en parques suburbanos.

AUTILLO YANQUI
Megascops asio
F: Estrígidos
Este autillo ampliamente extendido por el este de América del Norte presenta una forma gris y otra rojiza, esta más frecuente al este de su área.

»

»

CÁRABO LAPÓN
Strix nebulosa
F: Estrígidos
Esta especie de gran tamaño vive en bosques de coníferas de las regiones circumpolares. Depreda grandes roedores y aves, y a veces caza durante el día.

CÁRABO ORIENTAL
Strix leptogrammica
F: Estrígidos
Este cárabo vive en bosques tropicales de tierras bajas, desde India hasta el sureste de Asia. Es difícil de ver y se reconoce por su distintivo reclamo.

CÁRABO NORTEAMERICANO
Strix varia
F: Estrígidos
Esta especie del este de América del Norte, agresiva y de gran talla, se está extendiendo hacia el oeste y está desplazando al más pequeño cárabo californiano.

CÁRABO URALENSE
Strix uralensis
F: Estrígidos
Esta especie del norte de Eurasia, emparentada con el cárabo lapón, frecuenta los bosques de coníferas y planifolios y a veces entra en poblaciones.

CÁRABO COMÚN
Strix aluco
F: Estrígidos
Esta especie extendida por Eurasia frecuenta las zonas agrícolas y suburbanas y los parques y jardines. Su reclamo es muy característico.

CÁRABO CALIFORNIANO
Strix occidentalis
F: Estrígidos
Esta especie del oeste de América del Norte vive en bosques de coníferas maduros, donde caza ardillas voladoras y otras presas de talla similar.

AUTILLO PÁLIDO
Megascops ingens
F: Estrígidos
Esta ave de los bosques de montaña húmedos del norte de América del Sur es mayor y tiene las «orejas» más pequeñas que la mayoría de los autillos americanos.

AUTILLO CHÓLIBA
Megascops choliba
F: Estrígidos
Con un área que se extiende desde Costa Rica hasta Argentina, este es el más extendido de los autillos neotropicales. Presenta una forma marrón y otra gris.

BÚHO DESÉRTICO
Bubo ascalaphus
F: Estrígidos
Esta especie del Sáhara y Oriente Próximo es más pequeña, más pálida y de patas más largas que su pariente el búho real.

BÚHO REAL
Bubo bubo
F: Estrígidos
Este búho, que se distribuye por gran parte de Eurasia, es una de las mayores estrígidas y caza animales tan grandes como los cervatos.

AUTILLO CAPIROTADO
Megascops atricapilla
F: Estrígidos
En los bosques de América existen numerosas especies de autillos, muchas de ellas de «orejas» conspicuas. Esta se halla en Brasil, Paraguay y Argentina.

BÚHO AMERICANO
Bubo virginianus
F: Estrígidos
Este búho, la estrígida más extendida de América, vive desde Alaska hasta Argentina en biomas tan diferentes como la selva y el desierto.

BÚHO LECHOSO
Bubo lacteus
F: Estrígidos
La mayor estrígida africana tiene una extensa distribución al sur del Sáhara, donde depreda liebres y otras presas de talla similar.

«oreja»

disco facial blanco

22–24 cm

AUTILLO CARIBLANCO SUREÑO
Ptilopsis granti
F: Estrígidos
Como muchas otras estrígidas, esta especie de la mitad sur de África cría en los nidos de otras aves.

36 cm

BÚHO GRITÓN
Pseudoscops clamator
F: Estrígidos
Este búho de América tropical vive en hábitats abiertos y pantanosos y anida entre la hierba o en huecos bajos de árbol.

36–45 cm

CÁRABO GAVILÁN
Surnia ulula
F: Estrígidos
Esta especie de los bosques subárticos de Eurasia y América, de cabeza pequeña, cola larga y actividad diurna, es la estrígida más parecida a una rapaz.

13–15 cm

MOCHUELO DE LOS SAGUAROS
Micrathene whitneyi
F: Estrígidos
Como otras estrígidas insectívoras, este diminuto mochuelo del desierto de México y el suroeste de EE UU no necesita las plumas de vuelo aserradas que amortiguan el sonido.

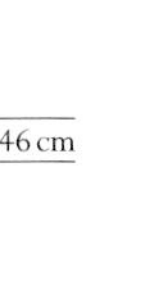

46 cm

LECHUZÓN DE ANTEOJOS
Pulsatrix perspicillata
F: Estrígidos
Aún más llamativos que los adultos, los jóvenes de esta especie de las selvas de la América tropical son blancos con la cara negra.

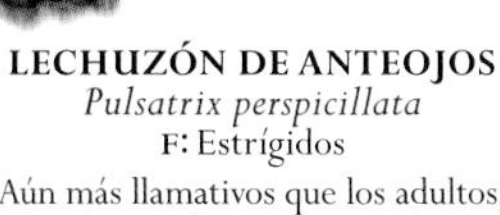

52–71 cm

BÚHO NIVAL
Bubo scandiacus
(Nyctea scandiaca)
F: Estrígidos
Este búho del norte de Eurasia y América del Norte anida en el suelo en tundras abiertas, donde depreda lémings, lagópodos, liebres, etc.

13–15 cm

MOCHUELO MÍNIMO
Glaucidium minutissimum
F: Estrígidos
Como otros *Glaucidium*, este mochuelo de Paraguay y el sureste de Brasil está activo de día y de noche.

MOCHUELO GNOMO
Glaucidium gnoma
F:Estrígidos
Los *Glaucidium* depredan a menudo presas mayores que ellos; a este pequeño depredador del oeste de EE UU se le ha visto atacando a gallos tetraoninos.

15–17 cm

17–18 cm

MOCHUELO CABURÉ
Glaucidium brasilianum
F: Estrígidos
Esta especie americana tiene en el dorso los ocelos típicos de los *Glaucidium* para confundir a los depredadores. Cuando se excita sacude la cola.

15–18 cm

MOCHUELO SIJÚ
Glaucidium siju
F: Estrígidos
Muchas estrígidas anidan en cavidades de árbol descompuestas, pero los *Glaucidium*, como este endémico de Cuba, suelen elegir viejos nidos de carpinteros.

brillantes ojos amarillos

grandes «orejas»

uñas largas

46–47 cm

BÚHO PESCADOR MALAYO
Ketupa ketupu
F: Estrígidos
Este pariente del Sudeste Asiático de los búhos *Bubo* captura peces y otras presas acuáticas con sus largas uñas.

»

»

MOCHUELO BOREAL
Aegolius funereus
F: Estrígidos
Este mochuelo de los bosques boreales y alpinos, muy común en el norte de Europa, localiza hábilmente pequeños mamíferos bajo la nieve.

MOCHUELO DE MADRIGUERA
Athene cunicularia
F: Estrígidos
Este mochuelo de patas largas, parcialmente diurno, vive en herbazales y desiertos de América y anida en madrigueras de perritos de la pradera u otros mamíferos.

BÚHO CHICO
Asio otus
F: Estrígidos
Este búho, que habita en bosques y brezales de gran parte del hemisferio norte, puede aplanar sus largas «orejas» y esconderlas.

BÚHO CAMPESTRE
Asio flammeus
F: Estrígidos
Este búho vive en marjales y otros terrenos abiertos de América, Eurasia, el norte de África e incluso algunas islas oceánicas.

CÁRABO PESCADOR COMÚN
Scotopelia peli
F: Estrígidos
Esta ave del África subsahariana frecuenta los bosques de ribera, donde caza desde perchas bajas en aguas de curso lento. Come peces, así como cangrejos y ranas.

NÍNOX LADRADOR
Ninox connivens
F: Estrígidos
Esta especie, así llamada por su reclamo parecido a un ladrido, habita en bosques y selvas desde las Molucas (Indonesia) hasta Australia.

NÍNOX MAORÍ
Ninox novaeseelandiae
F: Estrígidos
Como muchos *Ninox*, esta especie tiene los ojos grandes y amarillos; y, caso atípico entre las estrígidas, el macho es mayor que la hembra.

CÁRABO BLANQUINEGRO
Ciccaba nigrolineata
F: Estrígidos
Este cárabo barrado vive en selvas densas desde México hasta Ecuador, y es un pariente próximo de los cárabos *Strix*.

MESITOS

Estas pequeñas aves insectívoras de los bosques y matorrales de Madagascar no vuelan, o apenas.

FILO	CORDADOS
CLASE	AVES
ORDEN	MESITORNITIFORMES
FAMILIA	1
ESPECIES	3

Los miembros de la familia mesitornítidos se parecen a los paseriformes por su uso del canto para la defensa del territorio, pero son aves sociales que a menudo se alimentan, reposan y se acicalan en pequeños grupos. Dos especies de la familia son monógamas, y en ellas los machos y las hembras son similares; la otra es polígama, con claras diferencias entre ambos sexos.

MESITO PECHIBLANCO
Mesitornis variegatus
F: Mesitornítidos
Esta ave se encuentra en áreas aisladas de bosque caducifolio no perturbado donde deambula por el suelo en pequeños grupos buscando insectos, arañas y semillas entre la hojarasca.

CHOTACABRAS

Todos los chotacabras y afines son nocturnos. La mayoría caza insectos al vuelo gracias a la excepcional abertura de su boca.

Voraces depredadores nocturnos, camuflados con su plumaje críptico durante el día, los chotacabras tienen similitudes con búhos y lechuzas, y podría pensarse que ambos grupos están emparentados. No obstante, atendiendo a rasgos como la debilidad de sus pies y la capacidad que tienen algunas especies de entrar en letargo, estudios recientes vinculan a los chotacabras y afines (caprimulgiformes) con los vencejos y colibríes.

Los chotacabras suelen tener la cabeza grande y las alas largas para maniobrar deprisa en vuelo. Su corto pico tiene una enorme abertura para cazar insectos al vuelo; la abertura es aún mayor en los podargos de Australasia, que depredan pequeños vertebrados. De todo el orden, solo el guácharo es herbívoro, y se alimenta básicamente de frutos.

Son maestros del camuflaje. Los chotacabras se confunden totalmente con la hojarasca cuando están en el suelo, y en los árboles se posan de modo que parecen ramas. Cuando se asustan, los podargos y nictibios se quedan quietos y cierran los ojos, confundiéndose así con el tocón de un árbol.

NIDOS MÍNIMOS

Sus nidos se reducen al mínimo. Los chotacabras ponen sus huevos en la hojarasca o sobre el suelo. El nido de los guácharos es un montón de excrementos en un saliente de una gruta, y a los uruatús les basta con una depresión en una rama.

FILO	CORDADOS
CLASE	AVES
ORDEN	CAPRIMULGIFORMES
FAMILIAS	4
ESPECIES	122

Este nictibio grande abre su enorme boca, rasgo característico de un grupo de aves que puede cazar insectos mientras vuela.

GUÁCHARO
Steatornis caripensis
F: Esteatornítidos
Esta especie de América tropical, que anida en cuevas y come frutos oleosos, es la única ave nocturna que navega por ecolocación.

PODARGO AUSTRALIANO
Podargus strigoides
F: Podárgidos
Esta ave nocturna de Australia y Nueva Guinea caza desde perchas. Como otros podargos, permanece inmóvil durante el día, camuflado como una rama rota.

AÑAPERO YANQUI
Chordeiles minor
F: Caprimúlgidos
Los añaperos carecen de las cerdas en el pico de los chotacabras, lo cual podría ayudarles en la caza de insectos. Esta especie migra entre América del Norte y del Sur.

CHOTACABRAS OCELADO
Nyctiphrynus ocellatus
F: Caprimúlgidos
Como otras especies del género *Nyctiphrynus*, este pequeño chotacabras de las selvas de América tropical emite unos reclamos monótonos y lastimeros.

NICTIBIO URUATÚ
Nyctibius griseus
F: Nictíbidos
Los nictibios son insectívoros nocturnos de América tropical cuyo plumaje les camufla con la corteza de los árboles. Esta especie se halla en terrenos abiertos.

CHOTACABRAS PACHACUA
Phalaenoptilus nuttallii
F: Caprimúlgidos
Este pequeño chotacabras de las zonas áridas del sur de Canadá, EE UU y México es una de las pocas aves que entra en un letargo tipo hibernación.

CHOTACABRAS PAURAQUE
Nyctidromus albicollis
F: Caprimúlgidos
Esta ave de los hábitats abiertos de América tropical y subtropical se ve a menudo posada en los caminos por la noche.

»

CHOTACABRAS EUROPEO
Caprimulgus europaeus
F: Caprimúlgidos
Como muchos chotacabras de las regiones templadas norteñas, esta especie es migradora. Cría en bosques abiertos de Eurasia central y occidental e inverna en África.

CHOTACABRAS COLIPINTO
Caprimulgus maculicaudus
F: Caprimúlgidos
Esta especie, cuya área se extiende de México a Paraguay, podría ser más próxima a los añaperos americanos que a los chotacabras del Viejo Mundo.

CHOTACABRAS MACRURO
Caprimulgus macrurus
F: Caprimúlgidos
El área de este chotacabras, uno de los más extendidos del Viejo Mundo, abarca desde Pakistán hasta Nueva Guinea y Australia.

CHOTACABRAS SENCILLO
Caprimulgus inornatus
F: Caprimúlgidos
Esta especie, que cría desde Mauritania hasta Yemen, migra al sur hasta Liberia, República Democrática del Congo y Tanzania.

CHOTACABRAS FULIGINOSO
Caprimulgus saturatus
F: Caprimúlgidos
Esta especie de los bosques de montaña de Costa Rica y Panamá es quizá genéticamente más próxima a los añaperos que a los chotacabras del Viejo Mundo.

CHOTACABRAS RABUDO
Caprimulgus climacurus
F: Caprimúlgidos
Esta especie vive en África, desde Senegal hasta Etiopía. Su larga cola debe de ser un recurso para el cortejo.

CHOTACABRAS DE ESCALERA
Hydropsalis climacocerca
F: Caprimúlgidos
Esta especie pertenece a un grupo de chotacabras sudamericanos cuyos machos tienen la cola larga, ahorquillada y con manchas blancas, y la suya luce un curioso dibujo de escalera, de ahí su nombre.

CHOTACABRAS MALGACHE
Caprimulgus madagascariensis
F: Caprimúlgidos
Vive en Madagascar, las Comores, Mayotte y las Seychelles, y tiene un reclamo que recuerda al sonido de una canica rebotando sobre un suelo duro.

AÑAPERO COLICORTO
Lurocalis semitorquatus
F: Caprimúlgidos
Esta ave de cola corta y alas largas, uno de los diversos añaperos de América tropical, parece un murciélago cuando caza insectos al vuelo.

CHOTACABRAS COLUDO
Macropsalis creagra
F: Caprimúlgidos
Los machos de muchos chotacabras tienen una cola larga y vistosa. Esta especie, descendiente de añaperos, vive en el noreste de Argentina y el sureste de Brasil.

CHOTACABRAS PORTAESTANDARTE
Macrodipteryx longipennis
F: Caprimúlgidos
Esta especie de las sabanas africanas come polillas, escarabajos y otros insectos. Los machos nupciales tienen en cada ala una larguísima rémige que levantan como un estandarte en el cortejo.

COLIBRÍES Y VENCEJOS

El elegante vuelo de los vencejos –el más rápido entre las aves– y el cernido audible de los colibríes caracterizan a las aves de este orden como consumados aeronautas.

Tanto los vencejos como los colibríes –orden apodiformes– tienen unos pies diminutos que solo sirven para posarse en perchas; como contrapartida, tienen una gran capacidad de maniobrar en vuelo. Los vencejos surcan los cielos capturando insectos al vuelo, y los colibríes pueden volar hacia atrás, algunos a más de 70 aleteos por segundo; el néctar de que se alimentan les proporciona mucha energía, y de los insectos y arañas obtienen las proteínas necesarias para alimentar a sus pollos. Para cohesionar sus nidos, de la talla de un dedal, los colibríes usan telarañas; los vencejos emplean saliva. Los vencejos son casi cosmopolitas, pero los colibríes son endémicos de América.

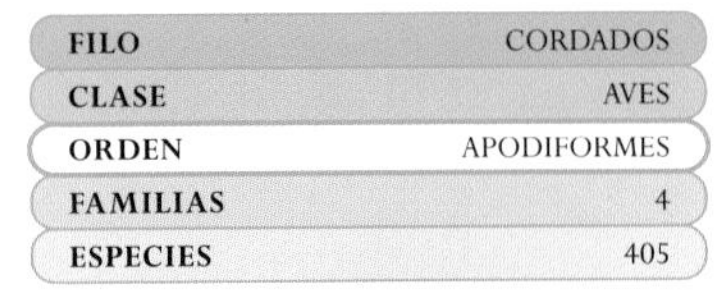

FILO	CORDADOS
CLASE	AVES
ORDEN	APODIFORMES
FAMILIAS	4
ESPECIES	405

VENCEJO COMÚN
Apus apus
F: Apódidos
Este vencejo euroasiático que inverna en la mitad sur de África anida en huecos de acantilados o edificios y es muy común en ciudades.

VENCEJO DE CHIMENEA
Chaetura pelagica
F: Apódidos
Esta especie del este de América del Norte que inverna en América del Sur anidaba en cuevas y huecos de árbol, pero hoy suele anidar en chimeneas suburbanas.

VENCEJO REAL
Tachymarptis melba
F: Apódidos
Este vencejo de vientre netamente blanco, que se alimenta de grandes insectos, se distribuye por el sur de Eurasia, África y Madagascar.

VENCEJO GORGIBLANCO
Aeronautes saxatalis
F: Apódidos
Esta ave de los cañones y montañas del oeste de América del Norte y de América Central se congrega en bandadas para dormir al atardecer.

ERMITAÑO ESCAMOSO
Phaethornis eurynome
F: Troquílidos
Los ermitaños son colibríes de colores apagados que liban flores de heliconias con su pico largo y curvo. Esta especie vive en la selva atlántica de América del Sur.

PICOHOZ COLIVERDE
Eutoxeres aquila
F: Troquílidos
Esta ave, que se distribuye de Costa Rica a Perú, utiliza su pico curvo para alimentarse de las flores también curvas de las heliconias.

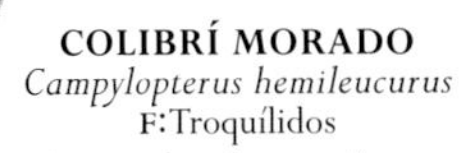

COLIBRÍ PICOLANZA MAYOR
Doryfera ludovicae
F: Troquílidos
Este habitante de los bosques andinos sorbe néctar de cinco especies de epifitas (plantas que crecen sobre otras plantas), una de las cuales es un muérdago.

COLIBRÍ OREJIMORADO
Colibri serrirostris
F: Troquílidos
Este colibrí de las sabanas sudamericanas pertenece a un orden cuyas otras tres especies suelen vivir en bosques de montaña.

COLIBRÍ MORADO
Campylopterus hemileucurus
F: Troquílidos
Los machos de este género tienen el raquis de sus dos primarias externas en forma de sable. Esta especie de América Central es el mayor colibrí fuera de América del Sur.

»

COLIBRÍ RUBÍ
Chrysolampis mosquitus
F: Troquílidos

Esta especie de los terrenos abiertos de América tropical tiene el píleo rojo rubí y la garganta amarilla, pero con poca luz puede parecer toda negra.

COLIBRÍ LUMAQUELA
Augastes lumachella
F: Troquílidos

Este colibrí de máscara facial verde vive en hábitats de monte bajo en una zona muy reducida del estado brasileño de Bahía.

COLIBRÍ COLIRROJO
Clytolaema rubricauda
F: Troquílidos

Este colibrí cuyos machos son colirrojos vive en el sureste de Brasil, pero podría tener un estrecho parentesco con dos especies andinas.

COLIBRÍ GORGIRRUBÍ
Archilochus colubris
F: Troquílidos

Esta especie diminuta, el único colibrí que cría en el este de EE UU, cruza volando todo el golfo de México para invernar más al sur.

SILFO DE KING
Aglaiocercus kingi
F: Troquílidos

Este colibrí vive en bosques húmedos de montaña de Colombia, Venezuela, Ecuador, Perú y Bolivia. Los machos tienen la cola muy larga y ahorquillada.

COLIBRÍ COLIHABANO
Boissonneaua flavescens
F: Troquílidos

Esta especie de Colombia, Ecuador y Venezuela busca néctar en árboles en flor, desde media altura hasta el dosel selvático, a menudo junto con otras aves.

AMAZILIA YUCATECA
Amazilia yucatanensis
F: Troquílidos

Las amazilias se distribuyen por América tropical; esta habita en el este de México, el norte de Belice y el noroeste de Guatemala.

ESMERALDA GORGIAZUL
Chlorostilbon notatus
F: Troquílidos

Esta ave de las selvas y tierras de cultivo del norte de América del Sur es uno de los muchos colibríes con el plumaje verde metálico.

COLIBRÍ GORGIAZUL
Lampornis clemenciae
F: Troquílidos

Esta especie de México y del sur de EE UU pertenece a un género de colibríes de montaña originario de América Central; sus poblaciones más norteñas son migratorias.

INCA ACOLLARADO
Coeligena torquata
F: Troquílidos

Los incas forman un grupo de colibríes nativos de los bosques andinos; el acollarado tiene una de las áreas más extensas del grupo, desde Colombia hasta Bolivia.

COLIBRÍ JASPEADO
Adelomyia melanogenys
F: Troquílidos

Este colibrí de tonos apagados es común en gran parte de los Andes, desde los cafetales de Colombia hasta Salta, en Argentina. Ambos sexos son similares.

COLIBRÍ DE ANNA
Calypte anna
F: Troquílidos

Esta especie, que cría en el oeste de América del Norte e inverna más al norte que otros colibríes, se alimenta del néctar de muchos tipos de flores.

9–10 cm

COLIBRÍ OREJIBLANCO
Basilinna leucotis
F: Troquílidos
Este colibrí cría en bosques de montaña de pinos y robles, a menudo cerca de arroyos, desde el sur de Arizona hasta Nicaragua.

13 cm

COLIBRÍ PUNEÑO
Oreotrochilus estella
F: Troquílidos
Este colibrí está tan bien adaptado a las altas cotas andinas que entra en letargo para sobrevivir a las gélidas noches del altiplano de Puno.

10 cm

COLIBRÍ PIQUIANCHO
Cynanthus latirostris
F: Troquílidos
Los machos de esta especie de las zonas de monte bajo del sur de EE UU y México vuelan hacia adelante y hacia atrás en una exhibición de cortejo.

9 cm

mancha gular púrpura

COLIBRÍ LUCIFER
Calothorax lucifer
F: Troquílidos
Este colibrí vive en desiertos y semidesiertos, especialmente en aquellos en que hay pitas, desde el sur de EE UU hasta el centro de México.

pico recto y negro

garganta verde irisada

10 cm

ZAFIRO GOLONDRINA
Thalurania furcata
F: Troquílidos
Los zafiros viven en selvas y bosques húmedos de América tropical; esta especie se halla al este de los Andes, desde Colombia al norte de Argentina.

10 cm

COLIBRÍ ESCAMOSO
Heliomaster squamosus
F: Troquílidos
Esta especie vive en bosques tropicales y subtropicales del este de Brasil, y como entre otros colibríes *Heliomaster*, los machos tienen una banda de color vivo en la garganta.

23–26 cm

COLIBRÍ PICOESPADA
Ensifera ensifera
F: Troquílidos
Este colibrí es la única ave que tiene el pico más largo que el cuerpo, y prefiere las flores en forma de trompeta de las pasionarias.

5–6 cm

COLIBRÍ ZUNZUNCITO
Mellisuga helenae
F: Troquílidos
Este endemismo de Cuba está emparentado con los colibríes de América del Norte. Los machos de esta especie son las aves más pequeñas del mundo.

12 cm

COLIBRÍ DE RAQUETAS
Ocreatus underwoodii
F: Troquílidos
Este colibrí vive en bosques andinos desde Venezuela hasta Bolivia, y liba a menudo flores de leguminosas.

mancha blanca junto al ojo

7–9 cm

partes superiores rojizas

COLIBRÍ RUFO
Selasphorus rufus
F: Troquílidos
Este agresivo colibrí es el ave de su tamaño que realiza una migración más larga, entre el sur de Alaska y el sur de México.

9 cm

9 cm

12 cm

COLIBRÍ NUQUIBLANCO
Florisuga mellivora
F: Troquílidos
Este colibrí de las selvas de América tropical, de gran tamaño e inconfundible vientre blanco en los machos, visita flores de árboles altos y epífitas.

9 cm

COLIBRÍ PECTORAL
Heliangelus strophianus
F: Troquílidos
Los colibríes del género *Heliangelus* se distribuyen por los Andes; esta especie habita en espesuras húmedas de Colombia y Ecuador.

COLIBRÍ CALÍOPE
Stellula calliope
F: Troquílidos
Este colibrí cría en bosques abiertos del oeste de América del Norte y pasa el invierno en semidesiertos mexicanos.

COLIBRÍ COPETÓN
Stephanoxis lalandi
F: Troquílidos
Este curioso colibrí podría estar emparentado con los *Campylopterus* de América Central, pero vive en bosques de montaña del este de América del Sur.

TROGONES Y QUETZALES

Los trogones y quetzales, aves de colores vivos de las selvas tropicales, tienen el pico ancho, un plumaje delicado y una estructura de pies específica del orden.

Las trogoniformes, aves del tamaño de una corneja, se distribuyen por las áreas tropicales de América, África y Asia. Los machos tienen el plumaje más vivo que las hembras. Con su cola larga y sus alas cortas, los trogones y quetzales vuelan ágilmente, aunque son reacios a salir de la espesura. El primero y el segundo dedo de sus pies se proyectan hacia delante, y el tercero y el cuarto hacia atrás; estos pies, únicos entre las aves, son tan débiles que estas aves apenas pueden desplazarse cuando están posadas.

Trogones y quetzales, que se alimentan sobre todo de frutos, pueden comer frutos grandes e invertebrados tales como orugas gracias a su ancho pico, que también les sirve para excavar sus nidos en madera podrida o en termiteros.

FILO	CORDADOS
CLASE	AVES
ORDEN	TROGONIFORMES
FAMILIA	1
ESPECIES	43

plumaje verde azulado irisado

35–100 cm

largas supracoberteras (solo en el macho)

QUETZAL GUATEMALTECO
Pharomachrus mocinno
F: Trogónidos
Las supracoberteras caudales del macho de esta emblemática especie centroamericana, ave nacional de Guatemala, son más largas que su cuerpo.

31–36 cm

TROGÓN CABECIRROJO
Harpactes erythrocephalus
F: Trogónidos
Como muchos otros trogones, esta huidiza ave del sur de Asia, que se distribuye del Himalaya a Sumatra, se posa inmóvil durante largos periodos.

27–32 cm

TROGÓN PECHINARANJA
Harpactes oreskios
F: Trogónidos
El patrón de color de esta especie del Sudeste Asiático, con las partes superiores apagadas y las inferiores brillantes, es típico de muchos trogones asiáticos.

píleo azul violáceo oscuro

26–28 cm

cola con puntas escotadas

TROGÓN TOCORORO
Priotelus temnurus
F: Trogónidos
Priotelus comprende dos especies, una endémica de La Española, y esta que es endémica de Cuba, tiene los colores de su bandera y es su ave nacional.

28–30 cm

TROGÓN ELEGANTE
Trogon elegans
F: Trogónidos
Este ave, el único trogón cuya área se extiende hasta EE UU, vive en bosques semiáridos, desde Arizona hasta Costa Rica.

25–27 cm

TROGÓN ENMASCARADO
Trogon personatus
F: Trogónidos
Los machos de esta especie de los bosques húmedos de montaña de América del Sur recuerdan al trogón elegante.

PÁJAROS-RATÓN

Así llamadas por su comportamiento y su correteo como de ratón, estas aves de cola larga y colores apagados están confinadas en el África subsahariana.

FILO	CORDADOS
CLASE	AVES
ORDEN	COLIIFORMES
FAMILIA	1
ESPECIES	6

Los pájaros-ratón, miembros de la única familia del orden coliiformes, tienen un plumaje suave de tonos pardos y grises, la cola larga y una cresta eréctil. Gregarios, ágiles y arborícolas, su comportamiento recuerda al de los periquitos. Los pollos crecen en un nido de palitos en forma de taza, nacen en un estadio de desarrollo avanzado y aprenden pronto a volar. Tras el hallazgo de fósiles de pájaros-ratón en Europa, los ornitólogos creen que estas aves son las supervivientes de un grupo más diversificado que antaño se extendía más allá de África. Su parentesco con otras aves no está claro: podrían ser afines de los trogones, de los martines pescadores o de los carpinteros.

PÁJARO-RATÓN COMÚN
Colius striatus
F: Cólidos
Esta especie, el mayor de los pájaros-ratón y uno de los más extendidos, habita en sabanas y bosques abiertos desde Nigeria y Sudán a Sudáfrica.

30–35 cm

33–35 cm

PÁJARO-RATÓN NUQUIAZUL
Urocolius macrourus
F: Cólidos
Este pájaro-ratón, que como otros *Urocolius* vuela con más potencia que los *Colius*, vive en zonas de matorral seco desde Senegal hasta Tanzania.

MARTINES PESCADORES Y AFINES

Los miembros del orden coraciformes, de distribución mundial, se posan con tres dedos hacia delante, como los paseriformes, pero los dos dedos exteriores están fusionados en la base.

Los martines pescadores suelen presentar tonos verdes o azules muy vistosos que no proceden de pigmentos, sino de la dispersión de la luz desde la microestructura de sus plumas. Su estilo de vida es muy diverso. Las especies piscívoras localizan la presa con la vista y se zambullen hasta ella desde un posadero fijo o tras cernerse en el aire. Otras también cazan animales terrestres, como lagartijas, roedores e insectos. Una gran cabeza y un cuello robusto les ayudan a zambullirse con eficiencia, y su largo pico de bordes afilados les permite sujetar presas resbaladizas. Las que capturan presas en tierra se caracterizan por un pico más ancho, a modo de pala, que el de las que comen peces. Sus patas cortas son idóneas para posarse, pero no para andar. No obstante, los pies también les sirven para excavar largas cavidades de anidamiento en tierra o riberas arenosas.

OTROS PARIENTES

Otros miembros de este orden, los momotos americanos y las carracas del Viejo Mundo, son cazadores terrestres. Los parientes de los martines pescadores presentan una gran variedad de formas del pico. Los abejarucos evitan la picadura de los insectos que cazan en vuelo sujetándolos lejos de la cabeza con su largo pico, que también utilizan a modo de pinzas para extraer el veneno.

FILO	CORDADOS
CLASE	AVES
ORDEN	CORACIFORMES
FAMILIAS	6
ESPECIES	177

Los martines pescadores atrapan a la presa con su pico de daga en vez de apuñalarla, como hacen casi todas las otras aves piscívoras.

CARRACA LILA
Coracias caudatus
F: Coráцidos

Como otras carracas, esta ave del este y el sur de África depreda animales terrestres, abatiéndose sobre lagartijas, roedores y grandes invertebrados.

CARRACA EUROPEA
Coracias garrulus
F: Coracidos

Esta especie del oeste de Eurasia, la más extendida de las carracas *Coracias*, inverna en África, y es conocida por sus volteretas en las exhibiciones de cortejo.

CARRACA CORONIPARDA
Coracias naevius
F: Corácidos

Esta carraca grande y de colores más apagados que otras especies vive en zonas áridas del África subsahariana.

CARRACA BLANQUIAZUL
Coracias cyanogaster
F: Corácidos

Como muchas otras carracas, esta especie del centro de África, común en toda su extensa área, anida en cavidades de árboles.

CARRACA DE RAQUETAS
Coracias spatulatus
F: Corácidos

Esta carraca del este y el sur de África tiene una cola característica, con las dos rectrices externas en forma de raqueta o espátula.

CARRACA TERRESTRE CABECIAZUL
Atelornis pittoides
F: Braquipterácidos

Como su nombre indica, las carracas terrestres pasan mucho tiempo en el suelo. Esta especie de las selvas malgaches es la más vistosa de la familia.

CARRACA ORIENTAL
Eurystomus orientalis
F: Corácidos

Esta carraca vive en zonas arboladas desde el Himalaya hasta Japón y Australia.

CARRACA PICOGORDA
Eurystomus glaucurus
F: Corácidos

Como el común de las *Eurystomus*, esta especie del África tropical y Madagascar tiene las alas más largas y es más ágil que las carracas *Coracias*.

CARRACA TERRESTRE COLILARGA
Uratelornis chimaera
F: Braquipterácidos

Como otras carracas terrestres, esta especie de los bosques secos del suroeste de Madagascar anida en huecos excavados en el suelo.

»

BARRANCOLÍ JAMAICANO
Todus todus
F: Tódidos
Los barrancolíes son aves del Caribe similares a martines pescadores, diminutas, verdes y con el pico plano para cazar insectos al vuelo. Esta especie es endémica de Jamaica.

ALCIÓN DE ESMIRNA
Halcyon smyrnensis
F: Alcedínidos
Como muchos otros alciones, esta especie del sur de Asia es muy ruidosa, y emite unos reclamos quejumbrosos o también similares a una risa.

ALCIÓN CABECIBLANCO
Halcyon leucocephala
F: Alcedínidos
Los alciones son aves forestales que comen sobre todo insectos; esta especie del África subsahariana y el sur de Arabia también depreda peces.

MARTÍN PIGMEO AFRICANO
Ispidina picta
F: Alcedínidos
Esta ave del África tropical pertenece al grupo de los martines pescadores, pero depreda sobre todo insectos y habita lejos del agua.

MARTÍN PESCADOR VERDE
Chloroceryle americana
F: Alcedínidos
Este martín pescador neotropical se zambulle en pos de peces e insectos acuáticos, y a menudo se posa en rocas de lechos fluviales.

CUCABURRA COMÚN
Dacelo novaeguineae
F: Alcedínidos
Este alción de gran talla, muy extendido por las zonas arboladas de Australia, depreda reptiles e invertebrados y reclama con una potente «risa».

ALCIÓN TOROTORO
Syma torotoro
F: Alcedínidos
Este alción habita en selvas de Nueva Guinea y del norte de Australia y se alimenta sobre todo de insectos, así como de lombrices y lagartijas.

MARTÍN PESCADOR AZUR
Ceyx azureus
F: Alcedínidos
Como otros martines pescadores, este anida en huecos de orillas fluviales. Habita en arroyos, lagos y manglares de Australia, Nueva Guinea y las Molucas.

MARTÍN PESCADOR MENUDO
Ceyx pusillus
F: Alcedínidos
Esta diminuta especie de las selvas abiertas y manglares de Australasia come pececillos, larvas de insectos y pequeños crustáceos.

MARTÍN PESCADOR COMÚN
Alcedo atthis
F: Alcedínidos
Esta ave de Eurasia y el norte de África es típica de un grupo de martines pescadores diminutos y de cola corta del Viejo Mundo.

MARTÍN PESCADOR PÍO
Ceryle rudis
F: Alcedínidos
Este martín pescador de los ríos y lagos de África y el sur de Asia forma a menudo pequeños grupos, y puede cernirse durante mucho tiempo sobre un mismo punto.

MARTÍN GIGANTE NORTEAMERICANO
Megaceryle alcyon
F: Alcedínidos
El martín gigante de América del Norte es un pescador especializado que a menudo se cierne sobre el agua antes de zambullirse para pescar.

30–35 cm
plumas caudales centrales blancas

ALCIÓN COLILARGO SILVIA
Tanysiptera sylvia
F: Alcedínidos
Muchos alciones, como esta especie de Nueva Guinea y el norte de Australia, anidan en huecos en lo alto de termiteros.

37 cm

ALCIÓN ALIPARDO
Pelargopsis amauroptera
F: Alcedínidos
Esta especie asiática habita en manglares desde India hasta la península Malaya.

ALCIÓN PICOCIGÜEÑA
Pelargopsis capensis
F: Alcedínidos
Este alción del sur de Asia se halla cerca del agua en bosques y selvas, especialmente en zonas no ocupadas por su congénere el alción alipardo.

25–28 cm

ALCIÓN ACOLLARADO
Todiramphus chloris
F: Alcedínidos
Este alción está muy extendido por los manglares de las zonas costeras del sur de Asia hasta el oeste de Oceanía.

MOMOTO YERUVÁ OCCIDENTAL
Baryphthengus martii
F: Momótidos
Como otros momotos, este del centro y el norte de América del Sur captura en breves vuelos grandes insectos y pequeños vertebrados.

MOMOTO COMÚN
Momotus momota
F: Momótidos
Como los abejarucos y muchos martines pescadores, este típico momoto de colores vivos de América tropical anida en túneles de orillas fluviales.

MOMOTO CEJIAZUL
Eumomota superciliosa
F: Momótidos
Como en otros momotos, la forma de raqueta de las rectrices de esta especie de América Central se debe a la rotura de las débiles barbas intermedias de estas plumas.

ABEJARUCO EUROPEO
Merops apiaster
F: Merópidos
Como otros abejarucos, esta especie migratoria que cría en el suroeste de Eurasia y el norte de África caza insectos al vuelo. Antes de comerse las abejas, les quita el aguijón.

23 cm

ABEJARUCO AUSTRALIANO
Merops ornatus
F: Merópidos
Las poblaciones más meridionales de esta ave, el único abejaruco de Australia, invernan en el norte de Australia y en Indonesia.

22–24 cm

ABEJARUCO FRENTIBLANCO
Merops bullockoides
F: Merópidos
Este abejaruco del África subecuatorial cría en grandes colonias con un complejo sistema social en que las aves no reproductoras ayudan a criar los pollos.

22–25 cm

ABEJARUCO ESMERALDA
Merops orientalis
F: Merópidos
Esta especie de los hábitats abiertos de África y el sur de Asia anida en colonias más laxas que otros abejarucos.

CARRACA CUROL

Con una sola especie de Madagascar, el orden leptosomiformes se sitúa cerca de los quetzales sudamericanos, aunque su afinidad con otros órdenes es incierta.

FILO	CORDADOS
CLASE	AVES
ORDEN	LEPTOSOMIFORMES
FAMILIA	1
ESPECIE	1

La carraca curol, que sobrevive en los restos de bosques fragmentados, parece estar menos amenazada que muchas otras especies malgaches. Se alimenta cazando en vuelo insectos grandes, pero también come pequeños reptiles. Como los cucos, es capaz de digerir orugas peludas que casi todas las especies evitan, y dos de sus dedos apuntan hacia delante y otros dos hacia atrás.

CARRACA CUROL
Leptosomus discolor
F: Leptosomátidos
Este depredador malgache de pequeños animales anida en cavidades arbóreas, y pese a su nombre, no está estrechamente emparentado con las carracas verdaderas.

ASESINO CON PICO DE PALA ∨
La cucaburra común, un audaz martín pescador de tierras secas, se posa en lugares expuestos para avistar presas. Con su pico en forma de pala y su cuello musculoso captura serpientes y roedores pequeños, y golpea las presas más grandes contra el suelo para someterlas.

las plumas de la corona forman un penacho corto

parche oscuro en la mejilla, debajo del gran ojo

la mandíbula inferior le sirve para recoger presas pequeñas

en el cielo, el ave queda camuflada por la parte inferior blanca, y las presas no la ven desde abajo

CUCABURRA COMÚN
Dacelo novaeguineae

La cucaburra común es famosa por su voz. Una primera carcajada sonora da paso a un potente coro de varios individuos cuyas notas entrecortadas resuenan en el matorral australiano, donde esta ave de cabeza grande y patas cortas recibe nombres alusivos a esta peculiaridad o a la regularidad de sus llamadas al amanecer y al atardecer. Su nido es un hueco de un tocón o un agujero que excava con el pico en un termitero. Como otros martines pescadores, pone de tres a cinco huevos de color blanco puro. Si escasea la comida, el último huevo es pequeño, y es probable que el débil polluelo que salga de él sea asesinado por sus hermanos más fuertes. Los adultos forman parejas de por vida y en el nido cuentan con la ayuda de varios individuos inmaduros de años anteriores: todos incuban los huevos y alimentan a los pollos. Esta especie está muy extendida y es relativamente común, pero los recientes incendios forestales de Australia han afectado gravemente a muchas de sus poblaciones.

TAMAÑO 41–47 cm
HÁBITAT Medio forestal abierto y tupido, y bosques de eucaliptos
DISTRIBUCIÓN Este de Australia, introducida en otras partes de Australia y Nueva Zelanda
DIETA Lagartijas, serpientes, pequeños mamíferos, insectos, gusanos, caracoles y otros invertebrados

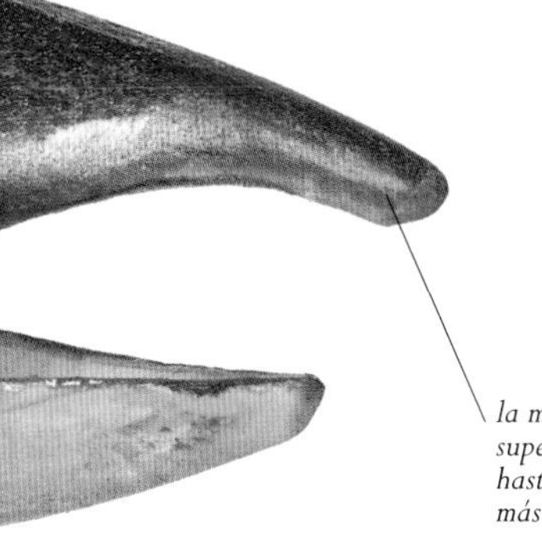

la mandíbula superior se estrecha hasta una punta más delgada

OJO >
Una zona sensible de la retina le da una visión excepcionalmente nítida. El ave mueve la cabeza para alinear una segunda zona sensible en cada ojo y así tiene visión binocular cuando busca presas desde arriba.

∨ LENGUA
La lengua, ancha y puntiaguda, se encaja en la profunda mandíbula inferior. Con una mucosa pegajosa y un «ganchito» en la parte posterior, ayuda a manipular y tragar presas musculosas o que se retuercen.

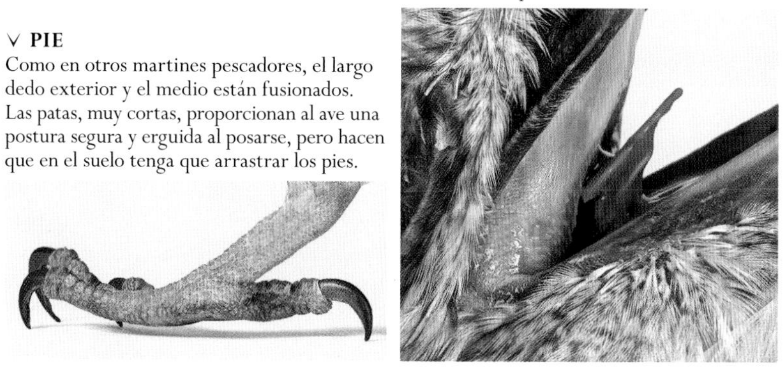

∨ PIE
Como en otros martines pescadores, el largo dedo exterior y el medio están fusionados. Las patas, muy cortas, proporcionan al ave una postura segura y erguida al posarse, pero hacen que en el suelo tenga que arrastrar los pies.

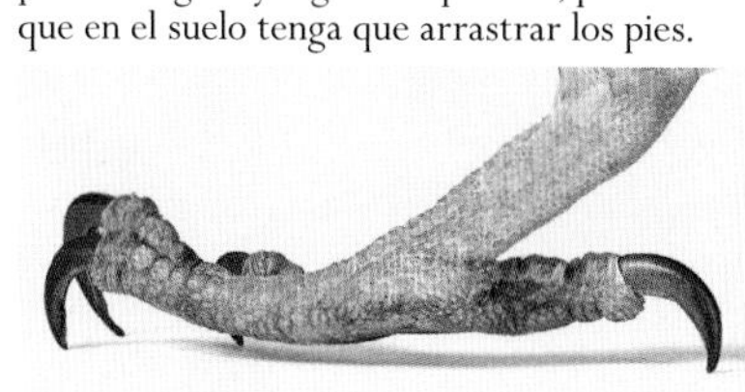

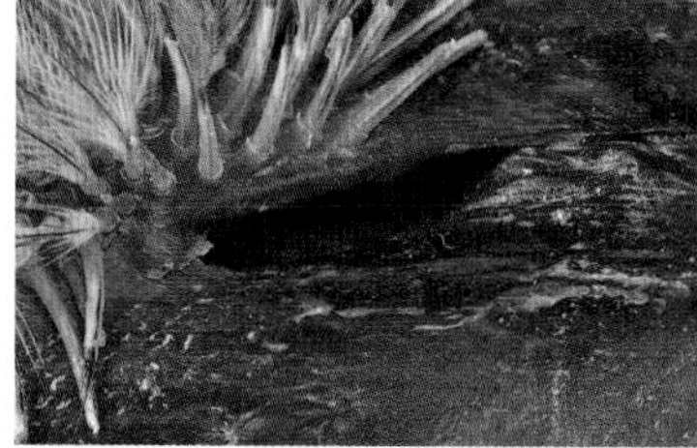

< NARINA
La fosa nasal abierta en la base del pico minimiza el riesgo de obstrucción por la arena o el barro. Las largas plumas erizadas que hay detrás protegen el ojo.

COLA ∨
La cola de la cucaburra común es larga para un martín pescador. En vuelo se despliega y muestra sus 12 plumas.

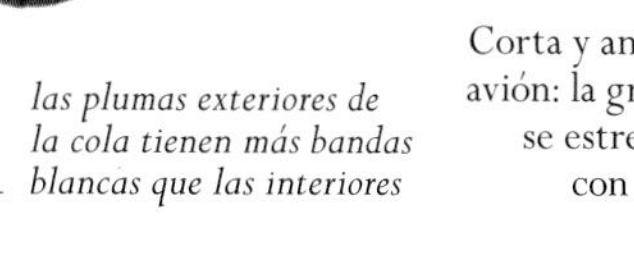

las plumas exteriores de la cola tienen más bandas blancas que las interiores

ALA ∧
Corta y ancha, el ala es curva, en forma de ala de avión: la gruesa y musculosa extremidad anterior se estrecha hasta las plumas remeras, planas y con forma de cuchilla detrás y en la punta.

CÁLAOS Y ABUBILLAS

Los cálaos (entre los que figuran algunos gigantes del mundo de las aves) y las abubillas constituyen un orden propio del Viejo Mundo, los bucerotiformes, algunos con vistosos colores y todos con llamativas características morfológicas.

Las abubillas terrestres buscan invertebrados y reptiles en el suelo con su pico curvado, mientras que las arbóreas suben a los árboles para inspeccionar el interior de la corteza con el mismo fin. El pico de los cálaos es más ancho y largo, con un gran adorno córneo encima llamado casco. Su tamaño va del mediano al muy grande de las especies de bosque. Los terrestres son aves muy grandes y pesadas. Algunos anidan en agujeros de árboles donde el macho encierra a la hembra tras un «muro» de barro y la alimenta a través de una rendija hasta que nacen los pollos.

FILO	CORDADOS
CLASE	AVES
ORDEN	BUCEROTIFORMES
FAMILIAS	4
ESPECIES	74

TOCO PIQUIRROJO
Tockus erythrorhynchus
F: Bucerótidos
Los tocos son cálaos depredadores africanos, la mayoría con el pico de rojo a amarillo. Esta especie vive en sabanas y bosques abiertos desde Senegal hasta Namibia.

CÁLAO TROMPETERO
Bycanistes bucinator
F: Bucerótidos
Este cálao de los bosques del este y el sur de África es similar al cálao cariplateado, pero tiene la piel facial rosada.

CÁLAO CARIPLATEADO
Bycanistes brevis
F: Bucerótidos
Este cálao pío que come frutos vive en bosques del este y el sur de África. Como en otros cálaos, el macho tiene el pico más grande que la hembra y un casco más prominente.

CÁLAO CARIBLANCO
Anthracoceros albirostris
F: Bucerótidos
Esta especie, el más extendido de los cálaos píos asiáticos, vive en bosques y tierras de cultivo desde el Himalaya hasta Bali (Indonesia).

CÁLAO CORONADO
Anthracoceros coronatus
F: Bucerótidos
Como la mayoría de los cálaos asiáticos, esta especie de India y Sri Lanka es omnívora y come gran cantidad de frutos.

CÁLAO TERRESTRE NORTEÑO
Bucorvus abyssinicus
F: Bucerótidos
Esta especie, uno de los dos cálaos terrestres y depredadores de los herbazales africanos, habita entre Mauritania y Kenia y tolera la sequedad mejor que su congénere meridional.

ABUBILLA
Upupa epops
F: Upúpidos
Distribuida por África y Eurasia, anida en huecos de árboles; tiene un vuelo como de mariposa y busca invertebrados en el suelo con su pico fuerte y curvo.

ABUBILLA ARBÓREA VERDE
Phoeniculus purpureus
F: Fenicúlidos
Ave del África subsahariana que trepa por los árboles como un carpintero, pero tiene un pico de abubilla para buscar invertebrados en la madera podrida.

CARPINTEROS, TUCANES Y AFINES

Todas las especies de este orden tienen unos pies de estructura similar. La mayoría anida en cavidades de árboles, y más de la mitad son carpinteros.

Los carpinteros y demás pícidos se distribuyen por casi todo el planeta. Se aferran a los troncos de los árboles con sus pies zigodáctilos típicos del orden (dos dedos hacia delante y dos hacia atrás), se apoyan en su cola rígida y perforan la madera con su fuerte pico y extraen las presas con su lengua, larga y pegajosa. Otras familias de este orden están confinadas a los trópicos: los indicadores, que comen la cera que roban en nidos de abejas; los jacamarás, que cazan grandes insectos; los bucos, que cazan como papamoscas; los barbudos, que tienen el pico aserrado para comer frutos, y los cabezones y sus «primos» los tucanes. Los indicadores son parásitos de cría y ponen sus huevos incluso en nidos de pájaros carpinteros. Otras aves del grupo anidan en huecos de árboles o excavan madrigueras en el suelo o en termiteros.

FILO	CORDADOS
CLASE	AVES
ORDEN	PICIFORMES
FAMILIAS	9
ESPECIES	445

TUCÁN PECHIBLANCO
Ramphastos tucanus
F: Ranfástidos
Como otros tucanes, esta especie del norte de América del Sur cría en cavidades de árboles y a menudo usa nidos abandonados de pícidos.

TUCÁN BICOLOR
Ramphastos dicolorus
F: Ranfástidos
Este tucán del este de América del Sur es uno de los *Ramphastos* más pequeños y el único que tiene gran parte de la zona ventral roja.

TUCÁN DE CUVIER
Ramphastos tucanus cuvieri
F: Ranfástidos
Esta subespecie del tucán pechiblanco con el pico oscuro se consideraba antaño una especie distinta de la subespecie nominal o de pico rojizo.

TUCÁN PICOACANALADO
Ramphastos vitellinus
F: Ranfástidos
Los tucanes del género *Ramphastos* son negros, con el pecho blanco o amarillo. En esta especie de América del Sur, el color pectoral depende de la subespecie.

mancha anaranjada en torno al ojo

55–65 cm

TUCÁN TOCO
Ramphastos toco
F: Ranfástidos
Esta ave del centro y el este de América del Sur es el mayor de los tucanes. A diferencia de los tucanes selváticos, este vive en hábitats arbolados más abiertos.

enorme pico anaranjado y con la punta negra

30–35 cm

TUCANETE ESMERALDA
Aulacorhynchus prasinus
F: Ranfástidos
Esta especie, la más extendida de un grupo de pequeños tucanes verdes, se distribuye desde México hasta Bolivia y comprende varias subespecies.

35 cm

♀

TUCANETE PIQUIMACULADO
Selenidera maculirostris
F: Ranfástidos
Esta especie del sur de Brasil, Paraguay y el noreste de Argentina es uno de los varios tucanetes dicromáticos; las hembras tienen manchas marrones.

piel azul en torno al ojo

ARASARÍ BANANA
Pteroglossus bailloni
F: Ranfástidos
A diferencia de otros arasarís, este tucán del sureste de Brasil, Paraguay y el noreste de Argentina tiene un plumaje bastante apagado.

35–40 cm

41 cm

ARASARÍ ACOLLARADO
Pteroglossus torquatus
F: Ranfástidos
Esta especie que vive en selvas húmedas del sur de México y el norte de América del Sur es el más norteño de los arasarís.

37 cm

pico negro y amarillo

ARASARÍ CARIPARDO
Pteroglossus castanotis
F: Ranfástidos
Los arasarís, como este del centro y el sureste de América del Sur, son tucanes gregarios de cola larga. La mayoría tiene el obispillo rojo y unas bandas ventrales muy visibles.

»

CABEZÓN TURERO
Capito niger
F: Ranfástidos
Este cabezón del norte de América del Sur rara vez se ve, pero su reclamo como de rana se oye a menudo.

CABEZÓN CABECIRROJO
Eubucco bourcierii
F: Ranfástidos
Esta especie, que vive entre Costa Rica y Perú, suele ser silenciosa, algo inusual entre los cabezones.

BARBUDO GUIFSOBALITO
Lybius guifsobalito
F: Ranfástidos
La mayoría de los barbudos viven en terrenos más abiertos que los cabezones americanos, que son forestales. Este habita en el este de África.

BARBUDO PECHIRROJO
Lybius dubius
F: Ranfástidos
Los barbudos tienen vibrisas en la base del pico, que son especialmente grandes en esta especie de África central y occidental.

BARBUDO GORGIAZUL
Psilopogon asiaticus
F: Ranfástidos
Los barbudos asiáticos suelen buscar alimento junto a otras aves frugívoras en el dosel selvático. Este se distribuye del Himalaya a Tailandia.

BARBUDO CALDERERO
Psilopogon haemacephalus
F: Ranfástidos
Este barbudo vive en Asia meridional, y su incesante reclamo «tonc-tonc» es un sonido común en los linderos forestales y zonas de matorral.

BARBUDO CAPIRROJO
Psilopogon rubricapillus
F: Ranfástidos
Este pequeño barbudo asiático está confinado a Sri Lanka y el suroeste de India, donde es una especie común que puede verse en pueblos y aldeas.

BARBUDO CABECIPARDO
Psilopogon zeylanicus
F: Ranfástidos
Esta especie de Nepal, India y Sri Lanka es un barbudo asiático típico y un frugívoro que adora los higos.

BARBUDITO FRENTIRROJO
Pogoniulus pusillus
F: Ranfástidos
Esta especie de los bosques ribereños del este y el sureste de África se alimenta de insectos y frutos, sobre todo bayas de muérdago.

BARBUDO GRANDE
Psilopogon virens
F: Ranfástidos
El mayor de los barbudos es una ruidosa ave que se halla en los bosques perennifolios de montaña desde el Himalaya hasta Vietnam y Tailandia.

BARBUDITO CULIGUALDO
Pogoniulus bilineatus
F: Ranfástidos
Los barbuditos, como este del África tropical, son barbudos africanos blanquinegros que emiten un repetitivo reclamo durante todo el día.

BARBUDITO FRENTIGUALDO
Pogoniulus chrysoconus
F: Ranfástidos
Esta especie emparentada con el barbudito frentirrojo habita en sabanas y bosques secos y abiertos de gran parte del África subsahariana.

BARBUDO DIADEMADO
Tricholaema diademata
F: Ranfástidos

Este barbudo del África oriental vive en hábitats más secos que su congénere el barbudo lacrimoso. Como otros barbudos, anida en huecos de árbol.

CABEZÓN TUCÁN
Semnornis ramphastinus
F: Ranfástidos

Esta especie de las pluvisilvas del oeste de Colombia y Ecuador es intermedia entre los barbudos y los tucanes y solo come frutos.

BARBUDO LACRIMOSO
Tricholaema lacrymosa
F: Ranfástidos

Este barbudo de los bosques y terrenos arbolados húmedos del África central y oriental se alimenta sobre todo de higos y bayas.

BARBUDO CAPUCHINO
Trachyphonus darnaudii
F: Ranfástidos

Los barbudos africanos *Trachyphonus*, como este que se extiende por África oriental, viven en terrenos abiertos y pasan mucho tiempo en el suelo.

BARBUDO CABECIRROJO
Trachyphonus erythrocephalus
F: Ranfástidos

También de África oriental, este barbudo terrestre come insectos, frutos, semillas e incluso lagartijas. Suele cavar en los termiteros para anidar.

BARBUDO PICOFUEGO
Psilopogon pyrolophus
F: Ranfástidos

Esta especie del sureste de Asia, el único barbudo asiático con la cola escalonada, también tiene mechones de vibrisas y un reclamo como de cigarra.

INDICADOR DEL ZAMBEZE
Prodotiscus zambesiae
F: Indicatóridos

Los indicadores comen insectos, frutos e incluso cera de abejas. Esta especie del África tropical pone huevos en nidos de anteojitos y su pollo mata a los del huésped.

TORCECUELLO EUROASIÁTICO
Jynx torquilla
F: Pícidos

Come hormigas y cría en zonas arboladas de Eurasia. Tiene el pico más débil que los carpinteros y tuerce su cuello con gran facilidad.

CARPINTERITO DEL AMAZONAS
Picumnus aurifrons
F: Pícidos

Los carpinteritos son miembros diminutos de la familia de los pitos, carpinteros y afines que, como esta especie amazónica, usan su corto pico para capturar insectos en la madera podrida.

CARPINTERITO TELEGRAFISTA
Picumnus exilis
F: Pícidos

Como otros carpinteritos, este de las selvas sudamericanas carece de las plumas caudales rígidas de otros parientes más grandes, y así pasa menos tiempo en troncos verticales.

CARPINTERITO DE CEARÁ
Picumnus limae
F: Pícidos

Como otros carpinteritos, este endemismo del estado de Ceará (Brasil) reutiliza huecos-nido de pícidos mayores, pues con su pequeño pico no puede cavar su propio nido.

CARPINTERITO CUELLICANELA
Picumnus temminckii
F: Pícidos

Este carpinterito de las selvas y montes bajos del este de Paraguay, el sureste de Brasil y el noreste de Argentina se camufla bien gracias a su color críptico.

CARPINTERITO OCELADO
Picumnus pygmaeus
F: Pícidos

Este carpinterito es endémico del bosque tropical seco del noreste de Brasil, donde es relativamente común.

»

PITO TERRESTRE
Geocolaptes olivaceus
F: Pícidos

Este carpintero inusual, por cuanto vive en el suelo, habita en zonas rocosas de Sudáfrica, come hormigas y cava en bancos de tierra para construir su cámara-nido.

PITO DE NUBIA
Campethera nubica
F: Pícidos

Este pito habita en zonas secas de África, desde Chad hasta Somalia y Tanzania, y se le suele ver en parejas.

CHUPASAVIA NORTEÑO
Sphyrapicus varius
F: Pícidos

Los chupasavias, como este de cola ahorquillada que cría en el centro de América del Norte y migra más al sur -hasta Panamá y las Antillas-, perforan árboles para sorber la savia.

PITO CULIRROJO
Dinopium javanense
F: Pícidos

Esta especie tropical habita en varios tipos de terrenos arbolados -incluidos manglares-, desde India hasta Borneo y Java.

PICAMADEROS NORTEAMERICANO
Dryocopus pileatus
F: Pícidos

Este es probablemente el pícido más grande de América. Como los demás *Dryocopus* americanos, y a diferencia del picamaderos negro euroasiático, luce una cresta.

PITO DE CORAZONES
Hemicircus canente
F: Pícidos

Esta especie, así llamada por sus manchas dorsales negras en forma de corazón, es una de las dos de este género de pitos crestados del Sudeste Asiático.

CARPINTERO VERDIAMARILLO
Piculus chrysochloros
F: Pícidos

Esta especie típica de un grupo de pícidos de dorso verde de América tropical suele seguir a las bandadas mixtas.

PICAMADEROS NEGRO
Dryocopus martius
F: Pícidos

Este gran pícido de los bosques del norte de Eurasia (también del Pirineo) pertenece a un reducido grupo de especies mayoritariamente negras y con el píleo rojo.

CARPINTERO DE CAROLINA
Melanerpes carolinus
F: Pícidos

Como otros carpinteros *Melanerpes*, esta especie común en América del Norte, desde el sur de Canadá hasta el norte de México, almacena alimentos en grietas.

PITO REAL
Picus viridis
F: Pícidos

Este miembro de un género de pitos de dorso verde del Viejo Mundo, que se distribuye por Europa y Asia occidental, come con frecuencia hormigas en el suelo.

CARPINTERO CABECIRROJO
Melanerpes erythrocephalus
F: Pícidos

Esta vistosa especie de América del Norte suele comerse los huevos y pollos de otras aves de su territorio.

CARPINTERO ARCOÍRIS
Melanerpes flavifrons
F: Pícidos

La mayoría de los carpinteros *Melanerpes* tienen el plumaje barrado, y algunos, como esta especie del este de América del Sur, lucen además vivos colores.

PICAMADEROS ROBUSTO
Campephilus robustus
F: Pícidos

El género *Campephilus* comprende especies comunes, como esta del este de América del Sur y otras tan raras como los picamaderos picomarfil e imperial, quizá extinguidas.

CARPINTERO ESCAPULARIO
Colaptes auratus
F: Pícidos
El nombre de este carpintero de América del Norte y Central alude a su «escapulario» pectoral negro. Además de este morfotipo con los raquis de las primarias amarillos, hay otro con los raquis rojos.

PICO VELLOSO
Picoides villosus
F: Pícidos
Este pariente norteamericano del pico tridáctilo euroasiático abunda más cuando aumenta el número de sus presas, las larvas de escarabajo de la corteza.

PICO PICAPINOS
Dendrocopos major
F: Pícidos
Este miembro de un grupo euroasiático de picos píos es común en bosques y jardines con coníferas de Europa, el noroeste de África y el Asia templada.

PICO MEDIANO
Dendrocoptes medius
F: Pícidos
Este pico confinado a Europa y el suroeste de Asia tamborilea menos a menudo que su congénere el pico picapinos.

JACAMARÁ TRIDÁCTILO
Jacamaralcyon tridactyla
F: Galbúlidos
Endémico de Brasil y vulnerable por la destrucción de sus hábitats, este jacamará de plumaje apagado tiene dos dedos delante y uno detrás.

JACAMARÁ GRANDE
Jacamerops aureus
F: Galbúlidos
El más grande de los jacamarás se distribuye de Costa Rica a Bolivia, se alimenta sobre todo de insectos y a veces depreda lagartijas.

JACAMARÁ COLIRRUFO
Galbula ruficauda
F: Galbúlidos
Con su plumaje verde irisado por encima y rojizo por debajo, esta especie de América Central y del Sur es típica de su género.

JACAMARÁ DEL PURÚS
Galbalcyrhynchus purusianus
F: Galbúlidos
Los jacamarás están especializados en la caza de grandes insectos. Este se halla en Brasil, Bolivia y Perú, y como los otros *Ibalcyrhynchus*, es de color castaño.

BUCO CHACURÚ
Nystalus chacuru
F: Bucónidos
Como otros bucos, esta especie del centro de América del Sur es un ave cabezona y con el pico grande, adaptado para capturar pequeños animales.

MONJA UNICOLOR
Monasa nigrifrons
F: Bucónidos
Las monjas son parientes de plumaje negro de los bucos. Esta ruidosa especie sudamericana sigue a las bandas de monos para comerse las pequeñas presas que estos espantan.

MONJILLA MACURÚ
Nonnula rubecula
F: Bucónidos
Las monjillas son parientes de los bucos, pero más pequeños y de color apagado. Esta es típica de las selvas y bosques sudamericanos.

BUCO GOLONDRINA
Chelidoptera tenebrosa
F: Bucónidos
Esta ave de América del Sur tropical, que posada recuerda a un avión común y en vuelo a un murciélago, caza insectos voladores a la manera de los papamoscas.

SERIEMAS

Las seriemas o chuñas, del orden cariamiformes, son unas grandes y ruidosas aves terrestres con largas patas que viven en las sabanas arboladas secas de América del Sur.

FILO	CORDADOS
CLASE	AVES
ORDEN	CARIAMIFORMES
FAMILIA	1
ESPECIES	2

Anteriormente vinculadas a las grullas, las seriemas se han situado más cerca de los halcones. Las dos especies se cuentan entre las mayores aves terrestres sudamericanas vivas y rara vez vuelan, si no es para alcanzar el dosel arbóreo con el fin de anidar y pasar la noche. Sus sonoras llamadas las hacen a menudo más fáciles de oír que de ver.

plumaje suelto en cuello y pecho

plumas alares rayadas, casi siempre ocultas

CHUÑA PATIRROJA
Cariama cristata
F: Cariámidos
Probablemente emparentadas con las extinguidas aves del terror (forusrácidos), las chuñas tienen una garra en forma de hoz para desmembrar pequeñas presas. La patirroja vive en herbazales desde el sur de la Amazonia al norte de Argentina.

75–90 cm

PASERIFORMES

Este extensísimo orden comprende casi el 60% de las especies de aves. Las paseriformes tienen pies especialmente adaptados para posarse en perchas.

Como muchas aves, las paseriformes tienen pies de cuatro dedos, tres de ellos hacia delante y uno hacia atrás. Cuando una paseriforme se posa, un músculo tensa los tendones que contraen sus dedos de tal forma que estos se cierran en torno a la percha y la mantienen bien agarrada, incluso cuando duerme.

Se hallan en casi todos los hábitats terrestres, desde las densas pluvisilvas a los desiertos áridos o la gélida tundra ártica. Varían en tamaño, desde la diminuta mosqueta colicorta, tiránido no mayor que un colibrí, hasta el robusto cuervo grande, de talla similar al busardo ratonero.

DIVERSIDAD

Se han adaptado a una gran variedad de estrategias alimentarias. Los pájaros insectívoros tienen el pico muy fino para sondear el follaje o con una gran abertura para cazar presas al vuelo. Otras tienen el pico corto y grueso para cascar semillas, y otras lo tienen curvo para libar néctar.

Combinan una elevada tasa metabólica con un tamaño cerebral proporcionalmente grande, lo que les da resistencia al frío y, a algunos, la inteligencia para dominar el uso de herramientas simples. Sus pollos nacen implumes y desvalidos y se crían en nidos; estos varían mucho, desde simples tazas a elaboradas cámaras de barro seco o bolsas colgantes de hierbas entretejidas. Unas pocas paseriformes son parásitos de nidada, que ponen sus huevos en nidos de otras aves.

AVES CANORAS

Las paseriformes se dividen en dos grupos según la estructura de su caja vocal. El primer grupo, suboscines, comprende aproximadamente a una quinta parte de las paseriformes: los eurilaimos y afines del Viejo Mundo y los más diversificados horneros, cotingas, mosqueros y afines de América. El segundo grupo, oscines o aves canoras, incluye a todas las demás, cuya caja vocal les permite emitir cantos complejos que son muy importantes en el cortejo y en la defensa del territorio; dichos cantos son con frecuencia tan característicos que se utilizan para identificar a las especies.

FILO	CORDADOS
CLASE	AVES
ORDEN	PASERIFORMES
FAMILIAS	141
ESPECIES	6456

DEBATE

ORIUNDAS DE AUSTRALIA

Los primeros análisis de ADN identificaron dos grupos de oscines: córvidos y paséridos. Los córvidos, en su mayoría del Viejo Mundo, incluyen carnívoros y frugívoros como los cuervos y las aves del paraíso. Los paséridos, cosmopolitas, constituyen más de un cuarto de las especies de aves (páridos, fringílidos, etc.). Pero análisis posteriores revelaron grupos primitivos australianos, como las aves lira, que no pertenecen a ninguno de estos dos grupos; junto con las evidencias fósiles, esto sugiere que las aves canoras se diversificaron en Australasia antes de dar origen a córvidos y paséridos.

EURILAIMOS

Las familias caliptoménidos y euriláimidos comprenden aves forestales de África y Asia tropicales que utilizan su ancho pico para capturar insectos en árboles, aunque algunas especies asiáticas son frugívoras.

17–18 cm

EURILAIMO VERDE
Calyptomena viridis
Esta especie de las selvas de Malasia, Borneo y Sumatra es frugívora y construye nidos colgantes globulares.

pico azul con la base anaranjada

25 cm

EURILAIMO ROJINEGRO
Cymbirhynchus macrorhynchos
Este eurilaimo del Sudeste Asiático frecuenta los bosques cercanos al agua y suspende sus nidos tipo bolsa de los extremos de las ramas.

15 cm

EURILAIMO NEGRIGUALDO
Eurylaimus ochromalus
Esta especie busca insectos en estratos superiores e intermedios de selvas asiáticas, desde Myanmar hasta Borneo y Sumatra.

FILEPÍTIDOS

La lengua en forma de cepillo de estas aves de Madagascar sugiere que podrían descender de antecesores nectarívoros: uno de los géneros actuales es frugívoro, y el otro recuerda a los no emparentados suimangas, que se nutren de néctar.

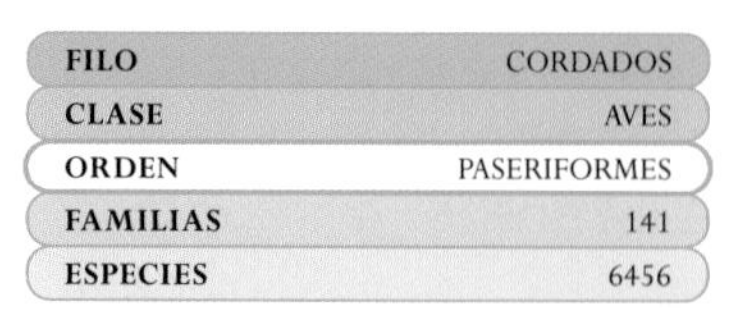

pico fino y curvado hacia abajo

9 cm

FILEPITA-SUIMANGA COMÚN
Neodrepanis coruscans
Esta especie, una de las dos filepitas de pico largo del este de Madagascar, se especializó como nectarívora al igual que los suimangas, no emparentados con ella.

PITAS

Las aves de esta familia del Viejo Mundo (pítidos) buscan insectos en suelos de bosques tropicales. Los pitas tienen el cuerpo redondeado y el pico corto, y muchas especies tienen un plumaje brillante. Ambos sexos incuban los huevos.

20 cm

PITA ALIAZUL
Pitta moluccensis
Esta especie, distribuida desde India y el sur de China hasta Borneo y Sumatra, vive en bosques densos cuando cría, pero inverna en montes bajos costeros.

19 cm

PITA INDIO
Pitta brachyura
Como otros pitas, esta especie del sur del Himalaya, India y Sri Lanka construye nidos abovedados en o cerca del suelo.

SALTARINES Y AFINES

Estas aves (pípridos) están emparentadas con las cotingas. Los machos, de colores vivos, se congregan en *leks* para exhibirse ante las hembras, y en muchas especies ejecutan danzas complejas. Las hembras construyen el nido y crían a los pollos ellas solas.

COTINGAS Y AFINES

Los cotíngidos, una familia bien diversificada de América tropical, comprende aves forestales que comen insectos o frutos. Los machos tienen colores vivos y son muy vocales cuando cortejan a las hembras; algunas especies se exhiben en árboles, y otras, en el suelo.

SALTARÍN DE ARARIPE
Antilophia bokermanni
Esta ave, descrita en fecha tan reciente como 1998, es endémica de la exigua meseta de Araripe, en el noreste de Brasil, y está en peligro crítico.

SALTARÍN AZUL
Chiroxiphia caudata
Este saltarín de las selvas del sur de Brasil tiene un reclamo lastimero y gatuno. El macho es azul, mientras que la hembra es de color verde pardo.

SALTARÍN MILITAR
Ilicura militaris
Los machos de este saltarín del sureste de Brasil tienen las plumas centrales de la cola alargadas, y se exhiben ante las hembras con las plumas del obispillo levantadas.

SALTARÍN RAYADO ORIENTAL
Machaeropterus regulus
A veces, los machos de esta especie poco conspicua de la América del Sur tropical emiten zumbidos como de insecto cuando se exhiben.

SALTARÍN CABECIDORADO
Pipra erythrocephala
Los machos de esta especie de América del Sur tropical se exhiben saltando, haciendo vibrar las alas y deslizándose hacia un lado o hacia atrás.

CAMPANERO MERIDIONAL
Procnias nudicollis
Como en otros campaneros -nombre que alude a sus fortísimos reclamos metálicos-, los machos de esta especie del este de América del Sur tienen el plumaje total o parcialmente blanco.

FRUTERO GORGIRROJO
Pipreola chlorolepidota
Los fruteros, como este de los Andes, son aves robustas de color verde cuyos machos suelen tener la cabeza negra y la garganta roja o amarilla.

COTINGA QUÉRULA
Querula purpurata
Los machos de esta cotinga de América tropical, que puede arrancar frutas mientras se cierne en el aire, tienen una mancha gular roja violácea.

TITIRA COLINEGRO
Tityra cayana
Esta ave frugívora de América del Sur tropical, que de hecho pertenece a una familia -titíridos- cuyos miembros se clasificaban hasta hace poco en cotíngidos u otras familias, anida en huecos de árbol.

GALLITO DE LAS ROCAS PERUANO
Rupicola peruvianus
Los coloridos machos de esta cotinga andina se exhiben en grupo frente a las hembras. Estas anidan entre rocas y crían ellas solas a los pollos.

MOSQUEROS, TIRANOS Y AFINES

Ampliamente extendidas por América, estas aves (tiránidos) constituyen un tercio de las paseriformes en muchas de las comunidades aviares de América del Sur. Los tiránidos son insectívoros que cazan al acecho desde perchas o rebuscando en el follaje.

17–21 cm

COPETÓN VIAJERO
Myiarchus crinitus
Esta especie grande, migratoria y ampliamente extendida, caza insectos al vuelo como muchos otros tiránidos, y a menudo se cierne cuando busca presas.

15 cm

PIBÍ ORIENTAL
Contopus virens
Esta ave de reclamo característico («pibí») «papa» insectos: hace breves vuelos desde perchas para capturarlos en el aire. Cría en el este de América del Norte.

22 cm

TIRANO MELANCÓLICO
Tyrannus melancholicus
Este tirano grande que «papa» insectos es agresivamente territorial y cría en hábitats abiertos desde el sur de América del Norte hasta el centro de Argentina.

15 cm

MOSQUERO CARDENAL
Pyrocephalus rubinus
Esta ave de los terrenos abiertos de América busca insectos cerca del suelo. Los machos son de color rojo vivo, y las hembras, grises y blancas.

10 cm

TITIRIJÍ COMÚN
Todirostrum cinereum
Este diminuto tiránido de América Central y del Sur «papa» insectos o se cierne sobre ellos y prefiere hábitats más abiertos que sus congéneres.

19 cm

BIRRO COMÚN
Hirundinea ferruginea
Este tiránido del norte y el centro de América del Sur caza presas aéreas volando como una golondrina y se posa en afloramientos rocosos.

17 cm

MOSQUERO NEGRO
Sayornis nigricans
Este tiránido se distribuye desde el suroeste de EE UU al noroeste de Argentina. Caza cerca del suelo y a veces cerca del agua, y se zambulle en charcas para capturar pececillos.

TAMNOFÍLIDOS

Estas aves de pico grueso de los bosques tropicales americanos cazan insectos cerca del suelo, y algunas siguen a las hormigas legionarias para alimentarse de los insectos que huyen. Ciertas especies tienen largas uñas para aferrarse a los tallos verticales.

18 cm

BATARÁ PECHINEGRO
Biatas nigropectus
Esta especie poco conocida solo vive en bosques de bambú del sureste de Brasil y el extremo noreste de Argentina, y está amenazada por la deforestación.

FORMICARIOS Y TORORORÍES

Formicarios y tororoíes son insectívoros de los bosques sudamericanos y pertenecen a la familia formicáridos y gralláridos, respectivamente. Los colicortos tororoíes pasan más tiempo en el suelo que los arborícolas formicarios.

18 cm

TOROROÍ BIGOTUDO
Grallaria alleni
Esta especie solo se encuentra en localidades aisladas de los Andes de Colombia y Ecuador, donde vive en el sotobosque de bosques nubosos.

MALUROS

Los malúridos son pequeños insectívoros de cola erguida que parecen chochines, pero están más emparentados con los mieleros. Los machos de los maluros *Malurus* tienen dibujos azules y negros. Los maluros *Amytornis* y *Stipiturus* son más pardos y ocupan hábitats herbáceos.

15–18 cm

MALURO ESTRIADO
Amytornis striatus
Como la mayoría de *Amytornis*, este del centro de Australia prefiere las gramíneas *Spinifex*, donde los grupos familiares vuelan raudos bajo los arbustos.

15 cm

MALURO VARIEGADO
Malurus lamberti
Como otros *Malurus*, este, el más extendido en Australia, construye un nido abovedado. Los jóvenes pueden ayudar a criar la siguiente nidada.

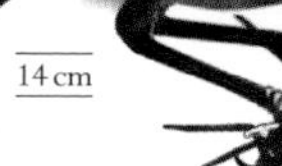

14 cm

MALURO ESPLÉNDIDO
Malurus splendens
Los maluros *Malurus* desarrollan fuertes vínculos de pareja, pero ambos sexos pueden aparearse con otros individuos. Esta especie se halla en gran parte de Australia.

TAPACULOS, CHURRINES Y AFINES

Aves de patas fuertes y vuelo débil, rinocríptidos y melanopáridos figuran entre las paseriformes sudamericanas más adaptadas a la vida en el suelo. Algunas tienen la uña posterior larga para rascar el suelo y la hojarasca en busca de comida.

14–15 cm

PECHOLUNA BRASILEÑO
Melanopareia torquata
Los pecholunas, como este de la sabana seca de Brasil, Paraguay y Bolivia, tienen la cola más larga que los tapaculos y se han asignado a una nueva familia, melanopáridos.

JEJENEROS

Los jejeneros (conopofágidos) son insectívoros rechonchos, de cola corta y patas largas, que comen insectos en el sotobosque selvático. Aves escondidizas, emparentadas con los batarás, se alimentan cerca del suelo, rebuscando en él o «papando» insectos.

13 cm

JEJENERO ROJIZO
Conopophaga lineata
Más abundante que otros jejeneros, esta especie del este de América del Sur se desplaza a menudo en bandos mixtos y frecuenta hábitats degradados.

PERGOLEROS Y MAULLADORES

La familia australiana ptilonorrínquidos comprende sobre todo frugívoros. Los machos de los pergoleros, a menudo de colores vivos, construyen «pérgolas» para atraer a las hembras; se aparean con muchas de ellas y no participan en la cría de los pollos.

23 cm

MAULLADOR VERDE
Ailuroedus crassirostris
Los machos de los maulladores -así llamados por su reclamo gatuno-, como este de la costa este de Australia, atraen a las hembras dejando hojas en el suelo.

23–25 cm

partes superiores oliváceas

PERGOLERO DORADO
Prionodura newtoniana
El macho de esta pequeña especie del noreste de Australia atrae a las hembras construyendo una torre de palos de hasta 9 m de altura.

AVES LIRA

Con sus complejos órganos vocales, estos pájaros australianos que comen insectos terrestres (menúridos) imitan con maestría los sonidos forestales. Los machos cortejan a las hembras abriendo en abanico sus grandes plumas caudales.

80–96 cm

AVE LIRA SOBERBIA
Menura novaehollandiae
La más común de las aves lira habita en bosques del sureste de Australia y de Tasmania. Sus plumas caudales en forma de lira están adornadas con una especie de muescas.

garganta blanca

22 cm

partes inferiores amarillas

BIENTEVEO COMÚN
Pitangus sulphuratus
Esta especie de ruidoso canto, que se distribuye de Texas al centro de Argentina, es un tiránido típico que «papa» insectos pero también los busca cerca del suelo.

CORRETRONCOS

Estas aves australianas (climactéridos) se parecen a los agateadores por convergencia evolutiva, pero no están emparentadas con ellos ni usan la cola como puntal cuando trepan por los árboles.

16–18 cm

CORRETRONCOS PARDO
Climacteris picumnus
Esta especie común del este de Australia tiene una subespecie de dorso oscuro en el norte y otra de dorso pardo, mucho más rara, en el sur.

HORNEROS, PIJUÍS Y AFINES

Estas aves americanas (furnáridos) cazan invertebrados ocultos y son bien conocidas por la diversificada arquitectura de sus nidos: de palos, en forma de túnel o en esa forma de horno de arcilla que da nombre a la familia.

19–20 cm

TICOTICO OJIBLANCO
Automolus leucophthalmus
Como muchos insectívoros, este pájaro del sureste de Brasil, el este de Paraguay y el noreste de Argentina caza en bandos mixtos para levantar a las presas.

18–20 cm

HORNERO COMÚN
Furnarius rufus
Esta especie extendida por América del Sur central y meridional construye el nido de barro típico del género, como un horno de arcilla.

MIELEROS Y AFINES

La familia melifágidos se distribuye por Australia y las islas del suroeste del Pacífico. Con su larga lengua acabada en cepillo, estas aves se alimentan de néctar y son importantes polinizadoras en su región. Otras nectarívoras, como los suimangas, han desarrollado rasgos similares por convergencia evolutiva.

10–11 cm

MIELERO ESCARLATA
Myzomela sanguinolenta
Como otros *Myzomela*, esta ave del este de Australia, Indonesia y Nueva Caledonia suele llevar la frente embadurnada de polen. La hembra es parda y blancuzca.

alas color oliva

25–30 cm

MIELERO CARIAZUL
Entomyzon cyanotis
Este mielero grande y ruidoso del norte y el este de Australia y el norte de Nueva Guinea es más insectívoro que muchos otros, pero también come frutos.

19–21 cm

MIELERO DE LEWIN
Meliphaga lewinii
Esta especie del este de Australia, miembro de un grupo de mieleros de pico más bien corto, come insectos, frutos y bayas.

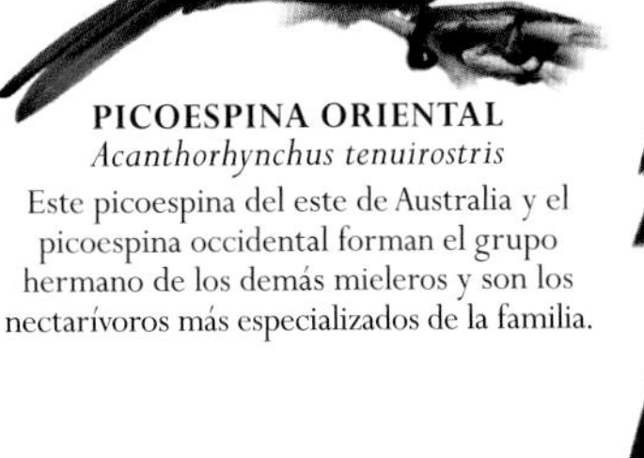

13–16 cm

PICOESPINA ORIENTAL
Acanthorhynchus tenuirostris
Este picoespina del este de Australia y el picoespina occidental forman el grupo hermano de los demás mieleros y son los nectarívoros más especializados de la familia.

29–32 cm

MIELERO TUI
Prosthemadera novaeseelandiae
Aunque está confinada a Nueva Zelanda, esta especie con una extraordinaria gama vocal está emparentada con los mieleros de pico corto de Australia.

16–19 cm

MIELERO DE NUEVA HOLANDA
Phylidonyris novaehollandiae
Como otros mieleros, además de néctar, esta especie del sur de Australia y de Tasmania consume la secreción azucarada de los psílidos, insectos himenópteros chupadores de savia.

TREPATRONCOS

Especialistas en trepar por troncos de árboles, estas aves de América tropical (dendrocoláptidos) tienen la cola rígida para apuntalarse y las uñas delanteras largas y fuertes para agarrarse a la corteza.

19 cm

TREPATRONCOS FESTONEADO
Lepidocolaptes falcinellus
Este trepatroncos típico, beige y pardo, solo se encuentra en los bosques del sureste de América del Sur.

ACANTIZAS, GERIGONES Y AFINES

La familia acantízidos comprende unos 60 insectívoros similares a mosquiteros o a chochines. Estas aves de Australia y las islas vecinas, de colores apagados, tienen la cola y las alas cortas y las patas más bien largas.

11 cm

ACANTIZA REGULOIDE
Acanthiza reguloides
Las acantizas suelen ser grises, pardas o amarillas. Como muchas de su género, esta especie del este de Australia tiene la frente moteada.

máscara oscura entre franjas blancas

11–14 cm

SEDOSITO CEJIBLANCO
Sericornis frontalis
Los sedositos habitan en espesuras de Australasia. Mayoritariamente pardos, algunos tienen en la cabeza marcas blancas, como esta especie de Australia y Tasmania.

PARDALOTES

Estas rechonchas aves de Australia (pardalótidos) tienen un pico corto y grueso para atrapar las cochinillas de los árboles. Son de colores vivos y anidan en hondos túneles en barrancos.

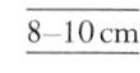

8–10 cm

PARDALOTE MOTEADO
Pardalotus punctatus
De las cuatro especies de la familia, tres tienen motas blancas, como esta de los bosques secos del sur y el este de Australia.

ARTAMOS, VERDUGOS Y AFINES

Las aves de la familia artámidos, propias del sureste de Asia, Nueva Guinea y Australasia, comprenden artamos que cazan insectos en el aire y son unas de las pocas paseriformes pequeñas capaces de planear. Los verdugos y peltopos de Australasia, y los verdugos flautistas australianos son aves cantoras, inteligentes y omnívoras.

19 cm

ARTAMO ENMASCARADO
Artamus personatus
Este artamo de cara oscura y pico grueso vive en las partes más secas del interior de Australia y es muy nómada. Como otros artamos, a menudo se congrega en grandes bandos.

34–44 cm

VERDUGO FLAUTISTA
Gymnorhina tibicen
Esta especie muy extendida por Australia, en gran parte terrestre y de plumaje pío muy variable, tiene un canto variado y melódico e imita otras voces.

IORAS

Las ioras (egitínidos) suelen ser activas en el dosel de selvas y bosques. Su coloración verde o amarilla las camufla entre el follaje, donde buscan insectos. Los machos ejecutan elaborados rituales de cortejo.

15 cm

IORA COMÚN
Aegithina tiphia
La más pequeña y extendida de las ioras se distribuye por Asia tropical, de India a Borneo, a veces en hábitats alterados, y construye un nido en forma de copa.

CUERVOS, ARRENDAJOS Y AFINES

La cosmopolita familia córvidos comprende algunas de las mayores paseriformes. Son aves inteligentes y oportunistas con una organización compleja y fuertes vínculos de pareja; pueden usar herramientas y juegan.

33–39 cm

GRAJILLA OCCIDENTAL
Corvus monedula
Este pequeño córvido del oeste de Eurasia y el noreste de África anida en cavidades de edificios, árboles o riscos y en acantilados marinos.

56–69 cm

CUERVO GRANDE
Corvus corax
El más extendido de los córvidos ocupa una gran variedad de hábitats abiertos del hemisferio norte y es la más grande de las paseriformes.

46–50 cm

CUERVO PÍO
Corvus albus
Esta especie de pico grueso, propia de los terrenos abiertos, es acaso el córvido más común en el África subsahariana y Madagascar.

25–30 cm

CHARA AZUL
Cyanocitta cristata
Este colorido córvido de América del Norte vive en grupos familiares muy unidos. Le gustan mucho las bellotas, y contribuye así a la dispersión del roble.

cola muy larga

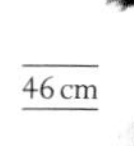

46 cm

URRACA COMÚN
Pica pica
Esta especie euroasiática es común en muchos hábitats, desde bosques abiertos hasta suburbios y semidesiertos.

45–48 cm

GRAJA
Corvus frugilegus
Este córvido común en Eurasia cría en colonias, en árboles de terrenos abiertos.

47–52 cm

CORNEJA NEGRA
Corvus corone
Este córvido común en el extremo occidental y la mitad oriental de Eurasia -en el área central se halla la corneja cenicienta- come pequeños animales, materia vegetal y carroña.

OROPÉNDOLAS

Las oropéndolas (oriólidos), paseriformes emparentadas con alcaudones y córvidos, viven en copas arbóreas y comen insectos y frutos. Muchas tienen un llamativo plumaje amarillo y negro; las hembras suelen ser más verdes que los machos.

24 cm

OROPÉNDOLA EUROPEA
Oriolus oriolus
Esta especie, que cría en zonas arboladas del oeste y el centro de Eurasia, migra pronto hacia el sur para invernar en África.

27–29 cm

OROPÉNDOLA DE VIEILLOT
Sphecotheres vieilloti
Las tres especies de *Sphecotheres* son oropéndolas frugívoras y gregarias de Australasia; esta vive en el norte y el este de Australia y en el sur de Nueva Guinea.

ALCAUDONES

Los alcaudones (lánidos) son depredadores de terrenos abiertos, y muchos almacenan sus presas –insectos y pequeños vertebrados– empalándolas en espinas. La mayoría vive en África y Eurasia, pero hay dos especies norteamericanas.

17–18 cm

ALCAUDÓN DORSIRROJO
Lanius collurio
Esta ave cría desde Europa hasta Siberia e inverna en África. Como otros alcaudones *Lanius*, tiene un reclamo musical.

BUBÚS Y AFINES

Endémicas de África, estas aves (malaconótidos) viven sobre todo en terrenos arbolados abiertos con maleza, y tienen el pico curvo para capturar grandes insectos.

BUBÚ PECHIRROJO
Laniarius atrococcineus
Varios bubúes, como este del sur de África, tienen el plumaje rojo y negro en ambos sexos, y muchos de ellos tienen un amplio repertorio vocal.

23 cm

67 cm

pico anaranjado

URRACA PIQUIRROJA
Urocissa erythrorhyncha
Esta ave forestal, distribuida desde el Himalaya hasta China y Vietnam, roba pollos de los nidos y come carroña.

CHARA VERDE
Cyanocorax yncas
Esta ave se nutre de frutos y semillas. Sus poblaciones de América del Norte y Central difieren lo suficiente de las sudamericanas como para considerarlas especies distintas.

29 cm

RABILARGO
Cyanopica cooki / Cyanopica cyanus
Las dos poblaciones de esta ave colonial están muy separadas (península Ibérica -*C. cooki*- y este de Asia -*C. cyanus*-); los análisis de ADN muestran que se trata de hecho de dos especies distintas.

31–35 cm

34 cm

ARRENDAJO EUROASIÁTICO
Garrulus glandarius
Esta especie común en bosques y otras zonas arboladas de Eurasia no tropical y del norte de África acostumbra a esconder bellotas en otoño.

DRONGOS

Estas aves negras y de cola larga de los trópicos del Viejo Mundo (dicróridos) salen disparadas de su percha para cazar insectos. Son pájaros agresivos, y a veces atacan a especies más grandes para defender su nido.

26 cm

DRONGO MALGACHE
Dicrurus forficatus
Como otros drongos, esta especie de Madagascar y las Comores tiene la cola ahorquillada y los ojos rojos. En la base del pico tiene un mechón de plumas característico.

VANGAS Y AFINES

Las paseriformes depredadoras de la familia vángidos incluyen a los bubúes de África y a los vangas de Madagascar. Se alimentan de invertebrados, reptiles y ranas, y la forma de su pico varía –de cincel, de hoz, de daga– según las distintas presas y técnicas.

20 cm

PRIONOPO CRESTIBLANCO
Prionops plumatus
Esta especie muy extendida por el África subsahariana se congrega a menudo en pequeños grupos y tiene una amplia gama de reclamos diferentes.

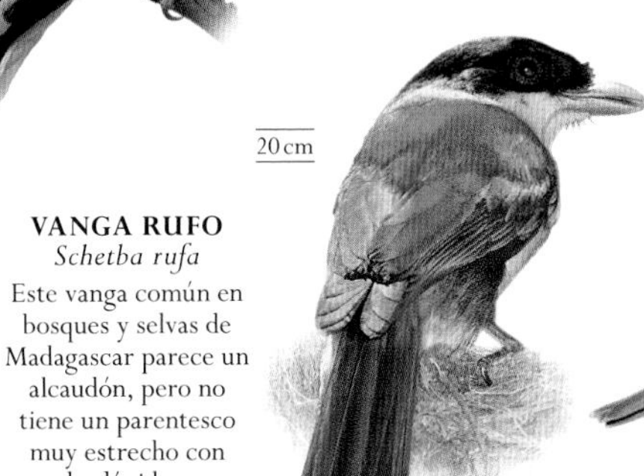

20 cm

VANGA RUFO
Schetba rufa
Este vanga común en bosques y selvas de Madagascar parece un alcaudón, pero no tiene un parentesco muy estrecho con los lánidos.

BATIS Y AFINES

Los batis y afines (platisteiridos) son aves insectívoras de África que tienen el pico plano y ganchudo, con cerdas en la base. Capturan sus presas como los papamoscas y mosqueros, súbitamente.

BATIS CARUNCULADO GORGIPARDO
Platysteira cyanea
Los batis carunculados, como esta especie común en terrenos arbolados del África subsahariana, se distinguen por la piel roja en torno a los ojos.

13 cm

VIREOS Y AFINES

Similares a las reinitas pero con el pico algo más grueso, los vireónidos tienen un parentesco más estrecho con córvidos, alcaudones y oropéndolas. Cazan insectos al vuelo o los buscan por el suelo o el follaje, y también comen algunos frutos.

VIREO CABECINEGRO
Vireo atricapilla
Esta especie, que a diferencia de otros vireos presenta dimorfismo sexual –capirote negro en el macho y gris en la hembra–, cría en EE UU y el noreste de México, e inverna en el oeste de México.

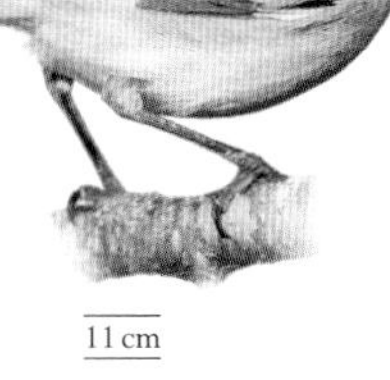

11 cm

12–13 cm

VIREO CHIVÍ
Vireo olivaceus
Las poblaciones norteamericanas de este vireo muy vocal migran a América del Sur, donde se unen a razas residentes de la misma especie.

CARBONEROS Y HERRERILLOS

Estas acrobáticas aves de la familia páridos suelen anidar en agujeros y viven en hábitats arbolados de América del Norte, Eurasia y África. Se cuelgan con frecuencia boca abajo para buscar insectos entre el follaje, y manipulan semillas y frutos secos para cascarlos.

12–14 cm

CARBONERO VARIADO
Sittaparus varius
Esta especie vive en bosques mixtos de coníferas y bambúes en el noreste de China, las Kuriles (Rusia), Japón y Taiwán.

12–15 cm

CARBONERO CABECINEGRO
Poecile atricapillus
Este carbonero típicamente acrobático e inquisitivo es común en Canadá y EE UU. Como otros páridos, esconde semillas para comerlas más tarde.

14–16 cm

HERRERILLO BICOLOR
Baeolophus bicolor
Como otros páridos, este de América del Norte oriental complementa su dieta de insectos con semillas, que aplasta con el pico.

14 cm

CARBONERO COMÚN
Parus major
Este párido es común en diversos hábitats de gran parte de Eurasia y del noreste de África, y tiene una gama de voces muy amplia.

11–12 cm

HERRERILLO COMÚN
Cyanistes caeruleus
Esta ave común en los terrenos arbolados de Europa, el suroeste de Asia y el norte de África visita con frecuencia los comederos para pájaros de los jardines.

PÁJAROS MOSCONES

Estos pequeños pájaros de pico puntiagudo (remícidos) se distribuyen por África y Eurasia, con una especie en América. La mayoría de ellos usa telarañas y otros materiales blandos para construir nidos en forma de bolsa que cuelgan de ramas, a menudo sobre el agua.

11 cm

PÁJARO MOSCÓN EUROPEO
Remiz pendulinus
Esta especie, el único pájaro moscón que tiene una distribución amplia por Eurasia, vive en marjales con árboles, en los que construye su nido péndulo.

9–11 cm

PÁJARO MOSCÓN BALONCITO
Auriparus flaviceps
A diferencia de la mayoría de los pájaros moscones, este de los desiertos con matas del sur de EE UU y México construye un nido esférico.

AVES DEL PARAÍSO

La mayoría de las aves de esta familia (paradiseidos) viven en las pluvisilvas de Nueva Guinea y son sobre todo frugívoras. Los machos lucen sus impresionantes plumas en elaboradas exhibiciones de cortejo y gastan casi toda su energía en estos rituales de apareamiento, por lo que las hembras deben cuidar de los pollos ellas solas.

32 cm

AVE DEL PARAÍSO ESMERALDA CHICA
Paradisaea minor
Vive en el norte de Nueva Guinea y en las islas cercanas. En las exhibiciones de cortejo, los machos lucen su distintiva capa de plumas y sus largos penachos amarillos.

penachos amarillos en los flancos

PETROICAS

Las petroicas (petroicidos) son aves insectívoras, rechonchas y de cabeza redondeada, que recuerdan a los papamoscas, y se distribuyen por Australasia y las islas del suroeste del Pacífico. En algunas especies, los jóvenes ayudan a sus progenitores a criar la nidada siguiente.

13 cm

PETROICA FASCINANTE
Microeca fascinans
Esta especie común en los terrenos arbolados de Australia y Nueva Guinea captura insectos al vuelo con su ancho pico.

15 cm

PETROICA AMARILLA
Eopsaltria australis
Esta ave común en terrenos arbolados y jardines del este de Australia hace breves vuelos desde perchas bajas para capturar invertebrados en el suelo.

AMPELIS

Las tres especies de bombicílidos se distribuyen por los fríos bosques boreales de América del Norte y Eurasia. Todas ellas comen bayas y se caracterizan por las puntas rojas de los raquis de sus rémiges.

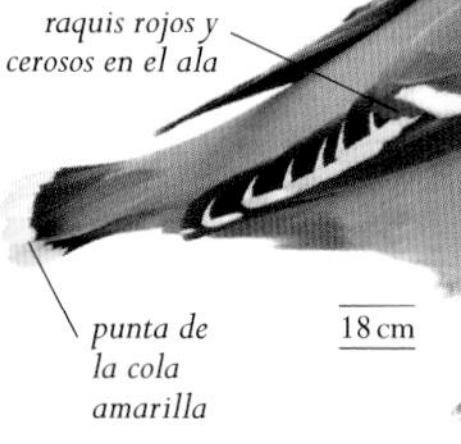

raquis rojos y cerosos en el ala

punta de la cola amarilla

18 cm

AMPELIS EUROPEO
Bombycilla garrulus
Esta elegante ave, de color pardo rosáceo y con la zona cloacal rojiza, cría en la taiga, y durante sus migraciones hacia el sur se siente atraída por los arbustos con bayas.

MITOS

Los mitos (egitálidos) son inquietos insectívoros que construyen nidos en forma de domo, entretejidos con telarañas y forrados con plumas. La mayoría de las especies vive en Eurasia, pero hay una en América del Norte.

14 cm

MITO COMÚN
Aegithalos caudatus
El más extendido de los mitos vive en terrenos arbolados de casi toda Europa y el Asia no tropical, y se congrega en bandos cuando no cría.

CAPULINEROS

Las cuatro especies de esta familia de América Central y México (ptilogonátidos) tienen un plumaje suave, similar al de los emparentados ampelis, y cazan insectos al vuelo como los papamoscas.

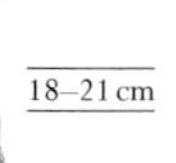

18–21 cm

CAPULINERO NEGRO
Phainopepla nitens
Esta ave del sur de EE UU y México es colonial cuando anida en bosques, pero territorial cuando cría en desiertos.

MONARCAS Y AFINES

Los monárquidos suelen tener la cola larga y «papan» insectos al vuelo con su ancho pico. La mayoría vive en selvas y bosques tropicales del Viejo Mundo, y salvo la grallina australiana, son aves arborícolas que construyen nidos en forma de taza y decorados con liquen.

MONARCA COLILARGO AFRICANO
Terpsiphone viridis
Esta especie que vive en sabanas del África subsahariana tiene varios morfotipos de colores distintos, pero todos los machos tienen las rectrices largas.

17–38 cm

GRALLINA AUSTRALIANA
Grallina cyanoleuca
Esta ave, que algunos clasifican en una familia distinta de monárquidos, pasa mucho tiempo en el suelo y construye un gran nido de barro.

CORVINOS

La familia corcorácidos comprende dos especies de aves sociales que se alimentan en el suelo y construyen grandes nidos de hierba en forma de taza; estos, situados sobre las ramas horizontales de los árboles, se mantienen unidos con barro.

CORVINO APÓSTOL
Struthidea cinerea
Esta ave terrestre, que habita en terrenos arbolados del norte y el este de Australia, forma bandadas de 6 a 20 individuos.

29–32 cm

ALONDRAS Y AFINES

Estas aves de tonos pálidos y canto melodioso (aláudidos) viven en hábitats abiertos áridos, la mayoría en África, con una especie en América del Norte. Suelen tener una uña posterior larga que les proporciona la estabilidad necesaria para pasar mucho tiempo en el suelo.

ALONDRA CORNUDA
Eremophila alpestris
Cría en gran parte de América del Norte, en el extremo norte de Eurasia y en las montañas del sureste de Europa y de Marruecos.

14–17 cm

18–20 cm

ALONDRA IBIS
Alaemon alaudipes
Esta alondra de patas largas y pico curvo vive en hábitats áridos del norte de África y del sur de Asia hasta India, y suele correr por el suelo.

18–19 cm

ALONDRA COMÚN
Alauda arvensis
Esta ave común en zonas abiertas del Paleártico, desde el Sáhara Occidental hasta Japón, es notable por su melodioso canto aéreo.

BULBULES

Los bulbules (picnonótidos) se encuentran en las áreas templado-cálidas y tropicales de África y Asia, y en su mayoría son gregarios, ruidosos y frugívoros. El suave plumaje de muchas especies es de colores apagados, pero presenta plumas rojas o amarillas bajo la cola.

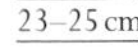

BULBUL NEGRO
Hypsipetes leucocephalus
Esta especie, común en bosques y jardines desde India hasta el sur de China y Tailandia, presenta morfotipos de cabeza oscura o blanca, además de varias subespecies.

BULBUL ORFEO
Pycnonotus jocosus
Común en Asia desde India hasta la península Malaya, esta especie oportunista de las zonas arboladas también se acerca a aldeas y pueblos.

GOLONDRINAS Y AVIONES

Estas aves (hirundínidos) de vuelo raudo, alas largas y cola ahorquillada como los vencejos capturan insectos en vuelo con su pico plano y de gran abertura bucal. Construyen nidos de barro o usan huecos de árboles o túneles en bancos de arena o tierra.

20 cm

GOLONDRINA CABECIRRUFA
Cecropis cucullata
Esta golondrina de los herbazales africanos cría hacia el sur del continente y migra hacia el norte para invernar.

12–14 cm

AVIÓN ZAPADOR
Riparia riparia
Como otras golondrinas, esta especie migra hacia el sur e inverna en el trópico. Anida en colonias, en bancos de arena o tierra cerca del agua, en el hemisferio norte.

12–15 cm

GOLONDRINA BICOLOR
Tachycineta bicolor
Esta golondrina que cría en marjales arbolados de América del Norte complementa su dieta de insectos con bayas, lo que le permite criar más al norte que otras golondrinas.

15–19 cm

GOLONDRINA COMÚN
Hirundo rustica
Esta especie cosmopolita, la más extendida de todas las golondrinas, solía anidar en cuevas, pero actualmente anida en edificios.

TIMALÍES, CHARLATANES Y AFINES

Generalmente más gregarios y ruidosos, y menos migratorios que las currucas, los miembros de las familias timálidos y leiotríquidos presentan morfologías de tipo curruca o tordo. Algunas especies lucen vivos colores.

23 cm

SIBIA DE FORMOSA
Heterophasia auricularis
Esta especie que come néctar al igual que otras sibias, vive en China y Taiwán, donde su distintivo reclamo se oye a menudo en los bosques de montaña.

16–17 cm

TIMALÍ CAPIROTADO
Timalia pileata
Esta ave del sureste de Asia vive en espesuras bajas y se le ve a menudo cerca del agua, junto con otros timálidos y papamoscas.

mancha auricular gris plateada

mancha alar roja oscura

18 cm

LEIOTRIX CARIBLANCO
Leiothrix argentauris
Esta discreta ave de los bosques de montaña del sureste de Asia pertenece a un grupo de «timálidos cantores» que incluye a las sibias, las minlas y los charlatanes.

14 cm

MINLA COLIRROJA
Minla ignotincta
Este pequeño y ruidoso timalí habita en bosques de montaña de India, Nepal, Bután, Bangladesh, Myanmar, Laos, Vietnam y China.

33 cm

CHARLATÁN ACOLLARADO GRANDE
Garrulax pectoralis
Los charlatanes son grandes timálidos forestales con reclamos a modo de carcajadas. Esta especie vive en el Himalaya y el sureste de Asia.

POLIOPTÍLIDOS

Las pequeñas aves insectívoras de esta familia están emparentadas con los chochines pero son más parecidas a las currucas. Al igual que los chochines, algunos soterillos y perlitas levantan la cola cuando buscan presas.

12 cm

PERLITA GRISILLA
Polioptila caerulea
Esta perlita de América del Norte puede agitar su cola para levantar insectos. A diferencia de otras perlitas, los machos de esta no tienen manchas cefálicas oscuras.

AGATEADORES

Estas pequeñas aves insectívoras del hemisferio norte (cértidos) buscan presas en troncos de árbol usando su cola como puntal; por lo general, después de trepar por el tronco de un árbol, vuelan hasta la base del siguiente.

13 cm

AGATEADOR EUROASIÁTICO
Certhia familiaris
El agateador más extendido en Eurasia vive en bosques caducifolios y de coníferas, desde el norte de la península Ibérica hasta Japón.

CURRUCAS Y AFINES

Varias familias, como la extensa de los sílvidos y otras con menos especies, como la de los berniéridos de Madagascar, comprenden un diverso grupo de aves insectívoras de pico fino, Algunas son forestales, mientras que otras viven en hábitats de matorral bajo, herbazal denso o carrizal alto. Muchas poseen un plumaje apagado y son difíciles de distinguir.

13–15 cm

ZARCERO ICTERINO
Hippolais icterina
Esta especie de los terrenos arbolados del oeste de Eurasia, que inverna en el sur de África, tiene un canto más musical que otros carriceros de la familia acrocefálidos.

partes inferiores amarillo limón

13 cm

CARRICERÍN COMÚN
Acrocephalus schoenobaenus
Esta es una de las muchas especies de carriceros (habitantes de los humedales) que crían en Eurasia e invernan en África.

19–23 cm

YERBERA DE EL CABO
Sphenoeacus afer
Esta especie de los matorrales y herbazales de Sudáfrica pertenece a una antigua familia africana, los macrosfénidos, que evolucionó por separado de la familia de los sílvidos.

18–24 cm

YERBERA PARDA
Cincloramphus cruralis
Esta yerbera de Australia, de la familia locustélidos, es nómada en hábitats abiertos. Como las alondras, levanta el vuelo desde perchas expuestas.

15 cm

CAMEA
Chamaea fasciata
Esta ave de plumaje apagado y cola erguida, probablemente emparentada con picoloros y currucas, es el único miembro americano de la familia de los sílvidos.

12 cm

PICOLORO DE WEBB
Sinosuthura webbiana
Pese a su pico corto y grueso para cascar semillas, este picoloro asiático de cola larga es miembro de la familia de los sílvidos, insectívoros. Vive en China y Corea.

14 cm

CURRUCA CAPIROTADA
Sylvia atricapilla
Los machos de las currucas suelen ser más contrastados que las hembras. En esta especie, muy común en Europa, el macho tiene el capirote negro y la hembra, marrón.

12–13 cm

CURRUCA CARRASQUEÑA
Sylvia cantillans
Como muchas currucas, esta especie cría en hábitats mediterráneos de monte bajo o de montaña e inverna en África.

BIGOTUDO

El bigotudo forma una familia de una sola especie, los panúridos. Propio de los carrizales, come insectos en verano y endurece su estómago en invierno para digerir semillas de carrizos.

BIGOTUDO
Panurus biarmicus

ANTEOJITOS

La mayoría de los zosterópidos se caracterizan por las plumas blancas que rodean sus ojos. Las aves de esta familia, estrechamente emparentada con los timálidos, tienen la lengua acabada en cepillo y son nectarívoras.

YUHINA NUQUIBLANCA
Yuhina bakeri
Miembros de la familia de los anteojitos, las yuhinas, como esta del área oriental del Himalaya, están adaptadas para comer néctar.

ANTEOJITOS SERRANO
Zosterops poliogastrus
Este anteojitos con varias subespecies bien diferenciadas vive en terrenos arbolados de zonas montañosas del este de África, desde Eritrea hasta el noreste de Tanzania.

IRENAS

Las dos especies de irénidos habitan en el sureste de Asia, donde se alimentan de frutos –especialmente higos– en los doseles selváticos. Solo los machos son de colores vivos; las hembras son de un verde apagado.

IRENA DORSIAZUL
Irena puella
La más extendida de las irenas vive en India y el Sudeste Asiático hasta Indonesia, y a menudo se alimenta con otras aves frugívoras como los cálaos y las dúculas.

REYEZUELOS

Los regúlidos, aves de colorida cresta, unas de las paseriformes más pequeñas, tienen una elevada tasa metabólica, lo que les obliga a alimentarse constantemente cuando están despiertos. Con su afilado pico, buscan entre el follaje pequeños invertebrados de cuerpo blando.

REYEZUELO SENCILLO
Regulus regulus
Adaptado a los bosques de coníferas como muchos reyezuelos, este de la Eurasia templada y fría tiene unas acanaladuras en los pies y unas almohadillas en los dedos para aferrarse a las acículas.

REYEZUELO RUBÍ
Regulus calendula
La mancha roja de esta especie de América del Norte es visible cuando el ave alza la cresta, un rasgo que presentan todos los reyezuelos.

TREPADORES Y AFINES

Los trepadores, de la familia sítidos, y el treparriscos, único miembro de la familia tricodrómidos, son más acrobáticos que los agateadores y no usan la cola como soporte. Comen semillas además de insectos, que a veces almacenan en grietas.

TREPARRISCOS
Tichodroma muraria
Esta ave de las altas montañas de Eurasia busca insectos entre las rocas con su pico puntiagudo.

TREPADOR AZUL
Sitta europaea
Como otros trepadores, esta especie forestal de la Eurasia templada puede cascar frutos secos apretándolos contra las grietas de la corteza de los árboles.

TREPADOR CANADIENSE
Sitta canadensis
El plumaje corporal de esta ave de América del Norte es similar al del trepador azul, pero los machos tienen colores más vivos.

TROGLODÍTIDOS

A excepción del chochín común, esta familia está confinada a América. La mayoría de las especies son aves de alas cortas, muy vocales aunque visualmente inconspicuas, que buscan insectos en el sotobosque; algunas duermen en el suelo.

CHOCHÍN COMÚN
Troglodytes troglodytes
Este es el único chochín cuya área incluye Eurasia; algunos autores consideran que sus subespecies norteamericanas son de hecho especies distintas.

CUCARACHERO DESÉRTICO
Campylorhynchus brunneicapillus
El mayor de los cucaracheros vive en desiertos del sur de EE UU y México, donde se alimenta de insectos en el suelo.

CUCARACHERO COLINEGRO
Thryomanes bewickii
Este cucarachero de cola larga vive en hábitats secos, abiertos y arbolados de Canadá, EE UU y México. Tiene un buen repertorio de cantos.

SINSONTES Y AFINES

Los miembros de la familia *Mimidae* se distribuyen por gran parte de América, incluidas las Galápagos y las Antillas. Usualmente grises o pardas, estas aves de patas fuertes son muy vocales, y algunas son unas imitadoras consumadas.

CUITLACOCHE PIQUICURVO
Toxostoma curvirostre
Esta ave de los hábitats áridos de matorral del sur de EE UU y México sondea el suelo con su largo pico en busca de invertebrados.

27 cm

partes superiores gris pálido

cola larga

21–26 cm

SINSONTE NORTEÑO
Mimus polyglottos
Esta ave de América del Norte y las Antillas es notoria por su variado repertorio de cantos, que emite día y noche.

21–24 cm

PÁJARO GATO GRIS
Dumetella carolinensis
Esta ave, que tiene un reclamo tipo maullido, se alimenta en el suelo; cría en América del Norte e inverna en México, América Central y las Antillas.

ESTORNINOS Y MINÁS

La familia estúrnidos, que comprende aves ruidosas, en su mayoría gregarias y con frecuencia de plumaje brillante y con un brillo metálico, constaría de dos clados: el del sureste de Asia y Australasia (minás no *Acridotheres* y estorninos *Aplonis*) y el del África tropical y el Paleártico (los demás géneros).

27–31 cm

MINÁ RELIGIOSO
Gracula religiosa
Esta especie de las selvas de África tropical, notable por su melodioso canto y su capacidad de imitar voces, es popular como ave de jaula.

50 cm

MINÁ CUELLIBLANCO
Streptocitta albicollis
Este miná de cola larga y con aspecto de urraca es endémico de las selvas de Célebes y las islas vecinas (Indonesia), donde suele vivir en parejas.

25 cm

ESTORNINO DE BALI
Leucopsar rothschildi
Esta especie, cuya reducidísima población se limita a dos pequeñas localidades de Bali (Indonesia), está en peligro crítico de extinción.

PICABUEYES

Miembros de la familia bufágidos, los picabueyes sobrevuelan las sabanas africanas en un vuelo ondulante. Aunque sus fuertes pies les facilitan asirse a la piel de grandes mamíferos para alimentarse, sus cortas patas no son aptas para andar por el suelo.

PICABUEYES PIQUIGUALDO
Buphagus africanus
Esta ave común en las sabanas del África subsahariana se posa sobre los grandes mamíferos para comer sus parásitos y para picotear sus heridas y beber su sangre.

19–22 cm

PAPAMOSCAS, TARABILLAS, RUISEÑORES Y AFINES

Muy afín a los túrdidos, la familia muscicápidos se divide en dos grupos: los papamoscas verdaderos, con el pico ancho para cazar insectos al vuelo; y los ruiseñores, tarabillas y afines, que muchos autores clasifican como túrdidos. Algunas de estas pequeñas aves tienen colores brillantes, pero la mayoría tiene un plumaje de tonos grises o pardos.

18 cm

13 cm

TARABILLA COMÚN
Saxicola torquatus
Esta insectívora que se posa erguida y emite un reclamo áspero es común en zonas abiertas con «arbustos-atalayas» de la Eurasia no tropical y África.

base de la cola rojiza

14 cm

PAPAMOSCAS AZUL
Cyanoptila cyanomelaena
Esta especie que cría en Japón, China y Rusia es afín a un grupo de papamoscas de plumaje azul brillante de las selvas de Asia tropical.

14 cm

15–16 cm

19–21 cm

13–14 cm

14 cm

PETIRROJO EUROPEO
Erithacus rubecula
Esta especie, cuya población ibérica aumenta en invierno con la llegada de muchas aves del norte de Europa, cría en zonas arboladas, linderos forestales y jardines.

COLLALBA GRIS
Oenanthe oenanthe
Las collalbas son aves de obispillo blanco de los terrenos abiertos. Esta especie es la más extendida por Eurasia, e inverna en África.

ROQUERO IMITADOR
Thamnolaea cinnamomeiventris
Esta ave afín a los roqueros *Monticola* de la fauna ibérica vive en zonas rocosas de la sabana africana, y puede volverse mansa cerca de las aldeas.

ALICORTO AZUL
Brachypteryx montana
Los alicortos, miembros de la familia de los papamoscas, corren por el suelo de los bosques y selvas asiáticos. Esta especie se distribuye desde el Himalaya hasta Java.

COLIRROJO REAL
Phoenicurus phoenicurus
Los colirrojos, así llamados por su cola rojiza, se hallan sobre todo en Asia, pero esta especie cría en el oeste y el centro de Eurasia y migra al África oriental.

ZORZALES Y AFINES

La mayoría de estas aves (túrdidos) viven en terrenos arbolados y buscan en el suelo invertebrados tales como lombrices, caracoles e insectos. Se distribuyen por todo el mundo, aunque la mayoría de las especies son del Viejo Mundo. Muchas especies tienen cantos melodiosos.

ESTORNINO PINTO
Sturnus vulgaris
Nativo de la Eurasia templada e introducido en América del Norte, Australia, etc., este estornino duerme comunalmente después de realizar espectaculares maniobras aéreas en masa.

ESTORNINO ESPLÉNDIDO
Lamprotornis splendidus
Esta especie extendida por el África tropical pertenece a un grupo de estorninos que se caracterizan por el brillo metálico de su plumaje.

ESTORNINO ESMERALDA
Lamprotornis iris
Esta lustrosa especie del oeste de África se alimenta sobre todo de higos y otros frutos, pero también de hormigas.

ESTORNINO DE HILDEBRANDT
Lamprotornis hildebrandti
Este estornino habita en sabanas del este de África, donde depreda grandes insectos terrestres y con frecuencia se asocia con estorninos de otras especies.

RUISEÑOR COLIBLANCO
Myiomela leucura
Vive en bosques de ribera desde el Himalaya hasta Indochina, y suele permanecer cerca del suelo si no se le molesta.

RUISEÑOR PECHIAZUL
Luscinia svecica
Esta ave, que en el norte de Europa es migratoria, en la península Ibérica solo se desplaza a zonas húmedas de tierras más bajas, desde los piornales o brezales de montaña donde anida.

RUISEÑOR COMÚN
Luscinia megarhynchos
Esta especie migratoria de las espesuras del sur y el centro de Europa y el suroeste de Asia es bien conocida por su sonoro y complejo canto que emite día y noche.

PAPAMOSCAS CERROJILLO
Ficedula hypoleuca
Este extenso género de papamoscas en su mayoría asiáticos comprende tres especies que también son europeas, como el cerrojillo.

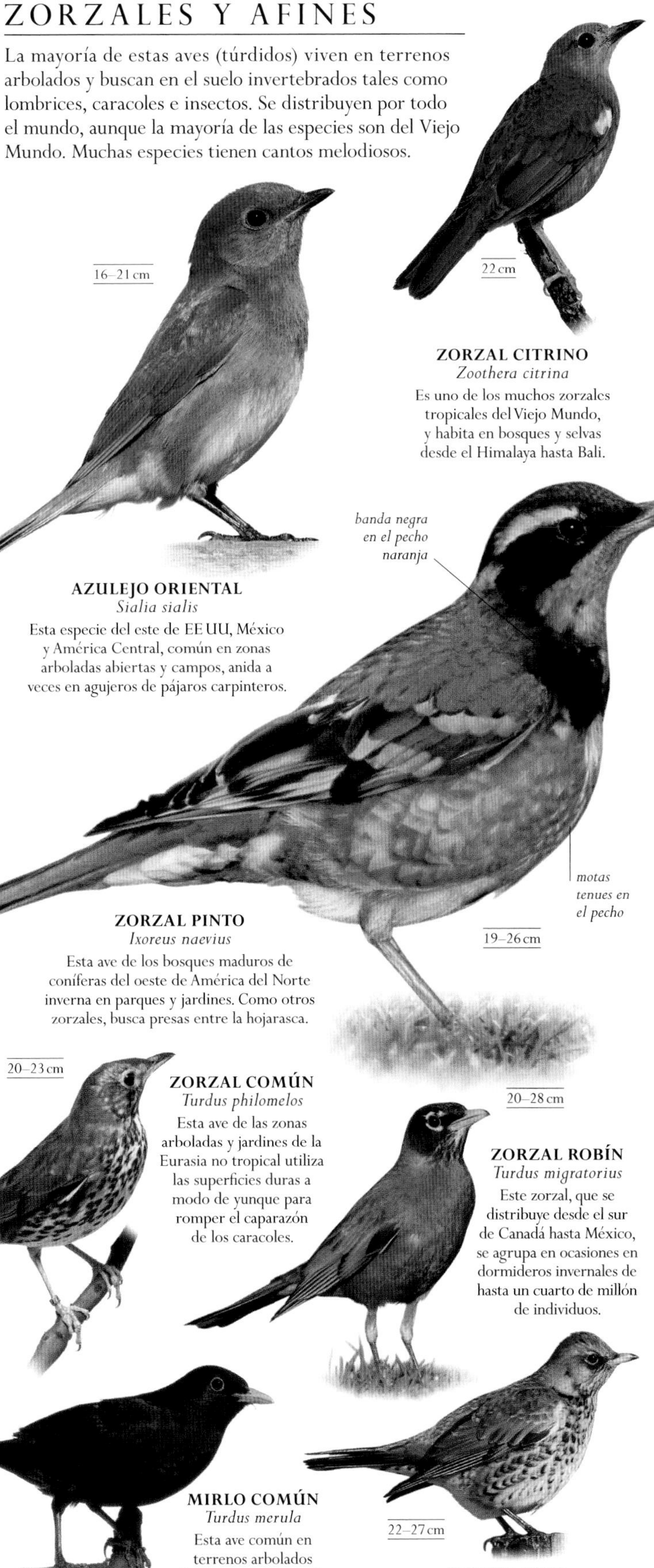

ZORZAL CITRINO
Zoothera citrina
Es uno de los muchos zorzales tropicales del Viejo Mundo, y habita en bosques y selvas desde el Himalaya hasta Bali.

AZULEJO ORIENTAL
Sialia sialis
Esta especie del este de EE UU, México y América Central, común en zonas arboladas abiertas y campos, anida a veces en agujeros de pájaros carpinteros.

ZORZAL PINTO
Ixoreus naevius
Esta ave de los bosques maduros de coníferas del oeste de América del Norte inverna en parques y jardines. Como otros zorzales, busca presas entre la hojarasca.

ZORZAL COMÚN
Turdus philomelos
Esta ave de las zonas arboladas y jardines de la Eurasia no tropical utiliza las superficies duras a modo de yunque para romper el caparazón de los caracoles.

ZORZAL ROBÍN
Turdus migratorius
Este zorzal, que se distribuye desde el sur de Canadá hasta México, se agrupa en ocasiones en dormideros invernales de hasta un cuarto de millón de individuos.

MIRLO COMÚN
Turdus merula
Esta ave común en terrenos arbolados de Eurasia y el norte de África, hasta India, es muy territorial y visita con frecuencia los jardines urbanos.

ZORZAL REAL
Turdus pilaris
Este zorzal cría en el norte de Eurasia e inverna algo más al sur, agrupándose en campos de cultivo y prados.

VERDINES

Los verdines (cloropseidos) son aves frugívoras que viven en bosques del sureste de Asia. El néctar es parte de su dieta, que liban usando su lengua acabada en pincel. Los machos son de un verde característico, con la garganta habitualmente azul o negra.

VERDÍN DE HARDWICKE
Chloropsis hardwickei
Esta melodiosa ave habita en el dosel forestal a elevadas altitudes, desde el Himalaya hasta la península Malaya.

VIUDAS

Los viduidos son parásitos de nidada de los estrildas y afines. La boca y las pautas de súplica de sus pollos se parecen a las de los pollos del huésped, lo que engaña a este.

VIUDA DEL PARAÍSO
Vidua paradisaea
Los machos reproductores de esta especie del este de África lucen sus plumas caudales, extraordinariamente largas, en sus vuelos de exhibición.

DIAMANTES, ESTRILDAS Y AFINES

Los estríldidos son pequeños pájaros granívoros, muy gregarios y a menudo de colores vivos, que se distribuyen por África y Asia tropicales y por Australasia. Muchas especies viven en herbazales o zonas arboladas abiertas y construyen nidos en forma de domo. Tanto el macho como la hembra se ocupan de los pollos.

10 cm ♂ ♀

DIAMANTE CEBRA AUSTRALIANO
Taeniopygia guttata
Este pajarillo nativo de las partes más secas de Australia es un ave de jaula muy popular en todo el mundo.

16 cm

CAPUCHINO ARROCERO DE JAVA
Lonchura oryzivora
Pese a haberse introducido en muchos países, esta especie de Java y Bali se considera vulnerable, debido sobre todo al tráfico de aves de jaula.

14 cm

GRANADERO ORIENTAL
Uraeginthus ianthinogaster
Esta ave de los terrenos arbolados secos del este de África pertenece a un género de estríldidos predominantemente azules.

10 cm

ESTRILDA COMÚN
Estrilda astrild
Introducido en varios países y abundante en el África subsahariana, este pájaro diminuto, gregario e incansable come semillas de gramíneas en terrenos abiertos.

12 cm ♀ ♂

ESTRILDA MELBA
Pytilia melba
Los machos de las estrildas *Pytilia* tienen manchas rojas en las alas. Esta especie del África subsahariana es huésped de la viuda del paraíso *(Vidua paradisaea)*, un parásito de nidada.

10 cm

ESTRILDA VERDE
Mandingoa nitidula
Esta especie de las espesuras del África subsahariana tiene las partes inferiores moteadas de blanco y es más escondidiza que otras estrildas.

pico negruzco
12 cm
vientre con «escamas» blancas y negras

CAPUCHINO PUNTEADO
Lonchura punctulata
Esta especie es común en zonas arboladas abiertas y cultivos del sur de Asia. Macho y hembra son similares.

12 cm

DIAMANTE LORITO
Erythrura psittacea
Los diamantes *Erythrura* son estríldidas del Sudeste Asiático y Oceanía. Esta especie vive en herbazales de la isla de Nueva Caledonia.

PICAFLORES

Estas aves regordetas del Asia tropical y Australasia (diceidos) están emparentadas con los suimangas. Aunque comen sobre todo frutos, también liban néctar como los suimangas, de los que se distinguen por su pico más corto.

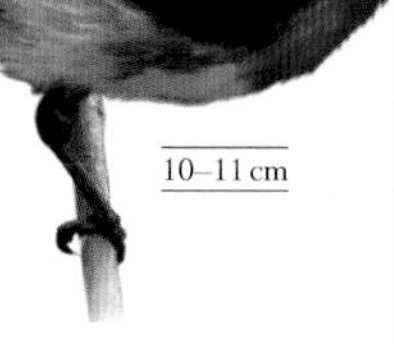

PICAFLORES GOLONDRINA
Dicaeum hirundinaceum
Esta especie de Australasia procesa rápidamente las bayas de muérdago en su pequeño intestino y tiene un importante papel en la dispersión de esta planta parásita.

GORRIONES

Estas aves de pico grueso que comen semillas (paséridos) se distribuyen por África y Eurasia. Además de los conocidos gorriones *Passer*, este grupo comprende, entre otros, los géneros *Gymnoris*, *Pyrgilauda* y *Montifringilla*; este último incluye al gorrión alpino.

GORRIÓN COMÚN
Passer domesticus
Nativo de Eurasia y del norte de África, el gorrión común se ha adaptado a los asentamientos humanos en todo el mundo.

MIRLOS ACUÁTICOS

Estas aves de la familia cínclidos son las únicas paseriformes que pueden zambullirse y bucear. Como adaptación para su vida acuática, tienen unas plumas bien lubricadas e impermeabilizadas.

MIRLO ACUÁTICO EUROPEO
Cinclus cinclus
Esta especie, de distribución discontinua en Eurasia templada, cría junto a ríos de aguas bravas, pero puede desplazarse a ríos de curso más lento en invierno.

ESTRILDA DEGOLLADA
Amadina fasciata
Así llamada por la mancha en el cuello del macho, esta ave es común en terrenos arbolados secos del África subsahariana, y suele verse cerca de poblados humanos.

DIAMANTE DE GOULD
Erythrura gouldiae
Esta ave de vivos colores, nómada y endémica del norte de Australia, está en peligro de extinción. Los machos tienen la máscara facial roja o negra.

BISBITAS Y LAVANDERAS

La familia motacílidos es casi cosmopolita y sus miembros habitan en terrenos abiertos, donde se alimentan de insectos. La mayoría de las lavanderas tienen la cola más larga y colores más vivos que los bisbitas, y algunas están ligadas al agua.

15 cm

BISBITA GORGIRROJO
Anthus cervinus
Este bisbita cría en la tundra ártica; durante la cría su garganta se vuelve rojiza en los machos y rosada en las hembras.

14–17 cm

BISBITA NORTEAMERICANO
Anthus rubescens
Este bisbita típicamente terrestre cría en la tundra ártica de América del Norte, Groenlandia y el este de Asia, e inverna en zonas abiertas más al sur.

BISBITA DORADO
Tmetothylacus tenellus
Esta ave vive en herbazales, sabanas secas y zonas de matorral abiertas del este de África, de Sudán a Tanzania.

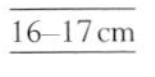

dorso oliváceo
partes inferiores amarillas
16–17 cm

LAVANDERA BOYERA
Motacilla flava
Muy extendida por Eurasia y con muchas subespecies, muchas con gris o negro en la cabeza, inverna en África, Asia tropical y Australia.

17–20 cm

LAVANDERA BLANCA
Motacilla alba
Esta lavandera típica es común en campos de cultivo, pueblos e incluso ciudades de gran parte de Eurasia.

SUIMANGAS Y AFINES

Los nectarínidos, pequeños pájaros nectarívoros de movimientos rápidos y muy territoriales de las áreas tropicales y subtropicales de África y Asia, son similares a los colibríes de América, con su pico largo y curvo y su larga lengua. Los machos suelen ser de colores vivos, con un brillo metálico.

ARAÑERO PECHIESTRIADO
Arachnothera affinis
Los arañeros son de colores apagados. Como otros nectarínidos, este del Sudeste Asiático come invertebrados además de néctar.

SUIMANGA PECHIESCARLATA
Chalcomitra senegalensis
Este gran suimanga es común en gran parte del África subsahariana, en varios tipos de hábitats arbolados.

10 cm

SUIMANGA ASIÁTICO
Cinnyris asiaticus
Como otros suimangas, este del sur de Asia alimenta a sus pollos sobre todo con insectos. El macho pierde su plumaje brillante después de la reproducción.

TEJEDORES

Aves gregarias, los ploceidos comen semillas y construyen nidos complejos. Los nidos suelen construirlos los machos, y las hembras los evalúan para elegir a su pareja. La mayoría son africanos, pero hay unos pocos en el sur de Asia.

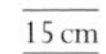

15 cm

TEJEDOR CASTAÑO
Ploceus rubiginosus
El género *Ploceus* comprende el mayor número de especies de tejedores. El tejedor castaño es propio del este de África.

11–13 cm

QUELEA COMÚN
Quelea quelea
Considerada el ave más abundante del mundo, esta especie del África subsahariana forma bandadas gigantes que pueden dañar gravemente los cultivos.

15–40 cm

OBISPO ACOLLARADO
Euplectes ardens
Los machos nupciales de los obispos son negros, y algunos lucen una cola muy larga durante los vuelos de exhibición. Esta especie se extiende por el África subsahariana.

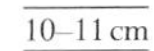

10–11 cm

OBISPO CORONIGUALDO
Euplectes afer
Ave del África subsahariana. Los machos nupciales tienen una librea muy brillante, mientras que las hembras y los machos no reproductores son pardos y negros.

ACENTORES

Paseriformes de pico fino, los prunélidos son sobre todo terrestres y se distribuyen por Eurasia. La mayoría de las especies están adaptadas a la alta montaña, pero descienden a cotas más bajas en invierno para complementar su dieta insectívora con semillas.

ACENTOR COMÚN
Prunella modularis
A diferencia de otros acentores, esta especie extendida por toda Europa y por Oriente Próximo vive en tierras bajas y no suele formar bandos.

PINZONES, CAMACHUELOS Y AFINES

Los fringílidos se distribuyen por Eurasia, África y América tropical. Desde las especies de pico fino que se nutren de néctar hasta los picogordos que cascan semillas con su enorme pico, estas aves han evolucionado para poder consumir una amplia gama de alimentos.

12 cm

JILGUERO EUROPEO
Carduelis carduelis
Esta especie del oeste de Eurasia y el norte de África tiene el pico fino y puntiagudo para comer semillas en inflorescencias altas como las de cardos y bardanas.

12–13 cm

JILGUERO YANQUI
Carduelis tristis
Los jilgueros están muy diversificados en América, sobre todo en América del Sur. Muchos son amarillos y negros, como esta especie migratoria de América del Norte.

15 cm

PINZÓN VULGAR
Fringilla coelebs
Es el fringílido más común en Europa y también habita en el norte de Asia. En invierno a veces busca alimento junto con otros fringílidos.

17 cm

PIQUITUERTO COMÚN
Loxia curvirostra
Con sus mandíbulas cruzadas, únicas entre las aves, los piquituertos extraen los piñones de las piñas. Esta especie está muy extendida por los bosques de coníferas del hemisferio norte.

12 cm

SERÍN FRENTIAMARILLO
Serinus mozambicus
Esta ave común al sur del Sáhara pertenece a un grupo de serines africanos, en su mayoría amarillos.

15–17 cm

PINZÓN MONTANO NUQUIGRÍS
Leucosticte tephrocotis
Esta especie norteamericana, perteneciente a un grupo de fringílidos de montaña próximos a los camachuelos, vive en islas rocosas y en altas montañas.

gran mancha alar blanca

PICOGORDO VESPERTINO
Hesperiphona vespertina
Los picogordos, como este de América del Norte, tienen un pico muy grueso adaptado para triturar semillas, al igual que los piquigruesos de la familia cardinálidos, no estrechamente emparentados con ellos.

TURPIALES Y AFINES

Varias especies de esta familia americana (ictéridos) se parecen vagamente al mirlo común, con el que guardan un parentesco bastante más lejano que con los fringílidos. Turpiales y afines tienen un pico muy fuerte para manipular alimentos duros.

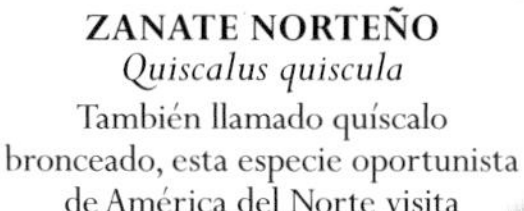

28–34 cm

ZANATE NORTEÑO
Quiscalus quiscula
También llamado quíscalo bronceado, esta especie oportunista de América del Norte visita vertederos y maizales, y puede aserrar las mazorcas con su pico.

21–26 cm

TURPIAL CABECIGUALDO
Xanthocephalus xanthocephalus
Esta ave de los marjales del oeste de América del Norte cría en colonias y construye sus nidos sobre el agua, quizá para disuadir a los depredadores.

17–24 cm

TURPIAL SARGENTO
Agelaius phoeniceus
Esta especie de los hábitats pantanosos de América del Norte y Central cría en colonias, a menudo en compañía del turpial cabecigualdo, mayor y más dominante.

19–26 cm

TURPIAL ORIENTAL
Sturnella magna
Esta especie de los terrenos abiertos del este de América del Norte, América Central y Colombia, construye su nido en el suelo y lo cubre con un techo de hierba.

19–22 cm

BOYERO DE CABEZA PARDA
Molothrus ater
Esta ave norteamericana produce muchos huevos y los pone en los nidos de otras paseriformes, que crían a sus pollos.

18–20 cm

cabeza negra

partes inferiores naranjas

ICTÉRIDO ANARANJADO
Icterus galbula
También llamado turpial de Baltimore, esta ave que en primavera y verano se nutre de orugas e insectos, añade néctar y bayas a su dieta de invierno.

15–20 cm

TORDO ARROCERO
Dolichonyx oryzivorus
También llamado ictérido charlatán, esta ave norteamericana que anida en el suelo inverna en el centro de América del Sur, y tiene un canto de vuelo burbujeante.

37–46 cm

CONOTO YAPÚ
Psarocolius decumanus
Como otros conotos, esta especie colonial teje largos nidos que cuelgan de puntas de ramas en bosques y selvas abiertos.

frente amarilla

20 cm

11 cm

FRUTERITO BONITO
Chlorophonia cyanea
También llamado clorofonia verdiazul, esta especie habita en selvas húmedas de América del Sur.

10 cm

FRUTERITO AZUQUERO
Euphonia chlorotica
Los fruteritos comen sobre todo frutos, en especial bayas de muérdago. Esta especie, también llamada eufonia gorgipúrpura, vive en los bosques de América tropical y subtropical.

14 cm

CAMACHUELO MEXICANO
Carpodacus mexicanus
Los camachuelos *Carpodacus*, cuyos machos presentan manchas rojizas, son diversos sobre todo en el Asia templada. Este es de América del Norte.

20 cm

CAMACHUELO PICOGRUESO
Pinicola enucleator
Este camachuelo cría en bosques de coníferas del hemisferio norte, pero casi nunca desciende hasta la Europa templada.

15–16 cm

CAMACHUELO COMÚN
Pyrrhula pyrrhula
Esta ave de pico corto y grueso y de cuello muy ancho vive en terrenos arbolados de gran parte de la Eurasia templada, y es el más extendido de los camachuelos *Pyrrhula*.

14 cm

IWI
Drepanis coccinea
Esta especie de pico largo que come néctar es endémica de los bosques de montaña de Hawai. Sus mayores poblaciones se hallan en las cotas más altas.

22 cm

PICOGORDO JAPONÉS
Eophona personata
Esta especie de contrastado colorido cría en fríos bosques boreales de Siberia y del norte de Japón e inverna en el sur de China.

REINITAS Y AFINES

Los parúlidos, pájaros insectívoros emparentados con los fringílidos, se distribuyen por toda América. Las especies tropicales son sedentarias, pero las de las áreas templadas son migratorias. Los machos de estas últimas pierden sus vivos colores en invierno.

plumaje de rayas blancas y negras

11–14 cm

REINITA TREPADORA
Mniotilta varia
Esta reinita norteamericana sube y baja por los troncos de los árboles como un trepador, aferrándose a la corteza con sus largas uñas posteriores.

18 cm

REINITA GRANDE
Icteria virens
Esta ave que cría en América del Norte e inverna en América Central es relativamente grande para ser una reinita. Canta de noche y de día, e imita las voces de otras aves.

plumaje amarillo

patas y pies marrón claro

12–13 cm

REINITA DE MANGLAR
Setophaga aestiva
Esta reinita, muy extendida por América del Norte y América tropical, presenta un gran número de subespecies locales.

14 cm

REINITA CASTAÑA
Setophaga castanea
Esta especie anida en bosques de píceas del este de América del Norte, y su población fluctúa de acuerdo con la abundancia de sus presas, las orugas de *Choristoneura*.

13 cm

REINITA ENCAPUCHADA
Setophaga citrina
Como la candelita norteña, esta especie migratoria que cría en bosques de planifolios del este de EE UU se alimenta de insectos que captura al vuelo.

11–13 cm

CANDELITA NORTEÑA
Setophaga ruticilla
Este parúlido que cría en América del Norte e inverna en América Central y el norte de América del Sur hace destellar sus alas y su cola, de color naranja y negro, para levantar los insectos; también captura presas en el aire.

15 cm

REINITA CHARQUERA NORTEÑA
Parkesia noveboracensis
Esta reinita grande de América del Norte busca presas en la hojarasca de los bosques húmedos y anida en espesuras próximas al agua.

13 cm

REINITA PROTONOTARIA
Protonotaria citrea
Esta especie migratoria de los humedales densamente arbolados de América anida en cavidades de árboles y aprovecha a veces agujeros de carpinteros.

11–14 cm

MASCARITA COMÚN
Geothlypis trichas
Como otros parúlidos de América del Norte, esta ave de los hábitats húmedos es migratoria; inverna en California y México.

12 cm

REINITA ALIDORADA
Vermivora chrysoptera
Esta ave migratoria anida en hábitats abiertos y tierras de cultivo del este de América del Norte, y está casi amenazada por la competencia con *Vermivora pinus*.

ESCRIBANOS Y AFINES

Los escribanos del Viejo Mundo (familia embericidos) son generalmente granívoros que comen en el suelo. Los de la familia calcáridos (eurasiáticos y americanos) son aves terrestres similares paticortas de espacios abiertos, desde llanuras y tundra hasta cimas montañosas.

ESCRIBANO CABECINEGRO
Emberiza melanocephala
Este escribano cría en el sureste de Europa y Oriente Medio, en olivares y otras zonas abiertas con árboles aislados, e inverna en India.

17 cm
solo el macho tiene el cuerpo amarillo y la cabeza negra

15 cm

ESCRIBANO LAPÓN
Calcarius lapponicus
Este escribano tiene una distribución circumpolar durante la época de reproducción e inverna en las estepas rusas y ciertas áreas de Europa occidental.

CHINGOLOS Y AFINES

Las aves de la familia paserélidos se parecen más a los escribanos del Viejo Mundo que a los gorriones (paséridos), especialmente en el pico, cuya mandíbula superior pequeña y afilada a veces tiene un borde cortante ligeramente ondulado. Muchos tienen el plumaje de la cabeza a franjas que pueden aparecer también en los flancos, y otros son de un color más uniforme. Buscan semillas a saltitos en el suelo.

cuerpo gris oscuro
15–16 cm

JUNCO O CHINGOLO PIZARROSO
Junco hyemalis
Los juncos de América del Norte y Central son aves pardogrisáceas que se agrupan en el suelo. Esta especie suele visitar los comederos de jardín en EE UU y el sur de Canadá.

19 cm

SALTÓN DE MUSLOS AMARILLOS
Pselliophorus tibialis
Llamado también sabanero de piernas amarillas, este ruidoso embericido neotropical es endémico de los bosques de montaña de Costa Rica y Panamá.

22 cm

RASCADOR MOTEADO
Pipilo maculatus
Los rascadores son embericidos de cola larga americanos. El rascador moteado cría en espesuras y zonas de chaparral de América del Norte.

TANGARÁS Y AFINES

La mayoría de estos pájaros de colores chillones (tráupidos) viven en las selvas y bosques de América del Sur tropical. Emparentados con los fringílidos, consumen una amplia gama de alimentos, incluidos frutos, insectos, semillas y néctar.

11 cm

ESPIGUERO VARIABLE
Sporophila corvina
Esta especie de plumaje variable pertenece a un grupo de aves granívoras de América tropical.

14 cm

CHINGOLO DE CABEZA NEGRA
Coryphaspiza melanotis
Esta especie, que se alimenta en el suelo en herbazales en el centro de América del Sur, se ha asignado a la familia de los tráupidos.

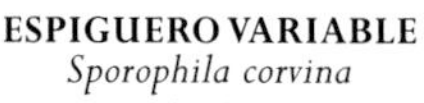

14 cm

MIELERITO VERDE
Chlorophanes spiza
Este pájaro vive en el dosel forestal y usa su pico grueso y curvo para comer frutos. A menudo se le observa en bandos mixtos de tangarás.

18–19 cm

QUITRIQUE ROJO
Piranga olivacea
Esta especie migratoria, también llamada candelo o tangará escarlata, es de América del Norte. Los machos de la mayoría de *Piranga* se vuelven rojos durante la reproducción.

18 cm

QUITRIQUE DE FRENTE COLORADA
Piranga ludoviciana
También llamado tangará carirroja, cría en el oeste de América del Norte e inverna en América Central, y es la única *Piranga* en cuyo macho reproductor predomina el amarillo.

15 cm

PINZÓN DE DARWIN GRANDE
Geospiza magnirostris
El pinzón es un ave granívora endémica de las Galápagos. Esta especie se alimenta menos en el suelo que otros pinzones de Darwin.

15 cm

FRUTERO DE COLLAR DORADO
Iridosornis jelskii
Este pájaro, miembro de un grupo de tangarás de los bosques andinos que presentan una franja amarilla en la cabeza, vive en Perú y Bolivia.

18 cm

TANGARÁ PRIMAVERA
Anisognathus somptuosus
Muchas tangarás de montaña del norte de América del Sur son azules y amarillas, incluida esta de los bosques lluviosos.

CHINGOLO ZORRUNO
Passerella iliaca
También llamado sabanero rascador, esta especie de Canadá y el oeste de EE UU que suele alimentarse en la vegetación baja tiene cuatro subespecies muy diferenciadas.

SABANERO DE ALAS PÁLIDAS
Calamospiza melanocorys
Esta especie anida en el suelo en las praderas de América del Norte y migra en bandadas al sur de Texas y México.

CHINGOLO GORRIBLANCO
Zonotrichia leucophrys
Llamado también sabanero de corona blanca, esta ave norteamericana con franjas en la cabeza suele verse en la vegetación baja o en el suelo.

CHINGOLO MELODIOSO
Melospiza melodia
También llamado sabanero melódico, es común en América del Norte y tiene un canto melodioso y complejo y presenta un gran número de subespecies.

CHIMBITO COMÚN
Spizella passerina
Esta ave común en los terrenos arbolados abiertos de América del Norte emite un trino variable y un reclamo de canto muy penetrante.

CARDENAL GRIS O CRESTIRROJO
Paroaria coronata
Las aves del género *Paroaria*, como esta común en zonas arboladas abiertas, se distribuyen por América del Sur.

TUCUSO MONTAÑÉS
Cyanerpes cyaneus
De los tucusos, aves nectarívoras de América tropical, el montañés es el que tiene un área más extensa. Tras la reproducción, los machos adquieren un plumaje verde como el de las hembras.

TANGARÁ REY O REAL
Tangara cyanicollis
Esta especie de los bosques y selvas de América tropical pertenece a un género de aves de plumajes especialmente coloridos e iridiscentes.

CARDENALES Y AFINES

Estas aves de pico grueso (cardinálidos) son granívoras como los escribanos y muchas tienen colores brillantes como las tangarás. Emparentadas con ambos, pertenecen a un grupo de pájaros americanos que derivan de los fringílidos.

PIQUIGRUESO DEGOLLADO
Pheucticus ludovicianus
Esta especie migratoria tiene un pico típicamente grueso, adaptado para comer grandes semillas e insectos duros tales como escarabajos.

CARDENAL NORTEÑO
Cardinalis cardinalis
Los machos de esta ave sedentaria del este de EE UU y de México son rojos debido a los carotenoides que ingieren con sus alimentos.

AZULILLO PINTADO O SIETECOLORES
Passerina ciris
También llamado pape arcoíris, cría en el sur de EE UU y el norte de México e inverna en América Central. Solo los machos tienen el plumaje multicolor.

AZULILLO NORTEÑO
Passerina cyanea
También llamado pape azulejo, migra entre el sur de Canadá y EE UU, y México, las Antillas, América Central y Colombia. En invierno los machos pierden su plumaje azul.

MAMÍFEROS

Los mamíferos ocupan casi todos los hábitats terrestres y algunos visitan las aguas profundas del océano entre una y otra emersión en busca de aire. Pero esto no siempre fue así: con sus 210 millones de años de antigüedad, el grupo de los mamíferos es relativamente reciente.

FILO	CORDADOS
CLASE	MAMÍFEROS
ÓRDENES	28
FAMILIAS	160
ESPECIES	Unas 6300

El maxilar inferior único y articulado con el cráneo permite a los mamíferos, como el diablo de Tasmania, morder con fuerza.

Las barbas, compuestas por queratina, sirven a rorcuales y ballenas para tamizar sus pequeñas presas del agua de mar.

Con la leche de su madre, estos facoceros comunes obtienen todos los nutrientes que precisan en sus primeras semanas de vida.

DEBATE

IGUAL DE BIEN ADAPTADOS

Los rasgos de los marsupiales se describen a veces como primitivos. Así, los marsupiales, cuyas crías nacen en fase embrionaria y se desarrollan en una bolsa, serían menos avanzados que los placentarios, que paren crías más desarrolladas. En realidad, ambos grupos aparecieron al mismo tiempo, hace unos 175 millones de años.

Los mamíferos deben su éxito a una combinación única de adaptaciones que les permitió sustituir a los reptiles como el grupo de animales dominante de la Tierra. Como los reptiles, tienen respiración aérea, pero a diferencia de sus ancestros, son homeotermos, es decir, pueden quemar combustible (alimentos) para mantener una temperatura corporal elevada y constante, y maximizar así la eficiencia de los procesos químicos que sustentan la vida sin depender directamente del calor del sol. Los mamíferos tienen el rasgo único de poseer pelo, que reduce la pérdida de calor y les permite estar activos en climas fríos y por la noche. Dado que el pelaje puede mudarse, también varía con las estaciones.

VARIACIONES SOBRE UN MISMO TEMA

El esqueleto básico de los mamíferos es fuerte, con extremidades erectas que soportan el cuerpo desde abajo. Esta disposición permite andar, correr y saltar a los mamíferos terrestres, pero la estructura básica es muy adaptable y se ha modificado para nadar, como en las focas y los cetáceos; para volar, como en los murciélagos; o para trepar a los árboles, como en muchos primates. Los mamíferos tienen mandíbulas poderosas, la inferior articulada directamente con el cráneo, y una amplia gama de dientes adaptados a una gran variedad de tipos de alimentos. Algunos otros huesos que en los reptiles conforman la mandíbula inferior pasaron a cumplir en los mamíferos otra función: se han convertido en los tres huesecillos del oído interno, que mejoran en gran medida la capacidad auditiva. El cráneo también sirve para proteger el cerebro, más voluminoso que en otros grupos, lo que apunta a una mayor inteligencia y se traduce en una incomparable capacidad de aprender, recordar y tener comportamientos complejos.

Para afinar estas aptitudes hace falta tiempo, y las crías de los mamíferos lo tienen durante el prolongado periodo de cuidados parentales que comienza mientras se nutren de la leche producida por las glándulas mamarias de su madre. Estos órganos únicos que dan nombre al grupo evolucionaron a partir de glándulas sebáceas que inicialmente producían secreciones para hidratar la piel y quizás para evitar que los huevos se secaran.

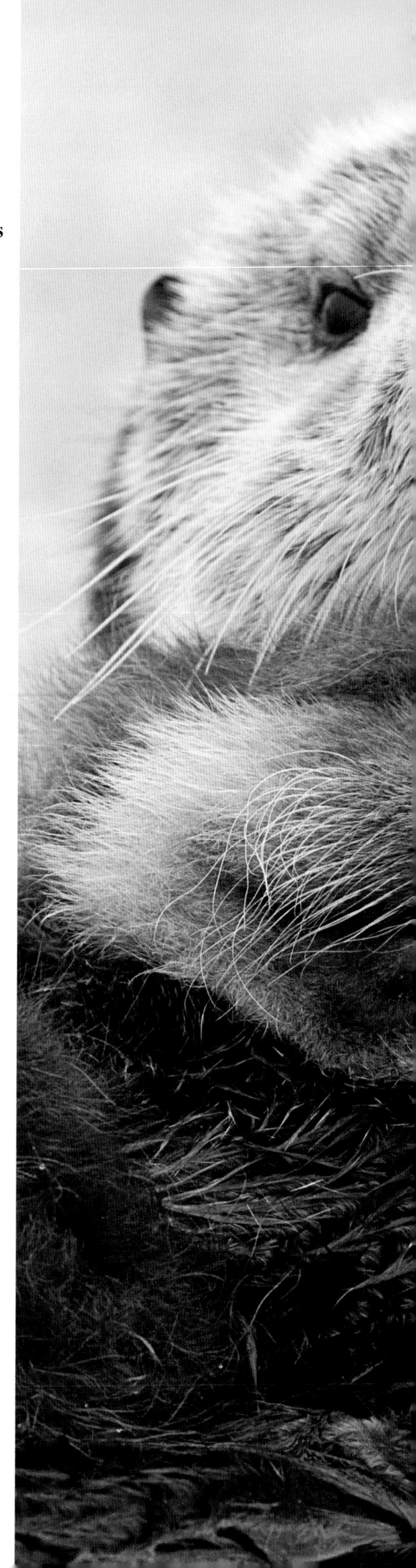

CAPA AISLANTE >
El aire atrapado en la densa piel de la nutria marina la aísla del frío del agua en la que vive.

GRUPOS DE MAMÍFEROS

Hay tres grupos de mamíferos: los monotremas, que son ovíparos (ponen huevos); los mamíferos con bolsa, o marsupiales, y los placentarios. Este último es el más diversificado y se divide en los siguientes subgrupos.

MAMÍFEROS OVÍPAROS

Tan solo cinco especies integran este grupo de mamíferos, llamados monotremas. Todas ellas tienen un hocico especializado y ponen huevos.

El ornitorrinco y los equidnas de hocico largo y de hocico corto, que forman el orden monotremas, ocupan distintos hábitats en Nueva Guinea, Australia y Tasmania.

Los monotremas ponen huevos de cáscara blanda que eclosionan tras unos diez días de incubación. Las crías se alimentan de la leche segregada por las glándulas mamarias, no modificadas en mamas, de las hembras. Los jóvenes equidnas viven en la bolsa de su madre hasta que aparecen sus espinas; luego, al igual que los jóvenes ornitorrincos, permanecen varios meses dentro de una madriguera.

Los monotremas tienen un hocico modificado para buscar y comer sus presas. El ornitorrinco, que es parcialmente acuático, tiene un pico aplanado parecido al de un pato, cubierto de receptores sensoriales que le permiten localizar invertebrados dentro del agua, incluso turbia. El hocico largo y cilíndrico y la larga lengua de los equidnas son ideales para hurgar en hormigueros y termiteros, y capturar lombrices. El ornitorrinco y los equidnas carecen de dientes y en su lugar tienen superficies trituradoras o espinas córneas en la lengua.

EL SIGNIFICADO DE UN NOMBRE

La palabra monotrema significa «agujero único» y hace referencia a la cloaca, un orificio corporal único en el que vacían su contenido los tractos digestivo, urinario y reproductor.

FILO	CORDADOS
CLASE	MAMÍFEROS
ORDEN	MONOTREMAS
FAMILIAS	2
ESPECIES	5

El ornitorrinco emplea sus grandes pies anteriores palmeados para propulsarse, y los posteriores y la cola como timones.

ORNITORRINCO

El ornitorrinco, único miembro de la familia ornitorrínquidos, está bien adaptado al modo de vida semiacuático con su cuerpo fusiforme, su pelaje impermeable, sus pies palmeados y su cola aplanada. Los machos tienen un espolón córneo venenoso en cada pie posterior.

EQUIDNAS

La familia taquiglósidos comprende el equidna de hocico corto y los de hocico largo. Su rechoncho cuerpo está cubierto de pelo y espinas, y su largo hocico es ideal para capturar insectos y lombrices.

ORNITORRINCO
Ornithorhynchus anatinus
Esta especie rara que vive en ríos y arroyos de Australia oriental y Tasmania utiliza su pico blando y cubierto de electrorreceptores para buscar y cazar invertebrados.

EQUIDNA DE HOCICO CORTO
Tachyglossus aculeatus
Este equidna ampliamente extendido por Australia, Tasmania y Nueva Guinea pone un único huevo en una bolsa de su abdomen.

EQUIDNA DE HOCICO LARGO ORIENTAL
Zaglossus bartoni
El mayor de los monotremas, vive en selvas de montaña del este de Nueva Guinea.

MAMÍFEROS CON MARSUPIO

Los marsupiales son mamíferos que paren las crías en un estadio muy inmaduro y que completan su desarrollo en el marsupio o bolsa abdominal de la hembra.

Los marsupiales ocupan una amplia gama de hábitats, desde los desiertos y zonas de matorral seco hasta la pluvisilva. Casi todos son terrestres o bien arborícolas, pero varias especies planean, una es acuática y otras dos –los topos marsupiales– viven bajo tierra. Su dieta es también muy variable: algunos marsupiales son carnívoros, otros son insectívoros, herbívoros u omnívoros, e incluso hay especies que se alimentan de néctar y polen. Los marsupiales también difieren en tamaño, desde los diminutos planigales, que con sus menos de 4,5 g de peso figuran entre los mamíferos más pequeños del mundo, hasta el canguro rojo, cuyos machos pueden pesar más de 90 kg.

DESARROLLO PRECOZ

Los marsupiales nacen ciegos y lampiños, y se abren camino por el pelaje de la madre hasta el marsupio, donde se agarran a un pezón y maman. En casi la mitad de las especies, los pezones se encuentran dentro de esta bolsa protectora. Algunos marsupiales tienen una única cría por parto, pero otros pueden parir hasta una docena o más. La fase durante la cual las crías están en la bolsa es equivalente al periodo de gestación de los mamíferos placentarios.

Los canguros y algunos otros marsupiales pueden detener el desarrollo de un embrión antes de que se implante en el útero si ya tienen una cría en el marsupio. La gestación se reanudará cuando la bolsa marsupial quede vacante.

LOS SIETE ÓRDENES

Los marsupiales se dividen en la actualidad en siete grupos u órdenes: didelfimorfos, o de las zarigüeyas y afines; paucituberculados, o de las ratas marsupiales; microbioterios, con el monito del monte como único miembro; dasiuromorfos, o de los marsupiales carnívoros; peramelemorfos, o de los bandicuts; notorictemorfos, o de los topos marsupiales, y diprotodontos, el orden más diversificado, que comprende entre otros al koala, los uombats y los ualabis y canguros.

FILO	CORDADOS
CLASE	MAMÍFEROS
ÓRDENES	7
FAMILIAS	18
ESPECIES	Más de 350

DEBATE

¿NO TAN PRIMITIVOS?

Antaño los marsupiales se consideraban primitivos porque sus crías nacen en una fase temprana, sin recibir una nutrición prolongada por la placenta dentro de la madre, pero hoy en día se sabe que esta estrategia reproductiva es una adaptación al entorno y que los marsupiales son tan avanzados como los placentarios. Los canguros son capaces de mantener dos crías diferentes de distintas edades y un óvulo fecundado que se puede desarrollar de inmediato si algo les sucede a aquellas. Así, gracias a esta estrategia, los marsupiales pueden recuperarse rápidamente cuando las condiciones ambientales se tornan menos adversas.

RATAS MARSUPIALES

Las ocho especies de la familia cenoléstidos se distinguen de otros marsupiales americanos por su menor número de incisivos. Todas viven en los Andes, en América del Sur occidental.

9–14 cm

RATÓN RUNCHO COLOMBIANO
Caenolestes fulginosus
Esta especie de rata marsupial andina, que vive a grandes altitudes en Colombia, Ecuador y Venezuela, usa sus grandes incisivos inferiores para matar presas.

MONITO DEL MONTE

El monito del monte o chumaihuén, único miembro de la familia microbiotéridos, está bien adaptado al frío. Emplea el letargo diario y la hibernación estacional para conservar energía cuando la temperatura baja o el alimento escasea.

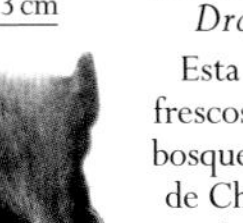

8–13 cm

MONITO DEL MONTE
Dromiciops gliroides
Esta especie que vive en frescos bosques de bambú y bosques lluviosos templados de Chile y Argentina tiene un denso pelaje que limita su pérdida térmica.

TOPOS MARSUPIALES

Dos especies de topos marsupiales forman la familia notoríctidos. Carecen de orejas y de ojos funcionales, y sus patas, grandes uñas y escudo nasal córneo les ayudan a excavar.

11–14 cm

TOPO MARSUPIAL SUREÑO
Notoryctes typhlops
Este marsupial está adaptado para excavar en el desierto de arena y los herbazales de *Spinifex* de Australia central.

ZARIGÜEYAS Y AFINES

Los miembros de la familia americana didélfidos tienen un hocico puntiagudo con bigotes sensibles y las orejas lampiñas. Muchas especies poseen cola prensil, útil para trepar, y algunas carecen de marsupio.

37–50 cm

ZARIGÜEYA COMÚN
Didelphis virginiana
Esta especie, el mayor marsupial de América, vive en herbazales y bosques templados y tropicales de EE UU, México y América Central.

20–32 cm

ZARIGÜEYA LANUDA OCCIDENTAL
Caluromys lanatus
También llamada cuica lanosa y raposa lanuda, es solitaria y arborícola. Vive en bosques húmedos del oeste y el centro de América del Sur.

16–28 cm

ZARIGÜEYA LANUDA PARDA O DE COLA DESNUDA
Caluromys philander
La cola prensil de esta zarigüeya lanuda le ayuda a desplazarse por el dosel de las pluvisilvas húmedas del este y el centro de América del Sur.

»

» ZARIGÜEYAS

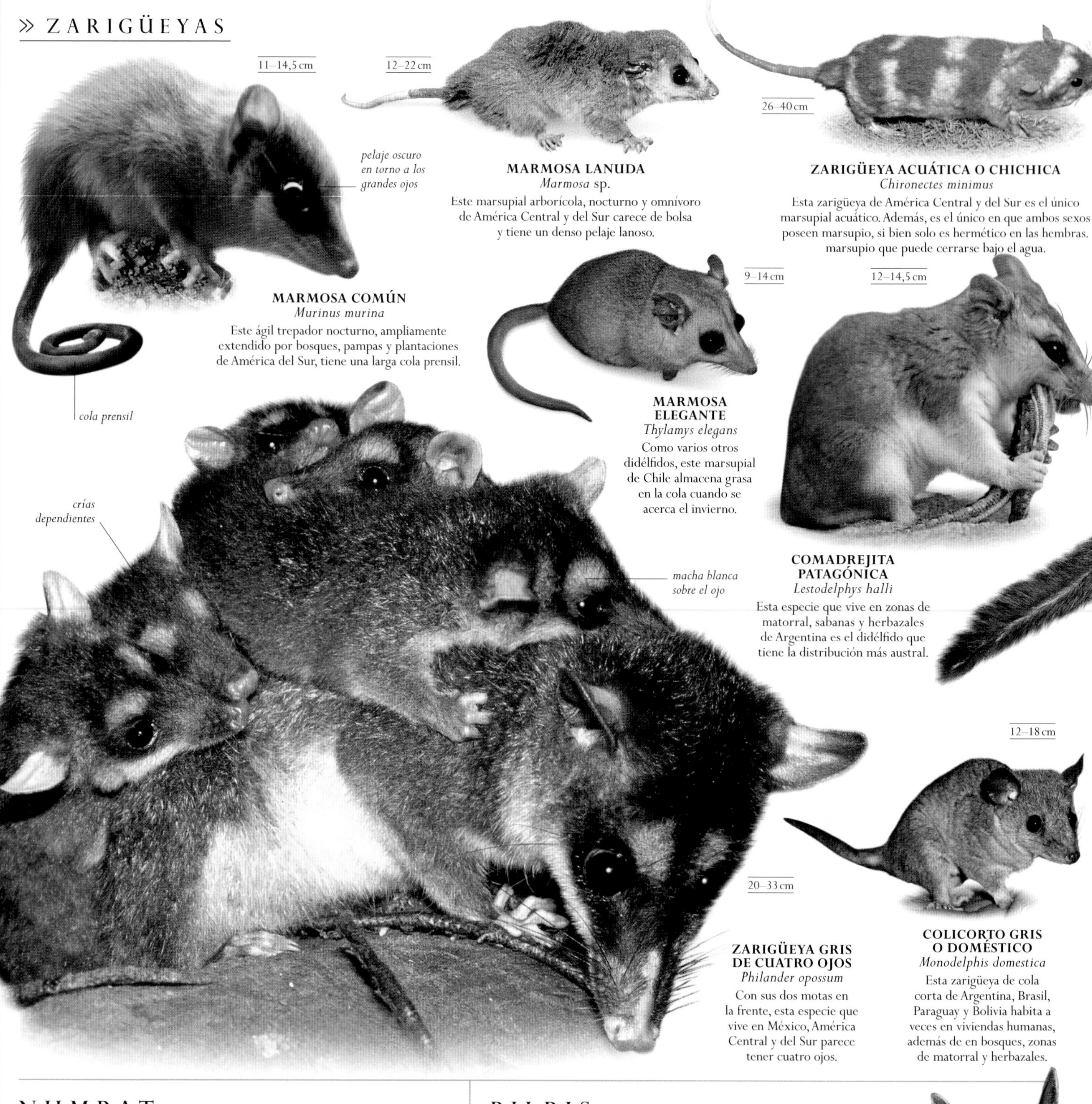

MARMOSA LANUDA
Marmosa sp.
Este marsupial arborícola, nocturno y omnívoro de América Central y del Sur carece de bolsa y tiene un denso pelaje lanoso.

ZARIGÜEYA ACUÁTICA O CHICHICA
Chironectes minimus
Esta zarigüeya de América Central y del Sur es el único marsupial acuático. Además, es el único en que ambos sexos poseen marsupio, si bien solo es hermético en las hembras. marsupio que puede cerrarse bajo el agua.

MARMOSA COMÚN
Murinus murina
Este ágil trepador nocturno, ampliamente extendido por bosques, pampas y plantaciones de América del Sur, tiene una larga cola prensil.

MARMOSA ELEGANTE
Thylamys elegans
Como varios otros didélfidos, este marsupial de Chile almacena grasa en la cola cuando se acerca el invierno.

COMADREJITA PATAGÓNICA
Lestodelphys halli
Esta especie que vive en zonas de matorral, sabanas y herbazales de Argentina es el didélfido que tiene la distribución más austral.

ZARIGÜEYA GRIS DE CUATRO OJOS
Philander opossum
Con sus dos motas en la frente, esta especie que vive en México, América Central y del Sur parece tener cuatro ojos.

COLICORTO GRIS O DOMÉSTICO
Monodelphis domestica
Esta zarigüeya de cola corta de Argentina, Brasil, Paraguay y Bolivia habita a veces en viviendas humanas, además de en bosques, zonas de matorral y herbazales.

NUMBAT

Único miembro de la familia mirmecóbidos, tiene un pelaje rayado característico, fuertes garras para cavar y una lengua muy larga para extraer termitas de sus nidos.

NUMBAT
Myrmecobius fasciatus
Este marsupial diurno y especializado en comer termitas solo se encuentra en bosques de eucaliptos de Australia Occidental.

BILBIS

La familia tilacómidos comprende una única especie, ya que el bilbi menor ha sido declarado extinto. Nocturno y propio de hábitats áridos, el bilbi mayor no necesita beber agua, ya que la absorbe con sus alimentos.

BILBI MAYOR
Macrotis lagotis
Este marsupial excavador del desierto del centro de Australia tiene un pelaje sedoso, una cola tricolor y largas orejas como de conejo.

DASIUROS, DUNNARTS Y AFINES

La familia dasiúridos comprende más de 70 marsupiales carnívoros, animales provistos de fuertes mandíbulas, afilados caninos y uñas aceradas excepto en el dedo gordo del pie posterior.

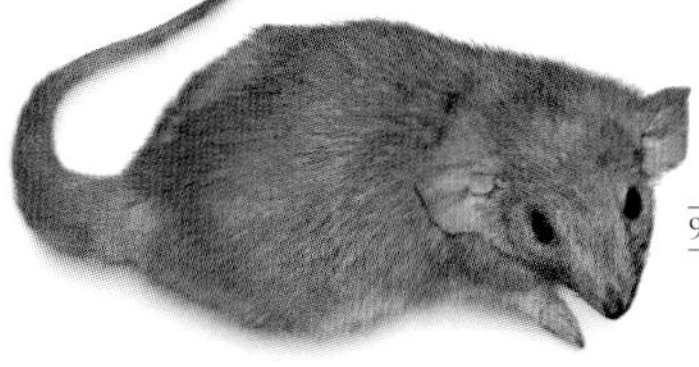

9,5–10,5 cm

FALSO ANTEQUINO COLIGRUESO
Pseudantechinus macdonnellensis
Este marsupial insectívoro y nocturno de las zonas rocosas y áridas del centro y el oeste de Australia almacena grasa en la base de la cola.

línea blanca en la grupa y el pecho

acumulación de grasa en la base de la cola

DEMONIO O DIABLO DE TASMANIA
Sarcophilus harrisii
Este cazador nocturno, el mayor marsupial carnívoro del mundo, ocupa todo tipo de hábitats en Tasmania.

57–65 cm

7–14 cm

ANTEQUINO PARDO
Antechinus stuartii
Esta especie es endémica de los bosques del este de Australia. Los machos mueren de agotamiento tras su primer periodo de apareamiento.

19–24 cm

DASIURO DE TRES RAYAS
Myoictis sp.
Los colores de este marsupial le sirven de camuflaje en el suelo de la pluvisilva de las islas de Indonesia y Nueva Guinea.

26–40 cm

DASIURO O CUOL OCCIDENTAL
Dasyurus geoffroii
Este cazador nocturno del suroeste de Australia es principalmente terrestre, aunque también puede trepar a los árboles.

10,5–12,5 cm

FASCOGALO DE COLA ROJA
Phascogale calura
Este marsupial carnívoro, cuya cola rojiza acaba en un cepillo de pelos negros, vive en zonas arboladas del suroeste de Australia.

12–23 cm

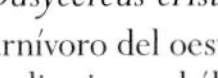

MULGARA
Dasycercus cristicauda
Este carnívoro del oeste y el centro de Australia vive en hábitats áridos y semiáridos, como desiertos, brezales y herbazales, y acumula grasa en la cola.

7–10 cm

KULTARR
Antechinomys laniger
Este marsupial rápido y ágil salta con sus grandes pies traseros por terrenos arbolados, herbazales y hábitats semidesérticos del sur y el centro de Australia.

5–7,5 cm

PLANIGALE DE NARIZ ESTRECHA
Planigale tenuirostris
Este marsupial nocturno de cabeza plana y parecido a un roedor vive en matorrales bajos y herbazales secos del sureste de Australia.

5–7,5 cm

NINGAUI DEL INTERIOR
Ningaui ridei
Este depredador nocturno y de hocico puntiagudo caza insectos en los áridos herbazales de *Spinifex* de Australia central.

6–9 cm

DUNNART DE COLA GRUESA
Sminthopsis crassicaudata
Este pequeño ratón marsupial nocturno de los herbazales abiertos del sur de Australia almacena grasa en la cola.

BANDICUTS

Son marsupiales omnívoros (familia peramélidos) distribuidos por Australia y Nueva Guinea. Se caracterizan por tener los dedos segundo y tercero de los pies traseros fusionados y tres pares de incisivos inferiores, y el pelaje corto, tosco o espinoso.

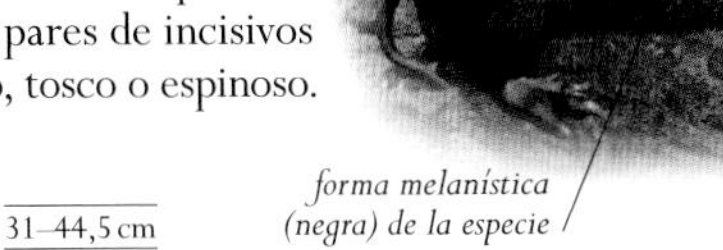

22,5–38 cm

forma melanística (negra) de la especie

BANDICUT ESPINOSO
Echymipera kalubu
Este insectívoro nocturno de las selvas de Nueva Guinea tiene el hocico cónico, el pelaje espinoso y la cola lampiña.

28–36 cm

pelaje áspero y pardo amarillento

31–44,5 cm

BANDICUT DE MORRO LARGO
Perameles nasuta
Este bandicut nocturno de las pluvisilvas y terrenos arbolados de la costa este de Australia excava para buscar sus insectos presa.

27–35 cm

BANDICUT BARRADO ORIENTAL
Perameles gunnii
Así llamado por las bandas crema del pelaje de sus flancos, vive en herbazales y terrenos arbolados de Australia y Tasmania.

BANDICUT PARDO MERIDIONAL
Isoodon obesulus
Este bandicut de nariz corta vive en los brezales de bajo porte del sur de Australia y de varias islas, entre ellas la isla Canguro y Tasmania.

KOALA

Único miembro de la familia fascolárctidos, el koala está muy bien adaptado para trepar, con sus potentes brazos, sus dedos oponibles en manos y pies, y sus uñas afiladas y curvas. Duerme hasta 20 horas al día porque su dieta de hojas de eucalipto es pobre en nutrientes.

KOALA
Phascolarctos cinereus
Se alimenta casi exclusivamente de hojas de eucalipto. Solitario y nocturno, vive en bosques y terrenos arbolados del este de Australia.

OPOSUMS PIGMEOS

Estos pequeños marsupiales, nocturnos y con la cola prensil, son omnívoros y se alimentan de insectos, frutos, néctar y polen. Cuatro especies de la familia burrámidos son endémicas de Australia; la quinta vive en Australia y Nueva Guinea.

OPOSUM PIGMEO COLILARGO
Cercartetus caudatus
Es arborícola y vive en selvas de montaña de Nueva Guinea y pluvisilvas del noreste de Queensland.

OPOSUM PIGMEO DE MONTAÑA
Burramys parvus
Propio de los hábitats rocosos de las tierras altas de Australia, este oposum terrestre hiberna bajo la nieve durante varios meses.

OPOSUM DE COLA ANILLADA Y AFINES

La familia pseudoqueíridos comprende varios oposums y el planeador grande. Todos son arborícolas y están especializados en comer hojas; para fermentar la celulosa de estas tienen una bolsa al principio del intestino grueso.

OPOSUM DE COLA ANILLADA
Pseudocheirus peregrinus
Este ágil marsupial vive en diversos hábitats de Australia oriental y Tasmania. En Nueva Zelanda se ha convertido en una plaga.

FALANGERO LEMUROIDE
Hemibelideus lemuroides
Esta especie nocturna solo se encuentra en una pequeña extensión de pluvisilva del noreste de Queensland (Australia).

UOMBATS

Los uombats (vombátidos) son marsupiales rechonchos de cola y patas cortas. Tienen grandes zarpas delanteras y uñas largas para excavar. Se alimentan de hierbas ásperas que trituran con sus fuertes mandíbulas y que digieren en su largo intestino.

UOMBAT COMÚN
Vombatus ursinus
Propio de bosques, brezales y matorrales costeros del sureste de Australia, puede excavar túneles de hasta 200 m de longitud.

UOMBAT DE HOCICO PELUDO MERIDIONAL
Lasiorhinus latifrons
Este uombat del centro y el sur de Australia vive colonialmente en madrigueras, pero se alimenta en solitario.

CUSCUSES Y AFINES

La familia falangéridos comprende los cuscuses, falangéridos y afines. La mayoría de sus especies son arborícolas, con el pulgar posterior oponible y la cola prensil. Los cuscuses tienen parte de la cola lampiña, a diferencia de los oposums de cola peluda (género *Trichosurus*).

42–74 cm

uñas fuertes y corvas

CUSCÚS MOTEADO COMÚN
Spilocuscus maculatus
Este cuscús es sexualmente dimórfico, ya que solo el macho presenta las manchas que le dan nombre. Vive en pluvisilvas de Nueva Guinea y del noreste de Australia.

47–57 cm

CUSCÚS URSINO DE CÉLEBES
Ailurops ursinus
Esta especie es el mayor de los cuscuses y vive en el dosel de las selvas de la isla Célebes (o Sulawesi) y pequeñas islas indonesias vecinas.

los ojos grandes facilitan la visión nocturna

49–54 cm

cola peluda

OPOSUM DE CUNNINGHAM
Trichosurus cunninghami
Este oposum de montaña habita en los densos bosques húmedos del sureste de Australia, típicamente por encima de los 300 m de altitud.

30–47 cm

OPOSUM O FALANGERO DE COLA ESCAMOSA
Wyulda squamicaudata
Este oposum nocturno y solitario que solo se encuentra en los Kimberley, en el noroeste de Australia, tiene una única cría por parto.

33–60 cm

FALANGERO
Phalanger sp.
Los cuscuses de este género (falangeros) viven en Nueva Guinea e islas vecinas a diferentes altitudes para evitar la competencia entre ellos.

34–45 cm

OPOSUM PLANEADOR GRANDE
Petauroides volans
Vive en el este de Australia. Es el mayor marsupial planeador y puede salvar distancias de más de 100 m entre árboles.

pelaje gris, entrecano

32–40 cm

OPOSUM VERDOSO
Pseudochirops archeri
Este oposum solitario, así llamado por el tono de su pelaje, solo se encuentra en la pluvisilva del extremo norte de Queensland (Australia).

cola prensil

OPOSUM DEL RÍO DAINTREE
Pseudochirulus cinereus
Este oposum que parece un lémur vive en la pluvisilva de montaña de la zona del río Daintree, en el noreste de Queensland (Australia).

34–37 cm

OPOSUMS LISTADOS Y PLANEADORES

La familia petáuridos comprende los oposums listados y los planeadores excepto el grande (izda.). Los planeadores tienen una membrana peluda entre las patas anteriores y posteriores. Los listados desprenden un olor fuerte y tienen el cuarto dedo alargado para buscar insectos en la madera.

24–28 cm

OPOSUM LISTADO COMÚN
Dactylopsila trivirgata
Este oposum nocturno, con aspecto y olor de mofeta, vive en los árboles del noreste de Queensland (Australia) y de Nueva Guinea.

cuerpo gris con una franja dorsal oscura

15–17 cm

OPOSUM DE LEADBEATER
Gymnobelideus leadbeateri
Vive en bosques húmedos de montaña de Victoria (Australia) y se nutre de insectos, savia y resina de los árboles.

cola en forma de maza

15–21 cm

cola gruesa

PLANEADOR DEL AZÚCAR
Petaurus breviceps
Esta especie que muestra debilidad por la dulce savia de los eucaliptos es nativa del noreste de Australia, Nueva Guinea y las islas vecinas.

OPOSUM DE LA MIEL

Esta diminuta especie es el único miembro de la familia tarsipédidos. Tiene menos dientes que otros oposums y una larga lengua cubierta de un cepillo para sondear las flores.

OPOSUM DE LA MIEL
Tarsipes rostratus
Especializado en alimentarse de néctar y polen, vive en brezales y terrenos arbolados del suroeste de Australia.

ACROBÁTIDOS

La familia acrobátidos consta de tres especies: dos del género *Acrobates* (*A. pygmaeus* y *A. frontalis*) y el oposum de cola plumosa *(Distoechurus pennatus)*, todas con la cola orlada de pelos rígidos.

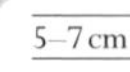

ACRÓBATA PIGMEO
Acrobates pygmaeus
El más pequeño de los marsupiales planeadores, vive en bosques del este de Australia, donde se nutre de néctar.

CANGUROS Y AFINES

Los canguros y ualabíes (o wallabies) de la familia macropópidos son animales de medianos a grandes, con patas traseras largas para saltar. El primer dedo de los pies se ha perdido; el segundo y el tercero están unidos en una funda carnosa formando una garra de acicalamiento, y el cuarto y el quinto, fuertes y alargados, sostienen el peso del animal.

66–92 cm

pelaje pardo rojizo

0,7–1,4 m

CANGURO ROJO
Osphranter rufus
Es el mayor marsupial existente, ampliamente extendido por sabanas, herbazales y desiertos de Australia.

57–108 cm

UALARÚ COMÚN
Osphranter robustus
Esta especie ampliamente distribuida por Australia continental suele buscar la sombra en los afloramientos rocosos.

45–53 cm

UALABÍ PARMA
Notamacropus parma
Vive en una gran variedad de hábitats forestales en las montañas de la Gran Cordillera Divisoria de Australia.

60–85 cm

UALABÍ ÁGIL
Notamacropus agilis
A diferencia de otros ualabíes, este se encuentra tanto en Australia como en Nueva Guinea, donde ocupa herbazales y arboledas abiertas.

CANGURO GRIS ORIENTAL
Macropus giganteus
Muy extendido por el este de Australia y con una subespecie en Tasmania, vive en zonas arboladas y arbustivas secas.

CANGURO GRIS OCCIDENTAL
Macropus fuliginosus
El único canguro que no se reproduce mediante la implantación diferida del embrión en el útero, habita en el sur de Australia, incluida la isla Canguro.

UALABÍ DE CUELLO ROJO
Notamacropus rufogriseus
Esta especie vive en bosques y matorrales costeros del sureste de Australia, incluidas las islas de Tasmania y del estrecho de Bass.

la larga cola le sirve de soporte cuando descansa y para equilibrarse cuando se desplaza

POTORÚS

La familia potoroideos comprende los potorús, bettongs y canguros rata, pequeños marsupiales con muchas similitudes con los más grandes macropódidos, si bien de adultos tienen un solo premolar superior e inferior aserrado en cada lado de la mandíbula.

26–41 cm

POTORÚ DE HOCICO LARGO
Potorous tridactylus
Este potorú de los brezales y bosques del sureste de Australia tiene unas fuertes uñas corvas con las que desentierra hongos subterráneos.

30–36 cm

BETTONG COLA DE ESCOBA
Bettongia penicillata
Este bettong de los bosques y herbazales del suroeste de Australia tiene una cola prensil con la que transporta materiales para el nido.

CANGURO RATA ALMIZCLADO

El único miembro de la familia hipsiprimnodóntidos es relativamente primitivo; a diferencia de otras especies de canguro, tiene un primer dedo oponible que le facilita el agarre.

15–28 cm

CANGURO RATA ALMIZCLADO
Hypsiprymnodon moschatus
Esta especie diurna vive en la pluvisilva tropical del norte de Queensland (Australia), donde se nutre de frutos caídos, semillas y hongos.

CANGURO RABIPELADO NORTEÑO
Onychogalea unguifera
Este canguro de tamaño medio, también llamado ualabí de rabo pelado norteño, habita en el norte de Australia.

CANGURO RABIPELADO EMBRIDADO
Onychogalea fraenata
Este ualabí nocturno se había dado por extinto; la única población salvaje actual ocupa tres diminutas áreas discontinuas de Queensland (Australia).

PADEMELON DE CUELLO ROJO
Thylogale thetis
Este ualabí forestal del este de Australia se aventura por los linderos del bosque durante la noche para comer hierba, hojas y brotes.

UALABÍ LIEBRE ROJIZO
Lagorchestes hirsutus
Aunque antiguamente vivía en Australia continental, hoy solo se encuentra en estado salvaje en dos islas de Australia Occidental.

DORCOPSIS PARDO
Dorcopsis muelleri
También llamado ualabí de bosque pardo, es endémico de las pluvisilvas de escasa altitud del oeste de Nueva Guinea y de tres islas próximas a la costa.

QUOKKA
Setonix brachyurus
Esta especie es endémica del suroeste de Australia occidental, incluidas las islas Rottnest y Bald.

UALABÍ DE PANTANO O NEGRO
Wallabia bicolor
De color más oscuro que otros ualabíes, vive en bosques templados y tropicales y zonas pantanosas del este de Australia.

CANGURO ARBORÍCOLA DE DORIA
Dendrolagus dorianus
Es el más pesado de los marsupiales arborícolas y desciende al suelo con frecuencia. Vive en bosques de montaña de Nueva Guinea.

CANGURO ARBORÍCOLA DE GOODFELLOW
Dendrolagus goodfellowi
Esta especie habita en selvas de montaña de Nueva Guinea, donde se alimenta de hojas y frutos.

51–62 cm

UALABÍ DE LAS ROCAS
Petrogale penicillata
Este ualabí del sureste de Australia tiene en los pies traseros almohadillas y asperezas que le ayudan a no resbalar cuando salta por las rocas.

CANGURO ARBORÍCOLA DE LUMHOLTZ
Dendrolagus lumholtzi
Es el canguro arborícola más pequeño. Vive en las pluvisilvas del norte de Queensland (Australia).

∨ MACHOS GRANDOTES
Los machos del canguro rojo son mucho más grandes que las hembras y a veces pesan el doble que ellas. Por lo demás, solo su pelaje tiene matices rojos, mientras que el de las hembras es totalmente gris azulado. Los machos entablan combates de boxeo para aparearse con las hembras.

CANGURO ROJO
Osphranter rufus

Los canguros evolucionaron en Australia al ocupar el nicho que en otros lugares ocupan animales pacedores como los antílopes. Al igual que estos, los canguros tienen un estómago grande, capaz de contener grandes cantidades de hierba. Vivir en zonas abiertas es arriesgado para todos los herbívoros y, así, los canguros comparten con los antílopes una serie de adaptaciones para evitar a los depredadores. Viven en manadas, tienen sentidos aguzados, son lo bastante altos para otear el entorno en busca de posibles peligros y pueden huir a gran velocidad. El rojo es el mayor y más rápido de todos los canguros y puede saltar a más de 50 km/h. Solo la hembra tiene bolsa marsupial, dentro de la cual lleva a la cría durante los siete primeros meses de vida. Bien adaptado a la sequía, el canguro rojo puede comer los arbustos salados que son tóxicos para otros animales.

TAMAÑO 0,7–1,4 m
HÁBITAT Matorral, desierto
DISTRIBUCIÓN Australia
DIETA Herbívora

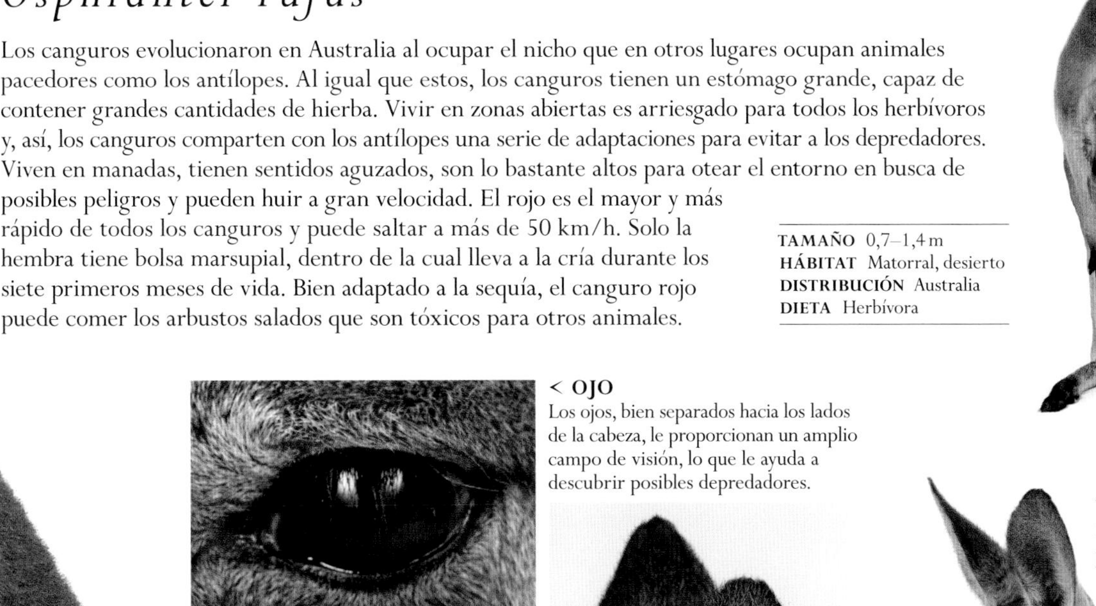

< OJO
Los ojos, bien separados hacia los lados de la cabeza, le proporcionan un amplio campo de visión, lo que le ayuda a descubrir posibles depredadores.

OREJAS >
Largas y sensibles, se inclinan en distintas direcciones para captar sonidos que puedan indicar la proximidad de un peligro.

∨ UN FUERTE PÚGIL
El macho, que tiene el pecho ancho y musculoso, boxea contra sus rivales con las patas anteriores, pero sus golpes más contundentes son las patadas dobles que propina con sus pies traseros.

∧ UÑAS
Los pies tienen unas uñas sorprendentemente afiladas que le sirven de asideros al saltar, como armas o como peines durante el aseo.

< ∨ PIE TRASERO
El nombre científico *Macropus* literalmente significa «pie grande». Cada pie trasero tiene cuatro dedos: un par exterior que soporta el peso y otro interior para el aseo.

la cola hace de contrapeso cuando salta y de quinto miembro de soporte cuando se detiene

∧ SALTO
El canguro rojo salta sobre sus enormes patas traseras con mucho garbo y sin esfuerzo aparente. Es capaz de saltar 9 m de longitud de un solo brinco.

MUSARAÑAS ELEFANTE

Las musarañas elefante forman una única familia. Son superficialmente similares a las musarañas verdaderas, pero no están emparentadas con ellas.

Estos animales que se distinguen por su hocico flexible y alargado son pequeños, con las patas y la cola largas. Se desplazan a cuatro patas o a saltos, especialmente cuando tienen que moverse con rapidez. Viven en parejas dentro de un área definida, aunque hay poca interacción entre ambos sexos; machos y hembras incluso construyen en ocasiones nidos separados y cada uno defiende el territorio común frente a los intrusos de su propio sexo. Las musarañas elefante son principalmente diurnas y muchas de ellas mantienen en torno a su territorio una red de senderos que patrullan en busca de presas y por los que huyen si se sienten amenazadas.

Exclusivamente africanas, ocupan una gran variedad de hábitats, desde bosques y sabanas hasta desiertos extremadamente áridos. Algunas musarañas elefante se resguardan en grietas rocosas o en nidos de hojas secas, y las especies más grandes suelen cavar madrigueras poco profundas.

CRÍAS ACTIVAS

Según la especie, una pareja de musarañas elefante puede reproducirse varias veces al año. Las camadas son poco numerosas, pues solo tienen de una a tres crías cada vez. Las crías nacen bien desarrolladas y no tardan en volverse activas.

FILO	CORDADOS
CLASE	MAMÍFEROS
ORDEN	MACROSCELÍDEOS
FAMILIA	1
ESPECIES	20

DEBATE

UN ORDEN PROPIO

Antes vinculadas a musarañas y erizos; conejos, liebres y pikas, e incluso a ungulados, hoy en día las musarañas elefante se agrupan en su propio orden: macroscelídeos. Los estudios genéticos sugieren que sus parientes más cercanos son los tenrecs y topos dorados, del orden afrosorícidos.

MUSARAÑAS ELEFANTE

Las musarañas elefante (familia macroscelídidos) ocupan una amplia gama de hábitats africanos, desde desiertos hasta montañas y selvas. En gran parte insectívoras, utilizan su hocico móvil para buscar presas a las que introducen en la boca con ayuda de la lengua.

patas traseras más largas que las delanteras

cola larga y rala

11–12 cm

M. E. DEL BUSHVELD
Elephantulus intufi
Extendida por el monte bajo árido del sur de África, esta especie defiende vigorosamente grandes territorios contra rivales de su propio sexo.

11–13 cm

M. E. RUPESTRE OCCIDENTAL
Elephantulus rupestris
Activa de día, esta especie de los montes bajos rocosos del suroeste de África deja la sombra de su grieta rocosa para buscar presas.

10–20 cm

M. E. RUFA
Elephantulus rufescens
Esta especie del sur y el este de África tiene un largo pelaje de color arena rojizo y la cola tan larga como el cuerpo y la cabeza juntos.

12,5–15 cm

M. E. DE PIES SOMBRÍOS
Elephantulus fuscipes
Esta especie poco conocida que frecuenta los herbazales secos y calurosos de África central podría pertenecer de hecho a un género diferente.

10–12 cm

M. E. BERBERISCA
Petrosaltator rozeti
Esta musaraña elefante del desierto, la única del norte de África, tamborilea con los pies y con su larguísima cola cuando se asusta.

16–21 cm

M. E. DE CUATRO DEDOS
Petrodromus tetradactylus
Ocupa diversos hábitats húmedos y es una de las musarañas elefante más extendidas, desde el centro al sur de África.

25–29 cm

M. E. DE PETERS
Rhynchocyon petersi
Esta especie gigante vive en bosques costeros de Tanzania y el sur de Kenia. Su pelaje anaranjado en las partes anteriores se torna rojo oscuro y luego negro en la grupa.

10–12 cm

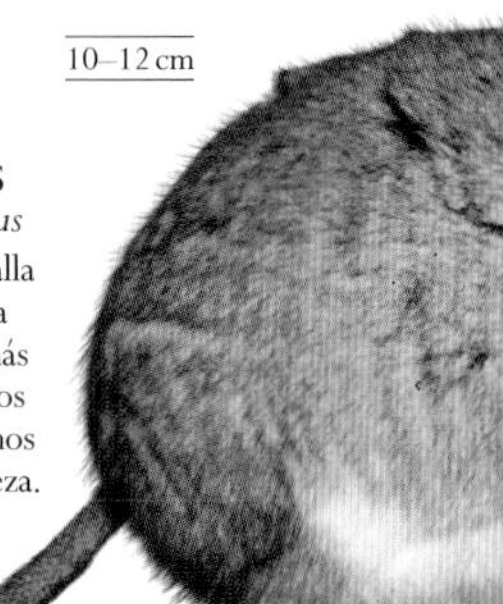

orejas redondeadas

M. E. DE OREJAS REDONDAS
Macroscelides proboscideus
Esta musaraña elefante de talla mediana del sur de África ocupa uno de los hábitats más secos del mundo. Los machos son estrictamente monógamos y vigilan a su pareja con fiereza.

TENRECS Y TOPOS DORADOS

Tres familias integran el orden afrosorícidos: los topos dorados; los tenrecs y los tenrecs musaraña, que han evolucionado en diversos hábitats; y las musarañas nutria, que viven zonas de humedal y de ribera.

La mayoría de las especies de este orden son nativas de África continental, pero también hay tenrecs en Madagascar. Los topos dorados (crisoclóridos) tienen un aspecto similar, con el cuerpo cilíndrico y otras adaptaciones anatómicas a su modo de vida excavador. En cambio, los tenrecs (tenrécidos) presentan características variables que reflejan la variedad de ambientes que ocupan. Varias especies habitan en selvas tropicales, donde pueden ser terrestres o semiarborícolas. Las musarañas nutria son acuáticas y viven en ríos y arroyos; y otros tenrecs son excavadores. Antes, tenrecs y topos dorados se clasificaban junto con los topos verdaderos, erizos y musarañas por su dieta en gran parte insectívora y su aspecto a menudo similar. Hoy se sabe que el orden afrosorícidos evolucionó de forma independiente y está más emparentado con los elefantes y otros afroterios.

RASGOS INSÓLITOS

Los tenrecs y topos dorados poseen características que antes se consideraban primitivas pero que hoy día se interpretan como adaptaciones a ambientes hostiles, como son su baja temperatura corporal y tasa metabólica. Cuando hace frío, estos mamíferos pueden entrar en letargo hasta tres días para ahorrar energía y tienen unos eficientes riñones que reducen la necesidad de beber agua.

FILO	CORDADOS
CLASE	MAMÍFEROS
ORDEN	AFROSORÍCIDOS
FAMILIAS	3
ESPECIES	55

Este topo dorado de Grant se da un atracón de langosta. Por la noche buscará presas en la superficie, sobre todo termitas.

TOPOS DORADOS

Estos animales del sur y, en menor medida, del centro de África se parecen a los topos verdaderos de Eurasia y América del Norte (tálpidos) y a los topos marsupiales de Australia (notorictemorfos), ya que todos ellos tienen costumbres excavadoras similares. Los crisoclóridos tienen patas cortas con potentes uñas cavadoras, un denso pelaje que repele la humedad y la piel dura, especialmente en la cabeza. Tienen ojos no funcionales, cubiertos de piel, y carecen de orejas.

TOPO DORADO DE JULIANA
Neamblysomus julianae
Esta especie endémica de las tierras altas secas del sur de África, típicamente en suelos arenosos, frecuenta los huertos o jardines bien regados de su discontinua área.

TOPO DORADO DE EL CABO
Chrysochloris asiatica
Aunque muy discreta, es una especie común en partes de Sudáfrica. Para excavar emplea los agrandados segundos dedos de sus pies anteriores.

TOPO DORADO HOTENTOTE
Amblysomus hottentotus
Este topo habita en sistemas de túneles de hasta 200 m de longitud, donde usa los grandes dedos segundo y tercero de sus pies anteriores para cavar.

TOPO DORADO DEL DESIERTO O DE GRANT
Eremitalpa granti
Esta especie que vive en las dunas costeras del suroeste de África, uno de los hábitats más secos de la Tierra, «nada» por la arena en vez de construir túneles.

TENRECS

Propios de África y de Madasgacar, los tenrecs presentan diferentes formas corporales que recuerdan a los no emparentados erizos, musarañas y nutrias, y su peso varía entre los 5 g y más de 1 kg. Estos animales insectívoros, en gran parte nocturnos y de vista escasa, localizan sus presas con sus vibrisas sensoriales.

TENREC ERIZO CHICO
Echinops telfairi
Este tenrec con los pelos modificados en espinas se parece mucho a un erizo verdadero, incluso por su sistema de defensa de enroscarse en forma de bola.

HEMICENTETES SEMISPINOSUS
El espinoso pelaje de este tenrec sin cola es muy característico: negro con franjas amarillas y una corona de púas del mismo color.

TENREC COMÚN
Tenrec ecaudatus
Las hembras de este tenrec terrestre de gran talla, con el pelaje espinoso y pardo rojizo, tienen hasta 29 mamas, más que ningún otro mamífero.

TENREC DE LOS ARROZALES
Oryzorictes sp.
Cavador, con patas anteriores bien desarrolladas, largas uñas y pequeños ojos y orejas, abunda a veces en marjales y arrozales.

TENREC ERIZO GRANDE
Setifer setosus
Esta especie muy extendida por Madagascar, incluso en hábitats urbanos, tiene una diversificada dieta y come desde insectos y lombrices hasta carroña y fruta.

ORICTEROPO

Única especie de la familia oricteropódidos, está bien adaptado para excavar. Tiene el dorso arqueado, las orejas largas y el hocico tubular.

FILO	CORDADOS
CLASE	MAMÍFEROS
ORDEN	TUBULIDENTADOS
FAMILIA	1
ESPECIE	1

Utiliza la uña aplanada de sus dedos (cuatro en el pie delantero; cinco en el trasero) para cavar madrigueras y desenterrar insectos a los que detecta con su agudo olfato.

Gracias a su lengua larga y fina captura un gran número de insectos. Su dentición es muy inusual, razón por la cual se le clasifica en un orden aparte. Las crías nacen con incisivos y caninos, pero cuando estos dientes se caen, ya no se sustituyen. Los dientes posteriores carecen de esmalte y crecen durante toda la vida del animal.

ORICTEROPO

Solitario y nocturno, el oricteropo o cerdo hormiguero vive en sabanas y zonas arbustivas del África subsahariana, y utiliza sus potentes patas delanteras con uñas aplanadas para cavar en hormigueros y termiteros.

0,9–1,4 m

pelos más claros en el cuerpo

largas uñas romas y con forma de pala

ORICTEROPO O CERDO HORMIGUERO
Orycteropus afer
Tiene un pelaje ralo e hirsuto y la piel amarillenta, a menudo teñida de rojo por el suelo en el que excava y busca presas.

DUGONGO Y MANATÍES

Los sirenios, un pequeño orden de herbívoros acuáticos, ocupan una serie de hábitats tropicales, desde marjales y ríos a humedales marinos y aguas costeras.

FILO	CORDADOS
CLASE	MAMÍFEROS
ORDEN	SIRENIOS
FAMILIAS	2
ESPECIES	4

Los sirenios están sumamente bien adaptados a su modo de vida acuático. Sus patas delanteras en forma de remo están adaptadas para gobernar, y las traseras, que no son visibles, se limitan a dos pequeños huesos remanentes que flotan dentro del músculo. Gracias a ello son buenos nadadores, con la aplanada cola como propulsor. Una capa de grasa subcutánea les aísla y para contrarrestar su flotabilidad natural, sus huesos son densos y su diafragma se extiende a todo lo largo de la columna vertebral. El resultado es un cuerpo hidrodinámico, aunque de movimientos lentos, que puede realizar finos ajustes para cambiar de posición en el agua. Las cuatro especies no extintas se consideran vulnerables.

DUGONGO

El dugongo, única especie de la familia dugónguidos, es un herbívoro marino de movimientos lentos que arranca algas y hierbas marinas con su hocico musculoso y vuelto hacia abajo.

2,5–3 m

DUGONGO
Dugong dugon
Propio de la región indopacífica, especialmente en torno a Australia, tiene el cuerpo cilíndrico y la cola en forma de aleta como una ballena.

MANATÍES

Los manatíes (triquéquidos) tienen el hocico más corto que el dugongo y la cola en forma de paleta en vez de aleta. Son bastante inactivos y pasan la mayor parte del día durmiendo bajo el agua, remontando a la superficie cada 20 minutos para respirar.

2–3 m

MANATÍ AMAZÓNICO
Trichechus inunguis
Este manatí de agua dulce de la cuenca amazónica suele tener una característica mancha pectoral blanca.

2,5–3,9 m

MANATÍ DE FLORIDA
Trichechus manatus latirostris
Es el mayor sirenio viviente y habita en aguas tanto dulces como costeras del sureste de EE UU, donde se alimenta de plantas acuáticas.

2,5–3,9 m

MANATÍ DE LAS ANTILLAS
Trichechus manatus manatus
Esta subespecie que se extiende desde México hasta Brasil es más pequeña que la de Florida y es más fácil de encontrar lejos de la costa.

DAMANES

Los damanes modernos pertenecen a la única familia actual del orden hiracoideos. Fueron antaño los principales herbívoros terrestres del Viejo Mundo, pero hoy solo quedan cinco especies.

FILO	CORDADOS
CLASE	MAMÍFEROS
ORDEN	HIRACOIDEOS
FAMILIA	1
ESPECIES	5

Los damanes están ampliamente representados en el registro fósil de Asia y Eurasia, y algunas especies extintas medían más de un metro de altura.

Tienen un aparato digestivo complejo pero eficiente cuyas bacterias disgregan la materia vegetal dura y, a diferencia de la mayoría de los ramoneadores y pacedores, utilizan sus dientes yugales (en vez de los incisivos) para cortar la vegetación antes de masticarla.

Aparte de una serie de rasgos aparentemente primitivos, como el escaso control de la temperatura corporal, los damanes tienen varias afinidades con los elefantes: incisivos a menudo prolongados en cortos colmillos, plantas de los pies con almohadillas sensitivas y funciones cerebrales complejas.

DAMANES

Los damanes actuales (procávidos) son herbívoros rechonchos y de cola corta de África y Oriente Medio. A menudo se les ve asoleándose y apiñados en grupos para entrar en calor. También buscan la sombra si hace demasiado calor, lo que, junto con el asoleo, constituye un comportamiento termorregulador eficaz.

44–57 cm

D. ARBORÍCOLA OCCIDENTAL
Dendrohyrax dorsalis
Este damán generalmente oscuro y semiarborícola del oeste y el centro de África tiene una mancha blanca característica en la parte inferior del dorso.

32–56 cm

D. DE BRUCE O DEL BUSH
Heterohyrax brucei
Hay 24 subespecies de este damán en hábitats rocosos africanos. Se alimenta de hierba y frutos, y también captura pequeños invertebrados.

32–60 cm

D. ARBORÍCOLA MERIDIONAL
Dendrohyrax arboreus
Este hábil trepador del sur y centro-oeste de África suele vivir en árboles huecos y es bien conocido por sus chillidos nocturnos territoriales.

39–58 cm

D. DE EL CABO
Procavia capensis
Este damán colonial de África y Oriente Medio pasa largos periodos al sol. Sus almohadillas plantares húmedas y gomosas le dan buena adherencia sobre superficies rocosas lisas.

∧ EL PODER DEL CEREBRO
Hoy en día se sabe que el elefante, de memoria proverbial, resuelve problemas, utiliza herramientas, expresa emociones y trabaja en colaboración con otros, lo que lo convierte en uno de los animales terrestres más inteligentes.

ELEFANTE AFRICANO DE SABANA
Loxodonta africana

El elefante de sabana macho adulto es más grande que cualquier otro mamífero terrestre y llega a pesar diez toneladas. La cabeza puede superar los 400 kg sumando el cerebro, los ojos, la trompa, las orejas, los colmillos y los dientes. Las hembras son más pequeñas y forman manadas muy cohesionadas, compuestas por una hembra dominante, sus parientes cercanas y sus crías. Los machos forman grupos menos cohesionados liderados por los más viejos, pero durante la época de reproducción, en el periodo llamado *must*, se vuelven más solitarios y luchan por las hembras receptivas. El elefante es longevo y puede vivir más de 60 años.

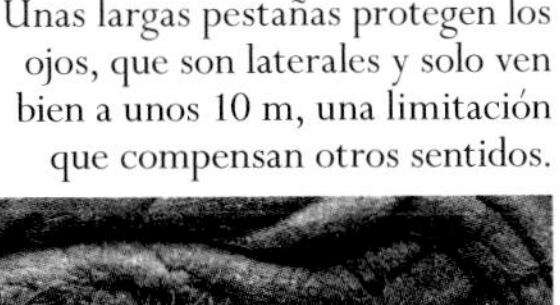

OJO ∨
Unas largas pestañas protegen los ojos, que son laterales y solo ven bien a unos 10 m, una limitación que compensan otros sentidos.

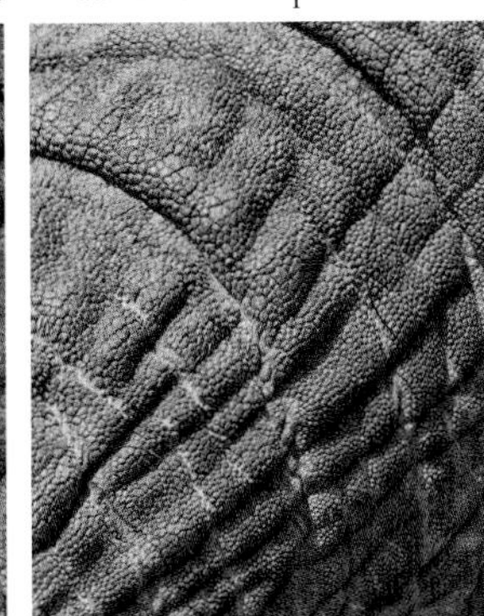

PIEL DE ∨ LA TROMPA
La trompa está recorrida por pelos sensoriales cortos que aumentan la respuesta al tacto.

∧ «DEDOS» DE LA TROMPA
Las prolongaciones opuestas parecidas a dedos de la punta de la trompa son muy sensibles y hábiles, y le permiten recoger objetos pequeños, como un cacahuete.

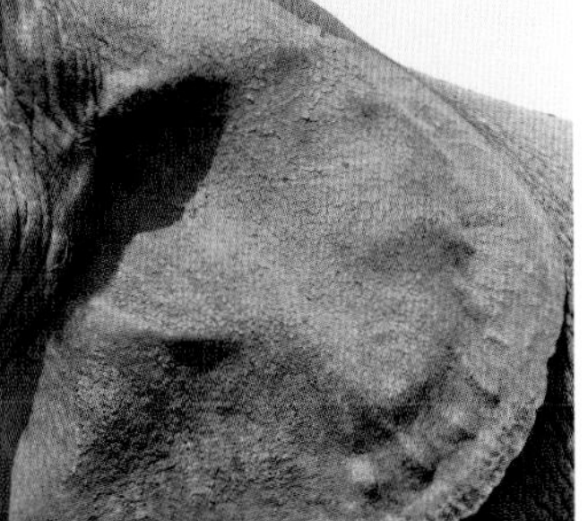

OREJA >
Las orejas, grandes y de piel fina, ayudan a regular la temperatura corporal. También comunican actitudes como la agresividad.

∧ PIE
Los pies poseen receptores sensoriales en los márgenes y captan sonidos subterráneos de baja frecuencia que pueden recorrer grandes distancias.

< COLA
Los elefantes mueven la cola para ahuyentar insectos. La turbulencia de aire que se crea impide a estos aterrizar, y si lo hacen, son aplastados.

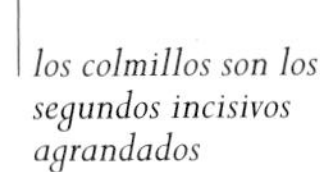

los colmillos son los segundos incisivos agrandados

las glándulas del must *son exclusivas de los elefantes, machos y hembras*

la gran cavidad abdominal contiene unos 19 m de intestinos

GRANDE Y PESADO >
El voluminoso cuerpo sostenido por unas patas rectas como columnas puede hacer pensar que el elefante es un animal de movimientos lentos. Sin embargo, alcanza los 24 km/h cuando ataca.

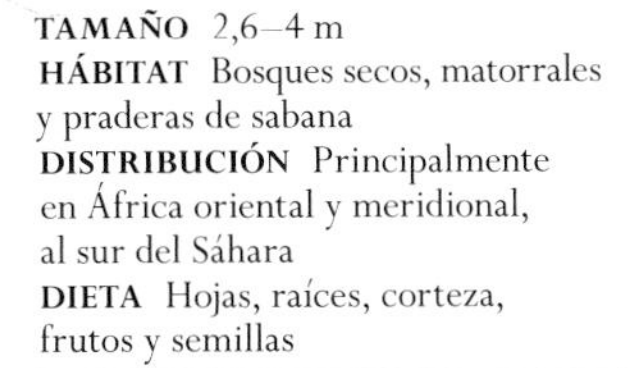

TAMAÑO 2,6–4 m
HÁBITAT Bosques secos, matorrales y praderas de sabana
DISTRIBUCIÓN Principalmente en África oriental y meridional, al sur del Sáhara
DIETA Hojas, raíces, corteza, frutos y semillas

ELEFANTES

Los mayores mamíferos terrestres se distinguen por su colosal volumen, su trompa larga y flexible, sus grandes orejas y sus curvos colmillos de marfil.

Los elefantes, únicos miembros de los proboscídeos, habitan en herbazales, bosques y selvas de África y Asia tropicales. Su esqueleto está modificado para soportar un peso que a veces supera las 5 toneladas. Los huesos de las extremidades son muy robustos, y los dedos están muy separados dentro de una almohadilla de tejido conjuntivo. Necesitan mucho alimento, pasan comiendo hasta 16 horas al día y consumen hasta 250 kg de vegetación.

OREJAS, NARIZ Y BOCA

La musculosa trompa de los elefantes, fusión de la nariz y el labio superior, es increíblemente versátil y puede agarrar bocados de comida, aspirar agua y servir de tubo de buceo cuando nadan. Los órganos sensoriales de la trompa captan olores y vibraciones y contribuyen así a la comunicación. También usa las orejas para comunicarse: cuando las extiende, manifiesta su agresión; sin embargo, cuando las agita constantemente, lo hace para refrescarse. Los colmillos son dientes incisivos que crecen sin parar y que le sirven para desenterrar raíces y sal, desbrozar sendas y marcar territorios.

ESTRUCTURAS SOCIALES

Machos y hembras tienen un comportamiento social diferente. Las hembras emparentadas y sus crías forman manadas dirigidas por una matriarca anciana. Los machos forman asociaciones a corto plazo, pero lucharán contra cualquier intruso durante la época de cría.

FILO	CORDADOS
CLASE	MAMÍFEROS
ORDEN	PROBOSCÍDEOS
FAMILIA	1
ESPECIES	3

DEBATE

¿DOS ESPECIES O UNA?

El reconocimiento de dos especies de elefante africano, el de sabana y el de bosque, más pequeño, se basaba en diferencias físicas, pero hoy existen suficientes evidencias genéticas que lo confirman. Aun así, algunos científicos son reacios a aceptarlo porque ambas especies pueden cruzarse allí donde sus ámbitos se solapan.

ELEFANTES

La familia elefántidos comprende a los elefantes y a los extinguidos mamuts, grandes herbívoros con una larga trompa, colmillos, grandes orejas y piel gruesa. La trompa se utiliza para comer, beber y bañarse, y en las interacciones sociales. Los elefantes emiten diversos sonidos, desde barritos hasta infrasonidos, que les permiten comunicarse a grandes distancias.

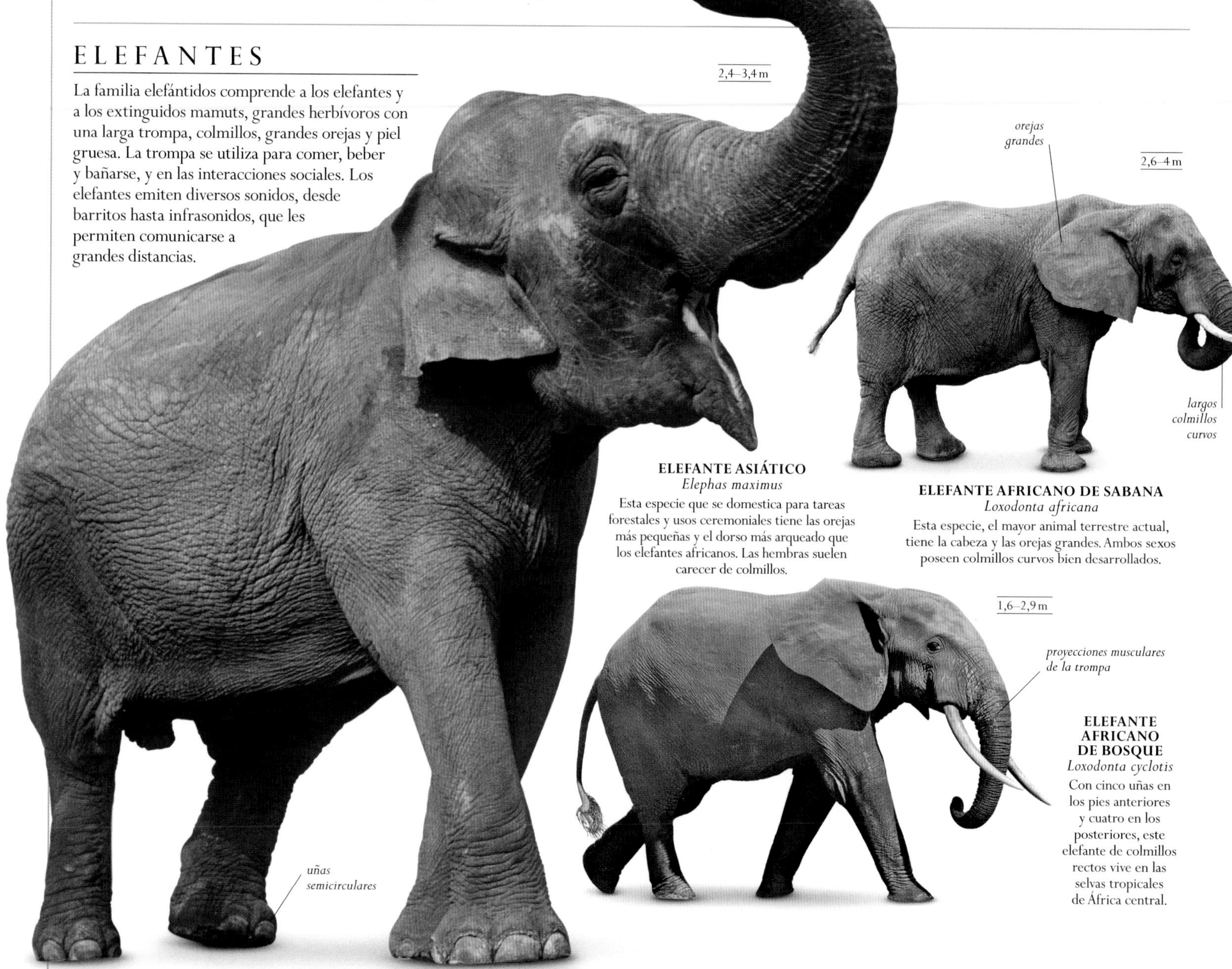

ELEFANTE ASIÁTICO
Elephas maximus
Esta especie que se domestica para tareas forestales y usos ceremoniales tiene las orejas más pequeñas y el dorso más arqueado que los elefantes africanos. Las hembras suelen carecer de colmillos.

ELEFANTE AFRICANO DE SABANA
Loxodonta africana
Esta especie, el mayor animal terrestre actual, tiene la cabeza y las orejas grandes. Ambos sexos poseen colmillos curvos bien desarrollados.

ELEFANTE AFRICANO DE BOSQUE
Loxodonta cyclotis
Con cinco uñas en los pies anteriores y cuatro en los posteriores, este elefante de colmillos rectos vive en las selvas tropicales de África central.

ARMADILLOS

Los armadillos, que se caracterizan por su coraza, única entre los mamíferos, presentan distintas formas, tamaños y colores. Todos son americanos.

Estos animales, únicos miembros del orden cingulados, ocupan toda una serie de hábitats y se alimentan principalmente de insectos y otros invertebrados. Pese a sus patas cortas, pueden correr y excavar con rapidez para escapar de sus depredadores. Su principal medio de defensa es una coraza dorsal ósea cubierta de placas córneas. La mayoría de las especies posee escudos rígidos sobre los hombros y las caderas, con un número variable de bandas separadas por piel flexible que cubren el dorso y los flancos. Esto permite a algunas especies enrollarse en forma de bola para proteger sus partes inferiores peludas y vulnerables. Tienen pocos depredadores naturales. Pese a las amenazas de los cazadores humanos y de la pérdida de hábitats, el área de algunas especies está en aumento.

Aunque su coraza es pesada, los armadillos nadan con eficiencia. Al llenar de aire su estómago y sus intestinos incrementan su flotabilidad y consiguen cruzar pequeños cuerpos de agua. También pueden contener la respiración bajo el agua durante unos minutos, y así andar por el fondo en vez de nadar.

COSTUMBRES

Muchas especies de armadillos son nocturnas, aunque a veces también salen durante el día. Son animales solitarios y solo se asocian con otros durante la época de apareamiento. Los machos a menudo se muestran agresivos frente a los rivales.

FILO	CORDADOS
CLASE	MAMÍFEROS
ORDEN	CINGULADOS
FAMILIAS	2
ESPECIES	20

Pese a lo que suele creerse, no todos los armadillos pueden enroscarse en bola para defenderse: solo los del género *Tolypeutes*.

ARMADILLOS

La familia dasipódidos, la única que sobrevive del orden, es exclusivamente americana. Cubiertos dorsalmente con placas óseas, los armadillos desentierran invertebrados y cavan madrigueras con sus afiladas garras. Algunas especies son capaces de enroscarse en bola cuando se sienten amenazadas para proteger sus vulnerables partes inferiores, peludas y blandas.

ARMADILLO DE NARIZ LARGA
Dasypus sp.
Las siete especies de este género habitan en zonas rocosas sombreadas. A diferencia de otros armadillos, tienen un pelaje ralo y amarillento, sobre todo en el vientre.

ARMADILLO PELUDO ANDINO
Chaetophractus vellerosus
También llamado quirquincho andino, destaca por el abundante pelo que tiene entre las escamas. Vive en herbazales sudamericanos de gran altitud y se caza por su carne y su coraza.

ARMADILLO PELUDO GRANDE
Chaetophractus villosus
También llamado quirquincho grande, esta especie de los hábitats áridos de América del Sur meridional tiene pelos largos y toscos entre las casi 18 placas de su coraza.

PICHE O PICHE PATAGÓNICO
Zaedyus pichiy
Ante el peligro, este armadillo pequeño y oscuro, con gruesas placas dorsales, se mete en su madriguera, la tapona y presenta sus melladas escamas para defenderse.

PICHICIEGO ROSADO O MENOR
Chlamyphorus truncatus
Principalmente subterráneo, este armadillo diminuto del centro de Argentina «nada» por la arena suelta; su cabeza lleva un escudo para reducir la abrasión.

ARMADILLO DE SEIS BANDAS
Euphractus sexcinctus
Más activa de día que la mayoría de armadillos, esta especie pardoamarillenta busca alimentos vegetales y animales en herbazales y bosques.

ARMADILLO ZOPILOTE, CABASÚ NORTEÑO
Cabassous centralis
Este armadillo de América Central y del Sur cuyas placas protectoras no se extienden por la cola, escapa de los depredadores sobre todo gracias a la vegetación densa.

ARMADILLO GIGANTE
Priodontes maximus
Es el mayor de los armadillos. Tiene una coraza muy dura y usa su tercera uña frontal larga y curva para buscar comida y defenderse.

ARMADILLO DE SEIS BANDAS, GUALACATE O TATÚ PELUDO
Euphractus sexcinctus

Pese a su primer nombre, esta especie puede tener entre seis y ocho bandas acorazadas centrales. La parte superior está cubierta por una resistente coraza formada por placas óseas recubiertas de una fina capa córnea e incrustadas en la piel. Las bandas articulan la coraza y le dan flexibilidad, aunque no le permiten enroscarse totalmente formando una bola como otras especies. Este armadillo es diurno y pasa el tiempo recorriendo su área de deambulación en busca de comida. Su variada dieta comprende, entre otros alimentos, raíces, invertebrados y carroña.

TAMAÑO 40–50 cm
HÁBITAT Bosques y sabana
DISTRIBUCIÓN América del Sur, sobre todo al sur de la cuenca del Amazonas
DIETA Omnívora

< OJO PROTEGIDO
Los ojos están protegidos por el escudo cefálico. Aunque esto reduce su campo de visión, no supone una gran diferencia, ya que su vista es deficiente.

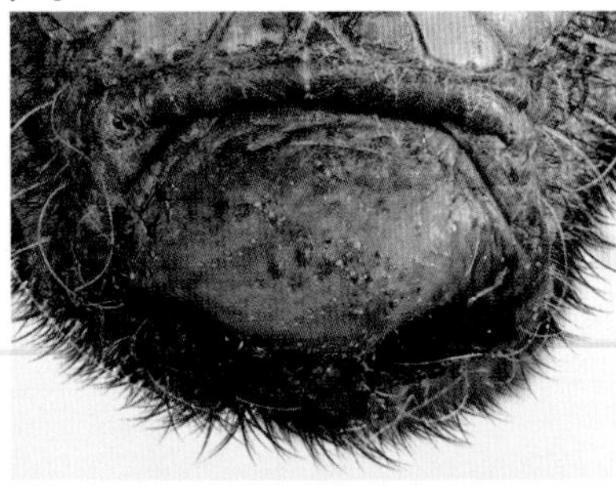

< NARIZ
Los armadillos tienen un olfato muy agudo. Olisquean y detectan por el olfato la mayoría de sus alimentos, incluidos los que están bajo tierra.

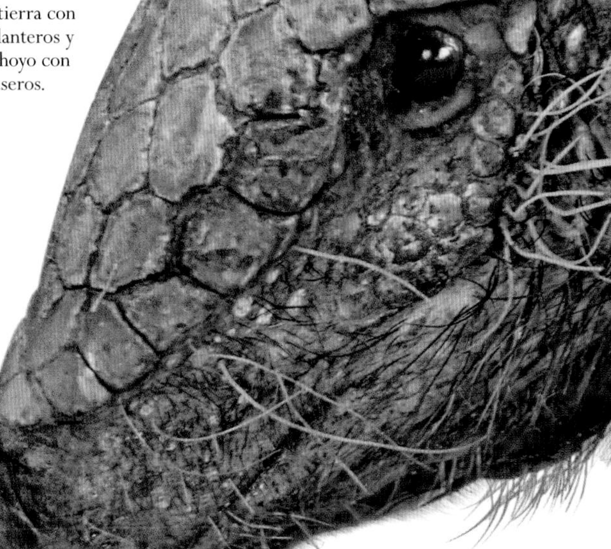

cabeza estrecha y puntiaguda, protegida por un escudo de placas óseas fusionadas

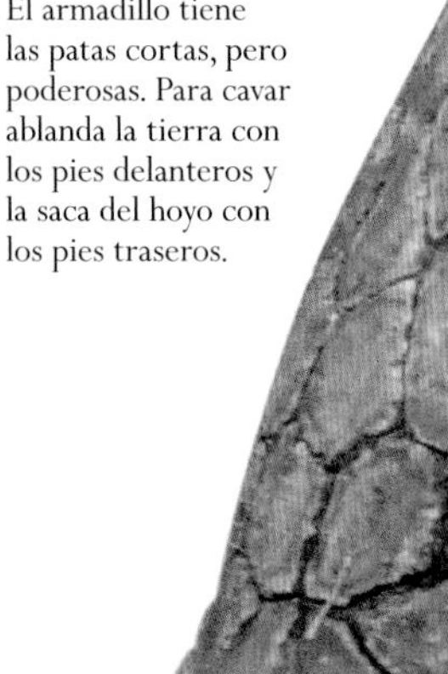

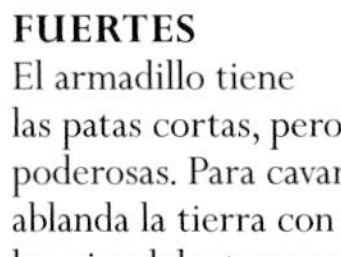

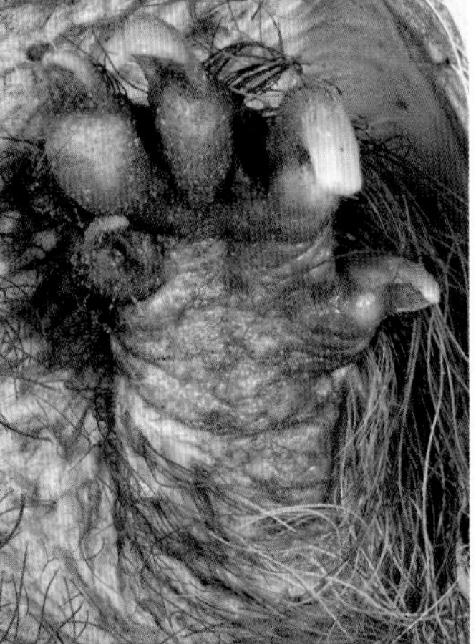

< PATAS FUERTES
El armadillo tiene las patas cortas, pero poderosas. Para cavar ablanda la tierra con los pies delanteros y la saca del hoyo con los pies traseros.

∧ PIEL PELUDA
La coraza ósea tiene de seis a ocho bandas intermedias, separadas por piel flexible. Entre las bandas surgen unos pelos largos e hirsutos a los que debe su nombre de tatú peludo.

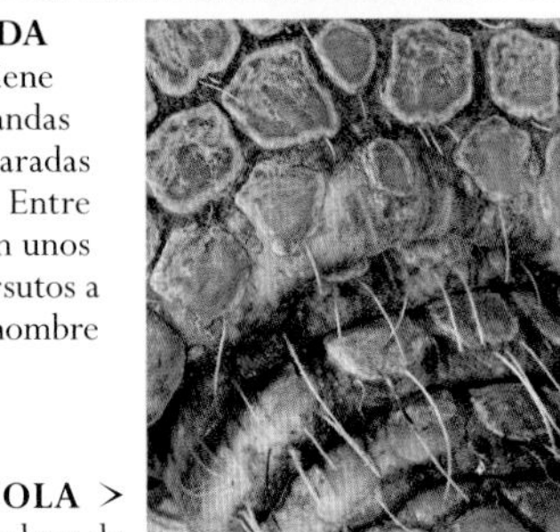

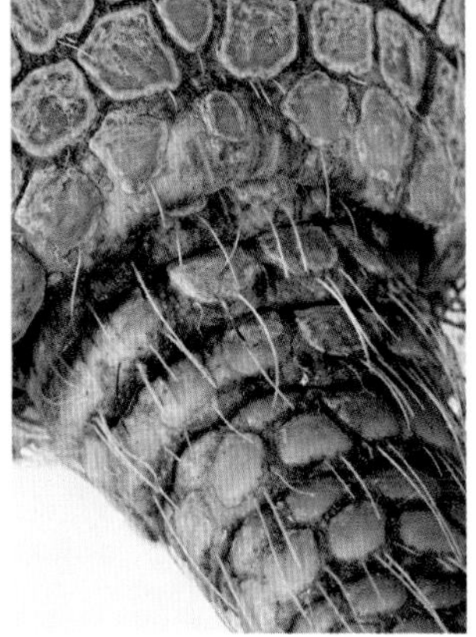

COLA >
Las glándulas de la base de la cola segregan a través de pequeños agujeros de las placas una sustancia olorosa con la que el animal marca su territorio.

∧ GARRAS
Gracias a sus largas y fuertes uñas puede cavar con rapidez en suelo duro. En unos minutos es capaz de abrir una zanja lo bastante profunda para quedar enterrado.

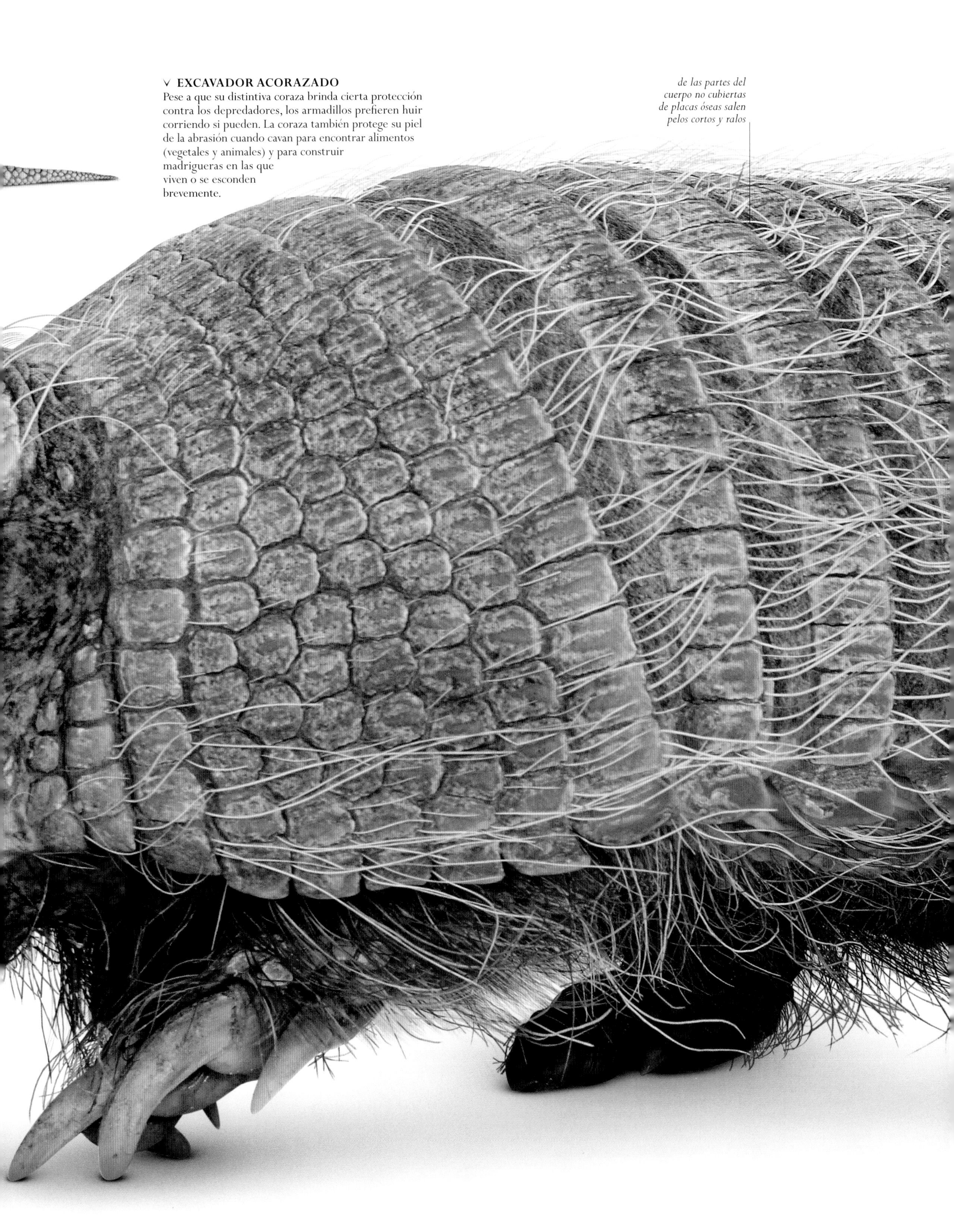

˅ EXCAVADOR ACORAZADO

Pese a que su distintiva coraza brinda cierta protección contra los depredadores, los armadillos prefieren huir corriendo si pueden. La coraza también protege su piel de la abrasión cuando cavan para encontrar alimentos (vegetales y animales) y para construir madrigueras en las que viven o se esconden brevemente.

PEREZOSOS Y OSOS HORMIGUEROS

Aunque son muy diferentes en forma y costumbres, los perezosos y los osos hormigueros y afines comparten una característica: la ausencia de una dentición de mamífero normal.

Con una única excepción –el oso hormiguero gigante–, los miembros del orden pilosos son en gran parte arborícolas. Todos son nativos de América Central y del Sur.

Las dos familias de osos hormigueros se alimentan de hormigas, termitas y otros insectos. Carecen de dientes y usan la lengua para capturar insectos que trituran en la boca antes de ingerirlos.

Los perezosos son herbívoros y de movimientos lentos. Carecen de incisivos y de caninos, pero tienen unos dientes cilíndricos y sin raíces con los que muelen su comida. Los perezosos pueden tardar un mes en digerir una comida, mientras la materia vegetal fibrosa pasa por varios compartimentos estomacales y es degradada por bacterias.

VIDA ARBORÍCOLA

La cola larga y prensil de los osos hormigueros arborícolas les permite llevar una vida más activa que los perezosos. En el suelo, todas las especies arborícolas se mueven con bastante dificultad, si bien algunas son excelentes nadadoras. Cuando andan, sus uñas grandes y curvas, que los perezosos utilizan como ganchos para colgarse de las ramas, limitan su movilidad. Los osos hormigueros solo tienen uñas agrandadas en los pies delanteros; les sirven para romper y abrir nidos de insectos en busca de comida y son unas armas temibles.

FILO	CORDADOS
CLASE	MAMÍFEROS
ORDEN	PILOSOS
FAMILIAS	4
ESPECIES	16

Para defenderse, los tamanduás se yerguen sobre sus patas traseras y arremeten contra el atacante con sus potentes patas delanteras.

PEREZOSOS DE TRES DEDOS

Por lo general más pequeños y lentos que los perezosos de dos dedos, los arborícolas y principalmente nocturnos bradipódidos tienen en cada pie tres dedos con uñas largas y curvas con los que se cuelgan de las ramas. Su pelaje hirsuto tiene un matiz verdoso debido a las algas que crecen en él.

59–72 cm

PEREZOSO DE COLLAR
Bradypus torquatus
Especie del este de Brasil de pelaje largo y oscuro, sobre todo en la cabeza y el cuello, que con frecuencia alberga algas, ácaros y polillas.

PEREZOSO BAYO
Bradypus variegatus
Este perezoso de las selvas de América Central y del Sur tiene la distribución más extensa de su familia. La hembra atrae a su pareja con un estridente chillido.

52–54 cm

45–76 cm

pelaje hirsuto y enmarañado

PEREZOSO TRIDÁCTILO COMÚN
Bradypus tridactylus
Esta especie de las selvas del norte de América del Sur suele vivir solo y puede descansar durante más de 18 horas al día.

PEREZOSOS DE DOS DEDOS

A diferencia de los bradipódidos, los megaloníquidos tienen dos dedos en cada pie anterior, su hocico es más prominente y carecen de cola. También arborícolas y nocturnos, descienden de los árboles cabeza abajo.

PEREZOSO DE DOS DEDOS COMÚN
Choloepus didactylus
Este herbívoro del norte de América del Sur nada bien e incluso cruza ríos. Grandes rapaces, como las harpías, son sus principales depredadores.

PEREZOSO DE DOS DEDOS DE HOFFMANN
Choloepus hoffmanni
Este solitario herbívoro se halla en las selvas tropicales de las cuencas del Orinoco y el Amazonas, donde pasa la mayor parte del tiempo durmiendo o descansando en el dosel arbóreo.

HORMIGUEROS PIGMEOS

La familia ciclopédidos, bien representada en el registro fósil, comprende siete especies actuales. Las grandes y curvas uñas anteriores y la cola prensil ayudan a los hormigueros pigmeos a vivir en los árboles, donde se alimentan de hormigas y termitas.

HORMIGUERO PIGMEO O DE DOS DEDOS
Cyclopes sp.
Arborícolas, nocturnos y de movimientos lentos, los hormigueros pigmeos viven en áreas boscosas de América Central y del Sur. Sus garras son efectivas frente a los depredadores.

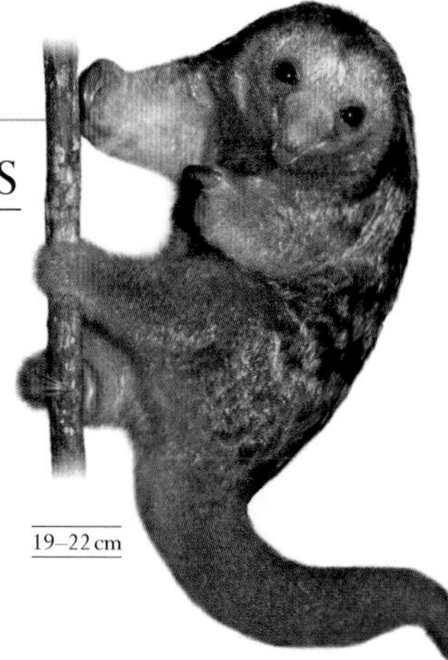

OSO HORMIGUERO GIGANTE Y TAMANDÚAS

Nativos de América Central y del Sur, los mirmecofágidos tienen el hocico alargado y la cola larga. Desgarran los termiteros y hormigueros con sus poderosas garras y, al carecer de dientes, capturan insectos con su saliva pegajosa y su lengua cubierta de púas.

47–77 cm

TAMANDÚA MERIDIONAL
Tamandua tetradactyla
Esta especie solitaria tiene la cola prensil. Busca alimento a cualquier hora, y está activo unas siete horas al día.

OSO HORMIGUERO GIGANTE
Myrmecophaga tridactyla
El mayor de los osos hormigueros, con la cola casi tan larga como el cuerpo, captura hasta 30 000 insectos al día con su lengua larga y pegajosa.

CONEJOS, LIEBRES Y PICAS

Dos familias de herbívoros constituyen el orden lagomorfos. Sus similitudes con los roedores son resultado de la adaptación a un mismo modo de vida.

Los lagomorfos ocupan una gran variedad de hábitats, desde las selvas tropicales hasta la tundra ártica. Todos son herbívoros o ramoneadores, roen y tienen la misma dieta que muchos roedores. Como los de estos, los dientes de conejos, liebres y picas crecen durante toda la vida y se desgastan al roer. No obstante, existen diferencias fundamentales entre ambos grupos: los lagomorfos tienen cuatro incisivos en la mandíbula superior, mientras que los roedores solo tienen dos.

Al alimentarse de materiales que se descomponen lentamente, estos animales tienen un sistema digestivo modificado. Producen dos tipos de heces: gránulos húmedos que reingieren para obtener nutrientes adicionales y gránulos secos que se expulsan como desechos.

ESCAPAR DE LOS DEPREDADORES

Las picas se refugian en madrigueras y grietas tras dar la alarma con un silbido. En cambio, los conejos y las liebres tienen orejas largas para detectar el peligro, además de patas potentes para huir de los depredadores. Con sus grandes ojos situados altos a cada lado de la cabeza, estos animales tienen un campo de visión de casi 360°. Cuando avistan un depredador, las liebres tamborilean en el suelo con sus pies traseros.

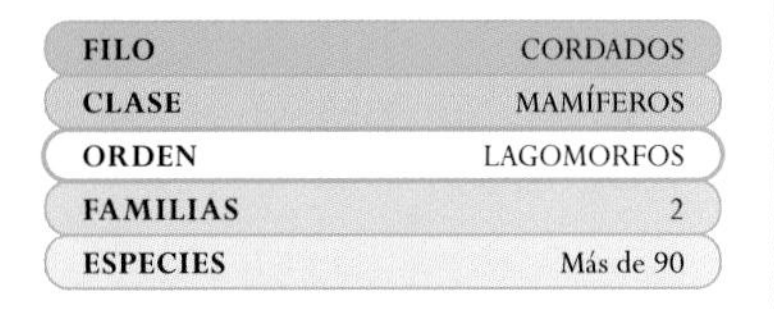

FILO	CORDADOS
CLASE	MAMÍFEROS
ORDEN	LAGOMORFOS
FAMILIAS	2
ESPECIES	Más de 90

Para sobrevivir durante el invierno, las picas recolectan diversas plantas, las apilan y dejan secar, y las almacenan en su guarida.

CONEJOS Y LIEBRES

Los lepóridos tienen orejas largas y móviles, y patas traseras largas para detectar a los depredadores y huir de ellos. Los grandes ojos reflejan sus costumbres principalmente nocturnas. Los conejos a menudo viven en complejas madrigueras, mientras que las liebres, más solitarias, solo construyen refugios transitorios o camas.

CONEJO
Oryctolagus cuniculus
Originario de la península Ibérica, ha sido introducido por su piel y su carne en todo el mundo, con efectos devastadores en hábitats y faunas locales.

13–18 cm

CONEJO ENANO
Oryctolagus cuniculus
Es una de las razas más pequeñas y su pelaje presenta muchos colores y dibujos. Por su cara redonda y pequeñas orejas es muy apreciado como mascota.

25–38 cm

CONEJO DE ANGORA
Oryctolagus cuniculus
Con el pelo largo y suave de esta raza oriunda de Anatolia, en la actual Turquía, se hila la lana llamada angora.

15–30 cm

CONEJO BÉLIER O DE OREJAS CAÍDAS
Oryctolagus cuniculus
Esta raza de orejas largas y caídas, de la que existen varios colores y tamaños, es una de las más antiguas.

»

los pelos de la capa externa del pelaje son largos, ásperos y estriados, y crecen desde el vientre

las extremidades anteriores y posteriores, fuertes y alargadas, tienen aproximadamente la misma longitud

EL MUNDO PATAS ARRIBA >
Adaptado a vivir cabeza abajo, el perezoso de dos dedos rara vez se aventura a bajar al suelo si no es para hacer sus necesidades cada 3–5 días. Los fuertes dedos con uñas con forma de garfio con los que se agarra a las ramas le permiten comer, aparearse, parir e incluso dormir en esta posición.

PEREZOSO DE DOS DEDOS DE HOFFMANN

Choloepus hoffmanni

Pequeño y arborícola, el perezoso de dos dedos está alejado de sus gigantescos antepasados terrestres, que se extinguieron hace unos 10 000 años. Es uno de los mamíferos más lentos y duerme unas 13 horas al día, a menudo acurrucado en la horquilla de un árbol; por la noche se despierta para recolectar hojas. Su pelaje mantiene un ecosistema que es el hábitat de microorganismos únicos, algas verdes y varios insectos. En condiciones húmedas, el pelaje puede adquirir una tonalidad verde a causa de las algas que crecen en los surcos de los pelos.

TAMAÑO 54–88 cm
HÁBITAT Bosques tropicales de tierras bajas
DISTRIBUCIÓN Cuencas del Orinoco y del Amazonas, América del Sur
DIETA Principalmente hojas

OJO >
Los ojos son grandes y miran hacia delante, pero la vista es mediocre. Los perezosos son miopes, no ven en color y su agudeza visual es escasa.

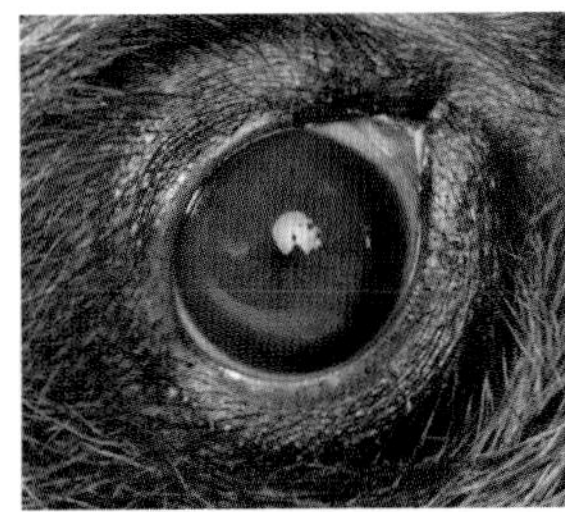

< DIENTES
Los cinco dientes superiores y los cuatro inferiores tienen forma de clavo, carecen de esmalte y crecen durante toda la vida. No tiene incisivos.

NARIZ >
El hocico corto con la nariz grande y saliente en la punta proporciona al perezoso un excelente olfato.

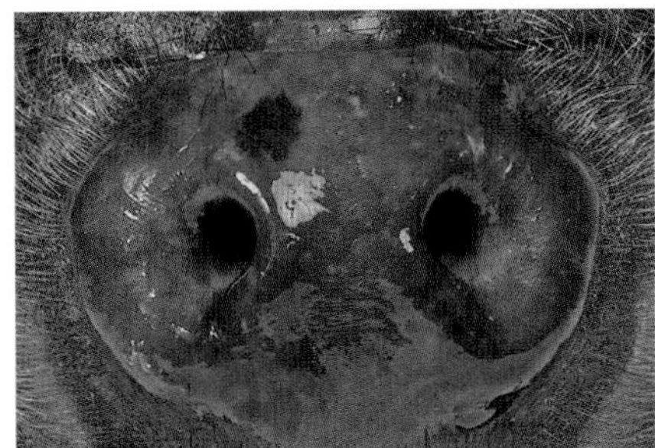

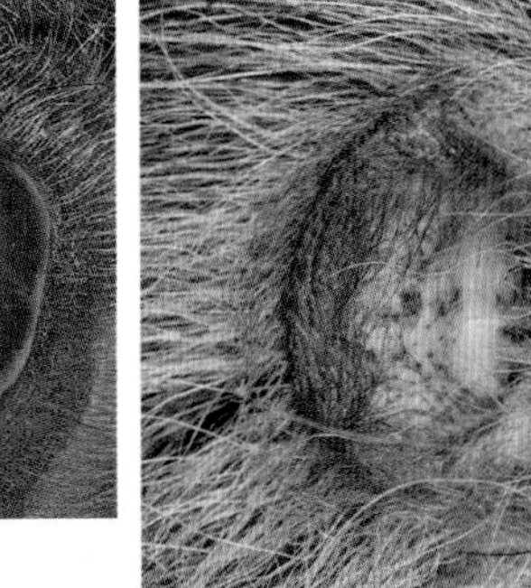

< OÍDO
El oído del perezoso es deficiente y solo percibe las frecuencias más bajas. Su parte externa es diminuta y está enterrada en el pelaje.

GARRAS ∨ >
La extremidad anterior termina en dos dedos, cada uno con una garra de 8–10 cm; la posterior tiene tres dedos con garras.

RAYA EN MEDIO >
A causa de la posición boca abajo, el pelaje se divide a partir de la línea media del pecho y el abdomen y cae hacia la espalda, desde donde se escurre la lluvia.

» CONEJOS Y LIEBRES

CONEJO DEL DESIERTO
Sylvilagus audubonii
Este conejo, que se halla en regiones áridas del suroeste de EE UU y el norte y el centro de México, anida en el suelo, sin cavar madrigueras.

CONEJO PALUSTRE NORTEAMERICANO
Sylvilagus palustris
Vive en humedales del este de EE UU, nada muy bien y camina en vez de saltar.

LIEBRE EUROPEA O NORTEÑA
Lepus europaeus
Esta liebre que pace en verano y ramonea corteza y yemas en invierno es tímida y solitaria, excepto durante los «combates de boxeo» del cortejo primaveral. Las hembras rechazan a los machos hasta que están listas para aparearse.

LIEBRE AMERICANA
Lepus americanus
Esta especie adaptada a los duros inviernos de América del Norte tiene un pelaje invernal blanco para camuflarse y grandes pies traseros para desplazarse por la nieve blanda.

LIEBRE DE COLA BLANCA
Lepus townsendii
Los individuos norteños de esta especie ampliamente extendida por el oeste de América del Norte se vuelven blancos en invierno, mientras que los del sur solo adquieren manchas blancuzcas en los flancos.

LIEBRE ÁRTICA O POLAR
Lepus arcticus
Esta liebre de la tundra de Canadá y de Groenlandia tiene un tupido pelaje que se vuelve blanco en invierno y cava agujeros en la nieve para resguardarse.

LIEBRE DE CALIFORNIA
Lepus californicus
Esta especie de las praderas y tierras de cultivo del oeste de América del Norte sufre enormes fluctuaciones locales. Tiene la cola y la punta de las orejas negras.

LIEBRE MEXICANA O DE ALLEN
Lepus alleni
Sus largas orejas y su pelaje aislante y reflector ayudan a esta gran liebre a mantenerse fresca en desiertos y herbazales del noroeste de México.

LIEBRE VARIABLE O DE MONTAÑA
Lepus timidus
Esta liebre de las regiones boreales y alpinas de Eurasia tiene un pelaje invernal blanco; la cola permanece blanca todo el año.

LIEBRE DEL CABO
Lepus capensis
Común en hábitats abiertos de África y de Oriente Próximo, es muy similar a su pariente cercana, la liebre europea.

PICAS

Las picas (ocotónidos) son herbívoros pequeños que viven en laderas rocosas y estepas de Asia y América del Norte. Al avistar un depredador, emiten agudos gritos de alarma mientras corren a refugiarse en grietas y madrigueras.

PICA AMERICANA
Ochotona princeps
Habitante de los canchales del oeste de América del Norte, seca montones de hierba al sol y los almacena en su guarida para el invierno.

ROEDORES

Desde diminutos ratones hasta animales grandes como cerdos, ocupan casi todo tipo de hábitats y constituyen casi la mitad de las especies de mamíferos.

Los miembros del orden roedores se distinguen por tener dos pares de incisivos prominentes (superiores e inferiores, a menudo naranjas o amarillos) que siguen creciendo durante toda la vida. Al roer –un comportamiento común a todos los roedores–, los dientes se desgastan a la misma velocidad que crecen. No tienen caninos, sino un espacio vacío entre los incisivos y los (habitualmente) 3 o 4 molares de cada lado. Su clasificación se basa también en otros rasgos dentales y mandibulares no visibles externamente.

DIVERSIDAD ESPECÍFICA

Para adaptarse a sus distintos modos de vida, los roedores presentan con frecuencia modificaciones especiales, como dedos palmeados, grandes orejas o largos pies posteriores para saltar. Algunos cavan madrigueras y otros viven en árboles o en el agua, pero ninguno en el mar. Muchas especies habitan en regiones desérticas, donde algunas no beben nunca y obtienen de la comida toda el agua que necesitan.

EL IMPACTO DE LOS ROEDORES

Varias especies transmiten enfermedades letales que han matado a millones de personas. Otros consumen o contaminan enormes cantidades de alimentos almacenados para los humanos. El ratón casero o doméstico se ha convertido en el mamífero salvaje más extendido gracias a su estrecha asociación con el ser humano; habita en todos los continentes, excepto la Antártida, y sobrevive incluso en minas y silos refrigerados. Algunos dañan las cosechas o los árboles, o excavan en lugares inoportunos. Los castores pueden transformar hábitats enteros, lo que afecta a otras especies animales y vegetales.

Como dato positivo, los roedores son alimentos vitales para los depredadores y en algunos países, también para los humanos. Muchos pequeños roedores se crían especialmente como mascotas, como los hámsteres.

FILO	CORDADOS
CLASE	MAMÍFEROS
ORDEN	ROEDORES
FAMILIAS	34
ESPECIES	Unas 2500

DEBATE

ORGANIZACIÓN

La gran diversidad del orden roedores complica bastante su clasificación. Para organizar las 34 familias de roedores actuales, algunos expertos todavía las dividen en dos subgrupos de acuerdo con sus diferencias craneales, dentales y mandibulares. Los esciurognatos (con mandíbulas de ardilla) están extendidos por todo el mundo y comprenden ardillas, castores y ratones y afines. Los histricognatos (con mandíbulas de puercoespín) comprenden cobayas, puercoespines, chinchillas y el capibara, roedores confinados en su mayoría al hemisferio sur y a los trópicos.

CASTOR DE MONTAÑA

La familia aplodóntidos, antaño muy extendida, solo cuenta con una especie actual. El castor de montaña vive en madrigueras, en bosques húmedos y plantaciones del oeste de América del Norte.

CASTOR DE MONTAÑA
Aplodontia rufa
Suele considerarse el roedor más primitivo y vive en bosques húmedos del oeste de Canadá y de EE UU.

ARDILLAS

Los miembros de la familia esciúridos se distribuyen casi por todas partes, excepto por las regiones polares, Australia y el Sáhara, desde las pluvisilvas tropicales hasta la tundra ártica y desde las copas de los árboles hasta madrigueras subterráneas. Pertenecen a esta familia las ardillas típicas, arborícolas y con la cola poblada, las ardillas terrestres y las marmotas. Se alimentan sobre todo de frutos secos y semillas.

23–30 cm

ARDILLA GRIS
Sciurus carolinensis
Esta especie común en el este de EE UU está introducida en parte de Europa, donde va desplazando lentamente a la ardilla roja nativa.

20–26 cm

ARDILLA ROJA EUROASIÁTICA
Sciurus vulgaris
Cuando esta ardilla muda al pelaje estival, pierde los pinceles de pelos largos de las orejas.

17–20 cm

ARDILLA ROJA AMERICANA
Tamiasciurus hudsonicus
Los cotorreos y ladridos agudos de esta ardilla son sonidos habituales en los bosques de coníferas de Canadá y del norte de EE UU.

ARDILLA VOLADORA NORTEAMERICANA
Glaucomys volans
Estrictamente nocturna, vive en huecos de árboles y desvanes del este de EE UU, México y América Central, con frecuencia en grupos durante el invierno.

membrana planeadora
11–14 cm

30–38 cm

ARDILLA GIGANTE PÁLIDA
Ratufa affinis
Existen cuatro especies de ardillas gigantes; esta vive en selvas de la península de Malasia, Borneo y Sumatra.

32–39 cm

ARDILLA GIGANTE DE SRI LANKA
Ratufa macroura
Esta especie del sur de India y Sri Lanka es una de las ardillas arborícolas más grandes del mundo. Come frutos, flores e insectos.

20–26 cm

ARDILLA DE PREVOST
Callosciurus prevostii
Existen 17 subespecies de este género de ardillas tricolores. La de Prevost vive en Malasia, Sumatra, Borneo e islas vecinas, y está introducida en Célebes.

»

» ARDILLAS

ARDILLA ARBORÍCOLA DE GAMBIA
Heliosciurus gambianus
Común en las sabanas arboladas de África tropical, desde Senegal hasta Etiopía y en Congo, Angola y Zambia, se alimenta sobre todo de semillas de acacia.

ARDILLA TERRESTRE SUDAFRICANA
Geosciurus inauris
Esta ardilla de pelaje tosco escapa de las temperaturas extremas de los semidesiertos del sur de África refugiándose en madrigueras.

ARDILLA TERRESTRE DE COLUMBIA BRITÁNICA
Urocitellus columbianus
Esta ardilla terrestre bastante grande y de cola tupida forma colonias en prados y lindes forestales de Columbia Británica (Canadá) y del noroeste de EE UU.

ARDILLA TERRESTRE DE MANTO DORADO
Callospermophilus lateralis
Esta especie que parece una versión en grande de las tamias es fácil de ver en bosques y montañas del oeste de Canadá y EE UU.

ARDILLA LISTADA O TAMIAS ENANA
Neotamias minimus
Salvo una, las 24 especies de tamias o ardillas listadas se distribuyen por América del Norte. Esta es una de las más pequeñas y se halla en las áreas septentrional y occidental.

ARDILLA LISTADA O TAMIAS ORIENTAL
Tamias striatus
Esta especie terrestre se ve en zonas forestales de acampada del este de EE UU, donde se ha vuelto muy mansa.

CASTORES

Existen dos especies en la familia castóridos y ambas se explotan por su piel. Una de ellas está muy extendida por América del Norte; la otra tiene un área de distribución discontinua en Eurasia, sobre todo occidental. Ambas construyen diques de piedras, barro y árboles, creando así hábitats para otras especies.

CASTOR
Castor sp.
El castor euroasiático y el norteamericano son especies diferentes, pero ambos llevan una vida semiacuática similar en ríos y lagos.

TUZAS O RATAS DE ABAZONES

Los miembros de la familia norteamericana geomíidos viven en solitario, en madrigueras poco hondas que les permiten acceder a raíces y hojas. Llevan la comida en sus abazones y la almacenan en cámaras subterráneas.

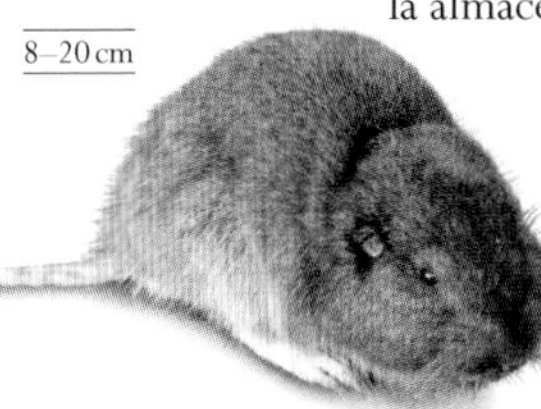

TUZA DE BOTTA
Thomomys bottae
Este animal cavador de los suelos blandos y las zonas herbosas crea montones de tierra que pueden dañar la maquinaria agrícola.

LIRÓN AFRICANO

Los lirones ocupan los terrenos arbolados de Europa, África subsahariana y partes de Asia central, con una única especie en Japón. Todas las especies menos una son arborícolas de pelaje suave, similares a pequeñas ardillas nocturnas. Muchos lirones están amenazados o en declive.

LIRÓN AFRICANO
Graphiurus sp.
Hay 15 especies de lirones africanos: todos tienen un aspecto similar y habitan en zonas forestales del África subsahariana.

MARMOTA
Marmota sp.
Unas 14 especies de marmotas se distribuyen por los herbazales y las zonas rocosas de montaña de América del Norte y Eurasia. Las marmotas hibernan entre dos y ocho meses, según la especie.

32–40 cm

PERRITO DE LA PRADERA DE COLA NEGRA
Cynomys ludovicianus
Esta ardilla terrestre de actividad diurna vive en grandes grupos, en «ciudades» consistentes en extensas madrigueras comunales.

ARDILLA ANTÍLOPE DE SONORA
Ammospermophilus harrisii
Este ágil habitante del desierto de Sonora y del norte de México está activo durante las horas calurosas del día, pero hiberna en invierno.

RATONES DE ABAZONES Y RATAS CANGURO

En su mayoría comunes, salvo unas pocas especies, los heterómidos ocupan varios hábitats desde Canadá hasta América Central, aunque las ratas canguro viven sobre todo en desiertos. Los ratones de abazones suelen correr a cuatro patas, pero las ratas canguro saltan con sus grandes pies posteriores.

7–9 cm

RATÓN DE ABAZONES DEL DESIERTO
Chaetodipus penicillatus
Es uno de los numerosos pequeños roedores nocturnos que viven en los desiertos de arena del suroeste de EE UU y noroeste de México.

10 cm

pelos más largos en el pincel caudal

RATA CANGURO DE MERRIAM
Dipodomys merriami
Cuando se aleja saltando con la cola extendida, este habitante nocturno de los desiertos de América del Norte parece un canguro en miniatura.

JERBOS Y AFINES

Las familias dipódidos (jerbos), zapódidos (ratones saltadores) y esmíncidos (sicistas) están compuestas por roedores de larga cola y fuertes patas traseras que les permiten saltar como canguros en miniatura.

JERBO DE EGIPTO O MENOR
Jaculus jaculus
Esta especie del desierto se distribuye por el norte de África, desde Marruecos y Senegal hasta Egipto y Sudán, y por el este, hasta Irán.

11–13 cm

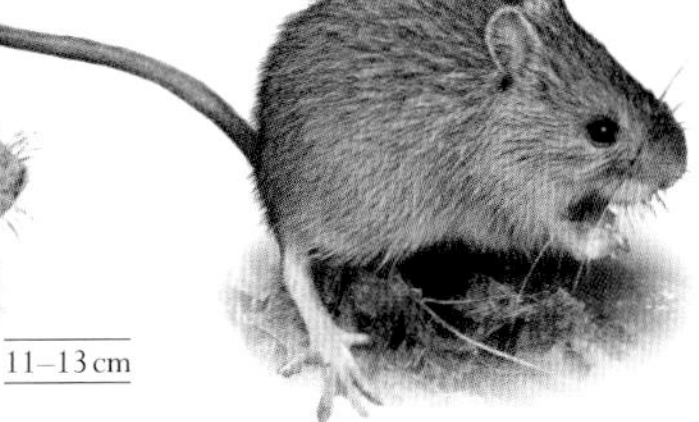

RATÓN SALTADOR DE LOS PRADOS
Zapus hudsonius
Propio de los herbazales frescos del norte-centro de América del Norte, también tiene poblaciones aisladas en las montañas de Arizona y Nuevo México.

LIRÓN GRIS
Glis glis
Este lirón europeo, que en la península Ibérica solo ocupa la franja norte, hiberna durante seis meses. En algunos países, como Eslovenia, es un manjar apreciado.

MUSCARDINO COMÚN, LIRÓN ENANO
Muscardinus avellanarius
Trepa y salta con gran destreza y se alimenta por la noche de flores, frutos e insectos en bosques y zonas arbustivas de Europa, excepto la península Ibérica.

TOPILLOS, LÉMINGS Y AFINES

Unos 765 roedores rechonchos y de cola corta, incluidos los hámsteres, topillos y lémings, constituyen la familia cricétidos, que se distribuye por gran parte del mundo, desde América del Sur hasta Alaska y desde Siberia hasta el oeste de Europa.

TOPILLO DE CAMPO
Microtus arvalis
Este habitante común de los herbazales de gran parte del norte de Europa también se encuentra más al este y en Rusia.

RATA DE AGUA EUROASIÁTICA
Arvicola amphibius
En gran parte de Europa, este roedor muy similar a nuestra rata topera *(A. scherman)* es semiacuático, pero en Rusia y en Irán vive lejos del agua y cava extensas madrigueras.

piel rojiza

8–14 cm

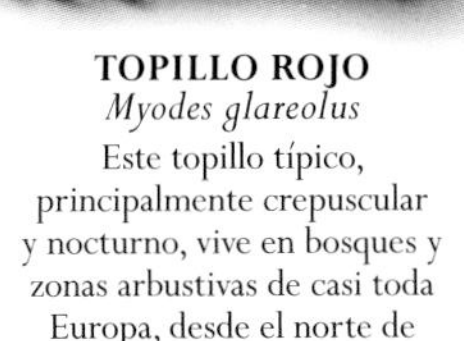

TOPILLO ROJO
Myodes glareolus
Este topillo típico, principalmente crepuscular y nocturno, vive en bosques y zonas arbustivas de casi toda Europa, desde el norte de España hasta Rusia.

11–15 cm

LÉMING DE LA TUNDRA
Lemmus lemmus
Las fluctuaciones poblacionales de este léming, el principal mamífero pequeño de la tundra europea, afectan al éxito reproductivo de muchos depredadores boreales.

LÉMING DE LA ESTEPA
Lagurus lagurus
Es la única especie de su género y vive en las secas llanuras esteparias que se extienden desde Ucrania hasta el oeste de Mongolia.

RATA ALMIZCLERA
Ondatra zibethicus
Este gran roedor oriundo de los ríos, estanques y arroyos de América del Norte fue introducido en Europa y hoy está muy extendido en este continente.

»

» TOPILLOS, LÉMINGS Y AFINES

HÁMSTER RAYADO CHINO
Cricetulus barabensis
Al almacenar las semillas de los cultivos, este roedor del norte de Asia puede convertirse en una grave plaga. Los agricultores destruyen sus madrigueras mientras aran.

HÁMSTER DE ROBOROVSKI
Phodopus roborovskii
Este diminuto animal de los herbazales de Asia central es popular como mascota. Durante la época de cría puede parir tres o cuatro camadas.

HÁMSTER COMÚN O EUROPEO
Cricetus cricetus
Esta especie cavadora del centro-norte de Eurasia hiberna bajo tierra en invierno. Sus madrigueras pueden contener hasta 65 kg de comida almacenada.

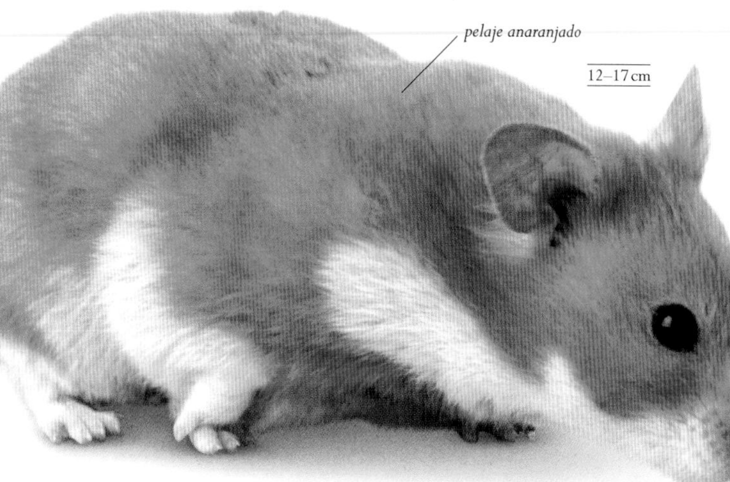

HÁMSTER DE PELO LARGO
Mesocricetus auratus
El hámster dorado se ha criado selectivamente para crear razas exóticas como esta variedad albina, que no podrían sobrevivir en la naturaleza.

HÁMSTER DORADO
Mesocricetus auratus
Oriundo de Siria, donde hoy es una especie vulnerable y en declive, se ha convertido en una de las mascotas favoritas en Europa y América del Norte.

RATÓN DE PATAS BLANCAS
Peromyscus leucopus
Muy común y adaptable, ocupa casi todos los tipos de hábitats terrestres en el centro y el este de EE UU y de México.

RATA ALGODONERA CRESPA
Sigmodon hispidus
Este roedor herbívoro, no cavador y poco longevo vive en hábitats herbáceos del sur de EE UU y el noreste de México.

RATONES, RATAS Y AFINES

Una quinta parte de todas las especies de mamíferos pertenece a la familia múridos, distribuidos por todo el mundo, incluidas las regiones polares. Algunos trasmiten enfermedades graves y otros son plagas agrícolas importantes; sin embargo, varias especies se utilizan en la investigación médica o como mascotas.

10–12 cm

RATÓN ESPINOSO DEL NORTE DE ÁFRICA
Acomys cahirinus
Como otros ratones espinosos, tiene unos pelos rígidos que le protegen y una piel muy fina que le permite refrescarse fácilmente en su hábitat caluroso y seco.

8–13 cm

RATÓN ESPINOSO ARÁBIGO
Acomys dimidiatus
Este ratón que vive al este del mar Rojo se consideraba antes una subespecie del ratón espinoso del norte de África.

JERBILLO O RATA DE SHAW
Meriones shawii
Este roedor común en los desiertos del norte de África no hiberna y sobrevive al invierno almacenando hasta 10 kg de comida en sus madrigueras.

9–14 cm

JERBO DE MONGOLIA
Meriones unguiculatus
En la naturaleza, esta especie popular como mascota vive en las secas estepas del centro y el este de Asia, donde forma grandes grupos sociales.

JERBILLO PÁLIDO
Gerbillus floweri
Como la mayoría de los roedores del desierto, este jerbillo de las dunas costeras y otras zonas arenosas del norte de Egipto queda muy bien camuflado con su cuerpo pálido.

10–13 cm

JERBO, RATA DEL DESIERTO DE COLA ADIPOSA
Pachyuromys duprasi
Como muchos pequeños animales del desierto, esta especie almacena grasa en su cola. Al ser lampiña, la cola hace de radiador del exceso de calor.

RATA GIGANTE PÁLIDA
Phloeomys pallidus
Las dos especies de este género viven en selvas altas de Filipinas, pero rara vez se ven. Son los mayores de los roedores miomorfos.

RATA GIGANTE DE CUMMING
Phloeomys cumingi
Como la especie anterior y más norteña, pasa el día en árboles huecos o madrigueras y solo tiene una cría por parto.

RATÓN LEONADO
Apodemus flavicollis
Esta especie nocturna y forestal es difícil de distinguir del ratón de campo en gran parte de su área europea (en España ayuda a distinguirlo su distribución exclusivamente norteña).

RATÓN DE CAMPO
Apodemus sylvaticus
Es el más abundante de los ratones salvajes europeos y vive en todos los hábitats terrestres, incluso en montañas.

RATÓN CASERO
Mus musculus
Este roedor pequeño, esbelto y muy adaptable ha seguido a los humanos por todo el mundo y vive incluso en el área subantártica.

RATÓN ALBINO
Mus musculus
El ratón casero criado como albino es común como mascota y también se utiliza muchísimo en investigación científica y médica.

RATÓN ESPIGUERO
Micromys minutus
El ratón más pequeño de Europa vive en una gran variedad de hábitats herbáceos, incluidos cañaverales y campos de cereales.

RATA PARDA
Rattus norvegicus
También llamada rata de alcantarilla, se ha convertido en una plaga global tras haber sido transportada por barcos y colonizado incluso islas remotas.

RATA NEGRA O CAMPESTRE
Rattus rattus
Menos asociada al agua que la rata parda y común en cultivos y pinedas, es la especie cuyas pulgas transmiten la peste bubónica.

RATÓN CEBRA COMÚN
Lemniscomys striatus
Esta especie de pelaje llamativo es común en los hábitats herbáceos de gran parte del África tropical.

RATA GIGANTE MALGACHE
Hypogeomys antimena
Esta especie, la única de su género, es el mayor roedor de Madagascar y solo se encuentra en los bosques arenosos de una pequeña área en la costa oeste.

RATAS DEL BAMBÚ Y AFINES

La familia espalácidos comprende las ratas topo paleárticas, las ratas del bambú y de las raíces y los hámsteres topo. Muy adaptadas a la vida subterránea, las ratas topo ciegas *(Spalax)* tienen los incisivos grandes y salientes y carecen de ojos y orejas. Las ratas del bambú de Asia oriental tienen ojos visibles.

17–35 cm

RATA TOPO MICROFTALMA
Spalax microphthalmus
Esta especie ciega posee unas vibrisas sensitivas que salen desde el hocico hasta las órbitas oculares. Es nativa de las estepas de Ucrania y del sureste de Rusia.

15–26 cm

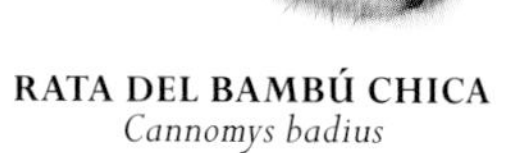

RATA DEL BAMBÚ CHICA
Cannomys badius
Única especie de su género, extendida de Nepal a Vietnam, cava hondas madrigueras en bosques, zonas herbosas y a veces en jardines.

«LIEBRES» SALTADORAS

Similares a liebres por su talla y su comportamiento, los pedétidos tienen una sola cría cada vez. Se reproducen durante todo el año, pero al vivir en hábitats secos y abiertos, son vulnerables a los depredadores.

LIEBRE SALTADORA O DE EL CABO
Pedetes capensis
Esta especie sale de su madriguera por la noche para mordisquear plantas herbáceas en las regiones secas del sur de África.

33–46 cm

cola larga y poblada

33–46 cm

LIEBRE SALTADORA DE ÁFRICA ORIENTAL
Pedetes surdaster
Las liebres saltadoras escapan de sus depredadores nocturnos dando saltos como los canguros. Menos común que *P. capensis*, esta especie vive en Tanzania y Kenia.

RATAS TOPO AFRICANAS

Batiérgidos (ratas topo) y heterocefálidos (ratas topo lampiñas) llevan una vida totalmente subterránea. Cavan en la arena y los suelos laxos para nutrirse de raíces, usando sus protuberantes incisivos como palas. Sus labios se cierran detrás de los incisivos para que la boca no se llene de tierra.

7–11 cm

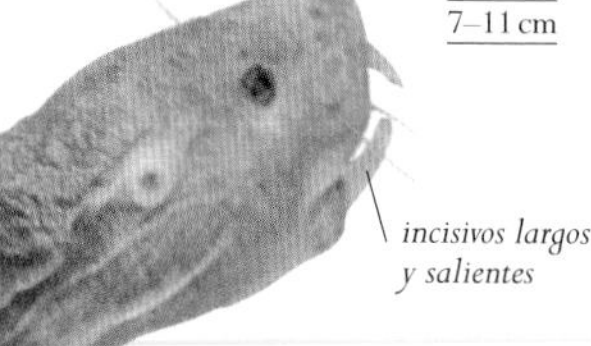

incisivos largos y salientes

cola larga y redondeada

RATA TOPO LAMPIÑA
Heterocephalus glaber
Este animal muy social de África oriental, también conocido como farumfer y heterócefalo, vive en colonias en las que cada individuo desempeña una tarea específica.

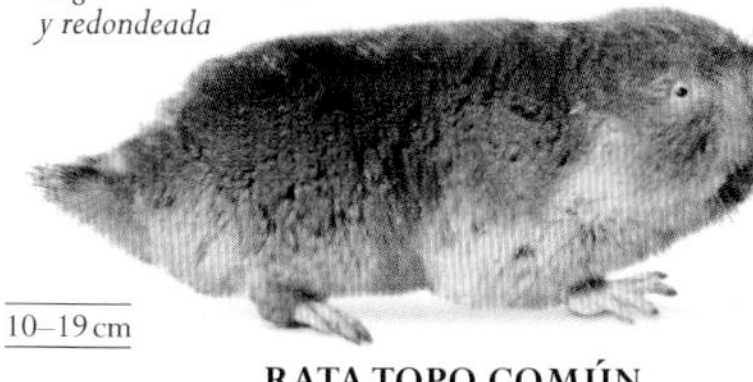

10–19 cm

RATA TOPO COMÚN
Cryptomys hottentotus
Común en Sudáfrica y con un área discontinua hasta Tanzania; vive en suelos laxos y zonas agrícolas, y se alimenta sobre todo de raíces.

BATHYERGUS JANETTA
Esta especie de Namibia y del suroeste de Sudáfrica utiliza los pies anteriores en vez de los dientes para cavar madrigueras.

17–24 cm

PUERCOESPINES DEL NUEVO MUNDO

Los eretizóntidos, roedores arborícolas de los bosques americanos, poseen espinas cortas, por lo general menores de 10 cm, y la mayoría tiene la cola prensil para asirse a las ramas.

0,6–1,3 m

PUERCOESPÍN NORTEAMERICANO
Erethizon dorsatus
Vive en bosques de América del Norte, desde Alaska hasta México. Sus espinas quedan ocultas en el pelaje hirsuto.

44–56 cm

PUERCOESPÍN ARBORÍCOLA
Coendou prehensilis
Conocido como coendú grande, vive en bosques y selvas de América del Sur y Trinidad. Duerme de día y sale en busca de hojas y brotes al atardecer.

PUERCOESPINES DEL VIEJO MUNDO

Las 11 especies de la familia histrícidos se distribuyen por casi toda África y el sur de Asia. Están cubiertos de espinas largas y rígidas que les protegen de la mayoría de los depredadores. Cuando les atacan, a menudo «castañetean» con las espinas para advertir de lo afiladas e inexpugnables que son.

45–93 cm

las espinas son pelos modificados

PUERCOESPÍN COMÚN
Hystrix cristata
También llamado puercoespín crestado, está muy extendido por la mitad norte de África, excepto el Sáhara, y también en Italia.

75–100 cm

PUERCOESPÍN SUDAFRICANO
Hystrix africaeaustralis
Esta especie propia de África subecuatorial se alimenta por la noche, en solitario o en grupos, olfateando y desenterrando raíces y bayas.

CHINCHILLAS Y VIZCACHAS

Los seis miembros de la familia sudamericana chinchíllidos tienen una cola prominente y grandes pies traseros. Suelen vivir en grupos sociales, en madrigueras o en afloramientos rocosos. Las dos especies de chinchillas están en peligro crítico por su codiciada piel y la vizcacha de Wolffsohn podría estar amenazada.

CHINCHILLA
Chinchilla sp.
Las chinchillas poseen un pelaje fino y tupido que las aísla del frío en su hábitat andino y que las hace muy apreciadas.

30–45 cm

VIZCACHA DE MONTAÑA
Lagidium viscacia
Conocida como vizcacha de la Sierra o chinchillón, este ágil roedor de pelaje denso que le protege del frío por la noche vive en laderas rocosas y empinadas.

RATA ROQUERA

La única especie de la familia petromúridos solo se encuentra en el suroeste de África. Sus peculiares cráneo plano y costillas blandas son adaptaciones para la vida en grietas y bajo piedras, y le distinguen de todos los demás roedores.

13–25 cm

RATA ROQUERA
Petromus typicus
Este roedor que vive en laderas rocosas secas sale de las grietas al alba y al atardecer para buscar semillas y brotes.

RATAS DE CAÑAVERAL

Las dos especies de trionómidos poseen unos pelos toscos y aplanados de color pardo claro que las camuflan entre la hierba alta y los cañaverales. Estas ratas africanas, también llamadas aulácodos, tienen dos camadas de crías bien desarrolladas al año.

41–77 cm

RATA DE CAÑAVERAL
Thryonomys sp.
Hay dos especies de aulácodos: una vive en los herbazales de sabana y la otra en cañaverales y marjales.

PACARANA

La única especie de la familia sudamericana dinómidos es un animal tímido, voluminoso, lento y casi indefenso. Vive sola o en parejas, en selvas de montaña donde es presa de jaguares y humanos.

PACARANA, GUAGUA CON RABO
Dinomys branickii
Amenazada por la destrucción de su hábitat y cazada por su piel, es hoy una especie vulnerable.

COBAYAS, MARAS Y CAPIBARA

Los cávidos, familia que comprende algunos de los roedores más extendidos y abundantes de América del Sur, ocupan desde los prados de montaña hasta las llanuras aluviales tropicales, y crían durante todo el año. Todos, salvo las maras y la capibara, son rechonchos y de patas cortas.

APEREÁ, CUIS CAMPESTRE
Cavia aperea
Aunque las especies de este género (excepto la andina *C. tschudii*) viven sobre todo en tierras bajas, esta también vive en los Andes colombianos y bolivianos.

20–40 cm

CONEJILLO DE INDIAS CON ROSETAS
Cavia porcellus
Existen distintas variedades de pelaje en los cobayas domésticos. El de esta forma grandes remolinos que surgen de distintos puntos del cuerpo.

20–40 cm

CONEJILLO DE INDIAS DE PELO LARGO
Cavia porcellus
Esta variedad doméstica necesita que le peinen para que su pelaje no se enrede.

CONEJILLO DE INDIAS, COBAYA
Cavia porcellus
También llamado cuy, esta popular mascota empezó a domesticarse para la alimentación hace más de 500 años.

MARA, LIEBRE DE PATAGONIA
Dolichotis patagonum
Extensos sistemas de madrigueras compartidos y la cría comunal son unos de los rasgos inusuales de este roedor de largas patas.

PUERCOESPÍN COMÚN O CRESTADO

Hystrix cristata

Con sus largas espinas erguidas en postura de amenaza, el puercoespín crestado resulta muy intimidatorio. Si un depredador ha tenido ya la penosa experiencia de sufrirlas, es improbable que vuelva a atacarlo. Se sabe de leones, hienas e incluso personas que han muerto por heridas de espinas infectadas. Pese a este impresionante medio de defensa, el puercoespín es un animal pacífico, bastante nervioso y asustadizo, y lo más probable es que huya del peligro y que no le haga frente. Los puercoespines viven solos o en grupos familiares que comparten extensos sistemas de madrigueras. El puercoespín crestado vive en África del norte y tropical, y también estuvo extendido antaño por Europa; la población de Italia podría ser una reliquia de antiguas épocas o resultado de una introducción más reciente, quizás por los romanos.

TAMAÑO 45–93 cm
HÁBITAT Sabana herbácea, bosques claros, terrenos rocosos
DISTRIBUCIÓN Norte de África, excepto el Sáhara, hasta Tanzania por el sur; también en Italia
DIETA Sobre todo raíces, frutos y tubérculos; en ocasiones, carroña

< UN ESPINOSO PEINADO
Un puercoespín acorralado yergue sus púas para parecer mayor de lo que es e intenta disuadir de este modo al agresor. Si esta treta falla, se pone de cola, carga hacia atrás y frota su espinoso tren posterior contra la cara del agresor.

OREJA >
Las pequeñas orejas quedan en gran parte ocultas en el áspero pelaje. El puercoespín tiene un buen oído, que le sirve para evitar el peligro y batirse en retirada cuando oye que se acerca otro animal.

∨ OJO
La visión es deficiente, pero a menudo no hay mucho que ver en la oscuridad de una noche africana. Para hallar su camino, utiliza sus agudos olfato y oído.

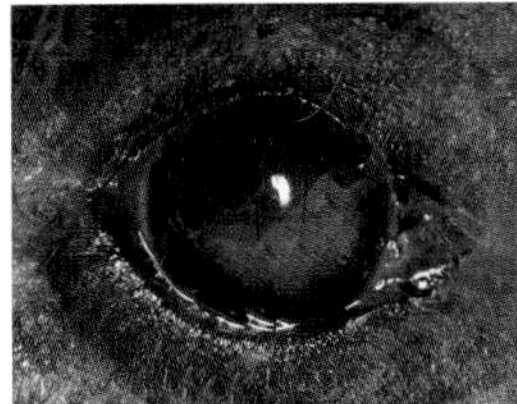

∨ BOCA Y DIENTES
Tienen los dientes especializados para roer, típicos de los roedores, lo que les permite masticar duras raíces y tubérculos. Los músculos mandibulares son extremadamente potentes.

LOS PELOS DE PUNTA >
Las púas del puercoespín son pelos modificados que se yerguen mediante versiones aumentadas de los diminutos músculos que producen la carne de gallina en nuestra piel.

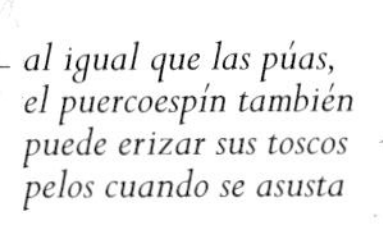

al igual que las púas, el puercoespín también puede erizar sus toscos pelos cuando se asusta

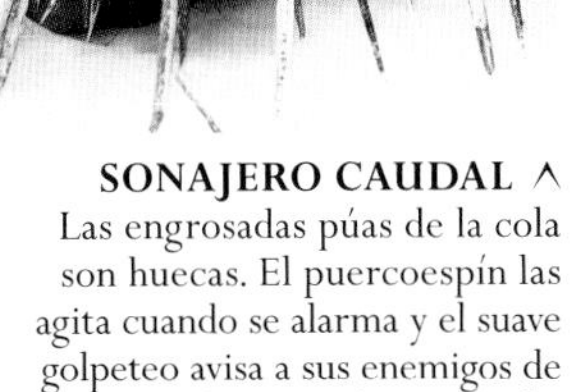

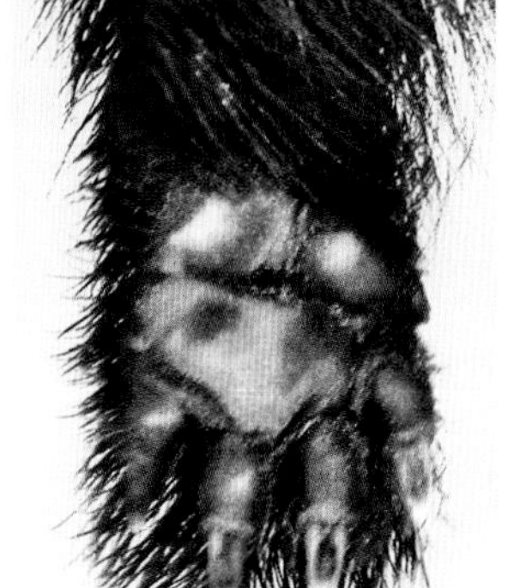

SONAJERO CAUDAL ∧
Las engrosadas púas de la cola son huecas. El puercoespín las agita cuando se alarma y el suave golpeteo avisa a sus enemigos de que es un adversario bien armado.

< ∧ PIES Y UÑAS
Andan sobre las aplanadas plantas de sus pies con paso torpe y desgarbado. Las plantas son lampiñas y almohadilladas, los dedos cortos y las uñas fuertes, adaptadas para cavar.

CAPIBARA

La capibara, el mayor de los roedores, es una de las cuatro especies de hidroquerinos, subfamilia de los cávidos. Las capibaras tienen una familia al año; las crías nacen a finales de la estación húmeda, cuando la hierba es más nutritiva. Pueden vivir hasta seis años.

CAPIBARA
Hydrochoerus hydrochaeris
También llamada carpincho y chigüire, tiene el tamaño de un cerdo y es el mayor de los roedores. Lleva una vida semiacuática en humedales de América del Sur tropical.

1–1,3 m

JUTÍAS, RATAS ESPINOSAS Y COIPÚ

La familia equímidos, distribuida por América Central y del Sur, comprende 99 especies que viven en una gran variedad de hábitats, incluidas las ratas espinosas arborícolas y excavadoras, y el semiacuático coipú. Aunque su tamaño, tipo de pelaje, dentición y dieta son muy variados, los análisis filogenéticos y moleculares sugieren que pertenecen al mismo grupo.

16–30 cm

CASIRAGUA, RATA ESPINOSA
Proechimys sp.
Estos roedores tienen un pelaje protector espinoso y muestran evolución convergente con los ratones espinosos de África.

30–43 cm

JUTÍA CONGA
Capromys pilorides
Esta jutía es común en Cuba. Las otras especies de jutía supervivientes están amenazadas debido a la pérdida de hábitat y a la caza.

47–58 cm

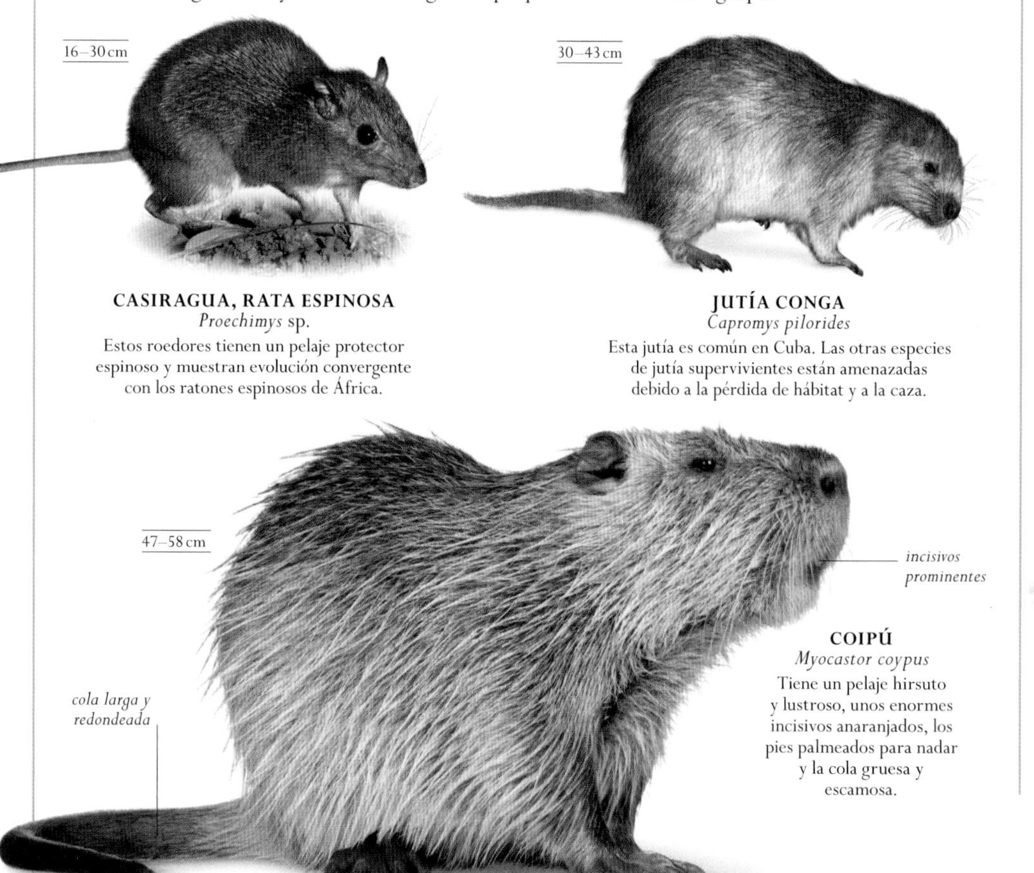

COIPÚ
Myocastor coypus
Tiene un pelaje hirsuto y lustroso, unos enormes incisivos anaranjados, los pies palmeados para nadar y la cola gruesa y escamosa.

PACAS

La familia cunicúlidos comprende dos especies de roedores nocturnos de América Central y del Sur. Las pacas parecen pequeños cerdos, ya que hozan en el suelo del bosque en busca de frutos, semillas y raíces.

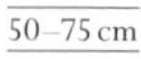
50–75 cm

PACA COMÚN
Cuniculus paca
Principalmente forestal, este roedor vive en América tropical, desde México hasta el norte de Argentina.

OCTODÓNTIDOS

Los dientes molares de estos roedores forman una figura de ocho cuando están desgastados, de ahí su nombre científico. Los octodóntidos están ampliamente distribuidos por América del Sur meridional.

16–22 cm

DEGU
Octodon degus
Esta especie vive en las laderas occidentales de los Andes chilenos. Su cola se rompe fácilmente si un depredador la agarra.

AGUTÍES

Activos durante el día y muy tímidos, estos roedores corredores de largas patas de la familia dasipróctidos crían durante todo el año, pero solo tienen dos crías, que son capaces de correr apenas una hora después de nacer.

AGUTÍ BRASILEÑO O DE CADERAS ANARANJADAS
Dasyprocta leporina
Esta especie de las zonas selváticas del noreste de América del Sur y de las Pequeñas Antillas se identifica por su grupa de color naranja claro.

48–60 cm

48–60 cm

AGUTÍ CENTROAMERICANO
Dasyprocta punctata
También llamado guatín amarillo, está distribuido desde México hasta Argentina. Se alimenta de frutos, pero también puede comer cangrejos. Las parejas se únen de por vida.

43–58 cm

AGUTÍ DE AZARA
Dasyprocta azarae
Este habitante de los bosques del sur de Brasil, Paraguay y norte de Argentina ladra cuando se asusta. Come una gran variedad de semillas y frutos.

TUPAYAS

Estos pequeños mamíferos parecen ardillas y se comportan como ellas. Son activos durante el día y pasan gran parte del tiempo buscando comida en el suelo.

Las tupayas constituyen el orden escandentios, relativamente próximo a los primates. Viven en las pluvisilvas de Asia suroccidental y tienen uñas corvas y afiladas en todos los dedos que les permiten trepar rápidamente a los árboles, aunque la mayoría de las especies solo son parcialmente arborícolas. Se alimentan de insectos, lombrices, frutos y, a veces, pequeños mamíferos, reptiles y aves. Algunas son solitarias, mientras que otras viven en parejas o en grupos.

Las tupayas son prolíficas y mantienen a sus crías en nidos, en grietas de árboles o sobre ramas. La hembra les presta escasa atención y solo les hace breves visitas para amamantarlas.

FILO	CORDADOS
CLASE	MAMÍFEROS
ORDEN	ESCANDENTIOS
FAMILIAS	2
ESPECIES	23

TUPAYA DE COLA PLUMOSA

La familia ptilocércidos tiene un solo miembro, la tupaya de cola plumosa, así llamada por la forma de pluma del extremo caudal, que la ayuda a equilibrarse mientras trepa.

13–15 cm

TUPAYA DE COLA PLUMOSA
Ptilocercus lowii
Esta especie tiene una cola bastante fusiforme, con la punta a modo de pincel, mientras que la mayoría de las tupayas típicas la tienen gruesa y tupida.

TUPAYAS TÍPICAS

Los miembros de la familia tupáyidos tienen un hocico largo con el que localizan insectos y otros invertebrados, así como frutos y hojas. También poseen uñas corvas y afiladas en todos sus dedos, gracias a las cuales trepan rápidamente a los árboles.

TUPAYA GRANDE DE BORNEO
Tupaia tana
Las tupayas son habitantes diurnos de las selvas del sureste de Asia. Esta especie vive en Borneo, Sumatra y las islas cercanas.

COLUGOS

Las dos especies del orden dermópteros son mamíferos planeadores (no son voladores) que viven en las pluvisilvas del sureste de Asia.

Los colugos o kaguangs, también llamados lémures voladores, se distinguen por una membrana peluda que va del cuello a las puntas de los dedos y la cola. Cuando extienden las extremidades, esta membrana se tensa y les permite maniobrar en el aire mientras planean de un árbol a otro. En un planeo pueden cubrir más de 100 m de distancia. Viven en el dosel arbóreo, colgados cabeza abajo de las ramas o en grietas o troncos huecos, y salen de noche para comer frutos y hojas. Son casi incapaces de desplazarse por el suelo. Sus dientes son distintos de los de los demás mamíferos: los de la mandíbula inferior están dispuestos a modo de peines y se cree que les sirven para acicalarse, además de para alimentarse.

FILO	CORDADOS
CLASE	MAMÍFEROS
ORDEN	DERMÓPTEROS
FAMILIA	1
ESPECIES	2

COLUGOS O LÉMURES VOLADORES

Los dos miembros de la familia cinocefálidos tienen los ojos frontales, lo cual les proporciona una percepción de la profundidad ideal para calcular distancias al planear de árbol en árbol. Usan sus dientes inferiores, dispuestos en forma de peine, para tamizar alimentos como frutos y flores.

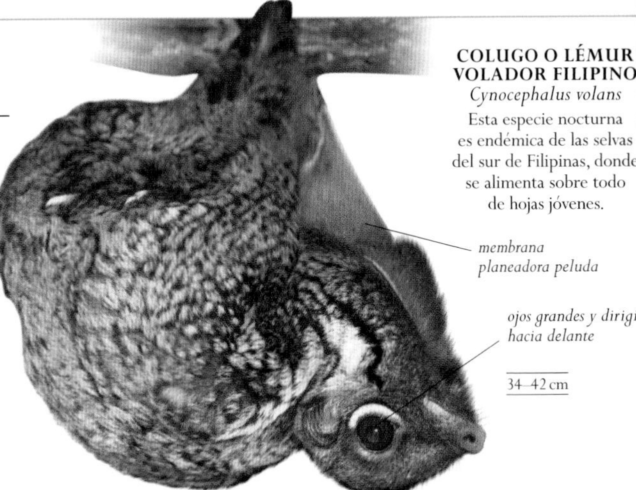

COLUGO O LÉMUR VOLADOR DE LA SONDA
Cynocephalus variegatus
Vive solo o en pequeños grupos y descansa en huecos de árbol o en lo alto de los árboles de las selvas tropicales del sureste de Asia y de Indonesia.

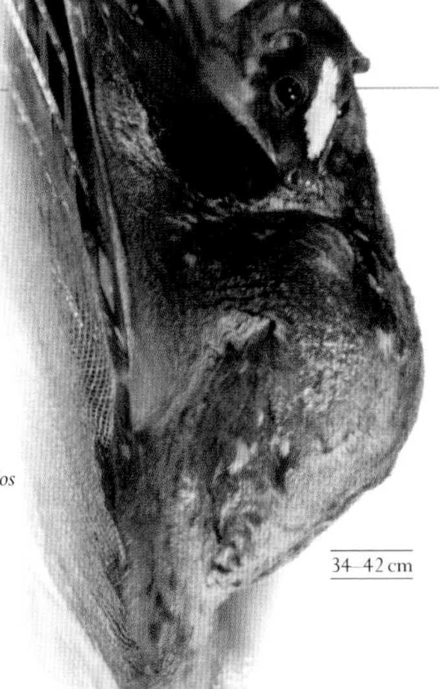

COLUGO O LÉMUR VOLADOR FILIPINO
Cynocephalus volans
Esta especie nocturna es endémica de las selvas del sur de Filipinas, donde se alimenta sobre todo de hojas jóvenes.

PRIMATES

Los miembros de este orden tienen el cerebro proporcionalmente grande y unos ojos en posición frontal que les proporcionan una visión tridimensional.

Excepto unas pocas especies, entre ellas la humana, los primates habitan en regiones tropicales y subtropicales de América, África y Asia. Su tamaño varía desde los lémures enanos que pesan 30 g hasta el gorila que alcanza los 200 kg de peso.

Los primates utilizan más la vista que el olfato. Muchos son arborícolas y poseen características como una visión estereoscópica que les permite calcular bien la distancia al saltar de un árbol a otro; pulgares oponibles y una cola prensil para asirse a las ramas; patas largas para saltar, y brazos largos para balancearse. Algunos tienen una dieta especializada, pero muchos otros son omnívoros.

GRUPOS PRINCIPALES

Los primates se dividen en dos subórdenes: estrepsirrinos, que comprende a los principalmente nocturnos lémures, loris, gálagos y afines, con la nariz húmeda y un buen olfato; y haplorrinos, que comprende a los tarseros y los monos, con la nariz seca y en su mayoría diurnos, que dependen más de la vista que los estrepsirrinos.

PATRONES SOCIALES

Por lo general, los primates son sociales y viven en pequeños grupos familiares, harenes de un solo macho o grandes grupos de ambos sexos. Muchas especies se caracterizan por la competencia por las hembras que se crea entre los machos. La selección sexual que favorece a los machos más grandes o más dominantes se ha traducido en dimorfismo sexual: diferencias de tamaño entre machos y hembras o de rasgos como los caninos. Machos y hembras también pueden ser de distinto color, un tipo de dimorfismo llamado dicromatismo sexual. Casi todos los monos del Nuevo Mundo son monógamos, y ambos progenitores se ocupan de las crías. Los del Viejo Mundo tienden a vivir en grupos dominados por hembras emparentadas, y los machos no se ocupan de las crías o apenas lo hacen. Los primates suelen ser lentos en madurar y en reproducirse, pero son relativamente longevos. Los homínidos no humanos tienen una longevidad potencial de hasta 45 años en la naturaleza y pueden vivir más en cautividad.

FILO	CORDADOS
CLASE	MAMÍFEROS
ORDEN	PRIMATES
FAMILIAS	16
ESPECIES	506

DEBATE

AÚN MÁS PRIMATES

La lista de primates es más larga que hace una década, en gran parte porque varias subespecies (variantes geográficas) se han reclasificado como nuevas especies. En Amazonia, las poblaciones de monos separadas por ríos y cordilleras pueden diferir sutilmente, por ejemplo, en la estructura de sus cromosomas. Algunos científicos creen que estos monos divergieron cuando sus hábitats forestales quedaron aislados debido a la actividad geológica hace muchos miles de años. Las selvas amazónicas podrían contener muchas especies aisladas de esta forma y están en el punto de mira de quienes protegen la biodiversidad.

GÁLAGOS

Los miembros de la familia galágidos viven en diversos hábitats arbolados y forestales del África subsahariana, incluidas las sabanas arboladas y las arbustivas. Tienen las patas traseras más largas que las delanteras, lo que les permite dar grandes saltos entre árboles, y a menudo impregnan sus manos y pies con orina, posiblemente para incrementar su adherencia y para dejar marcas de olor. Todos son nocturnos.

GÁLAGO PLATEADO
Otolemur monteiri
Esta especie tiene un área similar al gálago de cola gruesa, pero prefiere la vegetación más densa. A pesar de su nombre, son comunes las formas melánicas (negras).

GÁLAGO DE COLA GRUESA
Otolemur crassicaudatus
Es uno de los gálagos de mayor tamaño y vive en varios tipos de bosques del sur de África. Es omnívoro y rasca la resina de los árboles con sus dientes a modo de peine.

LORIS, POTOS Y ANGUANTIBOS

Estos pequeños omnívoros nocturnos tienen la cola corta y las patas traseras y delanteras de la misma longitud. Los lorísidos tienen pulgares oponibles para aferrarse a las ramas y se desplazan mucho más lentamente por los árboles que los gálagos, ya que trepan en vez de saltar.

18–21 cm

LORIS CENCEÑO O ESBELTO
Loris tardigradus
Esta especie de Sri Lanka se desplaza cuidadosamente con sus largas patas por el dosel de la selva.

pulgar oponible

pelaje denso

anillos oscuros en torno a los enormes ojos

30–34 cm

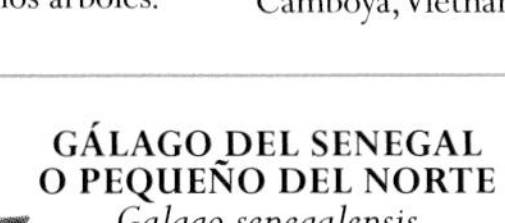

LORIS DE LA SONDA
Nycticebus coucang
Como sugiere su nombre, esta especie de los bosques tropicales del sureste de Asia se desplaza con parsimonia por los árboles.

20–23 cm

LORIS PIGMEO
Nycticebus pygmaeus
Esta especie vive en las densas pluvisilvas y los bosques de bambú de Laos, Camboya, Vietnam y el sur de China.

30–40 cm

POTO
Perodicticus potto
Este tímido primate vive en las pluvisilvas densas de África ecuatorial, donde el escudo óseo que tiene en la nuca le protege de los depredadores.

los pies se agarran como tenazas

22–26 cm

ANGUANTIBO DORADO
Arctocebus aureus
También llamado poto dorado, vive en el sotobosque de las pluvisilvas de tierras bajas del oeste y el centro de África ecuatorial.

GÁLAGO DEL SENEGAL O PEQUEÑO DEL NORTE
Galago senegalensis
Ampliamente distribuido por el centro y parte del este de África, vive en sabanas arboladas áridas.

12–20 cm

orejas grandes

12–17 cm

12–17 cm

GÁLAGO DE DEMIDOFF
Galagoides demidovii
Este pequeño primate utiliza sus largas patas traseras para saltar por el dosel de las pluvisilvas del oeste y el centro de África.

GÁLAGO SUDAFRICANO
Galago moholi
Este gálago pequeño y tímido vive en pequeños grupos en el sur de África. Ágil y flexible, salta por las zonas arboladas, donde come insectos y resina.

cola larga

TARSEROS

Los pequeños tarseros (familia társidos) deben su nombre a su largo tarso. Estas especies arborícolas tienen los huesos de las patas y de los dedos alargados, la cola larga y fina, la cabeza redonda y unos enormes ojos que les permiten ver por la noche mientras cazan insectos.

pelaje sedoso

TARSERO FILIPINO
Tarsius syrichta
Endémico de varios tipos de pluvisilvas y zonas de matorral de Filipinas, posee los ojos proporcionalmente más grandes de todos los mamíferos.

11–14 cm

11–14 cm

TARSERO DE SUMATRA
Tarsius bancanus
Adaptada para trepar y saltar entre los árboles, esta especie, también llamada tarsero de Horsfield, vive en las pluvisilvas de Sumatra y Borneo.

cola larga y esbelta

LÉMURES

La familia lemúridos comprende los lémures más típicos, propios de las selvas de Madagascar. Los lemúridos son principalmente arborícolas y cuadrúpedos, y por lo general, activos tanto de día como de noche. En varias especies, machos y hembras son de colores diferentes.

LÉMUR DEL LAGO ALAOTRA
Hapalemur alaotrensis
Esta especie en peligro crítico vive únicamente en carrizales y marjales de papiros en torno al Alaotra, el mayor lago de Madagascar.

LÉMUR GRANDE DEL BAMBÚ
Prolemur simus
Esta especie críticamente amenazada vive en el sureste de Madagascar, donde se alimenta casi exclusivamente de bambú gigante.

LÉMUR DE COLA ANILLADA
Lemur catta
Este lémur que vive en grupos de hasta 25 individuos pasa gran parte del tiempo en el suelo. Su dieta consiste en frutos, raíces, brotes, savia y cortezas.

LÉMUR DE GORGUERA
Varecia variegata
Esta especie puede ser blanca y negra (*V. v. variegata*) o rojiza, negra y blanca (*V. v. rubra*). Es el mayor de los lemúridos, come una gran proporción de frutos y, a diferencia de otros lémures, construye un nido de hojas para sus crías.

LÉMUR DE VIENTRE ROJO
Eulemur rubriventer
Esta especie monógama vive en pequeños grupos formados por una pareja y las crías no emancipadas.

LÉMUR DE COLLAR ROJO
Eulemur collaris
Este lémur tiene en la muñeca una glándula odorífera con la que perfuma su larga y poblada cola para usarla en la comunicación.

LÉMUR DE CABEZA BLANCA
Eulemur albifrons
Solo el macho de esta especie tiene el característico pelaje blanco en torno a la cara negra; la hembra tiene la cara gris.

LÉMUR NEGRO
Eulemur macaco
En esta especie sexualmente dicromática, el macho es negro y la hembra pardogrisácea, con pinceles blancos en las orejas.

LÉMUR MANGOSTA
Eulemur mongoz
Principalmente nocturno durante la estación seca, este lémur se vuelve más diurno al principio de la estación húmeda.

LÉMURES ENANOS, RATÓN Y ENMASCARADOS

Los miembros de la familia quirogaleidos, unos de los primates más pequeños, tienen las patas cortas y los ojos grandes. Nocturnos y arborícolas, habitan en los bosques de Madagascar, donde se aletargan para sobrevivir a la estación seca.

LÉMUR ENMASCARADO PÁLIDO
Phaner pallescens
Este lémur adaptado para comer gomas y resinas tiene una lengua larga y grandes premolares para cincelar corteza.

12–15 cm

LÉMUR RATÓN GRIS
Microcebus murinus
La dieta de este lémur omnívoro incluye insectos, flores y frutos. A la hora de desplazarse, la hembra lleva a su cría en la boca.

10–15 cm

LÉMUR RATÓN PARDO
Microcebus rufus
Esta especie omnívora que habita en varios tipos de bosques consume una gran variedad de frutos, insectos y resinas.

26–30 cm

patas cortas

LÉMUR ENANO GRANDE
Cheirogaleus major
Solitario, se alimenta sobre todo de frutos y néctar. Durante la estación húmeda acumula grasa en la cola.

LÉMURES SALTADORES

La familia lepilemúridos comprende los lémures saltadores de Madagascar, de tamaño medio, hocico saliente y grandes ojos, y estrictamente arborícolas y nocturnos. Debido a su dieta poco energética a base de hojas, son unos de los primates menos activos.

LÉMUR SALTADOR DE PIES BLANCOS
Lepilemur leucopus
Este lémur grisáceo por encima y blanco por debajo pasa mucho tiempo en posición vertical sobre troncos entre una búsqueda de alimentos y la siguiente.

LÉMUR SALTADOR DE LOMO GRIS
Lepilemur dorsalis
Esta especie de morro romo y orejas pequeñas vive en las selvas húmedas del norte de Madagascar y de las islas próximas.

AYEAYE

El ayeaye es la única especie de la familia daubentónidos. Este primate de Madagascar tiene las orejas grandes, el pelaje hirsuto, los dedos muy largos y unos incisivos que crecen sin cesar.

30–37 cm

AYEAYE
Daubentonia madagascariensis
El ayeaye utiliza su alargado dedo corazón para localizar y extraer larvas de insectos de la madera seca.

SIFAKAS Y AFINES

Los lémures de mayor talla –indri y sifakas, amenazados de extinción– y los más pequeños avahis, o lémures lanudos, forman la familia indríidos de Madagascar. Todos tienen patas largas y potentes para saltar entre los árboles y, a excepción del indri, la cola larga.

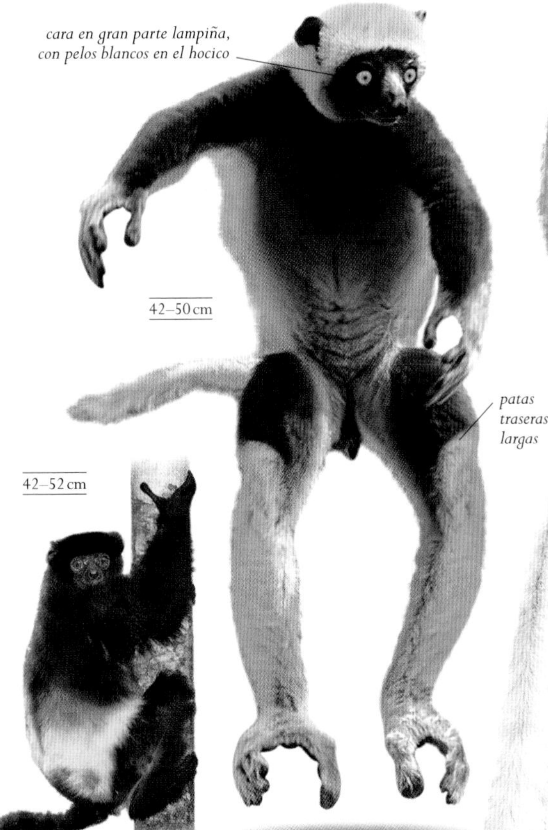

SIFAKA DE MILNE-EDWARDS
Propithecus edwardsi
Este sifaka que forma pequeños grupos familiares en el sureste de Madagascar tiene un pulgar grande y oponible para aferrarse a los troncos.

SIFAKA DE COQUEREL
Propithecus coquereli
Como otros sifakas, este cruza los terrenos abiertos brincando sobre sus patas traseras y equilibrándose con los antebrazos.

SIFAKA DE VERREAUX
Propithecus verreauxi
Con sus largas patas, este sifaka del suroeste de Madagascar puede saltar entre la vegetación tipo cactus sin lastimarse con las espinas.

INDRI
Indri indri
Es el miembro de mayor tamaño del grupo y el único que tiene una cola corta y vestigial.

MONOS AULLADORES, MONOS ARAÑA Y MONOS LANUDOS

Los monos de la familia atélidos son los de mayor tamaño de América. Todos los atélidos tienen una cola prensil que usan como quinto miembro cuando se desplazan por los árboles. Los inteligentes monos araña tienen las patas más largas que los demás.

MONO AULLADOR NEGRO
Alouatta pigra
Esta especie en peligro de la península de Yucatán (México), Belice y Guatemala forma grupos de hasta 11 individuos.

MONO AULLADOR ROJO
Alouatta seniculus
Esta especie posee en el cuello un hueso hioides agrandado que le permite emitir gritos audibles a varios kilómetros de distancia.

MONO AULLADOR ARAGUATO
Alouatta palliata
Este mono con un «manto» de largos pelos de guarda en los flancos vive en América Central y el norte de América del Sur.

MONO ARAÑA COLOMBIANO
Ateles fusciceps rufiventris
Como otros monos araña, esta subespecie en peligro crítico, propia de Colombia y Panamá, no tiene pulgares en las manos.

MONO ARAÑA DE GEOFFROY
Ateles geoffroyi
Esta especie diurna y frugívora, en peligro de extinción, vive en grupos relativamente grandes, de hasta 35 individuos, en las selvas de América Central y de Colombia.

MURIQUÍ MERIDIONAL
Brachyteles arachnoides
Esta especie se halla en peligro de extinción a causa de la destrucción de su hábitat, la selva atlántica de Brasil. Su congénere el muriquí norteño está incluso en peligro crítico.

MONO LANUDO GRIS
Lagothrix cana
Esta especie en peligro de extinción que forma grandes grupos vive en las selvas primarias de Brasil, Bolivia y Perú.

MONO LANUDO COMÚN
Lagothrix lagotricha
Esta especie vulnerable, uno de los mayores monos del Nuevo Mundo, vive en las selvas primarias de tierras bajas de la alta Amazonia.

MICOS NOCTURNOS O MARIKIÑÁS

Los miembros de la familia aótidos son los únicos primates nocturnos de América. Son pequeños, con ojos grandes, cara plana y redondeada, y pelaje lanoso y denso. Tienen el sentido del olfato muy desarrollado.

35–42 cm

MICO NOCTURNO O MARIKIÑÁ DE CABEZA NEGRA
Aotus nigriceps
Esta especie monógama habita en la Amazonia alta y central, en selvas primarias y secundarias de Brasil, Bolivia y Perú.

30–38 cm

MICO NOCTURNO O MARIKIÑÁ NORTEÑO
Aotus trivirgatus
Este mico nocturno es especialmente activo en noches de luna claras. Vive en bosques de Venezuela y del norte de Brasil.

SAHUÍES, SAKÍES Y UACARÍES

La familia pitécidos comprende varios monos de talla pequeña o mediana. Los pitécidos son diurnos, arborícolas y sociales. Todos tienen la misma dentición, incluidos unos caninos grandes y desalineados que les permiten comer semillas y frutos duros.

34–42 cm

SAKÍ BARBUDO NEGRO
Chiropotes satanas
Esta especie en peligro crítico vive en el este de la Amazonia. Los machos tienen barba y unos grandes bultos en la frente.

32–42 cm

SAKÍ CARIBLANCO
Pithecia pithecia
Los machos son negros con un pelaje pálido en torno a la cara, mientras que las hembras son pardogrisáceas.

36–53 cm

SAKÍ GRIS
Pithecia irrorata
Esta especie vive en el oeste de Brasil, norte de Bolivia y este de Perú, y se alimenta principalmente de semillas.

37–48 cm

SAKÍ CABELLUDO O MONJE
Pithecia monachus
Tímido primate de lo más alto del dosel de la selva del noroeste de Brasil y de Perú, Colombia y Ecuador.

31–42 cm

SAHUÍ DE FRENTE NEGRA
Callicebus nigrifrons
Este mono frugívoro vive en la selva atlántica del estado de São Paulo y zonas contiguas, en el sureste de Brasil.

28–36 cm

SAHUÍ DE COLLAR
Callicebus torquatus
Vive entre los ríos Amazonas-Solimoes y Negro, en el noreste de Brasil, donde prefiere las selvas no inundables con el suelo arenoso.

27–34 cm

SOCAYO ROJO
Plecturocebus cupreus
Esta especie, que se halla en las selvas del suroeste de la Amazonia, es monógama y territorial, y se alimenta sobre todo de fruta.

35–56 cm

UACARÍ DE CABEZA NEGRA
Cacajao ouakary
Esta especie, muy social, vive en grupos de 30 o más individuos en el noroeste de la Amazonia.

36–57 cm

UACARÍ CALVO O DE CABEZA ROJA
Cacajao calvus rubicundus
Varias subespecies de esta especie vulnerable habitan en las selvas que se inundan estacionalmente del oeste de la Amazonia. Se cree que la rojez de su cara indica su salud.

TITÍES Y TAMARINOS

Los calitrícidos son monos sociales y relativamente pequeños que ocupan una gran variedad de bosques y selvas en América Central y del Sur tropical y subtropical. Son diurnos y arborícolas, y tienen los ojos hacia delante y el hocico corto. Los tities y tamarinos tienen una larga cola no prensil, garras con largas uñas corvas y carecen del tercer molar.

TITÍ O TAMARINO DE GOELDI
Callimico goeldii
Especie vulnerable que vive en densos sotobosques y espesuras de bambú de la alta Amazonia y hace incursiones en el dosel para buscar frutos.

TITÍ PLATEADO
Mico argentatus
Este tití que se alimenta sobre todo de savia y goma tiene grandes orejas, mandíbulas estrechas y caninos cortos para cortar la corteza.

TITÍ COMÚN
Callithrix jacchus
La hembra de esta especie se aparea a menudo con dos machos, y ambos se ocupan de las crías, que suelen ser dos.

TITÍ DE CABEZA BLANCA O DE OREJAS PELUDAS
Callithrix geoffroyi
Esta especie del este de Brasil utiliza marcas olorosas para disuadir a otros individuos de usar las incisiones que hace en la corteza de los árboles para extraer la goma.

TITÍ DE PINCELES NEGROS
Callithrix penicillata
Esta especie monógama es diurna y vive en lo alto del dosel selvático, donde se alimenta sobre todo de savia.

TITÍ PIGMEO
Cebuella pygmaea
Es el mono más pequeño del mundo y come savia y goma de árboles en las selvas de inundación estacional de la alta Amazonia.

TITÍ O TAMARINO EMPERADOR
Saguinus imperator
Este tití que se distingue por sus largos mostachos blancos vive en las selvas tropicales de Perú, oeste de Brasil y Bolivia.

TAMARINO LABIADO
Saguinus labiatus
La hembra dominante de esta especie libera feromonas (señales químicas) que inhiben la reproducción en las otras hembras del grupo.

TAMARINO BICOLOR O CALVO
Saguinus bicolor
Este primate arborícola en peligro de extinción vive en selvas de llanura, en una pequeña área de la Amazonia central, cerca de Manaos (Brasil).

TITÍ DE PENACHOS BLANCOS, TAMARINO ALGODONOSO
Saguinus oedipus
Esta especie en peligro crítico vive en una pequeña área del noroeste de Colombia. Se alimenta sobre todo de insectos y frutos.

TITÍ DE MANOS DORADAS, TAMARINO MIDAS
Saguinus midas
Este tití del noreste de América de Sur tiene los pies y las manos amarillos y uñas corvas en todos los dedos, excepto el pulgar.

TAMARINO BOQUIBLANCO
Saguinus fuscicollis
También llamado tamarino de manto rojo y tití bebeleche, vive en linderos selváticos y bosques secundarios de la alta Amazonia, donde come insectos, frutos, néctar y savia y goma de árboles.

TAMARINO O TITÍ LEÓN DORADO
Leontopithecus rosalia
Esta especie en peligro que ha sido objeto de un exitoso programa de conservación solo se encuentra en una pequeña área de selva atlántica del sureste de Brasil.

TAMARINO LEÓN DE CABEZA DORADA
Leontopithecus chrysomelas
Este primate en peligro de extinción, confinado a la selva atlántica del sur de Bahía (Brasil), eriza su crin para parecer más grande cuando se siente amenazado.

MONOS ARDILLA Y CAPUCHINOS

La familia cébidos, que antes contenía varios grupos de monos, hoy solo cuenta con los monos araña y los capuchinos, de orejas grandes, cola larga y extremidades anteriores más cortas que las posteriores. Los monos ardilla, de los que existen ocho especies en América Central y del Sur, pertenecen al género *Saimiri*. Los capuchinos comprenden dos géneros: *Sapajus*, con mechones, y *Cebus*, sin ellos.

CAPUCHINO LLORÓN
Cebus olivaceus
Este capuchino del norte de América del Sur utiliza a menudo su cola prensil para sostener su cuerpo mientras come con las manos.

CAPUCHINO CARIBLANCO
Cebus capucinus
Es el único capuchino que vive en América Central, y su área se extiende desde Honduras hasta las costas de Colombia y Ecuador.

MONO ARDILLA BOLIVIANO
Saimiri boliviensis
A los machos de esta especie se les engrosan el cuello y los hombros durante la estación de cría, cuando compiten por las hembras.

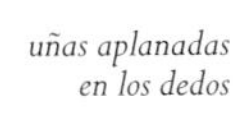

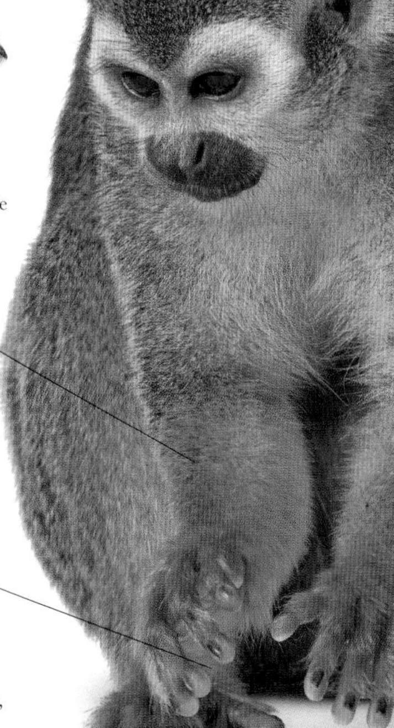

MONO ARDILLA COMÚN
Saimiri sciureus
Esta especie gregaria vive en grupos grandes, en una amplia gama de bosques y selvas del norte y el centro-norte de América del Sur.

MONO ARDILLA COMÚN
Saimiri sciureus

Inquisitivo e inteligente, el mono ardilla común posee la mayor masa cerebral en proporción con la corporal de todos los primates. Es muy sociable y vive en grandes grupos mixtos de 15 a 50 individuos entre machos y hembras. Se reproduce de forma sincronizada, de modo que todas las crías nacen en una sola semana durante la estación húmeda (enero-febrero), tras unos seis meses de gestación. Al principio, las crías se aferran al abdomen de su madre, pero a las dos semanas empiezan a subirse a su espalda. Su desarrollo es rápido: se destetan a los seis meses y cuatro meses después son independientes. Pueden llegar a vivir 20 años.

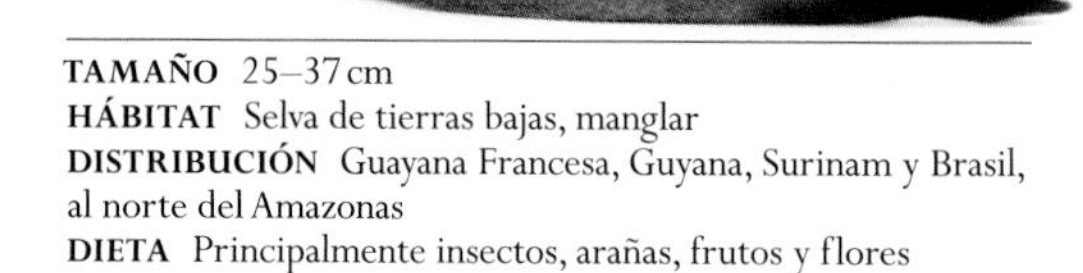

TAMAÑO 25–37 cm
HÁBITAT Selva de tierras bajas, manglar
DISTRIBUCIÓN Guayana Francesa, Guyana, Surinam y Brasil, al norte del Amazonas
DIETA Principalmente insectos, arañas, frutos y flores

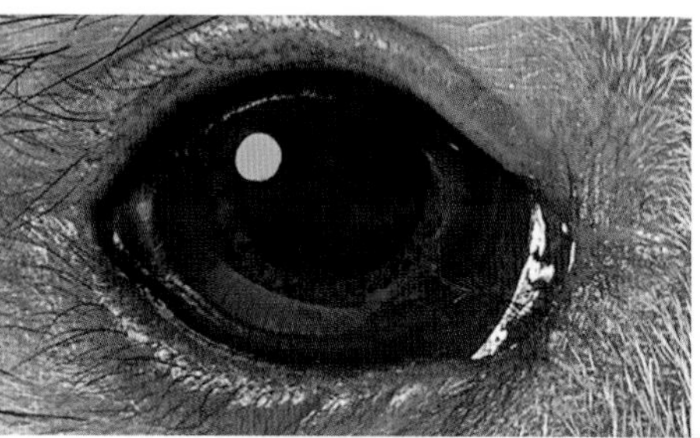

OJO >
La visión nítida y la percepción de la profundidad son el resultado de tener los ojos grandes, juntos y frontales. Estas características son vitales para un mono que pasa casi todo el tiempo en los árboles.

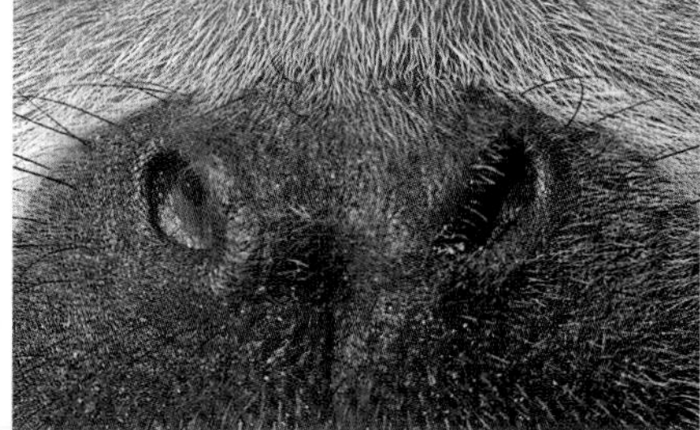

< NARIZ
Los orificios nasales anchos y laterales, y una región nasal corta reflejan un excelente olfato. Este sentido es importante para la comunicación entre los miembros del grupo y para encontrar a la pareja y las crías perdidas.

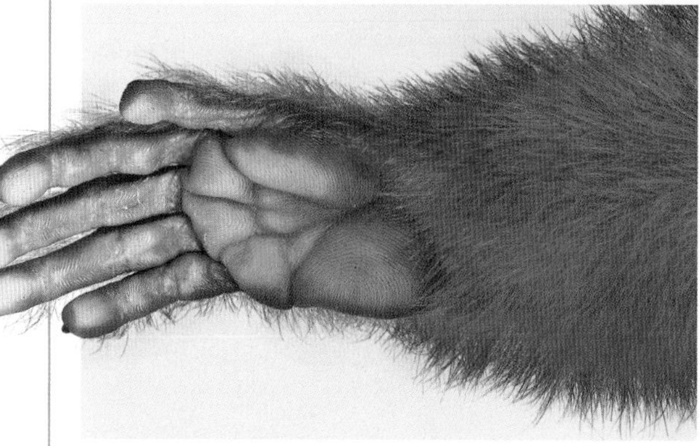

∧ MANO
Aunque utiliza las manos para asirse a ramas, sujetar alimentos, asearse y otras tareas, no mueve los dedos uno a uno, por lo que no puede oponer el pulgar y el índice para coger cosas.

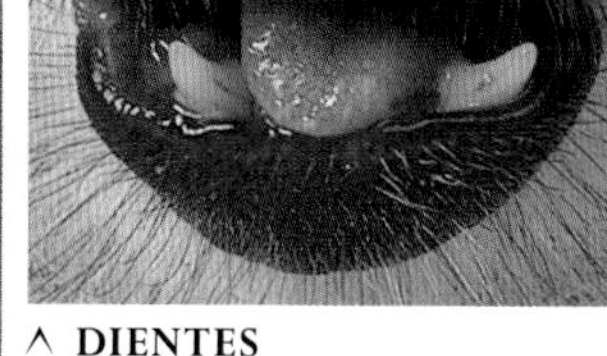

∧ DIENTES
El mono ardilla común tiene 36 dientes pequeños y afilados. Los caninos son más largos y prominentes que los otros, y en los machos, los superiores más grandes que en las hembras.

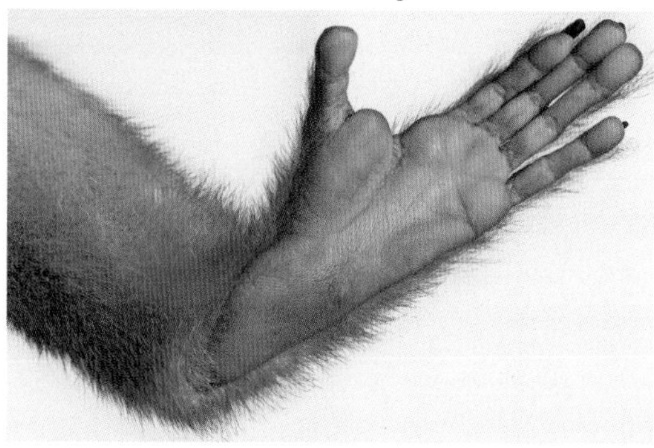

∧ PIE
A diferencia de la mano, el pie tiene un gran dedo oponible: el dedo gordo. Cuando lo usa con los otros cuatro dedos, le permite agarrarse a las ramas.

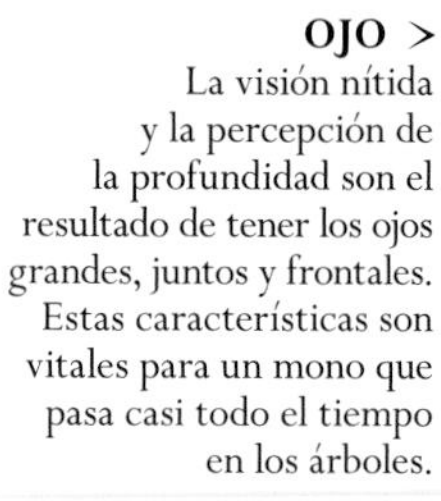

EJERCICIO DE EQUILIBRIO >
La cola es al menos tan larga como la cabeza y el cuerpo juntos y ayuda al mono a mantener el equilibrio sobre las ramas cuando se desplaza a cuatro patas.

cuerpo cubierto por un pelaje corto y espeso

entre los ojos se juntan unos arcos «góticos» de pelo blanco formando una profunda V

∨ RASGOS FACIALES
Los rasgos distintivos de la cara del mono ardilla común son un arco ligeramente apuntado de pelo blanco sobre cada ojo, las orejas peludas con mechones y los pelos (vibrisas) oscuros justo encima de los ojos.

MONOS DEL VIEJO MUNDO

Los cercopitécidos, ampliamente distribuidos por África y Asia, tienen las narinas juntas y dirigidas hacia delante (catarrinos), y las uñas aplanadas. Casi todos son diurnos y arborícolas, aunque los babuinos son sobre todo terrestres. Los cercopitecos, babuinos y macacos son omnívoros, con mandíbulas fuertes, abazones y un estómago simple. Los colobos y langures son folívoros (comen hojas), con un estómago complejo y sin abazones.

MACACO DE COFIA
Macaca sinica
Esta especie en peligro, el más pequeño de los macacos, es endémica de las selvas húmedas de Sri Lanka.

MACACO DE CÉLEBES
Macaca nigra
También llamado macaco negro crestado, es endémico de la isla indonesia de Célebes, o Sulawesi. Posee unas protuberancias lampiñas que se hinchan, especialmente en las hembras listas para aparearse.

MACACO O MONA DE BERBERÍA
Macaca sylvanus
El único macaco no asiático, vive en bosques de cedros, robles y pinos de Argelia y Marruecos (e introducido en Gibraltar).

MACACO CANGREJERO
Macaca fascicularis
Además de cangrejos, esta especie omnívora del sureste de Asia (e invasora en varias islas) come insectos, ranas, frutos y semillas.

MACACO DE COLA DE LEÓN
Macaca silenus
También llamado mono león y sileno, este macaco arborícola, en peligro de extinción y endémico de los Ghates Occidentales, en el suroeste de India, vive en pluvisilvas y bosques monzónicos húmedos.

MACACO RHESUS
Macaca mulatta
Vive en zonas abiertas y secas, desde el oeste de Afganistán, pasando por India hasta el norte de Tailandia y China. Los adultos pueden recorrer hasta 800 m nadando entre islas.

MACACO RABÓN
Macaca arctoides
Esta especie vulnerable, a la vez arborícola y terrestre, habita en bosques húmedos tropicales y subtropicales del sureste de Asia.

MACACO COLA DE CERDO
Macaca nemestrina
Habita en zonas húmedas, incluidos pluvisilvas y marjales, del sureste de Asia. Se alimenta sobre todo de frutos.

MACACO CORONADO
Macaca radiata
Este macaco omnívoro del centro y el sur de India se encuentra a menudo cerca de viviendas y a veces depende de los humanos para alimentarse.

MACACO JAPONÉS
Macaca fuscata
Este macaco con una distribución más septentrional que cualquier primate no humano se baña en aguas termales para mantener el calor en invierno.

CERCOPITECO DE SYKES O DE GARGANTA BLANCA
Cercopithecus albogularis
Este mono omnívoro y arborícola se distribuye por el este y el sureste de África, incluidas las islas Zanzíbar y Mafia.

CERCOPITECO DE COLA ROJA
Cercopithecus ascanius
Esta especie arborícola de los hábitats forestales húmedos del África central tiene grandes abazones en los que almacena frutos.

CERCOPITECO DE L'HOEST
Allochrocebus lhoesti
Esta especie vulnerable vive en bosques primarios húmedos de montaña, e incluso de tierras bajas, de África central.

CERCOPITECO DIANA
Cercopithecus diana
Esta especie vulnerable vive en lo alto del dosel de las selvas primarias del oeste de África y rara vez desciende al suelo.

CERCOPITECO DE BRAZZA
Cercopithecus neglectus
Más bien arborícola, vive en bosques de ribera y pantanosos del centro de África. Los machos son más grandes que las hembras y tienen un característico escroto azul.

CERCOPITECO AZUL
Cercopithecus mitis
Este mono del centro y el sur de África forma grupos de hasta 40 individuos, con un macho alfa dominante, varias hembras y su progenie.

CERCOPITECO MONA
Cercopithecus mona
Esta especie arborícola habita en pluvisilvas y manglares del oeste de África, desde Ghana hasta Camerún.

MANGABEY DE VIENTRE DORADO
Cercocebus chrysogaster
Principalmente terrestre, vive en selvas y bosques húmedos de la cuenca del Congo y busca comida de día en grupos de al menos 35 individuos.

MANGABEY DE CRESTA NEGRA
Lophocebus aterrimus
Esta especie casi amenazada de Angola y la República Democrática del Congo es arborícola y prefiere las pluvisilvas húmedas y pantanosas del centro y el oeste de África.

»

» MONOS DEL VIEJO MUNDO

MONO VERVET
Chlorocebus pygerythrus
Este adaptable habitante de la sabana y los bosques abiertos se distribuye desde Etiopía y el este de África hasta Sudáfrica.

CERCOPITECO VERDE
Chlorocebus aethiops
Esta especie semiterrestre de África oriental (de Sudán a Etiopía) se caracteriza por el matiz verde de la parte superior de la cabeza.

MONO PATAS, MONO HÚSAR
Erythrocebus patas
Con sus largas patas y cortos dedos, este primate de África tropical –de Benín a Uganda– está bien adaptado para la carrera.

TALAPOIN SUREÑO
Miopithecus talapoin
Este talapoin arborícola, el más pequeño de los monos del Viejo Mundo, vive en selvas húmedas y pantanosas del centro y el oeste de África.

MANDRIL
Mandrillus sphinx
Las distintivas marcas faciales de esta especie vulnerable de la pluvisilva del centro-oeste de África son más vivas en los machos que en las hembras y los jóvenes.

DRIL
Mandrillus leucophaeus
Esta especie semiterrestre y en peligro de extinción de las pluvisilvas maduras de tierras bajas solo se encuentra en Camerún, Nigeria y Guinea Ecuatorial.

PAPIÓN CHACMA O NEGRO
Papio ursinus
Es uno de los mayores papiones y habita en bosques, sabanas, estepas, semidesiertos y hábitats de montaña de casi todo el sur de África.

PAPIÓN CINOCÉFALO O BABUINO AMARILLO
Papio cynocephalus
Omnívoro y oportunista, vive en el este y el centro-sur de África. Su dieta incluye vainas con semillas, raíces, insectos y otros monos.

HAMADRÍADE
Papio hamadryas
Esta especie vive en el noreste de África -de Sudán a Etiopía y Somalia- y el suroeste de la península Arábiga. El macho tiene una larga capa gris plateada en los hombros.

PAPIÓN DE GUINEA
Papio papio
Es uno de los papiones más pequeños y con un área menos extensa. Esta abarca desde el sur de Mauritania hasta Sierra Leona, en África occidental.

PAPIÓN OLIVA O PERRUNO
Papio anubis
Esta especie forma grupos de hasta cien individuos en bosques, sabanas y estepas herbáceas del centro del África subsahariana.

GELADA
Theropithecus gelada
Este primate que pace hierba en las tierras altas de Etiopía tiene una distintiva mancha pectoral de piel lampiña y roja.

LANGUR ÑATO DORADO
Rhinopithecus roxellana
Esta especie en peligro tiene un pelaje tupido para poder sobrevivir en los bosques de montaña del centro-oeste de China.

MONO NARIGUDO, NÁSICO
Nasalis larvatus
Esta especie en peligro, cuyos machos presentan una gran nariz, nada con destreza y vive en manglares y selvas de ribera de las tierras bajas de Borneo.

COLOBO DE ANGOLA
Colobus angolensis
Este mono en gran parte arborícola vive en diversos hábitats forestales de Angola, Congo y otros países vecinos.

GUEREZA
Colobus guereza
También llamado colobo blanco y negro oriental, está ampliamente extendido por las selvas húmedas y los bosques galería del centro y el este de África.

LANGUR O LANGUR HANUMÁN DE BENGALA
Semnopithecus entellus
Esta especie del oeste de India es muy próxima a varias otras distribuidas por el resto del subcontinente indio.

LANGUR GRIS
Semnopithecus priam
Este langur del sureste y el sur de India y de Sri Lanka vive en muchos hábitats diferentes, donde come principalmente hojas de árboles.

LANGUR JAVANÉS
Trachypithecus auratus
La mayoría de los individuos de esta especie vulnerable son negros. Sin embargo, algunos adultos conservan el color juvenil anaranjado.

»

MANDRIL
Mandrillus sphinx

El mandril es el mayor de los monos no hominoideos, y el macho es particularmente espectacular. Los mandriles viven en grupos que suelen comprender un macho dominante, varias hembras, una serie de jóvenes y varios machos no reproductores de menor rango. A veces se juntan varios grupos y forman agrupaciones de 200 o más. Los grupos se rigen por una estricta jerarquía. Los individuos indican su rango con las coloridas manchas de la cara y la grupa. El macho dominante tiene un aspecto y un temperamento temibles. La intensidad de los pigmentos de la piel, controlada por hormonas, es un buen indicador de su fuerza y ferocidad. Un rival ha de estar muy seguro de sí mismo para retar a un animal tan imponente, y las luchas importantes solo se entablan entre individuos de fuerza similar.

TAMAÑO 55–110 cm
HÁBITAT Pluvisilva densa
DISTRIBUCIÓN Oeste de África central, desde el sur de Camerún hasta el suroeste de la República del Congo
DIETA Principalmente frutos

∨ MIRADA FEROZ
Los ojos dirigidos hacia delante dotan a los mandriles de visión estereoscópica. Ven a todo color, lo que les permite localizar los frutos maduros y distinguir las señales visuales de otros mandriles.

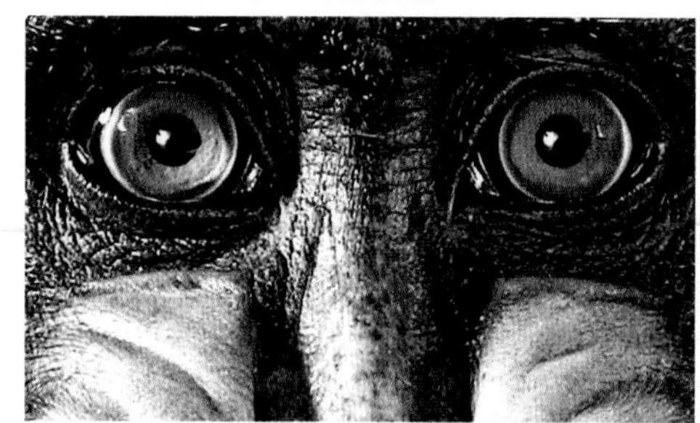

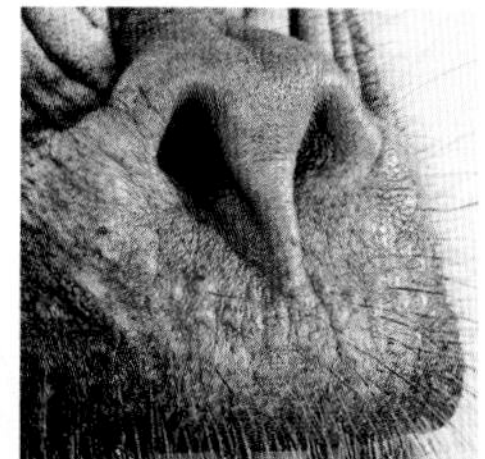

< NARINAS
En un macho maduro, la piel en torno a las narinas y del centro del hocico es escarlata. Las hembras y los jóvenes tienen la nariz negra.

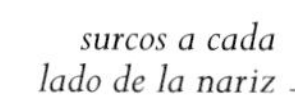

surcos a cada lado de la nariz

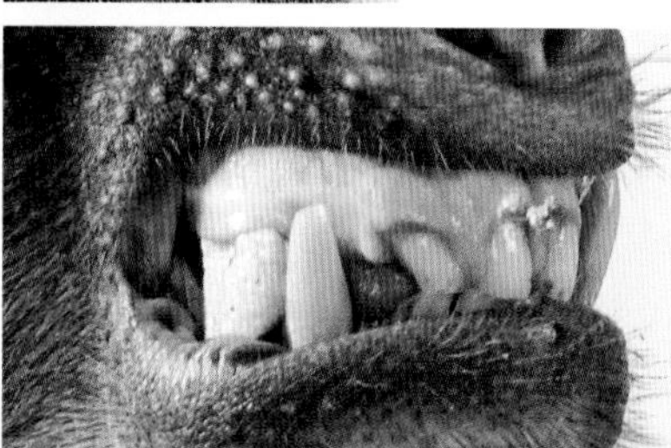

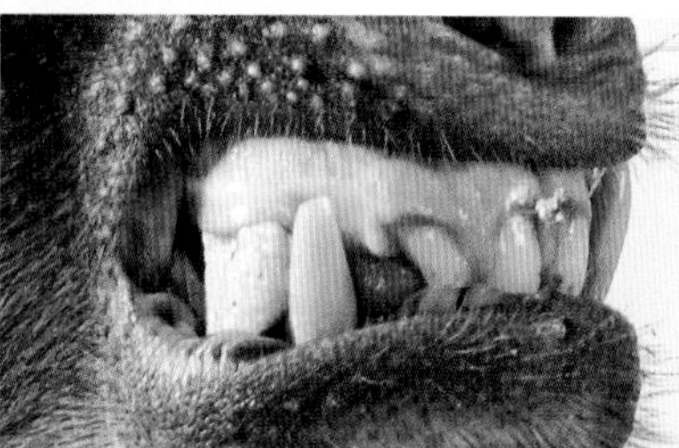

< DIENTES
Los largos caninos sirven sobre todo para la lucha y la exhibición. Las muelas son más pequeñas, con superficies irregulares, aptas para triturar materiales vegetales.

∧ MANO PRENSIL
Los pulgares son cortos, pero totalmente oponibles –como en los homínidos–, aptos para asir y manipular objetos. Los dedos son largos y muy fuertes, con uñas robustas.

∧ PIE
El pie se parece a la mano, ya que sus dedos son largos y prensiles. Los mandriles son buenos trepadores y a menudo duermen en las ramas de los árboles.

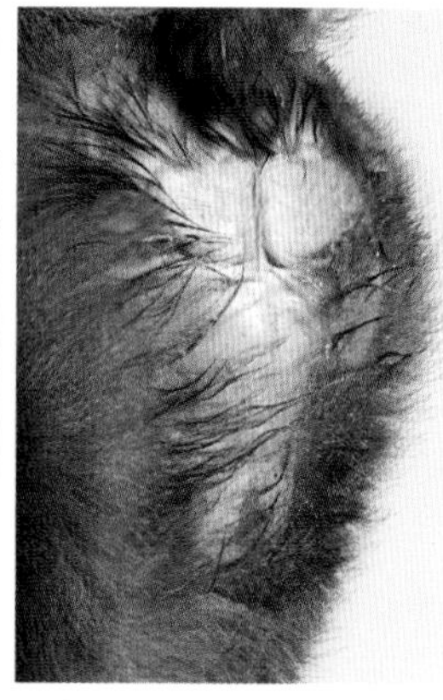

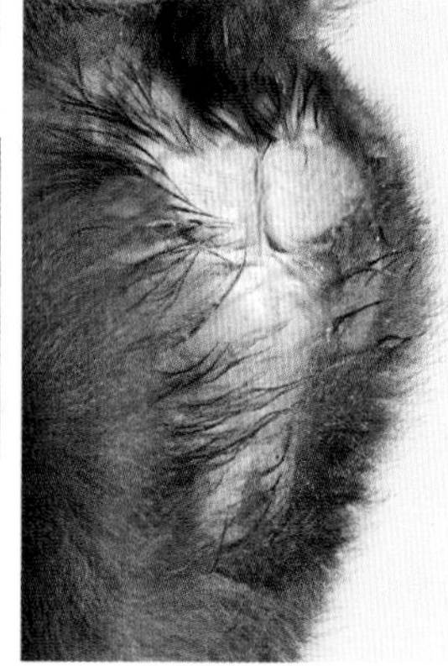

∧ GRUPA LISA
Todos los mandriles tienen la grupa lampiña y la cola corta. La del macho subordinado tiene menos color que la del macho alfa.

cola corta y empenachada

patas traseras relativamente cortas

brazos largos y fuertes

A CUATRO PATAS >
Los mandriles pasan la mayor parte del tiempo en el suelo, por donde se desplazan a cuatro patas, y suelen recorrer entre 5 y 10 km al día.

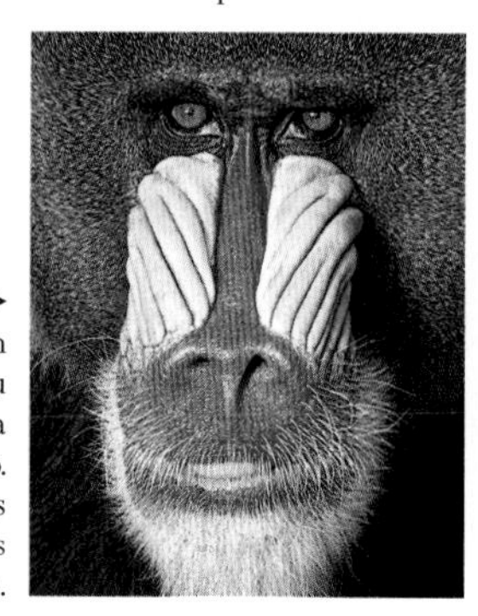

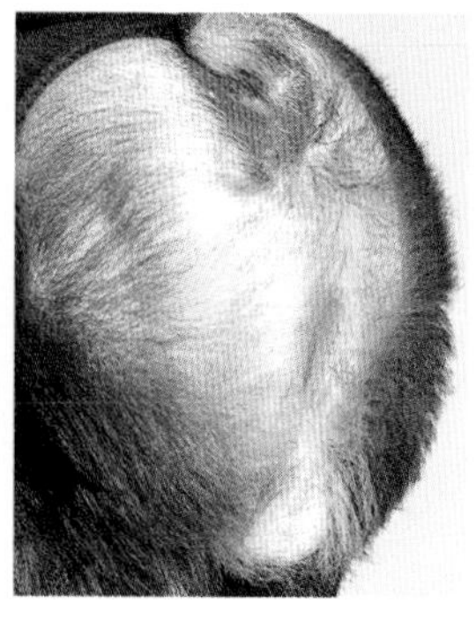

MACHO ALFA >
El color de la piel de un individuo depende de su condición reproductora y de su estado de ánimo. El macho alfa exhibe los rojos y azules más vivos en su cara y su grupa.

> PERFIL IMPONENTE
La voluminosa cabeza contiene los potentes músculos necesarios para triturar los alimentos vegetales. Las orejas son bastante pequeñas, pero el oído es excelente. Solo los machos de alto rango tienen una barba anaranjada.

GIBONES

Los gibones (familia hilobátidos) son primates hominoideos de talla mediana. Carecen de cola, comen frutos y se desplazan mediante braquiación: balanceándose entre los árboles gracias a sus largos antebrazos. Las familias de gibones cantan a diario para reforzar los lazos familiares y para afirmar la posesión territorial. Algunas especies tienen un saco gular que amplifica el sonido.

45–64 cm

GIBÓN DE MANOS NEGRAS O ÁGIL
Hylobates agilis
Esta especie vive en el sur de Tailandia, Malasia continental y Sumatra. Aunque su color varía, todos los individuos tienen las cejas blancas, y los machos también las mejillas blancas.

GIBÓN PLATEADO DE JAVA
Hylobates moloch
Los machos y hembras de esta especie endémica del oeste de Java (Indonesia) son grises plateados con un píleo oscuro.

45–64 cm

44–64 cm

GIBÓN DE MÜLLER
Hylobates muelleri
Las parejas de esta especie monógama de Borneo pasan 15 minutos al día como media cantando a dúo.

píleo de la hembra negro

GIBÓN DE CRESTA NEGRA
Hylobates pileatus
Vive en Tailandia, el suroeste de Laos y Camboya. Las hembras son de color gris plateado, con la cara, el pecho y el píleo negros; los machos son totalmente negros.

44–64 cm

pies y manos blancos

81 cm

GIBÓN HULOCK OCCIDENTAL
Hoolock hoolock
Esta especie vive en el sur de China, el noreste de India, Bangladesh y el noroeste de Myanmar. Los machos son negros, y las hembras, leonadas con las mejillas marrón oscuro.

42–59 cm

píleo pronunciado en el macho

45–64 cm

♂

♀

GIBÓN DE MANOS BLANCAS
Nomascus leucogenys
Los individuos de esta especie en peligro crítico nacen de color crema y cambian de color hacia los dos años de edad.

45–64 cm

palmas lampiñas

GIBÓN (O GIBÓN CRESTADO) DE MEJILLAS BLANCAS
Hylobates lar
De color variable, vive en los bosques de Myanmar, Laos, Tailandia, Malasia peninsular y Sumatra.

el pelaje dorsal blanco plateado se extiende al trasero y los muslos

71–90 cm

GIBÓN DE MEJILLAS BEIGE
Nomascus gabriellae
Los machos de esta especie que vive en Camboya, Laos y Vietnam son negros, con las mejillas claras. Las hembras son de color beige, con el píleo negro.

SIAMANG
Symphalangus syndactylus
El mayor de los gibones, vive en Malasia peninsular y en la isla indonesia de Sumatra.

HOMÍNIDOS

Los hominoideos de la familia homínidos son los primates de mayor tamaño. Los orangutanes son arborícolas, mientras que chimpancés, bonobos, gorilas y humanos pasan la mayor parte del tiempo en el suelo. El chimpancé, el bonobo y los gorilas andan a cuatro patas apoyando el dorso de los dedos doblados de las manos. Los machos suelen ser mayores que las hembras, y la caja craneal es grande en todas las especies. Todos los grandes simios están en peligro de extinción.

GORILA ORIENTAL
Gorilla beringei
Las dos subespecies del mayor de los primates viven en el bosque nublado de montaña y en selvas de llanura del este de la República Democrática del Congo, Ruanda y Uganda.

ORANGUTÁN DE BORNEO
Pongo pygmaeus
Este simio grande, arborícola y frugívoro vive en el dosel de la pluvisilva primaria de la isla de Borneo.

ORANGUTÁN DE SUMATRA
Pongo abelii
El mayor primate arborícola solo se encuentra en fragmentos de pluvisilva primaria del norte de Sumatra y está en peligro crítico debido a la deforestación por las plantaciones de palma de aceite.

BONOBO
Pan paniscus
Más esbelto que el chimpancé, solo se encuentra en las selvas tropicales húmedas de la República Democrática del Congo.

GORILA OCCIDENTAL
Gorilla gorilla
Las dos subespecies de esta especie en peligro crítico viven en pluvisilvas de llanura y selvas pantanosas del oeste de África central. Los machos adultos tienen la espalda gris.

CHIMPANCÉ
Pan troglodytes
Las cuatro subespecies de chimpancé se distribuyen por los bosques secos y húmedos y las sabanas de África ecuatorial.

ESPECIE HUMANA
Homo sapiens
Caracterizada por su postura bípeda y su escaso pelo corporal, ocupa permanentemente todos los hábitats terrestres excepto la Antártida.

MURCIÉLAGOS

Únicos mamíferos capaces de volar activamente, son sobre todo nocturnos. Muchas especies navegan y encuentran comida mediante la ecolocalización.

Se distribuyen por todo el mundo en muy diversos hábitats, como bosques tropicales, subtropicales y templados, sabanas, desiertos y zonas húmedas. La mayoría de los llamados frugívoros, como su nombre indica, come frutos. Los demás comen principalmente insectos. No obstante, algunas especies beben néctar y comen polen; unas pocas chupan sangre y otras comen vertebrados (peces, ranas, murciélagos, etc.).

Sus alargados huesos de brazos, manos y dedos sostienen una membrana elástica para volar. Muchas especies también tienen una membrana caudal entre las patas. Suelen descansar boca abajo, colgados por sus fuertes pies en forma de garra.

LA ECOLOCALIZACIÓN

Los frugívoros utilizan sobre todo la vista y el olfato, mientras que el resto usa un sentido especial llamado ecolocalización para no chocar con los objetos y detectar presas en la oscuridad, consistente en emitir señales sonoras por la boca o la nariz para formar una «imagen sónica» del entorno a partir de los ecos. Las especies que emiten llamadas de ecolocalización por la nariz suelen tener una ornamentación facial compleja (nariz foliácea) para concentrar el sonido. Tienen un oído muy sensible, a menudo muy bien sintonizado con la frecuencia de sus ecos. Algunas especies perciben los sonidos producidos por las presas, como el crujido de un insecto al andar sobre una hoja.

COSTUMBRES Y ADAPTACIONES

Son animales sociales y viven en colonias de cientos, miles y, excepcionalmente, millones de individuos. Duermen en árboles y cuevas o en edificios, puentes y minas. En invierno, las especies de zonas templadas migran a climas más cálidos o hibernan. También pueden entrar en letargo en otras épocas si escasea la comida. Los murciélagos han desarrollado muchas adaptaciones reproductivas como almacenamiento de esperma y fecundación o implantación diferidas para asegurar que las crías nazcan en el momento óptimo del año.

FILO	CORDADOS
CLASE	MAMÍFEROS
ORDEN	QUIRÓPTEROS
FAMILIAS	21
ESPECIES	Unas 1400

DEBATE

DEBATE EVOLUTIVO

Los análisis morfológicos y genéticos del parentesco entre familias de murciélagos no siempre concuerdan. Según la genética, todos los murciélagos proceden de un antepasado común y la capacidad de volar solo apareció una vez. Según los estudios moleculares, ciertos murciélagos ecolocalizadores, como los de herradura, están más emparentados con frugívoros no ecolocalizadores (yinpteroquirópteros) que con otros microquirópteros ecolocalizadores (yangoquirópteros): esto se explicaría si la ecolocalización hubiera aparecido dos veces o se hubiera perdido después en los frugívoros.

PANIQUES Y ZORROS VOLADORES

Los pteropódidos (única familia de megaquirópteros) se distribuyen por las regiones tropicales y subtropicales del Viejo Mundo. De cara perruna, con orejas simples y ojos grandes, utilizan la vista y el olfato para localizar su comida, excepto los del género *Rousettus* que emiten chasquidos de ecolocalización con la lengua. Todos tienen uñas corvas en el pulgar y en el segundo dedo.

5–7,5 cm

SICONÍCTERO AUSTRAL
Syconycteris australis
Nectarívoro, distribuido de Papúa Nueva Guinea a la costa este de Australia, tiene el hocico puntiagudo y la punta de la lengua a modo de pincel.

membrana de piel elástica

11–18 cm

MURCIÉLAGO CANTOR DE FRANQUET
Epomops franqueti
El nombre de este murciélago que vive en el oeste y el centro de África alude a las llamadas de tono alto de los machos.

4–8 cm

PANIQUE DE LENGUA LARGA, MURCIÉLAGO MÍNIMO
Macroglossus minimus
Este murciélago del sureste de Asia y el norte de Australia liba néctar y polen con su larga lengua.

8–11 cm

PANIQUE DE NARIZ CORTA
Cynopterus sphinx
Este murciélago del sureste de Asia y del subcontinente indio es el único pteropódido que construye tiendas con hojas de palmera.

patas traseras con garras como garfios para sujetarse

PANIQUE EGIPCIO, ZORRA VOLADORA EGIPCIA
Rousettus aegyptiacus
Emite chasquidos de ecolocalización con la lengua. Tiene un área muy discontinua por África, excepto el Sáhara, y en el suroeste de Asia.

13–20 cm

12–16 cm

18–21 cm

10–19 cm

MURCIÉLAGO CABEZA DE MARTILLO
Hypsignathus monstrosus
Los machos de esta especie del oeste y el centro de África son mucho mayores que las hembras y tienen el hocico muy grande.

PANIQUE DE GEOFFROY
Rousettus amplexicaudatus
Como otros *Rousettus*, este murciélago del sureste de Asia come frutos y néctar. Duerme en cuevas, en grupos de miles de individuos.

PANIQUE (O DOBSONIA) DE LAS MOLUCAS
Dobsonia moluccensis
Extendido por las Molucas y Nueva Guinea, es raro en el extremo norte de Australia.

MURCIÉLAGO DE HOMBRERAS DE WAHLBERG
Epomophorus wahlbergi
Esta especie de los bosques y sabanas del África subsahariana tiene manchas amarillas en los hombros y las cejas.

16–30 cm

13–20 cm

15–20 cm

16–24 cm

14–22 cm

los grandes ojos le ayudan a navegar

ZORRO VOLADOR PEQUEÑO ROJO
Pteropus scapulatus
Esta especie nómada de Australia, y ocasionalmente de Papúa Nueva Guinea, se alimenta sobre todo de flores de eucalipto.

PANIQUE DE LAS PALMERAS
Eidolon helvum
Las colonias de este panique migratorio y ampliamente extendido por el África subsahariana pueden constar de un millón de individuos.

pelaje espeso hasta el tobillo

dedos extendidos

ZORRO VOLADOR DE LA RODRÍGUEZ
Pteropus rodricensis
En peligro crítico, aunque su población va en aumento, solo se encuentra en zonas arboladas de la isla Rodríguez, en el océano Índico.

ZORRO VOLADOR DE LYLE
Pteropus lylei
Esta especie vulnerable de Camboya, Tailandia y Vietnam (y de un pequeño enclave en China) puede causar graves daños en los árboles al arrancar las hojas.

22–29 cm

22–25 cm

18–28 cm

23–30 cm

23–29 cm

ZORRO VOLADOR GRANDE
Pteropus vampyrus
Esta especie del sureste de Asia continental, Indonesia y Filipinas es el más grande de los murciélagos.

ZORRO VOLADOR INDIO
Pteropus medius
Distribuido por India y parte del sureste de Asia, duerme en colonias muy grandes, en zonas rurales e incluso urbanas.

ZORRO VOLADOR NEGRO
Pteropus alecto
Este zorro volador de más de un metro de envergadura vive en partes de Indonesia, Nueva Guinea y norte de Australia.

ZORRO VOLADOR DE ANTEOJOS
Pteropus conspicillatus
Vive en marjales, manglares y pluvisilvas primarias y secundarias de las Molucas, Nueva Guinea y el noreste de Queensland (Australia).

ZORRO VOLADOR CABECIGRÍS
Pteropus poliocephalus
Esta especie vulnerable que duerme en colonias, en pluvisilvas y zonas arboladas, es el mayor murciélago de Australia.

ZORRO VOLADOR DE LYLE
Pteropus lylei

Este murciélago es un representante de talla mediana de la familia pteropódidos. Los zorros voladores y paniques son animales sociales que pueden congregarse a centenares en sus dormideros arbóreos durante el día y dispersarse al anochecer en busca de frutos maduros. Muchas especies son importantes como polinizadoras y dispersoras de semillas de plantas tropicales, incluidas muchas cultivadas. Los pteropódidos se distribuyen por África, Asia y Australia tropicales y subtropicales, donde ocupan zonas forestales, incluidos manglares y plantaciones de frutales, pero esta especie solo vive en Camboya, Tailandia, Vietnam y un pequeño enclave de Yunnan (China).

TAMAÑO 16–24 cm
HÁBITAT Bosques
DISTRIBUCIÓN Sureste y este de Asia
DIETA Frutos y hojas

todos los murciélagos tienen una uña corva en el pulgar, pero solo los megaquirópteros también la tienen en el segundo dedo anterior

∨ ROSTRO PERRUNO
Los megaquirópteros tienen los ojos y la nariz grandes para navegar y detectar frutos, polen y néctar, de ahí su aspecto perruno. Los que usan la ecolocación tienen las orejas más grandes y los ojos más pequeños.

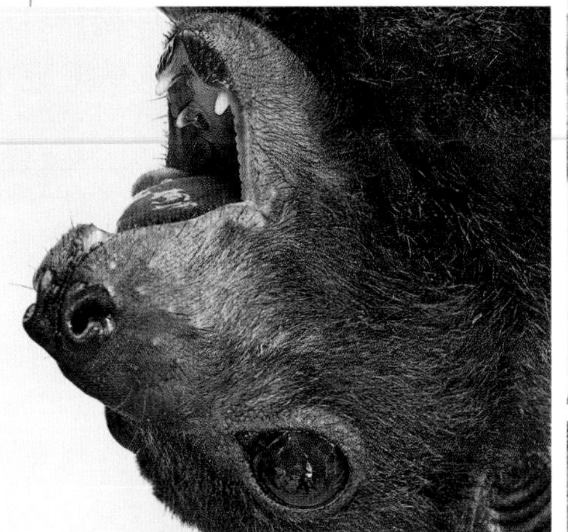

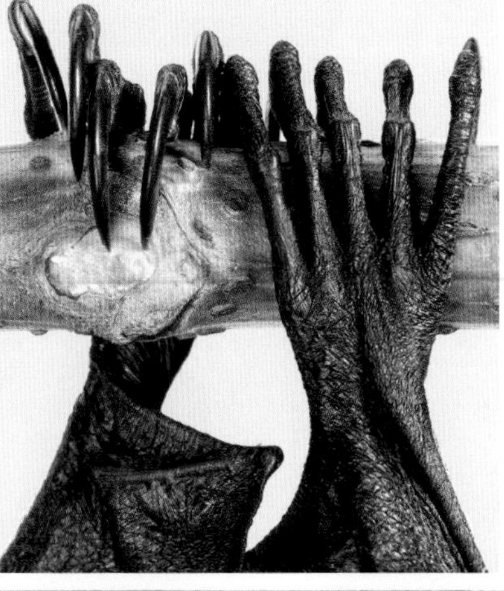

< GARRAS
Las afiladas uñas corvas son perfectas para aferrarse a las ramas de los árboles. Cuando el animal duerme, los tendones se quedan trabados para asegurar que las garras queden flexionadas sin que se contraigan los músculos.

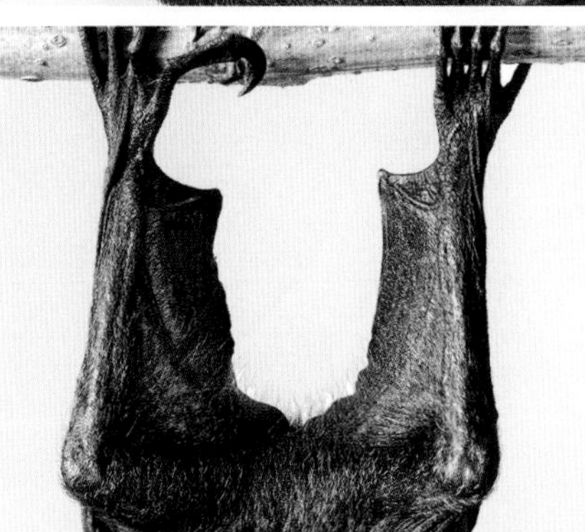

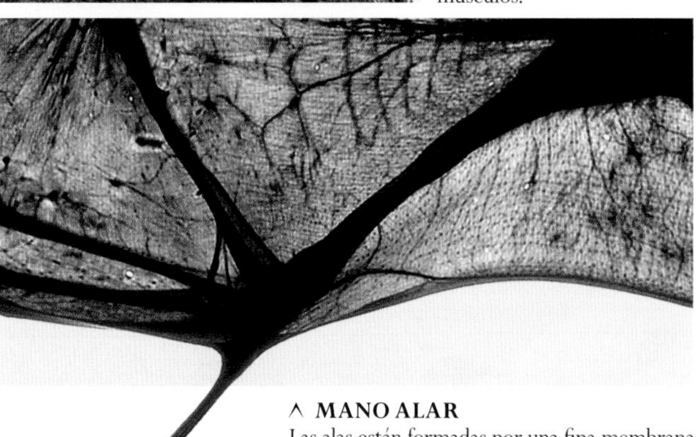

∧ MANO ALAR
Las alas están formadas por una fina membrana de piel elástica sostenida por los alargados huesos de los dedos y de los antebrazos, y cuya gran superficie permite la sustentación en vuelo.

∧ ¿CON O SIN COLA?
Los *Pteropus* carecen de cola, pero algunos tienen una membrana parcial sostenida por un espolón cartilaginoso (calcáneo) que sale del tobillo.

ANDAR CABEZA ABAJO >
Los megaquirópteros usan su gran pulgar con una corva para poder desplazarse por las ramas de su dormidero arbóreo y también para manipular frutos cuando comen.

∧ BIEN ARROPADO
Cuando descansan, la mayoría de los megaquirópteros cuelga boca abajo con las alas plegadas contra el cuerpo. Si duermen en lugares abiertos y hace mucho calor, baten las alas y se cubren de saliva para mantenerse frescos y no recalentarse en exceso.

< VIVIR COLGADO
Pocos murciélagos son capaces de andar bien por el suelo y menos aún de despegar desde una superficie plana. Al colgar boca abajo, pueden emprender el vuelo de inmediato. Durante el día duermen colgados boca abajo, apretados unos contra otros para estar calientes.

MURCIÉLAGOS DE HERRADURA

Los rinolófidos se distribuyen por el sur de Europa, África, Asia y Australasia. Su excrecencia nasal tiene una forma de herradura característica y su ecolocación es la más sofisticada, con sistemas muy especializados de transmisión y recepción del sonido.

MURCIÉLAGO DE HERRADURA PEQUEÑO
Rhinolophus hipposideros
Este murciélago de Europa, norte de África y oeste de Asia es uno de los más pequeños del mundo.

MURCIÉLAGO DE HERRADURA MEDIANO
Rhinolophus mehelyi
Este rinolófido de talla media que duerme en cuevas es una especie vulnerable, con una distribución discontinua por el sur y el este de Europa, norte de África y Oriente Medio.

MURCIÉLAGO DE HERRADURA GRANDE
Rhinolophus ferrumequinum
Es el mayor de los rinolófidos europeos y su área se extiende por el noroeste de África y el oeste y el sur de Eurasia hasta Japón.

MURCIÉLAGOS DE NARIZ FOLIÁCEA

Los hiposidéridos se distribuyen por gran parte de África, Asia y Australasia. Tienen excrecencias nasales complejas y, como los rinolófidos, patas traseras poco desarrolladas que no les permiten andar a cuatro patas.

MURCIÉLAGO DE NARIZ FOLIÁCEA DE COMMERSON
Hipposideros commersoni
Este murciélago forestal duerme en árboles huecos, en casi toda Madagascar. Con un peso de hasta 180 g, es uno de los mayores murciélagos de nariz foliácea.

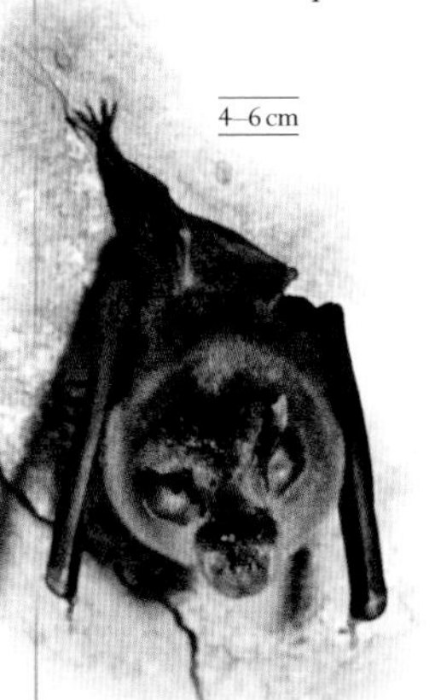

MURCIÉLAGO DE NARIZ FOLIÁCEA DE SUNDEVALL
Hipposideros caffer
Esta especie de sabana duerme en cuevas y edificios del noreste de África, suroeste de la península Arábiga y el África subsahariana no selvática.

MURCIÉLAGOS DE COLA DE RATÓN

La cola casi tan larga como el cuerpo es una característica de la familia rinopomátidos. También tienen el hocico carnoso, y sus orejas, grandes y simples, están unidas por la base.

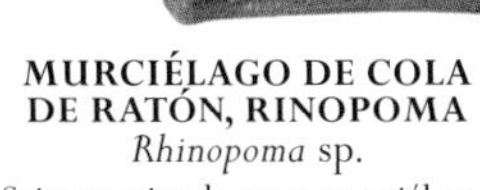

MURCIÉLAGO DE COLA DE RATÓN, RINOPOMA
Rhinopoma sp.
Seis especies de estos murciélagos insectívoros viven en las regiones áridas y semi-áridas del norte de África, Oriente Medio e India.

MURCIÉLAGO DE NARIZ DE CERDO

Este diminuto murciélago, único miembro de la familia craseonictéridos, tiene unas alas anchas que le permiten cernerse. Carece de cola y de calcáneos.

M. DE NARIZ DE CERDO O MURCIÉLAGO ABEJORRO
Craseonycteris thonglongyai
Esta especie vulnerable es uno de los mamíferos más pequeños del mundo. Vive en cuevas junto a ríos en Tailandia y Myanmar.

MEGADERMÁTIDOS

Esta familia acoge seis especies de murciélagos ecolocalizadores bastante grandes. Carnívoros e insectívoros, tienen orejas y ojos grandes y un ancho uropatagio, pero su cola es pequeña o está ausente.

M. DE CARA HENDIDA MALAYO
Macroderma gigas
Esta especie vulnerable, endémica del norte de Australia, es uno de los microquirópteros de mayor tamaño. Depreda vertebrados como ranas y lagartos.

EMBALONÚRIDOS

En los embalonúridos, solo la punta de la cola se proyecta más allá del uropatagio o membrana caudal, por lo que parece que la cola esté envainada. Muchos de ellos tienen sacos odoríferos en las alas.

7,5–8,5 cm

MURCIÉLAGO DE LAS TUMBAS DE HILDEGARDE
Taphozous hildegardeae
Esta especie vulnerable que depende de las cuevas para dormir se alimenta de insectos en los bosques costeros de Kenia y Tanzania.

4–5 cm

EMBALLONURA MONTICOLA
Cuando este murciélago que vive en Indonesia, Malasia, Myanmar y Tailandia estira las patas, su corta cola parece retraerse en un estuche.

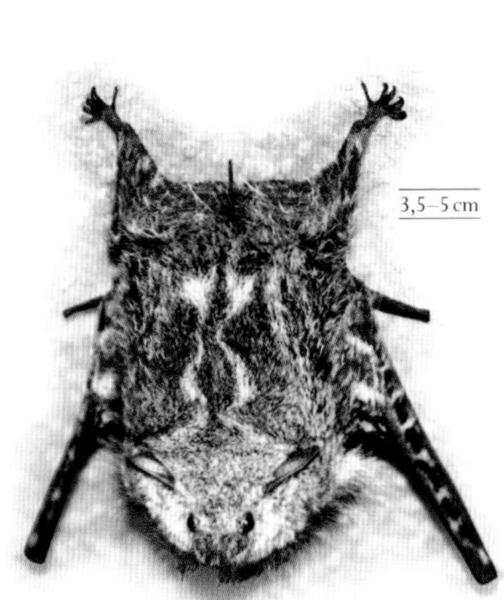

3,5–5 cm

MURCIÉLAGO DE TROMPA
Rhynchonycteris naso
Este murciélago de los bosques tropicales de América Central y del Sur pasa el día durmiendo en grupos en la parte inferior de las ramas.

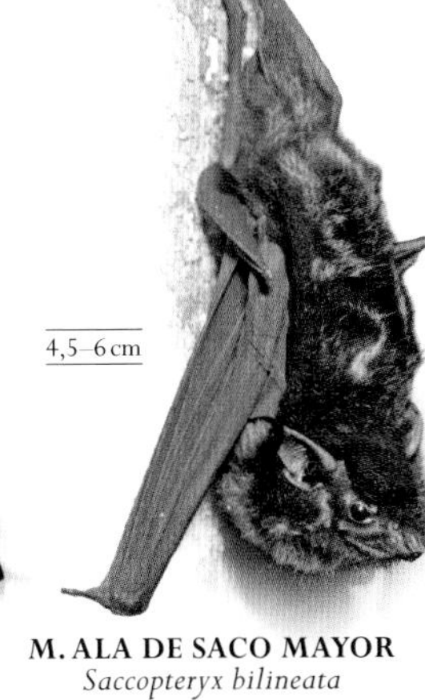

4,5–6 cm

M. ALA DE SACO MAYOR
Saccopteryx bilineata
Los machos de esta especie de América Central y América del Sur tropical atraen a las hembras con una secreción acre de sus sacos alares.

MURCIÉLAGOS DE NARIZ FOLIÁCEA AMERICANOS

Los filostómidos se distribuyen desde el suroeste de EE UU hasta el norte de Argentina. Casi todos tienen grandes orejas y una excrecencia nasal con forma de punta de lanza para potenciar la ecolocación.

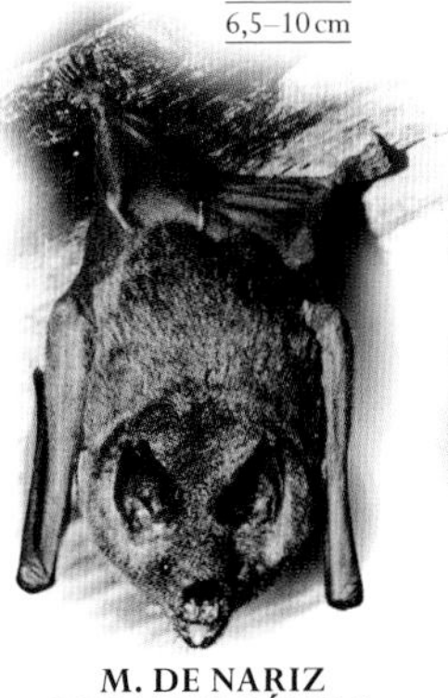

6,5–10 cm

M. DE NARIZ DE LANZA PÁLIDO
Phyllostomus discolor
Esta especie de América Central y del Sur emite sonidos de ecolocación a través de la nariz.

5,5–7,5 cm

MURCIÉLAGO DE CAMPAMENTO
Uroderma bilobatum
Esta especie que vive en selvas de tierras bajas desde México hasta América del Sur central crea tiendas-refugio mordiendo hojas de palmeras y bananos.

4,5–6 cm

MURCIÉLAGO FRUTERO DE GERVAIS
Artibeus cinereus
Este murciélago que prefiere dormir en palmeras vive en Venezuela, Brasil, las Guayanas y otros países vecinos.

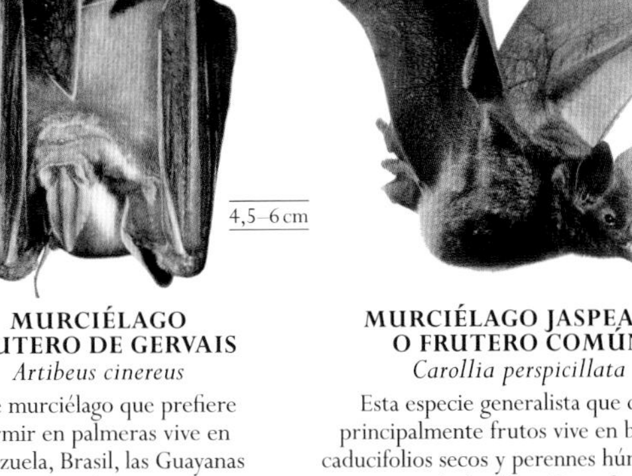

4,5–7 cm

MURCIÉLAGO JASPEADO O FRUTERO COMÚN
Carollia perspicillata
Esta especie generalista que come principalmente frutos vive en bosques caducifolios secos y perennes húmedos de gran parte de América Central y del Sur.

7–9,5 cm

MURCIÉLAGO DE LABIOS VERRUGOSOS
Trachops cirrhosus
Vive en bosques tropicales de América Central y del Sur, y caza ranas a las que localiza por sus cantos.

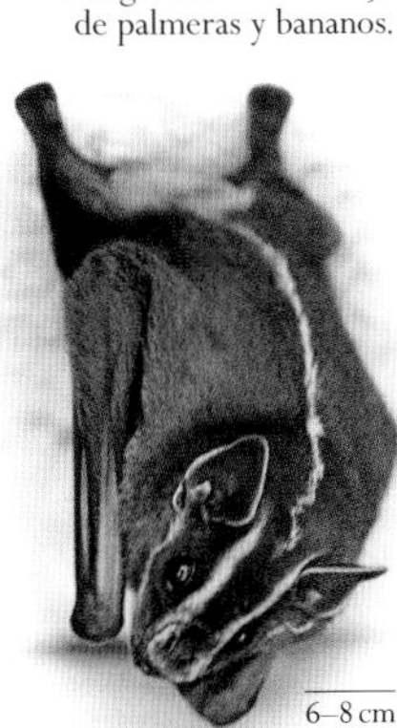

6–8 cm

FALSO VAMPIRO LISTADO
Platyrrhinus lineatus
Este murciélago con rayas blancas duerme en bosques húmedos del centro de América de Sur y de la mitad norte de los Andes.

8–10,5 cm

M. OREJUDO DE CALIFORNIA
Macrotus californicus
Esta especie del noreste de México y el sureste de EE UU caza mariposas nocturnas mucho más a menudo con la vista que con la ecolocación.

6–7,5 cm

MURCIÉLAGO SIN COLA DE GEOFFROY
Anoura geoffroyi
Esta especie nectarívora de América Central y del Sur tiene el hocico largo, los molares alargados y el extremo de la lengua en cepillo.

4,5–6 cm

MURCIÉLAGO COLICORTO SEDOSO
Carollia brevicaudum
Extendido por toda la Amazonia, el norte de América del Sur y Panamá, contribuye a restaurar selvas degradadas al dispersar semillas de árboles.

7–9,5 cm

VAMPIRO COMÚN
Desmodus rotundus
Famoso por nutrirse de sangre de otros mamíferos, ocupa una gran variedad de hábitats desde México hasta Perú y Argentina.

MORMOÓPIDOS

La familia mormoópidos comprende los murciélagos de espalda desnuda y los bigotudos. Varias especies tienen alas que se unen en la espalda y un fleco de pelos rígidos en torno al hocico.

4,5–6 cm

M. DE ESPALDA DESNUDA DE DAVY
Pteronotus davyi
Caso insólito entre los murciélagos, en esta especie de México, América Central y norte de América del Sur, las membranas alares se unen en el dorso.

MURCIÉLAGOS PESCADORES

Las dos especies de la familia noctiliónidos, de patas largas y grandes pies y garras, tienen cara de bulldog y abazones para almacenar peces mientras vuelan.

8–10 cm

MURCIÉLAGO PESCADOR GRANDE
Noctilio leporinus
Este murciélago especializado en capturar peces con sus garras en la superficie del agua vive en América Central y América de Sur tropical.

NATÁLIDOS

Los murciélagos de la familia natálidos son pequeños y esbeltos, con orejas grandes. Los machos adultos tienen en la frente una estructura sensorial llamada órgano natálido.

3,8–4,3 cm

M. DE OREJAS EN EMBUDO MEXICANO
Natalus mexicanus
Este murciélago insectívoro vive en las pequeñas Antillas al norte del canal de Santa Lucía. Duerme en cuevas y, a veces, en minas abandonadas.

MURCIÉLAGOS DE CARA HENDIDA

Los miembros de la familia nictéridos tienen un surco desde las narinas hasta un hoyo entre los ojos. El cartílago del extremo de la cola termina en forma de Y.

6,5–7,5 cm

M. DE CARA HENDIDA MALAYO
Nycteris tragata
El surco facial de esta especie de la península Malaya, Sumatra y Borneo le ayuda a dirigir sus sonidos de ecolocación.

MISTACÍNIDOS

Las dos especies de esta familia (una de ellas probablemente extinguida) tienen una proyección adicional en algunos dedos y pliegan sus alas contra el cuerpo cuando se desplazan por el suelo.

6–8 cm

MURCIÉLAGO COLICORTO
Mystacina tuberculata
Esta especie vulnerable neozelandesa se desplaza ágilmente por el suelo mientras olfatea presas en la hojarasca o el suelo del bosque.

TIROPTÉRIDOS

Esta familia comprende cinco especies de murciélagos de ventosas. Las ventosas que tienen en tobillos y muñecas les permiten adherirse a las hojas tropicales de superficie lisa cuando duermen.

4–5 cm

MURCIÉLAGO DE VENTOSAS TRICOLOR O DE SPIX
Thyroptera tricolor
Este murciélago insectívoro de las selvas de tierras bajas de América, desde México al sureste de Brasil, duerme cabeza arriba dentro de hojas plegadas.

MURCIÉLAGOS RABUDOS

Los murciélagos rabudos o molósidos tienen una característica cola que se extiende más allá de su membrana caudal. Son robustos y tienen las alas largas y estrechas, aptas para el vuelo rápido. Sus membranas alar y caudal son especialmente correosas.

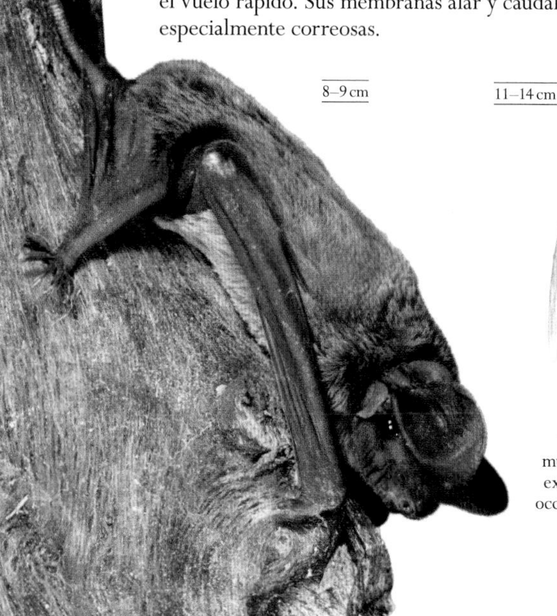

8–9 cm

11–14 cm

OTOMOPS MARTIENSSENI
Esta especie africana, como el murciélago rabudo europeo, tiene unas llamadas de ecolocación de una frecuencia excepcionalmente baja, claramente audibles para los humanos.

4,5–6,5 cm

MURCIÉLAGO DE COLA SUELTA
Tadarida brasiliensis
Las colonias de esta especie que descansan en cuevas y bajo puentes en Texas y México pueden contar con millones de individuos.

MURCIÉLAGO RABUDO EUROPEO
Tadarida teniotis
Aun siendo principalmente paleártica, el área del único murciélago rabudo de Europa se extiende desde el Mediterráneo occidental hasta el sureste de Asia.

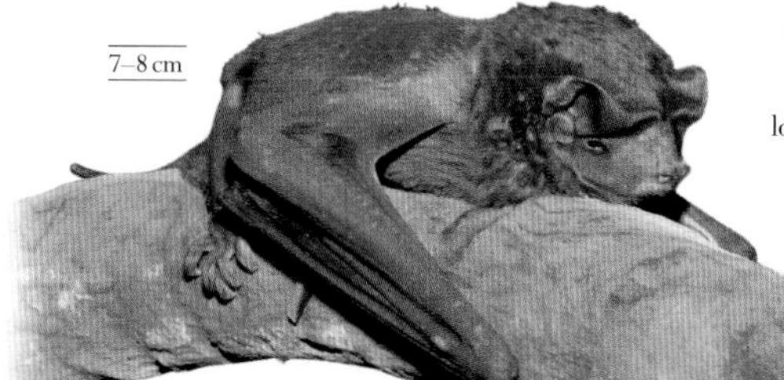

7–8 cm

M. RABUDO DE MILLER
Molossus pretiosus
Este murciélago insectívoro de los bosques secos, sabanas abiertas y montes bajos de cactáceas se distribuye desde México hasta el extremo noroeste de Brasil.

VESPERTILIÓNIDOS

Con 496 especies, esta es la mayor familia de quirópteros. Estos murciélagos se distribuyen por todo el mundo, excepto las regiones polares, y son por lo general insectívoros. Tienen típicamente los ojos pequeños y la nariz lisa.

5–6 cm

MURCIÉLAGO DE CUEVA
Miniopterus schreibersii
Esta especie de alas anchas y largos dedos vive en el sur de Europa, el norte de África y Oriente Medio, y en algunos enclaves del oeste del África tropical.

orejas unidas a la base

4–6 cm

M. OREJUDO GRIS O MERIDIONAL
Plecotus austriacus
Las orejas de esta especie endémica de la Europa no boreal, incluida España, son casi tan largas como su propio cuerpo.

5–8,5 cm

M. MORENO
Eptesicus fuscus
Insectívoro, a menudo duerme en edificios desde el sur de Canadá hasta el norte de Brasil y en algunas Antillas.

6–9 cm

NÓCTULO MEDIANO
Nyctalus noctula
De vuelo rápido y poderoso, con las alas estrechas y negruzcas, vive en gran parte de Europa y en zonas aisladas de Asia.

4,5–6,5 cm

MURCIÉLAGO BICOLOR
Vespertilio murinus
De dorso oscuro y vientre pálido, vive en montañas, estepas, hábitats forestales e incluso urbanos, desde el centro de Europa y el sur de Escandinavia hasta Japón.

4–5 cm

M. DE PATAGIO ASERRADO O DE NATTERER
Myotis nattereri
También llamado murciélago ratonero gris, caza insectos con su uropatagio bordeado de sedas durante su vuelo lento y cernido. Se distribuye por Europa, Marruecos, Argelia y Oriente Próximo.

4–5 cm

3,5–5,5 cm

4,5–5,5 cm

MYOTIS THYSANODES
Este murciélago con sedas en la membrana caudal vive en el oeste de América del Norte.

4,5–6 cm

4,5–5,5 cm

M. ENANO DEL ESTE DE NORTEAMÉRICA
Perimyotis subflavus
Vive en el este de América del Norte y Central, desde el sur de Canadá hasta el norte de Honduras, e hiberna en grietas rocosas, minas y cuevas.

M. ENANO COMÚN
Pipistrellus pipistrellus
El área de esta especie, la más extendida de su género, abarca desde el oeste de Europa hasta Extremo Oriente y el norte de África.

M. ENANO DE BOSQUE O DE NATHUSIUS
Pipistrellus nathusii
Vive en gran parte de Europa y en el centro-oeste de Asia y puede recorrer hasta 1900 km al migrar en primavera y otoño.

M. DE RIBERA, M. RATONERO RIBEREÑO
Myotis daubentonii
Esta especie euroasiática tiene unos pies relativamente grandes que le permiten capturar insectos voladores casi a ras de agua.

ERIZOS, TOPOS Y AFINES

En fechas recientes, cuatro familias de dos órdenes se han agrupado en un nuevo orden: eulipotiflos. Todos sus miembros son mamíferos pequeños y de hocico largo, sobre todo insectívoros.

Las cuatro familias de eulipotiflos son los erinaceidos (erizos y gimnuros), los solenodóntidos (alquimíes), los tálpidos (topos y desmanes) y los sorícidos (musarañas). Casi todas las especies de erinaceidos tienen espinas –solo los gimnuros tienen pelo– y son predominantemente terrestres y nocturnos. La familia de los solenodóntidos es la más pequeña, pero contiene las dos especies más grandes, ambas de las islas del Caribe. La familia más diversa es la de los tálpidos, con 54 especies, entre ellas varios tipos de topos cavadores y desmanes subacuáticos. La más numerosa es la de los sorícidos, con unas 450 especies, entre las que figura el más pequeño de todos los mamíferos, la musarañita o musgaño enano.

SALIVA TÓXICA

El largo y cartilaginoso hocico móvil de musarañas, topos, desmanes y alquimíes, muy bien adaptado a su dieta insectívora, contiene numerosos dientes puntiagudos que sirven para atrapar y matar presas como lombrices de tierra, otros invertebrados y pequeños vertebrados. Algunas especies producen una saliva venenosa, que en los alquimíes fluye por un surco de uno de sus incisivos inferiores y ayuda a someter a una presa grande antes de matarla. En cambio, los erizos no solo no producen saliva tóxica, sino que algunos son inmunes al veneno de serpiente.

FILO	CORDADOS
CLASE	MAMÍFEROS
ORDEN	EULIPOTIFLOS
FAMILIAS	4
ESPECIES	530

Gracias a su inmunidad al veneno de ofidios, los erizos pueden comer cualquier serpiente venenosa que consigan capturar.

ERIZOS Y GIMNUROS

Los erinaceidos tienen el hocico largo y sensible, y comen casi de todo, desde invertebrados y frutos hasta huevos de ave y carroña. Los erizos, propios de Eurasia y África, están cubiertos de afiladas espinas, mientras que los gimnuros, propios del sureste de Asia, tienen pelos normales y son más parecidos a ratas o a zarigüeyas. Los gimnuros tienen glándulas odoríferas muy bien desarrolladas que expanden un fuerte olor a ajo para marcar su territorio.

17–19 cm

ERIZO SURAFRICANO
Atelerix frontalis
Esta especie que habita en herbazales, zonas de matorral y jardines en el sur de África tiene una banda frontal blanca que contrasta con su cara oscura.

20–27 cm

ERIZO MORUNO
Atelerix algirus
Este erizo de patas largas que ocupa distintos hábitats en el Levante ibérico, Baleares, Canarias y el norte de África tiene la cara y la parte ventral claras.

ERIZO COMÚN O EUROPEO
Erinaceus europaeus
Esta especie de zonas arboladas, cultivos, setos vivos y jardines del oeste de Europa, Escandinavia y el oeste de Rusia hiberna en oquedades, montones de leña o nidos de hojas.

20–25 cm

espinas claras con bandas más oscuras

14–26 cm

ERIZO AFRICANO
Atelerix albiventris
A causa de la reducción o ausencia del dedo interno de los pies posteriores, esta especie también se conoce como erizo de cuatro dedos.

13–24 cm

ERIZO DEL DESIERTO
Paraechinus aethiopicus
Este pequeño erizo del norte de África, la península Arábiga y Oriente Medio es inmune al veneno de los escorpiones y ofidios que constituyen una gran parte de su dieta.

DEBATE

LAZOS FAMILIARES

Los análisis moleculares de las familias de eulipotiflos sugieren que tienen un antepasado común y, por tanto, forman un grupo natural. Los resultados también indican que las musarañas son parientes más cercanas de los erizos y gimnuros que de los tálpidos y solenodóntidos, como antes se creía. Sin embargo, el parentesco de los tálpidos con las musarañas y los erizos y gimnuros aún no está claro.

16–28 cm

ERIZO OREJUDO O EGIPCIO
Hemiechinus auritus
Las largas orejas disipan el calor y mantienen fresco a este erizo nocturno en los desiertos del noreste de África, el Mediterráneo oriental y el centro de Asia.

25–46 cm

GIMNURO MALAYO, RATA LUNAR MALAYA
Echinosorex gymnurus
Esta especie nocturna que recuerda una rata grande vive en marjales, selvas y otros hábitats húmedos de la península Malaya, Sumatra y Borneo.

9–16 cm

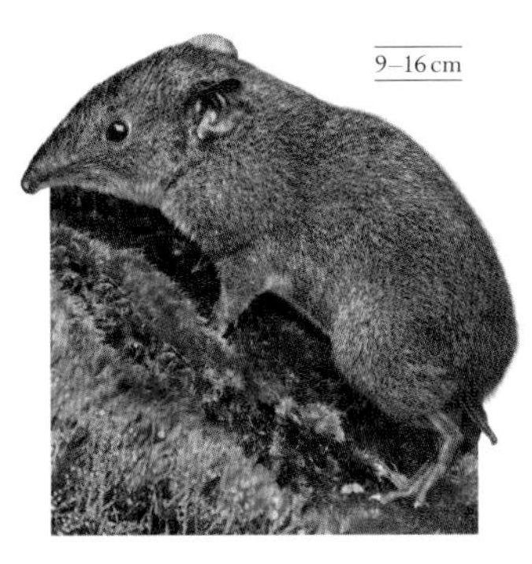

GIMNURO DE COLA CORTA
Hylomys suillus
Este gimnuro del sureste de Asia, generalmente solitario, vive en zonas arboladas con un sotobosque denso donde busca invertebrados con su largo hocico móvil, pero también come frutos.

ALMIQUÍES

Los almiquíes (solenodóntidos) son el linaje vivo más antiguo del grupo, y se cree que se separaron de otros eulipotiflos hace unos 75 millones de años. Tienen el hocico alargado, flexible y cartilaginoso, la cola larga, desnuda y escamosa, los ojos pequeños, el pelaje tosco y oscuro, y una insólita saliva venenosa con la que reducen a sus presas, que van de invertebrados a pequeños reptiles.

27–49 cm

20–36 cm

pelaje marrón e hirsuto

ALMIQUÍ DE LA ESPAÑOLA
Solenodon paradoxus
Una de las dos especies no extintas (aunque en peligro de extinción) de esta familia, solo vive en la República Dominicana y en una exigua área de Haití.

ALMIQUÍ DE CUBA
Solenodon cubanus
Este animal excavador, sigiloso y nocturno, con el pelaje más largo y fino que su congénere de La Española, se consideró erróneamente extinguido hacia 1970.

TOPOS Y DESMANES

Los topos verdaderos (familia tálpidos), insectívoros pequeños, oscuros, con el cuerpo cilíndrico, el pelaje corto y denso, y el hocico tubular, lampiño y muy sensible, están muy bien adaptados para excavar: sus patas anteriores tienen garras poderosas y sus manos en forma de pala están siempre giradas hacia fuera. En cambio, los acuáticos desmanes tienen las patas palmeadas y orladas de pelos rígidos, y la cola aplanada para nadar.

TOPO DE NARIZ ESTRELLADA
Condylura cristata
Este topo semiacuático del este de América del Norte tiene en el hocico once pares de apéndices carnosos rosados con los que detecta presas por el tacto.

9,5–13 cm

11–16 cm

10–15,5 cm

MOGERA IMAIZUMII
Este pequeño topo de los suelos profundos y blandos de Japón se distingue de sus congéneres por sus rasgos dentales.

TOPO EUROPEO O COMÚN
Talpa europaea
Discreto debido a sus costumbres excavadoras, cava extensas toperas, redes de túneles permanentes a menudo marcadas por característicos montículos.

pelaje denso e impermeable

19–24 cm

DESMÁN ALMIZCLADO O RUSO
Desmana moschata
Los pies traseros palmeados y la cola larga y aplanada sirven a esta especie vulnerable —y la mayor de su familia— para nadar en busca de presas.

11–16 cm

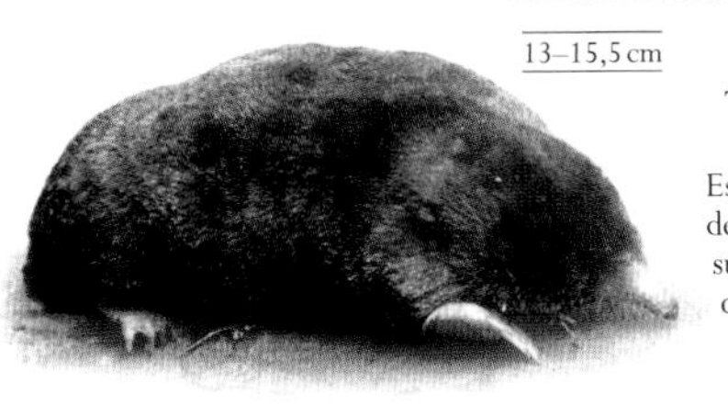

13–15,5 cm

TOPO NORTEAMERICANO
Scalopus aquaticus
Este topo del centro-este de América del Norte, que excava típicamente en suelos húmedos y arenosos, tiene las orejas recubiertas de piel y los ojos cubiertos de pelo.

DESMÁN IBÉRICO
Galemys pyrenaicus
También llamado desmán de los Pirineos y almizclera, esta especie vulnerable de los torrentes oxigenados del norte peninsular suele refugiarse en oquedades naturales o de ratas de agua.

MUSARAÑAS

Los sorícidos, animales de hocico puntiagudo, pelaje aterciopelado, cola larga y dientes simples y puntiagudos, son en gran parte insectívoros, pero también comen semillas, frutos y carroña. En su mayoría terrestres, son muy activos y necesitan comer al menos el 80 % de su propio peso al día. Su vista es escasa, pero poseen un oído y un olfato excelentes y, además, utilizan la ecolocación para orientarse.

MUSARAÑA DE CAMPO
Crocidura suaveolens
Como en otras *Crocidura*, en esta especie europea no se depositan las sales de hierro que tiñen de rojo los dientes de muchas musarañas.

4,5–8 cm

6,5–9,5 cm

MUSARAÑA GRIS ROJIZA
Crocidura cyanea
Los machos de esta especie de herbazales y bosques del sur de África marcan su territorio con un fuerte olor almizclado.

pies pálidos

9–16 cm

MUSARAÑA CASERA
Suncus murinus
Esta adaptable especie, de un pardo grisáceo uniforme y nativa del sur de Asia e introducida en otros lugares de Asia y en África, está a menudo asociada con viviendas humanas.

9–11,5 cm

5–7 cm

3,5–5 cm

MUSARAÑA DESÉRTICA NORTEÑA
Notiosorex crawfordi
Esta musaraña de las zonas áridas de América del Norte excreta una orina muy concentrada y puede sobrevivir solo con el agua contenida en sus presas.

MUSARAÑA DE COLA CORTA NORTEÑA
Blarina brevicaudus
Esta especie grande y venenosa de América del Norte suele buscar su alimento en túneles o bajo la hojarasca o la nieve, en vez de sobre el suelo.

MUSGAÑO ENANO
Suncus etruscus
Esta musaraña, probablemente el mamífero más pequeño del mundo con sus apenas 2 g de peso, vive en el sur de Europa, el norte de África y el sur de Asia.

5,5–8 cm

MUSARAÑA BICOLOR
Sorex araneus
Abunda en el norte paleártico, y está activa día y noche todo el año, buscando alimento.

6–7,5 cm

4–6,5 cm

MUSARAÑA ENANA
Sorex minutus
Más pequeña que la musaraña bicolor con la que a menudo coincide, esta especie euroasiática se distingue por su cola más larga y peluda.

pelaje corto, denso y aterciopelado

MUSARAÑA ALPINA
Sorex alpinus
La larga cola de esta oscura especie de Europa central la equilibra cuando trepa a los árboles.

5–7 cm

MUSGAÑO PATIBLANCO
Neomys fodiens
Los pelos rígidos de los pies y la cola de esta gran musaraña euroasiática que caza sobre todo en el agua mejoran su eficiencia natatoria.

7,5–10,5 cm

MUSARAÑA OREJILLAS MÍNIMA
Cryptotis parvus
Esta especie norteamericana captura diversas presas, y muerde la cola de las lagartijas, que al desprenderse le proporcionan una comida fácil.

PANGOLINES

Con su cuerpo cubierto de grandes escamas de queratina y su dieta insectívora, los pangolines son animales muy característicos.

Principalmente nocturnos y con los ojos pequeños, los pangolines se valen de su excelente olfato para encontrar presas. Aunque por su aspecto y su dieta recuerdan a los armadillos, pertenecen a un orden, folidotos, estrechamente emparentado con el de los carnívoros.

Las escamas córneas que les cubren todas las partes expuestas del cuerpo pueden equivaler hasta la quinta parte del peso corporal; incluso así, son excelentes nadadores. Existen especies terrestres que se refugian en profundas madrigueras y otras arborícolas que utilizan huecos de árboles. Los pangolines tienen unas garras poderosas que usan para excavar en nidos de insectos, a los que capturan con la lengua, la cual se extiende hasta 40 cm más allá de su boca sin dientes. Debido al tamaño de sus garras anteriores, andan sobre las muñecas, con las manos dobladas para proteger las uñas.

A SALVO DE ATAQUES

La función protectora de las escamas se complementa con la tendencia a enroscarse en bola cuando se ven amenazados o mientras duermen. Otro medio de defensa adicional es su capacidad de segregar una sustancia fétida de sus glándulas anales, que también emplean para marcar el territorio. Pese a ello, son perseguidos por su carne, sus escamas y las propiedades que les atribuye la medicina tradicional china.

FILO	CORDADOS
CLASE	MAMÍFEROS
ORDEN	FOLIDOTOS
FAMILIA	1
ESPECIES	8

La lengua larga y pegajosa de este pangolín terrestre le sirve para beber, además de para capturar insectos.

MÁNIDOS

Las ocho especies de pangolines (familia mánidos) se distribuyen por África y Asia tropicales. Son los únicos mamíferos con toda la piel protegida por escamas córneas imbricadas, cuyos afilados bordes quedan expuestos cuando el animal se enrosca al sentirse amenazado. Sus potentes garras anteriores sirven para excavar termiteros y hormigueros en busca de sus presas a las que capturan con la pegajosa saliva de su lengua.

la cola tiene 30 escamas

40–65 cm

nariz larga y carnosa

PANGOLÍN MALAYO
Manis javanica
Las hembras de esta especie del sureste de Asia tienen generalmente una sola cría, que llevan en la cola cuando ya tiene unos días.

PANGOLÍN ARBORÍCOLA
Manis tricuspis (Phataginus tricuspis)
Este pangolín del África ecuatorial tiene el pelaje pálido y unas distintivas escamas de tres puntas, aunque estas pueden desgastarse con la edad.

25–43 cm

PANGOLÍN DE COLA LARGA
Manis tetradactyla (Uromanis tetradactila)
Vive en lo alto del dosel selvático, en el oeste de África. Su cola prensil mide dos tercios de su longitud total.

30–40 cm

51–75 cm

PANGOLÍN INDIO
Manis crassicaudata
Con sus escamas solapadas y su capacidad de segregar un líquido apestoso, este pangolín puede quedar protegido incluso de los tigres.

escamas anchas y redondeadas

PANGOLÍN TERRESTRE O DE TEMMINCK
Manis temminckii
Es el único pangolín del sur y el este de África. Sigiloso y nocturno, camina a cuatro patas, o con dos cuando busca alimento.

45–55 cm

CARNÍVOROS

Los mamíferos de este orden tienen el cuerpo bien adaptado para la caza y unos dientes especializados para sujetar y matar a sus presas.

El primer fósil de carnívoro conocido data de hace 55 millones de años. Eran pequeños, arborícolas y de aspecto bastante felino, pero sus descendientes, entre los cuales figuran algunos de los mayores depredadores de la Tierra, presentan una gran variedad de formas y modos de vida. Su tamaño varía desde la comadreja común, de 26 cm de longitud, hasta el elefante marino austral, que alcanza los 5 m. A este orden pertenecen el guepardo, el animal terrestre más veloz, y el cachazudo panda gigante. Los carnívoros están presentes en todos los continentes, excepto en Australia, donde fueron introducidos por el hombre, y no se limitan a la tierra firme, ya que las más de 30 especies de focas y otáridos y la morsa se encuentran mejor en el mar.

CARACTERÍSTICAS

Con una diversidad tal puede ser difícil determinar qué tienen en común los miembros de este orden. La característica común más importante es la dentición. Todos los carnívoros tienen cuatro largos caninos y una serie de dientes yugales característicos denominados carniceros, modificados para cortar carne y que actúan como unas tijeras cuando el animal abre y cierra sus mandíbulas.

La mayoría de los carnívoros come al menos algo de carne, pero pocos son exclusivamente carnívoros. Varias especies, como los zorros y los mapaches, son omnívoras y consumen una amplia gama de plantas y animales. Una especie, el panda gigante, es casi completamente herbívora y se alimenta casi exclusivamente de bambú.

SOLITARIOS O SOCIALES

Los carnívoros pueden llevar una vida solitaria, como los osos y las comadrejas, o ser sociales, como los lobos, leones y suricatas. Estos últimos viven en grupos cooperativos muy organizados y comparten responsabilidades en la caza, el cuidado de las crías y la protección del territorio. Las focas y los leones marinos suelen ser coloniales en la época de cría, cuando tienen que volver a tierra para aparearse y parir; algunas especies se congregan a centenares o incluso millares en sus playas favoritas.

FILO	CORDADOS
CLASE	MAMÍFEROS
ORDEN	CARNÍVOROS
FAMILIAS	16
ESPECIES	288

DEBATE

¿PINNÍPEDO O CARNÍVORO?

A primera vista no parece lógico que los acuáticos leones marinos, focas y morsas, denominados pinnípedos por sus pies palmeados, puedan pertenecer al mismo grupo que las comadrejas y los félidos, pero la estructura de su cráneo y sus dientes, y la información codificada en su ADN parecen afirmarlo. Tienen las patas modificadas para nadar, pero a diferencia de las ballenas, no son totalmente acuáticos y deben volver a tierra para reproducirse. Según las evidencias fósiles y moleculares, los otáridos, las focas y la morsa tienen un ancestro común tipo oso o comadreja que divergió de los demás carnívoros hace unos 23 millones de años.

PERROS, ZORROS Y AFINES

Los cánidos son mamíferos de tamaño medio y patas largas, la mayoría con la cola muy tupida y las orejas erguidas. Son depredadores veloces e inteligentes, aunque la mayoría también come vegetales. El muy social lobo es el ancestro del perro, especie domesticada por el ser humano hace más de 14 000 años y hoy día de formas y tamaños sumamente variados.

ZORRO ÁRTICO
Alopex lagopus
Vive en las regiones más septentrionales del mundo, y de sus dos formas cromáticas -azul y blanca-, la blanca es de color casi blanco puro en invierno.

ZORRO PERSA
Vulpes cana
Esta especie estrictamente nocturna vive en terrenos esteparios de la península Arábiga y de Oriente Medio. Se alimenta de invertebrados y frutos.

ZORRO BENGALÍ
Vulpes bengalensis
Este zorro omnívoro y ágil vive en terrenos abiertos de Nepal e India. Las parejas permanecen unidas año tras otro y crían varias camadas.

ZORRO ESTEPARIO
Vulpes corsac
Este zorro social que vive en manadas en las estepas asiáticas es un cazador oportunista de pequeños animales. También come materia vegetal.

ZORRO CHICO
Vulpes macrotis
Este zorro del suroeste de EE UU es un eficiente excavador. Las familias viven en madrigueras con hasta veinte entradas.

ZORRO VELOZ
Vulpes velox
Este pariente cercano del zorro chico vive en el centro de EE UU y ha sido reintroducido en Canadá, donde se había extinguido en 1938.

47–55 cm

FENECO O FENEC
Vulpes zerda
Con sus características orejas que le confieren un oído muy agudo, este diminuto zorro nocturno del norte de África se libera del exceso de calor.

33–41 cm

orejas puntiagudas, negras por encima

35–55 cm

ZORRO DE RÜPPELL
Vulpes rueppellii
Este pequeño zorro social, cuya área se extiende del norte de África a Pakistán, sobrevive en el desierto con una variada dieta animal y vegetal.

cola grande y poblada, blanca en la punta

59–90 cm

ZORRO ROJO
Vulpes vulpes
Este muy adaptable cazador y carroñero es el carnívoro que tiene el área más extensa, ya que ocupa la mayor parte del hemisferio norte.

parte inferior de la pata negra

46–60 cm

ZORRO OREJUDO
Otocyon megalotis
Este zorro social de los herbazales abiertos y sabanas arbustivas del sur y el este de África se nutre principalmente de termitas y escarabajos.

ZORRO DE LA PAMPA
Lycalopex gymnocercus
Este zorro solitario de los herbazales templados de América del Sur caza una gran variedad de pequeños animales y, en ocasiones, corderos.

60–74 cm

54–66 cm

ZORRO GRIS
Urocyon cinereoargenteus
Este zorro es relativamente común en zonas forestales de América del Norte y Central, y del norte de América del Sur, aunque evita aquellas donde viven coyotes y linces rojos.

pelaje corporal marrón y negro

49–70 cm

45–92 cm

ZORRO ANDINO
Pseudalopex culpaeus
Este zorro grande y solitario de los Andes y del Cono Sur caza presas de mayor tamaño que la mayoría de otros zorros.

57–77 cm

ZORRO CANGREJERO
Cerdocyon thous
Este adaptable omnívoro de los herbazales, marjales y terrenos arbolados de América del Sur tropical y templada se alimenta de frutos, carroña y pequeños animales.

PERRO MAPACHE
Nyctereutes procyonoides
Este insólito cánido del Asia oriental e introducido en Europa suele vivir cerca del agua y es el único cánido que hiberna.

»

orejas rojizas

65–105 cm

CHACAL DORADO
Canis aureus
Descrito en ocasiones como el cánido arquetípico, este social y veloz cazador y carroñero oportunista está ampliamente distribuido por África y el sur de Eurasia.

65–90 cm

CHACAL DORSINEGRO
Lupulella mesomelas
Este adaptable y omnívoro cánido es el mayor de los chacales. Vive en grupos familiares y es a menudo diurno además de nocturno.

65–78 cm

CHACAL RAYADO
Lupulella adusta
Nocturno, cazador y carroñero, está muy extendido por el África subsahariana. A menudo es perseguido por los agricultores.

74–94 cm

COYOTE
Canis latrans
Esta especie común y ampliamente distribuida por América Central y del Norte vive en manadas y a menudo se aparea con el lobo.

84–101 cm

LOBO ETÍOPE
Canis simensis
Las manadas de este cánido en peligro de extinción solo sobreviven en pequeñas zonas montañosas de Etiopía, por encima de 3000 m de altitud.

87–130 cm

LOBO (SUBESPECIE NEÁRTICA)
Canis lupus arctcos
Esta subespecie del lobo que se distingue por su pelaje claro vive en algunas partes de Canadá, Alaska y Groenlandia.

1–1,2 m

LOBO ROJO
Canis lupus rufus
Este cánido del sureste de EE UU al que algunos consideran subespecie del lobo sobrevive en reservas especiales gracias a la reproducción en cautividad de la década de 1980.

el espeso pelaje retiene el calor

0,9–1,6 m

dientes afilados

grandes pies y uñas

LOBO (SUBESPECIE NOMINAL)
Canis lupus
Este adaptable cánido, ancestro del perro doméstico, tiene una extensa área que cubre la mayor parte del hemisferio norte.

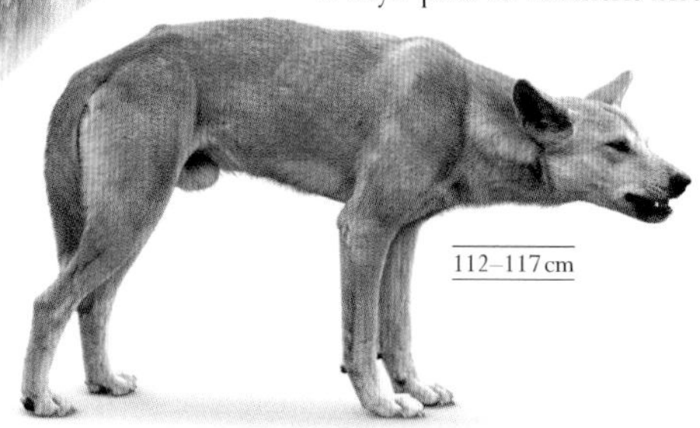

112–117 cm

DINGO
Canis familiaris
Esta subespecie del lobo fue introducida por el hombre hace unos 4000 años en Australia, donde se convirtió en el superdepredador del continente.

GOLDEN RETRIEVER
Canis familiaris
Leal e inteligente, este perro seleccionado en Escocia para cobrar piezas de caza es un excelente animal de compañía. Le encanta estar en el agua.

85–100 cm

63–79 cm

DÁLMATA
Canis familiaris
Seleccionados inicialmente como perros guardianes y de caza, los dálmatas sirvieron luego para escoltar los coches de caballos. Hoy en día son animales de compañía.

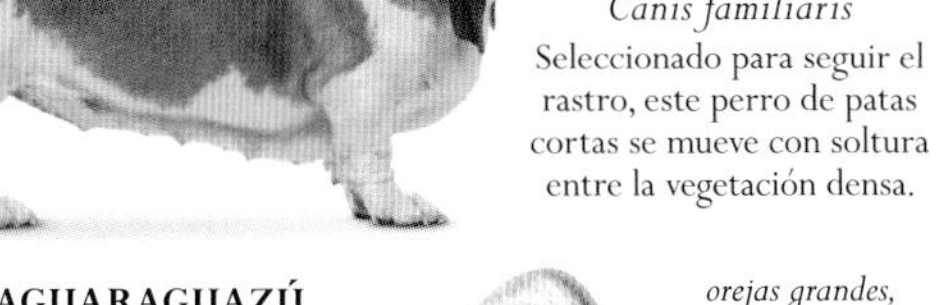

60 cm

BASSET HOUND
Canis familiaris
Seleccionado para seguir el rastro, este perro de patas cortas se mueve con soltura entre la vegetación densa.

79–96 cm

MALAMUTE DE ALASKA
Canis familiaris
Seleccionado en Alaska como perro de trineo, se parece al lobo y podría ser una de las razas de perro más antiguas.

95–115 cm

AGUARAGUAZÚ
Chrysocyon brachyurus
Omnívora y oportunista, esta especie casi amenazada vive en herbazales y bosques arbustivos del centro de América del Sur, donde sus largas patas le permiten ver por encima de las altas hierbas.

49 cm

FOX TERRIER DE PELO LISO
Canis familiaris
Este perro vivaracho, excavador entusiasta y lo bastante pequeño como para entrar en una zorrera, se seleccionó para luchar contra las alimañas de las granjas.

67–85 cm

COLLIE, COLLIE DE PELO LARGO
Canis familiaris
Seleccionado como perro pastor en las Highlands escocesas, tiene una complexión atlética que queda disimulada bajo el espeso pelaje.

20–30 cm

CHIHUAHUA
Canis familiaris
Oriundos de México y con un pelaje de color muy variable, los chihuahuas son muy audaces pese a pertenecer a la más pequeña de las razas caninas.

0,9–1,4 m

CUÓN
Cuon alpinus
Conocido por su ferocidad en toda su área de distribución asiática, vive y caza en manadas y persigue grandes mamíferos, como ciervos y cabras.

0,8–1,4 m

LICAÓN
Lycaon pictus
Este cánido en peligro de extinción vive en manadas muy organizadas, caza y se ocupa de las crías en cooperación, y sustenta a los adultos enfermos o heridos.

57–75 cm

ZORRO VINAGRE
Speothos venaticus
Propio de los bosques y selvas de América del Sur tropical, este cánido de patas cortas caza sobre todo roedores, en solitario o en manada.

OSO POLAR
Ursus maritimus

como los otros osos, el oso polar tiene un perfil ligeramente aguileño

Este magnífico animal se desenvuelve con comodidad tanto en el mar como en tierra. Es el mayor depredador terrestre del planeta y aunque por su corpulencia pueda parecer torpe, nada con garbo y sin esfuerzo aparente. Los osos polares son nómadas y pasan gran parte del año lejos de la tierra, vagando por las superficies heladas del Ártico. En verano, la fusión del hielo los obliga a retirarse a tierra firme, donde a veces entran en contacto con seres humanos. Las crías nacen en pleno invierno, en una osera excavada por la madre. Cuando nacen, la madre apenas se despierta de la hibernación, y los amamanta mientras duerme durante tres meses, consumiendo sus reservas corporales para producir una leche concentrada y grasa. En primavera, las crías pesan mucho más que al nacer, mientras que la madre está al borde de la inanición. Durante los dos años siguientes, ella les enseñará a nadar, cazar focas, defenderse y cavar en la nieve sus propias oseras. El cambio climático está amenazando el hábitat y el modo de alimentarse de los osos polares, lo que podría traducirse en su extinción en la naturaleza.

TAMAÑO 1,8–2,8 m
HÁBITAT Placas de hielo del Ártico
DISTRIBUCIÓN Océano Ártico; regiones polares de Rusia, Alaska, Canadá, Groenlandia y Noruega
DIETA Principalmente focas

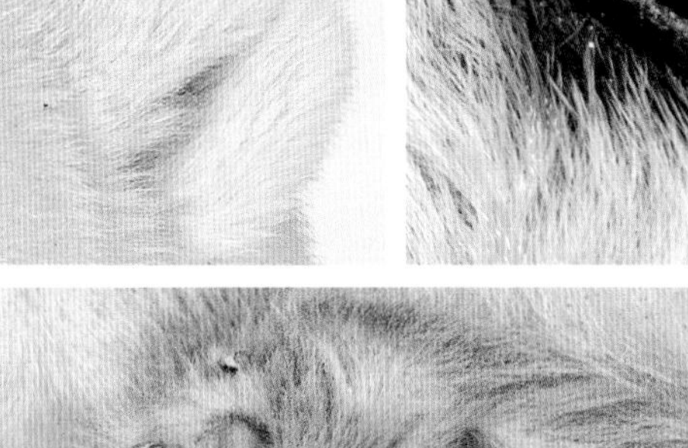

< OJO OSCURO
Los ojos y la nariz oscuros son las partes más conspicuas del cuerpo. El oso polar tiene buena vista, comparable a la humana.

OREJAS PELUDAS >
Las pequeñas orejas están totalmente cubiertas de pelo para evitar la congelación. El oso polar oye bien, pero localiza a sus presas sobre todo por el olfato.

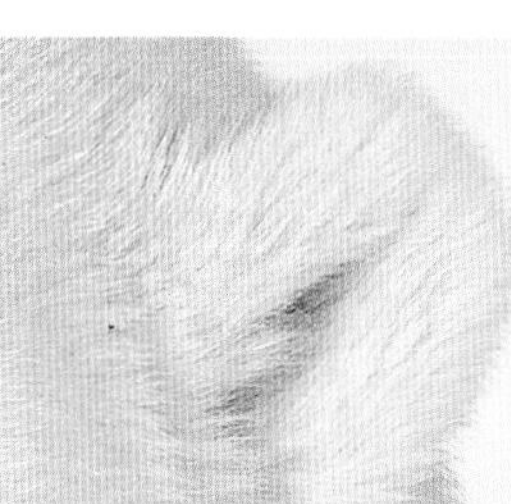

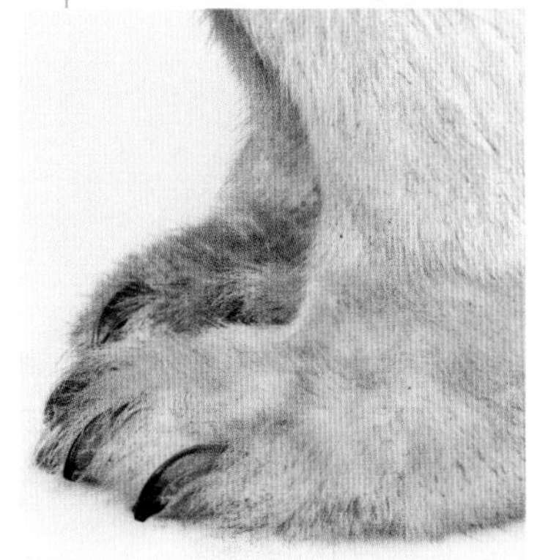

∧ ZARPAZO DEMOLEDOR
Las zarpas delanteras son el arma principal para matar presas. El oso polar puede detectar focas por el olfato bajo el mar helado y se yergue sobre las patas traseras para aplastar el hielo con las delanteras, atrapar la presa y sacarla de su refugio.

∧ ZARPAS AISLADAS
Los osos polares tienen las plantas de los pies cubiertas de pelo que hace de aislante del frío. Estas plantas peludas también les ayudan a no resbalar cuando caminan sobre el hielo.

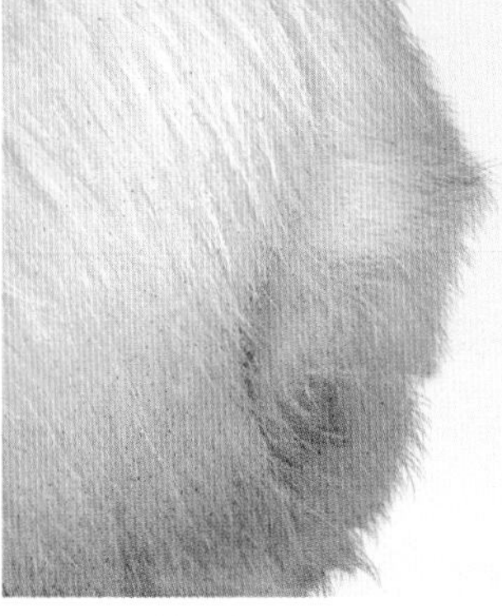

∧ COLA ATROFIADA
El oso polar no necesita una cola larga, así que este apéndice se reduce a un muñón oculto bajo el denso pelaje.

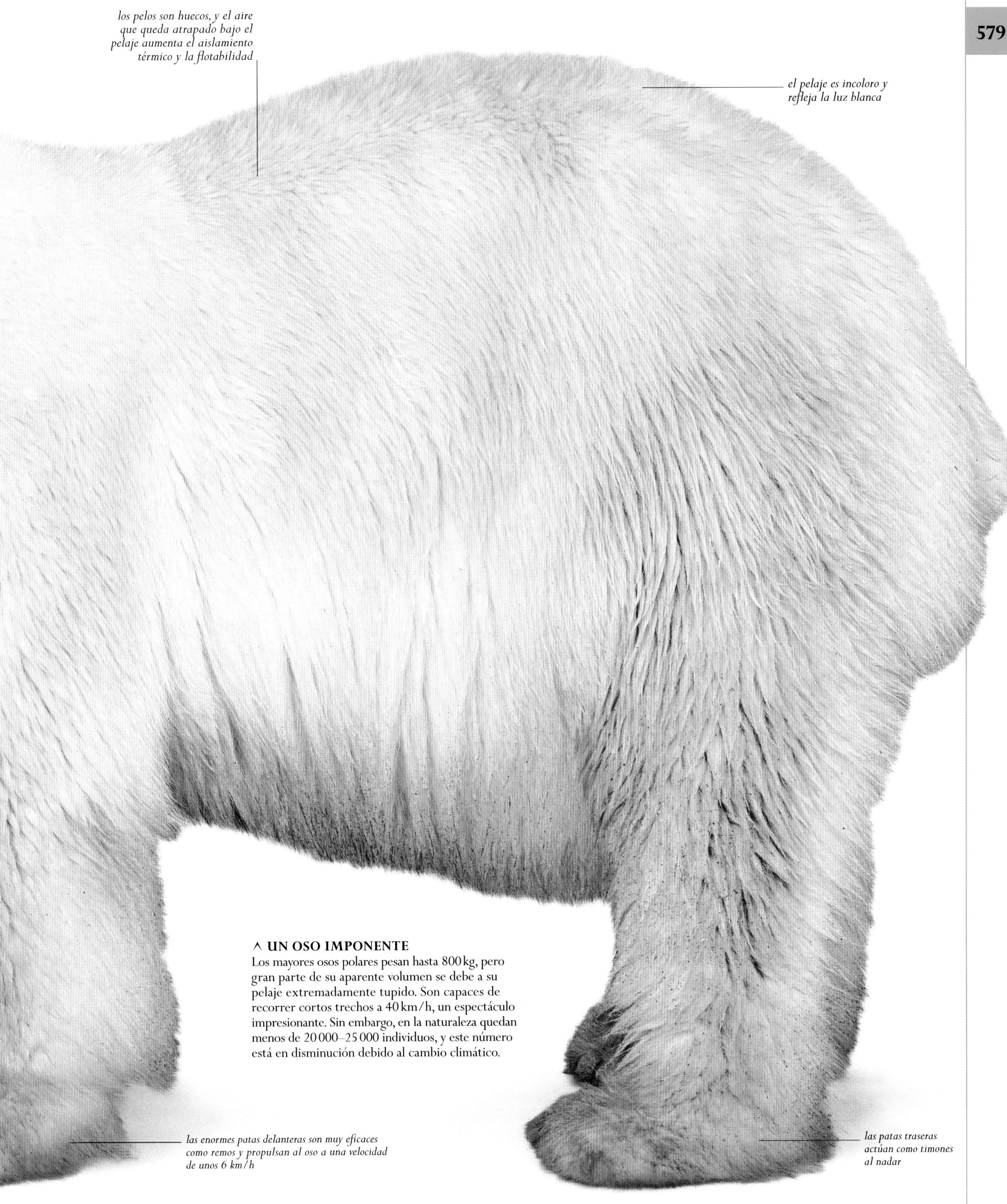

∧ UN OSO IMPONENTE
Los mayores osos polares pesan hasta 800 kg, pero gran parte de su aparente volumen se debe a su pelaje extremadamente tupido. Son capaces de recorrer cortos trechos a 40 km/h, un espectáculo impresionante. Sin embargo, en la naturaleza quedan menos de 20 000–25 000 individuos, y este número está en disminución debido al cambio climático.

OSOS

Los úrsidos son mamíferos grandes y robustos, pero ágiles, nativos de Eurasia y América. Por lo general son omnívoros y en su dieta predomina la materia vegetal; sin embargo, el oso polar está especializado en comer carne y el panda gigante es casi totalmente herbívoro. Los osos llevan una vida solitaria, excepto las madres con sus crías.

OSO PARDO
Ursus arctos
La extensa área de este oso, que abarca gran parte de Eurasia y de América del Norte, indica la flexibilidad de su dieta, que incluye alimentos estacionales como bayas y salmones reproductores.

1,2–1,8 m

1,5–2,8 m

cinco uñas que crecen hasta 10 cm

cara blanca con los ojos y las orejas negros

PANDA GIGANTE
Ailuropoda melanoleuca
Esta amenazada especie vive en los bosques del centro de China. Pese a ser carnívoro, come casi únicamente bambú, un alimento bajo en nutrientes que ralentiza su metabolismo.

LEONES Y OSOS MARINOS

Los miembros de la familia otáridos se distinguen de las focas verdaderas por sus pequeñas orejas y porque pueden usar sus extremidades para desplazarse por tierra: aunque torpemente, pueden andar con ellas. Los otáridos son excelentes nadadores, pero sus inmersiones son cortas y poco profundas en comparación con las de las focas. Se encuentran en la mayoría de los océanos, excepto en el Atlántico Norte.

2–3,3 m

cuello grueso

aletas negras

ADULTO

CRÍA

cría marrón oscura o negra

LEÓN MARINO DE STELLER
Eumetopias jubatus
También llamada león marino ártico, esta especie del Pacífico Norte es el mayor de los otáridos. Come sobre todo peces, pero puede capturar pinnípedos más pequeños.

LEÓN MARINO DE NUEVA ZELANDA
Phocarctos hookeri
Esta rara especie solo se encuentra en aguas neozelandesas y solo cría en unas pocas islas costeras.

1,8–2,7 m

1,3–2,5 m

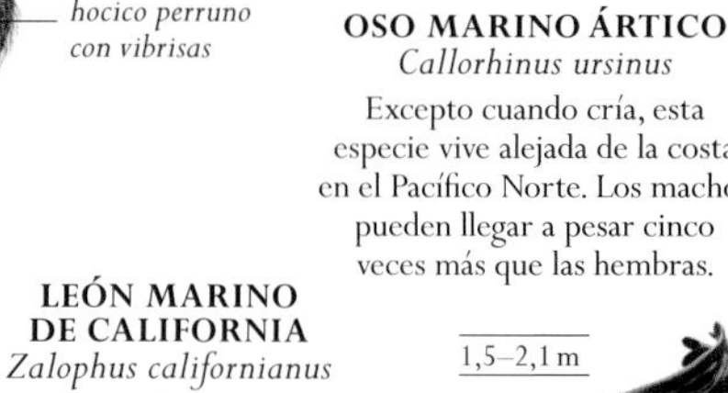

LEÓN MARINO AUSTRALIANO
Neophoca cinerea
Esta especie relativamente rara tiene todas sus colonias de cría en Australia Meridional y Occidental. Sus pequeños grupos siguen juntos incluso cuando no crían.

1,8–2,6 m

LEÓN MARINO SURAMERICANO
Otaria bryonia
También llamada lobo marino de un pelo, esta especie de las costas sudamericanas (de las Galápagos al sur de Brasil), caza de forma cooperativa y puede entrar en los ríos en busca de peces.

el hidrodinámico cuerpo se ahúsa desde los hombros hasta la cola

hocico perruno con vibrisas

2–2,4 m

LEÓN MARINO DE CALIFORNIA
Zalophus californianus
Esta especie bien conocida por sus habilidades circenses es ágil en tierra y en el agua, donde a menudo salta por encima de la superficie.

OSO MARINO ÁRTICO
Callorhinus ursinus
Excepto cuando cría, esta especie vive alejada de la costa en el Pacífico Norte. Los machos pueden llegar a pesar cinco veces más que las hembras.

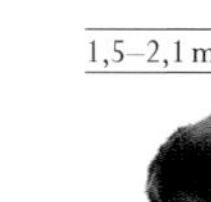

1,5–2,1 m

OSO NEGRO AMERICANO
Ursus americanus
Con unos 850 000–950 000 individuos distribuidos por varios hábitats de América del Norte, es el oso más común. Algunos tienen el pelaje pardo o rubio.

OSO NEGRO ASIÁTICO
Ursus thibetanus
Este oso forestal y de distribución amplia varía en cuanto a aspecto, hábitat y comportamiento. En los trópicos solo hibernan las hembras preñadas.

OSO POLAR
Ursus maritimus
Tan a sus anchas en el mar como en tierra, el mayor depredador terrestre pasa la mayor parte de su vida sobre los hielos del Ártico.

1–1,5 m

OSO MALAYO
Helarctos malayanus
Este tímido oso forestal del sureste de Asia come insectos, miel, frutos y brotes de plantas. Principalmente diurno, se vuelve nocturno si se le molesta.

1,3–1,9 m

OSO DE ANTEOJOS
Tremarctos ornatus
Esta especie vulnerable de los bosques nublados andinos, excelente trepadora, come frutos y otras materias vegetales, insectos y carne.

1,4–1,9 m

OSO BEZUDO
Melursus ursinus
Este hirsuto oso, que ocupa hábitats muy variados en India y países vecinos, abre los termiteros con sus enormes garras y absorbe las termitas.

LOBO MARINO PARDO
Arctocephalus pusillus
Esta especie tiene dos poblaciones distintas: una en Sudáfrica y la otra en Australia. Ambas han sufrido por la caza excesiva.

LOBO MARINO DE LAS GALÁPAGOS
Arctocephalus galapagoensis
Es el menor de los otáridos y también el menos sexualmente dimórfico: los machos son apenas más grandes que las hembras.

LOBO MARINO DE NUEVA ZELANDA
Arctocephalus forsteri
Esta especie cría en las costas rocosas de Nueva Zelanda y Australia. Desde que está protegida por la ley, ya no se caza y sus efectivos aumentan.

LOBO MARINO DE GUADALUPE
Arctocephalus townsendi
Se distingue por su nariz larga y ahusada, y cría en playas rocosas y cuevas accesibles solo desde el mar.

LOBO MARINO DE DOS PELOS O PELETERO, LOBO FINO AUSTRAL
Arctocephalus australis
Voraz depredador de peces, calamares y crustáceos, cría en playas rocosas de América del Sur, desde Perú hasta el sur de Brasil.

LOBO MARINO ANTÁRTICO
Arctocephalus gazella
Esta especie cría en islas dispersas del océano Antártico, donde se recupera de la caza abusiva del pasado.

LEÓN MARINO DE CALIFORNIA
Zalophus californianus

El león marino de California vive en aguas y costas polares, templadas y subtropicales, por lo que soporta condiciones ambientales muy variadas. Las aguas en las que se alimenta son frías, pero las playas donde se reproduce pueden ser cálidas; por eso necesita una regulación eficaz de la temperatura interna. Su cuerpo posee una capa de grasa aislante de 2,5 cm de grosor que le ayuda a mantener el calor cuando caza en el agua; si se calienta demasiado en tierra, se refrigera volviendo al mar. Las aletas, con poco pelo y sin grasa, retienen o expulsan el calor corporal mediante la transferencia entre las arterias y las venas de su base y el control del flujo sanguíneo hacia la piel. También se refresca agitando las aletas delanteras, un comportamiento que se observa tanto en el agua como en tierra. Los leones marinos de California son presas de tiburones y orcas.

la espalda flexible le proporciona agilidad y maniobrabilidad al cazar peces

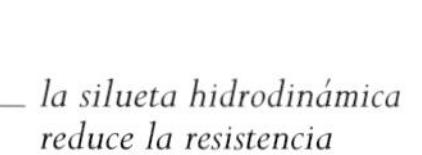

la silueta hidrodinámica reduce la resistencia

∧ BUCEO
Cuando está sumergido (hasta 10 minutos), el ritmo cardíaco desciende a unas 20 pulsaciones por minuto.

OREJA >
A diferencia de las focas, los leones marinos tienen unos pequeños pabellones auriculares puntiagudos que se pliegan hacia abajo y hacia atrás contra la cabeza. Oyen bien tanto en tierra como bajo el agua.

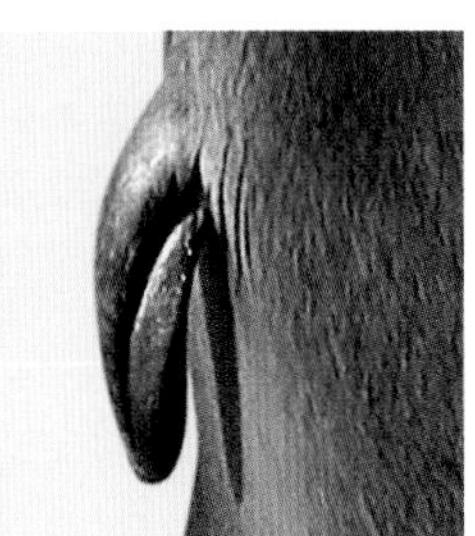

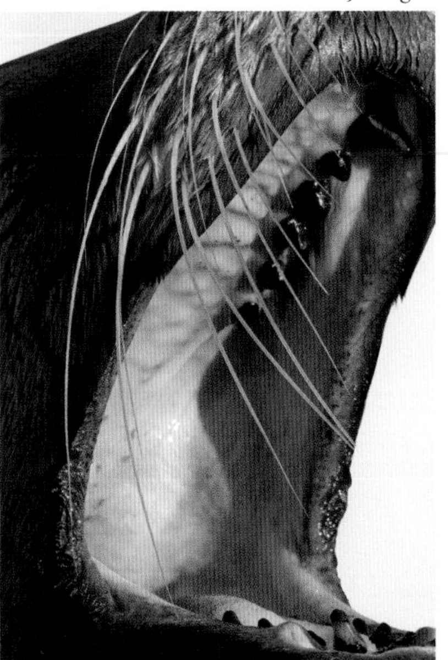

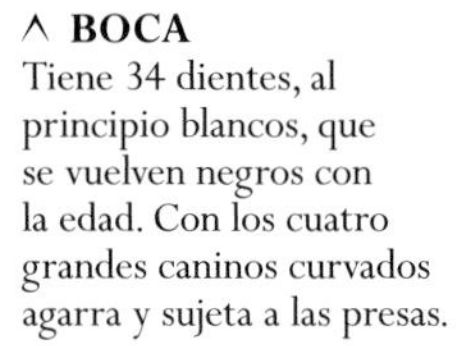

∧ BOCA
Tiene 34 dientes, al principio blancos, que se vuelven negros con la edad. Con los cuatro grandes caninos curvados agarra y sujeta a las presas.

∧ NARIZ
Las fosas nasales solo se abren cuando inhala o exhala. Los bigotes sensoriales le ayudan a conocer el tamaño y la forma de los objetos bajo el agua.

ALETA TRASERA >
En el agua, las aletas traseras se arrastran por detrás del cuerpo y lo dirigen, pero para desplazarse en tierra se giran hacia delante y se usan con las delanteras.

∨ ALETA DELANTERA
Las largas aletas delanteras impulsan al león marino cuando nada y le permiten alcanzar una velicidad de más de 21 km/h.

frente suavemente inclinada

hocico negro y coriáceo

> HEMBRA
El león marino de California presenta dimorfismo sexual. Las hembras son más pequeñas y menos musculosas, sobre todo en el cuello y los hombros, y su pelaje es más claro. Tienen la frente ligeramente inclinada en comparación con la de los machos.

TAMAÑO 2–2,4 m
HÁBITAT Costas y alta mar
DISTRIBUCIÓN Pacífico Norte oriental
DIETA Principalmente peces

el león marino puede ver bien en tierra y aún mejor bajo el agua, lo que lo ayuda a localizar las presas

pelaje corto y grueso

los bigotes sensoriales (vibrisas) llegan a medir 20 cm de largo

MORSA

La morsa es el único miembro de la familia odobénidos. Este enorme pinnípedo del Ártico posee una gran cantidad de grasa, colmillos largos en ambos sexos y un bigote de vibrisas sensoriales para detectar la comida. Miles de morsas salen a veces del agua para descansar en playas o témpanos de hielo.

MORSA
Odobenus rosmarus
La morsa nada y «marisquea» en las aguas someras del Ártico. El macho es dos veces mayor que la hembra, a la que atrae con sus mugidos submarinos.

FOCAS VERDADERAS

Los fócidos están más adaptados a la vida en el agua que la morsa y los leones y lobos marinos. En vez de pabellones auditivos tienen unos agujeros diminutos a los lados de la cabeza, y sus aletas, inservibles en tierra, les propulsan veloz y ágilmente en el agua. La mayoría vive en aguas templadas frías o polares y depreda peces e invertebrados, pero la foca leopardo caza pingüinos.

FOCA DE ROSS
Ommatophoca rossii
Esta foca escasa y veloz pasa la mayor parte de su vida cazando calamares bajo la banquisa antártica. Los machos son menores que las hembras.

FOCA DE WEDDELL
Leptonychotes weddellii
Es el mamífero salvaje más austral y realiza inmersiones largas y profundas bajo las placas de hielo antárticas. Las hembras pueden ser mayores que los machos.

FOCA LEOPARDO, LEOPARDO MARINO
Hydrurga leptonyx
Este temible depredador suele acechar focas más pequeñas, peces y pingüinos en el borde de la banquisa antártica; también come krill.

FOCA GRIS
Halichoerus grypus
Vive en el Atlántico Norte y cría en gran número en torno a Gran Bretaña. Los machos son hasta tres veces más pesados que las hembras.

FOCA BARBUDA
Erignathus barbatus
Esta gran foca del Ártico depreda invertebrados y peces del fondo a los que localiza en parte por el tacto, con sus largas y rígidas vibrisas.

FOCA MONJE DE HAWÁI
Monachus schauinslandi
Junto con la del Mediterráneo, es una de las dos especies de foca monje supervivientes, muy amenazadas y protegidas. Quedan menos de mil individuos de esta especie.

FOCA PÍA O DE GROENLANDIA
Pagophilus groenlandicus
Esta pequeña foca migra en grupos ruidosos, al sur en invierno y al norte en verano, siguiendo la banquisa ártica sobre la cual se iza y descansa.

FOCA CANGREJERA
Lobodon carcinophaga
Pese a su nombre, esta ágil foca antártica come sobre todo kril que tamiza del agua con sus dientes especialmente modificados.

FOCA DE CASCO
Cystophora cristata
Esta solitaria foca del Ártico tiene una insólita nariz hinchable que cae sobre su boca. Las crías se independizan con apenas cinco días de edad.

ELEFANTE MARINO AUSTRAL O DEL SUR
Mirounga leonina
El macho de esta especie del océano Antártico tiene la nariz a modo de trompa y es el mayor carnívoro, con un peso de hasta 3 toneladas.

ELEFANTE MARINO BOREAL O DEL NORTE
Mirounga angustirostris
El macho de este gran fócido del Pacífico Norte tiene la nariz larga y a modo de trompa. Como su congénere austral, fue cazado casi hasta la extinción pero se está recuperando.

FOCA MANCHADA
Phoca largha
Esta pequeña foca se observa principalmente sobre los hielos flotantes de la costa norte de Siberia y del Yukón (Canadá). Los adultos forman parejas estables para reproducirse.

FOCA COMÚN O MOTEADA
Phoca vitulina
Esta foca de delicado aspecto está muy extendida por las costas templadas frías. Descansa en playas de arena y en arrecifes resguardados.

FOCA OCELADA O ANILLADA
Pusa hispida
Es la foca más abundante en el Ártico, pero muy escasa en Europa. Las crías nacen en guaridas bajo el hielo para protegerlas de los depredadores.

FOCA DEL BAIKAL
Pusa sibirica
Esta pequeña foca de agua dulce es endémica del lago Baikal, en el sur de Siberia. En invierno perfora el hielo con dientes y uñas para crear respiraderos.

FOCA DEL CASPIO
Pusa caspica
Esta amenazada especie del mar Caspio cuenta con menos de 100 000 individuos. Se cree que el macho solo tiene una hembra y no combate contra los otros machos.

MOFETAS Y AFINES

Esta pequeña familia de mamíferos de la talla de un gato debe su nombre –mefítidos, que deriva del latín *mephitis*, «exhalación pestilente»– al comportamiento más típico de sus miembros: rociar con un líquido fétido a los agresores.

20–32 cm

ZORRINO PATAGÓNICO
Conepatus humboldtii
Esta pequeña mofeta del sur de Chile y de Argentina detecta por el olfato a sus presas, que son invertebrados subterráneos, y las desentierra.

32–49 cm

MELANDRO DE PALAWAN
Mydaus marchei
Este torpe primo de zorrinos, zorrillos y mofetas solo se encuentra en las islas filipinas de Palawan y Calamian. Come sobre todo invertebrados.

19–33 cm

MOFETA ORIENTAL
Spilogale putorius
Esta mofeta esbelta y relativamente pequeña del este de EE UU es más ágil que otros mefítidos y trepa bien.

28–31 cm

MOFETA ENCAPUCHADA
Mephitis macroura
Esta mofeta, o zorrillo, de América Central y México ocupa una amplia gama de hábitats y se alimenta de modo oportunista de frutos, huevos y pequeños animales.

17–40 cm

la franja blanca advierte a los depredadores de sus secreciones pestilentes

los largos pelos de la cola y del dorso se erizan cuando el animal está asustado

MOFETA RAYADA
Mephitis mephitis
Este omnívoro nocturno se extiende de Canadá a México. No hiberna, pero puede pasar por periodos de letargo en invierno.

MAPACHES Y AFINES

Los prociónidos son unos ágiles carnívoros americanos. Casi todos son omnívoros y comen principalmente vegetales –sobre todo frutos– y también insectos, caracoles y pequeños mamíferos y aves. El mapache común es el de mayor tamaño.

43–58 cm

COATÍ ROJO
Nasua nasua
Este coatí sudamericano suele formar grupos matrilineales. Ágil trepador, come sobre todo frutos, en especial cuando no encuentra invertebrados.

43–68 cm

COATÍ PIZOTE
Nasua narica
Omnívoro y muy social, este coatí de México y América Central pasa el día comiendo en el suelo. No obstante, trepa bien y a menudo duerme en árboles.

la cola tiene listas oscuras difusas

PANDA ROJO

Este mamífero herbívoro y arborícola se clasifica en una familia propia: ailúridos. Antes, los zoológos lo clasificaban junto con los osos, pero hoy se cree que está más estrechamente emparentado con las mofetas, los mapaches y las comadrejas.

51–78 cm

PANDA ROJO O MENOR
Ailurus fulgens
Este mamífero con aspecto de mapache vive en bosques templados del Himalaya. Come hojas y brotes de bambú, frutos, pequeños animales y huevos de aves.

COMADREJAS Y AFINES

Los mustélidos se distribuyen por Eurasia, África y América. Se caracterizan por su cuerpo sinuoso y sus patas cortas, aunque el glotón y los tejones son más robustos. Casi todos son depredadores activos y buenos nadadores.

20–36 cm

VISÓN EUROPEO
Mustela lutreola
Este depredador semiacuático estuvo muy extendido por Europa. Pese a haber colonizado recientemente el norte de España, hoy es mucho menos común que el introducido visón americano.

30–43 cm

VISÓN AMERICANO
Neovison vison
Depredador sigiloso y feroz, nada con gran destreza. Ha sido introducido en todo el mundo por las granjas peleteras.

punta de la cola negra

KINKAJÚ
Potos flavus
Esta especie nocturna y arborícola de América Central y del Sur usa su larga lengua para arrancar frutos y libar néctar y miel. En ocasiones come insectos.

OLINGUITO
Bassaricyon neblina
Tímido, nocturno y frugívoro, el olinguito es una de las cuatro especies de olingo. Vive en los bosques nubosos andinos de Ecuador y Colombia.

MAPACHE
Procyon lotor
Omnívoro oportunista y adaptable, prefiere los hábitats arbolados y de matorral de América Central y del Norte, pero a menudo prospera en zonas urbanas, donde rebusca en las basuras.

CACOMIXTLE
Bassariscus astutus
Este ágil omnívoro de México y el sur de EE UU busca por la noche frutos y pequeños animales, con frecuentes pausas para marcar olfativamente su territorio.

TURÓN EUROPEO
Mustela putorius
Esta activa especie nocturna, propia de los bosques, prados y campos de casi toda Europa, es el ancestro del hurón doméstico.

COMADREJA COMÚN
Mustela nivalis
Pese a ser el más pequeño de los carnívoros, es un depredador feroz y muy eficiente, especializado en cazar ratones.

ARMIÑO
Mustela erminea
Este pequeño depredador, ágil y feroz, ocupa gran parte del hemisferio norte. Excepto en algunas poblaciones sureñas, se vuelve blanco en invierno.

TURÓN PATINEGRO
Mustela nigripes
Extinguido en la naturaleza a finales del siglo xx, este depredador de perritos de la pradera se ha reintroducido en reservas del centro-oeste de EE UU.

COMADREJA COLILARGA
Mustela frenata
Extendida por América, caza ratones y topillos. Los individuos norteños se vuelven blancos en invierno.

TEJÓN PORCINO
Arctonyx collaris
Este tejón del sureste de Asia hoza con su largo hocico en los suelos selváticos en busca de tubérculos y pequeños animales.

TEJÓN AMERICANO
Taxidea taxus
Este mustélido excavador propio de los herbazales, estepas y terrenos arbolados abiertos de gran parte de América del Norte come una enorme variedad de plantas y animales.

TEJÓN EUROPEO
Meles meles
Este robusto tejón vive en zonas arboladas de casi toda Europa y del oeste de Asia, en extensas madrigueras comunales llamadas tejoneras.

RATEL
Mellivora capensis
Este pendenciero animal vive en África y en el oeste y el sur de Asia. Aunque le gustan mucho la miel y las larvas de abeja, come sobre todo pequeños vertebrados y frutos.

GRISÓN
Galictis vittata
Este mustélido adaptable y omnívoro, con un pelaje como de ratel, habita en selvas, sabanas y campos de América Central y del Sur.

MARTA CIBELINA
Martes zibellina
Este feroz depredador de los bosques de Siberia, China y Japón es cazado a su vez por el ser humano, por su exuberante pelaje sedoso y suave.

GLOTÓN
Gulo gulo
Este gran mustélido boreal consume vorazmente carroñas de alces y renos, y depreda activamente estos y otros ungulados, liebres y grandes roedores.

GARDUÑA
Martes foina
Muy extendida por la Eurasia templada, sale al atardecer de una grieta rocosa, un leño hueco o un edificio para buscar pequeños mamíferos, pájaros y frutos.

MARTA PEKAN
Martes pennanti
Esta gran marta de los bosques de América del Norte es uno de los pocos carnívoros que se atreve con los puercoespines.

MARTA EUROPEA
Martes martes
Este activo cazador presente en los bosques de gran parte de Europa rara vez se observa, ya que es nocturno y rehúye a los humanos.

HURÓN ESTRIADO
Ictonyx striatus
Esta especie del África subsahariana caza por la noche una amplia gama de presas. De día descansa en leños huecos o en madrigueras.

HURÓN DE NUCA BLANCA
Poecilogale albinucha
Esta especie del centro y el sur de África cava sus propias madrigueras, de las que sale de noche para cazar animales más pequeños, en especial roedores que rastrea por su olor.

NUTRIA GIGANTE
Pteronura brasiliensis
Este depredador de América del Sur tropical necesita comer 3 kg de pescado al día. Quedan unos 1000–5000 individuos de esta especie en peligro.

NUTRIA AFRICANA
Aonyx capensis
Esta nutria de gran talla propia de marjales, selvas y bosques de galería de gran parte del África subsahariana come sobre todo cangrejos, ranas y peces.

NUTRIA CHICA
Aonyx cinereus
Es la nutria más pequeña del mundo y habita en zonas húmedas de India y el sureste de Asia. Especie vulnerable, está amenazada por la pérdida de hábitats y la contaminación.

NUTRIA PALEÁRTICA
Lutra lutra
Esta nutria prospera en hábitats fluviales y también en zonas costeras siempre que tenga acceso al agua dulce para beber y lavarse.

NUTRIA NEÁRTICA
Lontra canadensis
Esta especie habita en ríos y riberas fluviales con abundante vegetación de gran parte de América del Norte. Come sobre todo peces y cangrejos de río, pero también caza pequeños animales terrestres.

NUTRIA MARINA
Enhydra lutris
Caza peces y mariscos en las frías aguas del Pacífico Norte, donde se mantiene caliente gracias a su pelaje increíblemente denso.

FÉLIDOS

Los miembros de la familia félidos figuran entre los carnívoros más especializados, y muchas especies no comen nunca materia vegetal. Los félidos son sumamente atléticos, con un cuerpo musculoso y flexible muy bien adaptado para correr, trepar, saltar y nadar. Sus cortas mandíbulas contienen dientes afilados, adaptados para acuchillar (caninos) y para rebanar (carniceros). Sus uñas son retráctiles.

LEOPARDO
Panthera pardus
El más adaptable de los grandes félidos vive en gran parte de África y el sur de Asia. A menudo esconde sus presas en árboles, lejos de otros depredadores.

PANTERA NEBULOSA
Neofelis nebulosa
Este félido del sureste de Asia con manchas en forma de nube se considera vulnerable debido a la caza y a la pérdida de sus hábitats selváticos.

LEOPARDO NEGRO (PANTERA NEGRA)
Panthera pardus
La coloración melánica no es rara entre los leopardos. Las panteras negras se encuentran sobre todo en las selvas húmedas y densas del sureste de Asia.

JAGUAR O YAGUAR
Panthera onca
El único gran félido de América trepa y nada con gran destreza. Entre sus numerosas presas figuran cérvidos, pecaríes, tortugas y peces.

TIGRE
Panthera tigris
El mayor de los félidos se vale del sigilo y la fuerza para abatir presas tan grandes como bueyes. Quedan menos de 3900 tigres salvajes en toda Asia.

LEÓN
Panthera leo
El superdepredador de África vive en grupos familiares. Las hembras cooperan para abatir presas como cebras y antílopes.

LEOPARDO DE LAS NIEVES
Uncia uncia (Panthera uncia)
Propio de las altas y remotas montañas de Asia central, este félido solitario caza ovinos y caprinos salvajes, marmotas y liebres.

LINCE BOREAL
Lynx lynx
Este lince tiene el tamaño suficiente para abatir pequeños ciervos. Una de estas presas nutrirá a un individuo casi una semana.

LINCE IBÉRICO
Lynx pardinus
Este lince que se está criando en cautividad es probablemente el félido más amenazado del mundo, con menos de 400 adultos salvajes en total, en el suroeste de España.

CARACAL
Caracal sp.
Cazador nocturno de presas de talla media, como desmanes y pequeños antílopes, vive en herbazales y montes secos de África y el suroeste de Asia.

LINCE ROJO
Lynx rufus
Este depredador adaptable y a menudo con tonos rojizos vive en la América del Norte templada y subtropical, y caza al acecho, sobre todo lagomorfos.

GATO BADIA
Catopuma badia
Este raro felino tiene dos morfos de color: gris y el más común rojizo. Solo se halla en la isla de Borneo.

GATO DORADO ASIÁTICO
Catopuma temminckii
Este gran gato pardo dorado y a veces moteado vive en zonas boscosas del este y sureste de Asia. Las parejas cooperan en la caza y el cuidado de las crías.

LINCE CANADIENSE
Lynx canadensis
El lince canadiense vive en bosques boreales y tundras. Su número fluctúa según la disponibilidad de la liebre americana, su presa preferida.

GUEPARDO
Acinonyx jubatus
El más veloz de los animales terrestres alcanza los 102 km/h y utiliza su velocidad para cazar gacelas y antílopes en la sabana africana.

»

las peludas orejas pueden girar de manera independiente para detectar sonidos del entorno que indican la presencia de presas o peligros

TIGRE
Panthera tigris

El mayor y más llamativo de los grandes félidos es un depredador poderoso con una agilidad y una armonía casi sobrenaturales. Su área de distribución se extiende desde las selvas de Indonesia hasta los nevados bosques de Siberia, donde viven los ejemplares de mayor tamaño. Un macho plenamente desarrollado puede pesar hasta 300 kg y, aun así, es capaz de salvar hasta 10 m de un único salto. Los tigres adultos viven en solitario, excepto las madres con sus crías. Las madres cuidan de sus hijos durante dos años o más mientras les enseñan las técnicas vitales de supervivencia.

TAMAÑO 1,4–2,9 m
HÁBITAT Bosques, selvas, marjales, manglares, sabanas y parajes rocosos
DISTRIBUCIÓN De India a China y Siberia, y hasta la península Malaya y Sumatra
DIETA Principalmente ungulados como cérvidos y jabalíes; también mamíferos más pequeños y aves

PUPILA REDONDA >
A diferencia de los pequeños félidos, cuyas pupilas se contraen como rayas verticales, las de los tigres son siempre redondas. Se dilatan para permitir una excelente visión nocturna y se contraen hasta pequeños puntos con la luz brillante.

DESTELLO BLANCO ∨
Se cree que la destacada mota blanca de detrás de la oreja interviene en la comunicación. Los cachorros que siguen a su madre advierten los movimientos de sus orejas que pueden anunciar peligro.

∧ ACUCHILLAR Y CORTAR
Con sus cuatro largos caninos, el tigre asesta un mordisco letal a sus presas, y con sus carniceros –dientes yugales afilados como cuchillas– corta la carne con facilidad.

el olfato es sorprendentemente deficiente, aunque los tigres marcan su territorio con señales olorosas

las largas vibrisas le permiten orientarse a través de la densa maleza, en una oscuridad casi total

PATAS DELANTERAS >
El tigre tiene las patas largas y los pies grandes, lo que le permite correr a mucha velocidad, saltar grandes distancias y abatir presas tan grandes como bueyes de un solo zarpazo mortal.

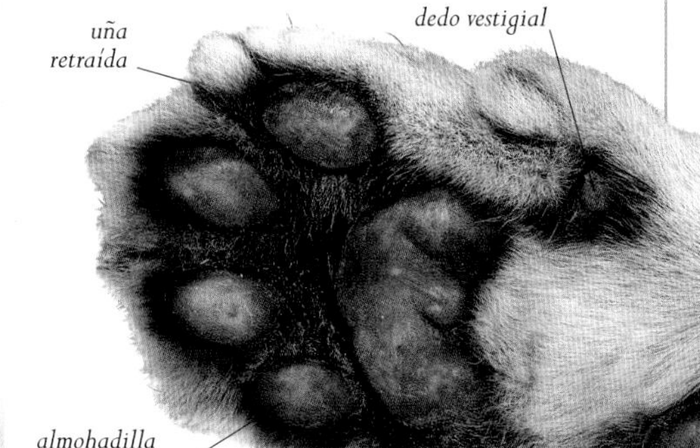

< DEPREDADOR RAYADO
El pelaje de vivo color naranja con llamativas rayas negras es un camuflaje excelente para moverse entre la vegetación veteada por el sol. Los ejemplares blancos de los zoológicos suelen haber nacido en cautividad y son sumamente raros en la naturaleza. De hecho, los tigres han sido cazados casi hasta la extinción y en la naturaleza quedan menos de 3900 individuos adultos.

∧ ZARPA ALMOHADILLADA
El tigre tiene cinco dedos en cada pie anterior: cuatro de apoyo y un quinto dedo vestigial. Cuando no usa las uñas, las retrae totalmente dentro de la zarpa.

< EXTREMO DE LA COLA
El tigre suele llevar su larga cola curvada justo encima del suelo y la usa para equilibrarse cuando persigue presas o cuando trepa.

GATO SIAMÉS
Felis catus
Esta elegante raza se originó en Tailandia (antiguo Siam). Los gatitos siameses nacen de color crema y adquieren los extremos negros al crecer.

GATO BARCINO
Felis catus
El barcino no es una raza sino un patrón de color observable en muchas razas. Se parece al patrón ancestral del gato montés.

GATO ESFINGE O SPHYNX
Felis catus
Esta raza lampiña a excepción de un vello de color melocotón se desarrolló en Canadá. Los sphynx son frioleros, por lo que suelen ser gatos domésticos.

GATO CORNISH REX
Felis catus
Esta raza solo conserva el pelaje secundario, cuya ondulación se debe a una mutación genética.

GATO MONTÉS
Felis silvestris silvestris
Este depredador esquivo, pero feroz, está en declive debido a la persecución, la pérdida de hábitat y, sobre todo, la hibridación con gatos domésticos.

GATO PERSA
Felis catus
Esta raza popular y establecida desde hace largo tiempo se caracteriza por su pelo largo y su hocico chato.

GATO MANX
Felis catus
Los gatos de cola corta aparecieron de forma natural en la isla de Man hace más de 300 años. Este rasgo se extendió rápidamente por la pequeña población insular.

GATO MONTÉS INDIO O DEL SUR DE ASIA
Felis lybica ornata
Este pequeño félido se distingue de las dos subespecies africanas por su pelaje rubio grisáceo con manchas marrones.

GATO MARISMEÑO
Felis chaus
Este gato salvaje grande y relativamente común se encuentra desde Egipto hasta Vietnam y prefiere los herbazales y hábitats pantanosos.

GATO DE LAS ARENAS
Felis margarita
Este pequeño gato de los desiertos del norte de África, Arabia, Pakistán y el este del Caspio caza jerbillos, jerbos y otros roedores nocturnos.

GATO DE PIES NEGROS
Felis nigripes
Este cazador solitario y oportunista está amenazado por la persecución indirecta y la pérdida de hábitats en su África meridional nativa.

MANUL
Otocolobus manul
Este félido de patas cortas vive en los desiertos pedregosos de Asia central, donde su pelaje le camufla cuando rececha picas, gerbillos y perdices.

SERVAL
Leptailurus serval
Este félido característico, propio de los herbazales y sabanas de gran parte de África, es un ágil depredador de pequeños mamíferos.

GATO JASPEADO
Pardofelis marmorata
Esta especie vulnerable y poco conocida, propia de las selvas del sureste de Asia, trepa con gran destreza y caza principalmente aves.

GATO INDIO
Prionailurus rubiginosus
Este activo gato de India y Sri Lanka rececha en el suelo la mayoría de sus presas, pero es un trepador excelente.

GATO PESCADOR
Prionailurus viverrinus
Esta especie en peligro, con un área discontinua en el sur y el sureste de Asia, depreda aves acuáticas y vertebrados terrestres además de peces.

GATO CANGREJERO
Prionailurus planiceps
Este gato ribereño en peligro de extinción del sureste de Asia captura peces y crustáceos metiendo la cabeza en el agua o tanteando el fondo con sus zarpas.

»

PUMA
Puma concolor
Este pariente cercano del guepardo habita en terrenos a menudo escarpados de una enorme área que se extiende desde Canadá hasta Argentina.

YAGUARUNDI, JAGUARUNDÍ
Herpailurus yagouaroundi
Este félido americano que a menudo se confunde con la taira (un mustélido) caza pequeños mamíferos durante el día en diversos hábitats.

HIENAS Y PROTELES

La familia hiénidos comprende tres especies carroñeras –las hienas– y el proteles, especializado en comer insectos. Las hienas tienen un cuerpo robusto y perruno, con patas traseras cortas y mandíbulas poderosas para triturar huesos. Son muy inteligentes, viven en grupos familiares y tienen un comportamiento social complejo. El proteles es más esbelto y vive en solitario o en parejas.

PROTELES
Proteles cristata
Este esbelto primo de las hienas con débiles mandíbulas vive en los herbazales secos del este y el sur de África, donde casi solo come termitas.

HIENA MANCHADA
Crocuta crocuta
Este eficiente animal carroñero también caza ungulados con gran habilidad. Vive en zonas no forestales del África subsahariana.

HIENA RAYADA
Hyaena hyaena
Esta pequeña hiena que habita en terrenos abiertos desde el centro y el norte de África hasta India, come carroña, pequeños animales y frutos.

HIENA PARDA
Hyaena brunnea
Este carroñero social del sur de África sobrevive a las condiciones desérticas buscando comida de noche y complementando su dieta con frutos jugosos.

58–64 cm

GATO ANDINO
Leopardus jacobita
Esta especie extremadamente rara, confinada en tierras altas remotas, se ha avistado muy pocas veces. Come vizcachas y otros pequeños animales.

el manto moteado varía de gris a dorado

43–88 cm

GATO DE GEOFFROY
Leopardus geoffroyi
Este adaptable cazador de pequeños mamíferos, peces y aves rececha en herbazales, bosques y humedales desde Bolivia hasta el sur de Argentina.

GATO DE LAS PAMPAS
Leopardus colocolo
Muy adaptable, este gato principalmente nocturno ocupa una amplia gama de hábitats en América del Sur, desde bosques y semidesiertos hasta herbazales y humedales.

42–79 cm

38–56 cm

TIGRILLO
Leopardus tigrinus
El área de este habitante de bosques y selvas va desde Costa Rica hasta Argentina. Solitario y nocturno, caza roedores, marmosas, lagartijas y aves.

72–100 cm

OCELOTE
Leopardus pardalis
Ocupa diversos hábitats forestales de América tropical y subtropical. Caza por la noche roedores y otras presas, a menudo en el agua.

43–79 cm

ojos grandes, adaptados a la vida nocturna

cuerpo flexible, adaptado para trepar

las fuertes uñas se esconden en fundas carnosas

MARGAY
Leopardus wiedii
Difícil de ver por su rareza y su preferencia por las selvas densas, se encuentra desde México hasta el noreste de Argentina.

CARNÍVOROS MALGACHES

La gran isla de Madagascar se separó de otras masas continentales hace unos 88 millones de años, lo que permitió la evolución independiente de su fauna de mamíferos. Hoy, sus carnívoros nativos se clasifican en una familia aparte, eupléridos, que presentan aspectos muy variados, ya que se diversificaron para llenar los nichos ocupados en otros lugares por félidos, mustélidos y mangostas.

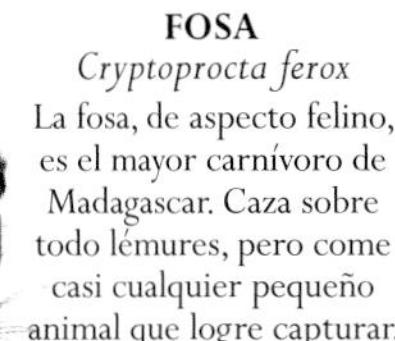
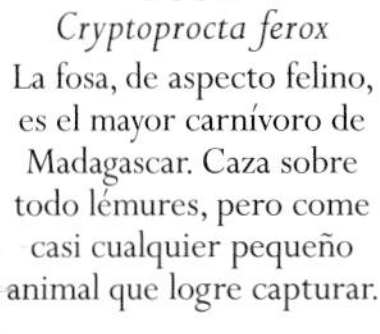

60–80 cm

FOSA
Cryptoprocta ferox
La fosa, de aspecto felino, es el mayor carnívoro de Madagascar. Caza sobre todo lémures, pero come casi cualquier pequeño animal que logre capturar.

30–38 cm

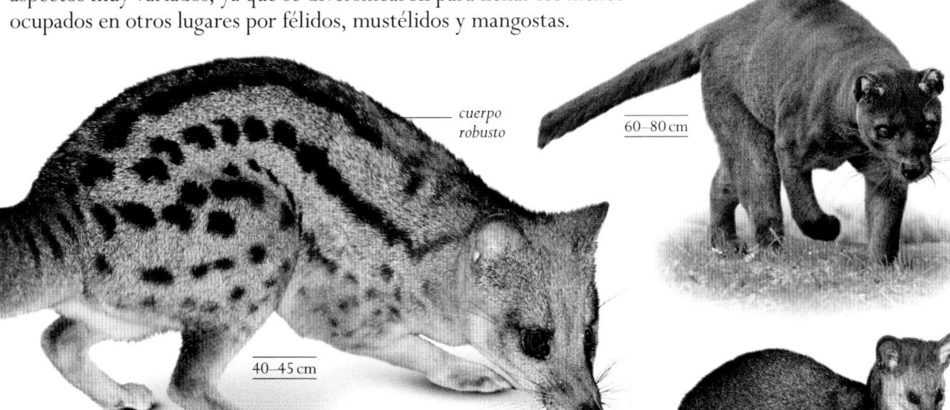

cuerpo robusto

40–45 cm

hocico puntiagudo como de zorro

CIVETA DE MADAGASCAR
Fossa fossana
Esta pequeña civeta, también llamada fanaloka, vive sobre todo en selvas húmedas y caza pequeños animales en tierra y en el agua.

45–50 cm

FALANUC
Eupleres goudotii
Animal nocturno, terrestre y forestal, es un hábil excavador que usa sus grandes pies para desenterrar invertebrados.

GALIDIA DE COLA ANILLADA
Galidia elegans
Las galidias, equivalentes malgaches de las mangostas, son animales forestales y activos que depredan de forma oportunista casi todo tipo de presas.

∨ EXPERTO EN ELIMINACIÓN DE RESIDUOS
Este rudo carroñero puede reducir a la nada una carroña en pocos minutos. Intenta arrancar grandes trozos de carne antes de que lleguen otros carroñeros y luego, si puede, descuartiza los restos y los esconde en las proximidades. A menudo, todo lo que queda de un antílope u otro herbívoro es el verde contenido estomacal.

TAMAÑO 1–1,2 m
HÁBITAT Terrenos abiertos, sabanas, zonas de matorral y semidesiertos
DISTRIBUCIÓN Norte, centro y este de África, y desde Oriente Próximo hasta el este de India
DIETA Principalmente carroña

sus musculosos hombros y cuello le permiten transportar o arrastrar un peso de carroña igual al de su propio cuerpo

las grandes orejas siguen el sonido procedente de cualquier dirección

HIENA RAYADA
Hyaena hyaena

Vilipendiadas como carroñeras cobardes y furtivas, las hienas suelen ser también cazadoras expertas. La hiena rayada es menos audaz que su prima manchada, y al menos en África, tiende a vivir en solitario salvo en época de cría. En otros lugares, como Israel e India, las hienas rayadas viven más a menudo en grupos familiares dominados por una hembra adulta. Aunque la carroña constituye la parte esencial de su dieta, la hiena rayada también aprecia las frutas, especialmente los melones, con los que calma su sed. Detestada por los agricultores, que temen sus ataques al ganado y los daños que causan en los cultivos, necesita cada vez más la conservación, ya que quizás queden menos de 10 000 individuos en la naturaleza.

∨ GARGANTA
La mancha negra de la garganta probablemente contribuye a camuflar al animal. El pelaje más denso de esta zona podría protegerle de sufrir heridas graves durante la lucha.

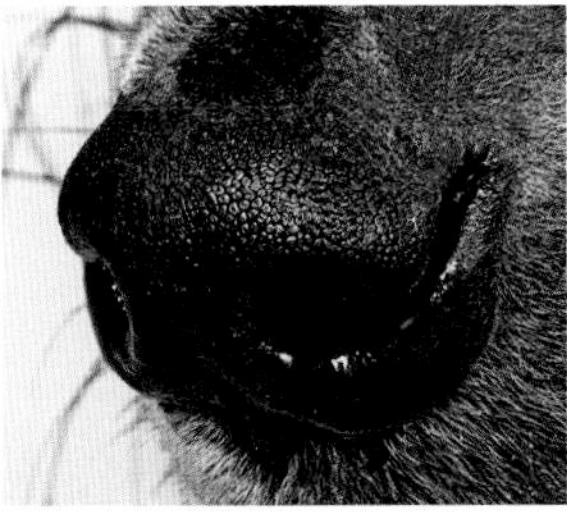

∧ UNA NARIZ MUY ÚTIL
El olfato es un sentido importante para las hienas, que a menudo hacen una pausa en su rutina diaria para untar con su glándula odorífera situada bajo la cola las rocas y matas de hierba de su área de deambulación.

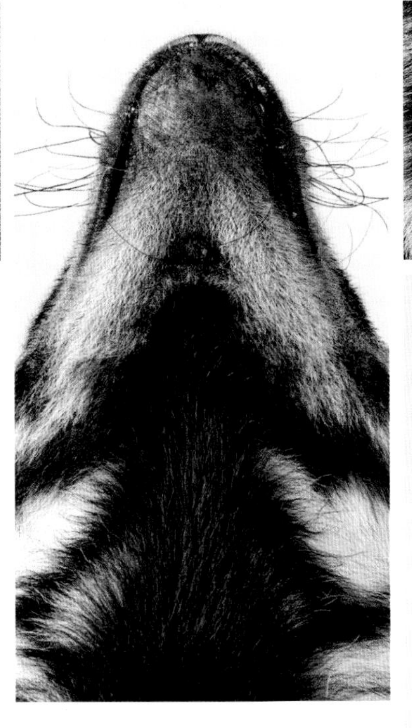

∧ BOCA Y DIENTES
Unos músculos inmensamente poderosos accionan las robustas mandíbulas de la hiena. Los dientes yugales (molares y premolares) pueden triturar huesos sin problemas.

< PELAJE
La hiena rayada es más pequeña que las hienas manchada y parda, y se distingue por las rayas negras de sus patas y flancos. Este dibujo la camufla en su polvoriento hábitat.

< ∧ PATAS Y PIES
Las patas delanteras son más largas que las traseras y terminan en zarpas de cuatro dedos. Las uñas son similares a las de los cánidos, cortas, romas y no retráctiles.

MANGOSTAS

Las mangostas (familia herpéstidos) son carnívoros pequeños, esbeltos y en su mayoría terrestres, que viven desde las zonas tropicales hasta las templadas cálidas de África y Eurasia. Varias especies viven en grupos sociales. Como los carnívoros malgaches, al parecer están estrechamente emparentadas con las hienas.

cabeza en forma de cuña

26–46 cm

garras afiladas no retráctiles

MANGOSTA DORADA
Cynictis penicillata
Esta mangosta de las sabanas secas del sur de África vive en grupos liderados por un macho dominante, pero se alimenta sola.

47–69 cm

MANGOSTA COLIBLANCA
Ichneumia albicauda
Esta gran mangosta insectívora de los hábitats abiertos del África subsahariana y el sur de la península Arábiga también come vertebrados y bayas maduras.

MANGOSTA ESBELTA
Galerella sanguinea
Esta especie ampliamente distribuida por África suele vivir en solitario. Es diurna y está más activa justo antes del ocaso.

32–34 cm

SURICATA
Suricata suricatta
Vive en grupos en hábitats semidesérticos. Todos los miembros ayudan a cuidar a las crías y la madriguera, y se turnan para vigilar mientras los demás buscan comida.

nariz puntiaguda

24–29 cm

bandas quebradas en el pelaje

cola esbelta

16–23 cm

MANGOSTA ENANA
Helogale parvula
Este carnívoro pequeño y enérgico busca en grupo su alimento, compuesto de escarabajos, termitas, escorpiones y otros invertebrados, en sabanas y zonas de matorral del este y centro-sur de África.

30–37 cm

CUSIMANSÉ DEL NÍGER
Crossarchus obscurus
Esta especie de las selvas del oeste de África vive y caza en grupos nómadas. Se dice que es excelente como mascota.

30–40 cm

MANGOSTA RAYADA
Mungos mungo
Esta mangosta social de los bosques y sabanas subsaharianos vive en guaridas que a menudo excava en termiteros. Un grupo puede entrar en el territorio de otro grupo en busca de cópulas.

56–61 cm

MELONCILLO
Herpestes ichneumon
Esta mangosta ocupa hábitats ribereños, herbosos y abiertos desde la península Ibérica hasta el sur de África.

45–53 cm

MELONCILLO GRIS
Urva edwardsii
Esta especie de los bosques secundarios y las plantaciones a menudo caza cerca de las viviendas humanas, donde resulta útil por matar ratones y ratas.

33–48 cm

MELONCILLO PARDO
Urva fusca
Esta especie poco común habita en las junglas del sur de India y de Sri Lanka. Como otras mangostas, puede matar serpientes, pero prefiere presas más fáciles.

39–47 cm

MELONCILLO ROJO
Urva smithii
Esta especie poco conocida de India y Sri Lanka caza aves, reptiles y pequeños mamíferos. Su cola es a veces más larga que el cuerpo.

NANDINIA

La sigilosa y nocturna nandinia es el único miembro de la familia nandínidos que, al parecer, se habría separado de los ancestros de civetas y félidos hace 44,5 millones de años.

NANDINIA
Nandinia binotata
Esta especie arborícola muy común, aunque tímida, del centro de África come sobre todo frutos, pero también caza de forma oportunista.

CIVETAS, JINETAS Y AFINES

Civetas y ginetas (vivérridos) y linsangs (prionodóntidos) parecen félidos de cola larga, pero están menos especializados en comer carne. Cuando se los acosa, estos animales tímidos y nocturnos, y en su mayoría vistosamente moteados, rocían un líquido apestoso que segregan unas glándulas situadas cerca de la cola.

BINTURONG
Arctictis binturong
Este curioso vivérrido de cola prensil del sureste de Asia se desplaza sistemáticamente por el dosel selvático en busca de frutos y pequeños animales.

CIVETA AFRICANA
Civettictis civetta
Esta civeta terrestre, oportunista y solitaria marca su territorio con algalia, una sustancia almizclada muy apreciada en perfumería.

MUSANG
Paradoxurus hermaphroditus
Este vivérrido frugívoro cuya área se extiende desde Pakistán hasta Indonesia se considera a menudo una plaga en las plantaciones de plataneras y de palmas.

PAGUMA
Paguma larvata
Esta especie arborícola, ágil y solitaria del sureste de Asia come frutos, insectos y pequeños vertebrados.

CIVETA INDIA PEQUEÑA
Viverricula indica
Esta pequeña civeta terrestre habita en bosques, herbazales y espesuras de bambú desde Pakistán hasta China e Indonesia.

JINETA O GINETA COMÚN
Genetta genetta
Este adaptable depredador de pequeños mamíferos y aves habita en bosques, sabanas y zonas arbustivas o rocosas de África y del suroeste de Europa.

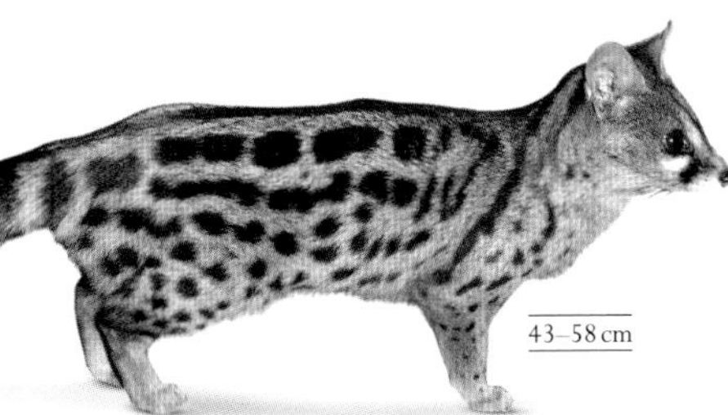

JINETA O GINETA MANCHADA
Genetta tigrina
Esta jineta del este de Sudáfrica y de Lesotho come sobre todo invertebrados, pero puede cazar presas tan grandes como gansos del Nilo.

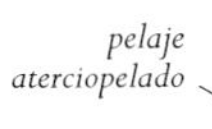

LINSANG RAYADO
Prionodon linsang
Esta tímida especie vive en huecos de árbol de las selvas del sureste de Asia y caza ratas, ardillas, lagartijas y aves. Un número creciente de autores clasifica a las dos especies de linsang en una familia aparte, prionodóntidos.

CIVETA MALAYA
Viverra tangalunga
Esta civeta nocturna de las selvas de Malasia, Indonesia y Filipinas caza la mayoría de sus presas en el suelo.

PERISODÁCTILOS

Todos los perisodáctilos ramonean o pacen plantas. Aunque parecen tener poco en común, están relacionados por una serie de formas intermedias extinguidas.

Los perisodáctilos modernos varían desde los elegantes caballos hasta los tapires de aspecto porcino y los orondos rinocerontes. A diferencia de los artiodáctilos, tienen un número impar de dedos y el estómago relativamente simple, y digieren la celulosa de las plantas mediante las bacterias del ciego y el colon.

En épocas pretéritas, los perisodáctilos figuraban entre los mamíferos herbívoros más importantes y en ocasiones eran los herbívoros dominantes en ecosistemas forestales y herbáceos. Por varias razones, como la competencia con los artiodáctilos, la mayoría de estas especies solo se conoce hoy en día en el registro fósil.

DEDOS SUSTENTADORES

Los perisodáctilos se apoyan principalmente sobre el tercer dedo de cada pie. Los équidos incluso han perdido sus demás dedos y el único que les queda está bien protegido por una pezuña córnea, o casco. Las otras dos familias conservan más dedos: tres en los cuatro pies en el caso de los rinocerontes, y tres en los pies traseros y cuatro en los delanteros, en el de los tapires.

CABALLOS EN EL MUNDO

Antes distribuidas por todo el mundo excepto la Antártida y Australasia, las especies actuales del orden son en su mayoría nativas de África y Asia. Solo algunos tapires son nativos de América, ya que, si bien la familia de los caballos evolucionó en esta región, se extinguió hace unos 10 000 años, hacia finales del Pleistoceno. Los conquistadores españoles reintrodujeron el caballo doméstico moderno en el Nuevo Mundo a finales del siglo xv.

Los équidos han tenido una larga historia de domesticación, en especial como animales de tiro y de carga para el transporte y las tareas agrícolas y forestales. El primero que se domesticó parece que fue el burro, hace unos 5000 años, seguido del caballo hace unos 4000. Actualmente existen unas 250 razas de caballos en el mundo.

FILO	CORDADOS
CLASE	MAMÍFEROS
ORDEN	PERISODÁCTILOS
FAMILIAS	3
ESPECIES	18

El rinoceronte negro es un ramoneador que usa su labio superior prensil para agarrar ramitas y hojas.

RINOCERONTES

Su enorme cuerpo en forma de tonel y su gran cabeza con uno o dos cuernos hacen inconfundibles a las cinco especies de rinocerótidos. Aunque debido a su tamaño, sus cuernos y su gruesa piel protectora tienen pocos enemigos naturales, estos animales en gran parte solitarios están amenazados por la caza y la destrucción de su hábitat. Los rinocerontes pueden fermentar sus alimentos en el intestino grueso y comer tanto materia leñosa como hojas.

RINOCERONTE DE SUMATRA
Dicerorhinus sumatrensis
Esta especie en peligro crítico de las selvas del sureste de Asia es el más pequeño de los rinocerontes. El menor de sus dos cuernos suele ser un mero muñón.

RINOCERONTE NEGRO
Diceros bicornis
Este animal en peligro crítico del África subsahariana, más pequeño pero más agresivo que el rinoceronte blanco, tiene el labio superior prensil para llevarse ramitas y hojas a la boca.

TAPIRES

Los tapires (familia tapíridos) viven en selvas tropicales del sureste de Asia y de América Central y del Sur. Estos grandes herbívoros tienen una corta trompa prensil que usan para agarrar hojas por encima de su cabeza y como un *snorkel* bajo el agua. Otra característica es la grupa saliente con una corta cola. Las crías tienen el pelaje rayado y moteado. Las pezuñas con los pesuños (dedos) separados, cuatro en el pie anterior y tres en el posterior, les ayudan a caminar por suelos blandos.

la piel bicolor camufla mejor el cuerpo

mancha blanca en forma de silla de montar

trompa corta y flexible

1–1,3 m

TAPIR MALAYO
Tapirus indicus
Esta especie en peligro es el mayor de los tapires y el único asiático. Machos y hembras dejan rastros traslapados en sus territorios del sureste de Asia.

0,8–1,2 m

TAPIR AMAZÓNICO O COMÚN SURAMERICANO
Tapirus terrestris
Pese a su tamaño, esta tímida especie vulnerable se desplaza fácilmente por la selva y es presa de los cocodrilos.

0,8–1,2 m

TAPIR DE BAIRD, CENTROAMERICANO O NORTEÑO
Tapirus bairdii
Esta especie en peligro, el mayor mamífero terrestre de América tropical, prefiere los hábitats ribereños de las selvas densas.

80–90 cm

TAPIR ANDINO O DE MONTAÑA
Tapirus pinchaque
Esta especie en peligro vive en bosques nublados y páramos del norte de los Andes. Es el tapir más pequeño, con un tupido pelaje lanudo y el labio inferior blanco.

RINOCERONTE BLANCO
Ceratotherium simum
Esta especie social de la sabana africana es el rinoceronte más pesado. Se llama «blanco» *(white)* por confusión con «ancho» *(wide)*, nombre que se le dio en origen por su boca cuadrada, adaptada para pastar.

RINOCERONTE INDIO
Rhinoceros unicornis
Este rinoceronte solitario, de un solo cuerno y con gruesos pliegues de piel, es una especie vulnerable que vive en herbazales ribereños y humedales de India y Nepal.

RINOCERONTE DE JAVA
Rhinoceros sondaicus
Antes muy extendido por el sureste de Asia, este ramoneador solitario y nocturno es uno de los animales más escasos del mundo. Su pequeño cuerno no supera los 20 cm de longitud.

»

RINOCERONTE BLANCO
Ceratotherium simum

Pese a su inquietante aspecto, este gigante de las llanuras africanas es un pacífico herbívoro que usa sus enormes cuernos casi exclusivamente en defensa propia o para proteger a las crías. Los adultos suelen vivir en solitario, aunque a veces forman grupos laxos en las zonas de alimentación. Los machos son territoriales y marcan su territorio con su acre orina y sus heces. Aunque compiten por las hembras, la mayoría de las disputas se resuelve con una mera exhibición de fuerza, tras la cual el macho más débil desiste. Esta especie antaño vulnerable se está recuperando, pero aún depende de una protección muy estricta contra la caza furtiva.

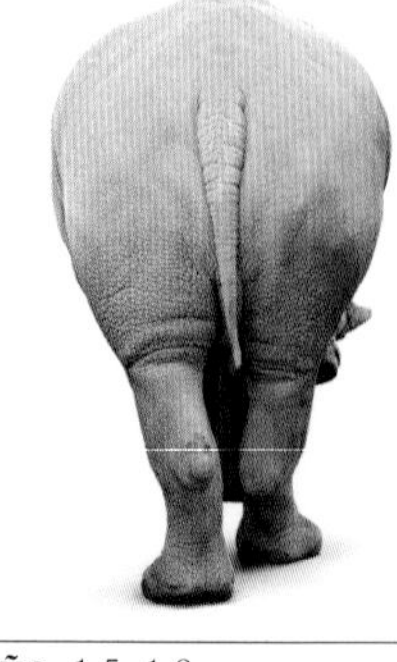

TAMAÑO 1,5–1,8 m
HÁBITAT Sabana herbácea
DISTRIBUCIÓN Centro y sur de África
DIETA Hierba

∨ CORTO DE VISTA
Los rinocerontes son bastante cortos de vista. La posición lateral de sus ojos les proporciona un amplio campo de visión, pero también afecta negativamente a su visión frontal.

∨ OREJAS PELUDAS
Las orejas son la parte más peluda del rinoceronte. Las giran para captar sonidos procedentes de cualquier dirección. Le confieren un fino oído.

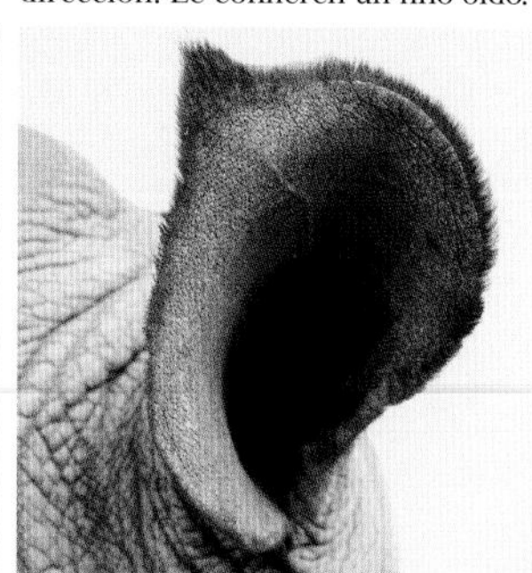

BOCA ANCHA >
El rinoceronte blanco es el mayor de los animales que solo se alimentan de hierba. La forma ancha y recta de su boca es la más eficiente posible para pastar hierba corta.

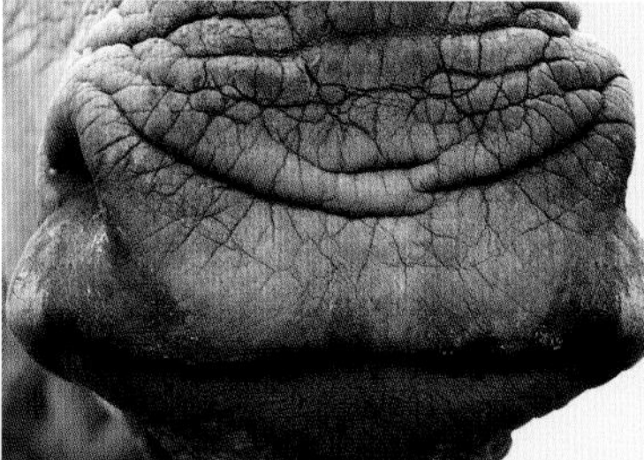

< CUERNO DE PELO
El cuerno de los rinocerontes está formado por queratina, la misma proteína que se encuentra en las uñas y los pelos; en realidad, dicho cuerno no es más que una masa de pelos compactados.

el cuerno anterior de un rinoceronte maduro puede alcanzar hasta 1,5 m de longitud

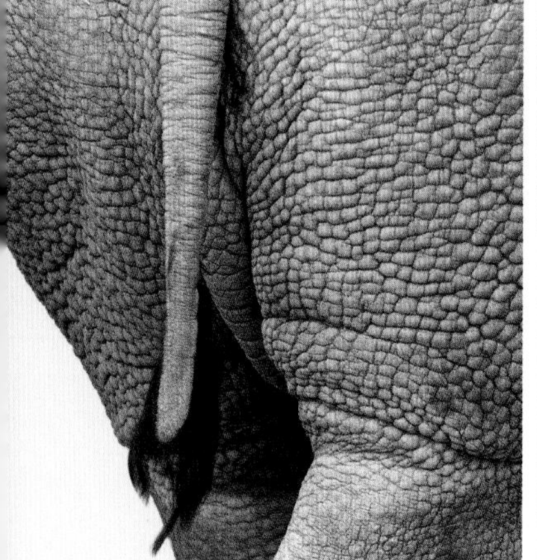

∧ UNA COLA EXPRESIVA
La cola cuelga cuando está relajado y se curva hacia arriba como la de un cerdo en momentos de excitación, como en el apareamiento.

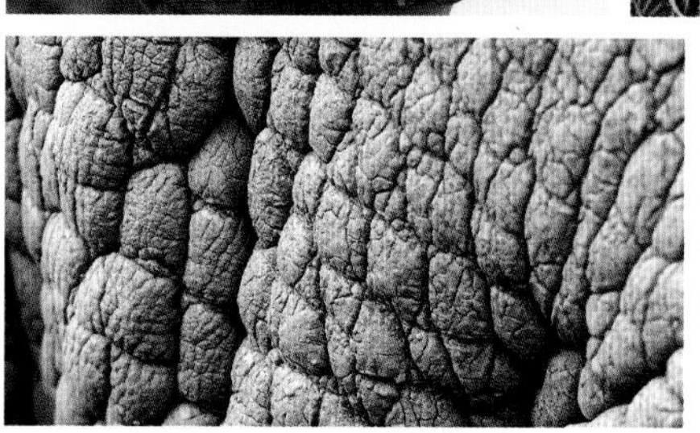

< PIEL DE RINOCERONTE
Pese al nombre de la especie, la dura y arrugada piel del rinoceronte blanco es gris, y no blanca. Con unos 2 cm de grosor, está formada por capas de colágeno entrecruzadas.

< PLANTA DEL PIE
Debido a la forma inusual de sus pies, seguir el rastro de los rinocerontes es bastante fácil. Hay rastreadores experimentados que hasta pueden reconocer a los individuos por sus huellas.

< TRES DEDOS
Los rinocerontes tienen tres dedos en cada pie. La mayor parte del peso recae en el dedo medio; los dedos laterales contribuyen al equilibrio y a la adherencia.

> GIGANTE TRANQUILO
El rinoceronte blanco tiene una injusta fama de animal de mal carácter, cuando en realidad es pacífico e incluso tímido. En circunstancias normales, solo cargará si se le provoca o desconcierta. El rinoceronte negro es mucho más agresivo.

las grandes narinas y el excelente olfato compensan la deficiente vista

CABALLOS Y AFINES

Aunque los équidos pertenecen a una familia extensa en el registro fósil, hoy en día solo quedan nueve especies. Viven en manadas o grupos efímeros, en herbazales abiertos y desiertos. Tienen un ángulo de visión muy amplio, y sus sensibles orejas móviles les alertan de los depredadores. Estos veloces animales tienen las patas esbeltas, un único dedo con pezuña en cada pie y el pelo corto, excepto en la crin y en la cola.

CEBRA DE CHAPMAN
Equus quagga antiquorum
Esta subespecie del sur de África de la cebra común tiene unas características rayas difuminadas que alternan con las negras.

papada distintiva

1,2–1,5 m

CEBRA DE MONTAÑA
Equus zebra
Esta especie vulnerable del suroeste de África vive en hábitats de montaña secos y rocosos. Las anchas rayas de sus cuartos traseros contrastan con las estrechas restantes.

1,3–1,4 m

CEBRA DE GRANT
Equus quagga boehmi
Este équido de las sabanas del África oriental, la más pequeña de las seis subespecies de la cebra común, tiene rayas anchas y bien definidas.

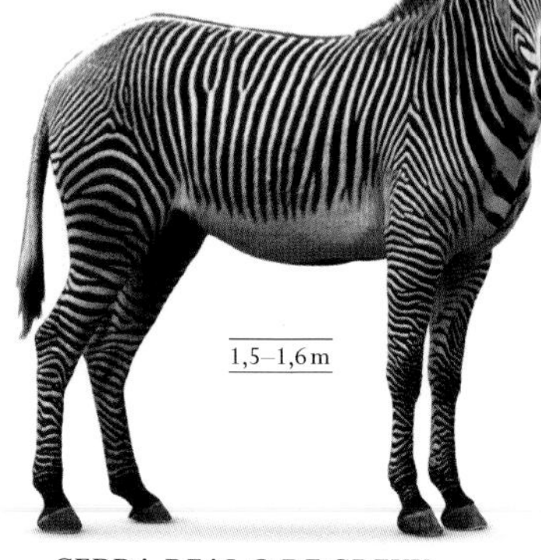

CEBRA REAL O DE GREVY
Equus grevyi
Esta especie en peligro del este de África es el mayor de los équidos. Tiene grandes orejas, rayas estrechas en el cuerpo y el vientre blanco.

ASNO SALVAJE INDIO, KHUR
Equus hemionus khur
Este veloz équido de los áridos herbazales del centro-sur de Asia solo se encuentra en estado salvaje en una reserva de Gujarat (India).

raya dorsal

1,2–1,3 m

KULAN
Equus hemionus kulan
Un poco mayor que un asno estándar, esta subespecie del amenazado hemión tiene una raya dorsal negra bordeada de blanco y la crin corta y erguida.

1,2–1,5 m

ONAGRO, ONAGRO PERSA
Equus hemionus onager
Esta subespecie extinguida en gran parte de su área asiática original solo se encuentra en áreas protegidas del noroeste de Irán y de Uzbekistán.

1,3–1,4 m

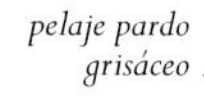

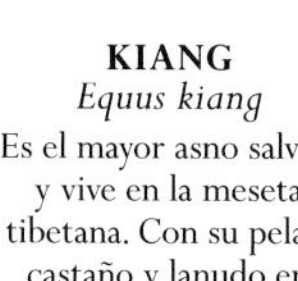

KIANG
Equus kiang
Es el mayor asno salvaje y vive en la meseta tibetana. Con su pelaje castaño y lanudo en invierno también es el más oscuro de los asnos salvajes.

1,2–1,4 m

patas rayadas

ASNO SALVAJE SOMALÍ
Equus africanus somalicus
Este taxón en peligro crítico del noreste de África, ancestro del asno, tiene el pelaje corto y gris, con rayas de cebra en las patas.

ASNO, BURRO
Equus asinus
La forma doméstica del asno salvaje africano tiene una distribución cosmopolita como animal de tiro y de carga.

CABALLO DE PRZEWALSKI
Equus przewalskii
Esta subespecie en peligro crítico, el último caballo realmente salvaje, presenta a menudo tenues rayas en las patas. Antes sobrevivía solo en cautividad, pero se está reintroduciendo en el medio natural en Mongolia y China.

PONI DE EXMOOR
Equus caballus
Este poni raro, primitivo y resistente sobrevive semisalvaje en Exmoor (Gran Bretaña). Es siempre bayo, gris pardusco o marrón con puntos negros.

CABALLO SHIRE
Equus caballus
Esta raza grande y poderosa obtenida en Inglaterra a partir de caballos holandeses todavía se emplea en agricultura y silvicultura para llevar cargas pesadas.

CABALLO ÁRABE
Equus caballus
Esta veloz raza del desierto contribuyó enormemente a la creación del caballo de carreras moderno.

CABALLO PINTO
Equus caballus
Este caballo americano combina un pelaje oscuro que varía de castaño a negro con áreas blancas variables.

MULO, MULA
Equus asinus x *E. ferus*
Este híbrido por lo general estéril, resistente animal de carga, tiene la complexión de un caballo, pero la cabeza y las largas orejas de un burro.

BURDÉGANO
Equus ferus x *E. asinus*
El burdégano, hijo de caballo y asna, tiene cuerpo de asno y cabeza, orejas y crin de caballo.

»

ARTIODÁCTILOS

Los artiodáctilos se yerguen sobre dos o cuatro dedos y son en su mayoría herbívoros provistos de un estómago fermentador con varias cámaras.

Los artiodáctilos tienen pezuñas compuestas por un número par de dedos, con una uña muy desarrollada y dura en el extremo, llamados pesuños. Las pezuñas se desgastan con el uso, pero crecen de forma continua. Solo los camélidos carecen de pezuñas: aunque andan sobre dos dedos, estos terminan en una pequeña uña.

RUMIAR PARA DIGERIR

Con sus largas patas y sus pies protegidos por pezuñas, los artiodáctilos a menudo deambulan extensamente por hábitats herbáceos y forestales en busca de alimento. Casi todos son rumiantes que pacen gramíneas y otras hierbas o ramonean brotes y hojas. Su sistema digestivo está bien adaptado a una dieta de materias vegetales duras: el estómago posee tres o cuatro cámaras y contiene bacterias que digieren la celulosa de las paredes celulares de las plantas y liberan sus nutrientes; para facilitar la digestión, la comida parcialmente digerida es regurgitada y masticada de nuevo, en un proceso denominado rumia. Los rumiantes también tienen anchos dientes yugales para triturar sus duros alimentos, y un intestino muy largo. Los suidos y los pecaríes son algo distintos: no rumian, tienen dientes más multiusos y su dieta es más omnívora. En ocasiones, los caninos se han transformado en colmillos que emplean para defenderse, luchar y hozar en busca de comida.

DOMESTICACIÓN

Introducidos en Australasia, los miembros de este orden se encuentran en todos los continentes excepto la Antártida. Su tamaño varía desde los 20 cm de alzada (altura hasta la cruz) de los ciervos ratones hasta los casi 4 m de la jirafa. Muchas especies se cazan para comer, pero otras han sido domesticadas y tienen una enorme importancia económica: vacunos, llamas, corderos y cerdos proporcionan carne, cuero, lana, productos lácteos y medio de transporte. La domesticación ha dado origen a razas cuyo aspecto se adecúa a su propósito específico.

FILO	CORDADOS
CLASE	MAMÍFEROS
ORDEN	ARTIODÁCTILOS
FAMILIAS	10
ESPECIES	384

DEBATE

¿UNA ESPECIE O MÁS?

En la última década se han descrito más de cien nuevas especies de bóvidos, a menudo porque los taxónomos (científicos que clasifican los seres vivos) han dado la categoría de especie a diversas razas (subespecies) de dichos animales atendiendo a las pruebas genéticas, que permiten confirmar (o refutar) tales distinciones. Así, antes se describía una sola especie de jirafa con varias subespecies, pero los recientes análisis de ADN avalan su división en cuatro especies: la jirafa masái *(Giraffa tippelskirchi)*; la reticulada *(G. reticulata)*; la norteña *(G. camelopardalis)*, con tres subespecies, y la del sur *(G. giraffa)*, con dos subespecies.

PECARÍES

Los tayasuidos, propios de América, comparten muchos rasgos con los suidos, como los ojos pequeños y el hocico terminado en un disco cartilaginoso, pero su estómago con cámaras es más complejo y sus colmillos son cortos y rectos.

52–69 cm

PECARÍ OREJUDO O DEL CHACO
Catagonus wagneri
Esta especie en peligro endémica de la región del Chaco, en el centro de América del Sur, se describió primero a partir de fósiles y no se descubrió como especie viva hasta 1975.

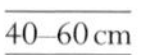

40–60 cm

PECARÍ LABIADO O BARBIBLANCO
Tayassu pecari
Este pecarí forma grandes manadas en América Central y del Sur. Ante un depredador, se juntan y plantan cara, pero son veloces, y huyen si es necesario.

collar blanco

30–50 cm

hocico largo

PECARÍ DE COLLAR
Pecari tajacu
Este pecarí diurno, ampliamente distribuido desde el sur de EE UU hasta Argentina, es extremadamente social. En las zonas agrícolas se lo considera una plaga, ya que entra a menudo en los cultivos.

JABALÍES Y AFINES

Los suidos, caso único en su orden, tienen cuatro dedos en cada pie aunque solo andan con dos. Son propios del Viejo Mundo y tienen el estómago simple, sin cámaras. En gran parte omnívoros, cavan en busca de comida con su hocico y sus colmillos. Su pelaje se compone de cerdas, con una larga borla en el extremo de la cola.

crin hirsuta

55–85 cm

FACÓQUERO O FACOCERO COMÚN
Phacochoerus africanus
Este suido africano con la cara verrugosa y dos pares de colmillos corre con la cola erecta y a menudo se arrodilla para pacer.

65–80 cm

BABIRUSA
Babyrousa babyrussa
En los machos de esta especie vulnerable de Buru y otras dos islas indonesias (y muy afín al babirusa de Célebes) los caninos superiores crecen hacia arriba, perforan el hocico y se curvan hacia atrás.

75–110 cm

HILÓQUERO, JABALÍ GIGANTE
Hylochoerus meinertzhageni
Este suido nocturno y de gran tamaño de los bosques y las selvas del África ecuatorial tiene un tupido pelaje negro y rojo anaranjado.

60–85 cm

POTAMÓQUERO ORIENTAL
Potamochoerus larvatus
Este suido de los bosques y carrizales del este y el sur de África tiene el pelaje pardo y una melena clara que se yergue cuando el animal se asusta.

dorso redondeado

55–80 cm

POTAMÓQUERO ROJO U OCCIDENTAL
Potamochoerus porcus
Este suido de color vivo de África central tiene un par de bultos en el hocico y manchas faciales blancas.

20–25 cm

JABALÍ ENANO
Porcula salvania
Antes extendido por India y Nepal, este jabalí diminuto y con el hocico fusiforme está hoy en peligro crítico de extinción.

90 cm

JABALÍ DE LAS BISAYAS
Sus cebifrons
Los tres pares de verrugas carnosas de la cara protegen a esta especie en peligro crítico de los colmillos de los machos rivales.

90 cm

JABALÍ BARBUDO
Sus barbatus
Esta especie vulnerable de las selvas del sureste de Asia se desplaza a menudo en grandes manadas. Además de una barba blancuzca, posee una distintiva borla caudal.

crin estrecha de pelos más largos

55–110 cm

hocico largo terminado en un gran disco cartilaginoso

JABALÍ
Sus scrofa
Extendido por gran parte de Eurasia y el norte de África, el jabalí es el ancestro principal de los cerdos. Sus crías, llamados jabatos o rayones, tienen rayas en el cuerpo que las camuflan en la espesura.

60–80 cm

CERDO PIÉTRAIN
Sus scrofa domesticus
Esta raza doméstica belga que produce una carne magra de gran calidad tiene manchas oscuras con grandes bordes algo más claros.

70–80 cm

CERDO MIDDLE WHITE
Sus scrofa domesticus
Este raza no pigmentada que se cría en Inglaterra por su carne se caracteriza por sus formas redondeadas y su hocico corto y respingón.

»

CIERVOS ALMIZCLEROS

Los solitarios y nocturnos miembros de la familia mósquidos deben su nombre a la glándula de almizcle de los machos adultos. Pequeños y robustos, tienen los caninos superiores muy grandes y las patas traseras más largas para poder trepar por terrenos abruptos.

CIERVO ALMIZCLERO DEL HIMALAYA
Moschus chrysogaster
Esta especie de bosques de tierras altas desde el sureste de China hasta India es uno de los ciervos almizcleros más grandes, y tiene unas largas orejas como de liebre. Los machos producen almizcle, sustancia con la que marcan su territorio.

TRAGÚLIDOS

Los tragúlidos, propios de los bosques de África y Asia tropicales, parecen pequeños ciervos, pero carecen de cuernas. En los machos, los grandes caninos se proyectan desde cada lado de la mandíbula inferior. Al igual que los suidos, estos animales tienen cuatro dedos en cada pie y las patas bastante cortas. Su estómago tiene cámaras para fermentar y digerir alimentos vegetales duros.

CIERVO RATÓN DE SRI LANKA
Moschiola meminna
Nocturno y discreto, este pequeño tragúlido presenta motas y rayas blancas en el cuerpo.

HIEMOSCO
Hyemoschus aquaticus
Este gran tragúlido de las riberas fluviales de las pluvisilvas del oeste y el centro de África es un buen nadador y buceador.

CIERVO RATÓN GRANDE
Tragulus napu
Aunque es muy pequeño, es el ciervo ratón más grande de Asia. Su cabeza tiene rayas oscuras que van de los ojos a la nariz.

CIERVO RATÓN MENOR
Tragulus javanicus
Es el mamífero con pezuñas más pequeño. Sus afinidades taxonómicas con otros ciervos ratón de las selvas de las islas de la Sonda son difíciles de interpretar.

CÉRVIDOS

Se distribuyen por casi todo el mundo salvo gran parte de África y están introducidos en Australia. Ocupan hábitats abiertos y forestales, pero muchas especies prefieren las zonas de transición entre ambos. La forma y el tamaño de las cuernas son exclusivos de cada especie. A diferencia de los animales con cuernos permanentes, a los machos se les caen las cuernas y les vuelven a crecer cada año; las hembras, con una excepción, carecen de ellas o las tienen atrofiadas.

CIERVO DE TIMOR
Rusa timorensis
Introducida en varias islas, esta especie vulnerable de los herbazales de Indonesia, de orejas y cuernas grandes para su tamaño, también prospera en Australia.

CIERVO SAMBAR
Rusa unicolor
Especie vulnerable, este ciervo grande, marrón oscuro y con una densa melena, ramonea en terrenos arbolados del sur y el este de Asia.

CIERVO MOTEADO DE LAS FILIPINAS
Rusa alfredi
Esta especie en peligro, nocturna y endémica de Filipinas, tiene una postura acurrucada característica y un denso dibujo de motas claras.

MUNTJAC O MUNTÍACO DE REEVES
Muntiacus reevesi
Esta especie de China y Taiwán e introducida en Gran Bretaña, pese a su pequeño tamaño, daña los terrenos arbolados al pacer y ramonear.

MUNTJAC O MUNTÍACO DE LA INDIA
Muntiacus muntjak
Este ciervo del sureste de Asia usa sus cuernas de dos puntas y sus largos caninos superiores para defenderse de los depredadores y alejar de su territorio a los rivales.

CIERVO DEL PADRE DAVID
Elaphurus davidianus
Este ciervo, conocido solo por poblaciones cautivas, fue descrito en 1865 por el misionero francés Armand David, y ha sido reintroducido en China.

CHITAL, CIERVO MOTEADO O AXIS
Axis axis
Común en los bosques de India y países vecinos, se ha introducido en Australia y América del Sur meridional, entre otros lugares.

CIERVO PORCINO
Axis porcinus
Esta especie en peligro de los herbazales húmedos del sur de Asia suele correr con la cabeza gacha como un cerdo y pasar bajo los obstáculos en vez de saltar por encima de ellos.

GAMO
Dama dama
Esta especie que se domestica a menudo por su carne se distingue por su pelaje moteado y sus astas aplanadas y palmeadas.

CIERVO DE COPETE O ELÁFODO
Elaphodus cephalophus
Vive en bosques de montaña de Myanmar y China. El macho tiene cuernas pequeñas, unos cortos colmillos y un mechón negro en la frente.

BARASINGA O CIERVO DE LOS PANTANOS
Rucervus duvaucelii
Esta especie vulnerable del norte de India y de Nepal se introdujo en EE UU, donde es muy apreciada por los cazadores.

CIERVO COMÚN O ROJO
Cervus elaphus
Este ciervo de Europa, Turquía y el norte de África varía en cuanto a volumen, tamaño de las cuernas y prominencia de la melena.

UAPITÍ, WAPITÍ O CIERVO CANADIENSE
Cervus canadensis
Aunque este ciervo de América del Norte y Asia se parece bastante al ciervo rojo, los análisis genéticos han confirmado que se trata de otra especie.

CIERVO SIKA O SICA
Cervus nippon
Este cérvido de cuernas gruesas y enhiestas se cruza con el ciervo rojo, especialmente allí donde está introducido fuera de su Asia oriental nativa.

CIERVO MULO O DE COLA NEGRA
Odocoileus hemionus
Esta especie del oeste de América del Norte se distingue del ciervo de cola blanca que también vive allí por la punta negra de su cola y las cuernas bifurcadas.

CIERVO DE COLA BLANCA
Odocoileus virginianus
Vive desde Canadá hasta Perú y las Guayanas, y está introducido en Europa y Nueva Zelanda. Si se asusta, muestra la cara inferior blanca de la cola.

»

CORZO
Capreolus capreolus
Este pequeño cérvido de los bosques, pastos y cultivos de Europa y Oriente Medio tiene el pelaje pardo rojizo en verano y más oscuro, a veces casi negro, en invierno.

RENO
Rangifer tarandus
Las plantas de los pies de este cérvido boreal se encogen en invierno y exponen el borde de las pezuñas, lo que le facilita el agarre cuando anda sobre el hielo.

CIERVO DE LOS PANTANOS
Blastocerus dichotomus
Esta especie vulnerable de hábitats pantanosos es el mayor cérvido de América del Sur. Nada bien y tiene una membrana interdigital en cada pie que lo ayuda al andar sobre suelos blandos.

ALCE AMERICANO
Alces americanus
Propio de los bosques de América del Norte y el noreste de Asia, es el mayor de los cérvidos. Las astas palmeadas del macho pueden alcanzar una envergadura de 2 m, y cada una tiene hasta 20 puntas.

CORZUELA PARDA, GUAZÚ-VIRÁ, GUAZUNCHO
Mazama gouazoubira
Este cérvido solitario del centro-sur de América del Sur que evita los bosques densos se alimenta sobre todo de frutos y cactus durante la estación seca.

CORZUELA COLORADA, GUAZÚ-PITÁ, GUAZO
Mazama americana
Este cérvido solitario de las selvas de América del Sur prefiere los frutos a las hojas. Los machos tienen cuernas cortas no ramificadas.

PUDÚ SUREÑO
Pudu puda
Este cérvido vulnerable de los bosques lluviosos del sur de Chile y el suroeste de Argentina es el más pequeño del mundo.

VENADO DE LAS PAMPAS, CIERVO PAMPERO
Ozotoceros bezoarticus
Este esbelto ciervo de los herbazales y humedales de América del Sur se alza sobre sus patas traseras para ramonear.

CIERVO ACUÁTICO CHINO
Hydropotes inermis
Caso único entre los cérvidos, esta especie vulnerable carece de cuernas. Los caninos superiores largos y salientes alcanzan los 8 cm de largo en los machos.

BERRENDO

El grupo de los antilocápridos, bien representado en el registro fósil de América del Norte, comprendía especies con cuernas múltiples o de formas extrañas. Hoy día solo sobrevive el berrendo, un animal que parece un antílope (familia bóvidos), pero que carece de dedos laterales y pierde sus cuernas fuera de la estación de cría.

BERRENDO
Antilocapra americana
El berrendo, el mamífero más rápido de América, forma grandes manadas en herbazales abiertos y es el equivalente ecológico de los antílopes del Viejo Mundo.

BÓVIDOS

La extensa y variada familia bóvidos se distribuye por todos los continentes excepto la Antártida. Pese a su diversidad, los bóvidos tienen varios rasgos en común: los machos (y en algunas especies también las hembras) tienen cuernos permanentes no ramificados, a menudo en espiral, y un estómago rumiante de cuatro cámaras.

ELAND COMÚN
Taurotragus oryx
Propio de los hábitats semiabiertos del este y el sur de África, es el mayor de los antílopes. Tiene los cuernos en espiral, y los machos presentan a menudo rayas blancas en los flancos.

NILGAI O ANTÍLOPE AZUL
Boselaphus tragocamelus
Esta especie del subcontinente indio es el mayor antílope de Asia. Solo los machos tienen el pelaje gris azulado, ya que las hembras son pardoamarillentas.

ANTÍLOPE DE CUATRO CUERNOS
Tetracerus quadricornis
Esta especie vulnerable y solitaria de los bosques de India y Nepal suele desarrollar dos pares de cuernos.

NIALA
Tragelaphus angasii
Antílope forestal del sureste de África, con cuernos en espiral y una capa marrón oscura con líneas blancas en los flancos.

NIALA MERIDIONAL
Tragelaphus sylvaticus
Muy extendido en bosques del África subsahariana, presenta rayas y motas sobre todo en la cara, las orejas y la cola.

KUDÚ MENOR, PEQUEÑO KUDÚ
Ammelaphus australis
Machos y hembras de este antílope del noreste de África presentan de 7 a 14 rayas blancas verticales en el cuerpo.

SITATUNGA DEL ZAMBEZE
Tragelaphus selousi
Este excelente nadador de los humedales del sur de África se refugia con frecuencia en una charca cuando algún depredador le amenaza.

BONGO, ANTÍLOPE BONGO
Tragelaphus eurycerus
Bien camufladas en los bosques del oeste y el centro de África, las hembras del bongo suelen ser de un color más vivo que los machos. Ambos sexos tienen cuernos en espiral.

KUDÚ MAYOR, GRAN KUDÚ
Strepsiceros zambesiensis
Los machos de este antílope del África subsahariana tienen unos magníficos cuernos, con dos vueltas y media cuando están totalmente desarrollados.

»

1,5–1,8 m

BÚFALO AFRICANO O CAFRE
Syncerus caffer
Este búfalo impredecible y peligroso no es domesticable. Los taxones de la sabana son más grandes y tienen los cuernos más curvos que los búfalos forestales.

1,5–1,9 m

BÚFALO ASIÁTICO O DE AGUA
Bubalus bubalis
Mayormente domesticado, sobre todo por su fuerza y su leche, en el sur de Asia sobreviven algunos ejemplares salvajes *(B. arnee)*. Su color y sus cuernos son variables.

60–100 cm

ANOA DE LLANURA
Bubalus depressicornis
Esta especie en peligro es endémica de las selvas y manglares de la isla Célebes. Es el menor de los bovinos y, a diferencia de otros búfalos, tiene los cuernos rectos y enhiestos.

giba característica en los hombros

cuernos cortos y curvos

pelo más corto en los cuartos traseros

cabeza grande

pelaje hirsuto marrón oscuro

1,5–2 m

BISONTE AMERICANO
Bison bison
Los bisontes salvajes, que antaño vagaban por América del Norte en enormes manadas, son hoy muy pocos en comparación con los que se crían por su carne y su piel.

BISONTE EUROPEO
Bison bonasus
Esta especie vulnerable, de pelo más corto y cuernos más largos que el americano, solo vive en estado salvaje en tres áreas forestales protegidas del este de Europa.

1,5–2 m

BANTENG
Bos javanicus
Aunque se domestica localmente como animal de tiro, este bóvido marrón y blanco del sureste de Asia está amenazado de extinción.

1,6 m

YAK
Bos mutus
El vulnerable yak salvaje vive confinado en las montañas del oeste de China. Suele ser de piel oscura, pero el doméstico *(Bos grunniens)* es más variable y presenta con frecuencia manchas blancas.

1,4–2 m

GAUR
Bos gaurus
Esta especie vulnerable de los bosques del sur de Asia es el mayor bovino salvaje. El gayal del noreste de India *(Bos frontalis)* y Myanmar es su forma semidoméstica.

1,7–2,2 m

los largos cuernos dan nombre a la raza

1,2–1,5 m

TEXAS LONGHORN
Bos taurus taurus
Esta raza vacuna de color y dibujo variables e impresionantes cuernos extendidos es muy resistente y apropiada para las explotaciones extensivas.

1,4–1,5 m

HEREFORD
Bos taurus taurus
Esta raza vacuna oriunda de Hereford (Inglaterra), tiene los cuartos delanteros muy musculosos y un carácter dócil.

1,2–1,5 m

ANKOLE
Bos taurus taurus
Los cuernos de esta raza vacuna africana, de hasta 1,8 m de longitud y muy gruesos, ayudan al animal a refrescarse cuando hace calor.

1,2–1,3 m

VACA JERSEY
Bos taurus taurus
Esta raza vacuna célebre por su leche rica y cremosa se desarrolló en la isla británica de Jersey a partir de vacunos importados de Francia.

35–42 cm

DUIQUERO DE MAXWELL
Philantomba maxwellii
Este pequeño bóvido pardo grisáceo de las selvas y plantaciones del oeste de África tiene pocos rasgos distintivos aparte de sus manchas faciales blancas.

30–40 cm

DUIQUERO AZUL
Philantomba bicolor
Este pequeño antílope forestal del sureste de África, con cuernos simples cónicos, come sobre todo hojas recién caídas, frutos y semillas, pero también insectos y hongos.

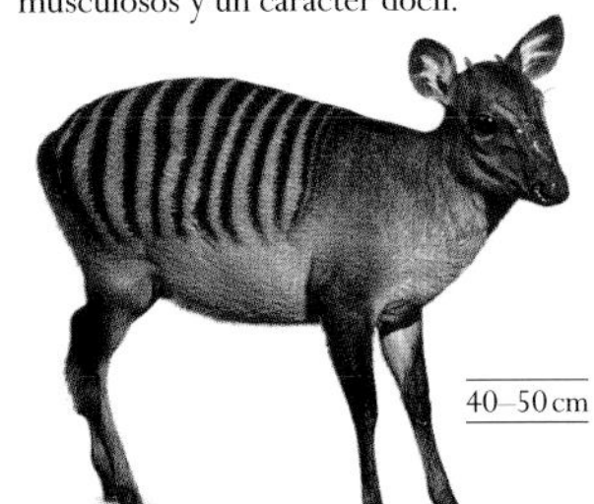

40–50 cm

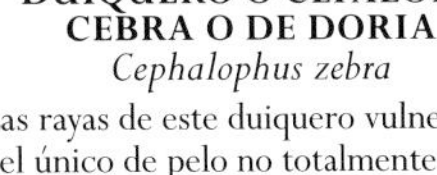

DUIQUERO O CEFALOFO CEBRA O DE DORIA
Cephalophus zebra
Las rayas de este duiquero vulnerable, el único de pelo no totalmente liso, le camuflan en las selvas del oeste de África.

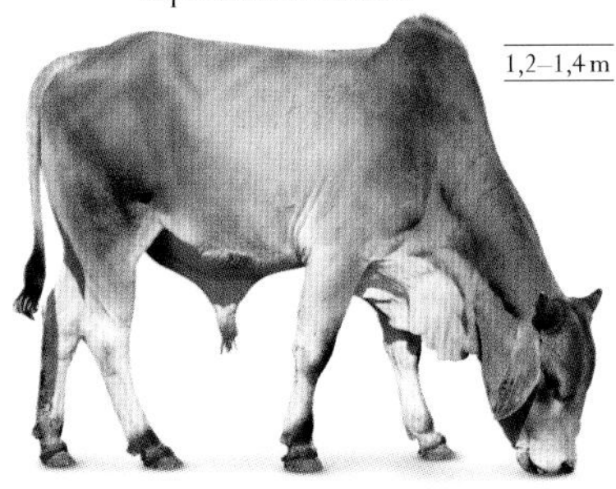

1,2–1,4 m

CEBÚ
Bos taurus indicus
Esta subespecie con una giba característica es oriunda de Asia, donde empezó a domesticarse hace unos 10 000 años, y se cría en todo el trópico.

65–85 cm

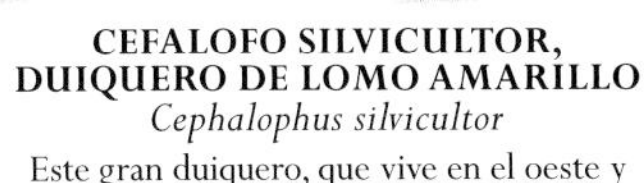

CEFALOFO SILVICULTOR, DUIQUERO DE LOMO AMARILLO
Cephalophus silvicultor
Este gran duiquero, que vive en el oeste y el centro de África, tiene la piel gris oscuro con una mancha dorsal blanca o amarilla.

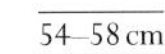

54–58 cm

DUIQUERO O CEFALOFO DE FRENTE NEGRA
Cephalophus nigrifrons
La frente y las glándulas oculares oscuras en contraste con las cejas claras dan un aspecto facial característico a este duiquero forestal del centro de África.

55–56 cm

DUIQUERO O CEFALOFO DE OGILBY
Cephalophus ogilbyi
Este duiquero de las selvas del oeste de África tiene fuertes cuartos traseros y la grupa pardorrojiza.

39–68 cm

DUIQUERO COMÚN, GRIS O DE GRIMM
Sylvicapra grimmia
Muy extendido por el África subsahariana, sobre todo en sabanas, come a menudo frutos caídos.

69–89 cm

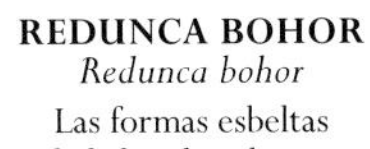

REDUNCA BOHOR
Redunca bohor
Las formas esbeltas de la hembra de esta especie de los herbazales aluviales del África central contrastan con el cuello grueso y los cuernos del macho.

65–150 cm

REDUNCA MERIDIONAL
Redunca arundinum
Este robusto antílope de los herbazales ribereños del centro-sur de África tiene manchas negras en las patas delanteras. Solo el macho tiene cuernos.

»

» BÓVIDOS

ANTÍLOPE ACUÁTICO COMÚN
Kobus ellipsiprymnus ellipsiprymnus

Vive en mosaicos bosque-sabana del África subsahariana y se refugia de los depredadores en el agua.

ANTÍLOPE ACUÁTICO DEFASSA
Kobus ellipsiprymnus defassa

Subespecie del oeste y el centro de África con toda la grupa blanca en vez de una medialuna blanca en torno a la cola.

ANTÍLOPE LECHWE
Kobus leche

Antílope muy gregario asociado a los humedales del centro-sur de África, con unas patas muy largas que le permiten correr por aguas someras.

COBO DE UGANDA
Kobus thomasi

Este antílope social del este de África posee una mancha gular blanca bien visible. Los machos tienen cuernos estriados en forma de lira.

PUKU
Kobus vardonii

Muy similar al cobo, pero algo más pequeño y robusto, vive en el centro-sur de África.

ANTÍLOPE RUANO O EQUINO
Hippotragus equinus

Este antílope de las sabanas del África subsahariana tiene los cuernos ligeramente curvos y un dibujo facial característico.

ADDAX
Addax nasomaculatus

Este antílope del Sáhara en peligro crítico tiene largos cuernos con dos o tres vueltas de espiral y el pelaje de color arena claro o blancuzco.

ÓRIX U ÓRICE CIMITARRA O BLANCO
Oryx dammah

Este órix, el único de cuernos curvos, que poblaba antaño las zonas subdesérticas del Sáhara, está extinguido en la naturaleza, aunque existen proyectos de reintroducción de animales cautivos.

ANTÍLOPE SABLE GIGANTE
Hippotragus niger

Este antílope del centro-sur de África, con capa oscura y llamativas manchas faciales blancas, tiene unos magníficos cuernos que pueden alcanzar un metro de largo.

ÓRIX U ÓRICE DE ARABIA
Oryx leucoryx

Este órix de pelo blanco y cuernos largos y rectos se ha reintroducido en pequeñas zonas de la península Arábiga y Oriente Próximo.

ÓRIX U ÓRICE
Oryx gallarum

Las poblaciones de este órix de los herbazales y matorrales áridos del este de África están en declive excepto en las zonas más protegidas de su área.

ÓRIX U ÓRICE DE EL CABO O MERIDIONAL, GEMSBOK
Oryx gazella

Es el mayor y más común de los órices. Vive en zonas áridas del sur de África y también se ha establecido en América del Norte.

BÚBALO O ALCÉLAFO
Alcelaphus major
Las distintas especies de este antílope de los herbazales y linderos forestales del África subsahariana difieren por el color y por la forma de los cuernos.

ALCÉLAFO CAAMA
Alcelaphus caama
Este antílope pardo castaño, con la cara y la cola oscuras, es más activo al amanecer y al anochecer.

SALTARROCAS
Oreotragus sp.
Este antílope que vive en los afloramientos rocosos del África subsahariana puede saltar más de diez veces su propia altura.

ALCÉLAFO DE LICHTENSTEIN
Alcelaphus lichtensteinii
Este alcélafo de cuernos muy curvados hacia dentro -y al que varios consideran una subespecie del alcélafo común- vive en sabanas y llanuras aluviales del África central.

ORIBÍ
Ourebia hastata
Este elegante antílope de largo cuello se halla desde África oriental hasta Angola, y tiene unas distintivas cejas blancas y una glándula facial grande y oscura.

BONTEBOK, DAMALISCO BONTEBOK
Damaliscus pygargus dorcas
Cazado casi hasta la extinción a fines del siglo XIX, este antílope del sur de África se ha recuperado de manera espectacular en áreas protegidas.

TOPI
Damaliscus jimela
Los machos de esta especie del este de África se suben con frecuencia a los termiteros para otear y defender su territorio de los depredadores.

ÑU AZUL O TAURINO
Connochaetes taurinus
El ñu azul es un antílope altamente gregario que vive en la sabana africana subecuatorial; esta subespecie en concreto habita en el sur de África.

»

SPRINGBOK, GACELA SALTARINA
Antidorcas hofmeyi
Este antílope ágil y con cuernos en forma de lira pace en tierras áridas del sur de África, a veces en manadas numerosas.

GACELA DEL SERENGUETI
Eudorcas nasalis
Esta gacela de las llanuras de Kenia y Tanzania con una ancha raya negra en los flancos está sufriendo una importante disminución en algunas de sus poblaciones.

SASIN, CERVICABRA, ANTÍLOPE NEGRO
Antilope cervicapra
Este antílope de herbazales y terrenos arbolados abiertos de India —introducido en EE UU y Argentina— puede alcanzar los 80 km/h de velocidad.

GACELA DE ARENA
Gazella marica
Esta gacela vulnerable de Asia central y Oriente Medio es única porque solo el macho tiene cuernos, además de la laringe hinchada cuando está en celo.

GACELA DORCAS
Gazella dorcas
Esta pequeña gacela vulnerable de los hábitats áridos del norte de África puede sobrevivir sin beber, absorbiendo humedad de sus alimentos.

GACELA ARÁBIGA O DE MONTAÑA
Gazella gazella
Especie vulnerable; vive en hábitats desérticos y semidesérticos, no siempre de montaña, de la península Arábiga. Está introducida en Irán.

DIK-DIK DE GÜNTHER
Madoqua guentheri
Esta especie de los semidesiertos del este de África puede hinchar su hocico largo y elástico para regular su temperatura.

DIK-DIK DE DAMARA
Madoqua damarensis
Este diminuto antílope del este y el suroeste de África, así llamado por su aguda nota de alarma, tiene el hocico móvil y forma parejas territoriales.

SAIGA
Saiga tatarica
En peligro crítico, solo se encuentra en Asia occidental. Su nariz, flexible y dilatada, calienta el aire frío invernal y filtra el polvo del estío.

GERENUK, GACELA JIRAFA
Litocranius walleri
De pie sobre sus patas traseras y con su largo cuello, esta especie del este de África ramonea hojas inaccesibles para otros antílopes.

SUNI
Neotragus moschatus
Este diminuto antílope nocturno del este y el sureste de África pasa gran parte del tiempo oculto en densos arbustos.

1–1,2 m

75–94 cm

60–90 cm

GACELA DAMA
Nanger dama
Esta gacela en peligro crítico de los semidesiertos y las sabanas poco arboladas del Sahel es llamativamente bicolor, con una mancha gular blanca.

GACELA DE GRANT
Nanger granti
Esta gacela de los hábitats áridos y semiáridos del este de África puede sobrevivir sin beber agua y en ocasiones migra en dirección opuesta a los demás herbívoros.

GACELA DE SOEMMERRING
Nanger soemmerringii
Esta gacela del este de África, similar a la de Grant pero mucho más rara (vulnerable), se distingue por su dibujo facial y su mancha blanca más grande en la grupa.

45–60 cm

RAFICERO COMÚN, STEENBOK
Raphicerus campestris
De orejas muy grandes, ocupa desde semidesiertos y sabanas secas hasta páramos alpinos en el este y el sur de África.

45–60 cm

86–98 cm

IMPALA
Aepyceros melampus
Este antílope de las sabanas y terrenos arbolados poco densos del este y el sureste de África es una presa importante para los grandes félidos de su área.

GRYSBOK O RAFICERO DEL CABO
Raphicerus sharpei
Este antílope nocturno, tímido y solitario del este y el sureste de África se refugia de los depredadores en madrigueras de oricteropo.

REBECO NORTEÑO O ALPINO
Rupicapra rupicapra
Muy similar al rebeco ibérico, vive en zonas rocosas, prados alpinos y terrenos arbolados. Sus siete subespecies se distribuyen por los Alpes, el este de Europa, Turquía y el Cáucaso.

70–85 cm

57–78 cm

GORAL DEL HIMALAYA
Naemorhedus goral
Este ramoneador de pelo áspero y cuernos curvos vive en pequeñas manadas en bosques y zonas rocosas del Himalaya.

0,9–1,1 m

el pelaje blanco tiene una densa subcapa para conservar el calor

85–94 cm

SERAU DE INDOCHINA
Capricornis maritimus
Esta especie de pelo áspero y larga crin come hojas y brotes y a veces también hierba.

CABRA DE LAS ROCOSAS O BLANCA
Oreamnos americanus
Esta cabra que trepa hábilmente por el norte de las Montañas Rocosas tiene un denso pelaje lanudo que la protege del viento y las bajas temperaturas.

»

ARRUÍ, MUFLÓN DEL ATLAS
Ammotragus lervia
Especie vulnerable de las montañas semiáridas del norte de África (e introducida en España y América del Norte), se queda inmóvil al sentirse amenazada, por lo que es difícil de ver.

BUEY ALMIZCLERO O ALMIZCLADO
Ovibos moschatus
Este habitante de la tundra ártica posee un pelaje hirsuto con una densa subcapa aislante.

TAKÍN
Budorcas whitei
Esta especie vulnerable que vive en pequeñas manadas en bosques de montaña del noreste de India, China y Bután tiene el pelaje hirsuto y el morro ancho y arqueado.

TAR O THAR DEL HIMALAYA
Hemitragus jemlahicus
Esta especie de las abruptas laderas rocosas del Himalaya tiene las plantas de las pezuñas carnosas, lo que le confiere mayor adherencia en terrenos empinados o inestables.

BHARAL O CARNERO AZUL
Pseudois nayaur
Ocupa desde desiertos rocosos hasta laderas montañosas en la meseta tibetana, no lejos de los riscos, su refugio de los depredadores.

ÍBICE DE ETIOPÍA
Capra walie
Debido a la ausencia de cambios estacionales en las montañas de Etiopía, esta especie en peligro de extinción cría todo el año, a diferencia de otros íbices.

ÍBICE ALPINO
Capra ibex
Habita en los Alpes por encima del límite forestal. Sus cuernos curvos de hasta 1 m de largo son especialmente imponentes en el macho.

ÍBICE DE NUBIA
Capra nubiana
Vive en montañas desérticas de Oriente Próximo. Los machos maduros de esta especie pueden pesar más del doble que las hembras.

MARKHOR
Capra falconeri
Esta especie de las montañas del centro de Asia, la mayor cabra salvaje, está en peligro de extinción. Es cazado por su carne y sus retorcidos cuernos.

CABRA DE ANGORA
Capra hircus
Esta raza oriunda de Turquía posee una lana muy apreciada de la que se obtiene el mohair, una fibra sedosa y duradera.

CABRA BAGOT
Capra hircus
Una de las más de 300 razas caprinas, se seleccionó en Inglaterra a partir de cabras traídas por los cruzados.

CABRA GOLDEN GUERNSEY
Capra hircus
Pequeña y a menudo de pelo largo, es oriunda de Guernsey, una de las islas Anglonormandas, y se cría por su leche y para exposiciones.

MUFLÓN
Ovis aries orientalis
Vulnerable en su área original -Turquía, Irán y centro-sur de Asia-, está introducido desde el Neolítico en varias islas mediterráneas y recientemente en Europa continental.

OVEJA MANX LOAGHTAN
Ovis aries
Esta raza primitiva y resistente de lana marrón, seleccionada por su carne en la isla de Man (Reino Unido), suele tener cuatro cuernos.

OVEJA COTSWOLD
Ovis aries
Esta raza resistente y de cara blanca oriunda de Inglaterra se cría por su larga lana y por su carne.

OVEJA JACOB
Ovis aries
Al parecer, esta antigua y resistente raza bicolor, que puede presentar hasta tres pares de cuernos, sería oriunda de Palestina.

ARGALÍ O CARNERO DE MARCO POLO
Ovis polii
Este carnero de montaña lleva el nombre de Marco Polo (*c.*1254–1324), que fue el primero en describir una oveja salvaje de Asia central. Los machos tienen la mayor cornamenta de todos los argalíes.

OVEJA DE COLA GRUESA
Ovis aries
Esta raza propia sobre todo de África y Asia tolera la sequía gracias a la grasa que almacena en la cola y en los cuartos traseros.

CARNERO O MUFLÓN DE DALL
Ovis dalli
De color blanquecino o marrón y cuernos amarillentos, vive en las montañas árticas y subárticas de Canadá y Alaska.

CARNERO DE LAS ROCOSAS, MUFLÓN CANADIENSE
Ovis canadensis
Los machos de esta especie de América del Norte, con taxones de montaña y de desierto, establecen una jerarquía de dominación basada en sus impresionantes cuernos. Solo los de alto rango tienen acceso a las hembras.

CARNERO DE LAS NIEVES
Ovis nivicola
Este carnero salvaje de Siberia es sumamente ágil y capaz de desplazarse con rapidez por terrenos accidentados de alta montaña.

JIRAFA DE ROTHSCHILD

Giraffa camelopardalis rothschildi

Subespecie de la jirafa del norte, la jirafa de Rothschild vive en grupos pequeños de un solo sexo. Las hembras pasan de un grupo a otro, mientras que los machos adultos pueden ser solitarios, y unas y otros solo se relacionan para aparearse. Tras unos 450 días de gestación, la hembra pare una cría, que es destetada hacia los 12 meses. Las jirafas se desplazan caminando, adelantando la pata delantera y la trasera del mismo lado al mismo tiempo, y al galope; no pueden trotar ni nadar. Los individuos adultos avanzan unos 4,5 m con cada zancada y cuando huyen al galope de los depredadores, como leones y perros salvajes africanos, pueden alcanzar una velocidad de 55 km/h.

TAMAÑO 1,5–1,7 m
HÁBITAT Bosque abierto, sabana herbácea
DISTRIBUCIÓN Sudán del Sur, Kenia y Uganda
DIETA Hojas, brotes, semillas y frutos de árboles

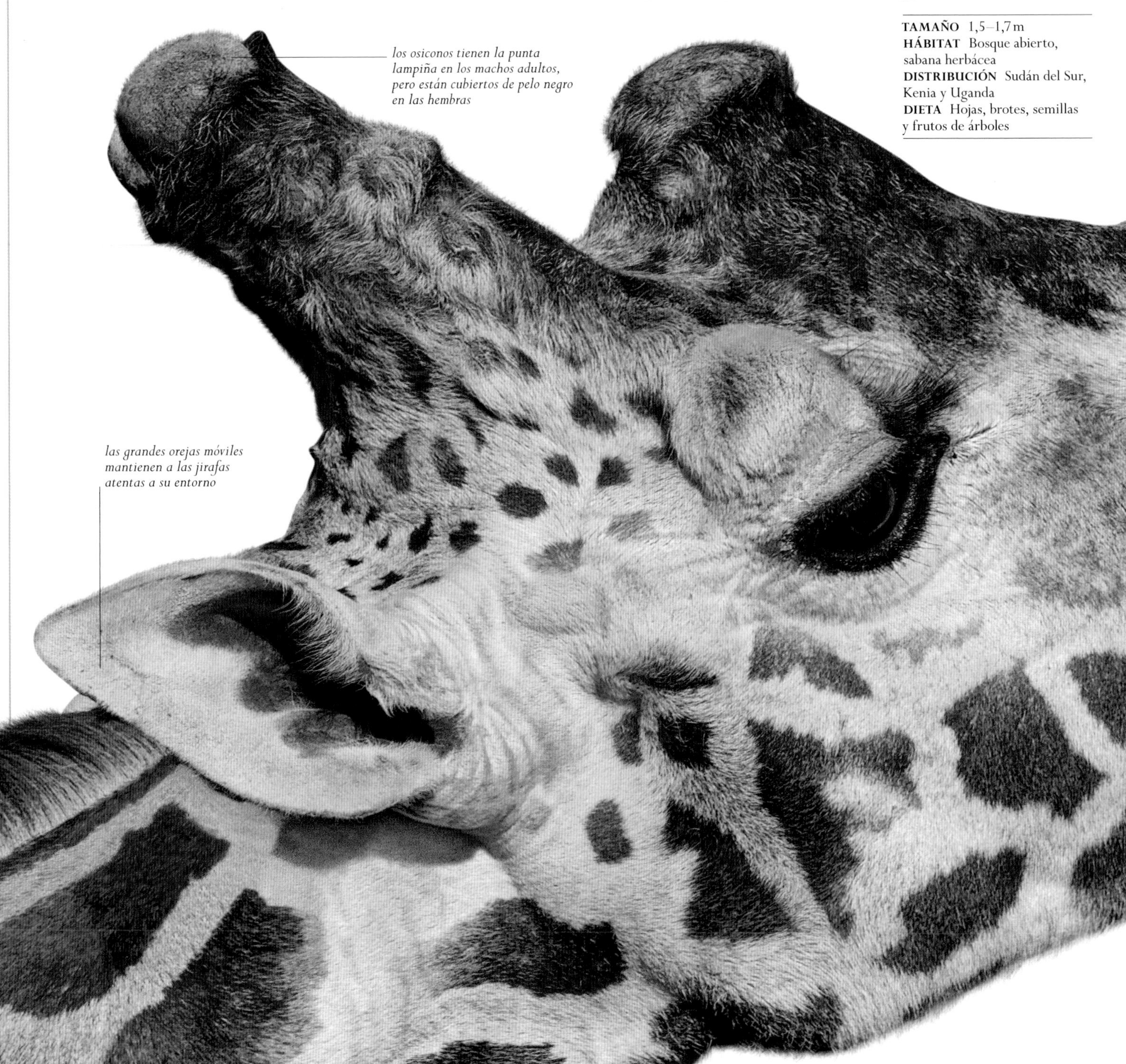

los osiconos tienen la punta lampiña en los machos adultos, pero están cubiertos de pelo negro en las hembras

las grandes orejas móviles mantienen a las jirafas atentas a su entorno

∧ OJO
Los grandes ojos, a los lados de la cabeza, tienen una excelente visión. Esto, combinado con la altura, permite a la jirafa detectar depredadores a cierta distancia.

∨ NARINA
Las narinas se cierran: así evitan que entren residuos en las fosas nasales durante las tormentas de arena y polvo, y que las hormigas entren mientras la jirafa come.

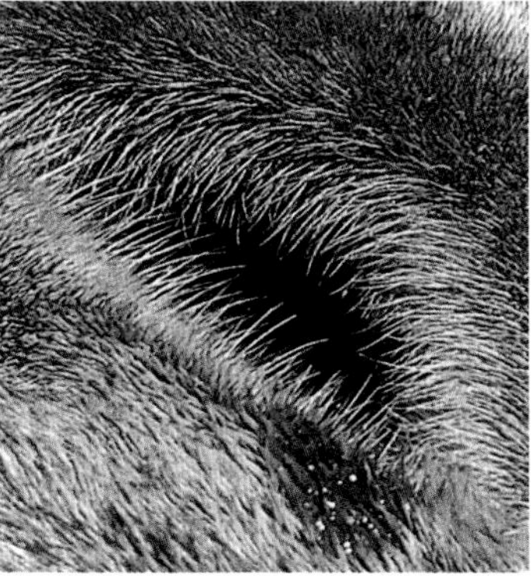

< LENGUA ENROLLADA
La lengua prensil y el labio superior arrancan brotes de entre las espinas y despojan las ramas de hojas.

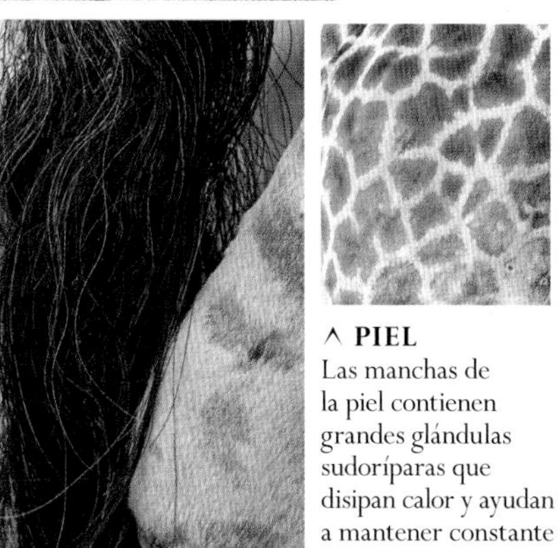

COLA >
La cola puede llegar a medir 2,5 m, y el mechón de pelo negro de la punta espanta a los insectos.

∧ PIEL
Las manchas de la piel contienen grandes glándulas sudoríparas que disipan calor y ayudan a mantener constante la temperatura corporal.

PIE >
Cada pata termina en una pezuña partida con dos dígitos que soportan el peso.

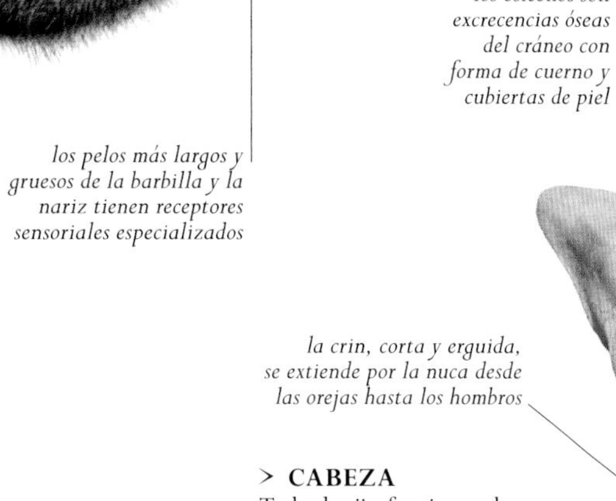

las jirafas tienen buen olfato

se cree que la coloración oscura de la lengua evita que el sol la queme mientras la jirafa come

los pelos más largos y gruesos de la barbilla y la nariz tienen receptores sensoriales especializados

las manchas de color de la piel varían de tamaño y forma, y tienden a oscurecerse con la edad en los machos

∧ ALARGAMIENTO EXTREMO
El cuello, la cabeza y la lengua largos permiten a la jirafa ramonear en árboles a los que pocos mamíferos alcanzan, lo que reduce la competencia por el alimento. La cara alargada protege los ojos de las espinas cuando el animal come.

los osiconos son excrecencias óseas del cráneo con forma de cuerno y cubiertas de piel

la crin, corta y erguida, se extiende por la nuca desde las orejas hasta los hombros

> CABEZA
Todas las jirafas tienen dos osiconos, que son blandos al nacer y se van endureciendo a medida que se acumula calcio. La jirafa de Rothschild macho desarrolla un tercer osicono más pequeño en la frente.

JIRAFAS Y OKAPI

La familia jiráfidos, diversificada en el registro fósil, solo comprende cinco especies actuales, todas del África subsahariana. Aunque las jirafas y el okapi viven en hábitats diferentes, presentan algunos rasgos en común, entre ellos la lengua larga y oscura, los cuernos cubiertos de piel y los caninos lobulados. Al igual que los bóvidos, tienen pezuñas con un número par de dedos, el estómago con cuatro cámaras y una placa córnea en lugar de incisivos superiores.

OKAPI
Okapia johnstoni
Confinado a las pluvisilvas del Congo, con su largo cuello y su flexible lengua azul, muestra evidentes similitudes con las jirafas.

JIRAFA DE ROTHSCHILD
Giraffa camelopardalis rothschildi
Esta jirafa de pelaje inusual tiene «calcetines blancos»: sus manchas no se extienden por la parte inferior de las patas.

JIRAFA MASÁI
Giraffa tippelskirchi
Con su cuello de hasta 2,4 m de longitud y su elevada altura en la cruz, las jirafas son los mamíferos más altos del mundo.

JIRAFA RETICULADA
Giraffa reticulata
Esta especie de Kenia, el oeste de Somalia y el sur de Etiopía tiene grandes manchas poligonales, a menudo con el centro blanco, sobre un fondo pálido.

JIRAFA DE ANGOLA
Giraffa giraffa angolensis
Una de dos subespecies de jirafa meridional, esta se encuentra en Namibia, Zambia, Botsuana y Zimbabue.

CAMELLOS Y AFINES

Los camélidos son los únicos artiodáctilos sin pezuñas. Cada uno de los dos dedos de sus pies tiene una uña en su extremo y una almohadilla blanda que puede ladearse ligeramente para mantener la adherencia en terrenos de montaña y para no hundirse en la arena blanda. También tienen una dentadura característica, hematíes ovalados, el estómago con tres cámaras y una musculatura en las patas que les permite descansar sobre las rodillas.

DROMEDARIO
Camelus dromedarius
Esta especie oriunda de la península Arábiga está muy bien adaptada a la vida en el desierto. Solo las poblaciones asilvestradas de Australia muestran un comportamiento salvaje.

1,8–2 m

CAMELLO, CAMELLO BACTRIANO O ASIÁTICO
Camelus bactrianus
La forma salvaje (*C. ferus*) de este camélido ampliamente domesticado se reduce a unas pocas poblaciones en peligro crítico en los desiertos de Asia.

VICUÑA
Vicugna vicugna
Es el menor de los dos camélidos salvajes andinos y produce una lana muy fina, lo que condujo a su domesticación y al desarrollo de la alpaca.

LLAMA
Lama glama
Descendiente del guanaco, la llama es muy apreciada como animal de carne y de carga. Originaria de los Andes, esta especie doméstica se distribuye hoy ampliamente en Europa y América del Norte.

102–106 cm

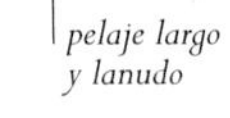

pelaje largo y lanudo

90–130 cm

dedo terminado en uña

GUANACO
Lama guanicoe
Este camélido de los herbazales áridos y semiáridos de Patagonia y de los Andes tiene mucha hemoglobina en su sangre, lo que le permite vivir a altitudes muy elevadas.

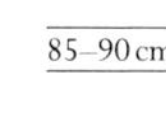

85–90 cm

ALPACA
Vicugna pacos
Esta especie doméstica, que se cría en rebaños en cotas elevadas de los Andes y actualmente de otros lugares del mundo, es importante por su fina lana.

HIPOPÓTAMOS

Los hipopotámidos son los únicos artiodáctilos que andan apoyando cuatro dedos en cada pie. También tienen el cuerpo enorme y en forma de barril, patas cortas y robustas, la cabeza grande y una amplia boca con caninos a modo de colmillos que emplean para comer, luchar y defenderse. Por su modo de vida anfibio, tienen los ojos y las narinas en lo alto de la cabeza y la piel lisa, sin glándulas sudoríparas.

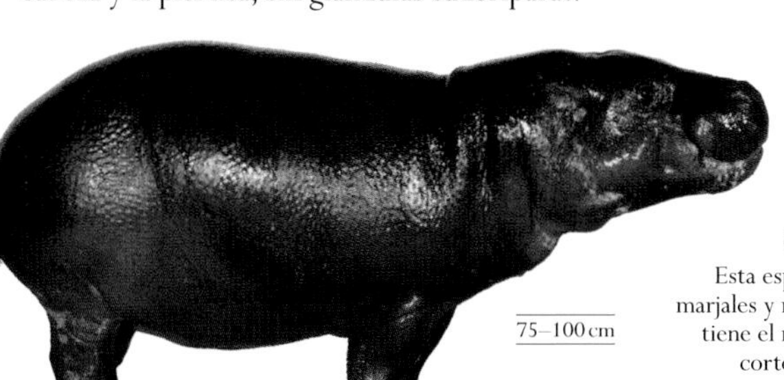

75–100 cm

HIPOPÓTAMO ENANO
Choeropsis liberiensis
Esta especie en peligro, habitante de marjales y ríos selváticos del oeste de África, tiene el morro proporcionalmente más corto que su «pariente mayor».

1,5–1,65 m

HIPOPÓTAMO COMÚN
Hippopotamus amphibius
En la actualidad, esta especie vulnerable que pace en solitario por la noche y se baña en grupo durante el día, se encuentra sobre todo en el este y el sur de África.

CAMELLO BACTRIANO
Camelus bactrianus

El camello, también llamado camello bactriano o asiático, es un animal excepcionalmente resistente, adaptado a los duros desiertos del centro de Asia, donde las temperaturas oscilan entre los 40 °C en verano y los -29 °C en invierno. Adaptado para recorrer grandes distancias por terrenos difíciles en busca de alimentos vegetales, puede tragar más de 100 litros de agua en 10 minutos y es capaz de sobrevivir bebiendo agua salada si fuera necesario. Casi todos los camellos bactrianos están domesticados; tan solo quedan menos de mil individuos salvajes en zonas remotas e inhóspitas de China y Mongolia. Mientras que el estatus genético de las dos especies domésticas de *Camelus* (camello y dromedario) está establecido desde hace tiempo, el camello salvaje ha sido reconocido como especie *(C. ferus)* en fechas recientes de acuerdo con los datos de la genética molecular.

las narinas se cierran para que no entre arena

orejas pequeñas y peludas

el tupido pelaje mantiene al camello caliente y le protege de las quemaduras solares

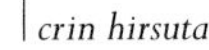
crin hirsuta

TAMAÑO 1,8–2 m
HÁBITAT Desiertos pedregosos, estepas y llanuras rocosas
DISTRIBUCIÓN Asia
DIETA Herbívora

∨ PESTAÑAS
Las dos hileras de tupidas pestañas que protegen los ojos de la luz solar intensa y de la arena barrida por el viento permiten ahorrar la muy valiosa agua que se gastaría en las lágrimas.

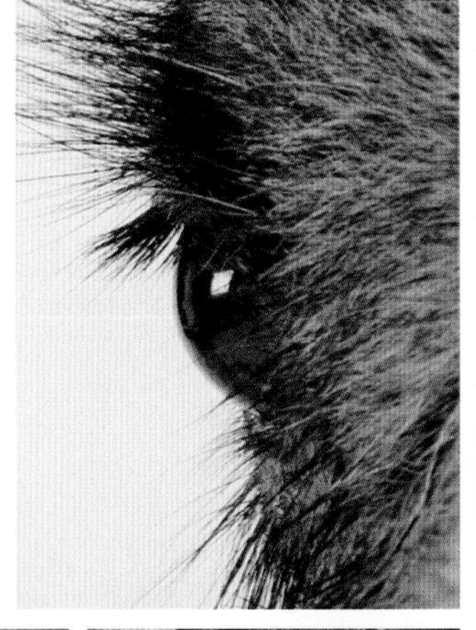

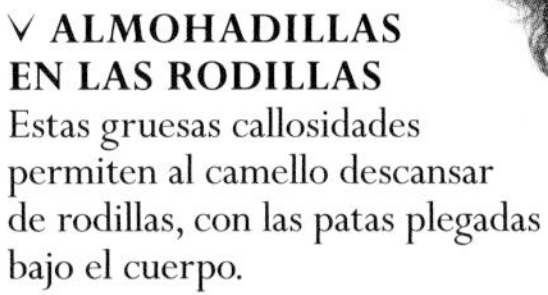

∨ ALMOHADILLAS EN LAS RODILLAS
Estas gruesas callosidades permiten al camello descansar de rodillas, con las patas plegadas bajo el cuerpo.

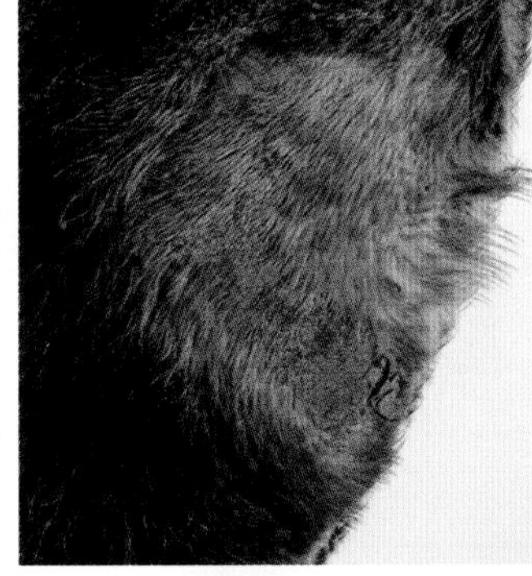

∧ DIENTES
Los camellos tragan sus alimentos enteros, luego los regurgitan y los vuelven a masticar e ingerir. Se sabe de camellos hambrientos que han comido cuerda y cuero, materiales muy difíciles de digerir.

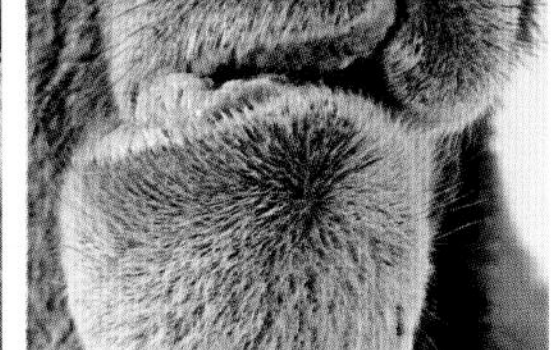

∧ LABIOS MÓVILES
Cada mitad del labio superior dividido puede moverse de manera independiente, lo cual le ayudaría a ramonear vegetales espinosos sin usar la lengua y, por tanto, sin perder humedad.

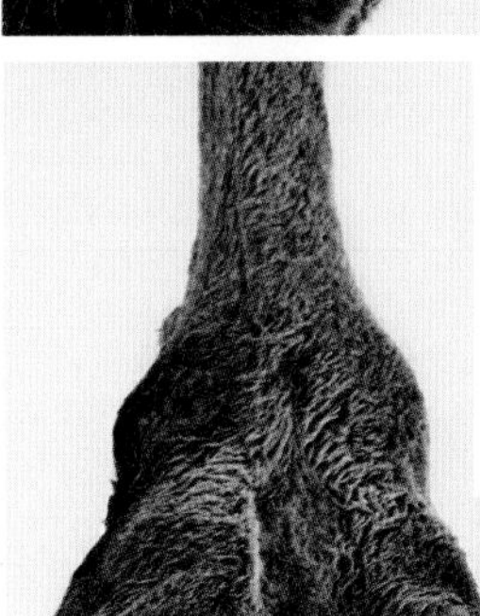

< ∧ PIES
Cada pie tiene dos dedos y una almohadilla plantar que le permite andar igual de bien por terrenos pedregosos y afilados, arena ardiente o nieve compacta.

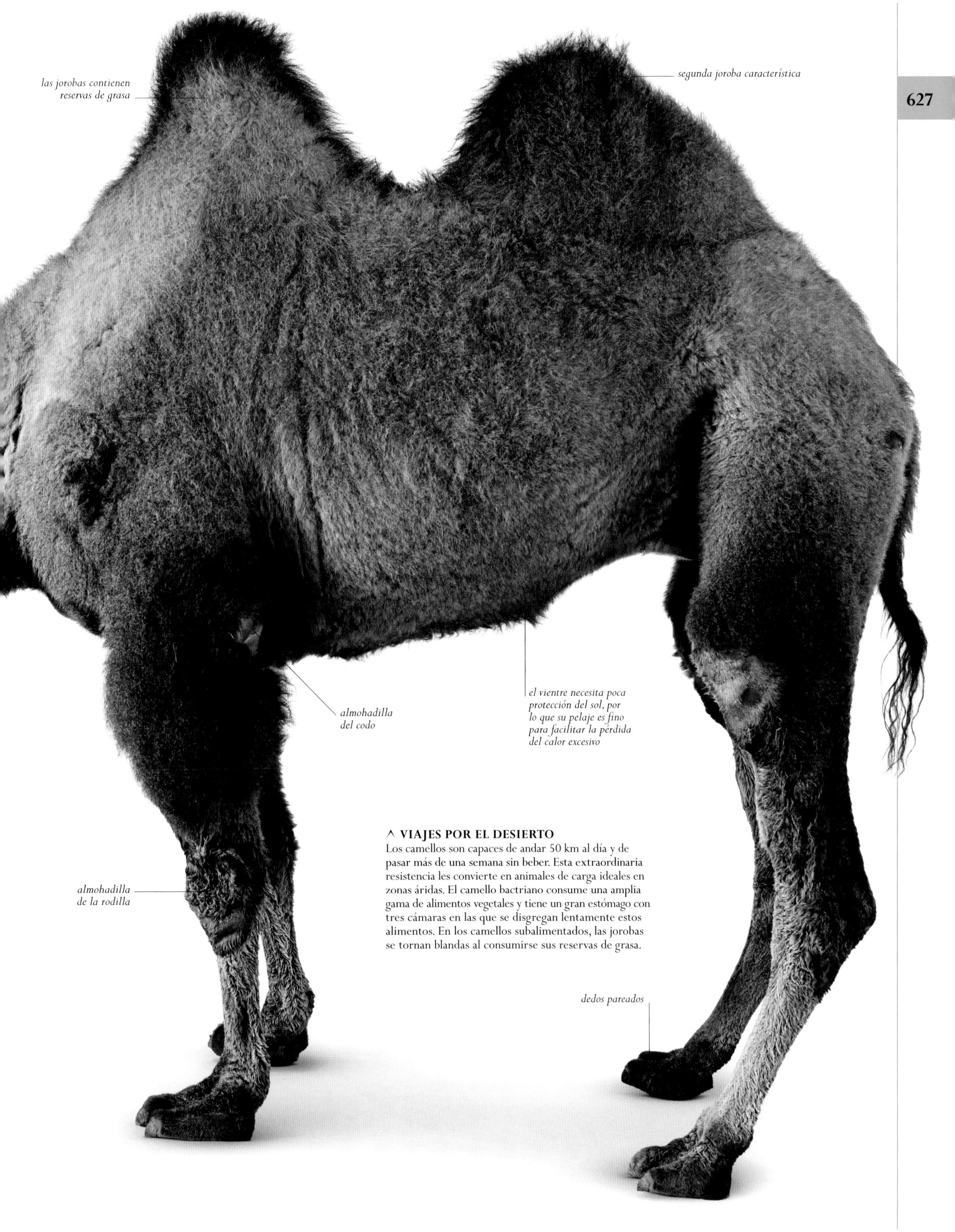

^ VIAJES POR EL DESIERTO
Los camellos son capaces de andar 50 km al día y de pasar más de una semana sin beber. Esta extraordinaria resistencia les convierte en animales de carga ideales en zonas áridas. El camello bactriano consume una amplia gama de alimentos vegetales y tiene un gran estómago con tres cámaras en las que se disgregan lentamente estos alimentos. En los camellos subalimentados, las jorobas se tornan blandas al consumirse sus reservas de grasa.

BALLENAS, DELFINES Y AFINES

Los cetáceos son mamíferos totalmente acuáticos, y todas las especies que integran el orden, excepto seis, viven en aguas costeras y en alta mar.

Magníficamente adaptados a la vida acuática, los cetáceos tienen un cuerpo hidrodinámico y las extremidades anteriores modificadas en aletas. No tienen patas traseras visibles, pero sí una cola en forma de aleta horizontal para la propulsión. Muchas especies también poseen una aleta dorsal. La piel es casi lampiña, y bajo ella existe una capa de grasa aislante, muy gruesa en las especies de aguas frías.

RESPIRACIÓN Y COMUNICACIÓN

Capaces de bucear a grandes profundidades y durante largos periodos gracias a que almacenan oxígeno en sus tejidos musculares, los cetáceos deben salir a la superficie para respirar por los espiráculos, orificios nasales situados en lo alto de la cabeza. Cuando espiran, el aire expulsado puede crear un chorro de condensación cuyos tamaño, ángulo y forma permiten distinguir algunas especies incluso cuando su cuerpo está totalmente sumergido.

La mayoría de las especies emite sonidos. Algunas producen una serie de chasquidos de ecolocación que rebotan en los objetos cercanos y les avisan si hay obstáculos en su trayectoria; otras se comunican mediante vocalizaciones que van desde silbidos y gruñidos hasta los complejos cantos de muchas grandes ballenas. Aunque tienen buen oído, poseen unos simples orificios detrás de los ojos en vez de orejas, que además de antihidrodinámicas resultarían innecesarias, pues el agua es un medio muy eficaz para la transmisión del sonido.

CAZADORES O FILTRADORES

Los cetáceos se dividen en dos grupos según sus hábitos alimentarios. Las especies con dientes u odontocetos, depredadoras de peces, grandes invertebrados, aves marinas, focas y a veces cetáceos más pequeños, capturan las presas con sus dientes y suelen tragarlas enteras, sin masticarlas. En cambio, las ballenas o misticetos tienen unas placas fibrosas o barbas, también llamadas ballenas, que cuelgan de su mandíbula superior y actúan como cedazos: la ballena traga el agua que contiene invertebrados y pequeños peces, y la empuja con su lengua contra las barbas, donde las presas quedan retenidas.

FILO	CORDADOS
CLASE	MAMÍFEROS
ORDEN	CETÁCEOS
FAMILIAS	14
ESPECIES	Unas 90

DEBATE

ANCESTROS TERRESTRES

La posición taxonómica de los cetáceos se cuestiona desde hace tiempo: su adaptación extrema a la vida acuática enmascara rasgos comunes con otros órdenes. Hoy día suele aceptarse su estrecho parentesco con los artiodáctilos –específicamente con la familia de los hipopótamos–, y ambos grupos se clasifican en el taxón cetartiodáctilos, con rango de orden o de superorden. Aunque las evidencias del parentesco son sobre todo genéticas y moleculares, cada vez se descubren más similitudes anatómicas, por ejemplo, entre los huesos del tobillo de los artiodáctilos y los de algunos ancestros fósiles de los cetáceos.

BALÉNIDOS

Los balénidos, habitantes de aguas templadas frías y polares, se consideraban las ballenas «francas» para cazar, por ser fácil acercarse a ellas y por tener una gruesa capa de grasa oleosa que las aísla del frío. Las ballenas francas y la ballena de Groenlandia carecen de aleta dorsal y de pliegues gulares, tienen mandíbulas curvas y las barbas más largas de todas las ballenas.

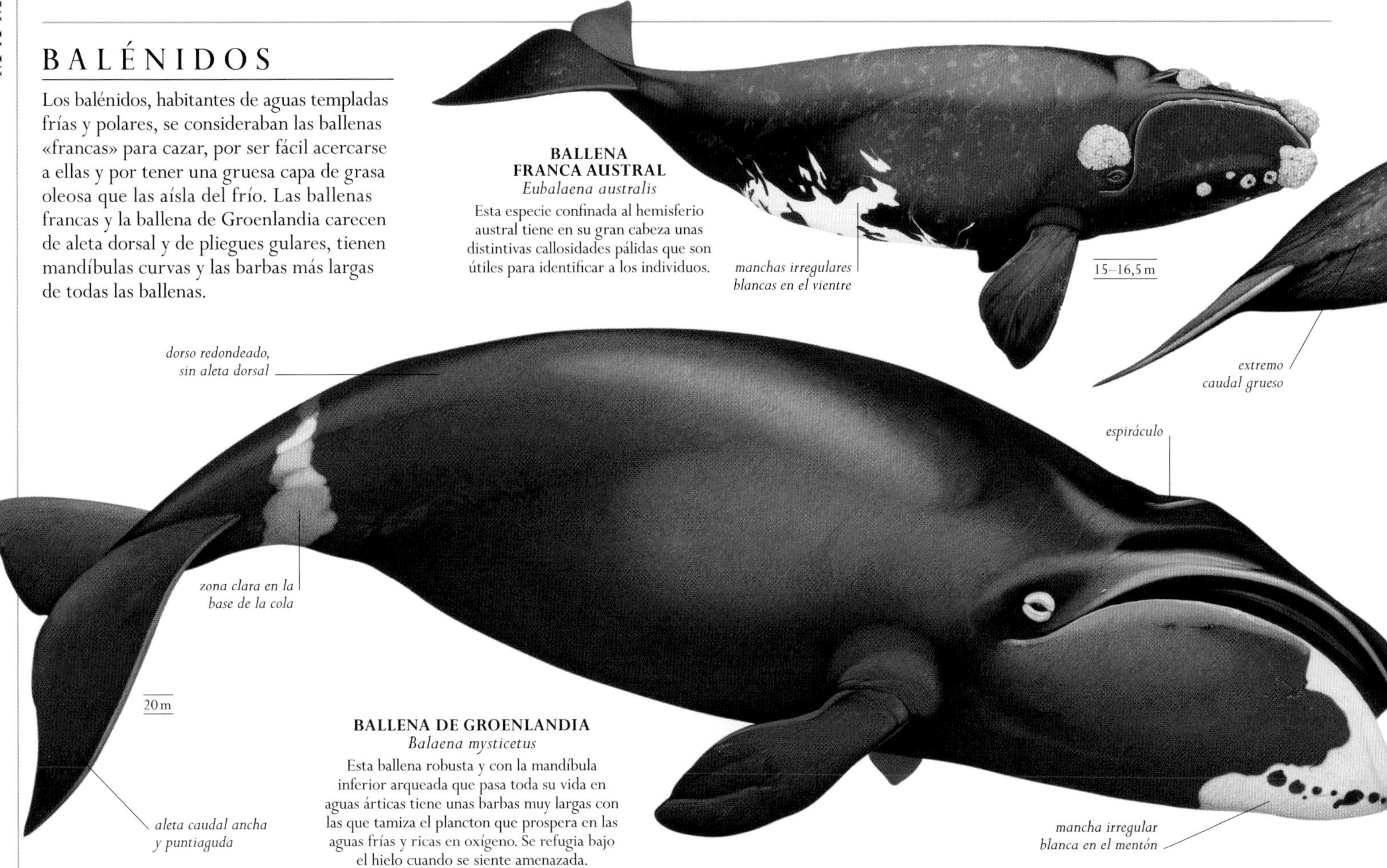

BALLENA FRANCA AUSTRAL
Eubalaena australis
Esta especie confinada al hemisferio austral tiene en su gran cabeza unas distintivas callosidades pálidas que son útiles para identificar a los individuos.

BALLENA DE GROENLANDIA
Balaena mysticetus
Esta ballena robusta y con la mandíbula inferior arqueada que pasa toda su vida en aguas árticas tiene unas barbas muy largas con las que tamiza el plancton que prospera en las aguas frías y ricas en oxígeno. Se refugia bajo el hielo cuando se siente amenazada.

NEOBALÉNIDOS

Esta familia comprende una sola especie confinada a las aguas del hemisferio austral. A diferencia de las demás ballenas francas, la enana tiene una aleta dorsal pequeña y prominente, pero carece de callosidades en la cabeza. Sus barbas son de color marfil.

BALLENA FRANCA ENANA O PIGMEA
Caperea marginata
Es la especie más pequeña de los cetáceos con barbas. Es muy poco conocida, pues se avista en contadas ocasiones.

RORCUALES

La familia balenoptéridos es la más extensa del grupo de los misticetos. Sus miembros se caracterizan por los pliegues de la garganta que les permiten ampliar la boca para alimentarse por filtración (rorcual significa «ballena con surcos» en noruego). La mayoría cría en aguas templadas y se desplaza en verano a sus áreas de alimentación polares. Esbeltos e hidrodinámicos, poseen grandes aletas pectorales y una aleta dorsal situada muy atrás.

15–17 m

bultos en la cabeza y la mandíbula inferior

aletas pectorales largas

YUBARTA, BALLENA JOROBADA
Megaptera novaeangliae
Esta característica ballena es muy activa y a menudo deja ver su aleta caudal con marcas individuales reconocibles. A veces rodea a sus presas con una red de burbujas que crea con el aire espirado.

cuerpo alargado e hidrodinámico

22–27 m

numerosos pliegues gulares

RORCUAL COMÚN
Balaenoptera physalus
Pese a estar en peligro de extinción, esta ballena cosmopolita y veloz nadadora que puede formar grupos de seis o más individuos es relativamente común.

13–14,5 m

RORCUAL TROPICAL O DE BRYDE
Balaenoptera edeni
Esta ballena que vive en aguas tropicales y subtropicales de todo el planeta se distingue por las tres crestas longitudinales de su hocico.

aleta dorsal muy pequeña

cabeza ancha y aplanada, con forma de arco ojival vista desde arriba

31,5–35 m

los pliegues gulares se extienden de la garganta al ombligo

RORCUAL O BALLENA AZUL
Balaenoptera musculus
Esta especie en peligro, el animal más grande del planeta, tiene el cuerpo más fusiforme y alargado que cualquier otra ballena grande.

17–20 m

RORCUAL BOREAL O NORTEÑO
Balaenoptera borealis
En peligro de extinción, este veloz nadador con la aleta dorsal erguida y curva vive en aguas templadas y frías de todos los océanos.

6,5–8,5 m

RORCUAL ALIBLANCO O ENANO
Balaenoptera acutorostrata
Es el rorcual más pequeño, cosmopolita en todo tipo de aguas marinas. Tiene una cresta longitudinal desde el espiráculo y suele presentar manchas blancas en las aletas pectorales.

BALLENA GRIS

La única especie de la familia escríctidos es bastante común en aguas costeras del Pacífico Norte, pero los balleneros la cazaron hasta la extinción en el Atlántico Norte. Sus migraciones anuales desde el estrecho de Bering para criar en aguas subtropicales, frente a Baja California (México) especialmente, son las más largas de todos los mamíferos.

piel moteada con bellotas de mar incrustadas

aleta caudal escotada

13–14,5 m

BALLENA GRIS
Eschrichtius robustus
En vez de aleta dorsal, esta ballena tiene una protuberancia baja seguida de otras más pequeñas. Sus pliegues gulares están poco desarrollados.

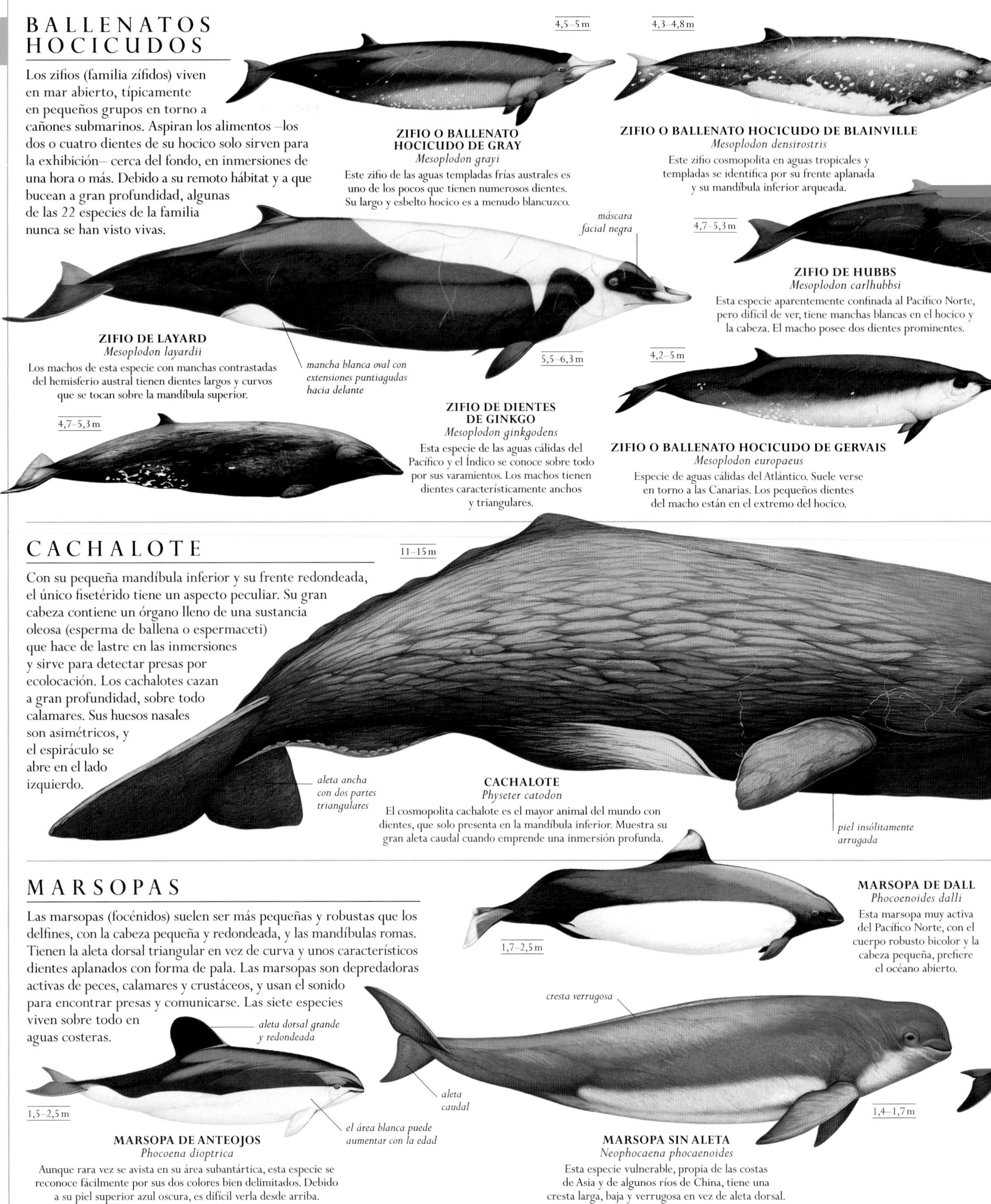

BALLENATOS HOCICUDOS

Los zifios (familia zífidos) viven en mar abierto, típicamente en pequeños grupos en torno a cañones submarinos. Aspiran los alimentos –los dos o cuatro dientes de su hocico solo sirven para la exhibición– cerca del fondo, en inmersiones de una hora o más. Debido a su remoto hábitat y a que bucean a gran profundidad, algunas de las 22 especies de la familia nunca se han visto vivas.

ZIFIO O BALLENATO HOCICUDO DE GRAY
Mesoplodon grayi
Este zifio de las aguas templadas frías australes es uno de los pocos que tienen numerosos dientes. Su largo y esbelto hocico es a menudo blancuzco.

ZIFIO O BALLENATO HOCICUDO DE BLAINVILLE
Mesoplodon densirostris
Este zifio cosmopolita en aguas tropicales y templadas se identifica por su frente aplanada y su mandíbula inferior arqueada.

ZIFIO DE HUBBS
Mesoplodon carlhubbsi
Esta especie aparentemente confinada al Pacífico Norte, pero difícil de ver, tiene manchas blancas en el hocico y la cabeza. El macho posee dos dientes prominentes.

ZIFIO DE LAYARD
Mesoplodon layardii
Los machos de esta especie con manchas contrastadas del hemisferio austral tienen dientes largos y curvos que se tocan sobre la mandíbula superior.

ZIFIO DE DIENTES DE GINKGO
Mesoplodon ginkgodens
Esta especie de las aguas cálidas del Pacífico y el Índico se conoce sobre todo por sus varamientos. Los machos tienen dientes característicamente anchos y triangulares.

ZIFIO O BALLENATO HOCICUDO DE GERVAIS
Mesoplodon europaeus
Especie de aguas cálidas del Atlántico. Suele verse en torno a las Canarias. Los pequeños dientes del macho están en el extremo del hocico.

CACHALOTE

Con su pequeña mandíbula inferior y su frente redondeada, el único fisetérido tiene un aspecto peculiar. Su gran cabeza contiene un órgano lleno de una sustancia oleosa (esperma de ballena o espermaceti) que hace de lastre en las inmersiones y sirve para detectar presas por ecolocación. Los cachalotes cazan a gran profundidad, sobre todo calamares. Sus huesos nasales son asimétricos, y el espiráculo se abre en el lado izquierdo.

CACHALOTE
Physeter catodon
El cosmopolita cachalote es el mayor animal del mundo con dientes, que solo presenta en la mandíbula inferior. Muestra su gran aleta caudal cuando emprende una inmersión profunda.

MARSOPAS

Las marsopas (focénidos) suelen ser más pequeñas y robustas que los delfines, con la cabeza pequeña y redondeada, y las mandíbulas romas. Tienen la aleta dorsal triangular en vez de curva y unos característicos dientes aplanados con forma de pala. Las marsopas son depredadoras activas de peces, calamares y crustáceos, y usan el sonido para encontrar presas y comunicarse. Las siete especies viven sobre todo en aguas costeras.

MARSOPA DE DALL
Phocoenoides dalli
Esta marsopa muy activa del Pacífico Norte, con el cuerpo robusto bicolor y la cabeza pequeña, prefiere el océano abierto.

MARSOPA DE ANTEOJOS
Phocoena dioptrica
Aunque rara vez se avista en su área subantártica, esta especie se reconoce fácilmente por sus dos colores bien delimitados. Debido a su piel superior azul oscura, es difícil verla desde arriba.

MARSOPA SIN ALETA
Neophocaena phocaenoides
Esta especie vulnerable, propia de las costas de Asia y de algunos ríos de China, tiene una cresta larga, baja y verrugosa en vez de aleta dorsal.

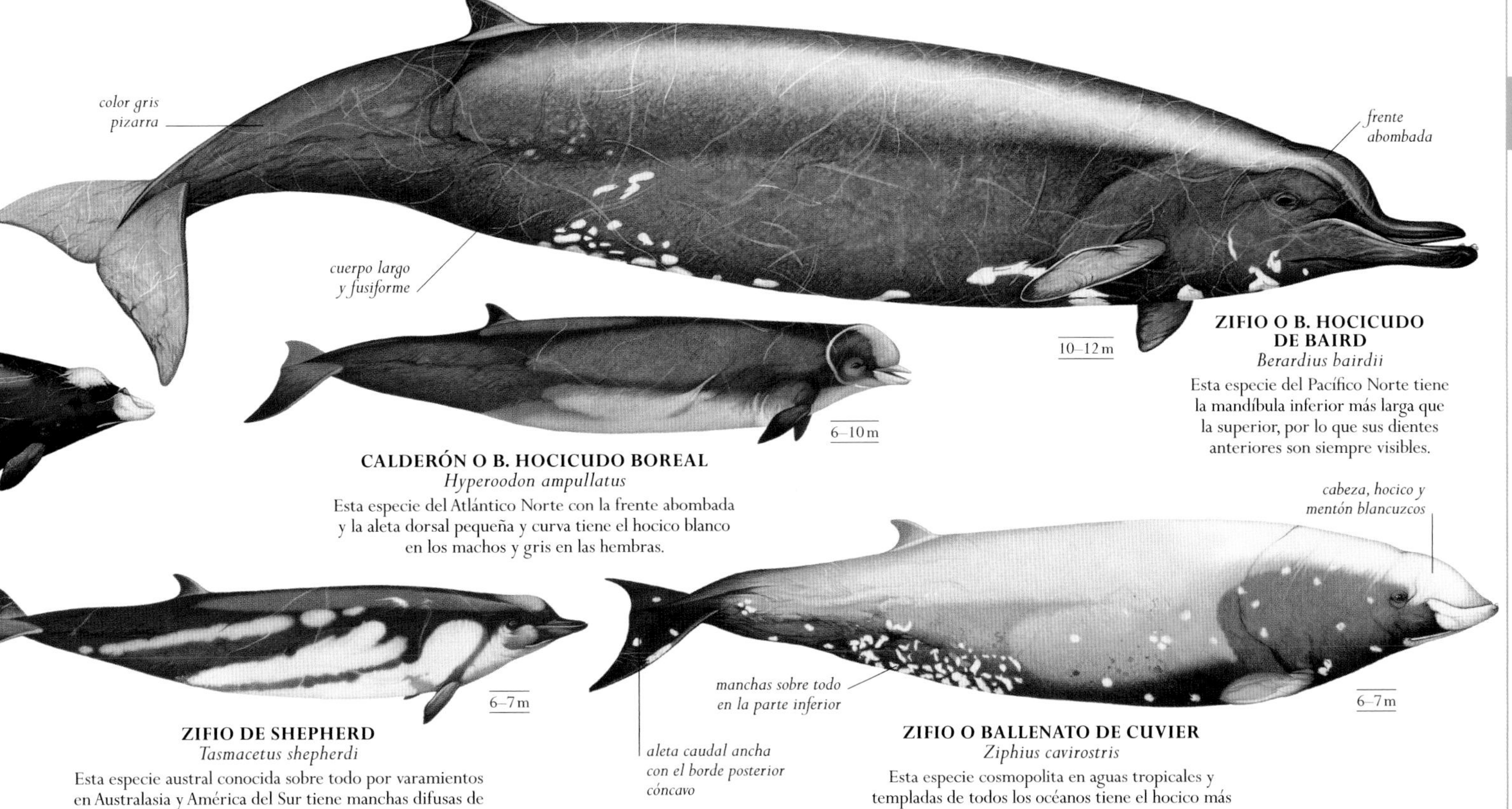

ZIFIO O B. HOCICUDO DE BAIRD
Berardius bairdii
Esta especie del Pacífico Norte tiene la mandíbula inferior más larga que la superior, por lo que sus dientes anteriores son siempre visibles.

CALDERÓN O B. HOCICUDO BOREAL
Hyperoodon ampullatus
Esta especie del Atlántico Norte con la frente abombada y la aleta dorsal pequeña y curva tiene el hocico blanco en los machos y gris en las hembras.

ZIFIO DE SHEPHERD
Tasmacetus shepherdi
Esta especie austral conocida sobre todo por varamientos en Australasia y América del Sur tiene manchas difusas de color crema y numerosos dientes pequeños.

ZIFIO O BALLENATO DE CUVIER
Ziphius cavirostris
Esta especie cosmopolita en aguas tropicales y templadas de todos los océanos tiene el hocico más corto que otros ballenatos y una coloración variable.

CACHALOTES PIGMEO Y ENANOS

Los kógidos son pequeños cetáceos con una aleta dorsal muy recurvada y una característica mancha clara con forma de media luna detrás de cada ojo que se parece a la abertura branquial de un tiburón.

CACHALOTE PIGMEO
Kogia breviceps
Esta especie, uno de los cetáceos más pequeños, es cosmopolita en aguas profundas tropicales y templadas. Se le conoce sobre todo por varamientos.

NARVAL Y BELUGA

La familia monodóntidos, cetáceos del Ártico de talla media y de aspecto bastante inusual, comprende dos especies. Son muy gregarios y se encuentran en bahías, estuarios y fiordos, así como junto a los bordes de la banquisa, a veces en grupos de varios centenares. Ambas especies carecen de aleta dorsal y tienen una frente abultada y redondeada que puede cambiar de forma cuando emiten sus muy variados sonidos.

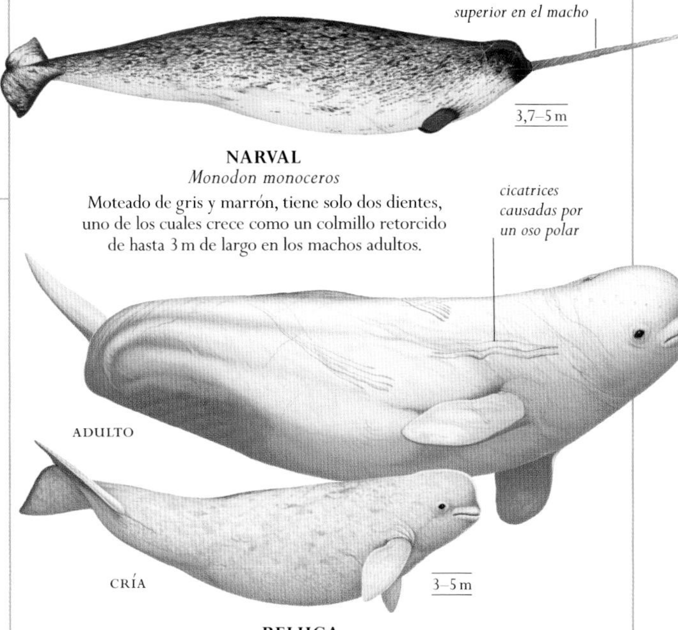

NARVAL
Monodon monoceros
Moteado de gris y marrón, tiene solo dos dientes, uno de los cuales crece como un colmillo retorcido de hasta 3 m de largo en los machos adultos.

BELUGA
Delphinapterus leucas
La beluga tiene una distribución circumpolar en aguas árticas y subárticas, y pasa el invierno en torno a la banquisa y bajo ella. El adulto, caso único, es totalmente blanco.

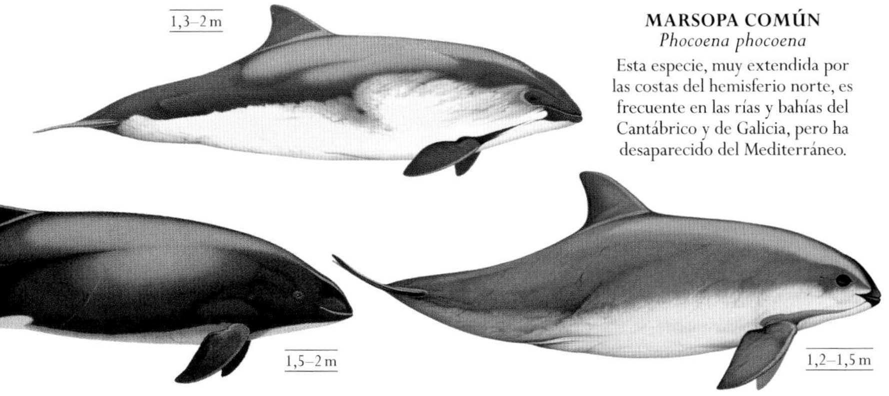

MARSOPA COMÚN
Phocoena phocoena
Esta especie, muy extendida por las costas del hemisferio norte, es frecuente en las rías y bahías del Cantábrico y de Galicia, pero ha desaparecido del Mediterráneo.

MARSOPA NEGRA O ESPINOSA
Phocoena spinipinnis
Esta marsopa oscura y con la aleta dorsal apuntando hacia atrás es uno de los cetáceos más fáciles de ver en las costas del Cono Sur, sur de Brasil y Perú.

VAQUITA MARINA O COCHITO
Phocoena sinus
Esta especie en peligro crítico, endémica del norte del golfo de California, es la marsopa más pequeña. A menudo habita en costas tan poco profundas que su dorso sobresale del agua.

DELFINES MARINOS

Los delfínidos se encuentran en todo el mundo, a menudo en aguas bastante someras sobre la plataforma continental. Son de talla pequeña o mediana y colores muy variables, y suelen tener una aleta dorsal curvada, el hocico alargado y la frente abultada. La mayoría come sobre todo peces y se desplaza en grupo.

1,6–1,9 m

DELFÍN CRUZADO
Lagenorhynchus cruciger
Este delfín subantártico que rara vez se avista tiene dos lóbulos laterales blancos. Los balleneros lo utilizaban antaño para localizar rorcuales, con los que se asocia a menudo.

2,4–3,1 m

DELFÍN DE HOCICO BLANCO
Lagenorhynchus albirostris
Muy acrobática, esta especie de las aguas templadas frías del Atlántico Norte y con la aleta dorsal muy curvada juega a menudo con las olas de proa de los barcos.

2,5–2,8 m

DELFÍN ATLÁNTICO DE FLANCOS BLANCOS
Lagenorhynchus acutus
Confinado a las aguas frías del Atlántico Norte, tiene unas manchas grises, blancas y negras bien definidas y una franja lateral amarilla.

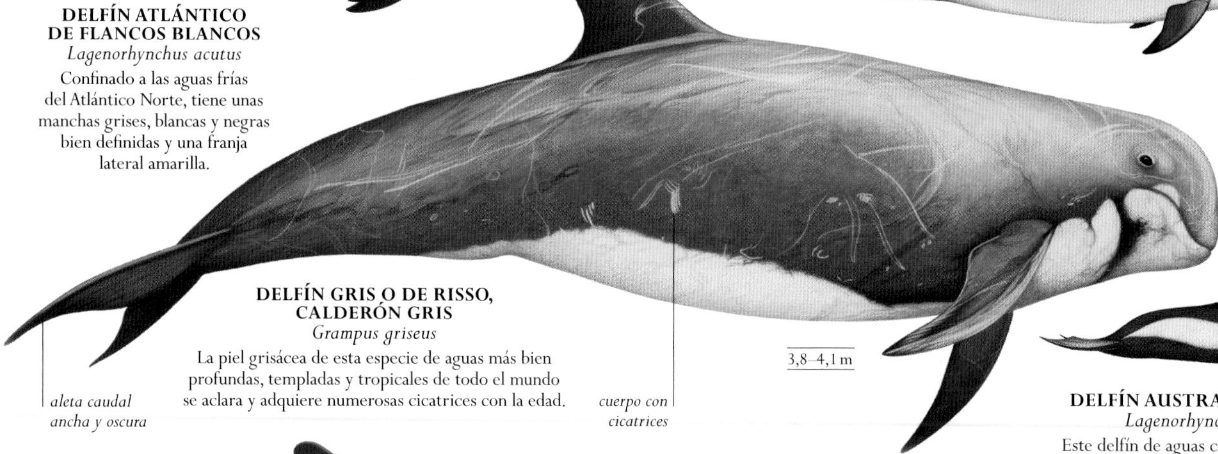

aleta dorsal en forma de hoz

1,6–2,1 m

DELFÍN OSCURO O DE FITZROY
Lagenorhynchus obscurus
Gregario y muy acrobático, este delfín con una distribución discontinua en aguas costeras del hemisferio austral suele saltar cuando se alimenta.

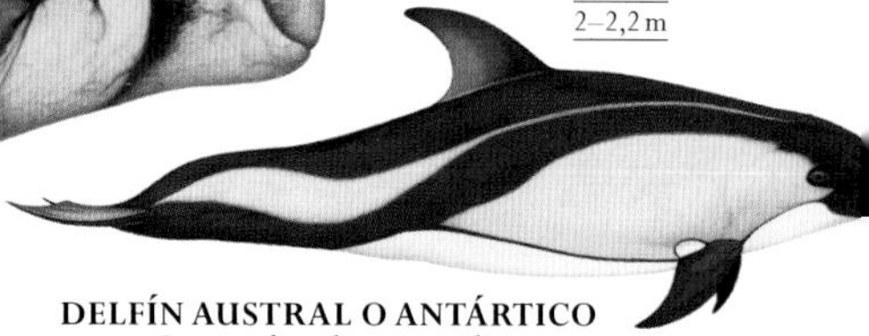

3,8–4,1 m

DELFÍN GRIS O DE RISSO, CALDERÓN GRIS
Grampus griseus
La piel grisácea de esta especie de aguas más bien profundas, templadas y tropicales de todo el mundo se aclara y adquiere numerosas cicatrices con la edad.

aleta caudal ancha y oscura

cuerpo con cicatrices

2–2,2 m

DELFÍN AUSTRAL O ANTÁRTICO
Lagenorhynchus australis
Este delfín de aguas costeras de América del Sur meridional presenta la mancha axilar blanca de los *Cephalorhynchus* y podría ser pariente cercano de estos.

1,5 m

DELFÍN DE COMMERSON, TONINA OVERA
Cephalorhynchus commersonii
Este pequeño delfín de las aguas costeras de América del Sur meridional y las islas subantárticas, con hocico corto y aleta caudal ancha y roma, nada y salta con gran destreza.

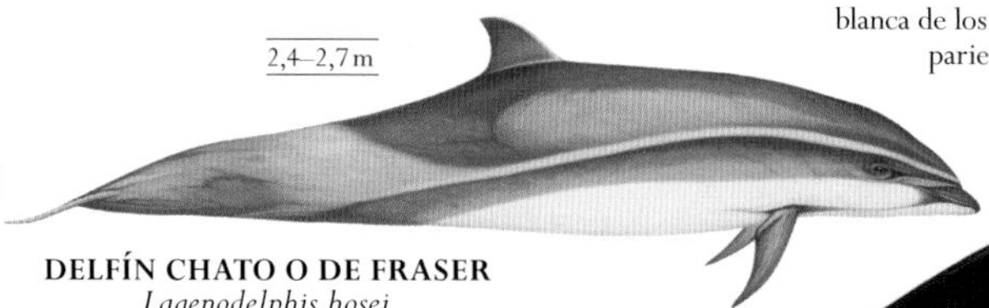

2,4–2,7 m

DELFÍN CHATO O DE FRASER
Lagenodelphis hosei
Este delfín muy gregario, de aletas pequeñas, hocico corto y cuerpo robusto, vive en aguas profundas tropicales y subtropicales de todos los océanos.

1,4–1,5 m

DELFÍN DE HÉCTOR O DE CABEZA BLANCA
Cephalorhynchus hectori
Endémica de Nueva Zelanda, esta especie en peligro de extinción es la más pequeña de su familia.

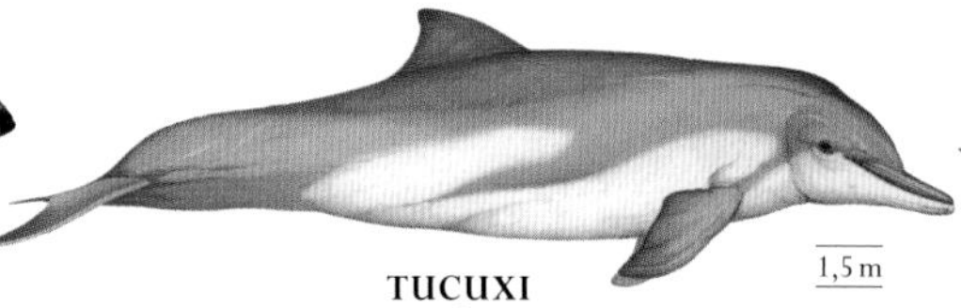

1,5 m

TUCUXI
Sotalia fluviatilis
También llamado bufeo negro o bufeo gris, vive en ríos de la cuenca amazónica pero está emparentado con las especies oceánicas y no con los verdaderos delfines fluviales.

1,6–2,3 m

DELFÍN COMÚN
Delphinus delphis
Este delfín muy gregario es casi cosmopolita en aguas tropicales y templadas. Su característico dibujo lateral es fácil de ver cuando salta fuera del agua.

DELFINES FLUVIALES Y ESTUARINOS

La familia ínidos comprende tres especies de delfines de agua dulce del Amazonas, que se reconocen por sus pequeños ojos, frente abultada y hocico largo, al igual que la franciscana, de la familia pontopóridos. Los delfines del Indo y del Ganges (platanístidos) poseen un hocico similar, pero en los ínidos los dientes no son visibles en la boca cerrada.

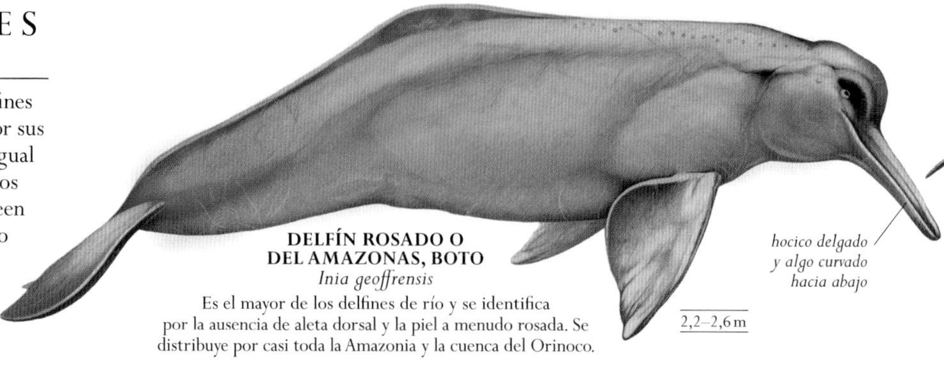

DELFÍN ROSADO O DEL AMAZONAS, BOTO
Inia geoffrensis
Es el mayor de los delfines de río y se identifica por la ausencia de aleta dorsal y la piel a menudo rosada. Se distribuye por casi toda la Amazonia y la cuenca del Orinoco.

hocico delgado y algo curvado hacia abajo

2,2–2,6 m

2,6–2,8 m

DELFÍN DE DIENTES RUGOSOS
Steno bredanensis
Esta especie cosmopolita en aguas tropicales y templadas cálidas tiene un hocico largo y delgado que se une suavemente a la frente y una aleta dorsal falciforme de base ancha.

1,9–3,9 m

DELFÍN MULAR, TURSIÓN
Tursiops truncatus
Este delfín cosmopolita en aguas tropicales y templadas interacciona a menudo con los humanos. Los individuos de las poblaciones pelágicas son más grandes y oscuros que los costeros.

hocico corto y pronunciado

aletas pectorales largas y esbeltas

1,9–2,3 m

DELFÍN OCEÁNICO O MOTEADO ATLÁNTICO
Stenella frontalis
La densidad de las motas dorsales claras y ventrales oscuras de este delfín del Atlántico tropical y templado-cálido aumenta en la madurez.

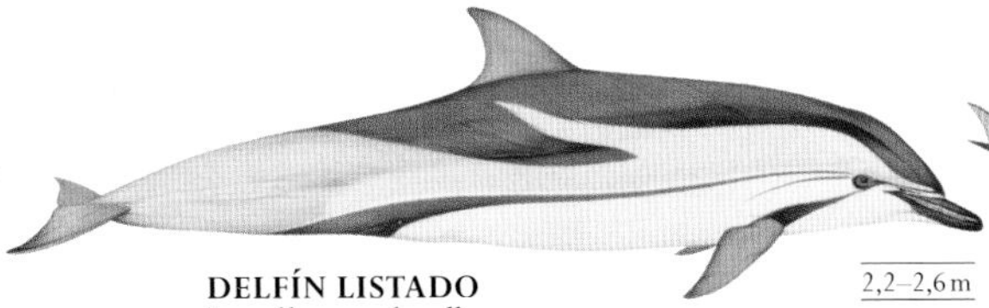

2,2–2,6 m

DELFÍN LISTADO
Stenella coeruleoalba
Común en el Mediterráneo, este delfín acrobático y con un dibujo muy característico es cosmopolita en aguas templadas y tropicales.

3 m

DELFÍN LISO AUSTRAL
Lissodelphis peronii
Este delfín característico, blanco y negro y sin aleta dorsal, vive en aguas profundas frías y templadas-frías (1–20 °C) del hemisferio sur.

aleta dorsal alta

5,1–6,1 m

ORCA NEGRA O FALSA ORCA
Pseudorca crassidens
Esta especie cosmopolita en aguas tropicales y templadas se alimenta sobre todo de peces grandes y calamares, pero a veces ataca también a delfines.

2,8 m

DELFÍN DE CABEZA DE MELÓN
Peponocephala electra
Esta especie pelágica, cosmopolita en aguas tropicales y subtropicales, tiene una máscara facial más oscura y la aleta dorsal alta y puntiaguda.

2,1–2,6 m

ORCA PIGMEA
Feresa attenuata
Esta especie pequeña y robusta puede ser muy agresiva, y no es raro que mate y devore otros delfines en su área circuntropical y subtropical.

partes inferiores blancas

7–9,8 m

ORCA
Orcinus orca
Esta especie con manchas contrastadas y una aleta dorsal alta es un superdepredador que se alimenta de peces, focas, tiburones y otros cetáceos.

aletas pectorales anchas y grandes

5,7–6,7 m

CALDERÓN COMÚN O DE ALETA LARGA
Globicephala melas
Esta especie sociable y sujeta a frecuentes varamientos masivos, de distribución antitropical, muestra su bulbosa frente cuando saca la cabeza del agua para mirar a su alrededor.

1,2–1,4 m

FRANCISCANA, DELFÍN DEL PLATA
Pontoporia blainvillei
Este delfín, que vive en estuarios y aguas costeras del este de América del Sur, tiene el hocico proporcionalmente más largo de todos los cetáceos: representa un 15 % de su longitud total.

DELFÍN FLUVIAL DEL GANGES Y DEL INDO

La única especie de la familia platanístidos está en peligro de extinción y tiene dos subespecies: la del Indo y la del Ganges-Brahmaputra. Tiene los dientes largos, visibles incluso cuando cierra la boca, y es ciego porque sus diminutos ojos carecen de cristalino.

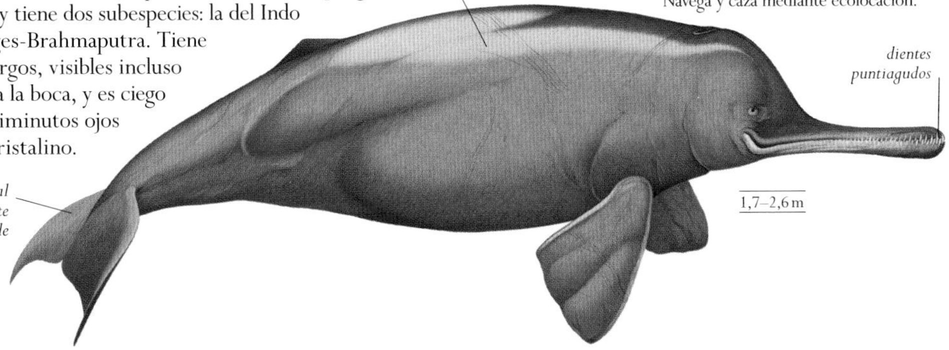

cuerpo robusto y de color uniforme

DELFÍN DEL GANGES
Platanista gangetica
Prácticamente idéntico al delfín del Ganges (*P. g. gangetica*), tiene el hocico largo, grandes aletas pectorales y giba dorsal triangular. Navega y caza mediante ecolocación.

dientes puntiagudos

aleta caudal proporcionalmente grande

1,7–2,6 m

GLOSARIO

ABDOMEN
En los vertebrados, parte inferior de la cavidad corporal. En los artrópodos, es la parte posterior del cuerpo, por detrás de la cabeza.

ADN (ÁCIDO DESOXIRRIBONUCLEICO)
Sustancia química presente en las células de todos los organismos vivos, y que determina sus características heredadas.

AGALLA
Excrecencia similar a un tumor inducida en una planta por otro organismo (como un hongo o un insecto). Mediante su formación, los animales se procuran un lugar oculto y seguro, a la vez que una fuente alimenticia adecuada.

AGÁRICO
Grupo de hongos de cuerpo fructífero carnoso, formado por píleo y estipe.

ALCALOIDE
Sustancia química amarga producida por ciertas plantas u hongos; en ocasiones es tóxica.

ALETA ADIPOSA
En los peces, pequeña aleta por detrás de la dorsal. Es principalmente tejido graso cubierto de piel.

ALETA ANAL
En los peces, aleta impar situada entre la cloaca (ano) y la región caudal.

ALETA DORSAL
Aleta impar situada sobre el lomo del pez.

ALETA PECTORAL
Aleta situada en cada costado en la parte anterior del cuerpo del pez, con frecuencia justo detrás de la cabeza. Suelen ser muy móviles.

ALETA PÉLVICA (O VENTRAL)
Cada una del par situado en la región ventral de los peces, en ocasiones tras el opérculo, pero con más frecuencia hacia la cola. Porlo general los peces las utilizan como estabilizadores.

ALUVIAL (DEPÓSITO)
Sedimento de materiales separados por meteorización de la roca encajante y depositados en ríos o arroyos.

AMENTO
Inflorescencia colgante, formada por lo general por flores simples unisexuales.

ANFÍBOL
Grupo de minerales comunes formadores de roca, a menudo de composición compleja. La mayoría son silicatos ferromagnésicos.

ANGIOSPERMAS BASALES
Cinco órdenes de plantas con flores con ciertos rasgos primitivos que se separó pronto de la línea evolutiva principal de las plantas con flores. Incluyen los nenúfares.

ANTENA
Apéndice sensorial en la cabeza de artrópodos y algunos invertebrados, como los moluscos. Siempre son pares y pueden ser sensibles al tacto, al sonido, a la temperatura y al gusto. Su tamaño y forma varían según su uso.

ANTERA
En las plantas con flores, parte terminal del estambre, donde se produce el polen.

ANUAL
Planta que completa su ciclo vital, de la germinación a la muerte, en una única estación de crecimiento.

ÁRBOL
Planta leñosa perenne que suele tener un tallo bien definido, o tronco, y una copa de ramas sobre él.

ARBÓREO
Que vive en los árboles, ya sea de forma total o parcial (semiarbóreo).

ARBUSTO
Planta leñosa perenne con múltiples tallos.

ARTIODÁCTILOS
Ungulados cuyas pezuñas parecen estar divididas en dos (hendidas). La mayoría, como ciervos y antílopes, poseen de hecho un número par de pesuños, distribuidos a cada lado de una línea que divide el pie en dos.

ASCO
Estructura microscópica, similar a un saco, que produce las esporas en los ascomicetos.

ASEXUAL (REPRODUCCIÓN)
Forma de reproducción que solo implica a un progenitor, que produce una descendencia genéticamente idéntica (clones). Esta forma de reproducción es más común en microbios, plantas e invertebrados.

ASILVESTRADO
Animal o planta procedente de poblaciones domesticadas que ha regresado a la vida salvaje. También llamado cimarrón o escapado.

BARBAS DE BALLENA
Sustancia fibrosa de algunos balénidos que filtra el alimento del agua. Crecen en forma de placas con bordes desflecados que cuelgan de la mandíbula superior de la ballena. Las placas atrapan la comida que luego es tragada por el animal.

BASIDIO
Estructura esporífera microscópica claviforme de hongos y afines (basidiomicetos).

BAYA
Fruto carnoso polispermo que se desarrolla de un único ovario. Muchos frutos llamados vulgarmente bayas no son tales; se trata en realidad de frutos compuestos, como por ejemplo la frambuesa.

BIENAL
Planta que completa su ciclo vital, de la germinación a la muerte, en dos años. Típicamente, durante la primera temporada acumula alimento que podrá utilizar para la reproducción durante la segunda.

BIOLUMINISCENCIA
Producción de luz por organismos vivos.

BÍPEDO
Animal que se desplaza apoyándose sobre dos extremidades.

BRÁCTEA
Hoja modificada, a menudo de colores vivos, por debajo de una flor o inflorescencia.

BRANQUIAS
En peces, anfibios, crustáceos y moluscos, órganos para extraer oxígeno del agua. A diferencia de los pulmones, son excrecencias del cuerpo.

BROMELIA
Planta con flor de la familia bromeliáceas. Casi exclusivas de la América tropical, la mayoría de las bromelias son epífitas de bosque lluvioso: se asientan sobre las ramas de los árboles sin alimentarse de ellos. Muchas forman rosetas de hojas que recogen agua de lluvia, creando «estanques» arbóreos que son importantes criaderos para larvas de insectos y renacuajos.

BROTE
Nombre usual del vástago de una planta en desarrollo, generalmente en dirección ascendente.

BULBO
Renuevo subterráneo de una planta, formado por hojas modificadas y usado para almacenar alimento durante los periodos de latencia o para la reproducción asexual.

CADENA TRÓFICA
Serie de organismos en que cada uno sirve de alimento al siguiente.

CADUCIFOLIA (CADUCA)
Planta que pierde sus hojas estacionalmente. Por ejemplo, son caducifolias muchas plantas de climas templados que pierden las hojas en invierno.

CÁLIZ
Envoltura más externa de una flor, con forma de copa, compuesta por sépalos.

CAMUFLAJE
Colores o dibujos que permiten a un animal confundirse o mimetizarse con su entorno. Resulta muy eficaz como protección contra los depredadores y para ocultarse mientras se acecha a una presa.

CANINO (DIENTE)
En los mamíferos, es el diente con una única punta afilada, diseñado para penetrar y sujetar. Los caninos están ubicados en la zona delantera de la mandíbula; en los carnívoros están muy desarrollados. Reciben también el nombre de colmillos.

CAPARAZÓN
Placa dura que tienen sobre el dorso algunos animales, entre ellos crustáceos, arácnidos y algunos reptiles. En el caso de las tortugas, el caparazón está formado por placas óseas cubiertas por una concha córnea.

CAPULLO
Envoltorio formado por seda tejida. Muchos insectos hilan un capullo antes de iniciar el estado de pupa, y muchas arañas lo tejen para proteger sus huevos.

CARBOHIDRATO
Producto alimenticio, como el azúcar o la fécula, que proporciona energía.

CARNICERO (DIENTE)
En los mamíferos carnívoros, premolar superior y molar inferior en forma de cuchilla que han evolucionado para desgarrar carne.

CARNÍVORO
Animal que come carne. En sentido más estricto, se aplica a los mamíferos del orden carnívoros.

CARPELO
Parte reproductiva femenina de una flor, compuesto de ovario, estilo y estigma. También llamado pistilo.

CARTÍLAGO
Sustancia gomosa que forma parte del esqueleto de los vertebrados; en muchos de ellos recubre las articulaciones, pero en los peces cartilaginosos constituye el esqueleto completo.

CÉLULA
Unidad básica de un organismo que puede vivir por sí misma.

CELULOSA
Carbohidrato complejo presente en las plantas, que la utilizan como material de construcción. Tiene una estructura química resistente, difícil de digerir por los animales. Los herbívoros la descomponen en su estómago con la ayuda de microorganismos.

CICLO VITAL
Secuencia del desarrollo de un organismo desde los gametos que lo forman hasta su muerte.

CIEGO
Bolsa del tracto digestivo, usada a menudo en la digestión del alimento vegetal.

CITOPLASMA
Interior gelatinoso de la célula. El citoplasma en los eucariontes está limitado a la región que rodea el núcleo celular.

CLOACA
Abertura trasera del cuerpo, compartida por diversos sistemas orgánicos. En algunos vertebrados, como peces óseos y anfibios, es usada por los sistemas digestivo, urinario y reproductivo.

CLONES
Individuos genéticamente idénticos. Dos o más organismos idénticos que comparten exactamente los mismos genes.

CLOROFILA
Pigmento verde presente en los cloroplastos, captador de luz para la fotosíntesis.

CLOROPLASTO
Orgánulo del interior de la célula de los eucariontes fotosintetizadores, usado para la fotosíntesis. *Véase* fotosíntesis.

COLONIA
Grupo de seres vivos de la misma especie que pasan la vida juntos, a menudo con reparto de las tareas implicadas en su supervivencia. En algunas especies coloniales, en especial de invertebrados acuáticos, sus miembros están permanentemente unidos. En otras, como hormigas, abejas y avispas, los individuos forrajean de forma independiente pero viven en el mismo nido.

COMENSAL
Especie que vive en estrecha relación con otra sin ayudarse ni perjudicarse.

COMPUESTO
Sustancia formada por dos o más elementos que se pueden dividir únicamente por medios químicos.

CONO
Estructura reproductiva vegetal, consistente en un racimo de escamas o brácteas utilizadas para la producción de esporas, óvulos o polen. Están presentes en diversos árboles, en las coníferas en particular.

CORMO
En una planta, órgano subterráneo de almacenamiento de nutrientes formado a partir de un tallo engrosado.

CORNAMENTA
Desarrollo óseo de la cabeza de los cérvidos. A diferencia de los cuernos, a menudo está ramificada y suele crecer y mudar cada año en un ciclo vinculado con la época de la reproducción.

COROLA
Envoltura interna de una flor, formada por pétalos.

CRÍPTICA (COLORACIÓN)
Conjunto de colores y manchas que facilitan el ocultamiento de un animal en su entorno.

CRISTAL
Sólido con una estructura atómica específica que produce una forma externa característica y ciertas propiedades físicas y ópticas.

CROMOSOMA
Filamento microscópico intracelular que transporta información genética (ADN).

CUADRÚPEDO
Animal que se desplaza apoyándose sobre cuatro extremidades.

CUERNO
En los mamíferos, prolongación hueca que surge de la cabeza. Suelen tener una forma curva.

CUERPO FRUCTÍFERO
Estructura esporífera y carnosa de un hongo, típicamente con forma de seta (agárico) o ménsula (yesquero).

DEPREDADOR
Animal que atrapa y mata a otros animales. Algunos depredadores atacan y atrapan a sus presas al acecho, pero la mayoría las persiguen y atacan activamente.

DICOTILEDÓNEAS
Véase eudicotiledóneas.

DIMORFISMO SEXUAL
Diferencias físicas evidentes entre los machos y las hembras de una especie. El macho y la hembra de una especie difieren siempre, pero en las especies altamente dimórficas, como es el caso del elefante marino, ambos sexos son muy diferentes y presentan tamaños muy desiguales.

DIOICA
Planta que tiene las partes masculinas y las femeninas en individuos separados.

DOMESTICADO
Animal o vegetal que vive total o parcialmente bajo el control humano. Muchos parecen idénticos a sus equivalentes silvestres, pero la mayoría de los animales domesticados han sido reproducidos por selección artificial para obtener variedades en las que se refuerzan o eliminan características dependiendo de su utilidad.

ECOLOCACIÓN
Método de detección de objetos cercanos mediante la emisión de ondas sonoras de alta frecuencia. El eco rebota en los obstáculos y permite al emisor crearse una imagen de su entorno. La usan algunos murciélagos, aves cavernícolas y cetáceos.

ECOSISTEMA
Conjunto de especies que viven en el mismo hábitat, junto con su entorno físico.

ECTOPARÁSITO
Organismo que parasita la superficie del cuerpo de otro. Algunos animales ectoparasitarios pasan toda su vida sobre el huésped, pero muchos –como pulgas y garrapatas– crecen en otros sitios y caen sobre el huésped para alimentarse.

ECTOTERMO
Que tiene una temperatura corporal dictada principalmente por la del entorno. Muchos animales ectotermos son conocidos de forma vulgar como «de sangre fría».

ELEMENTO
Sustancia química que no puede ser dividida en una forma más simple.

EMBRIÓN
Animal o planta en una etapa rudimentaria de su desarrollo.

ENDEMISMO
Especie nativa de una zona geográfica particular, como una isla, bosque, montaña, región o país, y que no se halla en ningún otro sitio.

ENDOESQUELETO
Esqueleto interno, típicamente óseo. A diferencia del exoesqueleto, puede crecer en consonancia con el resto del cuerpo.

ENDOPARÁSITO
Organismo que parasita el interior del cuerpo de otro, alimentándose directamente de sus tejidos o apropiándose de parte de su alimento. Suele tener un ciclo vital complejo que implica a más de un huésped.

ENDOTERMO
Animal capaz de regular su temperatura corporal produciendo calor en sus propios tejidos. Término similar, pero no sinónimo, de homeotermo (que mantiene constante su temperatura con independencia de las condiciones exteriores).

ENZIMA
Sustancia producida por los seres vivos para facilitar procesos químicos, como la fotosíntesis o la digestión.

EPÍFITA
Planta u organismo afín (como las algas o los líquenes) que vive sobre otra planta sin alimentarse de ella.

ESCUDO
Placa córnea, ósea o quitinosa que forma una cubierta exterior en algunos animales (como las escamas).

ESPERMATÓFORO
Paquete de espermatozoides transferido de macho a hembra directamente, o bien indirectamente, por ejemplo dejándolo en el suelo. Los espermatóforos son producidos por diversos animales, entre ellos las salamandras, los calamares y algunos artrópodos.

ESPIRÁCULO
En ciertos peces, hendidura situada detrás del ojo que permite el flujo de agua a las branquias. En insectos y miriápodos es un orificio de la pared corporal que deja pasar aire al sistema traqueal.

ESPORA
Cuerpo unicelular que contiene la mitad del material genético de una célula típica. A diferencia de los gametos, las esporas pueden dividirse y crecer sin ser fecundadas. Son producidas por hongos, algas y plantas.

ESPORÓFITO
Planta en la etapa de producción de esporas. Es la fase dominante (visible) en helechos y plantas con semilla.

ESTAMBRE
Parte reproductora masculina de la flor. Formado por un filamento con una antera en el extremo.

ESTEREOSCÓPICA (VISIÓN)
Capacidad para percibir la profundidad y ver en tres dimensiones, propia de los animales con los dos ojos en la región frontal. También llamada estereopsia o visión binocular.

ESTOMA
Orificios diminutos en la superficie de una planta que permiten el intercambio de gases para realizar la fotosíntesis y la respiración.

EUCARIOTA
Organismo cuyas células están dotadas de núcleo. Incluye a protistas, hongos, plantas y animales.

EUDICOTILEDÓNEAS
«Dicotiledóneas verdaderas»: grupo de plantas con flores con dos cotiledones (hojas primordiales). Comprende la mayor parte de las plantas con flores.

EVAPORITA (DEPÓSITO)
Roca sedimentaria o mineral resultante de la evaporación del agua de fluidos portadores de minerales, normalmente agua de mar.

EXOESQUELETO
Esqueleto externo que sustenta y protege el cuerpo de un animal. El más complejo, formado por los artrópodos, consiste en placas rígidas unidas por articulaciones flexibles. Este tipo de esqueleto no puede crecer, y debe ser mudado a intervalos periódicos. También llamado dermatoesqueleto.

FECUNDACIÓN
Unión de los gametos femenino y masculino que produce otra célula capaz de convertirse en un organismo nuevo.

FECUNDACIÓN EXTERNA
Forma de fecundación que tiene lugar fuera del cuerpo femenino, normalmente en el agua, como en la mayoría de los peces.

FECUNDACIÓN INTERNA
Forma de fecundación que tiene lugar dentro del cuerpo de la hembra. Es característica de muchos animales terrestres, en particular de insectos y vertebrados.

FEROMONA
Sustancia química producida por un animal que afecta a otros miembros de su especie. A menudo son sustancias volátiles que se propagan por el aire, desencadenando una respuesta a distancia en otros animales.

FIJACIÓN DEL NITRÓGENO
Proceso químico por el cual el nitrógeno atmosférico es convertido en sustancias complejas, como las proteínas, aptas como nutrientes. Realizan esta función ciertos tipos de microorganismos.

FLAGELO
Estructura celular similar a un látigo usada para la propulsión. Es la estructura básica de locomoción de los protistas flagelados.

FLOR
Estructura reproductora del mayor grupo de plantas con semillas. Las flores se componen típicamente de sépalos, pétalos, estambres y carpelos.

FORRAJERO, -RA
Animal que se alimenta de herbáceas o algas. Planta que sirve para forraje.

FÓSIL
Cualquier registro de la vida pasada que se encuentra en la corteza terrestre, como huesos, conchas, huellas, excrementos o madrigueras.

FOTOSÍNTESIS
Proceso por el que ciertos organismos usan la energía lumínica para producir alimento y oxígeno; se produce en plantas, algas y muchos microorganismos.

FRUTO
Estructura carnosa vegetal que se desarrolla desde el ovario de la flor y contiene una o más semillas. Los frutos pueden ser simples, como las bayas; o compuestos, en los que se mezclan frutos de flores distintas. *Véase* fruto accesorio.

FRUTO ACCESORIO
El formado a partir del ovario de la flor y otra estructura, como el receptáculo; por ejemplo, la manzana o el higo.

GAMETO
Célula sexual. En los animales es un espermatozoide o un ovocito.

GEN
Unidad básica hereditaria en todos los seres vivos; típicamente, un fragmento de ADN que proporciona instrucciones codificadas para una proteína concreta.

GERMINACIÓN
Etapa de desarrollo en que empieza a crecer una semilla o espora.

GESTACIÓN (PERIODO)
En animales ovovivíparos, tiempo comprendido entre la fecundación y el nacimiento.

GIMNOSPERMA
Planta con semillas en la que estas no están contenidas en un fruto. Muchas de estas plantas portan sus semillas en conos. *Véase* magnoliofitos (angiospermas).

HERBÁCEA
Planta no leñosa, normalmente mucho más corta que los arbustos o árboles.

HERBÍVORO
Animal que se alimenta principalmente de plantas o algas.

HERMAFRODITA
Organismo que presenta órganos sexuales tanto femeninos como masculinos.

HIBERNACIÓN
Periodo de letargo invernal durante el cual los procesos orgánicos del animal descienden al mínimo para conservar energía.

HIFA
Estructura filamentosa microscópica que compone el cuerpo de un hongo. *Véase* micelio.

HOJA COMPUESTA
Hoja formada por dos o más láminas (foliolos). *Véase* hoja simple.

HOJA SIMPLE
Hoja con una sola lámina.

HORMONA
Señal química producida por una parte del cuerpo que modifica el comportamiento de otra parte.

HUÉSPED
Organismo del que se alimenta un parásito o simbionte.

ÍGNEA, ROCA
Roca formada a partir de lava de erupción o magma solidificado.

IMPLANTACIÓN RETRASADA
En mamíferos, demora entre la fecundación de un huevo y el posterior desarrollo de un embrión, que permite que el nacimiento se produzca cuando ciertas condiciones, como la disponibilidad de comida, sean favorables para la crianza.

INCISIVO (DIENTE)
En los mamíferos, diente frontal de la mandíbula. Se trata de un diente plano y cortante, diseñado para cortar y roer.

INCUBACIÓN
En las aves, es el periodo durante el cual el progenitor se sienta sobre los huevos y los calienta para que se desarrollen. El periodo de incubación puede durar desde menos de 14 días a varios meses.

INFLORESCENCIA
Conjunto de flores dispuestas en una ramificación concreta.

INORGÁNICA
Sustancia química que no está basada en el carbono.

INSECTÍVORO
Animal que se alimenta principalmente de insectos.

LAMINILLAS
En los hongos, estructuras esporíferas laminares situadas bajo el píleo (sombrerillo) de los agáricos.

LARVA
Animal inmaduro pero independiente de aspecto totalmente distinto al de un adulto de su especie. La larva desarrolla la forma adulta por metamorfosis; en muchos insectos, el cambio se produce durante una etapa de reposo llamada pupa.

LAVA
Roca fundida procedente de la erupción de un volcán, que luego se endurece.

LEGUMINOSAS
Plantas con flores de la familia del guisante (fabales), importantes por tener nódulos radiculares que contienen bacterias fijadoras del nitrógeno. También son conocidas por el nombre de sus frutos: legumbres.

LEK
Zona comunal de exhibición utilizada por los animales (especialmente aves) machos durante el cortejo. La misma localización suele ser revisitada durante años.

LEÑOSA, PLANTA
Planta que tiene madera: un tejido endurecido (xilema secundario) compuesto por vasos de paredes gruesas portadores de agua.

LIQUEN
Asociación mutualista entre un alga fotosintetizadora y un hongo. La primera obtiene nutrientes minerales; el hongo, por su parte, obtiene azúcares.

LUSTRE
Brillo o aspecto de un mineral debido a la reflexión de la luz en su superficie.

MAGMA
Roca en estado líquido que se encuentra bajo la superficie terrestre.

MAGNÓLIDAS
Grupo de plantas con flores compuesto por cuatro órdenes con ciertas características primitivas, como tépalos indiferenciados en lugar de sépalos y pétalos.

MAGNOLIOFITO (ANGIOSPERMA)
Planta con semillas que encierra estas en un fruto y produce flores. *Véase* gimnosperma.

MANDÍBULA
En los vertebrados, hueso maxilar inferior. En los artrópodos, conjunto de piezas bucales que sirven para picar o morder.

MÉNSULA
En un hongo, cuerpo fructífero similar a una plataforma.

METABOLISMO
Conjunto de procesos químicos que tienen lugar dentro del cuerpo de un animal. Algunos de ellos liberan energía descomponiendo la comida; otros la utilizan, por ejemplo, para provocar la contracción muscular.

METAMÓRFICA, ROCA
Agregado de minerales formado por la acción del calor, la presión o ambos, a partir de una roca preexistente.

METAMORFOSIS
Cambio de forma corporal experimentado por muchos animales –particularmente invertebrados– a medida que pasan de la forma juvenil a la adulta. En los insectos puede ser completa o incompleta. La metamorfosis completa implica un cambio total de forma durante una fase de latencia, llamada pupa. La metamorfosis incompleta supone cambios menos drásticos, que se producen cada vez que el animal muda.

MICELIO
Masa de hifas que compone el cuerpo de un hongo.

MICORRIZA
Asociación mutualista entre un hongo y las raíces de una planta. El hongo obtiene azúcares, y la planta aumenta su captación de minerales absorbiéndolos a través del extenso micelio del hongo.

MIGRACIÓN
Desplazamiento de una región a otra siguiendo una ruta definida. La mayoría de los animales migratorios se mueven con las estaciones para aprovechar las buenas condiciones de cría en un lugar, y un clima favorable para invernar en el otro.

MIMETISMO
Forma de camuflaje con la que un animal se confunde con otro o con un objeto inanimado, como una ramita o una hoja. Es muy común entre insectos: muchas especies inofensivas imitan a otras peligrosas.

MINERAL
Material natural inorgánico con una composición química constante y estructura atómica regular.

MITOCONDRIA
Orgánulo intracelular de los eucariontes usado para la respiración. Las mitocondrias consumen oxígeno para liberar energía.

MOLAR (DIENTE)
En los mamíferos, diente posterior de la mandíbula. Suele tener una superficie plana y estriada y raíces profundas, y sirve para triturar.

MONOCOTILEDÓNEAS
Grupo de plantas con flores con una sola hoja primordial (cotiledón).

MONOGAMIA
Emparejamiento con un único individuo, ya sea durante una estación de apareamiento o a lo largo de toda la vida. Las asociaciones monógamas son comunes entre animales que atienden a la descendencia durante su desarrollo.

MONOICA
Planta que presenta partes tanto masculinas como femeninas separadas en un mismo individuo.

MUDA
Pérdida de pelo, plumas o piel para que puedan ser reemplazados. Los mamíferos y las aves mudan para mantener el pelo y las plumas en buen estado, para adaptar su capacidad aislante o para disponerse a la cría. Artrópodos como los insectos mudan el exoesqueleto para poder crecer.

MUTUALISMO
Relación entre dos especies diferentes en una comunidad ecológica en la que ambas se benefician. Por ejemplo, una planta con flor y un insecto polinizador comparten una relación mutualista.

NICHO
Lugar y función de un organismo dentro de su hábitat. Aunque dos especies pueden compartir el mismo hábitat, nunca ocuparán un nicho idéntico.

NINFA
Insecto inmaduro de aspecto similar a sus progenitores pero sin alas funcionales ni órganos reproductores. Desarrolla su forma adulta por metamorfosis, sufriendo ligeros cambios en cada muda.

NÓDULO RADICULAR
Engrosamiento esférico de la raíz de una leguminosa que contiene bacterias fijadoras del nitrógeno.

NUDO
En una planta, unión entre dos secciones de tallo, de donde surgen una o más hojas, brotes, ramas o flores.

OJO COMPUESTO
Ojo dividido en compartimentos separados, cada uno con su propio juego de lentes. El número de compartimentos puede variar de unas docenas a miles. Es un rasgo común de los artrópodos.

OMNÍVORO
Animal cuya fuente primaria de alimento comprende tanto plantas como otros animales.

OOSFERA
Gameto femenino de una planta con semillas. En las plantas con flores está encerrada en un ovario, pero en las gimnospermas es desnuda. Después de la fecundación, se convierte en semilla.

OPÉRCULO
Tapa o cubierta. Algunos gasterópodos poseen un opérculo para sellar la concha cuando el animal se retira al interior. En los peces óseos, el opérculo protege la cámara branquial. También se halla en ciertas plantas y hongos.

OPONIBLE, DEDO
Dedo capaz de presionar desde direcciones opuestas. Muchos primates tienen pulgares oponibles que pueden presionar contra otros dedos para agarrar objetos.

ORGÁNICA
Sustancia química basada en el carbono.

ÓRGANO
Estructura corporal que realiza una función particular. Por ejemplo, el corazón, la piel o una hoja.

ORGÁNULO
Estructura especializada que forma parte de la célula de un animal o vegetal.

OVÍPARO
Que se reproduce poniendo huevos.

OVIPOSITOR
Extensión tubular para la puesta de huevos en algunas especies animales, en especial insectos.

PARÁSITO
Organismo que vive sobre o dentro de otro organismo, el huésped, obteniendo un beneficio (como alimento) mientras perjudica a este. La mayoría de los parásitos son mucho más pequeños que su huésped, y tienen ciclos vitales complejos que implican la producción de enormes cantidades de crías. El parásito suele debilitar al huésped, pero raramente lo mata.

PARTENOGÉNESIS
Forma de reproducción en la que un gameto femenino se desarrolla sin fecundación de otro masculino, produciendo descendencia genéticamente idéntica al progenitor. En los animales con sexos separados, los procedentes de partenogénesis son siempre hembras. Es un proceso común en invertebrados.

PECIOLO
Rabillo que une la hoja al tallo.

PERENNE
Planta que vive normalmente más de dos años.

PERENNIFOLIA
Planta que no pierde las hojas estacionalmente, como las coníferas.

PERIANTO
Conjunto de las dos envolturas externas de una flor (el cáliz, formado por sépalos; y la corola, formada por pétalos), especialmente cuando ambas están indiferenciadas.

PÉTALO
Cada una de las partes de la corola de una flor. Los pétalos suelen ser de colores vivos para atraer a los animales polinizadores.

PETO (PLASTRÓN)
Parte inferior de la coraza de los quelonios.

PICO
Mandíbulas estrechas y prominentes, por lo general sin dientes, de evolución independiente en muchos grupos de vertebrados, como aves, tortugas y algunas ballenas.

PLACENTA
Órgano desarrollado por un embrión de mamífero que le permite absorber nutrientes y oxígeno de la sangre materna hasta que nace.

PLANCTON
Conjunto de organismos flotantes, muchos de ellos microscópicos, que derivan en mar abierto, especialmente cerca de la superficie. Con frecuencia pueden moverse, pero la mayoría son demasiado pequeños para poder desplazarse contra las corrientes. Los animales planctónicos son conocidos como zooplancton; las algas, como fitoplancton.

PLUMAJE DE ECLIPSE
En algunas aves, en especial las acuáticas, plumaje críptico desarrollado por los machos tras la época de cría.

POLEN
Granos diminutos producidos por las plantas con semillas, que contienen gametos masculinos para la fecundación del gameto femenino, ya sea en plantas con flores o en coníferas.

POLIGAMIA
Sistema reproductivo en el que los individuos se emparejan con más de un individuo en el transcurso de un periodo de apareamiento.

PREMOLAR (DIENTE)
En mamíferos, diente situado en la zona media maxilar, entre los caninos y los molares. En los carnívoros, premolares especializados cortan la carne.

PRENSIL
Capaz de enrollarse alrededor de objetos para agarrarlos.

PROBÓSCIDE
Nariz o conjunto de piezas bucales con forma de trompa de un animal. En los insectos que se alimentan de fluidos, suele ser delgada y larga, y normalmente puede ser recogida cuando no se usa.

PROCARIOTA
Organismo cuyas células no tienen núcleo. Arqueas y bacterias solían clasificarse así.

PRONOTO
Parte dorsal del protórax (primer segmento torácico) de un insecto, a menudo endurecido.

PROTEÍNA
Sustancia presente en alimentos como carne, pescado, queso y legumbres, utilizada para el crecimiento y la realización de diversas funciones biológicas esenciales.

PSEUDÓPODO
Proyección temporal de una célula, como una ameba o un glóbulo blanco, empleada para desplazarse o para capturar alimento.

PUPA
En insectos, fase latente durante la cual el cuerpo larval se reorganiza, en general en su forma adulta. Durante esta etapa el insecto no se alimenta y, normalmente, no se mueve, aunque algunas pupas se retuercen al contacto. La pupa está protegida por una envoltura dura, a veces envuelta en seda.

QUERATINA
Proteína estructural fibrosa presente en pelos, uñas y cuernos.

QUILLA
Prolongación del esternón de las aves que se une a los músculos de las alas.

QUITINA
Carbohidrato duro que compone las paredes celulares de los hongos y del exoesqueleto de ciertos animales.

RAMONEADOR
Animal que se alimenta de las hojas de árboles y arbustos más que de hierba.

RAPAZ
Ave de presa.

RIZOMA
Tallo subterráneo o rastrero del que pueden surgir brotes nuevos.

ROCA
Material compuesto por uno o más minerales.

RUMIANTE
Mamífero ungulado provisto de un sistema digestivo especializado con un estómago complejo dividido en varias cámaras. Una de ellas, el rumen, contiene gran cantidad de microorganismos que ayudan a descomponer el alimento vegetal. Para acelerar el proceso, normalmente el animal regurgita y vuelve a masticar el bolo alimenticio, operación llamada rumia.

SALIDA
Vuelo corto de un ave para capturar algún invertebrado, a menudo en pleno vuelo.

SEDIMENTARIA, ROCA
Roca formada por la consolidación y el endurecimiento de fragmentos pétreos, restos orgánicos u otro material.

SÉPALO
Una de las partes del cáliz de una flor; por lo general es pequeño y similar a una hoja, y envuelve el capullo antes de abrirse.

SIMBIOSIS
Relación entre dos especies distintas dentro de una comunidad ecológica. Ejemplos de relaciones simbióticas son: depredador-presa, parásito-huésped y mutualismo.

TÉPALO
Parte exterior de una flor indiferenciada en sépalos y pétalos. El conjunto de los tépalos forma el perianto.

TERRESTRE
Que vive total o principalmente sobre el suelo, por oposición a acuático o arbóreo, por ejemplo.

TERRITORIO
Zona defendida por un animal o grupo de animales contra otros miembros de la misma especie. Suele incluir recursos que, como la comida, ayudan al macho a atraer hembras.

TÓRAX
En vertebrados con cuatro extremidades, es la parte del tronco entre el cuello y el abdomen. En artrópodos, primer segmento posterior a la cabeza, donde se hallan patas y alas, si el animal las tiene.

TORPOR
Estado letárgico en el que se ralentizan los procesos corporales. Los animales pueden ponerse tórpidos para sobrevivir a condiciones adversas, como puede ser el frío extremo o la ausencia de alimento. El torpor estacional es más conocido como hibernación.

TRAQUEAL, SISTEMA
Sistema de tubos diminutos por el cual los artrópodos (por ejemplo, insectos) introducen oxígeno en sus cuerpos. El aire penetra en lostúbulos a través de orificios denominados espiráculos y fluye por las tráqueas hasta las células individuales.

TREPADORA
Planta que crece apoyándose en un soporte vertical, como por ejemplo una roca o un árbol. Las trepadoras no obtienen alimento de otras plantas, pero pueden debilitarlas bloqueando su acceso a la luz.

UNGULADO
Animal con pezuñas.

ÚTERO
En las hembras de los mamíferos, parte del cuerpo que contiene y suele nutrir al embrión. En los mamíferos placentarios el embrión está conectado a la pared del útero a través de la placenta.

VECTOR
Cualquier agente (vivo o inanimado) que transfiere un organismo patógeno o parásito de un hospedador a otro.

VEJIGA NATATORIA
Vejiga llena de gas que la mayoría de los peces óseos emplean para regular su flotabilidad. Mediante el ajuste de la presión del gas, el pez puede mantener su flotación neutra (ni asciende ni desciende).

VELO
Fino tejido (membrana) que protege el cuerpo fructífero de un hongo en desarrollo.

VENA HIDROTERMAL
Masa laminar de material alterado o depositado por agua calentada por la actividad ígnea en la roca.

VESTIGIAL
Relacionado con un órgano atrofiado o no funcional.

VIVÍPARO
Que produce crías vivas.

VOLVA
Resto del velo en la base del estipe de un hongo.

ZIGODÁCTILO
Pie con una organización especializada en que los dedos se agrupan en pares, con el segundo y tercero orientados hacia delante y el primero y cuarto hacia atrás. Dicha adaptación ayuda a las aves a trepar y a posarse sobre troncos de árboles y otras superficies verticales. Entre los grupos con pies zigodáctilos se encuentran aves como loros, cucos, turacos, lechuzas y tucanes, así como pájaros carpinteros y afines.

ÍNDICE

Los números de página en **negrita** remiten a las páginas dedicadas a especies particulares o a los textos introductorios sobre grupos específicos.

A

B

C

E

F

H

M

N Ñ

O

Q

R

S

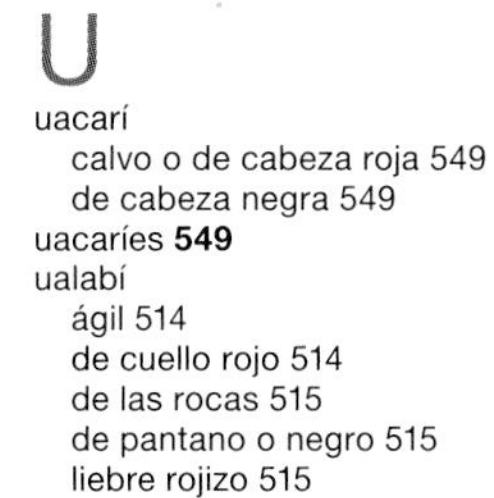

AGRADECIMIENTOS

Asesores de la Smithsonian Institution:

Don E. Wilson, investigador sénior / jefe del Dep. de Zoología de los Vertebrados; George Zug, zoólogo investigador emérito, Dep. de Zoología de los Vertebrados, División de Anfibios y Reptiles; Jeffrey T. Williams: director de Colecciones, Dep. de Zoología de los Vertebrados

Hans-Dieter Sues, conservador de Paleontología de los Vertebrados / geólogo investigador sénior, Dep. de Paleobiología

Paul Pohwat, director de la Colección de Minerales, Dep. de Mineralogía; Leslie Hale, directora de la Colección de Rocas y Minerales, Dep. de Mineralogía; Jeffrey E. Post, geólogo/conservador, de la Colección Nacional de Gemas y Minerales, Dep. de Mineralogía

Carla Dove, directora de proyecto, Laboratorio de Identificación de Plumas, División de Aves, Dep. de Zoología de los Vertebrados

Warren Wagner, botánico investigador / conservador, director de Botánica, jefe del Dep. de Botánica

Gary Hevel, museólogo / Oficina de Información Pública, Dep. de Entomología; Dana M. De Roche, Dep. de Entomología

Dep. de Zoología de los Invertebrados: Rafael Lemaitre: zoólogo investigador / conservador de crustáceos; M. G. (Jerry) Harasewych, zoólogo investigador; Michael Vecchione, investigador adjunto, National Systemics Laboratory, National Marine Fisheries Service, NOAA; Chris Meyer, zoólogo investigador; Jon Norenburg, zoólogo investigador; Allen Collins, zoólogo, National Systemics Laboratory, National Marine Fisheries Service, NOAA; David L. Pawson, investigador sénior; Klaus Rutzler, zoólogo investigador; Stephen Cairns, investigador sénior/ presidente

Asesores adicionales:

Diana Lipscomb, presidenta y profesora del Departamento de Biología de la Universidad George Washington

James D. Lawrey, Dep. de Ciencias y Políticas Medioambientales, Universidad George Mason

Robert Lücking, director de Colecciones / conservador adjunto, Dep. de Botánica, The Field Museum

Thorsten Lumbsch, conservador asociado y presidente, Dep. de Botánica, The Field Museum

Ashleigh Smythe, lector asistente, profesor de Biología, Hamilton College

Matthew D. Kane, director de programa, Ciencias del Ecosistema, División de Biología Medioambiental, National Science Foundation

William B. Whitman, Dep. de Microbiología, Universidad de Georgia

Andrew M. Minnis: Systematic Mycology and Microbiology Laboratory, USDA

Dorling Kindersley desea agradecer a las siguientes personas su ayuda en la preparación de este libro: David Burnie, Kim Dennis-Bryan, Sarah Larter y Alison Sturgeon por el desarrollo de la estructura; Hannah Bowen, Sudeshna Dasgupta, Jemima Dunne, Angeles Gavira Guerrero, Cathy Meeus, Andrea Mills, Manas Ranjan Debata, Paula Regan, Alison Sturgeon, Andy Szudek y Miezan van Zyl por su ayuda en la edición de los contenidos; Avanika, Helen Abramson, Niamh Connaughton, Sonali Jindal, Anita Kakkar, Nayan Keshan, Chhavi Nagpal, Manisha Majithia y Claire Rugg por su ayuda en la edición; Sudakshina Basu, Steve Crozier, Clare Joyce, Edward Kinsey, Amit Malhotra, Pooja Pipil, Aparajita Sen, Neha Sharma, Nitu Singh, Sonakshi Sinha y George Thomas por su ayuda en el diseño; Amy Orsborne por el diseño de la cubierta; Richard Gilbert, Ann Kay, Anna Kruger, Constance Novis, Nikky Twyman y Fiona Wild por la revisión del texto; Sue Butterworth por la elaboración del índice; Claire Cordier, Laura Evans, Rose Horridge y Emma Shepherd del archivo de imágenes de DK; Syed Mohammad Farhan, Vijay Kandwal, Ashok Kumar, Nityanand Kumar, Pawan Kumar, Mrinmoy Mazumdar, Shanker Prasad, Mohd Rizwan, Vikram Singh, Bimlesh Tiwary, Anita Yadav y Tanveer Zaidi por el apoyo técnico; Mohammad Usman por la producción; Stephen Harris por la revisión del capítulo sobre plantas; Gregory Kenicer por sus consejos sobre la taxonomía de las plantas; y Derek Harvey por sus asombrosos conocimientos y su innegociable entusiasmo por este libro.

La editorial también quiere agradecer la generosidad de las siguientes empresas al permitir el acceso de Dorling Kindersley a sus archivos de imágenes: **Anglo Aquatic Plant Co Ltd,** Strayfield Road, Enfield, Middlesex EN2 9JE, http://angloaquatic.co.uk; **Cactusland**, Southfield Nurseries, Bourne Road, Morton, Bourne, Lincolnshire PE10 0RH, www.cactusland.co.uk; **Burnham Nurseries Orchids**, Burnham Nurseries Ltd, Forches Cross, Newton Abbot, Devon TQ12 6PZ, www.orchids.uk.com; **Triffid Nurseries**, Great Hallows, Church Lane, Stoke Ash, Suffolk IP23 7ET, www.triffidnurseries.co.uk; **Amazing Animals**, Heythrop, Green Lane, Chipping Norton, Oxfordshire OX7 5TU, www.amazinganimals.co.uk; **Birdland Park and Gardens**, Rissington Rd, Bourton-on-the-Water, Gloucestershire GL54 2BN, www.birdland.co.uk; **Virginia Cheeseman F.R.E.S.**, 21 Willow Close, Flackwell Heath, High Wycombe, Buckinghamshire HP10 9LH, www.virginiacheeseman.co.uk; **Colchester Zoo**, www.colchester-zoo.com; **Cotswold Falconry Centre**, Batsford Park, Batsford, Moreton in Marsh, Gloucestershire GL56 9AB, www.cotswold-falconry.co.uk; **Cotswold Wildlife Park**, Burford, Oxfordshire OX18 4JP, www.cotswoldwildlifepark.co.uk; **Emerald Exotics; Shaun Foggett**, www.crocodilesoftheworld.co.uk.

Créditos fotográficos
Alamy Images: agefotostock / Marevision 111ebi, 343cda, The Africa Image Library 557, Amazon Images 549, Arco Images GmbH / Huetter C 601, Art Directors & TRIP 143, blickwinkel 144, 146, 188, 307, 325, 326, 569, 615, blickwinkel / Harsi, 336cib, Christian Hütter 379bc, Design Pics Inc / Milo Burcham 5ca, 249bd, 323bd, 506–507, Steffen Hauser / botanikfoto 142, 159sc, Penny Boyd 600, Brandon Cole Marine Photography 521, BSIP SA 93, James Caldwell 267, Rosemary Calvert 20, CuboImages sdi 147, Andrew Darrington 291, Danita Delimont 151, Garry DeLong 105, Paul Dymond 458, Emilio Ereza 348, David Fleetham 324, Florapix 148, Florida Images 148, FLPA 547ci, Frank Hecker 328si,, Minden Pictures 621cia, Paulo Oliveira 328cia, 339sd, Poelzer Wolfgang 343cd; Jane Gould 22–23b, Martin Fowler 182, Les Gibbon 305, Rupert Hansen 29, Chris Hellier 143, Imagebroker / Arco / G. Lacz 596cd, Imagebroker / Florian Kopp 580, Indiapicture / P S Lehri 611, Interphoto 29, T. Kischin & V. Hurst 23, Chris Knapton 27, S & D & K Maslowski / FLPA 28, Carver Mostardi 567, Tsuneo Nakamura / Volvox Inc 585, The Natural History Museum (Londres) 258, Nature Picture Library / Sue Daly 252cb, National Geographic Image Collection / Joel Sartore 571bd, Nic Hamilton Photographic 29, Pictorial Press Ltd, 28, Matt Smith 166, Stefan Sollfors 266, Sylvia Cordaiy Photo Library Ltd 17, Natural Visions 149, Joe Vogan 576, Wildlife GmbH 28, 130, 151, WoodyStock 155; **Maria Elisabeth Albinsson:** CSIRO 95cd, 100bc; **Algaebase.org:** Robert Anderson 104bc, Colin Bates 104sd, Mirella Coppola di Canzano (c) Universidad de Trieste 104cia, Prof MD Guiry 103cib, 104, Razy Hoffman 103bc, E.M.Tronchin & O.De Clerck 104cdb; **Ardea:** Ian Beames 545, John Cancalosi 394, John Clegg 259, 272, Steve Downer 316, 566, Jean-Paul Ferrero 274, 511, 601, Kenneth W Fink 563, 612, Francois Gohier 612, Joanna Van Gruisen 610, Steve Hopkin 259, 263, 303, Tom & Pat Leeson 589, Ken Lucas 34, 273, 304, 317, Ken Lucas 595, Thomas Marent 596, John Mason 291, Pat Morris 35, 519, 567, 572, Pat Morris 507, 595, Gavin Parsons 270, David Spears (Last Refuge) 265, David Spears / Last Refuge 271, Peter Steyn 519, Andy Teare 589, Duncan Usher 267, M Watson 374, 610, 624; **Australian National Botanic Gardens:** © M.Fagg 169, B. Fuhrer 111cia; **Nick Baker, ecologyasia:** 566; **Jón Baldur Hlíðberg (www.fauna.is):** 327cd, 338bd, 339, 341bd, 344c, 509; **Bar Aviad:** Bar Aviad 574; **Michael J Barritt:** 511; **Dr. Philippe Béarez / Muséum national d'histoire naturelle (París):** 336sd; **Photo Biopix.dk:** N. Sloth 105, 105, 113, 115, 261, 265, 267, 271, 273, 275, 279, 285, 286, 288, 294, 302; **Biosphoto:** Jany Sauvanet 539; **Ashley M. Bradford:** 293cl; **(c) Brent Huffman / Ultimate Ungulate Images:** Brent Huffman 610, 621; **David Bygott:** 35, 521; **Ramon Campos:** 510; **David Cappaert:** 284sc; **CDC:** Cortesía de Larry Stauffer, Oregon State Public Health Laboratory 93bc, Dr Richard Facklam 93cia, Janice Haney Carr 32cd, 93sc, Segrid McAllister 93cda; **Tyler Christensen:** 302; **Josep Clotas:** 328; **Patrick Coin:** Patrick Coin 263; **Niall Corbet:** 538; **caronsteelephotography.com:** © 6–7; **Corbis:** 13, 22, Theo Allofs 19, 122, 408, Alloy 12, Steve Austin 122, Hinrich Baesemann 424, Barrett & MacKay / All Canada Photos 29, 31, E. & P. Bauer 471, Tom Bean 14, Annie Griffiths Belt 432, Biodisc 33, 238, Biodisc / Visuals Unlimited 286, Jonathan Blair 38, Tom Brakefield 21, 24, 29, Frank Burek 19, Janice Carr 90, W. Cody 19, 107, 118, Brandon D. Cole 321, Richard Cummins 20, Tim Davis 31, Renee DeMartin 24, Dennis Kunkel Microscopy, Inc / Visuals Unlimited 33, 100, Dennis Kunkel Microscopy, Inc. 33, DLILLC 24, 31, 416, 442, Pat Doyle 26, Wim van Egmond 98, Ric Ergenbright 13, Ron Erwin 24, Eurasia Press / Steven Vidler 411, Neil Farrin / JAI 27, Andre Fatras 26, Natalie Fobes 211, Patricia Fogden 354, Christopher Talbot Frank 16, Stephen Frink 350, Jack Goldfarb / Design Pics 19, C. Goldsmith / BSIP 22, Mike Grandmaison 118, Franck Guiziou / Hemis 19, Don Hammond / Design Pics 19, Martin Harvey / Gallo Images 19, 31, Helmut Heintges 24, Pierre Jacques / Hemis 19, Peter Johnson 18, 456, Don Johnston / All Canada Photos 264, Mike Jones 408, Wolfgang Kaehler 18, 26, 238, Karen Kasmauski 27, Steven Kazlowski / Science Faction 16, Layne Kennedy 38, Antonio Lacerda / EPA 15, Frans Lanting 14, 18, 19, 23, 31, 249, 250, 376, 425, 460, 507, Frederic Larson / San Francisco Chronicle 20, Lester Lefkowitz 18, Charles & Josette Lenars 21, Library of Congress - digital ve / Science Faction 28, Wayne Lynch / All Canada Photos 528, Bob Marsh / Papilio 212, Chris Mattison 374, Joe McDonald 354, 533, Momatiuk / Easscott 31, moodboard 18, 323, 375, Sally A. Morgan 25, Werner H. Mueller 19, David Muench 108, NASA 13, David A. Northcott 389, Owaki - Kulla 15, 19, William Perlman 32, Photolibrary 30, Patrick Pleau / EPA 19, Louie Psihoyos / Science Faction 16, Ivan Quintero / EPA 20, Radius Images 107, 112, Lew Robertson 19, Jeffrey Rotman 19, 332, Kevin Schafer 27, David Scharf / Science Faction 28, Dr. Peter Siver 89, 91, Paul Souders 13, 19, 24, Keren Su 18, Glyn Thomas / moodboard 19, Steve & Ann Toon / Robert Harding World Imagery 415, Cdaig Tutsi,e 323, 409, Jeff Vanuga 22, Visuals Unlimited 14, 33, 92, 98, 100, Kennan Ward 13, Michele Westmorland 18, Stuart Westmorland 507, Ralph White 90, Norbert Wu 325, 332, Norbert Wu / Science Faction 320, 323, Yu Xiangquan / Xinhua Press 21, Robert Yin 274, Robert Yinn 322, Frank Young 239, Frank Young / Papilio 211; **Alan Couch:** 511; **David Cowles:** David Cowles at http: / / rosario.wallawalla. edu / inverts 258; **Dick Haaksma:** 111ca; **Greg Kenicer:** 111bd; **Whitney Cdanshaw:** 290cl; **Alan Cressler:** 262; **Cdaig Jackson, PhD:** 519cr; **CSIRO:** 336cda; **Matt Carter:** 481bi; **Michael J Cuomo:** www.phsource.us 258; **Ignacio De la Riva:** 365c; **Frank Steinmann:** 362sd; **Dr Frances Dipper:** 252, 253, 253cia; **Jane K. Dolven:** 98bc; **Stepan Koval:** 111cda; **Dorling Kindersley:** Andy and Gill Swash 409cb/Hoatzin, Blackpool Zoo, Lancashire, UK 582–583 todas las imágenes), Centre for Wildlife Gardening / London Wildlife Trust 172bc, 174–175 todas las imágenes), Colchester Zoo 522–523 todas las imágenes), Demetrio Carrasco / Cortesía de Huascaran National Park 145, Frank Greenaway / Natural History Museum (Londres) 291cd, George Lin 409bl, Greg Dean / Yvonne Dean 409cb, 409cb/Cuckoo, Hanne Eriksen / Jens Eriksen 409cdb, Jan-Michael Breider 409ca, Natural History Museum (Londres) 284, Roger Charlwood / Liz Charlwood 409c, Roger Tidman 409cib; **Dreamstime.com:** 614, Allnaturalbeth 350cd, Amskad 303, Anolis01 549bl, Amwu 393sd, Anton Zhuravkov 618cb, Antos777 343cdb, John Anderson 348, Argestes 162, Michael Blajenov 611, Mikhail Blajenov 619, Steve Byland 534, Bibek Basumatary 149cd, Bluehand 349cb, Bonita Chessier 548, Musat Christian 556, Mzedig 618cib, Clickit 613, Colette6 611, Chonticha Wat 538cia, Ambrogio Corralloni 532, Cosmln 302, David Havel 474–475c, Davthy 547, Dbmz 301, Destinyvispro 621, Docbombay 534, Edurivero 612, Henketv 26–27t, Katharina Notarianni 532si,, Stefan Ekernas 557, Stefan Ekernas 507, Michael Flippo 615, Joao Estevao Freitas 263, Geddy 272, Eric Geveart 560, Daniel Gilbey 618, Katerynakon 96cb, Maksum Gorpenyuk 611, Jeff Grabert 597, Morten Hilmer 584, Iorboaz 610, Eric Isselee 35, 529, 533, 535, 542, 614, 615, 617, Industryandtravel 385bd, Isselee 536, 577bd, Jontimmer 612, Jemini Joseph 611, Juliakedo 618, Valery Kraynov 33, 162, Adam Larsen 509, Sonya Lunsford 611, Stephen Meese 609, Milosluz 263, Jason Mintzer 532, Mlane 170, Nina Morozova 133, 148, Derrick Neill 532, Duncan Noakes 619, outdoorsman 394cb, 591, Pancaketom 569, Pipa100 339cib, Planetfelicity 328ci, 339cdb, Natalia Pavlova 581, Shane Myers 323bl, 374–375, Susan Pettitt 603, Xiaobin Qiu 580, Rajahs 584, Laurent Renault 548, Derek Rogers 584, Dmitry Rukhlenko 614, Sdecoret 22bl, Steven Russell Smith Photos 569, Ryszard 303, Benjamin Schalkwijk 556, Olga Sharan 609, Paul Shneider 611, Sloth92 555, 556, Smellme 547, 620, Tatiana Belova 345ca, Nico Smit 596, 617, Nickolay Stanev 617, Tampatra1 12–13c, Vladimirdavydov 294, Oleg Vusovich 585, Leigh Warner 595, Worldfoto 563, Judy Worley 602, Zaznoba 555; **Shane Farrell:** 264cd, 284bd; **Carol Fenwick (www.carolscornwall.com):** 104bd; **Hernan Fernandez:** 510; **Flickr.com:** Ana Cotta 549, Pat Gaines 586, Sonnia Hill 152, Barry Hodges 131, Emilio Esteban Infantes 131, Marj Kibby 136, Kate Knight 170, Ron Kube, Calgary, Alberta, Canada 587, John Leverton 603, John Merriman 170, Moonmoths 297bd, Marcio Motta MSc. Biologist of Maracaja Institute for Mammalian Conservation 597, Jerry R. Oldenettel 161, Jennifer Richmond 159; **Florida Museum of Natural History:** Dr Arthur Anker 518; **Fotolia:** poco_bw 337c; **FLPA:** 30, Nicholas and Sherry Lu Aldridge 105, Ingo Arndt / Minden Pictures 211, 245, 320, Fred Bavendam 313, 328, Fred Bavendam / Minden Pictures 272,

275, 313, 318, 319, Stephen Belcher / Minden Pictures 275, Neil Bowman 563, Jim Brandenburg 575, Jonathan Carlile / Imagebroker 271, Christiana Carvalho 513, B. Borrell Casals 266, Nigel Catsi,in 260, 265, Robin Chittenden 312, Arthur Christiansen 535, Hugh Clark 569, D.Jones 272, 312, Flip De Nooyer / FN / Minden 203, Tiu De Roy / Minden Pictures 584, Tui De Roy / Minden Pictures 404, 410, 612, Dembinsky Photo Ass 572, Reinhard Dirscher 313, Jasper Doest / Minden Pictures 378, Richard Du Toit / Minden Pictures 35, 507, 518, Michael Durham / Minden Pictures 525, 569, Gerry Ellis 513, 570, Gerry Ellis / Minden Pictures 567, Suzi Eszterhas / Minden Pictures 600, Tim Fitzharris / Minden Pictures 31, Michael & Patricia Fogden 117, Michael & Patricia Fogden / Minden Pictures 354, 519, 535, 567, Andrew Forsyth 506, Foto Natura Stock 35, 539, 539, 563, Tom and Pam Gardner 514, Bob Gibbons 137, 184, Michael Gore 546, 573, 615, Christian Handl / Imagebroker 612, Sumio Harada / Minden Pictures 529, Richard Herrmann / Minden Pictures 345, Paul Hobson 613, David Hoscking 568, 569, Michio Hoshino / Minden Pictures 31, David Hosking 545, 566, 567, David Hosking 123, 262, 411, 520, 535, 537, 538, 555, 557, 572, 576, 580, 581, 586, 600, 610, 614, 615, 619, Jean Hosking 144, David Hoskings 585, G E Hyde 572, Imagebroker 35, 143, 146, 147, 182, 329, 370, 411, 428, 532, 533, 534, 539, 569, 576, 585, 586, 588, 611, 612, 616, 621, 624, 625, Mitsuaki Iwago / Minden Pictures 557, D Jones 262, 266, D. Jones 264, Donald M. Jones / Minden Pictures 532, Gerard Lacz 34, 411, 585, 588, Frank W Lane 518, 538, 549, 562, Mike Lane 550, 575, 588, Hugh Lansdown 554, Frans Lanting 251, 543, 545, 548, 573, Albert Lleal / Minden Pictures 264, 278, Thomas Marent / Minden Pictures 33, 34, 135, 262, 265, 275, 520, 549, 560, 561, Colin Marshall 258, S & D & K Maslowski 251, 535, Chris Mattison 322, 355, 375, Rosemary Mayer 190, Claus Meyer / Minden Pictures 550, 567, Derek Middleton 572, 589, Hiroya Minakuchi / Minden Pictures 254, Minden Pictures 587, Yva Momatiuk & John Easscott / Minden Pictures 616, Geoff Moon 568, Piotr Naskrecki 358, Piotr Naskrecki / Minden Pictures 263, Chris Newbert / Minden Pictures 253, 307, Mark Newman 589, Flip Nicklin / Minden Pictures 272, 506, Dietmar Nill / Minden Pictures 566, R & M Van Nostrand 35, 545, 618, 620, Erica Olsen 548, Pete Oxford / Minden Pictures 321, 597, 606, P.D.Wilson 271, Panda Photo 254, 572, Philip Perry 600, 601, Fritz Polking 374, Fabio Pupin 375, R.Dirscherl 338, Mandal Ranjit 573, Len Robinson 514, Walter Rohdich 312, L Lee Rue 586, Cyril Ruoso / Minden Pictures 548, 556, Keith Rushforth 124, SA Team / FN / Minden 378, 542, 567, Kevin Schafer / Minden Pictures 528, Malcolm Schuyl 251, 585, Silvestris Fotoservice 122, 568, Mark Sisson 135, Jurgen & Christine Sohns 149, 182, 312, 506, 515, 542, 549, 574, 586, 603, 615, Egmont Strigl / Imagebroker 584, Chris and Tilde Stuart 35, 518, 538, 570, 572, 609, 621, Krystyna Szulecka 163, Roger Tidman 345, Steve Trewhella 212, 254, 272, Jan Van Arkel / FN / Minden 261, Peter Verhoog / FN / Minden 253, Jan Vermeer / Minden Pictures 31, Albert Visage 570, Tony Wharton 113, Terry Whittaker 551, 581, 595, 610, Hugo Willcox / FN / Minden 535, D P Wilson 34, 253, 261, 305, P.D. Wilson 271, Winifred Wisniewski 602, Martin B Withers 507, 510, 511, 514, 515, 532, 568, 600, 615, Konrad Wothe 575, 590, Konrad Wothe / Minden Pictures 375, 507, 538, Norbert Wu 338, Norbert Wu / Minden Pictures 253, 270, 342, 567, Shin Yoshino / Minden Pictures 508, Ariadne Van Zandbergen 613, Xi Zhinong / Minden Pictures 21; **Dr Peter M Forster:** 333cdb; **Getty Images:** 3D4Medical.com 95, 97, Doug Allan 351, Pernilla Bergdahl 107, 123, Dr. T.J. Beveridge 33, 92, Tom Brakefield 507, 577, Brandon Cole / Visuals Unlimited 251, Robin Bush 427, David Campbell 535, Carson 92, Brandon Cole 34, 323, Comstock 556, Alan Copson 37, 63, Bruno De Hogues 429, De Agostini Picture Library 34, 252, Dea Picture Library 340, Digital Vision 561, Georgette Douwma 23, 334, Guy Edwardes 507, Stan Elems 270, Raymond K Gehman / National Geographic 584, Geostock 424, Larry Gerbrandt / Flickr 320, Daniel Gotshall 34, 305, James Gritz 251, Martin Harvey 107, 116, 477, Kallista Images 265, Tim Jackson 122, Adam Jones / Visuals Unlimited 195, Barbara Jordan 29, Tim Laman 251, Mauricio Lima 323, Jen & Des Barsi,ett 573, O. Louis Mazzatenta / National Geographic 23, Nacivet 494, National Geographic 35, 317, 520, 524, 532, 533, 554, Photodisc 35, 525, 557, 612, Radius Images 37, 39, 108, Jeff Rotman 324, Martin Ruegner 107, Alexander Safonov 324, Kevin Schafer 425, David Sieren 107, 111, Doug Sokell 317, Carl de Souza / AFP 550, David Aaron Troy / Workbook Stock 22, James Warwick 410; **Terry Goss:** 325sd, 329cdb, 329bd; **Michael Gotthard:** 278; **Dr Brian Gratwicke:** 339c; **Agustin Camacho Guerrero:** 510; **Antonio Guillén Oterino:** 33cb, 105fbd; **Jason Hamm:** 338sc; **David Harasti:** 342cda, 349cb; **Martin Heigan:** 281cr; **R.E. Hibpshman:** 340bd; **Pierson Hill:** 344sc; **Karen Honeycutt:** 334cdb; **Russ Hopcroft / UAF:** 311; **David Iliff:** 333bi; **Laszlo S. Ilyes:** 333cda; **imagequestmarine.com:** 132, 252, 254, 255, 257, 340, 341, Peter Batson 261, 271, 316, Alistair Dove 258, Jim Greenfield 255, 257, 270, Peter Herring 272, 319, David Hosking 275, Johnny Jensen 35, 273, Andrey Necdasov 272, Peter Parks 309, Photographers / RGS 34 (gusano), 304, Tony Reavill 319, RGS 253, Andre Seale 256, 317, Roger Steene 272, 275, 319, Kåre Telnes 254, 257, 304, 305, 320, Jez Tryner 255, 257, 321, Masa Ushioda 275, Carlos Villoch 257; **Imagestate:** Marevision 323; **Institute for Animal Health, Pirbright:** 293bc; **iStockphoto.com:** Antagain 323bc, 408–409c, E+ / Mlenny 624bd, Arsty 34 (lamprea común), 326, micro_photo 105cda, Tatiana Belova 333, Nancy Nehring 101; **It's a Wildlife:** 511, 515; **Iziko Museums of SA:** Hamish Robertson 519cib; **Valter Jacinto:** 303cl; **Courtnay Janiak:** 103bd; **Dr. Peter Janzen:** 355, 356, 359, 360, 361, 362, 364, 365, 368; **www.jaxshells.org:** Bill Frank 312; **Johnny Jensen:** 34 (pez pulmonado), 353si,; **Guilherme Jofili:** 567; **Brian Kilford:** 294sc; **Stefan Köder:** 529; **Ron Kube:** 535; **Jordi Lafuente Mira (www.landive.es):** 333cia; **Daniel Lahr:** Image by Sonia G.B.C Lopes and 96cb; **Klaus Lang & WWF Indonesia:** 603; **Richard Ling:** 313; **Lonely Planet Images:** Karl Lehmann 520; **Frédéric Loreau:** Frédéric Loreau 259; **marinethemes.com:** 328c, Kelvin Aitken 34 (tiburón anguila), 327cb, 327bd; **Marc Bosch Mateu:** 349cd; **M. Matz:** Harbor Branch Oceanographic Institution / NOAA Ocean Exploration program 99bc; **Joseph McKenna:** 341bi; **Dr James Merryweather:** 33 (Glomeromycota); **micro*scope:** Wolfgang Bettighofer (http: / / www.protisten.de) 33ca, 96fsd, William Bourland 33bl, 33bd, 96bd, 99cb, 99bd, 100si,, 100sc, 100fcia, Guy Brugerolle 97c, Aimlee Laderman 99cib, Charley O'Kelly 97esd, David J Patterson 33eci, 95fsd, 96si,, 96sc, 96cda, 96ci, 96bc, 97si,, 97sc, 97sd, 97cd, 98c, 99cd, 100esi, David Patterson and Aimlee Ladermann 99sc, David Patterson and Bob Andersen 33c, 33ebi, 99bi, 99fci, 100c, 100cdb, 100bi, David Patterson and Mark Farmer 33ecda, David Patterson and Michele Bahr 99si, 99sd, David Patterson and Wie-Song Feng 101bl, David Patterson, Linda Amaral Zetsier, Mike Peglar and Tom Nerad 33ecib, 95cda, 98sc, 99cia, David Patterson, Shauna Murray, Mona Hoppenrath and Jacob Larsen 100ebd, Hwan Su Yoon 99cda; **Michael M. Mincarone:** 339bd; **Michael C. Schmale, PhD:** 341c; **Nathan Moy:** 534; **Andy Murch / Elasmodiver.com:** 332c, 333cib, 341cd; **NASA:** Reto Stockli 10; **Courtesy, National Human Genome Research Institute:** 510; **The Natural History Museum (Londres):** 25, 293; **naturepl.com:** 252, Eric Baccega 560, Niall Benvie 261, Mark Carwardine 563, Pete Oxford 409sd, Bernard Castelein 560, 574, Brandon Cole 318, Sue Daly 34, 304, 316, Bruce Davidson 545, 601, Suzi Eszterhas 555, Jurgen Freund 255, 319, Nick Garbutt 588, Chris Gomersall 408, Nick Gordon 542, Willem Kolvoort 160, 255, 310, Fabio Liverani 275, Neil Lucas 137, Barry Mansell 568, 572, Luiz Claudio Marigo 525, 549, Nature Production 123, 125, 312, 316, 326, 571, NickGarbutt 601, Pete Oxford 470bd, 509, 538, 549, 601, Doug Perrine 507, 521, Reinhard / ARCO 205, Michel Roggo 336, Jeff Rotman 316, 319, Anup Shah 554, 611, 620, David Shale 255, Sinclair Stammers 258, Kim Taylor 253, 260, 263, 271, Dave Watts 511, 512, 515, Staffan Widstrand 549, Mike Wilkes 538, Rod Williams 545, 555, 595, Solvin Zankl 255; **Natuurlijkmooi.net (www.natuurlijkmooi.net):** Anne Frijsinger & Mat Vestjens 104cd; **New York State Department of Environmental Conservation. All rights reserved.:** 338si; **NHPA / Photoshot:** A.N.T. Photo Library 259, 509, 511, 512, 513, 562, Bruce Beehler 508, George Bernard 284, Joe Blossom 609, Mark Bowler 551, Paul Brough 618, Gerald Cubitt 619, Stephen Dalton 568, 613, Manfred Danegger 588, Nigel J Dennis 589, 615, Patrick Fagot 619, Nick Garbutt 35, 543, 547, 601, Adrian Hepworth 587, Daniel Heuclin 511, 512, 515, 537, 539, 542, 543, 571, 608, 610, 620, Daniel Heuclin / Photoshot 586, David Heuclin 573, Ralph & Daphne Keller 513, Dwight Kuhn 571, NHPA / Photoshot 606, Michael Patrick O'Neil / Photoshot 581, Haroldo Palo JR 510, 575, Photo Researchers 570, 571, 572, 601, Steve Robinson 617, Andy Rouse 609, Jany Sauvanet 525, 542, 597, John Shaw 587, David Slater 513, Morten Strange 567, Dave Watts 515, Martin Zwick / Woodfall Wild Images / Photoshot 581; **NOAA:** 253bc, Andrew David / NMFS / SEFSC Panama City; Lance Horn, UNCW / NURC - Phantom II ROV operator 349bc, NMFS / SEFSC Pascagoula Laboratory, Collection of Brandi Noble 348cdb; **Filip Nuyttens:** 103bi; **Dr Steve O'Shea:** 313; **Oceanwidelmages.com;** : 326–327c, 515, Gary Bell 34, 270, 273, 320, Chris & Monique Fallows 332cdb, Rudie Kuiter 325cdb, 328bl, 353bi; **Thomas Palmer:** 103sd; **Papiliophotos:** Clive Druett 536; **Naomi Parker:** 100cl; **E. J. Peiker:** 409; **Philip G. Penketh:** 295si,; **Otus Photo:** 510; **Fotografía por cortesía de la Spencer Entomological Collection, Beaty Biodiversity Museum, UBC:** Don Griffiths 288ecdb; **Photolibrary:** 88, 95, 251, 327, 537, age fotostock 252, 253, 306, 307, 548, 612, age fotostock / John Cancalosi 591, age fotostock / Nigel Dennis 35, 573, All Canada Photos 533, Amana Productions 124, Animals Animals 532, 551, 612, Sven-Erik Arndt / Picture Press 586, Kathie Atkinson 34, 305, Marian Bacon 571, Roland Birke 101, Roland Birke / Phototake Science 271, Ralph Bixler 319, Tom Brakefield / Superstock 606, Juan Carlos Calvin 352, Scott Camazine 33, 101, Corbis 161, Barbara J. Coxe 159, De Agostini Editore 156, Nigel Dennis 507, Design Pics Inc 318, 563, Olivier Digoit 264, 349, Reinhard Dirscheri 307, Guenter Fischer 286, David B Fleetham 318, Fotosearch Value 162, Borut Furlan 313, Garden Picture Library 147, Garden Picture Library / Carole Drake 131, Peter Gathercole / OSF 272, Karen Gowlett-Holmes 257, 320, Christian Heinrich / Imagebroker 178, Imagebroker 180, 513, 525, 534, 620, Imagestate 617, Ingram Publishing 92sd, Tips Italia 547, Japan Travel Bureau 588, Chris L Jones 114, Mary Jonilonis 311, Klaus Jost 327, Juniors Bildarchiv 535, 588, 591, 614, Manfred Kage 101, 102, 265, Paul Kay 304, 309, 321, 333, Dennis Kunkel 35, 102, 259, Dennis Kunkel / Phototake Science 255, Gerard Lacz 411, 507, Werner & Kerstin Layer Naturfotografie 574, Marevision 312, 321, 345, Marevision / age fotostock 275, Luiz C Marigo 509, MAXI Co. Ltd 335, Fabio Colombini Medeiros 34, 260, Darlyne A Murawski 101, 101, 265, Tsuneo Nakamura 585, Paulo de Oliveira 34, 313, 339, 341, OSF 270, 306, 511, 512, 518, 519, 528, 538, 539, 567, 610, 618, OSF / Stanley Breeden 610, Oxford Scientific (OSF) 252, 265, 600, P&R Fotos 267, Doug Perrine 352, Peter Arnold Images 147, 169, 510, 547, 550, 560, 561, 563, 596, 601, Photosearch Value 256, Pixtal 535, Wolfgang Poelzer / Underwater Images 304, Mike Powles 273, Ed Reschke 96, Ed Reschke / Peter Arnold Images 255, 312, Howard Rice / Garden Picture Library 157, Carlos Sanchez Alonso / OSF 572, Kevin Schafer 595, Alfred Schauhuber 286, Ottfried Schreiter 338, Science Foto 104, Secret Sea Visions 321, Lee Stocker / OSF 570, Superstock 568, James Urback / Superstock 585, Franklin Viola 319, Toshihiko Watanabe 152, WaterFrame / Underwater Images 252, 253, Mark Webster 257, Doug Wechsler 507, White 563, 613, 617; **Bernard Picton:** 103esd; **Linda Pitkin / lindapitkin.net:** 34, 34, 252, 253, 254, 255, 256, 257, 258, 259, 260, 261, 271, 273, 274, 275, 311, 313, 316, 318, 319, 320, 321, 325, 329, 337, 338, 340, 343, 344, 345, 348, 349, 350, 351, 352; **Marek Polster:** 334cda, 507, 537, 550; **Premaphotos Wildlife:** Ken Preston-Mafham 265, Rod Preston-Mafham 266; **Sion Roberts:** 103eci, 103fcdb; **Malcolm Ryen:** 518; **Jim Sanderson:** 591, 595, 597; **Ivan Sazima:** 328cda; **Scandinavian Fishing Year Book (www.scandfish.com):** 350cb; **Science Photo Library:** 17, 25, 212, Wolfgang Baumeister 92, Dr Tony Brain 94, Dee Breger 89, 95, Clouds Hill Imaging Ltd 258, CNRI 92, 93, 259, Frank Fox 4cda, 89bd, 94–95, Jack Coulthard 145, A.B. Dowsett 93, Eye of Science 92, 93, 97, 238, 244, Steve Gschmeissner 34, 261, Lepus 94, 100, Dr Kari Lounatmaa 92, 93, LSHTM 100, Meckes / Ottawa 94, Pasieka 92, Maria Platt-Evans 29, Simon D. Pollard 267, Dr Morley Read 35, 260, 260, Dr M. Rohde, GBF 92, Professor N. Russell 93, SCIMAT 92, Scubazoo 374, Nicholas Smythe 525, Sinclair Stammers 272, M.I. Walker 259, Kent Wood 259; **Shutterstock.com:** LesiChkalll27 4fcda, 107bd, 122–123, muhamad mizan bin ngateni 571bi; **SuperStock:** Scott Leslie / Minden Pictures 105ca, Tui De Roy / Minden Pictures 587si,; **Michael Scott:** 107fcib, 111bl, 208; **SeaPics.com:** 34, 326, 336, 521, Mark V. Erdmann 353, Hirose / e-Photography 332, Doug Perrine 351; **Victor Shilenkov:** photographer: Sergei Didorenko 345cda; **Vasco García Solar:** 509; **Dennis Wm Stevenson, Plantsystematic.org:** 111bc, 124; **Still Pictures:** R. Koenig / Blickwinkel 149, WILDLIFE / D.L. Buerkel 340; **Malcolm Storey, www.bioimages.org.uk:** 244; **James N. Stuart:** 536; **Dr. Neil Swanberg:** 98sd; **Tom Swinfield:** 510; **Tom Murray:** 295cb; **Muséum de Toulouse:** Maud Dahlem 571; **Valerius Tygart:** 507, 521; **Uniformed Services University, Bethesda, MD:** TEM of D. radiodurans tomada en el laboratorio de Michael Daly; http: / / www.usuhs.mil / pat / deinococcus / index_20.htm 92ca; **United States Department of Agriculture:** 259; **University of California, Berkeley:** mushroomobserver.org / Kenan Celtik 33sc; **US Fish and Wildlife Service:** Tim Bowman 424cb; **USDA Agricultural Research Service:** Scott Bauer 281cdb, Eric Erbe, Bugwood.org 92–93c; **USDA Forest Service (www.forestryimages.org):** Joseph Berger 295cia, James Young, Oregon State University, USA 285c; **Ed Uthman, MD:** 100sd; **www.uwp.no:** Erling Svenson 328ca, 340cd, Rudolf Svenson 326–327b, 338cl; **Ellen van Yperen, Truus & Zoo:** 556; **Koen van Dijken:** 292cda; **Erik K Veland:** 515; **Luc Viatour:** 344bi; **A. R. Wallace Memorial Fund:** 290bc; **Thorsten Walter:** 338bi; **Wikipedia, The Free Encyclopedia:** 130, Graham Bould 317, From Brauer, A., 1906. Die Tiefsee-Fische. I. Systematischer Teil.. In C. Chun. Wissenschafsi,. Ergebnisse der deutschen Tiefsee-Expedition 'Valdivia', 1898–99. Jena 15:1-432 339cib, Shureg / http: / / commons.wikimedia.org / wiki / File:Leishmania_amastigotes.jpg 33ci, 97bc, Siga / http: / / commons.wikimedia.org / wiki / File:Anobium_punctatum_above.jpg 288cia; **D. Wilson Freshwater:** 104sc, 104c, 104cib; **Carl Woese, University of Illinois:** 29; **Alan Wolf:** 568; **WorldWildlifeImages.com/Greg & Yvonne Dean:** 34, 35, 409, 413, 414, 429, 434, 435, 438, 445, 452, 456, 457, 461, 462, 463, 464, 465, 466, 467, 468, 470, 472, 473, 475, 476, 477, 479, 483, 484, 485, 486, 487, 489, 490, 498, 504, 507, 514, 520, 521, 528, 534, 535, 538, 542, 544, 547, 549, 550, 551, 555, 556, 563, 566, 575, 586, 588, 589, 591, 597, 600, 601, 602, 606, 608, 609, 613, 614, 615, 616, 617, 618, 619, 624; **WorldWildlifeImages.com/Andy & Gill Swash:** 388, 413, 417, 418, 433, 435, 436, 450, 460, 464, 465, 466, 468, 469, 470, 471, 472, 473, 474, 475, 476, 482, 483, 484, 485, 486, 487, 488, 489, 492, 504, 505, 533, 554, 557, 568, 576; **Dr. Daniel A. Wubah:** 33fsd; **Tomoko Yuasa:** 98bd, 98fsd; **Bo Zaremba:** 292cl; **Zauber:** 35, 507, 543

Las demás imágenes © Dorling Kindersley
Para más información:
www.dkimages.com